Zellbiologie

Zellbiologie

Begründet von
Hans Kleinig und Peter Sitte

4. Auflage neubearbeitet von
Hans Kleinig und Uwe Maier

Graphische Gestaltung:
Andreas Wolter

GUSTAV
FISCHER

Stuttgart Jena Lübeck Ulm

Zuschriften an:

Prof. Dr. Hans Kleinig
Institut für Biologie II
Albert-Ludwigs-Universität
Schänzlestraße 1, 79104 Freiburg

Prof. Dr. Uwe Maier
FB Biologie
Philipps-Universität
Karl-von-Frisch-Straße, 35032 Marburg

Die Deutsche Bibliothek – CIP-Einheitsaufnahme

Kleinig, Hans:
Zellbiologie : ein Lehrbuch / begr. von Hans Kleinig und Peter Sitte. – 4. Aufl. / neubearb. von Hans Kleinig und Uwe Maier. – Stuttgart ; Jena ; Lübeck ; Ulm : G. Fischer, 1999
ISBN 3-437-26010-3

1. Auflage 1984
3. Auflage 1992
4. Auflage 1999

99 00 01 02 03 5 4 3 2 1

Lektorat: Inga Eicken, Dr. Ulrich G. Moltmann
Herstellung: Birgit Kugel
Satz: Typomedia Satztechnik GmbH, Ostfildern gesetzt aus der 9/10,5 pt und 7,5/8,5 pt Concorde mit der Auszeichnungsschrift Frutiger auf System Apple Macintosh
Gedruckt auf 100 g Luxomatt h'frei matt gestrichen TCF
Druck und Einband: Wilhelm Röck GmbH, Weinsberg
Umschlaggestaltung: prepress ulm GmbH, Ulm
Titelbild: Rasterelektronenmikroskopische Aufnahme von Colon-Carcinomzellen (Aufnahme: B. Wolf, R.G. Ehret; s. auch Abb. 3-1)

VORWORT zur vierten Auflage

Wieviel sich in der Zellbiologie und den angrenzenden Gebieten seit der dritten Auflage dieses Buchs verändert hat, wurde uns beim Schreiben so richtig bewußt. Die Ära der Sequenzierung ganzer Genome, die vor wenigen Jahren einsetzte, hat die Blickweisen beeinflußt und zukünftiger Forschung Richtungen gewiesen. Auch in anderen Bereichen wie den Mechanismen der Signaltransduktion, den molekularen Arbeitsweisen komplexer Strukturen wie der ATP-Synthase, der Cytochrom-Oxidase und des Proteasoms oder der Steuerung des Zellzyklus – um nur einige zu nennen – wurde ein erheblicher Wissenszuwachs erreicht. Der Buchtext wurde deshalb weitgehend neu geschrieben, und die Graphiken mußten zum großen Teil ersetzt werden. Längeren Bestand dagegen zeigen die mikroskopischen und elektronenmikroskopischen Aufnahmen. Da der Umfang des Buchs in etwa konstant bleiben sollte, mußten an manchen Stellen Einschränkungen hingenommen werden. Das Grundkonzept des Buchs allerdings, das sich für uns bewährt hat, blieb bestehen. Die Verlagerung von Schwerpunkten machten jedoch – wie immer – kleinere Umstellungen notwendig.

Aus der Fülle der Daten und Ergebnisse die richtige Auswahl zu treffen, deren Lektüre einen Überblick über die derzeitige Zellbiologie ermöglicht, hat uns nicht nur einmal Kopfzerbrechen bereitet. Unter der Rubrik „Weiterführende Literatur" nach jedem Kapitel wurden nach Möglichkeit neue Übersichtsartikel angeführt, von denen aus sich die ältere Literatur erschließen läßt. Aber auch unter ihnen mußte natürlich eine Auswahl getroffen werden.

Die Zeit schreitet nicht nur in der Wissenschaft voran. Auch bei den Autoren hat sich ein Wechsel ergeben, ein Senior ist ausgeschieden, ein Junior ist nachgerückt.

Wir haben uns wieder – glücklicherweise – vielfach zu bedanken. Erneut stellten uns freundliche Kollegen Bilder zur Verfügung. Besonders danken möchten wir unseren Kollegen Peter Beyer in Freiburg, Michael Bölker in Marburg, Ferdinand Hucho in Berlin, Wolf-Hubert Kunau in Bochum, Klaus Lingelbach in Marburg, Gunther Neuhaus in Freiburg, Knud H. Nierhaus in Berlin, Eberhard Schäfer in Freiburg, Peter Stäheli in Freiburg, Edgar Wagner in Freiburg, Jürgen Weckesser in Freiburg, Winfried Wels in Freiburg und Hans-Ulrich Weltzien in Freiburg, die einzelne Buchkapitel kritisch gelesen und uns mit ihren Ratschlägen sehr geholfen haben. Frau Schubert danken wir für unermüdliches Korrekturlesen. Die Zusammenarbeit mit unserem Graphiker Andreas Wolter war ein Vergnügen. Für die angenehme und konstruktive Hilfe durch die Mitarbeiter des Gustav Fischer Verlags in Stuttgart möchten wir uns – stellvertretend – bei Herrn Ulrich G. Moltmann sehr bedanken. Unser herzlichster Dank gilt unseren Frauen für ihr Verständnis und ihre Hilfe in vielfacher Art.

Das Zitat von Klabund, das am Ende des Vorworts zur dritten Auflage stand, soll wieder seinen Platz erhalten: … *sprach: „Du verstehst mit der Feder umzugehen?" Bracke nickte mit dem Kopf. „So schreib mir einige deiner Weisheiten auf!" Und Bracke brachte ihm ein kleines Buch, darin war zu lesen …*

Freiburg und Marburg im Herbst 1998
Hans Kleinig und Uwe Maier

KURZINHALT

Zellen und Organellen

Besondere Zelltypen und Zell-Leistungen

Vermehrung und Evolution von Zellen

Anhang

Allgemeine Hinweise

In licht- und elektronenmikroskopischen Aufnahmen beträgt der Maßstab ohne Zahlenangabe 1 µm; Zahlen ohne Dimensionsangabe bedeuten Bruchteile bzw. Vielfache eines Mikrometers.

Gene werden kursiv geschrieben, z. B. *ras*, zugehörende Proteine normal, z. B. Ras.

EM, Elektronenmikroskop(ie).

AS, Aminosäure(rest).

bp, Basenpaare der DNA.

INHALT

Zellen und Organellen

Besondere Zelltypen und Zell-Leistungen

Vermehrung und Evolution von Zellen

Anhang

Zellen und Organellen

Abbildung auf der Vorderseite: Ausschnitt aus einer Leberzelle im Gefrierätz-Bild. Pendant zu Abb. 1-1. (EM-Aufnahme: V. Speth)

1 DIE ZELLE
– EINFÜHRUNG –

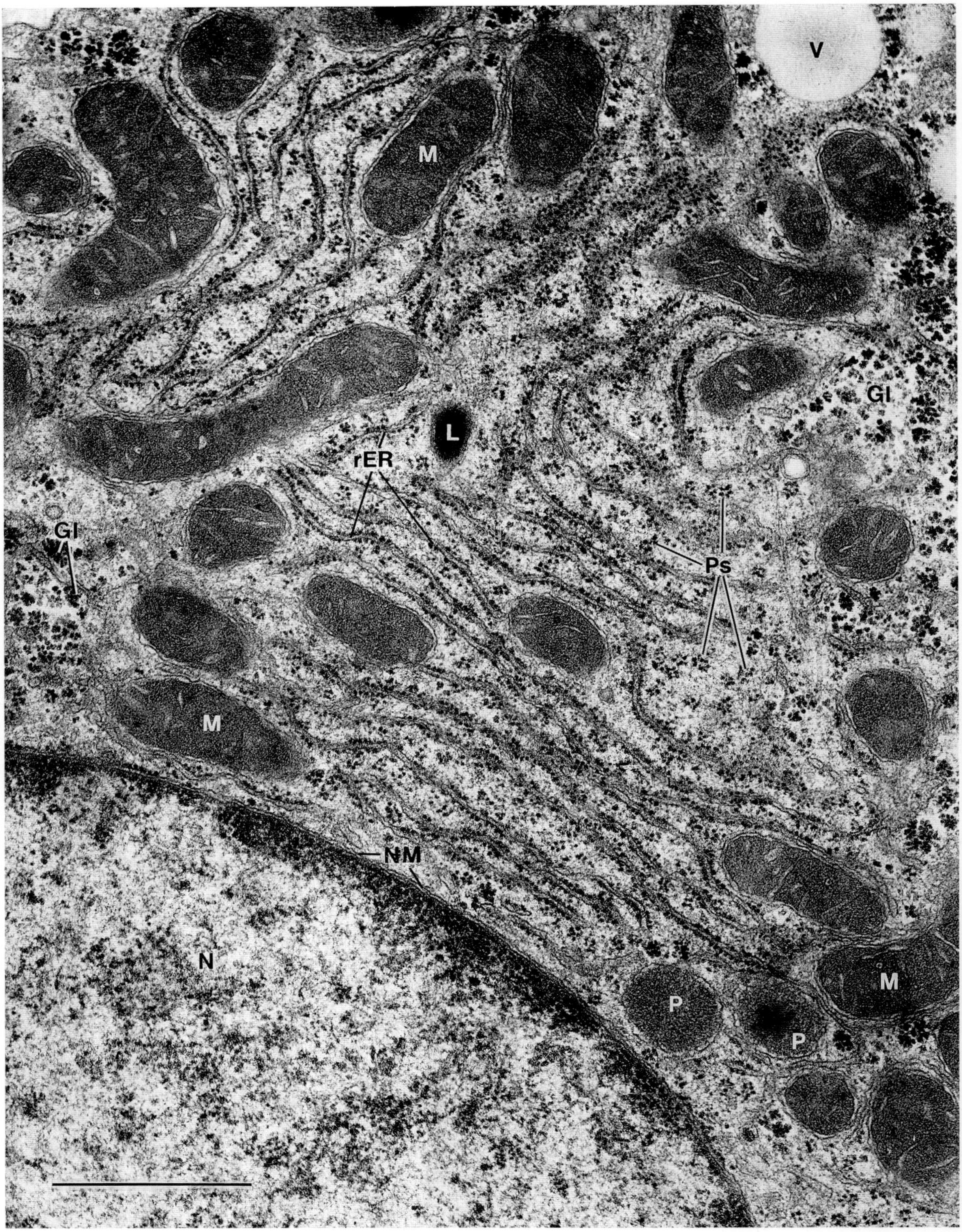

Abb. 1-1: Ausschnitt aus einer Leberparenchymzelle. Zellen sind nicht nur von einer Plasmamembran umgeben, sondern enthalten im allg. auch zahlreiche Membranen und Bereiche, die von Membranen eingegrenzt werden. Diese Leberzelle, die einen Durchmesser von ca. 22 μm besitzt, hätte bei der gezeigten Vergrößerung (34000 fach) einen Durchmesser von ca. 75 cm. Gl, Glykogengranula; L, Lysosom; M, Mitochondrion; N, Zellkern; NM, Kernhülle; P, Peroxisom (Microbody); Ps, Polysomen; rER, rauhes Endoplasmatisches Reticulum; V, kleine Vakuole. (EM-Aufnahme: H. Falk)

Man kennt mindestens 1,2 Millionen Tierarten, 320 000 Pflanzenarten, 80 000 Pilz- und Flechtenarten und unterscheidet über 5000 verschiedene Bakterien. Diese ungeheure Vielfalt – Ausdruck der Anpassung an verschiedene Lebensräume und ökologische Nischen darin – hat keine Entsprechung im mikroskopischen Aufbau dieser Organismen. Sie sind alle aus Zellen (Abb. 1-1) aufgebaut oder bestehen nur aus einzelnen Zellen, die in den Grundzügen ihrer Organisation übereinstimmen. Die Zelle hat sich als kleinste lebens- und vermehrungsfähige Einheit, als **Elementarorganismus**, erwiesen. Alle Grundfunktionen des Lebens lassen sich gemeinsam nur auf zellulärem Niveau nachweisen, nicht aber auf subzellulärem. Zellen können bei rezenten Organismen nur durch Teilung oder Verschmelzung aus ihresgleichen entstehen, was R. Virchow bereits 1855 in dem berühmt gewordenen Satz „Omnis cellula e cellula" ausgedrückt hat.

Die grundsätzliche Homologie aller Zellen in einem bestimmten Organismus (und darüber hinaus die Gleichwertigkeit der Zellen verschiedener Organismen) blieb verborgen, solange vor allem ausdifferenzierte Gewebe mit spezialisierten Zellen untersucht wurden (17. und 18. Jahrhundert). Die fundamentalen Entsprechungen wurden deutlich, als man in der ersten Hälfte des 19. Jahrhunderts auch undifferenzierte embryonale Zellen von Tieren und Pflanzen zu erforschen begann. Die allgemeinen und grundsätzlichen Entsprechungen im Zellbau bei Vielzellern sind erstmals 1839 durch M. Schleiden und T. Schwann in breitem Umfang festgestellt worden.

1.1 Was ist eine „Zelle"?

Jeder lebende Organismus ist vor allem dadurch charakterisiert, daß er seine eigene Vermehrung bewirken kann. Dieses allgemeinste Merkmal aller Lebewesen trifft auch auf den Elementarorganismus zu, also auf die einzelne Zelle. Die Selbstvermehrungsfähigkeit hat eine Reihe von Voraussetzungen, die gewöhnlich als Lebenskriterien herangezogen werden. Dabei ist die Summe aller Kriterien nötig, um die Zelle als kleinste Einheit des Lebendigen zu charakterisieren. Wegen des Systemcharakters der Zellen (und Organismen) bedingen sich nämlich die folgenden Merkmale gegenseitig. Die Reihenfolge der Aufzählung ist insoweit willkürlich.

- Die Zelle besitzt ein oder mehrere Moleküle, welche die Information für ihre Strukturen, Funktionen und ihre Selbstreproduktion enthalten und als Träger der genetischen Information, als **Genom** bezeichnet werden. Bei allen rezenten Lebewesen handelt es sich dabei um doppelsträngige DNA. Der einfache Satz dieser Informationsträger wird numerisch ausgedrückt durch den C-Wert, gemessen in pg DNA. Er ist für die Zellen einer bestimmten Organismenart charakteristisch und konstant, schwankt aber zwischen den Zellen verschiedener Arten in weiten Bereichen. Die DNA ist in der Zelle der Sitz der „Legislative". Die „Exekutive", die Gesamtheit der Proteine, entsteht durch die Vorgänge der Transkription und Translation unter Zwischenschaltung von RNA.
- Die genetische Information einer Zelle kann sich sprunghaft verändern, was als **Mutation** bezeichnet wird. Dies ist ein Aspekt, der die Evolution der Zelle und die Weiterentwicklung ihres Informationsgehalts nach den Kriterien der Selektion betrifft.
- Die Zelle besitzt einen **Stoffwechsel**. Die energetisch labilen Zellstrukturen und die vielen stofflichen Ungleichverteilungen erfordern zu ihrer Aufrechterhaltung und Vermehrung den ständigen Austausch von Stoffen und Energie mit der Umgebung. Nur in einem solchen Zustand des **Fließgleichgewichts** (steady state) kann die Zelle dem thermodynamischen Gleichgewicht entgehen, das E. Schrödinger als den „Zustand des Todes" bezeichnet hat. Über energiereiche Verbindungen, im allg. ATP und NAD(P)H + H^+, wird der energieverbrauchende Stoffaufbau (Anabolismus) mit dem energiefreisetzenden Stoffabbau (Katabolismus) oder mit der Absorption von Lichtenergie verbunden.
- Jede Zelle ist von einer **Plasmamembran** (Zellmembran) umgeben, die durch ihre Struktur und Permeabilitätseigenschaften eine Barriere gegen die Umwelt darstellt, zugleich aber auch den kontrollierten Stoffaustausch mit dieser Umwelt ermöglicht.
- Die Zelle ist reizbar, d.h. sie kann verschiedene chemische und physikalische Signale von außen empfangen und auf sie reagieren. Sie ist dazu mit entsprechenden spezifischen Sensoren, sog. **Rezeptoren** ausgestattet, die solche Signale erkennen.
- **Motilität** sie ist weit verbreitet, gilt allerdings nicht für alle Zellen in allen physiologischen Zuständen, selbst wenn man die intrazellulären Bewegungsvorgänge berücksichtigt.
- Die **Lebensdauer** von Zellen ist begrenzt. Sie sterben nach unterschiedlichen Zeiten ab oder

gehen durch Teilung in Tochterzellen über. In vielzelligen Organismen ist die Lebensdauer der einzelnen Zellen im allg. – aber nicht immer – kürzer als die des Organismus selbst.

- Zellen leben in einer nicht in jeder Beziehung günstigen Umwelt. Aggressive Substanzen, Strahlung, Sauerstoff setzen ihnen zu. Die meisten Komponenten einer Zelle zeigen wohl vor allem deshalb einen Umsatz oder **Turnover**, d.h. sie werden abgebaut und durch neue ersetzt. Für die Genome, die keinem Turnover unterliegen, gibt es in Zellen wirksame Reparatursysteme, die auftretende Schäden beheben.

Es gibt zwei Grundformen der Zellorganisation, die bei rezenten Organismen nicht durch Übergänge verbunden sind. Das auffälligste Unterscheidungskriterium zwischen ihnen ist das Vorhandensein bzw. Fehlen eines Zellkerns. Der Zellkern ist von einer Kernhülle, den beiden Kernmembranen, umgrenzt und enthält die DNA der Chromosomen. Er ist typisch für **Eucyten**, die Zellen der **Eukaryoten**. In **Protocyten**, den Zellen der **Prokaryoten** (Bakterien), ist die DNA zwar auch in bestimmten Bereichen der Zelle konzentriert, sie ist jedoch nie von einer besonderen Membranhülle umgeben. Die unmittelbare Konsequenz aus dem Vorhandensein bzw. Nicht-Vorhandensein eines Zellkerns ist, daß bei Eucyten Transkription und Translation räumlich getrennt sind, bei Protocyten hingegen nicht.

Insgesamt unterscheidet man heute drei große Organismenreiche. Die Eukaryoten (**Eukarya**) bilden das phylogenetisch jüngste; die Prokaryoten werden in zwei Reiche untergliedert, die **Archaea** (Archaebakterien) und die **Bacteria** (Eubakterien) (s. Kap. 24).

Zellen sind sehr unterschiedlich gestaltet und sehr unterschiedlich groß: von einer 1 µm großen Bakterienzelle bis zur meterlangen Nervenzelle oder einem Vogelei. Im allg. jedoch liegen die zellulären Dimensionen unter der Auflösungsgrenze der Augen. Um Zellen und ihre Substrukturen sichtbar zu machen, braucht man bestimmte Methoden; und auch diese haben ihre Auflösungsgrenzen. Als **Auflösungsgrenze** ist der Minimalabstand d_{min} zweier Punkte definiert, bei dem diese noch als solche erkannt, „optisch aufgelöst" werden können. Für das Lichtmikroskop beispielsweise gilt

$$\delta_{\min} = \frac{\lambda}{n \cdot \sin \alpha/2} \qquad \text{(Gl. 1-1)}$$

mit λ Lichtwellenlänge, n Brechungsindex des Mediums zwischen Präparat und Objektiv und $\alpha/2$ halbem Öffnungswinkel des Objektivs (s. Kap. 26).

Nur wenige Zellen wie große Einzeller oder Eizellen können mit dem bloßen Auge erkannt werden (Abb. 1-2). Das Lichtmikroskop erschließt die Welt der Zellen, das Elektronenmikroskop die der subzellulären Strukturen und die Röntgenstrukturanalyse schließlich die der (kristallisierbaren) Makromoleküle und Moleküle.

Unterschiede können auch in den kleinen Dimensionen frappierend sein: Der Ciliat *Paramecium* ist mit einer Länge von 0,33 mm als Einzeller wesentlich größer als das kleinste bekannte Insekt, eine Schlupfwespe (Familie Trichogrammatidae) mit einer Länge von 0,17 mm und doch sehr vielen Zellen.

1.2 Zur Größe von Zellen

Zellen sind nicht beliebig groß oder beliebig klein, und es stellt sich die Frage, wodurch sie in ihrer Größe begrenzt werden. Ein wichtiges Kriterium, das die Grenze nach oben hin absteckt, ist die Diffusionsmöglichkeit besonders von großen Molekülen im Cytoplasma. Die Viskosität des Cytoplasmas – gemessen an der Diffusion kleiner Moleküle wie Nährstoffmoleküle und Metabolite – ist 3- bis 5-fach höher als die von Wasser. Für große Moleküle wie Proteine erweist sich dagegen die Diffusion wesentlich stärker eingeschränkt durch die hohe Proteinkonzentration, die Bildung großer Proteinkomplexe und (bei Eucyten) durch das Cytoskelett. Für das bei optimalen Wachstumsbedingungen kultivierte gramnegative Bakterium *Escherichia coli* hat man berechnen können, daß die zelluläre Proteinsyntheserate von 10^5 – 10^6 eingebauten Aminosäuren pro Sekunde an den 4500 Ribosomen nicht durch die Diffusion von Aminosäuren, tRNAs usw. begrenzt ist, sondern durch die biochemischen Vorgänge im Ribosom selbst.

Das Entstehen von Cytoskelettelementen und aktiven Transportsystemen für große Moleküle und Vesikel (Actomyosinsystem u.a.) im Cytoplasma hat sicher dazu beigetragen, daß Eucyten größer werden konnten. Eucyten sind nahezu durchweg größer als Protocyten, die ohne solche Systeme auskommen müssen (Abb. 1-2).

Eine fast kuriose Ausnahme ist das Bakterium *Epulopiscium fishelsoni* im Darm von Doktorfischen mit einer Größe von 80 mal 600 µm; über die besonderen Bedingungen, die zur Evolution eines solchen Riesen geführt haben, läßt sich nur spekulieren. Auch Eucyten können in besonderen Fällen – abgesehen von manchen Eizellen – den üblichen Größenbereich überschreiten und riesig werden. Schleimpilze (Myxomyceten) wie *Physarum polycephalum* (Abb. 1-3) bestehen in der vegetativen Phase aus einer einzigen Zelle, dem vielkernigen Plasmodium, das viele Zentimeter Durchmesser erreichen kann.

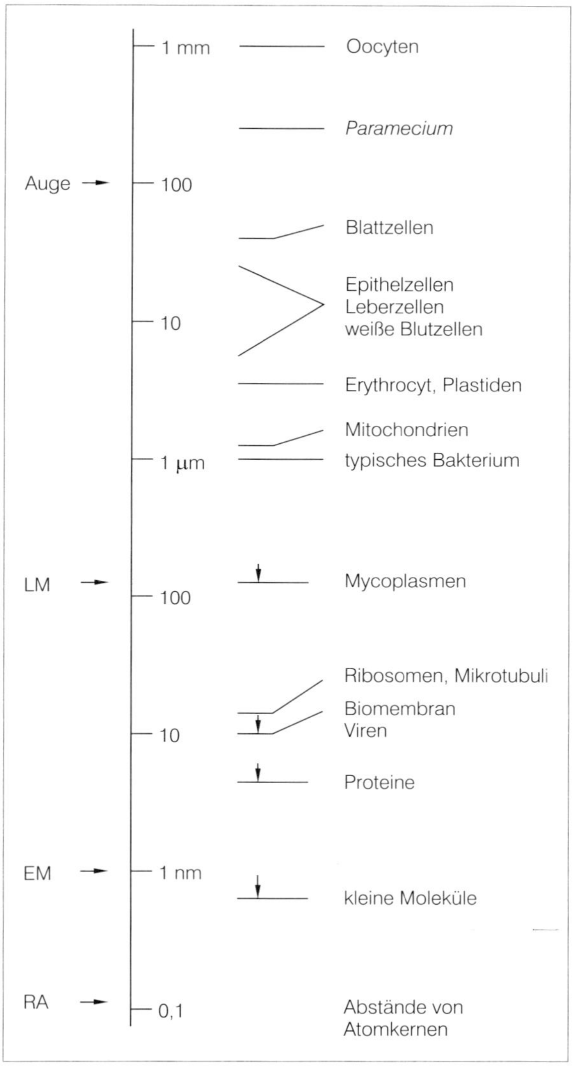

Abb. 1-2: Größenordnungen. **Links**: Dimensionen in logarithmischer Auftragung und Auflösungsgrenzen für Auge, Lichtmikroskop (LM), Elektronenmikroskop (EM) und Röntgenstrukturanalyse (RA). Die Grenze für das Elektronenmikroskop ist für biologische Strukturen angegeben; bei Gitterstrukturen ist die Auflösung höher. **Rechts**: Beispiele und Grenzwerte (mit Pfeil).

Das Oberflächen-Volumen-Verhältnis bei einer Zelle ist ebenfalls ein Aspekt, denn über die Oberfläche, die Plasmamembran, findet der Austausch mit der Umgebung der Zelle statt. Allerdings ist nicht nur die Fläche der Membran selbst, sondern auch die Anzahl der in ihr enthaltenen Transportsysteme für den Austausch entscheidend.

Ein weiteres Kriterium sind Zahl und Anzahl der verschiedenen Proteine, die notwendig sind, um Ana- und Katabolismus und alle übrigen Vorgänge in einer Zelle zu gewährleisten.

Die kleinsten bekannten Zellen gehören zu den Mycoplasmen (Abb. 1-2); sie haben einen Durchmesser von ca. 0,25 µm. Ein Ribosom hat immerhin einen Durchmesser von 0,025 µm. Das bedeutet, daß eine solche Zelle 1000 Ribosomen beherbergen könnte, sonst aber kaum mehr etwas anderes. Eine kleine Mycoplasmenzelle enthält ungefähr 400 Ribosomen und insgesamt etwa 60 000 Proteinmoleküle. Bei einem intrazellulären pH-Wert von 7,0 sind in ihrem Cytoplasma im statistischen Mittel ganze zwei Protonen vorhanden.

Schließlich ist auch die Menge an genetischer Information ausschlaggebend, die samt ihrer Realisation in der Zelle Platz finden muß. Es ist eine alte interessante Frage, wie viele Gene denn mindestens notwendig seien für das Lebendigsein einer Zelle. Die Definition der **Minimalzelle** ist vielleicht eine zu akademische Frage. Es sollte aber möglich sein, einen Satz bestimmter Gene zu definieren, der im Prinzip in jeder selbstreplizierenden Zelle vorhanden sein müßte. Dieser Satz könnte dann durch weitere Gene ergänzt werden, die durch die besonderen Wachstumsbedingungen und das Biotop der Zelle erforderlich sind. Einen solchen Minimalisten meint man, mit *Mycoplasma genitalium* gefunden zu haben, dessen Genom nun sequenziert vorliegt (s. 1.3). Allerdings handelt es sich bei diesem Prokaryoten nicht um eine primitive Zelle, sozusagen aus der Frühzeit der Evolution, sondern um eine sekundär reduzierte parasitische Form (s. unten). Sie besitzt jedoch alle Informationen für eine autonome Vermehrung. *M. genitalium* ist ein Parasit des Menschen, der auf der Oberfläche von Zellen lebt. Das kleine Genom enthält 470 für Proteine codierende Gene (ca. 1/3 davon mit noch unbekannter Funktion), 3 Gene für rRNAs, 33 Gene für tRNAs und 3 Gene für weitere RNA-Moleküle. Vergleicht man dieses Genom mit dem

Abb. 1-3: Riesenzelle (Plasmodium mit zahlreichen Zellkernen) des Schleimpilzes *Physarum polycephalum* auf einem unterlegten Papier in „W"-Form, unter Laborbedingungen angezogen. (Aufnahme: F. Achenbach)

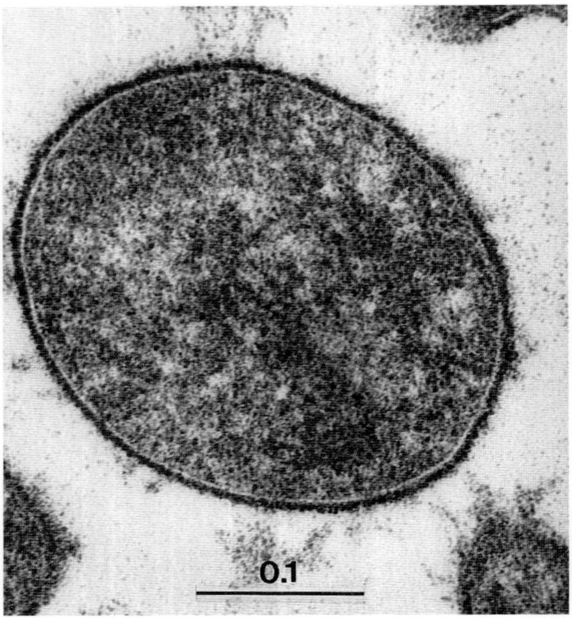

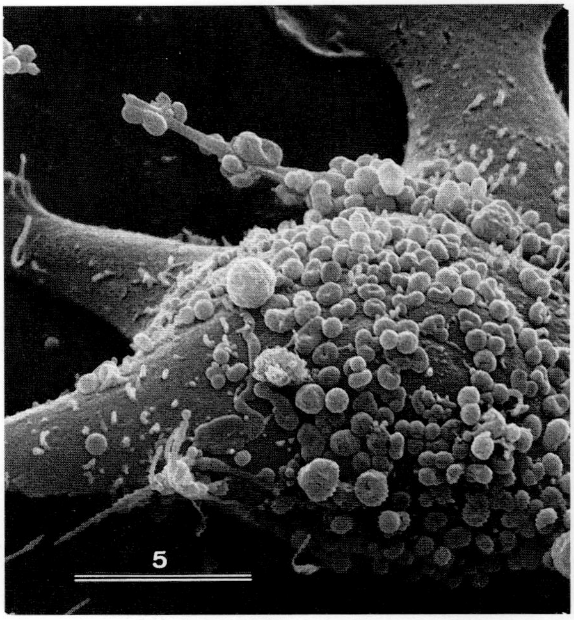

Abb. 1-4: Mycoplasmen. **Links**: *Ureaplasma urealyticum*. Zu erkennen sind die dicht gepackten Ribosomen im Cytoplasma, die im elektronenmikroskopischen Bild als Doppellinie (dunkel-hell-dunkel) erscheinende Plasmamembran und feine Strukturen an der Außenfläche der Zelle. Eine Zellwand ist nicht vorhanden. (EM-Aufnahme: F. T. Black (1980) aus J. V. Johannessen (Hrsg.), Electron Microscopy in Human Medicine, Vol. 3, McGraw-Hill, New York; mit Genehmigung.) **Rechts**: Mit Mycoplasmen infizierte Zellkultur. Die Oberfläche dieser Mäusenierenzelle ist mit zahlreichen Mycoplasmen besetzt, die wie kleine Zellausstülpungen aussehen. (Raster-EM-Aufnahme: D. M. Phillips)

ebenfalls sequenzierten etwas größeren der nahe verwandten Art *M. pneumoniae* mit 677 Genen, so ist festzustellen, daß alle 470 Gene des kleineren Genoms auch in dem größeren enthalten sind. *M. genitalium* besitzt für die Vorgänge von Replikation/Transkription/Translation 145 Gene, *M. pneumoniae* eine ähnliche Anzahl. In diesem Bereich ist wahrscheinlich die Minimalausstattung erreicht. In dem wesentlich größeren Genom von *Haemophilus influenzae*, ebenfalls einem Parasiten des Menschen (s. unten), sind bereits 255 Gene für Replikation/Transkription/Translation zuständig. Natürlich gehören nicht nur Gene dieses Bereichs zum Minimalsatz, sondern auch solche für metabolische und regulative Prozesse, Zellteilung, Zellstruktur und Transport durch die Plasmamembran. Die Frage nach dem Minimalsatz kann frühestens dann beantwortet werden, wenn die Funktion aller Gen-Produkte von *M. genitalium* geklärt ist. Die geringe Genom-Größe dieser wirtsabhängigen Zelle beruht auf einem Verlust von Genen, die besonders die Synthese von Aminosäuren und anderen Bausteinen sowie den Energiestoffwechsel betreffen. Durch die parasitäre Lebensweise kann sich die Zelle mit vielen Metaboliten von außen versorgen. Beispielsweise besitzt *M. genitalium* nur ein einziges Gen/Enzym für die Aminosäuresynthese und keine Gene/Enzyme für den Citratzyklus und den Elektronentransport. Bezeichnenderweise ist die In-vitro-Kultur von *M. genitalium* in einem mit Serum angereicherten Vollmedium wesentlich schwieriger als die von *M. pneumoniae*.

Von solch abgeleiteten Formen, wie sie diese Mycoplasmen darstellen, dürften Rückschlüsse auf ursprüngliche Zellen der Frühevolution nur schwer möglich sein, da die damaligen Bedingungen für das Leben (reduzierende Atmosphäre, Schwefel-Stoffwechsel, hohe Temperaturen u.a.) mit den heutigen, und dazu noch in diesem Fall parasitären, nicht vergleichbar sind.

Mycoplasmen (Abb. 1-4) gelten als „degenerierte" Formen, die infolge ihrer parasitischen Lebensweise und des reichen Nahrungsangebots in ihren Wirten viele Gene für Enzyme des Intermediärstoffwechsels als „unnötig" verloren haben. Sie lassen sich trotz fehlender Zellwand aufgrund von Sequenzvergleichen der rRNAs von gramnegativen Bakterien ableiten. Die Mycoplasmen – es wurden bisher etwa 70 Arten innerhalb mehrerer Gattungen beschrieben – werden in der taxonomischen Gruppe der Molicutes zusammengefaßt. Wegen ihrer geringen Größe und flexiblen Gestalt sind Mycoplasmen relativ häufige und entsprechend gefürchtete Verunreinigungen in Kulturen tierischer Zellen (besonders die Arten *M. arginini*, *M. hyorhinis*, *M. orale* und *Acholeplasma laidlawii*), da sie bei Sterilfiltration leicht Filter von 0,2 µm Porenweite passieren können. Als Verunreinigungen lassen sie sich nur schwer erkennen, denn es kommt nie zu einer Massenentwicklung dieser Organismen. Nachgewiesen werden sie in solchen Kulturen z.B. mit dem DNA-spezifischen

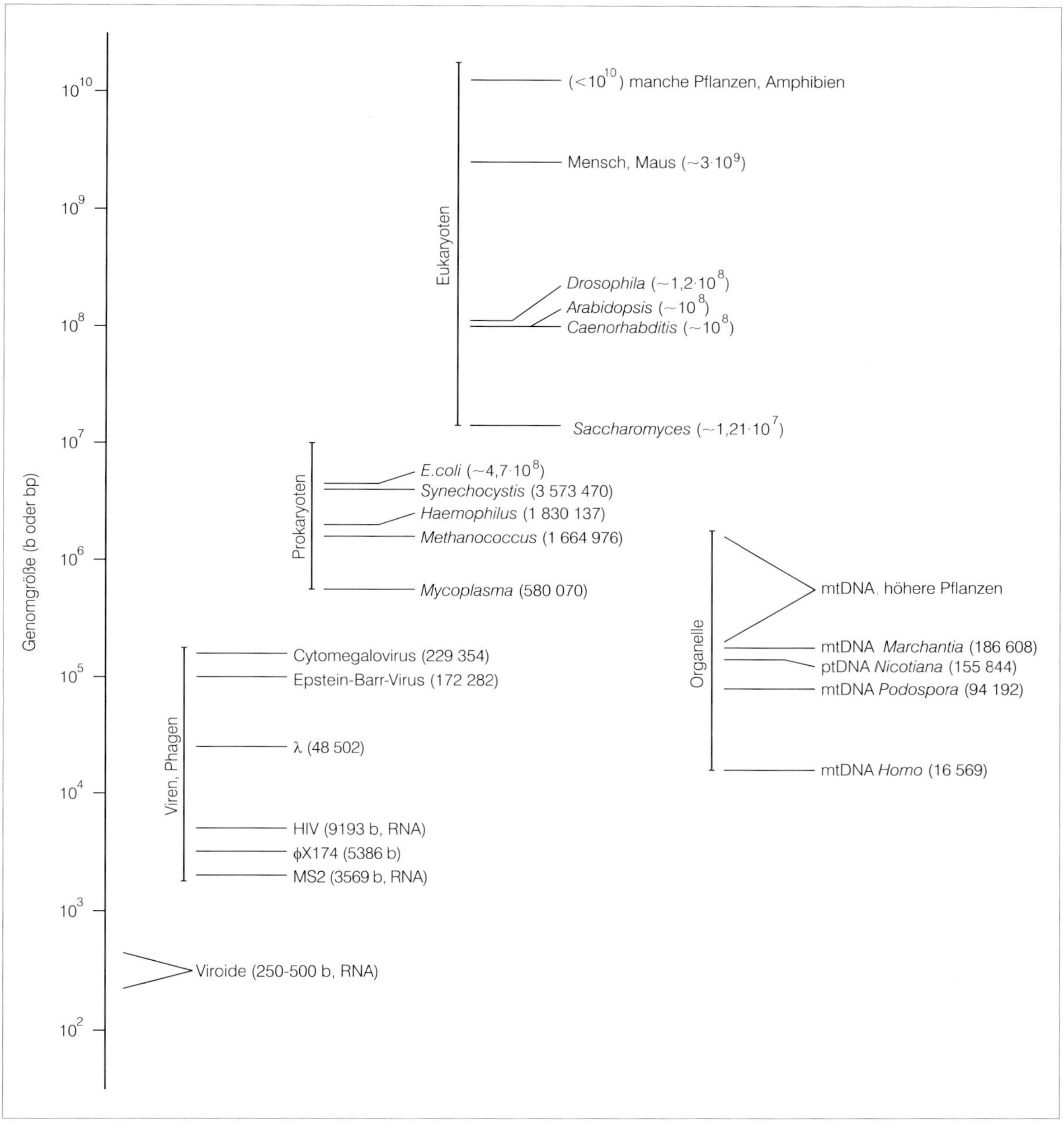

Abb. 1-5: Größenordnungen II. Genome in Basenpaaren (bp) oder Basen (b) von Eukaryoten, Prokaryoten, Organellen, Viren/Phagen und Viroiden. Viren/Phagen enthalten als Träger des Genoms doppelsträngige oder einsträngige DNA oder RNA, Viroide einsträngige RNA. Bei den Eukaryoten beziehen sich die Werte auf den haploiden Zustand, bei den Organellen auf ein DNA-Molekül (das oft in vielfachen identischen Kopien pro Organell vorkommt).

Fluoreszenzfarbstoff Bisbenzimidin; diffuse Blaufluoreszenz außerhalb des Zellkerns an der Zelloberfläche enttarnt sie. Mit Ofloxacin, einem Gyrase-Inhibitor (s. 5.5.3), sind sie bekämpfbar. Weitere im Menschen parasitierende Arten sind *M. hominis*, *M. salivarium* und *M. pneumoniae*, von denen die letztere als Erreger einer atypischen Pneumonie gilt.

Haemophilus influenzae ist ein fakultativ anaerobes gramnegatives Bakterium, das parasitisch/pathogen im Menschen lebt. Zum Wachstum benötigt es verschiedene Substanzen, die im Blut vorkommen. Insbesondere der Typ b ist häufigster Erreger der bakteriellen Meningitis bei Kleinkindern, kann aber auch Laryngitis, Pneumonie u.a. verursachen. Etwa ab dem vierten Lebensjahr ist der Antikörpertiter vor allem gegen das Kapselpolysaccharid hoch genug, so daß die Krankheit nur noch selten auftritt. Der Artname *influenzae* stammt von der Entdeckung des Bakteriums während einer Grippe-Epidemie im Jahr 1890, für deren Ursache man es zunächst hielt; der Erreger der Grippe ist das Influenzavirus (s. 6.1).

1.3 Zelluläre Genome

Die meisten Gene eines Genoms codieren für Proteine, wesentlich weniger für die verschiedenen RNAs. In Eukaryoten ist das Genom auf mehrere lineare Chromosomen verteilt, in Prokaryoten besteht es aus einem zirkulären DNA-Molekül (eine Ausnahme bildet *Borrelia burgdorferi*, der Erreger der Lyme-Krankheit, mit einem linearen Genom). Abb. 1-5 gibt einen Überblick über Genom-Größen. Die Genome von Prokaryoten sind kleiner als die von Eukaryoten. Zwischen Pro- und Eukaryoten besteht vielleicht ein kleiner Überlappungsbereich in der Genom-Größe, denn es gibt Bakterien mit größerem Genom als das von *Escherichia coli*. Die Hefe besitzt eines der kleinsten eukaryotischen Genome. Zum Vergleich sind in die Abbildung auch die Genome der eukaryotischen Organellen, Mitochondrien (mtDNA) und Plastiden (ptDNA), und die sog. extrazellulären genetischen Elemente (Viroide, Phagen, Viren) mit aufgenommen. Diese Elemente erfüllen nicht die Gesamtheit der Kriterien, die für eine Zelle definiert wurden, besitzen jedoch mutable genetische Informationen, niedergelegt in Nucleinsäuremolekülen (DNA oder RNA). Viroide, Phagen und Viren sind für ihre Vermehrung auf Zellen angewiesen (s. Kap. 6), sie sind parasitäre Elemente.

In Pro- und Eukaryoten kann die Genom-Größe von Art zu Art stark variieren. Im allg. ist die DNA-Menge in den Zellen eines bestimmten Organismus seiner Organisationshöhe proportional. Nur bei den Eukaryoten im oberen Bereich von Abb. 1-5 stimmt dies nicht mehr. Hier enthält die DNA zunehmend nichtcodierende Bereiche. Die Größe der zirkulären DNA-Moleküle in Plastiden ist recht einheitlich, die der ebenfalls zirkulären DNA-Moleküle der Mitochondrien dagegen variiert stark und reicht in den Bereich der prokaryotischen Genome hinein. Bei höheren Pflanzen entspricht die Größe des mtGenoms jedoch nicht der Anzahl der darin enthaltenen Gene, die nichtcodierenden Bereiche überwiegen. Die Organellen besitzen generell erheblich zu wenig genetische Information, um ein „Eigenleben“ führen zu können.

Tab. 1-1: Sequenzierte Genome in Kilobasen (kb) bzw. Kilobasenpaaren (kbp).

Genome	kb oder kbp	Gene*
Phagen, Viren, Organellen**		
ΦX174 (1977)	5,368 kb	10
HIV (RNA-Genom) (1985)	9,193 kb	15
mtDNA, Mensch (1981)	16,569 kbp	13
ptDNA, Tabak (1995)	155,844 kbp	84
Prokaryoten***		
Haemophilus influenzae (1995)	1830,137 kbp	1743
Mycoplasma genitalium (1995)	580,070 kbp	470
Mycoplasma pneumoniae (1996)	816,394 kbp	677
Methanococcus jannaschii (Archaeb.; 1996)	1664,976 kbp	1738
Synechocystis PCC6803 (Cyanob.; 1996)	3573,470 kbp	3168
Helicobacter pylori (1997)	1667,867 kbp	1590
Escherichia coli (1997)	4639,221 kbp	4288
Methanobacterium thermoautotrophicum (Archaeb.; 1997)	1751,377 kbp	1855
Bacillus subtilis (grampos.; 1997)	4214,810 kbp	4100
Archaeoglobus fulgidus (Archaeb.; 1997)	2178,400 kbp	2436
Borrelia burgdorferi (1997)		
lineare DNA	910,725 kbp	853
>17 lineare oder zirkuläre Plasmide	>533,000 kbp	>430
Aquifex aeolicus (1998)	1551,335 kbp	1512
Eukaryoten		
Saccharomyces cerevisiae (1996)	12 068,000 kbp	5885

* Gene, die für Proteine codieren. In den Genomen von Pro- und Eukaryoten sind auch Gene für rRNAs, tRNAs und einige weitere kleinere RNAs enthalten.

** Von Phagen, Viren und Organellen sind viele weitere Sequenzen bekannt. Der Bakteriophage ΦX174 besitzt als Genom eine einsträngige DNA, das HI-Virus eine einsträngige RNA.

*** Von Prokaryoten sind alle bis März 1998 bekannt gewordenen sequenzierten Genome chronologisch aufgeführt; die Zahlen in Klammern geben die Jahreszahlen der entsprechenden Publikationen an. Damit sind Genome von allen wichtigen Gruppen entschlüsselt: Von kleinen Mycoplasmen, gramnegativen Bakterien (darunter mit *H. influenzae*, *H. pylori* und *B. burgdorferi* drei Parasiten des Menschen; die zu den Spirochaeten gehörende *B. burgdorferi* fällt durch die lineare DNA und zahlreiche Plasmide auf), je einem grampositiven Bakterium und einem Cyanobakterium sowie drei Archaebakterien. *Aquifex aeolicus* schließlich ist ein hyperthermophiler Organismus und gehört zu einer kleinen Gruppe von Prokaryoten, die sehr früh vom Hauptstamm der Bacteria abzweigte.

1977/78 wurde das erste Genom durch F. Sanger und Mitarbeiter sequenziert, d.h. in seiner Basenabfolge aufgeklärt. Es war das Genom eines kleinen Phagen von *E. coli*, ΦX174; 11 Gene, die für Proteine codieren, konnten auf diesem Genom nachgewiesen werden. Seit dieser Pioniertat wurden zahllose Gene und in DNA umgeschriebene mRNAs (sog. cDNAs, c von copy) der unterschiedlichsten Organismen sequenziert und die Sequenzen in Datenbanken zugänglich gemacht. Es gelang aber auch die Totalsequenzierung weiterer Genome. 1981 wurde die Sequenz der mtDNA des Menschen, wieder durch die Arbeitsgruppe von F. Sanger, publiziert. Als erste ptDNA konnte 1986 die des Tabaks in ihrer Sequenz bestimmt werden. Die gesamte Sequenz eines eukaryotischen Chromosoms, des Chromosoms III der Hefe mit 315 kbp, wurde bereits 1992 von S.G. Oliver et al. publiziert. Das gramnegative Bakterium *Haemophilus influenzae* war die erste lebende Zelle, deren Genom durch C. Venter und Mitarbeiter 1995 entschlüsselt wurde. 1996 wurde die Sequenzierung aller 16 Chromosomen des Hefe-Genoms, des ersten eukaryotischen Genoms, abgeschlossen; zahlreiche Arbeitsgruppen mit insgesamt 633 Wissenschaftlern hatten sich an diesem Unternehmen beteiligt. Erwartet wird für die nächsten Jahre der Abschluß der Sequenzierungsarbeiten an Genomen zahlreicher Prokaryoten sowie der höheren Pflanze *Arabidopsis thaliana*, des Nematoden *Caenorhabditis elegans*, *Drosophila melanogaster* und des Menschen.

In Tab. 1-1 sind sequenzierte Genome mit der Anzahl ihrer ermittelten oder abgeschätzten Protein-codierenden Gene aufgelistet. Bei höheren Eukaryoten sind natürlich wesentlich mehr Gene zu erwarten als bei der Hefe gefunden wurden. Ihr durchschnittlicher Abstand voneinander, ein reziprokes Maß für die Codierungsdichte eines Genoms, liegt bei Prokaryoten bei etwa 1 kbp und hat bei Eukaryoten zugenommen, so daß die Genome unverhältnismäßig größer wurden. Man nimmt an, daß *Drosophila* mehr als 12 000 Gene besitzt, deren durchschnittlicher Abstand etwa 10 kbp beträgt, *Arabidopsis* etwa 21 000 Gene mit einem mittleren Abstand von 4,8 kbp und der Mensch etwa 70 000 Gene mit einem durchschnittlichen Abstand von mehr als 40 kbp.

Die Sequenzierungsarbeiten an zellulären Genomen brachten große Überraschungen. Zunächst war die Zahl der Gene in den Genomen größer als erwartet; besonders bei der Hefe als genetisch sehr gut untersuchtem Organismus hatte man gemeint, die Mehrzahl der Gene genetisch bereits erfaßt zu haben. Weiterhin stellte sich heraus, daß in den Genomen bis zu 50 % der Gene oder ORFs (open reading frames, offene Leseraster) für Produkte unbekannter Funktion codieren, darunter auch solche ohne Verwandtschaft (Homologie) zu anderen bisher sequenzierten Genen in den Datenbanken. ORFs sind definiert als DNA-Abschnitte, die mindestens etwa 100 Codons für Aminosäuren in einer „sinnvollen" Abfolge (also nicht nur für eine Sorte etc.) enthalten und durch ein Start- und Stop-Codon begrenzt werden; im allg. spricht man von einem Gen, wenn die Funktion des Gen-Produkts bekannt, und von einem ORF, wenn dies nicht der Fall ist.

Bis vor wenigen Jahren erwartete man eigentlich, daß das Genom des Enterobakteriums ***Escherichia coli*** als erstes in seiner Sequenz aufgeklärt sein würde. Das Genom dieses Organismus, über den weit mehr bekannt ist als über jeden anderen (s. die eindrückliche Monographie von Neidhardt et al.), liegt in der zeitlichen Reihenfolge der Sequenzierung nun an achter Stelle. Die Erforschung des ubiquitären Kommensalen des Gastrointestinaltrakts, der bereits 1885 beschrieben worden war, begann in den 40er Jahren, als Wissenschaftler wie J. Monod u.a. ein möglichst einfaches biologisches System suchten, um die Wachstumsphysiologie einer Zelle zu studieren mit dem Hintergrund einer Korrelation von Genotyp und Phänotyp. Manche Stämme von *E. coli* sind allerdings auch pathogen und verursachen eine blutige Diarrhö; sie werden daher auch als EHEC (enterohämorrhagische *E. coli*) bezeichnet. Diese Stämme enthalten ein Plasmid, das ein Enterotoxin codiert, d.h. ein Toxin, das in den Darm abgegeben wird, mit ähnlicher Wirkung wie das Cholera-Toxin (s. 3.5.3). Das Genom von *E. coli* enthält mit ca. 4288 Genen mehr Gene als aus biochemischen und genetischen Untersuchungen vorausgesehen. Damit hatten knapp 40 % der Gene bzw. Gen-Produkte unbekannte Funktionen, was allgemein ganz unerwartet war für die Nummer Eins der Biologie. Am Ende noch ein Zitat: „Jeder Zellbiologe interessiert sich für (zumindest) zwei Zellen, nämlich für die, an der er arbeitet, und für *E. coli*".

Stellt man sich die Frage, welche Konsequenzen die große Datenfülle aus den Sequenzierungen für die Wissenschaft und die weitere Annäherung an das Geheimnis „lebende Zelle" haben wird, so ergeben sich folgende Aspekte:

- Zunächst ist anzumerken, daß diese Daten nur in guten Sequenzdatenbanken mit Annotation durch Spezialisten handhabbar sind, denn die Sequenz eines Genoms von $3 \cdot 10^9$ Basenpaaren (das Genom des Menschen) würde in der Abfolge der Buchstabensymbole A, C, G und T für die vier Bausteine der DNA mehrere Meter Lexikonbände füllen.
- Die Tendenz zur „umgekehrten" Vorgehensweise der Forschung, die mit der Entwicklung und Verbesserung der Sequenzierungstechniken einsetzte, wird sich verstärken. Umgekehrt zum klassischen Vorgehen, bei dem zunächst beispielsweise eine enzymatische Reaktion, dann das Enzym mit seinen Cofaktoren und schließlich – wenn man viel Glück hatte – die mRNA und auch das Gen analysierbar wurden. Ausgangspunkt wird das Gen sein, oft ein unbekanntes, von dem aus durch biologisches Experimentieren die Struktur und Funktion des Gen-Produkts zu erschließen sein werden. Ob sich hierbei auch ganz neue Funktionen ergeben werden oder nur Variationen zu Bekanntem, ist nicht abzusehen. Ein zunächst unbekanntes großes Gen der Hefe, das die Zelle unter Laborbedingungen nicht benötigte, wurde bei Ansäuern des Kulturmediums mit Essigsäure essentiell; man nimmt an, daß es sich bei dem Gen-Produkt um ein Transportprotein handelt, das Essigsäure aus der Zelle transportiert und an natürlichen Biotopen der Hefe gebraucht wird.
- Zu Genen gehören in der DNA-Sequenz vorgeschaltete, manchmal auch nachgeschaltete Elemente, die regulatorische Funktionen besitzen. Die Analyse dieser Elemente und der mit ihnen zusammenwirkenden Proteinfaktoren treten immer mehr in das Zentrum wissenschaftlichen Interesses. Die Unterschiede zwischen zwei Individuen einer Art liegen eher hier als in den codierenden Bereichen der Gene.
- Phylogenetische Verwandtschaften zwischen Organismen werden sehr viel genauer bestimmbar, wenn nicht nur wie bisher Sequenzvergleiche von rRNAs und einigen Proteinen, sondern von ganzen Genomen herangezogen werden können.
- Durch homologe Rekombination können Mutationen, insbesondere Null-Mutationen

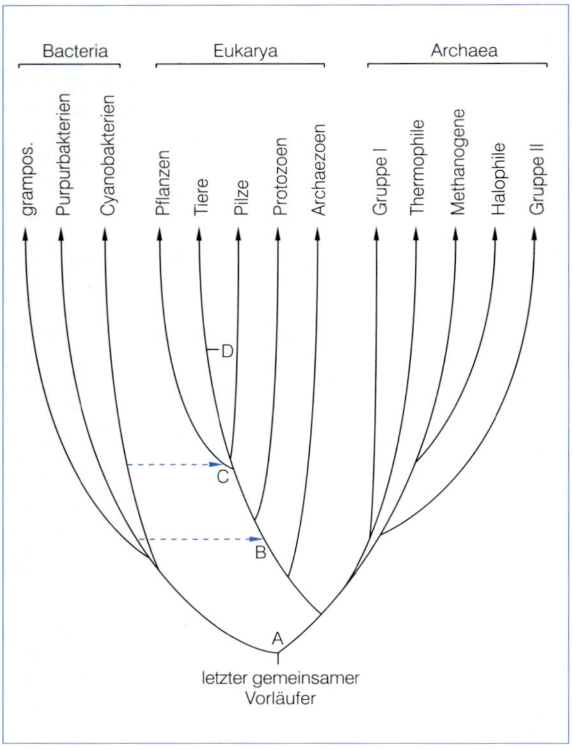

Abb. 1-6: Universeller Stammbaum der Organismenreiche mit ihren wichtigsten Gruppen nach Sequenzvergleichen ribosomaler RNAs. Die Position der Wurzel des Stammbaums (A) mit der letzten gemeinsamen Vorläuferzelle (Cenancestor) ist aus grundsätzlichen Erwägungen (s. Kap. 24) unsicher. Die farbigen Pfeile geben die Enstehung der Mitochondrien aus Purpurbakterien (B) und der Chloroplasten aus Cyanobakterien (C) an. Die folgenden zeitlichen Angaben sind als orientierende grobe Abschätzungen zu verstehen: (A) Entstehung der Reiche vor ca. $3,5 \cdot 10^9$ Jahren; (B) Entstehung der Mitochondrien vor ca. $2,5 \cdot 10^9$ Jahren; (C) Entstehung der Chloroplasten vor 1,9 bis $1,2 \cdot 10^9$ Jahren; (D) Ausbreitung der Coelomaten vor ca. $0,5 \cdot 10^9$ Jahren. Ansonsten sollte die Vertikale nicht als verläßliche Zeitachse angesehen werden. (In Anlehnung an C. R. Woese et al. 1990)

(Knockouts) für bestimmte Gene/Proteine in Zell-Linien und Organismen hergestellt werden. Bevorzugte Organismen neben der Hefe sind Mäuse und die Pflanze *Arabidopsis thaliana*. Die Mutanten lassen Rückschlüsse zu auf die biologische Funktion dieser Proteine.

- Erbkrankheiten – das gilt insbesondere für den Menschen – lassen sich anhand von Genen bzw. ihren mutierten Allelen besser verstehen. Etwa für die Hälfte der bisher bekannten, bei Erbkrankheiten mutierten Proteine des Menschen existieren homologe Proteine in der Hefe.

So ist zum Beispiel bei der Chorea Huntington, einer neurodegenerativen Erbkrankheit, das verantwortliche Gen und das von ihm codierte Protein Huntingtin seit einigen Jahren bekannt. Die zelluläre Funktion des Proteins blieb allerdings bisher verborgen. Die die Krankheit auslösende Mutation des Gens besteht in einer Verlängerung durch Triplet-Wiederholungen, und diese Triplets codieren ausschließlich für die Aminosäure Glutamin. Das normale Gen enthält 11–34 solche Wiederholungen, die mutierten enthalten 37–121. Es ist nun entscheidend herauszufinden, welche Funktion das Protein in der Nervenzelle hat und in welcher Weise die zusätzlichen Glutamin-Wiederholungen diese Funktion so verändern, daß ein Absterben der Zellen die Folge ist.

1.4 Archaea – Bacteria – Eukarya

Protocyten, die Zellen der prokaryotischen Organismen, und Eucyten, die Zellen der eukaryotischen Organismen, sind durch keinerlei Übergänge miteinander verbunden, obwohl beide Zelltypen natürlich den allgemeinen Kriterien für eine Zelle genügen, den gleichen genetischen Code benützen, die gleichen Bauprinzipien bei ihren Biomembranen zeigen und auch der gleichen Evolution entstammen. Die Prokaryoten bilden zwei Organismenreiche, die Archaea und die Bacteria, die Eukaryoten nur eins, die Eukarya. Der **universelle Stammbaum** der Organismenreiche mit ihren wichtigsten Gruppen (Abb. 1-6) wurde aus Sequenzvergleichen der ribosomalen RNAs aufgestellt und wird heute allgemein akzeptiert. Zunächst spalteten sich die frühen Zellen bzw. ein letzter gemeinsamer Vorläufer, der **Cenancestor**, in die Archaea und Bacteria auf; von den Archaea zweigten später die Eukarya ab. Diese nahmen in zwei späteren Ereignissen Vertreter der Bacteria auf, und zwar aus der Gruppe der α-Purpurbakterien und der Cyanobakterien, aus denen die Mitochondrien bzw. Plastiden hervorgingen (Endosymbionten-Theorie). Interessanterweise findet man heute noch rezente Vertreter eines Zweiges der Eukarya, der sich offenbar vor diesen Ereignissen abgespalten hatte. Diese meist parasitisch oder symbiontisch und anaerob lebenden Einzeller werden als Archaezoa bezeichnet.

Nach diesem Stammbaum ist zu erwarten, daß die Archaea mit den Bacteria zwar die typisch prokaryotischen Eigenschaften gemeinsam haben, in anderen Merkmalen jedoch den Eukarya näher stehen. Die Organellen, Mitochondrien und Plastiden, hingegen sollten ihre Herkunft von den Bacteria erkennen lassen, wie das z.B. in den Sequenzen ihrer rRNAs der Fall ist. Die drei Reiche sind in Tab. 1-2 in wichtigen Merkmalen vergleichend gegenübergestellt. Die einfachere Organisation der Protocyten drückt sich u.a. in ihrer geringen Größe, dem Mangel an intrazellulären Membranen sowie dem geringeren DNA-Gehalt und einer kürzeren Generationsdauer aus. Der Vergleich zwischen einem typischen Protocyten, *Escherichia coli* (1 μm lang, 0,5 μm Durchmesser), und einer Hefezelle (4 μm Durchmesser) zeigt, daß der Eucyt mehr als das vierzigfache Volumen des Protocyten besitzt. Vielzellige Organismen haben sich nur bei den Eukaryoten evoluiert, während Prokaryoten nicht wesentlich über die Bildung von Zellkolonien und lockeren Zellverbänden (Coenobien, besonders bei den Cyanobakterien) und über ein Schwarmverhalten bei den Myxobakterien hinauskamen.

Ein erstaunlicher Punkt ist, daß alle Protocyten ohne „Mechanoenzyme" auskommen, also beispielsweise kein Actomyosinsystem besitzen. Das effektivste ATP-bildende System wiederum, die membranständige ATP-Synthase (s. 10.4.2), ist nur bei Protocyten zu finden. Eucyten haben nichts Vergleichbares entwickelt, bedienen sich jedoch „indirekt" des protocytischen Systems in ihren Mitochondrien und Chloroplasten. Das gleiche gilt für die membranständigen Elektronentransportsysteme von Atmung und Photosynthese.

Archaea und Bacteria ähneln sich in den meisten Genen, die Stoffwechsel, Energiehaushalt und Zellteilung betreffen; in den Genen für Replikation, Transkription und Translation dagegen sind die Archaea den Eukarya näher verwandt. Das hat die Sequenzierung des Genoms des Archaebakteriums *Methanococcus janaschii* u.a. (Tab. 1-1) bestätigt.

Tab. 1-2: Gemeinsamkeiten und Unterschiede zwischen den Organismenreichen Bacteria, Archaea und Eukarya*.

Merkmal	Protocyten		Eucyten
	Bacteria	Archaea	Eukarya
Größenbereich	0,3–2,5 μm	0,3–2,5 μm	2–20 (–300) μm
Vielzelligkeit	–	–	+
Differenzierung	(+)	–	+
Zellkern/Mitose	–	–	+
Genom**	zirk. DNA	zirk. DNA	Chromosomen
Nucleosomen	–	–	+
Rekombination	Konjugation	Konjugation	Meiose/Syngamie
Operons	+	+	+ (nur Organellen)
RNA-Polymerase	bakt. Typ	arch. Typ	arch. Typ
Initiator-tRNA	fMet-tRNA	Met-tRNA	Met-tRNA
Ribosomen	70S	70S	80S
mRNA, Cap an 5'	–	–	+
mRNA, poly(A)$^+$ an 3'	–	–	+
Endomembransystem	–	–	+
Endo-, Exocytose	–	–	+
Organellen	–	–	+
Gasvakuolen	+	+	–
Mechanoenzyme	–	–	+
Cytoskelett	–	–	+
Flagellen	+	+	–
Geißeln	–	–	+
Photosynthese	+	–	+ (Chloroplasten)
e^--Transport/ H^+-Gradient	+	+	+ (nur Organellen)
ATP-Synthase	F-Typ	V-Typ	F-Typ (Organellen)
Peptidoglykan	+	–	–
Acylester-Lipide	+	–	+
Isopropanylether- Lipide	–	+	–
N_2-Fixierung	+	+	–
Methanogenese	–	+	–
Anaerobiose	+	+	selten (Hefe)
Chemolithotrophie	+	+	–

* Manche Merkmale gelten nicht für alle Mitglieder eines Reiches; z.B. besitzen nicht alle Bacteria und Archaea Flagellen oder Gasvakuolen.
** zirk. DNA, zirkuläre DNA. Die DNA in den Chromosomen ist linear.

1.5 Protocyten – ein Überblick

Bakterienzellen sind überall präsent, oft in ungeheuren Individuenzahlen. Sie kommen in einer großen Vielfalt ökologischer Nischen vor, was die unterschiedlichsten Organisationsformen auf dem Niveau der Einzelzelle, besonders aber zahlreiche Möglichkeiten der Energiegewinnung und damit verbunden die Ausstattung mit entsprechenden sehr spezifischen Enzymsystemen bedingt.

Die intestinale Mikroflora des Dickdarms des Menschen beispielsweise ist eine außerordentlich komplizierte ökologische Ansammlung von Mikroorganismen. Hier kommen bis zu 10^{12} Bakterien pro Milliliter vor, und ca. 300 Phänotypen wurden beschrieben. Dieses System ist störbar, beispielsweise durch Breitband-Antibiotika, wobei es zur Besiedlung durch *Clostridium difficile* und zu einer durch diesen Keim ausgelösten Kolitis kommen kann. Auch andere extreme Standorte werden immer wieder und unerwarteterweise von Prokaryoten besiedelt vorgefunden. Beispielsweise lebt das Archaebacterium *Pyrolobus fumarii* an bis zu 113 °C heißen Black Smokern in 3650 m Meerestiefe nahe der Azoren; zur Energiegewinnung benötigt es Wasserstoff und schwefelhaltige Verbindungen, ist aber nicht auf organische Substanzen angewiesen. Bei Erdölbohrungen in Virginia wurden Prokaryoten in 2,5 km Tiefe entdeckt, wo sie offensichtlich seit Millionen von Jahren isoliert lebten. Solche Bedingungen sind nur mit außergewöhnlichen Stoffwechselwegen, häufig mit einer Energiegewinnung durch Umsetzung anorganischen Materials und oft zwangsläufig langsamen Generationszeiten zu bewältigen. Die Anpassung an extremste Standorte zeigt besonders eindrücklich das von O. Stetter isolierte thermoacidophile Archaebakterium *Pyrodictium occultum*, das bei 90 °C und einem pH-Wert von 2 seine optimalen Bedingungen findet und bei Aerobiose Schwefel zu Sulfat oxidiert, bei Anaerobiose dagegen Schwefel

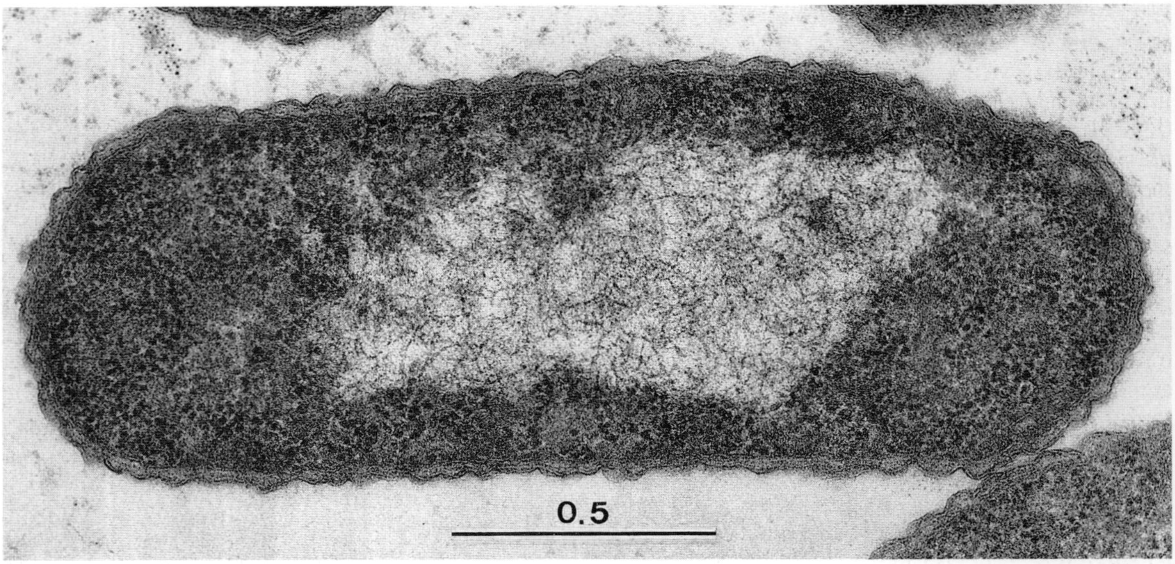

Abb. 1-7: *Escherichia coli*, ein typisches gramnegatives Bakterium. In der Zelle sind Ribosomen und die ribosomenfreie Nucleoid-Region mit DNA-Fäden zu erkennen. Die Zelle ist umgeben von der als Doppellinie erscheinenden Plasmamembran (dunkel-hell-dunkel), der Peptidoglykanschicht (einzelne dunkle Linie) und der äußeren Membran, wieder als Doppellinie (dunkel-hell-dunkel). (EM-Aufnahme: J. Hobot, M. Maeder)

zu Schwefelwasserstoff reduziert, und dadurch seinen Energiebedarf deckt. Im Vergleich zu infektiösen Bakterien, die sich bei einer Infektion vielleicht alle 20 Minuten teilen, oder zu Bodenbakterien mit Teilungszyklen von einigen Stunden mögen sich solche „Extremophile" vielleicht nur einmal im Jahr teilen.

Neue Schätzungen gehen davon aus, daß 99% und mehr der Mikroorganismen vieler Biotope wegen ihrer besonderen Adaptationen nicht kultivierbar und daher nicht im klassischen Sinn beschreibbar sind. Auch die meisten Vertreter der intestinalen Mikroflora sind nicht kultivierbar. Eine dreiviertel Million Insektenarten ist beschrieben worden, aber nur 5000 Prokaryotenarten. Moderne molekularbiologische Methoden erlauben es jedoch, DNA direkt aus z.B. Bodenproben zu amplifizieren und die Sequenzen der rRNA-Gene zu bestimmen. Die auf diese Weise charakterisierten Organismen werden als **Phylotypen** bezeichnet. Solche Analysen haben auch gezeigt, daß Archaea nicht nur extreme Standorte mit hohen Temperaturen, hoher Salzkonzentration oder strikter Anaerobiose besiedeln; dies ließ sie als Relikte erscheinen, die nur an solchen Standorten ohne nennenswerte Konkurrenz anderer Gruppen überleben konnten. Heute weiß man, daß sie eher ubiquitär vorkommen und z.B. mehrere Prozent im Bakterioplankton ausmachen. Gruppe I und Gruppe II im Stammbaum in Abb. 1-6 sind solche Archaea-Phylotypen aus „gemäßigten" Biotopen.

Innerhalb der Eubakterien gibt es viele Arten, die symbiontisch oder parasitisch leben und pathogen sind. Eine der interessantesten Symbiosen ist die von *Vibrio fischeri* in den Leuchtorganen von Tiefseefischen (s. 18.1). Aus den Archaebakterien dagegen ist bisher nur eine einzige symbiontische Art in einem Schwamm gefunden worden.

Bis auf die wandlosen Mycoplasmen sind alle Protocyten von Zellwandstrukturen umgeben. Für die Eubakterien ist das **Peptidoglykan** (Murein) typisch; es besteht aus Ketten von N-Acetylglucosamin und N-Acetylmuraminsäure, die durch kurze Peptidketten vernetzt sind. Bei den grampositiven Zellen ist die Mureinschicht sehr viel dicker als bei den gramnegativen, so daß sie durch die sog. Gramfärbung unterschieden werden können.

Gramfärbung: Zellen werden nach Hitzedenaturierung nacheinander mit Kristallviolett, Jod und Ethanol behandelt. Grampositive Zellen zeigen danach eine purpurne Färbung, gramnegative Zellen sind farblos. Eine anschließende Behandlung mit Safranin färbt gramnegative Zellen rot. Die Färbung ist ein wichtiges Diagnoseverfahren im bakteriologischen Labor.

Eine charakteristische Wandsubstanz gramnegativer Bakterien (Abb. 1-7) ist das **Lipopolysaccharid**, das in der sog. äußeren Membran enthalten ist, die sich der Mureinschicht nach außen hin anschließt. In dieser Membran befinden sich auch **Porine**, porenbildende Proteine für den

Durchtritt kleinerer Moleküle. Die äußere Membran erscheint im elektronenmikroskopischen Bild wie die Plasmamembran und alle intrazellulären Membranen als Doppellinie (dunkel-hell-dunkel). Der Raum zwischen der Plasmamembran und der äußeren Membran wird als **periplasmatischer Raum** bezeichnet. Viele Bakterien tragen auf ihrer Oberfläche Kapselpolysaccharide, die z.B. bei pathologischen Formen Kontakte zu Wirtszellen vermitteln oder einen gewissen Schutz vor Phagocytose durch Immunzellen gewährleisten. Archaebakterien (Abb. 1-8) haben anders strukturierte Zellwände. Sie bestehen aus einem dem Murein ähnlichen Pseudomurein, Polysacchariden, Glykoproteinen oder reinem Protein.

Häufig tragen Bakterien auf ihrer Oberfläche bis zu 2 μm lange und einige nm dicke Proteinfilamente, die als **Fimbrien** oder Pili bezeichnet werden; mit Hilfe von Fimbrien können sich Zellen an Substrate oder auch an Konjugationspartner (s. unten) anheften. Als weitere extrazelluläre Strukturen besitzen viele Protocyten eine oder mehrere **Flagellen**, die der Fortbewegung dienen; sie sind mit einer rotierenden Basalregion in Plasmamembran und Zellwand verankert. Außer durch rotierende Flagellen gibt es noch eine zweite Form der Fortbewegung bei Protocyten, die besonders bei Myxobakterien und Cyanobakterien beobachtet wird. Diese Zellen gleiten an Oberflächen entlang. Dabei werden offenbar Schleimsubstanzen von der Zelle ausgeschieden, der molekulare Mechanismus ist jedoch noch nicht geklärt.

Bei Protocyten umschließt die Plasmamembran oft nur ein einziges cytoplasmatisches Kompartiment (Abb. 1-7). Intracytoplasmatische Membranen können allerdings bei photosynthetischen Bakterien und einigen anderen Formen auftreten. In einer besonderen Region im Cytoplasma, dem **Nucleoid**, befindet sich die DNA, die im Elektronenmikroskop oft als faserige oder zopfartige Struktur zu erkennen ist. Weit verbreitet bei Protocyten sind **Plasmide**, kleine ringförmige DNA-Moleküle von 1 bis 1000 kbp, manchmal auch sehr viel größere sog. Megaplasmide, die die Information für ihre autonome Replikation in der Wirtszelle besitzen. Sie sind für den Grundstoffwechsel der Wirtszelle nicht essentiell, sondern beherbergen ein Reservoir „adaptiver“ Gene, die für das Überleben und die Evolution der Zellen große Bedeutung haben. Sie können beispielsweise Gene enthalten, die Resistenz gegen Antibiotika bewirken (R-Plasmide), die Konjugation von Zellen ermöglichen (F-Plasmide, F von Fertilität), für Toxine codieren oder für katabole Enzyme zum Abbau ungewöhnlicher Substrate. Das Bodenbakterium *Arthrobacter nicotinovorans* z.B. kann mit Nicotin als einziger C- und N-Quelle leben, wenn es ein entsprechendes Plasmid enthält. Für die molekularbiologische Forschung sind Plasmide die wichtigsten Vektoren.

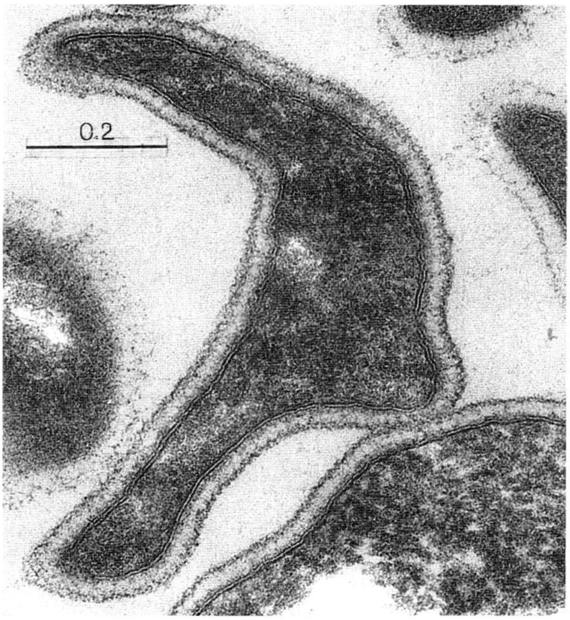

Abb. 1-8: *Pyrodictium occultum*, ein anaerobes hyperthermophiles Archaebakterium, das in submarinen vulkanischen Habitaten vorkommt und sein Wachstumsoptimun bei 105 °C hat. Das Bild zeigt Anschnitte mehrerer Zellen. Die Plasmamembran (kontrastreiche Doppellinie) und die ihr aufliegende, aus regelmäßigen Untereinheiten zusammengesetzte Zellwand, die aus Glykoproteinen besteht, sind gut zu erkennen. (EM-Aufnahme: H. König)

Jemand hat einmal gesagt, daß man in dem Genom von Bakterien die uralten Gene findet, die sozusagen für die normale Küche der Zellen zuständig sind; möchte man jedoch Champagner und Kaviar, so sollte man nach den Plasmiden schauen.

Bei Protocyten kommt eine Syngamie von Zellen nicht vor. Es kann jedoch genetische Information über den als **Konjugation** bezeichneten Vorgang von einer Zelle in eine andere übertragen werden. Der Kontakt zwischen Konjugationspartnern wird über Fimbrien, sog. Sex-Pili, eingeleitet. Bevorzugt werden Plasmide übertragen, die dazu mit bestimmten Genen ausgerüstet sein müssen und dann „konjugativ“ genannt werden. Da der Transfer nicht speziesspezifisch ist, also auch zwischen nicht verwandten Zellen stattfinden kann, ist beispielsweise die beobachtete Ausbreitung von Antibiotika-Resistenzen (infolge der oft zu sorglosen Anwendung von Antibiotika) erklärbar. Durch Vermittlung von F-Plasmiden kann auch das eigentliche zelluläre Genom

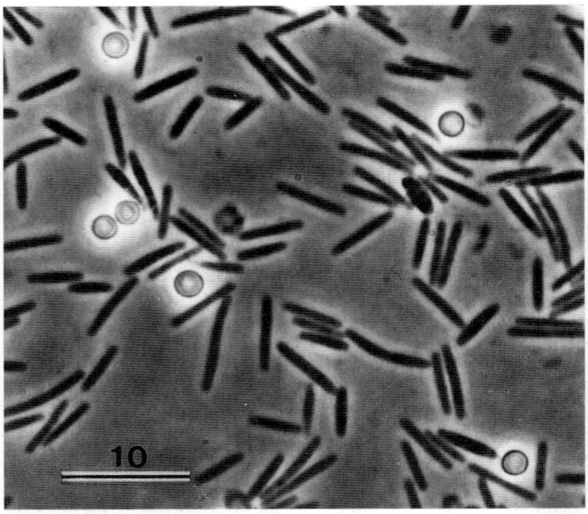

Abb. 1-9: *Myxococcus xanthus*, ein Myxobakterium. Vegetative Zellen und runde Myxosporen. (Phasenkontrast-Aufnahme: H. Reichenbach)

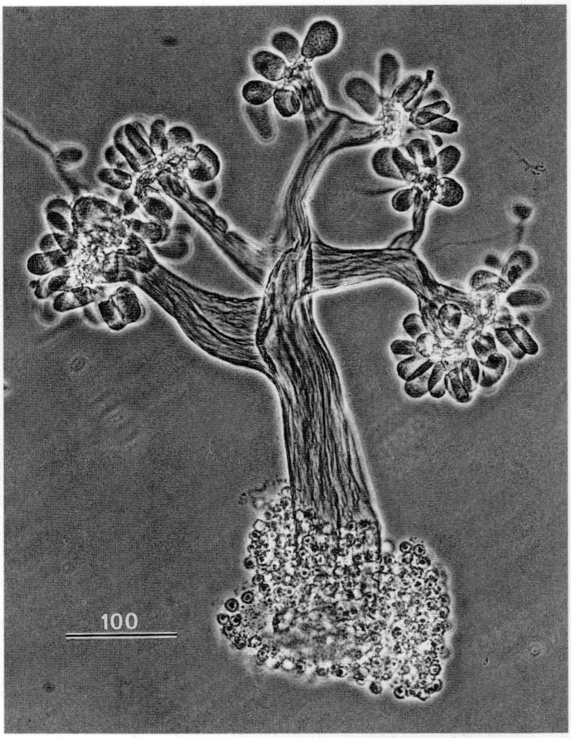

Abb. 1-10: Fruchtkörper des Myxobakteriums *Chondromyces crocatus*. An dem bäumchenförmig verzweigten, aus extrazellulärem Material aufgebauten Stiel sitzen zahlreiche Sporangiolen, in denen insgesamt 10^5 bis 10^7 zu Sporen umgeformte Zellen beisammenliegen. (LM-Aufnahme: H. Reichenbach)

so mobilisiert werden, daß Teile davon, nach Replikation, in einen Konjugationspartner gelangen können.

Sehr viele Protocyten sind in der Lage, Dauerstadien, sog. **Sporen**, zu bilden, die von einer festen und resistenten Wand umgeben sind und dadurch ungünstige Lebensbedingungen überstehen (Abb. 1-9). Die schwarmbildenden Myxobakterien bauen kleine, bis zu einem Millimeter hohe farbige Fruchtkörper auf, in denen sich die Schwarmzellen zu Sporen umwandeln (Abb. 1-10). Dadurch wird gewährleistet, daß bei einer gemeinsamen Keimung der Sporen sofort kleine Schwärme entstehen können.

Eine besondere Stellung innerhalb der Prokaryoten nehmen die **Cyanobakterien** („Blaualgen“) ein. Sie sind relativ groß, so daß sich die Nucleoid-Region durch Fluorochromierung der DNA auch lichtmikroskopisch darstellen läßt (Abb. 1-11). Cyanobakterien sind aerob photoautotrophe Organismen und enthalten beide Photosysteme (I und II) wie die pflanzlichen Chloroplasten, als deren Vorläufer sie gelten. Ihre intrazellulären Membranen (Abb. 1-12 und 1-13), in denen die Photosyntheseapparate lokalisiert sind, werden wie bei Chloroplasten als Thylakoide bezeichnet. Anaerob photoautotrophe Protocyten wie *Chloroflexus*, einige Arten aus der Gruppe der Purpurbakterien und die grünen Schwefelbakterien besitzen entweder nur Photosystem I oder II. Cyanobakterien kommen als Einzelzellen, als von Gallertscheiden umgebene Zellkolonien (Coenobien) und als fädige Formen vor, bei denen eine Basis/Spitzen-Polarität und Zelldifferenzierungen auftreten können.

Heterocysten (Abb. 1-14) sind die bekanntesten differenzierten Zellen der Cyanobakterien; sie führen nur eine reduzierte Photosynthese durch und dienen vor allem der Stickstoff-Fixierung. Sie sind über Plasmabrücken durch die Zellwände hindurch mit den Nachbarzellen verbunden.

Parasiten der Prokaryoten sind die **Bakteriophagen**. Sie stellen kleine Partikel dar, die in

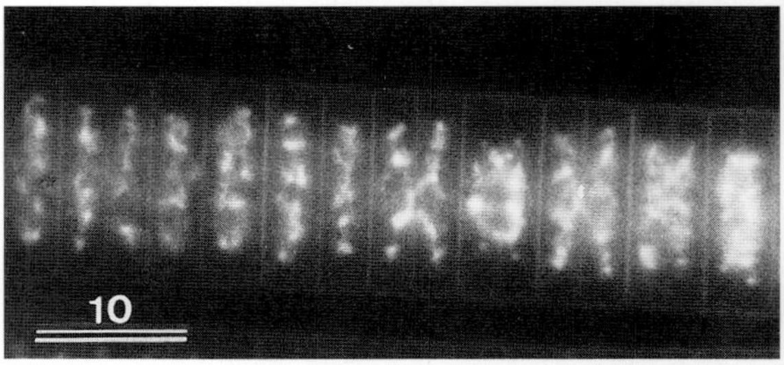

Abb. 1-11: Das Cyanobakterium *Oscillatoria limosa*, Lebendpräparat nach Fluorochromierung der DNA mit dem Fluoreszenzfarbstoff DAPI. Die Zellumrisse sind erkennbar. Das Nucleoid erscheint als zentrale, fädig-partikuläre Region. In Teilungsstadien nimmt das Nucleoid eine x-förmige Gestalt an. (Fluoreszenz-Aufnahme: E. Tschermak-Woess, A. Schöller (1982) Pl. Syst. Evol. 140, 207; mit Genehmigung.)

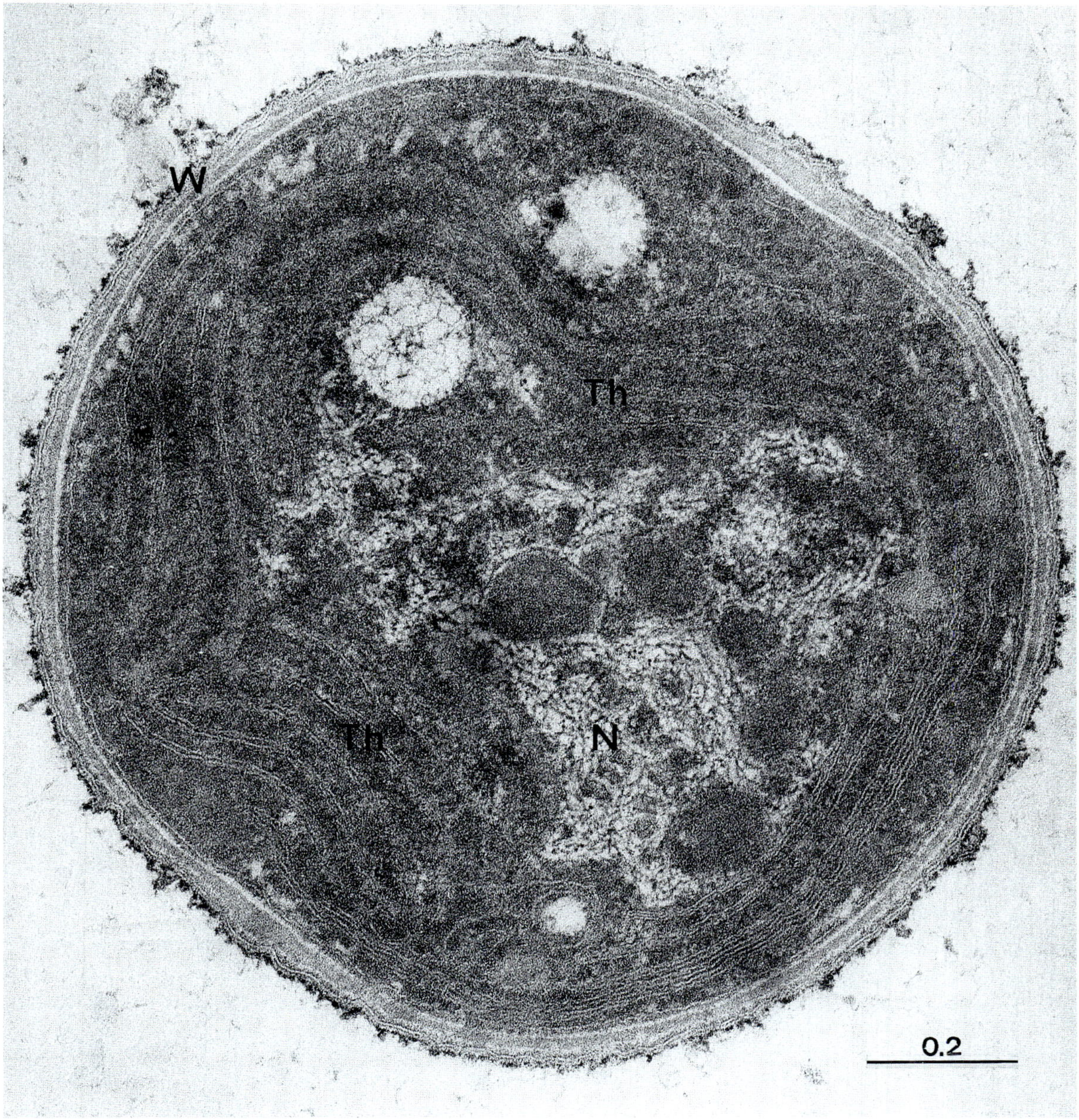

Abb. 1-12: Feinstruktur einer Cyanobakterienzelle (*Synechocystis* sp.). Das zentrale, faserige Nucleoid (N) ist von zahlreichen Thylakoidmembranen umgeben (Th), die Ort der Photosynthesevorgänge sind. Die Zellwand (W) erscheint vielschichtig. In der Zelle sind außerdem einige nicht näher identifizierte Einschlüsse enthalten. (EM-Aufnahme: J. R. Golecki)

einer Proteinhülle, dem Capsid, ein kleines Genom aus DNA oder RNA enthalten (s. 6.1). Es gibt zahllose Bakteriophagen, allein für *E. coli* wurden weit über 100 beschrieben.

1.6 Eucyten – ein Überblick

Eucyten kommen als Einzeller und – vor allem – als Vielzeller vor (Tab. 1-2).

Vom Stamm der Eukarya (Abb. 1-6) trennten sich schon relativ früh einige Protozoengruppen, die Einzeller blieben; sie sind in der Abbildung in einem einzigen Zweig zusammengefaßt. Auch

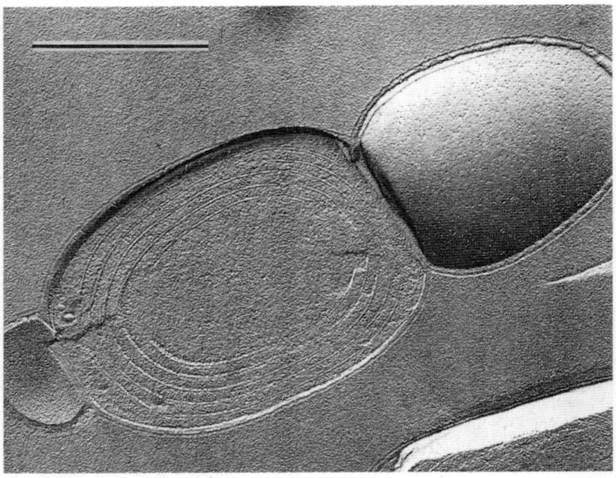

Abb. 1-13: Gefrierbruch-Bild des Cyanobakteriums *Plectonema boryanum.* Auch in dieser Präparation sind das zentrale, membranfreie Nucleoid und die es umgebenden Thylakoidmembranen gut zu sehen. (EM-Aufnahme: J. R. Golecki)

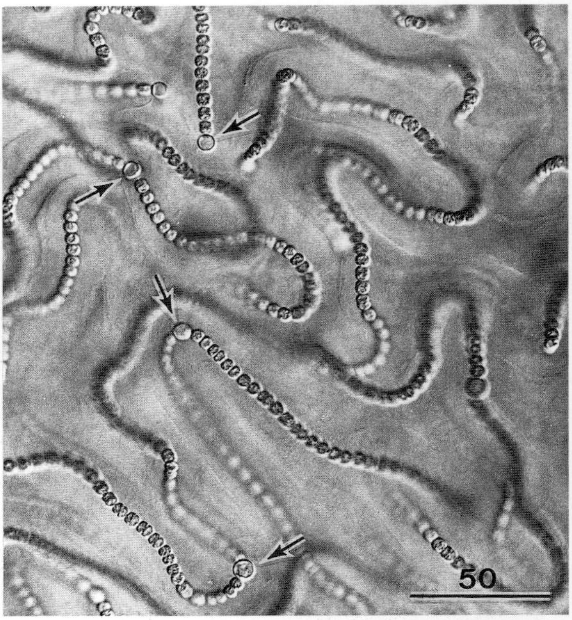

Abb. 1-14: *Nostoc communis,* ein fädiges Cyanobakterium. Die relativ seltenen Heterocysten in den Fäden sind mit Pfeilen gekennzeichnet. (Interferenzkontrast-Aufnahmen: P. Sitte)

bei den Pflanzen gibt es einzellige Algen und bei den Pilzen ebenfalls Einzeller. Einzeller, besonders Protozoen, zeichnen sich durch komplexe interne Strukturen aus, wie man sie in den Zellen höherer Eukaryoten kaum antrifft (Abb. 1-15).

Der phylogenetisch außerordentlich interessante Zweig der **Archaezoen** zweigte vor der Entstehung von Mitochondrien und Plastiden aus endosymbiontischen Formen der Bacteria von der Hauptrichtung ab. Archaezoen fehlen auch Peroxisomen, die offensichtlich erst nach ihrer Abzweigung „erfunden" wurden. Sie be-

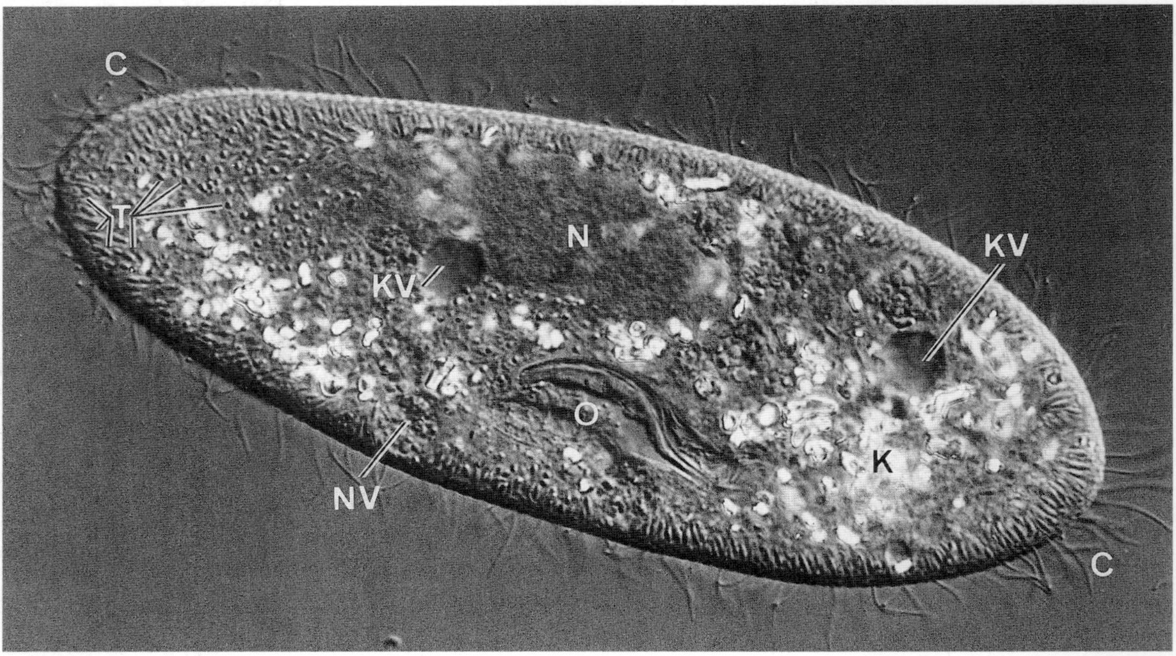

Abb. 1-15: Ein Ciliat, *Paramecium,* als Beispiel einer komplex gebauten Protozoenzelle. C, Cilien (Geißeln); N, Zellkern (Makronucleus, die Mikronuclei sind auf diesem Bild nicht zu erkennen); K, kristalline Einschlüsse; KV, kontraktile Vakuole; NV, Nahrungsvakuole; O, Oralapparat; T, Trichocysten. (Interferenzkontrast-Aufnahme: K. Hausmann)

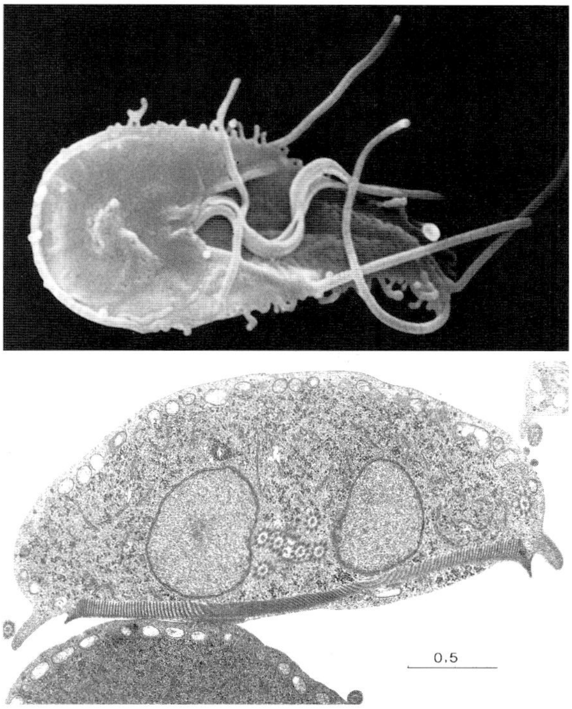

Abb. 1-16: *Giardia lamblia*, ein Archaezoon. **Oben**: Raster-EM-Aufnahme von der Ventralseite mit Haftscheibe im vorderen Teil der Zelle und den ventralen, lateralen und kaudalen Austrittsstellen der acht Geißeln. **Unten**: Die EM-Aufnahme zeigt einen Querschnitt durch die Zelle im Bereich der Haftscheibe. Die Plasmamembran ist im Bereich der Haftscheibe durch Cytoskelettelemente unterlagert; diese bestehen aus in Längsrichtung angeordneten Mikrotubuli, von denen aus sog. Mikrobänder in das Cytoplasma ragen. Die Zelle enthält zwei Kerne, zahlreiche periphere Vakuolen sowie ER-Membranen. Die Geißeln haben intrazellulär ihren Ursprung vor den Kernen. Sechs Querschnitte sind zwichen den beiden Kernen zu erkennen, ein siebter am rechten Rand; der noch fehlende achte am linken Rand ist nicht sichtbar. Unten und oben rechts sind zwei weitere Zellen angeschnitten. (EM-Aufnahmen: H. Mehlhorn)

Der Stammbaum der Eukaryoten ist komplexer als in Abb. 1-6 dargestellt. Nicht nur die zahlreichen Verzweigungen innerhalb der aufgeführten Gruppen wurden der Einfachheit halber fortgelassen, sondern auch die Querbeziehungen. Es gibt nämlich einige Protozoengruppen, die einzellige Algen in einer Cytosymbiose aufgenommen und bis zu Chloroplasten reduziert haben. Ganze Algengruppen wie die Braunalgen und die Euglenen sind auf diese Weise „sekundär" entstanden (s. Kap. 24).

Pflanzenzellen zeichnen sich gegenüber Tierzellen dadurch aus, daß sie immer Chloroplasten oder andere Plastidentypen und im allg. auch Vakuolen und Zellwände besitzen. Die im Vergleich zur Cytoplasmamenge oft riesigen Vakuolen, die nur von einer dünnen Cytoplasmalage umgeben werden, sind der Grund dafür, daß Pflanzenzellen gewöhnlich sehr viel größer (0,1–0,3 mm) sind als Tierzellen (8–20 µm). Das erklärt auch, warum der zelluläre Aufbau der Organismen an Pflanzengeweben entdeckt wurde (R. Hooke 1665). Pilzzellen besitzen meist ebenfalls Zellwände und auch Vakuolen, nie jedoch Plastiden. Zellwände schützen Organismen im Süßwasser und im Boden vor osmotischen Problemen. Protozoen, die von keiner Zell-

sitzen dagegen Mikrotubuli und Geißeln, uralte Errungenschaften der Eukaryoten. Die rezenten Vertreter – einige 1000 Arten – leben meist symbiontisch oder parasitisch in Vielzellern. Zu ihnen gehören die Archamöben, Metamonaden und Microsporidien. Eine der bekanntesten Arten ist *Giardia lamblia*.

Giardia lamblia (Abb. 1-16) lebt als Trophozoit im Dünndarm des Menschen und in encystierter Form im Süßwasser, aus dem die Infektion erfolgt. *G. lamblia* ist weltweit verbreitet und kann eine Diarrhö (Lamblien-Ruhr) hervorrufen. Ein von der Zelle produziertes Toxin als unmittelbare Ursache ist bisher allerdings nicht gefunden worden. Entdeckt wurde der Organismus von A. van Leeuwenhoek 1681. Die Zelle ist etwa 12 µm lang; auffallend an ihr sind eine Haftscheibe, die einer Pellicula entspricht (s. unten) und mit der die Zelle sich am Darmepithel anheftet, und acht Geißeln. Giardien können in Kultur gehalten werden.

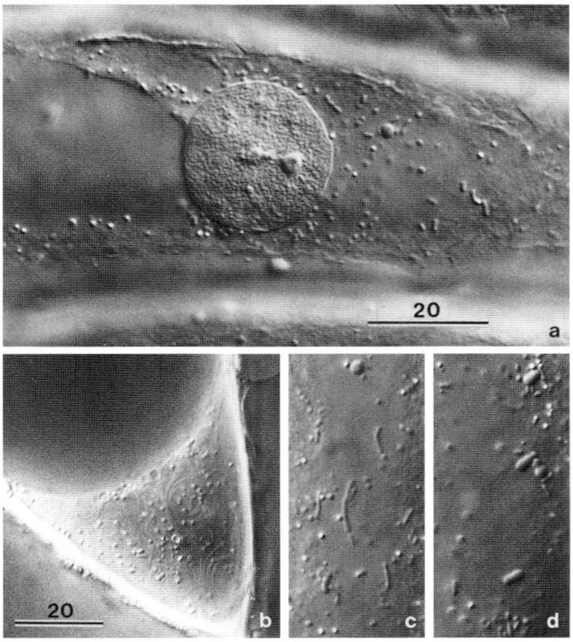

Abb. 1-17: Pflanzenzellen (obere Zwiebelschuppenepidermis) im Lichtmikroskop (Interferenzkontrast). (**a**) Übersicht, in der Mitte der Zellkern. (**b**) Zellende mit Zellwand, Cytoplasma mit ER-Zisternen (hier in Profilstellung), Mitochondrien, Oleosomen und Vakuole (oben links). (**c**) Mitochondrien (gestreckt) und kleine runde Oleosomen. (**d**) Partie mit vier Leukoplasten. (Aufnahmen: P. Sitte)

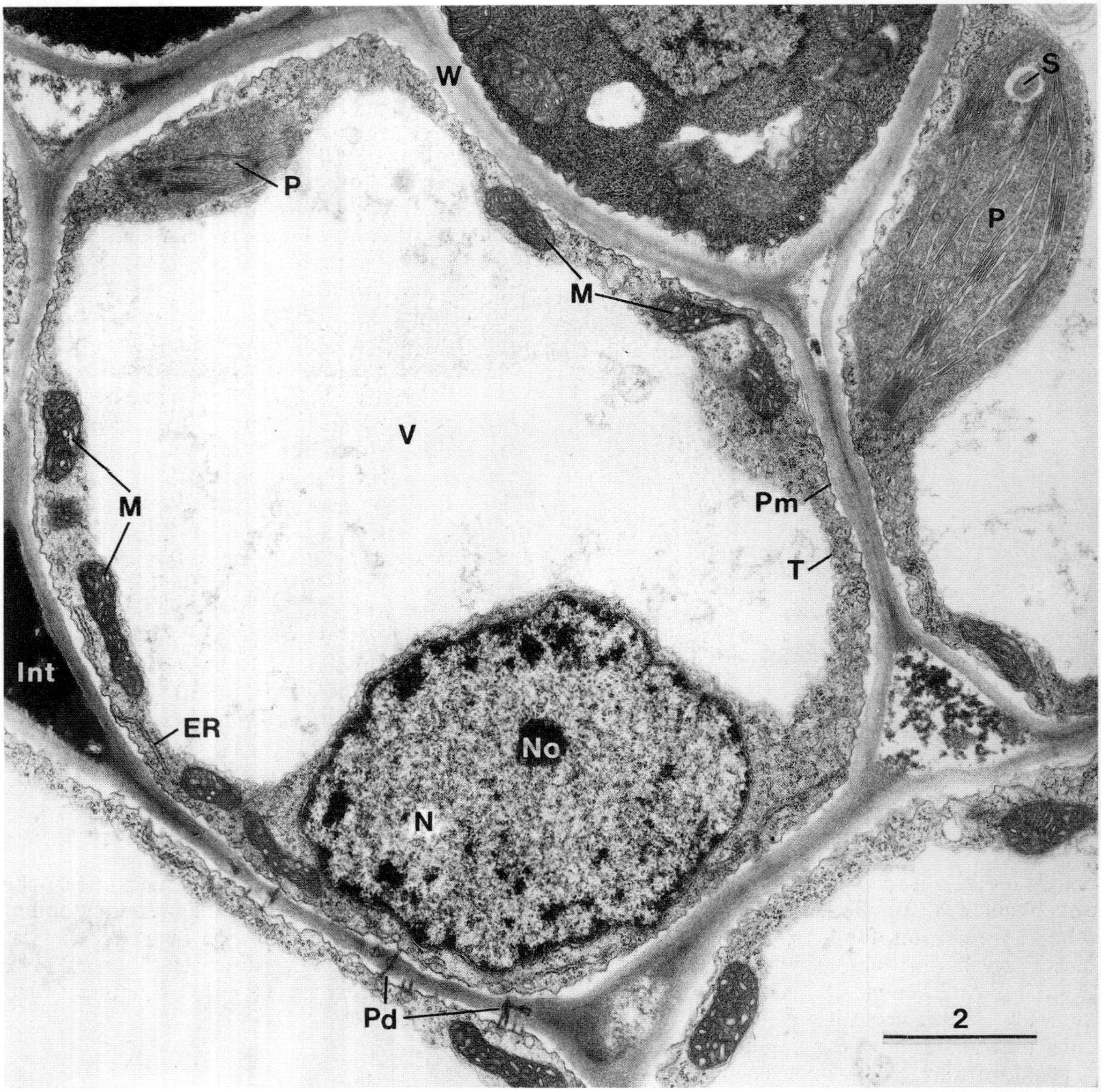

Abb. 1-18: Elektronenmikroskopisches Bild einer Pflanzenzelle (Phloemparenchymzelle im Leitbündel eines Spinatblatts). ER, Endoplasmatisches Reticulum; Int, Interzellularraum; M, Mitochondrien; N, Kern; No, Nucleolus; P, Chloroplast; Pd, Plasmodesmen als plasmatische Verbindungen zwischen zwei Zellen; Pm, Plasmamembran; S, Stärkekorn im Chloroplasten; T, Tonoplast (Membran der Vakuole); V, Vakuole; W, Zellwand. (EM-Aufnahme: H. Falk)

wand umgeben sind, bilden sog. Pelliculae aus, d.h. Plasmamembranen, die von sie verstärkenden Strukturen im Cytoplasma unterlagert sind, und/oder pulsierende Vakuolen, die in die Zellen eingedrungenes Wasser aktiv wieder ausscheiden. Die wandlosen Zellen der Metazoen sind von isotonischen Gewebsflüssigkeiten umgeben.

Die meisten Eukaryoten sind Vielzeller. Bei ihnen wird die einzelne Zelle überzelligen Steuersystemen unterworfen, welche Vermehrung, Differenzierung und Aktivität der Zellen kontrollieren. Besonders die ungebremste Vermehrung unter günstigen Wachstumsbedingungen, von den Einzellern überkommen, mußte bei der Entwicklung zum Mehr- und Vielzeller unterbunden werden. Damit hängt vielleicht das ganz frühe Auftreten von plasmatischen Verbindungen zwischen den meisten Zellen von Vielzellern zusammen. *Volvox*-Kolonien besitzen sie bereits. In Pflanzenzellen sind es die Plasmodesmen, in Tieren – und zwar bereits bei den Poriferen (Schwämmen) – die Gap Junctions. Dennoch

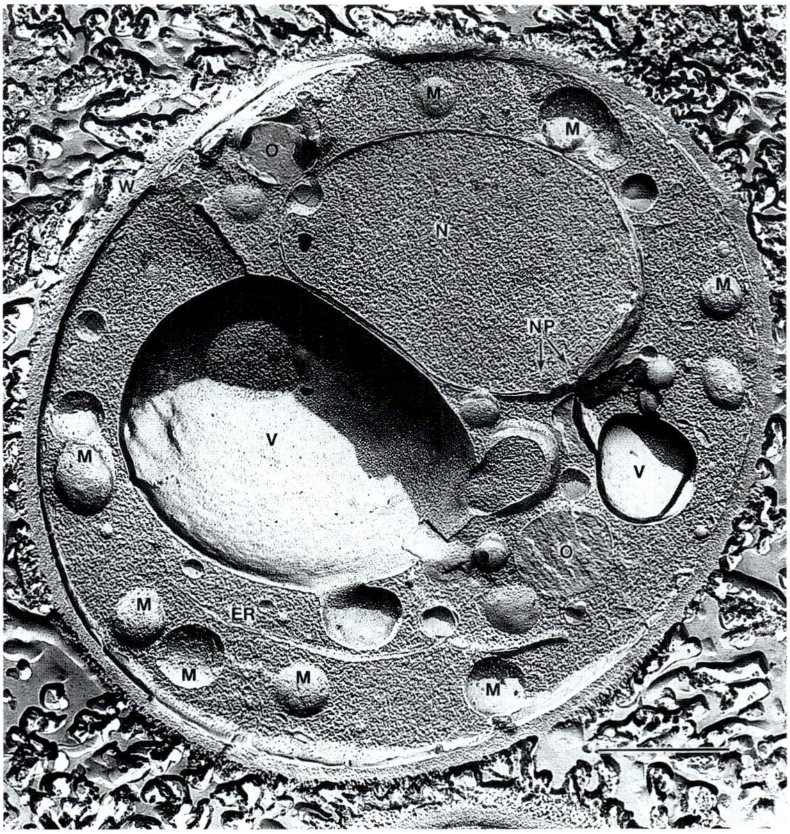

Abb. 1-19: Hefezelle. Sie läßt sich am besten durch Gefrierbruch- und Gefrierätz-Elektronenmikroskopie darstellen. ER, Endoplasmatisches Reticulum; M, Mitochondrion (je nach Bruchverlauf bei der Präparation erscheinen die Mitochondrien entweder konkav oder konvex); N, Zellkern; NP, Kernpore; O, Oleosom; V, Vakuole; W, Zellwand. (EM-Aufnahme: H. Moor)

behält die einzelne Zelle ihre Individualität bei und bleibt z.B. für die Vermehrung der genetischen Information, für Syngamie und Rekombination zuständig. Biologische Sexualität ist ein zelluläres Phänomen. Daher startet die Individualentwicklung von Vielzellern gewöhnlich mit einer einzigen Zelle, einer Zygote oder Spore.

Der Eucyt entspricht im Vielzeller also einem evolutiv stabilen Bauelement, dessen Zahl viel leichter variiert werden kann als sein charakteristischer Bau. So gleichen sich etwa entsprechende Gewebszellen der Zwergspitzmaus und des Blauwals sehr weitgehend, obwohl sich die Körpermassen dieser Säuger wie 1:26000000 verhalten.

In Abb. 1-17 sind lichtmikroskopische Aufnahmen von Pflanzenzellen mit ihren Substrukturen dargestellt, soweit sie mit dieser Methode sichtbar gemacht werden können. Abb. 1-18 zeigt die elektronenmikroskopische Aufnahme einer Pflanzenzelle. In Abb. 1-19 ist eine Hefezelle zu sehen. Einen Ausschnitt aus einer Leberzelle zeigte bereits Abb. 1-1.

Ein erheblicher Teil der Eukaryoten lebt symbiontisch oder parasitisch in anderen Eukaryoten. Es gibt auch protocytische und eucytische Einzeller, die sogar intrazellulär (endocytobiontisch) in anderen Eucyten als Symbionten oder Parasiten vorkommen. Viren sind parasitische Elemente von Eucyten; sie entsprechen den Bakteriophagen der Protocyten.

1.6.1 Kompartimentierung der Eucyten

Die Komplexität des Eucyten äußert sich auf strukturellem Niveau vor allem in einer internen Gliederung durch Membranen in zahlreiche Reaktionsräume oder Kompartimente. Dabei ist eine **Membran** definitionsgemäß als in sich geschlossenes Gebilde zu verstehen (s. Kap. 2), das einen Raum vollständig umgibt. Eine Membran ist also zwar ihrer Ausdehnung nach endlich, aber doch unbegrenzt. Sie wird im allg. dem Kompartiment zugerechnet, das sie umgibt, wie z.B. die ER-Membran der ER-Zisterne oder die Lysosomenmembran dem Lysosomeninhalt. Der Begriff Kompartiment wird jedoch nicht ganz konsequent und manchmal auch etwas unterschiedlich gebraucht. So kann das Cytoplasma ohne Membran als Kompartiment definiert und die es umgebende Plasmamembran als besonders exponierte Struktur zur Außenwelt hin als eigenständiger Reaktionsort verstanden werden. Mitochondrien und Plastiden sind von zwei Membranen umgeben, die untereinander nicht in kontinuierlicher Verbindung stehen; sie werden jeweils beide dem Kompartiment Mitochondrion bzw. Plastide zugerechnet. Die Kernhülle besteht ebenfalls aus zwei Membranen, die hier jedoch in den Kernporen kontinuierlich ineinander übergehen, wobei die äußere, dem Cytoplasma zugewandte Kernmembran von der Funktion her ER-Charakter besitzt, während die innere Kernmembran mit dem Geschehen im Zellkern in funktionellem Zusammenhang steht. – In jedem Fall ist unter dem Begriff Kompartiment nicht ein bestimmter einzelner Raum in der Zelle zu verstehen, sondern die Summe der Räume gleicher Art, denn eine Zelle kann viele Mitochondrien, Lysosomen usw. enthalten.

Manche Zellen enthalten zwei und mehr Zellkerne. Ein bestimmter Prozentsatz unserer Leberzellen z.B. ist zweikernig, und alle Skelettmuskelzellen sind vielkernig. Dies kommt entweder durch Verschmelzung einkerniger Zellen zustande, wodurch **Syncytien** entstehen, oder durch Kernteilung ohne nachfolgende Zellteilung, was zu **Plasmodien** führt. Manchmal tragen beide Vorgänge zum Entstehen vielkerniger Zellen bei wie bei den Skelettmuskelzellen. Die Riesenzellen der Myxomyceten (Abb. 1-3) sind Plasmodien. J. Sachs hat 1892 für die funktionelle Einheit eines Zellkerns mit dem „von ihm beherrschten Protoplasma" den Terminus Energide eingeführt, ohne Rücksicht darauf, ob diese Einheit durch eine Plasmamembran abgegrenzt wird oder nicht. Nach dieser Terminologie sind einkernige Zellen mono-energid und vielkernige Zellen poly-energid.

Der Begriff Kompartiment, der für die unterschiedlichsten Zellstrukturen verwendet wird, deckt sich nicht mit dem Begriff **Organell**. In diesem Buch werden nur die „semiautonomen" Mitochondrien und Plastiden, die ein eigenes kleines Genom besitzen, als Organellen bezeichnet.

Die folgenden Kompartimente sind für den Eucyten definiert:

- **Plasmamembran** oder Zellmembran, die Barriere und Vermittlerin zugleich zur Außenwelt ist. Erkennung, Kontakt, Signalaufnahme und Transport sind wichtige Funktionen (s. Kap. 3 und 8).
- **Cytoplasma**, die membranfreie Grundsubstanz (biochemisch: Cytosol), in dem der lösliche Stoffwechsel abläuft, die Ribosomen, das Cytoskelett und Reservestoffe enthalten sind sowie die intrazellulären Bewegungsvorgänge ablaufen (s. Kap. 4 und 7).
- **Zellkern** oder Nucleus mit dem zellulären Genom, in dem die DNA-Replikation, die Transkription und die RNA-Prozessierung stattfinden (s. Kap. 5).
- **Endoplasmatisches Reticulum** (ER), das vor allem für die Synthese von Membrankomponenten, Proteinen wie Lipiden, und von Exportproteinen zuständig ist. Das ER wird mit dem Golgi-Apparat und allen zugehörenden Vesikeln auch als **Endomembransystem** zusammengefaßt (s. Kap. 8).
- **Golgi-Apparat**, in dem Membrankomponenten und Exportproteine modifiziert, vor allem glykosyliert werden. Der Golgi-Apparat einer Zelle kann aus einem einzigen bis vielen einzelnen **Dictyosomen** bestehen (s. Kap. 8).
- **Lytisches Kompartiment**, mit Lysosomen und Vakuolen, das als abbauendes Kompartiment sowie (in Pflanzen und Pilzen) als Speicher- und Deponieort und als Osmoregulator dient (s. Kap. 8 und 20).
- **Peroxisomen**, ein Kompartiment unterschiedlicher Ausprägung, das verschiedene Spezialaufgaben hat (s. Kap. 9).
- **Mitochondrien**, semiautonome Organellen mit kleinem eigenem Genom, in denen die Vorgänge der Atmung, d.h. Citratzyklus, Elektronentransport und ATP-Synthese, ablaufen (s. Kap. 10).
- **Plastiden**, in verschiedenen Ausbildungsformen vorkommende semiautonome Organellen mit kleinem eigenem Genom. Nur in Chloroplasten findet die Photosynthese und die Bildung von Chlorophyll statt. Plastiden enthalten außerdem verschiedene anabolische Wege wie Carotinoidsynthese, Fettsäuresynthese, Stärkesynthese (und -abbau), Aminosäuresynthese (s. Kap. 11).
- **Zellwände** und andere extrazelluläre Substanzen, die dem zusätzlichen Schutz der Zellen dienen. Sie sind als „extrazelluläres" Kompartiment aufzufassen (s. Kap. 3 und 12).

Die Kompartimentierung der Zelle ist nicht als räumlich fixierte Einteilung zu verstehen, denn das „Innenleben" einer Zelle kann ausgesprochen dynamisch verlaufen. Besonders das Endomembransystem, ER und Golgi-Apparat mit ihren Vesikeln zusammengenommen, sind untereinander und mit der Plasmamembran durch Vesikulations- und Fusionsvorgänge über zwischengeschaltete Vesikel verschiedenster Art verbunden. Ähnliches gilt für Plasmamembran und Lysosomen. Diese dynamischen Vorgänge werden mit dem Begriff **Membranfluß** anschaulich geschildert. Mitochondrien, Plastiden und Peroxisomen dagegen haben mit anderen Kompartimenten keinen Austausch dieser Art.

Die geometrische Gestalt der einzelnen Kompartimente kann sehr unterschiedlich sein. Dabei gilt eine einfache Regel: Wenn das Geschehen in einem Kompartiment vor allem im löslichen Bereich, also innen, stattfindet, weist es eher eine runde Form auf. Eine typisch flache Zisternenform ist immer dann zu beobachten, wenn die Funktionen im wesentlichen membrangebunden ablaufen wie z.B. im ER oder im Golgi-Apparat.

Der „Sinn" der Aufteilung einer Zelle in verschiedene Reaktionsräume ist wohl der, bestimmte Stoffwechselwege voneinander zu trennen und dadurch effektiver, störunanfälliger und besser regulierbar zu machen. Die Komplexität des zellulären Geschehens erfordert aber offenbar doch, daß einzelne enzymatische Schritte oder sogar ganze Stoffwechselwege in mehreren Kompartimenten ablaufen müssen. Hierfür sind viele Beispiele bekannt: Transkription in Zellkern, Mitochondrien und Plastiden; Fettsäureabbau in Mitochondrien und Peroxisomen; Aromatensynthese in Cytoplasma und Plastiden u.a.. Im allg. gilt die Regel, daß diese „gleichen" Enzyme in verschiedenen Kompartimenten nicht identische Polypeptidketten, sondern Produkte verschiedener Gene sind. Von ähnlichen, aber verschiedenen Genen codierte Proteine mit gleicher Funktion werden als **Isoformen** bezeichnet; Proteine, die durch unterschiedliches Spleißen der gleichen mRNA-Vorstufe entstehen, nennt man **Spleißvarianten**.

Um ein Kompartiment und seine Funktionen genauer zu charakterisieren, ist man oft darauf angewiesen, es für sich, außerhalb seiner intrazellulären Umgebung zu untersuchen; dazu müssen die Zellen aufgebrochen und das betreffende Kompartiment isoliert werden. Es gelingt jedoch nur selten auf einfache Weise, bestimmte intrazelluläre Membranen oder Kompartimente rein zu erhalten. Ein Blick auf Abb. 1-1 mag bei dieser Fülle von zellinternen Strukturen die zu erwartenden Schwierigkeiten erahnen lassen. Meistens müssen mehrere komplizierte Isolationsschritte, darunter Differential- und Gradientenzentrifugation, hintereinander geschaltet werden, um reine Kompartimente, die dann als **Fraktionen** bezeichnet werden, zu gewinnen. Oft sind die Ausbeuten gering, oder es gelingen nur Anreicherungen. Die sog. **Mikrosomen**, ein häufig in der Literatur auftretender Begriff (der Name stammt von A. Claude 1943 und bezeichnete eine Partikel-Fraktion aus Leberhomogenat), werden aus einem Zellhomogenat nach vorangegangenen niedertourigen Zentrifugationsschritten durch hochtourige Zentrifugation gewonnen. Sie bestehen praktisch aus allem, was eine Zelle an Membranen aufzuweisen hat, in Form kleiner Vesikel. Nur dann wird das ER darin wenigstens dominieren, wenn die betreffenden Zellen besonders reich an ER sind.

1.6.2 Die Kompartimentierungsregel

Nach einem von E. Schnepf 1965 aufgestellten Theorem trennt eine biologische Membran in der Regel eine **plasmatische Phase** von einer **nichtplasmatischen Phase**. Für die Plasmamembran ist dies unmittelbar einsichtig, aber auch für alle übrigen intrazellulären Membranen gilt diese Eigenschaft. Der Inhalt von ER- und Golgi-Zisternen, Lysosomen, Vesikeln, Vakuolen sowie die Räume zwischen den beiden Hüllmembranen des Kerns, der Mitochondrien und der Plastiden und schließlich der Inhalt der Thylakoide in den Chloroplasten sind nichtplasmatisch. Man unterscheidet drei verschiedene Plasmen in Tierzellen bzw. vier in pflanzlichen Zellen: das **Cytoplasma** und das **Karyoplasma**, die allerdings durch die Kernporen hindurch in kontinuierlicher Verbindung stehen und sich während der Mitose mischen, die **Matrix** (**Mitoplasma**) der Mitochondrien innerhalb der inneren Mitochondrienmembran und das **Stroma** (**Plastoplasma**) der Plastiden innerhalb der inneren Hüllmembran. Um von einem Plasma in der Zelle in ein anderes zu gelangen, müssen immer zwei Membranen und eine dazwischenliegende nichtplasmatische Phase (konkret: die aus zwei Membranen bestehenden Hüllen von Kern, Mitochondrien und Plastiden) passiert werden. Ganz Entsprechendes gilt für die nichtplasmatischen Phasen. Ein Charakteristikum der Plasmen ist z.B., daß nur sie Nucleinsäuren enthalten.

Bei Fusions- und Vesikulationsvorgängen können sich nur gleichnamige Phasen mischen oder trennen. Bei den nichtplasmatischen Phasen sind dies sehr häufige Ereignisse. Fast alle nichtplasmatische Phasen (Ausnahmen: Thylakoide der Chloroplasten sowie nichtplasmatische Phasen zwischen den äußeren und inneren Hüllmembranen von Mitochondrien und Plastiden) können in der Zelle in regulierter Weise miteinander verschmelzen und/oder auseinander hervorgehen und stehen auch mit der Außenwelt der Zelle in einem dynamischen Austausch (Endocytose, Exocytose, Membranfluß). Bei den Plasmen ist ein Mischen selten. Das Cyto-/Karyoplasma mischt sich nie mit den Plasmen von Mitochondrien und Plastiden, ein Stoffaustausch ist ausschließlich durch die Membranen hindurch möglich. Relativ selten kommt in einer Zelle ein Verschmelzen von zwei Mitochondrien oder zwei Plastiden vor. Cytoplasmen mischen sich bei Zellfusionen. Ganz entsprechend trennen sich Plasmen bei Zell-, Mitochondrien- und Plastidenteilungen. Plasmatische Phasen mischen und teilen sich also im Zusammenhang mit Befruchtungs- und Vermehrungsvorgängen, nichtplasmatische Phasen im Zusammenhang mit Stoffwechsel und Wachstum.

Mit der Unterscheidung von plasmatischen und nichtplasmatischen Phasen in der Zelle und ihrer Nicht-Mischbarkeit ergibt sich, daß jede Biomembran unsymmetrisch organisiert sein muß, da sie eben immer diese beiden unterschiedlichen Phasen voneinander trennt (s. Kap. 2).

Das Theorem von E. Schnepf, auch als **Kompartimentierungsregel** bekannt, hat sich für die zellbiologische Forschung als außerordentlich fruchtbar erwiesen und das heutige Bild von der Zelle entscheidend geprägt. Ausnahmen von der Kompartimentierungsregel sind sehr selten, bei aus Endocytobiose hervorgegangenen Situationen kann man sie manchmal beobachten (s. 24.5).

1.6.3 Zellen in vielzelligen Organismen

Bei den Eukaryoten führte die Evolution vor etwa 700 Millionen Jahren von Einzellern zu großen, vielzelligen Organismen. Das Prinzip dabei war Zellvermehrung, nicht etwa Zellvergrößerung. Diese Entwicklung hatte für die Zellen in einem solchen Vielzeller verschiedene sehr einschneidende Folgen. Eine Folge ist, daß die Zellen während der Ontogenese in ihrem Lebensschicksal ungleich werden, obwohl sie – von wenigen Ausnahmen abgesehen – die gleiche genetische Information besitzen. Für die Zellen eines vielzelligen Organismus ist der physiologische, d.h. aus inneren Ursachen erfolgende Tod unvermeidlich. Dies ist bereits bei einfach organisierten Vielzellern wie bei der Grünalge *Volvox* zu beobachten.

Bei der Evolution der Vielzeller wurden zwei Strategien verfolgt, die einerseits zu der „geschlossenen" Organisation der Tiere mit möglichst konstantem inneren Milieu und andererseits zu der „offenen" Organisation der Pflanzen führten. In einem höheren tierischen Organismus behalten im allg. nur die Zellen der Keimbahn die Fähigkeit, nach Meiose und Syngamie (also vom Einzellstadium aus) wieder einen neuen Organismus entstehen zu lassen. Diese allein behalten eine **Totipotenz**. Bei Pflanzen führt eine Vermehrung ebenfalls in der Regel über Geschlechtszellen, wobei eine Keimbahn allerdings nicht existiert. Totipotent bleiben bei Pflanzen jedoch sehr viele Zellen, und unter geeigneten Laborbedingungen lassen sich aus einzelnen Mesophyll- oder Kalluszellen bzw. daraus hergestellten wandlosen Protoplasten ganze Pflanzen regenerieren.

Eine wesentliche Einschränkung ergab sich für die einzelne Zelle in einem Vielzeller in ihrer Teilungsmöglichkeit. In einem Vielzeller müssen die Zellteilungen streng reglementiert sein, um eine überzellige Ordnung zu erreichen und beizubehalten. Diese Einschränkung, die **Proliferationskontrolle**, wird beispielsweise von Krebszellen durchbrochen.

Die Evolution, die zu den höheren Tieren und höheren Pflanzen führte, schlug auf zellulärem Niveau auch in manch anderer Hinsicht unterschiedliche Wege ein, worauf im folgenden eingegangen wird.

Zellen in höheren Tieren

Die Vielzelligkeit bietet die Möglichkeit zur Arbeitsteilung, d.h. zur **Differenzierung** der Zellen zu unterschiedlichen Aufgaben innerhalb eines Organismus. Ein ausgewachsener Mensch besitzt etwa 10^{13} Gewebezellen und weitere $3 \cdot 10^{13}$ Blutzellen, und es werden mehrere hundert verschiedene Zelltypen unterschieden, wobei mit zunehmender Feinheit der Unterscheidungskriterien, beispielsweise bei den Nervenzellen, die Anzahl immer größer wird. Zur Ausführung von Spezialaufgaben werden bei den entsprechenden Zellen besondere Teile des Genoms exprimiert, die in anderen Spezialisten reprimiert bleiben. Differenzierung ist meist irreversibel und mit dem Verlust der Totipotenz verbunden. Die Richtung der Differenzierung, die **Determination**, wird bereits sehr früh während der Embryonalentwicklung festgelegt, und auch die Totipotenz geht oft schon nach wenigen Furchungsteilungen verloren, wobei eben nur die Zellen der Keimbahn insofern die Ausnahme bilden, als sie nach Syngamie wieder totipotent werden.

Die Lebensdauer der meisten Zelltypen in einem Vielzeller ist eingeschränkt. Sie unterliegen einem Ersatz, also einem Turnover, ähnlich wie ihre molekularen Bestandteile auch (s. 1.7.1). Zelltod als genetisches Programm, **Apoptose** genannt, ist eine regulierte Eliminierung von Zellen durch Phagocytose, ohne daß dabei Entzündungen durch Lyse von Zellen wie bei der Nekrose entstehen. Apoptose kommt nicht nur beim normalen Zellersatz vor. Organismen entledigen sich auch solcher Zellen durch Apoptose, die ihre Funktion verloren haben (z.B. während der Embryonalentwicklung), nicht mehr in „gewünschter" Weise funktionieren oder für den Organismus eine Gefahr darstellen (bei DNA-Schäden, Virusbefall, Transformation).

Die Lebensdauer kann von Zelltyp zu Zelltyp sehr verschieden sein. Weiße Blutzellen z.B. werden nur wenige Tage alt, Erythrocyten etwa drei Monate und die Zellen des Pankreas etwa ein Jahr. Die quergestreiften Muskelzellen, die Zellen der Augenlinse und fast alle Nervenzellen dagegen werden so alt wie der betreffende Organismus selbst. Der Ersatz von Zellen geschieht auf zwei unterschiedliche Weisen. Manche Zelltypen haben ihre Teilungsfähigkeit während der Differenzierungsphase nicht eingebüßt, sie können bei Bedarf für ihre Vermehrung selbst sorgen. Hierzu gehören z.B. die Endothelzellen der Blutgefäße, deren Teilungsfähigkeit nicht nur für ihren normalen Ersatz, sondern auch für eine Regeneration nach Verwundung von Gefäßen zuständig ist. Auch Leberzellen vermögen sich zu teilen. Nach Schädigung oder nach partieller Hepatektomie werden die verbleibenden Zellen innerhalb von etwa einem Tag zur Teilung stimuliert, so daß die Leber binnen kurzer Zeit zu ihrem ursprünglichen Umfang regeneriert.

Andere Zelltypen haben ihre Teilungsfähigkeit während der Differenzierung verloren. Bei ihnen erfolgt der Ersatz über sog. **Stammzellen**. Stammzellen sind undifferenzierte Zellen, die jedoch bereits determiniert sind, determiniert zu einem einzigen Differenzierungsweg (unipotent) oder zu mehreren Wegen (pluripotent). Die Teilung einer Stammzelle ist inäqual, indem eine Tochterzelle weiterhin Stammzelle bleibt, während die andere, oft nach weiteren Teilungen, schließlich zur vorgesehenen differenzierten Zelle wird. Die Epidermiszellen der Haut werden aus einer Lage von unipotenten Stammzellen (Stratum germinativum) heraus regeneriert, bilden je nach Art der Haut zahlreiche oder weniger zahlreiche Lagen zunehmend keratinisierter Zellen und schilfern schließlich an der Oberfläche ab. Eine Störung in der Aktivität dieser Stammzellen ist beispielsweise bei der Psoriasis gegeben; bei dieser Krankheit produzieren die Stammzellen zu viele Tochterzellen, die ihren vollen Reifungsgrad gar nicht mehr erreichen, bevor sie sich in größeren Verbänden von der Hautoberfläche ablösen.

Eine etwas andere Regenerationsart findet sich beim Dünndarmepithel. Hier liegen die Stammzellen des einschichtigen Epithels an der Basis der Krypten. Die dort entstehenden Epithelzellen werden durch die nachfolgenden langsam bis zur Spitze der Darmzotten vorgeschoben, wo sie verlorengehen.

Eine einheitliche Population pluripotenter Stammzellen im Knochenmark sorgt für die Regeneration aller Blutzellen (Erythrocyten, Granulocyten, Lymphocyten, Makrophagen, Thrombocyten). Beim Menschen beträgt der hämatopoetische Turnover etwa 10^{12} Zellen pro Tag.

Eine begrenzte Regeneration von Zellen ist im quergestreiften Muskel nach Verletzung möglich, obgleich diese Zellen normalerweise so alt werden wie der Organismus selbst. Die dafür verantwortlichen Stammzellen werden als Satellitenzellen bezeichnet. Sie sind übriggebliebene einkernige Myoblasten, die während der Differenzierung des Muskels nicht zu vielkernigen, teilungsunfähigen Muskelzellen verschmolzen sind. Von den vielfältigen Nervenzellen werden die primären Sinneszellen des Riechepithels durch Stammzellen etwa alle 30 Tage erneuert. Für fast alle übrigen Nervenzellen besteht keine Möglichkeit eines Ersatzes. Allerdings können viele Neurone ihre Zellausläufer, die Axone und Dendriten, bei Bedarf regenerieren. Für die Zellen der Augenlinse gibt es ebenfalls keinen Ersatz.

Mit der Entstehung der Vielzelligkeit mußten auch die Kontaktmöglichkeiten zwischen Zellen über das Pheromon-gesteuerte Erkennen von Paarungspartnern bei Einzellern hinaus weiterentwickelt werden. Hier lassen sich mehrere Kategorien unterscheiden. Die direkten plasmatischen Verbindungen von Zellen über Gap Junctions (bei Pflanzen Plasmodesmen) wurden schon genannt. Erkennende Kontakte zu Nachbarzellen und extrazellulären Komponenten des Bindegewebes, aber auch zu entarteten und parasitischen Zellen, werden über sog. Adhäsionsmoleküle in den Plasmamembranen vermittelt. Eine besondere Form des Kontakts stellen die neuronalen Synapsen dar. Rein mechanische Verbindungen zwischen Zellen zur Festigung von Geweben und zur Abdichtung von Epithelien geschehen über anders geartete Zell-Zell-Verbindungen (Junctions). Schließlich sind noch die Fernkontakte zu nennen, die durch die zirkulierenden Körperflüssigkeiten über Hormone im weitesten Sinn und entsprechende Rezeptoren an und in den Zielzellen geschehen. Auf all diese Dinge wird in den folgenden Kapiteln noch ausführlich eingegangen.

Als Beispiel einer Zelle im Gewebeverband soll die **Leberzelle** etwas eingehender betrachtet werden (Abb. 1-20). Diese Zelle grenzt an drei sehr unterschiedliche Umgebungen: An andere Hepatocyten, an die jeweils zwischen zwei Hepatocyten ausgesparten Gallenkanälchen und an die Blutsinusoide. Die den Sinusoiden und Gallenkanälchen zugewandten Plasmamembranbereiche weisen zahlreiche fingerförmige Ausstülpungen (Mikrovilli) auf, die der Oberflächenvergrößerung dienen und Ausdruck eines intensiven Stoffaustauschs sind. In den Bereichen, in denen die Hepatocyten direkt aneinandergrenzen, sind keine Mikrovilli ausgebildet. Das Blut in den Sinusoiden stammt von der Vena portae (Pforta-

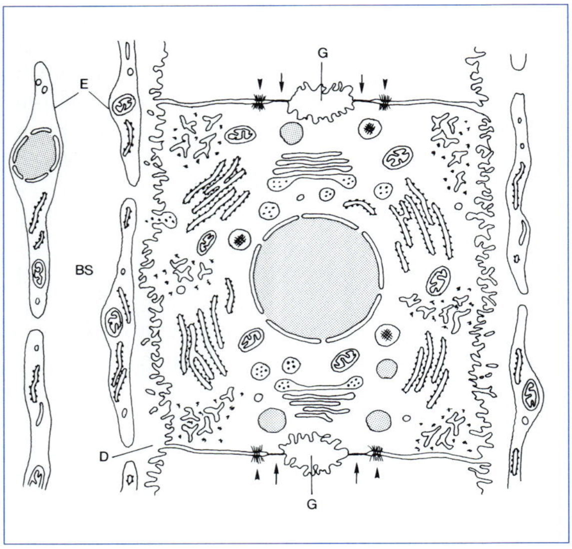

Abb. 1-20: Schema eines Hepatocyten und seiner Umgebung. G, Gallenkanälchen als Aussparung zwischen zwei Hepatocyten. Die Pfeile weisen auf die das Gallenkanälchen begleitenden Zonulae occludentes, die Pfeilköpfe auf die Zonulae adhaerentes; E, Endothelzellen der Blutsinusoide, ohne Basallamina; BS, Blutsinusoid (nur auf der linken Seite vollständig gezeichnet); D, Disse-Raum zwischen Hepatocyt und Endothel. Die Anordnung der intrazellulären Kompartimente (hier allerdings in sehr verminderter Zahl) entspricht in etwa der In-vivo-Situation; Glykogengranula z.B. liegen vor allem im Bereich des glatten ER.

der); ihm ist allerdings auch für die Zellatmung notwendiges sauerstoffreiches Blut aus der Leberarterie beigemischt. Die Sinusoide münden in die Vena centralis, durch die das Blut über die Vena cava inferior schließlich in die rechte Herzvorkammer gelangt. Im Sinusbereich wird das vom Darm kommende Blut „geklärt", d.h. die resorbierten Nahrungsstoffe werden von den Zellen aufgenommen und verarbeitet. In diesem Bereich werden aber beispielsweise auch der Blutzuckerspiegel konstant gehalten, verschiedene große Moleküle wie Albumin oder Lipoproteine aus der Zelle in das Blut exocytiert und Signale an die Zelle herangetragen. Die Leberzelle gehört mit ihren zahlreichen Stoffwechselwegen zu den vielseitigsten Zellen überhaupt. Die Endothelzellen der Sinusoide grenzen nicht dicht aneinander, und eine Basallamina ist hier nicht ausgebildet, so daß Blut und Leberzelle direkten Kontakt haben. Im Bereich der Gallenkanälchen wird die Gallenflüssigkeit sezerniert, also eine ganz andere Funktion ausgeübt als im Bereich der Sinusoide, was eine hohe topologische Ordnung innerhalb der Zelle selbst voraussetzt. Damit Gallenflüssigkeit und Blut sich nicht mischen, bestehen zwischen benachbarten Zellen besondere Zell-Zell-Verbindungen, die eine Diffusion im schmalen Raum zwischen den benachbarten Plasmamembranen verhindert (Zonula occludens); außerdem sind die beiden Plasmamembranen mechanisch fest miteinander verbunden (Zonula adhaerens).

Die Leberzelle ist auch in quantitativer Hinsicht durch morphometrische Auswertungen von elektronenmikroskopischen Aufnahmen sehr gut untersucht worden und soll als Beispiel dienen, diesen Aspekt kurz darzustellen. Sie hat ein Volumen von 5000 μm^3. Ein Wassertröpfchen dieser Größe enthält $166{,}5 \cdot 10^{12}$ Wassermoleküle. Nimmt man nun in der Zelle eine Konzentration aller organischen Moleküle zusammen von 0,2 $mol \cdot l^{-1}$ an, so enthält sie etwa $0{,}6 \cdot 10^{12}$ solche Moleküle. In Tab. 1-3 sind die morphometrischen Daten für die Volumina der Kompartimente und die Flächen ihrer Membranen zusammengestellt. Das Endomembransystem, das auch die ca. 250 Dictyosomen mit einschließt, macht hier nur 19% des Zellvolumens, jedoch 55% der gesamten Membranfläche aus, was durch die Flachheit der Zisternen bedingt ist. Bei den etwa 1600 Mitochondrien fällt der große Anteil der inneren, in sog. Cristae organisierten Membran auf, während die Plasmamembran trotz zahlreicher Mikrovilli zur Oberflächenvergrößerung nur 2,5% der Membranfläche der Zelle einnimmt. Ein Hepatocyt von rund 17 µm Durchmesser besitzt immerhin 0,14 mm^2 Membran, was sich in der großen Dichte an Vesikeln, Zisternen und Organellen im EM-Bild manifestiert (Abb. 1-1).

Zellen in höheren Pflanzen

Der auffallendste Unterschied zwischen Tier- und Pflanzenzelle ist die **Phototrophie** der Pflanzenzelle, ihre Fähigkeit zur Energiegewinnung

Tab. 1-3: Leberzelle (Hepatocyt), Volumina der Kompartimente und Flächen ihrer Membranen.

Kompartiment*	Volumen [μm^3]	[%]	Membranfläche [μm^2]	[%]
Zellkern (1)	300	5,9	220	0,2
Endomembransystem	950	18,8	78750	55,0
Mitochondrien (1660)	1070	21,1		
Hüllmembran			7450	5,2
Innere Membran			52200	36,4
Peroxisomen (370)	70	1,4	570	0,4
Lysosomen (250)	40	0,8	500	0,3
Plasmamembran			3550	2,5
Cytoplasma	2630	52,0		
Summen	5060	100,0	143240	100,0

* Die Zahlen in Klammern geben die ungefähre Anzahl der betreffenden Strukturen an. (Die Werte wurden aus Arbeiten von E. R. Weibel et al. zusammengestellt.)

und CO_2-Assimilation durch Photosynthese. Ein weiteres besonderes Merkmal ist die Ausbildung einer rigiden **Zellwand**. Die meisten Unterschiede zwischen pflanzlichen und tierischen Vielzellern lassen sich auf dieses Merkmal zurückführen. Die Zellwand ist aber auch ausschlaggebend dafür, daß manche Folgen der Vielzelligkeit für die Pflanzenzelle anders ausfielen als für die Tierzelle.

Arbeitsteilungen und damit verbunden Differenzierungen der Zellen sind auch bei Pflanzen mit der Entwicklung der Vielzelligkeit eingetreten. Struktur und Funktion der Zellen variieren in ähnlichen Ausmaßen wie bei tierischen Vielzellern, wenn man beispielsweise eine Mesophyllzelle (Abb. 1-21), eine Siebröhre und ein Wurzelhaar vergleicht, doch ist die Mannigfaltigkeit wesentlich geringer als bei hochentwickelten Tieren.

Die Lebensdauer der Zellen ist begrenzt, und sie erreicht bei mehrjährigen Pflanzen nicht die der Pflanze selbst. Die Art des Zellersatzes ist ganz anders als bei den Tieren. Entweder werden vielzellige Teile direkt abgestoßen (Blattabwurf), oder die Zellwände der absterbenden Zellen bleiben erhalten und dienen der Festigung der Pflanzen im Zuge des Wachstums (z.B. Stammbildung eines Baums). Die Erneuerung geschieht aus vielzelligen Bildungsgeweben, den aus Stammzellen bestehenden **Meristemen**, heraus. Auch das **Kambium**, das Xylem (innen) und Phloem (außen) voneinander trennt und beide regeneriert, ist ein typisches Meristem.

Direkte Kontakte zwischen Zellen über ihre Plasmamembranen, wie sie bei Tierzellen so vielfältig vorkommen, gibt es nicht; dies verhindern die Zellwände. Eine Ausnahme bildet die Kontaktaufnahme zwischen Pollenschlauch und Eizelle bei der Syngamie. Die Zellen einer Pflanze sind jedoch über die Plasmodesmen durch die Wände hindurch plasmatisch miteinander verbunden. Fast alle Zellen einer Pflanze nehmen an dieser Vernetzung teil, so daß eine Art plasmatisches Kontinuum entsteht, das als **Symplast** (E. Münch 1930) bezeichnet wird. Dem Symplasten steht der **Apoplast**, die Gesamtheit des „nicht-lebenden" Bereichs einschließlich der Zellwände einer Pflanze, gegenüber. Fernkontakte über Phytohormone haben sich auch bei Pflanzen herausgebildet. Verglichen mit der Vielfältigkeit bei Tieren ist diese Art von Kontakt bei Pflanzen durch das Fehlen einer zirkulierenden Körperflüssigkeit jedoch sehr begrenzt. Die beiden Ferntransportsysteme der Pflanze, das **Xylem** mit dem Transport von Wasser und anorganischen Salzen aus der Wurzel zu den Blättern (apoplastisch) und das **Phloem** mit dem Assimilattransport aus den Blättern in die übrigen Partien der Pflanze (symplastisch), sind in dieser Beziehung den Körperflüssigkeiten von Tieren nicht gleichwertig.

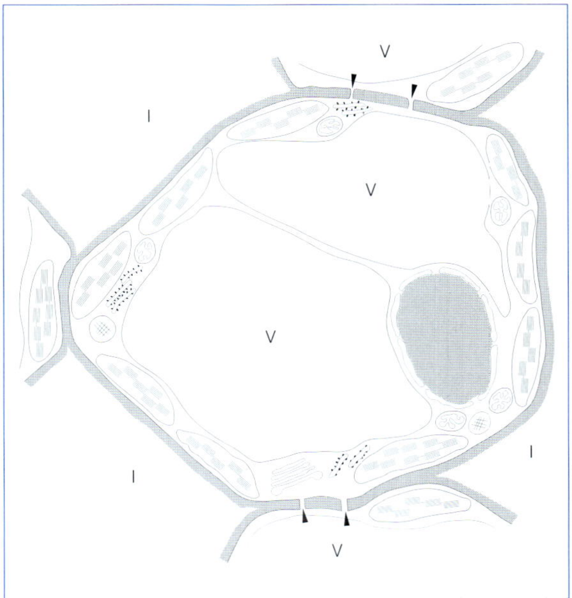

Abb. 1-21: Schema einer Pallisadenparenchymzelle und ihrer Umgebung. V, zentrale Vakuole; I, Interzellularraum. Die Chloroplasten liegen wandständig. Benachbarte Zellen werden durch die Zellwände hindurch über Plasmodesmen (Pfeilköpfe) miteinander verbunden.

Pflanzenzellen sind meist sehr viel größer als Tierzellen. Dies ist nicht auf eine größere Menge Cytoplasma, sondern auf das Vakuom, die Gesamtheit der **Vakuolen**, zurückzuführen. Durch ihr Vakuom werden Pflanzenzellen zu ausgeprägt osmotischen Systemen, die zu ihrer Stabilität eine feste Zellwand brauchen.

Die Organisation der Pflanzenzelle erfordert auch einen besonderen Modus der Zellteilung. Eine Einschnürung wie bei Tierzellen ist nicht möglich; vielmehr wird im Bereich zwischen den Tochterkernen, dem **Phragmoplasten**, durch zahlreiche verschmelzende Golgi-Vesikel die **Zellplatte** als erste Wandanlage zwischen den Tochterzellen ausgebildet.

1.7 Die Zelle und ihre Moleküle

Eine Zelle besteht aus ungeheuer vielen und verschiedenen Molekülen. Es gibt mehrere Möglichkeiten, diese Vielfalt zu gliedern oder in ein System zu bringen. Für diese Betrachtung bietet sich eine Einteilung in drei große Gruppen an:

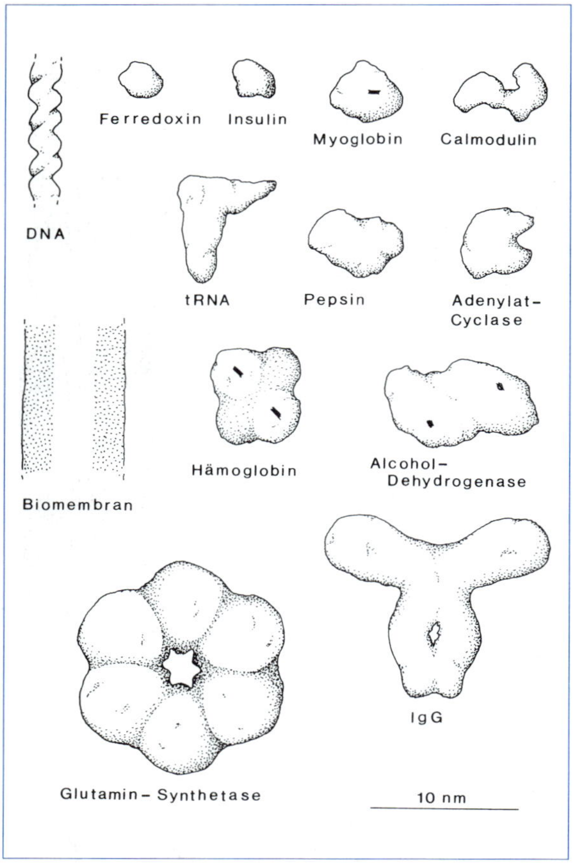

Abb. 1-22: Größenordnungen III. Maßstabsgetreue Wiedergabe der Konturen der DNA-Doppelhelix, einer tRNA, der Biomembran im Schnitt und einiger Proteine unterschiedlicher Größe. Hervorgehoben sind im Myoglobin der Porphyrinring, im tetrameren Hämoglobin die beiden Porphyrinringe der oben liegenden Untereinheiten und in der tetrameren Alcohol-Dehydrogenase zwei Zink-Ionen. Die Glutamin-Synthetase ist ein Dodekamer, das aus zwei übereinanderliegenden Sechser-Ringen besteht. Die Biomembran wurde nach ihrer im EM-Bild erscheinenden Struktur dargestellt mit dem hellen hydrophoben Bereich von 3 nm Breite, der von den beiden dunklen Bereichen des OsO_2-Niederschlags von je 2 nm Breite flankiert wird (s. 2.3). (Nach Goodsell D S, Olson A J (1993) Trends Biochem. Sci. 18, 65–68)

- Organische Moleküle, deren Struktur im Genom der Zelle festgelegt ist: Hierzu gehören alle Nucleinsäuren und Proteine.
- Alle übrigen organischen Moleküle: Diese können von Proteinen mit enzymatischen Eigenschaften sehr spezifisch umgesetzt werden; z.B. entstehen so auch die monomeren Bausteine der Moleküle der ersten Gruppe. Die Palette der Verbindungen reicht vom kleinen Pyruvatmolekül bis zu Makromolekülen wie Glykogen und Stärke.
- Anorganische Ionen und Moleküle: Hierunter finden sich solche, die nicht veränderbar sind wie beispielsweise Na^+ oder Ca^{2+}. Bei anderen kann die Wertigkeit im Zellgeschehen verändert werden wie z.B. beim Eisen ($Fe^{2+} \leftrightarrow Fe^{3+} + e^-$). Wieder andere können, im allg. nach Reduktion, kovalente Bestandteile organischer Moleküle werden wie z.B. HPO_4^{2-}, SO_4^{2-}, NO_3^-, O_2 oder CO_2 und damit als Phosphor-, Schwefel-, Stickstoff-, Sauerstoff- oder Kohlenstoffquelle dienen. Wasser als häufigstes Molekül in der Zelle gehört ebenfalls in diese Gruppe.

In der Zelle interagieren bestimmte Moleküle miteinander, große Moleküle mit anderen großen oder mit kleinen, wobei zwischen richtigen und falschen Partnern unterschieden wird. Es gibt eine **molekulare Erkennung**. Die Erkennungsregionen auf den betreffenden Molekülen sind molekular komplementär. Sie können relativ klein sein wie bei fast allen Enzym-Substrat-Erkennungen, der Interaktion von Proteinen über Motive (s. unten) oder der Antigen-Antikörper-Reaktion; hierbei erkennt eine kleine Bindungsregion im großen Antikörper ein kleines Epitop am u.U. großen Antigen, während sonst keine Affinität zwischen den Molekülen besteht. Die Erkennungsregionen können aber auch größere Bereiche betreffen wie bei der Assemblierung von Oligomeren und komplizierten Molekülkomplexen wie Ribosomen, Proteasomen oder viralen Nucleocapsiden.

1.7.1 Nucleinsäuren und Proteine

Struktur und Funktion

Die aus vier verschiedenen Desoxyribonucleotiden bzw. Ribonucleotiden aufgebauten Nucleinsäuren sind stark negativ geladene Moleküle. Zur Absättigung dieser Ladungen sind sie im allg. mit basischen Proteinen komplexiert. Die Struktur der DNA in Zellen ist die Doppelhelix, ihre lineare Abfolge der Nucleotide enthält die genetische Information der Zelle und stellt somit ihr Genom dar. RNA-Moleküle sind einsträngig, können aber durch intramolekulare Basenpaarungen Sekundärstrukturen ausbilden. Sie haben Funktionen als Messenger-RNAs, Transfer-RNAs, ribosomale RNAs und als kleine RNAs in verschiedenen Proteinkomplexen mit unterschiedlichen katalytischen Funktionen. Hiermit sind nicht enzymatische Funktionen gemeint, obwohl es auch wenige RNAs mit enzymatischer Aktivität gibt, die Ribozyme genannt werden (s. 1A.2).

Proteine werden aus 20 verschiedenen Aminosäuren aufgebaut, deren Abfolge die Primärstruktur eines Proteins darstellt. Die Größe der Proteine, d.h. die Anzahl der zu einer Kette zusammengefügten Aminosäuren variiert in weitem Bereich. Mehr als 50% aller Proteine bestehen allerdings aus etwa 250 bis 420 Aminosäuren (30 bis 50 kDa). Ein sehr kleines Protein ist das Insulin mit 51 Aminosäuren (5734 Da), das aus zwei durch zwei Disulfidbindungen kovalent verbundenen Peptiden besteht. Das bisher größte ist das Titin in Muskelzellen, das fast 27 000 Aminosäurereste enthält (ca. $3 \cdot 10^3$ kDa). Einen maßstabsgetreuen Größenvergleich gibt Abb. 1-22.

Die **Konformation** eines Proteins, seine dreidimensionale Struktur, wird durch die räumliche Anordnung von Sekundärstrukturen bestimmt. Solche Sekundärstrukturen sind die **α-Helix**, die durch interne Wasserstoffbrücken zwischen CO- und NH-Gruppen stabilisiert wird, und das **β-Faltblatt**, das aus parallelen oder antiparallelen fast gestreckten Aminosäureketten besteht, die ihrerseits untereinander wieder durch Wasserstoffbrücken stabilisiert werden (Abb. 1-23). Diese Sekundärstrukturen werden durch mehr oder minder lange Schleifen miteinander verbunden. Die Sekundärstrukturen α-Helix und β-Faltblatt für sich betrachtet, als isolierte Peptide, sind nicht stabil; die Faltung einer Polypeptidkette in ihre native Konformation muß daher als hoch kooperativ angesehen werden, indem die schwachen Wechselwirkungen als Gesamtheit optimiert werden. In Abb. 1-24 ist ein aus Röntgenstrukturanalysen abgeleitetes räumliches Modell eines Proteins mit diesen Elementen dargestellt. Neben diesen Sekundärstrukturen sind die beiden auffallendsten Strukturprinzipien einer nativen Proteinfaltung die Exposition polarer und geladener Gruppen an der Oberfläche und die Anordnung hydrophober Reste im Inneren, so daß eine relativ kompakte Form zustande kommt. Die Konformation wird stabilisiert durch schwache molekulare Wechselwirkungen im Bereich von 4-12 $kJ \cdot mol^{-1}$ wie van-der-Waals-Kräfte, Wasserstoffbrücken, elektrostatische und hydrophobe Wechselwirkungen. Die Ausbildung einer Wasserstoffbrücke entspricht 4-8 $kJ \cdot mol^{-1}$ und das Einbringen einer Methylengruppe ($-CH_2-$) in einen hydrophoben Bereich etwa 4 $kJ \cdot mol^{-1}$. (Zum Vergleich seien hier die Energiegehalte kovalenter Bindungen angegeben: C-C-Bindung ca. 350 $kJ \cdot mol^{-1}$, C-H-Bindung ca. 410 $kJ \cdot mol^{-1}$.) Da die Werte für die schwachen Wechselwirkungen nur geringfügig über der kinetischen Energie von Molekülen von ca. 2 $kJ \cdot mol^{-1}$ liegen, ist die Anzahl dieser Wechselwirkungen entscheidend. Auch Disulfidbindungen können zur Stabilität eines Proteins beitragen. Die konformationelle Stabilität der meisten na-

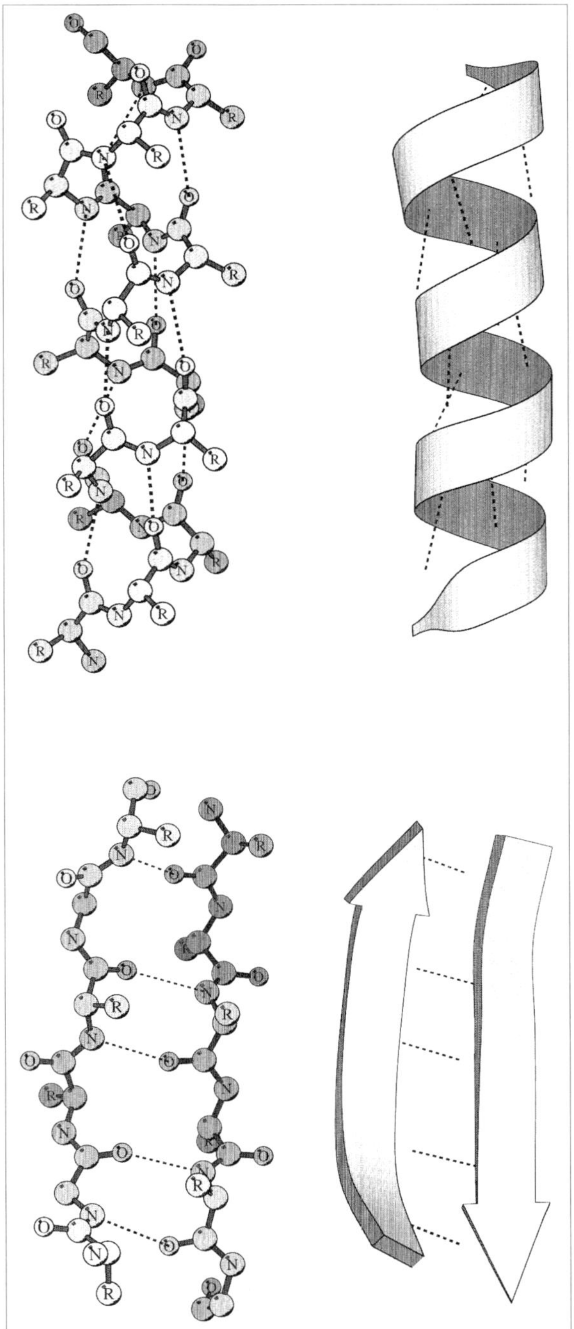

Abb. 1-23: Oben: α-Helix. **Unten**: antiparalleles β-Faltblatt. Atomare und schematische Darstellungen der beiden Sekundärstruktur-Elemente. Die unterbrochenen Linien zwischen Sauerstoff und Stickstoff deuten die Wasserstoffbrücken an. R, Aminosäurereste. (Bild: S. Grzybek)

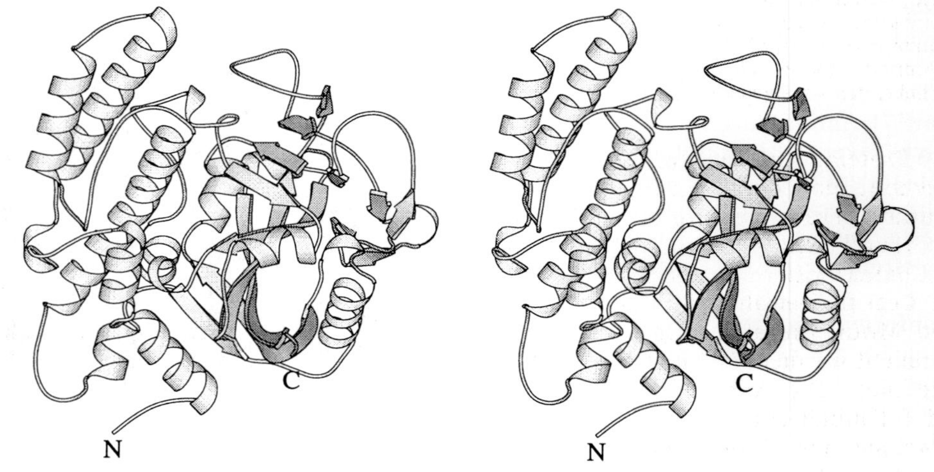

Abb. 1-24: Aus Röntgenstrukturanalysen abgeleitetes Modell eines Proteins im Stereobild. Gezeigt ist die katalytische Domäne (40-kDa-Fragment) der Poly(ADP-ribose)-Polymerase, eines Enzyms, das eine Rolle bei der zellulären Antwort auf DNA-Schädigung spielt. Die β-Faltblattstränge sind als Pfeile, die α-Helices als Wendeln dargestellt. Es ist nur die Hauptkette gezeichnet, ohne das Substrat NAD^+. (Bild: A. Ruf, Lit.: Ruf et al. (1996) Proc. Nat. Acad. Sci. USA 93, 7481)

[Zum Betrachten eines Stereo-Bildpaars eignet sich z.B. die Fernsicht-Methode: Man schaut auf die beiden Halbbilder, als ob man in die Ferne sehen möchte; es erscheinen dann drei Bilder nebeneinander, das mittlere ist räumlich. Hilfreich hierfür ist auch ein kurzer Artikel in Trends Biochem. Sci. (1990) 15, 412.]

tiven Proteine im Vergleich zu ihren entfalteten Formen entspricht einer Differenz der Freien Energie von etwa 40 kJ · mol^{-1} – ein unerwartet niedriger Wert. Die Evolution scheint in diesem Bereich ein Optimum gefunden zu haben. Dies mag seine Erklärung darin finden, daß die biologischen Funktionen von Proteinen im allg. wechselnde Konformationen erfordern (s. unten) und energetische Barrieren dabei nicht zu hoch ausfallen sollten.

Die Konformation einer Polypeptidkette wird auch als Tertiärstruktur, die Zusammenlagerung mehrerer Tertiärstrukturen als Quartärstruktur bezeichnet.

Letztlich wird die Konformation eines Proteins durch seine Aminosäureabfolge bestimmt. Jedoch können sich nur wenige Polypeptidketten aus einer Zufallsstruktur (z.B. nach Entfaltung) oder während der Biosynthese spontan in die native Konformation falten. Die Faltung eines Proteins verläuft im wesentlichen nach thermodynamischen Gesetzmäßigkeiten. Ob aber die native dreidimensionale Struktur dann konsequenterweise diejenige unter den ungeheuer vielen Möglichkeiten ist, bei der die Freie Energie der Gesamtstruktur ein Minimum erreicht, ist fragwürdig. Während der Evolution wurden Proteine offenbar auch auf eine gewisse Flexibilität hin selektioniert, denn die Funktionen der Proteine erfordern, daß sie Konformationsänderungen eingehen können. Diese Flexibilität wird auf Kosten der Stabilität erreicht, so daß die Freie Energie etwas über dem Minimum liegen dürfte, vielleicht durch eine ausreichend hohe Energiebarriere von diesem getrennt. Proteine sind nicht ganz stabile Strukturen; sie können in Stresssituationen leicht denaturiert werden. Zu beachten ist in diesem Zusammenhang auch die Art der Entstehung der Proteine während der Translation vom Aminoende her. An der naszierenden Kette könnten bereits Faltungsvorgänge initiiert werden, die in die richtige, aber auch in die falsche Richtung führen. Das Unvermögen vieler Proteine zur spontanen Faltung in die native Konformation, ihre etwas fragile Stabilität und der besondere Modus der Biosynthese lassen es als nur konsequent erscheinen, daß die Evolution auch Faltungshelferproteine hat entstehen lassen, Chaperone und Faltungskatalysatoren (s. 4.2), die in vielfältiger Weise bei Proteinfaltungen assistieren.

Unter **Denaturierung**, z.B. durch Hitze, versteht man das Entfalten von Proteinen aus der nativen Konformation. Dabei werden auch hydrophobe Bereiche freigelegt. Diese hydrophoben Bereiche neigen im wässrigen Milieu stark dazu, mit anderen hydrophoben Bereichen energetisch günstige Wechselwirkungen einzugehen, auch mit solchen an anderen Proteinmolekülen. Auf diese Weise entstehen unlösliche Proteinaggregate. Bei experimentellen Denaturierungen werden chaotrope Agenzien wie Guanidiniumhydrochlorid verwendet, das den Ordnungszustand des Wassers herabsetzt – wie das auch organische Lösungsmittel tun. Dadurch verlieren die hydrophoben Wechselwirkungen im Inneren des Proteins an Bedeutung, denn der Entropie-Effekt, der sie entstehen läßt (s. 2.2), ist nicht mehr wirksam.

Sehr viele Proteine sind in ihrer Aminosäuresequenz bekannt, und durch Röntgenstrukturanalysen wurden bereits mehrere tausend in ihrer atomaren räumlichen Struktur aufgeklärt. Zur weiteren Charakterisierung eines Proteins haben sich drei Begriffe bewährt, Strukturmotiv, Domäne und Motiv, die allerdings auch überlappend gebraucht werden. Es hat sich gezeigt, daß bestimmte räumliche Anordnungen von α-Helices und β-Faltblättern in ganz unterschiedlichen Proteinen oder Proteinbereichen wiederkehren und **Strukturmotive** darstellen. Dabei können sich die Aminosäuresequenzen dieser Bereiche erheblich unterscheiden. Das klassische – weil zuerst beschriebene – Strukturmotiv ist die sog. Nucleotid-Bindungsstelle in einem Bereich der Lactat-Dehydrogenase und im Flavodoxin, einem bakteriellen Redox-Protein (Abb. 1-25). Sehr ähnliche Strukturen sind auch in anderen Proteinen enthalten, die Nucleotide binden. Ein anderes Strukturmotiv ist die aus zwei oder mehr umeinandergewundenen α-Helices bestehende **Superhelix** (Abb. 1-26). Sie ist im Myosin, Tropomyosin und vielen anderen Proteinen anzutreffen. Ein weiteres Strukturmotiv bilden die **Zinkfinger** (Abb. 1-27). Ein Abschnitt von ca. 30 Aminosäuren bildet eine Struktur aus einem antiparallelen zweisträngigen β-Faltblatt und einer α-Helix (als ββα bezeichnet), in deren Zentrum ein Zink-Ion tetraedrisch über zwei Cystein- und zwei Histidinreste koordiniert wird. Es gibt auch Abwandlungen dieser Grundstruktur. Zwei oder mehr hintereinandergeschaltete Zinkfinger bilden bei Transkriptionsfaktoren eine spezifische Bindestelle für DNA; dabei lagern sich die Helices in die große Furche der DNA-Doppelhelix. Es wurden zahlreiche Proteine gefunden, die Zinkfinger enthalten, beim Menschen mehrere hundert. Zink kommt auch in anderen Proteinen vor, z.B. in der Alcohol-Dehydrogenase; es ist dort auf ganz andere Art gebunden als in dem Strukturmotiv „Zinkfinger".

Es gibt noch viele andere Strukturmotive, die mehr oder minder große Bereiche von Proteinen einnehmen können. Hochrechnungen gehen bis zu mehreren hundert.

Ein Fachmann hat sich zu diesem Punkt einmal etwa so geäußert: Man sollte es nicht als Problem ansehen, daß Strukturmotive von Proteinen nicht alle vergleichbar in Größe oder Art sind, ja nicht einmal logisch erscheinen.

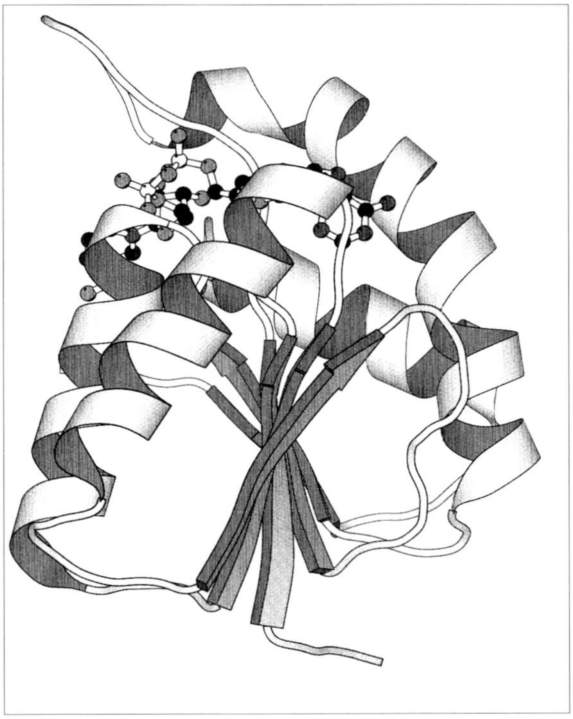

Abb. 1-25: Nucleotid-Bindungsstelle der Lactat-Dehydrogenase als Beispiel eines Strukturmotivs, schematisch dargestellt mit α-Helices und paralleler β-Faltblattstruktur. Das gebundene NADH ist als Ball-and-Stick-Modell eingezeichnet. (Bild: S. Grzybek, nach Protein Data Bank 1LDM)

Proteine sind biologische Opportunisten, und diejenigen ihrer strukturellen Strategien, die sich bewährt haben, werden reproduziert oder neu erfunden, müssen aber nicht in ein Kategorieschema passen.

Der Begriff **Domäne** hat einen funktionell/genetischen Aspekt. In vielen Proteinen falten sich bestimmte Bereiche der Polypeptidkette zu mehr oder weniger kompakten Strukturen relativ unabhängig von benachbarten Sequenzen. Sie werden als Domänen bezeichnet. In Strukturmodellen nach Röntgenstrukturanalysen sind sie oft gut zu erkennen. Domänen können mit Strukturmotiven identisch sein. Sie bestehen aus ungefähr 50 bis 300 Aminosäureresten und sind für den modularen Aufbau vieler Proteine verantwortlich. Es gibt Proteine mit einer oder mit mehreren Domänen der gleichen oder unterschiedlicher Art (Abb. 1-28), aber auch solche ohne Modulcharakter. Domänen sind entstanden aus einem ursprünglichen Gen durch Duplikation, Modifikation und Insertion an anderen Stellen des Genoms; sie sind „evolutionär mobil". Da sie manchmal im Aufbau eines Gens einem Exon entsprechen und somit von Introns flankiert werden, bezeichnet man ihre Verbreitung im Genom auch als **Exon-Shuffling** (s.

Abb. 1-26: Superhelix, Ausschnitt aus Tropomyosin. (Bild: S. Grzybek, nach Protein Data Bank 2TMA)

5.6.1). Wieviele Domänen es ursprünglich gab und wo ihr Ursprung zu suchen ist, ist kaum festzustellen. Man nimmt heute an, daß es früh in der Evolution eher wenige gab, von denen sich alle rezenten ableiten. Die konträre Sicht wäre, daß sich von sehr vielen ausprobierten nur die rezenten bewährt hätten.

Eine Betrachtung der Möglichkeiten ist hier angebracht, denn was gerade zu den Domänen gesagt wurde, gilt ebenso für Proteine überhaupt. Für eine Domänensequenz (Proteinsequenz) von 100 Aminosäureresten gibt es bei 20 verschiedenen Bausteinen 20^{100} Möglichkeiten; und für jede längere oder kürzere Kette gilt entsprechendes. Das sind astronomische Zahlen. Die Mehrzahl der Möglichkeiten allerdings würde keine globulären löslichen Strukturen ergeben, sondern unlöslich sein. Das haben auch Versuche an synthetischen Nucleinsäuren mit zufälligem Leseraster gezeigt, die nach Translation meist unlösliches Material lieferten. An die Strukturprinzipien nativer Proteine sei hier erinnert: hydrophile Reste außen, hydrophobe Reste innen, α-Helix und β-Faltblatt als Sekundärstrukturen. Die Anzahl der „brauchbaren" Möglichkeiten ist also stark eingeschränkt, sie ist aber wahrscheinlich immer noch astronomisch.

Abb. 1-27: Zinkfinger-Strukturmotive am Beispiel des Tramtrack-Proteins von *Drosophila*. (**a**) Lineare Anordnung der Aminosäurereste im Ein-Buchstaben-Code. β-Faltblattstränge sind als Pfeile angegeben, die α-Helix ist als solche angedeutet. (**b**) Stereo-Bildpaar eines Zinkfingers. Die beiden Cystein- und Histidin-Liganden sowie das Zink-Ion sind als Ball-and-Stick-Modell wiedergegeben. (Bilder: A. Wolter und S. Grzybek, nach Protein Data Bank 2DRP)

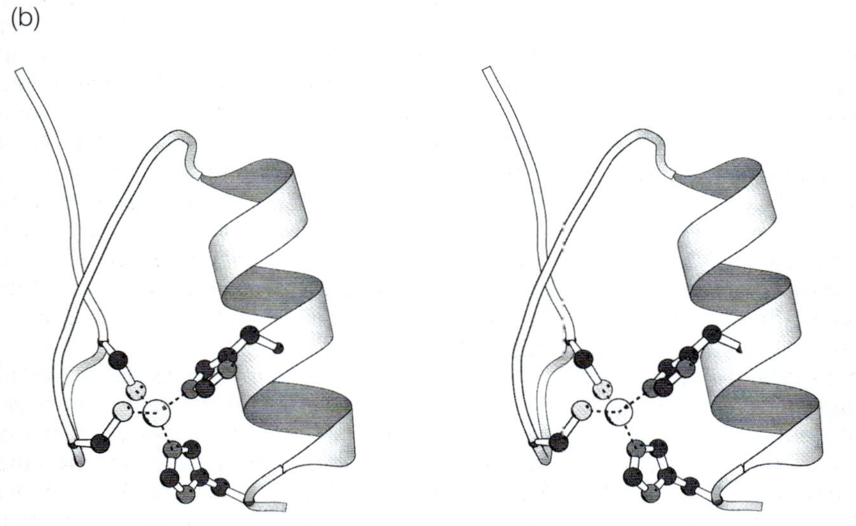

Je früher die Ableitung zweier Domänen von einem gemeinsamen Vorläufer in der Evolution geschah, um so schwieriger ist es, noch Gemeinsamkeiten zwischen ihnen zu erkennen. Charakterisiert werden Domänen durch ihre Sequenz und zunehmend durch ihre dreidimensionale Struktur, da sich Aminosäuresequenzen während der Evolution oft schneller ändern als die räumliche Struktur eines Proteins.

Manche Domänen sind sehr weit verbreitet. Die Immunglobulin-Domäne beispielsweise (Abb. 1-28), die sich von einer ursprünglichen Polypeptidkette von etwa 100 Aminosäuren herleitet, kommt in Hunderten von Proteinen vor. Man schätzt, daß es 500–1000 verschiedene Domänen gibt.

Motive sind kurze Aminosäuresequenzen mit besonderer Funktion innerhalb von Proteinen. So sind – um beim Beispiel der SH3- und SH2-Domänen (Abb. 1-28) zu bleiben – prolinreiche Sequenzen wie -Pro-X-X-Pro- (X = beliebige AS) das Motiv, das von SH3-Domänen anderer Proteine erkannt wird. Die Sequenz -pTyr-Glu-Glu-Ile- (pTyr = phosphoryliertes Tyrosin) stellt das Motiv dar, das von der SH2-Domäne z.B. des Src-Proteins gebunden wird. Ein anderes Motiv ist die RGD-Sequenz (Arg-Gly-Asp) in extrazellulären Proteinen, die von zellmembranständigen Rezeptoren, den Integrinen, erkannt und gebunden wird. Es gibt zahlreiche Sequenzmotive.

Viele Proteine benötigen für ihre Funktionen **prosthetische Gruppen**, d.h. nichtproteinische Einheiten wie einen Tetrapyrrolring oder Zn^{2+} u.v.a., die kovalent oder nichtkovalent gebunden in ihre räumliche Struktur integriert werden.

Häufig sind Gene nicht solitär im Genom, sondern Mitglieder von Familien ähnlicher, sequenzhomologer Gene. Man spricht dann von **Gen-Familien** oder, bezogen auf die Gen-Produkte, von **Protein-Familien**. Solche Familien entstanden im Lauf der Evolution aus einem ursprünglichen Gen durch Duplikationen und Modifikationen. Oft ist es schwierig, Verwandtschaften festzustellen, da Sequenzhomologien im Laufe der Evolution sinken, manchmal eben auch ohne daß die Raumstruktur des Proteins nennenswert verändert wird. Bei einer Sequenzidentität von mehr als 30% zwischen zwei Proteinen kann man mit Sicherheit auf einen gemeinsamen Ursprung schließen. Homologien können sich auf die gesamte Sequenz von Proteinen erstrecken wie bei den Cytochromen und Globinen oder nur auf Domänen, während der Rest der Sequenz keine besondere Homologie zeigt. Bei dem Modulcharakter vieler Proteine wird die Zuordnung zu Familien auch durch ihre Funktion und – wenn bereits möglich – durch ihre Raumstruktur bestimmt.

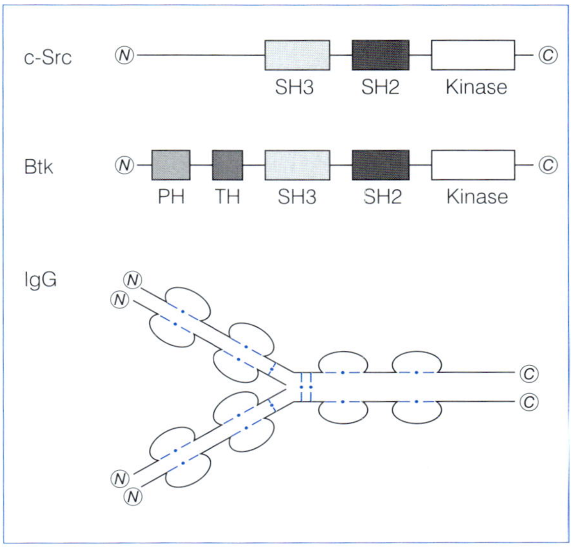

Abb. 1-28: Modularer Aufbau von Proteinen aus Domänen gleicher oder verschiedener Art. c-SRC (von cellular und sarcoma) ist eine Tyr-Protein-Kinase mit einer Kinase-Domäne, einer SH2-Domäne (Src Homologie 2), die phosphorylierte Tyrosinreste in Proteinen bindet, und eine SH3-Domäne, die andere Proteine mit prolinreichen Motiven bindet. Btk ist eine andere Tyr-Protein-Kinase in Lymphocyten, die zwei zusätzliche Module trägt, eine sog. TH-Region mit prolinreichem Motiv und einer PH-Domäne (Pleckstrin-Homologie), die wie SH2 und SH3 in Proteinen von Signalketten häufig vorkommt und Erkennungsfunktion für das Phospholipid Phosphatidylinositol-4,5-bisphosphat in der Plasmamembran hat. IgG (Immunglobulin G) enthält in seinen schweren Ketten je 4, in seinen leichten Ketten je 2 Immunglobulin-Domänen; diese Domänen werden üblicherweise als Schleifen gezeichnet. Die Punkte bedeuten Disulfidbindungen, die zwischen den Ketten, aber auch – typischerweise – innerhalb jeder Domäne zu finden sind.

Hat sich im Zug der Modifikationen die Funktion von Proteingruppen in unterschiedliche Richtungen hin entwickelt, wird der Begriff **Superfamilie** verwendet, die in entsprechende Familien gegliedert ist. Die Mehrzahl der Proteine gehört zu Familien, und es gibt wohl mehr als 10000 Familien und mehr als 2000 Superfamilien. Diese können in ihrer Größe sehr unterschiedlich sein. Die Actin-Familie beim Menschen umfaßt sechs Proteine, die Immunglobulin-Superfamilie dagegen hunderte, alle mit Zell-Adhäsions- und Bindungsfunktionen befaßt. Und die Cytochrom-P450-Superfamilie enthält mehr als 400 Mitglieder, die vor allem am Metabolismus von Steroiden und Xenobiotika beteiligt sind.

Auch regulatorische Proteine treten häufig als Familien auf. Sequenzvergleichende Analysen am sequenzierten Hefe-Genom offenbarten, daß die Hefe 113 Protein-Kinasen besitzt, die einer Superfamilie angehören. Diese 113 Gene machen immerhin etwa 2% aller Gene im Hefe-Genom aus.

Proteine wirken über ihre Konformation. Dies ist nicht nur im statischen Sinn gemeint, daß ihre räumliche Struktur ihrer Funktion als lösliche, membrangebundene, strukturelle etc. Einheit entspricht, sondern noch mehr im dynamischen. Die Wechselwirkungen mit anderen Molekülen an räumlich definierten Bindungsstellen eines Proteins oder seine kovalente Modifizierung, durch Phosphorylierung z.B., verändert reversibel seine Konformation und damit seine katalytischen oder anderen Eigenschaften. Bei den sog. **allosterischen Proteinen** kann die Besetzung einer Bindungsstelle eine andere in ihren Eigenschaften durch Konformationsänderungen über Distanzen bis in den nm-Bereich hinweg beeinflussen. Eines der klassischen allosterischen Proteine ist das Hämoglobin, dessen Affinität zu O_2 durch H^+ und CO_2 erniedrigt wird (Bohr-Effekt).

Je mehr Bindungsstellen ein Protein aufweist, je mehr Wechselwirkungen es eingehen kann, desto „ausgeklügelter" muß seine Beschaffenheit sein. Um so empfindlicher wird es aber auch gegenüber evolutionären Veränderungen, d.h. Mutationen. Der Begriff der **Konserviertheit** wird in diesem Zusammenhang verwendet. Bei Proteinen wie den Actinen oder Histonen, die mit sehr vielen anderen Proteinen und im Fall der Histone auch mit DNA wechselwirken, ist der Spielraum für Mutationen sehr begrenzt. Sie sind hoch konserviert und im allg. auch sehr alt. Die Änderungsrate ihrer Sequenz beträgt höchstens 10% in 10^6 Jahren. Hoch konservierte Proteine eignen sich zur Abschätzung von Verwandtschaftsgraden evolutionär entfernt stehender Organismen. Es gibt aber auch schwach konservierte Proteine, die häufig erst spät in der Evolution aufgetreten sind und sich sozusagen noch in ihrer evolutionären Entwicklung befinden. Die Mitglieder der Immunglobulin-Superfamilie mit ihren Domänen sind hierfür ein Beispiel.

Möchte man die vielfältigen Funktionen der Proteine innerhalb und außerhalb von Zellen zusammenfassend darstellen, so lassen sich Kategorien definieren – sie können allerdings keinen Anspruch auf Vollständigkeit haben. Da Proteine oft mehrere Funktionen mehr oder weniger gleichzeitig ausüben, kommt es auch auf den jeweiligen Gesichtspunkt an. Wenn beispielsweise das Bindegewebsprotein Fibronectin von einem Rezeptor (Integrin) in der Plasmamembran einer Zelle gebunden wird, kann der strukturelle Aspekt, die Festigkeit des Gewebes, im Vordergrund stehen, ebenso aber auch die Bindung durch den Rezeptor als solche. In diesem Sinn ist die folgende Aufstellung von Aktivitäten/Funktionen, durch einige wenige Beispiele ergänzt, zu verstehen.

- Enzymatische Aktivitäten bedeuten die Umsetzung von Substrat(en) in Produkt(e).
- Bindungsfunktionen haben z.B. Rezeptoren für Hormone, Ferritin für Fe^{3+} oder Transkriptionsfaktoren für bestimmte Elemente auf der DNA; auch Enzyme binden ihre Substrate sehr spezifisch.
- Strukturelle Eigenschaften haben das Bindegewebsprotein Kollagen oder die Actine in den Actinfilamenten und die Tubuline in den Mikrotubuli. Actine und Tubuline besitzen auch zahlreiche Bindungsstellen für andere Moleküle und eine enzymatische Funktion, da sie ATP bzw. GTP hydrolysieren können.
- Motorfunktion zeigen die Myosine, Dyneine und Kinesine, die unter ATP-Verbrauch und damit enzymatischer Aktivität, an Actinfilamenten und Mikrotubuli entlangwandern, indem sie ihre speziellen Bindungseigenschaften ins Spiel bringen.
- Konformationen katalysierende Eigenschaften besitzen die Faltungshelferproteine (Chaperone und Faltungskatalysatoren); sie üben ihre Funktion über Erkennungs- und Bindungseigenschaften und unter ATP-Verbrauch aus.
- Kanalbildung durch Membranen findet sich bei allen Translokatoren, die ihre Substrate auch binden und manchmal energieabhängig (ATP-Hydrolyse) sind.
- Regulatorische Funktionen sind – wie enzymatische Aktivitäten – besonders vielfältig. Eine Protein-Kinase hat neben anderem eine regulatorische Funktion, ebenso ein Hormon-Rezeptor oder ein Transkriptionsfaktor. Die meisten der bisher genannten Aktivitäten/Funktionen werden über regulatorische Proteine kontrolliert.
- Redox-Funktionen haben Proteine z.B. in der Atmungskette oder im Photosyntheseapparat, in denen Elektronen transportiert werden. Diese Proteine sind dazu immer mit prosthetischen Gruppen wie Tetrapyrrolringen, Eisen-Schwefel-Einheiten o.a. ausgestattet.
- Sensorische Funktionen haben beispielsweise die Odorant-Rezeptoren in den Zellen des Riechepithels, die Rhodopsine in den Stäbchen- und Zapfenzellen der Retina, die Phytochrome in Pflanzenzellen oder der mechanosensitive Ionen-Kanal bei Bakterien. Rhodopsine enthalten Retinal als lichtabsorbierende Komponente, Phytochrome offene Tetrapyrrole. Auch die spannungsabhängigen Ionenkanäle in der Plasmamembran von Nervenzellen besitzen sensorische Eigenschaften.

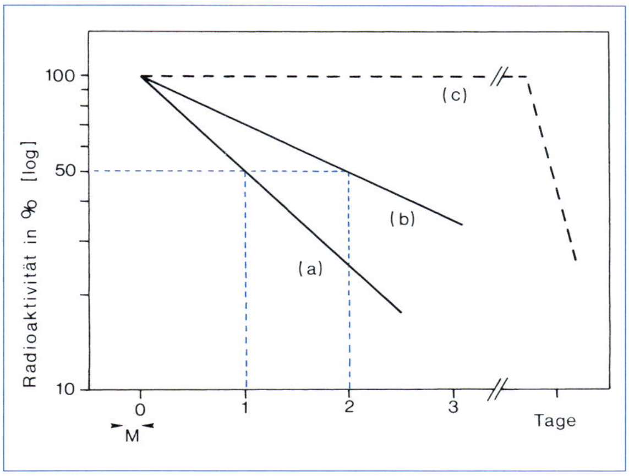

Abb. 1-29: Turnover von Molekülen. Die interessierenden Moleküle werden in der Zelle über ihren Biosyntheseweg während einer kurzen Zeitspanne (Puls; M) radioaktiv markiert, Proteine z. B. durch Anbieten einer ^{14}C-markierten Aminosäure. Anschließend wird der Verlust der Radioaktivität in dieser Molekülpopulation über die Zeit verfolgt. Im allg. erhält man bei halblogarithmischer Auftragung eine Gerade, aus der die Halblebenszeit – sie entspricht 50 % Verlust – bestimmt werden kann (**a**) und (**b**). In manchen Fällen bleibt eine Molekülpopulation für längere Zeit stabil (**c**). Ein Beispiel hierfür ist die Globin-mRNA in Reticulocyten, die für etwa 100 Tage stabil bleibt.

- Lichtabsorptive Eigenschaften zeigen Proteine des Photosyntheseapparats über ihre nichtkovalent gebundenen Carotinoide und Chlorophylle. Diese Lichtabsorption ist nicht sensorischer Art, sondern dient der Gewinnung von Energie.

Als **Proteom** wird die Gesamtheit der Proteine von Zellen/Organismen bezeichnet; es stellt eine sich im Gegensatz zum Genom ständig verändernde Molekülpopulation dar.

Turnover

Ein Charakteristikum lebender Zellen ist, daß die meisten ihrer RNA- und Proteinmoleküle ständig abgebaut und wieder, je nach Bedarf, neugebildet werden. Man bezeichnet dies als Umsatz oder Turnover der Moleküle. Er ermöglicht rasche Anpassungen an geänderte Stoffwechsel- und Regulationserfordernisse, aber auch eine Eliminierung eventuell fehlerhafter Komponenten. Eine solche ständige Erneuerung bedeutet, daß Abbauwege ebenso wichtig für eine Zelle sind wie Synthesewege und daß sich die Störung eines Abbaumechanismus ähnlich fatal auswirken kann wie ein Defekt in einer Synthesesequenz. Ein Maß für den Turnover ist die sog. **Halblebenszeit**, die angibt, in welcher Zeit die Hälfte einer vorgegebenen Molekülmenge wieder abgebaut wird (Abb. 1-29). In besonderen Fällen bleiben Proteine während eines ganzen Zell-Lebens erhalten, z. B. die Kristalline, die Proteine in den Faserzellen der Augenlinse.

Die **Augenlinse**, ein Fokussierapparat, besteht aus sog. Faserzellen ohne jegliche Organellen und mit sehr hohem Proteingehalt (ca. 70 % bezogen auf das Frischgewicht). Die dichte Packung der Kristalline reduziert die Lichtstreuung und erhält eine optimale Transparenz. Man unterscheidet Linsenkristalline (α, β, γ) und sog. Enzymkristalline, die taxonspezifisch sind. Beim Menschen ist beispielsweise das ζ-Kristallin eine modifizierte Alcohol-Dehydrogenase ohne Zink-Ion als prosthetische Gruppe und daher ohne enzymatische Aktivität.

Im Gegensatz zu RNAs und Proteinen unterliegen DNA-Moleküle in Zellen keinem Turnover. Sie bleiben so lange erhalten wie die Zellen selbst, unter Umständen viele Jahre. Während dieser Zeit kann es zu Beschädigungen dieser großen Moleküle durch mutagene Chemikalien, UV-Licht u. a. kommen, und in der Tat sind solche Beschädigungen häufig. Zellen besitzen aber sehr wirkungsvolle enzymatische **DNA-Reparatursysteme**, um Schäden zu beseitigen, so daß ein korrektes Umsetzen der genetischen Information gewährleistet bleibt. Bei der Hefezelle beispielsweise codieren mehr als 100 Gene für Komponenten dieser Reparatursysteme.

Bei einer beim Menschen autosomal rezessiv vererbten Krankheit (**Xeroderma pigmentosum**) ist eine Komponente eines dieser Systeme defekt; das äußert sich in einer starken Lichtsensibilität der Betroffenen (UV-Schädigung der DNA) und dadurch in einem hohen Tumorrisiko für die Haut.

Eine Reparatur von RNA oder Protein gibt es in Zellen nicht. Defekte Moleküle werden im Zuge des Turnovers eliminiert. Faltungsdefekte bei Proteinen können allerdings bis zu einem gewissen Grad durch Chaperone behoben werden.

1.7.2 Andere organische Moleküle

In diese große Gruppe von Verbindungen gehören alle Vorstufen, Intermediate und Endprodukte der Haupt- und Nebenwege im anabolischen und katabolischen Stoffwechsel der Zellen, die zusammen als **Metabolite** bezeichnet werden. Ihre Konzentrationen können sehr unterschiedlich sein, vom submikromolaren bis zum millimolaren Bereich. Die diese Metabolite umsetzenden Enzyme liegen oft in vergleichbaren Konzentrationen ($10\ nmol \cdot l^{-1}$ bis $100\ \mu mol \cdot l^{-1}$) vor, so daß in Zellen nicht unbedingt Michaelis-Menten-Bedingungen, d. h. Substratsättigung, herrschen müssen. In einer kleinen Zelle wie in *E. coli* beispielsweise kann ein wichtiges Enzym des Glykolysewegs in 100 000 Kopien vorhanden sein, ein anderes für einen zur Zeit

Tab. 1-4: Vorkommen von Metall-Ionen und anderen Elementen in biologischen Molekülen (Auswahl).

Element*	Wertigkeit	Beispiel
Vanadium, 23	V^{2+}/V^{3+}	Nitrogenase (mit Fe^{2+}/Fe^{3+})
Mangan, 25	Mn^{2+}/Mn^{3+}	Wasserspaltender Komplex PSII, Superoxid-Dismutase
Eisen, 26	Fe^{2+}/Fe^{3+}	Cytochrom, Hämoglobin, Nitrogenase, Fe/S-Proteine
Cobalt, 27	$Co^{+}/Co^{2+}/Co^{3+}$	Vitamin B_{12}
Nickel, 28	$Ni^{+}/Ni^{2+}/Ni^{3+}$	Urease, Hydrogenase, Methyl-CoM-Reductase
Kupfer, 29	Cu^{+}/Cu^{2+}	Plastocyanin, Superoxid-Dismutase
Zink, 30	Zn^{2+}	Alcohol-Dehydrogenase, Superoxid-Dismutase, Carbonat-Dehydratase
Selen, 34	kovalent	Glutathion-Peroxidase, tRNAs, Selenocystein
Molybdän, 42	Mo^{2+}/Mo^{4+}	Nitrogenase, Nitrat-Reductase
Jod, 53	kovalent	Thyroxin
Wolfram, 74	Wo^{4+}/Wo^{6+}	Formiat-Dehydrogenase

*Die Zahlen nach den Elementen sind ihre Nummern im Periodischen System.

nicht aktuellen Weg dagegen nur in einigen wenigen Exemplaren.

Neben hydrophilen Molekülen kommen auch hydrophobe, **Lipide** im weitesten Sinn, in Zellen vor. Sie bilden das Grundgerüst der Biomembranen, sind Reservestoffe oder haben ganz distinkte Funktionen wie z.B. Elektronentransport und Lichtabsorption.

Zu nennen sind hier auch noch die nichtproteinischen **Makromoleküle**, meist Polysaccharide, die als Reserve- oder Gerüstsubstanzen dienen.

Die ungezählten sog. **sekundären Stoffwechselprodukte** sind Verbindungen wie Alkaloide, Isoprenoide u.v.a., die nicht dem Grundstoffwechsel von Zellen zuzurechnen sind und je nach Art und Entwicklungszustand von Zellen, insbesondere bei Pflanzen, akkumuliert werden. Unter ihnen findet man nicht nur solche, die sich medizinisch nutzen lassen, angenehm riechen, farbgebend sind oder Speisen würzen, sondern auch sehr toxische Verbindungen. Toxine greifen oft spezifisch in ganz bestimmte enzymatische oder andere Reaktionen ein und sind deshalb für den Experimentator von großem Interesse. Auf sie wird in diesem Buch noch häufig hingewiesen werden.

1.7.3 Anorganische Moleküle und Ionen

Zellen verwenden nur einen kleinen Teil der chemischen Elemente in irgendeiner Form. Kovalent integriert in das Kohlenwasserstoffgerüst der organischen Moleküle sind neben Sauerstoff (O) die Elemente Stickstoff (N), Phosphor (P), Schwefel (S) und sehr selten Selen (Se), Jod (J) und Chlor (Cl). Als anorganische Quellen dienen im allg. Salze dieser Elemente. Manche Prokaryoten, die sog. Chemolithotrophen, können bestimmte anorganische Verbindungen, je nach Art ihres Biotops, oxidieren oder reduzieren und dadurch die für ihren Stoffwechsel benötigte Energie gewinnen.

Das zelluläre ionale Milieu im Cytoplasma bestimmen K^{+}-Ionen in einer Konzentrationen um 100 $mmol \cdot l^{-1}$. Bei höheren Tieren finden sich im extrazellulären Bereich, so im Blut, ähnlich hohe Konzentrationen von Na^{+}- und Cl^{-}-Ionen. Mg^{2+} kommt in allen Zellen im millimolaren Bereich vor. Ca^{2+} hat als einziges anorganisches Ion als sog. sekundärer Bote regulatorische Funktion; seine Konzentration schwankt daher in Bereichen von 0,1 bis 10 $\mu mol \cdot l^{-1}$.

Von den gasförmigen Elementen dient O_2 allen aerob lebenden Zellen als terminaler Elektronenakzeptor in der Atmungskette und ist insofern essentiell. O_2 wird auch von anderen Enzymen (Oxidasen) als Elektronenakzeptor benützt und von wieder anderen (Oxygenasen) direkt in organische Moleküle eingebaut. N_2 wird von einigen Prokaryoten, den Stickstoff-Fixierern, mit Hilfe der komplexen Nitrogenase zu NH_3 reduziert, das dann in organische Verbindungen eingebaut werden kann.

Viele Elemente, insbesondere Schwermetalle in Form ihrer Ionen, sind toxisch für Zellen. Schon früh in der Evolution entstanden Transportsysteme, die in Zellen eingedrungene Ionen dieser Art wieder hinaustransportieren und so für einen Schutz sorgen. Andere Schutzeinrichtungen bilden kleine cysteinreiche Proteine, Metallothioneine bei Tieren und Phytochelatine bei Pflanzen, die Schwermetall-Ionen wie Zn^{2+}, Cu^{2+} und Cd^{2+} zu komplexieren vermögen. Trotzdem werden manche Schwermetall-Ionen in die katalytischen Zentren verschiedener Proteine, meistens über Nebenvalenzen, als essentielle Komponenten integriert; in sehr geringen Konzentrationen sind sie daher unentbehrlich (Tab. 1-4).

Zwei Elemente, Eisen und Sauerstoff, sind für Zellen außerordentlich wichtig, bringen aber auch gravierende Gefahren mit sich.

Eisen ist für die Zelle wegen seines leichten Wertigkeitswechsels Fe^{2+}/Fe^{3+} für Redox-Vorgänge und Katalysen ein besonders geeignetes Element. Fe^{3+} ist jedoch mit einer Löslichkeit von 10^{-17} $mol \cdot l^{-1}$ fast unlöslich und neigt sehr stark zu Hydrolyse und Polymerisation zu unlöslichen Eisenhydroxiden. Fe^{2+}/Fe^{3+} kann katalysatorisch an der Entstehung reaktiver Sauerstoffspezies beteiligt sein (s. unten). Die Aufnahme und Handhabung von Eisen-Ionen ist für Zellen daher besonders schwierig; sie müssen stets an Proteine oder andere Moleküle gebunden sein, damit sich ihre gefährlichen Eigenschaften nicht auswirken können. Viele Mikroorganismen, insbesondere Prokaryoten, sowie Pflanzen synthetisieren sehr wirkungsvolle Chelatoren für Fe^{3+} und scheiden diese in das umgebende Medium aus. Diese sog. **Siderophoren** sind meistens Derivate der Hydroxamsäure oder von Catecholen. Mit Fe^{3+} komplexierte Siderophoren werden über besondere Translokatoren in der Plasmamembran wieder in die Zellen aufgenommen. Vielzellige heterotrophe Organismen versorgen sich über die Nahrung mit Eisen und bringen es – gebunden an das Transportprotein Transferrin – mit dem Blutstrom zu den einzelnen Zellen. Transferrin enthält zwei Bindungsstellen für Fe^{3+} und wird über einen Transferrin-Rezeptor in die Zellen aufgenommen. Beim Eintritt in das Cytoplasma wird Fe^{3+} zu Fe^{2+} reduziert. Im Menschen werden pro Tag 30–40 mg Eisen zwischen Zellen verschiedener Organe transportiert. In Zellen kann Eisen an besondere Proteine, Ferritine und Hämosiderine, gebunden gespeichert werden.

Sauerstoff spielt für das Leben auf der Erde eine entscheidende Rolle. O_2 als paramagnetisches Gas mit zwei ungepaarten Elektronen mit parallelen Spins neigt jedoch dazu, einstufige Reduktionen einzugehen, wodurch extrem reaktive toxische Sauerstoffspezies (ROS, reactive oxygen species) auftreten können. Sie führen zur Peroxidation von Lipiden, Schädigung von Nucleinsäuren, Inaktivierung von Enzymen und können als freie Radikale durch Wechselwirkung mit anderen Molekülen weitere radikalische Verbindungen entstehen lassen. Die erste Reduktionsstufe, das Superoxidradikal-Anion $O_2^{\cdot-}$, entsteht häufig bei der Reduktion von Sauerstoff. Hieraus kann spontan die nächste Reduktionsstufe, Wasserstoffperoxid H_2O_2, gebildet werden:

$$2O_2^{\cdot-} + 2H^+ \rightarrow H_2O_2 + O_2$$

Nichtkomplexiertes Fe^{2+}/Fe^{3+} oder Cu-Ionen katalysieren in komplizierten Reaktionen aus $O_2^{\cdot-}$ plus H_2O_2 die Bildung der dritten Reduktionsstufe, des Hydroxylradikals $OH^{\cdot}$. Die vierte Reduktionsstufe ist schließlich Wasser.

Eine weitere aktivierte Sauerstoffspezies, der Singulettsauerstoff, kann durch elektronische Anregung (Licht) über Sensibilisatoren wie Chlorophyll, Flavine u.a. aus Sauerstoff im Grundzustand (Triplettsauerstoff) erzeugt werden. Im Singulettsauerstoff besitzen die beiden ungepaarten Elektronen antiparallele Spins; seine Lebensdauer beträgt einige Mikrosekunden, er reagiert bevorzugt mit ungesättigten Verbindungen, was zu Oxidationsprodukten führt.

Mit der durch Photosynthese bedingten Zunahme von Sauerstoff in der ursprünglich reduzierenden Uratmosphäre während der frühen Evolution haben Zellen Enzyme entwickelt, die $O_2^{\cdot-}$ und H_2O_2 eliminieren. Superoxid-Dismutasen disproportionieren das Superoxidradikal-Anion zu Wasserstoffperoxid und Sauerstoff:

$$2O_2^{\cdot-} + 2H^+ \rightarrow H_2O_2 + O_2$$

Man kennt drei verschiedene Superoxid-Dismutasen, die Mn^{3+}, Fe^{3+} oder Cu^{2+}/Zn^{2+} in ihrem aktiven Zentrum enthalten.

Catalasen wandeln Wasserstoffperoxid in Sauerstoff und Wasser um:

$$2H_2O_2 \rightarrow O_2 + 2H_2O$$

Peroxidasen oxidieren Verbindungen, die Elektronen abgeben können (Elektronendonatoren), und reduzieren mit diesen Elektronen Wasserstoffperoxid zu Wasser:

$$\text{Donator} + H_2O_2 \rightarrow \text{oxidierter Donator} + 2H_2O$$

Reaktive Sauerstoffspezies entstehen bei allen Aerobiern im Stoffwechsel als Zwischenprodukte, z.B. während der Reaktion der Cytochrom-Oxidase in der Atmungskette bei der Reduktion von O_2 zu Wasser oder im O_2-bildenden Komplex der Photosynthese u.a.; sie unterliegen hier der metabolischen Kontrolle. Entgehen sie dieser Kontrolle, sind die genannten Enzyme oft wirkungslos, da die Spezies sehr rasch mit anderen Molekülen reagieren und eine extrem kurze Lebensdauer besitzen; ihre Diffusionsstrecken betragen nur wenige nm. Hier sind kleine phenolische Verbindungen wie Tocopherol, Ubichinol u.a. als Ein-Elektron-Donatoren nahe am Entstehungsort der Spezies wirkungsvoller. Die entstehenden Phenoxyradikale werden durch die **Antioxidanzien** Ascorbinsäure und Glutathion reduziert, diese wiederum durch entsprechende Reductasen unter Verbrauch von $NADPH \cdot H^+$ regeneriert. Die Gruppe der Antioxidanzien hält das Cytoplasma in einem „reduzierten" Zustand und der Glutathion-Zyklus SH-Gruppen in Proteinen in reduzierter Form.

Zellen haben nicht nur Eliminierungsmöglichkeiten für toxische Sauerstoffspezies gefunden, Makrophagen und neutrophile Granulocyten besitzen eine NADPH-Oxidase, die $O_2^{\cdot-}$ und H_2O_2 zur Abwehr von in den Organismus eingedrungenen Bakterien produziert (s. 19.1).

1.8 Literatur

1.8.1 Literatur zum Text

Doolittle R F (1995) The multiplicity of domains in proteins. Annu. Rev. Biochem. 64, 287–314.
Doolittle W F, Brown J (1994) Tempo, mode, the progenote, and the universal root. Proc. Nat. Acad. Sci. USA 91, 6721–6728.
Dybing K, Voelker L L (1996) Molecular biology of mycoplasmas. Annu. Rev. Microbiol. 50, 25–57.
Fawcett D W (1981) The Cell. 2. Aufl., Saunders, Philadelphia.
Fleischmann R D et al. (1995) Whole-genome random sequencing and assembly of *Haemophilus influenzae* Rd. Science 269, 496–512.
Fraser C M et al. (1995) The minimal gene complement of *Mycoplasma genitalium*. Science 270, 397–403.
Fujita T, Tanaka K, Tokunaga J (1986) Zellen und Gewebe. Ein REM-Atlas für Mediziner und Biologen. Fischer, Stuttgart.
Gillin F D, Reiner D S, McCaffery J M (1996) Cell biology of the primitive eukaryote *Giardia lamblia*. Annu. Rev. Microbiol. 50, 679–705.
Goffeau A et al. (1996) Life with 6000 genes. Science 274, 546–567.
Goffeau A et al. (1997) The yeast genome directory. Nature 387 (Suppl.), 1–105.
Gunning B E S, Steer M W (1996) Bildatlas zur Biologie der Pflanzenzelle. Struktur und Funktion. Fischer, Stuttgart.
Hippeli S, Elstner E F (1997) OH-Radical-type reactive oxigen species: a short review on the mechanisms of OH-radical and peroxynitrite toxicity. Z. Naturforsch. 52c, 555–563.
Hunter T, Plowman G D (1997) The protein kinases of budding yeast: sic score and more. Trends Biochem. Sci. 22, 18–22.
Koch A L (1996) What size should a bacterium be? A question of scale. Annu. Rev. Microbiol. 50, 317–348.
Meves H W, Pfeiffer F, Heumann K (1997) Sequenzbanken: Vom Gen zum Genom. Biospektrum 3, 26–31.
Neidhardt F C et al. (1996) *Escherichia coli* and *Salmonella typhimurium*. 2. Aufl., ASM, Washington.
Oliver S G et al. (1992) The complete DNA sequence of yeast chromosome III. Nature 357, 38–46.
Olsen G J, Woese C R (1997) Archaeal genomics: an overview. Cell 89, 991–994.
Orci L, Perrelet A (1975) Freeze-Etch Histology. A Comparison between Thin Sections and Freeze-Etch Replicas. Springer, Berlin.
Pace N R (1997) A molecular view of microbial diversity and the biosphere. Science 276, 734–741.
Sanger F et al. (1977) Nucleotide sequence of bacteriophage ΦX174. Nature 265, 687–695.
Ude J, Koch M (1994) Die Zelle. Atlas der Ultrastruktur. Fischer, Stuttgart.
Woese C R, Kandler O, Wheelis M L (1990) Towards a natural system of organisms: proposal for the domains Archaea, Bacteria, and Eucarya. Proc. Nat. Acad. Sci. USA 87, 4576–4579.

1.8.2 Einige Periodika und Reihen zur Zellbiologie

Annual Review of Cell and Developmental Biology. Seit 1995. Davor: Annual Review of Cell Biology. Seit 1985. Annual Reviews Inc., Palo Alto, USA.
Biology of the Cell. Seit 1981. Davor: Biologie Cellulaire. Seit 1977. Davor: Journal de Microscopie. Seit 1962. Société Française de Microscopie Electronique, Paris.
Cell. Seit 1974. MIT Press, Cambridge, Massachusetts.
Cell and Tissue Research. Seit 1974. Davor: Zeitschrift für Naturforschung und mikroskopische Anatomie. Seit 1924. Springer, Berlin.
Current Opinion in Cell Biology. Seit 1991. Curr. Biol. Ltd., London.
European Journal of Cell Biology. Seit 1979. Davor: Cytobiologie. Seit 1969. Wiss. Verlagsges., Stuttgart.
Experimental Cell Research. Seit 1950. Academic Press, New York.
International Review of Cytobiology. Seit 1952. Academic Press, New York.
Journal of Cell Science. Seit 1966. The Company of Biologists, Cambridge.
Journal of Cellular Physiology. Seit 1966. Davor: Journal of Cellular and Comparative Physiology. Seit 1932. Alan R. Liss Inc., New York
Journal of Ultrastructure Research. Seit 1957. Academic Press, New York.
La Cellule, Recueil de Cytologie et d'Histologie Générale. Seit 1884. Löwen, Belgien.
Plant Molecular Biology. Seit 1981. Kluwer, Dordrecht, Niederlande.
Protoplasma. Seit 1927. Springer, Wien.
The EMBO Journal. Seit 1982. IRL Press, Oxford.
The Journal of Cell Biology. Seit 1962. Davor: Journal of Biophysics and Biochemical Cytology. Seit 1955. Rokkefeller University Press, New York.
The Plant Cell. Seit 1989. American Society of Plant Physiology, Rockville, USA.
The Plant Journal. Seit 1991. Bios Scientific Publishers, Oxford.
Trends in Cell Biology. Seit 1991. Elsevier, Cambridge.
Trends in Plant Science. Seit 1996. Elsevier, Cambridge.

1A ZUR ENERGETIK DER ZELLE

– ANHANG ZU KAP. 1 –

Eine Zelle stellt ein energetisch offenes System dar, d.h. sie steht mit ihrer Umwelt in einem ständigen Austausch von Stoffen und Energie. Charakteristisch für den Stoffwechsel einer Zelle ist, daß neben vielen reversiblen Reaktionen einige wichtige Vorgänge irreversibel ablaufen und damit eine Richtung vorgegeben wird. Für die theoretische Beschreibung solcher Vorgänge ist nicht die klassische Thermodynamik, sondern die von L. Onsager 1931 begründete Nichtgleichgewichts-Thermodynamik zuständig. Aus dieser läßt sich ableiten, daß eine Ordnung fern vom thermodynamischen Gleichgewicht erhalten werden kann, wenn ein ausreichender Fluß von Stoffen und Energie durch das betreffende System gewährleistet wird. Es ist ein wesentliches Merkmal für das „Lebendigsein" einer Zelle, daß sie sich durch diese ständige Zufuhr von Energie arbeitsfähig erhält. Dieser Spannungszustand unter gegebenen Bedingungen wird als **Fließgleichgewicht** bezeichnet. Verantwortlich für den Energie- und Stofffluß innerhalb der Zelle ist ein komplexes Netzwerk von enzymkatalysierten biochemischen Reaktionen im Rahmen von Ana- und Katabolismus (Abb. 1A-1).

Primäre Energiequellen sind für photoautotrophe Zellen die Lichtquanten ($h\nu$; h Plancksches Wirkungsquantum, ν Frequenz), also die elektromagnetische Energie des Sonnenlichts, für chemoautotrophe Zellen die chemische Energie anorganischer Verbindungen und für chemoheterotrophe Zellen die chemische Energie organischer Moleküle.

1A.1 Freie Energie

Die Betrachtung energetischer Vorgänge in der Zelle ist mit der Einführung des Begriffs „freie Energie" durch J.W. Gibbs 1878 sehr erleichtert worden. Diese steht mit Enthalpie und Entropie unter isothermen und isobaren Bedingungen in folgender Beziehung

$$\Delta H = \Delta G + T \cdot \Delta S \qquad \text{(Gl. 1A-1)}$$

ΔH, die Enthalpieänderung oder Änderung der inneren Energie eines Systems, steht für den gesamten Energieumsatz bei einer Reaktion und setzt sich aus zwei Komponenten zusammen, der Änderung der freien Energie ΔG und der Größe $T \cdot \Delta S$, dem Produkt aus absoluter Temperatur und Entropieänderung. ΔG ist, wenn geeignete Mechanismen in der Zelle vorhanden sind und Reversibilität herrscht (s. unten), im günstigen Fall vollständig übertragbar und arbeitsfähig, während die sog. gebundene Energie $T \cdot \Delta S$ für Arbeitsverrichtungen nicht verfügbar ist, sondern als Wärme mit der Umgebung ausgetauscht wird. Existieren keine geeigneten Mechanismen für eine Übertragung von ΔG, wird die gesamte Enthalpiedifferenz als Wärme frei. Die Entropie S ist ein Maß für den Grad von Zufälligkeit und Unordnung und hängt bei einem Molekül von der Anzahl der Energiezustände ab, in denen es bei einer Reaktion vorkommen kann. Zum Beispiel ist auch die Entropie eines größeren Moleküls kleiner als die Summe der Entropien von Teilen bzw. Spaltprodukten dieses Moleküls.

Die Änderung der freien Energie ΔG hat die Dimension kJ · mol^{-1}. Sie ist die Differenz der freien Energien von Produkt(en) und Substrat(en) einer biochemischen Reaktion und bei allen energetischen Betrachtungen von biochemischen Vorgängen in der lebenden Zelle die relevante Größe. Sie wird auch als molare Arbeitsfähigkeit, arbeitsfähige Energie, Gibbssche Energie oder freie Enthalpie bezeichnet.

Eine Reaktion wird **exotherm** genannt, wenn die Enthalpie abnimmt ($\Delta H < 0$) und Wärme frei wird; dagegen als **endotherm**, wenn die Enthalpie zunimmt ($\Delta H > 0$) und Wärme aufgenommen wird. Läuft eine Reaktion spontan ab, d.h. ohne Zufuhr von Energie, ist sie **exergon** ($\Delta G < 0$). Ist eine Reaktion nur unter Energieaufnahme möglich, wird sie als **endergon** bezeichnet. ΔG ist also verfügbar, wenn sie ein Minuszeichen trägt.

Bei einer enzymkatalysierten Reaktion in einer Zelle (z.B. Reaktion A → B in Abb. 1A-1) ist ΔG abhängig vom molaren Konzentrationsverhältnis von Produkt(en) und Substrat(en) sowie von deren molarem Konzentrationsverhältnis im Zustand des thermodynamischen Gleichgewichts. Es gilt die Beziehung:

$$\Delta G = \Delta G'^0 + R \cdot T \cdot \ln \frac{[B]}{[A]} \qquad \text{(Gl. 1A-2)}$$

oder

$$\Delta G = \Delta G'^0 + 2{,}3 \cdot R \cdot T \cdot \log \frac{[B]}{[A]} \qquad \text{(Gl. 1A-3)}$$

Dabei bedeuten R die Gaskonstante (8,31 J · K^{-1} · mol^{-1}), T die Temperatur in K, [A] und [B] die molaren Konzentrationen der Reaktionspartner A und B. $\Delta G'^0$ (standard transformed Gibbs energy) ist definiert für Standardbedingungen, d.h. für Ausgangskonzentrationen der Reaktionspartner von 1 mol · l^{-1}, einem pH-Wert von 7,0 (H^+-Konzentration 10^{-7} mol · l^{-1}) und 298,15 K (25 °C). ΔG^0 (standard Gibbs energy) würde für eine H^+-Konzentration von 1 mol · l^{-1} (pH 0)

Tab. 1A-1: $\Delta G'^0$-Werte und ΔG-Werte (in $kJ \cdot mol^{-1}$) für die Reaktionen der Glykolyse.

Reaktion	Enzym	$\Delta G'^0$	ΔG
1. Glucose + ATP → Glucose-6-Phosphat + ADP + H^+	Hexokinase	−16,7	−33,5
2. Glucose-6-Phosphat ↔ Fructose-6-Phosphat	Glucosephosphat-Isomerase	+1,7	−2,5
3. Fructose-6-Phosphat + ATP → Fructose-1,6-Bisphosphat + ADP + H^+	Phosphofructokinase	−14,2	−22,2
4. Fructose-1,6-Bisphosphat ↔ Dihydroxyacetonphosphat + Glycerinaldehyd-3-Phosphat	Aldolase	+23,8	−1,3
5. Dihydroxyacetonphosphat ↔ Glycerinaldehyd-3-Phosphat	Triosephosphat-Isomerase	+7,5	+2,5
6. Glycerinaldehyd-3-Phosphat + P_i + NAD^+ ↔ 1,3-Bisphosphoglycerat + NADH + H^+	Glycerinaldehyd-3-Phosphat-Dehydrogenase	+6,3	−1,7
7. 1,3-Bisphosphoglycerat + ADP ↔ 3-Phosphoglycerat + ATP	Phosphoglycerat-Kinase	−18,8	+1,3
8. 3-Phosphoglycerat ↔ 2-Phosphoglycerat	Phosphoglycerat-Mutase	+4,6	+0,8
9. 2-Phosphoglycerat ↔ Phosphoenolpyruvat + H_2O	Enolase	+1,7	−3,3
10. Phosphoenolpyruvat + ADP + H^+ → Pyruvat + ATP	Pyruvat-Kinase	−31,4	−16,7

Werte nach L. Stryer (1996) Biochemie, Spektrum Verlag, Heidelberg.)

gelten, was für biologische Betrachtungen nicht relevant ist.

Im Gleichgewicht, bei $\Delta G = 0$, ergibt sich aus Gl. 1A-3:

$$\Delta G'^0 = -2{,}3 \cdot R \cdot T \cdot \log \frac{[B]}{[A]} \qquad \text{(Gl. 1A-4)}$$

Dabei ist die Gleichgewichtskonstante unter Standardbedingungen, K', definiert als:

$$K' = \frac{[B]}{[A]} \qquad \text{(Gl. 1A-5)}$$

Korrekterweise müßte man die Werte für die Reaktionspartner relativ zu einer Standardkonzentration c^0 von 1 $mol \cdot l^{-1}$ setzen, d.h. durch c^0 teilen, damit die Gleichgewichtskonstante dimensionslos wird; sie könnte sonst nicht logarithmiert werden. Dies wird besonders bei drei Reaktionspartnern, z.B. bei ATP → ADP + P_i, einsichtig.

Nehmen wir an, die Reaktion A → B wird durch die Triosephosphat-Isomerase katalysiert. Der Wert für K', d.h. das Verhältnis von Dihydroxyacetonphosphat und Glycerinaldehyd-3-Phosphat unter Gleichgewichtsbedingungen,

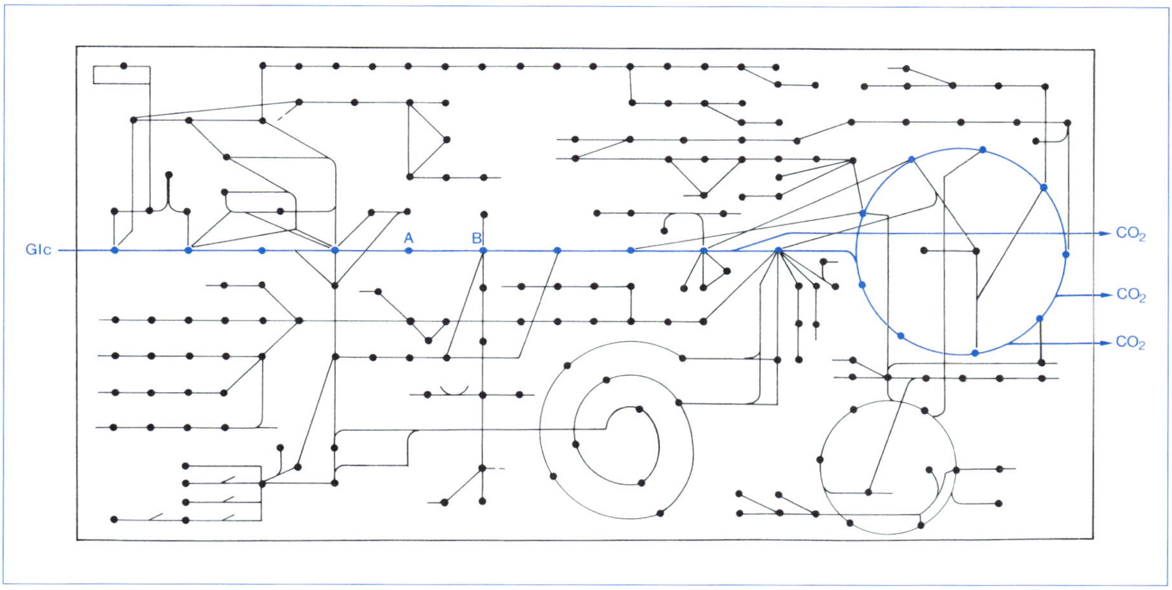

Abb. 1A-1: Ausschnitt aus dem Netzwerk enzymkatalysierter Reaktionen in einer Zelle. Die Zeichnung soll einen Eindruck von der Vielfalt und Verflechtung der Reaktionen vermitteln. Jeder Punkt stellt einen Metaboliten dar, eine zwei Punkte verbindende Linie eine enzymkatalysierte Reaktion. Farbig gezeichnet ist die Einschleusung von Glucose (Glc) in die Zelle und ihr Abbau über den Glykolyseweg und den Tricarbonsäurezyklus zu CO_2, das an drei Stellen entsteht (Pyruvat-Dehydrogenase-Komplex, Isocitrat-Dehydrogenase und Oxoglutarat-Dehydrogenase-Komplex). Nur eine Auswahl der sich von diesem zentralen Weg ableitenden Reaktionen ist angedeutet.

beträgt 0,048. $\Delta G'^0$ ist dann +7,55 kJ · mol^{-1}. Ob die Reaktion unter physiologischen Bedingungen spontan ablaufen kann, ΔG also ein negatives Vorzeichen trägt, oder nicht, hängt von den aktuellen Konzentrationen der Reaktionspartner im Cytoplasma ab. In Zellen liegen die Konzentrationen der Metabolite im allg. im milli- und mikromolaren Bereich.

Bei isolierter Betrachtung würde die Reaktion A → B solange ablaufen, bis sich die Gleichgewichtsbedingungen eingestellt haben ($\Delta G = 0$). Im metabolischen Netzwerk der Zelle ist jedoch die Reaktion A → B an andere Reaktionen gekoppelt. Neben dem sich daraus ergebenden Auffüllen bzw. Abziehen von Reaktanten operiert in diesem Netzwerk auch noch eine Fülle von übergeordneten regulatorischen Mechanismen, die im allg. nicht an den Reaktanten selbst, sondern an den die Reaktionen katalysierenden Enzymen angreifen. Hierzu sind vor allem allosterische Effekte und kovalente Modifikationen zu rechnen.

Viele enzymatische Reaktionen in der Zelle liegen nun zwar in der Nähe des thermodynamischen Gleichgewichts, wie das am Beispiel der in Tab. 1A-1 aufgeführten zehn Reaktionen der Glykolyse deutlich wird, einige jedoch sind weit von diesem entfernt. Bei Reaktionen in der Nähe des Gleichgewichts wird ΔG sehr effizient, d.h. verlustfrei, übertragen. An der durch die Phosphoglycerat-Kinase katalysierten Reaktion läßt sich das gut demonstrieren:

1,3-Bisphosphoglycerat + ADP ↔ 3-Phosphoglycerat + ATP

ΔG der exergonen Teilreaktion

1,3-Bisphosphoglycerat ↔ 3-Phosphoglycerat + Phosphat
($\Delta G = -47$ kJ · mol^{-1})

wird quantitativ in die endergone Teilreaktion

ADP + Phosphat ↔ ATP
($\Delta G = +48$ kJ · mol^{-1})

eingebracht. Solche durch sog. **Gleichgewichtsenzyme** katalysierte Reaktionen sind allerdings voll reversibel, und ihre Verlaufsrichtung wird durch Angebot und Nachfrage von Reaktanten bestimmt. Irreversibilität im Fluß von Metaboliten in einem Teilbereich des metabolischen Netzes wie der Glykolyse wird durch Reaktionen bedingt, die fern vom Gleichgewicht liegen und daher eine Rückreaktion nicht zulassen. Die Katalysatoren solcher Reaktionen nennt man **Ungleichgewichtsenzyme**, und am Beispiel der Glykolyse sind dies die Hexokinase, Phosphofructokinase und Pyruvat-Kinase. Bei einem gegenläufigen Stoffwechselweg, in diesem Fall der Gluconeogenese, werden die Gleichgewichtsreaktionen beibehalten, während die irreversiblen Schritte durch andere Reaktionen, katalysiert durch andere Enzyme, umgangen werden müssen.

Bei Umstellung von Gl. 1A-1 in

$$\Delta G = \Delta H - T \cdot \Delta S \qquad \text{(Gl. 1A-6)}$$

wird deutlich, daß bei einer exergonen Reaktion (ΔG mit negativem Vorzeichen) die Höhe der arbeitsfähigen Energie durch die Änderung von Enthalpie und Entropie bestimmt wird. Bei Zunahme der Entropie ($\Delta S > 0$, der Ausdruck $T \cdot \Delta S$ behält dann in Gl. 1A-6 das negative Vorzeichen) kann also eine Reaktion exergon, zugleich aber endotherm sein; Wärme wird dann aus der Umgebung aufgenommen. Die Größen von ΔH und ΔS können bei verschiedenen biochemischen Umsetzungen in der Zelle sehr unterschiedlich sein. Eine für die Stabilität von Biomembranen sehr wichtige Entropie-getriebene Reaktion ist z.B. das Eingehen von hydrophoben Bindungen (s. 2.2). Aus diesen Betrachtungen folgt auch, daß Entropie-getriebene Reaktionen bei erhöhter Temperatur gefördert werden.

1A.2 Enzymatische Katalyse

Enzyme sind im allg. außerordentlich spezifisch, für nahezu jede biochemische Reaktion steht in der Zelle ein besonderes Enzym zur Verfügung. Es gibt allerdings auch einige Enzyme mit breiterer Spezifität, besonders in der Gruppe der Hydrolasen. Ein Beispiel dafür, zu welchen komplexen „chemischen" Leistungen Enzyme fähig sein können, ist die Sterol-Cyclase, die aus 2,3-Epoxysqualen Lanosterol bildet. Das Enzym verändert während seiner Katalyse 20 chemische Bindungen, bildet vier Ringstrukturen aus und schafft sieben Stereozentren an seinem Substrat. Bisher ist es nicht gelungen, ein Peptid oder Protein zu konstruieren, daß auch nur annähernd so spezifisch und effektiv Reaktionen katalysiert wie natürliche Enzyme. Viele organische Verbindungen können ja im Prinzip eine ganze Reihe von Reaktionen eingehen, und „Nebenreaktionen" sind häufig ein großes Problem in der synthetischen Chemie.

Wieviele verschiedene Enzyme benötigt eine Zelle, um ihren lebensnotwendigen Stoffwechsel zu erfüllen? Bei Zellen mit sequenzierten Genomen läßt sich das ungefähr abschätzen. Das gramnegative Bakterium *Haemophilus influenzae* besitzt Gene für 1200 bis 1500 verschiedene Enzyme (insgesamt 1743 Gene für Proteine, s.

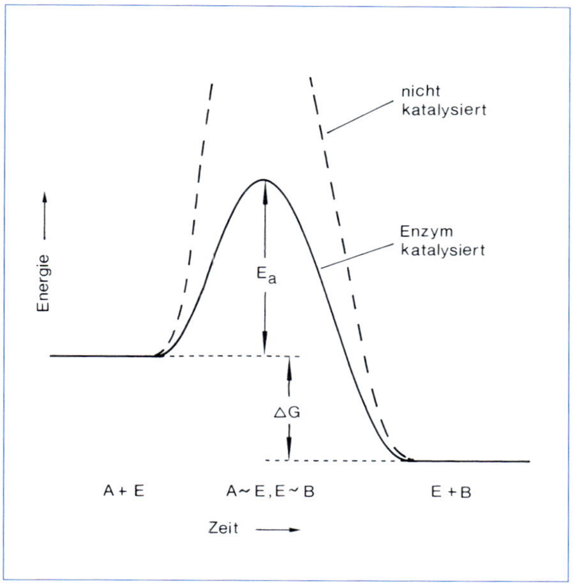

Abb. 1A-2: Energiediagramm für eine enzymkatalysierte Reaktion A → B. E, Enzym; A~E und E~B, Übergangszustände; E_a, Aktivierungsenergie, die durch die Katalyse herabgesetzt wird; ΔG wird durch die Katalyse nicht verändert.

1.3). In Zellen höherer Organismen sind es wesentlich mehr. Es wurden bisher viele tausend verschiedene Enzyme beschrieben (in der Ausgabe „Enzyme Nomenclature" von 1992 werden 3196 verschiedene Enzyme aufgelistet).

Moleküle können dann chemisch miteinander reagieren, wenn ihre kinetische Energie über einem bestimmten Wert liegt, der als **Aktivierungsenergie** bezeichnet wird. Die Aktivierungsenergie ist von ΔG unabhängig. Die kinetische Energie von Molekülen läßt sich durch Temperaturerhöhung steigern, die Aktivierungsenergie durch Katalysatoren senken. Enzyme sind Katalysatoren, und ihre Wirkungsweise ist in Abb. 1A-2 veranschaulicht. Sie senken die Aktivierungsenergie, allerdings nicht auf 0, sondern auf einen Wert, der häufig zwischen 50 und 60 kJ · mol^{-1} liegt. Dieser Wert stellt möglicherweise eine Barriere dar, die für die Aufrechterhaltung der Ordnung im Zellgeschehen wichtig ist. Enzyme verändern nicht ΔG und nehmen auch keinen Einfluß auf die Richtung einer Reaktion und die Gleichgewichtskonstante. Sie beschleunigen aber die Einstellung von Gleichgewichten, also die Reaktionsrate, ganz erheblich, um Faktoren bis zu 10^{12}. Viele der am Zellstoffwechsel beteiligten Moleküle sind relativ stabil, z.B. auch das ATP-Molekül; eine Hydrolyse bis zum Gleichgewicht würde ohne enzymatische Katalyse Tage brauchen. Der Umsatz an Substratmolekülen pro min pro Enzymmolekül wird als **Wechselzahl** bezeichnet. Bei sehr effizienten Enzymen wie der Catalase ($2H_2O_2 \rightarrow 2H_2O + O_2$) beträgt sie über 10^6 min^{-1}.

Wesentliche Merkmale einer enzymatischen Katalyse, d.h. einer enzymkatalysierten chemischen Transformation, ihrer Spezifität und Effektivität sind folgende:

- Bindung, Einpassung und Immobilisierung von Substrat(en) im **aktiven Zentrum**; damit gelangen die Reaktion beeinflussende chemische Gruppen (prosthetische Gruppen, Aminosäure-Reste, Coenzyme, Metall-Ionen) des Enzyms in unmittelbare Nachbarschaft zum Substrat.
- Ausschluß von Wasser und anderen Molekülen – mit Ausnahme von Substrat(en) – aus dem aktiven Zentrum und damit Schaffung eines besonderen **Mikromilieus**, das häufig durch hydrophobe Aminosäurereste einen hydrophoben Charakter erhält; dadurch können die Dielektrizitätskonstanten im Vergleich zur Situation in Lösung erheblich verändert und die Interaktionen von Ladungen und Dipolen verstärkt werden.

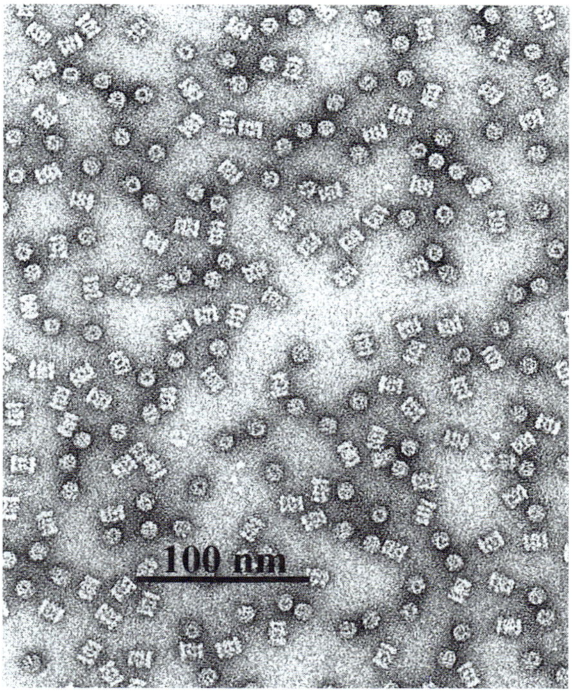

Abb. 1A-3: Zylindrische 20S-Proteasomen aus dem Archaebakterium *Thermoplasma*, Aufsichten und Seitenansichten im Negativkontrast. Die Zylinder besitzen einen Durchmesser von 11 nm und eine Länge von 15 nm. Sie sind aus vier Ringen à sieben Untereinheiten der Form $\alpha_7\beta_7\beta_7\alpha_7$ zusammengesetzt. Die aktiven Zentren der Proteinasen liegen im Inneren der Zylinder. (EM-Aufnahme: W. Baumeister et al. [1997] Biol. Chem. 378, 121; mit Genehmigung des Walter-de-Gruyter-Verlags)

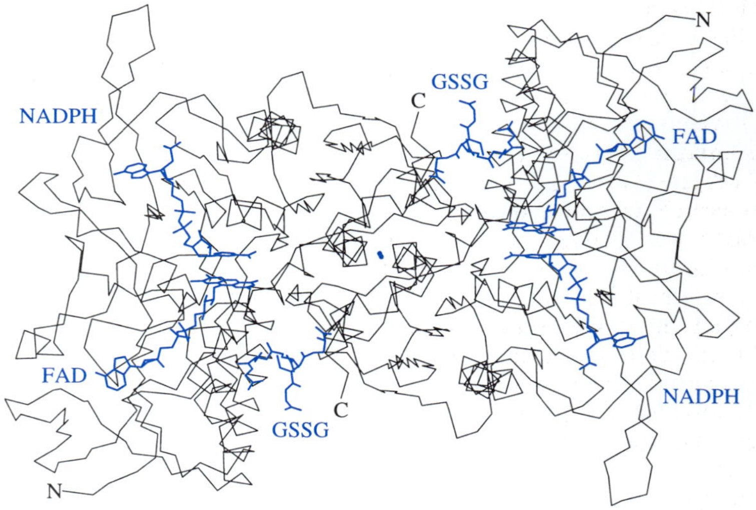

Abb. 1A-4: Aus Röntgenstrukturanalysen abgeleitetes Modell eines Enzyms. Gezeigt ist die C_α-Hauptkette der dimeren Glutathion-Reductase mit farbigen Vollmodellen der prosthetischen Gruppe FAD, des Kofaktors NADPH und des Substrats GSSG (oxidiertes Glutathion). GSSG bindet jeweils zwischen den beiden Untereinheiten des Enzyms. (Bild: A. Ruf)

- Stabilisierung eines **Übergangszustands** (energiereichen Zwischenzustands) durch sterische Zwänge am Enzym/Substrat. Man nimmt an, daß ein Teil der Energie der Enzym-Substrat-Assoziation dafür verantwortlich ist.
- Als Ausweitung der obigen Merkmale: Orientierung der molekularen Orbitale der chemisch aktiven Gruppen von Enzym und/oder Substrat und ihre Feinabstimmung durch das aktive Zentrum.

Für diese Merkmale ist die besondere dreidimensionale und stabile Struktur des jeweiligen Enzyms, seine native Konformation, verantwortlich. Große Enzyme und besonders Enzymkomplexe lassen sich durch das Negativkontrastverfahren im Elektronenmikroskop sichtbar machen (Abb. 1A-3). Eine genaue Vorstellung über die dreidimensionale Struktur von Enzymen, ihre aktive Zentren und damit auch ihre molekulare Arbeitsweise kann allerdings nur durch Röntgenstrukturanalysen an Proteinkristallen erreicht werden (Abb. 1A-4); die dabei um etwa den Faktor 10 verbesserte Auflösung läßt sich bei einem Vergleich der beiden Abbildungen ermessen.

Mikromilieus beeinflussen eine Reaktion erheblich, und es sind große Unterschiede in der Energetik zwischen wässerigen und nichtwässerigen Bedingungen beobachtbar. So ist z.B. der eigentliche endergone Schritt bei der ATP-Bildung aus ADP und P_i durch die ATP-Synthase (s. 10.4.2) nicht die Knüpfung der Anhydridbindung im hydrophoben Inneren des Enzyms, sondern die Freisetzung des ATP-Moleküls in die „normale" wässrige Umgebung. Und bei der Umsetzung von ATP-Energie in Bewegung im Muskel ist nicht die Hydrolyse von ATP die exergone Reaktion, sondern die Bindung von ATP an das aktive Zentrum der Myosin-ATPase.

Auch manche RNA-Spezies haben katalytische Eigenschaften, z.B. selbst spleißende Gruppe-I-Introns (s. 5.6.1) oder die RNase P aus *E. coli*. Solche RNAs werden als **Ribozyme** bezeichnet. Ihre katalytischen Fähigkeiten erstrecken sich jedoch im wesentlichen nur auf Hydrolyse- und Acyltransfer-Reaktionen bei RNAs (s. 24.2).

1A.3 Energieformen

Die aufgenommene Energie aus den primären Energiequellen (s. oben) kann innerhalb der lebenden Zelle in drei Formen vorliegen, die ineinander umgewandelt werden können:

- als chemische Energie oder chemisches Potential energiereicher Verbindungen,
- als Potentialdifferenz, d.h. als Differenz der Redoxpotentiale von Elektronenüberträgern in Membranen,

- als elektrochemisches Potential von Ionengradienten über Membranen.

Mit der in einer dieser Formen fixierten Energie können dann alle endergonen Prozesse der Zelle betrieben werden, z. B. die Synthese von Makromolekülen oder Bewegungsvorgänge.

Die **chemische Energie** energiereicher Verbindungen ist die geläufigste Form. Eine Verbindung gilt dann als energiereich, wenn bei ihrer Hydrolyse > 25 kJ · mol^{-1} frei werden, d. h. ΔG als Differenz der freien Energien von Produkten und Substraten < –25 kJ · mol^{-1} beträgt. (Man beachte, daß es sich hier um eine Reaktionsenergie handelt, die nicht mit den wesentlich höheren Bindungsenergien verwechselt werden darf; diese liegen für Hauptvalenzbindungen über 170 kJ · mol^{-1}, für Nebenvalenzbindungen – z. B. H-Brücken – zwischen 15 und 35 kJ · mol^{-1}.) Der Prototyp einer energiereichen Verbindung, d. h. einer Verbindung mit hohem Übertragungspotential für Phosphorylgruppen, ist das **Adenosintriphosphat** (ATP, Abb. 1A-5). Es ist der wichtigste „Energieträger" der Zelle bei biochemischen Reaktionen. Durch geeignete enzymatische Kopplungen kann ΔG der ATP-Hydrolyse zahlreiche endergone Reaktionen ermöglichen. Enzyme, die ATP zu hydrolysieren vermögen, enthalten in ihrer Aminosäuresequenz bestimmte Motive zur Bindung des Moleküls (Abb. 1A-5). Das ATP-Molekül besitzt zwei Phosphorsäureanhydrid-Bindungen, die F. Lipmann 1941 als „energiereich" bezeichnete und in der Strukturformel mit einem besonderen Symbol (~) markierte. Es gibt zwar noch eine Reihe weiterer energiereicher phosphorylierter Verbindungen in der Zelle, auch solche, die noch energiereicher sind als ATP wie z. B. Phosphoenolpyruvat, Kreatinphosphat, Acetylphosphat oder das o. g. 1,3-Bisphosphoglycerat. Die dominierende Rolle im Energiestoffwechsel der Zelle spielt dennoch ATP.

Der Energiereichtum solcher Verbindungen liegt in der hohen Gleichgewichtskonstanten der hydrolytischen Spaltung der Anhydrid- oder Esterbindungen begründet. Bei der ATP-Spaltung in ADP und Phosphat beträgt ΔG, also die Differenz der freien Energien von Produkten und Substrat, unter zellulären Bedingungen –40 bis –50 kJ · mol^{-1} (der $\Delta G'^{0}$-Wert liegt dagegen bei –34,5 kJ · mol^{-1}) oder etwa 10^{-19} J pro ATP-Molekül. Das hohe Gruppenübertragungspotential von ATP hat seinen Grund u. a. in der Massierung von negativen Ladungen. In der Zelle, bei einem pH-Wert von etwa 7, liegt ATP vierfach negativ geladen vor (ATP^{4-}); die elektrostatische Abstoßung dieser Ladungen ist wesentlich stärker als bei den Hydrolyseprodukten

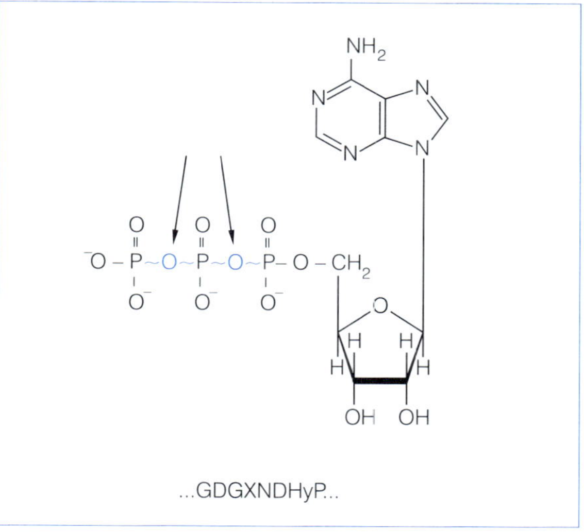

Abb. 1A-5: (**Oben**) Adenosintriphosphat (ATP); die beiden Pfeile weisen auf die beiden „energiereichen" Phosphorsäureanhydrid-Bindungen. (**Unten**) Bindungsmotiv für ATP in der Aminosäuresequenz von P-Typ ATPasen: D, Asp; G, Gly; Hy, hydrophobe AS; N, Asn; P, Pro; X, beliebige AS. Es kommen auch andere Motive zur ATP-Bindung vor.

ADP^{3-} und P_i2-. Solche ionisierte Moleküle sind von Hydrathüllen aus Wasserdipolen umgeben, wobei die Kräfte zwischen ionisierter Gruppe und Wasser um so stärker sind, je kleiner das Ion ist, weil die Ladungsdichte (Ladung pro Volumen) mit der Kompaktheit zunimmt. Hydratisiertes Orthophosphat hat eine geringere Enthalpie als ATP, da die Kräfte, die den Komplex zusammenhalten, stärker sind.

Das **Redoxpotential** (E, gemessen in V) eines Redoxpaares ist ein Maß für die Tendenz eines Elektronenüberträgers S, Elektronen abzugeben bzw. aufzunehmen. Konventionsgemäß beziehen sich Redoxpotentiale auf den Reduktionsvorgang bei einem Redoxpaar entsprechend

$$S_{ox} + z \cdot e^- \leftrightarrow S_{red} \qquad \text{(Gl. 1A-7)}$$

wobei z die Anzahl der Elektronen angibt.

Die Aufnahme von Elektronen ist gleichbedeutend mit einer Reduktion, die Abgabe mit einer Oxidation; daraus hat sich der Begriff Redoxpotential oder Mittelpotential (= Wert im Wendepunkt bei einer Redox-Titration, an dem die Konzentrationen von S_{ox} und S_{red} gleich sind) ergeben. Moleküle mit einem großen Elektronendruck, bei denen Elektronen nicht sehr fest an die Kerne gebunden sind, besitzen ein hohes (negatives) Redoxpotential, Moleküle mit großer Elektronenaffinität ein niederes (positives). Als Bezugssystem zur Bestimmung von Redoxpotentialen dient das Normalpotential der Wasserstoffelektrode ($H_2 \leftrightarrow 2H^+ + 2e^-$), das bei einer

Tab. 1A-2: Redoxpotentiale (E'^0) von zellulären Redox-Verbindungen.

Oxidiert	Reduziert	E'^0 [V]
Ferredoxin [+ e^-]	red. Ferredoxin	−0,43
$2H^+$ [+ $2e^-$]	H_2	−0,42
NAD^+ [+ $2e^-$, + $2H^+$]	NADH + H^+	−0,32
Glutathion [+ $2e^-$, + $2H^+$]	red. Glutathion	−0,23
FAD [+ $2e^-$, + $2H^+$]	$FADH_2$	−0,22
Pyruvat [+ $2e^-$, + $2H^+$]	Lactat	−0,19
Dehydroascorbinsäure [+ $2e^-$, + $2H^+$]	Ascorbinsäure	0,08
Ubichinon [+ $2e^-$, + $2H^+$]	Ubichinol	0,10
Fe^{3+}-Cytochrom c [+ e^-]	Fe^{2+}-Cytochrom c	0,26
Plastocyanin [+ e^-]	red. Plastocyanin	0,37
½ O_2 [+ $2e^-$, +$2H^+$]	H_2O	0,82

Konventionsgemäß beziehen sich die Redoxpotentiale auf den Reduktionsvorgang bei einem Redox-Paar.

H^+-Konzentration von 1 mol · l^{-1} (pH 0) und 25 °C auf $E^0 = 0{,}0$ V festgelegt wurde. E'^0 gilt für pH 7,0, den einer Zelle angemessenen Wert. Bei pH 7,0 besitzt die Reaktion der Waserstoffelektrode gegenüber der Elektrode bei pH 0 ein negatives Redoxpotential von −0,414 V.

In der Zelle können Elektronen über eine **Potentialdifferenz** (ΔE), d.h. über eine Kette von Elektronenüberträgern, sog. **Redox-Verbindungen**, von einem hohen auf ein niedriges Energieniveau transportiert und ein Teil der dabei frei werdenden Energie als Arbeit gewonnen werden. Dies geschieht vor allem bei den Vorgängen der Atmung (Elektronen werden primären Energiequellen entzogen) und der Photosynthese (Elektronen werden durch Lichtquanten auf ein energiereicheres Niveau gebracht). Dabei sind Übertragungen von einem Elektron, von zwei Elektronen und von Elektronen in Verbindung mit Protonen von Bedeutung.

Da in einer Zelle nicht Standardbedingungen herrschen, muß – ganz entsprechend zu ΔG – zwischen ΔE und $\Delta E'^0$ unterschieden werden. Allerdings sind ΔE-Werte schwierig zu messen, so daß man sich meistens auf $\Delta E'^0$-Werte bezieht:

$$\Delta E = \Delta E'^0 + 2{,}3 \cdot \frac{R \cdot T}{z \cdot F} \cdot \log \frac{[S_{ox}]}{[S_{red}]} \quad \text{(Gl. 1A-8)}$$

mit R Gaskonstante (8,31 J · K^{-1} · mol^{-1}), T Temperatur in K, z Anzahl der Elektronen, F Faraday-Konstante (96485 C · mol^{-1}).

Bei einer Temperatur von 25 °C und durch Einsetzen der Werte für die Konstanten ergibt sich:

$$\Delta E = \Delta E'^0 + \frac{0{,}059}{z} \cdot \log \frac{[S_{ox}]}{[S_{red}]} \quad \text{(Gl. 1A-9)}$$

$\Delta E'^0$ (gemessen in V) und $\Delta G'^0$ (gemessen in kJ · mol^{-1}) sind äquivalent und durch die Beziehung:

$$\Delta G'^0 = -z \cdot F \cdot \Delta E'^0 \quad \text{(Gl. 1A-10)}$$

miteinander verbunden. Daraus folgt, daß ein positiver $\Delta E'^0$-Wert eine exergone Reaktion bedeutet – im Gegensatz zu $\Delta G'^0$.

In Tab. 1A-2 sind die Redoxpotentiale für einige zelluläre Redox-Verbindungen angegeben. Bei dem Übergang eines Elektronenpaares von NADH + H^+ (E'^0 −0,32 V) auf Sauerstoff (E'^0 +0,82 V) z.B. ergäbe sich ein $\Delta E'^0$ von +1,14 V und nach Gl. 1A-10 für $\Delta G'^0$ ein Wert von etwa −220 kJ · mol^{-1}. Obwohl NADH + H^+ ein starkes Reduktionsmittel ist, verläuft die direkte Reduktion von Sauerstoff, einem starken Oxidationsmittel, durch diesen Elektronendonator nur äußerst langsam. Zelluläre Redox-Vorgänge benötigen – ganz analog zu den chemischen Umsetzungen – Proteine als Katalysatoren. Solche Katalysatoren sind Flavin-haltige Dehydrogenasen, Eisen-Schwefel-Proteine, Cytochrome u.a..

Die durch die Elektronentransportvorgänge bei Atmung und Photosynthese gewinnbare Energie wird zur Errichtung von Protonengradienten über die innere Mitochondrienmembran bzw. die Thylakoidmembran ausgenützt.

Die **elektrochemische Energie** ($\Delta\mu$, gemessen in kJ · mol^{-1}) solcher Protonengradienten ist die dritte Energieform, die eine Zelle handhaben kann. Bereits 1961 postulierte P. Mitchell, daß Protonengradienten eine biologische Energieform darstellen, die für die Bildung von ATP sowie für aktive Transportvorgänge ausgenützt werden kann. Diese Hypothese hat sich inzwischen als richtig erwiesen und in einer allgemeinen **chemiosmotischen Theorie** niedergeschlagen. Neben H^+-Gradienten spielen noch Na^+-Gradienten diese Rolle, während alle übrigen Ionengradienten, die über Membranen in einer Zelle errichtet werden können, z.B. von K^+ oder Ca^{2+}, nicht als Energieform verwendet werden. Protonengradienten entstehen durch Elektronentransport innerhalb von Redox-Ketten oder durch Ausnützung chemischer Energie, sprich Hydrolyse von ATP, an einem entsprechenden membranständigen Transportprotein. Na^+-Gradienten werden nur nach dem zweiten Modus gebildet. Die Energie von H^+- und Na^+-Gradienten kann wieder in chemische Energie transformiert, d.h. zur ATP-Synthese, oder zum Antrieb von Bakterienflagellen verwendet werden (Na^+-Gradienten werden hierzu nur sehr selten, von einigen Bakterien, benützt). Beide Gradienten ermöglichen außerdem den Transport anderer Ionen oder kleiner Moleküle durch die betreffende Membran gegen einen Konzentrationsgradienten dieser Ionen oder Moleküle (sekundär aktiver Transport).

Die elektrochemische Energie eines Ionengradienten setzt sich aus zwei Komponenten zusammen: Einer elektrischen, die auf den Ladungsunterschieden auf beiden Seiten der Membran beruht, und einer osmotischen, die die Konzentrationsunterschiede des Ions auf beiden Seiten der Membran betrifft:

$$\Delta\mu = F \cdot E_m + 2.3 \cdot R \cdot T \cdot \log \frac{c_i}{c_a} \qquad \text{(Gl. 1A-11)}$$

mit E_m Membranpotential (gemessen in V, s. 3.4) und c_i bzw. c_a Konzentrationen des betreffenden Ions (der betreffenden Ionen) an der Innen- bzw. Außenseite der Membran. Für Protonen und mit der Definition des pH-Werts als negativen dekadischen Logarithmus der H^+-Konzentration ändert sich Gl. 1A-11:

$$\Delta\mu_{H^+} = F \cdot E_m - 2{,}3 \cdot R \cdot T \cdot \Delta pH \qquad \text{(Gl. 1A-12)}$$

Die Protonen-verschiebende-Kraft (proton motive force) ist definiert als:

$$\Delta p = \frac{\Delta\mu_{H^+}}{F} = E_m - 2{,}3\,\frac{R \cdot T}{F} \cdot \Delta pH \qquad \text{(Gl. 1A-13)}$$

oder, nach Einsetzen der Werte für die Konstanten R und F und für eine Temperatur von 298,15 K (25 °C):

$$\Delta p = E_m - 0{,}059 \cdot \Delta pH \qquad \text{(Gl. 1A-14)}$$

Δp wird wiederum in V gemessen. (Es handelt sich strenggenommen also um ein Potential, nicht um eine Kraft; diese Bezeichnung hat sich jedoch wegen der Auswirkungen von Δp allgemein eingebürgert.) Protonengradient und Membranpotential sind energetisch gleichwertig und additiv; eine pH-Differenz (ΔpH) von 1,0 zwischen beiden Seiten einer Membran entspricht also etwa 60 mV.

1A.4 Weiterführende Literatur

Alberty R A (Hrsg.) (1996) Recommendations for nommenclature and tables in biochemical thermodynamics. Eur. J. Biochem. 240, 1–14.

Birikh K R, Heaton P A, Eckstein F (1997) The structure, function and application of the hammerhead ribozyme. Eur. J. Biochem. 245, 1–16.

Kumar P K R, Ellington A D (1995) Artificial evolution and natural ribozymes. FASEB J. 9, 1183–1195.

Webb E C (1992) Enzyme Nomenclature. Academic Press, San Diego.

2

BIOMEMBRAN
– ALLGEMEINE CHARAKTERISIERUNG –

Tab. 2-1: Protein/Lipid-Gewichtsverhältnisse für verschiedene Biomembranen.

Membran	Protein/ Lipid
Myelinmembran	0,25
Interne Membran der Sehstäbchen	1,0
Äußere Mitochondrienmembran	1,1
Plasmamembran von Erythrocyten	1,3
Sarkoplasmatisches Reticulum	1,4
Plasmamembran von *E. coli*	2,5
Innere Mitochondrienmembran	2,9
Purpurmembran von *Halobacterium halobium*	5,0

Alle Zellen sind von einer Membran umgeben, und Eucyten enthalten zahlreiche interne Membranen. So wichtige Zellfunktionen wie Abgrenzung und Barriere, Erkennung, Signalaufnahme und Signalleitung, Energiekonservierung, Transport, Biosynthese oder Motilität sind zu wesentlichen Teilen an Membranen gebunden. Diese Vielfalt von Aufgaben erfordert, daß Membranen stabil, aber flexibel (fluide) sind und impermeabel, aber für bestimmte Moleküle/Ionen doch durchlässig.

Durch die Zell- oder Plasmamembran (Plasmalemma) wird jede Zelle gegen die Außenwelt hin abgeschlossen. Die Plasmamembran bildet eine Barriere zwischen cytoplasmatischem Kompartiment und umgebendem extrazellulärem Raum. Im Prinzip gilt das aber nicht nur für die Plasmamembran, sondern auch für alle intrazellulären Membranen, denn die **Kompartimentierungsregel** (s. 1.6.2) besagt ja, daß sich beim Durchtritt durch eine beliebige Membran die „Phase" ändert: von plasmatisch nach nichtplasmatisch oder umgekehrt. Und die meisten nichtplasmatischen Phasen stehen in einem dynamischen Kontinuum, wie das alle Endo- und Exocytosevorgänge demonstrieren. Aus der Kompartimentierungsregel lassen sich wesentliche Charakteristika der Biomembran ableiten:

- Sie ist physiologisch (und auch strukturell, s. unten) unsymmetrisch. Man ist deshalb übereingekommen, die dem Cytoplasma zugewandte Seite als **P-Seite** (plasmatische Seite) und die der nichtcytoplasmatischen Phase zugewandte Seite als **E-Seite** (extraplasmatische oder externe Seite) zu bezeichnen.
- Eine Biomembran ist immer in sich geschlossen, d.h. sie ist immer als **Vesikel**, allerdings recht variabler Geometrie, ausgebildet. Nicht in sich geschlossene Membranen, sog. Lamellen, kommen in einer intakten Zelle nicht vor. Man sieht sie allerdings manchmal auf elektronenmikroskopischen Aufnahmen; sie sind dann immer Präparationsartefakte.
- Die hohe Unsymmetrie der Biomembran läßt es nicht zu, daß sie aus einzelnen Bausteinen de novo im Cytoplasma einer Zelle entstehen kann. Bei Wachstum werden bereits vorhandene Membranen erweitert, und durch Abschnüren von Vesikeln an einer Membran entstehen neue Membranen.

Die vielfältigen Aufgaben von Membranen erfordern eine besondere molekulare Organisation, die ihnen besondere physikochemische Eigenschaften verleiht. Diese organisatorischen Prinzipien, die im folgenden besprochen werden, gelten für alle Membranen aller Zellen, so daß man in der Tat von der „Biomembran" sprechen können.

2.1 Chemische Zusammensetzung von Biomembranen

Membranen bestehen aus Proteinen und Lipiden, wobei der Anteil dieser beiden Komponenten in verschiedenen Membranen recht unterschiedlich sein kann (Tab. 2-1). Die Myelinmembranen der Schwannschen Zellen z.B., die eine elektrisch isolierende Hülle um Axone bilden, sind extrem lipidreich. Eine besondere Membran eines Archaebakteriums, die sog. Purpurmembran (s. unten), enthält nur wenig Lipid. Eine für die Charakterisierung und Isolation von Membranen wichtige Größe, die Dichte, ist vom Protein-Lipid-Verhältnis abhängig; sie liegt normalerweise im Bereich von 1,12 bis 1,22 $g \cdot cm^{-3}$. Membranen mit unterschiedlichen Dichten können durch Zentrifugationstechniken, z.B. auf Saccharose-Gradienten, präparativ voneinander getrennt werden (s. Kap. 28).

Art und Zahl der Membranproteine hängen von den Funktionen der jeweiligen Membran ab. Ein einheitliches „Membran-Strukturprotein", wie es früher postuliert worden ist, gibt es nicht.

Im Gegensatz zu den Membranproteinen haben Membranlipide nur in Ausnahmefällen spezielle Funktionen. Sie sind vielmehr konstitutiv, stellen die Grundsubstanz einer Membran dar und geben ihr die besonderen physikochemischen Eigenschaften. Trotzdem treten Membranlipide in einer erstaunlichen Vielfalt auf (Abb. 2-1), für die es keine richtige Erklärung gibt. Die chemische Struktur dieser Lipide folgt aber fast immer einem einheitlichen Bauprinzip. Sie bestehen aus einem lipophilen und einem hydrophilen Bereich. Den lipophilen Bereich bilden die Fettsäurereste, die über Esterbindungen mit Glycerol oder Amidbindungen mit Sphingosin

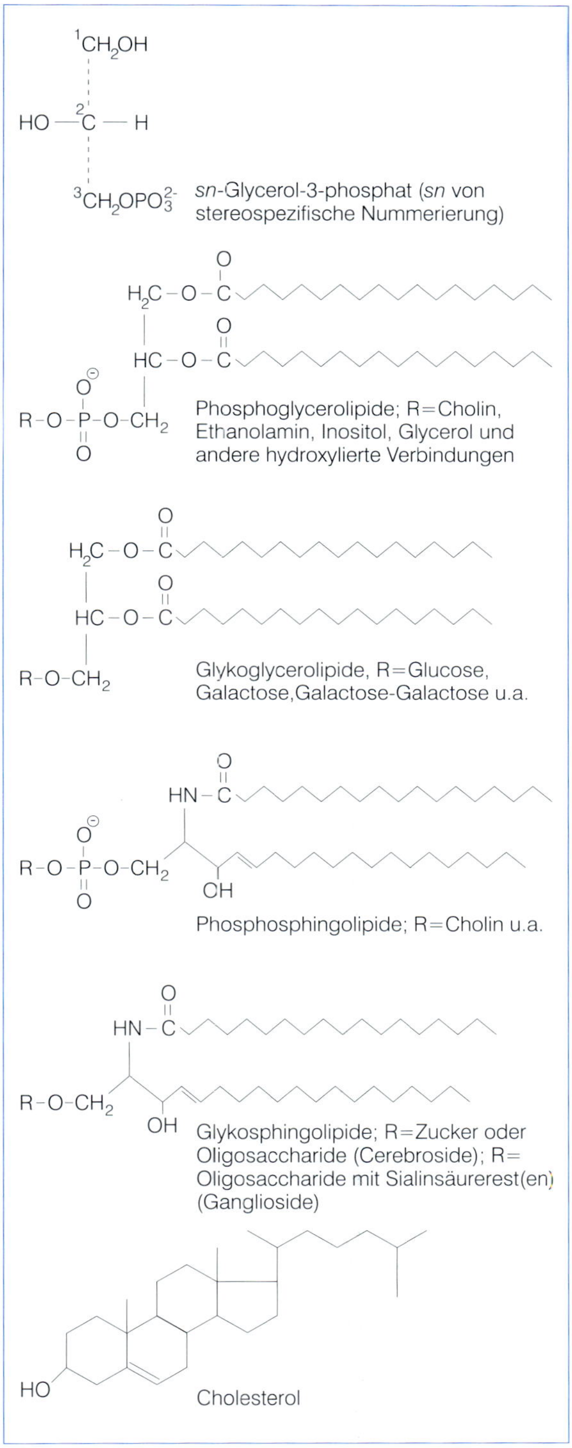

Abb. 2-1: Absolute Konfiguration von Glycerol-3-phosphat, dem Baustein der Glycerolipide, und chemische Strukturen von amphiphilen Membranlipiden und von Cholesterol. Die Fettsäurereste enthalten meistens Doppelbindungen.

verbunden sind. Seltener (bei den sog. Plasmalogenen oder bei den Lipiden der Archaebakterien) sind langkettige Alkohole über Etherbindungen an Glycerol gekoppelt (s. Abb. 2-4). Der hydrophile Bereich besteht aus polaren Phosphorsäureestern oder Zuckerresten (Abb. 2-1). Die polaren Reste können elektrisch neutral sein, oder aber positive oder negative Ladungen tragen. Man bezeichnet solche Verbindungen mit zugleich lipophilen und hydrophilen Eigenschaften als **amphipathisch** oder **amphiphil**; Detergenzien sind ebenfalls amphiphil. Von den konstitutiven Membranlipiden sind nur Cholesterol und andere Sterole nicht nach diesem Prinzip konstruiert.

Man findet allerdings in manchen Membranen auch andere Lipide oder lipophile Verbindungen wie Ubichinone und Plastochinone, Chlorophylle, Carotinoide u. a.; sie sind häufig in Proteinkomplexen gebunden oder treten nur in relativ geringen, d.h. in für die Membrangrundstruktur verkraftbaren Konzentrationen auf und tragen zu dieser Grundstruktur selbst nichts bei.

Bakterienmembranen zeigen meistens einfache Lipidmuster (Tab. 2-2). Die innere Mitochondrienmembran ist durch das Vorkommen von Cardiolipin (Bisphosphatidylglycerol) gekennzeichnet, das sonst nur in Prokaryoten gefunden wird. Charakteristische Plastidenlipide sind die Galactolipide. Sterole (Cholesterol) treten vor allem in ER-, Golgi- und Plasmamembranen auf; Mitochondrien und Plastiden sind sterolfrei. Auch in Prokaryoten kommen Sterole nur sehr selten vor, bei ihnen sind jedoch ähnliche pentacyclische Isoprenoide, die Hopanoide (Abb. 2-2), weit verbreitet. Wegen ihrer inerten Struktur gehören die Hopanoide, wie eine Hochrechnung ergab, zu den häufigsten Biomolekülen auf der Erde; sie sind auch in Erdölen und Sedimenten zu finden.

Eine zusätzliche Komplexität der Lipidmuster ergibt sich durch die Variation der Fettsäurereste in den einzelnen Lipiden. Von jedem in Tab. 2-2 aufgeführten Lipid gibt es eine ganze Familie, deren Mitglieder sich in ihren Fettsäureresten unterscheiden. So enthält z.B. die Plasmamembran von Erythrocyten insgesamt ca. 400 verschiedene Lipidspezies. Es stellt sich die Frage, wie diese Vielfalt zustande kommt und welchen physiologischen Vorteil sie bietet.

Die verbreitetsten **Fettsäuren** enthalten 16, 18 oder 20 Kohlenstoffatome. Bei ungesättigten Säuren herrscht die *cis*-Konfiguration vor. Bei der Kurzschreibweise von Fettsäuren wird hinter die Zahl der Kohlenstoffatome nach einem Doppelpunkt die Zahl der Doppelbindungen und anschließend in Klammern die Lage der Doppelbindungen (z.B. 6 bei einer 6,7-Doppelbindung) angegeben. Die wichtigsten Säuren sind die gesättigte Palmitinsäure 16:0,

Tab. 2-2: Lipidmuster verschiedener Biomembranen. Angaben in mol%.

Lipid	*E. coli*	Hepatocyt (Ratte)			Myelin (Mensch)	Chloroplast (Spinat)		Cyanobakterium *(Synechococcus)*
	Plasmamembran	Plasmamembran	ER	Mitochondrienmembran, innnere		Hüllmembran	Thylakoide	Plasmamembran
Phosphatidylcholin (PC)	–	38	63	41	11	22	3	–
Phosphatidylethanolamin (PE)	75	15	18	39	14	–	–	–
Phosphatidylserin (PS)	–	8	2	–	5	–	–	–
Phosphatidylinositol (PI)	–	6	9	2	1	1	1	–
Phosphatidylglycerol (PG)	20	–	–	–	–	9	9	18
Cardiolipin (CL)	5	–	–	17	–	–	–	–
Monogalactosyldiacylglycerol	–	–	–	–	–	22	53	63
Digalactosyldiacylglycerol	–	–	–	–	–	39*	27	12
Sulfoquinovosyldiacylglycerol	–	–	–	–	–	7	7	7
Sphingomyelin	–	16	4	–	6	–	–	–
Sphingoglykolipide	–	–	–	–	26	–	–	–
Plasmalogene	–	–	–	–	12	–	–	–
Cholesterol	–	17	4	–	25	–	–	–

* inkl. Tri- und Tetragalactosyldiacylglycerol

die gesättigte Stearinsäure 18:0, die einfach ungesättigte Ölsäure 18:1 (9), die zweifach ungesättigte Linolsäure 18:2 (9, 12), die dreifach ungesättigten α-Linolensäure 18:3 (9, 12, 15) und γ-Linolensäure 18:3 (6, 9, 12) sowie die vierfach ungesättigte Arachidonsäure 20:4 (5, 8, 11, 14).

2.2 Eigenschaften der Membranlipide

Für wesentliche Eigenschaften der Biomembranen wie Stabilität, Flexibilität, Semipermeabilität, Fluidität sind die Membranlipide verantwortlich. Bereits um 1900 schloß E. Overton aus Permeabilitäts- und Plasmolyse-Untersuchungen, daß die Oberflächenschicht einer Zelle als Permeabilitätsbarriere aus Lipiden bestehen müßte. Etwas später konnte I. Langmuir nachweisen, daß Phospholipide sich auf einer Wasserfläche in einer monomolekularen Schicht so anordnen, daß die polaren Reste mit dem Wasser in Berührung stehen und die Fettsäureketten in den Luftraum ragen. Er konstruierte einen nach ihm benannten Trog, in dem mit Hilfe eines beweglichen Schiebers die Flächenausdehnung solcher Lipidfilme gemessen werden konnte. Mit dieser Methode ermittelten E. Gorter und F. Grendel 1925, daß die Filmfläche der Lipide aus Erythrocyten des Menschen, deren einzige Membran die Plasmamembran ist, etwa der doppelten Oberfläche dieser Erythrocyten entsprach. Sie schlossen daraus, daß die Lipide in einer Doppelschicht (Bilayer) angeordnet sind.

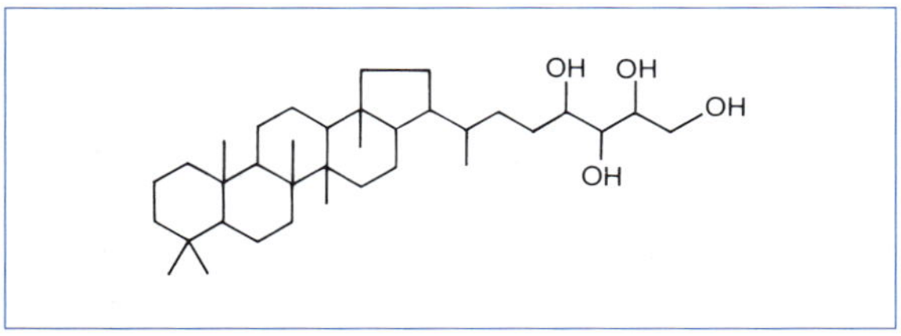

Abb. 2-2: Ein Hopanoid, Bacteriohopantetrol, das sich biosynthetisch wie Sterole von Squalen ableitet.

Amphiphile Moleküle zeigen im wässerigen Milieu eine übermolekulare Selbstorganisation (Selfassembly). Sie ist abhängig von der sog. **kritischen micellaren Konzentration** (CMC) der Moleküle. Unterhalb der CMC liegen die Moleküle als Monomere vor, oberhalb der CMC stehen Monomere und Aggregate (**Micelle**) im Gleichgewicht. Die CMCs sind abhängig von der Struktur der Lipide oder Detergenzien, aber auch von Temperatur, Salzkonzentration u.a., und liegen im nanomolaren bis millimolaren Bereich. Die Art der Aggregate ist im wesentlichen eine Funktion von drei sog. Packungsparametern: der Querschnittsfläche a der polaren Gruppe, der Länge l und des Volumens v der lipophilen Ketten (Abb. 2-3).

Strukturen der Form (a) bilden sphärische Micelle, Strukturen der Form (b) Doppelschichten und Strukturen der Form (c) invertierte Micelle (synonym: hexagonale H_{II}-Phase). Die Lipide biologischer Membranen gehören fast alle zur Form (b) und aggregieren zu Doppelschicht-Strukturen. Die molekularen Abmessungen für die Dicke solcher Phospholipid-Doppelschichten betragen für die hydrophilen Gruppen jeweils etwa 0,5 nm, für die hydrophoben Fettsäureketten jeweils etwa 1,5 nm, insgesamt also 4 nm (s. auch Abb. 2-16).

Die CMCs der Membranlipide liegen im nanomolaren Bereich, also sehr niedrig, was zur Stabilität einer Membran entscheidend beiträgt. Das Detergens Natriumlauroylsulfat (SDS, sodium dodecylsulfate) besitzt dagegen einen voluminösen polaren Rest im Vergleich zur lipophilen Kette. SDS entspricht damit der Form (a) und lagert sich zu sphärischen Micellen zusammen. Die CMC ist recht hoch und liegt im Bereich von 10^{-2} – 10^{-3} mol · l^{-1}, was für die Detergenswirkung von SDS sehr günstig ist, da die Monomeren die aktiven, d.h. solubilisierenden Eigenschaften besitzen.

Im wässerigen Milieu ist ΔG pro Molekül im aggregierten Zustand wegen der **hydrophoben Interaktionen** der lipophilen Seitenketten geringer als im monomeren. Eine Kohlenwasserstoffkette übt in Wasser auf die sie umgebenden Wassermoleküle einen ordnenden Zwang aus und schränkt deren Möglichkeiten der Wasserstoffbrückenbildung untereinander ein. Bei einer Zusammenlagerung mehrerer Kohlenwasserstoffketten werden Wassermoleküle in den geringeren Ordnungszustand des freien Wassers entlassen, die Entropie steigt. Offenbar ist die Zunahme der Entropie die in diesem Fall dominierende Größe. Dies ist die Grundlage der hydrophoben Interaktion oder hydrophoben Bindung. Solche Bindungen werden z.B. auch bei Erhöhung der Temperatur stärker und nicht etwa schwächer. Sie kommen primär also nicht durch attrahierende Kräfte zwischen den Kohlenwasserstoffketten, sondern durch ein „Ausscheiden“ dieser aus dem wässerigen Milieu zustande. Natürlich bestehen zwischen den Kohlenwasserstoffketten attrahierende Van-der-Waals-Kräfte und sterische Interaktionen, sie sind jedoch vergleichsweise schwach. Zur Aufhebung einer hydrophoben Interaktion zwischen Kohlenwasserstoffketten müßten die Bindungen der sie umgebenden Wassermoleküle untereinander aufgehoben werden. Die Größe einer hydrophoben Interaktion kann quantitativ abgeschätzt werden. Beispielsweise beträgt $\Delta G'^0$ des Übergangs von Ethan aus einer wässerigen Phase in eine Kohlenwasserstoffphase etwa –20 kJ · mol^{-1}. Mit jeder weiteren Methylengruppe erhöht sich die-

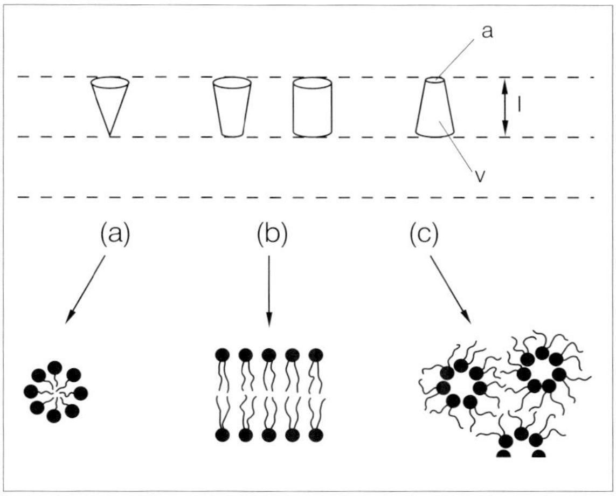

Abb. 2-3: Packungsformen amphiphiler Lipide. Ihren räumlichen Strukturen entsprechend bilden Lipide in wässrigem Milieu unterschiedliche Aggregationsformen (Micelle) aus. (**a**) Micelle; (**b**) Lipiddoppelschicht; (**c**) Invertierte Micelle. a, Querschnittsfläche der polaren Gruppe; l, Länge der lipophilen Ketten; v, Volumen der lipophilen Ketten.

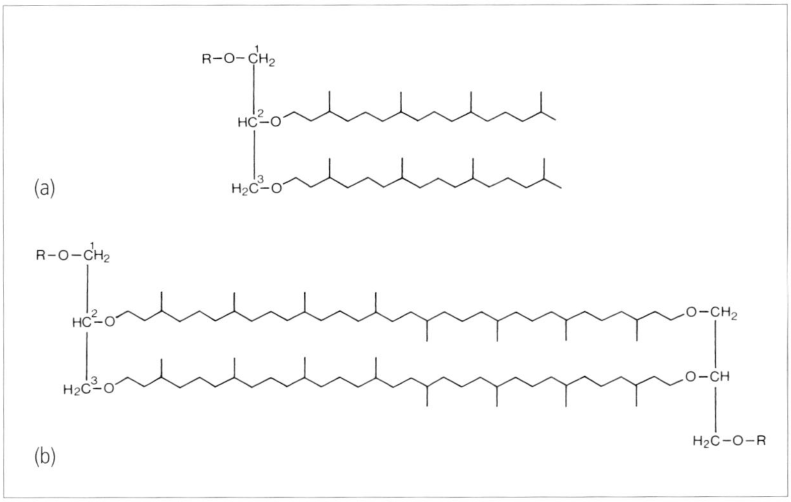

Abb. 2-4: Membranlipide von Archaebakterien: Diphytanyl-glycerol-Diether (**a**) und Bi-diphytanyl-diglycerol-Tetraether (**b**). Der die Membran durchmessende Tetraether kommt in thermophilen Zellen vor. Alle Ether enthalten 2,3-Di-O-*sn*-Glycerol im Gegensatz zu den Lipiden aller übrigen Organismen mit *sn*-1,2-Stereochemie (Abb. 2-1). Der C_{20}-Phytanylrest ist ein Isopranoid. Die Reste R können H, Glycerolphosphat oder andere polare Gruppen sein.

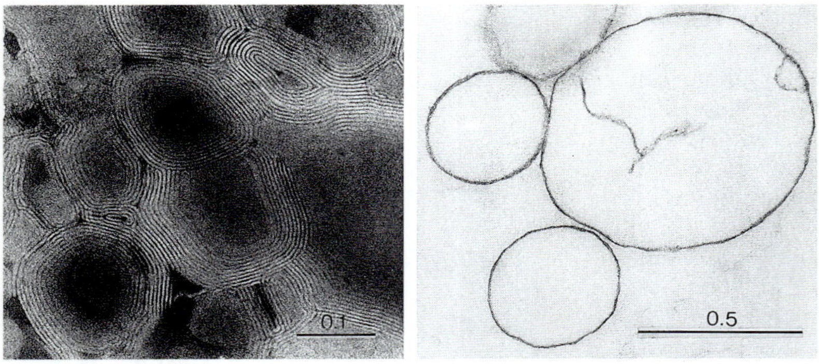

Abb. 2-5: Links: Myelinfiguren aus Phosphatidylcholin aus Hühnereiern (Ei-Lecithin). Das Lipid wurde in Wasser suspendiert und für die elektronenmikroskopische Darstellung negativkontrastiert. **Rechts**: Liposomen aus Phosphatidylcholin im Schnittbild. (EM-Aufnahmen: H. Falk)

ser Wert um 4,2 $kJ \cdot mol^{-1}$. Unter den biologischen Molekülen bzw. Molekülteilen, die hydrophobe Interaktionen eingehen, sind die Fettsäurereste der Membranlipide und die hydrophoben Aminosäurereste in Proteinen besonders wichtig.

Die Lipide von Biomembranen bilden Doppelschichten, die theoretisch in zwei Hälften gespalten werden könnten, was experimentell tatsächlich auch möglich ist, wie später zu sehen sein wird (s. 2.4). Denkbar wäre auch, daß die beiden Schichten eine Einheit bilden, indem gegenüberliegende Lipidmoleküle miteinander kovalent verbunden sind, was zu einer höheren Stabilität der Struktur führen würde. In den Membranen thermophiler Archaebakterien ist dieses Prinzip in der Tat verwirklicht (Abb. 2-4).

Bei der Dispersion von Phospholipiden in Wasser können unterschiedliche Doppelschicht-Formationen entstehen, z.B. komplex ineinandergeschachtelte Vesikel, sog. **Myelinfiguren**, die bei intensiver Dispergierung mit Ultraschall relativ homogene Populationen von Einzelvesikeln, sog. **Liposomen** bilden (Abb. 2-5 und 2-6). Solche Doppelschichten aus reinen Lipiden wurden und werden als Modellmembranen für zahlreiche Untersuchungen ihrer physikochemischen Eigenschaften herangezogen. Ihre Zusammensetzung läßt sich einfach variieren, sie lassen sich mit Verbindungen „laden“, wenn sie in Gegenwart dieser Verbindungen präpariert und anschließend durch Zentrifugation isoliert werden. Liposomen werden als Vehikel für bestimmte Substanzen zu Therapiezwecken im menschlichen Körper über die Blutbahn eingesetzt. Allerdings bestehen große Schwierigkeiten, sie zu den beabsichtigten Zielorganen zu dirigieren; sie landen fast immer in der Leber, wo sie eliminiert werden. Eine weitere Modellmembran ist der sog. Black Film (Abb. 2-7).

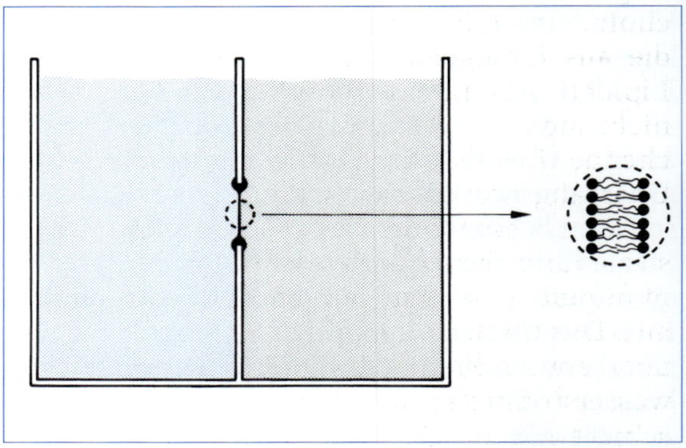

Abb. 2-7: Herstellung eines Black-Films. An ein kleines Loch in der Trennwand zweier Wassergefäße wird mit einem Pinsel ein Tropfen einer Lösung von amphiphilen Lipiden in einem geeigneten Lösungsmittel gegeben. Nach Verdunsten des Lösungsmittels bildet sich über die Öffnung eine Lipiddoppelschicht aus, durch die z.B. die Diffusion einer gelösten Verbindung oder eines Ions von einem Gefäß in das andere gemessen werden kann.

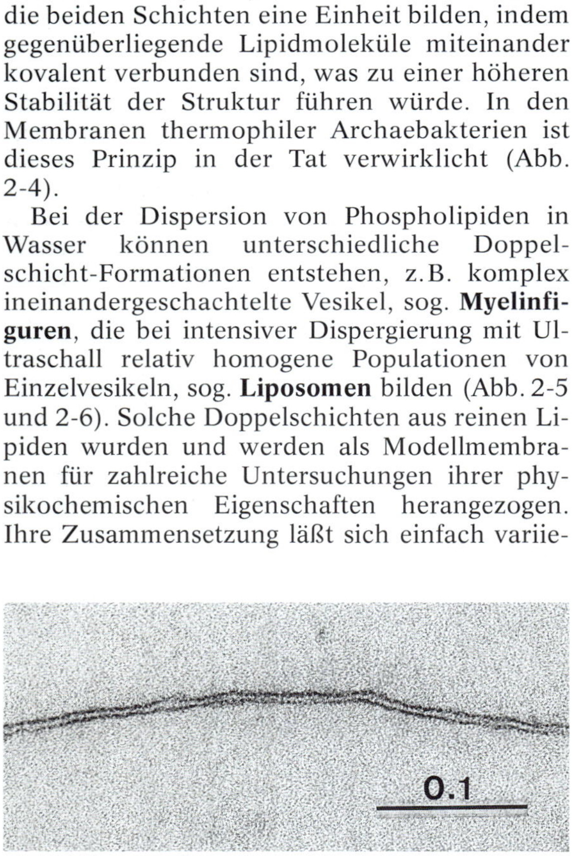

Abb. 2-6: Liposomenmembran bei hoher elektronenmikroskopischer Auflösung als typische Doppellinie (dunkel-hell-dunkel) (s. Abb. 2-10). (EM-Aufnahme: H. Falk)

Phospholipide in einer Doppelschicht können in zwei verschiedenen Zuständen vorliegen: In **kristalliner Phase** (sog. Gelphase), in der die Kohlenwasserstoffketten gestreckt und hexagonal angeordnet sind, und in **flüssigkristalliner Phase**, in der die Kohlenwasserstoffketten keinen so hohen Ordnungsgrad aufweisen und die einzelnen Moleküle in der Ebene der Doppelschicht freier beweglich sind. Der Übergang zwischen diesen beiden Phasen ist temperaturabhängig (thermotrop) und ein endothermer Vorgang. Er läßt sich kalorimetrisch erfassen (Abb. 2-8). Die Übergangstemperatur T_t ist abhängig von der Kettenlänge der Fettsäurereste und der Anzahl ihrer Doppelbindungen, aber auch vom jeweiligen polaren Rest des Lipids. Kettenverlängerung hat eine Erhöhung von T_t zur Folge, die Einführung von Doppelbindungen eine Erniedrigung. Besonders die in den natürlichen Fettsäuren vorkommenden *cis*-Doppelbindungen stören die hexagonale Pakkung, die für eine geordnete Gelphase nötig ist, da sie in der aliphatischen Kette einen Knick von etwa 30° verursacht. Dioleoylphosphatidylcholin zeigt eine T_t von – 22 °C, Distearylphosphatidylcholin eine T_t bei +55 °C. Lipiddoppelschichten, die aus Lipidgemischen oder aus extrahierten Lipiden von Biomembranen bestehen, zeigen nicht mehrere, den einzelnen Lipiden entsprechende Übergänge, sondern einen gemeinsamen Übergangsbereich, der etwas verbreitert ist.

Das nichtamphiphile Membranlipid Cholesterol (und ebenso andere Sterole) übt auf Phospholipide eine Art „kondensierenden Effekt" aus. Das Cholesterolmolekül ist starr und reicht über etwa sieben C-C-Bindungen der Kohlenwasserstoffketten (ca. 0,9 nm) in die Doppelschicht hinein. Oberhalb des Phasenübergangs bewirkt Cholesterol eine Streckung der benachbarten Kohlenwasserstoffketten und damit eine Reduktion der Fluidität. Der Phasenübergang wird mit steigendem Cholesterolgehalt immer schwächer ausgeprägt und verschwindet bei etwa 33 mol% ganz.

In der lebenden Zelle befinden sich die Lipide der Membranen immer im flüssigkristallinen Zustand, also oberhalb von T_t. Die Fluidität einer Membran ist eine Grundvoraussetzung für ihre Funktionen. Viele Zellen – das ist besonders an Bakterien und eukaryotischen Einzellern untersucht worden – besitzen die Fähigkeit, den Desaturierungsgrad ihrer Membranlipide entsprechend der Umgebungstemperatur zu regulieren. Ciliaten z.B. können nach Absenken der Temperatur zusätzliche Doppelbindungen in die Fettsäurereste ihrer Phospholipide einfügen, während bei *E. coli* und anderen Prokaryoten bei tieferen Temperaturen bevorzugt ungesättigte Säuren neu synthetisiert und die vorhandenen gesättigten Säuren dadurch allmählich ausgedünnt werden.

In flüssigkristallinen Lipiddoppelschichten ist die **laterale Beweglichkeit** der einzelnen Moleküle hoch. Nachbarschaftsaustausche liegen bei etwa 10^6 s^{-1}. Die **transversale Beweglichkeit** (Flip-Flop), d.h. die Diffusion der polaren Reste durch die lipophile Region auf die andere Seite der Doppelschicht, ist dagegen praktisch ausge-

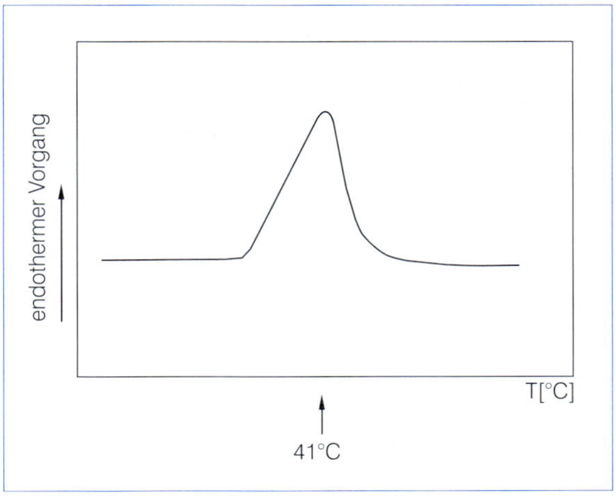

Abb. 2-8: Kalorimetrische Messung der Phasenübergangstemperatur (etwa 41 °C) von Dipalmitoylphosphatidylcholin-Liposomen. Bei der differentiellen Kalorimetrie werden eine Probe (hier Liposomen) und eine Referenz (Puffer) gleichzeitig in einem Kalorimeter erwärmt, wobei Probe und Referenz eigene Heizelemente und Temperaturfühler haben. Aufgezeichnet wird die Differenz der Energiemengen, die nötig sind, um die Erwärmungsraten von Probe und Referenz gleich zu halten. Ein zusätzlicher energieverbrauchender Vorgang wie beim Phasenübergang von Lipiden wird registriert.

schlossen. Dies verdeutlicht eine wesentliche Eigenschaft von Lipidschichten und Biomembranen, ihre Semipermeabilität. ΔG wäre für die polaren Reste von Phospholipiden bei einem Übergang von Wasser (Dielektrizitätskonstante ε_w ca. 80) in oder durch eine Kohlenwasserstoffphase (ε_{kw} 2–6) sehr hoch (> 100 kJ · mol^{-1}).

2.3 Das Konzept „Biomembran"

Biomembranen enthalten erhebliche Mengen an Proteinen, und im allg. ist der Proteinanteil größer als der Lipidanteil (Tab. 2-1). Es stellt sich die Frage, wie dieser hohe Proteinanteil mit der Lipiddoppelschicht-Grundstruktur der Biomembran vereinbar ist und wie sich die Topologie der Proteine in oder an der Membran darstellt.

1935 entwickelten J. F. Danielli und H. Davson ein Membranmodell, nach dem auf beiden Seiten einer Lipiddoppelschicht globuläre Proteine adsorbiert sein sollten (Abb. 2-9). Als sich zeigte, daß die Proteine doch sehr fest mit den Lipiden verbunden sind, wurde dieses Modell etwas verändert. „Entfaltete Proteine" wurden zugefügt, die den festen Kontakt zu den Lipiden vermitteln. Die Grundvorstellungen dieser Modelle gelten an sich auch heute noch; Veränderungen im

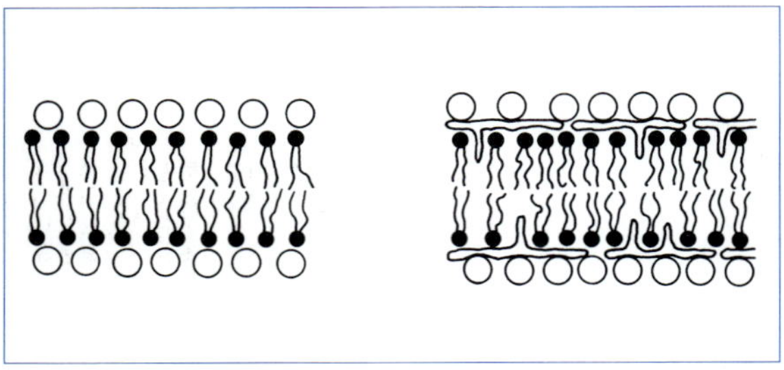

Abb. 2-9: Membranmodelle nach J. F. Danielli und H. Davson 1935.

Abb. 2-11: Fluid-Mosaic-Modell für die Biomembran nach S. J. Singer und G. L. Nicolson. Die Membranproteine reichen mehr oder weniger weit in die Lipiddoppelschicht hinein oder durch sie hindurch und sind lateral frei beweglich. (In dieser Zeichnung sind zur Verdeutlichung nur relativ wenige Proteine dargestellt.)

Detail und entsprechende Erweiterungen sind jedoch ganz erheblich.

Mit zunehmendem Einsatz der Elektronenmikrokopie in der Membranforschung wurde erkannt, daß alle Biomembranen offenbar die gleiche Grundstruktur aufweisen. Man konnte nämlich, zunächst nach Fixierung mit Kaliumpermanganat und später auch nach Fixierung mit Osmiumtetroxid, alle Membranen im Querschnitt als Doppellinie auflösen: Zwei elektronendichte Linien von etwa 2 nm Dicke flankieren eine helle Linie von etwa 3 nm Dicke (Abb. 2-10). Diese einheitliche Struktur wurde um 1960 von J. D. Robertson als **Unit Membrane** bezeichnet. Natürlich hätte diese Struktur ein Artefakt sein können, und sie ist es ja letztlich auch, da durch die elektronenmikroskopischen Präparationstechniken die originalen In-vivo-Strukturen nicht erhalten bleiben. Die Doppellinien-Struktur der Biomembran kommt im wesentlichen dadurch zustande, daß die Reaktionsprodukte der die Doppelbindungen in den Fettsäureresten oxidierenden Fixanzien, also Mangandioxid aus Kaliumpermanganat bzw. Osmiumdioxid aus Osmiumtetroxid, im Grenzbereich zwischen lipophiler und hydrophiler Phase als elektronendichter Niederschlag ausfallen. Allerdings trägt auch die Oxidation der Proteine zu diesem Kontrast bei. Das läßt sich auch daraus ableiten, daß bei manchen Membranen eine der elektronendichten Linien dicker erscheint als die andere, was einer unsymmetrischen Verteilung der Proteine entspricht.

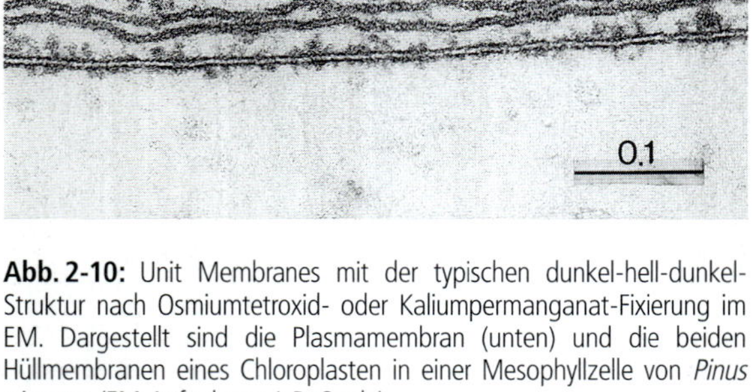

Abb. 2-10: Unit Membranes mit der typischen dunkel-hell-dunkel-Struktur nach Osmiumtetroxid- oder Kaliumpermanganat-Fixierung im EM. Dargestellt sind die Plasmamembran (unten) und die beiden Hüllmembranen eines Chloroplasten in einer Mesophyllzelle von *Pinus pinaster.* (EM-Aufnahme: J. P. Carde)

Die heutige Vorstellung von der Biomembran basiert auf dem **Fluid-Mosaic-Modell**, das 1972 von S. J. Singer und G. L. Nicolson formuliert wurde. Dieses Modell besagt, daß das strukturelle Gerüst einer Membran eine flüssig-kristalline Lipiddoppelschicht ist und daß die Membranproteine in dieser Doppelschicht lateral frei beweglich sind – „wie Eisberge in der See" – (Abb. 2-11).

2.4 Gefrierbruch- und Gefrierätz-Elektronenmikroskopie

Zur Entstehung des Fluid-Mosaic-Modells wesentlich beigetragen hat die Gefrierbruch- und Gefrierätz-Elektronenmikroskopie (s. Kap. 27), die sich nach den grundlegenden Arbeiten von H. Moor, K. Mühlethaler, H. Waldner und A. Frey-Wyssling 1961 etablierte. Bei dieser Präparation verläuft ein Bruch, der durch tiefgefrorenes biologisches Material geführt wird, bevorzugt entlang der Mitte von Membranen, d.h. im lipophilen Bereich, und trennt dadurch die beiden Lipidschichten voneinander. Die beiden komplementären Bruchflächen erwiesen sich nun nicht – wie zunächst vermutet – als glatt,

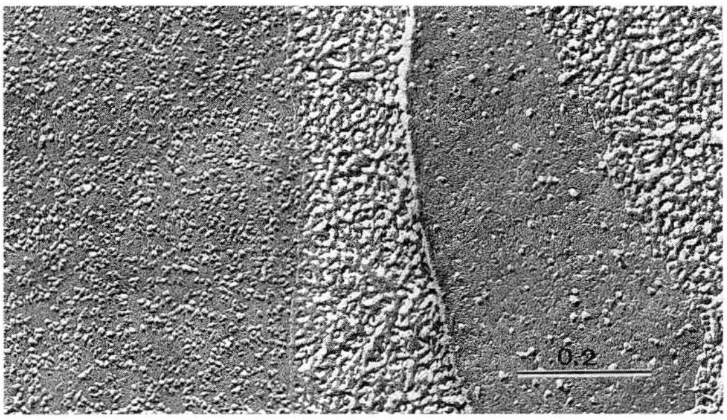

Abb. 2-12: Erythrocytenmembranen nach Gefrierbruch-EM. In der linken Bildhälfte ist eine partikelreiche PF (Bruchfläche der plasmatischen Hälfte der Membran), in der rechten Bildhälfte eine partikelarme EF (Bruchfläche der nichtplasmatischen Hälfte der Membran) zu sehen. Den Untergrund stellen durch einen Ätzvorgang freigelegte Eiskristalle des umgebenden Mediums dar. (EM-Aufnahme: V. Speth)

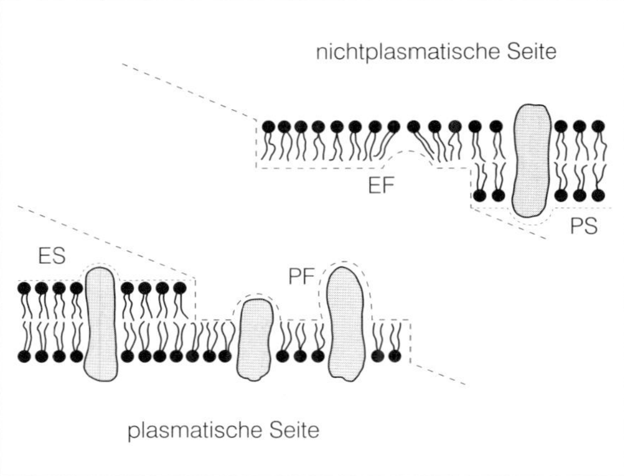

Abb. 2-13: Schema zur Gefrierbruch- und Gefrierätz-EM einer Biomembran. Die durch den Bruch entlang der Mitte der Membran freigelegte Bruchfläche der plasmatischen Membranhälfte wird als PF (plasmatic fracture face), die durch den Ätzvorgang freigelegte Oberfläche auf der Cytoplasmaseite als PS (plasmatic surface) bezeichnet. Entsprechend sind die Bezeichnungen für die nichtplasmatischen Flächen mit EF (extraplasmatic fracture face) und ES (extraplasmatic surface). Die in die Lipiddoppelschicht hineinragenden Proteine sind auf den Bruchflächen als Erhebungen zu erkennen. Sie hinterlassen in den komplementären Bruchflächen manchmal auch entsprechende Vertiefungen. Den Bruchverlauf zeigt die grob gestrichelte, den Ätzverlauf die fein gestrichelte farbige Linie.

sondern waren mehr oder weniger stark strukturiert. Es sind in den Bruchflächen Erhebungen, sog. Intramembran-Partikel (D. Branton 1969) von 5 bis 10 nm Durchmesser und an den entsprechenden Positionen in den komplementären Bruchflächen manchmal Vertiefungen zu erkennen (Abb. 2-12, 2-13). Die Partikel stellen Membranproteine bzw. Komplexe von Membranproteinen dar, die durch den lipophilen Teil der Lipiddoppelschicht hindurchreichen und in der tiefgefrorenen Lipidschicht manchmal ihre Negativabdrücke, die Vertiefungen, hinterlassen. In diesen Fällen läuft der Bruch um Proteinmoleküle herum. In den proteinarmen Myelinmembranen und in reinen Phospholipid-Doppelschichten sind nur sehr wenige bzw. keine Partikel zu beobachten (Abb. 2-14).

Neben den beiden meist unterschiedlichen Bruchflächen einer Membran lassen sich durch die Technik der Gefrierätzung noch ihre beiden Oberflächen darstellen. Hierzu läßt man nach Brechen des Objekts von der Bruchfläche Eis absublimieren, bis auch Membranoberflächen zutage treten (Abb. 2-13). Diese Oberflächen erwiesen sich nun als relativ wenig strukturiert.

Die Methode gestattet vier Flächenansichten ein und derselben Membran. Die Gefrierbruch- und Gefrierätz-Elektronenmikroskopie war entscheidend für die Membranforschung geworden. Eine geeignete Terminologie wurde für die verschiedenen Flächen festgelegt: Alle Bruchflächen werden mit F (fracture face), alle Oberflächen mit S (surface) bezeichnet. Die Oberfläche und die entsprechende Bruchfläche auf der plasmatischen Seite einer Membran erhalten zusätzlich den Buchstaben P (plasmatisch), die Oberfläche auf der nichtplasmatischen Seite den Buchstaben E (extraplasmatisch). Die vier Flä-

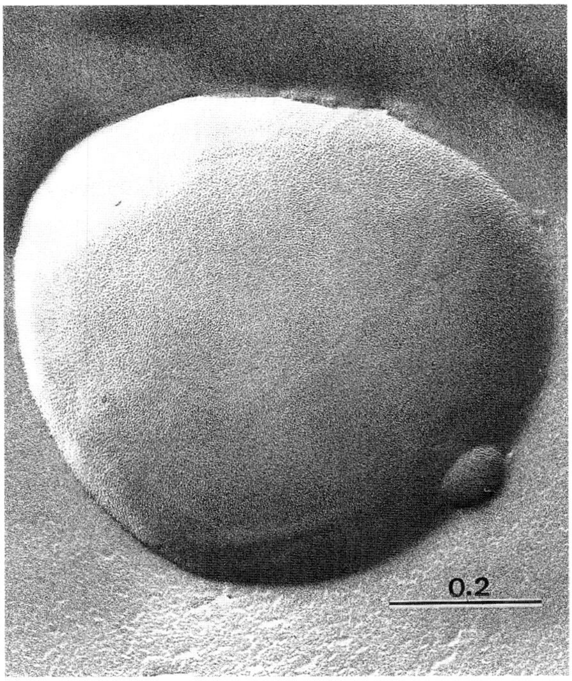

Abb. 2-14: Liposom nach Gefrierbruch-Präparation. Die Bruchfläche ist frei von Partikeln. Die Liposomen wurden aus den Membranlipiden von Thymuszellen hergestellt. (EM-Aufnahme: V. Speth)

chen einer Membran sind mit PS, PF, EF, ES – in der Reihenfolge von plasmatisch nach extern – eindeutig gekennzeichnet. Diese Terminologie ist auf alle Membranen einer Zelle anwendbar.

2.5 Membranproteine

2.5.1 Allgemeine Struktur

Jede der verschiedenen Membranen einer Zelle enthält ein spezifisches Muster von Membranproteinen, die den Funktionen dieses Membrantyps entsprechen. Ein einheitliches „Strukturprotein" hat sich, wie erwähnt, nicht finden lassen. Es werden zwei Gruppen von Membranproteinen unterschieden: die peripheren (extrinsischen) und die integralen (intrinsischen) Proteine.

Periphere Membranproteine mögen etwa 20% der Proteine einer Membran ausmachen. Sie sind leicht ablösbar durch Veränderung des Ionenmilieus, durch dest. Wasser, durch Chelatoren zweiwertiger Kationen wie Ethylendiamintetraacetat (EDTA) u.a., d.h. sie sind nicht über hydrophobe Wechselwirkungen mit dem lipophilen Bereich der Membran verbunden. Da schon durch das Aufbrechen einer Zelle solche Proteine den Kontakt mit ihrer Membran verlieren können, ist ihre Erfassung schwierig. Ihre Definition lautet etwa so: Proteine, die funktionell offensichtlich mit Membranen in Kontakt stehen, jedoch keine hydrophoben Wechselwirkungen mit ihnen eingehen, sind als periphere Membranproteine zu bezeichnen. Viele Enzyme des Lipidstoffwechsels z.B., die ihre Substrate aus einer Membran beziehen oder ihre Produkte in eine Membran abgeben und nicht ohnehin schon integrale Proteine sind, gehören in diese Kategorie. Im allg. ist bei solchen Enzymen eine erhebliche Steigerung ihrer Aktivität in vitro durch Zugabe von Membranvesikeln oder Liposomen zum Testansatz zu erreichen. Ein peripheres Membranprotein der inneren Mitochondrienmembran z.B. ist das Cytochrom c. Es ist an die ES assoziiert.

Integrale Membranproteine sind dadurch gekennzeichnet, daß zwischen ihnen und den Membranlipiden hydrophobe Wechselwirkungen bestehen und daß sie durch die Lipiddoppelschicht hindurchreichen. Dies wurde erstmals 1971 von M. Bretscher für Proteine der Erythrocytenmembran gezeigt. Solche Proteine sind daher nur durch Detergenzien aus der Membran ablösbar, „solubilisierbar".

Detergenzien sind amphiphile Moleküle mit relativ hohen CMCs (s. oben), die neben einem hydrophoben Molekülteil auch einen hydrophilen enthalten, der ionisch oder nichtionisch sein kann. Detergenzien, die für die Solubilisierung von Membranen benützt werden, sind z.B. Natriumlauroylsulfat (SDS, sodium dodecyl sulfate, anionisch), Triton X-100 (Polyoxyethylen-*p*,*t*-Octylphenol, nichtionisch), Natriumdesoxycholat (anionisch) und Chaps (3[(3-Cholamidopropyl)-dimethylammonio]-1-Propansulfonat, zwitterionisch); die am längsten bekannten Detergenzien sind die „Seifen", Alkalisalze langkettiger Fettsäuren. Es handelt sich bei der Solubilisierung allerdings nicht um einen wirklichen Lösungsvorgang. Die Membranen als solche werden je nach Art und Konzentration der Detergenzien in ihrer Struktur mehr oder weniger zerstört, „micelliert". Die Membranproteine bleiben dabei in hydrophobem Kontakt mit den Lipiden und/oder Detergensmolekülen.

In reinem Wasser oder Puffer sind integrale Membranproteine unlöslich. Diese Eigenschaften gestalten ihre Untersuchung schwierig, zumal die enzymatischen und anderen Funktionen dieser Proteine durch Detergenzien oft stark beeinträchtigt werden.

Integrale Membranproteine übertreffen in ihrer Gesamtmasse die der Lipide in einer Membran im allg. beträchtlich (s. Tab. 2-1). Würden nun diese Proteine mehr oder weniger ausschließlich im hydrophoben Bereich einer Membran enthalten sein, so käme eine Lipiddoppelschicht als Grundstruktur nicht in Frage. Es hat sich herausgestellt, daß die „integralen Teile" von Membranproteinen als Sekundärstruktur typischerweise eine α-Helix besitzen und diese vor allem aus hydrophoben bzw. unpolaren Aminosäureresten wie Ile, Leu, Phe, Val, Ala u.a. zusammengesetzt ist. Diese α-helikale Struktur, bei der die Aminosäurereste nach außen ragen, gewährleistet hydrophobe Interaktionen zwischen diesen Resten und den Kohlenwasserstoffketten der Membranlipide; sie wird als **hydrophobe Helix** bezeichnet. Der Eintrag eines aliphatischen Aminosäurerests in den Lipidbereich ergibt im Mittel eine Interaktionsenergie von $-4{,}2\ \text{kJ} \cdot \text{mol}^{-1}$; dies entspricht etwa dem Wert einer elektrostatischen Interaktion oder einer Wasserstoffbrückenbildung im wässerigen Milieu. Solch eine hydrophobe Helix besteht aus 20–25 Aminosäureresten; ihre Länge entspricht damit der Dicke des unpolaren Bereichs einer Lipiddoppelschicht (Abb. 2-15). Dieser hydrophoben Sequenz folgen auf der P-Seite der Membran oft einige positiv geladene Aminosäuren, die mit negativ geladenen Phospholipiden interagieren. Der wesentliche Unterschied zu löslichen Proteinen besteht darin, daß die letzteren ihre hydrophoben Aminosäuren, die interne hydrophobe Regionen bilden, nicht hintereinander, sondern in der Sequenz verstreut angeordnet haben; sie werden

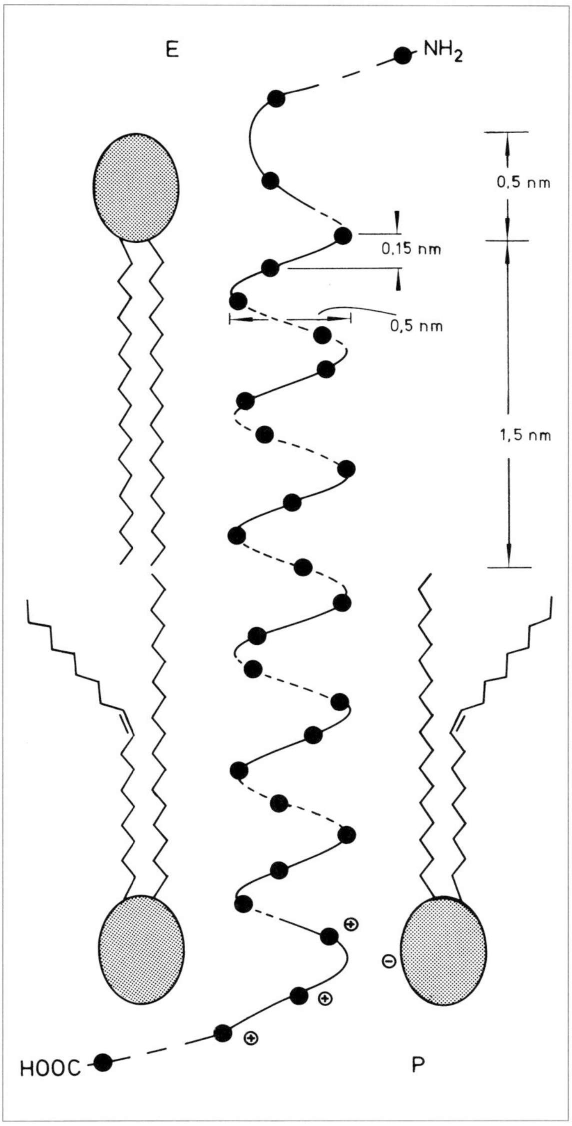

Abb. 2-15: Schematische Darstellung eines integralen Membranproteins in einer Membran (ungefähr maßstabsgetreu wiedergegeben). In der Polypeptidkette sind nur die α-C-Atome, an denen im integralen helikalen Teil die unpolaren Reste angehängt zu denken sind, eingezeichnet. An der P-Seite schließen sich in der Regel einige positiv geladene Reste an. Die nichtintegralen Abschnitte sind verkürzt wiedergegeben.

erst durch die Faltung des Proteins zusammengelagert.

Bei einem Membranprotein von 30 kDa, das einen Membrandurchgang, d.h. eine hydrophobe Helix besitzt, sind etwa 10% der Proteinmasse in der Lipiddoppelschicht enthalten. Bei einem Protein/Lipid-Massenverhältnis von 6:4 dieser Membran besteht ihr hydrophober Bereich dann nur zu etwa 13% aus Protein und zu etwa 87% aus Lipid. Die Lipiddoppelschicht als tragende

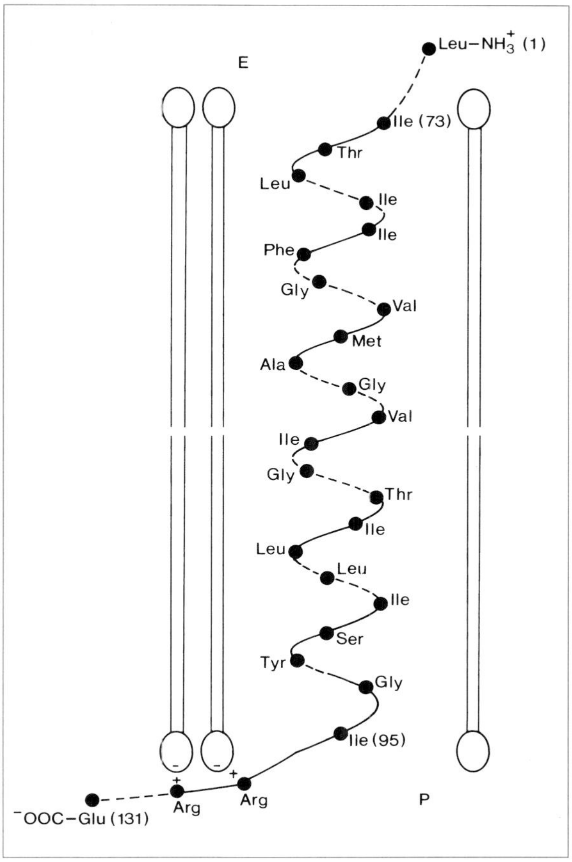

Abb. 2-16: Integrale hydrophobe α-Helix des Glykophorins in der Erythrocytenmembran, die von den Aminosäureresten 73 bis 95 gebildet wird. Auf der P-Seite folgen zwei Argininreste. Auf der E-Seite trägt das Glykophorin 16 Oligosaccharidketten (15 O-glykosidisch an Ser- und Thr-Resten und eine N-glykosidisch an einen Asn-Rest gebunden).

Grundstruktur der Biomembran bleibt also gesichert.

Manche Membranproteine durchqueren die Membran nur einmal wie das Glykophorin der Erythrocytenmembran (131 Aminosäuren lang; Abb. 2-16) oder die β-Untereinheit des Insulin-Rezeptors (620 AS). Andere reichen mehrmals hindurch, das Bakteriorhodopsin (248 AS; s. Abb. 2-20) und das Rhodopsin in den Stäbchenzellen (348 AS) siebenmal, der Glucose-Translokator in der Erythrocytenmembran (492 AS) zwölfmal und die spannungsabhängigen Ionenkanäle für Na^+ und Ca^{2+} vierundzwanzigmal. Das Glykophorin war eines der ersten Membranproteine, dessen Sequenz durch die Arbeit von M. Tomita und V.T. Marchesi 1976 bekannt wurde. Es trägt die Spezifitäten für die MN-Blutgruppen (s. 19.1). Der hydrophoben Helix im Glykophorin (Abb. 2-16) folgen auf der P-Seite

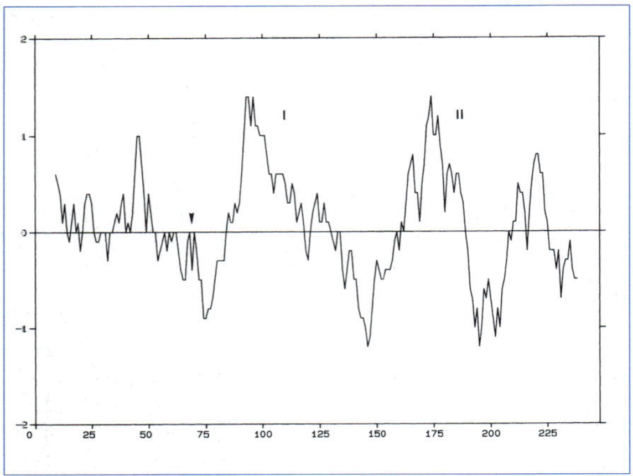

Abb. 2-17: Hydropathie-Profil für das Rieske-Protein aus den Thylakoiden von Chloroplasten. Das verwendete Computer-Programm benützt ein bewegliches Fenster mit einer Länge von 19 Aminosäureresten, das die Aminosäuresequenz des Proteins abfährt und die Hydrophobizitäts-Mittelwerte für jede Position aufzeichnet. Abszisse: Aminosäuresequenz mit NH_2-Ende links; Ordinate: Hydrophobizitätswerte nach Kyte und Doolittle (s. Kap. 25). Das Rieske-Protein besitzt einen Membrandurchgang (I); der zweite hydrophobe Bereich (II) enthält die Bindungsstelle für Fe_2S_2 und ist auf der E-Seite exponiert. Links vom Pfeil liegt die Präsequenz, die beim Transport des Proteins aus dem Cytoplasma in den Chloroplasten abgespalten wird. (Aufnahme: R. G. Herrmann)

zwei positiv geladene Argininreste. Die Helix dient hier offenbar ausschließlich der Verankerung des Proteins in der Membran. Eine hydrophobe Helix kann jedoch auch zusätzliche Aufgaben erfüllen (s. unten).

Da die Biosynthese von Proteinen am Aminoterminus beginnt, ist es vom Mechanismus der

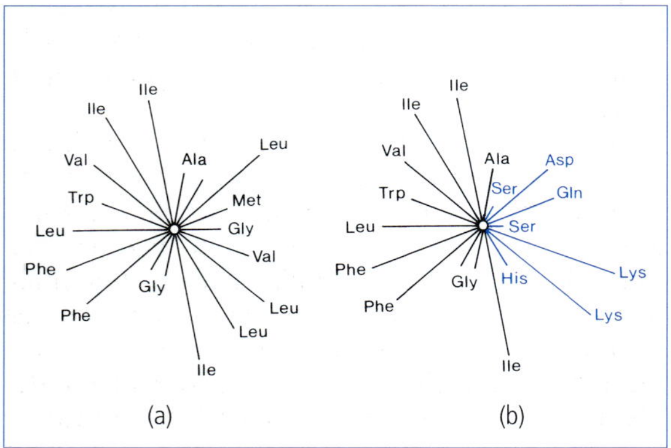

Abb. 2-18: Integrale hydrophobe α-Helix (**a**) und amphipathische α-Helix (**b**) in Aufsicht senkrecht zur Membranfläche gesehen. Die einzelnen Aminosäurereste, 3,6 pro Umgang, sind entsprechend ihren Hydrophobizitätswerten (s. Kap. 25) durch schwarze Striche (hydrophobe Aminosäuren) bzw. durch farbige Striche (hydrophile Aminosäuren) symbolisiert, die vom Zentrum der Helixachse ausgehen. Der Übersichtlichkeit wegen sind nicht alle Aminosäuren mit ihrem Code angegeben.

Integration von Membranproteinen in die Membran (s. 8.2.2) naheliegend, daß das Aminoende auf der E-Seite der Membran zu liegen kommt. Es gibt aber auch andere Orientierungen. **Typ I Membranproteine** besitzen einen Membrandurchgang mit dem Aminoende auf der E-Seite. **Typ II Membranproteine** sind umgekehrt orientiert und zeigen mit dem Carboxylende ihres Membrandurchgangs zur E-Seite, mit dem Aminoende zur P-Seite. **Typ III Membranproteine** enthalten mehrere Membrandurchgänge, wobei die Orientierungen unterschiedlich sein können; beim Glucose-Translokator der Erythrocytenmembran mit einer geradzahligen Anzahl von Durchgängen weisen beide Enden zur P-Seite.

Aus den Aminosäuresequenzen von Proteinen lassen sich über Computer-Programme solche hydrophoben Bereiche ermitteln, die integrale Helices darstellen könnten (Abb. 2-17). Dabei werden verschiedene Hydrophobizitätswerte für die 20 Aminosäuren verwendet, die von +4,5 für Ile bis −4,5 für Arg reichen (s. Kap. 25). Solche Hydropathie-Profile sind sehr hilfreich bei der Klärung der Struktur von Membranproteinen.

Bei der bisherigen Betrachtung wurde davon ausgegangen, daß integrale Helices rundum hydrophobe Reste exponieren. Bei Aufsicht auf die Helix senkrecht zur Membranebene ergibt sich dann eine recht symmetrische Figur, wenn für die einzelnen Aminosäurereste (3,6 pro Umgang) ihrer Hydrophobizität entsprechend lange Striche von der Achse der Helix aus eingezeichnet werden (Abb. 2-18a). Es gibt jedoch eine ganze Reihe von Membranproteinen, besonders Translokatoren, mit hydrophilen Kanälen für den Transport von Ionen und kleinen hydrophilen Molekülen durch die Membran. Ein solcher Kanal wird durch mehrere Helices gebildet. Für diese Helices ergibt sich bei Aufsicht senkrecht zur Membranfläche ein ganz anderes Bild (Abb. 2-18b): Die Helices tragen zur Lipidphase der Membran hin – wie erwartet – hydrophobe Aminosäurereste, zum hydrophilen Kanal hin dagegen bevorzugt hydrophile. Man bezeichnet eine Struktur dieser Art als **amphipathische Helix**. Solche Helices sind wesentlich schwerer zu entdecken als hydrophobe. Amphipathische Helices können auch einer Membran aufliegen und mit ihrer hydrophoben Seite Kontakt zum hydrophoben Bereich der Membran halten.

Neben amphipathischen Helices wären als Bausteine eines Kanals auch β-Faltblattstrukturen denkbar, wobei mehrere Blätter jeweils eine ihrer Seiten mit hydrophoben Aminosäureresten zur Lipidschicht der Membran hin und die andere mit hydrophilen Resten in das Kanallumen orientieren. Dieses Prinzip ist jedoch nur selten verwirklicht. Eindrucksvolle Beispiele sind die Porine in der äußeren Membran gramnegativer Bakterien (s. Abb. 2-28 und 2-29) und in den äußeren Hüllmembranen von Mitochondrien und Plastiden.

Ein in seiner Topologie sehr gut untersuchtes Membranprotein ist das **Bakteriorhodopsin**. Dieses Protein kommt in einem funktionellen Bereich (s. unten) der Plasmamembran des halophilen Archaebakteriums *Halobacterium halobium*, der **Purpurmembran** (Abb. 2-19), als einzige Proteinspezies vor. Die Purpurmembran kann isoliert und als Stapel zweidimensionaler Kristalle (Abb. 2-21) präpariert werden. Aufgrund dieser günstigen Umstände gelang es R. Henderson und P. N. T. Unwin 1975, mit Hilfe einer Kombination aus Elektronenmikroskopie und Elektronenbeugung eine Dichtekarte der Membran mit einer Auflösung von 0,7 nm aufzustellen und ein dreidimensionales Modell zu konstruieren (Abb. 2-20).

Die Struktur eines Membranproteins ist – ebenso wie die eines löslichen Proteins – in atomarer Auflösung nur durch Röntgenstrukturanalyse an dreidimensionalen Kristallen zu erhalten. Membranproteine sind, wie man sich leicht vorstellen kann, außerordentlich schwierig zu kristallisieren. Im Gegensatz zu löslichen Proteinen, die ihre hydrophoben Reste intern angeordnet tragen, müssen bei der Kristallisation integraler Membranproteine die ursprünglich zu den Lipiden hin exponierten hydrophoben Bereiche (Helices) durch kleine passende (!) amphiphile Moleküle in Hohlräumen des Kristalls abgedeckt werden. Eine hochauflösende Analyse von 0,3 nm ist J. Deisenhofer, R. Huber und H. Michel erstmals an Kristallen des photosynthetischen Reaktionszentrums aus dem phototrophen Bakterium *Rhodopseudomonas viridis* gelungen (s. 11.4.1).

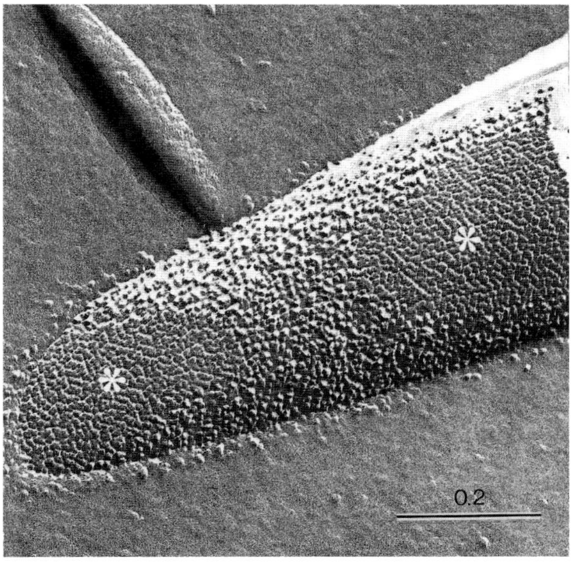

Abb. 2-19: *Halobacterium halobium*: Teil einer Zelle nach Gefrierbruch-Präparation mit diskreten Purpurmembranbereichen (*) in der Plasmamembran. Die Anordnung der Partikel in diesen Bereichen ist sehr regelmäßig. Auf dem Bild ist die PF zu sehen. (EM-Aufnahme: W. Stoeckenius et al. [1979] Biochim. Biophys. Acta 505, 215; mit Genehmigung.)

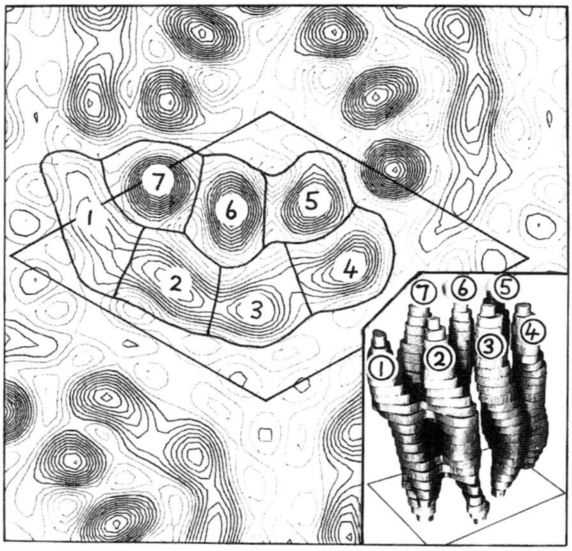

Abb. 2-20: Anordnung von Bakteriorhodopsin in der Purpurmembran von *Halobacterium halobium*. Dichtekarte und dreidimensionales Modell nach R. Henderson und P. N. T. Unwin, 1975. Die Zahlen 1 bis 7 bezeichnen die sieben die Membran durchquerenden α-Helices. Aus der Aminosäuresequenz wurde dann die Anordnung der Polypeptidkette ermittelt: Helix 1 enthält das Aminoende; die Kette verläuft weiter über die Helices 7, 6, 5, 4, 3 bis zum Carboxylende in Helix 2. Die weniger dichten Bereiche zwischen den Proteinmolekülen stellen Lipidbereiche dar. (Aus D. M. Engelmann et al. [1980] Proc. Natl. Acad. Sci. 77, 2023; mit Genehmigung.)

Der Abstand zweier benachbarter Proteine in einer Membran ist kleiner als in einer konzentrierten Proteinlösung. Da zudem ihre Diffusionsmöglichkeiten auf zwei Dimensionen beschränkt sind, ist eine Kollision von Molekülen in der fluiden Membran häufiger als bei löslichen Proteinen im Cytoplasma. Bei der Betrachtung diffusionsabhängiger Vorgänge in der Ebene der Membran ist dies ein wichtiger Gesichtspunkt. Es gibt jedoch auch zahlreiche Beispiele dafür, daß trotz Membranfluidität die freie laterale Beweglichkeit von Komponenten eingeschränkt oder unterbunden ist. Epithelzellen sind durch eine Zell-Zell-Verbindung, die Tight Junction (s. 3.3.2), aneinander gekoppelt, die die einzelnen Zellen wie ein Gürtel umgibt und einen basolateralen Bereich der Plasmamembran von einem

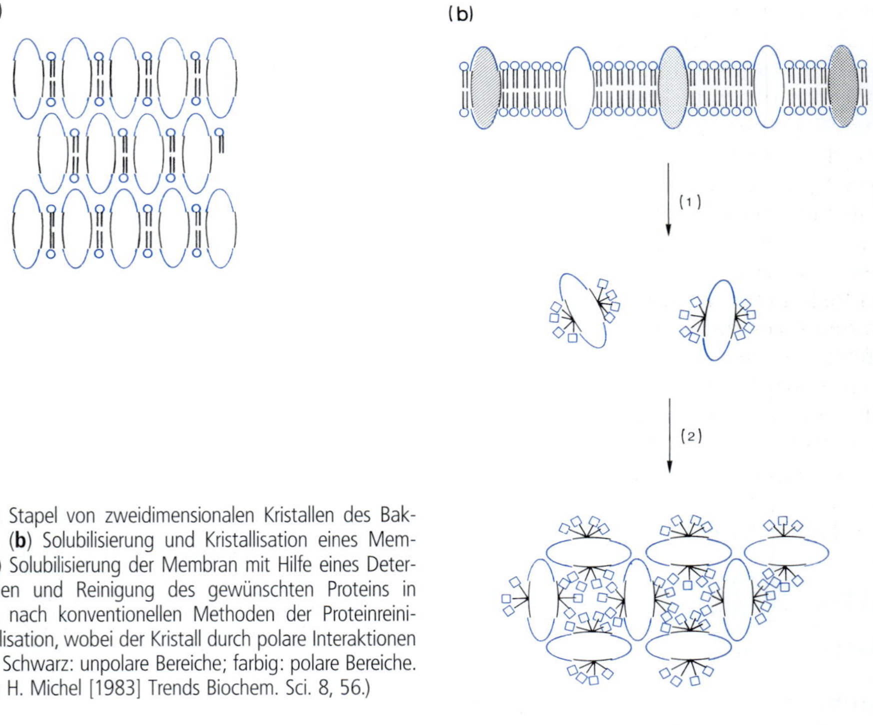

Abb. 2-21: (**a**) Stapel von zweidimensionalen Kristallen des Bakteriorhodopsins. (**b**) Solubilisierung und Kristallisation eines Membranproteins. (1) Solubilisierung der Membran mit Hilfe eines Detergens zu Micellen und Reinigung des gewünschten Proteins in micellarer Form nach konventionellen Methoden der Proteinreinigung; (2) Kristallisation, wobei der Kristall durch polare Interaktionen stabilisiert wird. Schwarz: unpolare Bereiche; farbig: polare Bereiche. (Verändert nach H. Michel [1983] Trends Biochem. Sci. 8, 56.)

apikalen trennt (Polarität von Epithelien). Beide Bereiche enthalten unterschiedliche Proteinausstattungen, und ein Austausch zwischen den beiden Hälften wird durch die Tight Junction verhindert. Die Zell-Zell-Verbindung selbst ist eine Struktur, die aus integralen ortsfesten Proteinen aufgebaut ist. Bereiche von Membranen, in denen bestimmte Proteinspezies konzentriert sind oder ausschließlich vorkommen, werden als **funktionelle Bereiche** bezeichnet. Die verschiedenen Zell-Zell-Verbindungen gehören ebenso hierzu wie die Purpurmembran der Halobakterien, die Coated Pits in Plasmamembranen und manchen intrazellulären Membranen sowie die Synapsen zwischen Nervenzellen, wo Rezeptoren für die Neurotransmitter nur im Bereich der postsynaptischen Plasmamembran zu finden sind. Bei Eucyten werden solche funktionellen Bereiche wahrscheinlich immer durch das Cytoskelett stabilisiert.

2.5.2 Protein-Lipid-Wechselwirkungen

Integrale Membranproteine brauchen für ihre Funktionen als Translokatoren, Rezeptoren, Enzyme u. a. eine Umgebung aus amphiphilen Lipiden. Eine Erklärung der erstaunlichen Heterogenität der Membranlipide läge vielleicht in ganz speziellen Bedürfnissen einzelner Membranproteine. Dies ist jedoch nicht der Fall, die Spezifität von Membranproteinen bezieht sich meist nur auf die Ladungsverhältnisse in den Lipiden. Die Proteine stören zwar an der Oberfläche ihrer α-Helices die Ordnung der Kohlenwasserstoffketten und engen deren Beweglichkeit ein. Eine feste Bindung ist jedoch nicht gegeben. Kernresonanz- und Elektronenspinresonanz-Messungen werden so interpretiert, daß Nachbarschaftsaustausche zwischen freien Lipiden in der Membran ($10^6\ s^{-1}$) nicht sehr viel schneller als zwischen freien und an Proteingrenzflächen befindlichen ($10^5\ s^{-1}$) geschehen.

Als direkter Ausdruck von Lipid-Protein-Wechselwirkungen wird die Diskontinuität in der Arrhenius-Auftragung membrangebundener Enzymen gedeutet (Abb. 2-22). Bei vielen membrangebundenen enzymatischen Vorgängen tritt eine Änderung der apparenten Aktivierungsenergie bei einer bestimmten Temperatur auf, die etwa der Phasenübergangstemperatur der Membranlipide entspricht. Oberhalb der Übergangstemperatur liegen die Aktivierungsenergien typischerweise zwischen 40 und 80 kJ · mol^{-1}, unterhalb zwischen 200 und 800 kJ · mol^{-1}.

Zusammengefaßt lassen sich die Funktionen

der amphiphilen Membranlipide in einer Biomembran folgendermaßen definieren:

- Sie bilden die Grundstruktur jeder Biomembran.
- Sie gewährleisten die funktionell aktive Konformation von Membranproteinen.
- Aus thermodynamischer Sicht tragen sie durch eine Art „Solvathülle" um die α-Helices der Proteine zur energetisch günstigen Konformation der ganzen Membran bei (hier besteht eine gewisse Analogie zur Funktion des Wassers bei löslichen Proteinen).
- Sie dichten den Grenzbereich zwischen α-Helices und freien Membranlipiden ab und bilden dabei eine Art Puffer zwischen der Starrheit der Proteine und der hohen Beweglichkeit der Kohlenwasserstoffketten in den freien Lipiden. Dieser letzte Aspekt ist für die semipermeablen Eigenschaften einer Biomembran von entscheidender Bedeutung (s. unten).

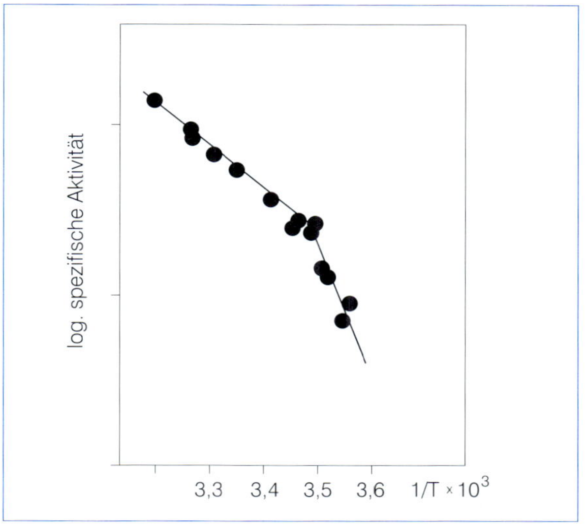

Abb. 2-22: Arrhenius-Auftragung der ATPase-Aktivität in den inneren mitochondrialen Membranen von Säugern. Bei dieser Auftragung wird die Rate des Umsatzes (in logarithmischem Maßstab) gegen die reziproke absolute Temperatur dargestellt. Die Steigung der Geraden ist ein Maß für die Arrhenius-Aktivierungsenergie. Die Diskontinuität liegt in diesem Fall bei etwa 26 °C. Unterhalb dieser Temperatur ist die Arrhenius-Aktivierungsenergie erhöht. (Verändert nach G. Lenaz [1979] Subcell. Biochem. 6, 233)

2.5.3 Kovalente Bindungen zwischen Protein und Lipid

Eine Verankerung von Protein in einer Membran wäre auch über eine kovalente Bindung des Proteins an Lipid, über eine Art Lipidanker, denkbar. Und im Grunde genommen kannte man mit dem Proteolipid der Myelinmembran (s. 15.1.2) schon seit langem ein Beispiel hierfür; dieses integrale Membranprotein trägt zwei Fettsäuren an zwei Aminosäureresten kovalent gebunden. Inzwischen sind zahlreiche Proteine mit gebundenen Lipiden entdeckt worden. Mit einer einzigen Fettsäure oder einem einzigen langkettigen Alkohol als Anker ist die Bindung eines Proteins an eine Membran allerdings nicht sehr fest. Elektrostatische Wechselwirkungen zwischen basischen Aminosäureresten und sauren Phospholipiden in der Nähe oder ein zweiter Lipidanker stabilisieren die Bindung. Vier Arten der Verknüpfung von Protein mit Lipid lassen sich unterscheiden (Abb. 2-23), drei auf der P-Seite der Plasmamembran, eine auf der E-Seite:

- Thioesterbindung zwischen einem Cysteinrest und Palmitinsäure auf der P-Seite der Membran. Die Bindung geschieht posttranslational über Palmitoyl-CoA. Eine Reihe integraler Membranproteine (verschiedene virale Glykoproteine, der Transferrin-Rezeptor, Rhodopsin u.a.), die α-Untereinheit trimere G-Proteine, Komponenten des Cytoskeletts wie Actin in dem zellulären Schleimpilz *Dictyostelium* oder Ankyrin im Erythrocyten sowie Mitglieder der Src-Familie (Tyr-Protein-Kinasen) und das GTP-bindende Protein H-Ras tragen sol-

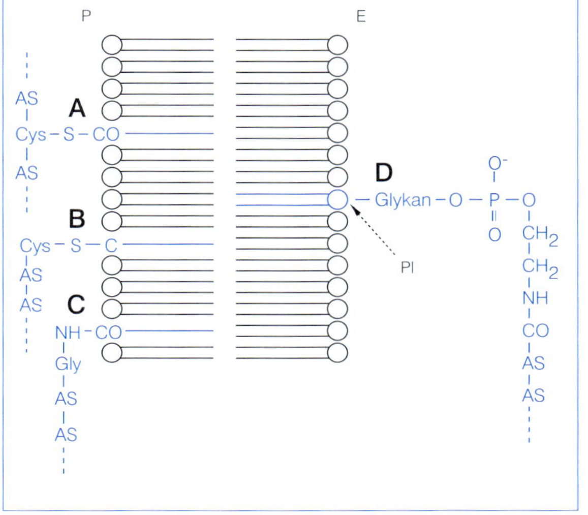

Abb. 2-23: Verankerung von Protein in einer Membran durch kovalente Bindung zwischen Lipid und Protein (Lipidanker). (**A**) Thioesterbindung zwischen einem Cysteinrest und Palmitinsäure (C_{16}). (**B**) Thioetherbindung zwischen einem Cysteinrest und einem Polyprenol (Farnesol C_{15} oder Geranylgeraniol C_{20}). (**C**) Amidbindung zwischen einem N-terminalen Glycinrest und Myristinsäure (C_{14}). (**D**) Bindung einer C-terminalen Aminosäure über Ethanolamin und eine Phosphoglykankette an Phosphatidylinositol (PI). AS Aminosäure.

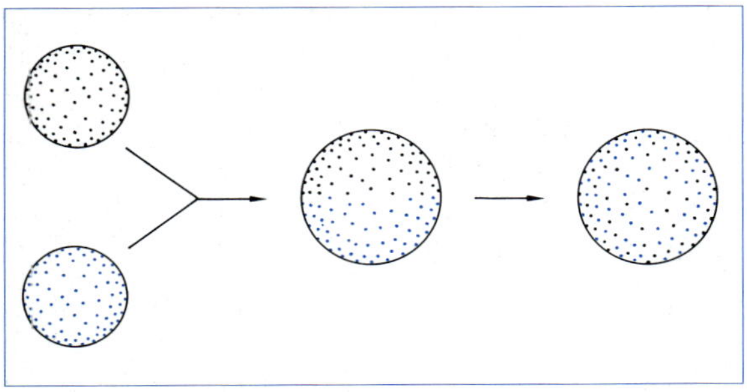

Abb. 2-24: Schema zum Experiment von Frye und Edidin. Humanzellen und Zellen von Mäusen, die mit grün bzw. rot fluoreszierenden Antikörpern gegen bestimmte integrale Membranproteine markiert waren, wurden fusioniert und anschließend bei 37 °C inkubiert. Die zunächst getrennten Fluoreszenzbereiche vermischten sich dabei durch laterale Diffusion der Membranproteine. Diese Vermischung war durch Absenken der Inkubationstemperatur hemmbar.

che Palmitinsäurereste. Die Bindung an die Fettsäure ist reversibel, Palmitoyl-Thioesterasen lösen sie.

- Thioetherbindung zwischen einem Cysteinrest im C-terminalen Bereich eines Proteins und den Isoprenolen Farnesol (C_{15}) oder Geranylgeraniol (C_{20}). Farnesyl- bzw. Geranylgeranyldiphosphat sind die Substrate für entsprechende Prenyltransferasen. Die γ-Untereinheit trimerer G-Proteine, GTP-bindende Ras-Proteine, nucleäre Lamine und der a-Faktor (Mating-Faktor) der Hefe beispielsweise tragen solche Farnesylreste. Beim a-Faktor der Hefe allerdings vermittelt der hydrophobe Rest keine Membranassoziation.
- Amidbindung zwischen einem N-terminalen Glycinrest und Myristinsäure. Myristinylierung ist verbreitet bei verschiedenen Proteinen von Retroviren, aber auch die NADH-Cytochrom b_5-Reductase am ER, die α-Untereinheit trimerer G-Proteine, die katalytische Untereinheit der cAMP-abhängigen Protein-Kinase sowie Tyr-Protein-Kinasen der Src-Familie tragen N-terminal einen Myristinsäurerest. Diese N-Myristinylierung ist nicht reversibel im Gegensatz zur Thioesterbindung.
- Kovalente Bindung des Phospholipids Phosphatidylinositol an das C-terminale Ende eines Proteins über eine Glykankette und Ethanolamin. Diese Art der Verknüpfung wird auch als **GPI-Anker** (Glykosylphosphatidylinositol) bezeichnet und findet sich auf der E-Seite der Plasmamembran. Beispiele mit solchen Ankern sind die extrazelluläre Acetylcholin-Esterase und alkalische Phosphatase, das Prion-Protein sowie das Oberflächen-Glykoprotein von Trypanosomen u.a.

Aus den Beispielen ist ersichtlich, daß Lipidanker nicht nur bei integralen Membranproteinen als zusätzlich hydrophobe Bindung vorkommen, sondern auch bei sonst nicht über hydrophobe Wechselwirkungen mit einer Membran verknüpften Proteinen. Ein reversibles Knüpfen und Lösen solcher Bindungen spielt bei vorübergehenden Assoziationen von Cytoskelettelementen und Membranen oder bei Mechanismen der Signaltransduktion durch die Plasmamembran eine Rolle und hat regulatorische Funktionen.

Bei Protocyten ist dieses Prinzip der Membranverankerung durch kovalent gebundenes Lipid – in etwas anderer Art – z.B. bei dem sog. Braunschen Lipoprotein an der Innenseite der äußeren Membran von *E. coli* (s. 12.1.2) gefunden worden.

2.6 Fluidität der Biomembran

Der flüssig-kristalline Zustand der Biomembran ist ein wesentliches Merkmal des Fluid-Mosaic-Modells. Für viele membrangebundene Vorgänge ist die **laterale Diffusion** der Membranproteine, ihre Beweglichkeit in der Ebene der Membran, ein funktionelles Erfordernis. Auf die Unmöglichkeit einer transveralen Bewegung von Membrankomponenten (Flip-Flop) wurde bereits hingewiesen. Daß Proteine in einer Biomembran tatsächlich lateral diffundieren können, haben L. D. Frye und M. Edidin 1970 in einem Experiment gezeigt (Abb. 2-24). Zur quantitativen Messung von lateraler Diffusion wurden kleine Bereiche von Membranen, die farbige Moleküle (z.B. Rhodopsin in den internen Membranen der Sehstäbchen) oder fluoreszenzmarkierte Moleküle enthalten, durch Laserlicht gebleicht. Aus der Zeit, die nötig ist, um die so entstandenen optischen Unterschiede zwischen gebleichtem und nichtgebleichtem Bereich durch laterale Diffusion verschwinden zu lassen, können die Diffusionskoeffizienten für diese Moleküle berechnet werden.

Phospholipide haben in Membranen laterale Diffusionskoeffizienten von 10^{-7}- 10^{-8} $cm^2 \cdot s^{-1}$, wobei der höhere Wert für reine Lipidmembranen gilt. Je proteinreicher eine Membran ist, desto mehr wird auch die Beweglichkeit der Lipide eingeschränkt. Für Rhodopsin wurde bei einer Temperatur von 20° C ein Diffusionskoeffizient von $4 \cdot 10^{-9}$ $cm^2 \cdot s^{-1}$ ermittelt. Die Diffusionskoeffizienten für integrale Membranproteine anderer Membranen sind jedoch meistens geringer als für Rhodopsin und liegen in der Größenordnung von 10^{-9} bis 10^{-11} $cm^2 \cdot s^{-1}$. Diffusionsmessungen lassen auf die Viskosität von Membranen schließen; sie liegt bei etwa 1 Poise (zum Vergleich: Leichtes Maschinenöl hat eine Viskosität von 2 Poise, Wasser eine von 0,01 Poise). Die laterale Beweglichkeit von manchen Proteinen wird eingeschränkt oder aufgehoben durch Verbindungen mit der extrazellulären Matrix oder mit dem Cytoskelett, z. B. in besonderen funktionellen Bereichen (s. oben).

Die Umgebung einer Zelle hat großen Einfluß auf die Differenzierungen ihrer Plasmamembran; dies läßt sich an Hepatocyten demonstrieren. Jeder Hepatocyt grenzt an Blutsinusoide, an andere Hepatocyten und an die zwischen den Hepatocyten ausgesparten Gallenkanälchen, d.h. an drei sehr unterschiedliche Umgebungen. Die den Sinusoiden und Gallenkanälchen zugewandten Plasmamembranbereiche weisen zahlreiche Mikrovilli auf (Abb. 2-25). Aus dem Gewebeverband isolierte Zellen lassen bereits nach 30 min in Kultur keinerlei differenzierte Bereiche der Plasmamembran mehr erkennen, die Zellen sind nun gleichmäßig mit Mikrovilli bedeckt.

Membranproteine zeigen auch eine **Rotationsdiffusion** senkrecht zur Membranebene. Zur Bestimmung der Rotationsdiffusion von Rhodopsinmolekülen wurde die Beobachtung ausgenützt, daß der Chromophor des Rhodopsins (11-*cis*-Retinal) dichroitisch ist, d.h. Licht am besten absorbiert, wenn der elektrische Vektor des Lichts parallel zur Kette der konjugierten Doppelbindungen im Retinal verläuft. Die Retina als ganzes allerdings ist selbst nicht dichroitisch, die Rhodopsinmoleküle sind in ihr statistisch angeordnet. Durch einen linear polarisierten Lichtblitz werden in einer Retina bevorzugt solche Rhodopsinmoleküle gebleicht, die zufällig die entsprechende Orientierung haben. Dadurch wird ein Dichroismus in der Retina selbst erzeugt, der im Zeitraum von Mikrosekunden wieder verschwindet. Dies ist auf die Rotation der Rhodopsinmoleküle in den Stäbchenmembranen zurückzuführen. Wird vor der Bleichung mit Glutaraldehyd fixiert, das Proteine quervernetzt, so bleibt der induzierte Dichroismus wie erwartet stabil. Aus der Rate der Abnahme des Dichroismus läßt sich eine Relaxationszeit für Rhodopsins von 20 µs errechnen, was wiederum einer Viskosität von etwa 1 Poise entspricht.

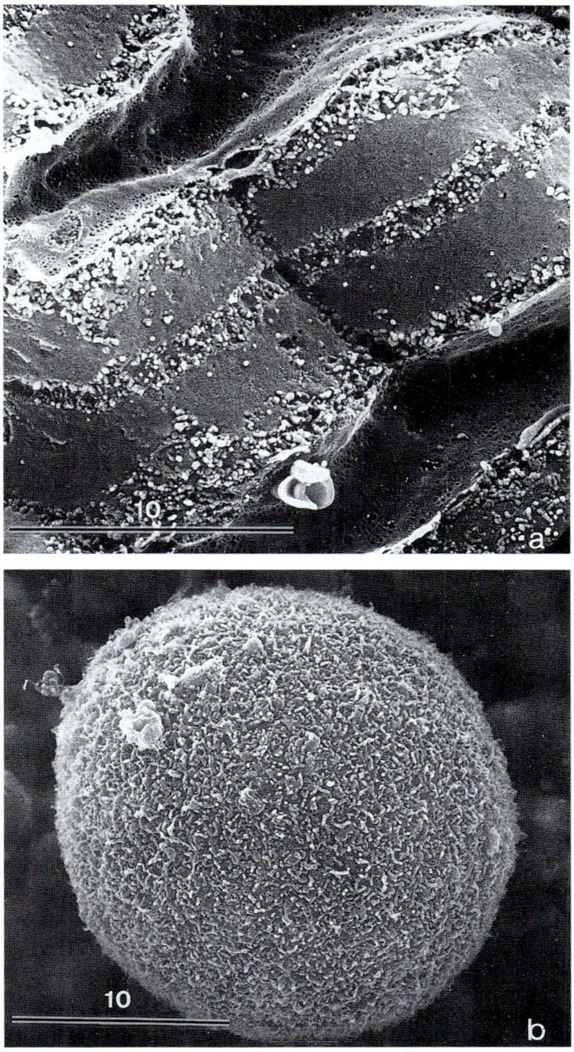

Abb. 2-25: Hepatocyten in situ und nach Isolation und halbstündiger Kultur.
(**a**) Die Oberflächen der beiden gezeigten Zellen weisen unterschiedliche Bereiche auf. Über die Mitte der Zellen verläuft ein Band von Mikrovilli, das die Lage eines Gallenkanälchens anzeigt (zur Orientierung s. Abb.1–25, das dort quergeschnittene Gallenkanälchen verläuft hier in der Bildebene). Auf beiden Seiten des Gallenkanälchens hatten die Zellen Kontakt mit darüberliegenden Zellen; hier sind keine Mikrovilli ausgebildet. Daran anschließend treten im Bereich der Blutsinusoide wieder zahlreiche Mikrovilli auf.
(**b**) Bei diesem isolierten und 30 min in Kultur gehaltenen Hepatocyten sind die Differenzierungen der Oberfläche verschwunden, er ist gleichmäßig mit Mikrovilli bedeckt. (Raster-EM-Aufnahmen: J. C. Wanson)

2.7 Permeabilität und Transport

Die Lipiddoppelschicht der Biomembran stellt eine nichtwässerige Barriere zwischen zwei wässerigen Kompartimenten dar. Der Austausch von wasserlöslichen Molekülen und anorganischen Ionen zwischen diesen Kompartimenten durch die etwa 3 nm breite Barriere ist stark eingeschränkt. Um trotzdem ganz bestimmte Moleküle und Ionen hindurchzulassen, gibt es in Biomembranen integrale Proteine, die als Translo-

Tab. 2-3: Permeabilitätskoeffizienten einiger Moleküle und Ionen für Biomembranen (ungefähre Werte).

Molekül / Ion	P_f [cm · s^{-1}]
H_2O	$6 \cdot 10^{-3} - 4 \cdot 10^{-4}$
Glycerol	ca. $5 \cdot 10^{-6}$
Glucose	ca. 10^{-7}
Cl^-	ca. 10^{-8}
Na^+	ca. 10^{-9}

katoren dienen. Bereits 1952 postulierten A. L. Hodgkin, A. F. Huxley und B. Katz aufgrund ihrer Arbeiten zur Erregungsleitung am Tintenfisch-Axon, daß Na^+ und K^+ die Plasmamembran durch Ionen-spezifische Kanäle passieren müßten. Daß integrale Membranproteine solche Kanäle tatsächlich ausbilden können, wurde jedoch erst zwei Jahrzehnte später erkannt.

Nur wenige kleine Moleküle wie Wasser oder Essigsäure können durch eine Biomembran (ebenso wie durch eine reine Lipiddoppelschicht) relativ frei diffundieren (Tab. 2-3). Bereits für Glycerol mit einer Molekularmasse von 92 Da ist die Diffusion eingeschränkt. Für Glucose und noch ausgeprägter für Ionen wie Cl^- oder Na^+ ist eine Biomembran nicht mehr passierbar. Solche Aussagen sind allerdings relativ zu sehen. Gemeint ist, daß die Diffusionsraten im Vergleich mit den Raten eines katalysierten Transports so gut wie vernachlässigbar sind.

Die Eigenschaften der Biomembranen, kleine hydrophile Moleküle frei passieren zu lassen, größere jedoch nicht, wird als **Semipermeabilität** bezeichnet. Auf ihr beruhen alle osmotischen Vorgänge. Um diesen „Siebeffekt" (Ultrafiltration) erklären zu können, wurden fixe Poren in der Membran von etwa 0,4 nm Durchmesser postuliert. Nach heutiger Sicht, nach der eine Biomembran als fluide Struktur gilt, sind diese „Poren" eher als transiente Unregelmäßigkeiten in der Lipiddoppelschicht zu werten.

Anders als hydrophile Moleküle können Moleküle mit hydrophoben (lipophilen/amphiphilen) Eigenschaften entsprechend ihren Verteilungskoeffizienten in den hydrophoben Bereich von Membranen eindringen oder sich durch Membranen „hindurchlösen". Die Steroidhormone gehören z.B. zu dieser Gruppe von Molekülen. Die sog. Ionenfalle – in Praktika oft mit Neutralrot an Pflanzenzellen demonstriert – beruht auf dem gleichen Phänomen.

Beim **Ionenfallenmechanismus** gelangt das relativ lipophile Neutralrot durch Diffusion bis in die saure Vakuole. Dort wird es protoniert und kann nun als polares Ion Membranen nicht mehr frei passieren; gleichzeitig wird es aus dem Konzentrationsgleichgewicht mit dem ungeladenen Neutralrot entfernt, so daß weiteres Neutralrot nachdiffundiert und in protonierter Form in der Vakuole angereichert wird. Die für eine solche Anreicherung natürlich notwendige Energie wird über den Protonengradienten bereitgestellt: Protonen müssen unter ATP-Verbrauch in die Vakuole nachgepumpt werden, um dort den sauren pH-Wert aufrechtzuerhalten.

2.7.1 Translokatoren

Für den vielfältigen Stoffaustausch zwischen den Kompartimenten einer Zelle und besonders zwischen der Zelle selbst und ihrer Außenwelt enthalten Biomembranen je nach Art zahlreiche spezifische Translokatoren (Carrier, Transportproteine). Translokatoren transportieren ihr Transportgut nach sehr unterschiedlichen Mechanismen, immer aber durch einen Kanal durch die Membran (Abb. 2-26). Mobile Carrier, die selbst von einer Seite der Membran zur anderen diffundieren und dabei Transportgut mitnehmen, kommen nur als ionophore Antibiokika vor (s. unten). Die hydrophilen Kanäle werden in der Regel durch mehrere amphipathische Helices gebildet. Diese Helices können in einer einzigen Polypeptidkette enthalten sein (monomerer Translokator) oder von mehreren Ketten beigesteuert werden (oligomerer Translokator) (Abb. 2-27). In seltenen Fällen bilden auch β-

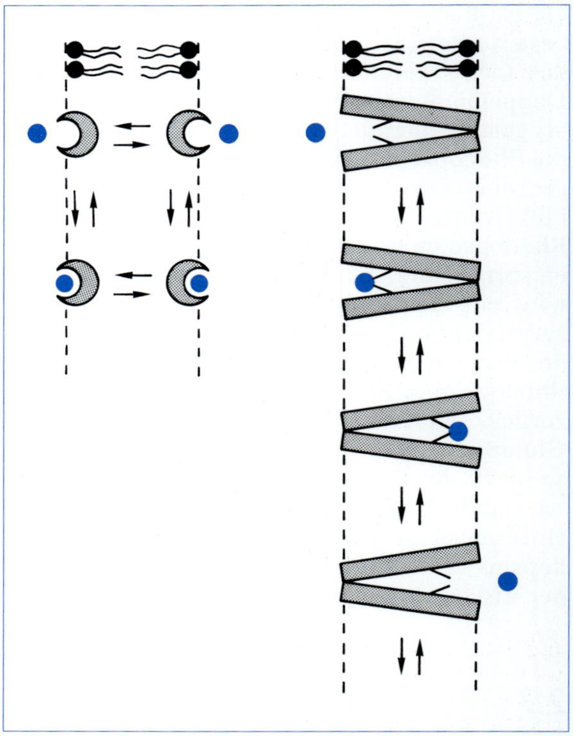

Abb. 2-26: Modelle für Tranlokatoren in der Biomembran. **Links**: Mobiler Carrier. **Rechts**: Kanal.

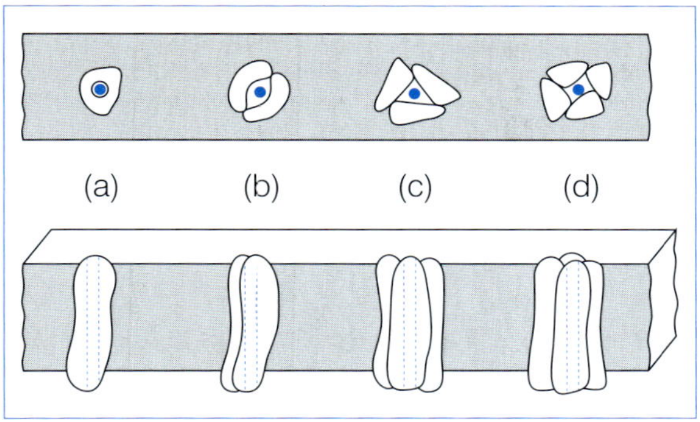

Abb. 2-27: Translokator-Modelle als monomere (**a**) bzw. oligomere (**b – d**) Strukturen. Bei den oligomeren Formen wird der Transportkanal von amphiphilen Helices mehrerer Untereinheiten gebildet.

Faltblätter hydrophile Kanäle; sie exponieren dann nach außen zur Lipidphase hin hydrophobe Aminosäurereste, nach innen zum Kanal hin hydrophile. Die **Porine** in der äußeren Membran gramnegativer Bakterien und in den äußeren Hüllmembranen von Mitochondrien und Plastiden sind die einzigen bekannten „Faltblatt-Kanäle"; sie sind mehr oder weniger spezifisch für kleine Moleküle. Bakterielle Porine konnten röntgenographisch analysiert werden (Abb. 2-28 und 2-29).

Mobile Carrier (Abb. 2-26) kommen als natürliche Translokatoren in Membranen nicht vor. Es gibt jedoch einige Antibiotika (Valinomycin aus Streptomyceten-Kulturen, Nigericin, Nonactin) und synthetische Moleküle, die Alkali-Ionen oder auch Ca^{2+} in eine Art Käfigverbindung aufnehmen und sich mit ihrem hydrophoben Äußeren durch Membranen hindurchlösen können. Man bezeichnet solche Verbindungen als **Ionophoren** (s. Kap. 28). Diese kleinen Strukturen transportieren in einer Art Shuttle-Mechanismus Ionen bis zum Konzentrationsausgleich durch Membranen und stören so ganz empfindlich das Ionen-Milieu von Zellen. Entdeckt hat man sie durch ihre entkoppelnde Wirkung bei der mitochondrialen ATP-Synthese (s. 10.4.2).

Wasser und andere sehr kleine Moleküle gelangen durch **freien Diffusion** ohne Translokator durch Biomembranen. Sind bei einem Transportvorgang Translokatoren beteiligt, spricht man von **spezifischem Transport**, durch den jeweils ganz bestimmte Moleküle oder Ionen durch ganz bestimmte Membranen gelangen. Der spezifische Transport ist von der freien Diffusion durch verschiedene Kriterien abgrenzbar:

- Er erfolgt schneller als die Diffusion des Moleküls/Ions.
- Er geschieht über integrale Translokatoren.
- Er ist substratspezifisch.
- Er ist saturierbar.
- Er ist häufig durch Substratanaloga oder „Gifte" spezifisch hemmbar.

Ein Transportvorgang durch eine Membran kann mit einer enzymatischen Reaktion verglichen werden. Nur handelt es sich in dem einen Fall um einen osmotischen und im anderen um einen chemischen Prozeß. Transportvorgänge werden ebenso wie enzymatische Reaktionen durch K_m– und V_{max}-Werte charakterisiert. Im einzelnen un-

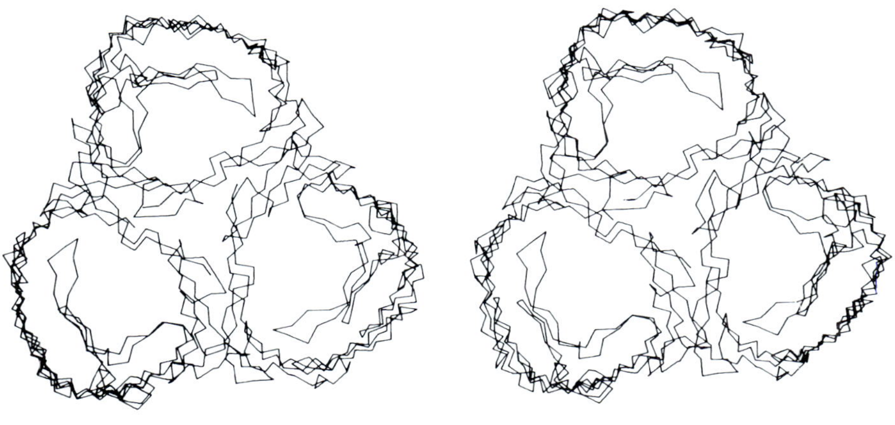

Abb. 2-28: Stereoaufsicht auf das trimere Porin aus der äußeren Membran des gramnegativen Bakteriums *Rhodobacter capsulatus.* Das Modell war aufgrund einer röntgenspektroskopischen Analyse der Elektronendichte (Auflösung 0,3 nm) und der bekannten Aminosäuresequenz des Porins möglich. Es ist nur die C_α-Kette (ohne Aminosäurereste) dargestellt. Der Blickwinkel ist nahezu direkt entlang der dreizähligen Symmetriachse der drei Monomeren. Apolare Aminosäurereste sind nach außen zur Lipidphase der Membran gerichtet, während im Poreninneren polare Reste überwiegen. Man beachte die im Poreninneren von jedem Monomer fest stabilisierte Schleife; sie bestimmt den tatsächlichen Porendurchmesser des Porins (es permeieren bevorzugt hydrophile Moleküle von <600 Da). (Aus: M. S. Weiss, T. Wacker, J. Weckesser, W. Welte, G. E. Schulz [1990] FEBS Lett. 267, 268; mit Genehmigung.) (Zum Betrachten eines Stereo-Bildpaares s. Abb. 1-24.)

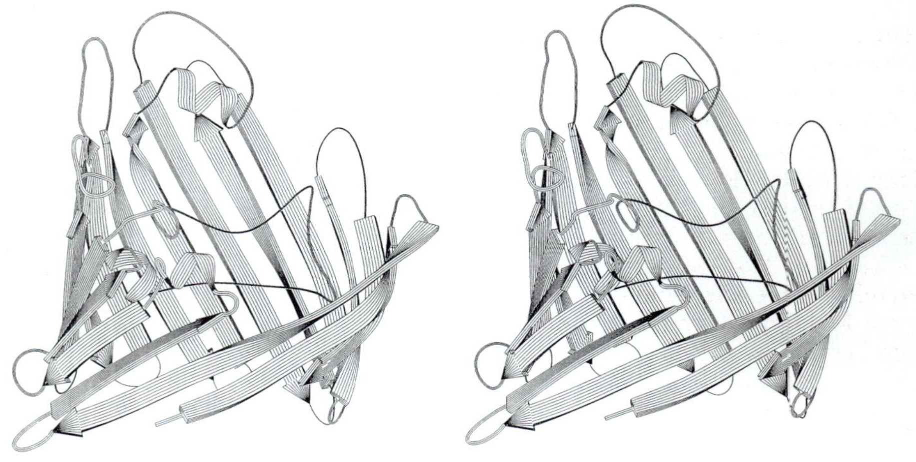

Abb. 2-29: Stereoansicht einer Untereinheit des Porins aus *Rhodobacter capsulatus*. Der Blickwinkel geht schräg von der dreizähligen zentralen Symmetrieachse aus. Die faßartige Pore wird aus 16 transmembranen antiparallelen β-Faltblattsträngen gebildet. Auf der Außenseite des Porins sind die β-Stränge durch größere Schleifen verbunden (oben, „rauhe" Seite), auf der periplasmatischen Seite dagegen durch kurze Schleifen (unten, „glatte" Seite). Der Anteil an α-Helices ist gering und auf die Schleifen der rauhen Seite beschränkt. Gut zu erkennen ist auch die große Schleife, die in das Porenlumen hineinragt. Die membranseitigen Wände der drei Monomeren sind jeweils höher als die Wände an ihren Kontaktflächen. Dadurch bildet das Porin-Trimer einen gemeinsamen zentralen Hohlraum nach außen hin. Die bisher bekannten Porine aus anderen Proteobakterien, darunter einige aus *E. coli*, folgen im wesentlichen den dargestellten Strukturprinzipien. (Aus: M. S. Weiss, E. Abele, J. Weckesser, W. Welte, E. Schiltz, G. E. Schulz [1991] Science 254, 1627; mit Genehmigung.) (Zum Betrachten eines Stereo-Bildpaares s. Abb. 1-24.)

terscheidet man beim Transport eines Moleküls/Ions durch eine Membran (wieder in Analogie zu einer enzymatischen Reaktion) vier Schritte: die Bindung an den Translokator, die eigentliche Translokation, die Freisetzung auf der anderen Seite der Membran und, auf den Translokator bezogen, die Herstellung der Ausgangssituation (Abb. 2-26). Konformationsänderungen des Translokators spielen hierbei eine entscheidende Rolle. Ebenso in Analogie zu Enzymen können Translokatoren nichtreguliert oder reguliert sein. Nichtreguliert ist z.B. der Glucose-Translokator in der Erythrocytenmembran und anderen Zellmembranen, der die Versorgung der Zellen mit Glucose aus dem Blut gewährleistet; reguliert ist z.B. der spannungsabhängige Na^+-Kanal in der Axonmembran von Nervenzellen.

Vom Mechanismus her unterscheidet man zwei grundsätzlich verschiedene Formen des spezifischen Transports: die katalyierte Diffusion, bei der keine Energie aufgewendet werden muß, sowie den aktiven Transport, der Energie benötigt. Bei beiden Formen gibt es die Möglichkeiten, daß ein Molekül/Ion allein transportiert wird (Uniport) oder daß zwei verschiedene Moleküle zusammen in gleicher Richtung (Symport, Cotransport) oder aber in entgegengesetzter Richtung (Antiport) transportiert werden. Bei einem Transportvorgang, bei dem Netto-Ladungen durch eine Membran gelangen, spricht man von elektrogenem Transport; er erzeugt einen Strom und führt zu einer Änderung des Membranpotentials (s. 3.4).

2.7.2 Katalysierte Diffusion

Diese Art des Transports kann – wie die freie Diffusion ohne Translokator – nur zu einem Konzentrationsausgleich für ein Molekül/Ion zwischen zwei Kompartimenten führen. Ein Netto-Transport erfolgt also nur, wenn ein Konzentrationsgefälle (chemisches Potential) zwischen den Kompartimenten besteht. Translokatoren, die nach Art der katalysierten Diffusion arbeiten, findet man relativ selten in den Plasmamembranen freilebender Einzelzellen und Zellkolonien. Anreicherungsmechanismen von Substraten aus dem sehr verdünnten Außenmilieu, also Transport unter Energieaufwand, dürften sich schon relativ früh in der Zellevolution ausgebildet haben. Bei Zellen höherer Organismen mit ausgebildetem Blutkreislauf, die in einem konstanten Milieu von Substraten leben, ist Transport durch die Plasmamembran über katalysierte Diffusion häufig.

2.7.3 Aktiver Transport

Im Unterschied zur katalysierten Diffusion ist der aktive Transport strikt an einen energieverbrauchenden Prozeß gekoppelt. Solch ein System kann daher auch gegen einen Konzentrationsgradienten arbeiten und zur Anreicherung des betreffenden Moleküls/Ions führen. In vivo sind diese Systeme meist unidirektional.

Bei einem aktiven Transportvorgang hängt ΔG von den jeweiligen Konzentrationen der zu transportierenden Moleküle/Ionen in den beiden durch die Membran getrennten Kompartimenten ab und errechnet sich nach

$$\Delta G = 2{,}3 \cdot R \cdot T \cdot \log \frac{c_i}{c_a} \qquad \text{(Gl. 2-1)}$$

wobei R die Gaskonstante, T die Temperatur in K und c die molaren Konzentrationen bedeuten. Bei Ionen muß neben dem chemischen Potential (Konzentrationsgradient) noch das elektrische Potential E_m (Membranpotential, s. 3.4) mitberücksichtigt werden

$$\Delta G = 2{,}3 \cdot R \cdot T \cdot \log \frac{c_i}{c_a} + z \cdot F \cdot \Delta E_m \qquad \text{(Gl. 2-2)}$$

mit z als Wertigkeit und F als Faraday-Konstanten.

Bei aktiven Transportsystemen wird zwischen primär aktivem und sekundär aktivem Transport unterschieden. Bei **primär aktivem Transport** erfolgt die Kopplung von Transport und Energieverbrauch direkt und stöchiometrisch:

- Durch Hydrolyse von ATP durch den Translokator; dies ist die häufigste Form.
- Durch Ausnützung von Redoxpotentialen; diese Möglichkeit findet sich nur in der Atmungskette und bei der Photosynthese zum Aufbau von H^+-Gradienten.
- Durch Umsetzung der elektromagnetischen Energie von Photonen; dies gilt nur für den Transport von H^+ und Cl^- durch Bakteriorhodopsine bei Halobakterien.

Auf diese Weise können anorganische Ionen durch sog. Ionenpumpen an- bzw. abgereichert, aber auch – nicht sehr häufig – verschiedene organische Verbindungen transportiert werden. Für organische Verbindungen sind in diesen Fällen sog. ABC-Translokatoren zuständig (s. unten).

Primär aktive Translokatoren für H^+, Na^+, K^+ und Ca^{2+} spielen wichtige Rollen für die Biologie von Zellen und sind besonders gut untersucht worden. Legt man die bei der Hydrolyse von ATP freiwerdende ΔG (40 bis 50 kJ · mol^{-1}) zugrunde,

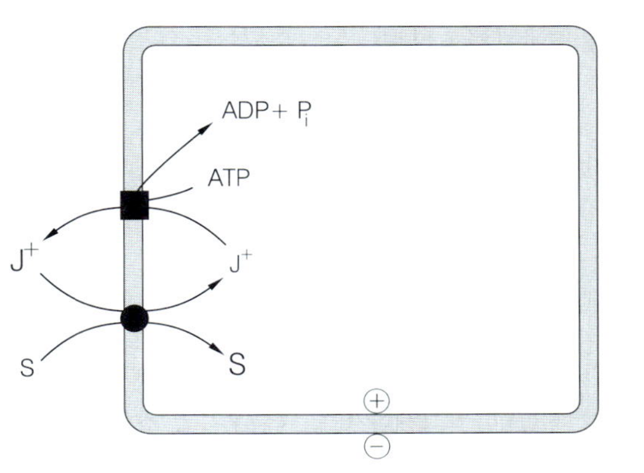

Abb. 2-30: Primär und sekundär aktiver Transport durch eine Plasmamembran. Beim primär aktiven Transport werden H^+ oder Na^+ (J^+) unter ATP-Verbrauch aus der Zelle hinaustransportiert. Beim sekundär aktiven Transport wird die katalysierte Rückdiffusion dieser Ionen für einen Symport mit einem anderen Molekül (S) ausgenützt. Energie wurde nur zur Errichtung des Ionengradienten aufgebracht. Für das Ion selbst stellt der zweite Vorgang eine katalysierte Diffusion dar, denn eine Akkumulation innen gegen außen kann nicht zustande kommen. Angereichert werden kann jedoch das Substrat, wenn die Zelle den primär aktiven Transport gleichzeitig aufrecht erhält. Die Größen von J^+ und S geben die Konzentrationsunterschiede wieder. Beim primär aktiven Transports wird chemische Energie (chemo-osmotische Kopplung) verbraucht, beim sekundär aktiven elektrochemische Energie (osmo-osmotische Kopplung).

so könnten theoretisch Gradienten bis zu einer Steilheit von 1:10^6 und mehr errichtet werden. Primär aktive Ionen-Translokatoren werden als Ionenpumpen oder Ionen-ATPasen bezeichnet.

Beim **sekundär aktiven Transport** erfolgt die Kopplung von Transport und Energieverbrauch indirekt, aber auch stöchiometrisch. Verwendet wird die Energie der elektrochemischen Potentiale von H^+- oder Na^+-Gradienten, die durch primär aktiven Transport aufgebaut worden sind, um Moleküle/Ionen gegen deren Konzentrationsgradienten durch eine Membranen zu schleusen (Abb. 2-30). Dies geschieht durch Symport oder Antiport mit H^+ oder Na^+. Über solche Translokatoren werden vor allem Zucker und Aminosäuren von Zellen aufgenommen, aber auch zahlreiche andere Verbindungen transportiert. Bei Tierzellen dienen hierzu vor allem Na^+-Gradienten, bei Pflanzenzellen und Protocyten H^+-Gradienten.

2.7.4 Translokator-Familien

Hunderte von Translokatoren sind beschrieben worden. Die zunehmende Zahl von ermittelten cDNA- und DNA-Sequenzen macht, wie bei anderen Proteinen auch, eine Gruppierung der Translokatoren nach Ähnlichkeiten in Familien und Superfamilien möglich. Die folgende Zusammenstellung und kurze Charakterisierung von relativ gut definierten Translokator-Familien soll ein Bild über die Vielfalt vermitteln; auf die meisten wird in späteren Kapiteln noch ausführlicher eingegangen. Ihre Zahl wird sich in Zukunft noch vergrößern.

1. Familien mit primär aktivem Transport:

- P-Typ-ATPasen. Für anorganische Kationen wie H^+, Na^+, K^+, Mg^{2+}, Ca^{2+}, Cu^+, Cd^{2+}; Beispiel Na^+/K^+-ATPase; Monomere mit zehn oder weniger Membrandurchgängen; hemmbar durch Vanadat; mit an einem Asp-Rest phosphorylierten Intermediat; verbreitet von Bakterien bis Säugern.
- F-Typ-ATPase (F_0/F_1-ATPasen). Für H^+, sehr selten für Na^+; als ATP-Synthasen in der Plasmamembran von Eubakterien sowie in der inneren Mitochondrienmembran und den Thylakoiden der Chloroplasten; Oligomere; verbreitet von Bakterien bis Säugern.
- V-Typ-ATPasen. Für H^+; errichten H^+-Gradienten über zahlreiche Membranen; Oligomere; werden mit F-Typ-ATPasen in eine Superfamilie gruppiert; verbreitet von Bakterien bis Säugern.
- A-Typ-ATPasen. Für Arsenit As(III); kleine Familie; zur Entgiftung; Oligomere; in Protocyten und Eucyten.
- ABC-Typ-Translokatoren (ATP binding cassette). Für Ionen, Zucker, Peptide, Xenobiotika (Multidrug-Resistenz); Beispiel: CFTR, Cl^--Kanal, dessen Mutation kann zu Mukoviscidose führen; zwei Membrandomänen mit etwa zwölf Membrandurchgängen und zwei cytoplasmatische ATP-Bindungsdomänen (die Translokatoren können aus vier Untereinheiten mit jeweils einer der Domänen bestehen oder aus zwei Untereinheiten mit je einer Membran- und einer ATP-Bindungsdomäne oder aber als monomere Proteine, die alle vier Domänen enthalten, vorkommen); verbreitet von Bakterien bis Säugern; im Genom des grampositiven Bakteriums *Bacillus subtilis* wurden 77 Gene für solche Translokatoren entdeckt.

2. Familien mit katalysierter Diffusion:

- Spannungsabhängige Ionenkanäle. Für Na^+, K^+, Ca^{2+}; Homotetramer (K^+) mit je sechs Membrandurchgängen oder Proteine mit vier entsprechenden homologen Domänen; bei höheren Eukaryoten.
- K^+-Kanäle der Kir-Familie (K^+ inward rectifier). Oligomere mit je zwei Membrandurchgängen; besonders von Säugern bekannt.
- MIP (major intrinsic protein family). Für Wasser (Aquaporine) und kleine neutrale Moleküle wie Glycerin; Monomere mit sechs Membrandurchgängen; verbreitet von Bakterien bis Säugern.
- Porine. Relativ unspezifisch, manche auch spezifisch, für kleine Moleküle und Ionen; Homotrimere; Kanal durch β-Faltblätter gebildet; in der äußeren Membran gramnegativer Bakterien sowie in den äußeren Hüllmembranen von Mitochondrien und Plastiden.

3. Familien mit sekundär aktivem Transport (seltener mit katalysierter Diffusion):

- MFS (major facilitator superfamily). Eine der größten Translokator-Familien mit 17 Unterfamilien; für Zucker, phosphorylierte Moleküle, organ. Säuren, Xenobiotika (Multidrug-Resistenz); Beispiele: LacY = H^+/Lactose-Symporter und TetB = Tetracyclin/H^+-Antiporter in *E. coli*, Glucose-Translokator in der Erythrocytenmembran; Monomere mit 12 oder 14 Membrandurchgängen; verbreitet von Bakterien bis Säugern.
- APC (Aminosäure/Polyamin/Cholin-Familie). H^+-Symport und -Antiport; monomere mit 12 Membrandurchgängen; verbreitet von Bakterien bis Säugern.
- SSF (sodium/solute symporter family). Für Zucker, Aminosäuren, Adenosin u.a.; Monomere mit 12 Membrandurchgängen; verbreitet von Bakterien bis Säugern.
- SNF (sodium/neurotransmitter symporter family). Nur für Neurotransmitter bei höheren Eukaryoten; Monomere mit 12 Membrandurchgängen.
- RND (resistance/nodulation/cell division family). Für Xenobiotika (Multidrug-Resistenz), breite Spezifität; als H^+-Antiport; Beispiel: AcrA für Acriflavin in *E. coli*; Monomere mit 12 Membrandurchgängen; nur bei Bakterien.
- SMR (small multidrug resistance family). Besonders für organische Kationen; Beispiel: Smr in *Staphylococcus aureus*, Plasmid-codiert; nur ca. 100 Aminosäuren lange Proteine mit vier Membrandurchgängen, als Oligomere; H^+-Antiport; nur bei Bakterien.
- MCF (mitochondriale Carrier-Familie). Für P_i, Adenylate, Säuren u.a.; Beispiel: Adenylat-Translokator; Dimere mit je sechs Membrandurchgängen; nur in der inneren Mitochondrienmembran.

4. Familie mit Gruppentranslokation:

- Phosphotransferase-System. Für Zucker; Translokator wird über andere Proteine phosphoryliert und überträgt den Phosphatrest auf den zu transportierenden Zucker; Dimere mit

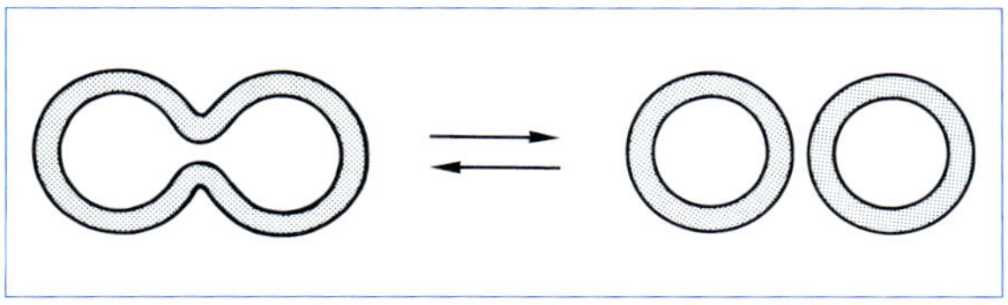

Abb. 2-31: Fusion und Vesikulation. Das Verschmelzen von zwei Membranen führt zur Fusion, das Verschmelzen einer Membran mit sich selbst führt in umgekehrter Richtung zur Vesikulation.

je sechs oder acht Membrandurchgängen; nur in der Plasmamembran von Bakterien.

5. Lichtgetriebener Transport:

- Bakteriorhodopsine. Für H^+ oder Cl^-; Monomere mit sieben Membrandurchgängen; nur bei Halobakterien (Archaea).

Bei Betrachtung dieser Auflistung lassen sich interessante Beobachtungen machen: Es gibt sehr große Familien mit divergierenden Spezifitäten (ABC-Typ-Translokatoren und MFS) sowie sehr kleine Familien (A-Typ-ATPasen). Manche sind in den Organismenreichen weit verbreitet, andere eng begrenzt. Es fällt auf, daß viele Translokatoren sechs oder zwölf Membrandurchgänge besitzen, wobei es sich bei denjenigen mit zwölf Durchgängen sehr wahrscheinlich um eine Duplikation einer Grundeinheit mit sechs Durchgängen handelt. Allein fünf Familien enthalten Translokatoren zur Entgiftung (A-Typ-ATPasen, ABC-Typ-Translokatoren, MFS, RND, SMR); dieses Problem scheint also schon immer existiert zu haben.

Nicht aufgenommen in die Liste sind die an den Elektronentransport von Atmung und Photosynthese gekoppelten H^+-Translokatoren.

2.8 Fusion von Membranen

Fusionen sind zwischen Plasmamembranen von Zellen und zwischen Membranen innerhalb einer Zelle häufig zu beobachten. Sie verlaufen allerdings nicht spontan, sondern werden initiiert und reguliert. Dabei ist es vom Mechanismus her gleichgültig, ob zwei verschiedene Membranen miteinander fusionieren und dadurch aus zwei Vesikeln eine entsteht oder ob eine Membran an zwei Stellen mit sich selbst fusioniert und dadurch aus einer Vesikel zwei gebildet werden (Abb. 2-31). Bedingt durch die Unsymmetrie der Biomembranen wird der Fusionsvorgang selbst nur einmal auf der E-Seite und das andere Mal auf der P-Seite eingeleitet. Membranfusionen finden sich bei allen Verschmelzungen von

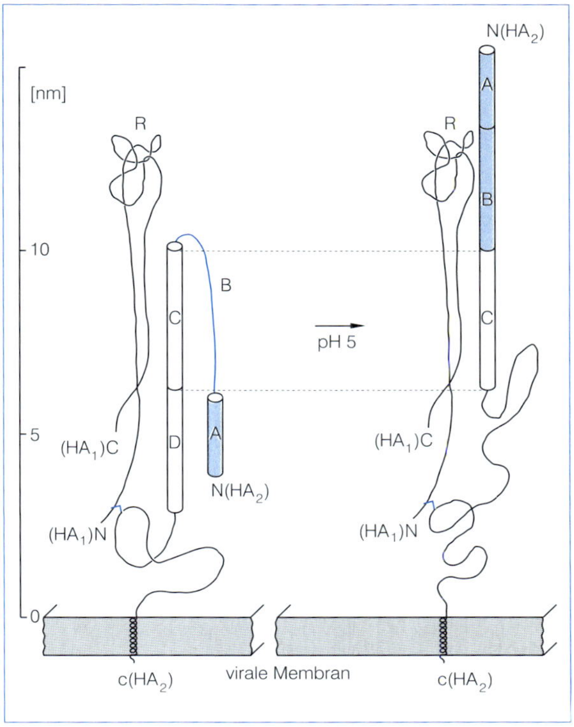

Abb. 2-32: pH-induzierte Konformationsänderung im Hämagglutinin des Influenzavirus. Gezeigt ist nur eine Untereinheit des trimeren Proteins. Die beiden Polypeptidketten HA_1 und HA_2 der Untereinheit sind durch eine Disulfidbindung verbunden (fett gezeichnet). HA_1 trägt außen (oben) eine Bindungsstelle (R) für einen terminalen Sialinsäurerest an der Plasmamembran der Wirtszelle; HA_2 verankert die Untereinheit mit einer hydrophoben Helix in der viralen Membran. Nach Bindung an die Wirtszelle und dadurch induzierter Endocytose des Virus führt die Absenkung des pH-Werts im Endosom zu einer Konformationsänderung besonders in HA_2, die das Fusionspeptid am Ende von Teil A um etwa 10 nm in Richtung Endosomenmembran schnellen und sich dort in den Lipidbereich integrieren läßt. Dies geschieht im wesentlichen dadurch, daß ein bisher nichthelikaler Teil B helikal wird und eine bereits bestehende Helix (Teil C) nach außen hin verlängert. Man geht davon aus, daß die Proteinolyse von HA in HA_1 und HA_2 während der Reifung des Moleküls einen metastabilen Zustand entstehen ließ, dessen Energie sich bei pH-Änderung in einer katapultierenden Verschiebung des Fusionspeptids um 10 nm manifestiert. In der Skizze sind nur diejenigen helikalen Bereiche als Zylinder hervorgehoben und die Veränderungen besonders betont, die für die Betrachtung wesentlich sind. Die Teile B und A mit dem terminalen Fusionspeptid sind farbig gezeichnet. (Verändert nach P. A. Bullough et al. [1994] Nature 371, 37)

(+)- und (-)-Zellen bei der Syngamie oder bei Syncytienbildungen (z.B. Verschmelzung einzelner Myoblasten zu mehrkernigen Myotuben bei der Bildung vielkerniger Muskelfasern) und ebenso bei allen Zellteilungen. Innerhalb einer Zelle sind sie bei allen Endo- und Exocytosevorgängen häufig zu beobachten.

Der entscheidende Punkt bei einer Membranfusion ist, daß die Lipidbereiche von zwei Mem-

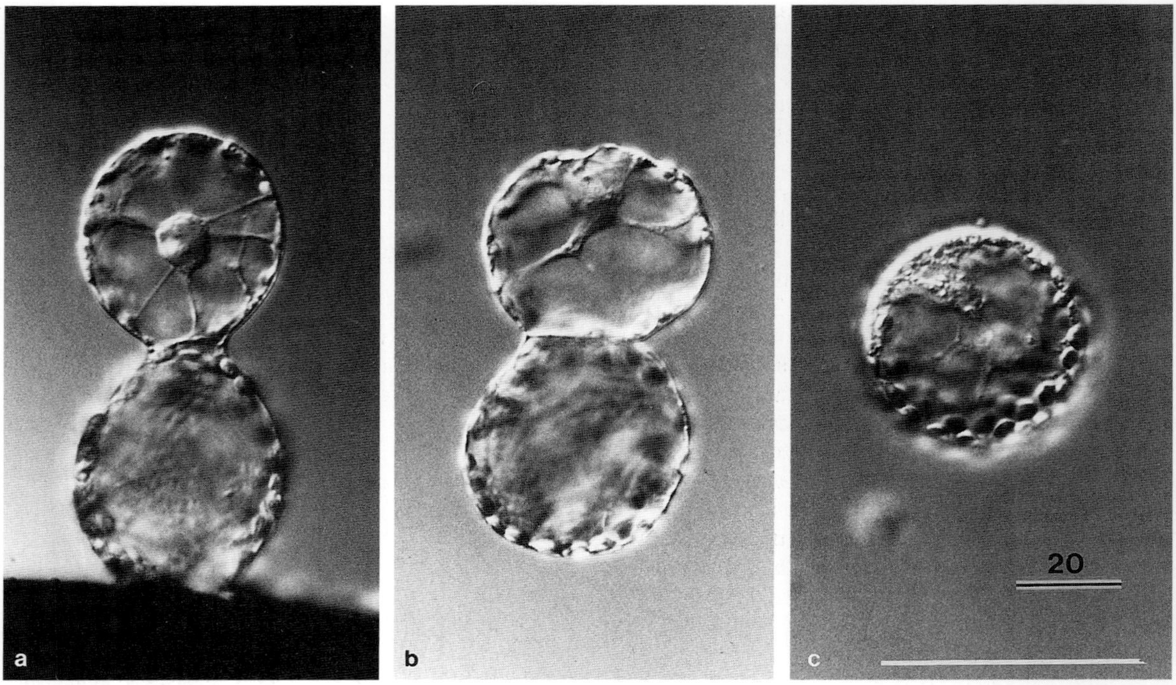

Abb. 2-33: Elektrofusion von zwei Protoplasten von *Nicotiana tabacum*. Links: Zwei Protoplasten an einer der beiden Elektroden, kurz nach einem Gleichstrompuls von 0,9 kV · cm^{-1} für 50 ms. Mitte: Fusionsprodukt nach 30 s. Rechts: Fusionsprodukt nach 24 h. Aus dem Fusionsprodukt konnte eine Pflanze regeneriert werden. (Aufnahmen: H. U. Koop, H. G. Schweiger [1985] Eur. J. Cell Biol. 39, 46; mit Genehmigung.)

branen räumlich so einander angenähert werden müssen, daß sie kontinuierlich werden. Da ja auch proteinfreie Liposomen nicht spontan miteinander verschmelzen, kann man nur postulieren, daß durch Konformationsänderungen beteiligter Proteine entsprechende mechanische Zwänge ausgeübt werden, die zur Fusion der beiden Lipidbereiche führen. Man kennt eine Reihe von Proteinen, die an Membranfusionen beteiligt sind, und die entwickelten Modelle sind detailliert (s. 8.1.3).

Die Fusion von Membranen wurde zunächst bei der Infektion von Säugerzellen durch komplexe Viren wie das Influenzavirus eingehend untersucht. Sie infizieren ihre Wirtszellen, indem die virale Membran mit der Plasmamembran oder – nach Endocytose des Virus – mit der Endosomenmembran der Zelle fusioniert. Diese Fusion wird durch ein Glykoprotein in der viralen Membran initiiert. Beim Influenzavirus wird dieses Protein als Hämagglutinin (HA, 220 kDa) bezeichnet. HA ist ein Homotrimer, dessen Untereinheiten jeweils aus zwei durch eine Disulfidbindung verbundenen Polypeptidketten (HA_1 und HA_2) bestehen, die durch Proteinolyse einer gemeinsamen Vorstufe während der Reifung entstanden sind. Vor allem Röntgenstrukturanalysen haben zu einem Fusions-Modell geführt (Abb. 2-32). Das sog. Fusionspeptid am N-Terminus von HA_2 ist konserviert und in ähnlicher Form auch bei anderen Viren anzutreffen. Mit dem Modell ist zwar erklärt, wie HA zu einem doppelt integralen Membranprotein wird, noch nicht jedoch die Fusion der hydrophoben Bereiche beider Membranen selbst. Das Modell zeigt aber sehr schön die bereits oben angesprochene mechanische Zwangausübung – ermöglicht durch den Energiegehalt eines metastabilen Zustands von HA – zur Annäherung des hydrophoben viralen Fusionspeptids an den hydrophoben Bereich der Wirtsmembran. Bei der Fusion zellulärer Membranen sind zwar wesentlich mehr Komponenten beteiligt, die meisten von ihnen dürften allerdings regulatorische Funktionen wahrnehmen. Beim neuesten Fusionsmodell ist jeweils nur eine Proteinspezies in den beiden beteiligten Membranen für den Fusionsvorgang selbst zuständig (s. 8.1.3). Diese beiden Proteine würden sozusagen den beiden integralen Hälften von HA_2 entsprechen.

Über experimentelle Membranfusionen im Labor wurde erstmals 1960 berichtet. 1965 erregte die Hybridisierung von Zellen des Menschen und der Maus durch H. Harris und J. F. Wetkins für erhebliches Aufsehen. Heute kennt man eine ganze Reihe von Agenzien, die fusiogen sind, und die Herstellung von Zellhybriden ist eine Routinemethode geworden. Für die Fusion pflanzlicher Protoplasten werden bevorzugt Polyethylenglycol, für die Fusion von Tierzellen oft inaktivierte, d.h. nicht mehr infektiöse, Sendai-Viren verwendet. Man nimmt an, daß die Viren mit ihren Membranen eine Art Brücke zwischen zwei Zellen bilden, indem sie selbst mit beiden fusionieren. Die Methode der Zellfusion mit Hilfe von Sendai-Viren war entscheidend für den Aufschwung der Cytogenetik Ende der 60er Jahre gewesen.

Eine andere Methode ist die Elektrofusion, bei der Zellen in engen Kontakt gebracht und einem kurzfristigen, relativ hohen elektrischen Feld (im Bereich von $1\ kV \cdot cm^{-1}$) ausgesetzt werden. In der Kontaktzone ändert sich dabei offensichtlich die Struktur der Plasmamembran in einer Weise, die kleine Poren entstehen läßt und so eine Fusion der benachbarten Membranen induziert (Abb. 2-33).

2.9 Biosynthese von Membranen

Biomembranen können nicht de novo im Cytoplasma einer Zelle entstehen. Ort der Synthese von Membranbausteinen, Proteinen wie Lipiden, sind im allg. Membranen selbst: in Protocyten die Plasmamembran, in Eucyten das ER. Die Proteine werden an membrangebundenen Polysomen sozusagen in statu nascendi in diese Membranen eingebaut. Vesikulation und Fusion, also Membranfluß, führt zur Verteilung dieses Materials an die übrigen Membranen einer Zelle und zur Vermehrung bestimmter Membranen und Vesikel. Die beiden semiautonomen Organellen, Mitochondrien und Plastiden, synthetisieren ihre Lipide und einen Teil ihrer Membranproteine, die im organelleigenen Genom codiert sind, selbst. Der andere Teil, der im Kern-Genom codiert ist, entsteht an freien Polysomen im Cytoplasma und gelangt anschließend nach Transport in oder durch die Organellenmembranen an seinen jeweiligen Bestimmungsort. Auf die Biosynthese von Membranmaterialien wird ausführlicher bei der Beschreibung der jeweiligen Kompartimente eingegangen.

2.10 Weiterführende Literatur

Bhatnagar R S, Gordon J I (1997) Understanding covalent modification of proteins by lipids: where cell biology and biophysics mingle. Trends Cell Biol. 7, 14–20.

Hernandez L D et al. (1996) Virus-cell and cell-cell fusion. Annu. Rev. Cell Dev. Biol. 12, 627–661.

Pao S S, Paulsen I T, Saier M H (1998) Major facilitator superfamily. Microbiol. Mol. Biol. Rev. 62, 1–34.

Paulsen I T, Brown M H, Skurray RA (1996) Proton-dependent multidrug efflux systems. Microbiol. Rev. 60, 575–608.

Saier M H (1994) Computer-aided analyses of transport protein sequences: gleaning evidence concerning function, structure, biogenesis, and evolution. Microbiol. Rev. 58, 71–93.

Schulz G E (1996) Porins: general to specific, native to engineered passive pores. Curr. Opinion Struct. Biol. 6, 485–490.

Singer S J, Nicolson G L (1972) The fluid mosaic model of the structure of cell membranes. Science 175, 720–731.

3 PLASMAMEMBRAN UND ZELLOBERFLÄCHE

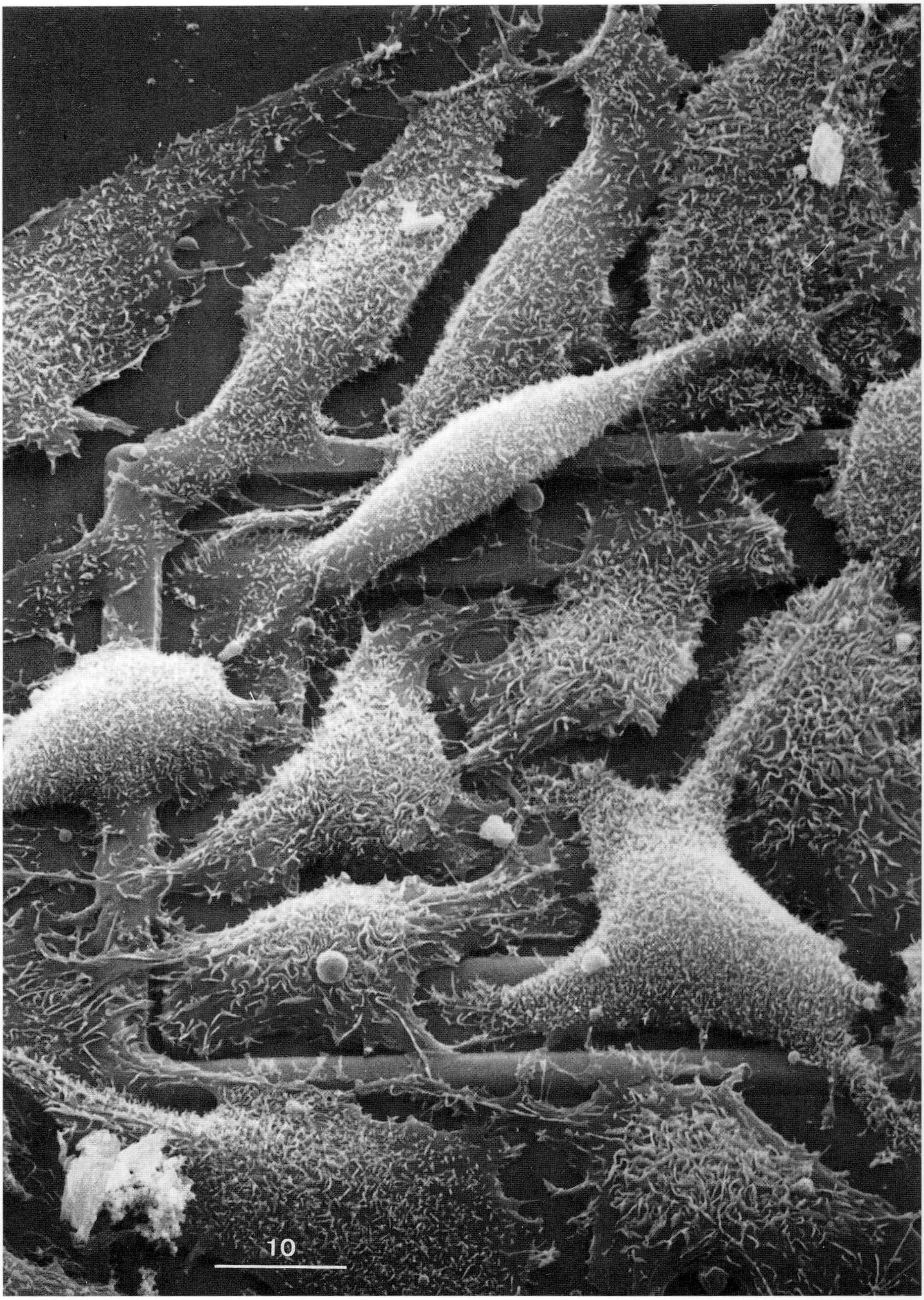
10

Die Plasma- oder Zellmembran (bei Pflanzenzellen spricht man auch vom Plasmalemma) ist für jede Zelle Barriere und zugleich Vermittler zur Außenwelt (Abb. 3-1); ihr fällt deshalb eine große Zahl von Aufgaben zu:

- Ihre exponierte Außenseite ist durch sonst in der Zelle nicht vorkommende Moleküle zum Schutz der Zelle ausgezeichnet; das gilt vor allem für Tierzellen, also wandlose Zellen. Die Unsymmetrie der Plasmamembran ist deshalb hier sehr betont.
- Eine andere „Unsymmetrie" der Plasmamembran ist elektrischer Natur. Das ionale Milieu in der Zelle ist anders als außerhalb der Zelle, über der Plasmamembran herrscht ein Membranpotential. Auch an intrazellulären Membranen können Membranpotentiale auftreten, Plasmamembranen besitzen sie stets. Bei Nervenzellen spielen sie eine besondere Rolle bei der Erregungsleitung.
- Die Plasmamembran trägt an ihrer Außenseite Merkmale, die von anderen Zellen oder Molekülen erkannt werden, und sie besitzt selbst Rezeptoren, die solche Merkmale an anderen Zellen oder Molekülen erkennen. Diese Phänomene werden unter dem Begriff Zell-Zell-Erkennung zusammengefaßt.
- Plasmamembranen benachbarter Zellen können in begrenzten Bereichen spezielle Kontakte ausbilden, die jeweils ganz bestimmte Funktionen haben und auch im elektronenmikroskopischen Bild gut erkennbar sind. Diese Kontakte werden als Zell-Zell-Verbindungen oder Junctions bezeichnet.
- Zwischen der Plasmamembran und den Elementen des Cytoskeletts bestehen vielfältige Wechselwirkungen. Sie sind besonders dort gut zu beobachten, wo spezielle Zellformen auftreten wie z. B. bei Zellen mit Mikrovilli.
- Zellen nehmen vor allem über ihre Plasmamembranen Signale von außen auf. Die Membranen enthalten die dafür notwendigen Rezeptoren für Signalmoleküle wie Hormone und Neurotransmitter. Ein Signal von außen entfaltet nur dann seine Wirkung in der Zielzelle, wenn es in irgendeiner Form in das Cytoplasma weitergeleitet wird.
- Als Biomembran stellt die Plasmamembran für die meisten Moleküle und Ionen eine unpassierbare Barriere dar. Zur Aufnahme von wichtigen Substanzen in die Zelle besitzt sie daher spezifische Transporteinrichtungen (Translokatoren). Auch zum Ausschleusen von bestimmten Substanzen aus der Zelle sind Translokatoren in der Plasmamembran vorhanden.
- Eine andere Art der Stoffaufnahme für eine Zelle ist die Endocytose. Die Plasmamembran besitzt Rezeptoren für solche Moleküle oder Oberflächenstrukturen anderer Zellen, die nicht über Translokatoren in das Cytoplasma, sondern über einen Vesikel-Weg in die Lysosomen transportiert und dort abgebaut werden sollen (s. Kap. 8).
- Regeneriert wird die Plasmamembran aus dem Endomembransystem durch einen Vesikelfluß. Auf diesem Weg – als Exocytose bezeichnet – gelangen auch Exportproteine und andere extrazelluläre Makromoleküle nach außen (s. Kap. 8).
- Bei Prokaryoten spielt die Plasmamembran eine wichtige Rolle bei der Energiekonservierung. Atmungsvorgänge, die bei Eukaryoten in den Mitochondrienmembranen ablaufen, und seltener auch Photosyntheseprozesse, für die in Pflanzenzellen die Chloroplasten zuständig sind, findet man hier in der Plasmamembran (s. Kap. 10 und 11).
- Zellen können Angriffen von außen ausgesetzt sein. Toxine, Zellparasiten und andere Angreifer finden ihren ersten Kontakt an der Plasmamembran der Zielzelle. Hier liegen die Strukturen exponiert, die sich die Angreifer zunutze machen.

3.1 Die besondere Struktur von Plasmamembran und Zelloberfläche

Besonders Plasmamembranen von Tierzellen enthalten integrale **Glykoproteine** und **Glykolipide**, deren Oligosaccharidseitenketten ausschließlich auf der E-Seite exponiert sind. Solche Glyko-Anteile können bis zu 10% der Masse dieser Membranen ausmachen. Vorübergehend kommen Glykoproteine und Glykolipide natürlich auch im ER und im Golgi-Apparat vor, da sie hier gebildet werden und anschließend über Ve-

Abb. 3-1: Humane Colon-Carcinomzellen in Kultur auf einer strukturierten Unterlage. (Die Unterlage enthält Biosensoren zur Messung von bestimmten Zellparametern.) Der Zellrasen ist noch nicht geschlossen. Als Ausstülpungen der Plasmamembran sind feine Filopodien und breitere Lamellipodien an den Zellrändern und mikrovilliartige Strukturen auf den Zelloberflächen zu erkennen. (Rasterelektronenmikroskopische Aufnahme: B. Wolf, R. G. Ehret)

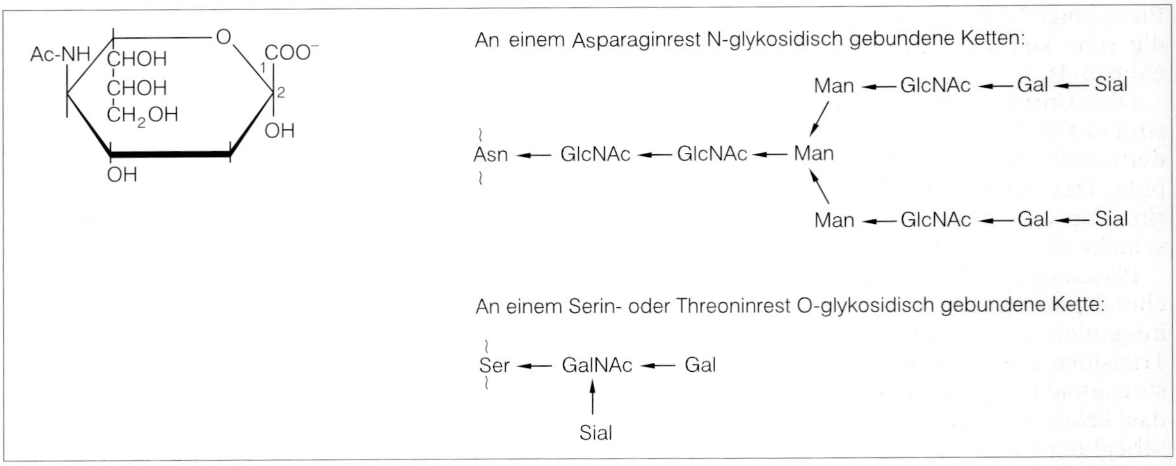

Abb. 3-2: **Links**: N-Acetylneuraminsäure (Sialinsäure, NANA); die Bindung an einen anderen Zucker geht vom C2 aus. **Rechts**: Grundstrukturen der Oligosaccharidseitenketten von Glykoproteinen in Plasmamembranen; die Ketten können zu einem gewissen Grad variieren. Die Pfeile geben die Richtung der glykosidischen Bindungen an (von einer acetalischen zu einer anderen Hydroxylgruppe).

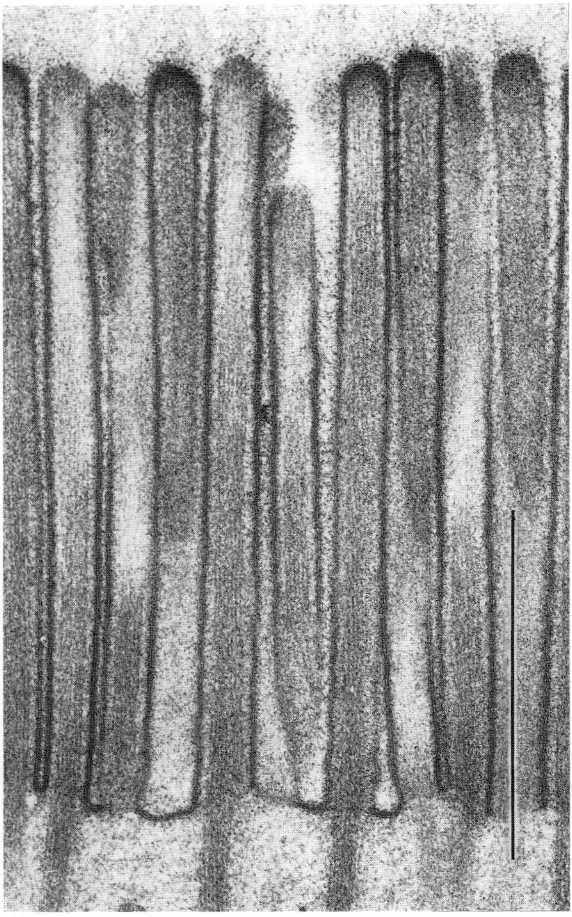

Abb. 3-3: Glykokalyx. Das Bild zeigt Mikrovilli an einer Dünndarmepithelzelle einer Katze, die an ihrer Oberfläche ein lockeres Netzwerk als Glykokalyx tragen. In den Mikrovilli sind Bündel von Actinfilamenten zu erkennen, die sie aussteifen. (EM-Aufnahme: L. Orci, A. Perrelet)

sikelfluß in die Plasmamembran gelangen. Die Struktur der Oligosaccharidketten in den Glykolipiden ist sehr vielfältig. Bei den Glykoproteinen unterscheidet man O- und N-glykosidisch gebundene Ketten, je nachdem ob sie an Serin- oder Threoninreste bzw. Asparaginreste gekoppelt sind. Diese Oligosaccharidketten sind nach einem einheitlichen Schema aufgebaut (Abb. 3-2). Ein Membranprotein kann mehrere solcher Ketten tragen; beispielsweise enthält das Glykophorin in der Erythrocytenmembran eine N-glykosidische und 15 O-glykosidische Ketten.

Zur Untersuchung von Zuckerresten, die an Zelloberflächen zugänglich sind, haben sich **Lektine** bewährt. Das sind lösliche Proteine oder Glykoproteine meist pflanzlichen Ursprungs, die bestimmte Zucker oft sehr spezifisch zu binden vermögen (s. Kap. 28).

An den Oligosaccharidketten steht häufig die Sequenz -Gal-NANA endständig. Die N-Acetylneuraminsäurereste (NANA, Sialinsäure) geben der Zelloberfläche ihre negativen Ladungen. Ein Erythrocyt trägt etwa $2 \cdot 10^7$ solcher Reste auf seiner Oberfläche exponiert. Diese „saure" lockere Schicht, an die noch extrazelluläre Glykoproteine und Polysaccharide assoziiert sein können, wird als **Glykokalyx** bezeichnet. Durch besondere Kontrastierungstechniken läßt sich dieser Glykokalyx als filamentöses Netzwerk darstellen (Abb. 3-3). F. M. Burnet konnte 1951 nachweisen, daß Sialinsäurereste an der Außenfläche der Erythrocytenmembran für die Bindung von Influenzaviren verantwortlich sind, und erbrachte damit den ersten Hinweis auf eine Signaleigenschaft dieser Reste.

Auch wandlose Einzeller besitzen eine ihrer

Plasmamembran außen aufgelagerte Glykokalyx, die sehr komplexe Strukturen aufweisen kann (Abb. 3-4).

Die Unsymmetrie der Plasmamembran erstreckt sich nicht nur auf ihre Glykoanteile, sondern auch auf die strukturgebenden Phospholipide. Das gilt insbesondere für Phosphatidylserin, das ausschließlich in der inneren Lipidschicht zu finden ist.

Plasmamembranen tragen an ihrer Außenfläche Peptid- und/oder Glykoanteile zahlreicher integraler Membranproteine wie Rezeptoren, Translokatoren oder MHC-Moleküle (major histocompatibility complex, die einem Organismus das Erkennen von „eigenen“ Zellen in Unterscheidung zu „fremden“ erlauben). All diese exponierten Strukturen werden immer dann als **membranständige Antigene** bezeichnet, wenn sie in einem Fremdorganismus (Säugetier) die Bildung spezifischer Antikörper induzieren. Dieser Ausdruck sagt natürlich nichts über ihre wirkliche Funktion aus, sondern bedeutet eben nur, daß sie im heterologen System von der Immunabwehr als „fremd“ erkannt werden. Solche antigenen Strukturen sind beispielsweise die verschiedenen Blutgruppenantigene wie das AB0- oder MN-System auf der Erythrocytenoberfläche. Membranständige Antigene sind von großem Wert für die Unterscheidung und Charakterisierung von Zellpopulationen.

Viele Zellen können ihre Gestalt in mannigfacher Weise verändern und in unterschiedlicher Form stabilisieren. Dazu muß die Plasmamembran mit intrazellulären Strukturen wechselwirken. Solche Strukturen sind das Cytoskelett mit seinen Actinfilamenten, Intermediärfilamenten und Mikrotubuli sowie das Membranskelett, ein Netzwerk aus mehreren Proteinkomponenten. Die Mikrovilli der Dünndarmzellen z. B. werden durch Actinfilamente stabilisiert, die an der Spitze der Villi in einer elektronendichten Struktur auf der Innenseite der Plasmamembran verankert sind (Abb. 3-3). Geißeln dagegen werden durch Mikrotubuli ausgesteift.

Ein **Membranskelett** ist besonders auffällig bei Säugererythrocyten ausgebildet. Erythrocyten haben wegen ihrer bikonkaven Form (Abb. 3-5) und ihrer außerordentlich hohen Elastizität schon immer wissenschaftliches Interesse erregt. Sie können sich dermaßen verformen, daß sie Blutkapillaren passieren, deren Durchmesser wesentlich kleiner ist als ihr normaler eigener. Diese Eigenschaft ist ein wesentlicher Grund für die trotz der hohen Zelldichte erstaunliche Fluidität des Bluts.

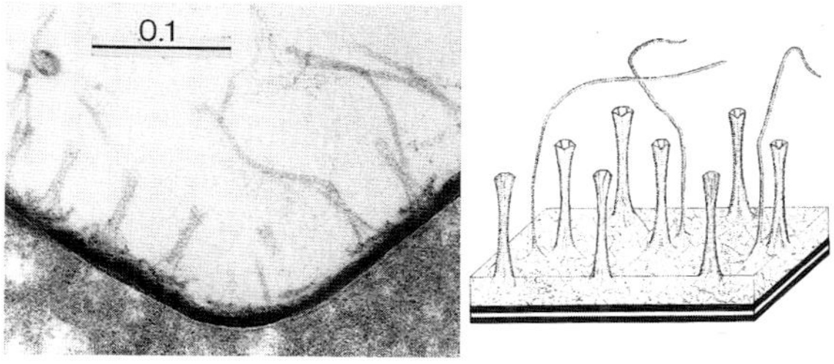

Abb. 3-4: Glykokalyx der Amöbe *Vanella simplex* als elektronendichte Schicht mit fädigen und zylindrischen Strukturen. Die Plasmamembran ist gut zu erkennen. (EM-Aufnahme und Modell: E. Hausmann)

Das Membranskelett von Erythrocyten (Abb. 3-6 und 3-7) wird von Zentren kurzer, aus 12 bis 18 Monomeren bestehender Actinfilamente gebildet. Diese Filamente werden am minus-Ende durch Tropomodulin in Verbindung mit dem längsassoziierten Tropomyosin begrenzt, am plus-Ende durch Adducin. An die Filamente setzen α,β-Dimere des **Spectrins** an, wobei Protein 4.1 stabilisierend wirkt. Spectrine

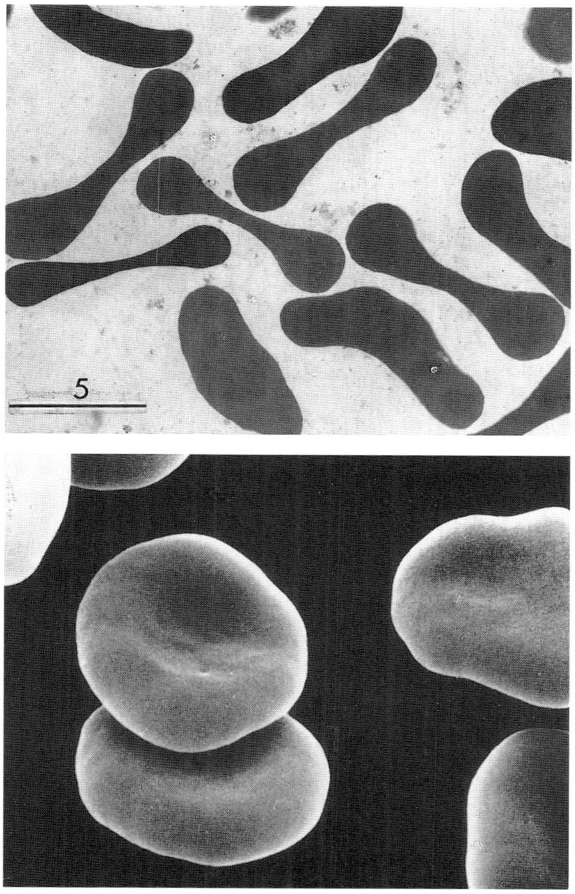

Abb. 3-5: Erythrocyten. Die Abbildung zeigt Zellen im Schnitt (**oben**) und in einer rasterelektronenmikroskopischen Aufnahme (**unten**). Die eigenartige bikonkave Form kommt gut zum Ausdruck. (EM-Aufnahmen: H. Falk und V. Speth)

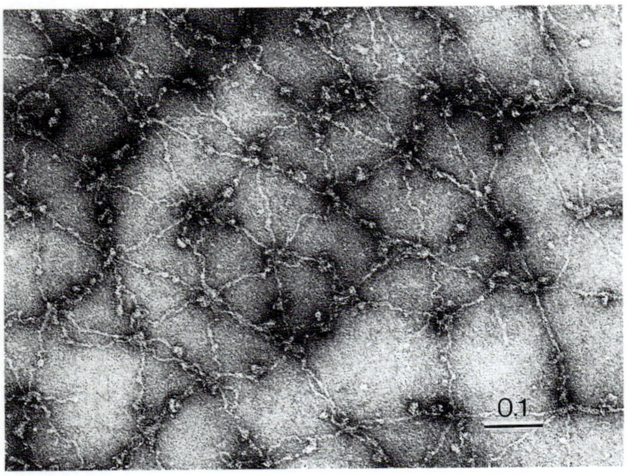

Abb. 3-6: Ausschnitt aus einem isolierten und künstlich gespreiteten Membranskelett eines Erythrocyten im Negativkontrast. Durch die Spreitung werden die Spectrintetramere fast bis zur vollen Länge gestreckt, so daß die Anordnung der einzelnen Komponenten deutlich wird. (EM-Aufnahme: S.C. Liu et al. [1987] J. Cell Biol. 104, 527; mit Genehmigung.)

sind modular aufgebaut; α-Spectrin beispielsweise enthält eine SH3-Domäne zur Bindung an prolinreiche Motive anderer Proteine und eine EF-Hand zur Ca^{2+}-Bindung. An die Actinfilamente assoziiert ist ferner das filamentbündelnde Dematin. Das Netzwerk kommt dadurch zustande, daß an die Spectrindimere in einer Kopf-Kopf-Verknüpfung wiederum Dimere binden, die von anderen Zentren ausgehen. Diese Brücken sind etwa 200 nm lang. In ihrer Mitte liegt ein weiteres Protein, Ankyrin, das die Assoziation des Netzes an die Membran vermittelt. Bindungspartner dort ist eigenartigerweise der integrale Anionen-Translokator der Erythrocytenmembran, der dafür eine besondere cytoplasmatische Domäne besitzt. Eine weitere Verbindung besteht zwischen Protein 4.1 und dem membranständigen Glykophorin. Molekulare Daten für die Proteine des Membranskeletts und ihre Stöchiometrien im Erythrocyten gibt Tab. 3-1. Der dynamische Aspekt, die Art der Formveränderung innerhalb dieser Organisation ist allerdings mit diesem Modell noch nicht erklärt. Reversible Phosphorylierungen der Proteine 4.1, Dematin und Adducin sowie die Ca^{2+}-bindende Domäne im α-Spectrin weisen aber auf eine regulatorische Beeinflussung des Systems. Daß das Membranskelett ursächlich mit Formveränderungen der Erythrocyten in Zusammenhang steht, zeigen erbliche Defekte beim Menschen wie **Sphärocytose** und **Elliptocytose**, die die Form und Stabilität der Erythrocyten betreffen. Sie beruhen auf Mutationen in den Spectrinen oder auf einem Mangel an Protein 4.1; sie äußern sich in einer mehr oder minder starken Anämie.

Bei anderer Zellen sind diese Netzwerke weniger prominent ausgebildet. Spectrine (oft **Fodrine** genannt) kommen jedoch in vielen Zellen vor. Zu Ankyrin und Protein 4.1 analoge Proteine konnten ebenfalls in anderen Zellen gefunden werden.

Verschiedene wandlose Einzeller wie Euglenen und Ciliaten stabilisieren ihre Zellform auf andere Art, durch eine sog. **Pellicula** (Abb. 3-8). Bei dieser ist die Plasmamembran von mosaikartigen Proteinplatten oder flachen Vesikeln, den Alveolen, unterlagert. Die Alveolen können zusätzlich zur Verfestigung plattenartiges Material aus Protein und Polysaccharid enthalten. Mikrotubuli an fixen Positionen sind ebenfalls strukturgebend.

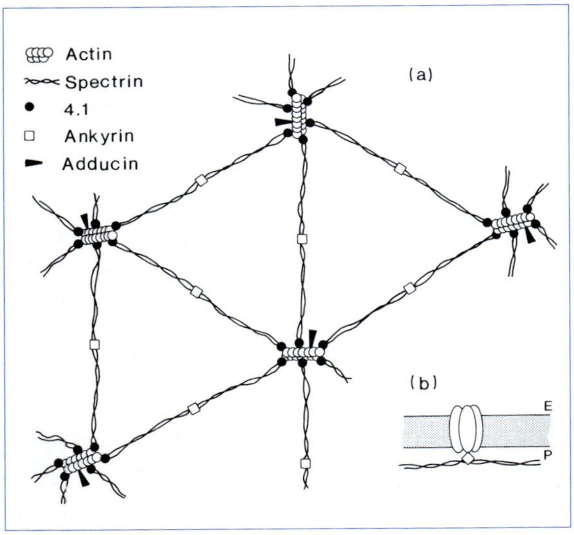

Abb. 3-7: Modell des Membranskeletts im Erythrocyten nach Abb. 3-6. (**a**) Aufsicht vom Zellinneren aus. Das Spectrin-Netzwerk bildet ein hexagonales Muster. (**b**) Querschnitt mit Querschnitt der Plasmamembran. Die Verbindung zur Membran stellt das Ankyrin in der Mitte der Spectrintetrameren durch Bindung an den membranständigen Anionen-Translokator her.

Tab. 3-1: Molekulare Daten für die Proteine des Membranskeletts im Erythrocyten.

Protein	kDa	Anzahl pro Zelle
Actin, Oligomer (12–18)	42	500 000
Spectrin, α,β-Dimer	α 260, β 225	200 000
Protein 4.1	78	200 000
Dematin, als Trimer $\alpha_2\beta$	α 48, β 27	30 000
Adducin, α,β-Dimer	α 103, β 97	30 000
Tropomodulin	40	50 000
Tropomyosin	α 29, β 27	60 000
Ankyrin	215	100 000
Anionen-Translokator	103	250 000

3.2 Zell-Matrix- und Zell-Zell-Erkennung

In den Geweben vielzelliger Organismen stehen die Zellen in vielfältigen Wechselwirkungen mit ihren Nachbarzellen und mit den Komponenten der extrazellulären Matrix. Solche Wechselwirkungen betreffen nicht nur die mechanischen Eigenschaften des Gewebes, sondern haben auch regulatorischen und signalvermittelnden Charakter. Zugrunde liegen den Wechselwirkungen Erkennungsphänomene zwischen membranständigen Proteinen untereinander und mit Matrixkomponenten. Solche Proteine werden auch als Adhäsionsproteine bezeichnet.

Die grundlegende Beobachtung, daß nicht nur Gameten, sonder auch somatische Zellen einander erkennen können, machte H.V. Wilson bereits 1907. Aus dem Gewebeverband gelöste Zellen verschiedener Schwamm-Arten, die vermischt wurden, sich aber in ihrer Farbe unterschieden, sammelten sich in einheitlichen Zellpopulationen; aus diesen Aggregaten entstanden neue Schwamm-Individuen. J. Holtfreter beobachtete 1948 eine spezifische Reassoziation von isolierten embryonalen Zellen aus Amphibienembryonen und postulierte zellspezifische Bindungen für solche Zellen. Man könnte sich vorstellen, daß mit dem Aufkommen der Syngamie während der Evolution der Eukaryoten die Entwicklung zellulärer Erkennungsphänomene ihren Ausgang nahm und diese mit dem Erscheinen der Metazoen zunehmend an Bedeutung gewannen.

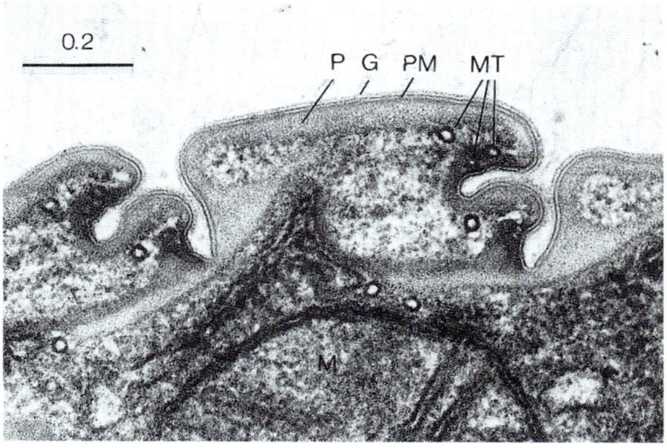

Abb. 3-8: Pellicula von *Cyclidiopsis acus* (*Euglena*-ähnlicher Flagellat). Die Pellicula ist in Rippen und Furchen gegliedert, die die Zelle schraubig umlaufen. Der Plasmamembran (PM) sind Proteinplatten (P) unterlagert. Auf der rechten Seite der gezeigten Rippe sind drei Mikrotubuli (MT) zu erkennen. Hier liegt das sog. Organisationszentrum, aus dem heraus sich neue Rippen bilden. M, Mitochondrion; G, Glykokalyx. (EM-Aufnahme: J.P. Mignot)

3.2.1 Extrazelluläre Matrix

Die extrazelluläre Matrix füllt in Tiergeweben die Räume zwischen den Zellen aus. In manchen Geweben sind die Zellen dicht gepackt und die Zwischenräume nur klein wie in der Epidermis der Haut. In den sog. Bindegeweben dagegen nimmt die extrazelluläre Matrix den größeren Raum ein, und Zellen besiedeln sie eher zerstreut. Bindegewebe können sehr unterschiedliche Festigkeitsgrade besitzen, vom lockeren Bindegewebe bis zu Knorpel, Sehne und Knochen. Wesentliche Komponenten der Matrix sind das Polysaccharid Hyaluronsäure, Proteoglykane, Kollagene und verschiedene andere Glykoproteine und Proteine. Unter ihnen gibt es eine Reihe **adhäsiver Proteine**, d.h. solcher, die Bindungssequenzen für bestimmte Rezeptoren in Plamamembranen, aber auch für Matrixproteine

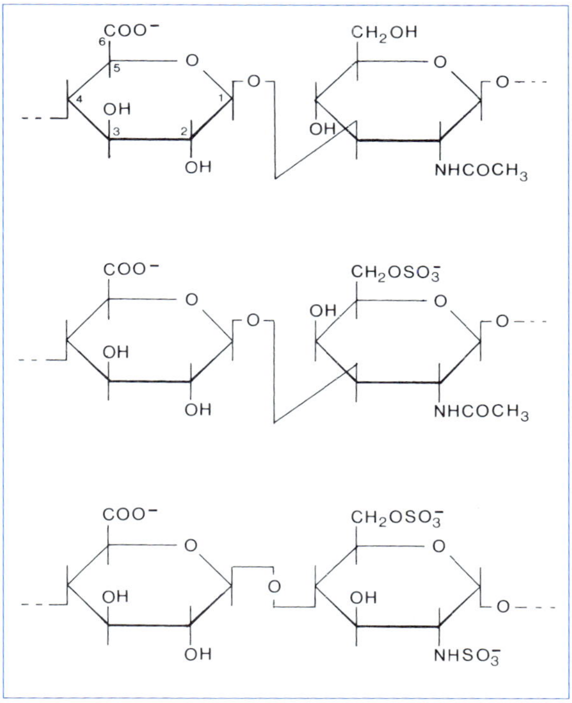

Abb. 3-9: Disaccharideinheiten: (**oben**) von Hyaluronsäure, Glucuronsäure-β(1→3)-N-Acetylglucosamin; (**mitte**) von Chondroitinsulfat, Glucuronsäure-β(1→3)-N-Acetylgalactosamin mit Sulfatgruppe an C6, die Sulfatgruppe kann auch an C4 stehen; (**unten**) von Heparansulfat, Glucuronsäure-β(1→4)-N-Sulfoglucosamin mit Sulfatgruppe an C6; beim Heparin, dem Glykosaminoglykan mit den meisten negativen Ladungen, ist die Glucuronsäure durch die epimere Iduronsäure ersetzt, die an C2 eine weitere Sulfatgruppe trägt. Keratansulfat und Dermatansulfat sind ähnlich wie Chondroitinsulfat aufgebaut. Die Anzahl der Disaccarideinheiten in den verschiedenen Glykanen schwankt im Bereich von etwa 20 bis 80.

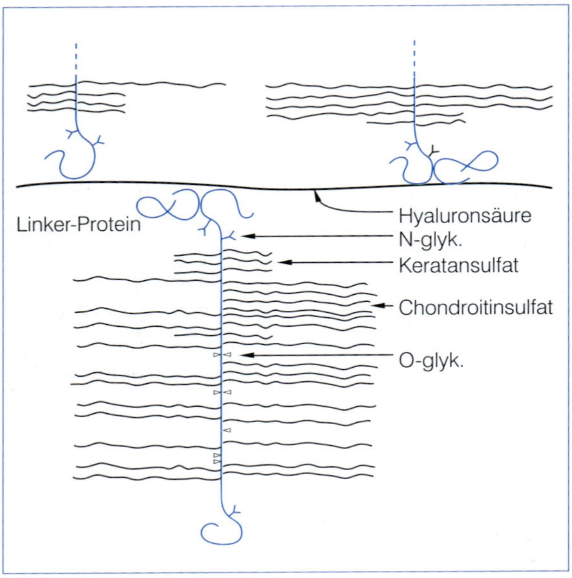

Abb. 3-10: Ausschnitt aus einem Hyaluronsäure-Proteoglykan(Aggrecan)-Komplex. An das Core-Protein des Aggrecans (farbig gezeichnet) von 250 kDa sind in Wirklichkeit etwa 100 Chondroitinsulfate, 30 Keratansulfate sowie 10 N- und 100 O-glykosidische Oligosaccharidseitenketten gebunden. Das Core-Protein besitzt N-terminal eine Binderegion für Hyaluronsäure; ein Linker-Protein verstärkt die nichtkovalente Bindung. An ein Hyaluronsäuremolekül wiederum können mehr als 100 Proteoglykane assoziieren.

besitzen. Zellen stehen mit den sie umgebenden Matrixmolekülen in vielfältiger Wechselwirkung. Alle Komponenten der Matrix werden im Endomembransystem von Fibroblasten und vielen anderen Zelltypen synthetisiert und exportiert.

Die **Hyaluronsäure** ist ein saures Polysaccharid, das aus dem Disaccharidbaustein Glucuronsäure-$\beta(1\rightarrow3)$-N-Acetylglucosamin besteht (Abb. 3-9), der sich bis zu 50000 mal wiederholen kann. Die Disaccharide sind in $\beta(1\rightarrow4)$-Bindung miteinander verknüpft. Hyaluronsäuren können mehrere µm lang sein, liegen jedoch nicht in gestreckter Form vor. Durch die zahlreichen polaren Gruppen werden viele Wassermoleküle gebunden, so daß reine Hyaluronsäure eine hydratisierte gelartige Konsistenz besitzt. Sie kommt frei, aber auch mit Proteoglykanen in nichtkovalenter Weise komplexiert vor (s. unten).

Andere wichtige extrazelluläre Polysaccharide bei anderen Organismen sind das Chitin der Arthropoden, ein N-Acetylglucosaminan in $\beta(1\rightarrow4)$-Bindung, und die Cellulose der Pflanzen, ein Glucan, ebenfalls in $\beta(1\rightarrow4)$-Bindung. Diese beiden Polysaccharide gehören zu den häufigsten Biomolekülen auf der Erde.

Proteoglykane bestehen aus einem Core-Protein – mehr als 25 Gene für solche Core-Proteine sind bisher bekannt geworden –, das an Serinresten bis über hundert Glykosaminoglykanketten gebunden hat, aber auch zusätzlich N- und O-glykosidische Oligosaccharidseitenketten tragen kann. Die Glykosaminoglykane bestehen wie die Hyaluronsäure aus Disaccharid-Bausteinen. Je nach Baustein werden die Polysaccharide als Keratansulfat, Dermatansulfat, Chondroitinsulfat und Heparansulfat bezeichnet (Abb. 3-9). Sie sind als Polyanionen stark hydratisiert, eine sehr wichtige Voraussetzung für die mechanischen Eigenschaften im weitesten Sinn der extrazellulären Matrix.

Die Core-Proteine sind entweder kleine lysinreiche Polypeptide oder durch einen modularen Aufbau charakterisiert. Die Vielfalt der Domänen ist dabei groß und weist auf zahlreiche Möglichkeiten von Wechselwirkungen mit anderen Molekülen. Manche der modularen Core-Proteine wie Versican oder Aggrecan besitzen eine N-terminale Region, die in Kooperation mit einem Linker-Protein an Hyaluronsäure bindet. Am Beispiel des **Aggrecans**, das an Blutgefäßen und besonders im Knorpel vorkommt, soll die Komplexität dieser Matrixmoleküle aufgezeigt werden: An das Core-Protein von 250 kDa sind etwa 100 Chondroitinsulfate, 30 Keratansulfate sowie 10 N- und 100 O-glykosidische Oligosaccharidseitenketten gebunden. Die Molekularmasse beträgt damit etwa 3 MDa, wobei 90% auf die Glyko-Anteile fallen. Die Biosynthese eines solchen Moleküls geschieht in der üblichen Weise für Exportmoleküle; das Core-Protein wird am rauhen ER synthetisiert und in das Lumen abgegeben. Bereits im ER, aber vor allem im Golgi-Apparat werden die Glyko-Anteile gebildet und an den Proteinteil angehängt. Da nun ein Hyaluronsäuremolekül über hundert Proteoglykane mit ihren zahlreichen verschiedenen Polysacchariden aufnehmen kann (Abb. 3-10), entstehen unglaublich komplexe Aggregate, die zum Kompliziertesten gehören, das man aus der Biologie kennt.

Wie essentiell die Komponenten der extrazellulären Matrix sein können, läßt sich ebenfalls am Aggrecan aufzeigen. Zwei autosomal rezessive Chondrodystrophien beim Hühnchen und bei der Maus betreffen das Core-Protein; Aggrecan erscheint nicht in der Matrix, und beide Mutationen sind letal. Beim Menschen sind solche Mutationen nicht bekannt. Es gibt aber einige Chondrodysplasien, die auf Defekten bei der Sulfatierung von Aggrecan beruhen.

Andere Proteoglykane besitzen keine Binderegion für Hyaluronsäure. Zu ihnen gehören Perlecan in der Basallamina (s. unten) und **Agrin**, das vor allem von Motoneuronen an der neuromoto-

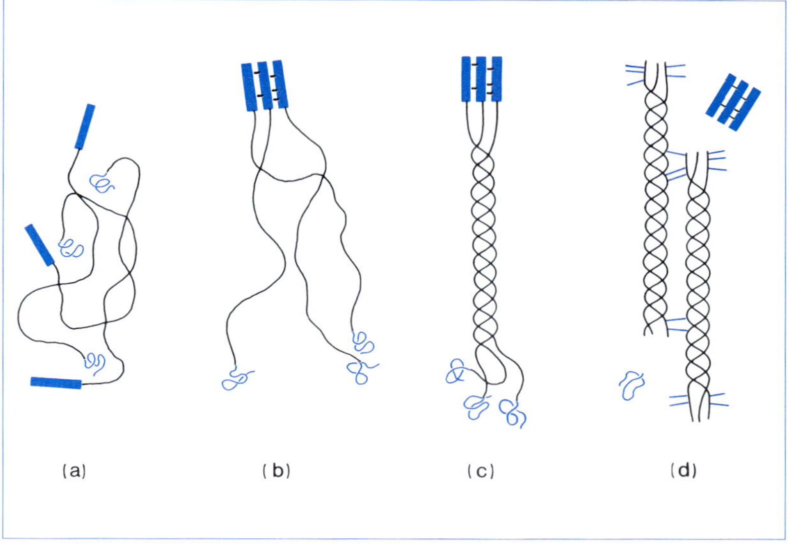

Abb. 3-11: Biogenese von Typ I Kollagenfibrillen. Die C-terminalen (Balken) und N-terminalen Domänen sowie die Quervernetzungen sind farbig gezeichnet.
(**a**) α-Ketten im Lumen des ER. (**b**) Beginn der Tripelhelix-Bildung vom C-Terminus aus. (**c**) Fertige Tripelhelix, die nach Glykosylierung im Golgi-Apparat exocytiert wird.
(**d**) Proteinolytische Abspaltung der N- und C-terminalen Domänen, Fibrillenbildung und kovalente Quervernetzung in der extrazellulären Matrix.

rischen Endplatte in den synaptischen Spalt sezerniert wird und zur Aggregation der Acetylcholin-Rezeptoren in der postsynaptischen Membran beiträgt (s. 15.1).

Auch **Heparin** ist ein Proteoglykan, das allerdings nicht zur extrazellulären Matrix gehört, sondern von Mastzellen in Exocytosevesikeln gespeichert wird und ausgeschüttet werden kann. Sein Core-Protein heißt Serglycin, da es über weite Strecken alternierend aus Serin- und Glycinresten besteht. Heparin besitzt die höchste Dichte an negativen Ladungen aller bekannten Biomoleküle. Es kann an verschiedene Proteine im Blut vor allem über ionische Wechselwirkungen binden. Als Inhibitor der Blutgerinnung (s. 19.1) hat es klinisch große Bedeutung erlangt. Heparin bindet dabei mit einer bestimmten Pentasaccharidsequenz an Antithrombin, einen Inhibitor der Serin-Proteinase Thrombin, die Fibrinogen in Fibrin umwandelt. Mit dieser Bindung wird die an sich langsame Interaktion zwischen Antithrombin und Thrombin stark beschleunigt und die Proteinase-Aktivität von Thrombin wirksam gehemmt. Eine biotechnische Herstellung von Heparin ist seiner komplizierten Struktur wegen nicht möglich; es wird aus Tiergeweben gewonnen.

Kollagene werden in einer großen Familie modularer Proteine zusammengefaßt, die ausschließlich in der extrazellulären Matrix zu finden sind und immerhin etwa ein Drittel der Proteinmasse bei Vertebraten ausmachen. Man kennt bisher die Kollagentypen I bis XIX, und einige davon (Typ I, II, III, V, XI) bilden die fibrillären reißfesten, aber flexiblen Elemente der Matrix. Die Polypeptidketten der Kollagene, als α-Ketten bezeichnet, variieren in ihrer Länge zwischen 600 und 3000 Aminosäureresten. Es kommen auch Isoformen vor, beispielsweise $\alpha 1(I)$ $\alpha 2(I)$ usw.. Alle α-Ketten enthalten ein bis mehrere Segmente mit zahlreichen Sequenzwiederholungen des Tripeptids Gly-X-Y, in dem sehr häufig Prolin und 4-Hydroxyprolin anzutreffen sind, wobei letzteres meist die Position Y einnimmt. Solche Segmente von drei α-Ketten formen die für alle Kollagene typische rechtsgewundene Tripelhelix (Abb. 3-11). In dieser bildet jede Kette selbst eine steile Linkshelix mit drei Aminosäureresten pro Umlauf. In das Innere der engen Tripelhelix paßt nur der kleine Glycinrest, während die sperrigen Prolinreste und anderen Reste nach außen weisen. Deshalb muß in der Sequenz an jeder dritten Position ein Glycinrest stehen.

Kollagene werden von Mesenchymzellen, aber auch von Epi- und Endothelzellen, Muskelzellen u.a. sezerniert. Ihre Synthese in den Zellen erfolgt am ER in Form von Prokollagenen. Im ER-Lumen werden Modifizierungen wie die Hydroxylierung von Prolinresten in 4-Position und von Lysinresten vorgenommen und die Bildung der tripelhelicalen Bereiche vom C-Terminus her eingeleitet (Abb. 3-11). Glykosylierungen geschehen im Golgi-Apparat. Da manche Kollagentypen in der extrazellulären Matrix noch proteinolytisch verändert werden, z.B. Typ I (s. unten), werden alle Kollagene in der sezernierten Form auch als Protokollagene bezeichnet. Im folgenden wird nur auf die sehr gut untersuchten Kollagene Typ I (fibrillär) und Typ IV (nicht fibrillär) genauer eingegangen.

Typ I Kollagen ist die häufigste Komponente der Kollagenfibrillen und das häufigste Kollagen überhaupt. Es wird als Heterotrimer, meist in der Zusammensetzung $\alpha 1_2 \alpha 2$ in den extrazellulären Raum sezerniert. Proteinasen der Matrix spalten die N- und C-terminalen Domänen ab, so daß nur die Tripelhelices übrigbleiben, die auch als Tropokollagene bezeichnet werden. Diese asso-

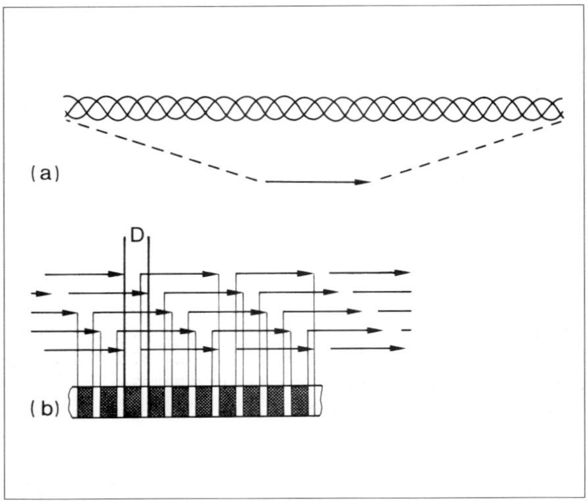

Abb. 3-12: Molekularer Bau von Typ I Kollagen. (**a**) Tropokollagen als Tripelhelix und Symbol (Pfeil). (**b**) Kollagenfibrille aus gegeneinander versetzt (D) assoziierten Tropokollagenmolekülen; dadurch entsteht das charakteristische Querbandenmuster der nativen Kollagenfibrille mit Überlappungsbändern (hell) und Lückenbändern (dunkel), entsprechend dem Aspekt im Negativkontrast (s. Abb. 3-13b).

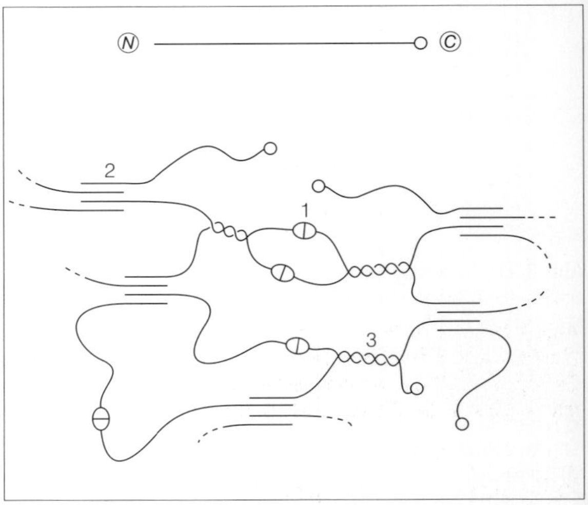

Abb. 3-14: Kollagen Typ IV, Molekülschema mit N-Terminus, Tripelhelix und C-terminaler Domäne sowie Netzwerk mit den drei typischen zwischenmolekularen Interaktionen. 1, Dimere der C-terminalen Domänen, verstärkt durch Disulfidbindungen. 2, Tetramere Assoziation N-terminaler tripelhelikaler Bereiche (parallel und antiparallel), die ebenfalls durch Disulfidbindungen verstärkt sind. 3, Superhelikale Struktur von zwei Tripelhelices.

ziieren, lateral versetzt, zu Fibrillen (Abb. 3-12), wobei eine Stabilisierung durch kovalente Quervernetzung über Lysin- und Hydroxylysinaldehyde, katalysiert durch eine Lysyl-Oxidase, geschieht. Die Fibrillen können einen Durchmesser von 20 bis 100 nm erreichen (Abb. 3-13) und mehrere µm lang werden. Die Querstreifung im

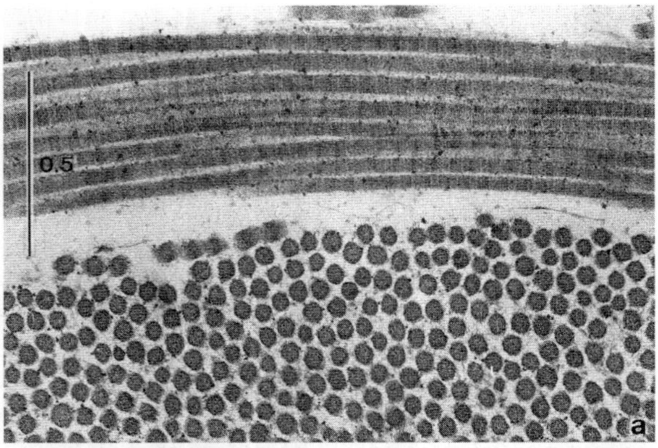

Abb. 3-13: Kollagenfibrillen. (**a**) Längs- und quergeschnittene Fibrillen (aus dem Vormagen der Maus). (**b**) Isolierte Kollagenfibrille mit deutlicher Querstreifung im Negativkontrast (aus Rattenleber). (EM-Aufnahmen: H. Falk)

elektronenmikroskopischen Bild kommt durch die um 67 nm (etwa ein Viertel der Moleküllänge) versetzte laterale Zusammenlagerung zustande (Abb. 3-12). Die Fibrillen können sich zu Fasern zusammenlagern.

Typ IV Kollagen in der Form $\alpha1_2\alpha2$ ist ein Netzwerk-bildendes Kollagen und eine typische Komponente der Basallamina (s. unten). Dieses Kollagen wird nicht proteinolytisch prozessiert, sondern dimerisiert bzw. tetramerisiert mit den C-terminalen bzw. N-terminalen Bereichen (Abb. 3-14). Die Moleküle werden dabei durch Disulfidbindungen kovalent verbunden, so daß ein unlösliches stabiles, aber flexibles Netzwerk entsteht. Die tripelhelicalen Bereiche können außerdem superhelicale Überstrukturen bilden.

Ein im Blut und in der extrazellulären Matrix verbreitetes dimeres Protein ist **Fibronectin**, ein typisches adhäsives Protein. Seine Bedeutung wird dadurch belegt, daß Null-Mutationen bei der Maus letal sind. Die lösliche dimere Form im Blut wird von Hepatocyten synthetisiert, die dimere oder multimere fibrilläre Form der extrazellulären Matrix von Fibroblasten und anderen Zellen. Die Dimerisierung erfolgt C-terminal über zwei Disulfidbindungen (Abb. 3-15); eine solche Scherenform ist für ein adhäsives Protein offensichtlich besonders geeignet. Der Aufbau von Fibronectin ist stark modular mit sich wiederholenden Domänen von 40, 60 und 90 Aminosäureresten. Das Genom des Menschen ent-

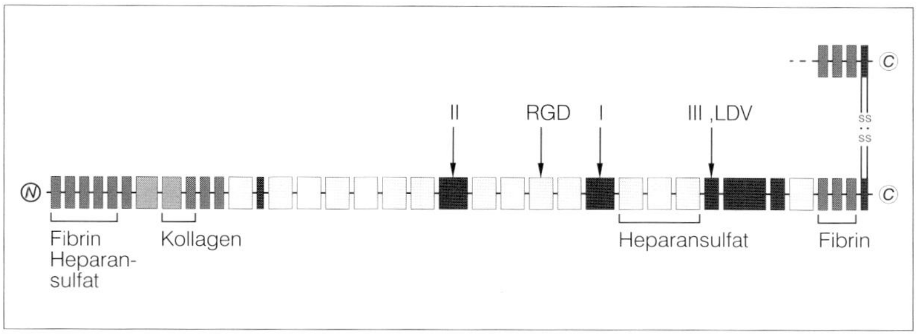

Abb. 3-15: Modell für Fibronectin. Nur eine Untereinheit des dimeren Moleküls (500 kDa) ist gezeichnet, die zweite ist über die beiden Disulfidbindungen am Carboxylende angedeutet. Die grauen Abschnitte sind modulare Bereiche von 40, 60 und 90 Aminosäureresten. RGD (Arg-Gly-Asp) und LDV (Leu-Asp-Val) sind Bindungsmotive für zellmembranständige Integrine. I, II und III geben die Stellen für alternatives Spleißen auf mRNA-Ebene an (im Bild dargestellt ist die Variante maximaler Länge). Bindungsbereiche für Matrixkomponenten sind angegeben.

hält nur ein einziges Fibronectin-Gen auf Chromosom 2 mit etwa 50 Exons; die modulare Organisation stimmt mit der Exonstruktur weitgehend überein. Es treten beim Menschen jedoch 20 Fibronectin-Varianten auf, die durch alternatives Spleißen an drei Stellen der mRNA entstehen können (Abb. 3-15); an Stelle I und II gibt es jeweils zwei Spleißmöglichkeiten, an Stelle III dagegen fünf. Fibronectin enthält zwei Bindungsmotive für plasmamembranständige Rezeptoren (Integrine, s. unten): eine RGD-Sequenz (Arg-Gly-Asp) für Integrin $\alpha_5\beta_1$ und eine an einer Spleißstelle liegende LDV-Sequenz (Leu-Asp-Val) für Integrin $\alpha_4\beta_1$. Außerdem sind Bindungsbereiche für Komponenten der extrazellulären Matrix definiert. Bei den meisten transformierten Zellen ist die Synthese von Fibronectin reduziert; dies wird als ein Grund für die verminderte Adhäsion und veränderte Morphologie dieser Zellen interpretiert. Bei der Leberfibrose wird eine Fibronectin-Variante verstärkt gebildet.

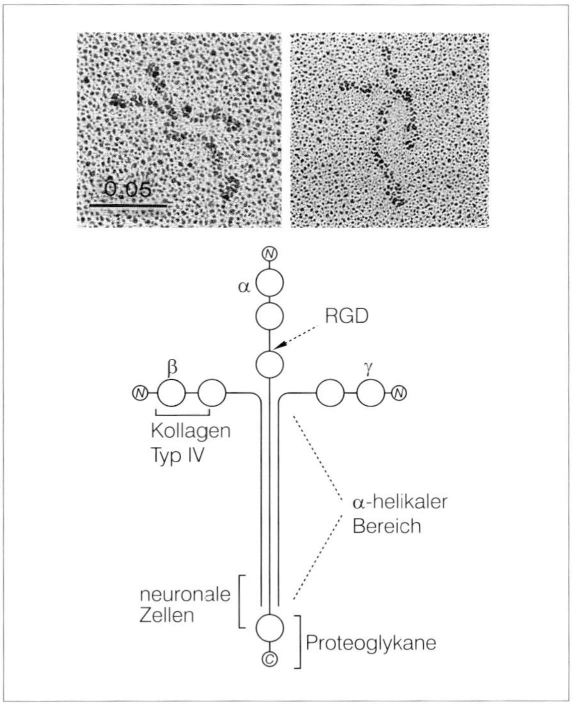

Abb. 3-16: Oben: Elektronenmikroskopische Aufnahmen von Lamininmolekülen nach Kegelbeschattung (Aufnahmen: R. Timpl). **Unten**: Modell eines Lamininmoleküls mit α- (400 kDa), β- (200 kDa) und γ-Kette (200 kDa). Die aminoterminalen Sequenzen enthalten globuläre Bereiche und verschiedene Bindungsstellen. Im Trimerisierungsbereich sind die Ketten α-helikal und bilden eine helikale Überstruktur; sie sind in diesem Abschnitt durch Disulfidbindungen kovalent miteinander verbunden. Die α-Kette besitzt auch am Carboxylende einen globulären Bereich. RGD (Arg-Gly-Asp) ist ein Bindungsmotiv für Integrine. Bindungsstellen sind durch Klammern gekennzeichnet.

Die Familie der **Laminine** gehört ebenfalls zu den adhäsiven Proteinen. Laminin ist ein kreuzförmiges heterotrimeres Protein, das aus je einer α-, β- und γ-Kette besteht (Abb. 3-16). Von den Ketten gibt es Isoformen; bisher sind sieben Laminintypen beschrieben worden. Die Moleküle kommen vor allem in der Basallamina vor und besitzen Bindungsstellen für zahlreiche andere Matrixkomponenten wie Kollagen Typ IV, Nidogen, Proteoglykane und andere Lamininmoleküle. Von Zellen wird Laminin u.a. über eine RGD-Sequenz erkannt. Laminine sind die ersten Matrixproteine, die bei sich entwickelnden Embryonen beobachtet werden. Bei neuronalen Zellen stimulieren sie das Auswachsen von Neuriten (Dendriten). Bei manchen Autoimmunkrankheiten treten Autoantikörper gegen Laminin auf.

Eine besondere Ausbildung der extrazellulären Matrix ist die **Basallamina** oder Basalmembran. Sie stellt eine relativ dichte, aber amorphe Schicht von 50–100 nm Dicke dar, die in engem Kontakt zu Zellen steht (s. Abb. 3-20). Sie unterlagert fast alle Epi- und Endothelien und umgibt die meisten Muskelzellen und peripheren Axone von Nervenzellen. Ihre Festigkeit und gleich-

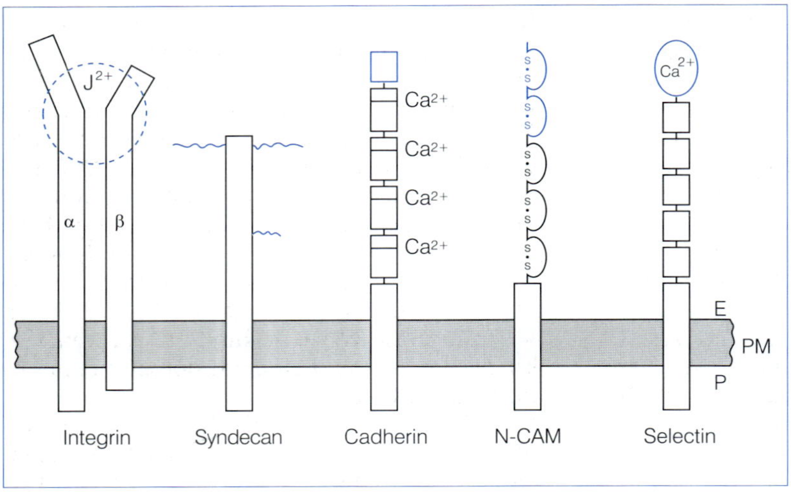

Abb. 3-17: Zelluläre Adhäsionsmoleküle. Die heterodimeren Integrine sowie Syndecan und ähnliche Moleküle binden in erster Linie Komponenten der extrazellulären Matrix. Cadherine, N-CAM und ähnliche Mitglieder der Ig-Superfamilie sowie die Selectine sind für interzelluläre Wechselwirkungen zuständig. Der Aufbau der Adhäsionsmoleküle ist häufig modular. Die Bindungsbereiche sind farbig wiedergegeben. Syndecan trägt Heparansulfat- und Chondroitinsulfatketten.

zeitige Elastizität verdankt sie vor allem dem Netzwerk von Typ IV Kollagen. Ein zweites Netzwerk scheinen Lamininmoleküle zu bilden. Die Basallamina kann erheblichen Kräften ausgesetzt sein, z.B. Scherkräften in der Haut oder dehnenden Kräften beim raschen Volumenswechsel von Blutkapillaren; gleichzeitig muß sie in sich flexibel bleiben, um beispielsweise Immunzellen passieren lassen zu können. Weitere typische Komponenten der Basallamina sind die Proteoglykane Perlecan und Agrin sowie Nidogen als Bindeprotein für Kollagen und Laminin und die Ca^{2+}-bindenden Proteine Fibulin-1 und -2.

3.2.2 Zellständige Adhäsionsmoleküle

Zellen enthalten in ihren Plasmamembranen Glykoproteine, die als Adhäsionsmoleküle, d.h. als Bindeproteine oder Rezeptoren für Komponenten der extrazellulären Matrix oder für Adhäsionsproteine anderer Zellen dienen (Abb. 3-17). Als homotypisch (homophil) wird dabei eine Bindung zwischen gleichen Partnern, als heterotypisch (heterophil) zwischen ungleichen bezeichnet. Die heterodimeren Integrine sowie Syndecan und ähnliche Verbindungen, die mit ihren Glykosaminoglykanketten eigentlich zellständige Proteoglykane darstellen, binden Komponenten der extrazellulären Matrix. Die Familie der Cadherine, N-CAM (neural cell adhesion molecule) und ähnliche Mitglieder der Ig-Superfamilie sowie die Ca^{2+}-abhängigen, auf Kohlenhydratbindung spezialisierten Selectine sind für interzelluläre Wechselwirkungen zuständig.

Für die α,β-heterodimeren **Integrine** sind 15 verschiedene α- und 8 verschiedene β-Ketten bekannt. Offenbar werden jedoch nicht alle Kombinationsmöglichkeiten verwirklicht; man kennt ungefähr 20 Integrine, die zelltypische Muster bilden. Sie benötigen für ihre Aktivität divalente Kationen. An ihren Bindungsstellen werden bestimmte Motive an Matrixkomponenten wie RGD (Arg-Gly-Asp) oder LDV (Leu-Asp-Val) u.a. erkannt und gebunden; Integrin $\alpha_1\beta_1$ beispielsweise ist spezifisch für Kollagen, Integrin $\alpha_5\beta_1$ für Fibronectin. Die cytoplasmatische Domäne der Integrine steht mit F-Actin und Proteinen von Signalketten in Wechselwirkung. Eine Bindung an Matrixkomponenten wird von der Zelle also „registriert“, sie kann darauf reagieren. Es wurde festgestellt, daß Integrine für das Überleben von Zellen sowie bei ihrer Proliferation, Morphogenese, Differenzierung und Wanderung eine wichtige Rolle spielen. Säugerzellen werden in vitro im allg. auf einer dünnen Schicht von Matrixmolekülen kultiviert; je nach Zusammensetzung dieser Schicht verhalten sich Zellen ganz unterschiedlich.

Die **Cadherine** bilden eine große Familie Ca^{2+}-abhängiger homotypischer Adhäsionsmoleküle. Ihre konservierten cytoplasmatischen Domänen bilden Komplexe mit Proteinen der Plakoglobin-Familie, den **Cateninen** α, β und γ (= Plakoglobin). Das Armadillo-Protein von *Drosophila* ist ein Cateninhomologes. Catenine sind Verbindungsglieder zu F-Actin und anderen cytoplasmatischen Proteinen. Bei Interaktion mit Cadherinen können sie durch Tyr-Protein-Kinasen der Src-Familie phosphoryliert werden und auf diese Weise ein durch Cadherin von der extrazellulären Matrix vermitteltes Signal in der Zelle weiterleiten. Zellen zeigen ein individualspezifisches Expressionsmuster von Cadherinen, während die Catenine eher ubiquitär verbreitet sind.

Cadherine haben bei morphogenetischen Prozessen während der Embryonalentwicklung entscheidende Funktionen. E-Cadherin (epitheliales C.) tritt sehr früh in embryonalen Zellen auf. Verminderte Expression oder Mutationen von E-Cadherin korrelieren mit der Invasivität und Metastasierung bestimmter Tumoren des Menschen.

N-CAM (neural cellular adhesion molecule), Ng-CAM (neuron-glia c. a. m.) und ähnliche Proteine der Ig-Superfamilie sind im Gehirn zu finden. Beim Auswachsen von Axonen und bei Regenerationsvorgängen an Neuronen ist diese Gruppe von Adhäsionsmolekülen beteiligt. N-CAM zeichnet sind durch eine besondere posttranslationale Modifikation aus; es erhält durch entsprechende Transferasen im Golgi-Apparat Polysialinsäure an Asparaginresten der fünften Ig-Domäne. Die Menge an Polysialinsäure wird offenbar durch neuronale Aktivitäten reguliert. Es gibt CAMs aber auch in anderen Geweben, z.B. ICAM (intercellular a. m.), das für die Bindung von Granulocyten an Endothelzellen wichtig ist (s. 19.1). CAMs verhalten sich homo- oder heterotypisch und sind von Ca^{2+} unabhängig.

3.3 Zell-Zell- und Zell-Matrix-Verbindungen

Zellen in vielzelligen Tieren können untereinander spezielle Verbindungen (Junctions) über Multiproteinkomplexe ausbilden, die stabiler als die eher dynamischen Kontakte durch einzelne Adhäsionsmoleküle sind, wie sie im vorangegangenen Abschnitt besprochen wurden. Allerdings werden für beide Arten von Kontakt manchmal die gleichen Proteine verwendet; insofern mag diese Unterscheidung etwas willkürlich sein. Gerade diese Verbindungen machen aber deutlich, daß die Zellen eines Organs oder eines Epithels nicht so sehr als Einzelzellen, sondern als integrierter Zellverband mit vielfachen Beziehungen zueinander aufzufassen sind. Diese interzellulären Verbindungen manifestieren sich in kleinen oder auch etwas ausgedehnteren Bereichen der Plasmamembranen, die sich deutlich vom Rest dieser Membranen abheben und mit elektronenmikroskopischen Techniken gut darstellen lassen.

Man unterscheidet funktionell drei Arten von Verbindungen:

- Die Adhering Junctions gewährleisten den mechanischen Zusammenhalt von Zellen in größeren Zellverbänden oder von Zellen und Basallamina. Die Zonula adhaerens, die fokale Adhäsion sowie Desmosom und Hemidesmosom gehören in diese Gruppe.
- Die Tight Junction sorgt als Leistennetz, das die Zellen einschichtiger Epithelien oder Endothelien von Wirbeltieren parallel zur Oberfläche umgürtet, zur Abdichtung des inneren Milieus gegenüber dem Außenmedium bzw. gegenüber der Flüssigkeitsfüllung von Hohlorganen. Eine Diffusion von Substanzen zwischen den Zellen durch das Epithel hindurch wird auf diese Weise verhindert. Solchen Verbindungen ist somit eine physiologische Funktion zugeordnet.
- Die Gap Junction schließlich stellt direkte plasmatische Verbindungen zwischen Zellen dar, sie hat damit eine kommunikative Aufgabe. Direkte plasmatische Verbindungen gibt es auch zwischen pflanzlichen Zellen durch Plasmodesmen. Sie sind jedoch von ganz anderer Art als die Gap Junction.

3.3.1 Adhering Junctions

Die **Zonula adhaerens** begleitet die Zonula occludens (Tight Junction, s. unten) als Band zwischen den Zellen von Epi- und Endothelien, um diese Zellschichten mechanisch zu stabilisieren (s. Abb. 3-21). Cadherine sind die homotypischen Adhäsionsmoleküle dieser Junction. Auf der cytoplasmatischen Seite stehen sie mit Bündeln von Actinfilamenten in Verbindung.

Eng begrenzte **fokale Adhäsionen** an die extrazelluläre Matrix werden kurzzeitig bei der Wanderung von Zellen über ein Substrat ausgebildet (s. 4.5.1). Integrine und auch Syndecan-ähnliche Adhäsionsmoleküle sind hierfür verantwortlich. Nach Bindung von Liganden initiieren β_1- und β_3-Ketten der α,β-Integrine deren Aggregation zu fokalen Adhäsionen. Auf der cytoplasmatischen Seite sind sie mit sog. Plaque-Proteinen wie Talin, Vinculin, α-Actinin u.a. komplexiert, die wiederum Anheftungsstellen für Actinfilamente darstellen. An dem dynamischen Auf- und Abbau dieser Kontakte sind auf regulatorischer Ebene offenbar Protein-Kinasen und GTP-bindende Proteine der Rho-Gruppe beteiligt.

Desmosomen sind auffällige Strukturen zwischen den Zellen von Epithelien (Abb. 3-18), die besonderen mechanischen Beanspruchungen ausgesetzt sind, und im Herzmuskel. Sie stehen mit dem cytoplasmatischen Netzwerk der Intermediärfilamente, den Cytokeratinen in Epithelien und den Desminen in Herzmuskelzellen, in enger Verbindung. Diese Filamente überbrücken

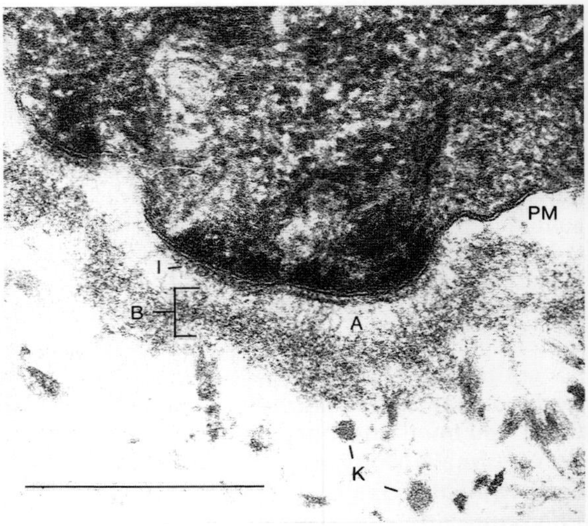

Abb. 3-20: Hemidesmosom einer Zelle der Mundschleimhaut des Menschen. Der als Doppellinie aufgelösten Plasmamembran (PM) sind auf der P-Seite Plaque-Proteine angelagert, die mit Cytokeratinfilamenten in Verbindung stehen. Die Grenzschicht (I) auf der E-Seite besteht zum Teil aus den extraplasmatischen Domänen der Integrine. Ankerfilamente (A) verbinden diese mit der Basallamina (B). K, Kollagenfasern im Querschnitt. (EM-Aufnahme: J. Kartenbeck)

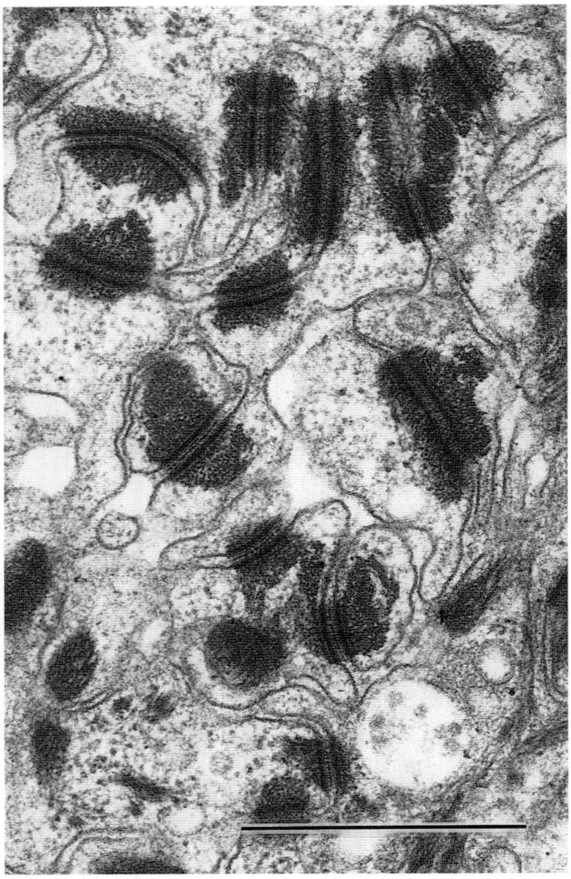

Abb. 3-18: Epithelzellen (Stratum spinosum) der Kuhschnauze mit zahlreichen Desmosomen. (EM-Aufnahme: J. Kartenbeck)

das Cytoplasma von Desmosom zu Desmosom, so daß das Gewebe eine hohe mechanische Festigkeit erhält. Desmosomen können 0,5 µm Durchmesser erreichen, in ihrem Bereich liegen die Plasmamembranen der beiden adhärierenden Zellen in einem Abstand von etwa 30 nm streng parallel. Die desmosomalen Adhäsionsproteine sind Desmogleine und Desmocolline, die zur Familien der Cadherine gehören. Auf der P-Seite der Membran werden sie von Plaque-Proteinen wie Desmoplakin und dem Catenin Plakoglobin unterlagert, die wiederum die Anheftung der Intermediärfilamente vermitteln. Im elektronenmikroskopischen Bild ergibt sich eine elektronendichte, sehr regelmäßige Struktur (Abb. 3-19).

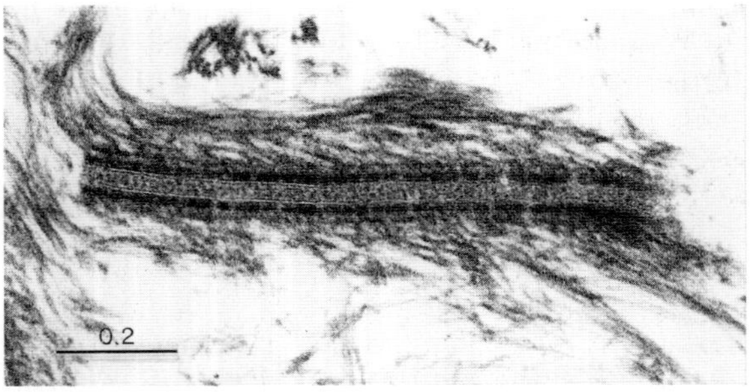

Abb. 3-19: Isoliertes Desmosom mit anhängenden Intermediärfilamenten (Cytokeratinen) aus Rinderschnauzenepithel (Stratum spinosum). Man erkennt, daß die Filamente vom Desmosom in schräger Richtung fortführen. (EM-Aufnahme: W. W. Franke)

Die Epidermis, das mehrschichtige Plattenepithel der Haut, besitzt die höchste Dichte an Desmosomen. Ihre Zellen nehmen ihren Ursprung basal im Stratum germinativum und wandern unter zunehmender Keratinisierung, d.h. Anhäufung von Cytokeratinfilamenten im Cytoplasma, an die Oberfläche, wo sie schließlich abschilfern. Verschiedene Autoimmunerkrankungen der Haut (Blasenbildung) sind auf Beeinträchtigungen der Desmosomen zurückzuführen. Beim **Pemphigus vulgaris** werden Autoantikörper gegen Desmoglein-3 gebildet, was zu einem Verlust der Zelladhäsion direkt über der basalen Zellschicht führt (s. 19.2.7). Beim Pemphigus foliaceus findet man Autoantikörper gegen Desmoglein-1; der Adhäsionsdefekt liegt hier in mehr oberflächigen Schichten.

Hemidesmosomen bilden Kontakte zur Basallamina und sehen morphologisch wie halbe Desmosomen aus (Abb. 3-20). Im Cytoplasma sind sie über Plaque-Proteine wieder mit Intermediärfilamenten verbunden. Die Adhäsionsmoleküle sind allerdings nicht homotypische Cadherine, sondern Integrine der Form $\alpha_6\beta_4$, die Laminin binden.

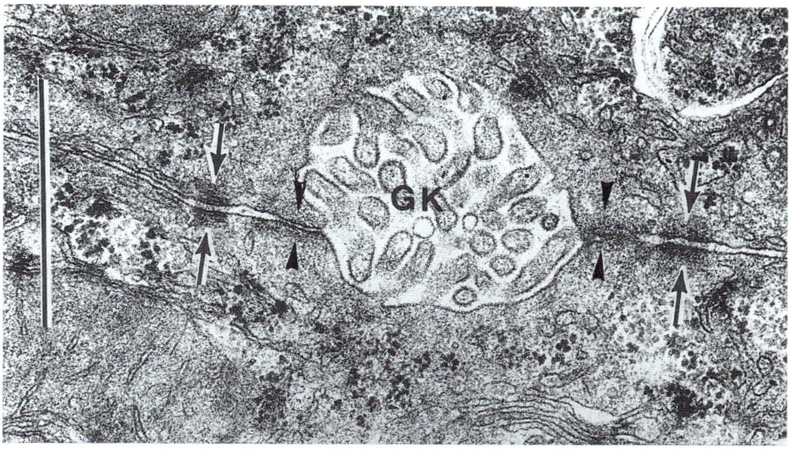

Abb. 3-21: Gallenkanal (GK) zwischen zwei Leberparenchymzellen einer Ratte. Der Gallenkanal stellt eine Aussparung zwischen den Leberzellen dar, die Plasmamembranen besitzen in diesem Bereich zahlreiche Mikrovilli. Zur Begrenzung des Gallenkanals sind die Plasmamembranen der beiden Zellen durch Tight Junctions (Zonulae occludentes) (Pfeilköpfe) als Diffusionsbarrieren und Zonulae adhaerentes (Pfeile) als mechanische Verstärkungen verbunden. Diese Strukturen folgen dem Kanal (senkrecht zur Schnittebene) in ganzer Länge. In den Zellen sind Mitochondrien, ein Dictyosom, Glykogenpartikel und verschiedene Membranen zu erkennen. (EM-Aufnahme: H. Falk)

3.3.2 Tight Junction

Tight Junctions (Zonulae occludentes) sind besonders charakteristische Zell-Zell-Verbindungen zwischen Epithelzellen. Sie umgeben jede Epithelzelle ringsum als Kontaktband zu den Nachbarzellen und erfüllen damit zwei wichtige Aufgaben:

- Sie trennen den apikalen vom basolateralen Bereich der Plasmamembranen dieser Zellen und ermöglichen dadurch die unterschiedliche Ausstattung dieser Bereiche mit Translokatoren und anderen Membrankomponenten, da eine laterale Diffusion von Membranproteinen über die Tight Junction hinweg nicht stattfinden kann. Dadurch wird die Polarität eines Epithels als Voraussetzung für einen transepithelialen vektoriellen Transport von Molekülen und Ionen gewährleistet.
- Sie verhindern gleichzeitig die freie Diffusion von Substanzen durch ein Epithel zwischen den Epithelzellen hindurch. So wird durch Tight Junctions zum Beispiel erreicht, daß der Primärharn nicht durch das Nierenepithel in das Nierengewebe, der Harn nicht durch das Harnblasenepithel in den Bauchraum, der Darminhalt nicht durch das Darmepithel in das Blutgefäßsystem oder der Inhalt der Gallenkanälchen nicht in das Lebergewebe und damit ebenfalls in das Blut gelangen. Im letztgenannten Fall bilden die Leberparenchymzellen selbst die Tight Junctions untereinander aus, da die Gallenkanälchen kein eigenes Epithel besitzen (Abb. 3-21). Auch die Blut-Hirn-Schranke findet ihre strukturelle Grundlage in den Tight Junctions zwischen den Endothelzellen der Blutgefäße im Gehirn.

In enger Nachbarschaft zu Tight Junctions treten meistens auch Zonulae adhaerentes auf, die die Diffusionsbarrieren mechanisch verstärken.

Im Bereich der Tight Junctions liegen die Plasmamembranen benachbarter Zellen direkt aneinander. Die außerordentlich effektive und beeindruckende Organisation dieser Membranbereiche kann besonders gut mit Hilfe der Gefrierbruch-Elektronenmikroskopie dargestellt werden (Abb. 3-22). Beide Membranen enthalten netzförmig angeordnete integrale Membranproteine mit dem Namen **Occludin**, die in einer Art Kopf-Kopf-Kontakt (Reißverschlußprinzip) die Membranen fest aneinander binden. Durch dieses Konstruktionsprinzip verlieren Tight Junctions auch infolge von Fehlstellen oder kleinen Beschädigungen kaum etwas von ihrer Barrierewirkung. Auf den cytoplasmatischen Seiten sind die Occludine mit den Proteinen ZO-1 und ZO-2 komplexiert, die zum Cytoplasma vermitteln und offenbar auch mit der Assemblierung der Occludine in Zusammenhang stehen.

Während der Embryonalentwicklung treten Tight Junctions schon nach wenigen Furchungsteilungen auf.

Bei Insekten und anderen Invertebraten kommt eine besondere morphologische Variante von Zell-Zell-Verbindungen vor, die sog. **Septate Junction**. Sie entspricht der Tight Junction der Vertebraten. An der cytoplasmatischen Seite sind Septate Junctions mit Actinfilamenten verbunden.

Als eine den Tight Junctions analoge Struktur in höheren Pflanzen ist der **Caspary-Streifen** anzusehen. Dieser Streifen stellt eine besondere Wandstruktur dar, die die antiklinen Zellwände der Wurzel-Endodermis wie ein Band umzieht (Abb. 3-23) und die durch Einlagerung lipophiler Substanzen, vor allem Suberin, den radial gerichteten Wasser- und Mineralstofftransport innerhalb der Zellwände zumindest stark vermin-

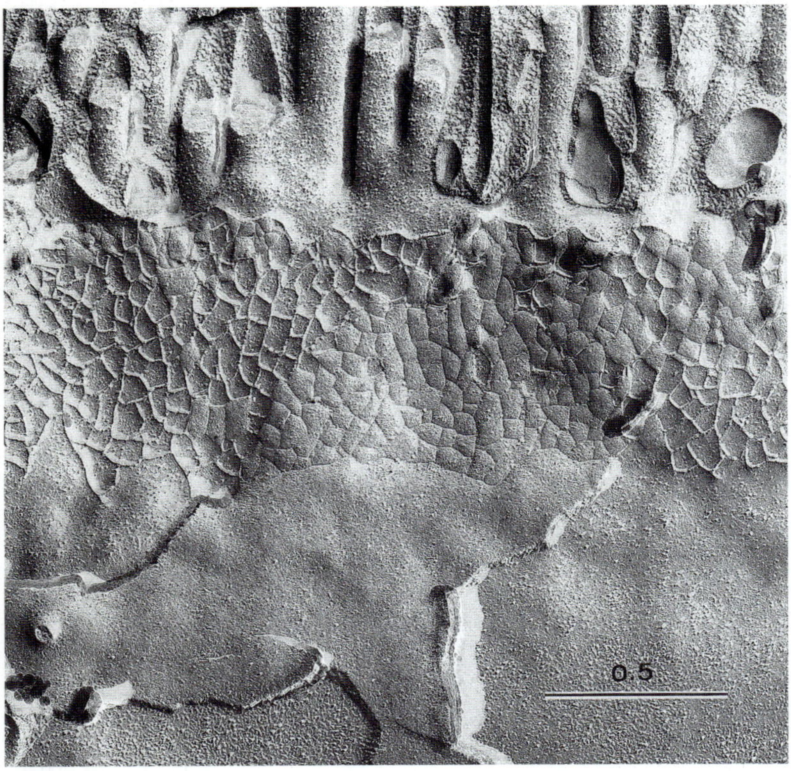

Abb. 3-22: Tight Junction im Dünndarmepithel eines Froschs; elektronenmikroskopische Gefrierbruch-Aufnahme. Unter der Bildmitte liegt ein Stück EF als Rest einer obenauf gelegenen Zelle, rechts und links davon ist die PF der unten liegenden Zelle zu sehen. Die Mikrovilli oben im Bild gehören zur unteren Zelle. Das polygonale Netzwerk der Partikelreihen in dieser Tight Junction ist deutlich ausgeprägt.
(EM-Aufnahme: L. A. Staehelin, B. E. Hull [1978] Sci. Am. May 1978, 141; mit Genehmigung.)

dert, so daß dieser die Endodermiszellen selbst passieren muß. Im Bereich des Caspary-Streifens liegt die Plasmamembran der Wand fest an und löst sich z.B. bei Plasmolyse nicht von ihr ab.

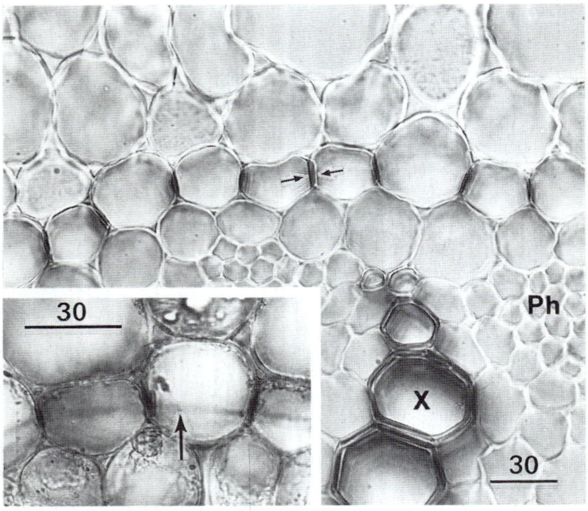

Abb. 3-23: Caspary-Streifen in der Wurzel-Endodermis von *Clivia nobilis.* In dem Schnittbild sind die Streifen in den zur Beobachtungsebene senkrechten Zellwänden gut zu sehen (Pfeile). Bei Fokussierung auf die zur Beobachtungsebene parallelen Wände läßt sich der Streifen ebenfalls erkennen (Pfeil, Einsatzbild). Ph, Phloem; X, Xylem. (Aufnahmen: I. Dörr)

Der apoplastische Transport von Substanzen vom Cortex zum Leitbündelgewebe ist hier unterbunden.

3.3.3 Gap Junction

Die Erforschung der Gap Junction begann Anfang der 60er Jahre mit dem Befund, daß Tierzellen elektrisch gekoppelt sein können. Wenn ein elektrischer Strom über eine Mikroelektrode in eine Zelle geleitet wird, ist eine Änderung des Membranpotentials nicht nur bei der betroffenen Zelle selbst, sondern auch bei den benachbarten Zellen in gleicher Größenordnung zu beobachten. W.R. Loewenstein und Mitarbeiter fanden, daß nicht nur Ionen, sondern auch größere Moleküle bis zu einer Molekularmasse von etwa 1 kDa frei von einer Zelle zur anderen gelangen können (Abb. 3-24).

Gap Junctions bilden in Plasmamembranen Felder von hexagonal angeordneten hexameren Kanälen, den **Connexonen**, die in einer Art Kopf-Kopf-Kontakt die Membranen zweier Zellen verbinden und auf diese Weise eine plasmatische Brücke schaffen (Abb. 3-25, 3-26). Sie sind praktisch in allen Metazoen verbreitet, und die durch sie ermöglichte interzelluläre Kommuni-

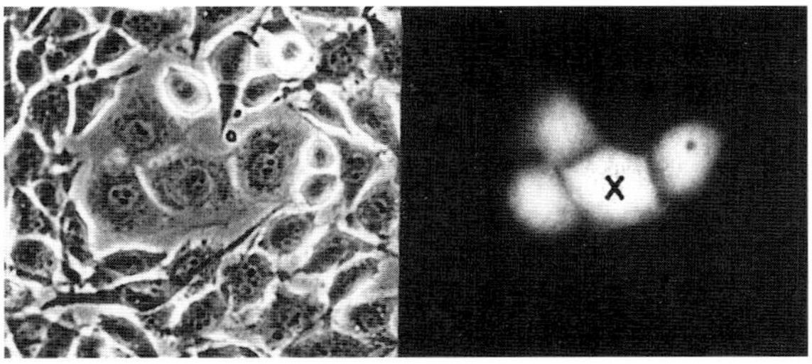

Abb. 3-24: Transfer von Fluorescein durch die Kanäle der Gap Junctions. Hepatomzellen und Hepatocyten (fünf Zellen in der Mitte) in Co-Kultur; links in Normalansicht, rechts im Fluoreszenzmikroskop, nachdem in den mit x bezeichneten Hepatocyten Fluorescein injiziert worden war. Der Fluoreszenzfarbstoff gelangte über die Gap Junctions auch in die benachbarten Hepatocyten, nicht jedoch in die benachbarten Hepatomzellen, da chemisch transformierte Zellen keine Gap Junctions besitzen. (Aufnahmen: R. Azarnia, W. R. Loewenstein [1971] J. Membr. Biol. 6, 368; mit Genehmigung.)

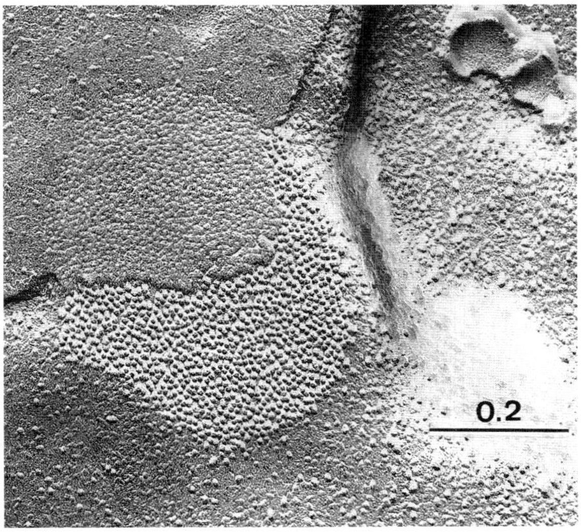

Abb. 3-25: Gap Junction im Dünndarmepithel eines Frosches; Gefrierbruch-Elektronenmikroskopie. In der PF der unten liegenden Zelle sind eine dichte Anordnung von Partikeln und in der EF der oben liegenden Zelle entsprechende Vertiefungen zu erkennen. In diesem Bild wird der geringere Abstand der beiden Plasmamembranen im Bereich der Gap Junction deutlich. (EM-Aufnahme: L. A. Staehelin, B. E. Hull [1978] Sci. Am. May 1978, 141; mit Genehmigung.)

kation hat wesentliche Aufgaben im Zusammenleben der Zellen. Gap Junctions werden bereits sehr früh während der Embryonalentwicklung angelegt, und bei Zellkontakt können sie innerhalb weniger Minuten entstehen. Bei Säugern sind nur wenige Zelltypen nicht über solche Verbindungen gekoppelt: Skelettmuskelzellen, zirkulierende Blutzellen, viele Neuronen.

Im Bereich einer Gap Junction sind die Plasmamembranen auf etwa 3 nm angenähert (Abb. 3-27). Connexone haben Außendurchmesser von 6,5 nm und enthalten eine Pore von etwa 1,5 nm Weite; die Länge der Pore von Cytoplasma zu Cytoplasma beträgt etwa 18 nm.

Die Untereinheiten der Connexone sind die **Connexine**, integrale Membranproteine mit vier Membrandurchgängen, wobei die N- und C-Termini auf der P-Seite der Membran liegen. Die Connexin-Gen-Familie hat 14 Mitglieder. Sie werden mit Cx plus Molekularmasse bezeichnet: Cx43 z. B. ist ein Connexin, das in Herzmuskelzellen vorkommt. Die beiden Schleifen auf der E-Seite und die Membrandurchgänge, von denen jeweils der dritte an der Kanalbildung beteiligt ist, sind konserviert, während die cytoplasmatischen Bereiche variabel sein können. Jede Schleife enthält drei Cysteine, die intramolekulare Disulfidbindungen bilden. Die Connexine und auch die Connexone sind untereinander nicht kovalent verbunden. Ein Modell zeigt Abb. 3-28.

Zellen können mehrere verschiedene Connexine exprimieren; inwieweit sich allerdings gemischte Connexone ausbilden, ist nicht bekannt. Die variablen cytoplasmatischen Bereiche dürften für unterschiedliche Permeabilität, Selektivität und Öffnungscharakteristik verantwortlich sein. Phosphorylierungen deuten auf eine Regulation ihrer Funktion. Ein Absinken des pH-Werts im Cytoplasma führt zu einem Schließen der Kanäle, ebenso eine Zunahme der Ca^{2+}-Konzentration auf Werte des extrazellulären Milieus. Dies ist zwar für eine Zelle ein unphysiologischer

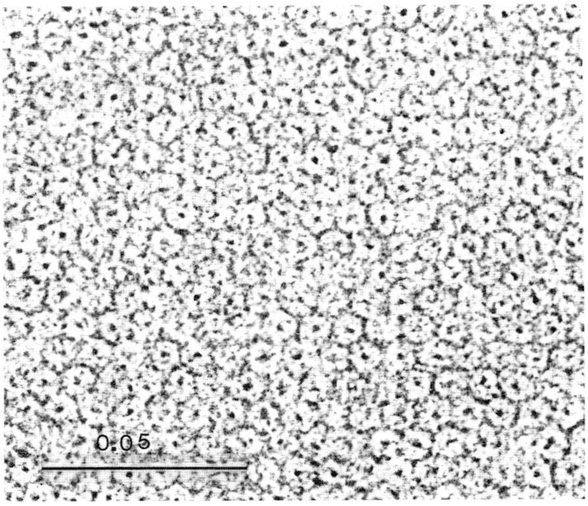

Abb. 3-26: Isolierte Gap Junction (aus Ratten-Hepatocyten) nach Negativkontrastierung. Das Bild zeigt (in Aufsicht) ein hexagonales Muster der Connexone. Die Connexone haben einen Durchmesser von 6,5 nm und besitzen eine zentrale Pore. (EM-Aufnahme: P. N. T. Unwin, G. Zampighi [1980] Nature 283, 545; mit Genehmigung.)

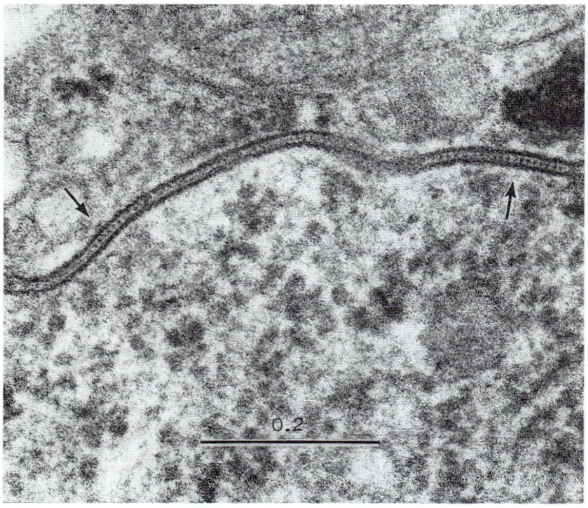

Abb. 3-27: Gap Junction im Querschnitt zwischen zwei Bindegewebszellen einer Maus. Die Struktur ist an den mit Pfeilen markierten Stellen genau senkrecht getroffen, so daß hier die die beiden Membranen verbindenden Connexone gut zu erkennen sind. (EM-Aufnahme: H. Falk)

Bereich, stellt aber einen Schutzmechanismus bei Lyse von Zellen dar, damit Nachbarzellen durch offene Kanäle nicht in Mitleidenschaft gezogen werden.

Eine besondere Rolle spielen Gap Junctions in der Herzmuskulatur. Das spontan im Sinusknoten des rechten Atriums entstehende Aktionspotential wird über sie – man bezeichnet sie dann auch als **elektrische Synapsen** – zu den übrigen Muskelzellen weitergeleitet. Auf diese Weise wird die koordinierte Kontraktion der Zellen gewährleistet, denn elektrische Synapsen arbeiten schneller als chemische. Immer wenn eine schnelle elektrische Synchronisation von Zellen notwendig ist, geschieht dies über elektrische Synapsen, z.B. in der Muskulatur, die für die Fluchtreaktion bei Fischen verantwortlich ist, oder in den elektrischen Organen elektrischer Fische (s. 3.5.5).

Manche Tumorzellen sind elektrisch kaum oder gar nicht gekoppelt (s. Abb. 3-24). Sie besitzen dann nur wenige oder keine, oder aber in irgendeiner Weise defekte Gap Junctions. Dies gilt jedoch nicht grundsätzlich für transformierte Zellen, z.B. nicht für Virus-transformierte.

3.3.4 Plasmodesmen

Früh in der Evolution der Pflanzen wurden plasmatische Verbindungen zwischen ihren Zellen entwickelt. Bereits bei der koloniebildenden Grünalge *Volvox* stehen die einzelnen Zellen der Kolonie durch breite Plasmabrücken in direktem Kontakt.

Die fast immer mit Wänden ausgestatteten Zellen höherer Pflanzen sind durch relativ breite cytoplasmatische Kanäle, die Plasmodesmen, miteinander verbunden. Plasmodesmen lassen sich im Lichtmikroskop durch Anfärbung der Callose darstellen, die häufig in den Zellwänden entlang der Plasmodesmenkanäle abgelagert ist (Abb. 3-29). Sie haben meist einen Durchmesser von 30-50 nm. Plasmodesmen werden bei der Zellteilung als erhalten bleibende plasmatische Verbindungen zwischen Tochterzellen und entsprechende Aussparungen beim Aufbau der Zellwand angelegt, können aber auch in fertigen Zellwänden häufig neu entstehen – beispiels-

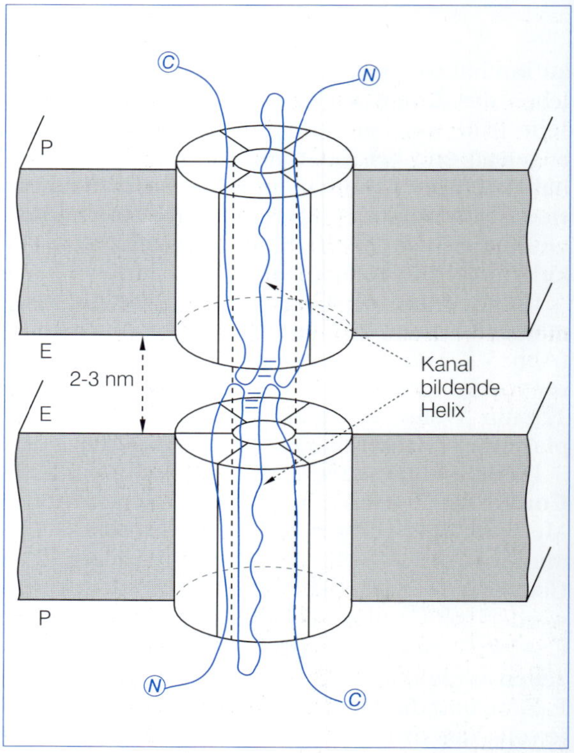

Abb. 3-28: Modell für einen Kanal einer Gap Junction. Jeweils ein hexameres Connexon bildet einen Kanal durch eine Plasmamembran. Die Connexine, von denen jeweils eines mit seinen vier Membrandurchgängen farbig dargestellt ist, verbinden die beiden Membrankanäle der benachbarten Plasmamembranen mit ihren beiden extrazellulären Schleifen über den Interzellularraum von 2–3 nm Distanz hinweg. Diese Verbindung ist nach außen hin dicht und erlaubt keine Diffusion von Molekülen in den Interzellularraum. Die Schleifen sind intramolekular durch drei Disulfidbindungen stabilisiert, angedeutet durch jeweils drei waagerechte farbige Striche. Der jeweils dritte, helikal gezeichnete Membrandurchgang ist an der Kanalbildung beteiligt. Die beiden relativ variablen N- und C-Termini der Connexine liegen auf der P-Seite der Membran; an ihnen können Regulationsmechanismen (Phosphorylierung, Ca^{2+}-Bindung u. a.) angreifen.

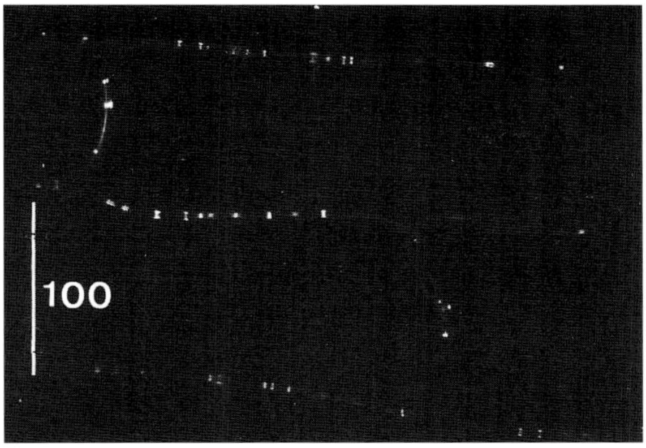

Abb. 3-29: Plasmodesmen zwischen den Zellen der oberen Zwiebelschuppenepidermis. Sie wurden dargestellt durch Fluorochromierung der Callose mit Anilinblau, die in den Zellwänden entlang der Plasmodesmenkanäle abgelagert ist. (Fluoreszenzmikroskopische Aufnahme: H. Falk)

weise zwischen Zellen von Pfropfreis und Unterlage. Es ist wohl so, daß in einer höheren Pflanze praktisch jede lebende Zelle mit ihren Nachbarn über Plasmodesmen verbunden ist. Eine Ausnahme bilden die Schließzellen der Blätter, die zwar als junge Zellen noch Plasmodesmen besitzen, im Funktionszustand jedoch nicht mehr (s. 20.2). Man hat errechnet, daß selbst kleine meristematische Zellen 1000 bis 10000 Plasmodesmen mit ihren Nachbarzellen ausgebildet haben. Dies ist die Grundlage für das Konzept von **Symplast** und **Apoplast** in der Pflanzenphysiologie.

In Querschnitten ist die den Plasmodesmos umgrenzende Plasmamembran und eine Binnenstruktur zu erkennen, die einen ER-Strang darstellt und **Desmotubulus** genannt wird (Abb. 3-30). In Längsschnitten wird der Verlauf der Plasmodesmen durch die oft dicken pflanzlichen Zellwände deutlich (Abb. 3-30).

In den zylindrischen ER-Membranen und den Plasmamembranen der Plasmodesmen sind Proteinpartikel enthalten. Die lichte Weite zwischen diesen Partikeln sowie Transportexperimente mit kleinen Molekülen legten die Annahme nahe, daß Plasmodesmen nur den Durchtritt von Molekülen bis zu einer Ausschlußmasse von etwa 1 kDa erlauben, trotz ihres vergleichbar großen Durchmessers. In dieser Eigenschaft ähneln sie den Gap Junctions von Tierzellen. Erstaunlicherweise verbreiten sich jedoch Pflanzenviren über die Plasmodesmen von Zelle zu Zelle. Beim **Tabakmosaikvirus** bewirkt ein sog. **Movement-Protein** von 30 kDa, das Virus-codiert ist, eine Veränderung der Ausschlußgröße in Plasmodesmen, so daß dieses Protein zusammen mit der gebundenen viralen RNA passieren kann. Mit rekombinantem Movement-Protein und auch mit dem fluoreszenzmarkiertem Transkriptions-

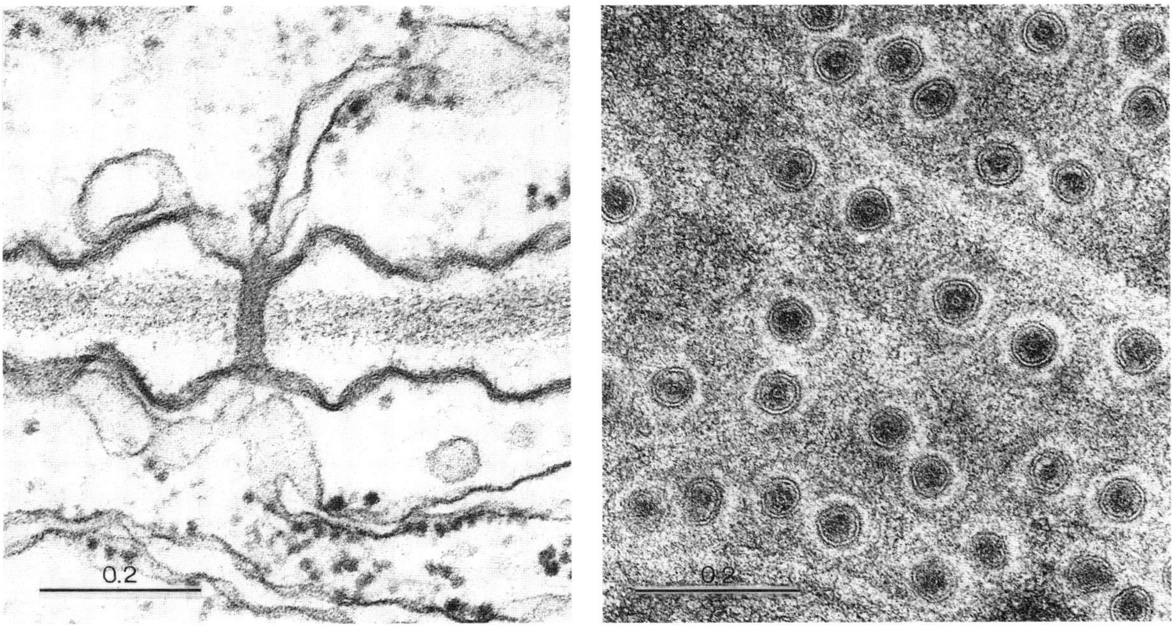

Abb. 3-30: Plasmodesmen im Längsschnitt (links, *Cuscuta odorata*, Haustorialzelle) und Querschnitt (rechts, *Metasequoia glyptostroboides*, Phloemparenchymzelle). Im Längsschnitt ist die durch den Plasmodesmos ziehende ER-Zisterne (Desmotubulus) zu erkennen. In den quergetroffenen Plasmodesmen ist die Plasmamembran als typische dunkel-hell-dunkel-Struktur aufgelöst. Das zentrale Material stellt jeweils einen ER-Tubulus dar. (EM-Aufnahmen: R. Kollmann und C. Glockmann)

faktor Kn1 von 45 kDa aus Mais und dessen mRNA konnte nach Mikroinjektion eine Bewegung innerhalb von Sekunden von Zelle zu Zelle beobachtet werden. Man nimmt an, daß ein topogenes Signal (PTS, plasmodesmal-targeting signal) nicht nur Movement-Proteine, sondern auch manche zelleigene Proteine selektiv befähigt, Plasmodesmen zu passieren, und daß Actin bei diesem Transport eine Rolle spielt. Die neu entdeckte Möglichkeit eines Transports von Makromolekülen durch Plasmodesmen hat große Auswirkungen auf die Denkkonzepte zu Wachstum und Differenzierung von Pflanzen.

3.4 Membranpotential

Zellen haben in ihrem Cytoplasma eine andere ionale Zusammensetzung als das Außenmilieu. Der Konzentrationsunterschied (Konzentrationsgradient, chemisches Potential) eines Ions führt zu einer chemischen Triebkraft für das Ion durch die Plasmamembran in Richtung der geringeren Konzentration. Biomembranen gelten zwar grosso modo als für Ionen impermeabel, zeigen aber doch eine gewisse Durchlässigkeit (Leitfähigkeit), die beispielsweise für K^+ und Cl^- auch etwas höher als für Na^+ und H^+, um Größenordnungen jedoch geringer als für Wasser ist. Die Bewegung eines Ions durch eine Membran stellt eine Ladungsverschiebung dar, die zu einem elektrischen Potential führt. Die **Nernst-Gleichung** beschreibt den Zustand für ein Ion, in dem chemisches und elektrisches Potential im Gleichgewicht sind:

$$E = \frac{R \cdot T}{z \cdot F} \cdot \ln \frac{c_a}{c_i} \qquad \text{(Gl. 3-1)}$$

mit E Nernstpotential, R Gaskonstante (8,31 J · K^{-1} · mol^{-1}), T Temperatur in K, z Anzahl der Elektronen, F Faraday-Konstante (96 485 C · mol^{-1}), c_a und c_i Konzentration außen und innen (cytoplasmatisch).

Nach Einsetzen der Konstanten und Umformung in den dekadischen Logarithmus ergibt sich:

$$E = \frac{0{,}059}{z} \cdot \log \frac{c_a}{c_i} \qquad \text{(Gl. 3-2)}$$

Die Konzentrations- und Ladungsverhältnisse an einer Plasmamembran sind sehr komplex. Neben anorganischen Ionen spielen vor allen Dingen alle negative Ladungen tragende Moleküle im Cytoplasma wie Proteine, Aminosäuren u.a. eine wichtige Rolle. Diese werden auch als Festionen bezeichnet, da sie nicht durch die Plasmamembran diffundieren können. Für Säugerzellen sind als anorganische Ionen Na^+, K^+, Cl^- und auch Ca^{2+} ausschlaggebend. Das Membranpotential (E_m, gemessen in V) einer Plasmamembran ist abhängig von den Konzentrationsunterschieden und Permeabilitätskoeffizienten (die die Leitfähigkeit der Membran für das betreffende Ion ausdrücken) aller in Frage kommender Ionen. Die **Goldman-Gleichung** gibt eine gute Näherung für das Membranpotential:

$$E_m = \frac{R \cdot T}{F} \cdot \ln \frac{P_{K^+}[K^+]_a + P_{Na^+}[Na^+]_a + P_{Cl^-}[Cl^-]_i}{P_{K^+}[K^+]_i + P_{Na^+}[Na^+]_i + P_{Cl^-}[Cl^-]_a} \qquad \text{(Gl. 3-3)}$$

mit P Permeabilitätskoeffizienten.

Die Gleichung kann für jedes Ion erweitert werden, das einen Einfluß auf das Membranpotential hat. In Tab. 3-2 sind Konzentrationen, Permeabilitätskoeffizienten und Nernst-Potentiale, wie sie für Säugerzellen gelten, aufgeführt.

Das Membranpotential beschreibt einen Zustand der Plasmamembran, in dem der Nettostrom von Ionen durch sie gleich Null ist. Alle etwaigen Konzentrationsänderungen von Ionen werden durch Ionenpumpen und über sekundär aktiven Transport ausgeglichen. Es stellt im Grunde genommen eine Potentialdifferenz dar: Potential der plasmatischen Seite der Membran minus Potential der extraplasmatischen Seite, wobei die plasmatische Seite immer negativ gegenüber der Außenseite ist. Membranpotentiale liegen bei Säugerzellen bei −60 bis −90 mV, bei Pflanzenzellen und Bakterien um −150 mV. Infolge der Dünne einer Membran von etwa 3 nm (hydrophober Bereich) kommen enorm hohe Feldstärken (> 100 000 V · cm^{-1}) zustande. Membranpotentiale liegen nicht sehr weit unterhalb

Tab. 3-2: Ionenkonzentrationen im Cytoplasma von Säugerzellen und im Blut sowie Permeabilitätskoeffizienten (*P*) und Nernst-Potentiale (*E*) der Ionen für die Plasmamembran.

Ion	Blut [mmol · l^{-1}]	Cytoplasma [mmol · l^{-1}]	*P* [cm · s^{-1}]	*E* [mV]
Na^+	120	10	ca. 10^{-9}	64
K^+	3	140	ca. 10^{-7}	−98
Cl^-	121	4	ca. 10^{-8}	−87
Ca^{2+}	1	10^{-4} – 10^{-3}	< 10^{-9}	ca. 200

Die Werte können je nach Zelltyp auch etwas variieren. Ca^{2+} trägt trotz des hohen Nernst-Potentials wegen seiner geringen Konzentration nur sehr wenig zum Membranpotential bei.

der Durchschlagsspannung für die betreffende Membran; oder anders ausgedrückt: Das Material, aus dem Biomembranen aufgebaut sind, erweist sich als enorm durchschlagsfest.

Das Membranpotential einer Zelle kann sich ändern in Abhängigkeit ihres physiologischen Zustands, der Aktivität ihrer Ionen-Translokatoren. In Nervenzellen wird die vorübergehende Änderung von E_m, das sog. Aktionspotential, zur Erregungsleitung ausgenützt (s. 15.1.3).

Auch über intrazelluläre Membranen können Ionengradienten und damit Potentiale aufgebaut werden; Protonen spielen dabei eine besondere Rolle. Beispiele sind Lysosomen, Vakuolen, die innere Mitochondrienmembran und Thylakoide. Betrachten man nochmals den Ausdruck für die **Protonen-verschiebende-Kraft** Δp (Kap. 1A, Gl. 1A-13):

$$\Delta p = \frac{\Delta\mu_{H^+}}{F} = E_m - 2{,}3\,\frac{R \cdot T}{F} \cdot \Delta\text{pH} \qquad \text{(Gl. 3-4)}$$

Δp setzt sich zusammen aus dem Protonengradienten selbst, hier ausgedrückt als ΔpH, und E_m. Wieviel der Protonengradient bzw. das Membranpotential zu Δp beiträgt, hängt von der elektrischen Leitfähigkeit der betreffenden Membran ab. Ist diese hoch, d.h. ist die Membran beispielsweise relativ gut durchlässig für Cl^- (Translokator für Cl^-), so wird die pH-Differenz hoch, das Membranpotential dagegen gering sein; diese Situation ist für die Lysosomen und die Plasmamembran der Magenepithelzellen, die ja einen sehr steiles ΔpH aufbauen (s. 3.6.1), gegeben. Ist die Leitfähigkeit gering, entsteht bereits bei kleiner pH-Differenz ein hohes Membranpotential, das wiederum einer weiteren Anreicherung von H^+ auf der entsprechenden Seite der Membran entgegenwirkt.

3.5 Rezeptoren für Signalmoleküle

Zellen enthalten in ihrer Plasmamembran integrale Membranproteine als Rezeptoren für solche Moleküle, die Signalwirkung besitzen, aber aufgrund ihrer großen und/oder hydrophilen Struktur die Membran nicht passieren können. Rezeptoren in den Plasmamembranen von Eucyten sind in der Regel Glykoproteine. Sie sind auf der plasmatischen Seite mit anderen Proteinen, Gliedern von Signaltransduktionsketten, verbunden, die das Signal in die Zelle hinein weiterleiten. Letztlich wird dadurch der Stoffwechsel, die Gen-Expression oder das Membranpotential der Zelle verändert. Nach Art der Signaltransduktion lassen sich verschiedene Gruppen von Rezeptoren unterscheiden: Transduktion in Verbindung mit dem Zwei-Komponenten-System der Prokaryoten, Rezeptoren als Protein-Kinasen, mit heterotrimeren G-Proteinen gekoppelte Rezeptoren, Cytokin-Rezeptoren und Rezeptoren mit Ionenkanal u.a.. Steroidhormone und einige andere Verbindungen sind amphiphile Signalmoleküle und können sich durch die Plasmamembran „hindurchlösen"; die entsprechenden Rezeptoren finden sich als lösliche Proteine im Cytoplasma (s. 4.1.6).

Signalmoleküle im engeren Sinn sind bei höheren Organismen **Hormone**, **Wachstumsfaktoren** und **Neurotransmitter**. Man bezeichnet sie oft auch als primäre Boten im Gegensatz zu den sog. sekundären Boten im Cytoplasma wie cAMP oder Ca^{2+}-Ionen, die als Folge der Bindung primärer Boten an ihre Rezeptoren erst gebildet oder freigesetzt werden.

Primäre Boten werden im Zusammenhang mit ihren Rezeptoren auch Liganden oder **Agonisten** genannt. Auch Moleküle, die zufällig die Wirkung primärer Boten besitzen wie Nicotin für den Acetylcholin-Rezeptor, werden so bezeichnet. **Antagonisten** sind Moleküle, die zwar vom Rezeptor gebunden werden, eine Signaltransduktion aber nicht zulassen. Agonisten und Antagonisten sind oft sehr wirkungsvolle Gifte und für die Untersuchung von membrangebundenen Rezeptoren von immenser methodischer Bedeutung. Radioaktiv markierte Agonisten und Antagonisten dienen in Bindungstests der Charakterisierung von Rezeptoren. Es hat sich gezeigt, daß die Dissoziationskonstanten (K_D) solcher Rezeptor-Ligand-Komplexe im Bereich von 10^{-9} $mol \cdot l^{-1}$ liegen, bezeichnenderweise also in dem Bereich, der der Konzentration von Hormonen im Blut entspricht.

Je nach Entstehungsort von Hormonen und Wachstumsfaktoren lassen sich verschiedene Wege unterscheiden. Werden sie in besonderen Organen oder Geweben gebildet und über die Blutbahn zu den Zielzellen transportiert, spricht man vom endokrinen Weg; ein Beispiel wäre das Insulin, das in den β-Zellen des Pankreas synthetisiert wird. Beim parakrinen Weg bildet ein bestimmter Zelltyp einen Faktor, der im interzellulären Bereich diffundiert und Nachbarzellen beeinflußt. Ein autokriner Weg liegt vor, wenn eine produzierende Zelle Rezeptoren für den eigenen Faktor in ihrer Plasmamembran besitzt. Zunächst nahm man an, daß dieser Weg nur bei Tumorzellen vorkommt und für das abnormale Wachstum dieser Zellen mitverantwortlich ist; er kann aber offenbar auch für normale

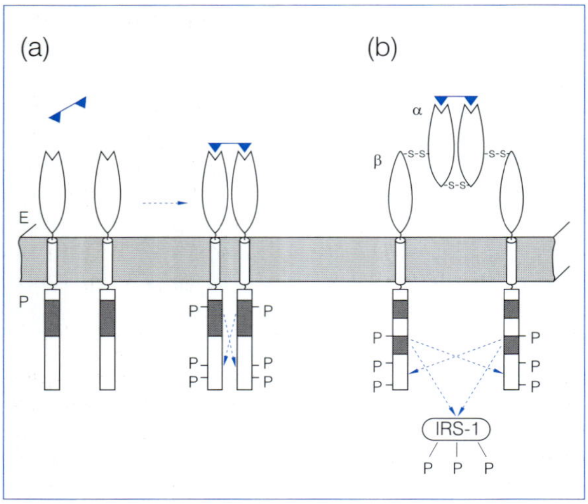

Abb. 3-31: Modelle für Rezeptoren als Tyrosin-Protein-Kinasen. Liganden und Phosphorylierungspfeile sind farbig gezeichnet, die Kinase-Domänen dunkel markiert. P bezeichnet phosphorylierte Tyrosinreste (es sind schematisch jeweils drei eingezeichnet); sie bilden Motive für eine Bindung durch Proteine mit SH2-Domäne. (**a**) Rezeptoren für beispielsweise EGF (epidermal growth factor). Nach Bindung des Liganden entstehen Dimere, in denen sich die Partner gegenseitig phosphorylieren. (**b**) Dimerer Rezeptor für Insulin oder IGF (insulin-like growth factor). Die Kinase-Domäne ist zweigeteilt. Nach Bindung von Liganden phosphorylieren sich die Partner gegenseitig, aber auch IRS-1 (insulin receptor substrate 1), das dadurch Bindungsmotive für SH2-Domänen erhält.

Zellen eine Rolle spielen, denn für den TGF (transforming growth factor) z.B. wurde neben einer parakrinen auch eine autokrine Wirkungsweise nachgewiesen.

3.5.1 Zwei-Komponenten-System

Bakterien reagieren auf günstige oder ungünstige Bedingungen in ihrer Umwelt wie verändertes Nahrungsangebot, osmotische Änderungen, Konkurrenz u.a. adaptiv, um zu überleben. Der offensichtliche Selektionsdruck hat zur Entwicklung effektiver Signalsysteme und Reaktionen geführt. Bakterien registrieren und beantworten Signale aus ihrer Umwelt vor allem mit sog. Zwei-Komponenten-Systemen, die auch als Sensor-Regulator-Systeme bezeichnet werden. *E.coli* besitzt mehr als 50 solcher Systeme.

Zwei-Komponenten-Systeme bestehen im allg. aus zwei Proteinen, Sensor und Regulator. Der dimere **Sensor** ist im allg. ein plasmamembranständiges, das einen Liganden bindet und daraufhin ein Signal an einen löslichen **Regulator** im Cytoplasma weitergibt. Der Sensor kann aber auch löslich sein und ein Signal von einem membranständigen Transduktor übernehmen, wie das z.B. bei der Chemotaxis der Fall ist (s. 16.1). Sensoren sind His-Protein-Kinasen. Die eine Untereinheit phosphoryliert – nach konformativer Aktivierung – die andere an einem konservierten His-Rest. Der energiereiche Phosphorylhistidinrest dient nun als Phosphatdonator für einen Aspartatrest im entsprechenden Regulator, der durch die mit der Transphosphorylierung verbundenen Konformationsänderung aktiviert wird. Regulatoren besitzen oft Phosphatase-Aktivität; die Halblebenszeit der Phosphatgruppen an den Aspartatresten liegt zwischen Sekunden und Minuten. Regulatoren sind meistens Transkriptionsfaktoren, die – wie alle Transkriptionsfaktoren – als Dimere bestimmte Elemente in der DNA erkennen, an diese binden und so die Gen-Expression beeinflussen. Mit dieser einfachen Art von Signaltransduktion kann ein externes Signal sehr effektiv in die zelluläre Antwort einer veränderten Gen-Expression umgesetzt werden. Es gibt aber auch Regulatoren, die andere Aufgaben haben und z.B. die Funktion der Flagellen steuern und damit an der Chemotaxis beteiligt sind.

Neuerdings wurden auch Formen der Signaltransduktion bei der Hefe und anderen Eukaryoten beschrieben, die Ähnlichkeiten mit dem prokaryotischen Zwei-Komponenten-System haben.

3.5.2 Rezeptoren als Protein-Kinasen

Die meisten Rezeptoren mit Kinase-Aktivität im cytoplasmatischen Teil phosphorylieren Tyrosinreste, einige jedoch Serin/Threoninreste. Neben diesen membrangebundenen Protein-Kinasen gibt es innerhalb von Signalketten auch lösliche, insgesamt mehrere hundert, und ebenfalls mehrere hundert entsprechende Protein-Phosphatasen, denn Signalketten müssen auch wieder abgeschaltet werden können.

Zahlreiche Wachstumsfaktoren wie EGF (epidermal growth factor), PDGF (platelet-derived growth factor), FGF (fibroblast growth factor) oder die Neurotrophine binden an Rezeptoren, die **Tyrosin-Protein-Kinasen** darstellen. Auch Insulin und der IGF-1 (insulin-like growth factor 1) besitzen solche Rezeptoren. Man unterscheidet mehrere Rezeptor-Familien, die neben ihrer spezifischen Bindungsstelle unterschiedliche extrazelluläre Domänen (Cystein-reiche, Immunglobulin-ähnliche, EGF-ähnliche u.a.) aufweisen. Alle besitzen nur einen einzigen Membrandurchgang und im cytoplasmatischen Teil eine Kinase-Domäne mit ATP-Bindungsstelle. Mit der

Besetzung durch ihren Liganden dimerisieren die Rezeptoren zu Homodimeren, manchmal auch zu Heterodimeren, wodurch die Kinasefunktion auf der P-Seite aktiviert wird und eine wechselseitige Phosphorylierung von Tyrosinresten stattfindet (Abb. 3-31). Diese „Autophosphorylierung" kann zwei Gruppen von Tyrosinresten betreffen: Die Phosphorylierung eines konservierten Tyrosins innerhalb der Kinase-Domäne selbst kann zu einer Stimulierung der Kinaseaktivität führen. Phosphorylierte Tyrosinreste außerhalb der Kinase-Domäne bilden, zusammen mit einigen benachbarten Aminosäureresten, Motive für die Bindung anderer Proteine mit sog. SH2-Domäne. **SH2-Domänen** (von src homology 2; Src [ausgesprochen Sarc] ist eine lösliche Tyr-Protein-Kinase) enthalten etwa 100 Aminosäurereste und bilden eine Bindungstasche für phosphorylierte Tyrosinreste mit einigen angrenzenden Resten. Beim PDGF-Rezeptor beispielsweise können neun Tyrosine phosphoryliert werden, so daß Bindungsmotive für SH2-Domänen verschiedener Proteine entstehen. Diese Proteine sind Anfangsglieder der sich anschließenden Signaltransduktionsketten im Cytoplasma (s. 4.1.4).

Der **Insulin-Rezeptor** und der IGF-1-Rezeptor sind von vornherein als Dimere konstruiert (Abb. 3-31). Zwei Moleküle, die posttranslational in je zwei durch eine Disulfidbindung verbundene Peptide α und β gespalten wurden, sind ebenfalls über eine Disulfidbindung kovalent verbunden. Die α-Peptide enthalten die Bindungsstellen für den Liganden. Nach dessen Bindung wird neben der Autophosphorylierung auch die Phosphorylierung eines löslichen Proteins, des sog. Insulin-Rezeptor-Substrats 1 (IRS-1), beobachtet. Erst dieses Protein vermittelt über seine Phosphoryltyrosine den Kontakt zu Proteinen mit SH2-Domäne.

Insulin ist ein „anabolisches" Hormon, das die Bildung von Glykogen, Triacylglycerol und Protein stimuliert sowie die Expression von Glucose-Translokatoren in der Plasmamembran von Muskel- und Fettzellen fördert und damit den Glucosespiegel im Blut senkt. Es gibt zwei grundsätzlich verschiedene Formen des **Diabetes mellitus**, Typ I und Typ II. Typ II (nicht-Insulin-abhängiger Diabetes, Altersdiabetes) ist charakterisiert durch eine abnehmende Möglichkeit für Insulin, die Aufnahme von Glucose in Zellen zu stimulieren und die Glucoseproduktion in der Leber zu unterdrücken. Mutationen in Genen naheliegender Kandidaten wie Insulin-Rezeptor, IRS-1 oder Glucose-Translokator treten nur selten auf und sind in den meisten Fällen nicht Ursache der Pathogenese. Es gibt Hinweise darauf, daß körpereigene Proteine (das membranständige Glykoprotein PC-1 oder TNFα) als Inhibitoren des Insulin-Rezeptors wirken. Der Typ I Diabetes (Insulin-abhängiger Diabetes, juveniler Diabetes) ist eine Autoimmunerkrankung, bei der die Insulin-produzierenden β-Zellen der Pankreasinseln zunehmend zerstört werden; er beruht also auf Insulinmangel. Genetische Prädisposition und Umweltfaktoren werden für diese Erkrankung mitverantwortlich gemacht (s. 19.2.7).

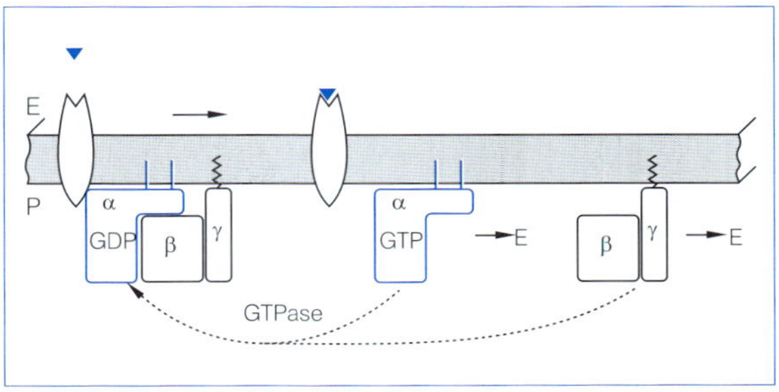

Abb. 3-32: Modell zur Signaltransduktion bei Rezeptoren mit heterotrimeren G-Proteinen. Ausgangssituation ist der Komplex aus unbesetztem Rezeptor und heterotrimerem G-Protein, in dem die α-Untereinheit GDP gebunden hat. Der besetzte Rezeptor wirkt wie ein GEF (guanine nucleotide exchange factor); in der α-Untereinheit wird GDP durch GTP ersetzt. Dadurch wiederum dissoziieren einerseits das G-Protein vom Rezeptor und andererseits die α-Untereinheit von dem stabilen β/γ-Dimeren. Beide, α und β/γ, können sog. Effektoren (E) in ihren Aktivitäten modulieren – z.B. eine Adenylat-Cyclase aktivieren oder inaktivieren – und auf diese Weise das Signal weiterleiten. Durch die GTPase-Aktivität von α wird – je nach Art von α – GTP mehr oder weniger rasch zu GDP hydrolysiert. Damit endet die Wirkung von α, aber auch von β/γ auf ihre Effektoren, denn α in der GDP-Form komplexiert mit β/γ. Das wiederhergestellte trimere Protein assoziiert erneut an einen Rezeptor.

Eine große Familie von Faktoren, der als Prototyp TGF-β (transforming growth factor β) angehört, besitzt Rezeptoren als **Serin/Threonin-Protein-Kinasen**. Diese Rezeptoren sind heterotetramere Proteine mit zwei verschiedenen Untereinheiten. Die beiden Untereinheiten II binden zunächst ihren Liganden und anschließend zwei Untereinheiten I, die durch die Kinaseaktivität von II an einem Serinrest auf der P-Seite phosphoryliert werden. Diese Phosphorylierung wiederum aktiviert die Kinasefunktion von I, die daraufhin mit Folgegliedern der Signaltransduktionskette, sog. Smads, auf der P-Seite der Membran in Wechselwirkung treten kann (s. 4.1.5).

3.5.3 Rezeptoren und heterotrimere G-Proteine

Eine andere Gruppe von Rezeptoren in Plasmamembranen leiten das Hormon- oder Transmittersignal über heterotrimere G-Proteine (G von GTP-bindend) in die Zelle weiter. Diese Rezeptoren besitzen immer sieben Membrandurchgänge mit einem auf der E-Seite exponierten N-Terminus und auf der P-Seite liegenden C-Termi-

Tab. 3-3: Heterotrimere G-Proteine: Untereinheiten und Wirkung auf Effektoren.

Klasse	Anzahl	Wirkung (Auswahl)
α_s	2	Stimulieren Adenylat-Cyclase, regulieren Ca^{2+}-Kanäle.
α_i	7	Inhibieren Adenylat-Cyclase, regulieren Ca^{2+}- und K^+-Kanäle, aktivieren cGMP-Phosphodiesterase.
α_q	5	Aktivieren Phospholipase C (nicht jedoch C_γ).
α_{12}	2	Regulieren Na^+/K^+-Austausch.
β/γ	5β, 12γ	Beeinflussen Adenylat-Cyclase, Phospholipase C_β, Phospholipase A_2, Phosphatidylinositol-3-Kinase.

nus. Klonierungsarbeiten legen nahe, daß sie eine der größten Protein-Familien darstellen; bei Säugern gibt es etwa 1000 Mitglieder. Die Rezeptoren für Glucagon, für die Catecholamine (Adrenalin, Noradrenalin; die Rezeptoren werden als adrenerge Rezeptoren bezeichnet), Gonadotropine und für das Parathyroidhormon, der muscarinische cholinerge Rezeptor, der dopaminerge Rezeptor und viele neuropeptiderge Rezeptoren sind an G-Proteine gekoppelt. Auch die Odorant-Rezeptoren im Riechepithel (s. 15.2.2), die Rhodopsine in den Stäbchen- und Zapfenzellen der Retina (s. 15.2.1) sowie die Rezeptoren für das a- und α-Pheromon der Hefe (s. 13.1) gehören in diese Familie.

Ein heterotrimeres G-Protein besteht aus je einer α-, β- und γ-Untereinheit, von denen die α-Untereinheit GTP binden und auch hydrolysieren kann. Die α-Untereinheit trägt in der Regel einen N-terminalen Myristinsäurerest und einen Palmitinsäurerest an Cys-3, die γ-Untereinheit einen Farnesyl- oder Geranylgeranylrest; mit diesen drei hydrophoben Ketten ist der Komplex P-seitig in der Plasmamembran verankert. In der GDP-Form ist das trimere Protein an den entsprechenden Rezeptor assoziiert. Die Signaltransduktion beginnt mit der Besetzung des Rezeptors durch seinen Liganden (Abb. 3-32).

Es gibt 16 verschiedene α-Untereinheiten, die nach Homologiegrad in vier Klassen zusammengefaßt werden, sowie 5 β- und 12 γ-Untereinheiten (Tab. 3-3); α-Untereinheiten können stimulierend (α_s) oder inhibierend (α_i) sein. Offenbar können sich jedoch nicht alle denkbaren Kombinationen in vivo ergeben. Manche Rezeptoren assoziieren nur mit einem einzigen Typ von trimerem G-Protein, andere mit mehreren. Eine Zelle kann auch mehrere Rezeptoren, die mit G-Proteinen zusammenarbeiten, exprimieren. Schließlich können auch unterschiedliche Isoformen von Effektoren mit G-Proteinen unterschiedlich reagieren, so daß sich insgesamt ein vielfältiges und nicht leicht zu durchschauendes Bild ergibt. Zwei Beispiele sollen dies erläutern: Eine Isoform der Adenylat-Cyclase wird durch α stimuliert und durch β/γ nicht tangiert, eine andere durch α und β/γ synergistisch stimuliert, eine dritte durch α stimuliert, durch β/γ jedoch inhibiert. Das zweite Beispiel sind Herzmuskelzellen, die sehr selektiv auf zwei gegensätzliche Signale reagieren: Durch den β-adrenergen Rezeptor werden über ein G_s-Protein Geschwindigkeit und Stärke der Kontraktion erhöht, durch den muscarinischen cholinergen Rezeptor über ein G_i-Protein vermindert; die beiden Signalwege scheinen in der Zelle nicht zu kommunizieren.

G-Proteine werden durch das **Cholera-Toxin** des Choleraerregers *Vibrio cholerae* und durch das **Pertussis-Toxin** des Keuchhustenerregers *Bordetella pertussis* massiv beeinflußt. Das Cholera-Toxin besteht aus einer katalytischen A-Untereinheit und einer pentameren B-Untereinheit, die an ein Gangliosid (G_{M1}) in der Plasmamembran von Darmepithelzellen binden kann. Die A-Untereinheit gelangt daraufhin – evtl. durch eine Art Kanal, den die B-Untereinheit bildet – in das Cytoplasma und ADP-ribosyliert α_s-Untereinheiten an einem konservierten Histidinrest:

$$NAD^+ + \alpha \rightarrow \text{ADP-Ribose-}\alpha + \text{Nicotinamid} + H^+$$

Dadurch verlieren diese α-Untereinheiten ihre GTP-hydrolysierende Aktivität und stimulieren die Adenylat-Cyclase permanent. Der cAMP-Spiegel in den Zellen steigt um ein Vielfaches an und bewirkt den massiven Export von Na^+-Ionen und damit verbunden von Wasser in das Darmlumen. Die Diarrhö kann ohne Flüssigkeitsinfusion tödlich sein. Das Pertussis-Toxin ist ähnlich aufgebaut wie das Cholera-Toxin und ADP-ribosyliert die meisten Mitglieder der α_i-Klasse an einem Cysteinrest kurz vor dem C-Terminus. Dadurch wird die Wechselwirkung zwischen G-Protein und Rezeptor unmöglich gemacht, so daß eine Hemmung der Adenylat-Cyclase ausbleibt. *B. pertussis* produziert auch eine Adenylat-Cyclase als Exoenzym, die in Zielzellen eindringen kann und dort Ca^{2+}-Calmodulin-abhängig den cAMP-Spiegel erhöht; dieses Enzym ist ebenfalls ein wesentlicher Virulenzfaktor.

3.5.4 Cytokin-Rezeptoren

Die Superfamilie der Cytokin-Rezeptoren ist heterogener als die bisher vorgestellten Rezeptorgruppen. Sie haben besonders bei der Hämatopoese und bei der Kommunikation zwischen Immunzellen große Bedeutung. Ihre extrazelluläre Region besteht aus einer oder zwei besonderen Domänen mit jeweils vier konservierten Cysteinresten und einem bestimmten Sequenzmotiv. Sie können aber auch noch weitere Domänen enthalten und mit ein bis mehreren anderen Proteinen komplexiert sein (Abb. 3-33). Einfache Rezeptoren sind die für Erythropoietin, Prolactin, Wachstumshormon oder G-CSF (granulocyte-colony stimulating factor); zusammengesetzte Rezeptoren findet man bei den verschiedenen Interleukinen und Interferonen u.a..

Die cytoplasmatischen Domänen aller dieser Rezeptoren besitzen keine enzymatischen Aktivitäten. Die Bindung von Liganden induziert eine Dimerisierung bzw. Oligomerisierung der Rezeptoren. Dadurch wird eine besondere Familie von Tyr-Protein-Kinasen, die **Jaks** (Janus-Kinasen), aktiviert, die die Rezeptoren an Tyrosinresten phosphorylieren. Eine weitere Familie von Proteinen, die **STATs** (signal transducers and activators of transcription), binden daraufhin mit ihren SH2-Domänen an die phosphorylierten Tyrosinreste, werden dadurch selbst von den Jaks phosphoryliert. Daraufhin bevorzugen die STATs mit ihren SH2-Domänen eigene komplementäre Phosphotyrosinreste und leiten als aktivierte dimere Transkriptionsfaktoren das Signal in den Zellkern weiter. Die Janus-Kinasen erhielten ihren Namen nach den beiden unterschiedlichen Substraten.

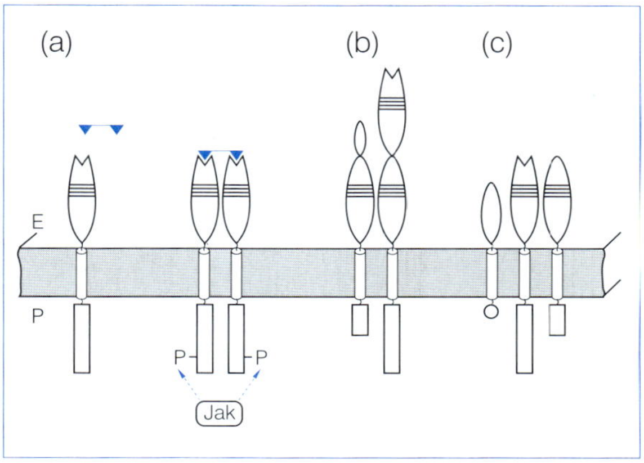

Abb. 3-33: Modelle für Cytokin-Rezeptoren. (**a**) Einfacher Cytokin-Rezeptor, z.B. für Erythropoietin. Die vier feinen waagerechten Striche deuten die vier konservierten Cysteinreste an. Bindung des Liganden führt zur Dimerisierung der Rezeptoren (bei zusammengesetzten Rezeptoren zur Oligomerisierung), woraufhin Jaks (Janus-Kinasen) Tyrosinreste in der cytoplasmatischen Domäne der Rezeptoren phosphorylieren. Diese Reste werden von STATs (signal transducers and activators of transcription) über ihre SH2-Domänen erkannt; nach Bindung werden die STATs ebenfalls von Jaks phosphoryliert. (**b**) Zusammengesetzter Rezeptor für IL-3 (Interleukin-3), IL-5, GM-CSF (granulocyte/macrophage-colony stimulating factor) u.a.. (**c**) Zusammengesetzter Rezeptor für IL-2, IL-4 u.a..

3.5.5 Neurotransmitter-Rezeptoren mit Ionenkanal

Die Rezeptoren dieser Gruppe sind heteropentamere Strukturen, deren Untereinheiten sehr ähnlich sind und eine Superfamilie bilden. Alle Untereinheiten sind an der Ausbildung des zentralen Ionenkanals beteiligt. Diese Rezeptoren werden auch als Typ-I-Rezeptoren bezeichnet, im Gegensatz zu den Typ-II-Rezeptoren, monomeren Proteinen mit sieben Membrandurchgängen und Kopplung an G-Proteine [diese Nomenklatur gilt nur für Neurotransmitter-Rezeptoren]. Zwei Gruppen von Rezeptoren/Kanälen werden unterschieden:

- Kationen-spezifische Kanäle in postsynaptischen Membranen bilden der nicotinische Acetylcholin-Rezeptor (Nicotin ist ein Agonist), zwei Glutamat-Rezeptoren (NMDA-Typ und AMPA-Typ) und ein Serotonin-Rezeptor ($5HT_3$-Rezeptor, von 5-Hydroxytryptamin). Ihre Kanäle lassen vor allem Na^+-Ionen in das Cytoplasma einströmen, was zu einem Abfall des Membranpotentials führt.
- Anionen-spezifische Kanäle sind der $GABA_A$-Rezeptor (γ-Aminobuttersäure) und der Glycin-Rezeptor. Durch sie gelangen Cl^--Ionen in das Cytoplasma, wodurch die Membran hyperpolarisiert wird.

Für die meisten der genannten Neurotransmitter existieren auch Rezeptoren mit G-Proteinen: der muscarinische Acetylcholin-Rezeptor (Muscarin ist hier Agonist), der $GABA_B$-Rezeptor, die $5HT_1$, $5HT_2$- und $5HT_4$-Rezeptoren und ein weiterer Glutamat-Rezeptor. Die Signaltransduktion bei Rezeptoren mit Ionenkanal ist wesentlich schneller als bei solchen mit G-Proteinen.

Der nicotinische **Acetylcholin-Rezeptor** – hier beispielhaft beschrieben – kommt an Muskelzellen in den neuromotorischen Endplatten, an Neuronen im Gehirn und an den Elektrocyten elektrischer Fische vor. Besonders aus dem Zitterrochen *Torpedo* sp. kann er in hinreichenden Mengen isoliert werden und ist deshalb besonders gut untersucht worden, obwohl bisher noch keine Kristallstruktur erhalten werden konnte.

Als **Elektrocyten** (Electroplaques) werden die Zellen der elektrischen Organe von elektrischen Fischen wie *Torpedo* (Zitterrochen) oder *Electrophorus* (Zitteraal) u.a. bezeichnet. Diese Organe entstehen aus dem gleichen embryonalen Gewebe wie Muskeln. Elektrocyten enthalten jedoch kaum kontraktile Elemente. Die flachen Zellen werden auf jeweils einer Seite von zahlreichen Nervenendigungen innerviert (10^5 – 10^6 synaptische Kontakte pro Zelle, Abb. 3-34). Diese Kontakte entsprechen neuromotorischen Endplatten, sind also nicotinisch acetylcholinerg. Auf der jeweils anderen Zellseite enthält die Plasmamembran in hoher Konzentration spannungsabhängige Cl^--Kanäle und Na^+,K^+-ATPasen als integrale Bestandteile. Eine Erregung, d.h. die Bindung von Acetylcholin an seine Rezeptoren führt im innervierten Bereich zu einer Depolarisation der Plasmamembran auf etwa +10 mV. Das Membranpotential auf der anderen Zellseite wird durch

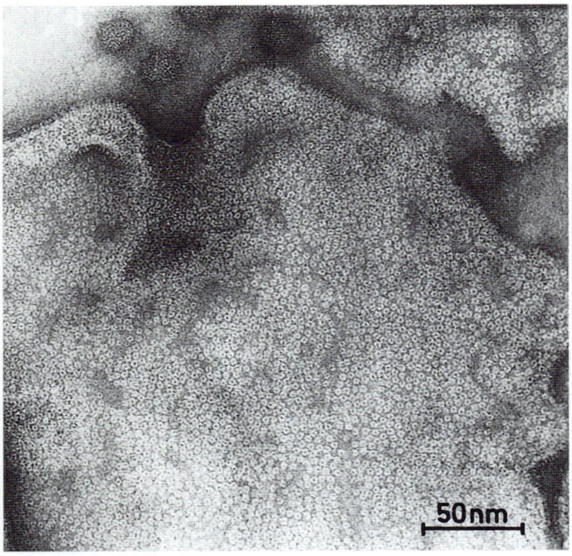

Abb. 3-34: Acetylcholin-Rezeptoren in Membranvesikeln aus dem elektrischen Organ des Zitterrochens *Torpedo californica*; Negativkontrast. Die kontrastierende Phosphorwolframsäure ist in den zentralen Kanal der einzelnen Rezeptormoleküle eingedrungen. (EM-Aufnahme: F. Hucho)

die Cl^--Kanäle auf dem Wert des Ruhepotentials von etwa –90 mV gehalten; es resultiert also eine transzelluläre Spannung von etwa 100 mV. Die Erregung der Elektrocyten ist hoch synchron durch Verschaltung der zuführenden Nervenendigungen über elektrische Synapsen (Gap Junctions). Eine Summierung der elektrischen Ströme und Spannungen, die bei den einzelnen Zellen auftreten, wird durch Packung der Zellen in viele parallele Säulen (Parallel- und Serienschaltung) erreicht. Bei *Electrophorus*, bei dem das elektrische Organ bis zu 70% des Körpergewichts ausmacht, können so Stromstärken bis zu 1 A und Spannungen bis zu 600 V entstehen. Fische, die solche hohen Werte erreichen können, setzen ihr elektrisches Vermögen vor allem zum Beuteerwerb ein. Andere elektrische Fische erzeugen sehr viel schwächere elektrische Wechselfelder mit Frequenzen zwischen 10 bis 10^3 Hz zur räumlichen Orientierung und zur Kommunikation. Mit ihren Elektrorezeptoren können sie Wechselfeldverzerrungen registrieren.

Die pentameren Rezeptoren der Muskelzellen von Vertebraten und der Elektrocyten bestehen aus vier verschiedenen Untereinheiten mit der Zusammensetzung $\alpha_2\beta\gamma\delta$. Die neuronalen Rezeptoren dagegen enthalten nur α- und β-Ketten oder sogar ausschließlich α-Ketten. Es wurden bisher Gene für neun α- und vier β-Ketten sowie für je eine γ- und δ-Kette beschrieben. Die Untereinheiten stellen Glykoproteine von 50 bis 60 kDa dar und besitzen vier α-Helices als Membrandurchgänge, wobei die N- und C-Termini auf der E-Seite exponiert sind. Jeweils die zweite Helix ist an der Bildung des zentralen Ionenkanals beteiligt.

Ein Modell für den Acetylcholin-Rezeptor, hervorgegangen besonders aus elektronenmikroskopischen Untersuchungen, Quervernetzungsexperimenten an den Untereinheiten und Bindungsstudien mit Inhibitoren, ist in Abb. 3-35 gezeigt. Zum Acetylcholin-Rezeptor im weiteren Sinn gehört auf der P-Seite noch ein 43-kDa-Protein, auch Rapsyn genannt, das den Rezeptor mit Elementen des Cytoskeletts verbindet. Rezeptoren finden sich nur in kleinen funktionellen Bereichen der Plasmamembran, den postsynaptischen Arealen. Ihre Anbindung an das Cytoskelett verhindert eine laterale Diffusion der Rezeptoren in der Membran aus diesen Bereichen hinaus.

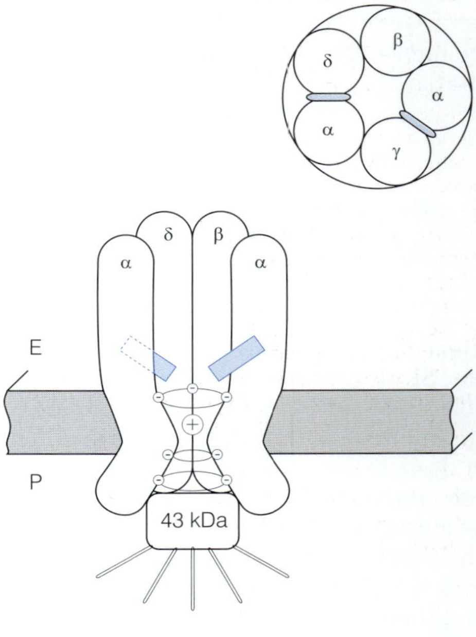

Abb. 3-35: Modell für den Acetylcholin-Rezeptor (Rezeptor mit Ionenkanal). Die fünf Untereinheiten sind in der Abfolge -α-γ-α-δ-β- (im Uhrzeigersinn bei Aufsicht von der E-Seite) pseudosymmetrisch um den zentralen Kanal gruppiert; in diesem Bild ist die vorn liegende γ-Untereinheit fortgelassen und die linke α-Untereinheit angeschnitten dargestellt. Die beiden Bindungsstellen für Acetylcholin, Agonisten und kompetitive Antagonisten (farbig) werden von α/δ bzw. α/γ gebildet. Der Rezeptor ragt auf der E-Seite etwa 6 nm und auf der P-Seite etwa 2 nm aus der Membran heraus; sein Durchmesser beträgt 8 nm. Der zentrale Kanal ist trichterförmig gestaltet mit einem Durchmesser von 2 bis 2,5 nm an der weitesten Stelle und von etwa 0,65 nm an der engsten. Drei Ringe von negativ geladenen Aminosäureresten im Inneren bestimmen die Leitfähigkeit und die Ionenselektivität des Kanals. Das Plus-Zeichen symbolisiert ein Kation. Nach Bindung von Agonisten wird der Kanal innerhalb von 20–100 µs geöffnet. Nichtkompetitive Antagonisten wie Histrionicotoxin oder Triphenylmethylphosphonium blockieren den Kanal. Das 43-kDa-Protein (Rapsyn) vermittelt die Bindung des Rezeptors an das Cytoskelett. (Nach F. Hucho et al. [1996] Eur. J. Biochem. 239, 539-557.)

Eine schwere neuromuskuläre Erkrankung beim Menschen ist die **Myasthenia gravis**, bei der Antikörper gegen den körpereigenen Acetylcholin-Rezeptor gebildet werden. Es handelt sich hier also um eine Autoimmunkrankheit. Die Besetzung der Rezeptoren durch Antikörper führt zu einer Eliminierung von Rezeptoren durch Makrophagen und damit zur Schädigung der Synapsen.

Der Acetylcholin-Rezeptor und mit ihm auch die gesamte neuromotorische Endplatte sind außerordentlich häufig Ziel biologischer Gifte. Der biologische Sinn der Entwicklung solcher Gifte ist bei Jägern oder als Abwehr unmittelbar einsichtig, und es gibt da phantastische Strategien (s. 15.1.4), in anderen Fällen mag rein zufällig eine Wirkung auf eben diesen Rezeptor auftreten. Für den Rezeptor sind auch zahlreiche synthetische Antagonisten entwickelt worden. Das von südamerikanischen Indianern benutzte, aus Abenteuerbüchern bekannte Pfeilgift Curare stellt ein Alkaloidgemisch aus der Liane *Chondodrendon tomentosum* oder aus *Strychnos*-Arten dar; Tubocurarin ist eine wesentliche Komponente daraus und wirkt als kompetitiver Antagonist. Kompetitive Antagonisten sind auch die α-Neurotoxine von Giftschlangen, z.B. von Kobra-Arten wie *Naja naja* oder das α-Bungarotoxin von *Bungarus multicinctus*; diese Toxine sind Polypeptide. Die Schlangen selbst, aber auch der Mungo sind resistent gegen die Gifte, die α-Untereinheiten ihrer Rezeptoren zeigen in den für die Bindung von Agonisten wichtigen Aminosäurepositionen 180–200 erhebliche Austausche. Weitere interessante Antagonisten sind das Lophotoxin, ein Diterpen aus der Koralle *Lophogorgia*, und die α-Conotoxine, kurze Peptide aus den Giftgemischen beutejagender Meeresschnecken der Gattung *Conus*. Neben Nicotin ist das Alkaloid Epibatidin aus dem Hautsekret eines südamerikanischen Pfeilgiftfrosches, *Epipedobatis tricolor*, ein Agonist, der besonders bei neuronalen Acetylcholin-Rezeptoren erheblich wirksamer ist als Nicotin; Epibatidin hat auch stark analgetische Eigenschaften. Nichtkompetitive Antagonisten blockieren den Ionenfluß sterisch im Kanal, für sie gibt es eine hochaffine Bindungsstelle. Histrionicotoxin, wieder ein Alkaloid aus dem Hautsekret eines südamerikanischen Pfeilgiftfrosches, *Dendrobates histrionicus*, ist das bekannteste Toxin dieser Art. Synthetische nichtkompetitive Antagonisten sind z.B. das lipophile Kation Triphenylmethylphosphonium und das Neuroleptikum Chlorpromazin.

3.6 Translokatoren in der Plasmamembran

Zellen enthalten in ihren Plasmamembranen als integrale Membranproteine Translokatoren für eine Vielzahl von Substraten, die sie für ihren Stoffwechsel oder ihr internes Milieu benötigen. Solche Transportwege betreffen immer kleine organische Moleküle oder anorganische Ionen; sie können einwärts, aber auch auswärts gerichtet sein. Makromoleküle werden von Zellen über ganz andere Wege aufgenommen (rezeptorvermittelte Endocytose, s. 8.4.2) bzw. exportiert (Exocytose, s. 8.2.4).

Die Grundlagen der Translokator-abhängigen Transportvorgänge durch Biomembranen und ihre Klassifizierung sind bereits besprochen worden (s. 2.7). Beispiele für katalysierte Diffusion durch die Plasmamembran freilebender Zellen sind so gut wie nicht bekannt. Das ist insofern auch erklärlich, als solche Zellen ohne besondere Anreicherungsmechanismen, also aktive Transportvorgänge, für die benötigten Substrate zu sehr von deren zufälligen und wechselnden Konzentrationen im umgebenden Medium abhängig wären. Offensichtlich haben sich in der Zellevolution sehr bald Anreicherungsmechanismen entwickelt, um eine von Milieuschwankungen weniger abhängige und durch die Aufwendung von Energie regulierbare Substratversorgung zu erreichen. Anders ist das häufig bei Zellen vielzelliger Organismen, die von einer körpereigenen Flüssigkeit mit konstanter molekularer Zusammensetzung umgeben sind. Glucose und Aminosäuren z.B. werden von vielen Zellen im Säugerorganismus aus dem Blut aufgenommen oder von den aktiv resorbierenden Epithelien des Verdauungstrakts oder der Niere in das Blut abgegeben, ohne daß hierfür Energie aufgewendet werden muß.

Eine Möglichkeit, bestimmte Translokatoren in der Plasmamembran schlagartig zu vermehren, ist die Exocytose von intrazellulären Vesikeln, die in ihren Membranen solche Translokatoren angereichert enthalten. Von dieser Möglichkeit machen Zellen manchmal auch Gebrauch, z.B. bei der durch Insulin induzierten Verminderung des Glucosespiegels im Blut durch Vermehrung von Glucose-Translokatoren oder bei der Ansäuerung des Magensafts durch die Belegzellen (s. unten).

3.6.1 Translokatoren für anorganische Ionen

Ein regulierbarer Transport von anorganischen Ionen in die Zelle hinein oder aus der Zelle hinaus dient der Versorgung der Zelle mit bestimmten Ionen, der Einstellung bestimmter ionaler Konzentrationen im Cytoplasma, der Regulation des pH-Werts, der Entgiftung, der Errichtung und Veränderung von Membranpotentialen sowie dem Aufbau von Ionengradienten für sekundär aktive Transportvorgänge. Die beteiligten Translokatoren werden häufig als Ionenkanäle bezeichnet, wenn sie nach Art des sekundär aktiven Transports oder der katalysierten Diffusion arbeiten, und als **Ionenpumpen** oder **Ionen-ATPasen**, wenn es sich um primär aktiven Transport handelt.

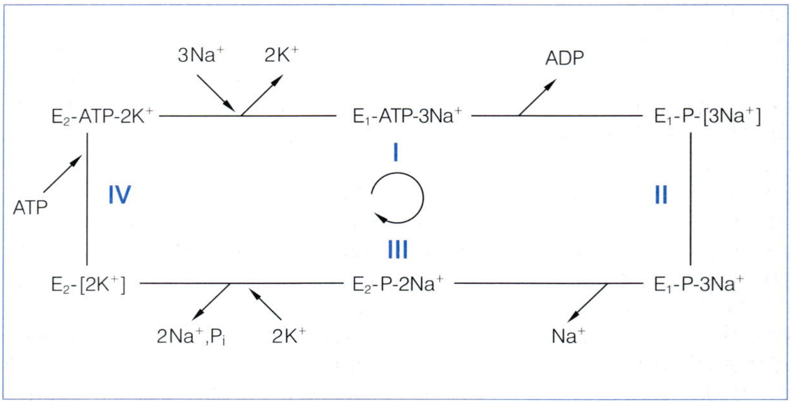

Abb. 3-36: Kinetisches Modell für den Na^+,K^+-Antiport der Na^+,K^+-ATPase mit den beiden Hauptkonformationen E_1 und E_2. Im Schritt I wird die Form E_1-P-[3Na^+] mit fest gebundenen 3 Na^+ durch Na^+-abhängige Phosphorylierung durch ATP gebildet. Die Na^+-Ionen stammen von der P-Seite. Im Schritt II, dem Transportschritt, entsteht E_1-P-3Na^+, das im Gleichgewicht mit dem vorangegangenen Intermediat steht und bei entsprechenden Konzentrationsverhältnissen durch ADP dephosphoryliert werden kann. In Schritt III wird die Änderung der Konformation nach E_2 vollzogen, die durch Bindung von zwei Kationen (2 Na^+ oder 2 K^+) und Dephosphorylierung bei der festen Bindung von zwei K^+-Ionen charakterisiert ist. Die Na^+-Ionen werden auf der E-Seite entlassen. Im Schritt IV schließlich werden 2 K^+ auf die P-Seite transportiert und dort entlassen, wobei ATP katalysierend wirkt.

Translokatoren für den zellulären Kationen-Haushalt

Die Familie der **P-Typ-ATPasen** enthält eine Reihe von Translokatoren in Pro- und Eukaryoten, die Kationen aktiv durch Membranen transportieren. Der Name deutet auf die ihnen allen gemeinsame Phosphorylierung/Dephosphorylierung eines Aspartylrests unter Verbrauch von ATP während des Transportzyklus hin. Sie besitzen acht bis zehn Membrandurchgänge und sind durch Vanadat hemmbar. Einige von ihnen, z.B. die Na^+,K^+-ATPase und die H^+,K^+-ATPase, sind mit einem sog. β-Glykoprotein noch unbekannter Funktion komplexiert.

Der bekannteste Vertreter dieser Familie ist die nur in Tierzellen vorkommende **Na^+,K^+-ATPase**, die die Ungleichgewichte dieser Ionen mit hoher K^+-Konzentration im Cytoplasma und niederer K^+-Konzentration außen sowie niederer Na^+-Konzentration im Cytoplasma und hoher Na^+-Konzentration außen über die Plasmamembran einstellt und aufrechterhält. Per Zyklus werden dabei zwei K^+-Ionen importiert und drei Na^+-Ionen exportiert (Abb. 3-36). Es gibt mindestens drei Isoformen dieses Translokators, codiert von drei Genen und in verschiedenen Zellen unterschiedlich exprimiert. Die Translokatoren sind offensichtlich regulierbar, beispielsweise durch Phosphorylierung. **Ouabain** (G-Strophantin) ist ein bekannter Inhibitor, der von der E-Seite her angreift und offenbar die Dephosphorylierung in der E_2-Konformation des Proteins verhindert. Der von der ATPase über die Plasmamembran eingestellte Na^+-Gradient (Faktor etwa 12, s. Tab. 2-3) wird von Zellen für zahlreiche sekundär aktive Sym- und Antiporte ausgenützt (s. unten).

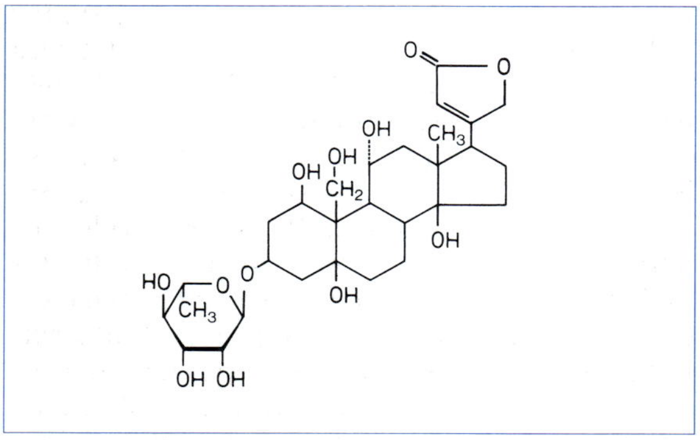

Abb. 3-37: Ouabain (G-Strophanthin), ein Herzglykosid, Inhibitor der Na^+,K^+-ATPase von der E-Seite der Membran.

Ouabain (Abb. 3-37) gehört zu den herzaktiven Steroiden (Herzglykosiden), für die die wichtigste Quelle der rote Fingerhut (*Digitalis purpurea*) ist. *Digitalis*-Blätter waren seit langem Bestandteil in von der Volksmedizin verwendeten Mitteln gegen Ödem (Wassersucht), dessen Ursache ja Herzinsuffizienz sein kann. Ende des 18. Jh. erkannte der Engländer W. Withering, der für die Botanik zunächst nichts übrig hatte, später aber ein berühmtes Handbuch über Pflanzen schrieb, *Digitalis* als das wirksame Ingredienz solcher Mittel. Sein Buch hierüber erschien 1785 mit dem Titel „An Account of the Foxglove, and some of its Medical Uses, with Practical Remarks on Dropsy and other Diseases". – Die hemmende Wirkung dieser Steroide auf die Na^+,K^+-ATPase in der Plasmamembran von Herzmuskelzellen hat einen flacheren Na^+-Gradienten über dieser Membran zur Folge. Dadurch wird die Ca^{2+}-Abgabe nach außen durch den sekundär aktiven Na^+,Ca^{2+}-Antiport weniger effektiv, und die Ca^{2+}-Konzentration im Cytoplasma bleibt etwas erhöht. Dies wiederum führt zu einer Stimulierung des Actomyosinsystems der Herzmuskelzellen.

Ein mit der Na^+,K^+-ATPase eng verwandter Translokator ist die **H^+,K^+-ATPase**, die vor allem im apikalen Bereich der Belegzellen des Magens vorkommt und für die Ansäuerung des Magensaftes verantwortlich ist, aber auch in einigen anderen Zelltypen gefunden wurde. Das Protein kann in der Membran intrazellulärer Vesikel gespeichert werden, die bei Stimulation mit der apikalen Plasmamembran verschmelzen – eine besondere Form der Aktivierung von Translokatoren. Pro Zyklus werden zwei K^+-Ionen in die Zelle aufgenommen und zwei Protonen abgegeben. Durch andere Kanäle strömen K^+-Ionen nach außen zurück und Cl^--Ionen nach außen nach. Cl^- -Ionen werden durch die basolaterale Membran aus dem Blut über einen Cl^-/HCO_3^--Antiport nachgeliefert. Es entstehen auf diese Weise ein sehr hoher ΔpH über der apikalen Plasmamembran von etwa 6 und eine Salzsäurekonzentration von 0,1 mol · l^{-1} im Magensaft.

Trotz dieser hohen Salzsäurekonzentration kann das gramnegative Bakterium ***Helicobacter pylori*** die Oberfläche der Magenschleimhaut besiedeln. Es produziert eine Urease, die den beim Verdauungsvorgang im Magen entstehenden Harnstoff in Ammoniak und Hydrogencarbonat spaltet; der Ammoniak hat offenbar eine lokal abpuffernde Wirkung. *H. pylori* wurde in den 80er Jahren überraschend als Erreger der Magenschleimhautentzündung (Gastritis) und der Mehrzahl der Magen- und Zwölffingerdarmgeschwüre identifiziert. Das Bakterium ist weit verbreitet; je nach Land sind 30–80% der Erwachsenen infiziert. *H. pylori* bildet ein vakuolisierendes Cytotoxin (VacA) von ca. 90 kDa, das in eukaryotischen Zellen eine Vermehrung und Vergrößerung des endosomalen Kompartiments hervorruft, was zu Schädigung und Nekrose der Epithelzellen führt. VacA ist bei saurem pH-Wert gegen Pepsin resistent.

Die **Ca^{2+}-ATPase** dieser Familie ist besonders im Endoplasmatischen Reticulum von Muskelzellen und anderen Zellen zu finden: sie pumpt Ca^{2+}-Ionen aus dem Cytoplasma in das ER-Lumen und hält die Ca^{2+}-Konzentration im Cytoplasma bei etwa 0,1 µmol · l^{-1}. Es gibt mehrere Isoformen dieses Translokators, manche auch mit Spleißvarianten, von denen jedoch einige ausschließlich in Plasmamembranen vorkommen. Beim Transportzyklus dieser ATPasen werden zwei Ca^{2+}-Ionen auf die E-Seite der Membran exportiert, möglicherweise im Austausch gegen ein bis zwei Protonen. Bei einigen Isoformen wurden Regulationsmöglichkeiten über Ca^{2+}/Calmodulin und cAMP-abhängige Phosphorylierung gefunden.

Bei Protozoen, Pilzen und Pflanzen ist eine **H^+-ATPase** weit verbreitet. Sie hat hier eine ähnliche Bedeutung wie die Na^+,K^+-ATPase in Tierzellen, denn sie transportiert Protonen aus dem Cytoplasma nach außen und schafft damit einen Protonengradienten, der für vielfältigen sekundär aktiven Transport ausgenützt wird.

Dieser Familie gehören auch eine Cd^{2+}- und eine Mg^{2+}-ATPase in Prokaryoten an – ob eine Mg^{2+}-ATPase in Eukaryoten existiert, ist nach wie vor unklar, obgleich natürlich Mg^{2+}-Ionen durch die Plasmamembran transportiert werden. Eine Cu^+-ATPase kommt in Pro- und Eukaryoten vor.

Zwei Familien von Translokatoren, die F-Typ- und V-Typ-ATPasen, sind für Protonentransport zuständig. Beide bestehen aus zahlreichen Untereinheiten und zeigen Ähnlichkeiten untereinander. Die **F-Typ-ATPase** (F von F_0- und F_1-Faktor) kommt nur bei den Bacteria in der Plasmamembran vor, bei Eukaryoten findet man sie in der inneren Mitochondrienmembran und in den Thylakoidmembranen. Sie nützen die elektrochemische Energie von Protonengradienten zur ATP-Bildung aus, sind also ATP-Synthasen. Bakterielle ATPasen können allerdings auch unter ATP-Verbrauch Protonengradienten aufbauen. Die **V-Typ-ATPasen** (V von vakuolär) haben in den Plasmamembranen der Archaea die Aufgabe von ATP-Synthasen. Bei Eukaryoten kommen sie intrazellulär in den Membranen von Endosomen, Lysosomen, Vakuolen u.a. vor und translozieren unter ATP-Verbrauch Protonen von der P-Seite in die Vesikellumina.

In Plasmamembranen finden sich zahlreiche regulierbare **K^+-Kanäle**, die K^+-Ionen unidirektional in Richtung P-Seite oder E-Seite passieren lassen. K^+-Kanäle arbeiten mit unterschiedlichen Öffnungsmechanismen, alle – einschließlich der spannungsabhängigen (s. unten) – besitzen offenbar jedoch sehr ähnliche Porencharakteristiken. Sie werden z.B. alle durch Tetraethylammonium blockiert. Jüngste Röntgenstrukturanalysen mit einer Auflösung von 0,34 nm an einem K^+-Kanal des Bakteriums *Streptomyces lividans* geben weitgehende Auskunft über seine Struktur und Funktion. Der Kanal ist 4,5 nm lang und besitzt eine eigenartige Form. Auf der P-Seite beginnt er mit einer 1,8 nm langen und 0,6 nm weiten Pore, die hydrophob ausgekleidet ist. In der Mitte der Membran liegt eine etwa 1 nm weite Höhlung, in der auch Wassermoleküle enthalten sind. Zur E-Seite hin schließt sich das 1,2 nm lange und nur 0,3 nm weite Selektivitätsfilter an. Dieser Teil ist starr und enthält Carbonylfunktionen einer AS-Abfolge exponiert, die typisch für alle K^+-Kanäle ist. In dieses Filter passen nur K^+-Ionen unter fast vollständigem Verlust ihrer Wasserhülle, die dann einen Durchmesser von 0,27 nm besitzen, exakt hinein.

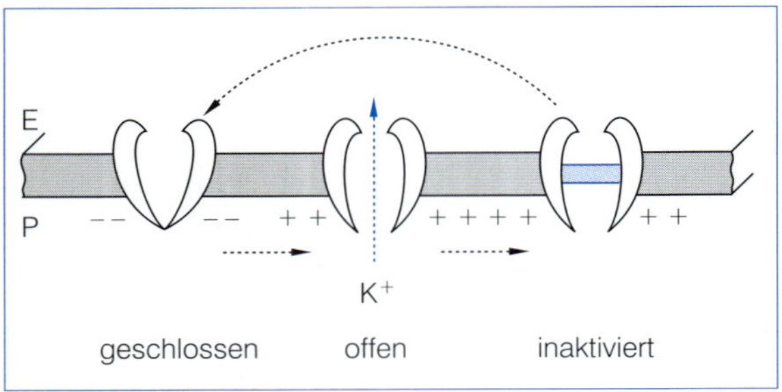

Abb. 3-38: Schematische Darstellung der drei Konformationen eines spannungsabhängigen Ionenkanals. Bei negativem Membranpotential ist der Kanal geschlossen. Bei positivem Membranpotential, d.h. bei einem Aktionspotential, öffnet sich der Kanal für wenige Millisekunden, um anschließend für kurze Zeit (Refraktärzeit) in einen inaktivierten Zustand überzugehen.

Energetisch wird der Verlust der Wasserhülle durch Bindung des Ions an die Carbonylfunktionen aufgewogen. Die Selektivität gegenüber Na^+ um den Faktor 10^4 besteht darin, daß Na^+ (Duchmesser 0,19 nm) zu klein ist, da die örtlich fixierten Carbonylgruppen sich dem Ion nicht genügend nähern können (Rb^+ dagegen, mit einem Durchmesser von 0,29 nm, kann fast ebenso gut wie K^+ passieren). Der hohe Durchsatz von K^+ von 10^7-10^8 pro s trotz der relativ festen Bindung im Filter ist durch nachfolgende Ionen gewährleistet, deren abstoßende Wirkung die Bindung kompensiert. Dieses Struktur/Funktionsprinzip ist wahrscheinlich auch bei anderen Ionenkanälen verwirklicht.

Tetraethylammonium wirkt von der P-Seite, kann in den Kanal eindringen und blockiert das Selektivitätsfilter, das es wegen seiner Größe nicht passieren kann. Kleine Peptide aus dem Venom von Skorpionen wie **Charybdotoxin** (*Leiurus quinquestriatus*) blockieren von der E-Seite am Eingang in den Selektivitätsfilter (s. auch 15.1.4).

Ein nach außen gerichteter Kanal arbeitet in der apikalen Plasmamembran der Belegzellen im Magen (s. oben). Die zahlreichen Kanäle der **Kir-Familie** (K^+ inwardly rectifying), die in vielen Zelltypen vorkommen, lassen K^+-Ionen in Zellen einströmen. Die Polypeptidketten besitzen nur zwei Membrandurchgänge, wobei die beiden Termini auf der P-Seite liegen. Die Translokatoren selbst sind Tetramere. Sie spielen eine wichtige Rolle für die K^+-Homöostase in Zellen sowie bei der Erhaltung des Membranpotentials u.a.. Mg^{2+}-Ionen blockieren die Kanäle von der plasmatischen Seite her. Manche werden durch den zellulären ATP-Spiegel reguliert.

Der bekannteste K^+-Kanal dieser Familie kommt in den Schrittmacherzellen des Sinusknotens und in Myocyten des Herzatriums vor. Er wird durch ein G-Protein aktiviert. Eine Stimulation durch den Vagusnerv aktiviert muscarinisch cholinerge Rezeptoren des Typs M_2, die an das G-Protein gekoppelt sind. Die β/γ-Untereinheit des G-Proteins öffnet den Kanal, durch den K^+-Ionen einströmen, was eine Verlangsamung des Herzschlags zur Folge hat.

Die **Amilorid-sensitiven Na^+-Kanäle** bilden eine eigene Familie. Sie besitzen zwei Membrandurchgänge und eine ausgedehnte extrazelluläre Schleife. Sie kommen vor allem in der apikalen Plasmamembran mancher Epithelzellen vor und lassen Na^+-Ionen in die Zellen einströmen, die dann von der Na^+,K^+-ATPase durch die basolaterale Plasmamembran in das Blut gepumpt werden.

Mitglieder einer Translokator-Familie, die etwa zwölf Membrandurchgänge besitzen und vor allem den Na^+-Gradienten über der Plasmamembran als treibende Kraft benützen, sind in Säugerzellen weit verbreitet. Von besonderer Bedeutung ist der regulierbare **Na^+,H^+-Translokator**, der im Antiport Protonen aus dem Cytoplasma nach außen transportiert. Er ist für die **pH-Homöostase** im Cytoplasma verantwortlich. Bei einem internen pH-Wert von etwa 7,5 bleibt er inaktiv, wird jedoch bei Sinken des pH-Werts zunehmend aktiv und schützt so das Cytoplasma vor Übersäuerung.

Nach dem gleichen Prinzip arbeitet auch der **Na^+,Ca^{2+}-Translokator**, der – neben den Ca^{2+}-ATPasen in der Plasmamembran und im ER – die Ca^{2+}-Konzentration im Cytoplasma niedrig hält. Der Ca^{2+}-Gradient ist bei einer Konzentration von 1,1 bis 1,3 mmol · l^{-1} im Blut und etwa 0,1 µmol · l^{-1} im Cytoplasma beträchtlich. Der Translokator zeigt eine Stöchiometrie von 1 Ca^{2+} gegen 3 Na^+. In Herzmuskelzellen stellt er das wichtigste Exportsystem für Ca^{2+} dar (s. oben).

Schilddrüsenzellen besitzen mit dem **Na^+,J^--Translokator** einen speziellen Importweg für Jodid, das sie zur Synthese des Schilddrüsenhormons Thyroxin benötigen. In diesem Fall wird der Na^+-Gradient für einen Symport ausgenützt.

Spannungsabhängige und cAMP/cGMP-abhängige Ionenkanäle

Spannungsabhängige Ionenkanäle kommen in elektrisch erregbaren Zellen, also im wesentlichen in Nerven- und Muskelzellen vor und sind für die Erregungsleitung dieser Zellen verantwortlich (s. 15.1.3). Solche Kanäle gibt es für K^+-, Na^+- und Ca^{2+}-Ionen in mehreren Isoformen und als Spleißvarianten. Während des Transportzyklus nehmen die Kanäle verschiedene Konformationen ein (Abb. 3-38). Die Anzahl der Ionen, die pro Kanal die Membran passieren, liegt in der Größenordnung von 10^7-10^8 pro s. Ionen fließen entsprechend ihrem elektrochemischem Gradienten, d.h. Na^+ und Ca^{2+} in das Cytoplasma der Zelle hinein und K^+ aus dem Cytoplasma hinaus.

Eine besondere Bedeutung für die Erforschung dieser Kanäle hat der sog. **Shaker-Kanal** von *Drosophila* erlangt. Die Shaker-Mutante zeigte unter bestimmten Bedingungen neuromotorische Besonderheiten wie starkes Zittern, die auf veränderte K^+-Kanäle schließen ließen. Der Shaker-Kanal wurde als erster kloniert. In Frosch-Oocyten injizierte mRNA für das Shaker-Protein führte zur Expression von Kanälen in der Plasmamembran, deren Funktionsfähigkeit mit Hilfe von Patch-Clamp-Techniken (s. 15.1.3) nachgewiesen werden konnte.

Der spannungsabhängige K^+-Kanal besteht aus vier identischen Untereinheiten. Jede Untereinheit besitzt sechs α-helicale Membrandurchgänge (S1 bis S6) und eine sog. P-Region als Spannungssensor zwischen S5 und S6, die von der E-Seite in die Membran eintaucht (Abb. 3-39). Phylogenetisch leiten sich die Na^+- und Ca^{2+}-Kanäle von den K^+-Kanälen ab; sie bestehen jedoch aus vier homologen Domänen, die den vier Untereinheiten der K^+-Kanäle entsprechen, was auf zweifache Gen-Duplikation zurückzuführen sein dürfte. Die spannungsabhängigen Ionenkanäle können in der Membran mit anderen Proteinen assoziiert sein und durch diese moduliert werden.

Bei den Ca^{2+}-Kanälen werden verschiedene Typen unterschieden wie L-Typ, N-Typ oder T-Typ. L-Typ-Kanäle kommen vor allem im T-System von Skelettmuskelzellen und in Herzmuskelzellen vor; sie werden von Dihydropyridinen und anderen sog. Calcium-Blockern beeinflußt (s. 14.2). N-Typ-Kanäle sind in präsynaptischen Membranen häufig anzutreffen und werden beispielsweise durch ω-Conotoxin, einem Peptid aus dem Gift räuberischer Meeresschnecken der Gattung *Conus*, inhibiert (s. 15.1.4).

Strukturell homolog zum spannungsabhängigen K^+-Kanal sind zwei Ionenkanäle, die durch cGMP bzw. cAMP gesteuert werden. In den Stäbchenzellen der Retina wird ein Kanal, der vor allem Na^+ in die Zellen einströmen läßt, durch cGMP offengehalten. Die beim Sehvorgang ausgelöste Signalkaskade führt zu einer Hydrolyse von cGMP und damit zur Schließung des Kanals (s. 15.2). In den olfaktorischen Cilien des Riechepithels wird bei Besetzung von Rezeptoren über ein trimeres G-Protein eine Adenylat-Cyclase aktiviert. Das gebildete cAMP induziert die Öffnung von Na^+-Kanälen und läßt dadurch ein Aktionspotential entstehen (s. 15.1.3). Diese beiden Kanäle stellen ebenfalls Tetramere dar, besitzen jedoch keine Spannungssensoren, dafür aber auf der P-Seite der Membran zusätzliche regulatorische Domänen für die cyclischen Nucleotide und Ca^{2+}/Calmodulin (Abb. 3-39).

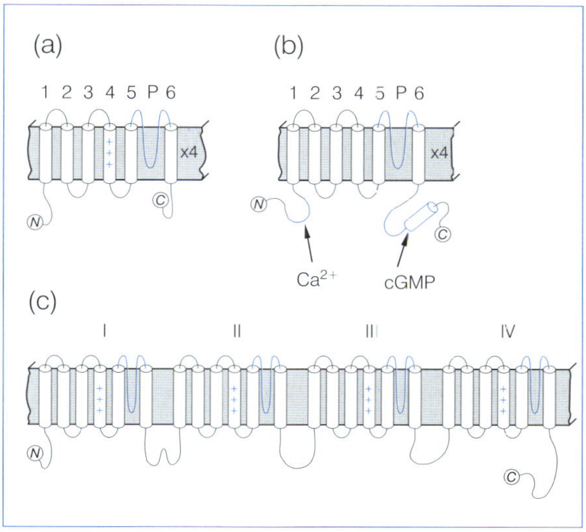

Abb. 3-39: (**a**) Spannungsabhängiger K^+-Kanal bestehend aus vier gleichen Untereinheiten. Farbig hervorgehoben sind die drei positiven Ladungen dreier Aminosäurereste im Membransegment S4 und das in die Membran eintauchende P-Segment. Die drei positiv geladene Aminosäurereste in S4 werden als Spannungssensoren angesehen; sie verlagern sich bei einer Änderung des Membranpotentials etwas und induzieren dadurch eine Konformationsänderung. Die P-Segmente der vier Untereinheiten bilden den eigentlichen Kanal. Das Aminoende auf der P-Seite trägt eine kleine globuläre Region, die den Kanal verschließen kann. (**b**) Eine sehr ähnliche Struktur besitzt der cGMP-regulierte Ionenkanal im äußeren Segment der Stäbchenzelle, der ebenfalls aus vier identischen Untereinheiten besteht. Hier allerdings fehlen die Spannungssensoren in S4; auf der P-Seite enthält er zusätzlich N-terminal eine Bindungsstelle für Ca^{2+}/Calmodulin und C-terminal eine Bindungsstelle für cGMP. (**c**) Der spannungsabhängige Na^+-Kanal (ebenso wie der Ca^{2+}-Kanal) besteht aus vier homologen Domänen (I bis IV), die den Untereinheiten des K^+-Kanals entsprechen.

Translokatoren für Anionen

Chlorid ist das mengenmäßig wichtigste Anion in Tier- und Pflanzenzellen, und es gibt zahlreiche Translokatoren für dieses Ion. In Tierzellen liegt der elektrochemische Gradient für Cl^- bei einem Membranpotential von −60 mV sowie cytoplasmatischen und externen Cl^--Konzentrationen von 4 mmol · l^{-1} bzw. 120 mmol · l^{-1} nicht weit vom Gleichgewicht entfernt; ganz im Gegensatz etwa zur Situation für Na^+ und Ca^{2+}.

Cl^- wird beispielsweise durch Epithelzellen von Nierentubuli rückresorbiert (Abb. 3-40). Es handelt sich hierbei um einen sekundär aktiven Transport über einen Na^+,K^+,$2Cl^-$-Translokator; Cl^- verläßt die Zelle danach basolateral über einen Kanal. In anderen Zellen können auch ein Na^+,Cl^--Symport einwärts und ein K^+,Cl^--Symport auswärts vorkommen.

Eine wichtige Funktion übt der **Cl^-,HCO_3^--Anionen-Translokator** in der Erythrocytenmembran aus. Er besitzt etwa zwölf Membrandurch-

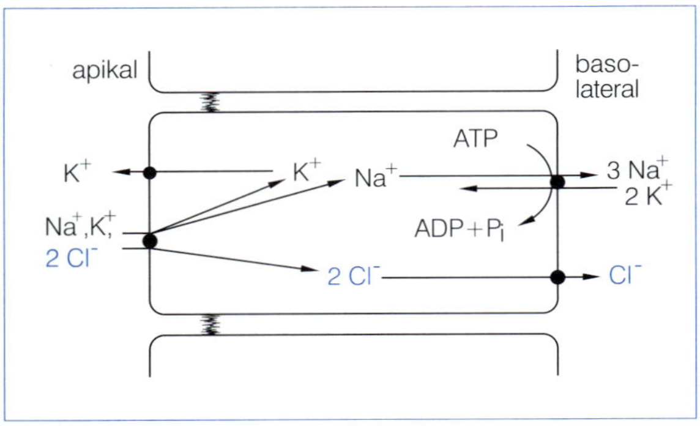

Abb. 3-40: Rückresorption von Cl^- durch Epithelzellen der Nierentubuli. Durch sekundär aktiven Transport wird Cl^- über einen $Na^+,K^+,2Cl^-$-Translokator aus dem Primärharn aufgenommen; durch einen Cl^--Kanal auf der basolateralen Seite des Epithels gelangt Cl^- in das Blut zurück. Die geringe zelluläre Na^+-Konzentration wird durch die Na^+,K^+-ATPase eingestellt.

gänge und zwei funktionelle Domänen. Die eine Domäne dient als Verankerung für das Membranskelett (s. 3.1), die andere katalysiert den elektroneutralen Antiport von Cl^- und HCO_3^- durch die Membran. Dadurch erhöht sich im Endeffekt die Kapazität des Bluts für den Transport von CO_2, denn das in die Erythrocyten eindiffundierte CO_2 wird dort durch die Carbonat-Dehydratase in Bicarbonat umgewandelt ($CO_2 + H_2O \leftrightarrow HCO_3^- + H^+$). Dieses wird über den Translokator gegen Cl^- in das Blutplasma exportiert, in dem es wesentlich besser löslich ist als CO_2. Das freiwerdende Proton wird an einen Histidinrest im Hämoglobin bei O_2-Abgabe gebunden. In der Lunge läuft diese Sequenz bei Beladung des Hämoglobins mit O_2 in umgekehrter Richtung. Isoformen dieses Translokators ohne die Membranskelett-spezifische Domäne kommen in anderen Zellen vor und können an der Regulation des cytoplasmatischen pH-Werts beteiligt sein, ähnlich wie der Na^+,H^+-Antiporter.

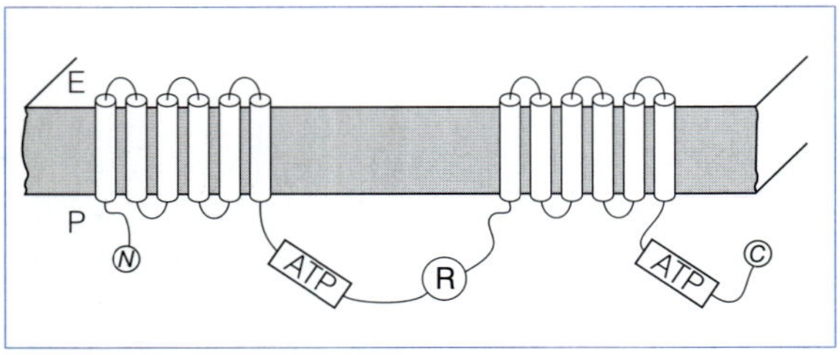

Abb. 3-41: Modell für CFTR, einen ABC-Typ-Translokator, mit zwei Membrandomänen und zwei ATP-Bindungsdomänen. Die zusätzliche regulatorische Domäne (R), in der eine Phosphorylierungsposition für die cAMP-abhängige Protein-Kinase A enthalten ist, fehlt anderen Mitgliedern dieser Translokator-Familie.

Translokatoren der **CLC-Familie** (chloride channel) sind von Bakterien bis zu den Säugern verbreitet. Die meisten funktionieren spannungsabhängig, der Cl^--Kanal der Elektrocyten (s. 3.5.5) ist ein Beispiel hierfür. Ein anderer reagiert bei Tierzellen auf hypotonen Stress mit Öffnung – ebenso wie ein K^+-Kanal – was letztlich zu einem Efflux von KCl führt.

Ein bedeutender Cl^--Translokator ist der **CFTR** (cystic fibrosis transmembrane conductance regulator). Er spielt apikal in Epithelien eine wichtige Rolle bei der Stabilisierung der Flüssigkeitsverteilung und scheint neben der eigenen Translokatorfunktion auch andere Ionenkanäle regulatorisch zu beeinflussen. CFTR gehört zur Familie der ABC-Typ-Translokatoren (ATP binding cassette) mit zwei Membrandomänen von etwa sechs Membrandurchgängen und zwei cytoplasmatischen ATP-Bindungsdomänen (Abb. 3-41). Die Öffnung des Cl^--Kanals erfordert eine Phosphorylierung der regulatorischen Domäne sowie die Bindung und Hydrolyse von ATP in der ersten Kassettendomäne. Es wird angenommen, daß eine Bindung von ATP in der zweiten Kassettendomäne den geöffneten Zustand stabilisiert und die Hydrolyse zum Schließen führt. Es handelt sich hier also nicht um einen klassischen primär aktiven Transport, bei dem ATP für jeden Transportzyklus benötigt würde.

Mutationen im *cftr*-Gen sind Ursache der **Mukoviscidose** (Cystischen Fibrose), eine der häufigen rezessiven Erbkrankheiten beim Menschen. Sie betrifft den epithelialen Ionen- und Wasserhaushalt und führt besonders im respiratorischen Trakt und im Pankreas zur Anhäufung von Schleim. Sekundäre Infektionen in der Lunge, vor allem durch *Pseudomonas aeruginosa* (s. 3.6.5), können fatale Folgen haben. Es sind mehrere Hundert Mutationen bekannt; die häufigste ist ΔF508, d.h. der Verlust des Phenylalanins in Position 508 der Polypeptidkette. Dadurch wird eine korrekte Prozessierung des Proteins im ER verhindert, so daß nur sehr wenig oder kein CFTR in der Plasmamembran erscheint. Die defekten Proteine werden über den ER-assoziierten Proteasomenweg abgebaut.

Weitere spezifische Cl^--Kanäle sind die GABA- und Glycin-Rezeptoren in den inhibitorischen Synapsen des Zentralnervensystems (s. 15.1.4).

Auch für andere Anionen wie Sulfat und Phosphat, bei Pflanzen auch Nitrat, sind Translokatoren bekannt. Sie besitzen meist etwa 12 Membrandurchgänge und arbeiten nach dem Prinzip des sekundär aktiven Transports, bei Tierzellen im Symport mit Na^+, bei Pflanzenzellen im Symport mit H^+.

3.6.2 Translokatoren für Metabolite

Zellen besitzen zahlreiche Translokatoren für Zucker, Aminosäuren, Nucleoside und viele andere kleinere organische Verbindungen, um Substrate für ihren Stoffwechsel aufnehmen zu können. Mehrere Translokator-Familien sind hierfür zuständig, und die Translokatoren haben häufig um die 12 Membrandurchgänge. Zellen vielzelliger Organismen, die von einer körpereigenen Flüssigkeit mit konstanter molekularer Zusammensetzung umgeben sind, transportieren Substanzen häufig nach Art der katalysierten Diffusion. Dagegen können Einzeller, Zellen von Organismen ohne ein solches internes Milieu und Epithelzellen an ihrer resorbierenden (apikalen) Seite Metabolite aus dem Außenmedium durch sekundär aktiven Transport anreichern. Bei Tierzellen geschieht dies durch Symport mit Na^+, bei Einzellern und Pflanzenzellen durch Cotransport mit H^+. Bei diesen Zellen werden Importe nach Art der katalysierten Diffusion fast nie beobachtet; ein Transport für Glycerol bei Bakterien ist eine Ausnahme.

Die von G. N. Cohen und Mitarbeitern 1956 in *E.coli* entdeckte **Lactose-Permease** ist ein Translokator mit H^+-Cotransport. Dieser Symporter importiert Lactose und verschiedene Galactoside zusammen mit Protonen in einer Stöchiometrie von 1:1. Er wird vom *y*-Gen des durch Substrat induzierbaren *lac*-Operons codiert und macht nach Induktion etwa 1% des gesamten Membranproteins aus. Der Translokator arbeitet in monomerer Form, seine Molekularmasse beträgt 47 kDa. Ein Substrat mit besonders hoher Affinität zum Translokator ist das β-D-Galactosyl-1-thio-β-D-Galactosid, das deshalb bei Induktionsexperimenten häufig verwendet wird.

Gut bekannt ist der **Glucose-Translokator** in der Erythrocytenmembran. Er katalysiert die Diffusion von Glucose aus dem Blut in die Zelle, in der sie phosphoryliert und als phosphorylierte Verbindung vom Translokator nicht mehr für eine Rückdiffusion akzeptiert wird. Glucose-6-phosphat ist Ausgangspunkt des Glykolysewegs im Erythrocyten zur ATP-Gewinnung, z.B. zum Unterhalt der Na^+,K^+-ATPase. Der Translokator ist ein Glykoprotein mit 12 Membrandurchgängen; die Helices 7 bis 11 sind an der Ausbildung des hydrophilen Kanals beteiligt, in dem eine sehr spezifische Bindungsstelle für Glucose existieren muß, da der Kanal keine Diffusion anderer Substanzen erlaubt. Durch Phloretin, eine phenolische Verbindung aus der Rinde von Obstbäumen, wird der Translokator gehemmt. Dieser Translokator und Isoformen sind in den Plasmamembranen vieler anderer Zellen zu finden.

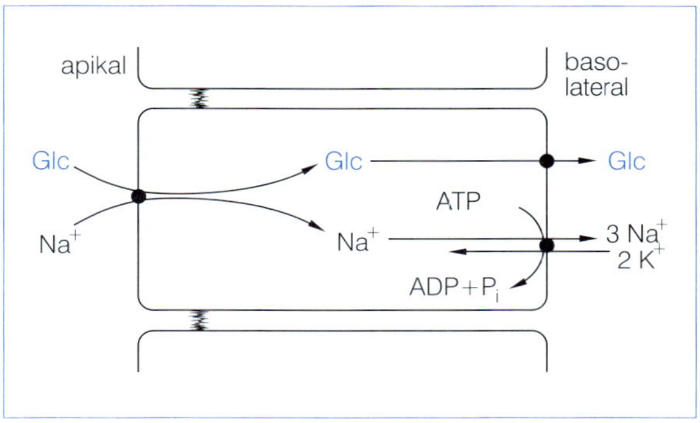

Abb. 3-42: Zusammenwirken von drei Translokatoren bei der Rückresorption von Glucose aus dem Primärharn durch Epithelzellen des proximalen Nierentubulus. Apikal (luminal) ein Glucose,Na^+-Translokator (sekundär aktiver Transport), basolateral ein Glucose-Translokator (katalysierte Diffusion) und die Na^+,K^+-ATPase (primär aktiver Transport).

Glucose wird durch die Epithelzellen des proximalen Nierentubulus aus dem Primärharn rückresorbiert (Abb. 3-42). Dabei wird der Zukker auf der apikalen (luminalen) Seite durch einen **Glucose,Na^+-Translokator** aus dem Primärharn aufgenommen. Die für diesen sekundär ak-

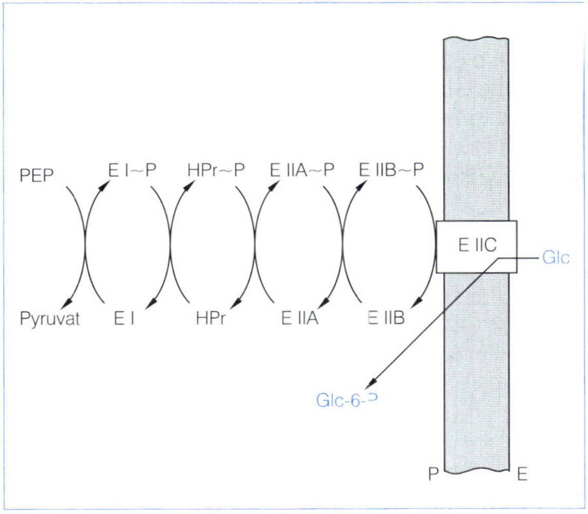

Abb. 3-43: Phosphotransferase-System der Prokaryoten. Mit dem aus Phosphoenolpyruvat (PEP) stammenden Phosphatrest phosphoryliert sich zunächst Enzym I in Position N3 eines Histidinrestes und überträgt ihn danach auf die Position N1 eines Histidinrestes im HPr (heat-stable protein). Der Phosphatrest wandert weiter über die Domänen/Untereinheiten IIA, B und C schließlich auf den Zucker, in diesem Fall auf Glucose, das in Glucose-6-Phosphat umgewandelt wird. Enzym IIC besitzt acht Membrandurchgänge, seine N- und C-Termini liegen auf der P-Seite. Das System übt auch regulatorische Funktionen aus: Enzym IIA kann z.B. andere metabolische Enzyme inhibieren, während Enzym IIA-P eine Adenylat-Cyclase aktiviert; über cAMP bzw. cAMP-Rezeptor-Proteine werden Gene aktiviert (reprimiert).

tiven Transport notwendige niedrige Na^+-Konzentration in der Zelle wird durch die Na^+,K^+-ATPase auf der basolateralen Seite gewährleistet. Auf dieser Seite findet sich auch ein Glucose-Translokator, eine Isoform des erythrocytären, der den Austritt von Glucose in das Blut katalysiert. Das System aus drei Translokatoren arbeitet sehr effektiv. Unter normalen Bedingungen wird Glucose praktisch quantitativ aus dem Primärharn rückgewonnen; beim Menschen sind das pro Tag etwa 140 g.

Ein **Saccharose,H^+-Translokator** ist in grünen Blättern für das Beladen des Phloems mit Saccharose verantwortlich, die von den Mesophyllzellen in den Apoplasten abgegeben wird. Der Konzentrationsgradient von Saccharose kann erheblich sein, von etwa 40 mmol · l^{-1} in den Mesophyllzellen bis etwa 1 mol · l^{-1} im Phloem.

Nur bei Prokaryoten, hier aber weit verbreitet, kommt das sog. **Phosphotransferase-System** (Gruppentranslokation) in zahlreichen Varianten für den Import von Zuckern vor. Die Zucker werden beim Transport unter Verwendung metabolischer Energie phosphoryliert, also in energiereiche Derivate umgewandelt, die direkt in katabolische Wege eingeschleust werden können (Abb. 3-43). Das System besteht aus zwei konstitutiv exprimierten Enzymen und einem weiteren zuckerspezifisch induzierten Enzym, das meist aus drei Domänen oder Untereinheiten besteht. Ausgehend vom Phosphatdonator Phosphoenolpyruvat (!) phosphorylieren sich die Enzyme sequentiell, wobei der Phosphatrest in der letzten Domäne/Untereinheit, dem Translokator in der Plasmamembran, auf den Zucker übertragen wird.

Bakterien besitzen außerhalb ihrer Plasmamembran sog. **periplasmatische Bindeproteine** für Zucker und Aminosäuren. Sie bilden zusammen mit ABC-Typ-Translokatoren in der Membran ein weiteres Aufnahmesystem für solche Metabolite.

3.6.3 Aquaporine

Membranen sind für Wasser gut permeabel; die Permeabilitätskoeffizienten liegen bei 4–60 · 10^{-4} cm · s^{-1}. Um die Permeabilität einer Membran durch spezifische Poren signifikant zu steigern, müßten solche porenbildende Proteine in erheblichen Mengen in ihr enthalten sein. In manchen Geweben ist die Wasser-Permeabilität allerdings in der Tat so hoch, daß sie mit den Eigenschaften einer Biomembran nicht vereinbar ist. Es gibt eine Gruppe von mengenmäßig bedeutenden Membranproteinen, die in der **MIP-Familie** (major intrinsic protein) zusammengefaßt werden, und unter ihnen finden sich tatsächlich Translokatoren für Wasser, sog. Aquaporine. Sie sind in Erythrocyten, in Zellen der Nierentubuli, des Blasenepithels, der Amphibienhaut u.a., aber auch in manchen pflanzlichen Plasmamembranen und Tonoplasten anzutreffen. Durch sie wird die Wasser-Permeabilität der Plasmamembranen bis auf 200 · 10^{-4} cm · s^{-1} und mehr angehoben; Erythrocyten besitzen etwa 150000 Kopien dieses Proteins. Die funktionelle Expression des Transkripts für das Aquaporin von Erythrocyten des Menschen in *Xenopus*-Oocyten steigert deren osmotische Wasser-Permeabilität um das 30fache.

Aquaporine sind integrale Membranproteine von etwa 28 kDa mit sechs Membrandurchgängen und entstanden durch eine intragenische Duplikation. Die funktionelle Einheit ist das Monomere, sie scheinen in vivo jedoch immer als Tetramere vorzuliegen. Ihre Funktion wird durch $HgCl_2$ spezifisch gehemmt, was auf eine zentrale Bedeutung von Cysteinresten hinweist. Etwa 3 · 10^9 Wassermoleküle können den Kanal eines Monomeren pro Sekunde passieren.

3.6.4 Translokatoren zur Entgiftung

Das **P-Glykoprotein** wurde 1976 von R.L. Juliano und V. Ling in Krebszellen entdeckt, die resistent gegen Chemotherapeutika waren. Es gehört zur Familie der ABC-Typ-Translokatoren und ist ein integrales Protein der Plasmamembran mit weiter Verbreitung. Man findet es besonders in den apikalen Membranen der Epithelien des Verdauungstrakts, der Nierentubuli und der Blut-Gewebe-Schranken sowie in den Membranen der Gallenkanälchen in der Leber. Das Gen wird als *mdr1* (multidrug resistance) bezeichnet. Dieses Gen kann in Krebszellen amplifiziert und überexprimiert sein, so daß eine Chemotherapie bei solchen Tumoren nicht anschlägt. Das P-Glykoprotein ist für die Entfernung von amphiphilen/lipophilen Xenobiotika aus Zellen verantwortlich. Null-Mutanten der Maus sind außerordentlich empfindlich gegenüber vielen Drogen (Arzneimitteln). Beim Transport wird ATP verbraucht, beide ATP-Bindungsstellen (s. Abb. 3-41) sind wichtig. Der Transportmechanismus ist unklar. Dem Poren-Modell steht das Flippase-Modell gegenüber, bei dem die amphiphilen/lipophilen Xenobiotika, die noch mit der P-seitigen Lipidschicht der Plasmamembran in Kontakt stehen, in die E-seitige Lipidschicht transferiert werden sollen.

Ähnliche ABC-Typ-Translokatoren sind z.B.

für die Resistenz von *Plasmodium falciparum* gegenüber Antimalariamitteln und von *Entamoeba histolytica* gegenüber Emetin u.a. verantwortlich.

Für Bakterien sind zahlreiche Translokatoren für Xenobiotika (multidrug efflux pumps) beschrieben worden, die als sekundär aktive Systeme den Protonengradienten über der Plasmamembran ausnützen. Darunter sind Mitglieder der MFS (major facilitator superfamily), zu der auch die oben beschriebenen Glucose-Translokatoren des Menschen gehören, oder der SMR-Familie (small multidrug resistance), die auf Bakterien beschränkt ist. Auch ABC-Typ-Translokatoren werden von Bakterien hierfür eingesetzt; im sequenzierten Genom von *Bacillus subtilis* z.B. hat man 77 Gene für solche Translokatoren gezählt. Durch diese Translokatoren werden viele Antibiotika, also „Waffen" von Mikroorganismen gegen Mikroorganismen, wie Tetracycline oder Chloramphenicol aus Zellen entfernt. Bei gramnegativen Bakterien stehen diese Translokatoren oft mit Proteinen der äußeren Membran in funktionellem Zusammenhang. Gegen giftige Schwermetall-Ionen wie Arsenit, Sb^{2+}, Cu^{+} u.a. werden primär aktive Systeme nach Art der P-Typ-ATPasen eingesetzt. Häufig sind die Gene für solche Translokatoren auf Plasmiden codiert.

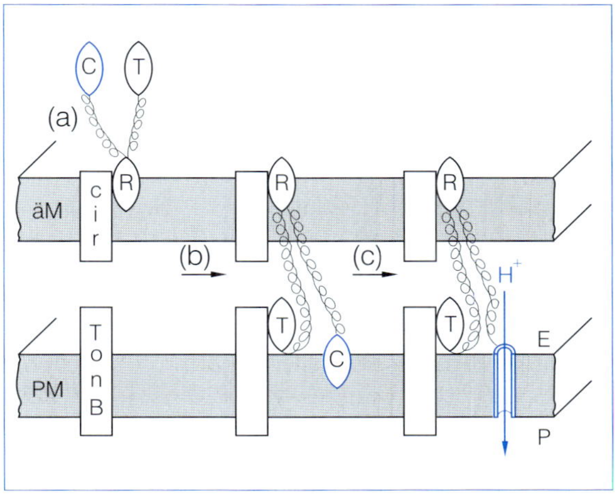

Abb. 3-44: Wirkungsweise von Colicin Ia. Das Protein von 70 kDa besitzt drei Domänen: eine Rezeptor-bindende Domäne (R), eine Translokationsdomäne (T) und eine kanalbildende Domäne (C). (**a**) Die R-Domäne bindet zunächst an ein Cir genanntes Protein eines Transportsystems der äußeren Membran. (**b**) Die T-Domäne benützt diesen Transportweg, indem sie an ein TonB genanntes Protein der Plasmamembran bindet, das mit Cir in Verbindung steht. Das Toxin ist durch seine beiden ausgedehnten α-Helices mit 16 nm lang genug, um den periplasmatischen Raum von ca. 15 nm Breite zu durchspannen, trotz bestehender Assoziation von R und Cir. (**c**) Die C-Domäne besteht aus zehn kürzeren α-Helices, von denen wenigstens vier durch Umorganisation einen Kanal durch die Plasmamembran bilden. äM, äußere Membran; PM Plasmamembran.

3.6.5 Makromolekulare Toxine

Bakterien haben eine Reihe makromolekularer Toxine mit außerordentlich effizienter Wirkung hervorgebracht, die gegen konkurrierende Stämme oder aber gegen eukaryotische Wirte gerichtet sind. Sie werden als **Exotoxine** bezeichnet im Gegensatz zu den Endotoxinen (s. 12.1.2), die bakterielle Wandsubstanzen, insbesondere Lipopolysaccharid, darstellen. Auch einige Pflanzen haben ähnliche Toxine entwickelt. Ein einziges Toxinmolekül kann oft ausreichen, um eine Zielzelle abzutöten.

Bacteriocine sind gegen Bakterien gerichtete Toxine grampositiver und gramnegativer Bakterien, **Colicine** von *E.coli* produzierte Toxine. Sie sind auf dem Plasmid codiert und werden von den Zellen sezerniert; sie besitzen kanalbildende oder enzymatische Eigenschaften. Etwa ein Drittel aller *E.coli*-Stämme besitzt solche Plasmide. Auf den Plasmiden ist jeweils auch ein inaktivierendes Immunitätsprotein codiert, das in der Plasmamembran oder im Cytoplasma lokalisiert ist und die produzierende Zelle vor dem eigenen Toxin schützt.

Durch Röntgenstrukturanalyse konnte die Wirkungsweise des kanalbildenden Colicins Ia weitgehend geklärt werden (Abb. 3-44). Der durch die Plasmamembran führende Kanal ist spannungsabhängig und bei dem üblichen Membranpotential eines Bakteriums von etwa −160 mV geöffnet. Durch den Einstrom von Protonen durch den Kanal in die Zelle sinkt das Membranpotential, bis sich bei etwa −80 mV der Kanal schließt. Ein erneuter energieverbrauchender Aufbau des Potentials durch die Zelle hat ein erneutes Öffnen des Kanals zur Folge. Auf diese Weise kann ein einziges Toxinmolekül eine Zielzelle schließlich umbringen.

Das Colicin E3 ist ein Beispiel für ein toxisches Enzym; es spaltet die 16S rRNA und unterbindet damit die Translation.

Pflanzen und Bakterien produzieren eine Reihe von Toxinen, die als **AB-Toxine** bezeichnet werden, mit einer B-Komponente, die den Kontakt zur Zielzelle herstellt und nach Endocytose den Transfer der katalytisch aktiven A-Komponente durch die Membran ermöglicht. Es werden zwei Toxingruppen nach ihren Eindringwegen unterschieden. Bei der einen Gruppe (z.B. Diphtherie-Toxin) gelangt das katalytische Protein aus dem angesäuerten Endosom in das Cytoplasma. Bei der zweiten (z.B. Exotoxin A, Choleratoxin, Shiga-Toxin, Ricin) wird ein komplizierter retrograder Weg durch den Golgi-Apparat bis zum ER eingeschlagen; von dort gelangen die katalytischen Proteine – möglicherweise ähnlich wie mißfaltete Proteine im Zug der Qualitätskontrolle (s. 8.2.3) – in das Cytoplasma.

- Das **Diphtherie-Toxin** von *Corynebacterium diphtheriae* ist auf dem Genom des Corynephagen β codiert, d.h. nur mit dem Phagen infizierte Bakterien sind pathogen. Das Toxin besteht aus einer enzymatischen Komponente A und einer Bindungskomponente B, die sich an die Vorstufe eines Heparin-bindenden Wachstumsfaktors der Zielzelle anlagert. Nach Endocytose spaltet eine zelleigene Proteinase, Furin, das Toxin innerhalb der Translokationsdomäne, und das katalytische Fragment gelangt durch die Endosomenmembran in das Cytoplasma. Es wirkt als ADP-Ribosyltransferase und ADP-ribosyliert im Elongationsfaktor EF-2 den Aminosäurerest Diphthamid-715, ein ungewöhnliches Histidinderivat, wodurch die Translation zum Erliegen kommt und die Zelle schließlich abstirbt: NAD^+ + EF-2 → ADP-ribose-EF-2 + Nicotinamid + H^+ .
- Das **Exotoxin A** von *Pseudomonas aeruginosa* ist Genom-codiert. Die B-Untereinheit bindet den an Humanzellen ubiquitär verbreiteten α_2-Makroglobulin-Rezeptor. Die Wirkungsweise der katalytischen Untereinheit entspricht der von Exotoxin A.
- **Cholera-Toxin** von *Vibrio cholerae* und **Pertussis-Toxin** von *Bordetella pertussis* haben eine A1-B5-Struktur. Sie ADP-ribosylieren α-Untereinheiten von trimeren G-Proteinen (s. 3.5.3).
- Pflanzliche AB-Toxine sind **Ricin** aus den Samen von *Ricinus communis* und **Abrin** aus den Samen der Paternostererbse *Abrus precatorius*. Die in Zellen eindringenden katalytischen Fragmente spalten von 28S rRNA-Molekülen einen Adeninrest (A_{4324}) in einer sehr konservierten Region ab, unter Intaktlassen der Phosphoribosekette, wodurch die Translation gestört wird. Ein einzelnes Ricin-Molekül kann auf diese Weise ca. 1500 Ribosomen pro Minute inaktivieren.

Die **Clostridien-Neurotoxine** von *Clostridium tetani* und *Clostridium botulinum* sind Proteinasen und spalten Proteine, die an der Exocytose von Neurotransmittern beteiligt sind (s. 15.1.4).

Eine andere Gruppe bakterieller Toxine ist die Familie der **Cytolysine** mit Streptolysin O oder Perfringolysin O aus *Clostridium perfringens* als Beispielen. Die Proteine werden als Monomere von 50–80 kDa sezerniert. Ihre biologische Wirksamkeit hängt von der Anwesenheit von Cholesterol in der Zielmembran ab und wird durch geringe Konzentrationen an freiem Cholesterol gehemmt; sie besitzen eine Cholesterol-Bindungsdomäne. In der Membran oligomerisieren sie zu ringförmigen porenbildenden Strukturen aus 40–80 Monomeren, die mehr als 30 nm Durchmesser erreichen können.

3.7 Weiterführende Literatur

Membranskelett

Davies K A, Lux S E (1989) Hereditary disorders of the red cell membrane skeleton. Trends Genet. 5, 222–227.

Fowler V M (1996) Regulation of actin filament length in erythrocytes and striated muscle. Curr. Opinion Cell Biol. 8, 86–96.

Zell-Matrix- und Zell-Zell-Erkennung

Brown J C, Timpl R (1995) The collagen superfamily. Int. Arch. Allergy Immunol. 107, 484–490.

Bruzzone R, White T W, Goodenough D A (1996) The cellular internet: on-line with connexins. BioEssays 18, 709–718.

Burridge K, Chrzanowska-Wodnicka M, Zhong C (1997) Focal adhesion assembly. Trends Cell Biol. 7, 342–347.

Carrington J C, Kasschau K D, Mahajan S K, Schaad M C (1996) Cell-to-cell and long-distance transport of viruses in plants. The Plant Cell 8, 1669–1681.

Ding B (1997) Cell-to-cell transport of macromolecules through plasmodesmata: a novel signalling pathway in plants. Trends Cell Biol. 7, 5–8.

Gumbiner B M (1996) Cell adhesion: the molecular basis of tissue architecture and morphogenesis. Cell 84, 345–357.

Iozzo R V, Murdoch A D (1996) Proteoglycans of the extracellular environment: clues from the gene and protein side offer novel perspectives in molecular deversity and function. FASEB J. 10, 598–614.

Kornblihtt A R et al. (1996) The fibronectin gene as a model for splicing and transcription studies. FASEB J. 10, 248–257.

Kumar N M, Gilula N B (1996) The gap junction communication channel. Cell 84, 381–388.

Staehelin L A, Hull B E (1978) Junctions between living cells. Sci. Am. May 1978, 141–152.

Stitt M (1996) Plasmodesmata play an essential role in sucrose export from leaves: a step toward an integration of metabolic biochemistry and cell biology. Plant Cell 8, 565–571.

Timpl R, Brown J C (1996) Supramolecular assembly of basement membranes. BioEssay 18, 123–132.

Vertel B M (1995) The ins and outs of aggrecan. Trends Cell Biol. 5, 458–464.

Rezeptoren

Heldin C H (1995) Dimerization of cell surface receptors in signal transduction. Cell 80, 213–223.

Hucho F, Tsetlin V I, Machold J (1966) The emerging three-dimensional structure of a receptor. The nicotinic acetylcholine receptor. Eur. J. Biochem. 239, 539–557.

Kaplan D R, Miller F D (1997) Signal transduction by the neurotrophin receptors. Curr. Opinion Cell Biol. 9, 213–221.

Massagué J, Hata A, Liu F (1997) TGF-β signalling through the Smad pathway. Trends Cell Biol. 7, 187–192.
Neer E J (1995) Heterotrimeric G proteins: organizers of transmembrane signals. Cell 80, 249–257.
O'Shea J J (1997) Jaks, STATs, cytokine signal transduction, and immunoregulation: are we there yet? Immunity 7, 1–11.
Segal R A, Greenberg M E (1996) Intracellular signaling pathways activated by neurotrophic factors. Annu. Rev. Neurosci. 19, 463–489.
Watowich S S et al. (1996) Cytokine receptor signal transduction and the control of hematopoietic cell development. Annu. Rev. Cell Dev. Biol. 12, 91–128.
Wess J (1997) G-protein-coupled receptors: molecular mechanisms involved in receptor activation and selectivity of G-protein recognition. FASEB J. 11, 346–354.
Wittinghofer A (1996) Deciphering the alphabet of G proteins: the structure of the α,β,γ heterotrimer. Structure 4, 357–361.

Transport

Bayley H (1997) Toxin structure: part of a hole? Curr. Biol. 7, R763-R767.
Borst P, Schinkel A H (1997) Genetic dissection of the function of mammalian P-glycoproteins. Trends Genet. 13, 217–222.
Braun V, Pilsl H, Groß P (1994) Colicins: structures, modes of action, transfer through membranes and evolution. Arch. Microbiol. 161, 199–206.
Doupnik C A, Davidson N, Lester H A (1995) The inward rectifier potassium channel family. Curr. Opinion Neurobiol. 5, 268–277.
Gouaux E (1997) The long and short of colicin action: the molecular basis for the biological activity of channel-forming colicins. Structure 5, 313–317.
Jentsch T J, Günther W (1997) Chloride channels: an emerging molecular picture. BioEssays 19, 117–126.
Logan H, Basset M, Véry A A, Sentenac H (1997) Plasma membrane transport systems in higher plants: From black boxes to molecular physiology. Physiol. Plant. 100, 1–15.
Moller J V, Juul B, le Maire M (1996) Structural organization, ion transport, and energy transduction of P-type ATPases. Biochim. Biophys. Acta 1286, 1–51.
Park J H, Saier M H (1996) Phylogenetic characterization of the MIP family of transmembrane channel proteins. J. Membr. Biol. 153, 171–180.
Paulsen I T, Brown M H, Skurray R A (1996) Proton-dependent multidrug efflux systems. Microbiol. Rev. 60, 575–608.
Reithmeier R A F (1994) Mammalian exchangers and co-transporters. Curr. Opinion Cell Biol. 6, 583–594.
Saier M H (1994) Computer-aided analyses of transport protein sequences: gleaning evidence concerning function, structure, biogenesis, and evolution. Microbiol. Rev. 58, 71–93.
Silver S (1996) Bacterial resistances to toxic metal ions – a review. Gene 179, 9–19.
Van Os C H, Deen P M T, Dempster J A (1994) Aquaporins: water selective channels in biological membranes. Molecular structure and tissue distribution. Biochim. Biophys. Acta 1197, 291–309.
Zagotta W N, Siegelbaum S A (1996) Structure and function of cyclic nucleotide-gated channels. Annu. Rev. Neurosci. 19, 235–263.

4 CYTOPLASMA

Tab. 4-1: Diffusionskoeffizienten (D, in $cm^2 \cdot s^{-1}$).

	D
Wassermoleküle in Wasser	$1{,}2 \cdot 10^{-5}$
Wassermoleküle im Cytoplasma	ca. 10^{-5}
Kleine Moleküle in Wasser	ca. $6 \cdot 10^{-6}$
Kleine Moleküle im Cytoplasma	ca. $3 \cdot 10^{-6}$
Globuläre Proteine in Wasser	ca. $5 \cdot 10^{-7}$
Globuläre Proteine im Cytoplasma	$10^{-7} - 10^{-8}$
Proteine in Membranen*	$10^{-9} - 10^{-10}$

* D für laterale Diffusion in der Membranebene

In Wasser ist bei globulären Molekülen der Diffusionskoeffizient dem Moleküldurchmesser umgekehrt proportional. Im Cytoplasma bestehen für Proteine zusätzliche Diffusionswiderstände.

Das Cytoplasma ist die „Grundsubstanz" der Zelle, die von der Plasmamembran zur Umwelt hin abgeschirmt wird. Bei einfachen Protocyten macht es einen sehr homogenen Eindruck, auf elektronenmikroskopischem Niveau sind nur die Ribosomen und allenfalls eine Nucleoid-Region zu erkennen, in der das zelluläre Genom liegt. Bei komplizierteren Protocyten können verschiedene partikuläre Einschlüsse und manchmal auch Membranen im Cytoplasma enthalten sein. Bei Eucyten sind alle intrazellulären Kompartimente im cytoplasmatischen Kompartiment verteilt.

Im Cytoplasma herrschen reduzierende Bedingungen. Ob das eine Reminiszenz an frühe Zeiten der Zellevolution ist, liegt im Bereich der Spekulation. Für das hohe Reduktionspotential ist vor allem das Tripeptid **Glutathion** (γGlutamyl-Cysteinyl-Glycin, GSH) verantwortlich, das in einer Konzentration um 5 $mmol \cdot l^{-1}$ im Cytoplasma enthalten ist. Glutathion wird durch Dimerisierung, d.h. durch Ausbildung einer Disulfidbindung zu GSSG oxidiert, und GSSG wird durch die flavinhaltige Glutathion-Reductase unter Verbrauch von NADPH wieder reduziert. Mehr als 98% des Glutathions liegt im Cytoplasma in reduzierter Form vor. Aufgrund dieser reduzierenden Bedingungen enthalten cytoplasmatische Proteine auch keine Disulfidbindungen. Anders ist das im Lumen des ER. Hier ist das GSH/GSSG-Verhältnis zugunsten der oxidierten Form verschoben, was die Ausbildung von Disulfidbindungen begünstigt. Exportproteine können deshalb durch Disulfidbindungen in ihrer Konformation stabilisiert sein wie z.B. das kleine Insulin mit zwei Bindungen zwischen a- und b-Kette und einer innerhalb der a-Kette.

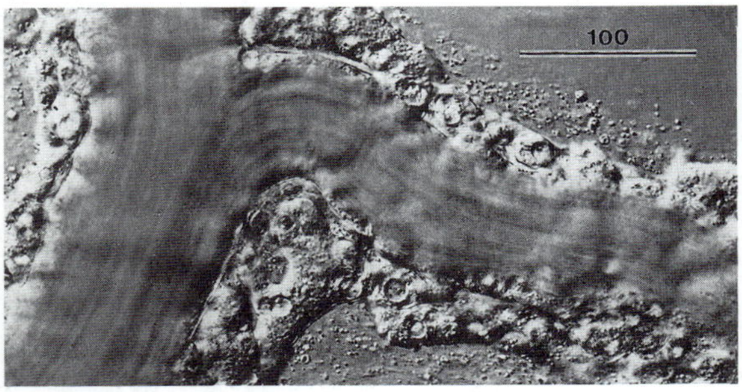

Abb. 4-1: Plasmodium von *Physarum* mit einer sich verzweigenden Ader mit Plasmaströmung (Ausschnitt, s. auch Abb. 1-3). Das strömende und daher unscharf erscheinende Endoplasma ist vom stationären Ektoplasma deutlich abgegrenzt. Im Ektoplasma sind Zellkerne zu erkennen. (Aufnahme im Differential-Interferrenzkontrast: K. E. Wohlfarth-Bottermann [1974] J. Cell Sci. 16, 23; mit Genehmigung.)

Das Cytoplasma ist reich an Protein. Konzentrationen um 0,35 $g \cdot cm^{-3}$ werden gemessen, d.h. ca. 35% der Masse des Cytoplasmas ist Protein. Bei einer mittleren Dichte der Proteine von 1,3 $g \cdot cm^{-3}$ wären das etwa 27 Volumenprozent. Wenn man bedenkt, daß Proteinkristalle etwa zu 30–70 Volumenprozent aus Protein, also immerhin zu 70–30 Volumenprozent aus Wasser bestehen, wird deutlich, was für hochkonzentrierte Proteinlösungen Cytoplasmen tatsächlich darstellen. Aufgrund dieses hohen Proteinanteils besitzt das Cytoplasma eine zweifach bis dreifach höhere Viskosität als reines Wasser. Entsprechend sind auch die Diffusionskoeffizienten der in ihm gelösten Moleküle geringer als in Wasser (Tab. 4-1). Im Vergleich zu kleinen Molekülen sind die Diffusionswiderstände für Proteine jedoch überproportional hoch – die angegebenen Werte gelten für Tierzellen. Diese Widerstände werden Wechselwirkungen von Proteinmolekülen untereinander, vor allem aber dem in Eucyten vorkommenden Cytoskelett zugeschrieben. Das Cytoskelett, eine Art räumliches Netzwerk, wird von Mikrotubuli und Actinfilamenten, bei Vertebratenzellen zusätzlich noch von Intermediärfilamenten, gebildet. Es ist ein dynamisches System, dessen Vernetzungsgrad reguliert werden kann. Dies bedeutet, daß in Zellen oder in bestimmten Bereichen von Zellen unterschiedliche Viskositäten herrschen können. Besonders schön ist das im Mikroskop an sich fortbewegenden Amöben, an wandernden Leukocyten oder an Plasmodien des Schleimpilzes *Physarum* (Abb. 4-1) zu beobachten; im sog. Ektoplasma ist die Viskosität bedeutend höher als im Endoplasma. Der dynamische Wechsel von Viskositätszuständen wird als **Sol/Gel-Transformation** bezeichnet.

Hohe Proteinkonzentrationen, d.h. enge Nachbarschaften, und eingeschränkte Diffusion charakterisieren das Cytoplasma. Man sollte sich bewußt sein, daß das Aufbrechen von Zellen in verdünnenden Pufferlösungen die In-vivo-Situation empfindlich verändert und In-vitro-Untersuchungen im Reagenzglas – so hilfreich sie auch sind – eigentlich unter sehr artifiziellen Bedingungen geschehen. Es gibt gute Hinweise darauf, daß im Cytoplasma Stoffwechselwege mit mehreren hintereinandergeschalteten Enzymen räumlich so organisiert sein können, daß Intermediärprodukte nicht durch Diffusion das nächste Enzym erreichen müssen, sondern von Enzym zu Enzym „weitergegeben" werden. Diese biochemische Kompartimentierung wird als **Metabolit-Kanalisierung** bezeichnet. Der Glykolyseweg ist beispielsweise in dieser Art angeordnet.

Im Cytoplasma gibt es zahllose anabolische und katabolische Wege, und zahllose Signaltransduktionswege können an- und abgeschaltet werden. Solche Wege und die beteiligten Proteine können zum Grundstoffwechsel gehören (Housekeeping-Proteine) und sind dann meist auch mengenmäßig bedeutend. Für andere ist zur Ausübung ihrer Funktion nur eine sehr geringe Anzahl notwendig. Die Konzentration individueller Proteine im Cytoplasma liegt in dem weiten Bereich von 0,01–100 μmolar. Da Enzymsubstrate in ähnlichen, bis höchstens millimolaren, Konzentrationen vorkommen, dürfte eine Substratsättigung, mit der im allg. bei der Charakterisierung von Enzymen in vitro gearbeitet wird, in der Zelle selten vorliegen.

In einer *E.-coli*-Zelle würden – entsprechend der Proteinkonzentration im Cytoplasma und der mehr als 4000 Proteine codierenden Gene – bei gleicher Expression aller Proteine etwa 3000 Kopien von jedem Protein enthalten sein. In Wirklichkeit jedoch sind z.B. die ribosomalen Proteine in etwa 15000 Kopien vorhanden und zentrale Housekeeping-Enzyme vielleicht in 100000 Kopien, während induzierbare Proteine wie die β-Galactosidase nur in ein paar Exemplaren anzutreffen sind. Unter induzierenden Bedingungen, in diesem Fall bei externem Angebot von Galactose, würde jedoch ihre Zahl sehr rasch auf 5000 und mehr anwachsen.

4.1 Signaltransduktion

Wege zur Signalleitung sind zahlreich in einer Zelle. Am Beginn eines Weges stehen immer Rezeptoren für das von außen kommende Signal, das die Zelle als Hormon, Wachstumsfaktor, Licht u.a. erreicht. Die Rezeptoren sind in der Plasmamembran enthalten (s. 3.5) oder aber im Cytoplasma, wenn die Signale die Plasmamembran passieren können wie z.B. amphiphile Steroidhormone. Den Rezeptoren nachgeschaltete Signalproteine in den Signalketten können Tyr-Protein-Kinasen und Ser/Thr-Protein-Kinasen sowie entsprechende Phosphatasen, G-Proteine, sekundäre Boten samt der sie bildenden Enzyme, Adaptorproteine zur Verknüpfung von Kettengliedern und Effektorproteine wie Transkriptionsfaktoren sein.

Protein-Kinasen nehmen eine wichtige Stellung ein. Im sequenzierten Hefe-Genom sind 113 Gene für Protein-Kinasen gefunden worden, das sind 2% aller Gene; ihre Zahl liegt damit knapp hinter der für Transkriptionsfaktoren. Aus bisherigen Sequenzierungsdaten läßt sich ableiten, daß es im menschlichen Genom mehrere hundert Gene für Protein-Kinasen und -Phosphatasen gibt. Bei den Protein-Phosphatasen beispielsweise kennt man mehrere Familien, zwei für Ser/Thr-Phosphatasen (PPP- und PPM-Familie) und eine für Tyr-Phosphatasen (PTP-Familie).

Alle gut bekannte Signaltransduktionswege „aktivieren" Zellen zu mehr oder weniger wohl definierten Antworten. Die Wege „negativer" oder „inhibitorischer" Signale, die Abschaltung aktivierter Wege, die es ja auch gibt, sind bisher weniger gut untersucht worden.

Die Wirkungen, die das Anschalten von Signalwegen auf eine Zelle haben kann, lassen sich vier Bereichen zuordnen:

- Beeinflussung des zellulären Stoffwechsels,
- Veränderung des Membranpotentials,
- Beeinflussung der Gen-Expression,
- Induktion oder Beeinflussung von Zellbewegungen.

Insbesondere eine Veränderung der Gen-Expression kann zu fundamentalen zellulären Antworten führen wie Wachstum, Differenzierung, Apoptose, Adhäsion, Sekretion u.a..

Es gibt sehr direkte Signalwege, bei denen nur wenige Signalproteine beteiligt sind, wie das Zwei-Komponenten-System der Bakterien (s. 3.5.1) mit Sensor und Regulator oder das Jak/STAT-System (s. 3.5.4) mit STAT als Transkriptionsfaktor, über das Cytokine wirken, oder das Steroidhormonsystem (s. unten), bei dem der Rezeptor zugleich Transkriptionsfaktor ist. Andere Wege wie der MAP-Kinase-Weg (s. unten) enthalten viele Signalproteine, und einzelne Signalproteine können auch zu mehreren Wegen gehören. Man gewinnt den Eindruck, daß bei höheren Organismen eine gewisse Tendenz zur Redundanz von Signalproteinen entstanden ist und daß Transduktionswege ganze Netzwerke bilden können. Bei Ausfall von Signalproteinen – z.B. durch 0-Mutationen – hat man manchmal keinen erkennbaren Effekt feststellen können.

Die Gene vieler Signalproteine sind potentielle Onkogene. Das bedeutet, daß die Signalproteine bei einer Mutation ihre Regulierbarkeit verlieren können und dann permanent aktiv bzw. aktivierend für die Folgeglieder sind. Solche

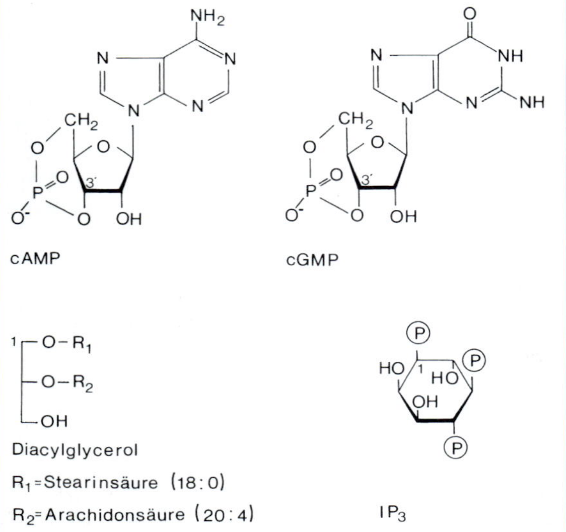

Abb. 4-2: Sekundäre Boten: cAMP, zyklisches Adenosin-3',5'-monophosphat; cGMP, zyklisches Guanosin-3',5'-monophosphat; IP_3, Inositol-1,4,5-trisphosphat; Diacylglycerol besitzt meist eine besondere Fettsäureausstattung. Ca^{2+} ist ein weiterer sekundärer Bote.

Gene werden als Proto-Onkogene bezeichnet (s. 21.2.2). Eine Mutation zu Onkogenen bedeutet immer einen Schritt zur Transformation einer normalen Zelle in eine Krebszelle.

4.1.1 Sekundäre Boten und ihre Wirkung

Sekundäre Boten sind kleine Moleküle oder Calcium-Ionen (Abb. 4-2), die auf extrazelluläre Signale hin im Cytoplasma gebildet bzw. freigesetzt werden.

cAMP und cGMP

cAMP (zyklisches Adenosin-3',5'-monophosphat) wird durch die plasmamembranständige **Adenylat-Cyclase** aus ATP gebildet. Die Cyclase enthält zwei katalytische Domänen auf der P-Seite, denen jeweils sechs Membrandurchgänge vorausgehen; sechs Isoformen sind aus Säugern bekannt. Die Cyclasen selbst werden durch heterotrimere G-Proteine reguliert (s. 3.5.3). Phosphodiesterasen hydrolysieren cAMP zu AMP und inaktivieren den sekundären Boten dadurch. cAMP führt zur Aktivierung der **Protein-Kinase A** (PKA), einer Ser/Thr-Protein-Kinase. Diese Kinase ist ein tetrameres Protein, das aus zwei regulatorischen und zwei katalytischen Untereinheiten besteht. Die regulatorischen Untereinheiten können je zwei cAMP-Moleküle in kooperativer Weise binden, wodurch die katalytischen Untereinheiten frei werden und nun zahlreiche andere Proteine durch Phosphorylierung unter ATP-Verbrauch in ihren Aktivitäten modulieren können (s. 4.1.2). Aktivierte PKA kann auch in den Zellkern gelangen; ein wichtiges Substrat dort ist der Transkriptionsfaktor **Creb** (cAMP response element-binding protein), der durch Phosphorylierung an einem Serinrest aktiviert wird.

In anderer Weise wirkt cAMP in den Zellen des Riechepithels nach Stimulierung der Odorant-Rezeptoren durch Liganden; hier öffnen sich Ionenkanäle in der Plasmamembran nach Bindung von cAMP, wodurch ein Aktionspotential ausgelöst wird.

Bei dem zellulären Schleimpilz *Dictyostelium discoideum* wirkt cAMP extrazellulär als Chemoattraktans, das Zellen in Hungerperioden zur Bildung vielzelliger Aggregate veranlaßt; intrazellulär aktiviert es eine PKA, die die dabei ablaufenden Differenzierungsvorgänge steuert. Bei Prokaryoten aktiviert cAMP ein als CAP (catabolite activator protein) bezeichnetes dimeres Protein, das sich nach Bindung von zwei cAMP-Moleklülen sehr spezifisch vor den Promotor des *lac*-Operons und anderer Gene an die DNA anlagert und dadurch die Affinität zwischen Promotor und RNA-Polymerase erhöht, d.h. die Transkription dieser Gene stimuliert.

cGMP (zyklischen Guanosin-3',5'-monophosphat) entsteht aus GTP durch die **Guanylat-Cyclase**. cGMP ist ein seltener sekundärer Bote. Beispielsweise hält dieses Molekül in den Stäbchenzellen der Retina einen Ionenkanal offen. Nach Aktivierung einer Phosphodiesterase infolge der Lichtabsorption durch Rhodopsin wird cGMP zu GMP hydrolysiert und der Ionenkanal dadurch geschlossen (s. 15.2.1).

Inositoltrisphosphat

IP_3 (Inositol-1,4,5-trisphosphat, Abb. 4-2) wird aus einem besonderen Phospholipid der Plasmamembran, Phosphatidylinositol-4,5-bisphosphat, durch die **Phospholipase C** (PLC) freigesetzt (Abb. 4-3). Von Säugern sind zehn Isoformen des Enzyms bekannt, die drei Gruppen (α, β und γ) zugeordnet werden. PLC-γ wird durch Rezeptoren mit Tyr-Protein-Kinase-Aktivität für Wachstumsfaktoren wie EGF aktiviert; PLC-β ist durch α-Untereinheiten trimerer G-Proteine aktivierbar, die von muscarinischen Acetylcholin-Rezeptoren oder α_1-adrenergen Rezeptoren stimuliert werden. Phosphatidylinositol-4,5-bisphosphat ist nicht nur Vorstufe für IP_3 und Diacylglycerol, sondern wird auch von der PH-Domäne (Pleckstrin-Homologie), die in manchen Proteinen von Signalketten vorkommt, gebunden, wodurch eine Interaktion dieser Proteine mit der Plasmamembran zustande kommt.

Freigesetztes IP_3 wird vom IP_3-Rezeptor, einem homotetrameren Membranprotein im ER, gebunden. Der Rezeptor ist gleichzeitig ein Ca^{2+}-Kanal, der durch die IP_3-Bindung aktiviert wird und Ca^{2+} aus dem Ca^{2+}-Speicher ER ausströmen läßt. Dadurch wird die cytoplasmatische Ca^{2+}-Konzentration erhöht, d.h. ein weiterer sekundärer Bote freigesetzt. Ein ganzer Satz von Enzymen läßt aus IP_3 durch Phosphorylierung und Dephosphorylierung weitere Inositolphosphate, manche ebenfalls mit Signalfunktion, entstehen.

Ein wichtiges regulatorisches Enzym, das Phosphatidylinositolphosphate bildet, ist die **PI-3-Kinase** (Phosphatidylinositol-3-Kinase). Es gibt mehrere dieser Enzyme, die verschiedenen Klassen zugeordnet werden. Manche besitzen eine regulatorische Untereinheit mit SH2-Domänen, die phosphorylierte Tyrosinreste zu binden vermögen und die Kinase an Signalwege mit Tyr-Protein-Kinasen anbindet. Andere besitzen Affinität zu G-Proteinen wie Ras.

Diacylglycerol

Diacylglycerol entsteht ebenfalls durch die Aktivierung von PLC. Dieser sekundäre Bote ist an der Aktivierung der Protein-Kinase C, einer Ser/Thr-Protein-Kinase, beteiligt; zusätzliche Aktivatoren sind das negativ geladene Phospholipid Phosphatidylserin, das nur in der P-seitigen Lipidschicht der Plasmamembran vorkommt, und Ca^{2+}. Von den elf bekannten **Protein-Kinasen C** (PKC) gehören vier (α, βI, βII und γ) zu den sog. konventionellen (Abb. 4-4), die auch eine Bindungsstelle für Ca^{2+} besitzen. Die katalytische Domäne von PKC hat große Ähnlichkeit mit der von PKA. Funktionelle Analoge des Aktivators Diacylglycerol sind Phorbolester, die als Tumorpromotoren bekannt geworden sind (s. 21.2). PKCs phosphorylieren zahlreiche andere Proteine. Okadasäure, ein Toxin aus Muscheln, das ebenfalls zu den Tumorpromotoren gerechnet wird, aktiviert nicht die PKC, sondern hemmt Phosphatasen, die von PKC phosphorylierte Proteine wieder dephosphorylieren.

Auch andere lipophile Derivate von Membranlipiden haben offensichtlich Eigenschaften als sekundäre Boten. Stressfaktoren aktivieren eine Sphingomyelinase, die aus Sphingomyelin Ceramid (N-Acylsphingosin) abspaltet, das eine

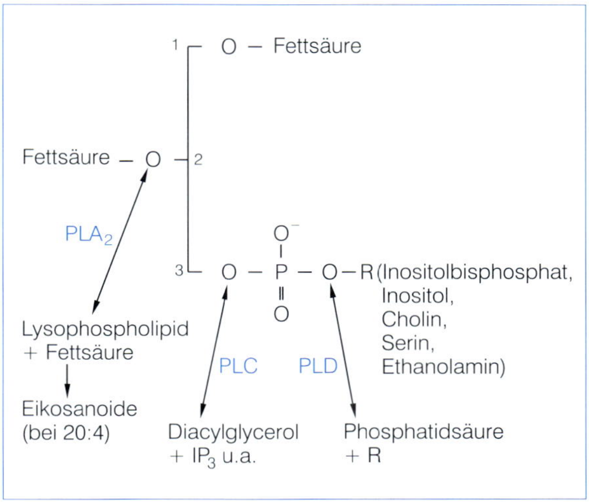

Abb. 4-3: Phospholipide spaltende Phospholipasen (PL) und Hydrolyseprodukte. 20:4 Arachidonsäure. Eine weitere Phospholipase, PLA_1, spaltet die Fettsäure am C1 des Glycerolrests ab.

Protein-Kinase aktivieren kann. Lysophosphatidsäure, das außerhalb der Zelle entsteht, wird ebenfalls als Zelleffektor diskutiert.

Ca^{2+}-Ionen

Ca^{2+} ist das einzige anorganische Ion, das Botenfunktion ausübt. Seine Konzentration im Cytoplasma ist außerordentlich gering und liegt bei etwa 0,1 $\mu mol \cdot l^{-1}$ und darunter. Sie kann auf ein entsprechendes Signal hin durch Einstrom

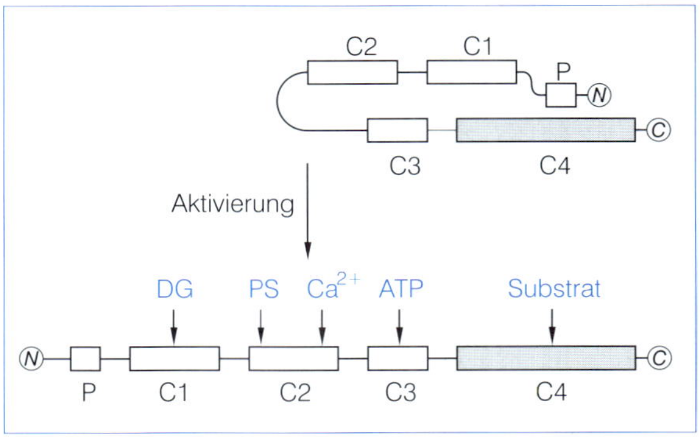

Abb. 4-4: Protein-Kinase C (Beispiel PKC βII). **Oben**: Das für eine Aktivierung kompetente lösliche Enzym ist in der katalytischen Domäne C4 dreifach phosphoryliert (Thr500, Thr641, Ser660; die beiden letzten Reste durch Autophosphorylierung). Im nichtaktivierten Zustand bindet die N-terminale Pseudosubstrat-Domäne (P) an die katalytische Domäne C4. **Unten**: Bei der Aktivierung wird an die C1-Domäne mit den beiden Zn^{2+}-Ionen membrangebundenes Diacylglycerol (DG) und an die C2-Domäne membrangebundenes Phosphatidylserin (PS) und Ca^{2+} gebunden. Dadurch wird die Assoziation zwischen Pseudosubstrat und C4-Domäne gelöst. C3 stellt die ATP-Bindungsdomäne dar.

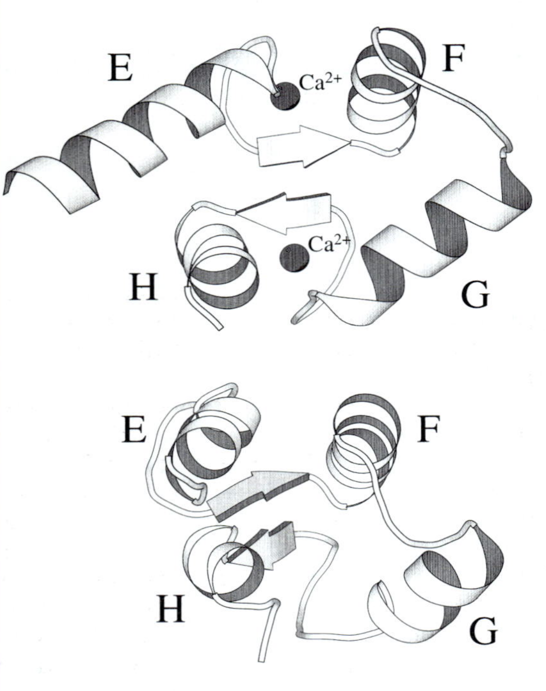

Abb. 4-5: C-terminale Domäne von Calmodulin (AS 97 bis 147) mit seinen beiden EF-Händen (Helix – Schleife mit kurzer β-Faltblattstruktur – Helix). Durch die Bindung von zwei Ca^{2+}-Ionen wird eine starke Konformationsänderung induziert. Die Struktur von Calmodulin mit gebundenem Ca^{2+} (Calmodulin des Menschen) wurde durch Röntgenstrukturanalyse, die des Apo-Calmodulins (Calmodulin von *Xenopus*) durch Kernresonanzspektroskopie ermittelt. Die beiden Proteine unterscheiden sich nur in einem Aminosäurerest in Position 129 (beim Menschen Asn, bei *Xenopus* Asp). (Bild: S. Grzybek, nach Protein Data Bank 1CLL und 1DMO)

Tab. 4-2: Ca^{2+}-bindende Proteine und ihre Funktion.

	Funktion
Calmodulin (4)	Modulator von Proteinen.
Troponin C (3–4)	Modulator von Troponin/Tropomyosin in der Skelettmuskelzelle.
Calnexin	Chaperon in der ER-Membran.
Calreticulin	Chaperon im ER-Lumen und Ca^{2+}-Speicher.
Synaptogamin	Fusion synaptischer Vesikel mit der Plasmamembran.
Calcineurin B	Ser/Thr-Protein-Phosphatase, regulatorische Untereinheit; auch Ca^{2+}/Calmodulin-abhängig in der katalytischen Untereinheit A.
Calpain (4)	Proteinase; in der katalytischen Domäne.
Protein-Kinase C	Ser/Thr-Protein-Kinase.
Parvalbumin (3)	Ca^{2+}-Speicher in Muskelzellen.
S100-Proteine (2)	kleine (10–12 kDa) Modulatoren von Proteinen.
Calsequestrin	Ca^{2+}-Speicher im ER.
Annexine	Ca^{2+}-abhängige Bindung an Membranen u.a..

Die Anzahl der EF-Motive – falls vorhanden – steht nach den Namen in Klammern. Nicht aufgeführt sind Translokatoren für Ca^{2+}, sie besitzen keine EF-Motive.

aus dem ER, dem zellulären Ca^{2+}-Speicher, und/oder aus der extrazellulären Flüssigkeit durch regulierte Ca^{2+}-Kanäle auf über 1 µmol · l^{-1} ansteigen. Zur Messung von Ca^{2+}-Konzentrationen in Zellen werden spezielle Ca^{2+}-abhängige Fluoreszenzfarbstoffe wie Fura-2 oder Aequorin, eine Ca^{2+}-abhängige Luciferase (s. Kap. 18), eingesetzt.

Es stellt sich die Frage, warum gerade Ca^{2+} – im Gegensatz beispielsweise zu Mg^{2+} – von Zellen als sekundärer Bote genutzt wird. Eine Spekulation geht davon aus, daß die Ca^{2+}-Konzentration im Cytoplasma wegen der drohenden Präzipitation von Phosphat sowieso niedrig gehalten werden mußte. Die dafür entwickelten Mechanismen könnten später in der Zellevolution für den Einsatz von Ca^{2+} als Boten adaptiert worden sein.

Für die niedrige Ca^{2+}-Konzentration im Cytoplasma sorgen Ca^{2+}-Pumpen im ER und in der Plasmamembran sowie ein Na^+/Ca^{2+}-Antiporter in der Plasmamembran. Mitochondrien können Ca^{2+} in Konzentrationen bis zu 0,5 mmol · l^{-1} speichern, stellen also ein potentielles Reservoir dar; sie scheinen jedoch nicht unmittelbar an einer Signaltransduktion mit Ca^{2+} beteiligt zu sein.

Ca^{2+}-Ionen werden von Proteinen über etwa sechs Sauerstoffatome gebunden, die von Glu- und Asp-Resten gestellt werden. Das bekannteste Bindungsmotiv ist die sog. **EF-Hand** aus zwei senkrecht zueinander stehenden α-Helices und einer sie verbindenden Schleife (Abb. 4-5; der Name bezieht sich auf die Helices E und F im Parvalbumin, einem Ca^{2+}-bindenden Protein). Die zelluläre Wirkung von Ca^{2+} kann auf dreierlei Weise erfolgen:

- durch Bindung an Calmodulin, das vier EF-Motive besitzt und nach Bindung von Ca^{2+} an andere Proteine bindet und diese moduliert;
- durch Bindung an Proteine mit eigenen EF-Motiven (Tab. 4-2);
- durch Bindung an Proteine mit anderen, weniger gut definierten Bindungsmotiven.

Calmodulin ist ein kleines hantelförmiges Protein von 17 kDa mit je zwei EF-Motiven an den beiden Enden. Es bindet vier Ca^{2+}-Ionen nacheinander und in kooperativer Weise. Calmodulin ist außerordentlich konserviert; bei Vertebraten besteht eine 100%ige Identität. In der Regel sind mehrere Gene für Calmodulin in den Genomen vorhanden. Ca^{2+}/Calmodulin moduliert zahlreiche Proteine, darunter die multifunktionelle **Ca^{2+}/Calmodulin-abhängige Protein-Kinase II** und die Kinase einer leichten Kette des Myosins.

Eines der wichtigsten Ca^{2+}-bindenden Proteine im ER-Lumen ist das konservierte **Calreticulin**. **Calsequestrin** ist ein Speicherprotein im ER der Muskelzelle; beide binden Ca^{2+} mit geringer Affinität, aber hoher Kapazität (> 25 Ca^{2+}-Ionen pro Molekül); dies geschieht nicht über EF-Motive.

Ein neu identifiziertes Botenmolekül, **cADP-Ribose**, gilt als Ca^{2+}-mobilisierendes Agens; es wird aus NAD^+ durch die ADP-Ribosyl-Cyclase gebildet und durch eine entsprechende Hydrolase inaktiviert.

Stickstoffmonoxid (NO)

NO ist ein Signalmolekül, das in den vergangenen Jahren viel und kontrovers diskutiert wurde. Es beeinflußt beispielsweise im Gehirn die synaptische Plastizität, die Neuronalentwicklung und die Apoptose u.a. oder die Relaxation von Blutgefäßen. Manche NO-Signale sind cGMP-abhängig, andere aber nicht. NO wird durch die NO-Synthase, ein meist Ca^{2+}/Calmodulin-abhängiges Enzym, aus Arginin gebildet, wobei NADPH und O_2 verbraucht werden und Citrullin entsteht. NO ist ein gasförmiges sehr reaktives freies Radikal mit einer Halblebenszeit von wenigen Sekunden. Es reagiert mit Thiolen, also vor allem Cysteinresten, und Übergangsmetallen. Es gibt Hinweise darauf, daß die Nitrosylierung von Cysteinresten von der Umgebung des Cysteins im betreffenden Protein, also von Motiven abhängt. Enzyme, die solche Nitrosylierungen rückgängig machen, sind gefunden worden. Vielleicht ist die Vorstellung zutreffend, daß die Wirkung von NO über reversible Nitrosylierung in Analogie zur reversiblen Phosphorylierung von Aminosäureresten in Proteinen verläuft.

4.1.2 GTP-bindende Proteine

Neben heterotrimeren G-Proteinen, den Partnern von plasmamembranständigen Hormon-Rezeptoren mit sieben Membrandurchgängen (s. 3.5.3), gibt es die **Ras-Superfamilie** kleiner löslicher GTP-bindender und -hydrolysierender Proteine, deren Mitglieder als „molekulare Schalter" zahlreiche zelluläre Abläufe steuern (Tab. 4-3). Sie tragen in der Regel an Cysteinresten ein bis mehrere Farnesylreste. *Ras* war ursprünglich als transformierendes v-Onkogen (v von viral) des Ratten-Sarkom-Virus, eines Retrovirus, beschrieben worden. Insgesamt mögen 50–100 verschiedene G-Proteine in einer Zelle enthalten sein. Ras-Proteine bilden den Prototyp der kleinen G-Proteine von 20–25 kDa; Ras selbst wird auch als p21 bezeichnet und ist im MAP-Kinase-Signaltransduktionsweg enthalten. *Ras* ist ein Proto-Onkogen. Das Onkogen, das in etwa 30% aller Tumoren des Menschen gefunden

Tab. 4-3: Ras-Superfamilie der kleinen GTP-bindenden und -hydrolysierenden Proteine (kleinen G-Proteine).

Familie	Funktion bei
Ras	Zellwachstum und Entwicklung
Rab	Vesikeltransport
Arf	Vesikeltransport
Ran	Proteinimport in Zellkern
Rho	Actin-Cytoskelett

wird, trägt eine Mutation, durch die die GTP-hydolysierende Aktivität von Ras verlorengeht; Ras ist deshalb permanent in aktiver Form (s. 21.2.2).

Bei den kleinen G-Proteinen wie bei G-Proteinen überhaupt gibt es zwei limitierende Schritte im Zyklus. Die Spaltung von GTP und die Dissoziation von GDP aus dem aktiven Zentrum. Die Lebenszeit der GTP-Form ist entscheidend für die Aktivierung des Zielproteins, d.h. für die Verstärkung des Signals. Die Dissoziation von GDP ist Voraussetzung für eine Reaktivierung des Systems. GDP verläßt die Bindungsstelle nur langsam, während P_i schnell entlassen wird und GTP eine leere Bindungsstelle schnell besetzt. Die beiden limitierenden Schritte werden durch Faktoren kontrolliert. GAP (GTPase activating protein) verringert die Halblebenszeit des gebundenen GTPs von Minuten bis Stunden auf Millisekunden bis Sekunden. GEF (guanine nucleotide exchange factor) aktiviert die inaktive Form durch Ersatz von GDP durch GTP. GDI (GDP dissociation inhibitory factor) ist eine Art Gegenspieler von GEF und verzögert den Austausch von GDP gegen GTP.

4.1.3 Regulation von Glykogenabbau und -synthese

Dieses Beispiel einer hormonellen Beeinflussung des Zellstoffwechsels ist gut bekannt und gilt insbesondere für Muskel- und Leberzellen und damit auch für die Regulation des Blutzuckerspiegels. Hormone wie **Glucagon** oder Adrenalin induzieren über cAMP als sekundären Boten den Abbau von Glykogen zu Glucose-1-phosphat (Abb. 4-6). Aus diesem Regulationsweg sind mehrere allgemeingültige Merkmale ableitbar:

- Mit der Induktion eines bestimmten Wegs wird häufig gleichzeitig der gegenläufige Weg unterdrückt. Die zentrale regulatorische Einheit, die Protein-Kinase A, setzt nicht nur die Aktivierung des Glykogenabbaus in Gang, sondern hemmt auch die Glykogen-Synthase und die Dephosphorylierung aktivierter Enzyme durch die Protein-Phosphatase 1.

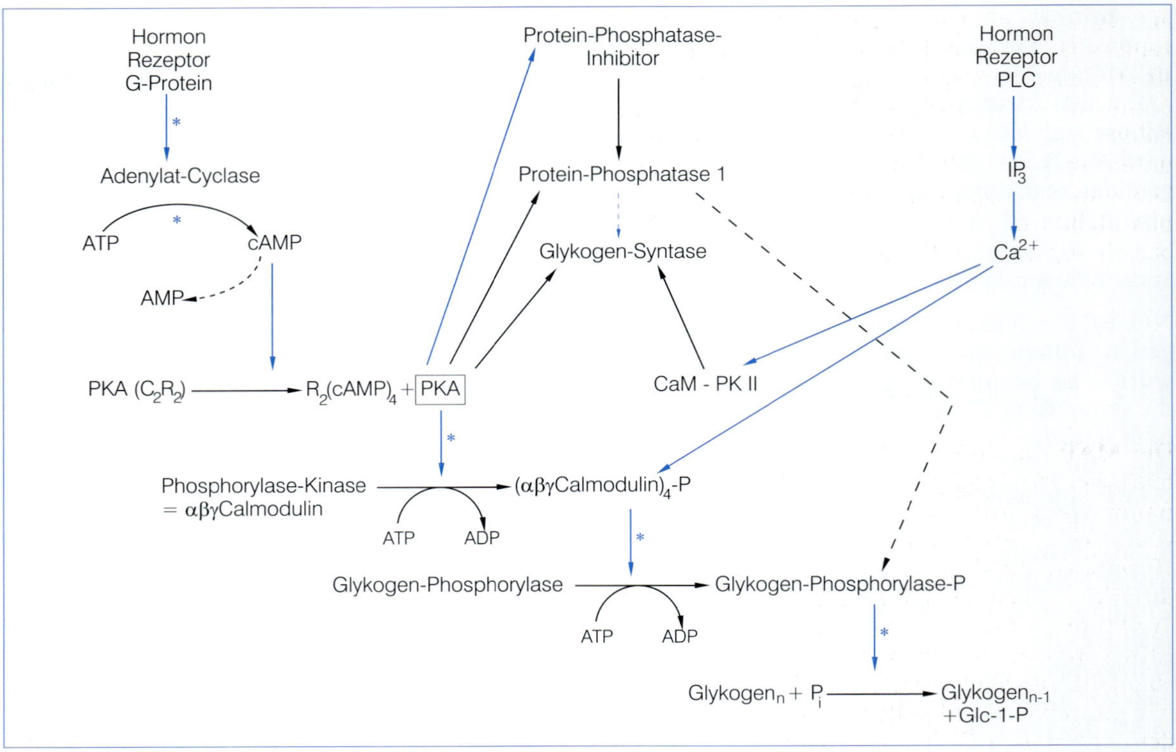

Abb. 4-6: Induktion des Abbaus von Glykogen durch Glucagon oder Adrenalin in Muskel- und Leberzellen. Aktivierende Schritte sind durch einen dickeren farbigen Pfeil, inaktivierende durch einen dickeren schwarzen gekennzeichnet. Über Hormon-Rezeptoren und assoziierte heterotrimere G-Proteine wird die Adenylat-Cyclase aktiviert. cAMP aktiviert die Protein-Kinase A (PKA) durch Freisetzung der katalytischen Untereinheiten. PKA spielt eine zentrale Rolle: Sie aktiviert die tetramere Phosphorylase-Kinase und diese die Glykogen-Phosphorylase, die Glykogen zu Glucose-1-phosphat abbaut. Daneben hemmt PKA auch den gegenläufigen Weg durch Inaktivierung der Glykogen-Synthase und der Protein-Phosphatase 1, die die Glykogen-Phosphorylase inaktivieren würde. Zusätzlich wird ein Inhibitor für die Phosphatase 1 aktiviert. Regulationswege können für andere Wege zugänglich sein, in diesem Fall für die hormonell induzierte Erhöhung des cytoplasmatischen Ca^{2+}-Spiegels. Calmodulin ist eine konstitutive Untereinheit der Phosphorylase-Kinase, die durch Ca^{2+} moduliert wird. Die Ca^{2+}/Calmodulin-abhängige Protein-Kinase II hemmt zusätzlich die Glykogen-Synthase. Ein Absinken der cAMP-Konzentration würde allmählich zur Inaktivierung des gesamten Wegs und zur erneuten Synthese von Glykogen führen. Schritte mit * sind Verstärkungsschritte.

- Andere hormonell aktivierte Signalwege – in diesem Fall die Erhöhung des cytoplasmatischen Ca^{2+}-Spiegels – können modulierend eingreifen.
- Signalwege können Verstärkungskaskaden darstellen. Die Bindung eines Glucagonmoleküls an seinen Rezeptor an der Plasmamembran führt zur Aktivierung mehrerer Cyclasen, und jedes beteiligte Enzym kann mehrere Substrate umsetzen. Bei einem fiktiven Faktor von nur 10 für jeden Verstärkungsschritt hätte die Bindung eines Hormonmoleküls die Freisetzung von 10^5 Glucose-1-phosphat-Molekülen zur Folge.
- In biochemischen Regulationswegen werden häufig katabolische Enzyme durch Phosphorylierung aktiviert, anabolische dagegen inaktiviert.
- Regulationswege sind für Zellen teuer. In diesem Beispiel muß bei mehreren Schritten Energie aufgewendet werden.
- Welcher Stoffwechselweg in einer Zelle durch ein bestimmtes Hormon aktiviert/inaktiviert wird, ist zellspezifisch. Durch die gleichen Hormone Glucagon oder Adrenalin würde in Fettzellen nicht der Abbau von Glykogen, sondern von Triacylglycerol induziert. D.h. die Expression ganz bestimmter induzierbarer Enzyme in einer Zelle ist entscheidend.

Der hormonelle Gegenspieler von Glucagon ist **Insulin**, das anabolische Wege und die Aufnahme von Glucose aus dem Blut in Zellen stimuliert. Dabei verändert sich der Phosphorylierungsstatus von Proteinen, und eine Isoform des Glucose-Translokators wird aus einem cytoplasmatischen Membrandepot durch einen Exocytosevorgang in die Plasmamembran verlagert. Der Signaltransduktionsweg nimmt seinen Anfang mit der Autophosphorylierung des Insulin-Rezeptors (s. 3.5.2) und der Phosphorylierung von **IRS1** (insulin receptor substrate 1). Die Phosphotyrosine von IRS1 werden durch SH2-Domänen von Proteinen des MAP-Kinase-Wegs (s. unten) und einer PI-3-Kinase (s. oben) erkannt. Das durch Phosphorylierung entstehende Phosphatidylinositol-3,4,5-trisphosphat kann offenbar die sog. Protein-Kinase B aktivieren.

4.1.4 MAP-Kinase-Wege

Die MAP-Kinase-Wege (mitogen-activated protein) werden von Wachstumsfaktoren wie EGF (epidermal growth factor), PDGF (platelet-derived growth factor) u.a., aber auch von anderen Hormonen aktiviert, die in der Plasmamembran ihrer Zielzellen entsprechende Rezeptoren als Tyr-Protein-Kinasen vorfinden. Die Bezeichnung ERK (extrazellular signal regulated kinase) wird ebenfalls verwendet. Diese Wege sind evolutionär konserviert und gelten im Prinzip für Hefe, den Nematoden *Caenorhabditis elegans*, *Drosophila* und den Menschen in gleicher Weise. Biochemische und vor allem auch genetische Analysen haben zu einem außerordentlich komplexen Bild geführt (Abb. 4-7). Von den meisten Signalproteinen gibt es Isoformen oder Familien, und die meisten haben nicht nur einen einzigen zu aktivierenden Partner, sondern besitzen pleiotrope Eigenschaften. Deshalb ist die Definition ihrer Funktion bisher häufig nur in allgemeinerer Form möglich. Die Wirkung eines bestimmten aktivierten Wegs in einer Zelle ist natürlich auch vom Status zahlreicher anderer Wege abhängig.

Mit aktivierten Rezeptoren für Wachstumsfaktoren interagieren auch lösliche Tyr-Protein-Kinasen der **Src-Familie**, was zu Modulationen der Signaltransduktion führen kann. Src-Proteine werden selbst durch Phosphorylierungen reguliert. Sie besitzen N-terminal einen Myristinsäurerest, mit dem sie in der Plasmamembran festgelegt werden können. Src wurde als Gen-Produkt des v-*src* (v von viral) des Rous-Sarcom-Virus, eines onkogenen Retrovirus des Huhns, entdeckt. Das zelluläre Gen beim Menschen ist ein Proto-Onkogen (s. 21.2.2). Alle etwa neun Mitglieder der Src-Familie besitzen eine Domänenstruktur mit einem jeweils N-terminalen individuellen Abschnitt von 60–80 Aminosäureresten (Abb. 4-8). Src ist der Namensgeber für die **SH2-** und **SH3-Domänen** (Src homology), mit denen so ausgerüstete Proteine an phosphorylierte Tyrosinreste bzw. prolinreiche Motive in anderen Proteinen binden (die katalytische Domäne in Src wäre die SH1-Domäne).

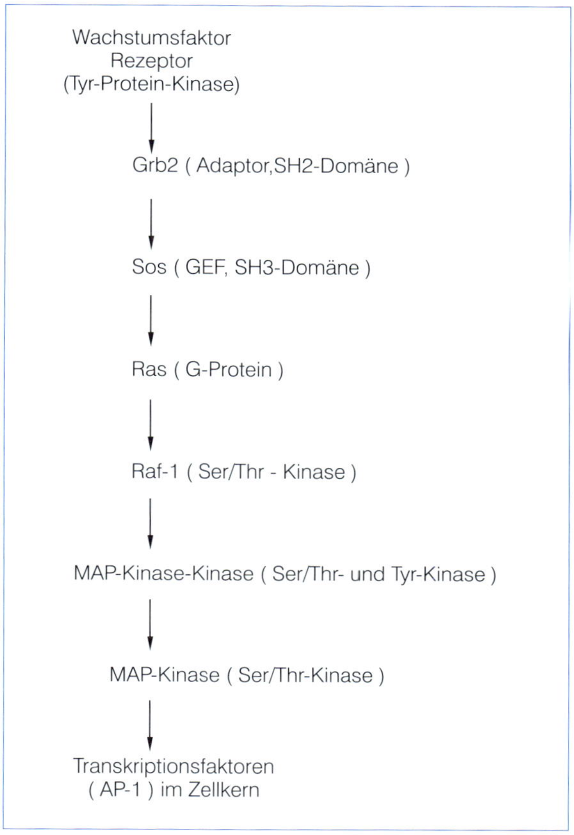

Abb. 4-7: Schema der MAP-Kinase-Wege. Nach Bindung eines Liganden dimerisieren Rezeptoren mit Tyr-Protein-Kinase-Aktivität in der Plasmamembran und autophosphorylieren sich. Grb2 (growth factor receptor binding protein) bindet mit seiner SH2-Domäne an phosphorylierte Tyrosinreste an den Rezeptoren. Dadurch kann sich Sos mit seiner SH3-Domäne an prolinreiche Motive von Grb2 anlagern. Sos wirkt als GEF (guanine nucleotide exchange factor) auf das GTP-bindende Protein Ras, das in der GTP-Form aktiv ist und die Protein-Kinase Raf-1 durch Bindung an deren regulatorische Domäne aktiviert. Die Regulation von Raf-1 ist sehr komplex: Sie muß auch von Ras an der Plasmamembran festgelegt werden, wozu ein Farnesylrest von Ras dient; außerdem sind weitere Proteine und Phosphorylierungen durch andere Kinasen beteiligt. Mit Raf-1, das auch als MAP-Kinase-Kinase bezeichnet wird, beginnt die Phosphorylierungskaskade, die mit der Phosphorylierung und Aktivierung von Transkriptionsfaktoren im Zellkern endet. MAP-Kinasen exponieren in phosphorylierter Form ein topogenes Signal, das ihnen den Durchtritt durch die Kernporen gestattet. – Die Nomenklatur der Signalproteine ist durch die zahllosen unterschiedlichen Abkürzungen für Isoformen und für homologe Proteine verschiedener Organismen außerordentlich unübersichtlich.

Das Ziel der Signalwege ist in der Regel eine Modulation der Gen-Expression, indem Transkriptionsfaktoren des Typs **AP-1** (activating protein-1) durch Phosphorylierung aktiviert werden. AP-1 ist ein Sammelbegriff für dimere Transkriptionsfaktoren, die von Jun-, Fos- und ATF-

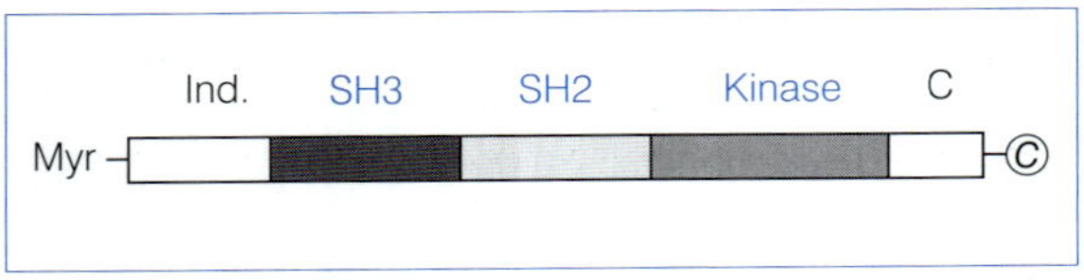

Abb. 4-8: Domänenstruktur der Src-Proteine. Der N-terminale Glycinrest trägt eine Myristinsäure. Ind, individueller Abschnitt; SH3 und SH2 (Src homology), Bindedomänen für prolinreiche Motive bzw. phosphorylierte Tyrosinreste. Die katalytische Kinase-Domäne ist hoch konserviert. C, kurze C-terminale Sequenz.

Untereinheiten in heterodimerer und homodimerer (mit Ausnahme von Fos) Zusammensetzung gebildet werden.

Am Beispiel des komplexen, aber doch gut untersuchten MAP-Kinase-Wegs läßt sich die Vielfalt der Kettenglieder solcher Wege aufzeigen. „Autophosphorylierende" Rezeptoren stehen am Beginn des Wegs. Grb-2 ist ein typisches Adaptorprotein mit einerseits einer SH2-Domäne für P-Tyr-Reste und andererseits einem prolinreichen Motiv für SH3-Domänen anderer Proteine. Sos besitzt solch eine SH3-Domäne, ist aber gleichzeitig ein Guanosinnucleotid-Austauschfaktor und aktiviert dadurch Ras. Ras fungiert nicht nur als G-Protein, sondern durch seinen Farnesylrest auch als Ankerprotein – ebenso wie Src mit seinem Myristinsäurerest –, das Schritte in der Signalkette an der Plasmamembran festlegt (um dort evtl. auch membrangebundene Signalmoleküle einzubinden). Unterschiedliche Protein-Kinasen sind beteiligt: die Rezeptoren sind in der Regel Tyr-Protein-Kinasen, Raf-1 und MAP-Kinase sind Ser/Thr-Protein-Kinasen und die MAP-Kinase-Kinase phosphoryliert Tyrosin-, aber auch Threoninreste. An nahezu jeder Stelle kann sich der Weg verzweigen, indem Isoformen oder andere Proteine mit gleichen Motiven/Domänen einspringen. Nicht zu vergessen sind schließlich die entsprechenden Phosphatasen, die die Abschaltreaktionen vornehmen und ebenso zum Signalweg gehören.

4.1.5 Signalwege von TGF-β und anderen Faktoren

TGF-β (tumor growth factor) ist der Prototyp einer Superfamilie von Wachstumsfaktoren, zu der BMPs (bone morphogenetic proteins), die Activin/Inhibin-Familie u.v.a. gehören. Er wurde als Faktor entdeckt, der bei Fibroblasten von Nagern einen transformierten Phänotyp erzeugte, daher der Name. TGFβ ist jedoch nicht in erster Linie transformierend, sondern reguliert vielfältige Prozesse bei Wachstum und Differenzierung durch Modulation der Gen-Expression. Die Rezeptoren der Mitglieder dieser Superfamilie sind plasmamembranständige Ser/Thr-Protein-Kinasen (s. 3.5.2), die ihrerseits **Smad-Proteine** durch Phosphorylierung aktivieren.

Ein Beispiel dafür, daß Abkürzungen kompliziertestе Ursprünge haben können und dann im Text hier nicht erklärt werden sollten, ist Smad: *Mad* steht für das Gen *mother against decapentaplegic* von *Drosophila*, und *sma* sind Gene von *Caenorhabditis elegans*, und zwar *mad*-Homologe, die bei Verlust Kleinwuchs (small body size) verursachen; daraus wurde Smad bei Vertebraten, d.h. über die Homologie der Gene.

Die Smad-Proteine 1 bis 5 sind bisher beschrieben worden. Smad1, 2, 3 und 5 werden durch die Kinasen phosphoryliert, und jedes von ihnen kann dann mit Smad4 komplexieren. Nach Translokation in den Zellkern wechselwirken diese Komplexe mit DNA-Bindeproteinen und modifizieren auf diese Weise die Gen-Expression. Smads sind also keine Transkriptionsfaktoren.

Noch etwas direkter sind die Signalwege der großen Superfamilie der **Cytokine**. Ihre Rezeptoren in der Plasmamembran besitzen keine enzymatische Aktivität, sondern aktivieren nach Oligomerisierung zu Heterotetrameren (s. 3.5.4) sog. **Jaks** (Janus-Kinasen, Tyr-Protein-Kinasen). Jaks ihrerseits aktivieren durch Phosphorylierung die Rezeptoren zur Bindung von sog. **STATs** (signal transducer and activator of transcription). STATs binden mit ihren SH2-Domänen an die phosphorylierten Tyrosinreste der Rezeptoren und werden dann ebenfalls durch Jaks phosphoryliert. STATs dimerisieren nach ihrer Phosphorylierung über die gleichen SH2-Domänen und stellen dann aktivierte Transkriptionsfaktoren dar.

4.1.6 Signalwege mit löslichen Rezeptoren

Für amphiphile Hormone und Signalmoleküle, die sich durch Biomembranen hindurchlösen können, enthalten Zellen im Cytoplasma oder im Zellkern inaktive Rezeptoren, meist in dimerer Form. Sie stellen Transkriptionsfaktoren dar, die nach Ligandenbindung an bestimmte Elemente auf der DNA binden und den Transkriptionsapparat und damit die Gen-Expression beeinflussen. Die Mitglieder der Steroidhormon-Rezeptor-Superfamilie – auch als Zellkern-Rezeptor-Superfamilie bezeichnet – und der NF-κB-Familie gehören zu dieser Art von Signalwegen.

Tab. 4-4: Amphiphile Hormone.

Hormon	Bildungsort, Wirkung
Cortisol	Glucocorticoid der Nebennierenrinde; Gluconeogenese und Proteinabbau durch Expression entsprechender Enzyme.
Aldosteron	Mineralocorticoid der Nebennierenrinde; Regulation des Na^+/K^+-Haushalts.
Progesteron	Ovar (Corpus luteum), Placenta; Regulation der Uterusfunktion, Aufrechterhaltung einer Schwangerschaft.
Östrogene	Ovarfollikel; Regulation des Menstruationszyklus, sekundäre weibliche Geschlechtsmerkmale.
Testosteron	Zwischenzellen des Hodens; akzessorische männliche Geschlechtsorgane, männliche Geschlechtsmerkmale.
3,5,3′-Trijodthyronin	Schilddrüse, aus Thyreoglobulin nach Proteolyse, Vorläufer Thyroxin (Tetrajodthyronin); Entwicklung, Grundstoffwechsel, Thermogenese.
1,25-Dihydroxyvitamin D_3	Niere; Ca^{2+}-Resorption im Darm, Mineralisierung der Knochen; Mangel führt zu Rachitis.
Retinsäuren (all-*trans*, 9-*cis*)	viele Zellen; Vorstufe Retinol (Vitamin A); vielfältige Wirkung wie Hemmung der Zellproliferation, Induktion von Zelldifferenzierung, inhibitorische Effekte auf Carcinogenese.
15-Deoxyprostaglandin J_2	viele Zellen; Vorstufe Arachidonsäure (20:4, deshalb auch Eikosanoide genannt), Aspirin hemmt den ersten enzymatischen Schritt, die Prostaglandin-H_2-Synthase; die meisten der 16 Prostaglandine, 2 Thromboxane und 5 Leukotriene haben plasmamembranständige Rezeptoren; vielfältige Wirkungen.
Ecdyson	Prothoraxdrüse von Insekten; Larvalentwicklung, Häutungshormon (auch bei Krebsen).

Für amphiphile Hormone gibt es lösliche Rezeptoren im Cytoplasma oder im Zellkern, die nach Bindung ihrer Liganden als dimere Transkriptionsfaktoren die Gen-Expression beeinflussen. Im Blut sind diese Hormone nicht frei, sondern an Transportproteine gebunden.

Steroidhormon-Rezeptor-Superfamilie

Zu den amphiphilen Hormonen gehören neben den Steroidhormonen noch mehrere andere Verbindungen (Tab. 4-4). Sie sind seit langem bekannt, und seit den 50er Jahre werden z.B. Glucocorticoide als wirksame Therapeutika verwendet. Daß solche Hormone in irgendeiner Weise die DNA beeinflussen, konnten 1960 U. Clever und P. Karlson an Polytänchromosomen in den Speicheldrüsenzellen von Zuckmücken, *Chironomus*, nachweisen, an denen das Insektenhormon Ecdyson innerhalb weniger Minuten Puffs induzierte. Mit radioaktiv markierten Liganden wurden später Rezeptoren identifiziert, die nach Ligandenbindung in den Zellkern gelangten. Solche Ergebnisse ließen vermuten, daß die physiologische Wirkung von Hormonen auf einer Kontrolle der Transkription basieren kann.

Alle Rezeptoren dieser Hormongruppe sind inzwischen in ihrer Sequenz bekannt. Das Gen für den 3,5,3′-Trijodthyronin-Rezeptor erwies sich als identisch mit dem schon zuvor bekannten *erbA*-Proto-Onkogen (s. 21.2.2). Durch Klonierungsarbeiten wurden zahlreiche weitere Rezeptoren für unbekannte Liganden identifiziert, die als Orphan-Rezeptoren bezeichnet werden. Insgesamt besteht die Superfamilie aus mehr als 150 Rezeptoren. Glucocorticoid-Rezeptoren waren die ersten klonierten Transkriptionsfaktoren.

Die Rezeptoren weisen eine Domänenstruktur auf (Abb. 4-9). Sie kommen in der Zelle als Homodimere (Steroidhormon-Rezeptoren, manche Orphan-Rezeptoren), Heterodimere (übrige Hormon-Rezeptoren) oder Monomere (manche Orphan-Rezeptoren) vor. Durch Chaperone wie Hsp90 und Hsp56 werden sie in einem inaktiven, aber für ihre Liganden bindungsbereiten Zustand gehalten. Nach Hormonbindung dissoziieren die Komplexe, und die dimeren Proteine gelangen mit einem nun exponierten topogenen Signal (NLS, nuclear location signal) als aktive Tran-

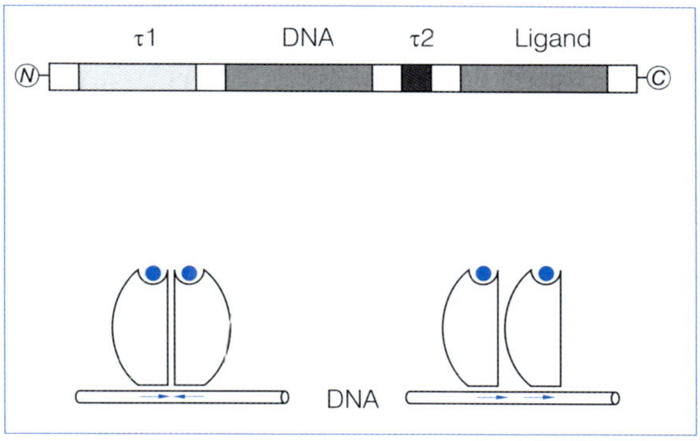

Abb. 4-9: Oben: Domänenstruktur eines Steroidhormon-Rezeptors. Die Bindungsdomäne für Liganden ist rezeptorspezifisch; in ihr liegt auch ein Bereich, der für die Anlagerung von Hsp90 von Bedeutung ist. Die DNA-Bindungsdomäne ist durch zwei sehr konservierte Zinkfinger charakterisiert. Die Domänen τ1 und τ2 und evtl. auch der C-Terminus sind Transaktivierungsdomänen, d.h. diese Bereiche wechselwirken mit dem Transkriptionsapparat. **Unten**: Bindung dimerer Rezeptoren an kurze Elemente der DNA in invertierter oder direkter Wiederholung (farbige Pfeile). Hormone in ihren Bindungsstellen sind als farbige Punkte gekennzeichnet.

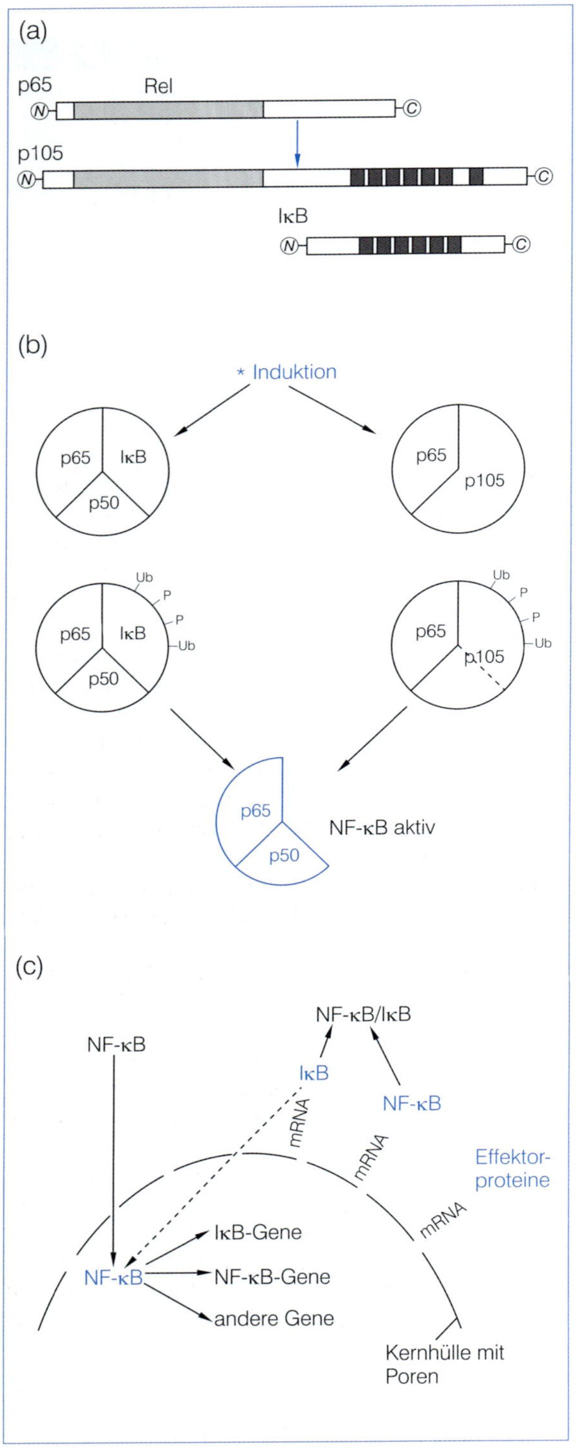

skriptionsfaktoren in den Zellkern. Die Elemente auf der DNA, an die die Rezeptoren binden, sind kurze Sequenzen in direkten oder invertierten Wiederholungen, für den Cortisol-Rezeptor z. B. AGAACA.

NF-κB-Familie

NF-κB ist der Prototyp einer Familie von meist heterodimeren Transkriptionsfaktoren, die im Cytoplasma durch Inhibitoren, Mitglieder der IκB-Familie, in einem inaktiven Zustand gehalten werden.

Der Name bedeutet – nach seiner Entdeckung – nuclear factor for κB; κB ist ein Element im Promotor der leichten IgG-Kette vom Typ κ.

NF-κB kommt in vielen Zellarten vor. Zu seiner Aktivierung führen Induktoren wie Tumornekrosefaktor (TNF), Interleukin-1, Lipopolysaccharid (LPS), Phorbolester, manche Virusinfektionen, UV-Licht und aktivierte O_2-Spezies, allgemein also pathogene Signale. Kontrolliert werden von NF-κB besonders Gene, deren Gen-Produkte an Entzündungsreaktionen und Immunantworten beteiligt sind wie Cytokine, Immunrezeptoren und Zell-Adhäsionsmoleküle u. a.. NF-κB scheint auch Gene zu regulieren, die für die Replikation des HI-Virus notwendig sind, und selbst durch ein Protein des HTLV-I (Tax) aktiviert zu werden.

NF-κB ist ein Heterodimer aus p65 (Protein von 65 kDa) und p50, das den N-terminalen Teil einer Vorstufe p105 darstellt. Der C-terminale Teil von p105 ist ein Mitglied der IκB-Familie (Abb. 4-10). Alle Mitglieder der NF-κB-Familie zeichnen sich durch eine Rel-Domäne aus, die für die Dimerisierung der Untereinheiten, die Interaktion mit IκB sowie die DNA-Bindung zuständig ist und zusätzlich ein NLS (nuclear location signal) enthält. IκB-Proteine besitzen ca. 33 AS lange Ankyrin-Motive, die an Rel binden; das Motiv wurde zuerst in dem Membranskelettprotein Ankyrin gefunden (s. 3.1).

Die Bezeichnung Rel leitet sich von dem v-Onkogen *rel* des Retikuloendotheliosevirus ab, eines Retrovirus, das bei Hühnern Lymphome hervorruft.

Nach Induktion, d. h. nach Phosphorylierung von IκB zerfällt der cytoplasmatische Komplex,

Abb. 4-10: NF-κB/IκB. (**a**) Struktur von p65, p105 mit p50 N-terminal und einer IκB-Einheit C-terminal (der farbige Pfeil gibt die Schnittstelle in p105 an) sowie IκB mit Rel-Domäne und Ankyrin-Motiven. (**b**) Im NF-κB/IκB-Komplex wird nach Induktion durch ein Signal IκB bzw. der C-terminale Teil von p105 phosphoryliert und ubiquitinyliert (Ub) und p105 proteinolytisch gespalten; die Ubiquitinylierung ist das Signal zum Abbau der IκBs im Proteasom (s. 4.3). Der dimere aktivierte Transkriptionsfaktor trägt nun seine NLS exponiert und gelangt in den Zellkern. (**c**) Aktivierung von Genen durch NF-κB. Der Transkriptionsfaktor stimuliert neben der Transkription von Zellantwort-spezifischen Genen auch die von NF-κB- und IκB-Genen selbst. Dadurch entstehen IκB, das die Wirkung von NF-κB im Zellkern aufheben kann (transiente Wirkung von NF-κB), und neue inaktive NF-κB/IκB-Komplexe im Cytoplasma für erneute Stimulationen.

Tab. 4-5: Familien molekularer Chaperone.

Familie	Charakterisierung
Hsp70 (DnaK in *E. coli*)	in Cytoplasma, Mitochondrien, Plastiden, ER-Lumen (z. B. BiP); Cochaperone GrpE, Hip.
Hsp40 (DnaJ in *E. coli*)	Funktion zusammen mit Hsp70.
Hsp60 (GroEL in *E. coli*)	zylindrische Struktur; in Bacteria, zusammen mit GroES; in Mitochondrien, zusammen mit Hsp10; in Plastiden, zusammen mit cpn20, das aus zwei Hsp10-Domänen besteht.
TRiC	zylindrische Struktur; in Archaea und im Cytoplasma von Eucyten.
Hsp90	häufigstes Chaperon im Cytoplasma von Eucyten; auch im ER (Grp94).
Hsp100/Clp	in Bacteria; bei Eucyten im Cytoplasma, in Mitochondrien und Plastiden.
kleine Hsps	für Proteinfaltung und Thermotoleranz; α-Kristalline der Augenlinse.
Calnexin/Calreticulin	in ER-Membran/ER-Lumen; Faltung von Glykoproteinen.
Nucleoplasmin	im Zellkern.
14–3-3-Proteine	Interaktion mit Komponenten von Signaltransduktionswegen im Cytoplasma.

Hsp ist die Abkürzung von Hitzeschock-Protein; die Zahlen geben die ungefähren Molekularmassen an.

IκB wird zusätzlich ubiquitinyliert und in Proteasomen abgebaut (s. 4.3). Bei p150 erfolgt zuvor eine gezielte Proteinolyse in den p50- und den IκB-Teil. Kürzlich konnte auch das Zwischenglied zwischen den Rezeptoren für TNF und IL-2 und dem NF-κB-Komplex identifiziert werden: Es ist eine heterotrimere Protein-Kinase mit den Untereinheiten NIK (NF-κB inducing kinase) sowie den IκB-Kinasen α und β. Der nun aktive Transkriptionsfaktor NF-κB induziert nach Translokation in den Zellkern zahlreiche Gene, darunter auch die für IκB und NF-κB selbst (Abb. 4-10). Seine Wirkung ist transient; durch die Transkription/Translation von IκB und NF-κB werden sowohl die Regulation der Gen-Aktivitäten aufgehoben als auch neue NF-κB/IκB-Komplexe im Cytoplasma zur erneuten Induktion regeneriert.

Bei *Drosophila* gehören die Gene *dorsal* und *dif* zur NF-κB-Familie und das Gen *cactus* zur IκB-Familie. Das Proteinpaar dorsal/cactus spielt in der frühen Embryogenese von *Drosophila* eine entscheidende Rolle bei der Festlegung der dorsoventralen Achse des Embryos. Bei einer Mutation von *dorsal* entstehen nur dorsale Strukturen; der Transkriptionsfaktor dorsal ist also für die Aktivierung von Genen für ventrale Strukturen verantwortlich. Der Inhibitor cactus hemmt dorsal solange, bis im Entwicklungsprogramm dorsal benötigt und cactus infolge bestimmter extrazellulärer Signale abgebaut wird (entsprechend Abb. 4-10).

4.2 Faltungshelferproteine

Proteinfaltung ist die Umsetzung der linearen Information der Aminosäureabfolge eines Polypeptids in die funktionelle dreidimensionale Konformation des nativen Proteins. Die ursprüngliche Annahme, daß Proteinfaltungen in vivo im wesentlichen ohne Katalyse und Energieaufwand ablaufen, hat sich so als nicht richtig erwiesen. Die korrekte Faltung vieler Proteine ist von Faltungshelfern abhängig, und ohne solche Helfer wären beispielsweise auch Transporte von Proteinen durch Membranen nicht vorstellbar. Sobald die funktionelle Konformation eines Proteins jedoch erreicht ist, sind die Faltungshelfer entbehrlich und dissoziieren ab. Zwei Arten von Helfern werden unterschieden:

- Molekulare Chaperone (das englische Wort chaperon bedeutet Anstandsdame) beeinflussen die Konformation anderer Proteine durch molekulare Wechselwirkungen – häufig unter ATP-Verbrauch.
- Faltungskatalysatoren sind Enzyme, die Bindungen in und zwischen Polypeptidketten ändern bzw. knüpfen.

In diesem Zusammenhang ist der Begriff Hitzeschock-Protein zu erläutern. **Hitzeschock-Proteine** sind nicht nach ihre Funktion, sonder nach ihrer erhöhten Expression unter Hitzeschock und anderen Stress-Situationen definiert. Viele Chaperone gehören insofern auch zu den Hitzeschock-Proteinen, als sie – obwohl konstitutiv exprimiert – unter Stress-Bedingungen vermehrt gebildet werden. Unter solchen Bedingungen besteht die Gefahr von Proteindenaturierungen und daher ein erhöhter Bedarf an Faltungshelfern. Von „Hitzeschock-Protein" leitet sich auch die Abkürzung Hsp ab, die für viele Chaperone benützt wird.

4.2.1 Molekulare Chaperone

Der Begriff Chaperon wurde Ende der 70er Jahre für Nucleoplasmin in seiner speziellen Rolle bei der Ausbildung der Chromatinstruktur geprägt. Heute kennt man eine ganze Reihe von Chaperon-Familien (Tab. 4-5), und sie werden in Protocyten und bei Eucyten in den meisten Komparti-

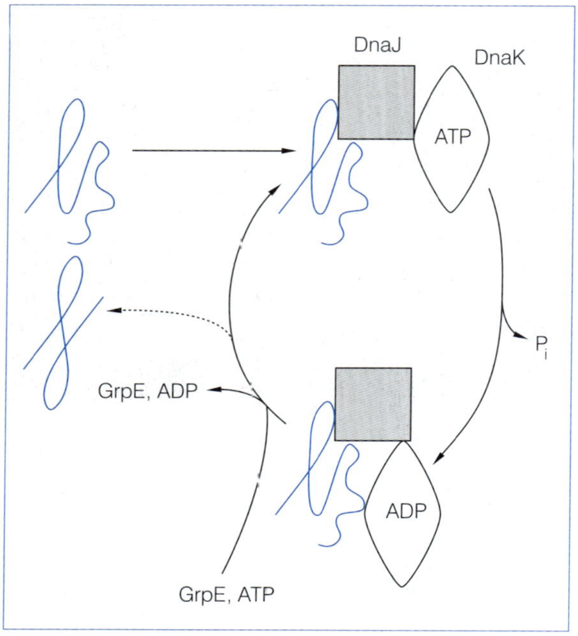

Abb. 4-11: Modell für den Hsp70-Zyklus (DnaK) bei *E.coli*. Die Bindung eines nichtnativen Polypeptids wird durch Hsp40 (DnaJ) initiiert. DnaJ stimuliert die Hydrolyse von ATP durch DnaK, wodurch eine festere Interaktion von DnaK in der ADP-Form mit dem Polypeptid ermöglicht wird. GrpE katalysiert den Nucleotid-Austausch an DnaK, und die Interaktion wird wieder sehr locker mit der Möglichkeit einer korrekteren Faltung des Polypeptids. Die Bindungszyklen setzen sich fort, bis das Polypeptid seine native Faltung erhalten hat und entlassen werden kann.
Beim eukaryotischen Hsp70-System ist offenbar die Dissoziation von ADP kein geschwindigkeitsbestimmender Schritt, ein GrpE-Homologes fehlt (nicht allerdings in Mitochondrien und Plastiden). Das Protein Hip verzögert sogar diese Dissoziation.

menten angetroffen. Molekulare Chaperone beeinflussen und kontrollieren die Konformation anderer Proteine in vielfältiger Weise und sind an zahlreichen zellulären Prozessen beteiligt wie Bindung und Schutz naszierender Polypeptidketten bei der Translation, Halten in faltungskompetenter Übergangsform und Hilfe bei der Bildung oligomerer Proteine, Proteintransport durch Membranen, korrekte Faltung mißfalteter Proteine und Vorbereitung zum Abbau von mißfalteten Proteinen (Chaperone werden in den folgenden Kapiteln noch häufig in Erscheinung treten). Sie enthalten allerdings keine sterischen Informationen für andere Proteine, sondern verhindern eher unkorrekte Interaktionen in und zwischen nichtnativen Polypeptiden. Proteine und ihre Faltungshelfer haben sich offensichtlich coevolutioniert, so daß mit sehr eingestimmten Interaktionen zu rechnen ist. Die Funktionen der einzelnen Chaperon-Familien sind überlappend und kooperierend.

Bei Chaperonen geschieht die Erkennung ihrer „Substrate", d.h. die Unterscheidung zwischen nativ und nichtnativ in erster Linie durch Wechselwirkungen von hydrophoben Aminosäureresten auf der Oberfläche nichtnativer Polypeptide mit besonderen hydrophoben Resten der Chaperone selbst.

Die Chaperone der **Hsp70**-Familie und ihre Cochaperone sind nahezu in allen Zellen und Kompartimenten anzutreffen. Sie besitzen eine N-terminale ATP-Bindungsdomäne und eine C-terminale Peptid-Bindungsdomäne. Diese Domäne enthält eine durch β-Faltblattstrukturen gebildete Furche mit einem hydrophoben Bereich, in dem exponierte hydrophobe Reste anderer Proteine gebunden werden. In der ATP-Form ist die Bindung nichtnativer Polypeptide locker, in der ADP-Form stabilisierter. Eine Abfolge von Bindung und kontrolliertem Entlassen – so die Vorstellung – sollte zu einer zunehmend korrekteren Faltung dieser Polypeptide führen (Abb. 4-11).

Die sog. **Chaperonine** Hsp60 (GroEL in *E. coli*) in Bacteria, Mitochondrien und Plastiden und TRiC im Cytoplasma von Archaea und Eucyten bilden zylindrische Komplexe, in deren Hohlräumen Faltungsvorgänge stattfinden. Bei **GroEL** (Abb. 4-12) besteht der Zylinder aus zwei heptameren Ringen, wobei jede Untereinheit eine ATP-Bindungsstelle besitzt. Eine Röntgenstrukturanalyse dieses großen Komplexes gelang 1994 im Labor von P. B. Sigler. Das Cochaperon GroES von 10 kDa bildet an beiden Ausgängen eine Art Kappe aus sieben ringförmig angeordneten Untereinheiten. Der Zylinder ist etwa 15 nm hoch und 14 nm breit. GroEL kann im Zentrum eines jeden Ringes ein nichtnatives Polypeptid binden; eine Diffusion von der einen zur anderen Seite ist nicht möglich. Nach Bindung eines Polypeptids durch GroEL wird durch Assoziation von GroES seine Abdiffusion verhindert. Zyklen von Binden und Entlassen unter GroES-koordiniertem ATP-Verbrauch kann zu einer Renaturierung des Polypeptids führen. Dabei bewirkt – im Prinzip ähnlich wie beim Hsp70-Zyklus – eine abwechselnde Exposition von hydrophoben und hydrophilen Aminosäureresten in der Zylinderwandung und entsprechende Interaktionen mit dem Polypeptid, daß exponierte hydrophobe Reste des Polypeptids allmählich nach innen verlagert werden und so ein struktureller Umbau in Richtung nativer Konformation erreicht wird.

TRiC, das z.B. an der Faltung von Actin und Tubulin beteiligt ist, bildet zwei oktamere Ringe aus verschiedenen Untereinheiten. Die generelle Architektur des Zylinders und die Struktur der

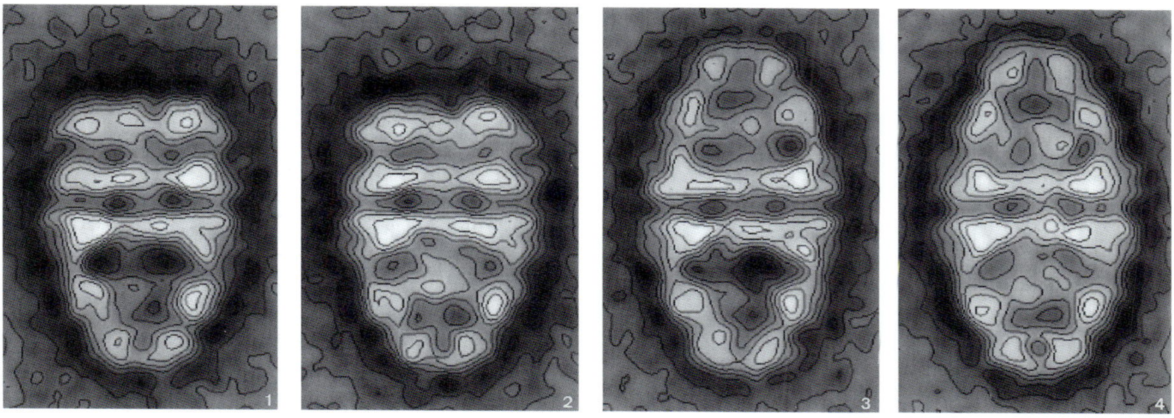

Abb. 4-12: GroEL/GroES-Moleküle in Seitenansicht nach Bildanalyse elektronenmikroskopischer Aufnahmen. **1**: GroEL mit einer GroES-Kappe, ohne Substrat. **2**: GroEL mit einer GroES-Kappe und einem denaturierten Maltose-Bindungsprotein als Substrat. **3**: GroEL mit zwei GroES-Kappen und einem Substratmolekül. **4**: GroEL mit zwei GroES-Kappen und zwei Substratmolekülen. (Aufnahmen und Analysen: K. Rutkat, J. Buchner)

Untereinheiten sind ähnlich der bakteriellen Version, ein GroES-homologer Verschluß der Zylinder fehlt allerdings.

Hsp90 ist das mengenmäßig häufigste Chaperon im Cytoplasma von Eucyten mit bis zu 2% des Gesamtproteins. Eine ATP-Bindung konnte bisher nicht festgestellt werden. Hsp90 ist bei vielen Proteinfaltungen beteiligt und hält beispielsweise auch die Steroid-Rezeptoren bindungskompetent (s. 4.1.6).

Hsp100/Clp verhindert Aggregationen von Proteinen und ist an proteinolytischen Systemen beteiligt.

4.2.2 Faltungskatalysatoren

Zu den Faltungskatalysatoren gehören Protein-Disulfid-Isomerasen und Peptidyl-Prolyl-Isomerasen.

Protein-Disulfid-Isomerasen sind im ER-Lumen enthalten. Sie lösen zwischen falschen Cysteinresten gebildete Disulfidbindungen von Exportproteinen und ermöglichen dadurch die richtigen Paarungen. Dabei wird eine Disulfidbindung im Substratmolekül durch eine reaktive RS^--Gruppe eines Cysteinrests des Enzyms angegriffen und gelöst, indem als Zwischenstufe eine Disulfidbindung zwischen Substrat und Enzym ausgebildet wird. Die freigesetzte RS^--Gruppe im Substrat kann nun eine weitere Disulfidbindung angreifen etc..

Peptidyl-Prolyl-Isomerasen katalysieren die *cis/trans*-Isomerisierung der nicht frei drehbaren Peptidyl-Prolyl-Bindung in Proteinen, indem sie diese auch spontan ablaufende Reaktion um mehr als das Hundertfache beschleunigen. Diese Enzyme sind konserviert und weit verbreitet und können erstaunlicherweise bis zu 2% des Zellproteins ausmachen. Das deutet allerdings auf zusätzliche Funktionen neben der enzymatischen, und tatsächlich wurde auch über stabile Assoziation solcher Proteine an Komplexe wie den IP_3-Rezeptor im ER u.a. berichtet. Einige dieser Isomerasen werden als **Cyclophiline** bezeichnet; sie sind durch Cyclosporin A, ein zyklisches Undekapeptid aus dem Pilz *Tolypocladium inflatum* hemmbar. **Cyclosporin A** gehört zu den sog. Immunsuppressiva: Es bildet einen ternären Komplex mit dem cytoplasmatischen Cyclophilin 18 und der Ser/Thr-Protein-Phosphatase Calcineurin. Dadurch wird die Aktivität von Calcineurin gehemmt (s. 19.2.6); der Immunsuppression liegt nicht die Inhibierung der Isomeraseaktivität zugrunde.

4.3 Abbau von Proteinen

Proteine abbauende Enzyme, Proteinasen oder kürzer Proteasen, waren zunächst als Verdauungsenzyme, allgemein als Exoenzyme, oder aus Lysosomen/Vakuolen bekannt. Ihre Klassifizierung erhielten sie nach ihren aktiven Zentren oder enzymatischen Erfordernissen als Serin-, Cystein-, Metallo- oder saure Proteinasen. In den letzten Jahren wurden aber auch vielfältige proteinolytische Aktivitäten im Cytoplasma von Zellen nachgewiesen, die z.T. an komplexe Strukturen gebunden sind. Der regulierte Abbau von Proteinen hat sich für das Überleben einer Zelle als ebenso wichtig erwiesen wie ihre Synthese an

Tab. 4-6: Plasmatische proteinolytische Systeme bei Pro- und Eukaryoten.

	Charakterisierung, Vorkommen
Proteasom	zylindrisch aus 4 heptameren Ringen ($\alpha_7\beta_7\beta_7\alpha_7$), nur β-Untereinheiten proteinolytisch; bei Archaea und Eucyten, hier zusätzlich mit 2 Cap-Strukturen.
HslV/U	(heat shock locus) zylindrisch aus 4 Ringen ($U_{6/7}V_6V_6U_{6/7}$) mit V proteinolytisch und U zur Hsp100/Clp-Familie der Chaperone gehörend, mit ATP-Domäne; bei Bacteria.
Clp-Familie	(caseinolytic protease) zylindrisch aus 3 Ringen ($A_7P_6P_6$) mit ClpP als Serin-Proteinase und ClpA o.a. als Hsp100-ähnlichem Chaperon; in Bacteria, Mitochondrien, Plastiden.
Lon-Familie	Homooligomere mit Proteinasedomäne (Serin-Proteinase) und ATP-Bindungsdomäne; in Bacteria und Mitochondrien.
FtsA/AAA-Familie	Homooligomere mit Proteinasedomäne (Zn^{2+}-Proteinase) und ATP-Bindungsdomäne, membrangebunden; in Bacteria und Mitochondrien.
Caspasen	Cystein-Proteinasen mit Spaltung nach einem Asp (früher ICE/CED), $\alpha_2\beta_2$-Tetramere; in Säugerzellen, Funktionen bei Apoptose und Entzündungsreaktionen (s. 22.3).

Die hier nicht aufgeführten Cathepsine sind Proteinasen des endosomal/lysosomalen Kompartiments.

den Ribosomen. Viele Proteine enthalten sog. **PEST-Sequenzen** (Pro-Glu-Ser-Thr), die ein Signal für ihren raschen Abbau darstellen.

Die meisten der plasmatischen Abbausysteme sind energieabhängig, obwohl zur Hydrolyse einer Peptidbindung keine Energie notwendig ist. Mit diesen proteinolytischen Aktivitäten sind jedoch Chaperonaktivitäten verbunden, die unter ATP-Verbrauch die „richtigen“ Substrate wie teildenaturierte Polypeptide oder solche mit hoher Turnoverrate aussuchen und wahrscheinlich zu einem gewissen Grad entfalten, damit sie abgebaut werden können. Ein Kennzeichen der meisten dieser Systeme ist, daß ein Proteinmolekül vollständig abgebaut wird, bevor das nächste akzeptiert werden kann; partiell degradierte Polypeptide akkumulieren nicht.

Bei Archaea und Eucyten ist das zylindrisch geformte **Proteasom** das proteindegradierende System. Mit HslV/U ist in den Bacteria ein ähnliches System gefunden worden; daneben gibt es

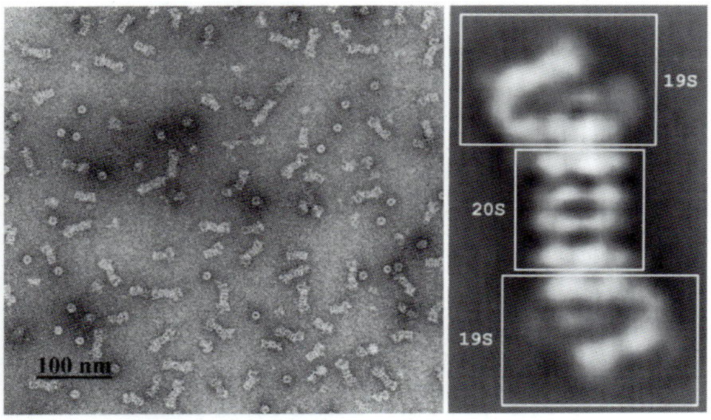

Abb. 4-13: Links: EM-Aufnahme von 26S Proteasomen aus Oocyten von *Xenopus laevis* nach Negativkontrastierung mit Uranylacetat. **Rechts**: Aus mehreren hundert Aufnahmen gemitteltes Bild des 26S Proteasoms mit dem 20S Zylinder aus vier Ringen von Untereinheiten in der Mitte und den beiden 19S Cap-Strukturen. (Aufnahmen: W. Baumeister, Z. Cejka, M. Kania, E. Seemüller [1997] Biol. Chem. 378, 121; mit Genehmigung.)

bei den Bacteria noch weitere Systeme, die auch in Mitochondrien und Plastiden vorkommen (Tab. 4-6).

Das Proteasom wird auch als molekulares Nanokompartiment bezeichnet, bei dem die ja nicht ungefährlichen proteinolytischen Aktivitäten ins Innere verlagert sind. In Säugerzellen ist das Proteasom Ort des Abbaus der meisten zellulären Proteine:

- Abbau von regulatorischen Proteinen mit z.T. sehr kurzer Lebenszeit.
- Abbau von Proteinen mit längerer Lebenszeit.
- Abbau von mißfalteten Polypeptiden.

Als Abbauprodukte treten vor allem Hepta-, Okta- und Nonapeptide auf, die im Cytoplasma von Peptidasen weiter zerlegt werden. Inwieweit diese Peptidgröße mit der internen Struktur der Proteasomen zusammenhängt, ist unklar. Als während der Evolution mit den Wirbeltieren auch das Immunsystem entstand, wurden diese proteasomalen kurzkettigen Peptide zur Antigenpräsentation in MHC-I-Molekülen benützt, d.h. die Größenspezifität der MHC-I-Moleküle wurde offensichtlich nach Vorgabe der Größe dieser Peptide angelegt.

Die Struktur der Proteasomen ist gut bekannt, seit 1995 eine Röntgenanalyse mit 0,34 nm Auflösung in den Labors von W. Baumeister und R. Huber an dem Proteasom des Archaebakteriums *Thermoplasma acidophilum* gelang. Das 20S Proteasom besteht aus vier heptameren Ringen der Art $\alpha_7\beta_7\beta_7\alpha_7$ · Die α-Untereinheiten sind ohne enzymatische Aktivität. Die β-Untereinheiten sind Proteinasen, bei den Archaea homomer, bei den Eucyten heteromer, wobei nicht alle Untereinheiten auch proteinolytisch aktiv sind. Die Zylinder haben einen Durchmesser von 11 nm und sind 15 nm hoch; der Eingang am α-Ring ist nur 1,3 nm weit, die zentrale Höhle 2,2 nm. Nach GroEL (s. oben) ist damit eine zweite zylindrische Struktur mit ähnlichen Dimensionen bekannt geworden, die (partiell) entfaltete Polypeptide beherbergen kann, die eine zur Renaturierung, die andere zum Abbau. Die eukaryotischen Proteasomen besitzen noch zwei 19S Cap-Strukturen; diese bestehen aus etwa 15 Untereinheiten, darunter sechs chaperonähnlichen ATPasen. Das Proteasom hat damit einen Wert von 26S (Abb. 4-13). Man nimmt an, daß die Cap-Strukturen bei der Auswahl und Entfaltung der abzubauenden Proteine eine Rolle spielen. Die Assemblierung eines Proteasoms ist kompliziert. Offenbar können die α-Untereinheiten spontan Ringe bilden, an die die β-Untereinheiten assoziieren. Die β-Untereinheiten entstehen – wie üblich bei solchen Enzymen – als Pro-Formen, die sich bei der Assemblierung autokatalytisch spalten.

Die β-Untereinheiten bilden eine neue Familie von Proteinasen, die Ntn-Hydrolasen (N-terminal nucleophilic) mit einem N-terminalen Threoninrest. 3,4-Dichlorisocumarin und ebenso Lactacystin, ein Metabolit aus *Streptomyces*-Arten, sind Inhibitoren dieser Proteinasen durch kovalente Bindung an den Threoninrest. Die HslV-Proteinasen der Bacteria gehören ebenfalls zu dieser Familie.

Zur Adressierung von Proteinen zum Abbau im Proteasom wird in Eucyten sehr häufig **Ubiquitin** verwendet (Abb. 4-14). Ubiquitin ist ein kleines, hoch konserviertes Protein von 8,5 kDa (76 AS), das in allen Zellen vorkommt (daher der Name). Ubiquitinylierung kann auch zur funktionellen Modifikation von Proteinen, z.B. von Histon H2A, führen, ohne direkt einen Abbau einzuleiten.

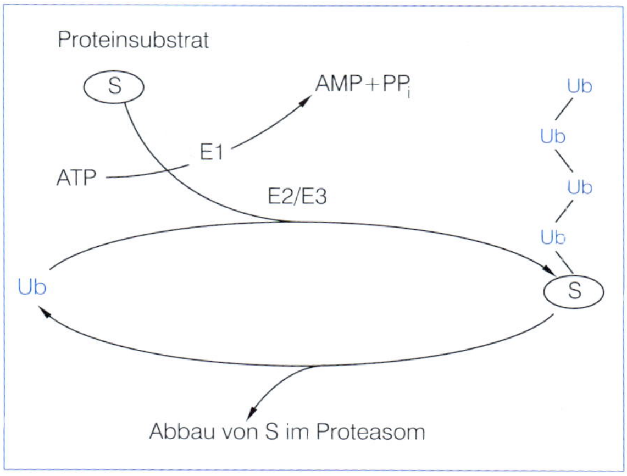

Abb. 4-14: Ubiquitinylierung von Proteinen als Adressierung für einen Abbau im Proteasom. Das Substratprotein wird zunächst unter ATP-Verbrauch in einer energiereichen Thioesterbindung an das Enzym E1 gebunden und anschließend auf E2 übertragen. E2-Enzyme zeigen gewisse Substratspezifitäten. Von E2 aus oder über ein weiteres Enzym E3 wird das Substratprotein mit einer ε-Aminogruppe eines Lysinrests in einer Isopeptidbindung an die C-terminale Carboxylgruppe von Ubiquitin (Ub) gebunden. Im allg. sind Ubiquitinoligomere zur Adressierung notwendig; die Isopeptidbindung liegt dann zwischen Lysin-48 des vorangehenden Ubiquitins und der C-terminalen Carboxylgruppe des nächsten. Am Proteasom wird Ubiquitin durch de-ubiquitinylierende Enzyme rezyklisiert.

4.4 Cytoskelett

Gestalt und innere Struktur von Eucyten werden weitgehend durch verschiedene Netzwerke von Proteinfilamenten bestimmt. Dieses sog. Cytoskelett ist gleichermaßen durch seine strukturell-statischen und seine dynamischen Eigenschaften, bedingt durch den kontrollierten Auf- und Abbau seiner Konstituenten, gekennzeichnet. Neben Skelettaufgaben können Proteinfilamente außerdem Funktionen als Leitbahnen für Motorproteine haben, die für intrazelluläre Bewegungsvorgänge verantwortlich sind. Sowohl Strukturelemente wie Leitbahnen brauchen für ihre Funktion Verankerungszentren, Widerlager. In einer Zelle gibt es mehrere solcher Zentren, sowohl im Cytoplasma als auch besonders in der Plasmamembran; Adhering Junctions beispielsweise stellen solche Zentren in der Plasmamembran dar. Es werden vier Gruppen von Proteinfilamenten unterschieden (Abb. 4-15):

- 3-nm-Filamente, bisher wenig charakterisierter Filamenttyp.
- Actinfilamente mit einem Durchmesser von 6 nm; Motorproteine sind die Myosine.
- Intermediärfilamente oder 10-nm-Filamente mit Durchmessern von 7–12 nm; sie bilden eine heterogene Gruppe und besitzen keine Motorproteine.
- Mikrotubuli mit einem Durchmesser von 25 nm; Motorproteine sind Dyneine und Kinesine.

Protocyten besitzen kein Cytoskelett. Mit dem **FtsZ-Protein** (filamentation sensitive; nach Mutanten mit blockierter Zellteilung) wurde jedoch ein Protein entdeckt, das Homologien zu den Tubulinen, den Untereinheiten der Mikrotubuli, zeigt. Bei der Teilung von Bakterienzellen bildet es eine ringförmige Struktur in der Teilungsebene (s. 22.1).

Zur Darstellung des Cytoskeletts in situ hat sich die mikroskopische Methode der **indirekten Immunfluoreszenz** bewährt. Besonders leicht lassen sich Zellen, die auf beschichteten Deckgläschen gewachsen sind und sich angeheftet haben, präparieren. Nach geeigneter Fixierung (bei −20 °C in Methanol/Aceton) werden die Zellen bei 37 °C mit einem Antikörper gegen das betreffende Filamentprotein inkubiert (1. Antikörper). Nach Auswaschen wird mit

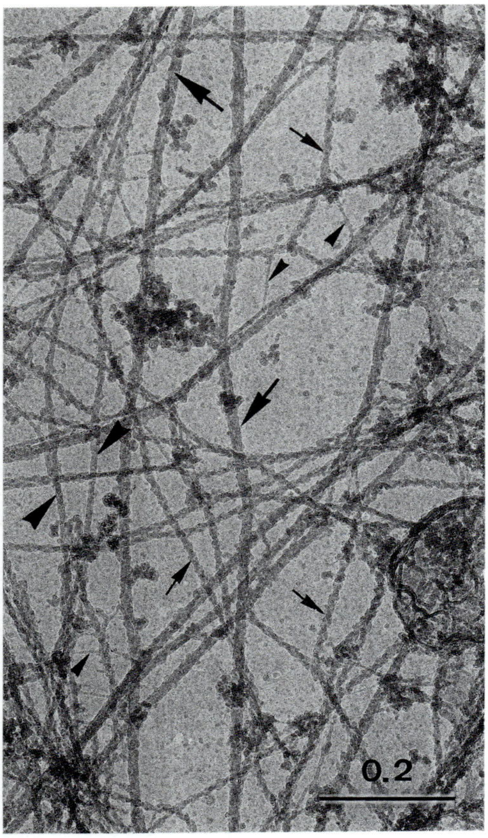

Abb. 4-15: Proteinfilamente des Cytoskeletts. Ausschnitt einer Säugerzelle mit Mikrotubuli (große Pfeile), Intermediärfilamenten (große Pfeilköpfe), Actinfilamenten (kleine Pfeile, Actin zur Unterscheidung dekoriert mit Myosin Subfragment-1) und 3-nm-Filamenten (kleine Pfeilköpfe). Die Zellen wurden nach Extraktion löslicher Bestandteile, Fixierung und Trocknung nach der Kritischen-Punkt-Methode im Höchstspannungs-EM photographiert. (Aufnahme: M. Schliwa)

einem 2. Antikörper inkubiert, der gegen den ersten gerichtet ist (z.B. Anti-Maus-IgG, wenn der 1. Antikörper aus der Maus stammt). Der 2. Antikörper trägt kovalent gebunden einen Fluoreszenzfarbstoff wie Rhodamin oder Fluorescein. Durch Verwendung zweier Antikörper wird eine Verstärkung der Fluoreszenz erreicht. Nach Einbettung in wassermischbarem Einbettmittel wie Elvanol wird bei geeigneter Filterkombination im Fluoreszenzmikroskop ausgewertet. Entscheidend ist die Spezifität des 1. Antikörpers.

4.4.1 Intermediärfilamente

Die intermediären Filamente (IF) oder 10-nm-Filamente kommen in allen Vertebraten und in abgewandelter Form auch in den meisten anderen Tierstämmen mit Ausnahme der Arthropoden vor; in Pflanzenzellen konnten sie bisher nicht nachgewiesen werden. Die heterogene Familie wird in fünf Typen untergliedert und ist gewebs- und entwicklungsspezifisch mit Ausnahme der Lamine, die in allen Zellkernen die Kernlamina aufbauen (Tab. 4-7). Die Filamente durchziehen Zellen in Netzwerken sehr unterschiedlicher Erscheinungsform (Abb. 4-16).

Der molekulare Aufbau der Intermediärfilamente folgt einem einheitlichen Prinzip, was auf eine gemeinsame Sekundär- und Tertiärstruktur der IF-Proteine zurückgeht. Alle IF-Proteine weisen eine zentrale α-helikale Domäne auf, die drei kurze nichthelikale Abschnitte enthält, sowie N- und C-terminale nichthelikale Bereiche unterschiedlicher Länge. Die α-helikalen Domänen von zwei IF-Molekülen bilden ein Dimer, indem sie sich in paralleler Anordnung linkshändig umwinden. Diese dimeren α-Helices sind die Grundbausteine der Filamente (Abb. 4-17); die N- und C-terminalen Bereiche tragen nicht unmittelbar zu deren Aufbau bei. Im allg. handelt es sich um Homodimere, bei den Cytokeratinen jedoch ist immer eine saure und eine basische Komponente beteiligt. In den Neurofilamenten ist die L-Kette das Hauptprotein, M- und/oder H-Ketten sind nur substöchiometrisch vorhanden.

Tab. 4-7: Intermediärfilamente.

	Anzahl	Charakterisierung, Vorkommen
Typ I		
Saure Cytokeratine	K9-K20, Ha1-Ha4	40–64 kDa, Epithelzellen, an Desmosomen und Hemidesmosomen, auch als Tonofilamente bezeichnet.
Typ II		
Basische Cytokeratine	K1-K8, Hb1-Hb4	52–68 kDa, Epithelzellen, an Desmosomen und Hemidesmosomen, auch als Tonofilamente bezeichnet.
Typ III		
Vimentin	1	54 kDa, Mesenchymzellen, Zellen in Kultur.
Desmin	1	52 kDa, Muskelzellen.
GFAP	1	(glial fibrillar acidic protein) 53 kDa, Neurogliazellen.
Peripherin	1	57 kDa, einige Neuronen.
Nestin	1	200 kDa, neuroektodermale Stammzellen.
Plasticin	1	53 kDa, optischer Nerv, Retinalganglion.
Typ IV		
Neurofilamente	4	L 68 kDa, M 145 kDa, H 200 kDa und Internexin, in Axonen.
Typ V		
Lamine	2	A und B, in Zellkernen.

Die heterogene Familie wird in Typen untergliedert. Die Angaben beziehen sich im wesentlichen auf Zellen des Menschen.

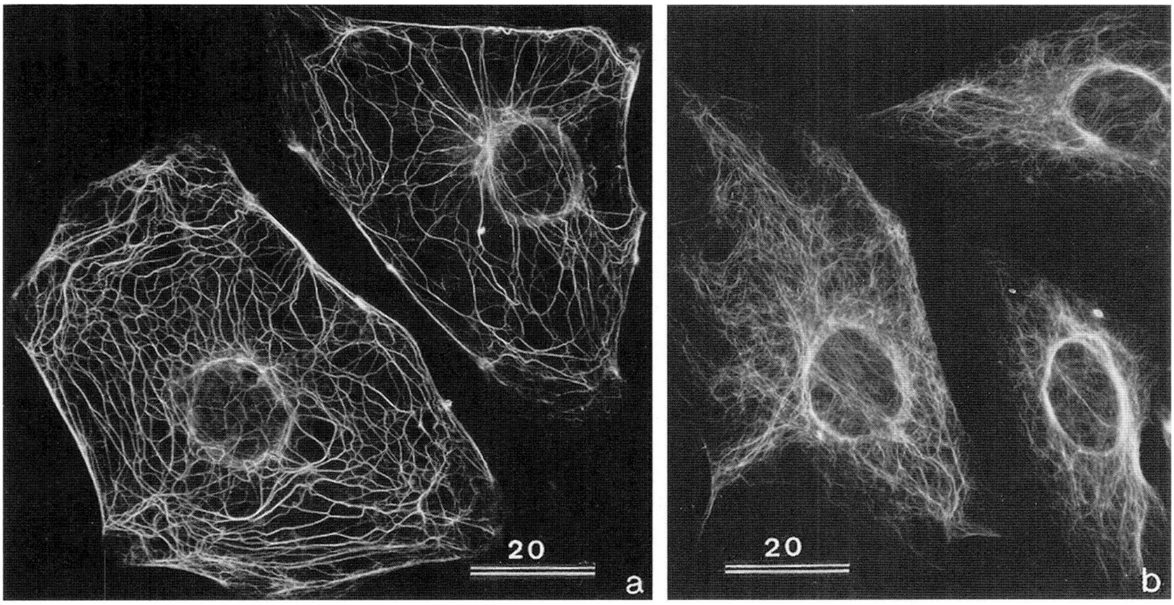

Abb. 4-16: Intermediärfilamente in Gewebekulturzellen (PtK-Zellen, Nierenzellen des Rattenkänguruhs) in indirekter Immunfluoreszenz. (**a**) Bündel von Cytokeratinfilamenten. (**b**) Bündel von Vimentinfilamenten. (Aufnahmen: W. W. Franke)

Der Auf- und Abbau von Intermediärfilamenten in einer Zelle wird weitgehend durch Phosphorylierungen/Dephosphorylierungen reguliert. Phosphorylierungen durch Protein-Kinasen wie PKA, PKC oder Ca^{2+}/Calmodulin-abhängige PKII führen zu einem Abbau der Filamente, z. B. während einer Mitose. Die Lamine der Kernlamina werden durch die Cdc2-Kinase phosphoryliert, was neben ihrer Depolymerisation gleichzeitig zur Vesikulation der Kernhülle führt. Die Untereinheiten der Filamente werden während der Mitose in bestimmten Bereichen der Zelle – wahrscheinlich in Verbindung mit Chaperonen – deponiert (Abb. 4-18). **Plectin** ist ein in Zellen weit verbreitetes Protein, das Intermediärfilamente vernetzt.

Intermediärfilamente geben Zellen Form und Festigkeit. Das ist besonders eindrucksvoll in den bis meterlangen Axonen von Nervenzellen, in denen die Neurofilamente zusammen mit Mikrotubuli die strukturgebenden Komponenten sind, und in Epithelzellen, in denen die Cytokeratinfilamente Desmosomen und Hemidesmosomen untereinander verbinden und den Zellen dadurch große Reißfestigkeit verleihen (s. 3.3.1).

In der Epidermis der Haut werden in der inneren, teilungsaktiven Zellschicht vor allem die Cytokeratine K14 und K5 exprimiert, die etwa 10% des Zellproteins ausmachen. Wenn Zellen diese Schicht nach außen hin verlassen, schalten sie um auf die Synthese der Cytokeratine K10 und K1, die schließlich bis zu 85% des Zellproteins

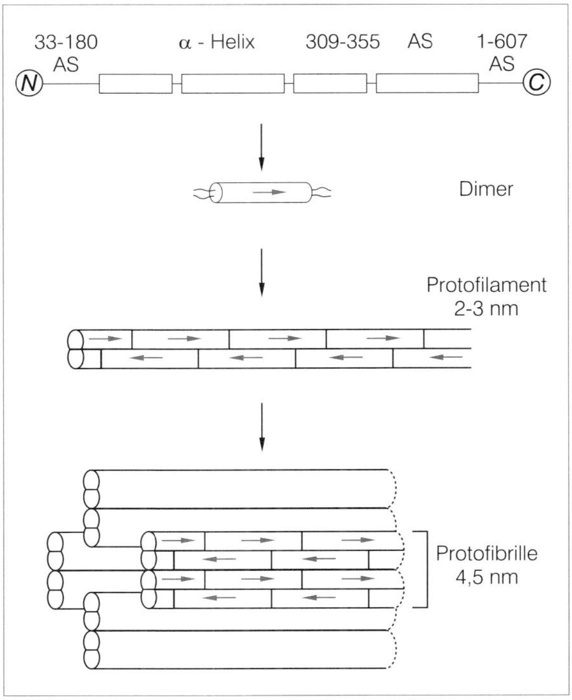

Abb. 4-17: Aufbau von Intermediärfilamenten. IF-Proteine bilden mit ihrer zentralen α-helikalen Domäne gleichgerichtete, sich linkshändig umwindende Dimere; sie sind die Grundbausteine der Filamente. Durch antiparallele versetzte Anordnung von Dimeren entstehen Protofilamente. Zwei Protofilamente bilden eine Protofibrille und vier Protofibrillen schließlich das 10-nm-Filament. Die farbigen Pfeile geben die Richtung von den N- zu den C-Termini in den Dimeren an.

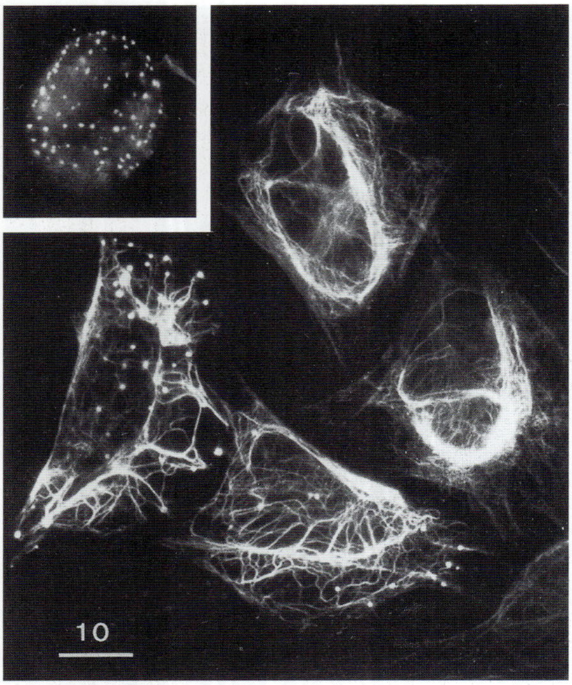

Abb. 4-18: HeLa-Zellen. Rechts oben Interphasezellen, links unten Zellen in früher Prophase, im Einsatzbild eine Zelle in Metaphase. Die Cytokeratinfilamente verschwinden bei Beginn der Mitose und werden als Untereinheiten in distinkten Bereichen abgelagert. Darstellung durch indirekte Immunfluoreszenz mit Antikörpern gegen Cytokeratine. (Aufnahmen: W. W. Franke, E. Schmid, C. Grund [1982] Cell 30, 103; mit Genehmigung.)

darstellen können. Bei Erreichen des Stratum granulosum, in dem die Zellen immer noch Transkription/Translation durchführen, wird Filaggrin produziert, das Cytokeratinfilamente bündelt. Im Stratum corneum sind die Zellen abgestorben und permeabel, so daß eine Transglutaminase durch Ca^{2+} aktiviert werden kann, die Proteine kovalent über γ-Glutamyl-ε-Lysyl-Bindungen verknüpft. Auf diese Weise erhält die Oberflächenschicht der Haut ihre Schutzeigenschaften. Bei der **Epidermolysis Bullosa Simplex**, einer Gruppe von autosomal dominanten Erbkrankheiten des Menschen, die etwa jedes 40000ste Individuum betrifft, tritt Blasenbildung der Haut durch Lyse von Zellen in der basalen Schicht der Epidermis auf. Ursachen sind wohl meistens Mutationen in den Genen für die Cytokeratine K14 und K5.

4.4.2 Actinfilamente und Mikrotubuli

Actinfilamente und Mikrotubuli sind weit verbreitet und kommen im Cytoplasma nahezu aller Eucyten vor, nicht jedoch im Plasma von Mitochondrien und Plastiden. Sie besitzen einige gemeinsame Merkmale:

- Beide stellen helikale lineare Polymere aus globulären Untereinheiten, den Actinen bzw. Tubulinen, dar.
- Sie weisen eine strukturelle Polarität auf, d.h. die beiden Enden sind unterscheidbar. Bei Actinfilamenten läßt sich dies besonders gut durch „Dekorieren" mit Myosinfragmenten demonstrieren (s. Abb. 4-20).
- Sie zeigen auch eine kinetische Polarität. Actinfilamente weisen bei einer gegebenen Monomerenkonzentration unterschiedliche Polymerisationsraten an den beiden Enden auf. Das Ende, an dem die Polymerisation überwiegt, wird als plus-Ende, das andere, an dem die Depolymerisation bevorzugt stattfindet, als minus-Ende bezeichnet. Bei Mikrotubuli findet der Aufbau, aber auch der Abbau bevorzugt am plus-Ende statt, während das minus-Ende häufig in einem MTOC (microtubule organizing centre) festgelegt ist.
- Die Monomere binden je ein Nucleosidtriphosphat, Actin ATP und Tubulin GTP. Nach Anlagerung der Untereinheiten an wachsende Filamente/Mikrotubuli werden die Nucleotide hydrolysiert, wobei ADP bzw. GDP gebunden bleiben.
- In den meisten Zellen unterliegen Actinfilamente und Mikrotubuli einem dynamischen Auf- und Abbau; beide können aber auch permanente Strukturen ausbilden, die Actinfilamente beispielsweise in den Mikrovilli, die Mikrotubuli in den Geißeln.
- Für beide gibt es zahlreiche assoziierende oder bindende Proteine, die ihre Eigenschaften modulieren.

Die Anordnung dieser beiden strukturgebenden Elemente in einer Zelle ist im allg. sehr verschieden (Abb. 4-19). Mikrotubuli strahlen meist von einem Zentrum in alle Richtungen der Zelle aus, während Actinfilamente nicht in dieser Weise organisiert sind. Sie bilden häufig parallele Bündel aus vielen Einzelfilamenten, die bei be-

Abb. 4-19: Anordnung von Mikrotubuli (oben) und Actinfilamenten (unten) in Zellkulturzellen (Nierenzellen des Rattenkänguruhs). Mikrotubuli strahlen von einem Zentrum aus in die Peripherie der Zellen, Actinfilamente liegen in dicken parallelen Bündeln. Darstellung durch Doppelfluoreszenz im gleichen Präparat: Mikrotubuli durch indirekte Immunfluoreszenz mit Fluorescein (s. 4.4), Actinfilamente durch Rhodamin-markiertes Phalloidin, eine Giftkomponente des Knollenblätterpilzes, die an Actinfilamente bindet. (Aufnahmen: H. Gundlach, J. Wehland [1987] Zeiss Inf. Heft 99, 33; mit Genehmigung.) ▶

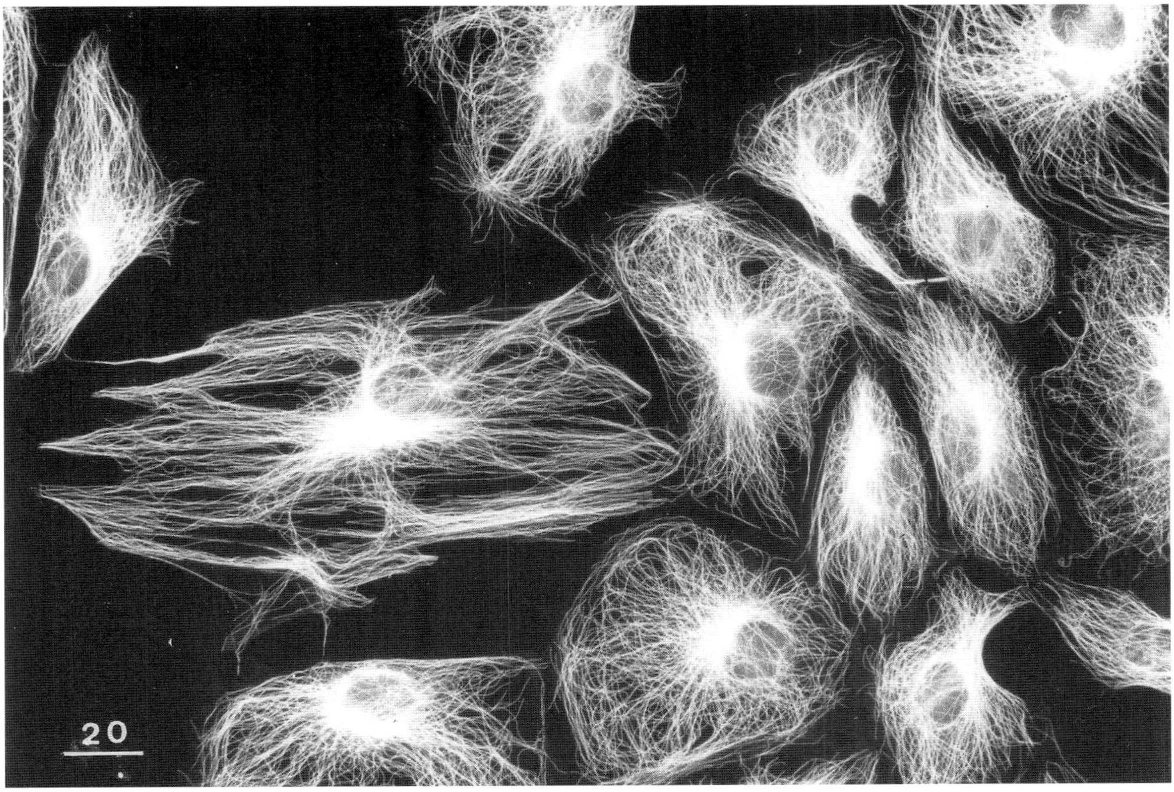
20

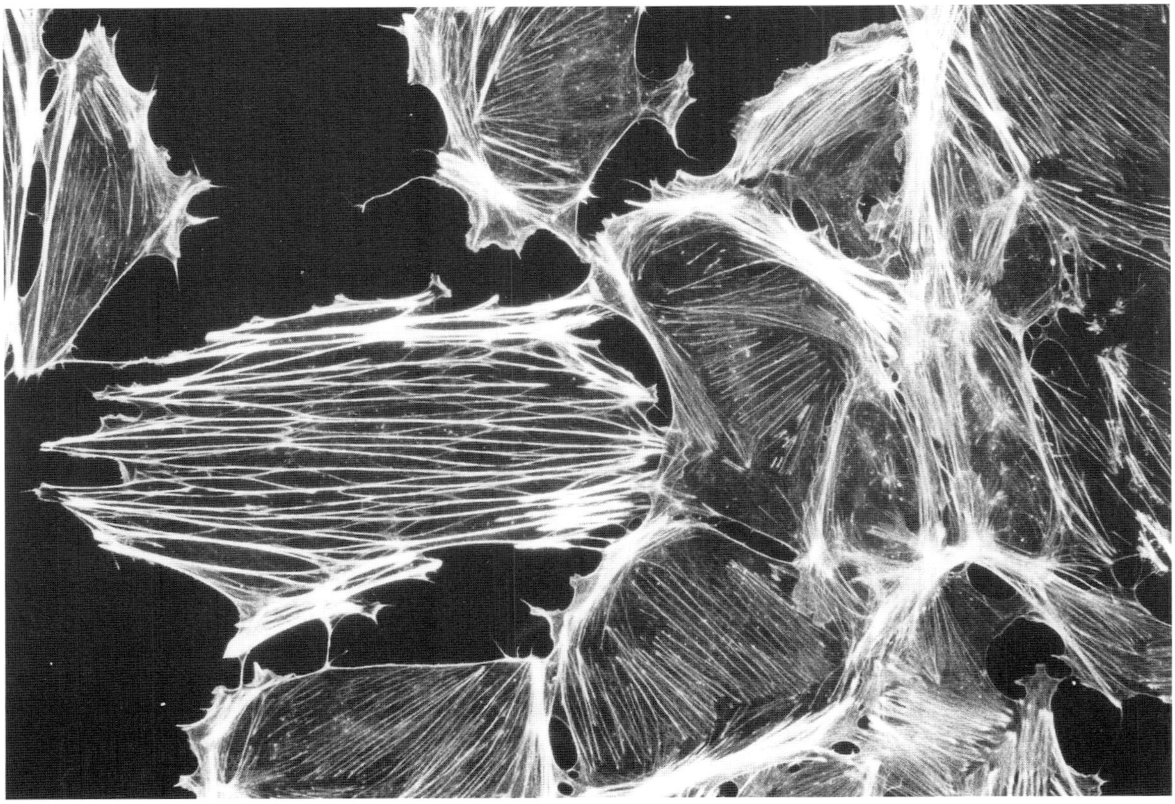

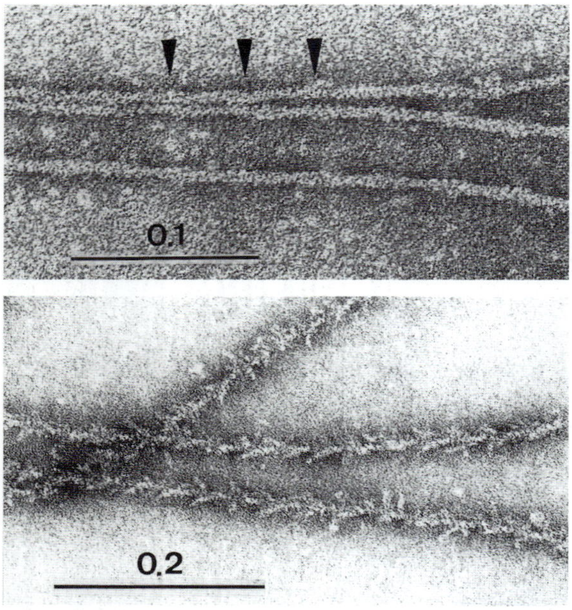

Abb. 4-20: Oben: Actinfilamente. Helikale Überkreuzungspunkte der beiden Ketten sind am oberen Filament durch Pfeilköpfe markiert; ihr Abstand beträgt 37,5 nm. **Unten**: Harpunenkopfstrukturen (arrowheads) von Actinfilamenten nach Dekorierung mit Myosin Subfragment-1; die spitzen Enden weisen zum minus-Ende, die stumpfen zum plus-Ende der Filamente. Negativkontrast. (EM-Aufnahmen: G. Isenberg)

sonders starker Ausbildung auch als Stressfasern bezeichnet werden. In Zellen der höheren Pflanzen allerdings gehen die Mikrotubuli (außer in der Teilungsspindel) nicht von einem Zentrum aus, sondern liegen cortical, d.h. relativ dicht an der Plasmamembran.

Actinfilamente

Actin in Filamentform wird auch als F-Actin und die globuläre Untereinheit als G-Actin bezeichnet. **G-Actin** besteht aus 375 Aminosäureresten (42 kDa) und hat molekulare Abmessungen von etwa 3,5 · 5,5 · 5,5 nm. Es besitzt eine typische ATP-Bindungsfalte, wie sie auch bei vielen anderen Proteinen gefunden wurde. Actin ist ein sehr konserviertes Protein. Die Actine von Einzellern und Säugern sind noch zu etwa 80% in ihrer Sequenz identisch. Vor kurzem wurde eine Gruppe von Proteinen beschrieben, die eine gewisse Homologie mit Actin aufweisen und deshalb als **Arps** (actin-related proteins) bezeichnet werden; sie sind z.B. im Dynactin enthalten (s. unten).

Die Hefe besitzt ein Actin-Gen, der Mensch wie die übrigen Säuger sechs, neben einer ganzen Reihe von Pseudogenen. Die drei α-Actine kommen in Muskelzellen vor (je eins in Skelett-, Herz- und glatten Muskelzellen), das β-Actin und ein γ-Actin als sog. cytoplasmatische Actine in Nichtmuskelzellen und das zweite γ-Actin in glatten Darmmuskelzellen.

Actin ist auch eins der mengenmäßig häufigsten Proteine mit ungefähr 2% des Gesamtproteins einer Zelle; in Muskelzellen ist sein Anteil noch erheblich höher und erreicht mehr als 10%. Als Konzentration ausgedrückt sind das für eine Normalzelle mehrere hundert $\mu mol \cdot l^{-1}$. Bei solchen Konzentrationen müßte unter intrazellulären Bedingungen nahezu alles Actin in Filamentform vorliegen. Das ist jedoch nicht der Fall, etwa die Hälfte ist monomer. Kleine cytoplasmatische Proteine sind hierfür verantwortlich, die an G-Actin binden und dadurch seine Polymerisation verhindern. **Thymosin β_4** (5 kDa) ist in höheren Konzentrationen im Cytoplasma enthalten und bindet G-Actin in einem Verhältnis 1:1. Auch **Profilin** (15 kDa) bindet G-Actin, allerdings weniger wirkungsvoll und hat wahrscheinlich noch andere Funktionen. Profilin ist als verbreitetes Allergen bekannt geworden (s. 19.1).

F-Actin, das Actinfilament, besteht aus zwei helikal umeinandergewundenen Actinketten (Abb. 4-20). Seine strukturelle Polarität läßt sich am besten durch „Dekorieren“ mit Myosinfragmenten, die noch ihre Actin-Bindungsstelle besitzen, darstellen. Die kinetische Polarität äußert sich darin, daß am plus-Ende, das dem stumpfen

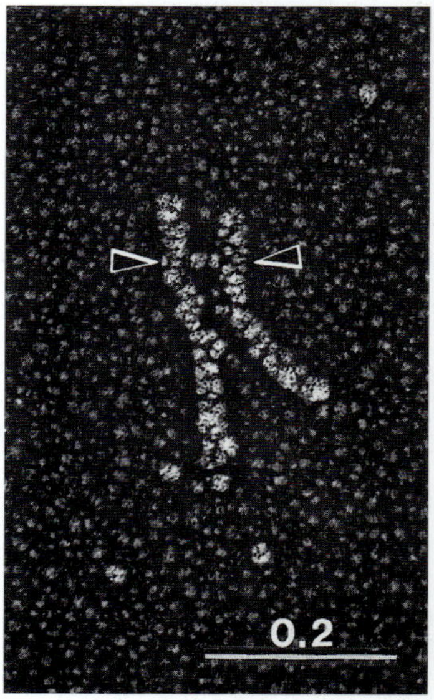

Abb. 4-21: α-Actinin als quervernetzendes Protein zweier Actinfilamente in vitro. Actin aus Kaninchenmuskel, α-Actinin aus Seeigel-Eiern. (EM-Aufnahme: I. Mabuchi et al. [1985] J. Cell Biol. 100, 375; mit Genehmigung)

Abb. 4-22: Längsschnitt durch Mikrovilli und den äußeren Bereich ▶ zweier Dünndarmepithelzellen einer Katze. Die aussteifenden Actinfilamente inserieren mit ihren plus-Enden in einer der Z-Scheibe im Sarkomer homologen Struktur in der Spitze der Mikrovilli. Die Filamente reichen in eine weitgehend Kompartimente-freie Zone der Zelle hinein und werden dort durch Myosinfilamente und Spektrin-ähnliche Proteine vernetzt. Sie bilden zusammen mit Intermediärfilamenten das sog. Terminalgeflecht dieser Zone aus. Zwischen den Plasmamembranen der beiden Zellen ist im oberen Bereich eine Tight Junction ausgebildet. (EM-Aufnahme: L. Orci, A. Perrelet [1975] Freeze Etch Histology, Springer Verlag, Heidelberg; mit Genehmigung.)

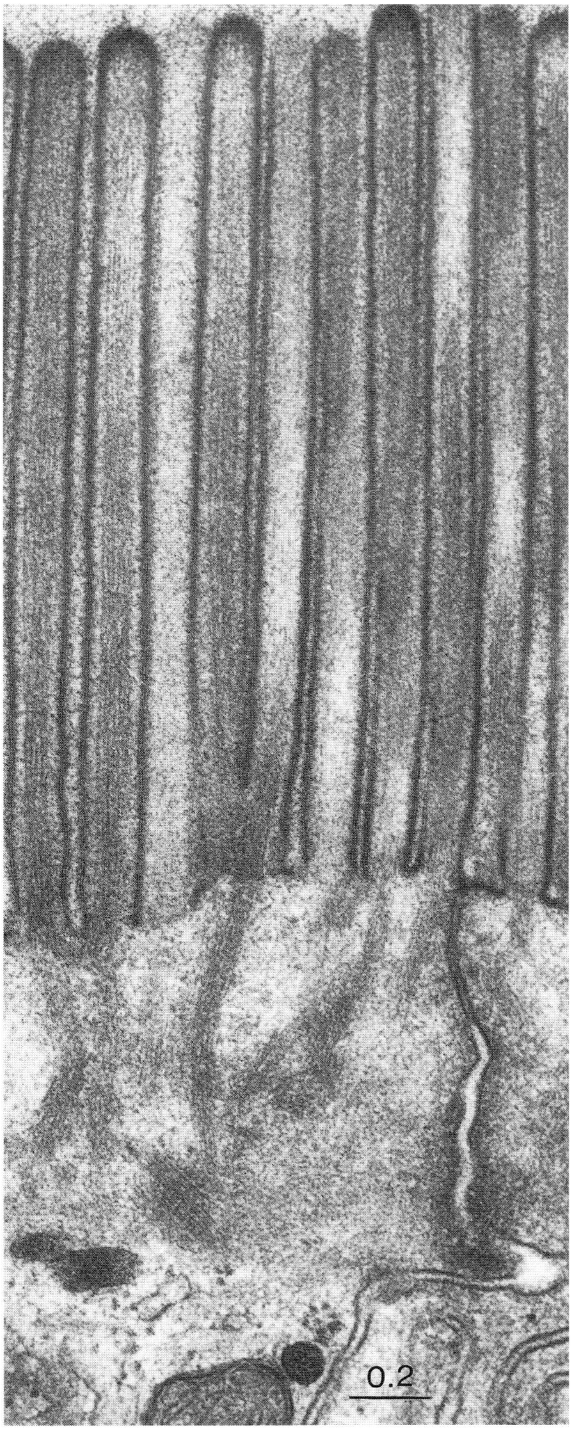

Ende nach Dekoration entspricht, bevorzugt Monomere (in ATP-Form) das Filament verlängern und am Minus-Ende Monomere (in ADP-Form) abdissoziieren. Die kritische Monomerenkonzentration für ein Filamentende ist definiert als diejenige, bei der sich An- und Abbau die Waage halten. Für das plus- und minus-Ende am Actinfilament gelten folglich sehr unterschiedliche kritische Konzentrationen. Bei mittleren Monomerenkonzentrationen läßt sich ein Gleichgewicht erreichen, bei dem die Assoziation am plus-Ende und die Dissoziation am minus-Ende gleich sind. Es zeigte sich jedoch, daß die Durchsatzrate G-Actin → F-Actin → G-Actin in Zellen bis zu 100fach höher sein kann als aus In-vitro-Versuchen erwartet. Hierfür wird eine Gruppe von Proteinen, die **ADF/Cofilin**-Familie (actin depolymerizing factor), verantwortlich gemacht, die bevorzugt an Actin in der ADP-Form binden und die Dissoziation am minus-Ende beschleunigen. Sie vergrößern also die Differenz der kritischen Konzentrationen zwischen den beiden Enden.

Actinfilamente haben in Zellen oft präzise Längen. Die kurzen Filamente von 12–20 Monomeren im Membranskelett der Erythrocyten (s. 3.1) z.B. sind ca. 0,06 µm, die Filamente in den Sarkomeren der Muskelfasern (s. 14.1) über einen Mikrometer lang. Für diese beiden Beispiele gibt es schon genauere Vorstellungen über die Längenbegrenzung. Die Filamente im Erythrocyten sind an den minus-Enden mit **Tropomodulin**, die plus-Enden mit **Adducin** belegt. Ihre Länge wird durch α,β-dimeres **Tropomyosin** bestimmt, ein sehr konserviertes und im wesentlichen α-helikales Protein, das etwa sechs Actinmonomere lang ist, und die Ansätze der Spectrinmoleküle an den Actinfilamenten festlegt. In der Muskelzelle werden die Filamente am plus-Ende in der Z-Scheibe durch **α-Actinin** kreuzvernetzt; an jedes Filament ist hier außerdem ein α,β-dimeres **CapZ** gebunden. Am minus-Ende liegt wiederum Tropomodulin. Längsseits sind die Filamente außer mit Tropomyosinen auch mit **Nebulin** komplexiert, einem 776 kDa Protein, das zu 97 % aus 185 Wiederholungen eines etwa 35 AS langen Motivs besteht und etwa 0,8 µm lang ist; von Nebulin existieren Spleißvarianten.

Actinfilamente können in Netzwerken und Bündeln organisiert und auch an Membranen

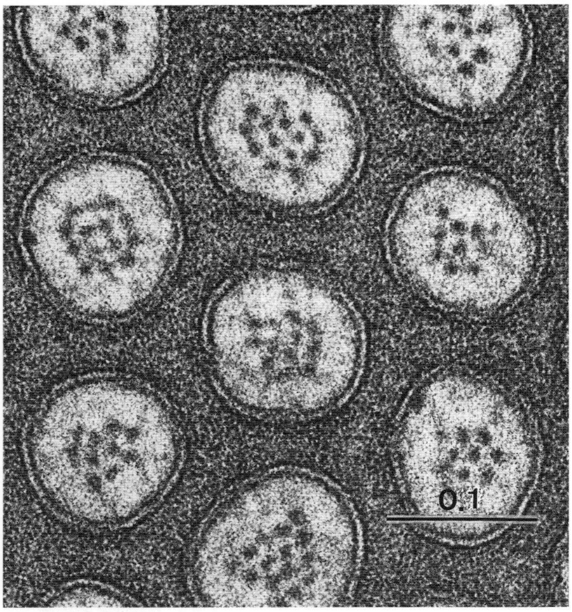

Abb. 4-23: Querschnitt durch Mikrovilli einer Dünndarmepithelzelle bei hoher Vergrößerung mit unterschiedlich starken Actinfilamentbündeln. Die Mikrovilli sind von einem dichten Glykokalyx umgeben. (EM-Aufnahme: L. Orci, A. Perrelet [1975] Freeze Etch Histology, Springer Verlag, Heidelberg; mit Genehmigung.)

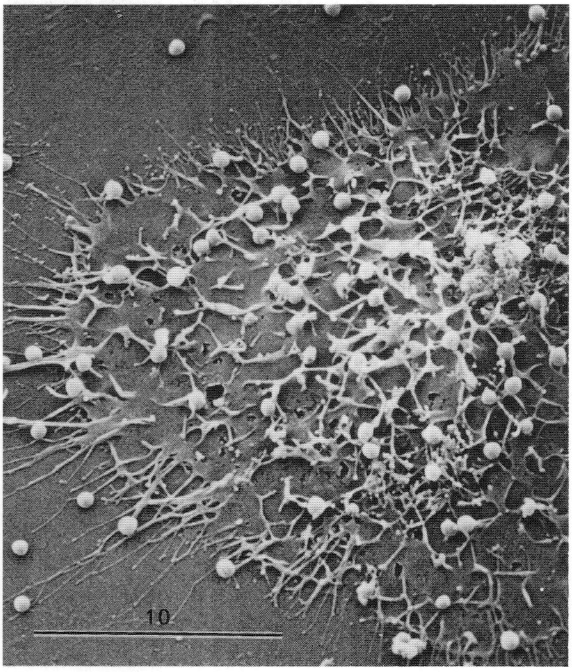

Abb. 4-24: Vorderteil eines sich auf einem Substrat fortbewegenden Makrophagen, der zahlreiche feine Filopodien und auch wenige breitere Lamellipodien ausgebildet hat. Die kleinen runden Zellen sind Staphylococcen, auf die der Makrophage Jagd macht. (Raster-EM-Aufnahme: V. Speth)

festgelegt sein. Je nach Art der Zusammenlagerung sind unterschiedliche vernetzende Proteine dabei beteiligt. Wenn diese Proteine Filamente direkt vernetzen, besitzen sie entweder zwei Bindungsstellen für F-Actin oder bilden Dimere mit je einer Bindungsstelle. Ausgedehnte Netzwerke finden sich im kortikalen Bereich vieler Zellen. Sie sind für den gelartigen Charakter dieser Cytoplasmabereiche verantwortlich; in diesen Bereichen sind häufig keine intrazellulären Kompartimente enthalten. Längere quervernetzende Proteine wie **Fimbrin**, α-Actinin (Abb. 4-21), **Filamin** und auch Spektrine erlauben eine Flexibilität und Vielgestaltigkeit der Netzwerke. Sie können auf- und abgebaut werden, wodurch sich die Viskosität des Cytoplasmas sehr stark und schnell ändern kann. Diese Vorgänge, die sich mikroskopisch in wandernden Leukocyten oder Amöben beobachten lassen, werden auch als cytoplasmatische **Sol-Gel-Transformation** bezeichnet. **Gelsolin** ist ein Protein, das bei Erhöhung der cytoplasmatischen Ca^{2+}-Konzentration Actinfilamente offenbar sehr schnell fragmentieren kann und danach an den plus-Enden der Fragmente verbleibt. **Fragmin** (synonym mit Severin) hat eine ähnliche Funktion.

Actinfilamente in Bündeln, z.B. in Stressfasern, werden durch kürzere Proteine wie **Fascin** vernetzt. Zwischen den aussteifenden Filamenten der Mikrovilli sind es die Proteine **Villin** und Fimbrin. **Mikrovilli** sind bis mehrere Mikrometer lange und 50–100 nm weite Ausstülpungen der Plasmamembran von Zellen zur Vergrößerung ihrer Oberfläche. Auf der resorbierenden Seite des Dünndarmepithels beispielsweise sind sie außerordentlich zahlreich und bilden den sog. Bürstensaum (Abb. 4-22, 4-23). Sehr große Mikrovilli stellen auch die **Stereocilien** dar, die mit echten, Mikrotubuli enthaltenden Cilien nichts gemein haben. Stereocilien kommen an den Haarzellen der Cochlea im Innenohr, an den Epithelzellen der Epididymis und des Vas deferens sowie an den Stützzellen des Riechepithels vor.

Zwei bekannte „Actingifte“ sind die Cytochalasine aus niederen Pilzen der Gattung *Helminthosporium* und Phalloidin, eine Giftkomponente des Knollenblätterpilzes (*Amanita phalloides*). Sie besitzen nahezu gegensätzliche Wirkung. **Cytochalasine** sind ringförmige Alkaloide; sie binden an das plus-Ende von Actinfilamenten und verhindern so ihre Verlängerung, nicht aber den Abbau am minus-Ende, so daß im Endeffekt die Filamente in einer Zelle allmählich verschwinden. **Phalloidin** ist ein zyklisches Heptapeptid; es bindet an Actinfilamente und stabilisiert sie, indem ein Abbau nicht stattfinden kann.

Die Organisation von Actinfilamenten in einer Zelle wird häufig durch extrazelluläre Signale bei Kontakten mit anderen Zellen oder mit der extrazellulären Matrix, beispielsweise fokalen Adhäsionen, gesteuert. Nach Bindung von Liganden an α,β-Integrine (s. 3.2.2) bilden sich an deren cytoplasmatischen Domänen große Komplexe (attachment plaques), in denen **FAK** (focal adhesion kinase) **Vinculin**, **Talin**, α-Actinin, **Paxillin** und **VASP** (vasodilator-stimulated phosphoprotein) zu finden sind. An diesen Komplexen setzen Actinfilamente an. Eine bedeutende Rolle scheinen kleine G-Proteine der **Rho-Familie** (Rho, Rac, Cdc42) hierbei zu spielen; allerdings sind die Signalwege, die zur Umorganisation des Actinskeletts führen, bisher noch in keinem Fall geklärt. Rho-Proteine sind auch an der Aktivierung von Protein-Kinasen und der Modulation der Gen-Expression beteiligt. Durch Injektionsversuche wurde gezeigt, daß Rho die Bildung von Stressfasern an den Attachment Plaques induziert; Cdc42 leitet die Ausstülpung fingerförmiger Fortsätze der Plasmamembran, der **Filopodien** ein, und Rac läßt die breiteren **Lamellipodien** entstehen (Abb. 4-24). Diese Ausstülpungen der Plasmamembran werden durch das Anlegen von Bündeln und Netzwerken von Actinfilamenten hervorgerufen, wobei die wachsenden plus-Enden zur Plasmamembran hin weisen; sie spielen bei der Fortbewegung von Zellen auf einem Substrat eine wichtige Rolle (s. 4.5.1).

Die drei Mitglieder der **ERM-Familie**, Ezrin, Radixin und Moesin, wirken ebenfalls als Verbindungsglieder zwischen Actinfilamenten und bestimmten Proteinen der Plasmamembran. Auch hierbei haben Rho-Proteine wahrscheinlich eine regulatorische Funktion.

Actinfilamente werden von einigen intrazellulären pathogenen Bakterien wie ***Listeria* monocytogenes** (grampositiv) und ***Shigella* flexneri** (gramnegativ) zur eigenen Fortbewegung im Cytoplasma der Wirtszellen benützt. Diese für den Menschen fakultativen Pathogene verursachen die unspezifische Listeriose mit oft begleitender Meningitis und gegebenenfalls Abort bzw. die Shigellen-Ruhr. Die Bakterien induzieren ihre eigene Endocytose, lysieren anschließend die Endosomenmembran und gelangen auf diese Weise in das Cytoplasma. An einem Pol der Bakterien entsteht ein dichtes Bündel von Actinfilamenten, deren plus-Enden an der Bakterienoberfläche liegen. Durch den Anbau von G-Actin an den plus-Enden und den Abbau an den minus-Enden werden die Bakterien mit einer Geschwindigkeit von bis zu 60 µm · min^{-1} durch das Cytoplasma der Wirtszelle getrieben. Gelangt ein Bakterium an die Plasmamembran, wird eine lange Ausstülpung induziert, die von einer Nachbarzelle aufgenommen werden kann (Abb. 4-25). Nach Lyse der beiden Plasmamembranen, die das Bakterium nun umgeben, gelangt es wiederum in das Cytoplasma der neuen Wirtszelle. Auf diese Weise breiten sich die Pathogene im Wirtsorganismus aus. *L. monocytogenes* exprimiert auf der Oberfläche des einen Zellpols das Protein ActA, das als bakterieller Beitrag zu dem Bewegungsmodus ausreichend ist. An ActA und das Actinbündel assoziieren mehrere zelluläre Faktoren wie z.B. VASP. Der entscheidende Faktor jedoch, der die Ac-

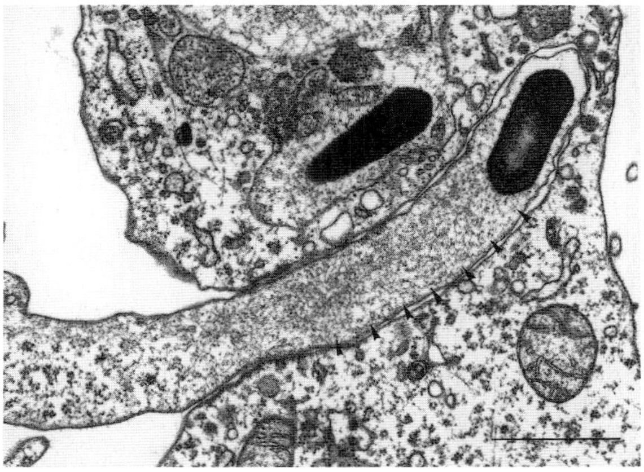

Abb. 4-25: *Listeria monocytogenes*. Das dunkel erscheinende Bakterium liegt in einer langen Ausstülpung der Wirtszelle, die wiederum weit in eine zweite Zelle hineinragt. Nach Endocytose werden die beiden eukaryotischen Membranen um das Bakterium herum abgebaut, so daß dieses in das Cytoplasma der zweiten Zelle gelangt. Der Actin-Schweif ist durch Pfeilköpfe markiert. (EM-Aufnahme: P. Cossart)

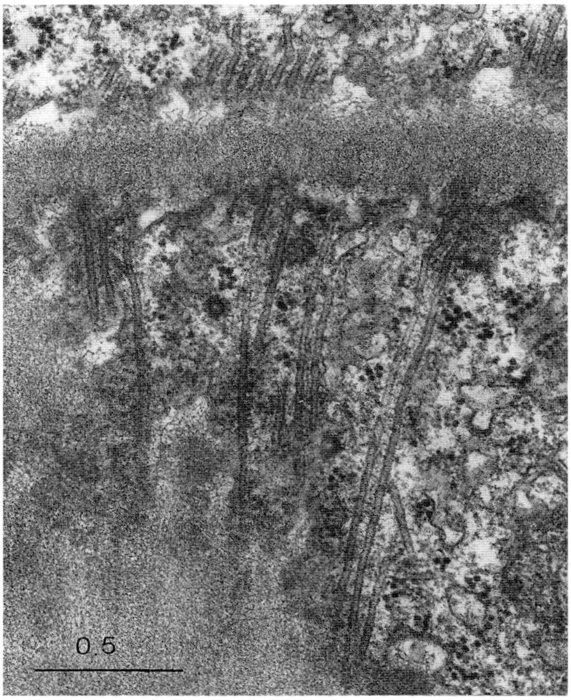

Abb. 4-26: Mikrotubuli in einer Pflanzenzelle im Längsschnitt (*Ligustrum ovalifolium*, Wurzelspitze). Sie liegen cortical; die grauen Bereiche stellen die schräg angeschnittene Zellwand dar. Die Anordnungen von dunklen Punkten im Cytoplasma sind Polysomen. (EM-Aufnahme: H. Falk)

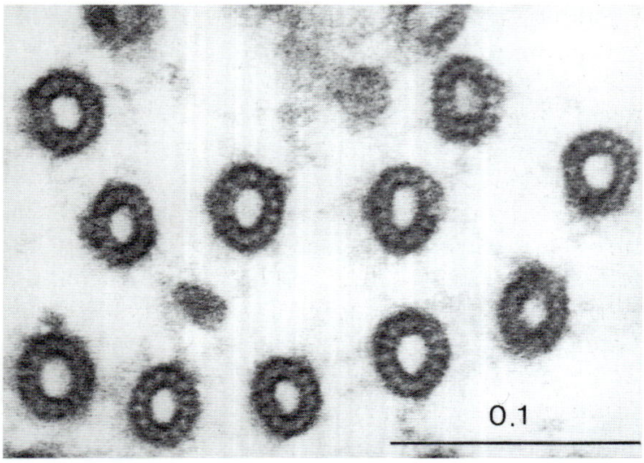

Abb. 4-27: Mikrotubuli im Querschnitt. Die Protofilamente sind nur dann gut zu erkennen, wenn die Mikrotubuli exakt quergetroffen sind. Präparat aus in vitro assemblierten Mikrotubuli. (EM-Aufnahme: K. J. Böhm)

tinpolymerisation an ActA katalysiert, ist noch unbekannt. *S. flexneri* benötigt ebenfalls nur ein Oberflächenprotein, IcsA, für diese Art der Fortbewegung; ActA und IcsA zeigen jedoch keine Homologien in ihren Sequenzen.

Mikrotubuli

Mikrotubuli sind röhrenförmige Strukturen mit einem Außendurchmesser von 25 nm und einem Innendurchmesser von 15 nm; sie können bis zu 100 µm lang werden (Abb. 4-26). (In zylinderartigen Komplexen wie in Hsp60 oder Proteasomen laufen komplexe Reaktion ab, für den Binnenraum der Mikrotubuli ist bisher jedoch keine Funktion beschrieben worden.) Ihre weite Verbreitung in Eucyten wurde Anfang der 60er Jahre mit der Einführung der Glutaraldehydfixierung für die Elektronenmikroskopie erkannt, lange nachdem sie als stabilere Elemente in Geißeln entdeckt worden waren. Der Baustein der Mikrotubuli ist das α,β-Tubulindimer. Mikrotubuli bestehen im allg. aus 13 Protofilamenten (Abb. 4-27) linear angeordneter, ca. 8 nm langer Tubulindimere; die β-Untereinheit weist dabei immer zum plus-Ende (strukturelle Polarität). Die Protofilamente sind um etwa 1 nm gegeneinander versetzt, so daß sich eine helikale Organisation mit einem Steigungswinkel von 10 Grad ergibt (Abb. 4-28). Die lateralen Bindungen sind dabei α-α und β-β; allerdings besteht in der Linie, in der Protofilament 1 und 13 aneinanderstoßen, insofern ein Bruch oder eine Nahtstelle, als hier nur laterale α-β-Bindungen möglich sind.

Mikrotubuli sind kälte- und drucklabil und können in vitro aus ihren Untereinheiten in Gegenwart von GTP und Mg^{2+}-Ionen selbstassemblieren. Diese Eigenschaften lassen sich für eine elegante Isolation dieser Strukturen ausnützen: Zellextrakte in der Kälte enthalten nur Tubulindimere, alles partikuläre Material kann durch Ultrazentrifugation entfernt werden. Nach Erwärmen des Überstands und Zugabe von GTP und Mg^{2+} polymerisieren die Untereinheiten zu Mikrotubuli, die nun ihrerseits von allem löslichen Material im Überstand durch Ultrazentrifuga-

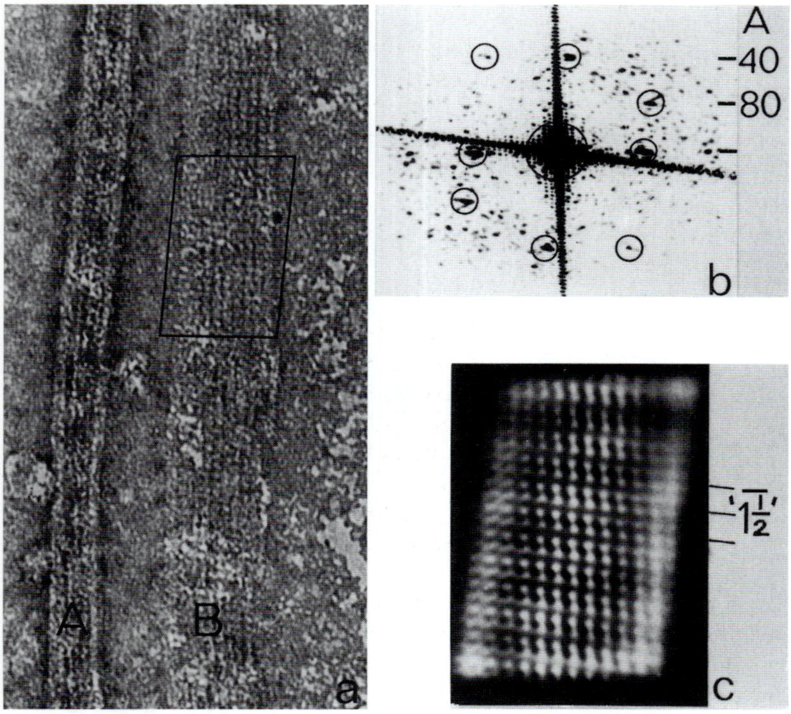

Abb. 4-28: Zum Aufbau von Mikrotubuli. (**a**) EM-Bild eines Doppeltubulus aus einer Geißel mit A-Tubulus (A) und von diesem abgelöstem, als flaches Band vorliegendem B-Tubulus (B). Der mit dem Rechteck markierte Ausschnitt wurde zur optischen Diffraktionsanalyse in (b) verwendet. (**b**) Die Kreise bezeichnen die für die optische Filterung benützte Maske, um die periodischen Reflexe vom Hintergrund zu trennen. (**c**) Das gefilterte Bild zeigt die α,β-Tubulindimere in leicht versetzter Anordnung mit einem Steigungswinkel von 10 Grad. (Aufnahmen: L. A. Amos, H. Klug [1974] J. Cell Sci. 14, 523; mit Genehmigung.)

tion abgetrennt werden. Die mehrfache Wiederholung dieser Schritte liefert schließlich sehr reine Präparate. Durch einen im Prinzip ähnlichen Wechsel von depolymerisierenden und polymerisierenden Bedingungen lassen sich auch Actinfilamente isolieren.

Das als Spindelgift bekannt gewordene Akaloid **Colchicin** aus *Colchicum autumnale* bindet an α,β-Tubulindimere; solche Dimere an den plus-Enden verhindern den weiteren Aufbau der Mikrotubuli. Bei höheren Konzentrationen von Colchicin werden Mikrotubuli abgebaut, und es liegen in den Zellen nur noch Dimere vor. Andere Alkaloide wie die **Vinblastine** aus *Vinca*-Arten und **Podophyllotoxin** aus *Podophyllum peltatum* haben ähnliche Wirkungen. **Nocodazol** führt zur Depolymerisation von Mikrotubuli. **Taxol**, ein Alkaloid aus *Taxus*-Arten, stabilisiert Mikrotubuli und hat damit eine ähnliche Wirkung wie Phalloidin auf F-Actin; es wird neuerdings als Cytostatikum gegen manche Krebsarten eingesetzt, da es den Aufbau der Mitosespindel stört. Taxol besitzt eine außerordentlich komplizierte Struktur, und seine chemische Synthese ist sehr aufwendig. Man befürchtet daher eine starke Dezimierung besonders der Populationen von *Taxus brevifolia* in Südamerika.

Beide Untereinheiten des Tubulindimers haben GTP gebunden, jedoch nur im β-Tubulin ist GTP hydrolysierbar und austauschbar; dieses GTP wird – ähnlich wie ATP im Actin – nach Anlagerung des Dimers am plus-Ende eines Mikrotubulus zu GDP hydrolysiert. Die Rolle von GTP in der α-Untereinheit ist nicht bekannt. Mikrotubuli zeigen häufig einen Wechsel zwischen langsamem Wachstum und schnellem Abbau vom plus-Ende her; dies wird als **dynamische Instabilität** bezeichnet. Die GDP-Form des α,β-Tubulindimers hat im Mikrotubulus eine destabilisierende Wirkung. Das wird auf die in der Struktur konformativ gespeicherte Energie nach GTP-Hydrolyse zurückgeführt. Die Annahme ist nun, daß am plus-Ende einige Dimere in der GTP-Form den Mikrotubulus stabilisieren. Wird dieses GTP (zufällig) hydrolysiert, kommt es zu einer katastrophenartigen Depolymerisation.

Die konservierte Gen-Familie der Tubuline enthält bei Säugern je sechs Gene für α- und β-Untereinheiten; das viel später entdeckte γ-Tubulin gehört auch zu dieser Familie, ist aber nicht am Aufbau der Mikrotubuli beteiligt, sondern in Organisationszentren enthalten. Mikrotubuli strahlen meistens von Organisationszentren, den **MTOCs** (microtubule organizing centres, s. unten) aus, in denen sie mit ihren minus-Enden verankert sind (s. Abb. 4-19). In höheren Pflanzen allerdings liegen die cytoplasmatischen Mikrotubuli häufig cortical dicht an der Plasmamembran (Abb. 4-26); MTOCs sind selten bzw. weniger deutlich organisiert. Auch bei vielen meiotischen Teilungen werden keine MTOCs angelegt.

Ähnlich wie für Actin sind auch für Mikrotubuli zahlreiche bindende Proteine bekannt. **MAPs** (microtubule associated proteins) sind hochmolekulare Proteine von 250–350 kDa, τ-Proteine sind kleinere Moleküle (50–80 kDa). Sie modifizieren Eigenschaften von Mikrotubuli wie Stabilität und Geschwindigkeit des Auf- und Abbaus und verbinden sie lateral untereinander. Neben den labilen Mikrotubuli im Cytoplasma gibt es in manchen Zellen auch stabile Strukturen mit ausgesprochenem Cytoskelettcharakter. Beispiele sind die Geißeln (s. unten), die Axopodien der Heliozoen, das Cytostom der Ciliaten (Abb. 4-29) oder die Cytoskelette begeißelter Einzeller (Abb. 4-30). Bei diesen stabilen Mikrotubuli treten acetylierte α-Untereinheiten auf.

MTOCs

MTOCs (microtubule-organizing centres) sind Centriolen, Basalkörper, Centrosomen und Spindelpole.

Centriolen kommen im Cytoplasma von Zellen in der Regel als Centriolenpaar vor, d.h. als zwei senkrecht zueinander liegende Zylinder aus neun Tripletts von Mikrotubuli (Abb. 4-31). Die Zylinder sind 0,4 µm lang und haben einen Durchmesser von 0,2 µm. Die inneren und äußeren Tubuli benachbarter Tripletts können durch Brücken verbunden sein; auch radiale Strukturen können auftreten. Neben α- und β-Tubulin, den Bausteinen der Tripletts, wurden als weitere Komponenten auch γ-Tubulin, Centrin und Tektin C, ein filamentöses Protein, beschrieben.

Eine Zelle besitzt zu Beginn des Zellzyklus in der G_1-Phase ein Centriolenpaar. Während des Zellzyklus findet eine semikonservative Verdopplung statt, so daß jedes Paar immer ein älteres und ein jüngeres Centriol enthält.

Basalkörper sind einzelne Centriolen, die die Nucleationsorte für die Axoneme, also die 9+2-Strukturen, der Geißeln bilden. Jedes Axonem endet im Cytoplasma in einem Centriol (s. Abb. 4-50).

Centriolen kommen in allen Organismen vor, die zu irgendeinem Zeitpunkt in ihrem Lebenszyklus Geißeln tragen oder begeißelte Zellen besitzen. Die Ausbildung von Geißelbasen ist sicher die ursprüngliche Funktion der Centriolen gewesen. Sie können auch in Centrosomen und Spindelpolen enthalten sein, in vielen Zellen ist dies aber nicht der Fall. Es gibt viele Beispiele bei den Pilzen, Algen, Moosen und Farnen dafür, daß Centriolen nur dann auftreten, wenn die betreffende Zelle Geißeln ausbildet, nicht aber vor der Teilung dieser Zelle. In Angiospermen fehlen Centriolen ganz.

Das **Centrosom** liegt bei Tierzellen mehr oder weniger in der Mitte neben dem Zellkern und

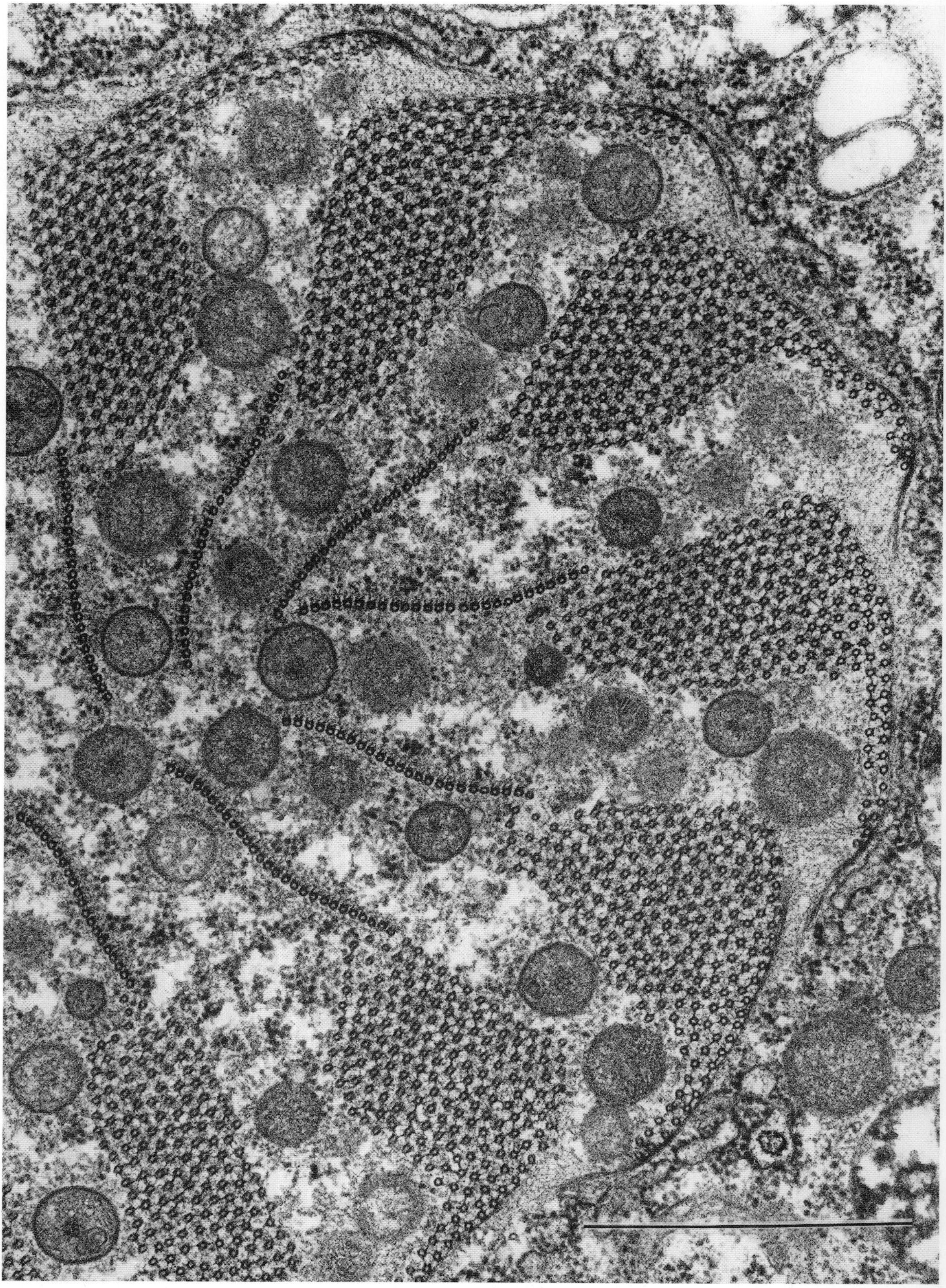

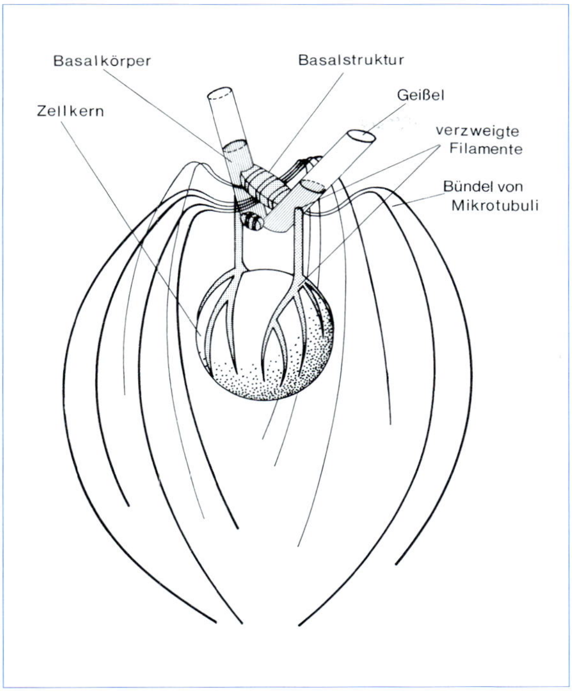

Abb. 4-30: Schematische Darstellung der Geißelbasis und des Cytoskeletts bei der einzelligen Grünalge *Chlamydomonas*. Zwei Gruppen von je zwei Mikrotubuli und zwei Gruppen von je vier Mikrotubuli ziehen von der Basalstruktur, die als MTOC dient, weit am Rand des Zellkörpers entlang. Verzweigte Filamente, die Centrin enthalten, gehen von den Basalkörpern (Centriolen) aus und halten den Zellkern in Position. Centrin liegt auch in der Basalstruktur. Etwas unterhalb der Geißelschnittfläche würden die beiden Geißeln aus der Zelle austreten.

bildet einen im EM elektronendicht erscheinenden Bereich. Es ist der Nucleationsort für Mikrotubuli. Centriolen können in ihm enthalten sein. Immer vorhanden sind γ-Tubulin und eine Reihe weniger gut definierter Proteine wie Centrin. Der γ-Tubulin-Komplex stellt sich im EM als offene Ringstruktur mit einem Durchmesser von 25–28 nm dar. Er gilt als der eigentliche Nucleationsort für die Mikrotubuli.

Die **Spindelpole** für die Mitose gehen aus dem Centrosom hervor, das sich zuvor verdoppelt. Bei den zahlreichen Mitoseformen, die im Eukaryotenreich zu finden sind, treten jedoch auch weit weniger gut charakterisierte Spindelpole auf.

4.5 Motorproteine und Bewegung

Als Motorproteine oder auch **Mechanoenzyme** werden die Mitglieder der Myosin-, Dynein- und Kinesin-Superfamilie bezeichnet; die Schätzungen liegen bei über hundert Genen für Motorproteine bei Säugern. Diese Proteine setzen chemische Energie in Form von ATP über Konformationsänderungen in Bewegung um. Myosine benützen dabei als Gleitbahnen Actinfilamente und bewegen sich in Richtung plus-Ende. Dyneine und Kinesine wandern entlang von Mikro-

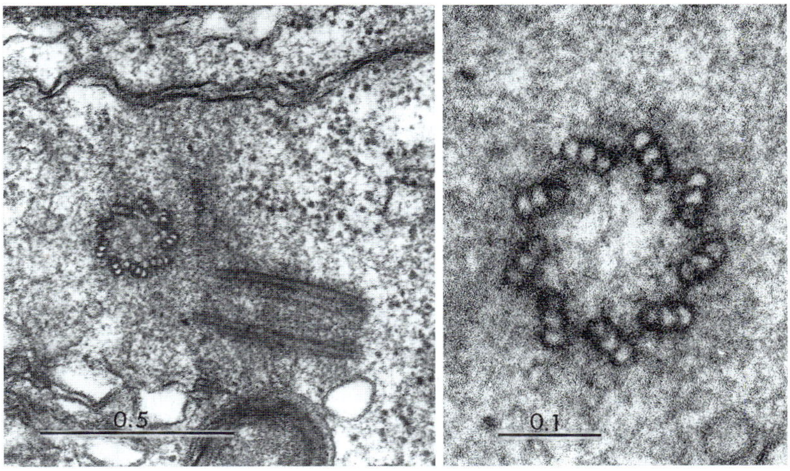

Abb. 4-31: Centriolen. **Links**: Centriolenpaar in einem Lymphocyten der Maus. Durch die zueinander senkrechte Lagebeziehung der beiden Centriolen ist das eine im Querschnitt, das andere im Längsschnitt zu sehen. **Rechts**: Centriol vergrößert im Querschnitt mit Verbindungen zwischen innerem und äußerem Tubulus benachbarter Tripletts. (EM-Aufnahme: H. Falk)

Abb. 4-29: Ausschnitt aus dem Reusenapparat im Cytostom des Ciliaten *Pseudomicrothorax dubius*. Er ist durch ein kompliziertes Muster miteinander vernetzter Mikrotubuli charakterisiert. Der Apparat ist in einem inaktiven Zustand, d.h. es wird gerade nicht endocytiert. Endocytosevesikel entstünden im aktiven Zustand in der Mitte des Apparats durch Einstülpung der Plasmamembran, die unterhalb der Bildebene liegen würde. (EM-Aufnahme: K. Hausmann)

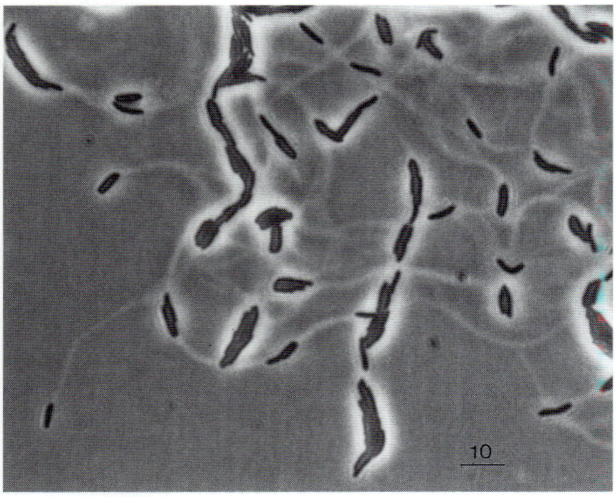

Abb. 4-32: *Myxococcus fulvus*, ein gleitendes Myxobakterium. Die Zellen bewegen sich auf dem Substrat meist in kleinen Gruppen, seltener als Einzelzellen. Die Schleimbahnen sind gut sichtbar. (Phasenkontrastaufnahme: H. Reichenbach)

tubuli, und zwar Dyneine zum minus-Ende und Kinesine zum plus-Ende (einige Kinesine auch zum minus-Ende). Alle intrazellulären Bewegungsvorgänge sowie die amöboide Bewegung von Zellen und das Schlagen von Geißeln gehen auf diese Systeme zurück. Es gibt aber auch noch einige weitere Bewegungsformen, die andere molekulare Ursachen haben: Zur Rotation der Flagellen bei Protocyten wird ein Protonengradient über der Plasmamembran ausgenützt. Bei manchen sessilen Ciliaten wie *Vorticella* und *Zoothamnium* bewirkt eine Ca^{2+}-abhängige Konformationsänderung von Spasmin die Aufschraubung des aus Spasminmolekülen gebildeten Filaments und damit des Stiels dieser Einzeller. Manche gramnegative Bakterien wie Myxobakterien und filamentöse Cyanobakterien gleiten an Oberflächen entlang, offensichtlich durch eine gerichtete Sekretion von Schleimsubstanzen (Abb. 4-32), deren Mechanismus nicht geklärt ist. Diatomeen (Kieselalgen) gleiten in ähnlicher Weise.

Die Geschwindigkeiten, die bei intrazellulären und zellulären Bewegungen erreicht werden, liegen in einem weiten Bereich, von Bruchteilen von $\mu m \cdot s^{-1}$ bis maximal 1 $mm \cdot s^{-1}$ (Tab. 4-8).

Der Nucleotidzyklus der Motorproteine hat eine gewisse Ähnlichkeit mit dem von G-Proteinen (s. 4.1.2). Die inhärente Hydrolyserate von ATP ist jedoch in Motorproteinen wesentlich schneller, und die Dissoziation von ADP wird durch die Filamente erheblich beschleunigt – im Vergleich zu isolierten Motorproteinen. Das mag damit zusammenhängen, daß Motorproteine generell in enger Nachbarschaft zu ihren leitenden Filamenten liegen, ein Diffusionsweg also nicht besteht, und daß die Abfolge der chemomechanischen Zyklen schnell genug sein muß, damit Bewegungsgeschwindigkeiten im Bereich von $\mu m \cdot s^{-1}$ überhaupt zustande kommen.

4.5.1 Myosine

Die Superfamilie der Myosine umfaßt derzeit die Klassen I bis XIII, wobei Myosin II das klassische oder konventionelle Myosin ist und die übrigen Klassen als die nichtkonventionellen Myosine bezeichnet werden. Die Motordomänen der Myosine besitzen 30–50% Aminosäureidentität, der Rest der Moleküle, die sog. Myosinschwänze, können dagegen sehr verschieden sein. Myosin II ist in Muskelzellen und mit seinen „cytoplasmatischen" Isoformen in anderen Zellen für Bewegungsvorgänge zuständig. Am Actomyosinsystem der Skelettmuskelzelle wurde 1954 von A. F. Huxley und R. Niedergerke sowie von H. Huxley und J. Hanson das **Sliding-Filament-Modell** (Gleitfasermodell) entwickelt. Die Actomyosinsysteme der Muskelzellen erreichen einen besonders hohen Ordnungsgrad (s. Kap. 14). Myosin I ist am Transport von Vesikeln und auch an der Pseudopodienbildung beteiligt und interagiert mit Membranen. Vorkommen und Funktion der übrigen Myosine ist z.T. sehr spezifisch und im einzelnen oft wenig geklärt. Bei *Drosophila* beispielsweise scheint Myosin III mehrere Rollen in den Retinazellen zu spielen. Viele Myosine binden Ca^{2+}/Calmodulin als regulatorische Einheit. Die Hefe besitzt nur fünf Myosine: Zwei Myosine I, die an Endocysevorgängen beteiligt sind, ein Myosin II für die Trennung von Mutter- und Tochterzelle bei der Knospung und zwei Myosine V, die durch Transport bestimmter Materialien das polare Wachstum bei der Knospung mitbestimmen.

Myosin II ist ein dimeres Protein von 2 · 200 kDa mit zwei Kopfteilen an den N-Termini und zwei langen α-helikalen Schwänzen, die eine Superhelix (coiled coil) bilden (Abb. 4-33 und 4-34). In den Köpfen sind jeweils zwei kürzere Polypeptide von 15-22 kDa enthalten. Für das gesamte Molekül ergibt sich damit eine Molekularmasse von ca. 470 kDa. Der Myosinkopf enthält alle Komponenten, die für eine Bewegung entlang eines Actinfilaments notwendig sind. Die Schwanzteile können zu bipolaren Filamenten aggregieren; besonders augenfällig sind die sog.

Tab. 4-8: Geschwindigkeiten von intrazellulären und zellulären Bewegungen.

Art der Bewegung	$\mu m \cdot s^{-1}$
Intrazellulär	
Anaphasebewegung (M)	0,01–0,1
Axonaler Transport (M)	
Cytoskelettelemente, Enzyme	≤0,03
Mitochondrien, Vesikel	0,6–2
Listeria im Cytoplasma (A)	bis 1
Myosin im Sarkomer (A)	5
Kinesine an Mikrotubuli	0,5–4
Mikrotubuli im Axonem (Gleitbewegung)	10
Granula in Erythrophoren (M)	10–20
Plasmaströmung in Amöben (A)	20
Cyclose in *Nitella* (A)	80
Plasmaströmung in *Physarum*	1000
Zellulär	
Amöboid, *Dictyostelium*	0,2
Durch Flagellen*, Bakterien	bis 100
Durch Geißeln, *Chlamydomonas*	100

* Die Rotation von Flagellen kann bis fast 60000 Umdrehungen pro Minute erreichen.

Die Zahlenangaben sind als Größenordnungsbereiche zu verstehen. (A) Actinfilament-assoziiert, (M) Mikrotubuli-assoziiert.

dicken Myosinfilamente in den Sarkomeren der Skelettmuskelzellen.

Ultrafeine optische Methoden haben es ermöglicht, Krafterzeugung und Lokomotion von Myosinmolekülen im Lichtmikroskop auf molekularer Ebene zu untersuchen. Mit Mikroglasnadeln sowie mit „optischen Pinzetten" oder „Fallen" (d.h. fokussiertem Laserlicht), mit denen an Actinfilamente angeheftete Materialien festgehalten wurden, konnten Interaktionen zwischen solchen Actinfilamenten und Myosinmolekülen quantitativ erfaßt werden. Die Myosinmoleküle waren dazu an der Oberfläche der Objektträger festgelegt. Einzelne Myosinmoleküle bewegten sich bei Verbrauch von einem ATP-Molekül um 5–15 nm relativ zu einem Actinfilament und entwickelten eine Kraft von 1–5 pN.

Bei der Interaktion von Myosin und Actin bindet Myosin in der ATP-Form und auch in der ADP/P_i-Form nur schwach an Actin. Die ATP-Spaltung hat keine große Änderung von ΔG zur Folge, d.h. die Konformation des Myosinkom-

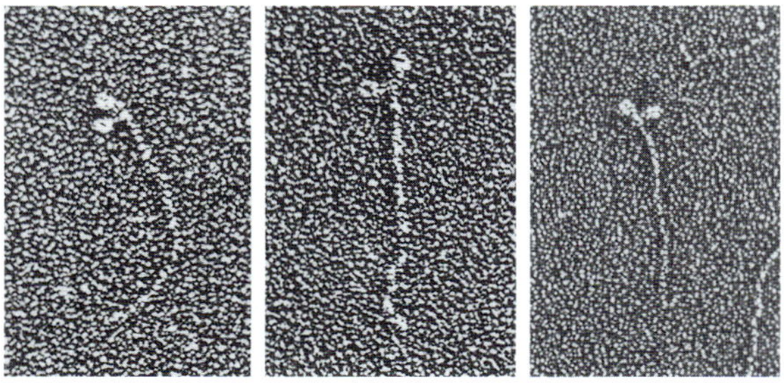

Abb. 4-33: Einzelne Myosin-II-Moleküle im elektronenmikroskopischen Bild. Sie stammen aus Kaninchenmuskel und wurden nach Tieftemperaturtrocknung mit Platin kegelbeschattet. (EM-Aufnahmen: A. Elliot, G. Offer [1978] J. Mol. Biol. 127, 505; mit Genehmigung.)

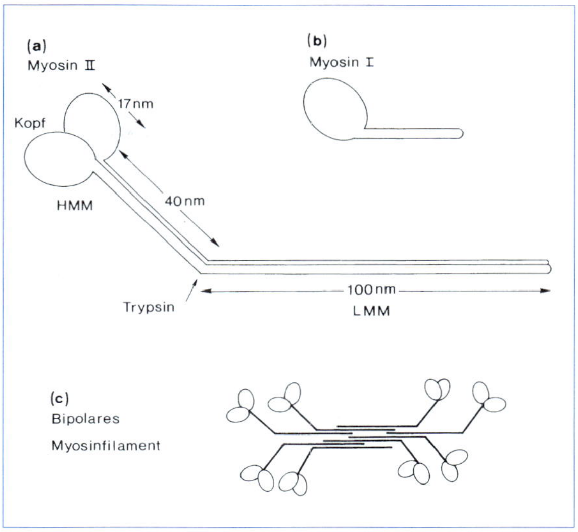

Abb. 4-34: Schematische Darstellung von Myosinmolekülen. Myosin II wird durch Trypsin in einer Art Gelenkregion des Schwanzteils in HMM (heavy meromyosin) und LMM (light meromyosin) gespalten. Papain, eine Proteinase aus der Papaya, spaltet HMM in der Halsregion, wobei die beiden Kopfteile als Subfragmente 1 und der Halsteil als Subfragment 2 entstehen. Mit HMM und besser noch mit Subfragment 1 läßt sich die Polarität von Actinfilamenten durch Bildung von Arrowheads nachweisen (s. Abb. 4-20).

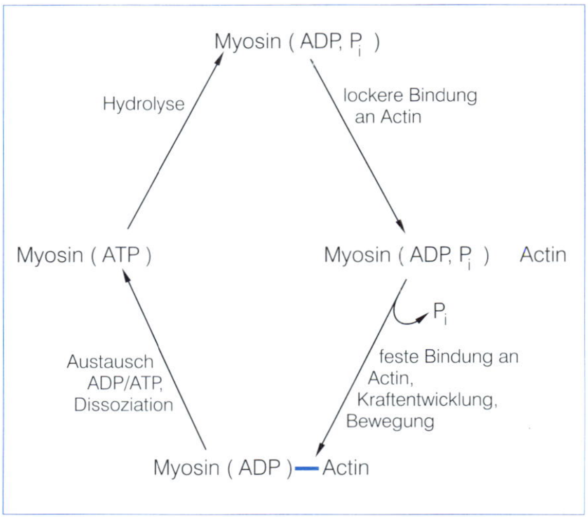

Abb. 4-35: Schema für den Myosin-Actin-Zyklus (Myosin II). Die dicke des farbigen Bindungsstrichs zwischen Myosin und Actin soll die Festigkeit der Bindung zwischen den beiden Partnern wiedergeben.

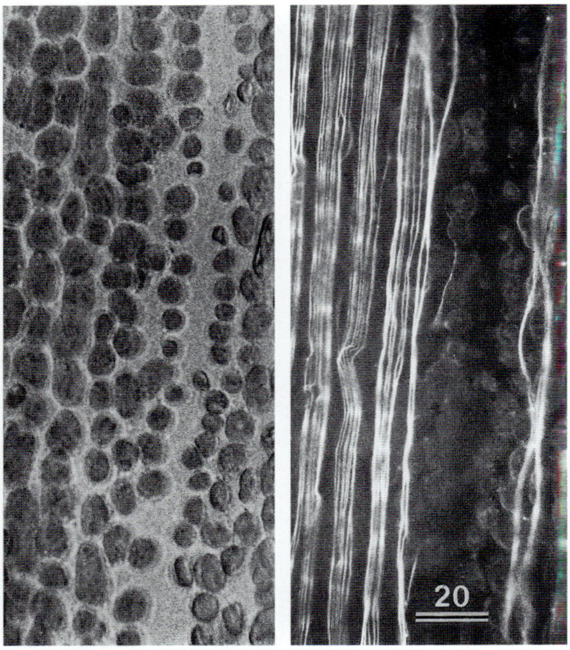

Abb. 4-36: Teil einer Internodialzelle von *Chara* in Hellfeld- (links) und Fluoreszenzaufnahme (rechts). Zur Darstellung der mit den Chloroplastenreihen assoziierten Bündel von Actinfilamenten wurden mit Fluoreszenzfarbstoff gekoppelte monoklonale Antikörper gegen Actin verwendet. Die actinfreie Zone trennt die beiden gegenläufigen Cytoplasmaströmungen in der Zelle. (Aufnahmen: R. E. Williamson)

plexes muß danach sehr energiereich sein. Bei Entlassen von P_i wird die Bindung zwischen Myosin und Actin um Größenordnungen fester. Dieser Übergang ruft offenbar eine Konformationsänderung im Actomyosinsystem hervor, die dem Myosinkopf die Kraftentwicklung und damit eine unidirektionale Bewegung entlang des Actinfilaments (zum plus-Ende hin) um etwa 10 nm erlaubt (Abb. 4-35).

Plasmaströmung

Ein Strömen des Cytoplasmas ist in vielen Zellen, besonders gut in großen Pflanzenzellen, in Schleimpilzen, in großen Amöben oder in den Internodialzellen von Armleuchteralgen wie *Chara* und *Nitella* im Lichtmikroskop zu beobachten. Dieses Strömen beruht auf Aktivitäten der Actomyosinsysteme.

In den bis zu 5 cm langen Internodialzellen von Characeen strömt das Endoplasma zwischen kortikaler Plasmaschicht und zentraler Vakuole in Längsrichtung der Zelle in endloser, leicht gekrümmter Bahn auf der einen Seite abwärts, auf der anderen aufwärts. Man nennt diese Art der Strömung auch **Cyclose**. Sie ist mit 80 µm · s^{-1} vergleichsweise schnell (Tab. 4-8). Nur dort, wo die beiden gegenläufigen Strömungen aneinandergrenzen, ruht das Endoplasma. In der kortikalen Schicht liegen lange Reihen von Chloroplasten, über deren dem Endoplasma zugekehrten Oberfläche Bündel von 50–100 Actinfilamenten entlangziehen (Abb. 4-36). Sie besitzen alle die gleiche Polarität, wie Bindungsversuche mit Myosin Subfragment-1 zeigten, wobei – wie zu erwarten – die bärtigen Enden der dekorierten Filamente in Strömungsrichtung weisen. Man nimmt an, daß Myosine an den stationären Actinfilamenten entlanggleiten und dadurch die für die Strömung nötigen Scherkräfte erzeugen. In ähnlicher Weise, durch Scherkräfte im Grenzbereich von Ekto- und Endoplasma, dürften auch in vielen anderen Zellen Plasmaströmungen entstehen.

Anders wird das Zustandekommen der Plasmaströmung in Schleimpilzen wie *Physarum* erklärt. In den einzelligen Plasmodien sind besondere Adern ausgebildet. Innerhalb des gelartigen Ektoplasmas dieser Adern strömt das Endoplasma in der „Rekordgeschwindigkeit" von bis zu 1 mm · s^{-1}, wobei sich die Richtung der Strömung alle 1,5–3 min umkehrt (**Pendelströmung**, s. Abb. 4-1). Die Strömung wird durch lokale interne Druckdifferenzen im Plasmodium erzeugt. Druck an einer Stelle entsteht durch Kontraktion des Ektoplasmas durch das Actomyosinsystem, wobei die Actinfilamente offenbar an die Plasmamembran gebunden sind. Relaxation an dieser Stelle und Kontraktion an einer anderen kehrt die Strömungsrichtung um. Die rhythmische Kontraktion wird durch Ca^{2+} gesteuert, der Mechanismus der Ca^{2+}-Oszillation ist jedoch nicht geklärt.

Amöboide Bewegung

Diese Art der Fortbewegung auf Substraten ist besonders gut an Amöben (Abb. 4-37), aber auch an Leukocyten des Bluts oder an Fibroblasten zu beobachten. Die molekularen Mechanismen jedoch lassen sich erst allmählich enträtseln, da viele Komponenten und Abläufe hierbei zusammenwirken (Abb. 4-38). Die vordere Front sich fortbewegender Zellen ist gekennzeichnet durch Vorstülpungen der Plasmamembran in Form von dünnen Filopodien oder breiteren Lamelli- oder Pseudopodien. Die Ektoplasmabereiche dieser Vorstülpungen, in denen kaum Membranvesikel o.a. zu erkennen sind, enthalten Bündel bzw. ausgedehntere Netzwerke von Actinfilamenten, deren plus-Enden immer zur vorderen Front der Plasmamembran gerichtet sind. An der Regulation des Aufbaus dieser Actinfilamente und damit auch der Podienbildung sind kleine G-Pro-

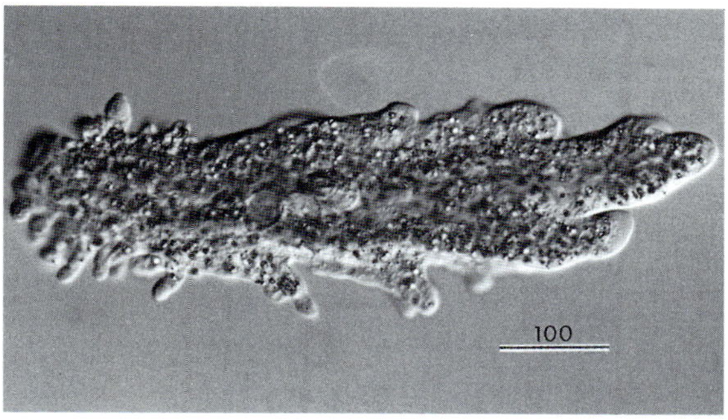

Abb. 4-37: *Amoeba proteus.* Bild einer sich nach rechts bewegenden Zelle. Die in den Pseudopodien kompartimentfreien Ektoplasmabereiche sind vom Endoplasma scharf abgegrenzt. Etwa in der Mitte der Zelle liegt der Zellkern, links davon die kontraktile Vakuole. Die Zelle vermittelt den Eindruck, daß im hinteren Bereich (links) Material eingeschmolzen wird, während sie sich nach rechts verlängert. (Aufnahme: W. Stockem)

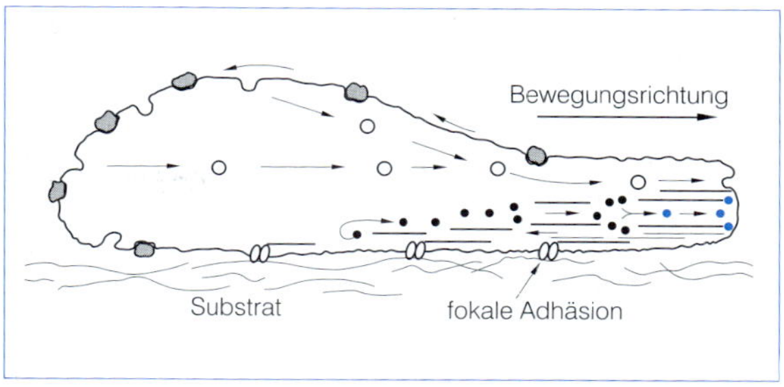

Abb. 4-38: Modell zur amöboiden Bewegung. Die dickeren Linien stellen Actinfilamente dar, die schwarzen bzw. farbigen Punkte Actinmonomere in ADP- bzw. ATP-Form. Die Pfeile geben Transportrichtungen an: von Actinmonomeren in die Spitze des Pseudopodiums, von Actinfilamenten retrograd, von Endocytosevesikeln zur Vorderfront und von Membranmaterial nach hinten, was dort zur Anreicherung von nichtendocytierbaren großen Membranproteinen führt. Der lange Pfeil deutet in die Richtung der amöboiden Bewegung. Der Zellkern liegt im dickeren Bereich der Zelle. Weitere Erklärungen s. Text.

teine der Rho-Familie beteiligt (s. oben). Die Filamente werden ständig durch Polymerisation am plus-Ende verlängert und am minus-Ende durch Depolymerisation verkürzt – evtl. unter Beteiligung von Myosin V. Dies stellt eine wesentliche treibende Kraft bei der amöboiden Bewegung dar. Man beobachtet allerdings auch einen retrograden Transport solcher Actinfilamente, bei dem wahrscheinlich Myosin I beteiligt ist. Diese Beobachtung ist schwer in den Mechanismus einer Vorwärtsbewegung der Zelle einzuordnen. Widerlager für die polymerisierenden Actinfilamente sind fokale Adhäsionspunkte, die sich im vorderen Bereich der Zelle durch Kontakte zwischen membranständigen Integrinen und extrazellulärem Substratmaterial

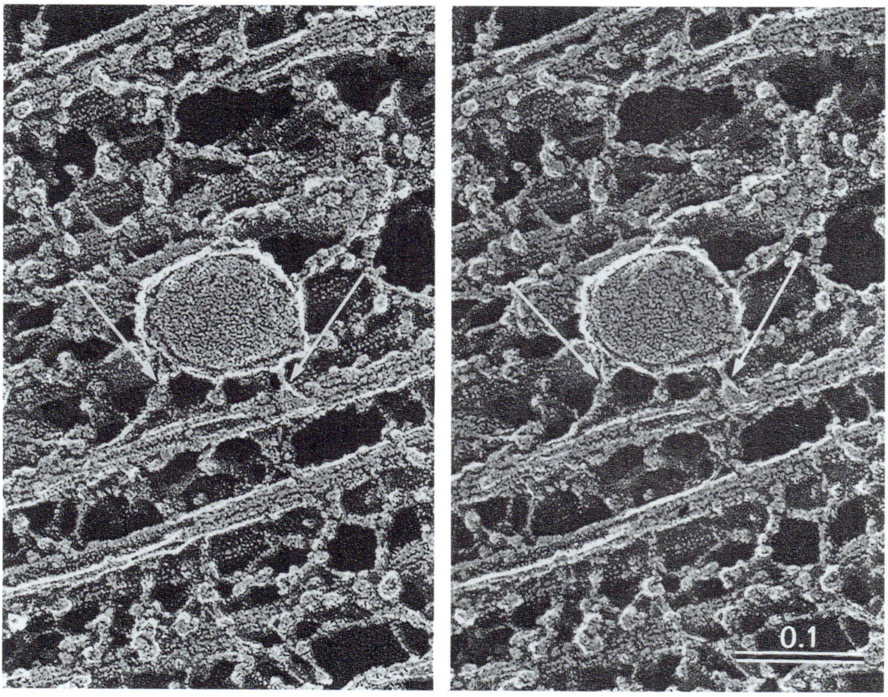

Abb. 4-39: Stereo-Bildpaar eines Vesikels in einem Axon, das über Brücken (Pfeile) mit einem Mikrotubulus verbunden ist. Es läßt sich hier nicht entscheiden, ob es sich um Dynein oder Kinesin handelt. Zum Betrachten eines Stereo-Bildpaares s. Abb. 1-24. (Präparation: Schockgefrier-Tiefätz-Verfahren. EM-Aufnahme: N. Hirokawa, G. S. Bloom, R. B. Vallee [1985] J. Cell Biol. 101, 227; mit Genehmigung.)

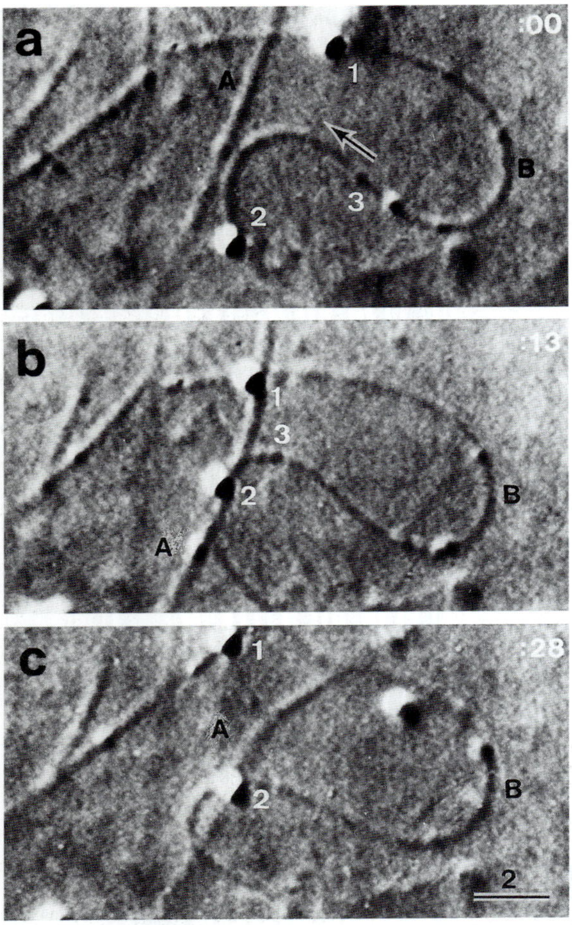

Abb. 4-40: Videomikroskopie von Mikrotubuli in isoliertem Axoplasma aus einem Tintenfisch-Axon. Drei Aufnahmen in Folge: a 0 s, b 13 s, c 28 s. Entlang Mikrotubulus B bewegen sich zwei größere Partikel (1 und 2) in gleicher Richtung und eine kleinere Partikel (3) in gegenläufiger Richtung. Partikel 1 kommt vorübergehend mit Mikrotubulus A in Kontakt, wodurch dieser etwas verbogen wird (Bild b). (Aufnahmen: R. D. Allen, D. G. Weiss et al. [1985] J. Cell Biol. 100, 1736; mit Genehmigung.)

ausbilden und im hinteren Bereich wieder eingezogen werden; insbesondere stellen sie dann Widerlager dar, wenn Actinfilamente von hier aus zur Vorderfront auswachsen.

Das an der Vorderfront benötigte neue Membranmaterial wird durch Endocytose im hinteren Bereich der Zellen, Transport der Endocytosevesikel nach vorn und Fusion mit der Plasmamembran angeliefert. Dadurch ergibt sich ein langsamer Fluß von Membranmaterial in der Plasmamembran zum hinteren Teil der Zelle. Dieser ließ sich nachweisen an nicht der Endocytose unterliegenden großen Membranproteinen nach spezifischer Markierung. Sie reichern sich im hinteren Teil der Plasmamembran an, da ihre eingeschränkte laterale Diffusion diesen ständigen Rückfluß – im Gegensatz zu kleineren Membranproteinen – nicht ausgleichen kann.

4.5.2 Dyneine und Kinesine

Für Mikrotubuli existieren zwei Gruppen von molekularen Motoren, Dyneine und Kinesine. Die Dyneine wurden Mitte der 60er Jahre in den Axonemen der Geißeln entdeckt; eine ganze Reihe von axonemalen Isoformen sind bekannt (s. unten). Auch im Cytoplasma sind Dyneine weit verbreitet, es gibt aber nur zwei bis drei Gene für cytoplasmatische Dyneine, mehr allerdings für Dyneine in den Geißeln. Die viel später entdeckten Kinesine bilden eine Superfamilie mit zahlreichen Unterfamilien.

Dyneine und Kinesine sind an vielfältigen Vorgängen in Zellen beteiligt wie am Transport unterschiedlicher Vesikel (allgemein auch als Kargo bezeichnet) zwischen den Kompartimenten (Abb. 4-39), an Mitosebewegungen, am anterograden und retrograden Transport in den Axonen u.a.. Mit Hilfe der Videomikroskopie läßt sich die Bewegung von Partikeln an einzelnen Mikrotubuli verfolgen (Abb. 4-40). Bei komplexen Bewegungsabläufen wie der Verteilung von Pigmentgranula in Melanophoren und Erythrophoren (Abb. 4-41) kann zusätzlich auch das Actomyosinsystem beteiligt sein.

Das cytoplasmatische Dynein ist ein kompaktes Molekül mit zwei Köpfen, die ATP-hydrolysierende Aktivitäten und Bindungsstellen für Mikrotubuli enthalten. Die Köpfe werden von zwei schweren Ketten von jeweils etwa 530 kDa gebildet; mehrere mittlere und leichte Ketten gehören außerdem zum Molekül. Die Bewegung von Dynein entlang eines Mikrotubulus geht immer in Richtung minus-Ende. Es hat sich jedoch gezeigt, daß Dynein allein für diese Funktionen nicht ausreicht, sondern daß ein ähnlich großes Protein, das **Dynactin** beteiligt sein muß. Dynactin stellt eigentlich eine integrale Komponente des komplexen Dyneinmotors dar (Abb. 4-42). Man könnte sich vorstellen, daß das kompakte Dynein zu wenig Abstand zwischen Kargo und Mikrotubulus bietet – ganz anders als die Kinesine – und deshalb eine „Verlängerung" benötigt. Dynactin besteht aus einem zentralen Dimeren aus p150^{Glued}, das mit zwei Köpfen an den Mikrotubulus und mit dem zentralen Teil an Dynein bindet, und einigen weiteren Polypeptiden, darunter einer kurzen Kette von Arp-1 (actin related protein). Arp-1 vermittelt, wahrscheinlich mit weiteren Komponenten, die Bindung zum Kargo. Die Bewegung dieses Komplexes entlang von Mikrotubuli erfordert allerdings, daß die Bindung von p150^{Glued} nicht starr, sondern dynamisch ist; es wird vermutet, daß reversible Phosphorylierungen für diese Dynamik sorgen.

Es ist auffallend, daß Motorproteine – also auch Myosine und Kinesine – im allg. zwei Motordomänen oder Köpfe besitzen. Die Vermutung liegt nahe, daß dadurch ein Verlust der Leitbahn durch Diffusion vermieden wird, indem die Bewegung schrittweise fortschreitet, sozusagen Kopf für Kopf.

Ein weiteres Protein, **CLIP-170** (cytoplasmic linker protein), hat eine im Prinzip ähnliche Funktion wie Dynactin. Es bindet Kargo an Mikrotubuli und bereitet so die Anlagerung eines Motorkomplexes vor. Allerdings dissoziiert CLIP-170 ab, wenn der Transport beginnt.

Kinesine haben eine gestrecktere Form als Dyneine. Die dimeren Proteine von jeweils etwa 125 kDa besitzen N-terminal zwei Köpfe als Motordomänen, einen ca. 30 nm langen superhelikalen Stielbereich (coiled coil) und C-terminal zwei Kargo-Domänen (Abb. 4-42). Weitere kleine Polypeptide können im Stielbereich assoziiert sein. Die verschiedenen Kinesine unterscheiden sich vor allem im Kargo- und im Stielbereich. Kinesine transportieren zum plus-Ende der Mikrotubuli. Es gibt jedoch eine Gruppe mit NCD (non-claret disjunctional) als Prototyp, die zum minus-Ende wandern; bei ihnen liegen die Motordomänen C-terminal.

Röntgenstrukturanalysen haben gezeigt, daß die Zentren der Motordomänen von Kinesinen und Myosinen sehr ähnliche Konformationen haben, obwohl die Myosinköpfe (16,5 · 6,5 · 4 nm) erheblich größer sind als die der Kinesine (7 · 4,5 · 4,5 nm). Deshalb wird spekuliert, daß die Superfamilien der Myosine und Kinesine einen gemeinsamen Vorläufer hatten. Für die Kinesine ergibt sich derzeit eine ähnliche Situation wie für die Myosine: Trotz der zahlreichen Mitglieder dieser Superfamilien fand man bei vielen Bewegungsvorgängen nur die konventionellen Vertreter beteiligt; neuerdings wird jedoch eine ganze Reihe verschiedener Kinesine (oft als KLPs, kinesin-like proteins, bezeichnet) z.B. den einzelnen Bewegungsvorgängen bei der Mitose zugeordnet.

Für einzelne Kinesinmoleküle an Mikrotubuli sind ähnliche Mikromessungen durchgeführt worden wie oben für Myosinmoleküle an Actinfilamenten beschrieben. Es ergaben sich pro verbrauchtem ATP-Molekül sehr ähnliche Werte von ca. 8 nm Längenverschiebung und 2 pN Kraftentfaltung.

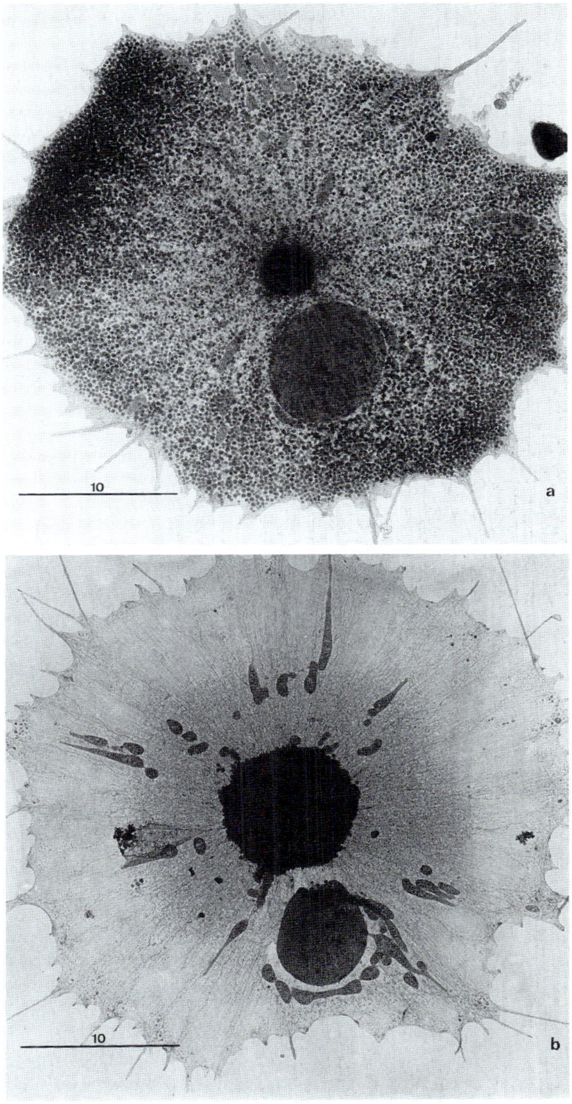

Abb. 4-41: Erythrophoren eines Fischs. (**a**) Pigmentgranula in dispergiertem Zustand, die Zelle erscheint dunkel. (**b**) Pigmentgranula in aggregiertem Zustand, die Zelle erscheint hell. Vom Centrosom (MTOC) strahlen zahlreiche Mikrotubuli in die Peripherie der Zelle, die die Gleitbahnen für die Granula darstellen. Inhibitionsversuche mit Colchicin und Cytochalasin zeigten, daß die Aggregation durch das Mikrotubulus/Dynein-System erfolgt, an der Dispersion neben Kinesin aber auch das Actomyosinsystem beteiligt ist. Zu erkennen sind außerdem der exzentrisch liegende Zellkern und zahlreiche Mitochondrien. (Hochspannungs-EM-Aufnahmen: McNiven, K. R. Porter)

Bewegungsvorgänge bei der Mitose

Nach Replikation der Chromosomen gewährleistet die Mitose ihre genaue Verteilung auf die beiden Tochterzellen. Besonders bei niederen Eukaryoten gibt es zahlreiche Variationen der Mitoseform (Abb. 4-43), immer sind aber Mikro-

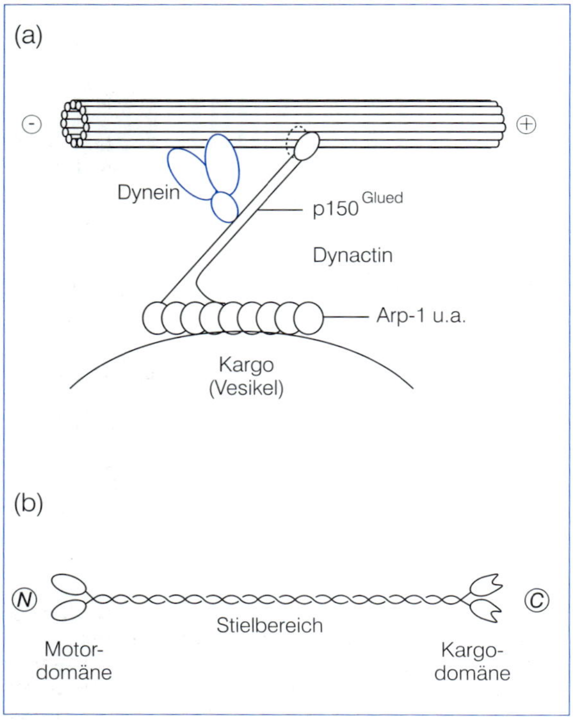

Abb. 4-42: (**a**) Modell für den Dynein/Dynactin-Komplex in Verbindung mit einem Mikrotubulus und Kargo. Nicht alle beteiligten Polypeptide sind eingezeichnet, da die genaue Lage der Komponenten noch nicht geklärt ist. (**b**) Schematische Darstellung eines dimeren Kinesinmoleküls.

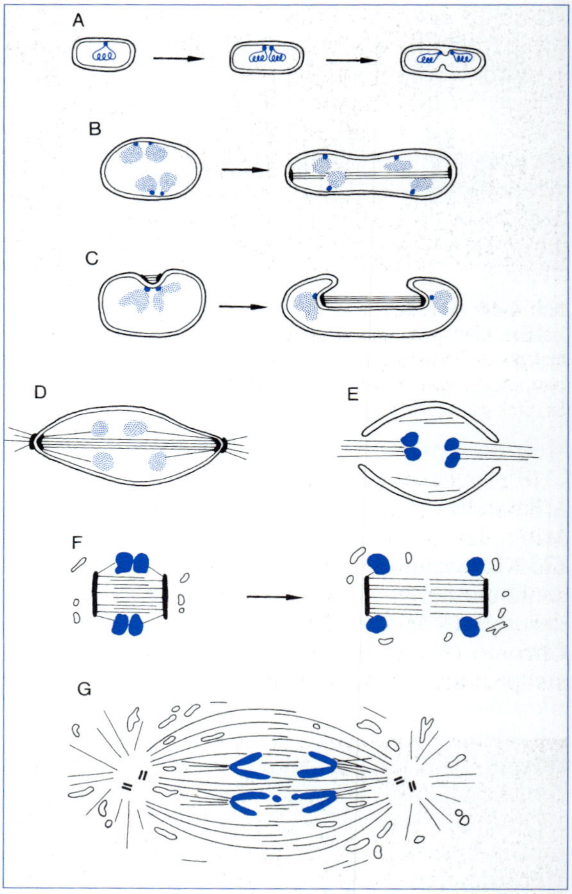

Abb. 4-43: Mitoseformen, von evolutiv frühen zu abgeleiteten Formen. (**A**) Zum Vergleich: Genom-Segregation bei Bacteria durch Einschieben eines Teilungsseptums zwischen die beiden DNA-Moleküle. (**B**) und (**C**) Bei *Euglena* bzw. bei den Dinoflagellaten sind die Chromosomen noch an der inneren Kernmembran angeheftet. Ihre Aufteilung erfolgt durch sich verlängernde Mikrotubulibündel im Zellkern bzw. außerhalb mit MTOCs (Polkörpern) an der inneren bzw. äußeren Kernmembran. Bei diesen intranucleären Mitosen besitzen die Mikrotubulibündel Stemmkörperwirkung. (**D**) Intranucleäre Mitose der Hefe; an jeden Kinetochor setzt nur ein einziger Mikrotubulus an. (**E**) Fenstermitose bei *Chlamydomonas*, die Kernhülle zeigt an den Polen bereits große Öffnungen. (**F**) Mitose der Diatomeen (Kieselalgen) mit zentral liegenden Polmikrotubuli; die Kernhülle ist vesikuliert (s. Abb. 4-47). (**G**) Mitose der Metazoen mit Centriolen in den MTOCs, von denen Mikrotubuli nach allen Seiten ausstrahlen (sog. Aster).

tubuli, die von zwei MTOCs (Spindelpolkörpern) aus eine bipolare Spindel aufbauen, und Motorproteine an dem dynamischen Geschehen der Mitose beteiligt. Die Spindelpolkörper der Metazoen, von denen Mikrotubuli nach allen Richtungen ausstrahlen und sog. **Aster** bilden (Abb. 4-44), enthalten meist auch je zwei Centriole. In höheren Pflanzen kommen Centriole nicht vor, ihre Spindelpole sind weniger gut charakterisiert (Abb. 4-45). Im folgenden wird vor allem auf die Bewegungsvorgänge der bisher am eingehendsten untersuchten Mitose bei den Metazoen eingegangen. Es hat sich gezeigt, daß dabei eine ganze Reihe von Mitgliedern der Dynein- und Kinesin-Familie im Mitoseapparat an spezifischen Stellen angeordnet sind und kooperativ arbeiten.

Vor Einsetzen der Mitose repliziert sich das MTOC. Am Auseinanderweichen der späteren Spindelpolkörper sind Kinesine beteiligt, die an Mikrotubuli ansetzen und mit ihren Motordomänen an Mikrotubuli des jeweils anderen MTOCs mit entgegengesetzter Polarität zum plus-Ende wandern und auf diese Weise eine schiebende Kraft ausüben. In den Spindelpolen tragen Dynein-ähnliche Proteine zum Aufbau der Spindeln bei, indem sie minus-Enden von Mikrotubuli zusammenziehen und verbinden. In meiotischen Spindeln und in den mitotischen Spindeln der Pflanzen sind keine strukturierten MTOCs zu erkennen. Mikrotubuli entstehen hier im Bereich der Chromosomen, reorganisieren sich selbst und bilden mit ihren minus-Enden zwei Pole; Motorproteine mit plus- und minus-Polarität sind hieran beteiligt.

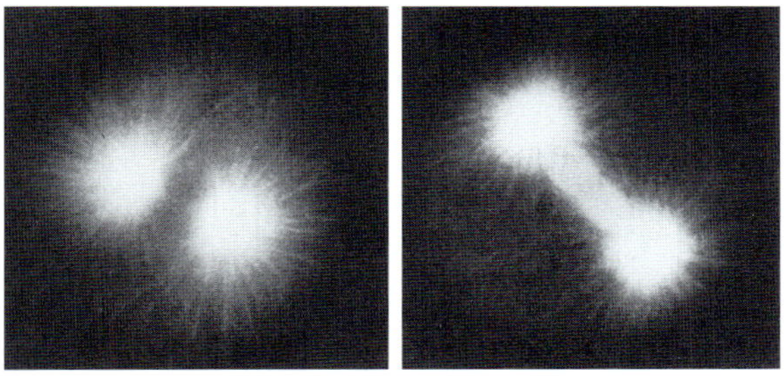

Abb. 4-44: Asterbildung bei der ersten Furchungsteilung eines Seeigel-Eies (*Strongylocentrotus purpuratus*). **Links**: Prophase. **Rechts**: Metaphase. Darstellung der Mikrotubuli durch indirekte Immunfluoreszenz. (Aufnahmen: P. Harris, M. Osborn, K. Weber [1980] J. Cell Biol. 84, 669; mit Genehmigung.)

In Mitosespindeln finden sich zwei Typen von Mikrotubuli, die Polmikrotubuli, die sich in der Mitte der Spindel gegenseitig überlappen, und die Kinetochormikrotubuli, die an den Chromosomen anheften. Der **Kinetochor** ist eine besondere, plattenartige Struktur am **Centromer** der Chromosomen, das am Metaphasechromosom als primäre Einschnürung sichtbar und durch

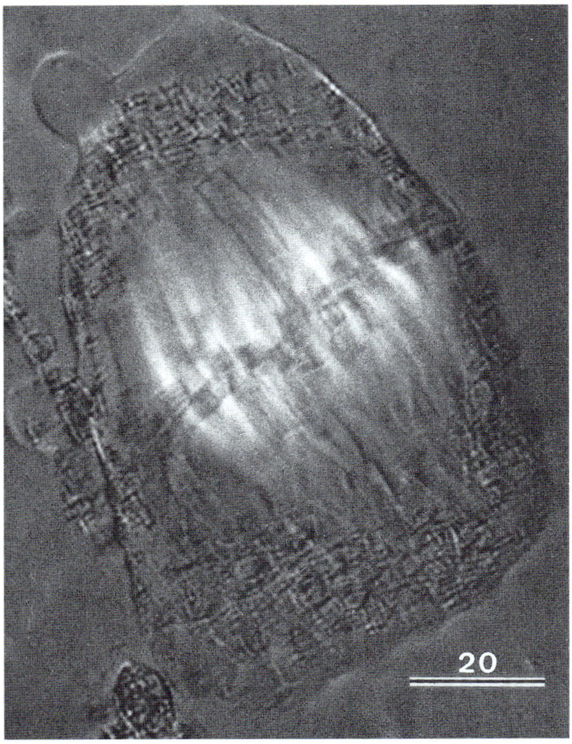

Abb. 4-45: Lebendaufnahme einer Endospermzelle in Metaphase (*Haemanthus katharinae*, Blutlilie). Im polarisierten Licht zeigen die Spindelfasern, die aus jeweils 150 bis 300 parallel angeordneten Mikrotubuli bestehen, die Strukturdoppelbrechung eines Stäbchenmischkörpers und erscheinen in dieser Aufnahme hell. (Polarisationsmikroskopische Aufnahme: A. S. Bajer)

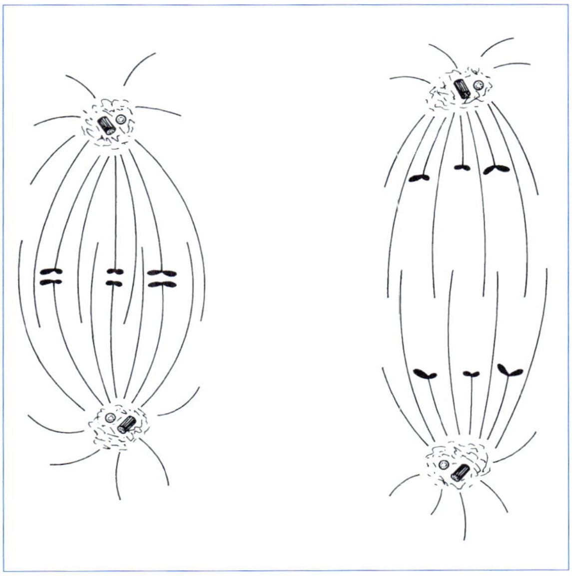

Abb. 4-46: Schema zu den Anaphasebewegungen bei einer Tierzelle. Bei der Anaphase A verkürzen sich die Kinetochormikrotubuli an den Kinetochoren. Bei der Anaphase B schieben Kinesine die antiparallelen Polmikrotubuli im Überlappungsbereich und damit die Pole auseinander. Gleichzeitig verlängern sich die Polmikrotubuli an ihren plus-Enden.

eine besondere Nucleotidsequenz ausgezeichnet ist. Der Kinetochor, die Anheftungsstelle der Mikrotubuli mit ihren plus-Enden, enthält Dyneine, Kinesine und zahlreiche andere, weniger gut charakterisierte Proteine.

Für die Anordnung der sich kondensierenden Chromosomen in der Metaphaseplatte spielt offenbar die dynamische Instabilität der Mikrotubuli eine wichtige Rolle. Es wurde festgestellt, daß die mittlere Lebensdauer der Mikrotubuli in einer Spindel etwa um den Faktor 20 geringer ist als normalerweise in der Zelle, d.h. nur etwa 30 s beträgt anstatt 10 min. Mikrotubuli wachsen von den Polen aus und verschwinden wieder, es sei denn sie treffen auf einen Kinetochor und werden dort gebunden und dadurch stabilisiert. In Schwesterchromatiden liegen die Kinetochore auf entgegengesetzten Seiten, so daß mit einiger Wahrscheinlichkeit der eine Kinetochor Mikrotubuli des einen Pols, der andere Mikrotubuli des anderen Pols bindet. Man spricht hierbei auch vom „Einfangen" der Chromosomen. Im allg. werden mehrere Mikrotubuli pro Kinetochor festgelegt, bei der Hefe ist es nur ein einziger. Während der Anordnung in der Metaphaseplatte ist eine oszillierende Bewegung der Chromosomen zu beobachten. Die polwärts gerichteten Bewegungen werden der Aktivität von Dyneinen im Kinetochor zugeschrieben, die vom Pol weg

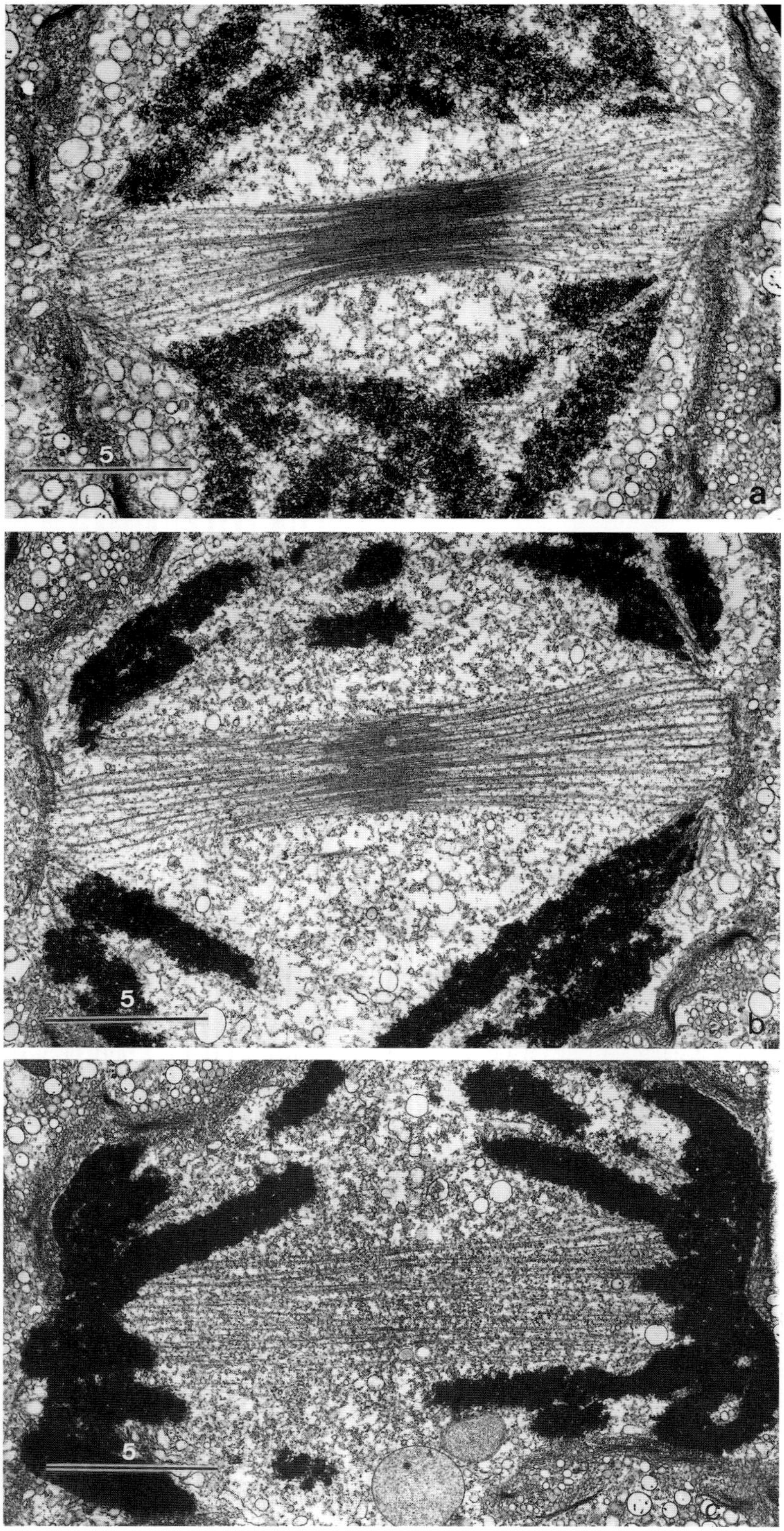

Abb. 4-47: Mitosespindel bei Diatomeen. Um die zentralen Polmikrotubuli herum sind die Chromosomen angeordnet, an deren Kinetochoren nur wenig Kinetochormikrotubuli ansetzen. (**a**) Mitte der Anaphase, die Polmikrotubuli überlappen stark. (**b**) Späte Anaphase, die Polmikrotubuli überlappen weniger weit. (**c**) Frühe Telophase, die Polmikrotubuli überlappen nicht mehr, sie werden allmählich abgebaut. (EM-Aufnahmen: J. D. Picket-Heaps, D. H. Tippit [1980] Eur. J. Cell Biol. 21,12; mit Genehmigung.)

gerichteten der Interaktion von Kinesinen an den Chromosomenarmen mit nicht an einen Kinetochor gebundenen Polmikrotubuli.

An richtig angeordneten Metaphasechromosomen herrscht durch die über Mikrotubuli erfolgte Anbindung an beide Pole eine gewisse Spannung, die offenbar registriert wird. Kontrollorte sind die Kinetochore selbst. Solange nicht alle Chromosomen unter dieser Spannung stehen, erfolgt keine Anaphasebewegung, d.h. nur einseitig gebundene Chromosomen zögern die Anaphase hinaus. Wird an einem solchen Chromosom jedoch mit der feinen Nadel eines Mikromanipulators eine Spannung simuliert, kann die Anaphase einsetzen. Von nicht unter Spannung stehenden Kinetochoren muß also ein inhibitorisches Signal ausgehen. Die Natur des Signals ist noch unbekannt, der Phosphorylierungsstatus von Proteinen des Kinetochors ist hierfür jedoch wichtig. Proteine nicht unter Spannung stehender Kinetochore werden nicht dephosphoryliert; möglicherweise ist ihre Konformation und damit auch die Zugänglichkeit von Phosphatgruppen durch mechanischen Zug veränderbar.

In der Anaphase werden zwei Bewegungsvorgänge unterschieden (Abb. 4-46), der Transport der Chromosomen polwärts (Anaphase A) und das Auseinanderweichen der Pole selbst (Anaphase B). In der **Anaphase A** werden die Kinetochormikrotubuli vom plus-Ende her, also an den Kinetochoren, abgebaut. Dies konnte z.B. nach Injektion von fluoreszenzmarkiertem Tubulin in Zellen nachgewiesen werden: Wurde ein schmaler Bereich senkrecht zur Spindelachse der nun fluoreszierenden Spindel während der Metaphase durch Laserlicht gebleicht, verkürzte sich bei einsetzender Anaphase der Spindelabschnitt zwischen gebleichtem Bereich und Kinetochoren, nicht aber zwischen gebleichtem Bereich und Pol. In der **Anaphase B** schieben Kinesine im Überlappungsbereich der Polmikrotubuli die antiparallelen Mikrotubuli und damit auch die Pole auseinander. Außerdem wird gleichzeitig häufig eine Verlängerung der Polmikrotubuli an den plus-Enden beobachtet, so daß sich die Schiebestrecke verlängert. Bei *Saccharomyces* wird der Abstand zwischen den Polen während der Anaphase in die Knospe hinein besonders groß, bis zum sechsfachen des Ausgangswerts. Hierbei übt offenbar ein Dynein in den Polen durch Interaktion mit cytoplasmatischen Mikrotubuli einen Zug auf die Pole nach außen aus.

Die abnehmenden Überlappungsbereiche der Polmikrotubuli im Verlauf der Anaphase lassen sich besonders gut bei Diatomeen mit zentralen Polmikrotubuli im EM darstellen (Abb. 4-47).

4.5.3 Geißeln

Die Geißeln der eukaryotischen Zellen haben einen sehr einheitlichen Aufbau. Häufig treten sie in Ein- oder Zweizahl an Zellen auf. Besitzen Zellen viele dieser Organellen, wie Ciliaten oder Flimmerepithelzellen, werden sie als **Cilien** bezeichnet; es können mehrere hundert pro Zelle auftreten. Cilien sind meist kürzer als Geißeln, weisen aber sonst keine strukturellen Besonderheiten auf. Der Begriff „Flagelle" bleibt den ganz anders organisierten Fortbewegungsorganellen der Prokaryoten vorbehalten (s. 4.5.4).

Es gibt zwei verschiedene Schlagarten von Geißeln und Cilien. Beim sog. **Cilienschlag** biegt sich während des Ab- oder Kraftschlags die Geißel nahe ihrer Basis, wobei der Schaft mehr oder weniger gestreckt bleibt; Wasser wird dadurch verdrängt. Beim Erhohlungsschlag biegt sie sich von der Basis ausgehend entlang des ganzen Schafts, wobei sie nahe am Zellkörper bleibt; dabei wird kaum Wasser verdrängt. Die einzellige Grünalge *Chlamydomonas* z.B. schwimmt mit ihren beiden anterioren Geißeln nach diesem Modus – ähnlich wie ein Brustschwimmer – vorwärts. Die Cilien des Tracheaepithels und anderer Epithelien oder der Kiemenzellen von Muscheln bewegen sich in synchroner Weise und transportieren so Wasser und kleine Partikel entlang deren Oberfläche. Auch bei Ciliaten schlagen die Cilien synchron. Sie können ihre Schlagrichtung – wahrscheinlich durch Ca^{2+} gesteuert – umkehren. Die Zellen schwimmen dann rückwärts, bei der klassischen Vermeidungsreaktion bei *Paramecium* gut zu beobachten. Beim sog. **Geißelschlag** setzt sich der Ab- oder Kraftschlag an der Basis beginnend bis zur Spitze der Geißel fort; es entsteht auf diese Weise eine sinusoidale Wellenform. Viele Spermien mit posteriorer Geißel bewegen sich in dieser Art vorwärts. Die Welle kann in einer Ebene liegen, also planar sein, oder räumlich (helikoidal) verlaufen. Bei anteriorer Lage der Geißel wird der Schlag offenbar an der Spitze der Geißel initiiert, damit eine Vorwärtsbewegung zustande kommt. Es gibt zahlreiche Abarten dieser Grundschläge von Geißeln, die durch extrazelluläre Anhängsel an den Geißeln (s. Abb. 4-51) noch modifiziert werden können.

Geißeln enthalten neun periphere Doppeltubuli, zwei zentrale einzelne Mikrotubuli sowie verschiedene verbindende Strukturen (Abb. 4-48). Dieses berühmte „9+2-Muster" wurde von I. Menton 1952 erstmals beschrieben. Die Skelettstruktur der Geißel wird als **Axonem** bezeichnet. Es hat einen Durchmesser von 0,2 µm und ist von der Plasmamembran umgeben. Abweichun-

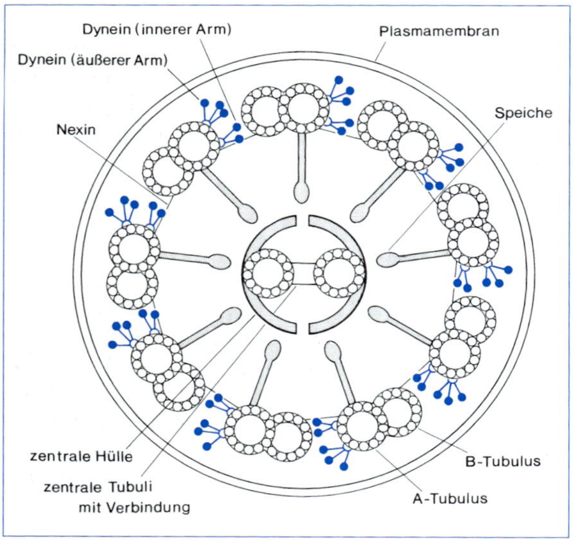

Abb. 4-48: Schema eines Geißelquerschnitts. Die zur Orientierung eingeführte Numerierung der peripheren Doppeltubuli beginnt bei 12 Uhr mit 1 und erfolgt im Uhrzeigersinn (Blickrichtung zur Geißelspitze).

gen vom 9+2-Muster sind selten; Gameten von Gregarinen z.B. können ein 9+0- oder ein 6+0-Muster haben.

Bei den peripheren Doppeltubuli ist nur der A-Tubulus mit 13 Protofilamenten vollständig. Der B-Tubulus besteht nur aus 10–11 Protofilamenten und „benützt" zusätzlich einige Protofilamente des A-Tubulus mit. Doppeltubuli sind durch eine als Nexin bezeichnete, wahrscheinlich elastische Struktur untereinander verbunden. Nur die A-Tubuli tragen **Dyneinarme**, meist drei äußere und zwei innere. Die Dyneine der äußeren Arme sind verschiedene Isoformen und tragen von innen nach außen die Bezeichnungen α, β und γ. Für die inneren Arme sind mindestens sieben Isoformen bekannt. Etwa 70% der Masse eines Axonems machen α- und β-Tubulin aus, insgesamt wurden der Struktur des Axonems bisher jedoch etwa 100 verschiedene Polypeptide zugeordnet. Die A-Tubuli gehen an ihrer Basis mit dem minus-Ende kontinuierlich in den Basalkörper, ein Centriol, über (Abb. 4-49 und 4-50). Die beiden zentralen Mikrotubuli enden vor dem Centriol in einer elektronendichten Struktur. Im Axonem herrscht eine strenge longitudinale Periodizität: Die meisten Strukturen wie radiale Speichen, innere Dyneinarme, Dynein regulierende Komplexe (nicht eingezeichnet in Abb. 4-48) u. a. zeigen eine Periodizität von 96 nm, nur die äußeren Dyneinarme dagegen eine von 24 nm.

Genetisch/biochemisch/strukturelle Untersuchungen zu Aufbau und Funktion von Geißeln wurden vor allem an *Chlamydomonas* durchgeführt. Fast 100 genetische Loci wurden bisher identifiziert. Geißel-Mutanten von *Chlamydomonas* besitzen entweder keine Geißeln mehr oder – meist – bewegungsunfähige Geißeln oder solche mit veränderter Schlagform; manche können nur rückwärts schwimmen. Natürliche Geißel-Mutationen kommen auch beim Menschen vor. Sie äußern sich besonders im Ausfall der Flimmerepithelfunktion im respiratorischen Trakt und in einer Azoospermie.

Die Krümmung einer Geißel kommt durch Wanderung der an den A-Tubuli festgelegten Dyneine entlang der benachbarten B-Tubuli zum minus-Ende, also zur Geißelbasis hin, zustande. Die äußeren Arme sind dabei für Kraftentwicklung und Schlagfrequenz zuständig; die Schlagzyklen können sehr schnell sein und 50 bis 100

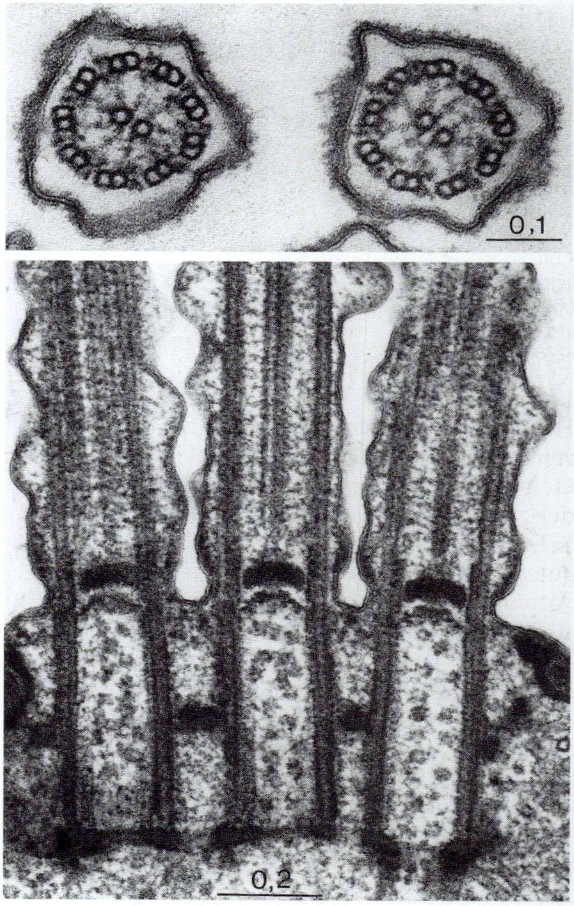

Abb. 4-49: Oben: Querschnitt durch zwei Cilien von *Paramecium.* **Unten**: Längsschnitt durch Cilienbasen von *Euplotes*, einem anderen Ciliaten. Die Doppeltubuli gehen kontinuierlich in das basale Centriol über; die Centriole sind untereinander durch elektronendichte Strukturen verbunden. Die beiden zentralen Mikrotubuli enden in einer Struktur oberhalb der Centriole. (EM-Aufnahme: K. Hausmann)

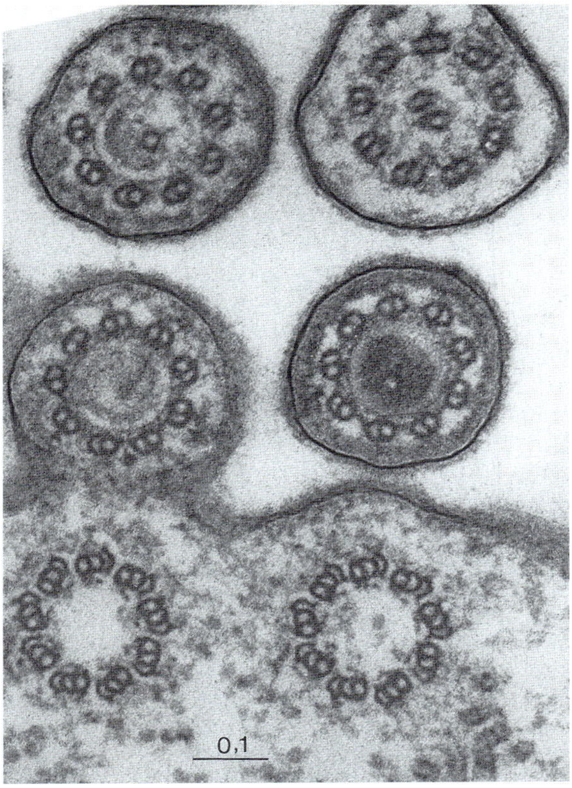

Abb. 4-50: Querschnitte durch Cilienschaft, Übergang Schaft/Basalkörper und Basalkörper (=Centriol) von *Climacostomum* (Ciliat). Im Übergangsbereich fehlen die zentralen Mikrotubuli; im basalen Bereich innerhalb der Zelle werden aus den peripheren Doppeltubuli die typischen Dreifachtubuli der Centriolen. (EM-Aufnahme: K. Hausmann)

Hz erreichen. Die inneren Dyneinarme regulieren die Schlagform. Alle Dyneine weisen in der Geißel rundum in die gleiche Richtung und wandern nur zum minus-Ende. Für ein effektives Schlagen einer Geißel muß eine außerordentlich gute zeitliche wie räumliche Abstimmung der Aktivitäten der einzelnen Dynein-Isoformen postuliert werden. cAMP- und Ca^{2+}-gesteuerte Phosphorylierungen von Komponenten des Geißelapparats spielen hierbei eine Rolle.

Geißeln zeigen ein Spitzenwachstum. Kinesine sind für den Transport des Axonemmaterials aus dem Cytoplasma entlang der Mikrotubuli in die Geißelspitze verantwortlich, wobei sowohl vorgefertigte Komplexe als auch einzelne Polypeptide transportiert werden können. Das Spitzenwachstum ließ sich wieder an *Chlamydomonas* nachweisen: Zellen, denen die Geißeln abgeschert waren, konnten neue Geißeln bis etwa zur Hälfte aus dem cytoplasmatischen Proteinpool regenerieren, für den Rest mußte Neusynthese besonders von Tubulinen erfolgen. Zu diesem Zeitpunkt angebotene radioaktiv markierte Aminosäuren wurden besonders in Tubulin inkorporiert. Autoradiographische Analysen zeigten dann eine Anhäufung von Radioaktivität in der Spitzenregion der auswachsenden Geißeln.

Die Struktur einer komplexen Geißel ist in Abb. 4-51 gezeigt.

4.5.4 Flagellen von Protocyten

Die Flagellen der Protocyten stellen in der Plasmamembran und der Zellwand verankerte extrazelluläre Anhängsel dar und sind nicht wie die Geißeln der Eucyten von der Plasmamembran umgeben. Flagellen kommen einzeln, in Bündeln oder auf der Zelloberfläche verteilt vor. Sie können über 10 µm lang sein. Weit mehr als die Hälfte aller bisher beschriebenen Protocytenarten besitzen Flagellen.

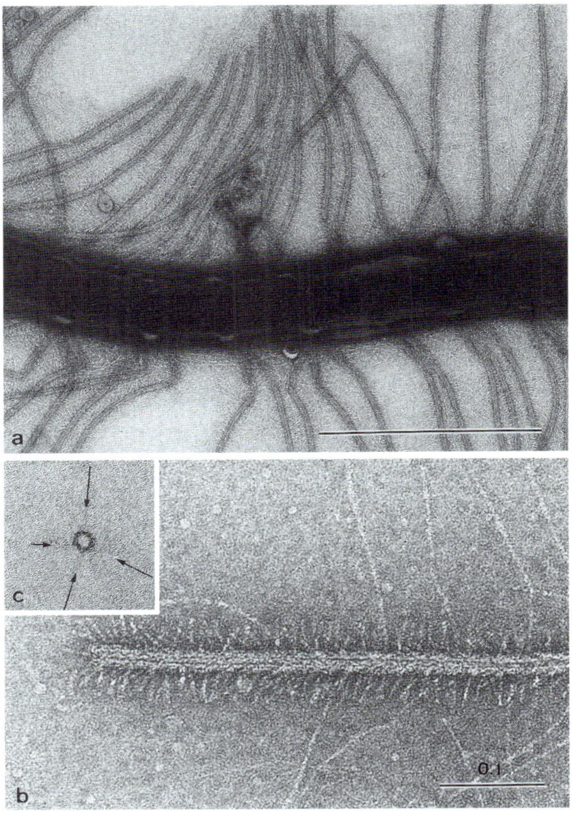

Abb. 4-51: (**a**) Teil einer Geißel der Chrysophycee *Ochromonas* mit extrazellulären tubulären Anhängseln, den Mastigonemen. (**b**) Teil eines Mastigonems mit längeren und kürzeren lateralen Filamenten. (**c**) Querschnitt durch ein tubuläres Mastigonem. Mastigonemen werden über den Exocytoseweg aus der Zelle transportiert und ordnen sich auf der Oberfläche der Geißel in einer Art Selfassembly in noch unbekannter Weise an. (a) und (b) im Negativkontrast. (EM-Aufnahmen: G. B. Bouck [1971] J. Cell Biol. 50, 362; mit Genehmigung.)

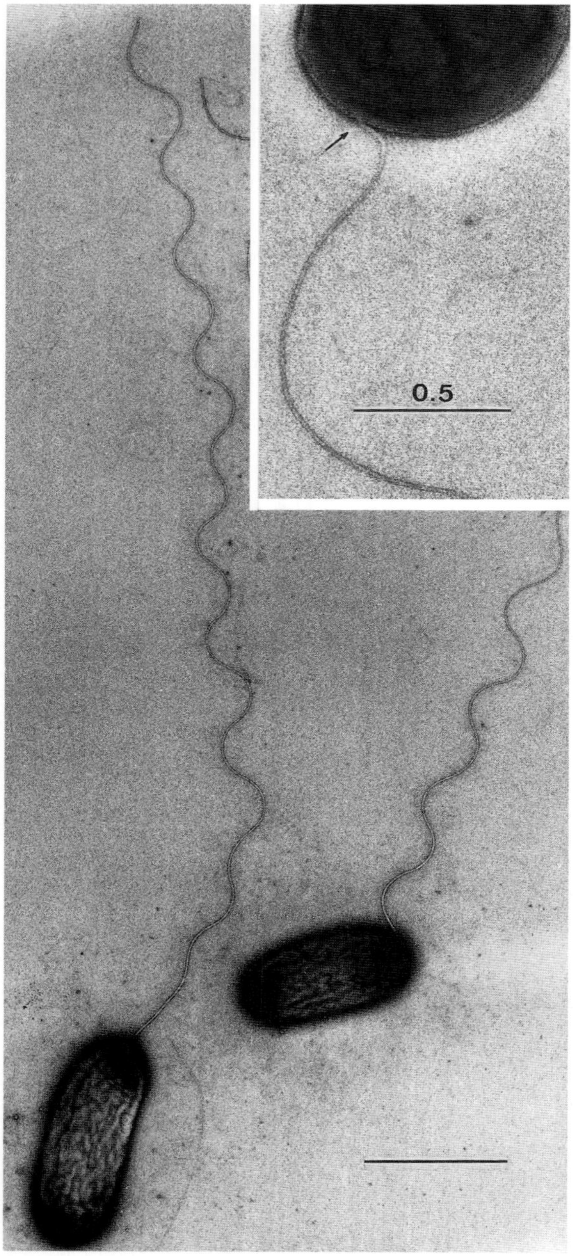

Abb. 4-52: *Agrobacterium tumefaciens* mit einer einzigen helikalen Flagelle. Der Pfeil im stärker vergrößerten Einsatzbild weist auf den Haken der Flagelle und deren Durchtritt durch die äußere Membran der Zelle. (EM-Aufnahmen im Negativkontrast: H. Falk)

Der Bau der Flagellen ist recht einheitlich. Sie sind morphologisch in drei Bereiche gegliedert: die Basalstruktur in Plasmamembran und Zellwand, den flexiblen Haken als Verbindungsstruktur und das helikale Filament (Abb. 4-52). Flagellen rotieren – das wurde 1973 von H. C. Berg und R. A. Anderson entdeckt – und gleichen damit sich drehenden Schiffsschrauben. Die Rotation der Flagellen, die einen Durchmesser von etwa 20 nm haben, kann im Mikroskop nicht beobachtet werden. Sichtbar machen läßt sie sich jedoch beispielsweise durch Ankleben der Flagellen mit Hilfe von Antikörpern an einen Objektträger, woraufhin sich die Zellen selbst drehen. Energiequelle für die Rotation ist der Protonengradient über der Plasmamembran; die Protonen fließen dabei durch die Basalstruktur in das Cytoplasma zurück.

E. coli und *Salmonella typhimurium* besitzen linksgängige (von der Flagellenspitze aus gesehen) helikale Flagellen. Bei Rotation im Gegenuhrzeigersinn werden die Flagellen gebündelt und die Zellen vorangetrieben. Die Rotationsgeschwindigkeit kann bis zu 20 000 Umdrehungen pro min betragen; die Zellen erreichen dabei eine Geschwindigkeit bis zu 30 $\mu m \cdot s^{-1}$. Bei Rotation im Uhrzeigersinn werden die Bündel hingegen aufgelöst, und es kommt zu einer Art Taumelbewegung auf der Stelle, wodurch bei erneuter Rotation im Gegenuhrzeigersinn ein Richtungswechsel der Zelle sehr wahrscheinlich ist (s. Kap. 16). *Rhizobium meliloti* z.B. besitzt rechtsgängige Flagellen, die ausschließlich im Uhrzeigersinn drehen. Die Zellen können jedoch die Drehgeschwindigkeit einzelner Flagellen variieren. Bei einheitlicher Rotation treiben die Flagellen als Bündel die Zelle voran; bei unterschiedlicher löst sich jedoch das Bündel, und ein Wechsel der Schwimmrichtung tritt bei erneut einheitlicher Rotation ein. Andere Arten können ihre Schwimmrichtung umkehren.

Aufbau und Funktion der Flagelle sind am eingehendsten bei *S. typhimurium* untersucht worden. Etwa 50 Gene sind für die Flagelle zuständig, die in drei Klassen gruppiert werden. Die Gen-Produkte der Klasse 1, etwa zehn, nehmen Umweltsignale auf und induzieren daraufhin die Transkription der Gene der Klasse 2. Zu den etwa 35 Gen-Produkten der Klasse 2 gehören die Konstituenten der Basalstruktur und des Hakens sowie ein Flagellen-spezifischer σ-Faktor, σ^{28}, und ein regulatorisches Protein FlgM. Dieser σ-Faktor induziert die Expression der wenigen Gene der Klasse 3 für den Aufbau des Filaments.

Der Aufbau der Flagelle beginnt in der Plasmamembran mit der Anlage des MS-Rings, der eigentlichen Basalstruktur (Abb. 4-53). Dem MS-Ring wird auf der cytoplasmatischen Seite ein C-Ring oder Schalterkomplex angelagert. Der MS-Ring stellt den Rotor dar, der in der Plasmamembran über den ihn umgebenden Stator oder Mot-Komplex durch Protonenfluß gedreht wird. Der Mot-Komplex besteht aus etwa

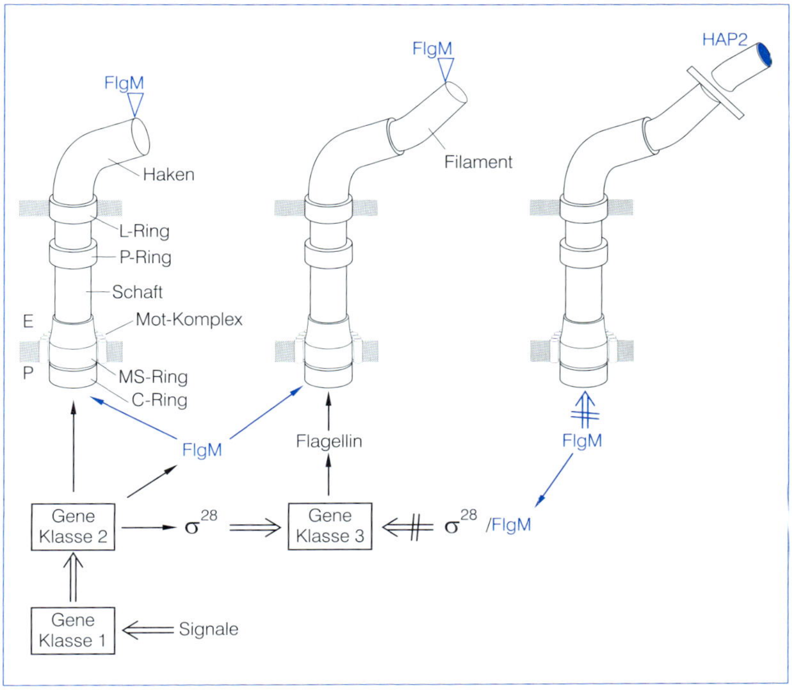

Abb. 4-53: Modell zu Entstehung und Morphologie einer Flagelle bei einem gramnegativen Bakterium. **Links**: Nach Aktivierung der Gene Klasse 2 werden die Basalstruktur und der Haken der Flagelle aufgebaut. Der MS-Ring und der Mot-Komplex liegen in der Plasmamembran, der P-Ring in der Peptidoglykanlage, der L-Ring in der äußeren Membran (Lipopolysaccharid) **Mitte**: Nach Aktivierung der Gene Klasse 3 entsteht das Filament aus Flagellinmolekülen. **Rechts**: Nach Vollendung des Filaments und Kappenbildung durch HAP2 kann das regulatorische Protein FlgM nicht mehr durch den Hohlzylinder der Flagelle transportiert werden; es reichert sich im Cytoplasma an, bindet an σ^{28} und macht damit die Aktivierung der Gene Klasse 3 rückgängig. Pfeile: Synthese und Transport von Protein; Doppelpfeile: Gen-Aktivierung.

12 MotA/MotB-Dimeren. Der Weg der Protonen und die Art der durch sie erzeugten Drehung ist auf molekularem Niveau noch nicht verstanden. Die gesamte Flagelle ist ein Hohlzylinder, durch den alle weiteren Komponenten – mit Ausnahme des P- und L-Rings – an das wachsende Ende der Flagelle transportiert werden. Die Proteine werden also nicht auf dem üblichen Transportweg durch die Plasmamembran geschleust und enthalten daher auch keine entsprechende Signalsequenz. Zunächst wird der Schaft aus vier verschiedenen Polypeptiden angelegt, wobei das Protein FlgF die Hauptkomponente mit etwa 26 Kopien ist. Der P- und L-Ring bilden die Lager für die Flagelle in der Peptidoglykanschicht bzw. in der äußeren Membran (L für Lipopolysaccharid); grampositive Bakterien besitzen keinen L-Ring. Bei der Anlage des Hakens ist das Gerüstprotein FlgD wichtig, das eine Kappe bildet, unter der der Haken verlängert wird. Nach Fertigstellung des Hakens, dessen Länge offenbar durch weitere Proteine kontrolliert wird, geht FlgD verloren. Für die Ausbildung des Filaments aus Flagellinmolekülen spielt das Protein HAP2 eine ähnliche Rolle wie FlgD beim Haken, bleibt aber nach Vollendung der Flagelle an der Spitze erhalten. Der Außendurchmesser des Filaments beträgt etwa 20 nm, der Innendurchmesser etwa 5 nm. Flagelline können je nach Spezies sehr verschiedene Molekularmassen besitzen. Das Regulatorprotein FlgM wird ebenfalls durch den Hohlzylinder nach außen transportiert. Unterbleibt dieser Transport, z.B. durch Mutation einer Flagellenkomponenten oder nach Fertigstellung der Flagelle, akkumuliert FlgM im Cytoplasma, bindet an σ^{28} und stoppt dadurch die Expression der Gene der Klasse 3.

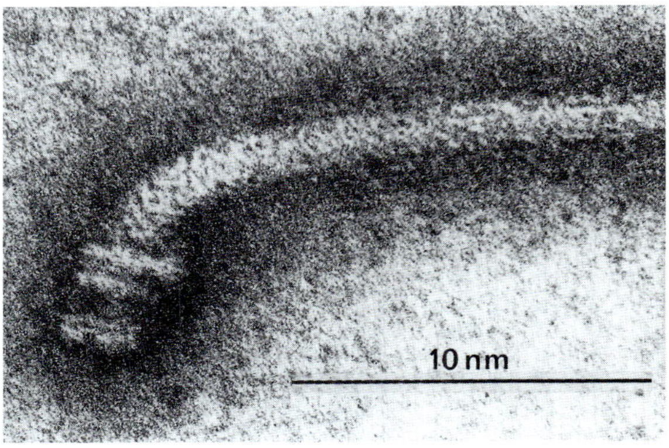

Abb. 4-54: Basales Ende einer isolierten Flagelle von *E. coli.* Der MS-, P- und L-Ring sowie der Haken und ein kurzes Stück des Filaments sind zu sehen, während der cytoplasmatische C-Ring und der Mot-Komplex nicht erhalten geblieben sind. (EM-Aufnahme im Negativkontrast: M. L. DePamphilis, J. Adler [1971] J. Bacteriol. 105, 384; mit Genehmigung.)

Bei Isolation von Flagellen bleiben der MS-, P- und L-Ring an der Flagelle erhalten, während der nur locker assoziierte C-Ring und der Mot-Komplex verloren gehen (Abb. 4-54).

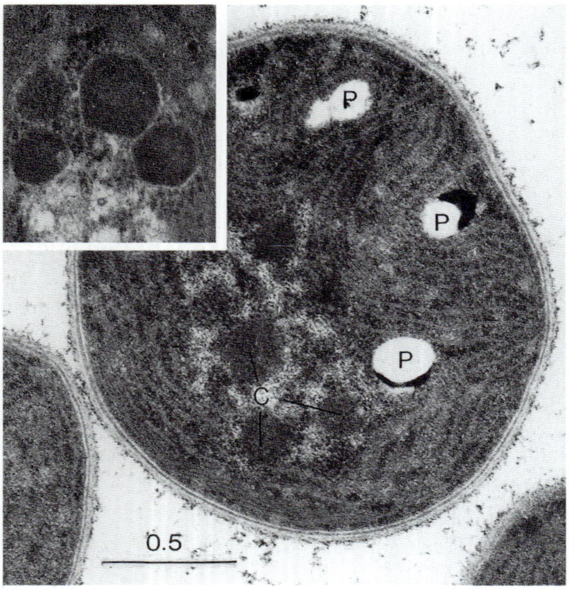

Abb. 4-55: Cytoplasmatische Einschlüsse bei Cyanobakterien. In den Phosphatgranula (P) ist nur wenig Polyphosphat (dunkles Material) während der Fixierung übriggeblieben. Die Carboxysomen (C und Einsatzbild) zeichnen sich durch ihre eckige Form aus. (EM-Aufnahmen: J. R. Golecki)

4.6 Reservesubstanzen, Einschlüsse

Im Cytoplasma vieler Zellen finden sich homogene Einschlüsse, die nicht von einer Membran umgeben sind. Meist handelt es sich bei ihnen um Reservesubstanzen. Reservestoffe werden in Zellen oft in großen Mengen abgelagert und dürfen daher osmotisch nicht wirksam sein. Dies wird dadurch erreicht, daß sie entweder als Makromoleküle gebildet werden oder als wasserunlösliche Lipide, die in Oleosomen aggregiert sind.

Als Reservepolysaccharid ist **Glykogen** (Polyglucose in α-1,4-Bindung mit Verzweigungen in α-1,6-Bindung) in Form von Granula in Tier- und Pilzzellen sowie in Protocyten weit verbreitet. An der Synthese des Glykogens sind drei Enzyme beteiligt; Zuckerdonator ist UDP-Glucose. Glykogenin bindet autokatalytisch einen Glucoserest an die Hydroxylgruppe eines Tyrosinrests und fügt etwa acht weitere an. Dann setzt die Glykogen-Synthase ein, die die Kette verlängert. Verzweigungen entstehen, indem das Verzweigungsenzym etwa sieben endständige Glucosereste en bloc abschneidet und diesen Block wei-

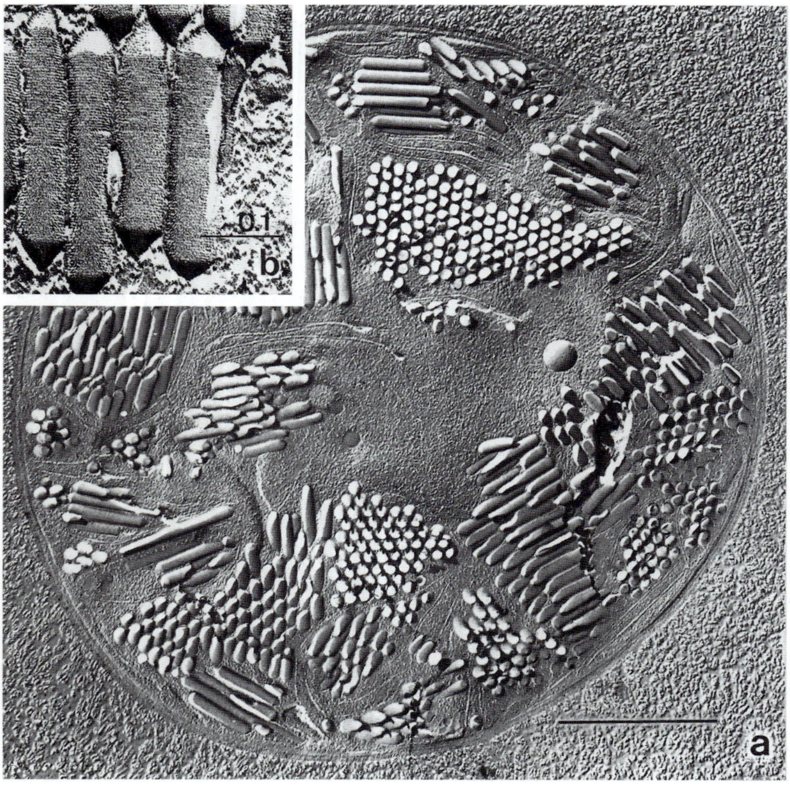

Abb. 4-56: Gasvakuolen in dem Cyanobakterium *Microcystis aeruginosa.* (**a**) Übersichtsaufnahme mit zahlreichen Gasvakuolen in verschiedenen Ansichten. Thylakoide sind ebenfalls zu erkennen. (**b**) Bei stärkerer Vergrößerung wird die Oberflächenstruktur der Gasvakuolen sichtbar. (Gefrierätz-EM-Aufnahmen: H. Lehmann)

ter innen im Glykogenmolekül in α-1,6-Bindung wieder anfügt. Es entsteht auf diese Weise eine baumartig verzweigte Zuckerkette. Glykogeninmoleküle können untereinander durch Disulfidbindungen verbunden sein, wodurch die rosettenförmigen Glykogenpartikel zustande kommen mit Durchmessern bis zu 120 nm und Molekularmassen von $>10^5$ kDa (s. Abb. 1-1).

Andere Reservepolysaccharide kommen bei Algen vor wie die Florideenstärke bei Rotalgen (s. Abb. 11-6) oder das Paramylon, ein β-1,3-Glucan bei *Euglena*. **Stärke** dagegen, ebenfalls ein α-1,4-Glucan, ist das typische Reservepolysaccharid in den Plastiden von Grünalgen und höheren Pflanzen (s. 11.5.1).

Eine Reservesubstanz, die in Form großer Granula in vielen Bakterien vorkommt, ist **Polyhydroxybuttersäure**. Das Polymer enthält bis zu 25000 Baueinheiten. Es ist thermoplastisch und daher technisch interessant. Eine besondere Kohlenstoff- und Stickstoffreserve bei Cyanobakterien sind die bis zu 1 µm großen **Cyanophycingranula**; es handelt sich bei diesem Polymer um eine Asparaginsäurekette, wobei viele der β-Carboxylgruppen der Asparaginsäurereste in Peptidbindung Argininreste gebunden haben.

In Cyanobakterien und einigen anderen Prokaryoten kommen **Carboxysomen** vor, die an ihrer kantigen Form zu erkennen sind (Abb. 4-55). Sie enthalten Ribulosebisphosphat-Carboxylase in kristalliner Form. Warum dieses Calvin-Zyklus-Enzym in solchen Granula gespeichert wird, ist unbekannt.

Bei Proto- und Eucyten verbreitet sind **Polyphosphatgranula**. Sie enthalten Polymere aus bis zu 1000 Orthophosphaten und stellen Phosphatspeicher dar. Bei der Fixierung von Zellen werden sie leicht herausgelöst, so daß nur leere Stellen übrigbleiben (Abb. 4-55). **Schwefelgranula** kommen in Schwefelbakterien vor. Solange reduzierte Schwefelverbindungen für die Zellen verfügbar sind, bleiben sie erhalten; bei Mangel wird der elementare Schwefel der Granula oxidiert, und die Granula verschwinden allmählich.

Oleosomen sind Fettspeicher und enthalten vor allem Triacylglycerol. Sie kommen in vielen Zellen vor, besonders zahlreich in fettspeichernden Zellen von Tieren und in Zellen des Endosperms oder der Kotyledonen fettreicher Pflanzensamen. Syntheseort der Oleosomen ist das ER. Ihr Durchmesser liegt meist zwischen 0,6 und 2 µm. Die Grenze zum Cytoplasma bilden Phospholipide, deren hydrophile Reste dem Cytoplasma zugewandt sind und deren Fettsäurereste in das hydrophobe Innere ragen. Zumindest bei den Oleosomen der Pflanzenzellen ist die Oberfläche außerdem bedeckt von Oleosinen, kleinen Proteinen von 15 bis 26 kDa. Sie besitzen einen konservierten zentralen hydrophoben Bereich von 72 AS, der in antiparalleler β-Faltblatt-Struktur in das Oleosom hineinreicht.

Einige aquatische Cyanobakterien wie *Anabaena*, *Microcystis*, *Aphanizomenon* oder *Oscillatoria*, aber auch andere Bacteria und Archaea wie *Halobacterium* können **Gasvakuolen** bilden. Diese sind zylindrische Strukturen von 0,2 bis 1 µm Länge und konischen Enden (Abb. 4-56). Die nur 2 nm starke Wand der Gasvakuolen wird von einem Hauptprotein von ca. 8 kDa gebildet; weitere Proteine können an Zusammenbau und Gestaltung beteiligt sein. Das Protein trägt zur Innenseite der Vakuole hin unpolare Aminosäurereste, zum Cytoplasma hin jedoch polare. Die Proteinwand ist für Wasser nicht passierbar und läßt – wie ein feinmaschiges hydrophobes Netz – eine Gasblase nicht aus dem Innenraum entweichen. Für einzelne Gasmoleküle ist die Wand jedoch leicht zu durchdringen. Dies bedeutet, daß Gasvakuolen Gase nicht speichern können; diese äquilibrieren vielmehr sehr schnell mit den im umgebenden Wasser gelösten Gasen. Gasvakuolen sind in den betreffenden Zellen nicht immer zu finden, sondern werden unter besonderen physiologisch/ökologischen Bedingungen gebildet. Sie senken das spezifische Gewicht der Zellen und lassen sie dadurch an die Wasseroberfläche steigen. Das kann bei Cyanobakterien bei massiver Vermehrung zu ausgeprägten „Wasserblüten" führen.

Eine Zelle, die Gasvakuolen enthält, ist im Phasenkontrastmikroskop durch ihren inhomogenen Inhalt gut erkennbar. Ihre starre Form hält einem gewissen Druck stand, stärkerem jedoch nicht. Das läßt sich eindrücklich demonstrieren: Cyanobakterien aus einer Wasserblüte setzen sich in einem (nach Möglichkeit dickwandigen) Glasröhrchen oben ab. Wird das Röhrchen dann mit einem Silikonstopfen luftblasenfrei verschlossen und ein kräftiger Schlag auf den Stopfen gegeben, so kollabieren die Gasvakuolen; die Zellen sinken auf den Boden, und im Phasenkontrastmikroskop ist das Zellinnere homogen.

4.7 Weiterführende Literatur

Signaltransduktion

Baldwin A S (1966) The NF-κB and IκB proteins: new discoveries and insights. Annu. Rev. Immunol. 14, 649–681.

Baeuerle P A (1998) Pro-inflammatory signaling: last pieces in the NF-κB puzzle? Current Biol. 8, R19-R22.

Clapham D E (1995) Calcium signaling. Cell 80, 259–268.

Cohen P T W (1997) Novel protein serine/threonine phosphatases: variety is the spice of life. Trends Biochem. Sci. 22, 245–251.

Guse A H, Mayr G W (1997) Zyklische ADP-Ribose: ein potentieller second Messenger in der Regulation der intrazellulären Ca^{2+}-Konzentration. Biospektrum 3, Nr. 4, 25–28.
Hucho F, Buchner K (1997) Signal transduction and protein kinases: the long way from the plasma membrane into the nucleus. Naturwiss. 84, 281–290.
Hunter T (1995) Protein kinases and phosphatases: the yin and yang of protein phosphorylation and signaling. Cell 80, 225–236.
Ihle J N (1996) STATs: signal transducers and activators of transcription. Cell 84, 331–334.
Karin M, Liu Z, Zandi E (1997) AP-1 function and regulation. Curr. Opinion Cell Biol. 9, 240–246.
Lasa I, Cossart P (1996) Actin-based bacterial motility: towards a definition of the minimal requirements. Trends Cell Biol. 6, 109–114.
Mangelsdorf D J et al. (1995) The nuclear receptor superfamily: the second decade. Cell 83, 835–839.
Massagué J, Hata A, Liu F (1997) TGF-β signalling through the Smad pathway. Trends Cell Biol. 7, 187–192.
Morrison D K, Cutler R E (1997) The complexity of Raf-1 regulation. Curr. Opinion Cell Biol. 9, 174–179.
Neel B G, Tonks N K (1997) Protein tyrosine phosphatases in signal transduction. Curr. Opinion Cell Biol. 9, 193–204.
Newton A C (1997) Regulation of protein kinase C. Curr. Opinion Cell Biol. 9, 161–167.
Parsons J T, Parsons S J (1997) Src family protein tyrosine kinases: cooperating with growth factor and adhesion signaling pathways. Curr. Opinion Cell Biol. 9, 187–192.
Rhee S G, Bae Y S (1997) Regulation of phosphoinositide-specific phospholipase C isoenzymes. J. Biol. Chem. 272, 15045–15048.
Rhoads A R, Friedberg F (1997) Sequence motifs for calmodulin recognition. FASEB J. 11, 331–340.
Robinson M J, Cobb M H (1997) Mitogen-activated protein kinase pathways. Curr. Opinion Cell Biol. 9, 180–186.
Stamler J S, Toone E J, Lipton S A, Sucher N J (1997) (S)NO signals: translocation, regulation, and a consensus motif. Neuron 18, 691–696.
Stralfors P (1997) Insulin second messengers. BioEssays 19, 327–335.
Vanhaesebroeck B, Leevers S J, Panayotou G, Waterfield M D (1997) Phosphoinositide 3-kinases: a conserved family of signal transducers. Trends Biochem. Sci. 22, 267–272.
Wittinghofer A, Nassar N (1996) How Ras-lelated proteins talk to their effectors. Trends Biochem. Sci. 21, 488–491.

Faltungshelferproteine

Beissinger M, Buchner J (1998) How chaperones fold proteins. Biol. Chem. 379, 245–259.
Braig K, Otwinowski Z, Hedge R, Boisvert D C, Joachimiak A, Horwich A L, Sigler P B (1994) The crystal structure of the bacterial chaperonin GroEL at 2.8 A. Nature 371, 578–586.
Buchner J (1996) Supervising the fold: functional principles of molecular chaperones. FASEB J. 10, 10–19.
Hartl F U (1996) Molecular chaperones in cellular protein folding. Nature 381, 571–580.
Helenius A, Trombetta E S, Hebert D N, Simons J F (1997) Calnexin, calreticulin and the folding of glycoproteins. Trends Cell Biol. 7, 193–200.
Lorimer G H (1996) A quantitative assessment of the role of the chaperonin proteins in protein folding in vivo. FASEB J. 10, 5–9.
Mayer M P, Bukau B (1998) Hsp70 chaperone systems: diversity of cellular functions and mechanisms of action. Biol. Chem. 379, 261–268.
Rassow J, von Ahsen O, Bömer U, Pfanner N (1997) Molecular chaperones: towards a characterization of the heat-shock protein 70 family. Trends Cell Biol. 7, 129–133.

Proteinabbau

Baumeister W, Cejka Z, Kania M, Seemüller E (1997) The proteasome: a macromolecular assembly designed to confine proteolysis to a nanocompartment. Biol. Chem. 378, 121–130.
Goldberg A L, Akopian T N, Kisselev A F, Lee D H, Rohrwild M (1997) New insights into the mechanism and importance of the proteasome in intracellular protein degradation. Biol. Chem. 378, 131–140.
Gottesman S, Wickner S, Maurizi M R (1997) Protein quality control: triage by chaperones and proteases. Cell Develop. 11, 815–823.
Löwe J, Stock D, Jap B, Zwickl P, Baumeister W, Huber R (1995) Crystal structure of the 20S proteasome from the archaeon *T. acidophilum* at 3.4 A resolution. Science 268, 533–539.
Varshavsky A (1997) The ubiquitin system. Trends Biochem. Sci. 22, 383–387.

Cytoskelett

Brinkley W (1997) Microtubules: a brief historical perspective. J. Struct. Biol. 118, 84–86.
Erickson H P (1997) FtsZ, a tubulin homologue in prokaryote cell division. Trends Cell Biol. 7, 362–367.
Foisner R (1997) Dynamic organisation of intermediate filaments and associated proteins during the cell cycle. BioEssays 19, 297–305.
Fowler V M (1996) Regulation of actin filament length in erythrocytes and striated muscle. Curr. Opinion Cell Biol. 8, 86–96.
Fuchs E, Cleveland D W (1998) A structural scaffolding of intermediate filaments in health and disease. Science 279, 514–519.
Hyman A A, Karsenti E (1996) Morphogenetic properties of microtubules and mitotic spindle assembly. Cell 84, 401–410.
Lange B M H, Gull K (1996) Structure and function of the centriole in animal cells: progress and questions. Trends Cell Biol. 6, 348–352.
Inagaki T, Matsuoka Y, Tsujimura K, Ando S, Tokui T, Takahashi T, Inagaki N (1996) Dynamic property of intermediate filaments: regulation by phosphorylation. BioEssays 18, 481–487.
Pereira G, Schiebel E (1997) Centrosome-microtubule nucleation. J. Cell Sci. 110, 295–300.
Theriot J A (1997) Accelerating on a treadmill: ADF/Cofilin promotes rapid actin filament turnover in the dynamic cytoskeleton. J. Cell Biol. 136, 1165–1168.
Tsukita S, Yonemura S, Tsukita S (1997) ERM (ezrin/radixin/moesin) family: from cytoskeleton to signal transduction. Curr. Opinion Cell Biol. 9, 70–75.
Wolf K W, Böhm K J (1997) Organisation von Mikrotubuli in der Zelle. Biol. in uns. Zeit. 27, 87–95.
Yamada K, Geiger B (1997) Molecular interactions in cell adhesion complexes. Curr. Opinion Cell Biol. 9, 76–85.
Zigmond S H (1996) Signal transduction and actin filament organization. Curr. Opinion Cell Biol. 8, 66–73.

Motorproteine und Bewegung

Aizawa S (1996) Flagellar assembly in *Salmonella typhimurium*. Mol. Microbiol. 19, 1–5.

Allan V (1996) Motor proteins; a dynamic duo. Curr. Biol. 6, 630–633.

Block S M (1996). Fifty ways to love your lever: myosin motors. Cell 87, 151–157.

Dutcher S K (1995) Flagellar assembly in two hundred and fifty easy-to-follow steps. Trends Genet. 11, 398–404.

Goodson H V, Valetti C, Kreis T E (1997) Motors and membrane traffic. Curr. Opinion Cell Biol. 9, 18–28.

Hall A (1998) Rho GTPases and the actin cytoskeleton. Science 279, 509–514.

Hirokawa N (1998) Kinesin and dynein superfamily proteins and the mechanism of organelle transport. Science 279, 519–526.

Howard J (1997) Molecular motors: structural adaptations to cellular functions. Nature 389, 561–567.

Hyman A A, Karsenti E (1996) Morphogenetic properties of microtubules and mitotic spindle assembly. Cell 84, 401–410.

Mermall V, Post P L, Mooseker M S (1998) Unconventional myosins in cell movement, membrane traffic, and signal transduction. Science 279, 527–533.

Mitchison T J, Cramer L P (1996) Actin-based cell motility and cell locomotion. Cell 84, 371–379.

Porter M E (1996) Axonemal dyneins: assembly, organization, and regulation. Curr. Opinion Cell Biol. 8, 10–17.

Rayment I (1996) Kinesin and myosin: molecular motors with similar engines. Curr. Biol. 4, 501–504.

Rickard J E, Kreis T E (1996) CLIPs for organelle-microtubule interactions. Trends Cell Biol. 6, 178–183.

Schmitt R (1997) Molekulare Propeller: Bakteriengeißeln und ihr Antrieb. Biol. in uns. Zeit 27, 40–47.

Schroer T A (1996) Structure and function of dynactin. Cell Develop. Biol. 7, 321–328.

Vale R D (1996) Switches, latches, and amplifiers: common themes of G proteins and molecular motors. J. Cell Biol. 135, 291–302.

Vernos I, Karsenti E (1996) Motors involved in spindle assembly and chromosome segregation. Curr. Opinion Cell Biol. 8, 4–9.

Welch M D, Mallavarapu A, Rosenblatt J, Mitchison T J (1997) Actin dynamics in vivo. Curr. Opinion Cell Biol. 9, 54–61.

Yen T J, Schaar B T (1996) Kinetochore function: molecular motors, switches and gates. Curr. Opinion Cell Biol. 8, 381–388.

5 GENOME UND ZELLKERN

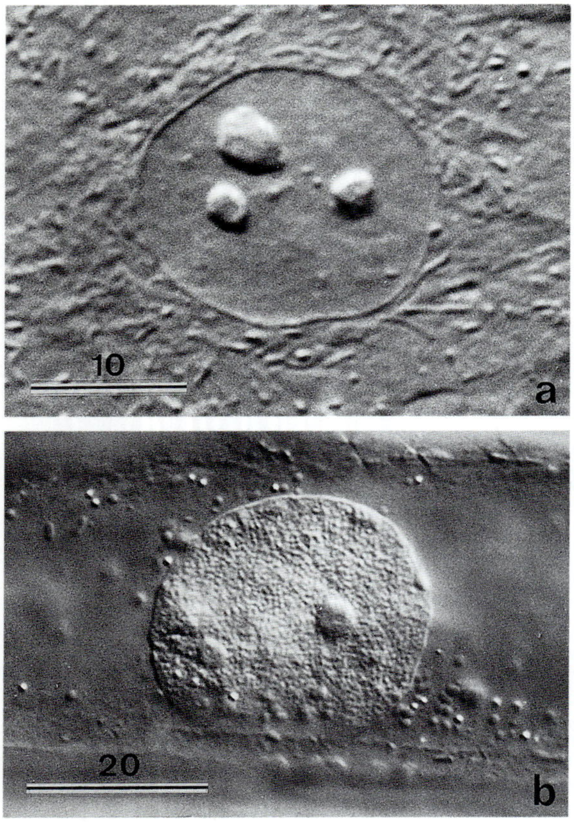

Abb. 5-1: (**a**) Zellkern mit hervortretenden Nucleolen in einer epitheloiden Gewebekulturzelle aus Rattenleber. (**b**) Zellkern der Schuppenepidermis der Zwiebel mit „granuliertem" Chromatin. (Interferenzkontrast-Aufnahmen: P. Sitte)

Der Zellkern (Nucleus) ist die genetische Steuerzentrale des Eucyten: Hier ist die genetische Information in linearen DNA-Doppelsträngen gespeichert, hier erfolgt ihre Replikation und hier beginnen die Gen-Wirkketten mit der Synthese von RNA (Transkription) und deren Prozessierung. Durch die besondere Art der Kernteilung (Mitose) ist für die Gleichverteilung des Erbgutes auf Tochterkerne gesorgt. Syngamie und Meiose ermöglichen die Bildung und ständige Durchmischung eines Gen-Pools und damit die Etablierung von Organismenarten im üblichen taxonomischen Sinn. Bei Protocyten dagegen ist das Genom nicht in einem besonderen Kompartiment lokalisiert, sondern in einer bestimmten Region im Cytoplasma als **Nucleoid** organisiert. Das gleiche gilt für die kleinen Genome der Mitochondrien und Plastiden (s. Kap. 10 und Kap. 11).

Diese allgemeinen Funktionen des Zellkerns werden durch viele z.T. längst bekannte Fakten unterstrichen. Bei der Befruchtung treten oft nur die Kerne der Spermienzellen in die Eizelle ein. Schon 1884 wies O. Hertwig darauf hin, daß sich dadurch der Kern des Spermiums bzw. die in ihm kondensierten Chromosomen als Träger der väterlichen Erbmasse ausweisen. Kurz nach der Wiederentdekkung der Mendelschen Vererbungsgesetze durch H. de Vries, C. Correns und E. Tschermak im Jahre 1900 wurde unabhängig von W. S. Sutton und T. Boveri die **Cytogenetik** begründet durch den Hinweis auf die perfekte Kongruenz der beobachteten Chromosomensegregation in der Meiose und des postulierten Verhaltens der damals noch hypothetischen Erbfaktoren (Gene). Zellen, die im Zuge irreversibler Differenzierungsprozesse ihren Kern verlieren (z.B. Erythrocyten der Säuger; Siebröhren der Pflanzen) sind keiner weiteren Entwicklung fähig und gehen, ebenso wie künstlich kernlos gemachte Zellen, nach begrenzter Überlebenszeit zugrunde. Heutzutage werden mit den modernen Techniken der Zellbiologie (z.B. Kerntransplantationen, Zellfusionen) und der Molekularbiologie die einzelnen Funktionen und molekularen Strukturen des Zellkerns erforscht.

5.1 Der Interphasekern

Meistens sind Zellkerne annähernd kugelförmig und liegen bei vielzelligen Tieren mehr oder weniger zentral in den Zellen. In Gewebezellen von Säugern beansprucht der Nucleus etwa 10% des Zellvolumens (Durchmesser ca. 6 µm). Zwischen Kerngröße und Zellgröße besteht eine Korrelation. Besonders große Zellen besitzen entweder besonders große – oft endopolyploide – Kerne oder sind vielkernig (polyenergid). Beispiele für besonders große Zellen sind viele Eizellen, Neurone wegen ihrer oft sehr langen Axone, Muskelzellen, Ciliaten, manche siphonale Grünalgen sowie Nähr- und Speicherzellen bei höheren Pflanzen. In polyploiden Vertretern derselben Art sind Zell- und Individuengröße mit dem Ploidiegrad korreliert. Dieser auffällige Zusammenhang wird als **Kern-Plasma-Relation** bezeichnet.

Die wichtigsten Strukturkomponenten des Zellkerns sind Chromatin, Nucleolen, Kern-Grundsubstanz und Kernhülle (Abb. 5-1). Als **Chromatin** gilt im funktionellen Sinn alles, was sich während der Kernteilung in den Chromosomen wiederfindet (mit Ausnahme einiger Strukturproteine, s. unten). Biochemisch handelt es sich um einen filamentösen Komplex aus DNA und einer Vielzahl von Proteinen (Desoxyribonucleoprotein-Komplex). Das Interphasechromatin ist gegenüber den kompakten Metaphasechromosomen stark aufgelockert. Chromatin, das auch im Interphasekern kondensiert bleibt und in Form dichter Chromozentren in Erscheinung tritt, wird als Heterochromatin vom Euchromatin begrifflich abgegrenzt.

Die **Nucleolen** sind auffällige Einschlüsse der

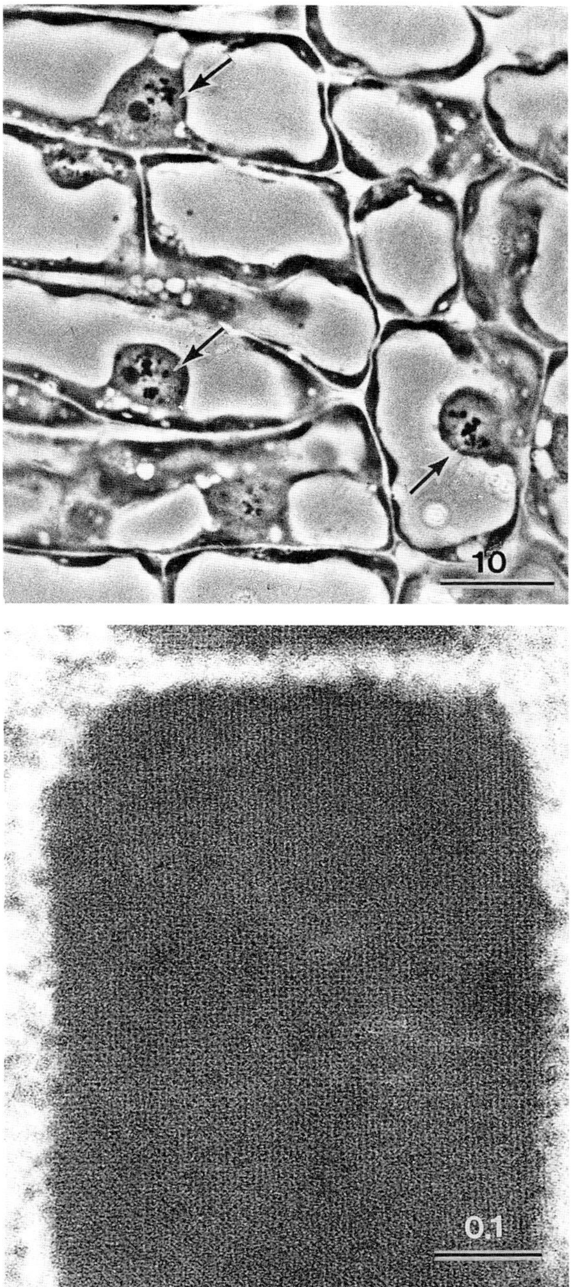

Abb. 5-2: Intranucleäre Proteinkristalle. **Oben**: Blattgewebe des Ligusters. **Unten**: Kristallgitter aus Protein-Einheiten in einem Zellkern der Forsythie. (Phasenkontrast-Aufnahme: J. Lange-Eichholz, EM-Aufnahme: H. Falk)

Zellkerne, die aufgrund ihres kompakten Baus und ihrer hohen Dichte im licht- und elektronenmikroskopischen Bild deutlich hervortreten. In ihnen werden Vorstufen der Ribosomen-Untereinheiten (sog. Prä-Ribosomen) gebildet. Proteinsynthese findet im Kern, der keine funktionell aktiven Ribosomen enthält, jedoch nicht statt. Kernproteine (Karyophile) wie Histone oder DNA- und RNA-Polymerasen werden nach ihrer Synthese im Cytoplasma sehr schnell in den Zellkern verlagert. Bestimmte Proteine können sich in manchen Kernen so stark anreichern, daß sie als Kristalle sichtbar sind (Abb. 5-2). Hierzu zählen auch Einschlüsse intranucleärer Viren (Abb. 5-3).

Der membranfreie Kernraum ist von einer Membranzisterne, der **Kernhülle**, umschlossen, die mit dem ER verbunden und durch den Besitz von Kernporen ausgezeichnet ist. Diese Poren, zusammen mit dem an und in ihnen liegenden Material als Porenkomplexe bezeichnet, vermitteln den Austausch von Makromolekülen zwischen dem **Karyoplasma** und dem Cytoplasma. An der äußeren, dem Cytoplasma zugewandten Oberfläche der Kernhülle finden sich oft Ribosomen. Die Innenseite ist von einer unterschiedlich dicken Schicht, der Nuclear-Lamina, ausgekleidet.

Der Zellkern ist ein wesentliches Merkmal, das Eucyten von Protocyten unterscheidet – darauf beruht schließlich die Namensgebung. Zellkerne sind gegenüber Nucleoiden von Protocyten und DNA-haltigen Organellen (Mitochondrien und Plastiden) durch eine Reihe von Eigenschaften ausgezeichnet. Kernhülle, histonhaltiges Chromatin, lineare Chromosomen, Nucleolen sowie Meiose und Syngamie sind die klassischen Unterschiede. Hinzu kommen noch

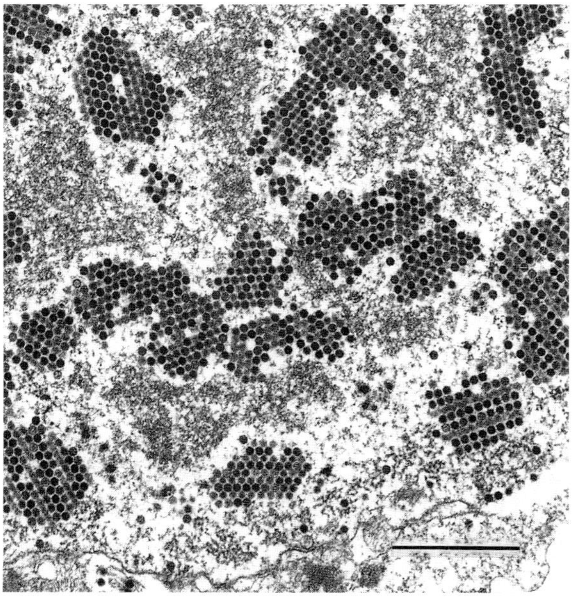

Abb. 5-3: Adenovirus-Kristalle im Zellkern embryonaler Humanfibroblasten (in Zellkultur). (EM-Aufnahme: H. Zentgraf)

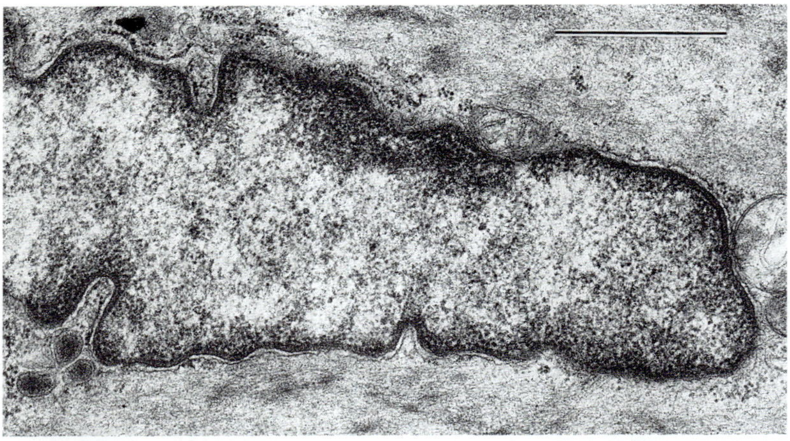

Abb. 5-4: (Ausschnitt eines Zellkerns mit einer von der Kugelgestalt abweichenden Form in einer glatten Muskelzelle aus dem Vormagen der Maus. (EM-Aufnahme: H. Falk)

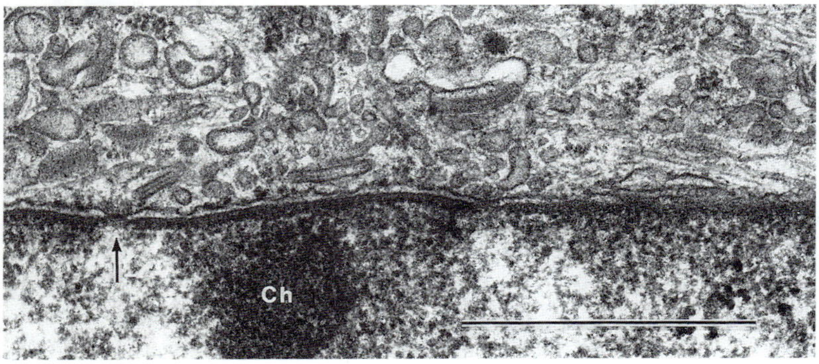

Abb. 5-5: Nuclear-Lamina. Ausschnitt aus einer keratinisierten Epithelzelle der Maus. Ch, kernhüllständiges Heterochromatin; der Pfeil zeigt einen Kernporenkomplex. Die Lamina ist als dunkle Linie auf der Innenseite der Kernhülle sichtbar. (EM-Aufnahme: H. Falk)

zahlreiche weitere in der molekularen Organisation des genetischen Materials (s. unten).

Als Chromosomen (W. Waldeyer, 1888) wurden ursprünglich die dichten, bei Mitose und Meiose im Lichtmikroskop sichtbaren Chromatingebilde bezeichnet. Heute wird der Begriff viel weiter gefaßt und schließt dann auch die Genom-Strukturen von Prokaryoten, Mitochondrien und Plastiden, sogar Viren ein.

5.1.1 Kerngrundsubstanz und Kernskelett

Die amorph erscheinende Masse, die **Kernmatrix**, in der das Chromatin liegt, enthält unterschiedliche Anteile löslicher Proteine und ein filamentöses Kernskelett aus Strukturproteinen. Der lösliche Anteil (Nuclear-Sol, früher als Karyolymphe bezeichnet) ist ein Gemisch verschiedener Proteine. In der Kernmatrix häufig vertreten sind sog. hnRNPs (heterogenous nuclear ribonucleoproteins), die in der RNA-Prozessierung und -Verpackung und an ihrem Transport (s. unten) im Zellkern involviert sind. Strukturgebend für Zellkerne ist das **Kernskelett** (Nuclear-Gel) der Kernmatrix. Man kann dieses Proteingerüst durch schonendes Solubilisieren der löslichen Anteile und des Chromatins isolieren. Es behält die Gestalt der ursprünglichen Kerne und läßt sogar noch die Lage der Kernporen erkennen. Manche von der Kugelgestalt abweichende Kernformen (Abb. 5-4) gehen auf das Konto des Kernskeletts.

Im Kernskelett, das etwa 10% der nucleären Proteinmasse umfaßt, lassen sich drei Subsysteme erkennen, Nuclear-Lamina, Kerngerüst und Chromatingerüst.

Die **Nuclear-Lamina** (Fibrous Lamina) (Abb. 5-5) ist eine 20-50 nm dicke Proteinschicht, die der Innenseite der inneren Kernmembran anliegt und mit dem Chromatin interagiert. Aufgebaut ist die Lamina aus den Laminen, die zur Familie der Intermediärfilamente (s. 4.4.1) gerechnet werden. Man unterscheidet Lamine vom A- und B-Typ. Beide Typen zeigen den typischen Aufbau von Intermediärfilamenten, besitzen jedoch eine zusätzliche NLS-Sequenz (nuclear localization signal, s. 5.1.3) sowie eine carboxyterminal gelegene CaaX-Box (Cystein, zwei aliphatische Reste, X für beliebige AS). Die CaaX-Box wird einer intensiven cytoplasmatischen Prozessierung unterzogen. Zunächst erfolgt die Bindung eines Farnesylrests an das Cystein, anschließend wird der aaX-Rest entfernt und das nun endständige Cystein carboxymethyliert; erst danach werden die modifizierten Lamine in den Zellkern transportiert. B-Typ Lamine zeigen eine stärkere Assoziation an die innere Kernmembran als A-Typ Lamine. Dieser Kontakt der B-Typ Lamine zur Kernmembran wird durch eine Reihe von Lamin-assoziierten Proteinen (LAPs) hergestellt. Lamin C, früher als eigenes Lamin geführt, stellt eine alternativ gespleißte Variante von Lamin A dar (s. 5.7.4).

Während der sog. offenen Mitosen zerfällt die Kernhülle und damit auch die Lamina. Hierbei vesikulieren die Membranen der Kernhülle und finden sich als ER-ähnliche Vesikel innerhalb des Cytoplasmas. An diese Vesikel ist weiterhin Lamin B gebunden, während Lamin A von der Lamina bzw. inneren Kernmembran dissoziiert. Die Vesikulierung der Kernhülle geht einher mit einer Reihe von Modifikationen sowohl der Lamine als auch der LAPs.

Das **Kerngerüst** ist hoch strukturiert und bildet ein Netzwerk von Filamenten, die in Kontakt mit der Nuclear-Lamina und dem Chromatin stehen. Das räumliche Maschengeflecht der Kernmatrix teilt den Kerninnenraum in verschiedene Bereiche, in denen je nach Aktivitätszustand des Zellkerns verschiedene kernspezifische Funktionen (u.a. RNA-Reifung, RNA-Transport) in definierten räumlichen Strukturen stattfinden können. Das Kerngerüst zerfällt zu Beginn der Mitose.

An das **Chromatingerüst** (Kern-Scaffold) ist das Chromatin gebunden. Dieses Skelett läßt sich besonders gut bei mitotischen Chromosomen darstellen. Auf die Funktion und den Aufbau des Chromatingerüsts wird später (s. 5.5.1 und 5.7.2) eingegangen.

5.1.2 Die Kernhülle

Von den verschiedenen Ausbildungsformen des Endomembransystems im Eucyten ist die Kernhülle (Perinuclearzisterne) wahrscheinlich die phylogenetisch älteste. Sie bleibt auch erhalten, wenn in hungernden Zellen ER und Dictyosomen abgebaut werden. Bei der Rückkehr zu Normalbedingungen geht die Regeneration von ER und Golgi-Apparat von der Kernhülle aus. Nur wenn das gesamte Chromatin während offener Mitose oder Meiose kondensiert ist, zerfällt die Kernhülle vorübergehend in Vesikel. Aber selbst die inaktiven Kerne mit kondensiertem Chromatin von Spermien und von kernhaltigen Erythrocyten oder auch die Mikronuclei der Ciliaten sind stets von einer Kernhülle umgeben, die allerdings nur wenige, strukturell oft abweichende Porenkomplexe aufweist.

Struktur, Kernporen

Die Kernhülle besteht aus zwei Membranen, der äußeren und inneren Kernmembran, die durch einen perinucleären Raum getrennt werden. Was die Kernhülle vom übrigen ER unterscheidet, mit dem die äußere Kernmembran kontinuierlich in Verbindung stehen kann, ist der über die Lamina und die LAPs vermittelte Kontakt mit dem Chromatin und die Ausbildung von Kernporen (Abb. 5-6).

Die Kernporen durchspannen die Kernhülle. An den Rändern der Poren gehen äußere und innere Kernmembran ineinander über. Strukturell handelt es sich um den etwa 125 MDa großen NPC (nuclear pore complex) aus mindestens 50 verschiedenen Proteinen, den sog. **Nucleoporinen** oder NUPs (nuclear pore proteins). Die Poren sind 50–70 nm weit und sowohl cyto- wie auch karyoplasmaseitig von einem Ringwulst (Annulus) besetzt, der aus acht globulären Untereinheiten besteht. Vom äußeren Annulus reichen Filamente ins Cytoplasma hinaus; der innere Annulus trägt eine lockere korbförmige Struktur (basket), die in das Kerninnere eingesenkt ist. Zwischen plasmaseitigem und kernseitigem Ringwulst ragen acht Speichen gegen das Zentrum des Porenkomplexes vor. In der Mitte aktiver Porenkomplexe sitzt ein Zentralgranulum, das wegen seiner Rolle beim Transport von Makromolekülen durch die Kernhülle als „Transporter" bezeichnet wird. Der gesamte Porenkomplex ist über integrale Membranproteine in der Kernhülle verankert.

Peripheres Heterochromatin, das den Durchtritt von Material zur Kernhülle behindern könnte, fehlt unmittelbar unter Kernporen. Wo umgekehrt einem Kern größere Kompartimente oder Organellen anliegen und den An- bzw. Abtransport behindern, ist die Besetzung der Kernhülle mit Porenkomplexen vermindert.

Porenkomplexe sind insgesamt dynamische Strukturen. Sie können in der Kernhülle ihre Lokalisation ändern und auch Cluster aus mehreren Kernporen ausbilden. Bei offener Mitose disaggregieren die Porenkomplexe am Ende der Prophase und werden in der Telophase neugebildet. Der Abbau bzw. die Neubildung geht einher mit Phosphorylierung/Dephosphorylierung einiger NUPs.

Die Porenfrequenz (Porenkomplexe pro μm^2) steigt mit der Aktivität und Größe von Kernen an. Das entspricht der Funktion der Porenkomplexe als Passage für den karyo-cytoplasmati-

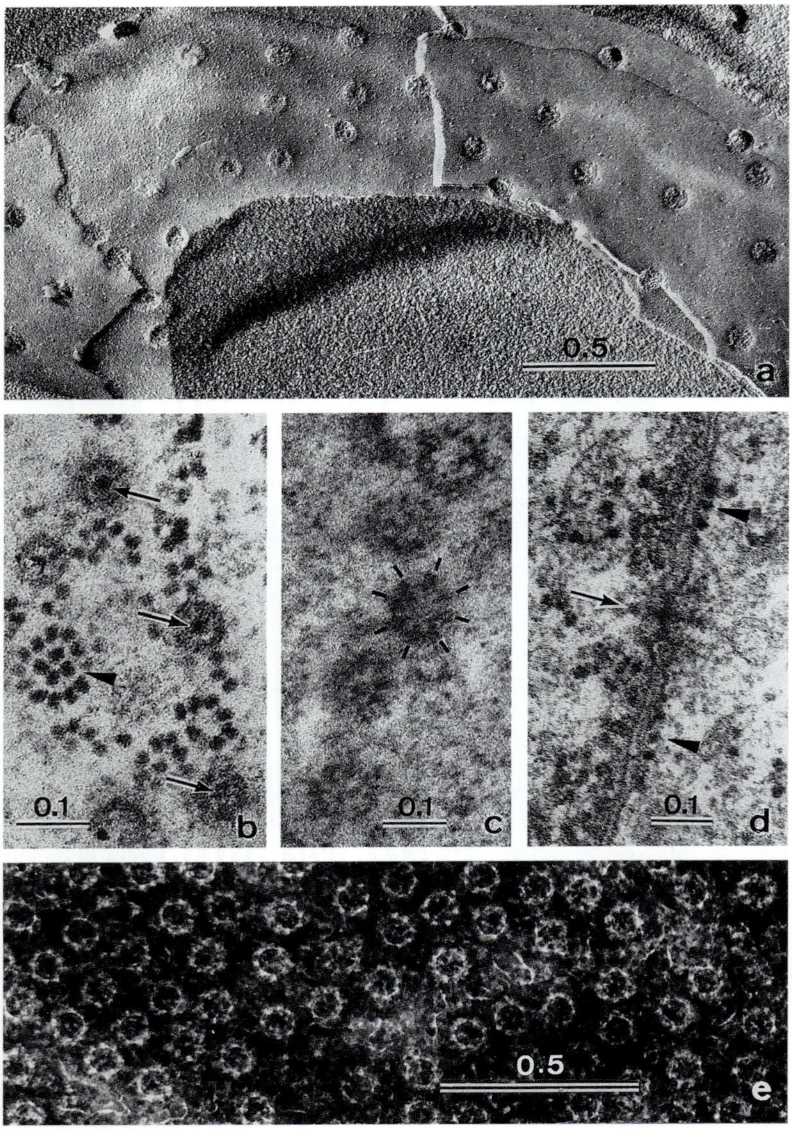

Abb. 5-6: Strukturen der Kernhülle. (**a**) Äußere und innere Membran der Kernhülle sowie zahlreiche Kernporen eine Zelle in der Wurzelspitze der Zwiebel. (Gefrierätz-Aufnahme: V. Speth). (**b**) Flachschnitt durch die Hülle des Makronucleus von *Tetrahymena*. Pfeile, Porenkomplexe; Pfeilkopf, Polysom. (EM-Aufnahme: F. Wunderlich). (**c**) Achtstrahlige Symmetrie an einem Porenkomplex. Flachschnitt durch die Kernhülle im Blattgewebe der Narzisse. (EM-Aufnahme: H. Falk). (**d**) Kernhülle eines Leber-Zellkerns im Querschnitt. Elektronendichtes Material (Pfeil) erfüllt den Zentralkanal eines Porenkomplexes. Polysomen (Pfeilköpfe) sitzen außen der Kernhülle auf. (EM-Aufnahme: H. Falk). (**e**) Porenkomplexe einer isolierten Kernhülle (Oocyte von *Xenopus*) mit deutlichen Annulus-Untereinheiten, im Negativkontrast. (EM-Aufnahme: U. Scheer)

schen Stoffaustausch. Aus strukturellen Gründen kann die Porenfrequenz den Wert von 80 nicht übersteigen. Bei besonders großen Kernen mit entsprechend niedrigem Oberflächen/Volumenverhältnis würde die Transportkapazität über die Kernhülle nicht ausreichen; solche Kerne weichen daher oft von der Kugelgestalt ab. Beispielsweise finden sich in den Kernen von Muskelzelle (s. Abb. 5-4) und in Oocytenkernen tiefe Einbuchtungen, die der Oberflächenvergrößerung dienen.

In manchen Zellen finden sich besondere cytoplasmatische Strukturen, die **Annulate Lamellae**. Hierbei handelt es sich um Membranzisternen, in denen eine Reihe von Kernporenkomplexe eingelagert sind, die denen der Kernhülle entsprechen. Wie die Kernhülle zerfallen auch die Annulate Lamellae zu Beginn einer Mitose und werden in der Telophase neugebildet. Es wird diskutiert, ob Annulate Lamellae der Speicherung von RNA dienen könnten.

5.1.3 Transportvorgänge über die Kernhülle

In Eucyten findet RNA-Synthese nur im Zellkern, Proteinsynthese nur im Cytoplasma statt (Mitochondrien und Plastiden bilden hier natürlich eine Ausnahme). Daher müssen alle RNAs/

RNPs durch die Kernhülle nach außen gelangen, alle nucleären (karyophilen) Proteine durch sie nach innen. Dieser Transport von Makromolekülen verläuft ausschließlich über die Porenkomplexe. Neben einer reinen Diffusion von kleinen Molekülen durch die Kernporen wird aktiv über die Kernhülle transportiert. Der aktive Transport, der zur Verlagerung von bis zu einigen Millionen Dalton großen Molekülkomplexen führt, ist energieabhängig.

Aktiver Import von Proteinen in den Zellkern

Karyophile werden im Cytoplasma synthetisiert und müssen im Anschluß in den Zellkern transportiert werden. Ihre Lokalisierung ist in topogenen Sequenzen codiert, die von cytoplasmatischen Faktoren erkannt werden. Zwei der Import-Signale sind eingehender beschrieben worden, die sog. **NLS-Sequenz** (nuclear localization signal) sowie die **M9-Domäne**. Während die NLS-Sequenz aus einem oder mehreren Clustern einiger basischer Aminosäurereste besteht, zeigen M9-Domänen verschiedener Proteine Identität in einigen Aminosäureresten. Die NLS-Sequenz kommt in Proteinen vor, die ihre ständige Lokalisation im Zellkern haben. Die M9-Domäne, die als topogenes Signal für Kern-Import und -Export dient, findet sich in einigen Proteinen, die zwischen Nucleoplasma und Cytoplasma hin und her wandern (Shuttle-Proteine). Im Gegensatz zu Signalsequenzen für den Transport ins ER oder organellenspezifischen Transitsequenzen ist die NLS-Sequenz bzw. die M9-Domäne in der Regel nicht terminal in den Polypeptiden lokalisiert und wird nach dem Transport in oder aus dem Zellkern nicht abgespalten.

Die NLS-Sequenz sowie die M9-Domäne werden im Cytoplasma von Rezeptoren erkannt (Abb. 5-7). Im Falle der NLS handelt es sich um das α,β-heterodimere **Importin**. Die α-Untereinheit erkennt die NLS-Sequenz, der trimere Komplex aus α,β-Importin und Karyophil dockt anschließend an die Kernpore an, was durch die β-Untereinheit vermittelt wird. Der Transport durch die Kernpore geschieht durch das kleine G-Protein Ran (ras-related nuclear protein) unter Beteiligung von NTF2 (nuclear transport factor 2) und evtl. weiteren Komponenten. Ran ist ein Shuttle-Protein, es kann sowohl im Zellkern als auch im Cytoplasma nachgewiesen werden. Im Karyoplasma zeigt sich Ran in der GTP-Form, während im Cytoplasma GTP zu GDP hydrolysiert wird, was spezifische Proteine katalysieren. Ist der trimere Komplex in den Zellkern gelangt, bindet Ran-GTP an β-Importin, was zur

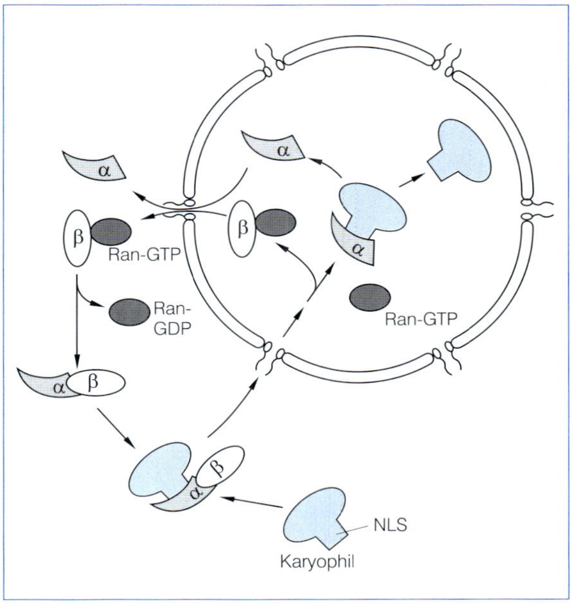

Abb. 5-7: Import von Protein in den Zellkern. Im Cytoplasma erkennt Importin die NLS eines Karyophils. Dieser Komplex dockt an die Kernpore an und wird in einem ATP- und temperaturabhängigen Schritt durch die Kernpore transportiert. Innerhalb des Zellkerns bindet Ran-GTP an die β-Untereinheit von Importin, was zur Dissoziation des Komplexes führt. Die α-Untereinheit und der Ran-GTP/β-Importin-Komplex werden aus dem Zellkern transportiert. Im Cytoplasma kann sich Importin erneut ausbilden, indem Ran-GTP unter Katalyse durch weitere Proteine hydrolysiert wird und in dieser Form die Affinität zu β-Importin verliert. α, β, α-Improtin und β-Importins; NLS, Nuclear Localization Signal des Karyophils.

Dissoziation des Komplexes führt. Die β-Untereinheit wird zusammen mit Ran-GTP, α-Importin dagegen als Monomer aus dem Zellkern exportiert. Die Hydrolyse von GTP im Cytoplasma führt zur Dissoziation des β-Importin/Ran-Komplexes. Anschließend wandert Ran wieder in den Zellkern, möglicherweise gebunden an einen Importin-Karyophil-Komplex, und wird im Kern wieder in die GTP-Form überführt. Dieser Mechanismus gewährleistet einen hochspezifischen Transport von Proteinen in den Zellkern. Der weniger gut untersuchte Transport mit der M9-Domäne als topogenem Signal scheint ähnlichen Mechanismen zu folgen; hierbei erkennt ein als Transportin bezeichnetes Protein die M9-Domäne.

Export aus dem Zellkern

Der Export aus dem Zellkern führt zur Verlagerung von RNAs und an sie assoziierten Proteinen in das Cytoplasma. Nach Transkription und Prozessierung liegt RNA im Zellkern an Proteine gebunden als hnRNP-Komplex (heterogeneous nuclear RNA protein) vor. Proteine des hnRNP-Komplexes wandern zwischen Kern und Cytoplasma hin und her (Shuttle-Proteine), andere bleiben ausschließlich im Kern lokalisiert. In den Shuttle-Proteinen konnten kürzere Sequenzabschnitte identifiziert werden, die für den Export aus dem Zellkern notwendig sind. Neben der M9-Domäne, die als Import- und Export-Adresse fungieren kann, gibt es mit Leucin angereicherte Sequenzen, die als **NES** (nuclear export signal) dienen. Die ausschließlich kernlokalisierten Proteine des hnRNPs hingegen besitzen eine **NRS** (nuclear retention sequence), die den Transport ins Cytoplasma verhindert; eine NRS ist auch dann wirksam, wenn das gleiche Protein zusätzlich eine rekombinant angefügte NES-Sequenz trägt. Im Falle des Exports von mRNA bindet der hnRNP-Komplex an die Kernpore. Es kommt dort zu einer Reorganisation des Komplexes, wobei die Proteine mit NRS-Sequenzen den Komplex verlassen und im Zellkern verbleiben, während der Rest durch die Pore in das Cytoplasma exportiert wird. Interessanterweise beginnt der Transport durch die Pore immer mit dem 5'-Ende der mRNA. Hierbei spielt ein Proteinkomplex, der an die CAP-Struktur bindet und als CBC (cap binding complex) bezeichnet wird (s. 5.7.3), eine wichtige Rolle. Dieser Mechanismus, der zunächst nur für den Export von mRNA gilt, bietet Regulationsmöglichkeiten beim Aufbau von hnRNPs und bei der Interaktion des Komplexes mit den Komponenten der Kernpore.

Permeabilität und Bedeutung der Kernhülle

Der Kernraum unterscheidet sich in seinem Ionenmilieu erheblich vom Cytoplasma. So ist z. B. die Konzentration an Na^+, K^+ und Cl^- im Kern wesentlich höher als im Cytoplasma. Gleiches gilt für Phosphat, das im Kerninnenraum stark angereichert ist. Jedoch ist z. B. die „Aktivität" der Kationen im Kern nicht höher als im Cytoplasma, die Ionen liegen gebunden vor und reichern sich nach Diffusion in den Kerninnenraum durch Adsorption an Komponenten des Zellkerns an. Die Aufgabe der Kernhülle kann somit nicht in der Etablierung und Aufrechterhaltung eines besonderen Ionenmilieus im Kerninnenraums bestehen. Die universelle Verbreitung der Kernhülle bei allen Eukaryoten weist jedoch auf eine fundamentale zellbiologische Bedeutung hin. Mechanistisch kann diese Bedeutung in den Möglichkeiten zur Anordnung der Chromosomen durch Anheftung an die Kernhülle sowie insbesondere in der räumlichen Trennung von Transkription und Translation gesucht werden. Die Entstehung der Kernhülle wird unter evolutionären Aspekten kontrovers diskutiert (s. Kap. 23).

5.1.4 Nucleolen und Prä-Ribosomen

Nucleolen sind auch im Lichtmikroskop sichtbare Kernkörperchen, die die Orte der Prä-Ribosomen-Synthese darstellen. Es handelt sich um meist kompakte Gebilde, deren Volumen zwischen 1–6% des Kernvolumens schwankt. Die telophasische Neubildung von Nucleolen nach einer Mitose erfolgt an den sekundären Einschnürungen von Satelliten-Chromosomen (s. 5.4.1). Diese Einschnürungen werden daher **Nucleolus-Organisator-Regionen** (NOR) genannt.

Der Kern vieler Tierzellen weist nur einen Nucleolus auf. So enthält z. B. der diploide Chromosomensatz des Menschen 10 Satellitenchromosomen; dennoch besitzen die meisten somatischen Zellkerne nur einen Nucleolus. Er kommt durch das Aneinanderlagern kleinerer Nucleolen in der Interphase zustande. Bei Pflanzen entspricht die Zahl der Nucleolen häufig der Ploidiestufe. Haploide Zellkerne weisen einen Nucleolus auf, Kerne von Somazellen zwei, solche im triploiden sekundären Endosperm drei. Kerne ohne Nucleolus finden sich – abgesehen von einigen besonders kleinkernigen Hefen – nur in nichtwachsenden Zellen, in denen praktisch keine Proteinsynthese abläuft (z. B. Spermien, reife Granulo- und Lymphocyten; Mikronuclei der Ciliaten; generative Kerne in Pollenschläuchen).

Während der Kernteilung lösen sich Nucleolen nach dem Zerfall der Kernhülle auf und erscheinen erst in den Tochterkernen wieder. Allerdings wird ein Teil des Nucleolenmaterials auf den Chromosomen verteilt und sammelt sich in der Telophase in zahlreichen pränucleolären Körpern. Diese vereinigen sich dann mit den an den NOR nach Wiederaufnahme der rRNA-Synthese entstehenden Nucleolen. Bei intranucleären (geschlossenen) Mitosen allerdings werden die Nucleolen überhaupt nicht aufgelöst.

Struktur und Zusammensetzung

Die Hauptmasse des Nucleolus besteht aus 5–8 nm dicken Filamenten und aus Granula von 15–20 nm Durchmesser. Filamente und Granula sind in mehr oder weniger getrennten Bereichen konzentriert (Pars fibrosa, P. granulosa), die granulären Zonen überwiegen in der Peripherie (Abb. 5-8). Bei Verminderung der nucleolären RNA-Synthese während bestimmter Differenzierungsvorgänge oder nach Einwirkung von Inhibitoren der Transkription wie Actinomycin D sondern sich die fibrillären Bereiche von den

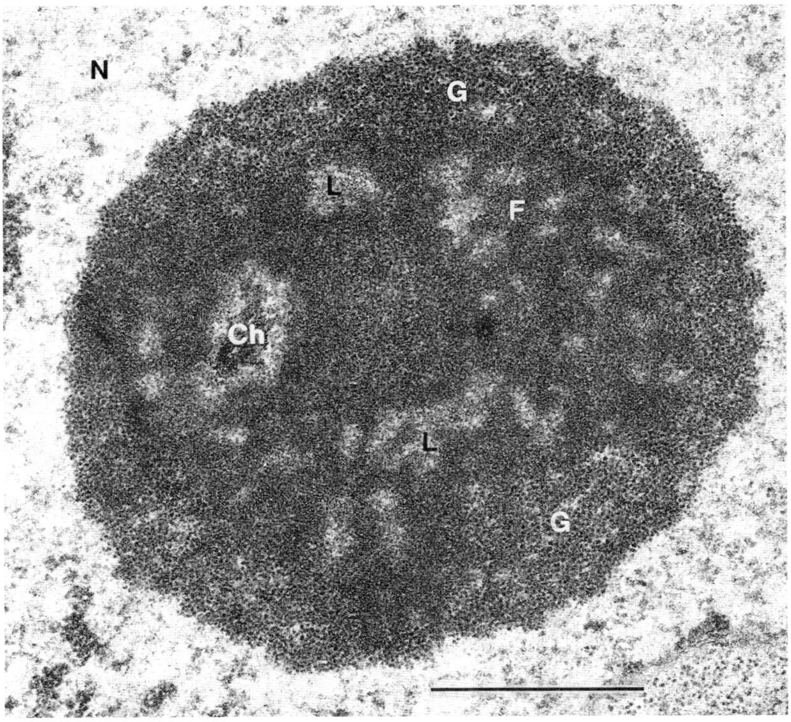

Abb. 5-8: Nucleolus im Karyoplasma (N) einer Geleitzelle im Blattleitbündel von Spinat. G, periphere Pars granulosa; F, Pars Fibrosa mit lockeren fibrillären Zentren und sie umgebenden dichteren Regionen. L, Lakunen, eine davon mit Chromatin (CH) der Nucleolus-Organisatorregion. (EM-Aufnahme: H. Falk)

granulären, was als **Nucleolen-Segregation** bezeichnet wird. In segregierten Nucleolen liegen die granulären Partien peripher, sie werden bei längerdauernder Blockade der RNA-Synthese abgebaut.

Das Chromatin der NOR durchzieht die filamentösen Bereiche aktiver Nucleolen in unregelmäßigen Windungen, deren Abschnitte im EM-Bild als Lakunen bezeichnet werden. Bei Segregation verdichtet sich das Chromatin und zieht sich aus dem Nucleolus zurück. Gelegentlich auftretende „Nucleolus-Vakuolen“ (Abb. 5-9), die selbstverständlich keine Membranen besitzen, werden nur bei hoher Syntheseaktivität beobachtet. Sie entstehen durch schubweisen Materialabtransport aus den granulären Bereichen.

Nucleolen zählen mit bis zu 1,35 g · cm^{-} zu den dichtesten Komponenten lebender Zellen. Ihre hohe Dichte beruht auf dem hohen Anteil an Nucleinsäuren, besonders an RNA. Die 15-nm-Granula weisen ein RNA/Protein-Verhältnis von etwa 1:2 auf, die fibrilläre Komponente eins von ca. 1:6.

Funktion

Die im NOR gelegene DNA entspricht einem großen Cluster repetierter rRNA-Gene (rDNA, s. 5.7.4). Hier werden alle rRNAs, mit Ausnahme der 5S rRNA, durch die RNA-Polymerase I in Form großer Vorläufermoleküle synthetisiert, die anschließend prozessiert werden. Nach dem Beladen mit Proteinen sowie der Zufügung der 5S

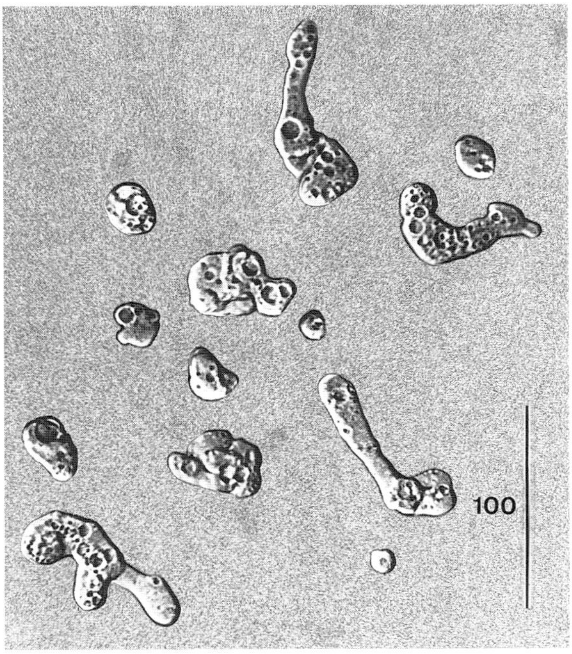

Abb. 5-9: Isolierte Nucleolen mit zahlreichen „Vakuolen“ aus Primärkernen von *Acetabularia*. (Interferenzkontrast-Aufnahme: S. Berger)

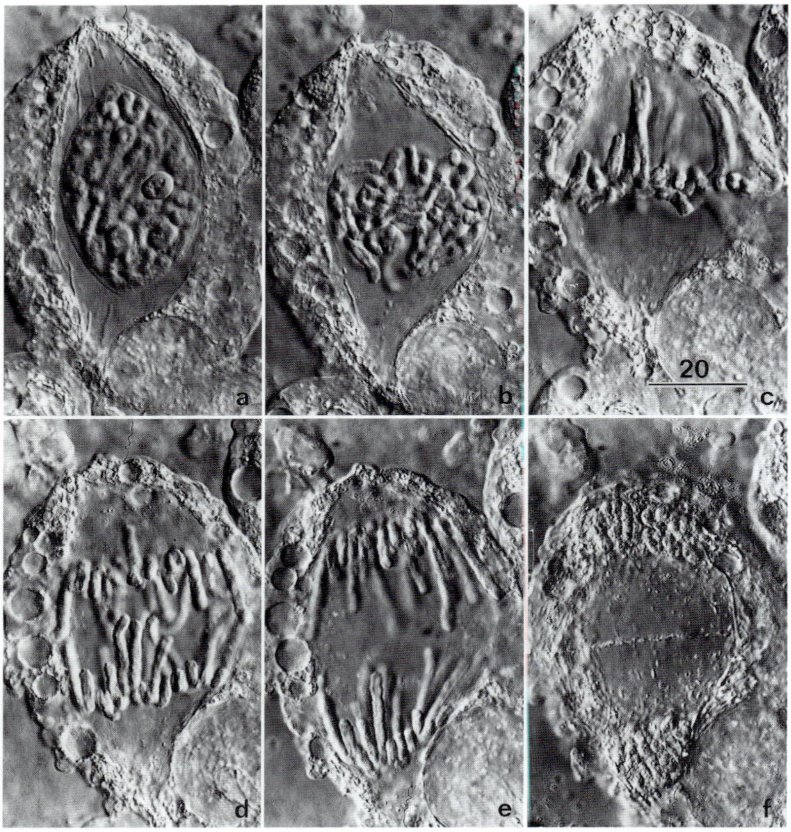

Abb. 5-10: Mitosestadien in Endospermzelle der Blutlilie (*Haemanthus katharinae*). (**a**) Prophase: Polkappen und Kernhülle sind deutlich sichtbar, im Kern Nucleolen und kondensiertes Chromatin. (**b**) Prometaphase: Die Kernhülle ist fragmentiert, Centromeren bewegen sich in die Äqutorialebene. (**c**) Metaphase: Spindelapparat ist voll ausgebildet, Chromosomen bilden Metaphaseplatte. (**d**) Anaphase: Kinetochoren der Chromatiden bewegen sich polwärts. (**e**) Späte Anaphase. (**f**) Telophase: Bildung der Tochterkerne, Beginn der Zellteilung. (Aufnahmen im Differential-Interferenzkontrast: A. Bajer)

rRNA entstehen im Nucleolus die Untereinheiten der Prä-Ribosomen, die die unmittelbaren Vorstufen der Ribosomen darstellen. An dem Zusammenbau der Prä-Ribosomen ist u.a. das basische **Nucleolin** beteiligt, das offenbar die Synthese und Reifung der RNAs sowie die Ausbildung der DNA-Überstrukturen fördert. Weiterhin finden sich kleine RNP-Partikel, die Aufgaben beim Zusammenbau der Prä-Ribosomen übernehmen. Die im Nucleolus synthetisierten Prä-Ribosomen sind nach ihrer Fertigstellung nicht zur Translation befähigt; sie werden über die Kernporenkomplexe ins Cytoplasma der Zelle exportiert.

5.2 Mitose

Die häufigste Form der Kernteilung ist die Mitose. Sie führt zu zwei erbgleichen Tochterkernen. Die Zellteilung (s. 22.5), die der Mitose gewöhnlich unmittelbar nachfolgt, kann äqual oder inäqual sein; es entstehen also aus einer einkernigen Zelle zwei einkernige und erbgleiche, aber u.U. ungleich große Tochterzellen.

Der Ablauf der Mitose wurde lange Zeit in Pro-, Meta-, Ana- und Telophase gegliedert (Abb. 5-10). Heute wird die Metaphase noch in Prometaphase und eigentliche Metaphase unterteilt.

5.2.1 Ablauf der Mitose

In der **Prophase** kondensiert das Chromatin zu distinkten Chromosomen. Diese erweisen sich als längsgespalten, jedes Chromosom besteht aus zwei identischen **Chromatiden**. Darin manifestiert sich die in der S-Phase der vorangegangenen Interphase (s. 22.2) erfolgte Verdoppelung des genetischen Materials. Die Chromatiden jedes Chromosoms umwinden sich gegenseitig. Bis zu ihrer Trennung am Ende der Metaphase wird diese Umwindung durch Drehbewegungen der Chromosomenarme aufgehoben. Durch die Verdichtung des Chromatins, die sich bis in die späte

Metaphase hinein fortsetzt, entstehen kompakte Einheiten, die ohne Bruchgefahr in der Zelle verschoben werden können. Die Transkription kommt dabei zum Erliegen. Die Verdichtung des Chromatins folgt einem konstanten Modus, da alle Chromosomen eines Satzes letztlich gleich dick sind; ihre Länge ist dagegen variabel und dem DNA-Gehalt proportional.

Im Cytoplasma beginnt sich unmittelbar außerhalb der Kernhülle der **Spindelapparat** zu formieren. Sind **Centriolen** vorhanden, wandert je ein Centriolenpaar zu einem künftigen Spindelpol und bildet dort einen Aster aus radial orientierten Mikrotubuli (Amphiastral-Spindel, s. 4.5.2). Fehlen Centriolen – wie z.B. bei den Samenpflanzen –, bildet sich rings um den Kern eine hyaline doppelbrechende Zone mit Verdikkung an den künftigen Polregionen aus (Polkappe). Aster entstehen nicht (Anastral-Spindel). Die Prophase dauert relativ lang; sie wird durch den Zusammenbruch der Kernhülle abrupt beendet. Die Perinuclearzisterne fragmentiert innerhalb weniger Sekunden, die entstehenden Zisternenfragmente und Vesikel werden in die Polregionen verschoben. Karyo- und Cytoplasma mischen sich partiell, doch bleibt der Bereich des Spindelapparats frei von größeren Organellen. Der Spindelapparat wird durch die Ausbildung von Mikrotubuli zwischen Polregion und den Spindelansatzstellen der Chromosomen, den Kinetochoren (Abb. 5-11), vervollständigt. Als MTOCs (microtubule organization centers, s. 4.5.2) fungieren dabei ausschließlich die Polregionen.

In der **Prometaphase** erfolgt eine Umordnung der Chromosomen (**Metakinese**). In komplizierten unregelmäßigen Bewegungen werden die Kinetochoren mit den Centromeren (s. 5.4.1), denen sie anliegen, an den Spindeläquator verlagert. Die Chromosomenarme hängen aus der Äquatorebene polwärts heraus.

Der Prometaphase folgt als bewegungsarmes Stadium die eigentliche **Metaphase**. In diesem Stadium geschieht die definitive Einpassung der Chromosomen in den jetzt voll ausgebildeten Spindelapparat. Das Chromatin erreicht jetzt den höchsten Kondensierungsgrad. Daher kann der Chromosomenbestand in diesem Stadium am besten untersucht werden (Karyotypisierung, s. 5.4.1). In dieser Phase ist die Mitose durch Spindelgifte wie Colchicin arretierbar. In der Metaphase wird auch die endgültige Teilung der Chromosomen in die beiden Chromatiden vorbereitet. Diese Teilung, bei der sich die beiden Chromatiden eines Chromosoms verselbständigen und voneinander lösen, erfolgt synchron bei allen Chromosomen und markiert den Beginn der

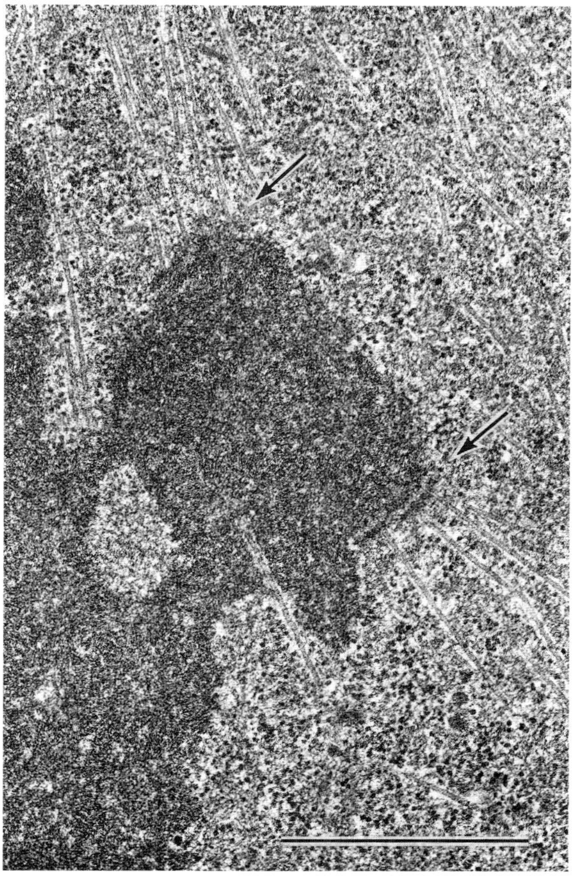

Abb. 5-11: Kinetochoren eines Metaphasechromosoms in einer PtK1-Zelle (vom Rattenkänguruh). An der Oberfläche des dichten Chromatins sind dreischichtige Strukturen erkennbar (Pfeile), an deren äußerer Lage Mikrotubuli ansetzen. (EM-Aufnahme: U. P. Roos)

Anaphase. An den Kinetochor-Mikrotubuli der Spindel wandern die Kinetochoren der beiden Chromatiden jeweils zu den entgegengesetzten Polen (**Anaphase A**). Die Chromatidenarme werden passiv mitgeschleppt. Zugleich streckt sich die Spindel, so daß die Pole weiter auseinanderrücken (**Anaphase B**). Die Anaphase ist der kürzeste Mitoseabschnitt. Sobald die Tochterchromosomen-Sätze maximal voneinander entfernt sind, beginnt der Abbau der Teilungsspindel. (Zu den molekularen Ereignissen der Chromosomenbewegungen s. 4.5.2).

Damit ist das Ende der Anaphase und der Beginn der **Telophase** erreicht, die weitgehend einer Umkehrung der Prophase entspricht. Die Chromosomen beginnen sich aufzulockern. Um die beiden Chromosomensätze bilden sich neue Kernhüllen durch Fusion von Vesikeln und Zisternenresten der ursprünglichen Kernhülle. Fragmentierung bzw. Neubildung der Kernhülle sind offenbar mit dem Kondensationsgrad des Chromatins korreliert. Während in den Tochterkernen bereits wieder Nucleolen auftreten, wird am Spindeläquator die Zellteilung eingeleitet. Schließlich sind durch Mitose und Zellteilung zwei neue Zellen entstanden, die sich in der G_1-Phase (s. 20.2) des Zellzyklus befinden.

5.3 Meiose

5.3.1 Sexualität

Sexualität ist an die zellulären Vorgänge der Gametenverschmelzung (**Syngamie**) und der Meiose gebunden. Durch sie wird eine Fortpflanzungsgemeinschaft mit einem evolutiv veränderbaren Gen-Pool realisiert. Mit der Syngamie werden zufallsgemäß zwei ähnliche, aber nicht iden-

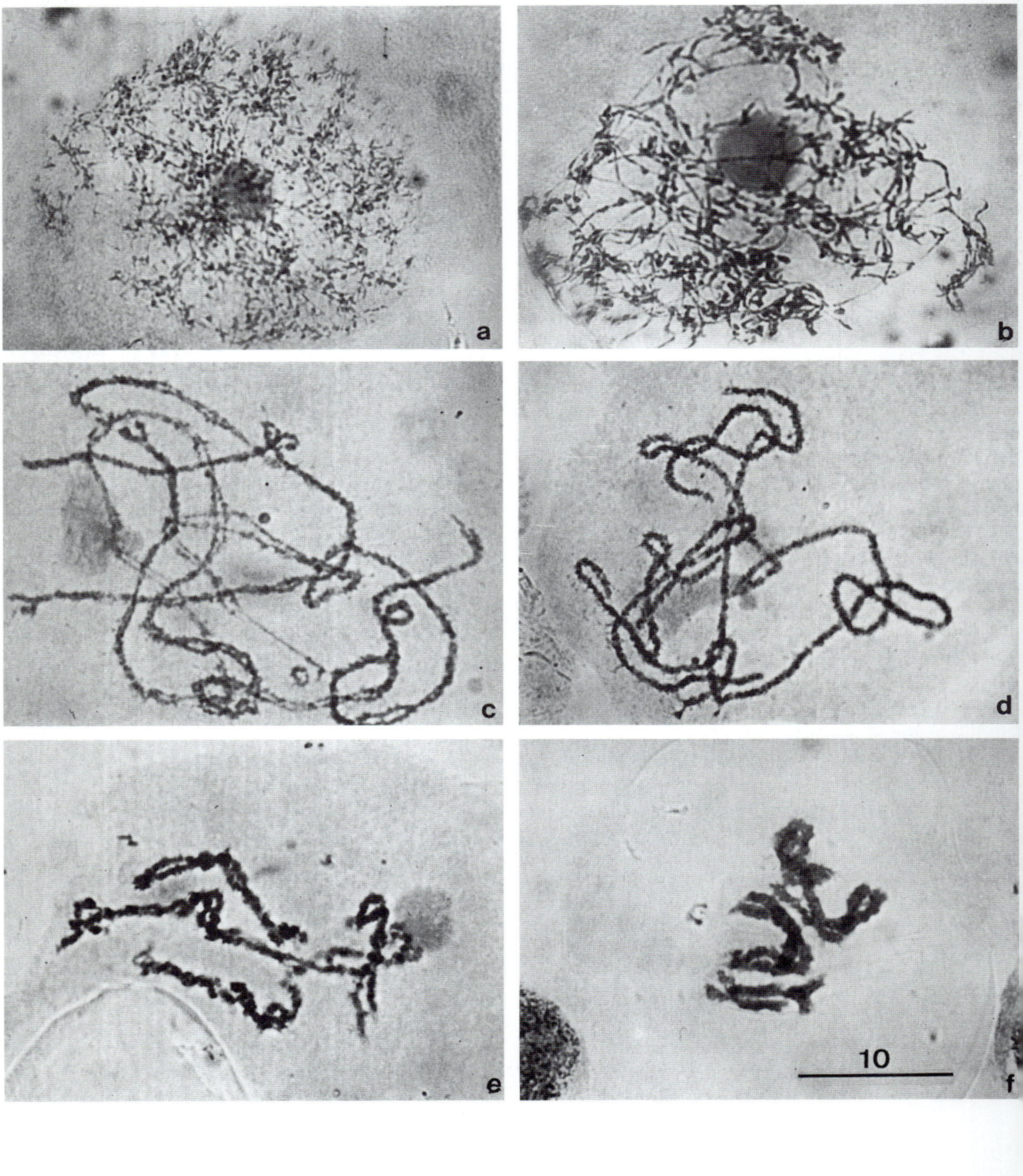

tische Chromosomen- und Allelensätze miteinander vereinigt. Durch die meiotische Kernteilung entstehen aus diploiden Zygoten oder ihren mitotischen Abkömmlingen wieder haploide Zellen (**Reduktionsteilung**). Während bei Mitosen durch vielfältige Mechanismen die Erbgleichheit der Tochterzellen und aller weiteren Abkömmlinge sichergestellt ist, ist umgekehrt bei der Meiose für möglichst weitgehende Durchmischung (Rekombination) des Erbgutes gesorgt. Sie findet auf zwei Ebenen statt, inter- und intrachromosomal. Durch die Homologenpaarung in der Prophase I und die Einordnung der Bivalente in die Spindel zur Metaphase I ist zwar in der ersten meiotischen Teilung (Meiose I) eine 1:1-Verteilung sichergestellt, doch nur in quantitativer Hinsicht. Denn bei den meisten Arten werden väterliche und mütterliche Chromosomen zufallsmäßig auf die beiden Meiocyten I verteilt. Allein dadurch würde beispielsweise beim Menschen nur etwa jeder zehnmillionste Gamet ausschließlich väterliche oder mütterliche Chromosomen erhalten. Tatsächlich ist diese Zahl aber wegen der intrachromosomalen Rekombination in der meiotischen Prophase noch weiter vermindert und geht praktisch gegen Null. Diese zweite Art der Rekombination kann als ein enzymatisch induzierter, reziproker Stückaustausch zwischen Nichtschwester-Chromatiden homologer Chromosomen definiert werden. (Für die zugrundeliegenden Mechanismen s. 5.5.3).

Meiose I und Meiose II sind erbungleiche Teilungen (Meiose II als Folge intrachromosomaler Rekombination in Meiose I; „Postreduktion"). Interchromosomale Rekombination ist letztlich die cytogenetische Grundlage für das Mendelsche Spaltungsgesetz, die intrachromosomale für die Mendelsche Unabhängigkeitsregel.

Sexuelle Fortpflanzung ist mit Nachteilen verbunden (z.B. Beschränkung der Ei- und Keimbildung auf ein Geschlecht; Unmöglichkeit, günstige Gen-Kombinationen zu fixieren). Daß sie trotzdem bei Eukaryoten dominiert, deutet auf ihre überragende biologische Bedeutung. Mit Hilfe von Syngamie und Meiose ist es grundsätzlich möglich, eine Häufung nachteiliger Allele (Detrimentalfaktoren) zu vermeiden, die sonst durch die nach und nach in jedem Klon auftretenden, überwiegend negativen Mutationen unausweichlich wäre. Bei sexueller Fortpflanzung treten durch Rekombination neben Zygoten mit mehr Detrimentalfaktoren auch solche mit weniger auf. Die biologische Bedeutung von Syngamie und Meiose liegt in der Ermöglichung von Rekombination. Das wird unterstri-

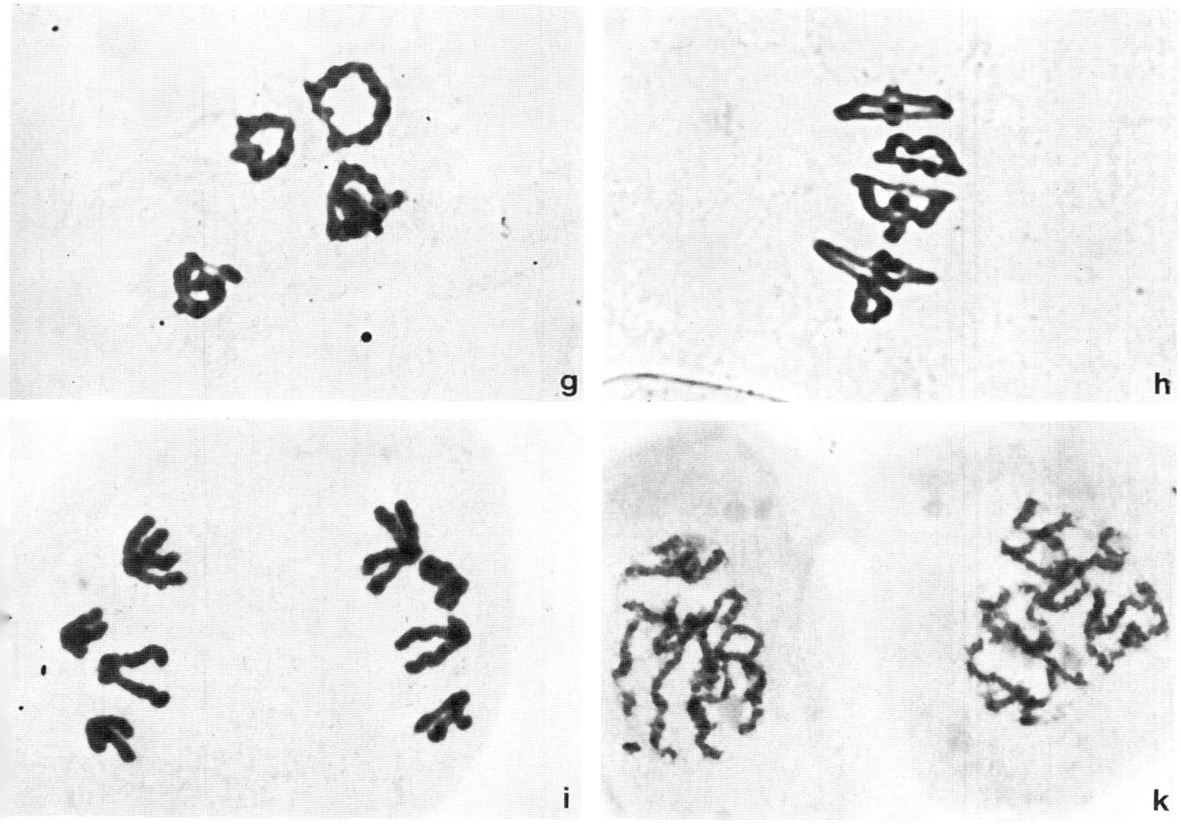

Abb. 5-12: Meiose. Pollenentwicklung bei *Bellevalia romana* (Liliacee). (**a**) Leptotän. (**b**) Zygotän. (**c**, **d**) Pachytän. (**e**, **f**) Diplotän. (**g**) Diakinese. (**h**) Metaphase I. (**i**) Späte Anaphase. (**k**) Telophase I. (LM-Aufnahme: F. Oehlkers; mit Genehmigung des Springer Verlags, Berlin)

chen durch die Existenz von Haplonten, d.h. Organismen, bei denen sich der Zygotenkern meiotisch teilt, also im Entwicklungszyklus eine Diplophase fehlt. Es ist zu beachten, daß für die bloße Reduktion der diploiden Chromosomenzahl auf die haploide (2n → 1n) ein einziger Teilungsschritt genügt: Die Meiocyten I sind bereits haploid. [Hier ist auf exakte Definition zu achten: Die Chromosomen der Meiocyten I sind zwar schon dupliziert, hängen jedoch noch an den Centromeren zusammen. Die spätere Teilung der Meiocyten I ähnelt in der Tat einer haploiden Mitose (s. unten).] Meiose besteht aber ausnahmslos aus zwei aufeinanderfolgenden Teilungen, aus einer diploiden Mutterzelle entstehen vier haploide Gonenzellen. Das ist verständlich, wenn der Hauptzweck der Meiose in der Rekombination liegt. Durch homologe Rekombination sind von vielen Erbfaktoren in den Chromosomen der Meiocyten I noch väterliche und mütterliche Allele nebeneinander vorhanden, bezüglich dieser Gene hat sich in qualitativer Hinsicht die Situation gegenüber der diploiden Mutterzelle nicht verändert. Ohne Meiose II bliebe die intrachromosomale Rekombination genetisch unwirksam.

5.3.2 Ablauf der Meiose

Schon vor Beginn der Meiose ist der Zellzyklus charakteristisch verändert. Die prämeiotische Replikationsphase ist stark verlängert, sie dauert beispielsweise bei Blütenpflanzen etwa zehn Tage und ist damit über 50mal länger als die prämitotische. Dabei ist die Replikationsgeschwindigkeit der DNA unverändert, doch ist die Anzahl aktiver Replicons verringert. Die Replikation ist anfangs nicht vollständig, etwa 3% der Kern-DNA bleibt zunächst unrepliziert, wobei die nichtreplizierten Abschnitte gleichmäßig über die Chromosomen verteilt sind. Die prämeiotische G_2-Phase ist verkürzt oder fehlt. Noch vor Eintritt in die Meiose vergrößert sich der Kern, und die Chromosomenenden heften sich senkrecht an die Kernhülle. Nun setzt eine komplexe **meiotische Prophase** ein, in der die intrachromosomale Rekombination stattfindet. Diese Prophase dauert gewöhnlich viele Stunden bis mehrere Tage, kann sich aber – wie etwa bei der Ontogenese des Menschen – auch über viele Jahre erstrecken (Abb. 5-12). In ihr können nach der Erscheinungsform der Chromosomen innerhalb der geschlossenen Kernhülle verschiedene Stadien unterschieden werden.

Im **Leptotän** werden die Chromosomen als zarte Stränge sichtbar. Diese Stränge – als **Chromonemen** bezeichnet – sind in aperiodischen, aber für jedes Chromosom charakteristischen Abständen zu **Chromomeren** verdichtet. In heterochromatischen Bereichen sind die Chromomeren größer als in euchromatischen.

Im nachfolgenden **Zygotän** kommt es zur Paarung der Homologen (**Synapsis**). Sie beginnt meist an den Chromosomenenden und in heterochromatischen Bereichen. Daß es dabei fast nie zu einem Einklemmen von Chromosomen zwischen Paarungspartnern kommt, weist auf eine hohe funktionale Ordnung im Prophasekern hin. Vermutlich spielt die Anheftung der Telomeren an der Kernhülle dabei eine wichtige Rolle (Abb. 5-13). Bei tierischen Meiocyten sammeln sich die Telomere oft in jener Region der Kernhülle an, an deren Außenseite die Centriolen liegen, was unter der Bezeichnung Bukettstadium bekannt ist.

Da die Chromosomenmuster bei homologen Chromosomen übereinstimmen, haben die entsprechenden Homologenpaare (**Bivalente**) im Lichtmikroskop das Aussehen von Strickleitern. Im Elektronenmikroskop wird zwischen den Paarungspartnern der bandförmige, etwa 10 nm breite **Synaptische Komplex** (Synaptonemaler Komplex, SC; Abb. 5-14) sichtbar. Der SC besteht vor allem aus Proteinen und etwas RNA, nur in den Lateralelementen tritt die DNA auf. Die beiden Schwesterchromatiden eines jeden Chromosoms bilden gemeinsam nur ein laterales Element aus. Dies ist repetitiv aus **Synaptomeren** aufgebaut, etwa 10 nm dicken, besonders dichten Strukturen. Sie erscheinen an den noch ungepaarten Chromosomen bereits im Leptotän.

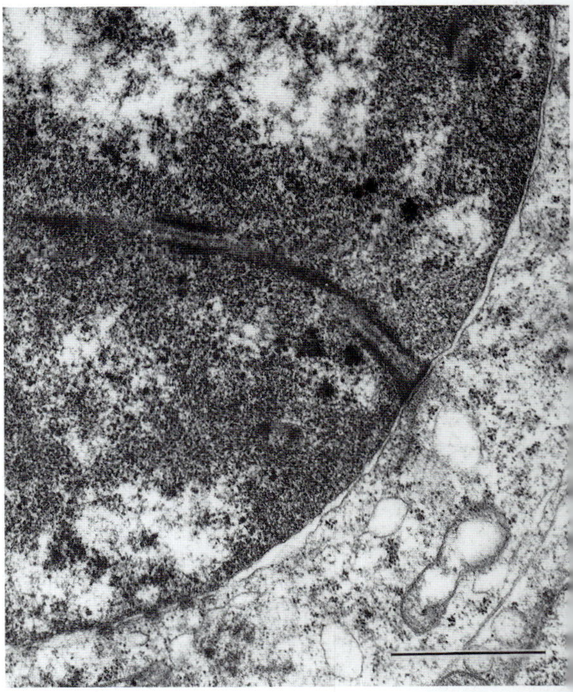

Abb. 5-13: Ausschnitt aus einem Spermatocyten einer Fledermaus. Der Zellkern befindet sich im Zygotän (Meiose I). Ein Chromosomenpaar mit synaptischem Komplex ist an der inneren Membran der Kernhülle festgelegt. (EM-Aufnahmen: S. Collatz und D. Zissler)

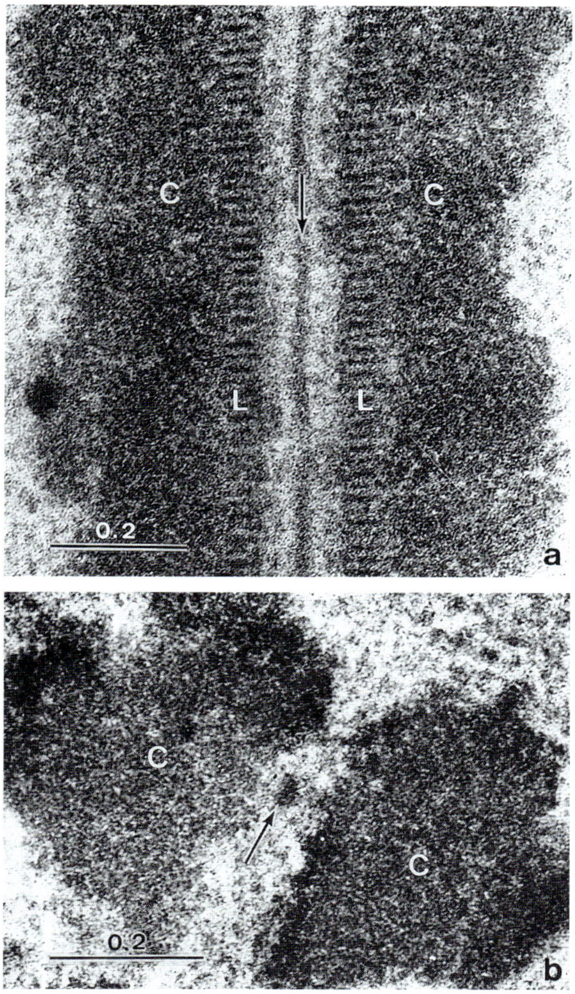

Abb. 5-14: Synaptischer Komplex von *Neotiella* (Ascomycet). (**a**) Längsschnitt. (**b**) Querschnitt. C, Chromosomen; L, Lateralelement; Pfeile, Zentralelement. Zwischen Lateral- und Zentralelementen liegt der weniger dichte Bereich der Transversalelemente. (EM-Aufnahme: D. von Wettstein)

Die molekularen Bauelemente von Zentral- und Transversalelementen sammeln sich dagegen zunächst im Nucleolus und werden von dort in die sich bildenden SC verlagert. Sie besitzen eine starke Tendenz zu geordnetem Selfassembly. Der SC vermittelt nach Art eines Reißverschlusses die Paarung der Homologen und gewährleistet dann für einige Zeit den Zusammenhalt der Homologen im Bivalent. Er ist unausläßliche Voraussetzung für Crossing over und Chiasmabildung. Neuerdings gibt es gute Hinweise darauf, daß der SC auch die Anzahl sowie die Verteilung von reziproken Austauschen zwischen homologen Chromosomen kontrolliert. Während der Formierung des SC wird ein Teil der noch unreplizierten DNA semikonservativ repliziert (Zygotän-DNA). Wird diese verzögerte Replikation durch Inhibitoren verhindert, können keine SCs gebildet werden, und die Meiose bleibt im Zygotän arretiert.

Der Paarungsphase folgt als stabiles Stadium des Gepaartseins das **Pachytän**. Die gepaarten Chromosomen verkürzen sich und werden dikker, ihr Aufbau aus je zwei Chromatiden tritt deutlich hervor (Vierstrangstadium der Bivalente). Das Pachytän ist die Phase des **Crossing over**. Diese Rekombinationsvorgänge manifestieren sich auch durch einen erneuten, letzten Schub von DNA-Synthese, die aber – im Gegensatz zum Zygotän – eine Reparatursynthese ist. Crossing over erfolgt in dichten **Rekombinations-Knötchen**, kugeligen Gebilden mit einem Durchmesser um 100 nm. Sie liegen dem Zentralelement des SC seitlich an. Durch die bisymmetrische Struktur des SC ist zusätzlich sichergestellt, daß Austauschvorgänge nur zwischen Nichtschwester-Chromatiden stattfinden können und daß sich jeweils nur eine der beiden Schwesterchromatiden eines Chromosoms daran beteiligt.

Dem Pachytän folgt das **Diplotän**. Die Homologen weichen auseinander, die SC lösen sich auf. Die Bivalente werden nur noch an **Chiasmen** (Überkreuzungsstellen) zusammengehalten, die durch Rekombinationsvorgänge hervorgerufen wurden. Die Chiasmen sind auch lichtmikroskopisch sichtbar. Sie werden durch die Abstoßung der Homologen bis an die Chromosomenenden verschoben, es erscheinen ringförmige Bivalente. Im Laufe des Diplotäns verkürzen sich die Chromosomen und werden dadurch immer kompakter. Doch gibt es – besonders in der Oogenese von Tieren – auch den umgekehrten Vorgang durch eingeschobene Phasen massiver Transkription, markiert durch Auflockerung der Chromosomenstruktur (**Strepsitän**) (Abb. 5-12). Eine extreme Form der Auflockerung stellen die **Lampenbürstenchromosomen** dar, die z.B. in Oocyten von Amphibien regelmäßig auftreten und über Monate erhalten bleiben (s. 13.5). In solchen Phasen massiver Transkription und Proteinbiosynthese werden Vorräte für die spätere Keimesentwicklung angehäuft. Eizellen sind deshalb oft außergewöhnlich groß (z.B. haben beim Menschen die Eizellen ein fast 70 000mal größeres Volumen als die Spermien). Der Zellkern macht das Wachstum der Oocyten mit. Er wurde schon 1825 von I. E. Purkinje – zwei Jahre bevor K. E. v. Baer das Säuger-Ei entdeckte – als „Keimbläschen“ beschrieben.

Auch Ruhephasen können im Diplotän eingeschaltet sein. In der Ontogenese des Menschen wird die Meiose auf dieser Stufe angehalten und unter Chromosomenauflockerung auf viele Jahre sistiert. Dieses Ruhestadium, das etwa von der Geburt eines Mädchens bis zur Induktion der Follikelreifung im Ovar andauert, wird als **Dictyotän** bezeichnet. Das Oocytenwachstum erfolgt in diesem Fall erst später.

In der Schlußphase des Diplotäns sind die Chromosomen aber in jedem Fall sehr verkürzt und kompakt, und diese Kondensation setzt sich in der Endphase der meiotischen Prophase, der **Diakinese**, noch fort. Der in der mitotischen Metaphase erreichte Kondensationsgrad wird dabei überschritten. Die Bivalente sind im stark vergrößerten Kernraum locker verteilt, die durch Chiasmenbildung ausgelösten Rotationsbewegungen kommen zum Stillstand. Jetzt löst sich die Kernhülle auf, die Bivalente werden in der **Metaphase I** durch den vorgebildeten Spindelapparat in der Äquatorialebene angeordnet. Dabei bleiben die beiden Centromeren eines jeden Bivalents ungeteilt, aber die Centromeren orientieren sich zu verschiedenen Spindelpolen hin.

In der **Anaphase I** werden die Chiasmen endgültig aufgelöst. Entscheidend ist, daß hier nicht Chromatiden, sondern Chromosomen auseinandergezogen werden. Das gilt auch für X- und Y-Chromosomen. Die beiden Geschlechtschromosomen besitzen jeweils eine sog. pseudoautosomale Region; die Regionen sind homolog und in ihrem Bereich findet eine Paarung statt. Vermutlich ging die phylogenetische Entwicklung der Geschlechtschromosomen von homologen Autosomen aus, die sich so weit auseinanderdividierten, daß ein Crossing over zwischen ihnen in weiten Bereichen unmöglich wurde.

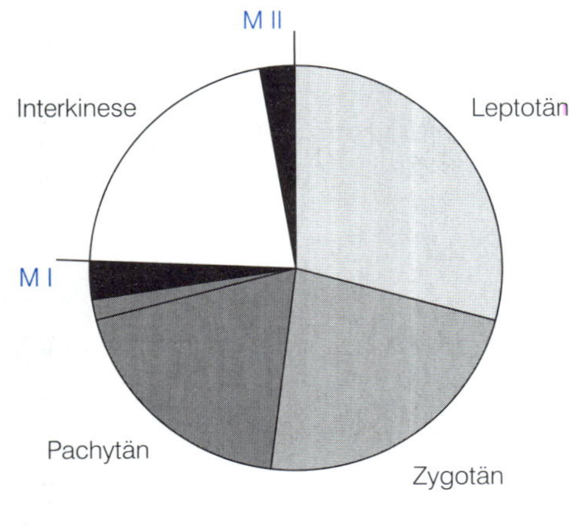

Abb. 5-15: Relative Dauer der verschiedenen Meiose-Stadien. MI, Meiose I; MII, Meiose II.

Tab. 5-1: Dauer von meiotischen Teilungen.

Art	Meiose (in Tagen)
Weizen, Pollenentwicklung	1
Roggen, Pollenentwicklung	> 2
Weiße Lilie, Pollenentwicklung	7–14
Tradescantia paludosa, Pollenentwicklung	5
Locusta migratoria, Spermiogenese	6–7
Kaninchen, Oogenese	15
Mensch, Spermiogenese	40–60
Mensch, Oogenese	4700–18 500

Aneuploidie (die Chromosomenzahl entspricht keinem ganzzahligen Vielfachen der haploiden Chromosomenzahl n) ist eine häufige Folge von Meiosestörungen, bei denen sich einzelne gepaarte Chromosomen nicht trennen. Dies führt zu hyper- bzw. hypoploiden Meiocyten I und ist Ursache genetischer Defekte beim Menschen (z.B. bei der Trisomie 21, dem Down-Syndrom, das mit einer Häufigkeit von $4 \cdot 10^{-4}$ auftritt).

Mit der **Telophase I** ist die erste meiotische Teilung abgeschlossen. Vor Beginn der **Meiose II** wird oft eine **Interkinese** eingeschoben, die sich von der mitotischen Interphase durch das Fehlen einer Replikationsphase unterscheidet. Die Meiose II ähnelt einer haploiden Mitose. Wesentlicher Unterschied ist jedoch, daß z.T. nichtidentische Chromatiden voneinander getrennt werden. Das Endergebnis einer kompletten Meiose sind vier haploide, genetisch nicht identische Zellen (Gonen). Aus ihnen können sich direkt oder indirekt Gameten entwickeln.

Wegen ihrer Komplexität dauert eine Meiose wesentlich länger als eine Mitose. Der größte Zeitabschnitt entfällt dabei auf die meiotische Prophase, die eigentlichen Kernteilungen treten zeitlich ganz zurück (Abb. 5-15; Tab. 5-1).

5.4 Chromosomen

5.4.1 Chromosomen und Karyotyp

Die systematische Stellung eines Organismus kann in vielen Fällen nach seinen äußeren Eigenschaften (Phänen) beurteilt werden. Die biologische Identität beruht allerdings auf der Summe der Gene (Genotyp) bzw. der Expression der in den Genen hinterlegten Information. Heutzutage kann diese Information entschlüsselt werden, und im Moment werden vollständige Genome verschiedenster Organismen sequenziert (s. 1.3). Bereits vor der Standardisierung molekularbiologischer Techniken konnten wesent-

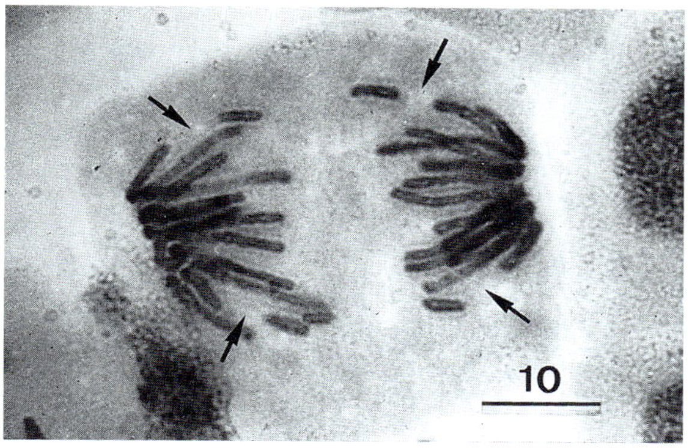

Abb. 5-16: SAT-Chromosomen der Bohne. Carmin-Färbung in Quetschpräparat. Nucleolus-Organisator-Regionen sind mit Pfeilen gekennzeichnet. (LM-Aufnahme: H. Falk)

liche Einblicke durch die lichtmikroskopische Charakterisierung von Chromosomensätzen in Form von **Karyotypisierung** (s. unten) gewonnen werden. Solche cytogenetischen Untersuchungen sind z.B. in der Humangenetik von großem Interesse, da zahlreiche erbliche Anomalien oder Defekte auf Chromosomenniveau identifiziert werden können.

Die Chromosomen des Eucyten sind morphologisch während der mittleren Phase von Mitose und Meiose am besten definiert. Aussagen über

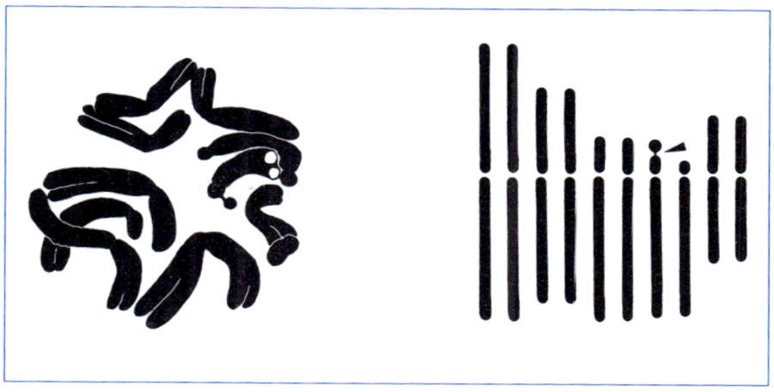

Abb. 5-17: Karyotyp und Idiogramm der Einbeere (*Paris quadrifolia*). Erste haploide Mitose im Pollenkorn; n = 10; Pfeil, Nucleolus-Organisator. (Nach L. Geitler)

deren Größe und Gestalt beziehen sich meist auf mitotische Metaphasechromosomen. Jedes Chromosom wird durch das **Centromer** (= primäre Einschnürung) in zwei Arme gegliedert; der kürzere wird mit dem Buchstaben p, der längere mit q bezeichnet. Chromosomen werden im Lichtmikroskop nach ihrer Größe und der Lage des Centromers unterschieden. Man bezeichnet Chromosomen als **metazentrisch**, wenn das Centromer annähernd in der Mitte liegt, im Gegensatz zu **akrozentrischen Chromosomen**, bei denen kurze und lange Arme in Bezug auf die Lage des Centromers unterschieden werden. Befindet sich die Centromerregion im Bereich der Chro-

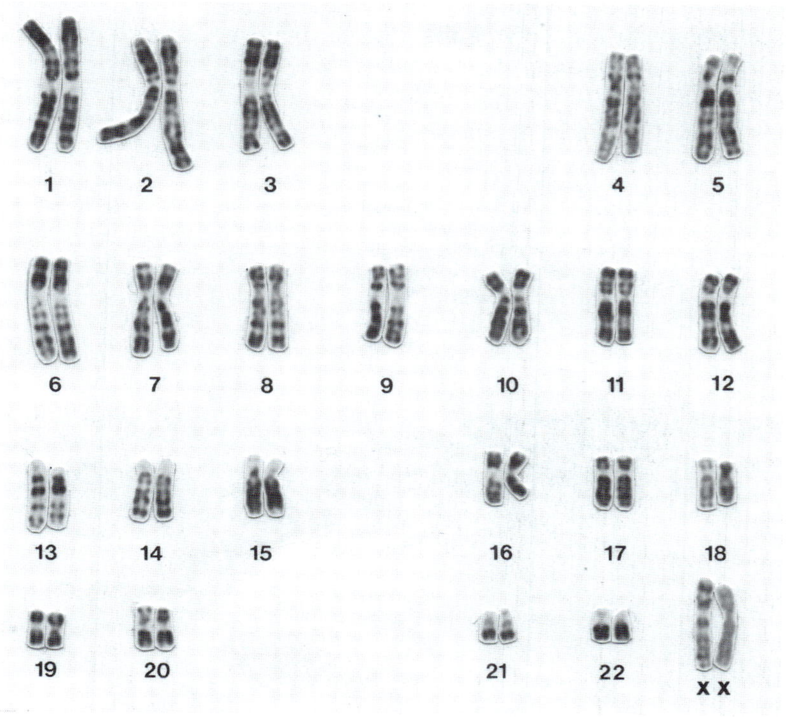

Abb. 5-18: Karyotyp einer Frau nach RBG-Bänderung. Metaphasechromosomen aus einem T-Lymphocyten des peripheren Bluts nach Stimulation zur Zellteilung. Die Chromosomen sind in der Metaphase arretiert und nach Größe und Lage des Centromers in sieben morphologische Gruppen eingeteilt. Alle Chromosomen lassen sich nach RBG-Bänderung eindeutig identifizieren. (Aufnahme: W. Schempp)

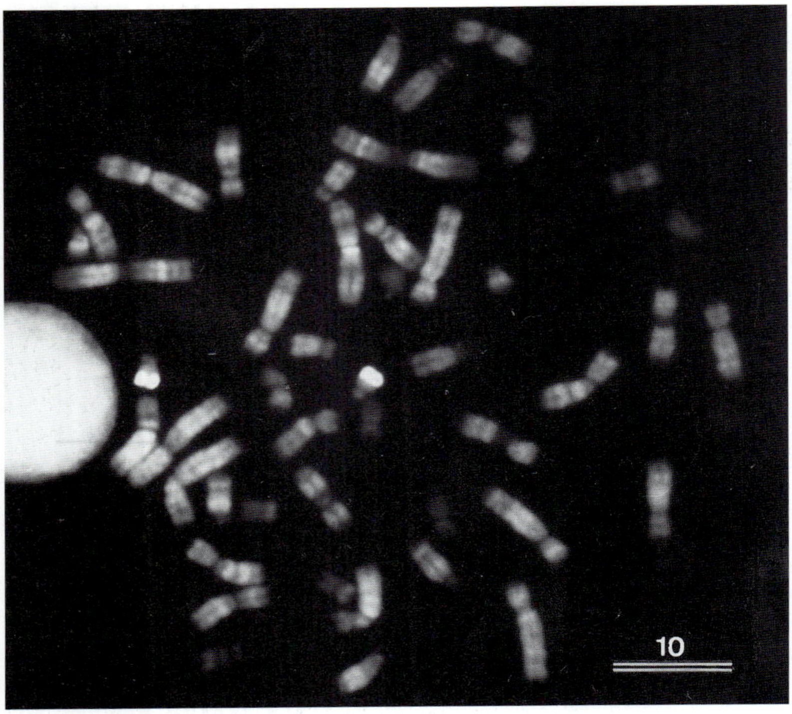

Abb. 5-19: Dargestellt ist der Karyotyp eines Menschen mit gonosomaler Aberration (XYY) nach Q-Bänderung. Die langen Arme der beiden Y-Chromosomen fluoreszieren besonders hell. (Fluoreszenz-Aufnahme: W. Schempp)

mosomenenden, den **Telomeren**, so spricht man von **telozentrischen Chromosomen**. Der Centromer-Index gibt das Verhältnis der Länge des kurzen Arms zur Gesamtlänge wieder. Manche Chromosomen besitzen zusätzlich zur primären Einschnürung eine sekundäre. Sie wird als SAT-Strecke oder – nach ihrer Funktion – als **Nucleolus-Organisator-Region** (NOR, Abb. 5-16) bezeichnet.

SAT bedeutet „sine acido thymonucleinico", ohne DNA. Diese Aussage, in den 30er Jahren aufgrund des negativen Ausfalls der Feulgen-Reaktion in diesem Bereich gemacht, ist nicht zutreffend. Da jedoch der jenseits der sekundären Einschnürung liegende (vom Centromer gesehen distale) und oft heterochromatische Chromosomenabschnitt als **Satellit** bezeichnet wird, kann die Abkürzung mit veränderter Bedeutung beibehalten werden.

Die schematische Darstellung des Karyotyps unter Berücksichtigung dieser „klassischen" Kriterien ist das Idiogramm (Abb. 5-17).

Besonders eingehend untersucht ist der **Chromosomensatz des Menschen** (Abb. 5-18 und 5-19). Er umfaßt diploid 44 Autosomen und zwei Geschlechtschromosomen (Gonosomen, Heterosomen), bei weiblichen Personen zwei X-Chromosomen, bei männlichen ein X- und ein Y-Chromosom. Der haploide Satz (Chromosomenzahl n = 23) enthält fünf SAT-Chromosomen, die alle akrozentrisch sind. Das Y-Chromosom ist das einzige akrozentrische Chromosom, das nicht zugleich ein Satellitenchromosom ist. Die Chromosomen des Menschen sind allein nach klassischen Kriterien nicht unterscheidbar. Eine

Tab. 5-2: Bänderungstechniken für Metaphasechromosomen.

Bezeichnung	Verfahren	Bemerkungen
G-Bänderung	Giemsa-Färbung nach kurzer Trypsinierung o. ä.	Für spätreplizierende Bereiche, heterochromatische Abschnitte.
Q-Bänderung	Fluorochromierung mit interkalierenden Acridinen wie Quinacrin	Wie G-Bänderung, ältestes Verfahren (T. Casperson, 1969).
C-Bänderung	Giemsa-Färbung nach Denaturierung in situ durch Alkali und begrenzter Renaturierung	Für hochrepetitive Sequenzen wie konstitutives Heterochromatin sowie spät replizierende.
R-Bänderung	Fluorochromierung mit Acridinorange	Für frühreplizierende euchromatische Abschnitte (R von reverse).
RBG-Bänderung	Einbau von Bromdesoxy-Uridin in replizierende DNA und Färbung mit Giemsa	Für frühreplizierende Bereiche (dunkel) und spätreplizierende (hell).

detailliertere Differenzierung ist nur mittels **Bänderungstechniken** möglich (Tab. 5-2). Die hier sichtbar gemachten Bandenmuster individueller Chromosomen machen eine sichere Unterscheidung aller Chromosomen möglich, auch größere Chromosomenmutationen wie Deletion, Inversion und Duplikation sind identifizierbar (s. z.B. 21.2.3).

Karyotypisierung und Untersuchung einzelner Chromosomen geschehen auf der Stufe der Metaphase. Da die Dauer der Metaphase nur ca. 1% des Zellzyklus ausmacht, werden teilungsaktive Zellpopulationen durch Spindelgifte (Colchicin, Colcemid) in der Metaphase arretiert. Um Überlagerungen von Zellen zu vermeiden, werden bevorzugt Zellkulturen oder Ausstrich- bzw. Quetschpräparate untersucht. Wenn möglich, werden die Zellen zusätzlich zum Platzen gebracht und die Metaphasechromosomen dadurch in der Objektträgerebene gespreitet. Kontrast wird durch Giemsa-Färbung oder Bänderungstechniken (Tab. 5-2) erzielt. Für Karyotypisierungen beim Menschen werden T-Lymphocyten des peripheren Blutes entnommen, mit Phytohämagglutinin, einem Lektin der Bohne, zur Teilung angeregt und nach Kultivierung in der Metaphase arretiert. Pränatale Diagnostik (15.–17. Schwangerschaftswoche) wird an fötalen Zellen des Fruchtwassers nach Amniocentese in ähnlicher Weise durchgeführt. Eine noch frühere Diagnostik ist durch Chorion-Biopsie in der 9.–11. Schwangerschaftswoche möglich; dabei werden Zellen vom Trophoblasten entnommen, der sich zur Plazenta entwickelt und neben mütterlichen auch gut unterscheidbare fötale Zellen enthält.

Die moderne Karyotypisierung wird auch zur Rekonstruktion von Evolutionsprozessen herangezogen. Mit den Bänderungstechniken können durch den Vergleich von Chromosomen verschiedener Taxa Aussagen über die Chromosomenevolution gemacht werden. Besonders beeindruckend sind hierbei Ergebnisse zur Abspaltung der Hominiden von den übrigen Primaten. Bänderungstechniken zeigen, daß z.B. 18 der 23 Chromosomen von Gorilla, Schimpanse und Mensch nur schwer unterscheidbar sind und daß Chromosom 2 des Menschen (n = 23) im Vergleich zu Pongiden (mit n = 24) aus der Fusion zweier Chromosomen entstanden ist.

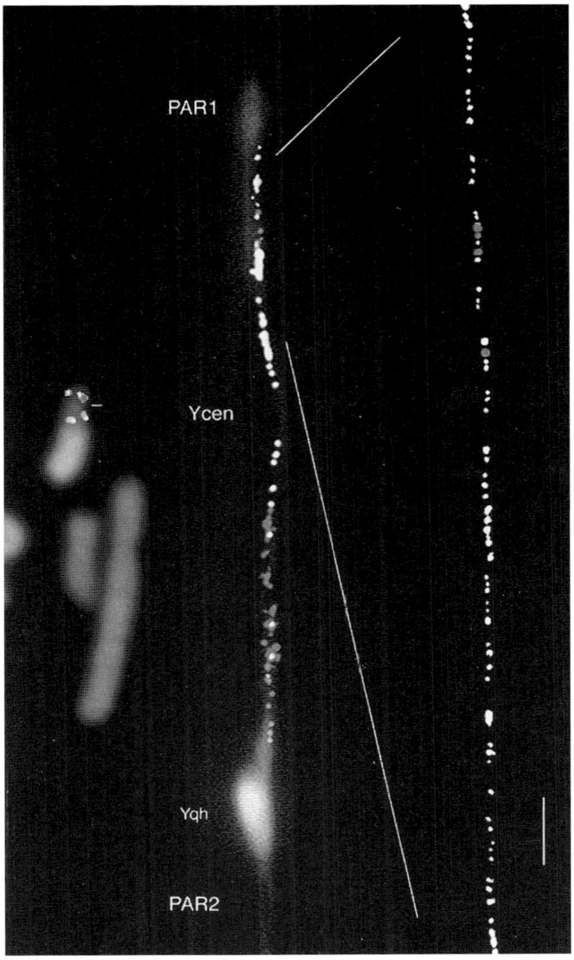

Abb. 5-20: Hochauflösende Fluoreszenz-in-situ-Hybridisierung (FISH) am Y-Chromosom des Menschen. **Links**: Y-Chromosom als Ausschnitt aus einer Prometaphaseplatte. Lokalisierung zweier Gen-Sonden für Y-spezifische Gen-Familien (weiße und graue Signalpunkte) auf dem kurzen und langen Arm des Y-Chromosoms. Der weiße Strich entspricht der Lage des Centromers. **Mitte**: Y-Chromosom als sehr frühes Prophasechromosom. Lokalisierung der Y-spezifischen Gen-Sonden entlang des Euchromatins vom kurzen und langen Arm. PAR, pseudoautosomale Region; Ycen, Y-Centromer; Yqh, Heterochromatin im langen Arm. **Rechts**: Ausschnitt einer hochaufgelösten Signalstruktur der Y-spezifischen Gen-Sonden nach FISH auf dem Y-Chromosom in Interphase (G_1/S-Phase). Senkrechter Balken: 5 µm. (Aufnahmen: W. Schempp)

Beim Menschen ist das **Y-Chromosom** verantwortlich für die männliche Geschlechtsbestimmung (Abb. 5-20), Individuen ohne Y-Chromosom sind weiblich. Das Chromosom ist 50-60 Mbp groß und besteht knapp zur Hälfte aus Heterochromatin, das vor allem distal im langen Arm (Yq) liegt. Die sog. pseudoautosomale Region (PAR) befindet sich distal im kurzen Arm (Yp) und enthält sieben Gene sowie ein Pseudogen. Das X-Chromosom besitzt eine entsprechende Region. Die Regionen paaren bei der Meiose und können auch rekombinieren. Nahe der PAR liegt das ***sry***-Gen (sex determining region Y), ein Gen für ein kleines Protein von 29 kDa mit HMG-Box (s. 5.7.2), das letztlich das männliche Geschlecht bestimmt. [Testis-Determinationsfaktor (TDF) ist ein früherer Begriff.] Es wirkt wahrscheinlich in Verbindung mit dem Gen-Produkt eines verwandten autosomalen Gens *sox9*, die Hierarchie dieser Transkriptionsfaktoren und ihre Ziel-Gene sind jedoch noch unklar. Durch die nahe Lage bedingt kann es bei der Meiose zu einem ungleichen Crossing over zwischen X- und Y-Chromosom kommen, wobei XX-Männer und XY-Frauen entstehen können.

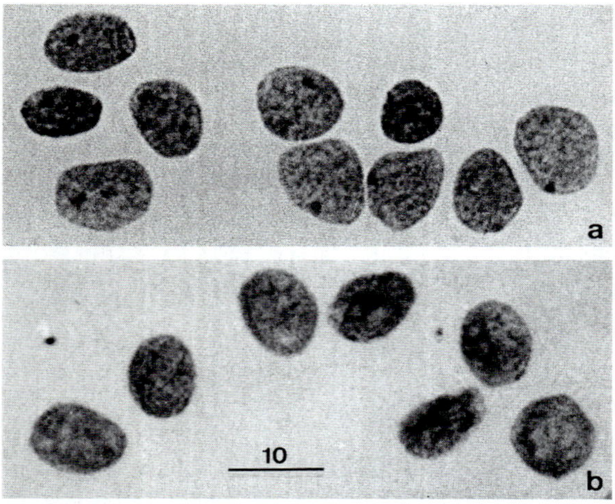

Abb. 5-21: Geschlechtschromatin beim Menschen. (**a**) Heterochromatisiertes zweites X-Chromosom (dunkle Punkte) in Zellkernen der äußeren Haarwurzelscheide einer Frau. (**b**) Bei XY (männliche Person) fehlen Barr-Körper. (Orcein-Färbung und LM-Aufnahme: H. Falk)

Bei den XX-Männern trägt ein X-Chromosom *sry*, bei den XY-Frauen fehlt *sry* dem Y-Chromosom.

5.4.2 Heterochromatin

Heterochromatin war ursprünglich dadurch definiert, daß es, im Gegensatz zum sog. Euchromatin, in der Telophase nicht dekondensiert. Es erwies sich seither als arm an Genen, achiasmatisch in der Meiose und vielfach auch als spätreplizierend in der Interphase. Zu einer operationalen Definition von Heterochromatin kann auch die C-Bänderung herangezogen werden (Tab. 5-2). Üblicherweise werden konstitutives und fakultatives Heterochromatin unterschieden.

Das **konstitutive Heterochromatin** verhält sich in allen Kernen eines Organismus bzw. einer Art heterochromatisch. Es enthält im allg. hochrepetitive Sequenzen. Bei Säugern findet es sich gewöhnlich rund um das Centromer, an den Chromosomenenden und beiderseits der NOR der Satellitenchromosomen. In vielen Interphasekernen liegt Heterochromatin teils unmittelbar an der Kernhülle, teils am Nucleolus. Dagegen wird das **fakultative Heterochromatin** von Chromosomenbereichen oder ganzen Chromosomen gebildet, die unter anderen Umständen wenigstens teilweise euchromatisch sind. Das geläufigste Beispiel ist das Geschlechtschromatin bei Säugern. In Kernen weiblicher Individuen wird eines der beiden X-Chromosomen durch Heterochromatisierung – bis auf wenige Gene (beim Menschen wurden bisher 19 Gene identifiziert, die von beiden X-Chromosomen exprimiert werden) – stillgelegt. Es kann im Interphasekern als sog. Barr-Körper erkannt werden (Abb. 5-21). Die Festlegung, welches der beiden homologen Gonosomen heterochromatisch wird, erfolgt zufallsmäßig auf einer frühen Entwicklungsstufe. Die einmal getroffene Festlegung wird in den Zellklonen während der weiteren Ontogenese beibehalten; die Gewebe weiblicher Individuen stellen somit ein genetisches Mosaik dar.

5.4.3 Endomitose, Polytänie und Riesenchromosomen

Eine auffällige Veränderung des Genoms bestimmter somatischer Zellen kommt durch **Endomitose** zustande. Darunter versteht man DNA-Replikation ohne nachfolgende Mitose. Ein solcher rudimentärer Zellzyklus, der vielfach wiederholt werden kann, führt zu einem polyploiden Kern. Schon nach zehn Zyklen dieser Art ist die Zahl der Chromatiden bzw. Chromosomen mehr als vertausendfacht. Endoploide Kerne sind daher gegenüber diploiden vergrößert und liegen – entsprechend der Kern-Plasma-Relation – stets auch in vergrößerten Zellen. Einen Sonderfall endopolyploider Zellkerne stellen die sog. „Schleifenkerne“ mit **polytänen Riesenchromosomen** dar, wie sie z.B. für Speicheldrüsen von Dipteren charakteristisch sind (Abb. 5-22), aber auch bei der Entwicklung der Makronuclei von Ciliaten beobachtet werden (Abb. 5-23).

Bei den Riesenchromosomen liegen die gestreckten Chromatiden nebeneinander und bilden bis zu 10 μm dicke Chromosomenbündel, die über hundert mal so lang sind wie Metaphase-Chromosomen. Die Paarungstendenz erfaßt auch die Homologen. Es kommt zu „somatischer Paarung“, die Zahl der Riesenchromosomen pro Zellkern entspricht der haploiden Chromosomenzahl n.

Charakteristisch für polytäne Riesenchromosomen ist ihre unperiodische Querbandenstruktur. Die dichtgebündelten Chromatiden bilden – ähnlich den Lepto- und Zygotän-Chromosomen in der meiotischen Teilung – in unregelmäßigen, aber für jeden Chromosomenarm genau festgelegten Abständen Chromomeren aus, wodurch in Riesenchromosomen die auffälligen Querbanden entstehen. Das Querbandenmuster ist ein zwar vergröberter, letztlich aber doch korrekter Ausdruck der linearen Anordnung der Gene. Die Aktivierung von Genen, die bei manchen durch Hormongaben (z.B. Ecdyson) auch künstlich ausgelöst werden kann, äußert sich in lokalen

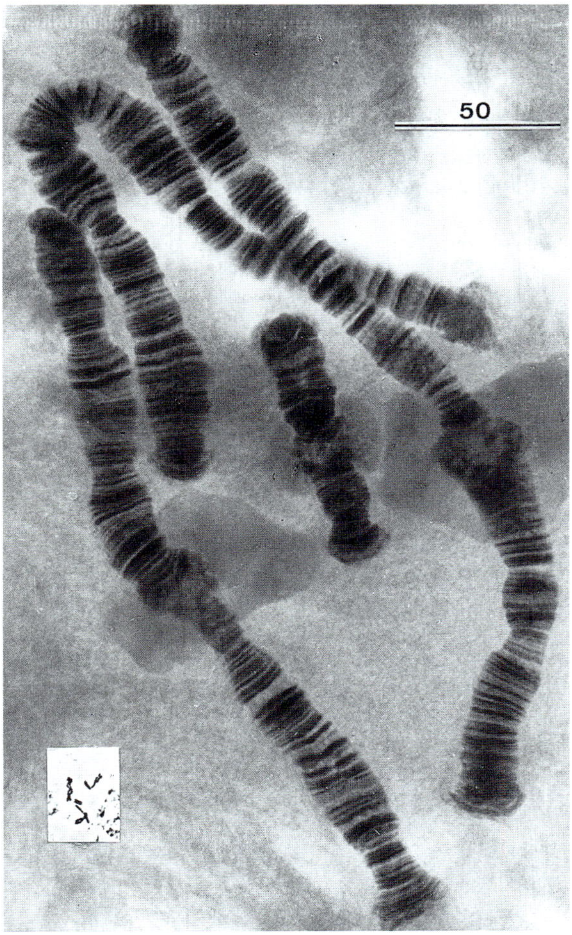

Abb. 5-22: Polytäne Riesenchromosomen in einer Speicheldrüsenzelle einer Mücke (*Chironomus tentans*). Einsatzbild: Metaphase-Chromosom bei gleicher Vergrößerung. (LM-Aufnahme: W. Beermann)

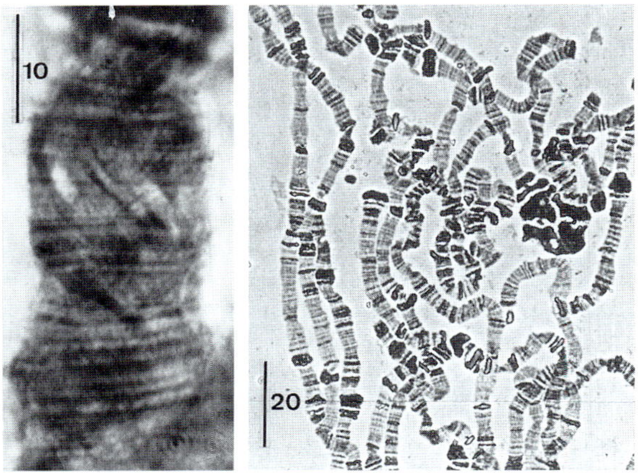

Abb. 5-23: Teil eines Riesenchromsoms aus einem sich entwickelnden Makronucleus des Ciliaten *Stylonychia lemnae*. (LM-Aufnahme: D. Ammermann)

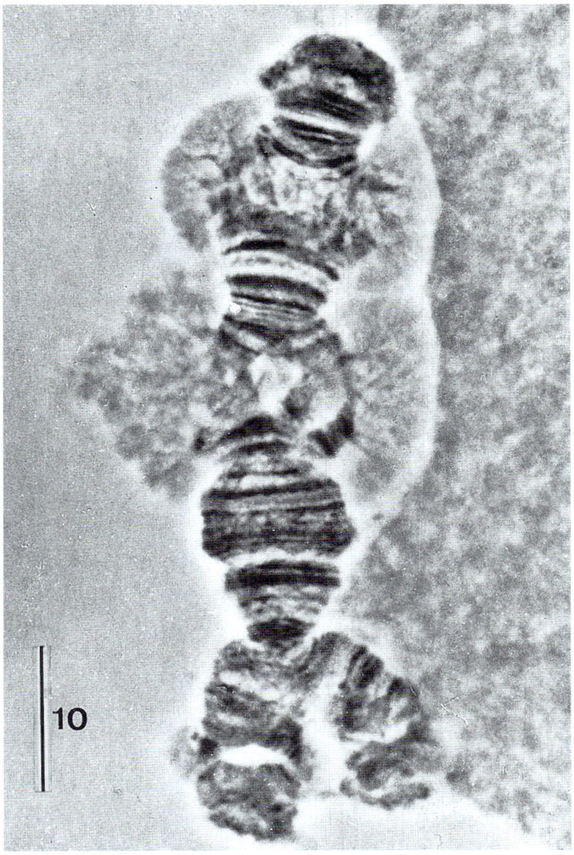

Abb. 5-24: Riesenchromosom der Mücke *Chironomus* mit aufgelockerten transkriptionsaktiven Bereichen (Puffs). (LM-Aufnahme: W. Beermann)

Auflockerungen der Chromosomen, was als **Puff-Bildung** bezeichnet wird (Abb. 5-24). Es läßt sich zeigen, daß Puffs Orte intensiver Transkription sind.

5.5 Chromatin

Als Chromatin wird die Gesamtheit des chromosomalen Materials einer Zelle bezeichnet. Chemisch handelt es sich dabei um eine DNA-Doppelhelix, an die basische und nichtbasische Begleitproteine sowie in kleineren Mengen RNA assoziiert sind. Das Chromatin der Eukaryoten besteht etwa zu 1/3 aus DNA, 1/3 aus Histonen und 1/3 aus anderen Proteinen; hinzu kommen kleinere RNA-Anteile (Tab. 5-3). Die stöchiometrische Komplexbildung von DNA und Histonen (s. unten) kommt darin zum Ausdruck, daß beide

Tab. 5-3: Zusammensetzung von Chromatin (% der Masse).

Objekt	DNA	Protein*	RNA
Erbse, Keimlingsachse	40	H 40, N 11	10
Erbse, Cotyledonen	44	H 34, N 16	6
HeLa, Gewebekulturzelle	36	H 36, N 25	3
Rind, Thymus	40	H 46, N 13	0,3
Ratte, Leber	37	H 37, N 25	1,6
Seeigel, Blastula	39	H 41, N 19	1,5

* H, Histone; N, Nichthistone.

während der S-Phase des Zellzyklus ganz entsprechend synchron verdoppelt werden.

5.5.1 Feinbau von Chromatin und Chromosomen

DNA mit ihren zahlreichen negativen Ladungen ist immer mit basischen Proteinen komplexiert. DNA-Histon-Komplexe sind typisch für das Chromatin von Eucyten. Die zirkuläre DNA in den Nucleoiden der Eubakterien ist ebenfalls mit histonähnlichen Proteinen verbunden. Auch an der DNA in Mitochondrien und Plastiden und an der DNA der Archaea sind solche Proteine zu finden.

Eukaryotisches Chromatin in aufgelockerter Form erscheint im Elektronenmikroskop als perlenkettenartige Struktur (Abb. 5-25). Diese Struktur kann durch Endonucleasen (z.B. *Micrococcus*-Endonuclease) in ihre Repetitionseinheiten zerlegt werden, die man als **Nucleosomen** bezeichnet. Jedes Nucleosom besteht neben einem DNA-Abschnitt von etwa 140 bp aus einem oktameren Histonkomplex, dem je zwei Moleküle der Histone H2A, H2B, H3 und H4 angehören. Im flach-ellipsoiden Histonoktamer (max. Durchmesser 10 nm) liegen H3 und H4 zentral, die etwas größeren H2A und H2B peripher. Jedes Nucleosom ist außen von der 140 bp langen DNA-Doppelhelix 1,75 mal in einer Linksschraube umwunden. Die polyanionische DNA kommt hierbei in Kontakt mit den N-terminalen basischen Bereichen der Histone, die im Nucleosom nach außen gerichtet sind. Ein Nucleosom einschließlich dem mit ihm verbundenen DNA-Anteil wird als **Core-Partikel** bezeichnet. Diese sind untereinander über ca. 60 bp lange DNA-Verbindungsstücke (Linker) miteinander verbunden. Die Partikelmasse eines Nucleosoms beträgt ca. 200 kDa. Ein diploider Zellkern des Menschen enthält ungefähr 30 Millionen Nucleosomen.

Die Fähigkeit zur Ausbildung von Nucleosomen ist grundsätzlich nicht auf eukaryotische DNA beschränkt. Isolierte DNA von Prokaryoten bildet zusammen mit Histonen typische „Perlenketten" aus. Das zeigt, daß die Bindung von DNA an Histonoktamere nicht sequenzspezifisch ist. Allerdings ist die Anordnung von Nucleosomen in vivo nicht statistisch, denn die Lage der Nucleosomen kann die Transkription reprimieren bzw. erst ermöglichen (s. unten). Kritische Regulationsbereiche, die – maskiert durch Nucleosomen – für Regulationsproteine der Transkription unzugänglich sind, können bei der Aktivierung von DNA-Bereichen durch eine Reihe von Hilfsproteinen freigelegt werden, indem die Nucleosomenanordnung verändert wird (s. unten). Man kennt inzwischen eine Reihe von Proteinen, die entweder die Nucleosomenstruktur direkt destabilisieren oder aber Histone modifizieren, was wiederum zur Auflösung von Nucleosomen führt (s. 5.7.2).

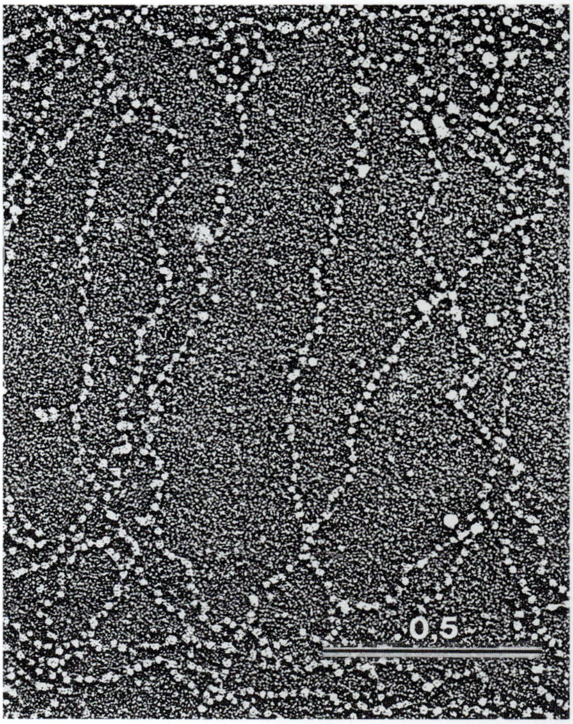

Abb. 5-25: Nucleosomen-Struktur des Chromatins im Zellkern des Malaria-Parasiten *Plasmodium knowlesii* (Schizontenstadium). (EM-Aufnahme: F. Wunderlich, H. Falk)

Die Existenz von Histonen sowie die Anordnung in Nucleosomenstrukturen wurde als Kennzeichen von eukaryotischen Zellen angesehen. Inzwischen konnte allerdings nachgewiesen werden, daß bei den Archaea histonähnliche Proteine vorkommen, die eine Struktur ausbilden, die einem einfachen Nucleosom entspricht. An diese archaebakteriellen Nucleosomen sind jeweils 60 bp der DNA gebunden.

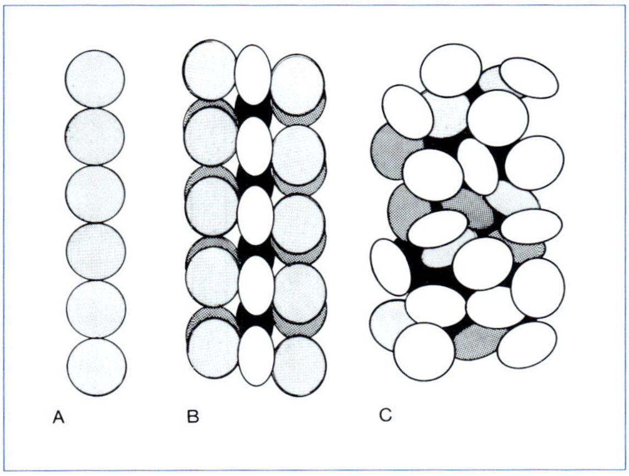

Abb. 5-26: Nucleosomale und supranucleosomale Chromatinstrukturen. (**A**) Nucleofilament. (**B**) Solenoid. (**C**) Nucleomer, supranucleosomales Granulum (s. Abb. 5-27).

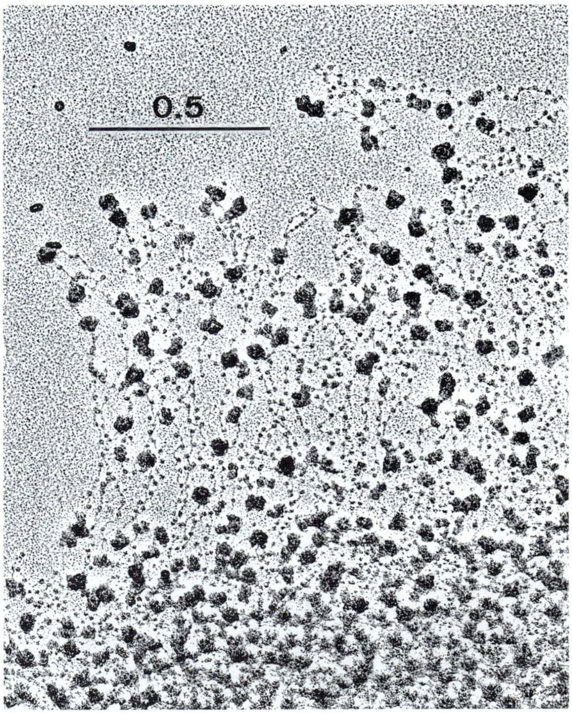

Abb. 5-27: Supranucleosomale Granula in einem Spermienkern eines Seeigels. Die Granula haben einen Durchmesser um 45 nm. (EM-Aufnahme: H. Zentgraf)

Histon H1 ist nicht am Aufbau der Core-Partikel beteiligt, es bewirkt die Ausbildung übergeordneter Chromatinstrukturen. Durch Wechselwirkung von H1-Molekülen mit der Außenseite von Nucleosomen werden die Core-Partikel zu dichteren Strukturen verpackt. Die Analyse dieser Überstrukturen ist schwierig. Je nach experimentellen Bedingungen können 10 nm dicke Filamente, die **Nucleofilamente**, oder ca. 30 nm dicke Fibrillen, die **Chromatinfibrillen**, isoliert werden. Nucleofilamente entsprechen einer dichten Reihe von Nucleosomen. Sie sind in den Chromatinfibrillen entweder in einer regelmäßigen Schraubenstruktur mit sechs Nucleosomen pro Windung (Solenoid-Modell), oder – nach anderer Ansicht – in einem weniger strukturierten supranucleosomalen Granulum (Nucleomer, Superbead) angeordnet (Abb. 5-26 und 5-27). Bei der weiteren Kondensierung des Chromatins ist eine Reihe von **Nicht-Histon-Proteinen** beteiligt. Hierbei spielt das Chromosomenskelett (Scaffold) eine entscheidende Rolle. An diese Skelettstruktur ist die DNA in der Weise gebunden, daß zwischen zwei Verankerungspunkten lange schleifenförmige DNA-Bereiche vorliegen, die nicht an das Chromosomenskelett assoziiert sind.

Im Chromosomenskelett ist Topoisomerase II enthalten. Topoisomerasen katalysieren Veränderungen der DNA-Überstruktur, die einen wichtigen Einfluß auf den Aktivierungszustand von Chromatin hat. Die an das Chromosomenskelett gebundenen DNA-Schleifen sind somit in ihrer Überstruktur und damit Aktivität getrennt regulierbar, obwohl sie in einer linearen DNA-Doppelhelix vorliegen.

In Spermienkernen ist das Chromatin außergewöhnlich dicht gepackt. Hier sind die Histone ersetzt durch eine Gruppe argininreicher Proteine, die **Protamine**. Diese bilden bei Bindung an DNA α-Helices aus und neutralisieren die negativen Ladungen der DNA. Dies führt dazu, daß eine nichtnucleosomale Fibrillenstruktur ausgebildet wird, bei der die DNA-Stränge dicht aneinander liegen.

5.5.2 Desoxyribonucleinsäure (DNA)

Die allgemeine Molekularstruktur der DNA wurde in ihren Grundzügen durch J. D. Watson und F. H. C. Crick 1953 geklärt. In der **Doppelhelix** umwinden sich zwei unverzweigte, lineare DNA-Moleküle coaxial, deren rechtsgewundene Hauptvalenzketten aus abwechselnden Phosphorsäure- und Desoxyriboseresten gegenläufig (antiparallel) sind (Abb. 5-28 und 5-29). Dem 5′-Ende (Phosphat-Ende) des einen Strangs steht das 3′-Ende (OH-Ende) des anderen Strangs gegenüber. Die beiden Polynucleotid-Stränge sind basenkomplementär. Aus sterischen Gründen muß einer Purinbase immer eine Pyrimidinbase

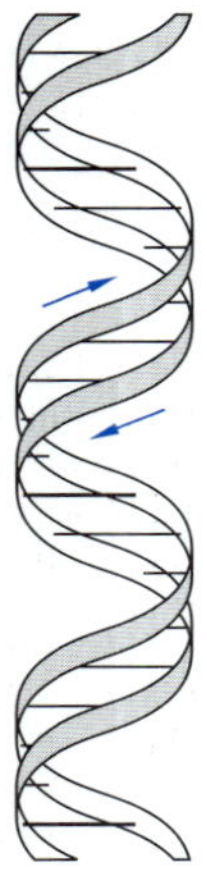

Abb. 5-28: Watson-Crick-Modell der B-Doppelhelix. Pfeile geben die Antiparallelität der DNA-Stränge an.

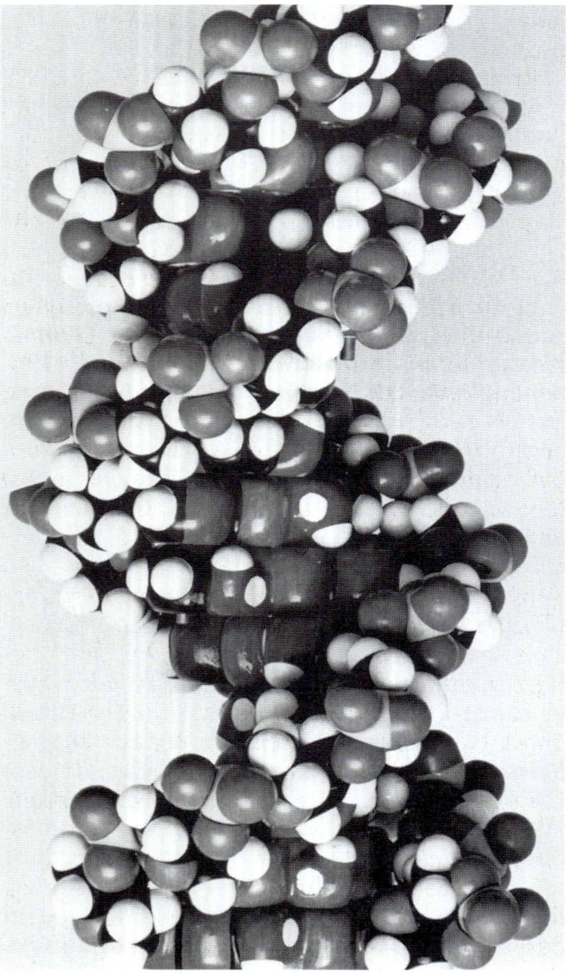

Abb. 5-29: Kalottenmodell der DNA-Doppelhelix, B-Konformation. (Aufnahme: W. Sitte)

Tab. 5-4: DNA-Basenverhältnis (A+T/G+C) bei verschiedenen Organismen. Bei Phagen und Bakterien werden besonders große Variationen beobachtet.

Organismus	Basenverhältnis
Bakteriophagen	
Φ 174	1,34
Lambda	0,79
T_3	0,88
T_4	1,85
Bakterien	
Sarcina lutea	0,35
Mycobakterium tuberculosis	0,58
E. coli K12	0,99
Clostridium perfringens	2,70
Pilze	
Saccharomyces cerevisiae	1,79
Aspergillus niger	1,00
Pflanzen	
Weizen	1,19
Cattleya (Orchidee)	1,42
Tiere	
Seeigel (*Arbacia*)	1,59
Lachs	1,43
Huhn	1,38
Rind	1,35
Mensch	1,52

gegenüberstehen, genauer jedem Adenin (A) ein Thymin (T) und entsprechend jedem Guanin (G) ein Cytosin (C). Es handelt sich um eine **spezifische Basenpaarung**, die sog. „Watson-Crick-Basenpaarung" (Abb. 5-30), wodurch die Mengenanteile aller Basen berechnet werden können, wenn der molare Anteil einer Base bekannt ist. Nicht festgelegt ist das **Basenverhältnis** (Basenasymmetrie; A+T/G+C bzw. A/G), das variabel ist, jedoch konstant und charakteristisch für jede einzelne Organismenart in vergleichbaren Genomen (Zellkern-, Mitochondrien-, Plastiden-Genome) (Tab. 5-4). Die komplementären Basen treffen sich auf gleicher Höhe im Achsenbereich der Doppelhelix; ihre heterocyclischen Ringsysteme stehen bei der unter physiologischen Bedingungen vorherrschenden **B-Konformation** etwa senkrecht zur Doppelhelixachse. Zwischen den einander zugekehrten Teilen der komplementären Basen sind Wasserstoffbrücken ausgebildet, zwei beim Basenpaar A/T, drei bei G/C. Diese Wasserstoffbrücken tragen zur Stabilisierung der Doppelhelix bei; in gleiche Richtung wirken hydrophobe Effekte (Stapelungsenergie) und auch die Tatsache, daß sich die Partnerstränge in plektonemischer Anordnung umwinden und nur unter gegenläufiger Drehung auseinanderweichen können. Die Wasserstoffbrükken können durch einige unphysiologische Be-

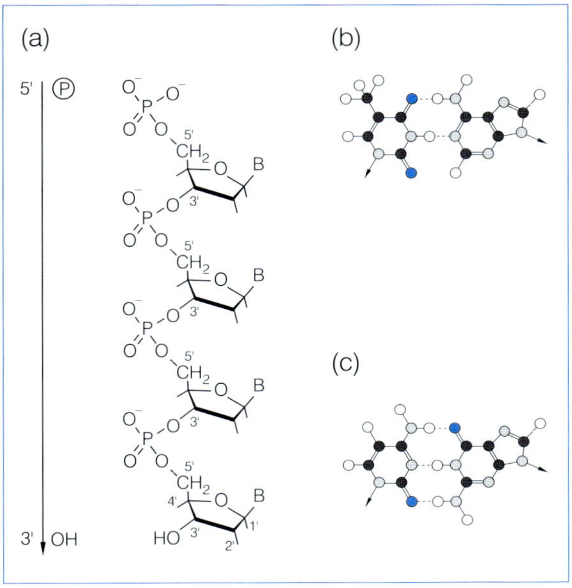

Abb. 5-30: Polarität und Basenpaarung der DNA. (**a**) Definition der Polarität eines DNA-Moleküls durch die Orientierung der Desoxyribosereste. Die 5'→ 3'-Richtung entspricht der Syntheserichtung. Spezifische Basenpaarung, (**b**) Thymin/Adenin, (**c**) Cytosin/Guanin. C, schwarz; H, weiß; N, punktiert; O, farbig.

dingungen, Sprenger von Wasserstoffbrücken wie Formamid oder Erhitzen so geschwächt werden, daß sich die beiden Stränge der Doppelhelix voneinander trennen, was als **Denaturieren** (Schmelzen) der DNA bezeichnet wird. Unter standardisierten Bedingungen ist die **Schmelztemperatur T_m** eine Größe zur Charakterisierung einheitlicher DNA-Proben. Sie hängt vom Basenverhältnis ab; je GC-reicher eine DNA ist, desto höher liegt ihre T_m. Ebenso hängt die Schwebedichte von DNA in einem Cäsiumchlorid-Dichtegradienten vom Basenverhältnis ab; sie schwankt zwischen 1,55 und 1,8 g · cm^{-3} und ist für poly(A/T) am geringsten.

Nucleinsäuren besitzen ein Absorptionsmaximum bei 260 nm. Die spezifische Extinktion ist dabei im Falle der Doppelhelix gegenüber der von Einzelsträngen oder gar freien Nucleotiden wegen gegenseitiger Beeinflussungen der π-Elektronensysteme benachbarter Basen vermindert. Dieser **hypochrome Effekt** erlaubt den Basenpaarungsgrad von Nucleinsäuren zu bestimmen, was z.B. bei T_m-Bestimmungen praktisch ausgenützt wird.

Auf eine Windung der B-Doppelhelix entfallen 10,4 bp. Der Abstand zweier benachbarter Basenpaare entlang der Helixachse beträgt 0,33 nm. Da die B-Konfiguration der DNA-Doppelhelix auch während der Präparation von DNA-Proben für die Elektronenmikroskopie beibehalten wird, können die Molekularmassen bzw. Basenpaarzahlen einzelner DNA-Fäden elektronenmikroskopisch bestimmt werden:

1 µm Konturlänge $\triangleq 2 \cdot 10^3$ kDa $\triangleq$ 3 kbp $\triangleq 3{,}3 \cdot 10^{-6}$ pg

Die Genom-Größe von *E. coli* wurde elektronenmikroskopisch bestimmt. Die zirkuläre Doppelhelix hat eine Konturlänge von 1,4 mm; die Molekularmasse ist daher $2{,}8 \cdot 10^6$ kDa und die Gesamtzahl der Nucleotidpaare nach dieser Berechnung 4,2 Millionen ($4{,}2 \cdot 10^3$ kbp). Wie gut solche Abschätzungen sind, zeigt die inzwischen komplett bestimmte Genom-Sequenz von *E. coli*. Sie enthält 4639221 Basenpaare und codiert für annähernd 4288 Proteine (s. 1.3). Ein diploider Zellkern des Menschen enthält etwa 6 pg DNA, was einer Konturlänge von insgesamt knapp 2 m entspricht. Die Gesamtmenge an nucleärer DNA, die ein Erwachsener in sich trägt, liegt bei gut 100 g.

In mechanistischer Hinsicht ist die DNA-Doppelhelix zwar deutlich weniger flexibel als Einzelstrang-DNA, aber doch – wie eine Schraubenfeder – leicht verbiegbar. In Nucleosomen beträgt der Krümmungsradius etwa 4,5 nm.

Bei zirkulären DNA-Doppelhelices (oder linearen, aber an beiden Enden fixierten) können durch Verdrillung **Superhelix**-Strukturen (Supercoils) ausgebildet werden. Je nachdem, ob im Vergleich zur relaxierten DNA Windungen der Doppelhelix herausgenommen oder zusätzliche eingeführt werden, spricht man von negativen bzw. positiven Superhelices. Eine negative Superhelix führt dementsprechend zur partiellen Entwindung oder Destabilisierung der Doppelhelix, während in positiven Superhelices die Entwindung der DNA-Stränge erschwert ist. Negative Superhelices sind Kennzeichen physiologisch aktiver DNA, in der die DNA-Stränge voneinander getrennt werden müssen wie bei Replikation und Transkription. Sonst gleiche DNA-Helices, die sich in ihrem Windungszustand, ihrer Topologie, unterscheiden, werden als Topoisomere bezeichnet; ihre Umwandlung ineinander wird durch **Topoisomerasen** katalysiert. Je nachdem, ob bei der Änderung der Topologie in die Doppelhelix Einzelstrang- oder Doppelstrangbrüche gesetzt werden, spricht man von Topoisomerasen I bzw. von Topoisomerasen II. Während Topoisomerasen I meist ohne ATP-Verbrauch DNA relaxieren, werden Superspiralisierungen unter ATP-Verbrauch von Topoisomerasen II eingeführt.

Die Helixstruktur doppelsträngiger DNA kann durch **Interkalatoren** verändert werden. Dabei handelt es sich um Verbindungen mit planaren Ringsystemen (Abb. 5-31), die sich zwischen benachbarte Basenpaare einzuschieben vermögen und dadurch die Doppelhelix in Richtung ihrer

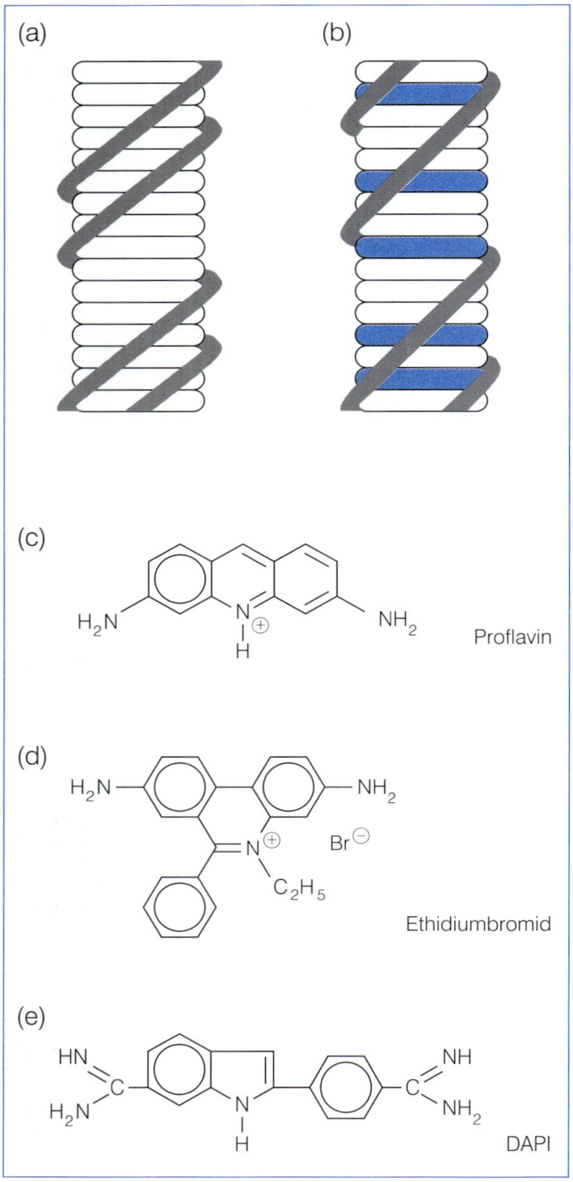

Abb. 5-31: Interkalatoren. (**a**) Die planaren Moleküle schieben sich zwischen die gestapelten Basenpaare der DNA-Doppelhelix und (**b**) verlängern diese. Häufig verwendete Interkalatoren sind (**c**) Proflavin (ein Acridin-Farbstoff) und (**d**) Ethidiumbromid (ein Phenanthridin-Derivat). (**e**) Auch Verbindungen, die nicht interkalieren, können sehr spezifisch an dsDNA binden wie z.B. das Fluorochrom DAPI (4,6-Diamidinophenylindol), das zur Lokalisation kleinster DNA-Mengen eingesetzt wird.

Tab. 5-5: Parameter für DNA-Konformationen.

Helix-Typ	bp pro Umgang	Durchmesser (nm)
A	10,4	2,3
B	10	1,9
Z	12	1,8

Achse auseinanderdrücken. Interkalatoren werden zum cytochemischen Nachweis von DNA-Doppelsträngen benutzt; sie sind mutagen.

Das Watson-Crick-Modell der DNA-Doppelhelix gilt als gut gesichert, das Gros der DNA in Zellkernen, Nucleoiden und Viren liegt als B-DNA vor. Jedoch sind auch andere DNA-Konformationen beschrieben worden (Tab. 5-5) wie die **A-Helix**, die bei Wasserentzug ausgebildet wird, aber auch in RNA-Doppelsträngen vorkommt, oder die **Z-DNA**, die – entdeckt bei Hexanucleotiden aus dGdC – eine linksgängige Doppelhelix mit 12 bp pro Windung ausbildet.

DNA-Moleküle sind informative Moleküle par excellence. Die aus vier verschiedenen Nucleotiden aufgebaute **Basensequenz** ist nichtstatistisch und aperiodisch, der unspezifische Träger, d.h. die Kette der abwechselnden Desoxyribose- und Phosphatreste ist linear und unverzweigt und besitzt eine Richtungsinformation, eine eindeutige „Leserichtung".

Von Sprache und Schrift her ist geläufig, daß informative Sequenzen u.a. durch Unvertauschbarkeit der Symbole und Empfindlichkeit gegen „Verstümmelungen" ausgezeichnet sind. Tatsächlich kann Veränderung oder Verlust eines einzigen Nucleotids in einer Gen-Sequenz fatale Folgen haben, auch wenn eine Punktmutation weniger als ein Milliardstel des Genoms betrifft.

5.5.3 Replikation von DNA

Eine Grundfunktion, die alle Organismen gegenüber lebloser Materie auszeichnet, ist die Fähigkeit zu Fortpflanzung und Vermehrung. Diese Fähigkeit schließt die Replikation der informationstragenden Nucleinsäure mit ein. Dieser komplexe Vorgang wurde intensiv bei Prokaryoten und Bakteriophagen untersucht, inzwischen mehrt sich aber auch das Wissen über das Replikationsgeschehen in eukaryotischen Zellen. Aus dem Watson-Crick-Modell ergibt sich, daß die DNA-Replikation semikonservativ verläuft (Abb. 5-32 und 5-33). Die beiden Stränge einer Doppelhelix werden getrennt, und an jedem wird ein basenkomplementärer neuer Strang synthetisiert.

Die Richtigkeit dieses Modells wurde 1957 durch ein Experiment von M. Meselson und F. Stahl mit Hilfe isotopenmarkierter *E.-coli*-DNA bestätigt. Schon im Jahr zuvor hatte A. Kornberg mit dem erfolgreichen Einbau von markiertem Thymidin in replizierende DNA die Erforschung der DNA-Polymerasen eingeleitet. Durch Mikroradioautographie in vivo markierter, nachträglich isolierter und gespreiteter DNA aus *E. coli* konnte J. Cairns 1963 die semikonservative Replikation mit jeweils zwei Y-förmigen „Replikationsgabeln" nachweisen.

Dennoch ergaben sich einige Probleme. Da DNA plektonemisch ist, können sich die beiden

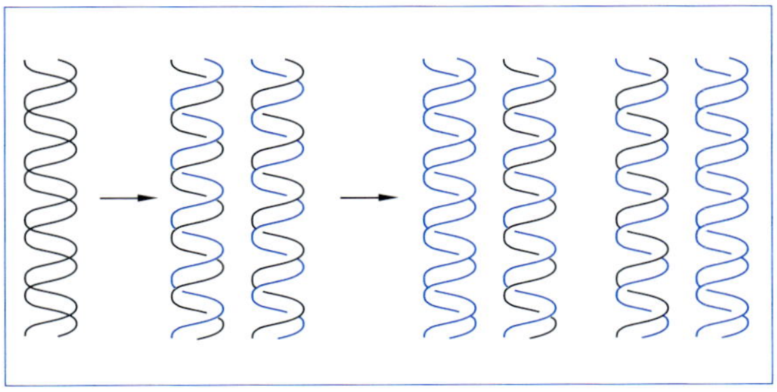

Abb. 5-32: Semikonservative Replikation von DNA. Parentale Stränge schwarz, neusynthetisierte farbig.

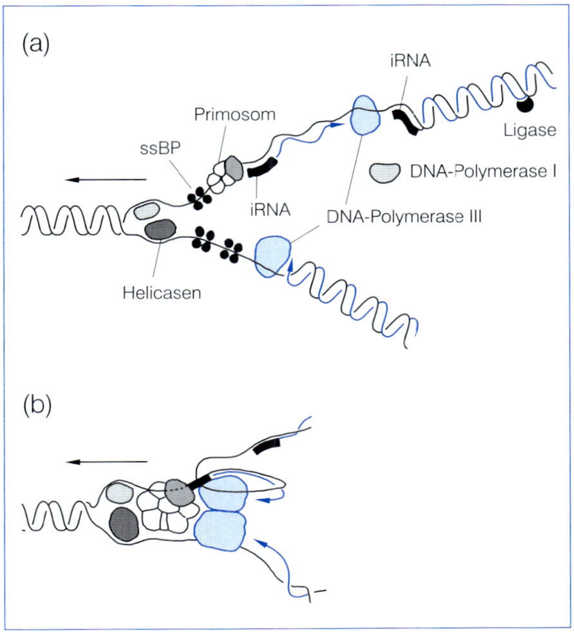

Abb. 5-34: Replikationsgabel (Modell für *E. coli*). Die Replikation schreitet in Pfeilrichtung fort. (**a**) Entwindung der DNA-Doppelhelix durch Unwinding-Proteine. Am Leitstrang (unten) kontinuierliche Synthese des neuen Strangs (farbig, Pfeil weist auf wachsendes 3'-Ende) durch DNA-Polymerase III. Am Folgestrang (oben) arbeitet die DNA-Polymerase III dagegen rückwärts; sie verlängert die 3'-Enden von RNA-Primern (iRNA). Die RNA-Primer werden schließlich abgebaut, die Lücken durch die DNA-Polymerase I aufgefüllt und Einzelstrangbrüche durch Ligasen kovalent geschlossen. (**b**) Modell eines Replisoms, in dem alle Enzyme und Proteinfaktoren des Replikationsapparates zusammengefaßt sind. Die Antiparallelität der parentalen DNA-Stränge wird durch Schleifenbildung am Folgestrang lokal aufgehoben.

Stränge nur unter Drehung voneinander trennen. Ohne die Hilfe von Topoisomerasen würden für das ringförmige *E.-coli*-Genom bei der Replikation hohe Rotationsgeschwindigkeiten erwartet (theoretisch $>10^3$ Umdrehungen pro min); ähnliches gilt auch für das Chromatin der Eukaryoten.

Die molekularen Ereignisse, die zur Replikation von DNA beitragen, sind heute in vielen Detailfragen geklärt (Abb. 5-34). Um eine Replikation einzuleiten, muß zunächst die DNA-Doppelhelix lokal entwunden werden. Dies geschieht initial am Replikationsursprung, dem **Ori** (origin of replication). Sobald hier ein Einzelstrangbereich geschaffen ist, können einzelstrangspezifische DNA-abhängige **Helicasen** die Doppelhelix weiter entwinden. Die Einzelstränge werden im Anschluß stabilisiert, was bei dem sehr gut untersuchten Replikationsgeschehen in *E. coli* durch die kooperative Bindung des **SSB-Proteins** (single strand binding) geschieht. Hierbei auftretende Torsionsspannungen werden von Topoisomerasen, bei *E. coli* von der DNA-Gyrase, aufgehoben.

Mit der lokalen Strangtrennung ist eine wichtige Voraussetzung für die Aktivität von **DNA-Polymerasen** gegeben. Bei *E. coli* spielen zwei Polymerasen bei der Replikation eine entscheidende Rolle. Die DNA-Polymerase III (Pol III) ist die Polymerase für die Replikation, die fortlaufend über weite Strecken erfolgt. Die länger bekannte Polymerase Pol I dient in der Replikation als Reparaturenzym. Auch in Eukaryoten

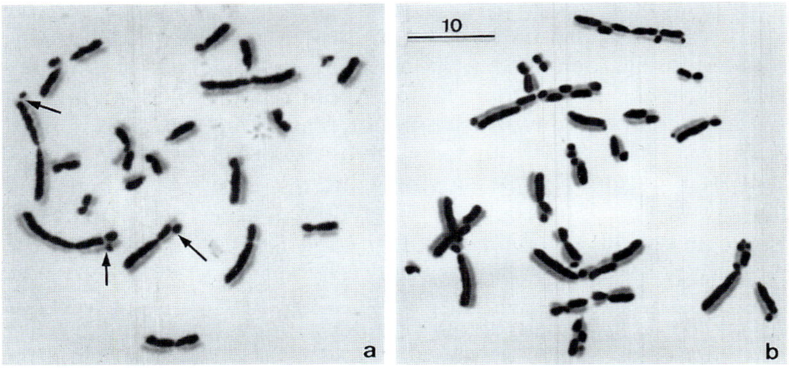

Abb. 5-33: Semikonservative Replikation. Replikation nach Einbau von Bromdesoxy-Uridin, das die neugebildeten von den parentalen Strängen unterscheidbar macht. Gezeigt sind Metaphasechromosomen der Zellinie V-79 (Chinesischer Hamster). (**a**) Pfeile zeigen Schwesterstrang-Austausch. (**b**) Die Häufigkeit eines Schwesterstrang-Austauschs kann durch Zugabe einiger Mutagene, hier Mitomycin C, erhöht werden. (LM-Aufnahme: W. Schempp)

gibt es verschiedene Polymerasen, die nicht nur nach ihrer Wirkung als Synthese- oder Reparatur-Enzyme unterschieden werden müssen, sondern auch nach Lokalisation bzw. phylogenetischer Herkunft (Zellkern, Mitochondrion, Plastide).

Alle DNA-Polymerasen benötigen eine **Matrize** (Template) und, im Gegensatz zu RNA-Polymerasen, für den Beginn der Polymerisation das freie 3′-Ende einer Nucleinsäure. Im Falle der reparativen Polymerasen ist dies das 3′-Ende eines DNA-Strangs. Bei den replikativen Polymerasen wird dagegen von einer besonderen DNA-abhängigen RNA-Polymerase (**Primase** bei *E. coli*) zunächst eine kurze basenkomplementäre RNA-Sequenz als sog. **Primer** synthetisiert; die DNA-Polymerase III setzt dann das 3′-Ende des Primers als DNA-Strang fort. Diese RNA-Primer werden anschließend abgebaut, die entstandene Sequenzlücke durch Reparatursynthese aufgefüllt und die Stränge der replizierten DNA durch eine **DNA-Ligase** miteinander verbunden.

Da DNA-Polymerasen in 5′→3′-Richtung synthetisieren und die beiden Matrizenstränge sich in ihrer Polarität unterscheiden, kann die Replikation nur an einem von ihnen, dem **Leitstrang** stetig fortschreiten. Am anderen, dem **Folgestrang**, setzt die DNA-Polymerase immer wieder neu an und synthetisiert stückweise (diskontinuierlich), im Vergleich zum Fortschreiten der Replikationsgabel rückwärts. Hierzu werden von der Primase am Folgestrang in ständiger Wiederholung neue RNA-Primer synthetisiert, die freie 3′-OH-Enden für die diskontinuierliche DNA-Synthese liefern. Auch hier werden anschließend von der DNA-Polymerase I die RNA-Primer mittels intrinsischer Exonucleasefunktion entfernt, die Lücken aufgefüllt und die DNA-Stücke von der DNA-Ligase miteinander verbunden.

Aus Ligase-defekten Zellen können die Sequenzabschnitte der diskontinuierlichen Replikation isoliert werden; diese werden nach ihrem Entdecker **Okazaki-Fragmente** (R. Okazaki, 1967) genannt. Sie sind bei Eubakterien ca. 1000 Nucleotide lang, bei Eukaryoten etwa 200.

Im Hinblick auf den unterschiedlichen Replikationsmodus an den beiden DNA-Strängen der ursprünglichen DNA-Doppelhelix – kontinuierlich am Leitstrang und diskontinuierlich am Folgestrang – spricht man von **semidiskontinuierlicher Replikation**. Die Geschwindigkeit, mit der sich die Replikationsgabel verschiebt, beträgt bei *E. coli* unter Optimalbedingung 500 bp $\cdot$ s^{-1}. Bei Eukaryoten ist sie wesentlich geringer. Beispielsweise werden bei Warmblütern Werte zwischen 25–60 bp $\cdot$ s^{-1} gefunden, bei Amphibien wird nur 1/10 davon erreicht.

Die zirkulären Genome der Bakterien besitzen allgemein einen einzigen definierten Replikationsstartpunkt oder Ori. Jeder DNA-Ring repräsentiert eine Replikationseinheit, ein **Replicon**, Bakterien-Genome sind somit monorepliconisch. Bei Eukaryoten mit ihrem linearen Chromosomen ergäben sich wegen der großen Sequenzlänge und der geringen Replikationsgeschwindigkeit bei nur einem Ori Replikationszeiten von etwa 1,5 Monaten pro Chromosom. Die Replikationszeit wird bei eukaryotischen Chromosomen dadurch verkürzt, daß sie mehrere Ori besitzen, also multirepliconisch sind. Die Vielzahl von Oris bedingt deren genaue Kontrolle, denn an jedem Ori darf eine Replikationsrunde nur genau einmal pro Zellzyklus starten. Dies wird reguliert durch die Proteinkomplexe ORC (origin recognition complex) und RLF (replication licensing factor), die wiederum kontrolliert werden von CDC-Proteinen (cell division cycle) und Cyclin-abhängigen Protein-Kinasen (Abb. 5-35). Der ORC ist in der S-, G_2– und M-Phase an den Ori gebunden. In der späten M-Phase binden an diesen Komplex andere Komponenten wie CDC6 u.a. und bilden in der G_1-Phase den prä-replikativen Komplex aus. Der Übergang von der G_1– zur S-Phase wird durch Cyclin D/CDK 4 ausgelöst und die Replikation der DNA eingeleitet. Eine mögliche erneute Replikationsrunde in der G_2-Phase wird durch RLF verhindert. Die Proteine dieses Komplexes binden während der späten M-Phase an die DNA und erlauben ihre Replikation in der S-Phase. Die eingeleitete Replikationsrunde inaktiviert im Anschluß den RLF, was eine erneute Initiation der DNA-Replikation verhindert. Aktivierter RLF kann, zumindest bei offenen Mitosen, erst nach Zusammenbruch der Kernhülle erneut an die DNA binden und eine neue Replikationsrunde erlauben. Entscheidend für die Kontrolle der Oris ist also dieses lizenzierende System, das seine Aktivität in der G_2-Phase verliert und erst nach vollendetem Zellzyklus erneut eine Replikationsrunde gestattet.

Eine weitere Synchronisation der Replikation an verschiedenen Oris ist dadurch gewährleistet, daß jeweils mehrere Replicons gemeinsam den Replikationsapparat benutzen und in sog. Replikations-Foci in räumlicher Nähe zueinander angeordnet sind.

Im Vergleich zu ringförmigen Bakterien-Genomen ist die Replikation linearer chromosomaler DNA in einem weiteren Aspekt unterschiedlich. Während sich bei bakteriellen Genomen die vom Ori ausgehenden Replikationsgabeln ungefähr nach halber Genom-Länge treffen, muß bei linearen Chromosomen die Replikation, die an

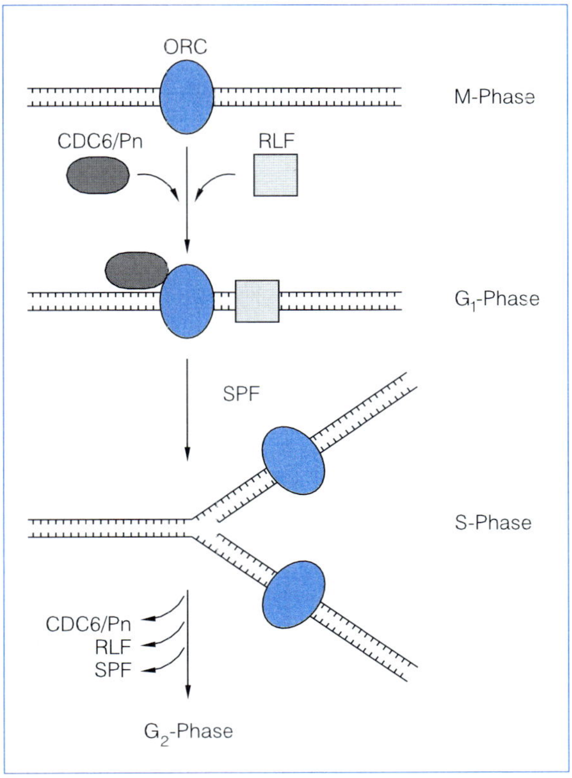

Abb. 5-35: Modell zur Replikation an eukaryotischen Oris (vereinfacht). Die Komponenten des ORC (origin recognition complex) sind in allen Phasen des Zellzyklus am Ori gebunden. In der späten M-Phase tritt an diesen Komplex CDC6 sowie weitere Proteine (Pn), die zusammen den prä-replikativen Komplex ausbilden. Der Übergang zur S-Phase wird durch CyclinD/CDK4 (SPF, S-phase promoting factor) kontrolliert. Nach Start der DNA-Synthese wird eine zweite Replikationsrunde am Ori durch RLF (replication licensing factor) verhindert, der notwendig für die Initiation ist, jedoch in der S-Phase inaktiviert wird. Erst in der M-Phase kann erneut aktiver RLF an die DNA binden.

terminal gelegenen Oris startet, über die Enden der Chromosomen, die **Telomere**, hinausgehen. Dies hat für den Leitstrang keinerlei Konsequenzen, wird aber am Folgestrang zu einer sukzessiven Verkürzung der Chromosomen führen, da die Bereiche, an denen der terminale RNA-Primer sitzt, nicht repariert werden können und der Leitstrang hier einzelsträngig bleibt. Nach der nächsten Replikationsrunde würde dann das Chromosom um diesen Bereich kürzer sein. Telomere sind im allg. aus kurzen repetitiven DNA-Sequenzen aufgebaut – beim Menschen ist es die Sequenz $(TTAGGG)_n$, die in Zellen junger Menschen pro Telomer bis zu 12 kb lang sein kann; mit dem Alter nimmt sie ab und kann kritische Werte erreichen. Der ständige Verlust an Telomermaterial wird durch eine besondere DNA-Polymerase, die **Telomerase**, verhindert. Telomerasen sind DNA-Synthese-Enzyme, die als Untereinheit eine RNA tragen. Die RNA paart mit dem bei der Replikation entstehenden einzelsträngigen 3'-OH-Ende der neu replizierten DNA und dient gleichzeitig als Matrize zur Verlängerung der DNA um eine artspezifische Repeateinheit. Nach einigen Runden ist schließlich das 3'-Ende so weit verlängert, daß gemäß den Replikationsereignissen am Folgestrang ein weiteres Okazaki-Fragment synthetisiert werden kann und somit die Längen der Chromosomen in etwa stabil bleiben. Biochemische Untersuchungen zeigten, daß die Aktivität der Telomerase in Keimzellen ständig vorhanden ist, während sie mit zunehmenden Alter in Somazellen nicht mehr nachweisbar wird. Die wiedererlangte Aktivität der Telomerase in einigen Tumorzellen hat zur **Telomerase-Hypothese** geführt.

Tumorzellen haben die Proliferationskontrolle durchbrochen und vermehren sich weitgehend ohne organismische Zellteilungskontrolle (s. 21.1). Normale Zellen zeigen, wie oben angedeutet, mit zunehmender Seneszenz eine stetige Abnahme der Telomerase-Aktivität, was zu einer Verkürzung der Telomere führt. Die Telomerase-Hypothese besagt nun, daß nach Erreichen einer kritischen Telomerlänge normale Somazellen sterben, während in Tumorzellen die Telomerase erneut aktiviert wird und Telomerlängen erhalten bleiben. Der Nachweis wiedererlangter Telomerase-Aktivität in Tumor-Zellinien ist in vielen Fällen positiv; allerdings zeigen einige Krebszellen keine Telomerase-Aktivität, was eine universelle Anwendung von Anti-Telomerase-Drogen zur Krebsbekämpfung einschränken würde.

Nach der Replikation der DNA werden die Tochter-Helices wieder mit Histonen komplexiert. Durch Inhibition der Proteinbiosynthese konnte überprüft werden, wie die Histone, die bereits vor der Replikation an das Chromosom gebunden waren, verteilt werden. Hierbei zeigte sich, daß sämtliche „alten“ Histone an den replizierten DNA-Strang gebunden sind, der den Leitstrang enthält. Somit ist die DNA-Replikation in Eukaryoten semikonservativ, die Verteilung der Histone jedoch konservativ.

5.5.4 DNA-Reparatur

Veränderungen an der DNA wirken sich in vielen Fällen für die betroffenen Zellen fatal aus, es sei denn, der Schaden wird erkannt und repariert. Die DNA-Struktur und -Sequenz kann sich, spontan oder chemisch induziert, ändern. Die hierbei am häufigsten auftretenden Veränderungen sind Substitutionen von Basen, Deletionen bzw. Insertionen sowie die Quervernetzung von benachbarten Basen. Während Basen-Substitutionen durch Tautomerisierungen spontan entstehen oder durch den Einbau von Basen-

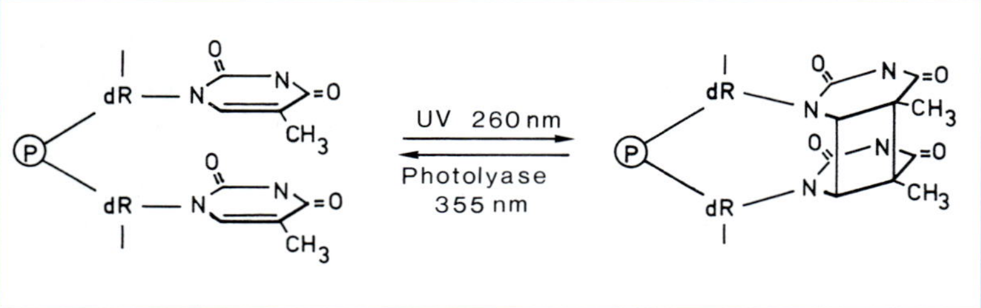

Abb. 5-36: Dimerisierung von Thymin durch UV-Licht führt zu einer Verzerrung der DNA-Doppelhelix und einer Störung der Basenpaarung. Thymin-Dimere können durch die Photolyase gelöst werden.

Analoga (z.B. Bromuracil) oder modifizierende Agenzien (z.B. Dimethylsulfat, Hydroxylamin) ausgelöst werden können, führen interkalierende Agenzien (s. oben) zu Insertionen bzw. Deletionen. Eine häufige Ursache für die Bildung von Pyrimidindimeren ist Bestrahlung mit UV-Licht. Die Mechanismen, die DNA-Schäden erkennen, sind besonders gut bei *E. coli* untersucht worden, doch lassen sich die unten aufgeführten Mechanismen auch in Eukaryoten nachweisen. Bei Erkennung solcher Schäden wird p53, der „Wächter“ des Zellzyklus aktiviert, der einen G_1/S-Übergang verhindert, bis eine Reparatur durchgeführt ist (s. 20.2). Einige wichtige Reparatursysteme sind:

- **DNA-Ligase**: Sie vermag Einzelstrangbrüche zu beheben.
- **Excisionsreparatur**: Pyrimidin-Dimere, die zu keiner Basenpaarung in der Lage sind, werden von einer Excinuclease erkannt. Der in *E. coli* von den Genen *uvr*ABC codierte Enzymkomplex schneidet an der betroffenen Stelle acht Nucleotide oberhalb (5′) und vier Nucleotide unterhalb (3′) der Beschädigung und entfernt diesen Bereich. Danach wird die DNA von der DNA-Polymerase I wieder zum Doppelstrang aufgefüllt und der Einzelstrangbruch durch die DNA-Ligase geschlossen. In eukaryotischen Zellen werden DNA-Läsionen von einer Reihe von Proteinen erkannt und die DNA-Helix in diesem Bereich geöffnet. Anschließend schneiden zwei verschiedene Endonucleasen 5′ und 3′ der Läsion, es entsteht ein 24–32 Basen langer einzelsträngiger DNA-Bereich, der anschließend wieder zu einer intakten Doppelhelix aufgefüllt wird.
- **Photoreaktivierung**: Eine Pyrimidin-Dimerisierung kann auch durch das Enzym **Photolyase** rückgängig gemacht werden. Die Photolyase bindet hierbei die Dimere und katalysiert deren Auflösung in einem lichtabhängigen Schritt (Abb. 5-36).

Kommt es bei der Replikation trotz Korrekturlesens (Proof Reading) der DNA-Polymerase zum Einbau eines falschen Nucleotids, muß für eine Reparatur unterschieden werden, welches der nicht gepaarten Nucleotide falsch ist und welches nicht. Dies wird anhand von Modifikationen des Matrizenstrangs erkannt. Matrizenstränge besitzen oft Methylierungen, die an neu replizierter DNA erst zeitlich verzögert beobachtbar sind. Somit kann ein Reparatursystem anhand vorhandener bzw. fehlender Methylierung an den beiden Strängen sehr genau unterscheiden, welche Base neu hinzugekommen ist, und die entsprechende Fehlpaarung auflösen. DNA-Schäden, die im Bereich einer Replikationsgabel entstehen bzw. bis zur DNA-Neusynthese noch nicht repariert worden sind, blockieren die weitere Replikation, da kein Template für die DNA-Polymerase zur Verfügung steht. Solche gravierenden Schäden können durch Rekombinationsereignisse aufgelöst werden (s. unten).

Einige menschliche Erbkrankheiten sind primär durch fehlerhafte Reparatursysteme bedingt. Die bekanntesten sind **Xeroderma pigmentosum** und das Lynch-Syndrom. X. pigmentosum ist eine Hautkrankheit, bei der die nach Sonneneinstrahlung oder UV-Licht gebildeten Pyrimidin-Dimere nicht aufgelöst werden. Die homozygoten Träger dieser rezessiven Erbkrankheit sterben meist sehr früh an Metastasen bösartiger Hauttumore. Beim Lynch-Syndrom sind Komponenten eines Reparatursytems defekt, das fehlgepaarte Bereiche in der DNA-Doppelhelix auflöst. Hier können sich dann Mutationen über das ganze Genom ausbreiten, was letztlich zur Tranformation von Zellen zu Krebszellen führt.

Reparatursysteme sind nur „begrenzt perfekt“. Dies führt dazu, daß hin und wieder Nucleotidveränderungen in Genomen manifest werden. Evolutionär betrachtet macht dies insofern Sinn, als ohne Veränderungen, d.h. Mutationen, die biologische Evolution zum Stillstand käme.

5.5.5 Rekombination

Die Rekombination führt zur Neukombination des Erbgutes. Gerichtete Rekombinationen des genetischen Materials kommen in Pro- und Eukaryoten vor, in vielzelligen Eukaryoten jedoch nur in den Keimzellen während der Meiose oder in einigen Zellen des Immunsystems (Gen-Re-

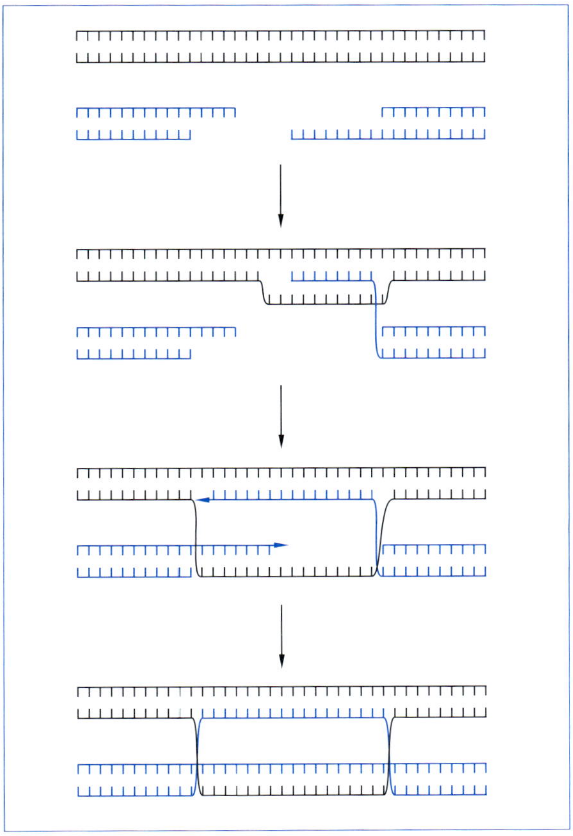

Abb. 5-37: Modell zur homologen Rekombination, Bildung von Überkreuzungen. Ein Einzelstrang-DNA-Bereich (farbig) dringt unter Katalyse von RecA in eine benachbarte Doppelhelix und drängt dort die Stränge auseinander. Ist ein komplementärer Bereich gefunden, bildet der entsprechende Strang mit dem Nichtschwester-Strang eine Doppelhelix aus. Nach Reparatursynthese und kovalenter Verbindung der Stränge entstehen zwei Überkreuzungen, die ihre Lage verändern können (Branch Migration).

arrangements zur Bildung transkribierbarer Gene für Antikörper und T-Zell-Rezeptoren, s. 19.2.4). Bei der Meiose können zwei verschiedene Formen der Rekombination unterschieden werden, die inter- und intrachromosomale Rekombination. Während bei der interchromosomalen Rekombination mütterliche und väterliche Chromosomen neu gemischt werden, kommt es bei der intrachromosomalen Rekombination zum reziproken Stückaustausch zwischen Nichtschwester-Chromatiden homologer Chromosomen; hierbei handelt es sich um eine **homologe Rekombination**.

Die molekularen Prozesse, die zu homologer Rekombination führen, sind am intensivsten bei Prokaryoten untersucht worden (Abb. 5-37); es ist jedoch anzunehmen, daß die Prozesse bei Eukaryoten ähnlich oder gleich sind. Voraussetzung für homologe Rekombination ist eine ssDNA, die enzymatisch aus einem Doppelstrang erzeugt werden kann – bei *E. coli* durch den Komplex aus RecBCD. Sie wird in *E.coli* von RecA bzw. in Eukaryoten von Rad51 gebunden. RecA ist ein zentrales Molekül bei der homologen Rekombination. Einzelne RecA-Monomere lagern sich ATP-abhängig gerichtet in 5′→3′-Richtung an ssDNA an, so daß die ssDNA gestreckt wird. Der RecA/ssDNA-Komplex dringt im weiteren in eine homologe DNA-Doppelhelix ein und entwindet diese partiell, was zur Ausbildung einer sog. D-Schleife führt. Die D-Schleife entsteht, indem der RecA-gebundene ssDNA-Strang mit dem komplementären Partner eine Doppelhelix ausbildet, während der homologe Einzelstrang der ursprünglichen Doppelhelix verdrängt wird. Der verdrängte Einzelstrang seinerseits kann mit dem komplementären Nichtschwester-Strang einen Doppelstrang ausbilden. Verbleibende ungepaarte Bereiche und Einzelstrangbrüche werden mittels Reparatursynthese geschlossen. Der Überkreuzungsbereich, als **Holliday-Struktur** bekannt, ist nicht auf den Ort seiner Genese beschränkt, er kann wandern (Branch Migration). Dies führt dazu, daß es auf weiten Bereichen zu reziprokem Stückaustausch zwischen den beiden ursprünglichen DNA-Doppelhelices kommt. Es wird angenommen, daß RecA auch an der Wanderung der Überkreuzungsbereiche beteiligt ist. Ein Modell zur Auflösung des Überkreuzungsbereichs wurde 1964 von R. Holliday vorgeschlagen (Abb. 5-38). Nach Branch Migration kann der Überkreuzungspunkt auf zwei verschiedene Arten gespalten und wieder verknüpft werden (Abb. 5-38B). Entweder entstehen wieder die parentalen Stränge, die jedoch einen Heteroduplexbereich enthalten, oder aber rekombinante Moleküle, bei denen neben einem Heteroduplexbereich die parentalen Stränge ausgetauscht sind (Abb. 5-38C). An den Prozessen der homologen Rekombination sind auch die Reparaturmaschinerie sowie Topoisomerasen beteiligt, um die Torsionsspannungen aufzulösen.

Die hier beschriebenen Mechanismen ermöglichen auch die Rekombinations-Reparatur, die immer dann beobachtet werden kann, wenn sich die Replikationsgabel über einen DNA-Schaden in einem der DNA-Stränge hinwegbewegt. In einem solchen Bereich stoppt die DNA-Synthese, da den DNA-Polymerasen kein brauchbares Template zur Verfügung steht. Die genetische Information ist jedoch auf dem anderen, schon replizierten DNA-Strang noch einmal vorhanden. Durch oben beschriebene Mechanismen kann von dem bereits replizierten Strang ein Template bereitgestellt werden. Andere Formen der Um-

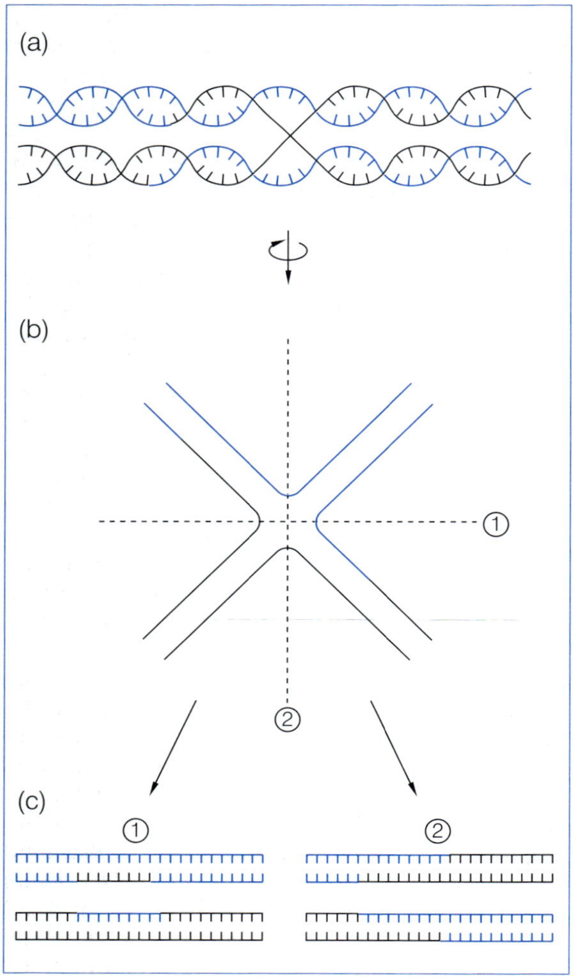

Abb. 5-38: Auflösung von Überkreuzungsstrukturen bei der Rekombination. (**a**) Überkreuzungsstruktur. (**b**) Schematische Darstellung der Überkreuzungsstruktur oder „Holliday-Struktur". Mit 1 und 2 sind die beiden möglichen Auflösungsebenen dargestellt. (**c**) Bei Auflösung der Holliday-Struktur in Ebene 1 ergeben sich parentale Stränge mit einem Heteroduplexbereich. Bei Schnitt in Ebene 2 und anschließender Verknüpfung ergeben sich rekombinante Moleküle beider parentaler Stränge, die von einem Heteroduplexbereich getrennt sind.

ordnungen von Genomen und von Neukombinationen können durch weitere Ereignisse ausgelöst werden (s. 5.6.2).

5.6 Organisation von Genen

Von den zahlreichen Unterschieden zwischen Pro- und Eukaryoten betreffen viele das Genom. Im Gegensatz zu Eukaryoten ist bei Prokaryoten z.B. der Anteil informationsloser DNA-Sequenzen minimal. Die mRNAs sind kurzlebig, und es gibt, bis auf wenige Ausnahmen, keine Mosaik-Gene. Nucleolenähnliche Bildungen fehlen in den Bacteria, sind jedoch in Archaea vorhanden.

Säugerzellen enthalten etwa 700 mal mehr DNA (haploider Wert) als *E. coli*, produzieren aber nur 10–20 mal soviel Proteine, was als C-Wert-Paradoxon bekannt ist (s. unten). Unter der Annahme, daß mindestens etwa 50 000 Proteine im menschlichen Genom codiert sind, könnte die Information ohne Gen-Überlappungen und intervenierender Sequenzen (Introns, s. später) auf einem DNA-Strang von 16 mm Länge untergebracht werden. Dies sind weniger als 2 % der Gesamtkonturlänge des haploiden menschlichen Genoms. Der genetische „Raum" der Eukaryoten ist also weitgehend „leer", codierende Sequenzen sind auf der chromosomalen DNA locker verteilt und durch lange nichtcodierende Sequenzen voneinander getrennt.

Diese Feststellung sollte allerdings nicht zu dem Irrtum verleiten, daß die DNA der Eukaryoten etwa einen großen Anteil an der Zelltrockenmasse ausmacht. Er nimmt im Gegenteil mit steigender Organisationshöhe ab (Viren ca. 20 %; Mycoplasmen 10 %; Eubakterien 2–4 %, Cyanobakterien 1–2 %, Eukaryoten ca. 0,5 %).

5.6.1 Gene und nichtcodierende DNA-Sequenzen

Die Information, die für die Ausprägung eines Organismus notwendig ist, findet sich in den Genomen der Zellen. Eingestreut in Bereiche, die entweder regulatorische Funktionen haben oder als nichtcodierende DNA-Sequenzen bezeichnet werden, liegen die **Gene**, die Einheiten der genetischen Information. In ihnen ist die Information abgespeichert, die den Phänotyp der Zellen bzw. Organismen ausprägt. Prinzipiell kann man in Pro- und Eukaryoten zwei verschiedene Typen von Genen unterscheiden, nämlich Gene, deren Information in Protein übersetzt wird (proteincodierende Gene), und Gene, die für RNAs codieren. Bei Eukaryoten werden proteincodierende Gene zunächst im Zellkern in eine mRNA übersetzt (5.7.1), die anschließend prozessiert (s. 5.7.3) und ins Cytoplasma exportiert wird. Die Information der mRNA wird dort an 80S Ribosomen in Polypeptide übersetzt. Bei Prokaryoten hingegen kommt die mRNA bereits während ihrer Transkription in Kontakt zu den Ribosomen, die sie in Polypeptide translatieren. Bei Genen, die für RNAs codieren, sind die Endprodukte ribosomale RNAs (rRNAs), Transfer-RNAs

Tab. 5-6: Genom-Größen und Anteile repetitiver Sequenzen.

Art	C-Wert (pg)	Repetitive Sequenzen (%)
Prokaryoten	0,001–0,015	
E. coli	0,004	0,3
Pilze	0,02–0,1	
Saccharomyces cerevisiae	0,025	11
Pflanzen	0,5- >30	
Vicia faba	14,7	85
Nicotiana tabacum	1,6	53
Zea mays	7,5	78
Allium cepa	16,8	95 (!)
Tiere	0,1–10*	
Drosophila melanogaster	0,17	26
Xenopus laevis	3,15	35
Maus	3,0	40
Rind	3,0	50
Mensch	2,9	33

* Bei manchen Amphibien liegt der Wert höher.

(tRNAs) sowie kleine nucleäre und cytoplasmatische RNAs.

Die Gesamtheit der Gene eines Organismus ist der **Genotyp**. Veränderungen des Genotyps werden durch Änderungen der Nukleotidabfolge innerhalb von Genen ausgelöst. Man spricht dann von **Mutationen**, Träger von Mutationen werden Mutanten genannt. Bei sog. stillen Mutationen führt die Änderung der Nukleotidabfolge zu keiner Änderung des Gen-Produkts. Wird jedoch das Gen-Produkt verändert, so wirken selektive Kräfte auf den gesamten Phänotyp. Denn eine Änderung, die zu einer Verbesserung der Funktion des Gen-Produkts führt, kann sich vorteilhaft auf einen Organismus auswirken. Mutationen können jedoch auch Verschlechterungen oder sogar Letalität hervorrufen.

Genome bestehen aus codierenden, regulatorischen und nichtcodierenden Genom-Abschnitten. Die mögliche Codierungskapazität eines Genoms wird durch den **C-Wert** ausgedrückt, der die absolute DNA-Menge des haploiden Chromosomensatzes in Pikogramm angibt. Der C-Wert steigt im allg. mit zunehmender Organisationshöhe (Tab. 5-6). Diese Feststellung gilt aber nur beim Vergleich der minimalen C-Werte in größeren systematischen Einheiten. Denn innerhalb der verschiedenen Verwandtschaftskreise variieren die C-Werte oft stark, bei Amphibien beispielsweise um den Faktor 100. R. J. Britton und D. E. Kohne erkannten 1968, daß Sequenzwiederholungen in Eukaryoten-Genomen die Regel sind; viele Sequenzen kommen repetitiv oder multipel vor. C-Wert-Differenzen zwischen nahe verwandten Arten beruhen vor allem auf Unterschieden im Anteil repetitiver Sequenzen. Sie sind in Genomen verstreut oder geclustert und werden je nach Repetitionsgrad als **mittelrepetitiv** (wenige bis ca. $5 \cdot 10^5$ Kopien) oder **hochrepetitiv** bezeichnet. Mittelrepetitive Bereiche stellen untereinander verwandte Sequenzabschnitte mit durchschnittlichen Längen von 10^2-10^4 bp dar, die oft nicht geclustert sind. Zur Gruppe der mittelrepetitiven Sequenzen gehören auch wichtige, im Genom häufig vorkommende Gene wie die rRNA-Gene. Hochrepetitive Sequenzen dagegen bestehen aus vielen sehr kurzen DNA-Abschnitten, die in vielen Kopien hintereinander angeordnet sind und meist nicht für Gen-Produkte codieren. Hochrepetitive Sequenzen liegen oft heterochromatisch vor, typische Lokalisationen sind die Centromer-, Telomer- und NOR-Regionen der Chromosomen. Hochrepetitive geclusterte Sequenzen können in CsCl-Dichtegradienten von der übrigen DNA-Masse abgetrennt werden, wenn ihre Schwebedichte abweicht. Sie erscheint dann als sogenannte **Satelliten-DNA**.

Abgesehen von einer möglichen strukturellen Aufgabe ist für nichtcodierende repetitive DNA keine Funktion bekannt. Die Entstehung solcher Sequenzabschnitte kann jedoch an manchen Beispielen rekonstruiert werden. So stellen einige Mitglieder der mittelrepetitiven Sequenzgruppe sog. **Retrotransposons** dar. Diese sind entstanden, indem eine RNA in eine DNA revers transkribiert und diese in das Genom eingebaut wurde. Beispiele hierfür sind die SINES (short interspersed elements), zu denen auch die ALU-Familie gezählt wird. Sie stammen von Transkripten der RNA-Polymerase III ab. Die LINES (long interspersed elements) haben ihren Ursprung in Transkripten der RNA-Polymerase II (s. auch 6.1).

Alu-Sequenzen sind ca. 300 bp lang, die nach einer intern gelegenen Schnittstelle für die Restriktions-Endonuclease AluI benannt sind und im menschlichen Genom ca. 10^6 mal vorkommen. Ihre Analyse zeigte, daß eine hohe Sequenzhomologie zur sog. 7SL-RNA vorhanden ist, die Bestandteil des Signalerkennungspartikels (SRP, s. 8.2.2) ist.

Nichtrepetitive DNA-Sequenzen sind in flankierenden Bereichen der Gene vorhanden und enthalten wichtige Regulationssequenzen für deren Expression (s. 5.7.2). Nichtcodierende Sequenzabschnitte können auch innerhalb von Genen die codierenden Regionen unterbrechen; sie sind allerdings in der reifen RNA dann nicht mehr vorhanden. Solche Sequenzabschnitte in Genen werden **Introns** genannt, während die codierenden und in der reifen RNA vorhandenen Sequenzbereiche als **Exons** bezeichnet werden.

Tatsächlich ist die große Mehrzahl der Eukaryoten-Gene nach dem Exon/Intron-Muster mosaikartig aufgebaut. Mosaik-Gene sind bei Eukaryoten und einigen Viren allgemein verbreitet, in Eubakterien dagegen eher die Ausnahme. Auf Introns entfällt meist mehr als die Hälfte der eukaryotischen Gen-Sequenz. Man unterscheidet Introns nach ihrer Sekundärstruktur und dem Mechanismus, nach dem sie aus der RNA entfernt werden. Vier Grundtypen von Introns sind in Eukaryoten vorherrschend:

- Introns in tRNA-Genen.
- Introns vom Typ I (Gruppe-I-Introns) in Kern- und Organellen-Genomen.
- Gruppe-II-Introns in den Genomen von Mitochondrien und Plastiden.
- Spleißosomale Introns, die ausschließlich in proteincodierenden Genen des Zellkerns identifiziert wurden.

Der Nachweis von Introns erfolgt durch Sequenzvergleiche von Gen (DNA) und Gen-Produkt (prozessierte RNAs, Proteine) oder über Nucleinsäure-Hybridisierung. Die Intronsequenzen der Primärtranskripte werden im Zuge einer Prozessierung ausgeschnitten (Spleißen, s. 5.7.3). Bei Hybriden von gespleißten RNAs oder cDNAs (copy DNA, durch die reverse Transcriptase in DNA umgeschriebene mRNA, s. Kap. 28) und entsprechenden Gen-Sequenzen bleiben die Introns ungepaart und können im elektronenmikroskopischen Bild als Schleifen erkannt werden (Abb. 5-39).

Nicht alle Gene der Eukaryoten sind Mosaik-Gene; Beispiele für intronfreie Gene sind die Histon-Gene, die Interferon-Gen-Familie und die Gene mancher Reserveproteine bei Pflanzen. In der Phylogenese werden Introns – im Gegensatz zu Exons – nur schwach konserviert. Homologe Gene können bei nahe verwandten Arten hinsichtlich ihrer Mosaikstruktur völlig verschieden sein. In manchen Fällen entsprechen die Exons Gen-Abschnitten, die für verschiedene Domänen der entsprechenden Proteinmoleküle codieren. Dies hat zum Postulat eines „**Exon Shufflings**" geführt und damit auch zur Frage, ob Introns phylogenetisch sehr alt (Intron-Early-Hypothese) sind oder in der Evolution der Eukarya erst später manifestiert wurden (Intron-Late-Hypothese).

Wenn die Exon Shuffling-Hypothese richtig ist, könnten in der frühen Evolution Gene „neu entwickelt" worden sein, indem bereits vorhandene Gen-Abschnitte, die für funktionelle Proteindomänen codierten, neu zusammengeführt wurden. Neue Proteine wären entstanden, ohne daß einzelne Domänenstrukturen neu geschaffen werden mußten. Damit sollten Introns bereits sehr früh in der Evolution vorhanden gewesen sein. In der Tat gibt es einige Beispiele, bei denen heutige Gene einen solchen Aufbau zeigen. Die Intron-Late-Hypothese andererseits besagt, daß in der Evolution der Eukarya Introns erst später das Kern-Genom erobert haben; dies könnte bei der Etablierung der Mitochondrien und Plastiden geschehen sein, als ein Großteil des genetischen Apparates der heutigen semiautonomen Organellen in den Zellkern verlagert wurde. Ein möglicher guter Hinweis ist die enge Verwandtschaft von Gruppe-II-Introns mit den spleißosomalen Introns.

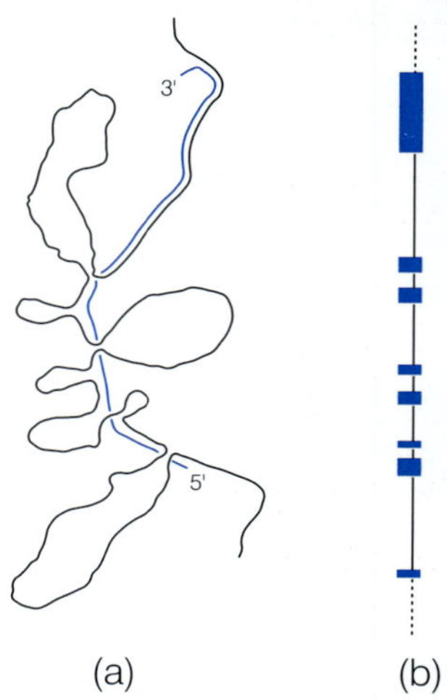

Abb. 5-39: Schema des Ovalbumin-Gens als Beispiel eines Mosaik-Gens. (**a**) Hybridisierung der Gen-DNA (farbig) mit der entsprechenden mRNA. Die sieben Introns bilden Schleifen. Die posttranskriptional entstandene poly(A)$^+$-Extension der mRNA steht seitlich ab und markiert das 3'-Ende. (**b**) Schema der Gen-Struktur mit acht Exons (farbig). Das Gen umfaßt 7700 bp, davon entfallen aber nur 1872 (24,3 %) auf Exons.

Introns können verschiedenste Stellen innerhalb von Genomen einnehmen und gleichen in einigen Aspekten „parasitärer" DNA, die sich nach Art von transponierbaren Elementen im Genom ausbreiten können.

5.6.2 Transponierbare genetische Elemente

Neukombinationen innerhalb von Genomen können durch verschiedene Mechanismen ausgelöst werden; die wichtigsten sind:

- Rekombination (s. oben).
- Ungleiches Crossing over, was bei Rekombinationen zu einer Deletion in einem Chromosom und zur Duplikation eines DNA-Bereichs im anderen homologen Chromosom führt.
- Horizontaler Gen-Transfer. Bei diesem Vor-

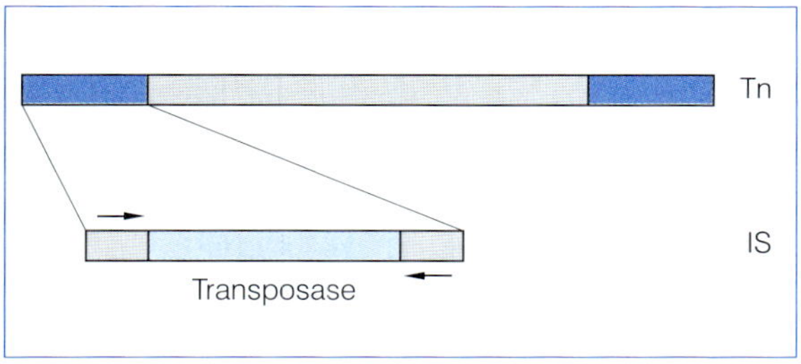

Abb. 5-40: Insertions-Elemente (IS) und einfache Transposons (Tn). Insertions-Elemente (unten) tragen an ihren Enden invertierte Sequenzbereiche, die einen mittleren Bereich flankieren. Hier ist mindestens eine sog. Transposase codiert, die das „Springen" der IS-Elemente erlaubt. Einfachere bakterielle Tn tragen an ihren Enden IS, die invertiert oder direkt wiederholt vorkommen. Im dazwischenliegenden Bereich finden sich weitere Gene, die oft für Antibiotika-Resistenzen codieren.

gang wird DNA von einer Art auf eine andere, nichtverwandte Art übertragen. Ein Beispiel hierfür ist die Übertragung von Resistenz-Plasmiden zwischen Bakterien, was zur Ausbreitung multipler Resistenzen führt.

- Insertion von Bakteriophagen- oder Virus-Genomen.
- „Springen" von Insertions-Elementen (IS) oder Transposons (Tn).

Innerhalb der Genome können sich einige DNA-Bereiche bewegen (springen); solche Bewegungen kommen allerdings sehr selten vor. **IS-Elemente** sind 0,8 bis ca. 2 kb lange DNA-Bereiche. Sie sind „autonom", d.h. sie codieren selbst für die Maschinerie, die das Springen innerhalb von Genomen katalysiert (Abb. 5-40). In *E. coli* erfolgt ein solches „Springen" etwa einmal pro 10^7 Zellen und pro Generation. **Transposons** sind komplizierter aufgebaut. Bei den gut untersuchten bakteriellen Vertretern zeigen einige einen modularen Aufbau. An den beiden Enden finden sich Insertions-Elemente, die andere codierende Bereiche flankieren. Oft finden sich hier dann Gene für Antibiotikaresistenzen, die sich – nun beweglich – in Resistenzplasmiden vereinigen können.

Man hat die Transposons als „**springende Gene**" bezeichnet. Sie haben keinen festen Platz im Genom, zumal sich einige Transposons aus einer einmal eingenommenen Position auch wieder entfernen können. Sowohl IS-Elemente als auch Transposons können bei Insertion in eine codierende Sequenz das betreffende Gen stilllegen, oder – bei Einbau in einen Regulationsbereich – die Expression von Genen beeinflussen. In dieser Funktion wurde ihre Existenz erstmals von B. McClintock 1950 aus genetischen Experimenten an Maispflanzen erschlossen. Jede Organismenart besitzt ihre eigenen springenden DNA-Elemente.

Den in diesem Abschnitt vorgestellten DNA-Sequenzen kann nicht ohne weiteres eine biologische Funktion zugeschrieben werden, obwohl sie weit verbreitet und mengenmäßig z.T. bedeutend sind. Als Biologe ist man gewohnt, in allen organismischen Strukturen und Eigenschaften bestimmte Funktionen, Bedeutungen und Zwecke zu vermuten (biologische Teleonomie). Es erscheint aber denkbar, daß im Zuge der Evolution DNA- bzw. RNA-Sequenzen auftraten, die keinen anderen „Zweck" haben als ihre eigene Fortpflanzung. Da sie oft keine Phäne hervorrufen, sind sie der über den Phänotyp eines Organismus wirkenden Selektion nicht unmittelbar unterworfen. Man bezeichnet solche DNA-Sequenzen, die sich des Ökonomieprinzips zu entziehen vermögen, auch als „**parasitäre" DNA** (selfish DNA). Soweit sie im Laufe der Evolution bestimmte Funktionen übernimmt, ist dies ein sekundärer Vorgang. Bei Prokaryoten hat nach dieser Vorstellung die scharfe Konkurrenz zwischen codierender und parasitärer DNA offenbar zur weitgehenden Eliminierung der letzteren geführt. Nahezu keine größeren repetitiven Sequenzen sind in Prokaryoten nachzuweisen, ebenso nur wenige transponierbare Elemente, die teilweise sekundär erworbene Funktionen haben. Bei Eukaryoten, besonders bei höher organisierten, kann dagegen der zusätzliche Aufwand für die Replikation parasitärer bzw. repetitiver DNA so gering sein, daß sich im Gleichgewicht zwischen Entstehung/Verbreitung und Ausmerzung solcher Sequenzen ein mengenmäßiges Übergewicht parasitärer DNA zu erhalten vermag. Bei den einfachsten Urformen der biologischen Evolution dürfte es vermutlich nur „egoistische" Nucleinsäuren gegeben haben, die nach und nach ihre Fortpflanzungschancen durch die Entwicklung komplexer Mechanismen verbesserten, wobei dann erst das entstand, was bei rezenten Organismen als codierende Sequenz, als Gen, in Erscheinung tritt.

5.6.3 Intraindividuelle Genom-Veränderungen

Nicht jede Differenzierung beruht allein auf unterschiedlichen Gen-Aktivierungen. In vielen Fällen – besonders bei Tieren – kommt es auch zu programmierten Genom-Veränderungen (Abb. 5-41). Die meisten laufen auf eine Vergrößerung des Genoms hinaus und begleiten – im Sinne der Kern/Plasma-Relation – außerge-

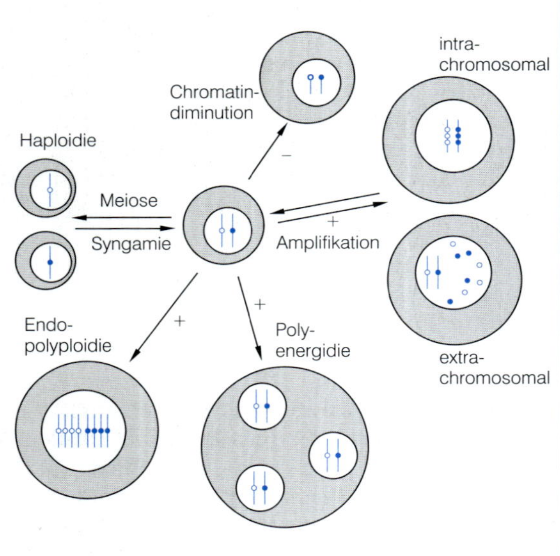

Abb. 5-41: Genom-Veränderungen. +, DNA-Vermehrung; –, DNA-Verminderung. Chromatindiminution bei der Ontogenese von *Ascaris* und bei Enstehung des Makronucleus von Ciliaten. Intrachromosomale Amplifikation z. B. bei dem Gen für Multi-Drug-Resistenz in Tumorzellen (s. 21.1). Extrachromosomale Amplifikation z. B. bei den rRNA-Genen in Amphibien-Oocyten (s. 13.5). Polyenergidie z. B. bei Skelettmuskelfasern (s. 14.1). Endopolyploidie in Speicheldrüsenzellen von Dipterenlarven.

wöhnliche Zellvergrößerungen. Viele sind irreversibel und markieren Entwicklungslinien mit Einbahncharakter wie z. B. die polytänen Riesenchromosomen bei Dipteren. Solche Veränderungen finden in der Keimbahn nie statt. Es ist bezeichnend, daß die massive Amplifikation der rDNA in Amphibien-Oocyten zur Bildung extrachromosomaler DNA führt, die in zirkulärer Form in Extranucleolen vorkommt (s. 13.5); die genomische DNA dieser Keimbahnzellen bleibt unverändert.

Zu besonders drastischen Genom-Veränderungen führt die Verbindung von Diminution und Amplifikation. Dies ereignet sich z. B. bei der Bildung des Makronucleus bei Ciliaten. Während der Konjugation zerfallen die Makronuclei der Paarungspartner und müssen aus einem der (durch Meiose und Syngamie entstehenden) diploiden Mikronuclei neu gebildet werden. In der rasch wachsenden „Makronucleus-Anlage" werden zunächst 4/5 der Chromosomen abgebaut, die übrigen bilden durch massive Endomitosen vorübergehend polytäne Riesenchromosomen aus. Diese zerfallen jedoch innerhalb einiger Stunden in die einzelnen Querscheiben, wobei erneut etwa 9/10 der DNA verloren gehen. Zuletzt sind von der Mikronucleus-DNA nur noch etwa 1% vertreten, und zwar nur eine Auswahl aus den nichtrepetitiven Sequenzen. Die bei der Makronucleus-Entwicklung übriggebliebene DNA liegt in kurzen Stücken vor. Sie werden schließlich in einer Amplifikationsphase massiv repliziert, so daß jedes der ca. 20000 Gene im fertigen Makronucleus mit 1000 Kopien vertreten ist. Der Makronucleus ist also kein polyploider Kern, da nur ein Teil der arteigenen DNA amplifiziert wurde.

5.7 Synthese und Reifung der Transkripte

In den Genen sind die Informationen für Vermehrung und Entwicklung, für Bau und Funktion von Zellen gespeichert. Synthese und Reifung (Prozessierung) der unmittelbaren Gen-Produkte, der Primärtranskripte, erfolgen bei Eucyten im Zellkern. Die reifen Produkte treten dann durch die Porenkomplexe der Kernhülle in das Cytoplasma über und entfalten dort ihre Wirkung.

5.7.1 Transkription

Die genetische Information wird bei der Transkription in transportable RNA-Moleküle umgeschrieben (Abb. 5-42). Dies wird von großen Enzymkomplexen katalysiert, den DNA-abhängigen RNA-Polymerasen. Sie benötigen als Substrate Ribonucleosid-5′-Triphosphate, eine DNA-Matrize als Informationsgeber und Cofaktoren. Im Gegensatz zu DNA-Polymerasen sind sie für den Synthesebeginn nicht auf ein freies 3′-OH-Ende, also keinen Primer, angewiesen. Von den beiden Strängen einer DNA-Doppelhelix wird nur einer, der **codogene Strang** transkribiert. Die synthetisierten RNA-Moleküle und der codogene Strang sind antiparallel. Unglücklicherweise ist die Terminologie für den codogenen Strang nicht einheitlich, indem manche Autoren gerade den nichttranskribierten Strang als den codogenen bezeichnen. Tatsächlich wird bei der Wiedergabe von funktionalen DNA-Sequenzen jene des nichttranskribierten Strangs verwendet, weil sie nach Polarität und Basensequenz der des Transkripts entspricht (nur ist T natürlich durch U zu ersetzen). Dennoch sollte man es bevorzugen, jenen Strang als „codogen" zu bezeichnen, der bei der Transkription als Matrize dient.

Welches der beiden DNA-Moleküle einer Doppelhelix den codogenen Strang repräsentiert, ist von Gen zu Gen unterschiedlich. Daher wechselt die Transkriptionsrichtung innerhalb von Chromosomen in unregelmäßigen Abständen. Die Transkription kann durch verschiedene Klassen von Inhibitoren blockiert werden, die entweder auf die DNA einwirken und sie als

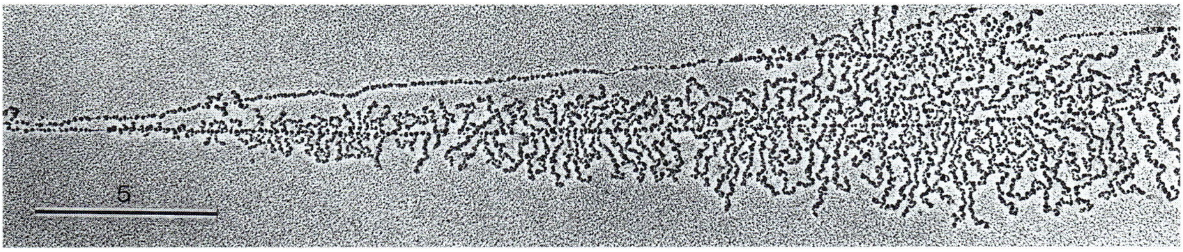

Abb. 5-42: Darstellung transkriptionsaktiver DNA im Elektronenmikroskop. mRNA-Synthese an Genen der siphonalen Grünalge *Batophora*. (EM-Aufnahmen: S. Berger)

Tab. 5-7: Nucleäre RNA-Polymerasen.

Bezeichnung	Lokalisation	Produkte
RNA-Polymerase I	Nucleolus	große rRNAs (28S, 18S, 5,8S)
RNA-Polymerase II	Chromatin	mRNAs, einige snRNAs
RNA-Polymerase III	Chromatin	tRNAs, 5S rRNA, einige snRNAs bzw. scRNAs

Matrize unbrauchbar machen (z.B. Actinomycin D), die RNA-Polymerasen behindern (Rifampicine bei Bacteria, Amatoxine bei Eukarya), oder auf dem Substratniveau wirken (Cordycepin).

Während in Bacteria nur eine Sorte von RNA-Polymerasen gefunden wird, sind es in den Zellkernen von Eucyten drei (Tab. 5-7). Archaebakterielle RNA-Polymerasen hingegen zeigen Ähnlichkeiten zu eukaryotischen Pendants. In Viren- und Bakteriophagen-Genomen finden sich Polymerasen, die entweder nur aus einer einzigen Untereinheit aufgebaut sind oder aber von eukaryotischen RNA-Polymerasen abstammen.

5.7.2 Regulation der Gen-Aktivität

Bei Prokaryoten sind unter günstigen Wachstumsbedingungen viele Gene aktiv, d.h. sie werden laufend exprimiert – die Gen-Produkte sind immer vorhanden, d.h. konstitutiv. Andere Gene oder Gen-Batterien können je nach Vorhandensein oder Fehlen bestimmter Substrate im umgebenden Medium reguliert werden. Beispielsweise werden die zur Verwertung von Lactose benötigten Enzyme nur dann in größeren Mengen gebildet, wenn keine Glucose, jedoch β-Galactoside im Medium vorhanden sind. Andererseits werden die Gene der zur Synthese von Histidin erforderlichen Enzyme reprimiert, solange die Aminosäure in ausreichender Menge zur Verfügung steht. Solche Systeme heißen induzierbar/reprimierbar oder adaptiv und können positiv oder negativ kontrolliert sein. Von negativer Kontrolle spricht man, wenn die Information von Genen konstitutiv abgerufen wird, wenn also die Transkription nicht verhindert wird; während bei positiver Gen-Regulation die Fähigkeit zur Transkription erst erlangt werden muß. Demgemäß verhindert bei negativer Kontrolle ein **Repressor** die Transkription, während bei positiver Kontrolle eine effiziente Transkription durch einen **Aktivator** erst ermöglicht wird. Im Operon-Modell von F. Jacob und S. Monod wurde eine solche Gen-Regulation zum ersten Mal 1961 erklärt (Abb. 5-43).

In Eukaryoten finden sich viele Gene, die nicht konstitutiv exprimiert sind. Beispielsweise werden bei Wirbeltieren die Globin-Gene nur in erythropoetischen Zellen vorübergehend aktiviert – Hämoglobin findet sich nur in Reticulocyten und Erythrocyten. Die **differentielle Gen-Aktivierung** ist ein zentrales Problem der Entwicklungsbiologie vielzelliger Systeme. Die Differenzierung von Zellen im Zuge der Ontogenese beruht vor allem auf Unterschieden der in einzelnen Zellinien aktivierten bzw. reprimierten Gene. Diesem Muster überlagert ist in kompetenten Zellen noch die Fähigkeit, auf Außenreize, die aber durchaus Organismus-intern sein können, durch Modulation der Gen-Aktivitäten zu reagieren.

Da viele Gene des Eucyten reprimiert (inaktiv) sind, ist der erste Schritt bei der Aktivierung eine Veränderung der Chromatinstruktur, die dann erst eine effiziente Initiation der Transkription erlaubt. Hierbei spielen zunächst generelle Aktivierungen des Chromatins eine große Rolle. Solche Chromatinaktivierungen sind z.B. die Überführung eines heterochromatischen in einen euchromatischen Chromosomenbereich. Wichtige Parameter sind hierbei posttranslationale Modifikationen der Proteinkomponenten des Chromatins, wie z.B. Acetylierungen der Histonproteine, die Ausstattung mit Nichthistonproteinen sowie die Menge von Histon H1. Ein wei-

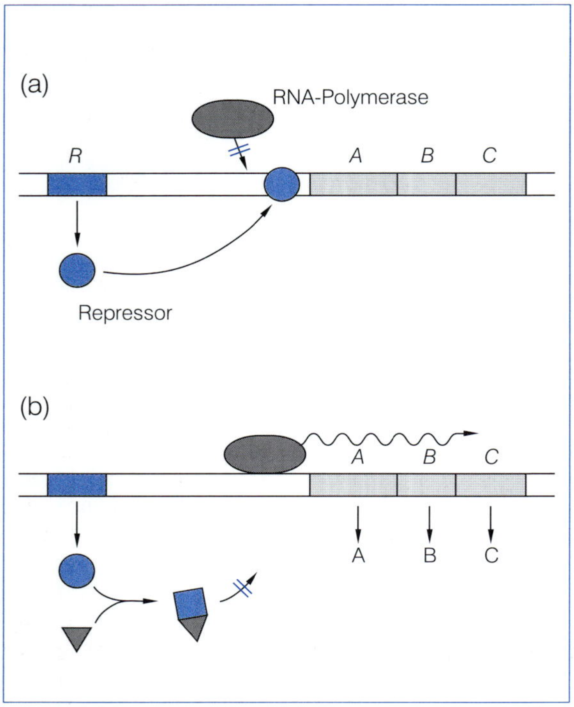

Abb. 5-43: Modell zur negativen Regulation. (**a**) Ein Repressor, codiert von Gen R, bindet an die Promotorstruktur eines Operons und verhindert dadurch die Erkennung des Promotors durch die RNA-Polymerase. (**b**) Sobald in der Zelle ein Effektor gebildet ist, interagiert dieser mit dem Repressor, was zu einer Konformationsänderung und dem Verlust der DNA-Bindung führt. Die RNA-Polymerase kann nun an den Promotor binden und die Struktur-Gene A, B und C transkribieren.

terer wichtiger Parameter ist die Topologie der DNA; da sie an das proteinische Chromosomengerüst (Scaffold) schleifenartig gebunden ist, können einzelne DNA-Bereiche unabhängig von einer anderen Schleife topologisch beeinflußt und damit aktiviert bzw. reprimiert werden.

Eine aufgelockerte Chromatinstruktur und damit Kompetenz zur Transkription äußert sich u.a. im Methylierungsgrad der DNA sowie in der Empfindlichkeit des Chromatins gegenüber Nucleasen. Aktiviertes Chromatin ist im Vergleich zu reprimiertem untermethyliert und sensibel gegenüber Nucleasen wie z.B. *Micrococcus*-Nuclease oder pankreatischer DNaseI. Experimentell konnten mit besonders niedriger DNaseI-Konzentration innerhalb transkriptionskompetenter DNA-Bereiche sogenannte DNaseI-hypersensitive Stellen identifiziert werden, die ein verläßlicher Indikator für den Aktivierungszustand des Chromatins sind.

Den Einfluß des Methylierungsgrades auf die Gen-Expression kann man zeigen, indem Zellen nicht methylierbare Basenanaloga wie z.B. 5-Azacytidin angeboten werden, die sie in replizierende DNA einbauen. Diese Zellen zeigen anschließend eine generelle Untermethylierung und transkribieren Gene, die in ihnen normalerweise nicht aktiviert sind.

Die Aktivierung des Chromatins ist die Voraussetzung zur Transkription. Hierbei handelt es sich um eine generelle Aktivierung, die dafür sorgt, daß regulierende Sequenzen auf der DNA für an sie bindende Regulatorproteine zugänglich werden. Diese Sequenzen sind die Anker für die Transkriptionsmaschinerie und befinden sich – bis auf einige Ausnahmen wie z.B. Gene, die von RNA-Polymerase III transkribiert werden, – in der 5′-flankierenden Region der Gene, der sog. **Promotorregion**. In ihr sind mehrere kürzere DNA-Sequenzen oder Boxen vorhanden, die die Transkriptionsrate beeinflussen. Bei den für die Regulation der Gen-Aktivität wichtigen Boxen handelt es sich um *cis*-aktive Sequenzen, ihr Einfluß ist auf denselben DNA-Strang beschränkt. In eukaryotischen Promotoren für die RNA-Polymerase II lassen sich zwei Typen von *cis*-aktiven Sequenzen unterscheiden, **Core-Promotor-Elemente** (Core-Elemente) und **Regulationselemente**. Die Core-Elemente, die sog. **TATA-Box** und/oder das **Initiationselement**, sind alleine oder in Kombination in nahezu jedem Promotor in ähnlicher Sequenz und Entfernung vom Transkriptionsstart vorhanden. Die TATA-Box liegt zwischen den Basenpaaren –24 und –36 oberhalb des Startpunkts für die mRNA und ist eine AT-reiche Sequenz der Art T-A-T-A-T/A-A. Sie fehlt bei sog. Haushalts-Genen, d.h. bei Genen, die für Enzyme des Grundstoffwechsels und des Cytoskeletts codieren. Initiationselemente bestehen aus einem A direkt am Start der mRNA in Position +1 und meist einem C direkt davor in Position –1. Regulationselemente unterscheiden sich in ihrer DNA-Sequenz. Jedes Gen besitzt sein eigenes Muster unterschiedlicher Regulationssequenzen, deren Kombination die spezifische Regulation der Transkription ermöglicht. Man unterscheidet zwei Typen von *cis*-aktiven Sequenzen, die die Transkription verhindernden **Silencer** und die sie fördernden **Enhancer**. Letztere sind Bereiche in der Promotorregion, die die Transkription erst erlauben bzw. verstärken. Sie können auch in einem mehrere kb großen Abstand zur Transkriptionsinitiationsstelle lokalisiert sein. Die Core-Promotor-Elemente wie auch die Silencer/Enhancer beeinflussen die Transkription nicht als solche, doch vermögen Transkriptionsfaktoren hochspezifisch an sie zu binden. Diese Faktoren sind in *trans* wirksam, d.h. ihr Einfluß ist nicht auf eine bestimmte Doppelhelix beschränkt; sie wirken vielmehr immer dann, wenn sie an eine für sie spezifische *cis*-aktive Sequenz binden können.

Transkriptionsfaktoren

Transkriptionsfaktoren sind die Schlüsselmoleküle zum Verständnis der Gen-Regulation und damit zur Ausprägung der Zelltypen. Inzwischen kennt man sehr viele Transkriptionsfaktoren, die bis ins molekulare Detail untersucht wurden. Mit zu den häufigsten Genen in einem Genom gehören die Gene für Transkriptionsfaktoren. Diese Faktoren werden zunächst in zwei Gruppen eingeteilt, die generellen und die promotorspezifischen. Eine weitere Unterteilung ist anhand der Domäne, die mit der DNA-Doppelhelix interagiert, möglich. Generelle Transkriptionsfaktoren binden an die Core-Promotor-Elemente und interagieren mit der RNA-Polymerase. Mit den generellen Faktoren interagieren promotorspezifsche Transkriptionsfaktoren. Sie sind Genspezifisch, ihre Bindung wird durch die Enhancer/Silencer dirigiert. Transkriptionsfaktoren haben mindestens zwei unterscheidbare Domänen, die Aktivierungs- und die DNA-Bindedomäne. Die Aktivierungsdomäne vermittelt den physikalischen Kontakt mit anderen generellen wie auch promotorspezifischen Transkriptionsfaktoren und der RNA-Polymerase, während die DNA-Bindedomäne mit der DNA-Doppelhelix interagiert. Die DNA-Bindedomänen zeigen unterschiedliche Motive, die sich in Gruppen einteilen lassen und zur Charakterisierung der Faktoren benutzt werden. Hierzu zählen u.a. das **Helix-Turn-Helix-Motiv**, bei dem zwei durch ein β-Faltblatt getrennte α-Helices den Kontakt zur großen Grube der DNA aufnehmen, und der **Zinkfinger** (s. 1.7.1). Homologe Bindemotive sind bei Faktoren identifiziert worden, die die Expression von funktionell gleichen bzw. ähnlichen Zelleistungen steuern. Wichtige Beispiele hierfür sind die HMG-Boxen (high mobility group), die ursprünglich bei bestimmtem Chromatin-assoziierten Proteinen entdeckt worden sind, die Homöodomänen der homöotischen Proteine (s. Kap. 13) oder die MADS-Boxen, die in Transkriptionsfaktoren vorkommen, die entwicklungsspezifische Vorgänge steuern (s. z.B. 13.1).

Im menschlichen Genom werden mehr als 50000 Gene von der RNA-Polymerase II transkribiert. Diese Gene werden entweder konstitutiv (Haushalts-Gene) oder zell- und stadienspezifisch exprimiert. Dies wird durch spezifische Muster von *cis*-aktiven Sequenzen, an sie bindende Transkriptionsfaktoren sowie auch durch Interaktionen zwischen den Transkriptionsfaktoren erreicht. Ein Motiv, das solche Protein-Protein-Interaktionen ermöglicht, ist der **Leucin-Zipper**. Charakterisiert ist diese helikale Domäne durch Leucinreste, die an jeder siebten Position vorkommen, und andere hydrophobe Aminosäuren, die zwischen den Leucinen an jeder vierten Position lokalisiert sind. Es ergibt sich dadurch eine amphipathische α-Helix, die nach Art eines Reißverschlusses mit einem parallel ausgerichteten Leucin-Zipper eines anderen Proteins ein Homo- bzw. Heterodimer ausbilden kann. Beim bZIP-Faktor (basic leucine zipper) erfolgt die Verankerung an die DNA durch zwei basische Domänen und die Protein-Protein-Interaktion über einen Leucin-Zipper (Abb. 5-44).

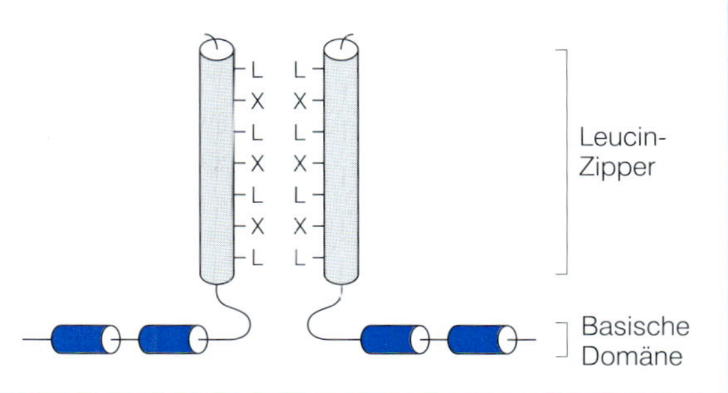

Abb. 5-44: Interaktion zweier Transkriptionsfaktoren über einen Leucin-Zipper. bZIP-Faktoren zeigen zwei distinkte Interaktionsbereiche. Die basischen Domänen interagieren mit *cis*-aktiven DNA-Elementen, während Protein-Protein-Interaktionen über einen Leucin-Zipper vermittelt werden. Hierbei handelt es sich um eine amphipathische α-Helix, bei der Leucin (L) an jeder siebten Position und andere hydrophobe Aminosäuren (X) an jeder vierten Position vorkommen. Ein Leucin-Zipper gestattet die Ausbildung von Homo- und Heterodimeren.

Initiation der Transkription

Die Aktivierung der Gen-Expression kann in mehrere Schritte unterteilt werden. Zunächst muß das Chromatin für die an die Enhancer bindenden Transkriptionsfaktoren zugänglich sein. Die Interaktion der Transkriptionsfaktoren mit den *cis*-aktiven Elementen sowie untereinander dirigiert die weiteren Prozesse am Core-Promotor. Im nächsten Schritt wird die Core-Promotorregion präformiert, die zunächst noch in Nucleosomenstrukturen verborgen sein kann. Eine Reihe von Proteinfaktoren ist beschrieben worden, die ATP-abhängig die Nucleosomenstruktur am Core-Promotor verändern wie z.B. SWI/SNF (switch/sucrose nonfermenting complex) und NURF (nucleosome-remodeling factor). Es wird vermutet, daß die DNA-Doppelhelix zugänglich gemacht wird, indem Interaktionen zwischen den Histonen H2A und H2B gestört werden. Ist die Doppelhelixstruktur präformiert, so können die TFIIs (Transkriptionsfaktoren der RNA-Polymerase II) mit den freigelegten Core-Promotorelementen interagieren. Der Verankerungspunkt auf der DNA-Doppelhelix, die TATA-Box, wird von dem speziellen Transkriptionsfaktor TBP (TATA box binding protein) gebunden. TBP bildet mit den TAFs (TBP-associated factors) den Komplex TFIID aus, der seinerseits wiederum mit einer Reihe weiterer TFII-Komplexen interagiert. Erst jetzt kann die RNA-Polymerase II, die nicht direkt mit der TATA-Box in Wechselwirkung steht, mit Hilfe dieses Initiationskomplexes die Transkription starten (Abb. 5-45).

Die Initiation der Transkription ist für die RNA-Polymerase I bzw. III im Grundprinzip ähnlich. Die Promotorstrukturen unterscheiden sich zwar signifikant, dennoch gehören auch hier die Präformierung der Chromatinstruktur sowie die Ausbildung der Initiationskomplexe an den jeweiligen Promotorregionen zu den ersten Schritten. Interessanterweise haben nicht nur die drei RNA-Polymerasen einige gemeinsame Untereinheiten, sondern auch einige gemeinsame Transkriptionsfaktoren wie z.B. TBP.

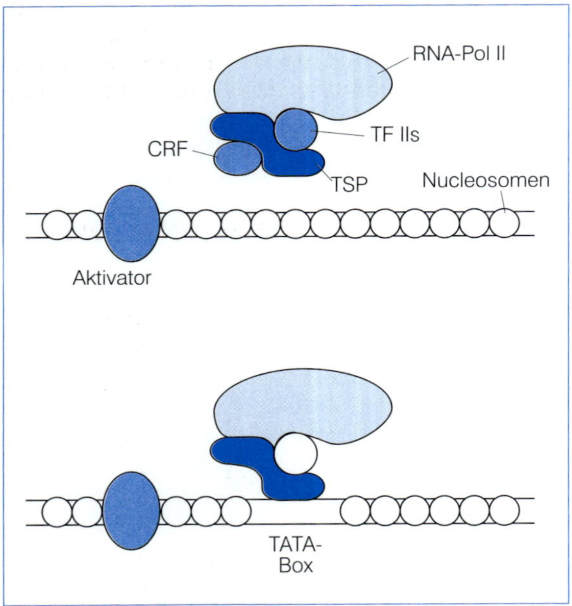

Abb. 5-45: Modell zur Initiation der Transkription für die RNA-Polymerase II. Ein Aktivator, gebunden an sein *cis*-aktives DNA-Element, dirigiert die Faktoren, die an den Core-Promotor binden. Zunächst wird der Promotorbereich zugänglich gemacht, was durch chromatinmodulierende Proteine (hier CRF) katalysiert wird. Ist die TATA-Box freigelegt, so kann der Initiationskomplex binden. TBP, eine Untereinheit des TFIID, interagiert hierbei direkt mit der TATA-Box. Mit Hilfe weiterer Transkriptionsfaktorkomplexen (TFIIs, nicht maßstabsgerecht) wird die RNA-Polymerase an die korrekte Initiationsstelle dirigiert und kann anschließend ohne die TFIIs transkribieren.

Manche Promotoren, die von der RNA-Polymerase II bedient werden, enthalten keine TATA-Box, sondern ein Initiationselement. Dieses befindet sich in der Gen-Region, die den Bereich des Transkriptionsstarts darstellt. Dennoch ist auch in Initiationskomplexen an diesen Promotoren das TBP (TATA box binding protein) essentiell. Somit ist nicht die Bindung von TBP an die TATA-Box ausschlaggebend, sondern seine Funktion. Dies erklärt auch, warum TBP in Initiationskomplexen anderer Polymerasen vorhanden ist, obwohl solche Promotoren keine TATA-Box enthalten.

Imprinting

Säugerzellen sind diploid. Somit sind von jedem Gen zwei Kopien vorhanden, von denen eines von der Mutter, das andere vom Vater abstammt. Eigentlich sollten beide gleichwertig sein. Inzwischen ist jedoch von einer Reihe von Genen gezeigt worden, daß sie elternspezifisch und mono-allelisch exprimiert werden. Dieses Phänomen, das Imprinting genannt wird, führt zur Ausprägung nur eines Gens, was dem Grundsatz widerspricht, daß bei einem diploiden Organismus beide parentale Gene zum Phänotyp beitragen. Strukturell werden für ein Imprinting Methylierungen und andere Chromatinstrukturen verantwortlich gemacht. Gene, die einem Imprinting unterliegen, befinden sich in definierten Loci innerhalb von Chromosomen, die manchmal als genetischer Ort von Erbkrankheiten identifiziert wurden. Wenn auch der biologische Sinn der monospezifischen Expression noch wenig verstanden ist, zeichnet sich dennoch ein erstes Bild ab. Denn an gut untersuchten Beispielen bei Mäusen und Menschen konnte gezeigt werden, daß zumindest einige dieser Gene für wichtige, an der Zellproliferation beteiligte Proteine bzw. für Onkoproteine codieren.

Etwa 20 Gene sind bisher beschrieben worden, die einem Imprinting unterliegen; man vermutet jedoch mehr als 100 solche Gene. Beispielsweise wird IGF2 (insulin like growth factor 2) beim Menschen und bei der Maus nur paternal, der Rezeptor für IGF2 bei der Maus, nicht jedoch beim Menschen, ebenfalls nur paternal exprimiert. Auch Insulin wird bei der Maus nur vom männlichen Allel gebildet. Die mono-allelische Expression ist verantwortlich dafür, daß sich uniparentale Säugerembryonen, bei denen also beide haploide Gametenkerne mütterlichen oder väterlichen Ursprungs sind, nicht normal entwickeln können.

5.7.3 Prozessierung der Prä-mRNA

In Bakterien bekommt die mRNA schon während ihrer Synthese Kontakt zu Ribosomen und wird translatiert (cotranskriptionelle Translation). Bei Eukaryoten dagegen erfährt das als Prä-mRNA bezeichnete **Primärtranskript** zunächst im Zellkern verschiedene Veränderungen, d.h. es wird prozessiert und modifiziert. Die nucleäre Prä-mRNA fällt durch ihren raschen Turnover und den minimalen Methylierungsgrad auf; sie wird bei Pulsmarkierungen innerhalb weniger Minuten durchmarkiert, ihre Halbwertszeit beträgt 3–60 min. Nur etwa 10–25% der Gesamtmenge davon erscheint als reife mRNA im Cytoplasma. Wegen der stark variablen Molekülgröße (weniger als 1000 bis ca. 60000 Nucleotide) wurde diese RNA-Population zunächst als **hnRNA** (heterogeneous nuclear RNA) bezeichnet. Die wichtigsten posttranskriptionellen Reifungsprozesse sind die folgenden:

- **Capping**: Das 5′-Ende von mRNAs wird posttranskriptionell modifiziert. Drei Enzyme sind an der Bildung der als Cap bezeichnete Terminalstruktur m^7GpppN-Ende (mit N als erster transkribierter Base) beteiligt (Abb. 5-46). Vermutlich schützt diese Struktur die mRNA vor Abbau durch Exonucleasen. An die Cap-Struktur bindet ein CBC (cap binding complex). Der RNA-CBC-Komplex spielt eine wichtige Rolle beim Spleißen und auch beim Export von RNA aus dem Zellkern (s. 5.1.3).
- **Polyadenylierung**: Die RNA-Polymerase II transkribiert die mRNA weit über das 3′-Ende der codierenden Region hinaus. Das 3′-Ende wird im Anschluß prozessiert und mit einem $Poly(A)^+$-Schwanz versehen. Dies unterliegt einer komplexen Regulation durch eine Reihe von Proteinfaktoren. Bei der 3′-Prozessierung spielen *cis*-aktive Sequenzen und daran bindende *trans*-Faktoren eine Rolle (Abb. 5-47). Im 3′-nichttranslatierten Bereich der mRNAs liegt die konservierte Sequenz AAUAAA, an die CPSF (cleavage and polyadenylation specificity factor) bindet. An einen weiter zum Ende hin gelegenen GU-reichen Sequenzabschnitt assoziiert CstF (cleavage stimulation factor). Seine Interaktion mit CPSF führt dazu, daß die mRNA 3′ von der AAUAAA-Sequenz geschnitten wird. An das neuentstandene Ende synthetisiert im Anschluß die Poly(A)-Polymerase den $Poly(A)^+$-Teil. Dieser Teil der mRNA ist Bindestelle für weitere Kernproteine wie PAB (poly(A)-binding protein).
- **Spleißen**: Die meisten Primärtranskripte enthalten Introns, die posttranskriptionell ausgeschnitten (gespleißt) werden. Man teilt die Introns nach dem Spleißmechanismus und ihrer Struktur in verschiedene Gruppen ein (s. 5.6.1). Die vier wichtigsten sind Introns in einigen tRNA-Genen, spleißosomale Introns in Genen des Zellkerns, Gruppe-I-Introns in Genen von Organellen-Genomen und Zellkern sowie die Gruppe-II-Introns in Genen von Organellen-Genomen und seltener von

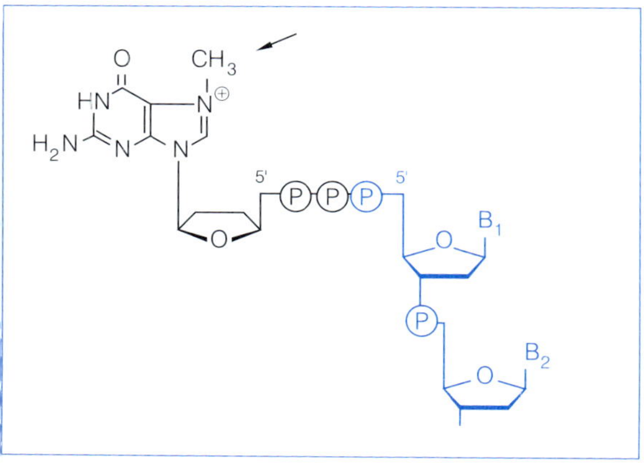

Abb. 5-46: Cap-Struktur am 5′-Ende eukaryotischer mRNAs. Der Pfeil weist auf eine Methylierung des Guanosinrests. Der angehängte Guanosindiphosphatrest besitzt eine umgekehrte Polarität wie die (farbige) mRNA, er maskiert deren Phosphat-Ende durch ein OH-Ende.

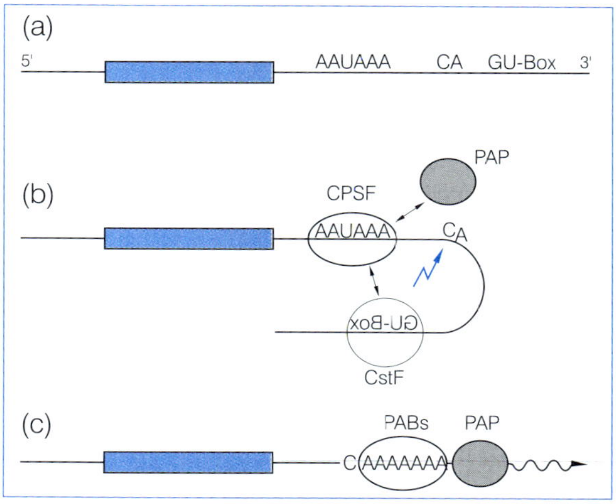

Abb. 5-47: Polyadenylierung von mRNA. (**a**) Ein Transkript der RNA-Polymerase II enthält im nichttranslatierten 3′-Bereich zwei wichtige Erkennungssequenzen. Die Polyadenylierungsstelle (AAUAAA) wird von CPSF (cleavage and polyadenylation specificity factor) gebunden, mit eine GU-Box interagiert der CstF (cleavage stimulation factor). (**b**) Die Interaktion dieser beiden Komplexe bewirkt, daß die mRNA 3′ der Polyadenylierungsstelle geschnitten wird (farbiger Pfeil). (**c**) An das neue Ende synthetisiert PAP (Poly(A)-Polymerase) einen $Poly(A)^+$-Schwanz, an den sofort PABs (poly(A)-binding protein) binden.

Bakterien (z.B. Cyanobakterien). Gruppe-I-Introns sind berühmt für ihre intrinsische Fähigkeit, ohne Proteinbeteiligung autonom zu spleißen. Eine Sonderform des Spleißens führt dazu, daß von einer codierenden Sequenz mehrere verschiedene Transkripte entstehen können. Bei diesem **alternativen Spleißen** werden unterschiedlich viele Exons zusammengeführt. Dies kann, beim sog. ***trans*-Spleißen**, auch zur kovalenten Verknüpfung von Exons verschiedener Transkripte führen, es entsteht eine hybride mRNA aus Exons verschiedener Transkriptionseinheiten. Das Ausschneiden der spleißosomalen Introns ist besonders gut untersucht. Das Spleißosom ist ein Komplex aus einer Vielzahl von Proteinen und den U1-, U2-, U5- und U4/U6-RNPs (UsnRNPs). Es interagiert mit einem konservierten GU am 5′-Ende und einem konservierten AG am 3′-Ende des Introns sowie mit einer weiteren konservierten Sequenz in der Nähe des 3′-Endes des Introns, die man als Branchpoint bezeichnet. Die Entfernung des Introns erfolgt in zwei Schritten (Abb. 5-48). Zunächst wird bei GU geschnitten und das nun freie 5′-Ende des Introns in einer 5′-2′-Bindung an ein A des Branchpoints gebunden. Es sind nun zwei nicht kovalent verbundene RNA-Moleküle im Spleißosom vorhanden. Im zweiten Schritt wird bei AG geschnitten, und die beiden Exon-Sequenzen werden kovalent verknüpft.

- **Editierung von RNA**: RNAs können in ihrer Basensequenz posttranskriptionell verändert werden. Dieser Vorgang wurde zunächst in Organellen entdeckt (s. 10.2.2). In nucleären Genomen sind Editierungen vergleichsweise selten.

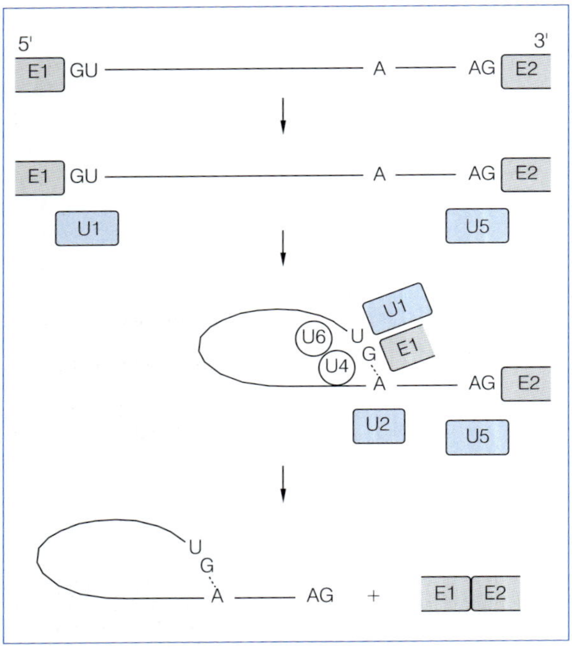

Abb. 5-48: Spleißen von Prä-mRNA. Dargestellt sind zwei Exons (E1, E2), die von einem Intron getrennt werden. Die konservierten Spleißgrenzen (5′GU und 3′AG) und der Branchpoint (A) liegen im Intron. Beim Spleißen bindet die snRNA U1 mit ihren komplementären Sequenzen an die 5′-Spleißstelle, U5 an die 3′-Spleißstelle. An der 5′-Spleißseite wird geschnitten, es bildet sich im folgenden ein Intermediat aus, in dem zusätzlich noch eine Bindung von U2 an den Verzweigungspunkt stattfindet und die snRNAs U6 und U4 beteiligt sind. Es wird eine 2′-5′-Phosphodiesterbindung zwischen dem terminalen G der 5′-Spleißstelle und dem A des Branchpoints ausgebildet. Nach Schneiden an der 3′-Spleißseite und Ligation der beiden Exons hat das herausgeschnittene Intron eine Lasso-Form (Lariat). Beteiligte Proteinkomponenten sind in der Zeichnung vernachlässigt.

5.7.4 RNP-Partikel und rRNA-Prozessierung

Weder im Zellkern noch im Cytoplasma liegen die RNAs nackt vor, sondern immer als **RNP-Partikel** (Ribonucleoprotein), d.h. gebunden an Proteine. Der Hauptteil der RNA im Zellkern gehört einer hochmolekularen und heterogenen Fraktion an. Die RNA-Populationen in Form von **hnRNAs** sind instabil. Zu den hnRNAs gehören noch nicht gespleißte mRNAs und auch die kleinen RNAs, die für das Spleißen der prä-mRNAs notwendig sind. Diese werden auch als **snRNAs** (small nuclear) bezeichnet, um sie von den **scRNAs** (small cytoplasmic) zu unterschieden.

Die Gene für die ribosomalen RNAs (rRNAs) sind mit Ausnahme der 5S rRNA im Nucleolus in vielen, oft tausenden von Kopien lokalisiert (Tab. 5-8). Das Primärtranskript eines rRNA-Clusters umfaßt die 18S, die 26/28S und 5,8S rRNA. Der Bereich zwischen 18S und 5,8S rRNA wird ITS1 (internal transcribed spacer), der zwischen 5,8S und 28S rRNA ITS2 genannt. Die tandemartig angeordneten rRNA-Gene sind durch nicht-transkribierte Spacer voneinander getrennt (Abb. 5-49 und 5-50). Bei der Prozessierung der Prä-rRNAs ist die Reihenfolge der jeweiligen endonucleolytischen Schnitte von Organismus zu Organismus verschieden und kann sich auch in den einzelnen Zelltypen eines Organismus unterscheiden, Endprodukte sind jedoch immer die 18S rRNA sowie ein Hybrid aus 28S und 5,8S rRNA. Während der Prozessierungen kommt es zu einer Reihe von Modifizierungen der rRNAs, z.B. 2′-O-Methylierungen der Ribose und Umwandlung einiger Uridine in Pseudouridine. Bei der Prozessierung und bei diesen Modifikationen der rRNAs sowie beim Einpassen in die Prä-

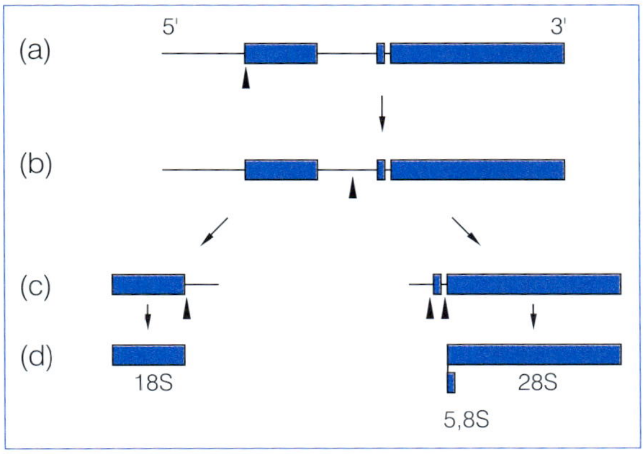

Abb. 5-49: Die rDNA der Nucleolus-Organisator-Region enthält in Tandemrepetitionen die Gene für die großen rRNAs (18S, 5,8S, 28S). Das Primärtranskript (7-14 kb, entsprechend 35-47S) umfaßt neben den Sequenzen dieser rRNAs noch die internen transkribierten Spacer (ITS1 und ITS2), die bei der Prozessierung entfernt werden (**a – d**). Im Gen-Bereich ist die DNA im Abstand von 100 bp mit Polymerase I besetzt; auf ein rRNA Gen-Cluster kommen etwa 80 Polymerasen. Die Primärtranskripte stehen seitlich ab, sie werden bereits während der Transkription mit Proteinen beladen. Der nichttranskribierte Spacer (Längenvariation 2-30 kbp) enthält verschiedene Repetitionssequenzen mit Enhancerwirkung.

Tab. 5-8. Repetitionsgrade der rRNA-Gene im Nucleolus.

Organismus	Zahl der rRNA-Gene im Nucleolus (haploid)
Euglena	ca. 1000
Acetabularia acetabulum	>20000*
Saccharomyces cerevisiae	140
Vicia faba	ca. 9500
Nicotiana	>2000
Ascaris	350
Drosophila	400**
Xenopus	900***
Maus	430
Mensch	450

* Im Primärkern.
** Amplifikation auf ca. 2 Millionen in Oocyten.
*** Starke Amplifikation in Oocyten (s. 13.5).

Ribosomenstruktur sind etwa 150 verschiedene RNP-Partikel beteiligt. Die RNA-Bestandteile der RNPs werden hier, da sie ihren Wirkort im Nucleolus haben, **snoRNAs** (small nucleolar) genannt. Da viele der snoRNP-Partikel ähnliche Proteinanteile haben, hat man sie in drei Gruppen eingeteilt. Eine der Gruppen enthält Endonucleasen, die am korrekten Prozessieren von RNAs beteiligt sind, während in den beiden anderen Gruppen RNPs vorkommen, die an Modifikationsreaktionen, dem korrekten Falten der rRNAs sowie auch an Prozessierungsreaktionen beteiligt sind. Die snoRNAs selbst stammen aus unterschiedlichsten Transkripten. Während für manche eigenständige Genen existieren, die von der RNA-Polymerase II bzw. III transkribiert werden, sind andere als Bestandteil von Intronstrukturen identifiziert worden.

5.8 Weiterführende Literatur

Kernhülle, Kerntransport, Chromatin

Cordes V C, Reidenbach S, Franke W W (1996) Cytoplasmic annulate lamellae in cultured cells: composition, distribution, and mitotic behavoir. Cell Tissue Res. 284, 177–191.

Cowin P, Burke B (1996) Cytoskeleton-membrane interactions. Curr. Biol. 8, 56–65.

Daneholt B (1997) A look at messenger RNP moving through the nuclear pore. Cell 88, 585–588.

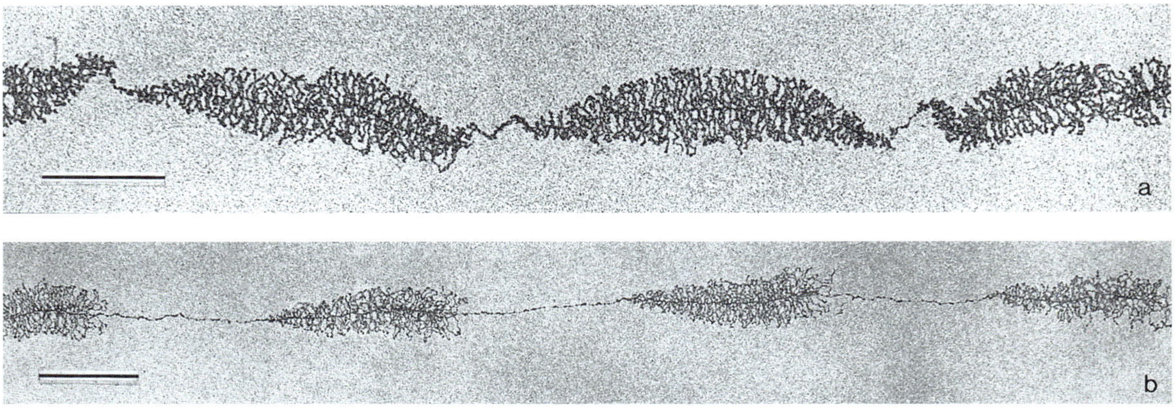

Abb. 5-50: rRNA-Synthese bei *Acetabularia exigua* (a) und bei der siphonalen Grünalge *Batophora* (b). Bei (a) grenzen je zwei Gene mit gegenläufiger Polarität unmittelbar aneinander, zwischen den Paaren liegen kurze Spacer. (EM-Aufnahmen: S. Berger)

Doye V, Hurt E (1997) From nucleoporins to nuclear pore complexes. Curr. Biol. 9, 401–411.
Dutnall R N, Ramakrishnan V (1997) Twists and turns of the nucleosome: tails without ends. Curr. Biol. 5, 1255–1259.
Georgatos S D, Meier J, Simons G (1994) Lamins and lamin-associated proteins. Curr. Opinion Cell Biol. 6, 347–353.
Görlich D (1997) Nuclear protein import. Curr. Opinion Cell Biol. 9, 412–419.
Grunstein M (1997) Histone acetylation in chromatin structure and transcription. Nature 389, 349–352.
Heck M M (1997) Condensins, cohesins, and chromosome architecture: How to make and break a mitotic chromosome. Cell 91, 5–8.
Heyting C (1996) Synaptonemal complexes: structure and function. Curr. Opinion Cell Biol. 8, 389–396.
Marshall I C B, Wilson K L (1997) Nuclear envelope assembly after mitosis. Trends Cell Biol. 7, 69–74.
Marshall W F, Fung J C, Sedat J W (1997) Deconstructing the nucleus: global architecture from local interactions. Curr. Opinion Genet. Develop. 7, 259–263.
Moore M S (1996) Nuclear export – out of the dark. Curr. Biol. 6, 137–140
Nakielny S, Dreyfuss G (1997) Nuclear export of proteins and RNAs. Curr. Opinion Cell Biol. 9, 420–429.
Pederson T (1998) Thinking about a nuclear matrix. J. Mol. Biol. 277, 147–159.
Prescott D M (1993) Restructuring of DNA sequences in the germline genome of *Oxytricha*. Curr. Opinion Genet. Develop. 3, 726–729.
Pereira S L, Grayling R A, Lurz R, Reeve J N (1997) Archeal nucleosomes. Proc. Natl. Acad. Sci. USA 94, 12633–12637.
Rhodes D (1997) The nucleosome core wrapped up. Nature 389, 231–233.
Zlatanova J (1997) Archaeal chromatin. Virtual or real? Proc. Natl. Acad. Sci. USA 94, 12251–12254.

DNA, Replikation, Transkription

Arber W (1997) Spontanmutationen. Naturw. Rdsch. 50, 1–9.
Autexier C, Greider C W (1996) Telomerase and cancer: revisiting the telomere hypothesis. Trends Biochem. Sci. 21, 387-391.
Chevalier S, Blow J J (1996) Cell cycle control of replication initiation in eukaryotes. Curr. Biol. 8, 815–821.
Chu G (1997) Double strand break repair. J. Biol. Chem. 272, 24097–24100.
Cox M M (1997) Recombinational crossroads: Eukayrotic enzymes and the limits of bacterial precedents. Proc. Natl. Acad. Sci. USA 94, 11764–11766.
Dynlacht B D (1997) Regulation of transcription by proteins that control the cell cycle. Nature 389, 149–152.
Graves J A M (1998) Interactions between *SRY* and *SOX* genes in mammalian sex determination. BioEssays 20, 264–269.
Greenblatt J (1997) RNA polymerase II holoenzyme and transcriptional regulation. Curr. Opinion Cell Biol. 9, 310–319.
Heard E, Clerc P, Avner P (1997) X-Chromosome inactivation in mammals. Annu. Rev. Genet. 31, 571–610.
Jallepalli P V, Kelly T J (1997) Cyclin-dependent kinase and initiation at eukaryotic origins: a replication switch? Curr. Opinion Cell Biol. 9, 358–363.
John R M, Surani M A (1996) Imprinted genes and regulation of gene expression by epigenetic inheritance. Curr. Opinion Cell Biol. 8, 348–352 .
Kass S U, Pruss D, Wolffe A P (1997) How does DNA methylation repress ranscription. Trends Genet. 13, 444–449.
Kidwell M G, Lisch D (1997) Transposable elements as sources of variation in animals and plants. Proc. Natl. Acad. Sci. USA 94, 7704–7711.
Kipling D, Warburton P E (1997) Centromeres, CENP-B and trigger too. Trends Genet. 13, 141–145.
Lindahl T, Karran P, Wood R D (1997) DNA excision repair pathways. Curr. Opinion Genet. Develop. 7, 158–169.
Keller W, Minvielle-Sebastia L (1997) A comparison of mammalian and yeast pre-mRNA 3′-end processing. Curr. Opinion Cell Biol. 9; 329–336.
Lalande M (1997) Parental imprinting and human disease. Ann. Rev. Genet. 30, 173–195.
Maas S, Melcher T, Seeburg P (1997) Mammalian RNA-dependent deaminases and edited mRNAs. Curr. Opinion Cell Biol. 9, 343–349.
Mitelmann F, Hrsg. (1995) An International System for Human Cytogenetic Nomenclature. S. Karger, Basel.
Morin G B (1996) The structure and properities of mammalian telomerase and their potential impact on human disease. Cell Develop. Biol. 7, 5–13.
Nakao M, Sasaki H (1996) Genomic imprinting: significance in development and diseases and the molecular mechanism. J. Biochem. 120, 467–473.
Newport J, Yan Hong (1996) Organization of DNA into foci during replication. Curr. Opin. Cell Biol. 8, 365–368.
Novina C D, Roy A L (1996) Core promoters and transcriptional control. Trends Genet. 9, 351–355.
Newport J, Yan H (1996) Organization of DNA into foci during replication. Curr. Opinion Cell Biol. 8, 365–368.
Patience C, Wilkinson D A, Weiss R (1997) Our retroviral heritage. Trends Genet. 13, 116–120..
Pugh B F (1996) Mechanisms of transcription complex assembly. Curr. Biol. 8, 303–311.
Ransih J A, Hahn S (1996) Transcription: basal factors and activation. Curr. Opinion Genet. Develop. 6, 151–158.
Smeal T, Guarente L (1997) Mechanisms of cellular senescence. Curr. Opinion Genet. Develop. 7, 281–287.
Tollervey D, Kiss T (1997) Function and synthesis of small nucleolar RNAs. Curr. Opinion Cell Biol. 9, 337–342.
Will C L, Lührmann R (1997) Protein functions in pre-mRNA splicing. Curr. Biol. 9, 320–328.

6 EXTRAZELLULÄRE GENETISCHE ELEMENTE

Extrazelluläre genetische Elemente sind Viren und Viroide. Sie besitzen zwar ein Genom, das auch mutierbar ist, genügen aber sonst nicht den Kriterien für eine lebende Zelle (s. 1.1). Viren bestehen aus einem proteincodierenden Genom, das von einer als Capsid bezeichneten Proteinhülle umgeben ist. Viroide sind nackte RNA-Moleküle, die nicht für Proteine codieren. Viren und Viroide brauchen für ihre Vermehrung Proto- oder Eucyten, sie sind Parasiten. Als infektiöse Partikel „zwingen" sie ihre Wirtszellen dazu, sie in das Cytoplasma aufzunehmen und zu vermehren. Viren gibt es wahrscheinlich für alle Zellen bzw. Organismen, Viroide sind bisher nur von höheren Pflanzen beschrieben worden.

Infektiös sind auch die Prion-Partikel, für die bisher kein eigenes Genom entdeckt worden ist. Sie stellen ein vom Wirtsorganismus codiertes Protein dar, dessen Konformation in charakteristischer Weise verändert ist.

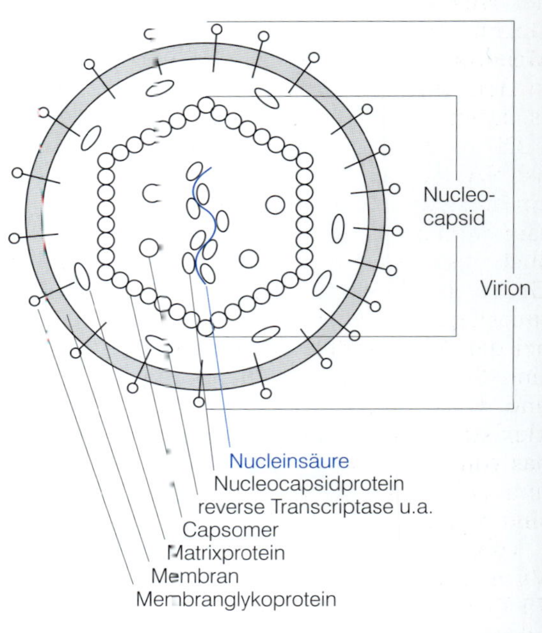

Abb. 6-2: Modell eines sphärischen Virions, hier für ein komplexes Virus wie z. B. für ein Retrovirus. Nicht alle Viren enthalten alle eingezeichneten Komponenten. Bei manchen tragen die Capside lange Anhängsel, z. B. beim T4-Phagen oder bei Adenoviren.

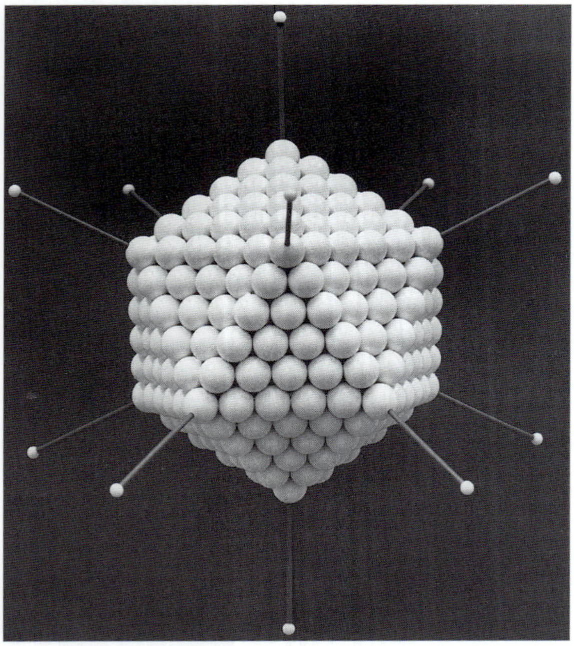

Abb. 6-1: Modell eines Adenovirus. Die strenge Geometrie des Capsids besteht in der konstanten Zahl seiner Konstituenten. 252 Capsomere sind in 20 gleichseitigen Dreiecken angeordnet. Die flächen- und kantenständigen Capsomere bestehen aus sechs identischen Untereinheiten, die eckenständigen aus fünf ebenfalls identischen, aber anderen Untereinheiten. Die eckenständigen antennenartigen Gebilde werden aus zwei weiteren Polypeptiden aufgebaut; sie ermöglichen den Viren den Kontakt zur Wirtszelle.

6.1 Viren

Viruspartikel oder **Virionen** treten in einer Fülle von Erscheinungsformen auf, und ihre Größe reicht von den kleinen Parvoviren mit 20 nm Durchmesser bis zum Pockenvirus mit 200 nm Durchmesser. Einfache Viren besitzen eine Proteinhülle, das **Capsid**, das aus nur einem einzigen Protein, aber auch aus zahlreichen Proteinspezies bestehen kann. Capside haben eine stäbchenförmige oder sphärische Struktur, wobei eikosaedrische Formen überwiegen (Eikosaeder bestehen aus 20 gleichseitigen Dreiecksflächen mit 12 Ecken). Die Geometrie eines Capsids kann außerordentlich streng sein (Abb. 6-1). **Komplexe Viren** sind zusätzlich von einer Membran umgeben (Abb. 6-2). Die Viren der Protocyten sind immer einfach, sie werden auch als Phagen oder **Bakteriophagen** bezeichnet. Die virale Nucleinsäure ist mit Protein komplexiert, entweder mit besonderem Nucleocapsidprotein oder mit Histon der Wirtszelle wie bei den Papovaviren oder mit den Capsomeren selbst oder – bei manchen komplexen Viren, die kein Capsid besitzen – mit der Innenseite der Membran. Alle Proteine eines Virions werden, mit Ausnahme der Histone bei den Papovaviren, vom viralen Genom codiert. Die Lipidkomponenten der Membran hingegen stammen von derjenigen zellulären Membran, aus der das Virus ausknospt (s. unten).

Die Genome der Viren können aus ssRNA, dsRNA, ssDNA oder dsDNA bestehen. Meist ist ein einziges ringförmiges oder lineares Nucleinsäuremolekül vorhanden, das Genom kann aber auch aus mehreren Molekülen bestehen. Bei der Größe der Genome und damit bei der Codierungskapazität ist die Bandbreite noch weiter als bei den Viriongrößen (Tab. 6-1). Die kleinsten sind die sog. Virusoide mit dem Hepatitis-δ-Virus und verschiedenen Formen in Pflanzen. Das kleinste zelluläre Genom – zum Vergleich – ist das von *Mycoplasma genitalium* mit 580070 bp und 470 codierten Proteinen. Die größten Viren sind hiervon nicht allzuweit entfernt.

Vom International Committee on Taxonomy of Viruses (ICTV) sind knapp 4000 Virenspecies in 75 Familien beschrieben worden. Eine Virenart bildet definitionsgemäß ein replikatives Kontinuum und besiedelt eine bestimmte ökologische Nische. Für den Menschen gibt es allein 75 Papillomvirentypen (HPV, Human Papilloma Virus), von denen unter anderen HPV-16 und HPV-18 carcinogen sind. Der Mensch ist Wirtsorganismus für weit mehr als 100 verschiedene Viren. Wenn man bedenkt, daß auch für *E. coli* mehr als 100 Bacteriophagenarten bekannt sind und praktische jede Zelle/Organismus Wirt für Viren sein dürfte, muß ihre Artenzahl und Anzahl astronomisch sein.

Über die Herkunft der Viren läßt sich nur spekulieren. Man geht aber davon aus, daß Viren und Wirte eine lange **Coevolution** durchgemacht haben, die letztlich die Existenz beider zuläßt; diese Coevolution ist bei Retroviren besonders eindrücklich (s. unten). Zwischen Virus und Wirt besteht ein ausbalanciertes Gleichgewicht von gegenseitigem Angriff und Abwehr, auch wenn das nicht immer so zu sein scheint. Der T4-Phage von *E. coli* z.B. ist ein ausgesprochen „aggressives" Virus (s. unten). Anders ist die Situation zunächst bei ganz neuen Virus-Wirt-Beziehungen, wie es mit HIV oder dem Ebola-Virus offenbar der Fall ist, die wahrscheinlich erst kürzlich von Affen als den ursprünglichen Wirten auf den Menschen übergegangen sind. Sie stehen mit ihrem neuen Wirt nicht im Gleichgewicht und können sehr gefährlich sein. Das Variolavirus (Pockenvirus) dagegen hat beispielsweise im Menschen seinen natürlichen Wirt, es besteht kein anderes natürliches Reservoir. Durch die Schutzimpfungen konnte es ausgerottet werden.

Tab. 6-1: Genome von Viren.

Name	Genom	Nucleotide	codierte Proteine bzw. ORFs	Wirt
Hepatitis-δ-Virus	ssRNA	1678 b	2	Mensch
MS2	ssRNA	3569 b	3	*E. coli*
ΦX174	ssDNA	5386 b	11	*E. coli*
HIV	ssRNA	9193 b	ca. 15	Mensch
λ	dsDNA	48502 bp	ca. 40	*E. coli*
Herpes simplex Virus 1	dsDNA	152269 bp	ca. 80	Mensch
T4	dsDNA	168800 bp	ca. 200	*E. coli*
Pockenvirus	dsDNA	191636 bp	ca. 190	Mensch
Cytomegalovirus	dsDNA	229354 bp	ca. 200	Mensch

Das Variolavirus wird allerdings noch in zwei Sammlungen von Virusstämmen, in Washington und in Moskau, aufbewahrt.

Die genetische Variabilität von Viren ist sehr unterschiedlich, jedoch relativ hoch. Das gilt besonders für RNA-Viren, da bei der Replikation des Genoms kein Korrekturlesen stattfindet. Die Fehlerrate der reversen Transcriptase beispielsweise liegt um 10^{-5} pro Base und Zyklus; diese Fehlerquote ist um den Faktor 1000 höher als bei der zellulären DNA-Polymerase. Das gesamte Mutantenensemble einer Viruspopulation wird als **Quasispezies** bezeichnet. Es ist anzunehmen, daß sich ein Virus um so erfolgreicher dem Immunsystem seines Wirts entziehen kann, je größer seine Quasispezies ist.

Die Art und Weise, wie Viren in ihre Wirtszellen gelangen und sich dort vermehren lassen, welche „Strategien" sie für ihren Infektionszyklus entwickelt haben, ist vielfältig und faszinierend. Sehr viele Möglichkeiten werden durchgespielt. Die Infektion beginnt mit einer Adsorption des Virus an der Oberfläche der Wirtszelle an einen spezifischen „Rezeptor" (Tab. 6-2).

Es ist weitgehend unbekannt, wie die Nucleinsäuren der Phagen und einfachen Viren in ihre Wirtszellen eindringen bzw. injiziert werden. Bei komplexen Viren fusioniert die virale Membran mit der Plasmamembran oder nach Endocytose

Tab. 6-2: Rezeptoren für Viren an den Oberflächen ihrer Wirtszellen.

Virus	Wirt	Rezeptor
Influenzavirus	Mensch	Sialinsäurereste
T4	*E. coli* B	LPS der äußeren Membran
	E. coli K	OmpC (ein Porin)
λ	*E. coli*	Maltoprotein in ä. Membran Mannose-Translokator in i. Membran
Rhinovirus	Mensch	Zelluläres Adhäsionsprotein ICAM-1
HIV	T-Helferzellen	CD4-Molekül

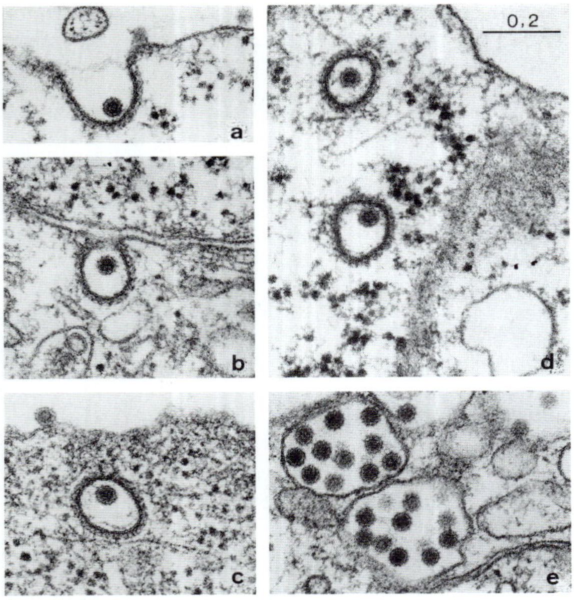

Abb. 6-3: Endocytose von Semliki-Forest-Viren durch BHK-Zellen (baby hamster kidney) in einer Zellkultur. (**a – d**) verschiedene Stadien der Endocytose über Coated Pits und Coated Vesikel. (**e**) Endosom, bereits ohne Coat, mit vielen Viren, aus dem die Capside durch Fusion der viralen Membran mit der Endosomenmembran in das Cytoplasma gelangen. (EM-Aufnahmen: J. Kartenbeck)

mit der endosomalen Membran, so daß das ganze Capsid in das Cytoplasma gelangt (Abb. 6-3). Beim Influenzavirus wird die Membranfusion durch das virale Membranprotein Hämagglutinin initiiert, wofür bereits ein gutes Modell existiert (s. 2.8).

Virale Genome können in der Zelle in Form von Plasmiden vorliegen oder – immer als DNA – kovalent in das Wirtsgenom integriert werden. Diese integrierte DNA wird dann als **Provirus** (Prophage) bezeichnet. Nach viraler Infektion kann es für die Zelle verschiedene Konsequenzen geben:

- Das Virus wird vermehrt und die Zelle stirbt ab.
- Die Zelle bleibt erhalten, produziert aber permanent geringe Mengen an Virus.
- Das Virus geht in einen Latenzzustand über, die Zelle bleibt erhalten, Virus wird nicht produziert.
- Die Zelle wird durch das Virus „immortalisiert", d.h. sie wird in der Regulation ihres Zellzyklus in der Weise verändert, daß sie sich ständig teilt. Diese Veränderung des Zellverhaltens kann gleichbedeutend sein mit einem Transformationsschritt in Richtung Tumorzelle.

Für Bakteriophagen werden die Ausdrücke lysogen oder temperent gebraucht, wenn die viralen Genome kovalent integriert sind. Virulent oder lytisch sind Phagen, wenn sie in der Zelle vermehrt und durch Lyse der Zelle freigesetzt werden. Die Strategien der Viren sind zunächst einmal abhängig von der Art ihrer Genome; zur Umsetzung ihrer genetischen Information setzen sie – soweit möglich – zelluläre Mechanismen ein

- **ssRNA-Viren mit (-)-Strang-RNA**. Die virale RNA wird durch eine RNA-abhängige RNA-Polymerase, die vom Virus in die Zelle mit eingebracht wird und Virus-codiert ist, in (+)-Strang-RNA umgeschrieben. Diese dient als mRNA zur Translation durch den zellulären Apparat und als Matrize für die Synthese neuer (-)-Strang-Genome durch die virale RNA-Polymerase. In diese Gruppe gehören die Paramyxoviridae mit dem Masernvirus, die Orthomyxoviridae mit den Influenzaviren, die Rhabdoviridae mit dem Tollwutvirus (Rabiesvirus) und dem Virus der vesikulären Stomatitis u.a..
- **ssRNA-Viren mit (+)-Strang-RNA**. Diese Genome können in der Zelle direkt als mRNAs verwendet werden. Bei der Translation entstehen zunächst Polyproteine, die durch virale Proteinasen gespalten werden. Auch eine RNA-abhängige RNA-Polymerase wird auf diese Weise synthetisiert, die über einen (-)-Strang als Zwischenstufe neue (+)-Strang-RNA-Genome bildet. Die Leviviridae mit MS2 (s. Tab. 6-1), das Tabakmosaikvirus und viele andere Pflanzenviren, die Togaviridae mit dem Rubellavirus (Rötelvirus), die Flaviviridae mit dem Hepatitis-C-Virus sowie die Picornaviridae mit Poliovirus, Hepatitis-A-Virus und Rhinovirus (s. 7.3.4) u.a. besitzen (+)-Strang-RNA-Genome.
- **ssRNA-Viren mit (+)-Strang-RNA (Retroviridae)**. Die Virionen bringen bei Infektion die reverse Transcriptase mit, die als RNA-abhängige DNA-Polymerase den (+)-Strang in doppelsträngige DNA umschreibt. Diese DNA wird als Provirus in die zelluläre DNA an beliebiger Stelle integriert und von dort aus zu mRNA und zu neuen (+)-Strang-Genomen transkribiert.
- **ssDNA-Viren**. Hierher gehören die Microviridae mit ΦX174 (s. Tab. 6-1) und die Parvoviridae der Eucyten. Diese letzteren benützen zelluläre Enzyme für die Replikation und Transkription über eine dsDNA-Zwischenform; sie sind allerdings dazu auf die S-Phase der Zelle angewiesen.
- **dsDNA-Viren**. Bei den einfacheren dsDNA-Viren werden die Genome durch zelluläre En-

zyme repliziert und transkribiert, bei den komplizierteren wird die Replikation oft ausschließlich von viralen Enzymen katalysiert. Zu diesen Viren gehören zahlreiche Familien wie Myoviridae mit T4, Herpesviridae, Hepadnaviridae mit dem Hepatitis-B-Virus (s. 21.2.4), Baculoviridae der Insekten, Adenoviridae (s. 21.2.4), Papovaviridae mit den Papillomviren (s. 21.2.4) u.a..

- **dsDNA-Viren** (**Poxviridae**). Die Pockenviren mit dem Variolavirus und dem Vacciniavirus (Kuhpockenvirus) sind insofern eine Ausnahme als ihr gesamter Zyklus im Cytoplasma stattfindet. Das bedeutet, daß sie selbst über Gene für alle benötigten Enzyme der Replikation und Transkription verfügen, die in der Wirtszelle ausschließlich im Zellkern lokalisiert sind.

Das **Vacciniavirus** oder Kuhpockenvirus wurde schon Ende des 18. Jh. als Impfstoff gegen Pocken eingesetzt, natürlich ohne daß man das damals wußte. Heute wird diskutiert, rekombinantes Vacciniavirus, das Gene für Oberflächenproteine anderer pathogener Viren enthält, als „Lebendimpfstoff" zur Immunisierung einzusetzen.

Im einzelnen haben Viren zusätzlich zahlreiche Detailstrategien entwickelt, die den Stoffwechsel ihrer Wirtszellen in vielfältiger Weise zu eigenem Vorteil umlenken und die vorgesehenen Abwehrmaßnahmen durchkreuzen (s. unten für Beispiele).

Kleine Viren, die nur aus wenigen Proteinen bestehen, entstehen in der Wirtszelle durch Selbstorganisation der Untereinheiten. Bei komplizierter gebauten können die viralen Genome auch für Hilfsproteine codieren, sog. Scaffold-Proteine oder Gerüstproteine, die beim Zusammenbau assistieren, im fertigen Virion jedoch nicht mehr anzutreffen sind. Auch Funktionen zellulärer Chaperone werden ausgenützt. Die Membranproteine der komplexen Viren sind im allg. Glykoproteine, die ihre Oligosaccharidseitenketten nach der in der Zelle üblichen Weise im ER und im Golgi-Apparat erhalten.

Die fertigen Viruspartikel werden im einfachsten Fall durch Lyse der Wirtszelle frei; dies geschieht bei Phagen und einfachen Viren. Bis über tausend Virionen können pro Zelle gebildet werden. Komplexe Viren dagegen knospen aus der Plasmamembran oder anderen Membranen wie z.B. der inneren Kernmembran der Wirtszelle und werden abgeschnürt, wodurch sie ihre Membranhülle erhalten (Abb. 6-4 und 6-5).

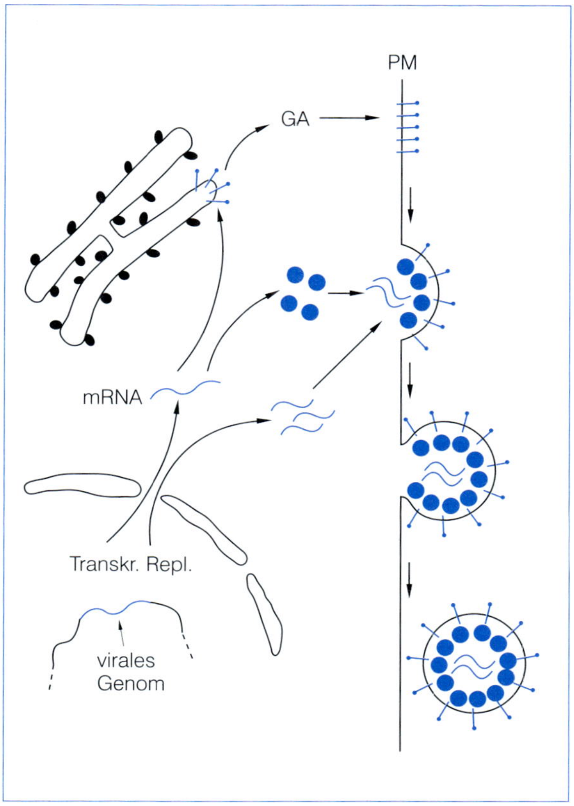

Abb. 6-4: Entstehung eines komplexen Virus am Beispiel eines Retrovirus. Farbig sind die viralen Komponenten. Replikation (Repl.) und Transkription (Transkr.) finden am im zellulären Genom integrierten Provirus statt. Die Translation der Capsidproteine geschieht im Cytoplasma, die der Membranglykoproteine am ER. Letztere gelangen durch Vesikelfluß über den Golgi-Apparat (GA) in die Plasmamembran (PM). An Membranbereichen mit ausschließlich viralem Glykoprotein organisieren sich die Capside, die bei den Retroviren zwei ssRNA-Genome enthalten. Die fertigen Viren knospen schließlich von der Plasmamembran ab.

Satellitenviren

Diese kleinsten Viren mit einem ssRNA-Genom sind auch als **viroidähnliche Viren** oder Virusoide bekannt, da sie für ihre Vermehrung auf Helferviren angewiesen sind. Zu ihnen gehören verschiedene Pflanzenviren und das **Hepatitis-δ-Virus**, das nur zusammen mit dem Hepatitis-B-Virus (s. 21.2.4) infektiös ist. Die Proteine der Membranhülle für das δ-Virus stellt das B-Virus. Das δ-Genom codiert für zwei verschieden große Proteine aus dem gleichen ORF mit Transaktivatoraktivitäten, das sog. δ-Antigen, und für ein Ribozym, d.h. eine enzymatisch aktive RNA. Die Länge dieser aktiven Sequenz beträgt etwa 85 Nucleotide. Das Ribozym spaltet die nach dem Rolling-Circle-Mechanismus replizierte RNA in die genomisch richtigen Längen. Im Viruspartikel ist die genomische RNA mit zahlreichen Kopien des δ-Proteins komplexiert.

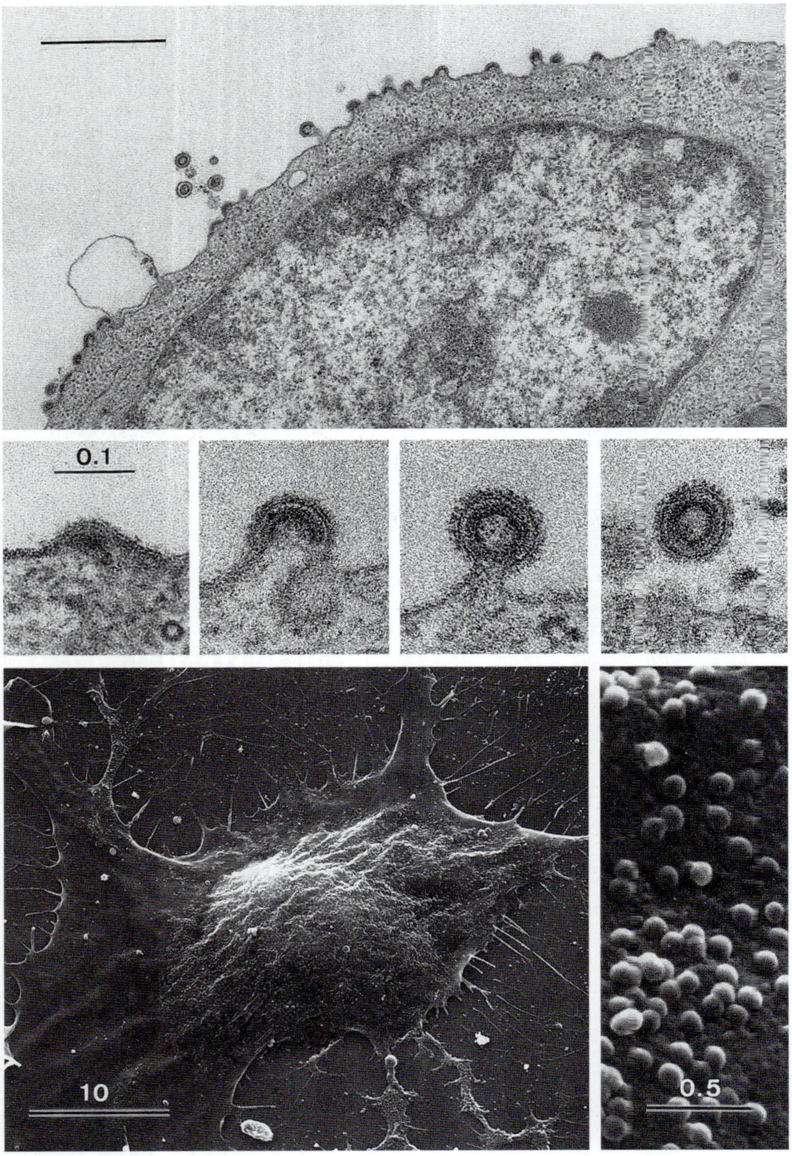

Abb. 6-5: Knospung komplexer Viren aus der Plasmamembran. Gezeigt sind Mauszellen, die Friend-Leukämie-Viren (Retroviridae) produzieren. In den Schnittbildern sind die Capside und die sie umgebenden Membranen mit nach außen hervorragenden Membranproteinen (Spikes) gut zu erkennen. Die Raster-Aufnahmen sollen zeigen, wie dicht die Oberfläche einer Zelle mit knospenden Viruspartikeln bedeckt sein kann. (EM-Aufnahmen: H. Frank; Raster-EM-Aufnahmen: M. Claviez)

T4 und andere Phagen von *E. coli*

Mit T4 (Abb. 6-6) oder einem ähnlichen Phagen haben E. L. Ellis und M. Delbrück 1939 ihren berühmten Einstufenwachstumsversuch durchgeführt, mit dem sie zeigten, daß nach Infektion von Bakterien eine etwa halbstündige Vermehrungsphase einsetzt und danach eine synchrone Freisetzung der Nachkommenphagen durch Lyse der Zellen geschieht. Das Ergebnis war damals wegweisend für das Verständnis der biologischen Selbstreplikation.

Der Phage besitzt eine komplexe Morphologie. Der Phagenkopf besteht aus zwölf verschiedenen Proteinen, die Halsregion aus sechs, der Schwanz aus zwei und die Basalplatte samt Fasern aus 22. Bei der Genese des Phagen müssen sich allein 3500 Proteinmoleküle zum Kopf zusammenfinden. Das Hauptcapsidprotein gp27 wird in einer Menge von 200 000–400000 Exemplaren pro Zelle hergestellt, was für etwa 100 Phagen reicht. Das zelluläre Chaperon GroEL ist am Zusammenbau beteiligt, indem es gp27 bindet; die Zelle besitzt etwa 700 GroEL. Ein virales Gerüstprotein gp31 interagiert mit GroEL bei der Freisetzung von gp27 und übernimmt damit Funktionen von zellulärem GroES. Im fertigen Phagenkopf ist gp31 nicht mehr zu finden. Aus diesen wenigen Angaben wird schon ersichtlich, welche logistischen Leistungen in der Zelle bei einer T4-Infektion durch die Aktivität von ca. 130 Phagen-Genen insgesamt induziert werden.

Bei der Infektion adsorbiert T4 mit den Enden der Fasern an LPS oder das Porin OmpC, je nach Bakterienstamm. Das irreversible Anhaften übernehmen die kurzen Haken der Basalplatte. Die Injektion der dsDNA des Phagen in die Zelle, bei der wahrscheinlich das Membranpotential der Plasmamembran eine Rolle spielt und ein Kanal gebildet wird, ist bisher wenig verstanden. Der Transfer jedenfalls geschieht sehr effektiv und ist bei ca. $3 \cdot 10^3$ bp $\cdot$ s^{-1} innerhalb einer Minute abgeschlossen. Dies läßt auf aktive Mechanismen schließen. T4 ist außerordentlich „aggressiv"; er zerstört sofort das Replikations-, Transkriptions- und Translationssystem der Wirtszelle und installiert seine eigenen. Eine Infektion mißlingt nur dann, wenn die Zelle bereits Prophagen oder bestimmte Plasmide enthält.

E. coli besitzt eine ganze Reihe von Restriktions-Endonucleasen zur Abwehr von Fremd-DNA. Resistenzen gegen solche Enzyme lassen sich nach dem Prinzip der Restriktion und Modifikation aufbauen. 1. Basen in bestimmten Sequenzen, die von den Nucleasen erkannt und geschnitten werden, können methyliert werden. 2. Nucleasen, die modifizierte Basen in den Erkennungssequenzen benötigen, werden unwirksam, wenn in diesen Sequenzen keine methylierte Basen enthalten sind. 3. Eine ungewöhnliche Base, z.B. Hydroxymethyl-Cytosin (HMC), wird bereits bei der Synthese der DNA anstelle der üblichen Cytosine verwendet, was schon fast unbegrenzten Schutz verleiht. 4. Nachträgliche Glucosylierung der HMC in der fertigen DNA ist eine weitere Schutzstufe. Die T4-DNA enthält tatsächlich diese glucosylierten HMC-Reste und entzieht sich damit aller Restriktion. Es ist keine Mutante von *E. coli* bekannt, die diese T4-Strategie überwindet. Die Frage ist gestellt worden, warum es *E. coli* eigentlich noch so verbreitet gibt.

Bereits eine Minute nach Infektion wird kein Zellprotein mehr synthetisiert. Das virale Alc-Protein beispielsweise unterbindet jede Transkription von DNA, die keine modifizierten Cytosinreste besitzt. Zelluläre mRNAs werden abgebaut, die Ribosomen zur Transkription von Phagen-mRNA modifiziert. Die Schnelligkeit dieser inhibierenden Schritte wird wahrscheinlich nicht nur durch die sofort beginnende Realisierung des Phagen-Genoms erreicht, sondern auch dadurch, daß manche der notwendigen Phagen-Proteine zusammen mit der Phagen-DNA in die Wirtszelle eingeschleust werden. Die DNA der Zelle wird durch virale Nucleasen abgebaut, und die Nucleotide – nach Hydroxymethylierung der Cytidine – für die Synthese von Phagen-DNA wiederverwendet. Sie reichen für etwa 20 Phagen-DNAs aus, der Rest für etwa 80 weitere DNA-Moleküle wird neu synthetisiert. Dies zeigt, daß während der nur etwa 20minütigen Vermehrungsphase größere Syntheseleistungen vollbracht werden als bei einem normalen Teilungszyklus der *E.-coli*-Zelle. Bei der Lyse der Zelle sind mehrere virale Proteine beteiligt. Das T-Protein bildet Poren in der Plasmamembran, das E-Protein passiert diese Poren und baut als virales Lysozym die Mureinschicht ab.

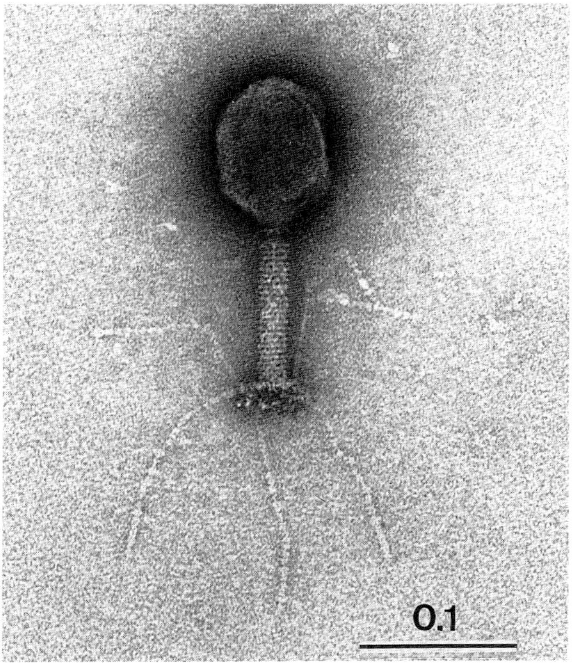

Abb. 6-6: T4-Phage von *E. coli*. Am Phagenkopf sitzt nach einer kurzen Halsregion der Phagenschwanz, der in einer distalen Ankerplatte endet. An dieser Ankerplatte inserieren lange Schwanzfasern und kurze Haken, die beide der Verankerung des Phagen an der Wirtszelle dienen. (EM-Aufnahme: H. Schwarz)

Ein anderer berühmter Phage von *E. coli* ist **ΦX174** (Abb. 6-7). Sein Genom wurde als erstes durch F. Sanger und Mitarbeiter 1977/78 sequenziert. Es enthält 11 Gene, die sich – damals sehr überraschend – z.T. überlappen und in versetztem Leseraster transkribiert werden.

Der **Phage λ** wurde in den 40er Jahren von A. Lwoff und Mitarbeitern entdeckt. Seine lineare dsDNA enthält 46 Gene. Nach Infektion wird sie an den beiden einsträngigen, aus 12 Nucleotiden bestehenden komplementären Enden durch eine zelluläre Ligase zirkularisiert. Ganz im Gegensatz zur Situation bei T4 wird der zelluläre Stoffwechsel nicht ausgeschaltet. Die Expression des λ-Genoms und die Induktion des alternativ lysogenen oder lytischen Zyklus wird auf transkriptioneller Ebene reguliert. Diese Regulationsmechanismen, die enzymatische Aktivitäten der Wirtszelle und auch äußere Gegebenheiten mit einbeziehen, sind bereits außerordentlich gut untersucht.

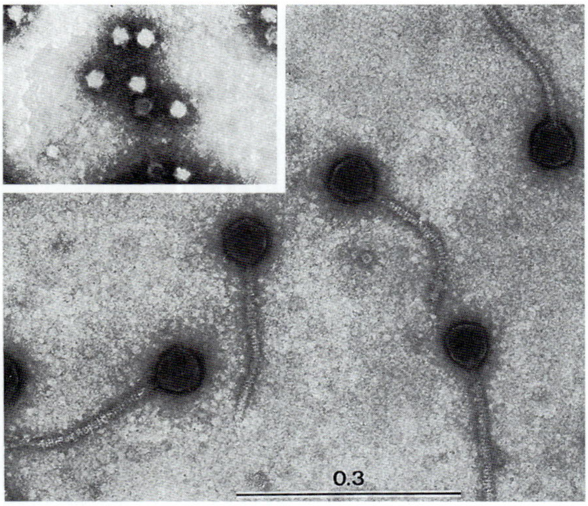

Abb. 6-7: Phagen von *E. coli.* **Oben**: ΦX174, ein eikosaedrischer Phage. **Unten**: Phage λ, ein wesentlich größerer Eikosaeder mit Schwanz. Die Größenangabe gilt für beide Bilder. (EM-Aufnahmen: H. Falk)

Tabakmosaikvirus

Das Tabakmosaikvirus gehört zu den Tobamoviridae, einer Familie von Pflanzenviren. Das Genom besteht aus einer (+)-Strang ssRNA von ca. 6400 b, die für vier Proteine codiert. Diese sind eine Methyltransferase/Helicase, eine RNA-Polymerase und zwei Capsidproteine. Die RNA trägt am 5′-Ende eine Cap-Struktur und am 3′-Ende tRNA-ähnliche Konfiguration. Die Viren sind stäbchenförmig mit einer Länge von etwa 300 nm und einem Durchmesser von 18 nm mit einer zentralen Höhlung (Abb. 6-8).

Die Struktur des Capsids wurde sehr eingehend untersucht. Es besitzt die Form einer rechtsgängigen Helix aus 2130 Untereinheiten mit 16,5 Untereinheiten pro Umgang. Die Assemblierung der Untereinheiten beginnt mit einer scheibenförmigen Struktur aus 34 Capsomeren, die sich auf dieser Stufe helikal umorientiert. Die Anordnung der weiteren Konstituenten erfolgt dann rasch, die RNA gelangt durch die Höhlung in das Innere und lagert sich in die Windungen der Proteinstruktur ein.

Das Tabakmosaikvirus ist leicht übertragbar, seine Wirtsspezifität relativ gering. Wie viele Pflanzenviren besitzt es ein „Movement-Protein", in diesem Fall eines der beiden Capsidproteine von 30 kDa, das den Transport der viralen RNA durch die Plasmodesmen zur Weiterinfektion vermittelt (s. 3.3.4). Der Ferntransport erfolgt über die Siebelemente, die Meristeme bleiben allerdings frei von Viren. Ein Infektionszyklus dauert etwa 40 min; 10^6 – 10^7 Nachkommenviren pro Zelle können entstehen, d.h. mehrere Gramm pro Kilogramm Pflanzenmaterial.

Retroviren

Das erste Retrovirus wurde von P. Rous 1911 als ein Agens beschrieben, das bei Hühnern Tumoren erzeugt. Es erhielt später den Namen Rous-Sarcom-Virus. Retroviren haben inzwischen in der Wissenschaft große Bedeutung erlangt als Träger von v-Onkogenen, als Krankheitserreger beim Menschen (HTLV, HIV), als Vektoren für gentechnische Experimente und mit erstaunlichen Aspekten der Coevolution. Bei ihnen wurde von H.M. Temin, S. Mituzami und D. Baltimore 1971 die reverse Transcriptase entdeckt.

Eine der ersten gentechnischen Anwendungen mit retroviralen Vektoren beim Menschen fand 1990 bei zwei Mädchen statt, die mit dem genetischen Defekt ADA (adenosine deaminase deficiency), der Unfähigkeit zur Metabolisierung von Adenosin, geboren worden waren. Adenosin ist für T-Lymphocyten besonders toxisch und führt zu schweren Immundefizienzen. Die Patientinnen erhielten autologe Blutzellen nach genetischer Modifikation zurück. Die Blutzellen waren ex vivo mit einem retroviralen Vektor, der das nichtmutierte Gen für die Deaminase enthielt, stabil transformiert worden. Der positive Effekt dieser Behandlung der sonst tödlich verlaufenden Defizienz stimulierte weitere Versuche **somatischer Gen-Therapie** (bei Mucoviscidose, Muskeldystrophie, familiärer Hypercholesterolämie), die aber bisher enttäuschend verliefen.

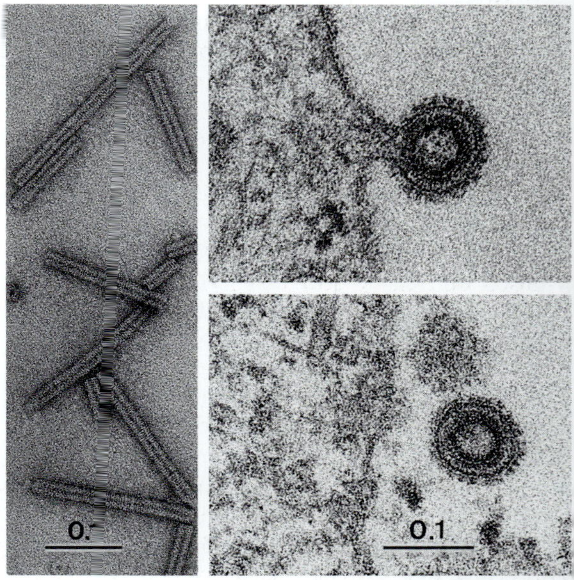

Abb. 6-8: Links: Tabakmosaikvirus als Beispiel eines helikalen Pflanzenvirus. Die Proteinuntereinheiten und die zentrale Höhlung, in der das RNA-Genom liegt, sind zu erkennen. Präparat im Negativkontrast. **Rechts**: Knospung eines Retrovirus (Friend-Leukämie-Virus) aus der Plasmamembran einer Mauszelle. (EM-Aufnahmen: H. Frank)

Retroviren sind komplexe Viren (Abb. 6-8) mit einer linearen ssRNA von 7000 bis 9000 Nucleotiden als Genom, die im Virus doppelt vorhanden ist (Abb. 6-9). Die RNA ähnelt einer mRNA, da sie 5′ eine Cap-Struktur und 3′ eine Poly(A)$^+$-Sequenz trägt. Die Capside enthalten neben Strukturproteinen eine Reihe viraler Enzyme, die bei einer Infektion einer Wirtszelle benötigt werden. Dazu gehört auch die reverse Transcriptase, die die virale RNA in dsDNA umschreibt, wobei eine aus der vorhergehenden Wirtszelle mitgebracht tRNA als Primer dient, z.B. bei HTLV tRNA^{Pro} und bei HIV tRNA^{Lys}. Durch die Art der Umschreibung entstehen an den beiden Enden LTRs (long terminal repeats). Die dsDNA integriert als **Provirus** in die zelluläre DNA. Vom Provirus aus findet die Transkription von mRNAs und von neuen viralen Genomen statt.

Retrovirale Genome enthalten die folgenden Elemente und Gene:

- Der LTR-Bereich mit U3 (unique), R (redundant) und U5 enthält regulatorische Elemente für die Integration und Gen-Expression.
- Die gruppenspezifischen Antigene *gag* codieren für Nucleocapsid-, Capsid- und Matrixproteine.
- *Pol* (polymerase) codiert für eine Proteinase, die reverse Transcriptase und eine Integrase. Gag und Pol entstehen als Vorläuferprotein, das von der viralen Proteinase zerlegt wird.
- *Env* (envelope) codiert für das Membranglykoprotein, das bei allen Retroviren proteinolytisch in zwei Untereinheiten gespalten wird.
- Onkogene Retroviren besitzen zusätzlich ein v-Onkogen, das sich von einem zellulären Proto-Onkogen ableitet (s. 21.2.1). Bei den meisten onkogenen Retroviren sind durch das zusätzliche v-Onkogen Teile von *gag*, *pol* und *env* ersetzt worden, d.h. die Genome sind hoch defekt. Solche Viren können zwar Zellen infizieren, brauchen aber zu ihrer Genese eine gleichzeitige Infektion der Zelle durch Wildtyp-Viren als Helferviren, deren Gene die Synthese der benötigten Proteine ermöglichen. Das humanonkogene HTLV-1 besitzt kein v-Onkogen.
- HTLV und HIV enthalten außerdem verschiedene regulatorische Gene, die bei anderen Retroviren nicht gefunden werden.

Die meisten Retroviren können nur mitotische Zellen infizieren, da sie nur bei Abbau der Kernhülle während der Mitose in den Kernraum gelangen können. Die Infektion durch Retroviren ist persistierend und meist produktiv, d.h. die befallene Zelle produziert kontinuierlich Nachkommenviren durch Knospung. HIV allerdings kann auch lytisch sein.

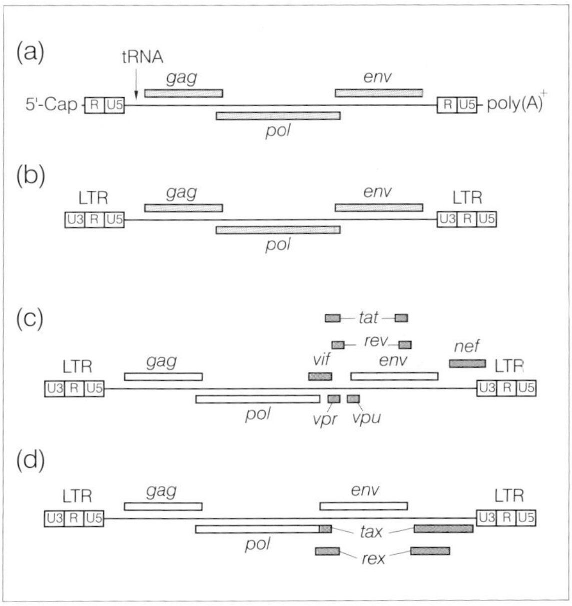

Abb. 6-9: Retrovirale Genome. (**a**) ssRNA-Genom, das einer mRNA ähnelt. Der Pfeil gibt die Bindungsstelle für die tRNA an. (**b**) In dsDNA umgeschriebenes Provirus mit den charakteristischen LTRs (long terminal repeat) und seinen Untereinheiten R (redundant) und U (unique). (**c** und **d**) Proviren von HIV (human immunodeficiency virus) und HTLV-1 (human T cell leukemia virus 1) mit zusätzlichen regulatorischen Genen (farbig). Die Gene überlappen z.T. erheblich; manche sind geteilt. Im Genom von HTLV-1 gibt es wahrscheinlich weitere regulatorische Gene.

Die coevolutionären Aspekte bei Retroviren und ihren Wirtszellen sind insofern besonders interessant, als es im Genom von Säugern und anderen Organismen Elemente gibt, die in einer evolutionären Beziehung zu den Retroviren stehen. Sie werden allgemein als **Retroelemente** bezeichnet, einschließlich der reduzierten Formen. Sie zeichnen sich dadurch aus, daß sie – wie die Retroviren – zwischen den endständigen Sequenzwiederholungen Gene enthalten, deren Gen-Produkte ihre Transposition, d.h. Ausschneiden und Integrieren, katalysieren. Weitere Gene können hinzukommen. Das Wesentliche dabei ist, daß die Transposition über eine RNA-Zwischenstufe erfolgt (bzw. erfolgte, die Position der Retroelemente im Genom rezenter Organismen ist relativ fest); daher der Name „Retro“. Es werden zur Zeit noch beide Möglichkeiten diskutiert, ob Retroviren sich von solchen Elementen ableiten oder die Elemente von den Retroviren.

Die Retroelemente haben Ähnlichkeit mit den IS-Elementen (**Insertionssequenzen**) und Transposons, die ebenfalls

Tab. 6-3: Chronologie der AIDS- und HIV-Forschung in den 80er Jahren.

Jahr	Ereignis
1981	Diagnose einer neuen Krankheit (AIDS).
1983	Isolation eines nichttransformierenden Retrovirus in AIDS-Patienten, das zunächst als LAV (Lymphoadenopathy Associated Virus) und HTLV-III (Human T-Cell Leukemia Virus III), später als HIV bezeichnet wird.
1984	Kontinuierliche Produktion von HIV in der permanenten Zelllinie H9. Isolation von HIV aus CD4-Lymphocyten. Klonierung.
1985	Sequenzierung des HIV-Genoms gleichzeitig in vier Arbeitsgruppen. Nachweis von HIV im Gehirn Infizierter.
1986	Identifizierung des Membranproteins CD4 als zellulären Rezeptor für HIV.
1987	Sequenzierung des Genoms von HIV Typ 2.
1988	Einheitliche Nomenklatur der HIV-Gene.

gleichgerichtete oder invertierte Sequenzwiederholungen an den Enden besitzen und (u.a.) ein Gen für eine Transposase enthalten (s. Kap. 5). Eine RNA-Zwischenstufe existiert bei ihnen dagegen nicht.

Die kompliziertesten Elemente sind die **ERVs** (endogene Retroviren) oder **HERVs** (human). Sie enthalten neben den beiden LTRs ein Gen für die reverse Transcriptase sowie noch *gag*- und *env*-Gene. Es gibt verschiedene Formen, die in Kopienzahlen von 10 bis >100 im menschlichen Genom vorkommen. Bis zu 10^5 ERV-Partikel können in manchen spezialisierten Zellen wie in Zellen des Trophoektoderms der Plazenta gefunden werden.

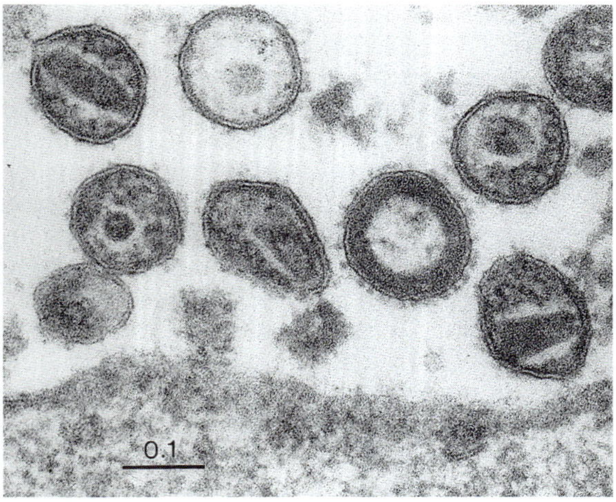

Abb. 6-10: HIV-Partikel an einer Zelloberfläche. Die ausgeknospten Viren zeigen je nach Reifungsgrad und Schnittebene unterschiedliche interne Strukturen. Unreife Formen sind durch eine dichte Ribonucleoproteinhülle direkt innerhalb der viralen Membran und dichten Besatz mit Oberflächenfortsätzen, sog. Spikes, gekennzeichnet. Mit der Reifung kommt es zur Ausbildung typischer keilförmiger Binnenkörper und zum Verlust von Hüllproteinen. (EM-Aufnahme: H. Gelderblom)

Retrotransposons sind reduziertere Formen, die Gene für die reverse Transcriptase und Gag-Proteine enthalten. Die **LINEs** (long interspersed repetitive elements) stellen einfachere Elemente dar mit nur noch einem Gen für eine reverse Transcriptase. Die längsten bestehen aus ungefähr 7000 bp, die meisten sind jedoch besonders am 5′-Ende verkürzt und tragen weitere Mutationen. Etwa 100 000 dieser Elemente kommen im menschlichen Genom vor (s. 5.6.1). LINEs treten nur bei Säugern auf. **SINEs** (short interspersed elements) besitzen keine codierenden Eigenschaften mehr. Sie liegen in sehr hohen Kopienzahlen vor, die SINE-R-Familie in ca. 10^3, die Alu-Familie in ca. 10^6 Kopien (s. 5.6.1).

Eine interessante Hypothese betrifft eine mögliche Funktion von ERVs. Die Env-Sequenzen dieser Retroelemente enthalten immunsuppressive Transmembrandomänen, die auch bei den Membranproteinen von HIV und HTLV zu finden sind. ERV-Partikel werden in Zellen des Trophoektoderms der Plazenta gebildet, die direkt dem mütterlichen Blut exponiert sind. Die immunsuppressiven Domänen – so die Hypothese – könnten der Grund für die nicht zu beobachtende mütterliche Immunantwort auf den Embryo sein, die ja eigentlich, ohne besondere Schutzmechanismen, zu erwarten wäre.

Das humane Immundefizienzvirus (**HIV-1**) wurde zu Beginn der 80er Jahre entdeckt – trat wahrscheinlich aber Jahre davor zuerst in Afrika auf. Das Virus konnte von L. Montagnier und Mitarbeitern 1983 isoliert werden. Als Erreger von AIDS (acquired immunodeficiency syndrome) wurde seine Erforschung mit großem Aufwand betrieben, und es stellten sich zunächst sehr schnell Erfolge ein (Tab. 6-3). Es gibt noch einen zweiten Stamm HIV-2, der weniger gut untersucht ist.

Das zu den Lentiviren, einer Untergruppe der Retroviren, gehörende HIV besitzt zusätzliche regulatorische Gene (Abb. 6-9) und kann auch nichtmitotische Zellen infizieren. Der Komplex aus viralem Genom, reverser Transcriptase und anderen Proteinen, der sog. Präintegrationskomplex, vermag die Kernporen zu passieren. Das Env-Protein besteht aus den beiden Untereinheiten gp41 als Membranprotein und gp120 als externem Protein. Sie entstammen einem gemeinsamen Vorläuferprotein. Besonders gp120 ist sehr variabel, eine große Zahl von Quasispecies tritt in Individuen mit HIV-Infektion auf. gp120 bindet an das Membranprotein CD4 von T-Helferzellen und Makrophagen als Rezeptor. Nur CD4-tragende Zellen werden infiziert. gp41 leitet – ähnlich wie das Hämagglutinin beim Influenzavirus (s. 2.8) – die Fusion mit der Plasmamembran ein. Es können durch solche Fusionsprozesse auch Syncytien von CD4-Zellen und von Makrophagen entstehen. Neuerdings hat

Tab. 6-4: Herpesviren des Menschen (HHV1 bis HHV8).

	Charakterisierung
HHV1, HHV2	Herpes-simplex-Virus 1 und 2. Erzeugt die typischen Hautbläschen im Gesicht und anderswo. Latent z.B. in Neuronen des Trigeminus, von wo es wieder aktiviert werden kann.
HHV3	Varicella-Zoster-Virus. Ursachen der Windpocken und der Gürtelrose. Latent in Neuronen des Rückenmarks.
HHV4	Epstein-Barr-Virus. Ist Ursache der Mononukleose und beteiligt am Burkitt-Lymphom und Nasopharyngialcarcinom (s. 21.2.4).
HHV5	Cytomegalovirus. Führt bei Personen mit geschwächtem Immunsystem zu schweren Pneumonien u.a..
HHV6	Mit zwei Subtypen A und B, Verursacher von Hautausschlag und Dreitagefieber.
HHV7	Symptome wie bei HHV6.
HHV8	Assoziiert mit dem Kaposi-Sarcom, das besonders bei AIDS-Patienten auftritt.

Bis auf HHV8 sind die Herpesviren in der menschlichen Population weit verbreitet. Die Infektionen geschehen meist bereits im Kindesalter.

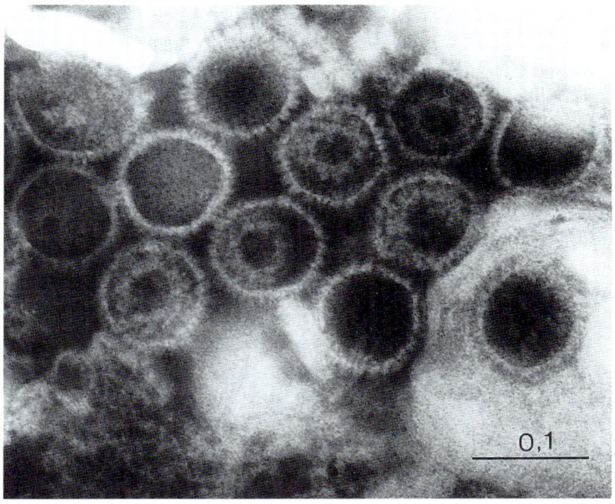

Abb. 6-12: Epstein-Barr-Virus. Nucleocapside aus der Zellkultur; die Viren sind nicht von einer Membran umgeben, d.h. sie sind nicht fertig ausgebildet. Negativkontrast. (EM-Aufnahme: H. Gelderblom)

sich gezeigt, daß Corezeptoren für eine Infektion notwendig sind wie CCR5, ein Rezeptor für Chemokine wie Rantes (s. 19.2.3). CD4-Zellen von Individuen mit einer Deletionsmutation in beiden Allelen für CCR5 scheinen durch HIV nicht infizierbar zu sein. Während des Infektionszyklus spielen die regulatorischen Proteine des Virus z.T. noch wenig verstandene Rollen. Tat als Transaktivator verstärkt die Transkription vom LTR-Promotor aus um etwa den Faktor 10^2, Rev steuert die zeitliche Regulation der viralen Gen-Expression. Bei der Ausbildung der Capside ist zelluläres Cyclophilin A, eine Peptidyl-Prolyl-Isomerase (s. 4.2.2), beteiligt. Cyclophilin bindet an das Capsidprotein CA (p24) und wird auch in das Viruspartikel mit eingebaut. Die Viren knospen als unreife Partikel; während der Reifung, bei der sich die Struktur erheblich ändert (Abb. 6-10), werden Gag/Pol-Vorläuferproteine durch die virale Proteinase gespalten.

Eine HIV-Infektion ist gekennzeichnet durch den Zusammenbruch des Immunsystems – u.U. erst nach vielen Jahren – und durch opportunistische Sekundärinfektionen. Wahrscheinlich induziert HIV eine sehr schnelle Zerstörung von CD4-Zellen (Schätzungen liegen bei 10^9 Zellen pro Tag), so daß die Nachproduktion von CD4-Zellen nicht Schritt halten kann, sie werden sozusagen ausgedünnt.

HTLV-I (Human T-Cell Leukemia Virus) besitzt ebenfalls mehrere zusätzliche regulatorische Gene (Abb. 6-9). Es erzeugt eine seltene Leukämieform von CD4-Lymphocyten (s. 21.2.1). HTLV-II, wahrscheinlich der Vorläufer von HTLV-I, zeigt bei Infektion keine Symptome.

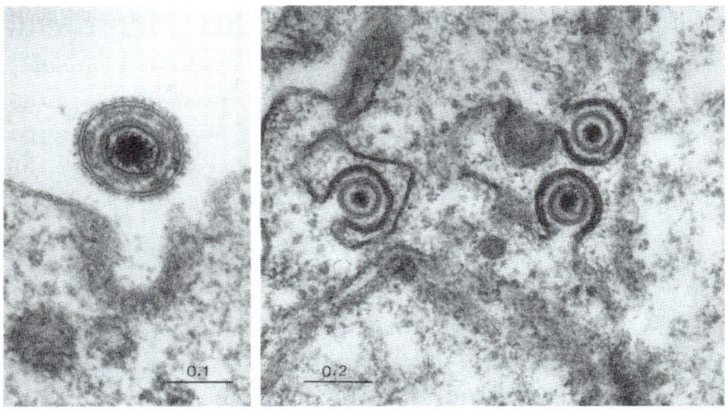

Abb. 6-11: Herpesviren. **Links**: Komplettes Virus, an dessen Oberfläche Fortsätze von Glykoproteinen zu erkennen sind. Zwischen Membran und Capsid liegt der sog. Tegumentbereich. (EM-Aufnahme: H. Gelderblom) **Rechts**: Entstehung der Viren durch Knospung an der inneren Kernmembran in die Perinuclearzisterne hinein. (EM-Aufnahme: M. Ötzel)

Herpesviren

Herpesviren sind komplexe Viren mit einer linearen dsDNA als Genom. Es gibt bisher acht humane Herpesviren (Tab. 6-4). Die Genome codieren für mehr als hundert bis über 200 Proteine beim Cytomegalovirus, dem größten der Gruppe. Im Zellkern der Wirtszelle wird das Genom zirkularisiert. Die Genese der Capside – nach Translation der mRNAs im Cytoplasma – erfolgt im Zellkern. Die Viren sprossen aus der Kernmatrix in die Perinuclearzisterne, werden also von der inneren Kernmembran umhüllt (Abb. 6-11). Bei der lytischen Infektion sterben die Zellen bei Freisetzung der Viren ab.

Bei der latenten Infektion – beim Herpes-simplex-Virus vor allem in Neuronen – werden keine Nachkommenviren produziert. Bei sol-

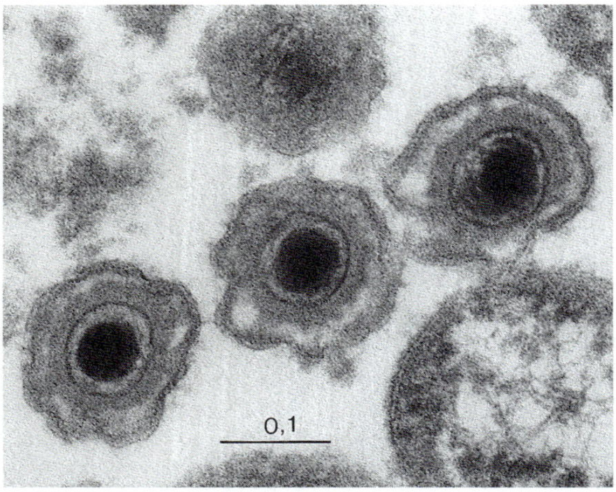

Abb. 6-13: Cytomegaloviren. Drei Nucleocapside mit umgebender Membran. Ultradünnschnitt. (EM-Aufnahme: H. Gelderblom)

chen Zellen sind in den Zellkernen bis zu 100 virale Genome als sog. Episome enthalten. Aus diesen Zellen können die Viren wieder zur lytischen Infektion anderer Zellen induziert werden. Eine Herpesinfektion persistiert lebenslang. Das Epstein-Barr-Virus (Abb. 6-12) ist in B-Lymphocyten persistent und immortalisiert sie (s. 19.1).

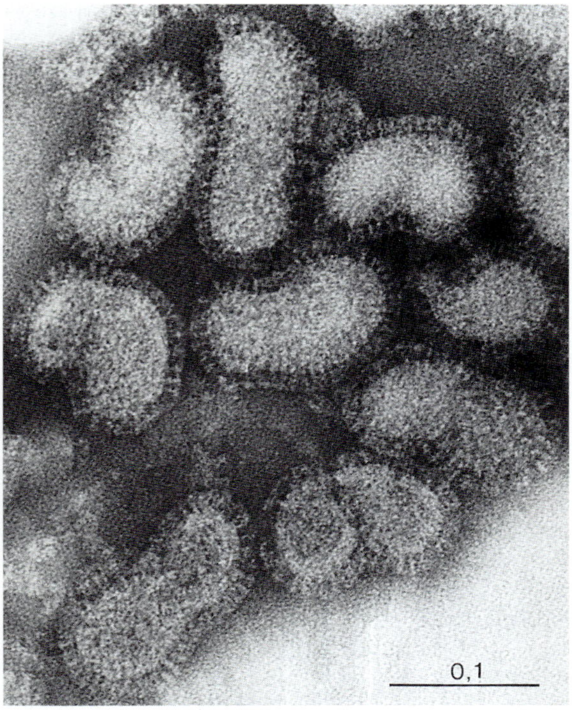

Abb. 6-14: Influenzaviren. Die Membranproteine Hämagglutinin und Neuraminidase ragen weit aus der umhüllenden Membran heraus. Negativkontrast. (EM-Aufnahme: H. Gelderblom)

Herpesviren haben eine Fülle „raffinierter" Strategien entwickelt, um der Abwehr ihrer Wirte zu entkommen. Das **Cytomegalovirus** (Abb. 6-13) beispielsweise induziert durch Expression der Proteine US2 oder US11 einen selektiven Abbau der schweren Kette von MHC I. MHC I gelangt zwar zunächst in die ER-Membran und wird auch glykosyliert, wird dann aber sehr schnell über den Weg der „Qualitätskontrolle" in cytoplasmatischen Proteasomen abgebaut (s. 8.2.5). Virale Peptide können folglich nicht in MHC-I-Komplexen cytotoxischer CD8-Zellen präsentiert werden. Da jedoch Zellen ohne MHC I von NK-Zellen erkannt und vernichtet werden, gehört zur viralen Strategie auch die Expression des viralen Proteins UL18 in der Plasmamembran der Wirtszelle, das von NK-Zellen als MHC-I-ähnlich anerkannt wird. In etwas anderer Weise schützt sich das **Herpes-simplex-Virus** vor Präsentation seiner Peptide, indem es die TAP-Translokatoren im ER (s. 19.2.5) blokkiert. Im Herpesvirus **HHV8** ist u.a. ein zu Bcl-2 homologes Protein gefunden worden; Bcl-2 ist der „Überlebensfaktor" und verhindert Apoptose. Das homologe Protein würde auch bei Herunterregulierung des zelleigenen Bcl-2 eine Apoptose verhindern.

Influenzaviren

Die Influenzaviren gehören zu den Orthomyxoviridae mit (-)-Strang-RNA als Genom. Man unterscheidet die Typen A, B und C. Besonders Typ A ist Erreger der Virusgrippe, auf dieses beziehen sich auch die folgenden Angaben. Influenzaviren sind komplexe und pleomorphe Viren mit Durchmessern bis zu 120 nm (Abb. 6-14 und 6-15). Das Genom besteht aus acht linearen RNA-Molekülen von insgesamt 15383 b, von denen sechs für jeweils ein Protein codieren und zwei für jeweils zwei Proteine. Im Virion ist die RNA mit dem basischen NP-Protein komplexiert, assoziiert ist auch die RNA-abhängige RNA-Polymerase mit ihren drei Konstituenten PB1, PB2 und PA. Nach Infektion hat dieses Enzym im Zellkern der Wirtszelle drei Reaktionen zu katalysieren, die Transkription und die beiden Schritte der Replikation, die über die (+)-Strang-RNA als Zwischenstufe erfolgen. Bei der Transkription benützt die Polymerase Cap-Strukturen zellulärer mRNAs, die sie zusammen mit etwa zehn weiteren Nucleotiden von mRNAs abschneidet und als Primer verwendet – eine besondere Strategie der Influenzaviren.

Das mengenmäßig wichtigste Matrixprotein ist M1. In der viralen Membran bildet das Glykoprotein **Hämagglutinin** (HA) einen trimeren

Komplex; eine zelluläre Proteinase spaltet HA in die integrale Untereinheit HA_2 und die externe Untereinheit HA_1, die über eine Disulfidbindung verbunden bleiben. HA ist für die Bindung des Virions an Sialinsäurereste auf der Oberfläche der Wirtszelle und für die Fusion – nach Endocytose – der viralen Membran mit der Endosomenmembran verantwortlich (s. 2.8). Ein weiteres Membranprotein ist die **Neuraminidase** (NA), die offenbar nach Kontakt des Virions mit der Wirtszelle Sialinsäurereste entfernt und auch beim Freiwerden der Nachkommenviren durch Abspalten von Sialinsäureresten von den Überbleibseln der ehemaligen Wirtszelle und von eigenen Glykoproteinen ein Agglutinieren von Virionen verhindert. Ein eigenartiges Membranprotein ist M_2, das in tetramerer Form im Viruspartikel selten, in der infizierten Zelle dagegen häufig vorkommt; es stellt einen Ionenkanal dar, der bei niederem pH-Wert aktiviert und mehrfach während des Infektionszyklus gebraucht wird. Nach Endocytose des Virions z.B. gelangen durch ihn Protonen aus dem Endosom in das Virus, die den weiteren Infektionsgang, das Uncoating des Virus, ermöglichen. Außerdem codiert das virale Genom für die beiden regulatorischen Proteine NS1 und NS2.

Amantadinhydrochlorid, eine synthetische tricyclische Verbindung mit einer Aminogruppe, ist als Arzneimittel gegen Influenza A zugelassen. Es inhibiert die Funktion des aus M_2-Proteinen bestehenden Ionenkanals.

Nach Ausbildung von Nachkommenviren geht die Wirtszelle zugrunde. Man kennt keine persistierenden oder latenten Infektionen durch das Influenzavirus. Gegen (-)-Strang-RNA-Viren wie das Influenzavirus ist das **MxA-Protein** gerichtet. Seine Bildung wird beim Menschen durch Interferon-α und -β induziert. Es gehört zu den großen G-Proteinen, wie auch Dynamin eines ist, und kann bis zu 1% des cytoplamatischen Proteins ausmachen. Der molekulare Mechanismus der antiviralen Wirkung ist noch unbekannt.

Die wichtigsten antigenen Strukturen des Influenzavirus stellen die Neuraminidase (NA) und das Hämagglutinin, insbesondere die Untereinheit HA_1 dar; Mutationsraten in der Größenordnung von 10^{-5} pro Nucleotid und Zyklus wurden festgestellt. Diese Mutationen werden als **Antigenic Drift** bezeichnet, sie können zu veränderten Stämmen führen, gegen die das Immunsystem weniger gut gerüstet ist. Unter **Antigenic Shift** versteht man größere, plötzlich auftretende Veränderungen im viralen Genom, die sich ausbreitenden Viren führen zu Pandemien. Diese Veränderungen kommen durch eine Neuordnung genomischer RNA-Moleküle bei Coinfektionen zustande. Beim Influenzavirus A gibt es bisher 14 Subtypen für HA (H1–14) und 9 Subtypen für NA (N1–9). Beim Menschen kommen bisher die Subtypen H1–3, N1 und N2 vor, bei Vögeln alle Subtypen. Ein Antigenic Shift bedeutet eine Neukombination dieser Typen im Vergleich zu der gerade zirkulierenden Viruspopulation beim Menschen, was infolge der dann unzureichenden Immunität mehrmals in diesem Jahrhundert zu Pandemien führte: 1918 („spanische Grippe") trat die Kombination H1N1 auf, 1957 („asiatische Grippe") die Kombination H2N2, 1968 („Hongkong-Grippe") die Kombination H3N2 und 1977 wieder die Kombination H1N1. Wahrscheinlich handelte es sich immer um Neukombinationen durch Coinfektion mit Influenzaviren von Vögeln (Enten) und Schweinen; alle Pandemien hatten ihren Ursprung bisher in China.

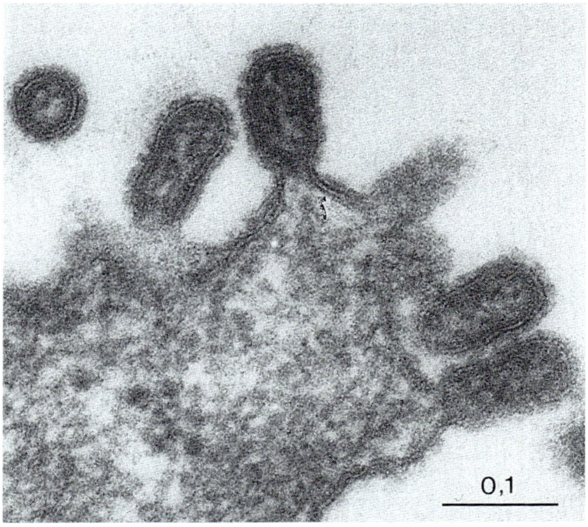

Abb. 6-15: Aus einer Wirtszelle knospende Influenzaviren. Ultradünnschnitt. (EM-Aufnahme: H. Gelderblom)

Baculoviren

Baculoviren sind Viren von Insekten, es gibt hunderte von Arten. Der Prototyp ist das Polyhedrosisvirus der Motte *Autographa californica*. Baculoviren befallen nur Larven, keine Puppen und keine Imagines. Sie sind komplexe Viren mit dsDNA als Genom. Ihre Besonderheit liegt in der spät im Infektionszyklus veranlaßten Synthese großer Mengen von **Polyhedrin**. Polyhedrin ist nicht für die Produktion von Nachkommenviren wichtig, sondern zum Schutz der Viren außerhalb des Wirts. Die Viren liegen dann innerhalb einer Art Proteinkristall (Abb. 6-16). Zur Strategie des Virus gehört das virale EGT-Protein, das das Insektenhormon Ecdyson inaktiviert und damit die Verpuppung der Larve verhindert.

Der Promotor des Gens für Polyhedrin ist außerordentlich stark. Er wird in Vektoren zur Expression von Fremdprotein in Insektenzellen verwendet. Insektenzellen haben gegenüber Bakterienzellen den Vorteil, daß sie als Eucyten posttranslationale Modifikation an Proteinen wie Glykosylierungen vornehmen können.

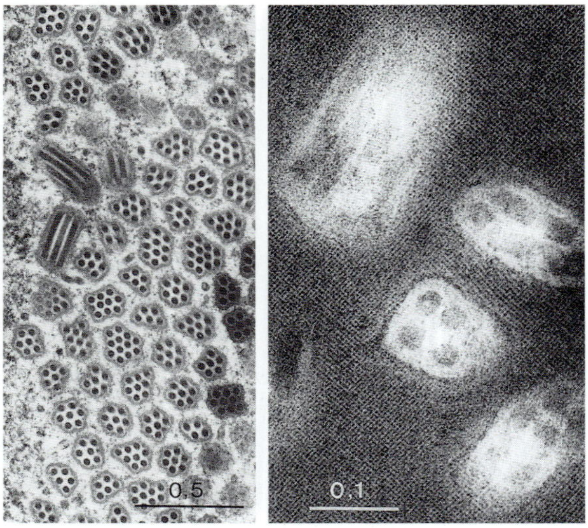

Abb. 6-16: Baculoviren. **Links**: Virionen im Zellkern einer Wirtszelle; die Virionen sind von einer Membranhülle umgeben und enthalten mehrere Nucleocapside; die meisten sind quer, einige längs getroffen. **Rechts**: Einige Virionen in einem Polyhedron; die starke Vergrößerung zeigt die kristalline Struktur des Polyhedrins. (EM-Aufnahmen: V. Speth)

6.2 Viroide

Viroide sind kleine zirkuläre ssRNA-Moleküle von 246–463 Nucleotiden ohne jegliche Proteinhülle (Abb. 6-17), die als pflanzenpathogene Agenzien auftreten. Etwa 20 Arten sind bisher beschrieben worden. Eine ganze Reihe von Kulturpflanzen werden von Viroiden befallen, die schwere Schäden anrichten können. Beispiele sind das PTSV (potato spindle tuber disease viroid) der Kartoffel, das CCCV (coconut cadang-cadang viroid) der Kokospalme, Citruspflanzen-Viroide, Tomaten-Viroide, Avocado-Viroide u.a..

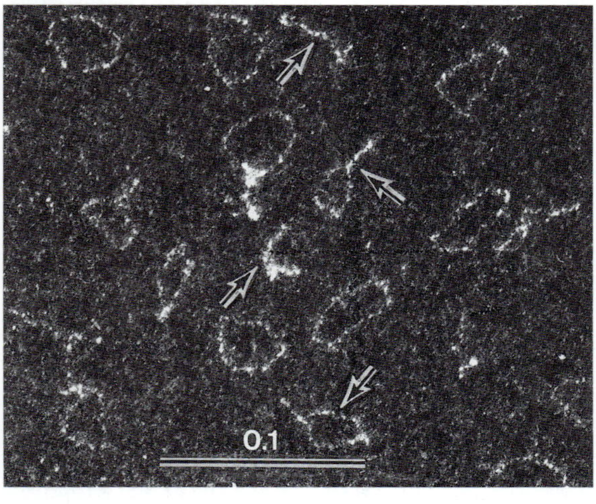

Abb. 6-17: PSTV (potato spindle tuber viroid). Die RNA-Moleküle wurden unter denaturierenden Bedingungen präpariert, sie liegen deshalb z.T. als offene Ringe, z.T. in nativer Stäbchenform (Pfeile) vor. (EM-Aufnahme: G. Klotz, C. Urich)

Die ssRNA-Moleküle besitzen durch intramolekulare Basenpaarungen eine stabförmige oder verzweigte Sekundärstruktur. Sie codieren für kein Protein. Die zirkulären (+)-Strang-RNAs werden durch die RNA-Polymerase II im Zellkern der Wirtszelle nach dem Rolling-Circle-Mechanismus in oligomere (-)-Strang-RNA kopiert. Diese wird anschließend in oligomere (+)-Strang-RNA transkribiert. Einige wenige Viroide besitzen eine Ribozym-Aktivität, durch die die Oligomere in Monomere geschnitten wird. Bei den meisten sind eine pflanzliche RNase und Ligase für die Bildung der monomeren ringförmigen RNAs zuständig.

Die Übertragung von Viroiden geschieht vegetativ, durch Verletzungen und auch durch saugende Insekten. In der Pflanzenzelle finden sich Viroide vor allem im Zellkern. Für die pathogene Wirkung ist die Sequenz der RNA entscheidend. Mutanten, bei denen nur wenige Nucleotide verändert sind, erweisen sich als milde Varianten oder sind nicht mehr pathogen. Der Mechanismus der pflanzenschädigenden Wirkung bleibt weiter unklar. Möglichkeiten wären eine Interaktion auf RNA-Ebene, z.B. mit der U1-RNA während der Prozessierung von mRNA (s. 5.7.3) oder mit der 7S RNA im SRP (s. 8.2.2), mit denen gewisse Homologien bestehen, oder auf Proteinebene. Wenn jedoch grundlegende zelluläre Vorgänge durch die Viroid-RNA gestört werden sollten, stellte sich natürlich die Frage nach der Spezies-Spezifität bei einem so kleinen Molekül. Die evolutionäre Herkunft der Viroide ist ebenfalls noch unbekannt.

6.3 Prione

Prione induzieren eine Reihe neurodegenerativer Erkrankungen (TSE, transmissible spongioform encephalopathies) bei Säugetieren und beim Menschen. Beim Menschen sind es die Creutzfeldt-Jacob-Krankheit, die Gerstmann-Sträussler-Krankheit und Kuru (endemisch in Papua-Neuguinea), bei Schafen Scrapie und bei Rindern BSE (bovine spongioform encephalopathy). Die in jüngster Zeit erfolgte Übertragung von BSE auf den Menschen durch Genuß infizierten Fleischs hat Prione in den Mittelpunkt des Interesses gerückt.

Tab. 6-5: Prion-Protein (PrP): Vergleich der zellulären mit der modifizierten Form.

Zelluläres PrP	Modifiziertes PrP
PrP^C	PrP^{Sc}
43 % α-Helix, 3 % β-Faltblatt	34 % α-Helix, 43 % β-Faltblatt
An vielen Zellen; mit GPI-Anker	In ZNS, Milz, Lymphknoten; als Aggregate und Amyloidfibrillen
Funktion nicht bekannt	TSE-spezifisch
Löslich	Unlöslich
Abbaubar durch Proteinasen	Partiell resistent gegenüber Proteinasen

Die „**Protein-only-Hypothese**" – von J. S. Griffith 1967 erstmals formuliert – besagt, daß die modifizierte Form eines zellulären Proteins das infektiöse Agens für die verschiedenen Formen der TSE darstellt und (virale) Nucleinsäuren nicht beteiligt sind. Endgültige Sicherheit hierüber besteht jedoch nach wie vor nicht.

S. B. Prusiner konnte das Prion-Protein (PrP) 1982 reinigen und C. Weissmann und Mitarbeiter klonierten das codierende Gen 1985. Beim Menschen liegt es auf Chromosom 20. Das Gen ist hoch konserviert und zeigt keine Homologien zu anderen Genen. Das zelluläre Proteine PrP^C (von cellular) ist ein gegenüber Proteinasen sensitives Glykoprotein von 255 AS, das über einen GPI-Anker extrazellulär an der Plasmamembran vieler Zellen verankert ist. Im C-terminalen Teil überwiegen α-helikale Strukturen mit wenig β-Faltblatt, der N-terminale Teil dagegen ist überwiegend Random Coil. Zur zellulären Funktion des Proteins ist bisher nichts bekannt. PrP-Knock-out-Mäuse zeigen eine normale Entwicklung und scheinen gesund zu sein. Die modifizierte Form PrP^{Sc} (von Scrapie, da hier zunächst untersucht) enthält mehr β-Faltblattstruktur und ist partiell resistent gegenüber Proteinasen (Tab. 6-5), unterscheidet sich jedoch nicht in der Primärstruktur von PrP^C.

In Versuchstieren ruft die Infektion mit PrP^{Sc} TSE hervor, begleitet von extrazellulären Ablagerungen von PrP^{Sc} vor allem im Gehirn (s. unten) – es ist allerdings nicht eindeutig, ob PrP^{Sc} selbst oder vielleicht eine andere, in geringer Menge vorkommende Strukturvariante die eigentlich infektiöse Form darstellt. PrP-Knock-out-Mäuse sind bezeichnenderweise resistent. Das bedeutet, daß PrP^{Sc} exprimiert werden muß, damit sich TSE entwickeln kann. Ein Modell zur Erklärung der Infektiosität von PrP^{Sc} ist folgendes: Die spontane konformative Umwandlung von PrP^C in PrP^{Sc} ist zwar wegen der hohen Aktivierungsenergie als Barriere fast unmöglich. Eine Umfaltung kann jedoch durch Interaktion mit exogenem PrP^{Sc} in einer Art autokatalytischen Prozesses geschehen, so daß sich PrP^{Sc} allmählich anreichert.

Bei TSE-Erkrankungen bildet PrP^{Sc} Aggregate und Amyloidfibrillen im ZNS, aber auch in der Milz und in Lymphknoten. Über die Wanderung von PrP^{Sc} im Organismus und über seine pathologischen Eigenschaften im Gehirn ist wenig bekannt; Nervenzellen vakuolisieren und sterben ab, Astrocyten und Mikrogliazellen werden dagegen aktiviert.

Spezies-Barrieren beruhen auf kleinen Unterschieden in der Sequenz der PrP^C; beispielsweise ist PrP^{Sc} vom Hamster wenig wirksam in Mäusen, die Inkubationszeit beträgt anstatt 170 Tage etwa 500 Tage. Solche Barrieren sind nicht absolut, wie man auch bei der BSE erfahren mußte. Neben PrP^{Sc} als Ursache von TSE wurden in seltenen spontanen Creutzfeldt-Jacob-Erkrankungen beim Menschen Punktmutationen im Prion-Protein entdeckt, die offenbar zu ähnlichen konformativen Änderungen führten wie bei PrP^{Sc}. Creutzfeldt-Jacob-Erkrankungen treten in einer Häufigkeit von etwa 10^{-6} spontan auf. In einigen Fällen konnte auch eine Übertragung durch intramuskuläre Injektion von Hypophysenhormon, das kontaminiert war, wahrscheinlich gemacht werden. Die Übertragung von Kuru wird auf ritualisierten Kanibalismus zurückgeführt.

6.4 Weiterführende Literatur

Aguzzi A, Weissmann C (1997) Prion research: the next frontiers. Nature 389, 795–798.

Been M D, Wickham G S (1997) Self-cleaving ribozyme of hepatitis delta virus RNA. Eur. J. Biochem. 247, 741–753.

Bussière F, Lafontaine D, Perreault J P (1996) Compilation and analysis of viroid and viroid-like RNA sequences. Nucleic Acid Res. 24, 1793–1798.

Carrington J C, Kasschau K D, Mahajan S K, Schaad M C (1996) Cell-to-cell and long-distance transport of viruses in plants. The Plant Cell 8, 1669–1681.

Caughey B, Chesebro B (1997) Prion protein and the transmissible spongioform encephalopathies. Trends Cell Biol. 7, 56–62.

Clapham P R (1997) HIV and chemokines: ligands sharing cell-surface receptors. Trends Cell Biol. 7, 264–268.

Diener T O (1993) The viroid: big punch in a small package. Trends Microbiol. 1, 289–294.

Hausmann R (1995) ...und wollten versuchen, das Leben zu verstehen. Wiss. Buchgesellschaft, Darmstadt.

Hellerstein M K, McCune J M (1997) T cell turnover in HIV-1 disease. Immunity 7, 583–589.

Honda A, Ishihama A (1997) The molecular anatomy of Influenza Virus RNA polymerase. Biol. Chem. 378, 483–488.

Karam J D, Hrsg. (1994) Molecular Biology of Bacteriophage T4. Am. Soc. Microbiol., Washington DC.

Löwer R, Löwer J, Kurth R (1996) The viruses in all of us: characteristics and biological significance of human endogenous retrovirus sequences. Proc. Nat. Acad. Sci. 93, 5177–5184.

Modrow S, Falke D (1997) Molekulare Virologie. Spektrum, Akad. Verlag, Heidelberg.

Murphy F A et al. (1995) Sixth report on virus taxonomy. Springer-Verlag, Wien.
Prusiner S B (1997) Prion disease and the BSE crisis. Science 278, 245–251.
Spriggs M K (1996) One step ahead of the game: viral immunomodulatory molecules. Annu. Rev. Immunol. 14, 101–130.
Stevenson M (1996) Portals of entry: uncovering HIV nuclear transport pathways. Trends Cell Biol. 6, 9–15.
Villareal L P (1997) On viruses, sex, and motherhood. J. Virol. 71, 859–865.

7 RIBOSOMEN UND PROTEINBIOSYNTHESE

Ribosomen katalysieren den dritten Schritt der Gen-Expression, d.h. sie setzen nach dem ersten Schritt, der Gen-Aktivierung, und dem zweiten, der Transkription, die Sequenz der mRNA in die Aminosäuresequenz eines Polypeptids um. Dieser Vorgang wird als **Translation** bezeichnet. Grundlage des zweiten und dritten Schritts ist das Prinzip einer komplementären Basenpaarung. Der Informationsfluß von der DNA über die RNA zum Protein entspricht dem „zentralen Dogma der Molekularbiologie". Bei der Translation binden im Ribosom an jeweils drei aufeinanderfolgende Basen der mRNA, den Codons oder Tripletts, Transfer-RNAs mit ihren Anticodons und ermöglichen dadurch die Verknüpfung ihrer zuvor gebundenen entsprechenden Aminosäuren in richtiger Reihenfolge zum Polypeptid. Warum die Proteinsynthese nicht direkt an der DNA, sondern an einer zwischengeschalteten mRNA erfolgt, obwohl dadurch die Fehlermöglichkeiten größer werden, hat seine guten Gründe. Das genetische Material muß außerordentlich stabil sein, um unverändert von Generation zu Generation weitergegeben werden zu können. Der Stoffwechsel einer Zelle hingegen und damit die diesen Stoffwechsel katalysierenden Proteine sollten flexibel veränderten Situationen schnell anpassbar sein. Das wird durch den Drei-Schritte-Prozess der Gen-Expression erreicht. Die RNA unterscheidet sich in ihrer chemischen Struktur nur wenig von der DNA, hat aber nur kurze Halbwertszeiten: wenige Minuten bei Prokaryoten, Minuten bis Stunden bei Eukaryoten, extrem langlebig ist die Globin-mRNA während der Erythropoese im Reticulocyten mit ca. 100 Tagen. RNasen, mRNA abbauende Enzyme, sorgen für den schnellen Turnover; sie erkennen die RNA-spezifische 2'-OH-Gruppe und können DNA nicht angreifen.

Ribosomen sind sehr große Ribonucleoprotein-Partikel (RNP-Partikel) von ca. 25 nm Durchmesser (Abb. 7-1). Sie sind zunächst im EM als kräftig kontrastierbare Partikel von G. E. Pallade 1955 beobachtet worden. Den Terminus „Ribosom" führte R. B. Roberts 1958 ein.

Ribosomen kommen praktisch in allen Zellen vor und sind ein bedeutender Faktor im Cytoplasma sowie in den Plasmen von Mitochondrien und Plastiden. Kleine Mycoplasmen enthalten ca. 600 Ribosomen, *E. coli* ca. $3 \cdot 10^4$ (d.h. 40% der Zelltrockenmasse), eine Leberparenchymzelle ca. 10^7 und manche große Amphibien-Oocyten ca. 10^{12}.

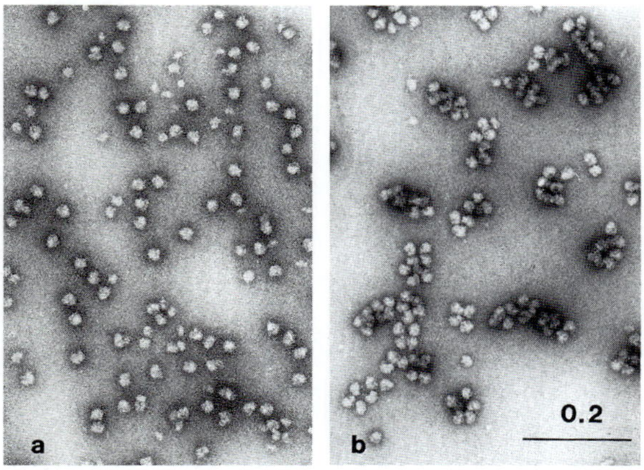

Abb. 7-1: (**a**) Isolierte Ribosomen und (**b**) isolierte Polysomen aus Blütenknospen der gelben Narzisse. (Negativkontrast, EM-Aufnahme: R. Junker, H. Falk)

7.1 Charakterisierung von Ribosomen

Ribosomen bestehen grundsätzlich aus zwei Untereinheiten, die wiederum aus 1–3 RNA-Molekülen und zahlreichen Proteinen zusammengesetzt sind. Pro- und Eukaryoten besitzen etwas unterschiedliche Formen, die nach ihren Sedimentationskonstanten (S) charakterisiert werden. Obwohl die Werte natürlich streuen, werden die prokaryotischen als **70S Ribosomen** mit

Tab. 7-1: S-Werte und Nucleotidzahlen (b) von rRNAs.

	kleine rib.	UE	große rib.	UE
Prokaryoten				
E. coli	16S	1542 b	23S	2904 b
			5S	120 b
Eukaryoten				
Mensch	18S	1869 b	28S	5025 b
			5S	120 b
			5,8S	160 b
Plastiden				
Tabak	16S	1489 b	23S	2810 b
			5S	120 b
			4,5S	103 b
Mitochondrien				
Mensch	12S	954 b	16S	1559 b
Hefe	15S	1651 b	21S	3273 b
Mais	18S	1964 b	26S	3564 b
Trypanosoma brucei	9S	611 b	12S	1230 b

Die großen ribosomalen Untereinheiten (rib. UE) enthalten bei Prokaryoten zwei rRNAs, bei Eukaryoten und Plastiden drei rRNAs, bei Mitochondrien nur eine rRNA; eine zu einer 5S rRNA homologe Sequenz ist hier allerdings in der großen rRNA enthalten. Die Größen schwanken besonders bei den mitochondrialen rRNAs; manche scheinen ausgesprochen „ökonomisch" organisiert zu sein.

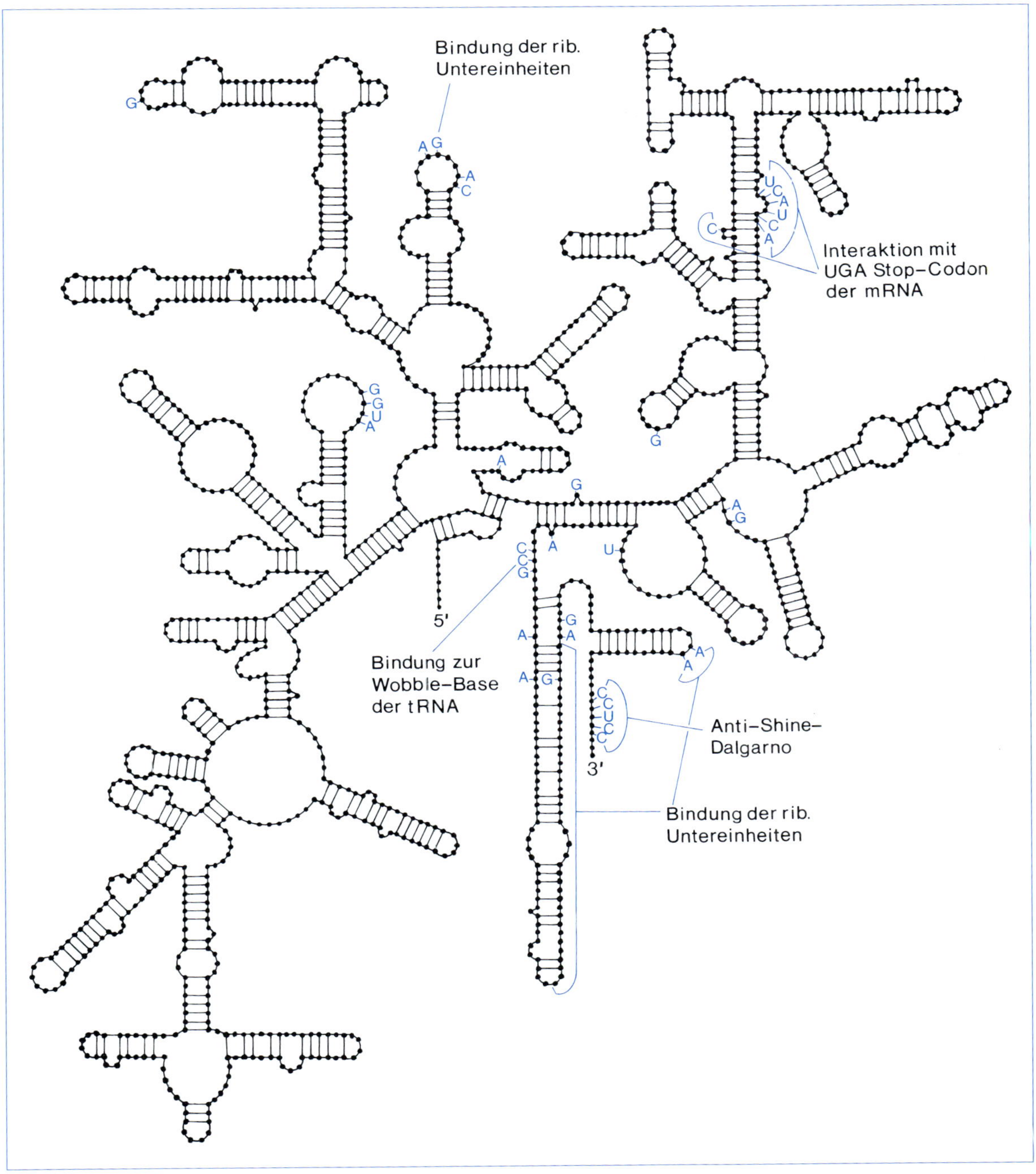

Abb. 7-2: Sekundärstruktur der 16S rRNA von *E. coli*. Das Molekül besteht aus 1542 Nucleotiden, die in vielen Abschnitten basengepaart sind. Die RNA hat zahlreiche Bindungsfunktionen im Ribosom, um tRNAs und mRNAs besonders im Dekodierungsbereich in der richtigen Position zu halten. Die farbig wiedergegebenen Nucleotide ohne nähere Bezeichnung bilden Kontaktstellen innerhalb des Decodierungsbereichs. Ähnlich zahlreiche Bindungsfunktionen besitzt die 23S rRNA in der großen Untereinheit. Diese zahlreichen Bindungsfunktionen erklären die Konserviertheit dieser Moleküle.

50S- und 30S-Untereinheiten und die eukaryotischen als **80S Ribosomen** mit 60S- und 40S-Untereinheiten bezeichnet (Tab. 7-1); die Ribosomen von Mitochondrien und Plastiden gehören zum 70S-Typ. Die großen Untereinheiten enthalten ein rRNA-Molekül von 23S bzw. 28S und zusätzlich oft 1–2 kleinere um 5S, die kleinen Untereinheiten ein einziges rRNA-Molekül von 16S bzw. 18S. Das Ribosom von *E. coli*, das besonders gut untersucht ist und für das die meisten Angaben im folgenden gelten, besitzt eine Masse von 2,3 · 10^6 Da mit einer 23S und einer 5S rRNA sowie 33 Proteinen in der großen Untereinheit und einer 16S rRNA sowie 21 Proteinen in der kleinen Untereinheit. Nahezu zwei Drittel der Gesamtmasse machen die rRNAs aus; bei eukaryotischen Ribosomen etwa die Hälfte.

Die Proteine der kleinen Untereinheit werden mit absteigender Masse von S1 bis S21 (small) durchnumeriert, die der großen Untereinheit aus historischen Gründen von L1 bis L36 (large), denn es hat sich erst später herausgestellt, daß L7 eine N-acetylierte Form von L12 ist, L8 ein pentameres Protein aus vier Kopien von L7/L12 und einer Kopie von L10 darstellt und L26 identisch mit S20 ist. Bei L26/S20 bleibt unklar, zu welcher Untereinheit es wirklich gehört, es kommt auf jeden Fall nur einmal im Ribosom vor wie alle übrigen Proteine bis auf L7/L12, das eben viermal vorhanden ist.

Eukaryotische Ribosomen enthalten in ihren großen Untereinheiten 40–45 Proteine, in ihren kleinen 30–35 Proteine.

Für Evolutionsbetrachtungen sind rRNAs besonders geeignet, da Ribosomen in allen Organismen vorkommen, ihre Funktion sich im Laufe der Evolution nicht verändert hat und ihre RNAs konserviert sind, d.h. nur mäßigen Veränderungen in Sequenz und Sekundärstruktur während der Evolution unterworfen wurden (Abb. 7-2). Innerhalb der Sekundärstruktur betrifft dies besonders die Helix-Regionen, die durch kompensierende Basenpaarungen erhalten geblieben sind, d.h. bei Austausch eines Nucleotids in einem Strang (z.B. C→U) erfolgte ein komplementärer im anderen (G→A), so daß sich zwar die Primärstruktur, nicht aber die Sekundärstruktur änderte.

Im Cytoplasma sind Ribosomen, die nicht translatieren, in ihre Untereinheiten dissoziiert. Der sog. **Ribosomenzyklus** (Abb. 7-3) beginnt mit der Bindung der kleinen ribosomalen Untereinheit unter Vermittlung einer beladenen Initiator-tRNA an das Startcodon einer mRNA. Es folgt die Bindung der großen Untereinheit. Im Ribosom läuft die Elongation der Polypeptidkette nach Maßgabe der Codonsequenz und schließlich mit einem Stop-Codon die Termination ab. Die fertige Polypeptidkette wird frei und die ribosomalen Untereinheiten werden von der mRNA entlassen. Da eine mRNA im allg. ein langes Molekül ist, können sich mehrere Ribosomen hintereinander an ihr aufreihen, es entsteht ein **Polysom** (Polyribosom, s. Abb. 7-1). Der Mittelpunktsabstand der einzelnen Ribosomen beträgt ungefähr 100 Nucleotide. Die Größe der Polysomen, d.h. die Zahl ihrer Ribosomen, entspricht dem codierenden Teil einer mRNA und damit der Größe des Polypeptids. Die Polysomen im Cytoplasma sind gewöhnlich schraubenförmig mit 6-8 Ribosomen pro Umlauf; sie synthetisieren die löslichen Proteine, aber auch die kerncodierten Membranproteine von Mitochondrien, Plastiden und Peroxisomen. ER-gebundene Polysomen sind der Zweidimensionalität ihrer Unterlage angepaßt und spiralig organisiert (s. 8.2.2); sie synthetisieren Membran- und Exportproteine.

Auch Ribosomen sind einem Turnover unterworfen. In Eucyten liegt ihre Lebenszeit meist um die sechs Stunden. Zellen ohne oder mit nichtaktiven Zellkernen wie z.B. Erythrocyten, Siebröhrenzellen des pflanzlichen Phloems oder Spermien sind deshalb relativ bald frei von Ribosomen.

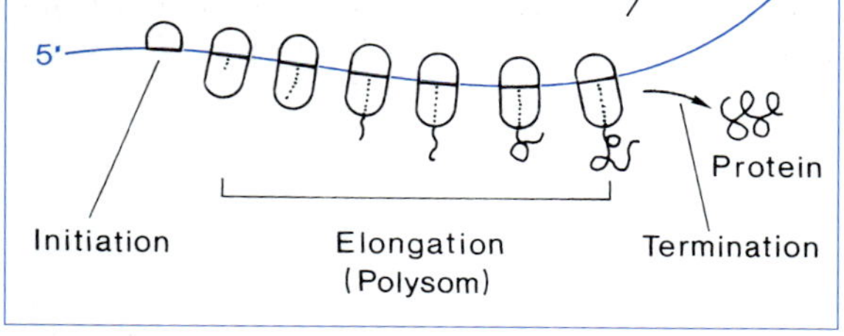

Abb. 7-3: Ribosomenzyklus.

7.2 Molekulare Struktur

Ziel der strukturellen Untersuchungen ist es, ein räumliches Modell des Ribosoms mit atomarer Auflösung zu gewinnen. Für eine Röntgenstrukturanalyse konnten zwar schon dreidimensionale Kristalle von Ribosomen von Prokaryoten erhalten werden, die unter extremen Bedingungen leben und deren Ribosomen daher sehr stabil konstruiert sind. Große Probleme bereitet jedoch die Einführung von Schwermetallkomplexen in definierter Weise in die Ribosomen, um das Phasenproblem zu lösen (s. Kap. 28). Bisher hat neben Vernetzungsstudien und Neutronenstreuungsexperimenten besonders die EM zur Aufklärung der ribosomalen Struktur beigetragen. Mit Antikörpern gegen einzelne Komponenten konnte die ungefähre Lokalisation vieler ribosomaler Proteine ermittelt werden (Abb. 7-4). Die bisher beste räumliche Vorstellung eines Ribosoms vermittelt die Rekonstruktion der dreidimensionalen Struktur nach EM-Aufnahmen vieler verschiedener Ansichten tiefgefrorener Ribosomen (Abb. 7-5); eine Auflösung von etwa 1 nm läßt sich dabei erreichen. Der Vorteil dieses Vorgehens liegt darin, daß die Proben bei sehr tiefer Temperatur in ihrem wässerigen Milieu schockgefroren werden.

Aus den Strukturuntersuchungen ergeben sich wichtige Folgerungen. Die beiden ribosomalen Untereinheiten bilden einen internen Raum für den Ablauf der Translation. In diesen Raum tritt die mRNA vermutlich durch einen Kanal in der kleinen Untereinheit ein und verläßt ihn wieder seitlich nach einer kurzen Schleife. Diese Ein- und Austrittsstellen begrenzen den Ort der Interaktion von mRNA und tRNAs auf eine Region von etwa 2 nm. Die wachsende Polypeptidkette verläßt den internen Raum durch einen ca. 8 nm langen Tunnel durch die große Untereinheit. Etwa 40 Aminosäurereste einer wachsenden Polypeptidkette haben in diesem Tunnel Platz.

In der Zelle müssen die zahlreichen Komponenten eines Ribosoms zu einem aktiven Ganzen zusammenfinden, wobei die großen rRNAs eine Art Grundgerüst bilden, an das sich die Proteine anlagern. Die 57 Komponenten des Ribosoms von *E. coli* bilden überraschenderweise in vitro – unter geeigneten Bedingungen – ein funktionelles Partikel. Zumindest in diesem Fall besitzen also die Komponenten die vollständige Information zur korrekten Assemblierung. Man geht jedoch davon aus, daß in vivo allein schon wegen der Schnelligkeit des Vorgangs noch andere Faktoren wie etwa Chaperone beteiligt sind.

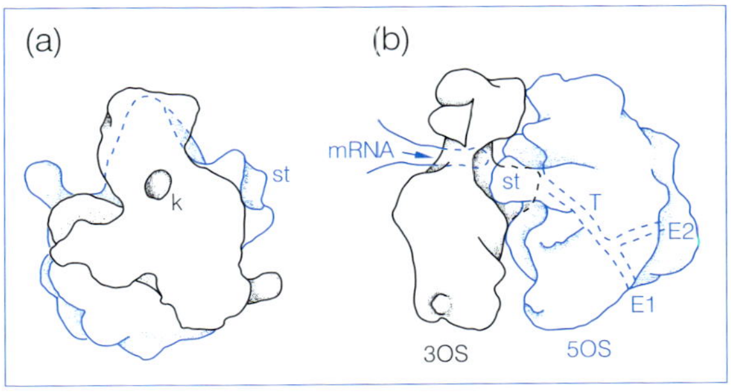

Abb. 7-5: Dreidimensionale Rekonstruktion eines Ribosoms von *E. coli* aus EM-Aufnahmen schockgefrorener Proben. Die große Untereinheit und die mRNA sind farbig wiedergegeben. (**a**) Frontansicht mit der kleinen Untereinheit vorn und der großen dahinter. Die kleine Untereinheit besitzt einen Kanal (K) in der sog. Nackenregion, durch den die mRNA in den Hohlraum zwischen den beiden Untereinheiten eintritt. (**b**) Seitenansicht nach Drehung der Darstellung in a um 90° nach links. Die beiden Untereinheiten haben an mehreren Stellen Kontakt. Die mRNA zieht durch den Kanal der kleinen Untereinheit in den Hohlraum und wahrscheinlich seitlich der Nackenregion wieder hinaus (gestrichelte Linien). In dem Hohlraum finden die Vorgänge der Translation an der mRNA statt. Von der Grenzfläche des Hohlraums führt ein Tunnel (T) für das neu synthetisierte Polypeptid auf die Rückseite der großen Untereinheit (gestrichelte Linien). Dieser Tunnel verzweigt sich mindestens einmal, mit den Ausgängen E1 und E2. Es wird spekuliert, daß Polypeptide je nach Art unterschiedliche Ausgänge benützen. St (stalk), ein Arm der großen Untereinheit. (Zeichnungen nach J. Frank et al. [1995] Nature 376, 441)

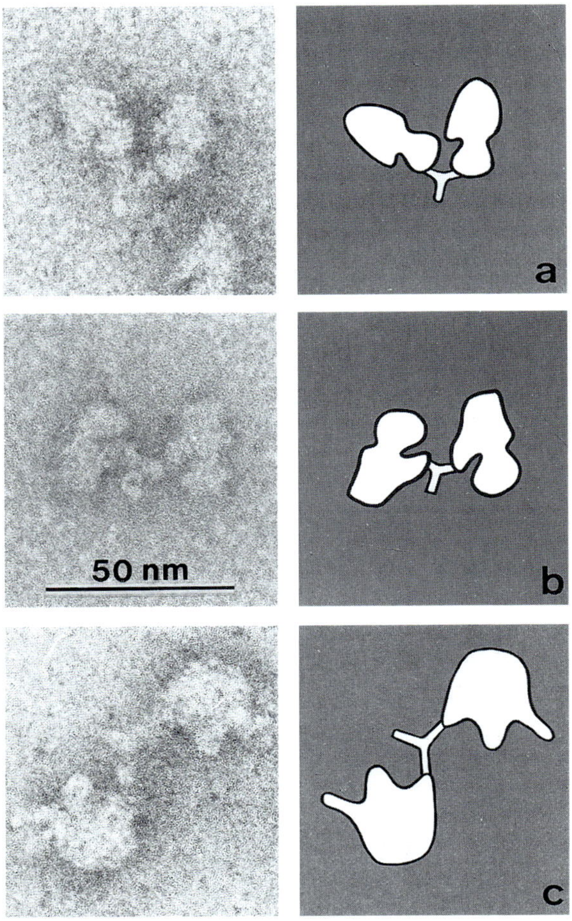

Abb. 7-4: Immun-EM zur Lokalisation von Proteinen in ribosomalen Untereinheiten von *E. coli*, mit erläuternden Skizzen auf der rechten Seite. (**a**) Mit Anti-S13-Antikörper. (**b**) Mit Anti-S11-Antikörper. (**c**) Mit Anti-L1-Antikörper. (EM-Aufnahmen: G. Stöffler, M. Stöffler-Meilicke)

7.3 Proteinbiosynthese

Die Bildung von Protein nimmt unter den Aktivitäten einer Zelle eine zentrale Stellung ein. In einem syntheseaktiven Eucyten werden etwa 10^6 Peptidbindungen pro Sekunde geknüpft. Ein Ribosom arbeitet mit einer Geschwindigkeit von 10–20 AS pro Sekunde; es ist damit immer noch etwa um den Faktor 10^5 schneller als ein Laborautomat und arbeitet dabei genauer. Die Synthese und die durch seinen Turnover bedingte Unterhaltung des Translationsapparats selbst, zu dem ja nicht nur Ribosomen gehören, ist für eine Zelle ein großer Kostenfaktor. Abschätzungen gehen bis zu 50% des gesamten zellulären Energieverbrauchs.

Der wesentliche Unterschied in der Proteinbiosynthese zwischen Pro- und Eukaryoten liegt in der Kompartimentierung. Bei Prokaryoten finden Transkription und Translation nicht nur im gleichen Kompartiment, im Cytoplasma, statt, sondern die Translation setzt bereits während der Transkription an der naszierenden mRNA ein. Bei Eukaryoten ist der Zellkern Ort der Transkription; es folgt im allg. eine Prozessierung der mRNA und der Transport durch die Kernporen in das Cytoplasma, den Ort der Translation.

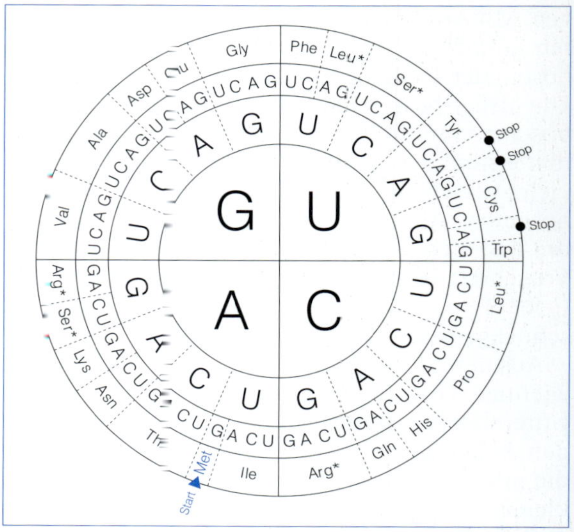

Abb. 7-6: Der genetische Code, dargestellt als Code-Sonne. In der Mitte steht jeweils das erste d.h. 5'-Nucleotid, nach außen schließen sich die beiden nächsten an. Ganz außen sind die Aminosäuren entsprechend angeordnet. CGG beispielsweise codiert für Arg. Die mit einem * versehenen AS treten an zwei Stellen der Sonne auf. Das Stop-Codon UAA wird auch als *Ochre*, das Stop-Codon UAG auch als *Amber* bezeichnet, nach den Bakterienstämmen, in denen sie entdeckt wurden. (Nach R. Jünemann, K.H. Nierhaus [1993] Naturwiss. Rundschau 46, 391)

7.3.1 Der genetische Code

Alle Organismen benützen in ihren Nucleinsäuren einen einheitlichen genetischen Code. Da den vier Basen der Nucleinsäuren 20 Aminosäuren gegenüberstehen, sollte der Code mindestens drei Basen umfassen. Aus den Arbeiten zum genetischen Code, die 1966 abgeschlossen waren, ergab sich, daß in der Tat jedes Codon drei Basen umfaßt (**Tripplet-Code**) und daß die Codons linear und kommafrei entlang der Nucleinsäuren angeordnet sind. Bei vier verschiedenen Basen sind $4^3 = 64$ verschiedene Codons möglich, von denen 61 für Aminosäuren codieren und drei Stoppsignale für die Synthese darstellen (Abb. 7-6). Dies bedeutet, daß für viele Aminosäuren mehr als ein Codon, maximal sechs, zur Verfügung stehen. Der Code wird deshalb als degeneriert bezeichnet. Das Codon AUG, das einzige für Met, ist Start-Codon in einer mRNA. Da der genetische Code universell ist, bietet er ein wichtiges Argument dafür, daß das Leben auf der Erde nur eine Entstehungsgeschichte hat. Es gibt allerdings kleinere, sekundär entstandene Abweichungen, z.B. bei Ciliaten und in Mitochondrien.

Mit den Codons der mRNAs paaren die Anticodons der jeweils mit einer AS beladenen tRNAs. Bezeichnenderweise unterscheiden sich die Codons für ein und dieselbe Aminosäure oft nur im Nucleotid der dritten Position. Diese dritte Position erlaubt nach der „**Wobble**"-**Hypothese** neben den üblichen Basenpaarungen A-U und G-C auch die Paarung G-U, weshalb manche tRNAs mit mehreren Codons paaren können. Daher besitzen Zellen nicht der Zahl der Codons entsprechend auch 61 tRNAs, sondern weniger, *E. coli* beispielsweise 41.

Vor wenigen Jahren wurde mit Selenocystein eine 21. DNA-codierte Aminosäure entdeckt. Selenocystein entsteht aus Serin, das an eine spezielle tRNA gebunden ist. Dabei wird die OH-Gruppe des Serins durch die Selenocystein-Synthase gegen eine Selenoylgruppe ausgetauscht; Donator der Selenoylgruppe ist Selenophosphat. Selenocystein wird also nicht wie andere unübliche Aminosäuren in Proteinen wie z.B. Hydroxyprolin posttranslational gebildet, in diesem Fall durch Hydroxylierung eines Prolinrests. Als Codon für Selenocystein fungiert das Stop-Codon UGA, allerdings nur in Verbindung mit einer Haarnadelschleife als stabiler Sekundärstruktur in der mRNA und einem besonderer Elongationsfaktor (s. unten). In den mRNAs für Selenoproteine von Prokaryoten folgt diese Struktur unmittelbar dem Codon UGA, in denen von Eukaryoten liegt sie außerhalb des codierenden Bereichs und ist größer.

Selenoproteine sind selten. Bakterien enthalten 2–3, Säuger 20–30. Sie sind – soweit bekannt – alle Oxidoreductasen, deren Funktion durch die hohe Nucleophilie der Selenoylgruppe effektiver wird im Vergleich mit der ähnlichen Thiolgruppe des Cysteins. Da in allen drei Organismenreichen UGA unter den geschilderten Bedingungen das Codon für Selenocystein darstellt, ist diese „Nebenfunktion" und damit dieser doch insgesamt gewaltige Aufwand für die verbesserte Reaktivität einiger weniger Enzyme offenbar sehr alt. Selenoenzyme beim Menschen sind beispielsweise die Glutathion-Peroxidase, die durch Reduktion reaktiver Peroxide (ROOH) Zellen vor oxidativer Schädigung schützt, und die Thyroxin-Deiodase in den Schilddrüsenzellen, die aus Thyroxin das aktive Hormon Trijodthyronin bildet.

7.3.2 tRNAs und Aminoacyl-tRNA-Synthetasen

tRNAs (Transfer-RNAs) sind kleine RNA-Moleküle von 76 oder ein paar mehr Nucleotiden. Für jede Aminosäure stehen eine bis maximal sechs tRNAs zur Verfügung; bei Mehrzahl werden sie **Isoakzeptoren** genannt. Sie werden von der RNA-Polymerase III transkribiert. Die anschließende Prozessierung umfaßt das Abspalten flankierender Sequenzen, das Anhängen der hochkonservierten CAA-Sequenz am 3′-Terminus (soweit diese nicht wie bei Prokaryoten bereits vom Gen codiert wird), das Herausschneiden eventuell vorhandener Introns und die Modifikation von Nucleotiden. Solche modifizierten Nucleotide sind z.B. Dihydrouridin (DHU) und Pseudouridin (Ψ) (Abb. 7-7); sie dienen vor allem der Stabilisierung der Moleküle.

tRNAs besitzen sehr ähnliche Sekundär- und Tertiärstrukturen, die als **„Kleeblatt"** und **„L-Form"** bezeichnet werden (Abb. 7-8). Die räumliche Struktur wird – außer durch die Basenpaarungen – durch zusätzliche intramolekulare Wechselwirkungen stabilisiert. Das Nucleotid am 5′-Ende trägt die Nummer 1; die Nummern 34-36 bilden das Anticodon, das zum entsprechenden Codon der mRNA komplementär ist. Am hochkonservierten 3′-Ende wird die Aminosäure gebunden. Eine tRNA, die z.B. die Aminosäure Alanin bindet, wird als $tRNA^{Ala}$ geschrieben.

tRNAs fungieren als Vermittler bei der Umsetzung des genetischen Codes der mRNA in die passende Aminosäuresequenz der Proteine. Diese Vermittlung ist hochspezifisch. Auf der anderen Seite benützen alle tRNAs im Ribosom die gleichen Bindungsstellen. tRNAs sind daher sehr ähnlich, aber doch für die Aminoacyl-tRNA-Synthetasen eindeutig unterscheidbar.

tRNAs können auch noch ganz andere Funktionen haben: In Prokaryoten und Chloroplasten startet die Synthese von δ-Aminolevulinat, der Vorstufe der Porphyrinringe, mit $Glutamyl\text{-}tRNA^{Glu}$; das so gebundene Glutamat wird durch eine Reductase in Glutamat-1-semialdehyd umgewandelt, wobei die tRNA frei wird (bei Tieren beginnt Bildung von δ-Aminolevulinat mit Succinyl-CoA und Glycin). Bei Retroviren dient eine tRNA als Startermolekül für die reverse Transkriptase bei der RNA-abhängigen DNA-Synthese in der Wirtszelle. Beim HIV z.B. ist es eine $tRNA^{Lys}$, bei HTLV eine $tRNA^{Pro}$.

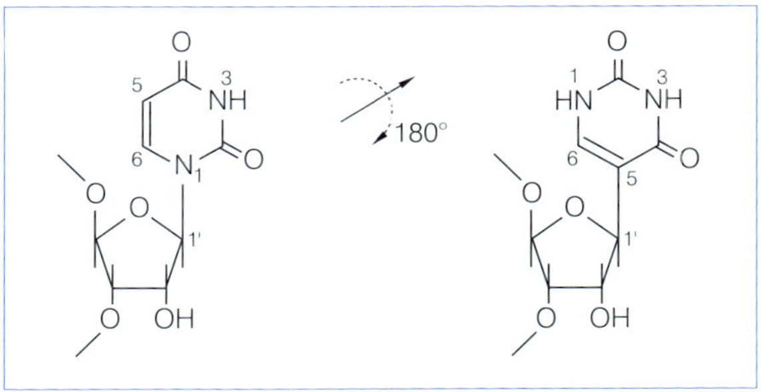

Abb. 7-7: Bildung von Pseudouridin (Ψ) aus Uridin in tRNA-Molekülen. Das Rearrangement geschieht durch Spaltung der Bindung von N1 zur Ribose, Drehung des Uracilrings (um die angegebene Achse) und Herstellung einer Bindung von C5 zur Ribose. Bei der Reaktion, die bei Eukaryoten im Nucleolus stattfindet, sind kleine RNAs (snoRNAs, small nucleolar) beteiligt. Im Ψ stehen nun N1 und N3 für H-Brückenbildung zur Verfügung.

Es gibt 20 verschiedene Aminoacyl-tRNA-Synthetasen, für jede Aminosäure eine. Dies bedeutet, daß alle isoaktzeptierenden tRNAs von ein und demselben Enzym aminoacyliert werden. Die Enzyme variieren in Größe und Struktur und können monomer, dimer oder tetramer sein. Trotzdem lassen sie sich aufgrund von Homologien zwei Klassen zuordnen. Die Klasse I verknüpft z.B. die Aminosäure mit der 2′-OH-Gruppe der Ribose am 3′-Ende der tRNA, die Klasse II mit der 3′-OH-Gruppe. Die Verknüpfung erfolgt in zwei Schritten: Zunächst wird die Aminosäure auf den AMP-Rest eines ATP-Moleküls übertragen, es entsteht ein Aminoacyladenylat (Anhydridbindung) und Pyrophosphat. Anschließend wird die so aktivierte Aminosäure auf die entsprechende OH-Gruppe der Ribose überführt (Esterbindung).

Jede Aminoacyl-tRNA-Synthetase erkennt ihre tRNAs am Anticodon und an weiteren „Identitätsmerkmalen", d.h. sie geht hochspezifische Wechselwirkungen mit einer kleinen Zahl von speziellen Nucleotiden ein. Diese sehr exakte Zuordnung von tRNAs und entsprechenden Synthetasen wird auch als **„zweiter genetischer Code"** bezeichnet. Für die Genauigkeit der Proteinbiosynthese ist die Beladung der tRNAs mit der richtigen Aminosäure von entscheidender Bedeutung, denn bei der Translation selbst ist nur noch das Anticodon der tRNA, nicht aber

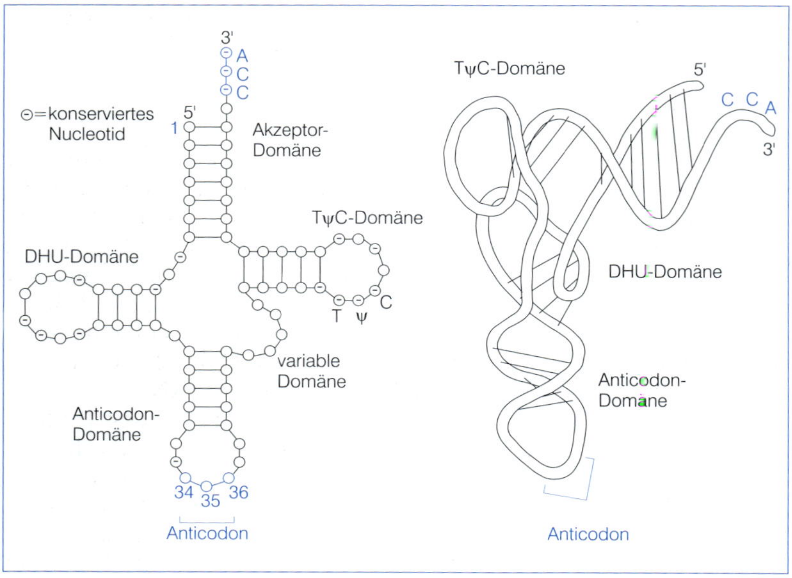

Abb. 7-8: Sekundärstruktur (Kleeblatt) und Tertiärstruktur (L-Form) einer tRNA mit ihren verschiedenen Domänen (Armen, Schleifen). Die variable Domäne kann auch länger sein und Basenpaarungen enthalten. DHU, Dihydrouridin; TΨC, Thymidin-Pseudouridin-Cytidin.

mehr die an der tRNA hängende Aminosäure ausschlaggebend.

Merkwürdigerweise fehlt den meisten Archaebakterien und grampositiven Eubakterien sowie Mitochondrien und Plastiden eine Glutaminyl-tRNA-Synthetase. Hier belädt die Glutamyl-tRNA-Synthetase die $tRNA^{Gln}$ zunächst mit Glutaminsäure, so daß Glu-$tRNA^{Gln}$ entsteht, die danach durch eine Glutamin-Amidotransferase in Gln-$tRNA^{Gln}$ verändert wird. Das gleiche gilt auch in einigen Archaebakterien für Asparagin: $tRNA^{Asn}$ wird zunächst mit Asparaginsäure zu Asp-$tRNA^{Asn}$ beladen und dann von einer Amidotransferase in Asn-$tRNA^{Asn}$ verändert. In diesen Zellen wird damit praktiziert, was eigentlich sonst streng vermieden wird, nämlich die Beladung von verschiedenen tRNAs durch das gleiche Enzym. Vielleicht deutet dies die Art und Weise an, wie Glutamin ursprünglich als Aminosäure in Proteine eingeführt wurde.

7.3.3 Translation

Bei der Biosynthese der Proteine im Ribosom lassen sich drei Phasen definieren: Während der Initiationsphase wird das Start-Codon AUG der mRNA positioniert und damit auch das Leseraster festgelegt. Während der Elongationsphase erfolgt Aminosäure für Aminosäure die Verlängerung der Polypeptidkette. In der Terminationsphase wird die Synthese vor einem Stop-Codon abgebrochen und das fertige Polypeptid aus dem Ribosom entlassen. Es schließt sich die Dissoziation der Terminationskomplexes an, und die ribosomalen Untereinheiten werden rezyklisiert. Alle Phasen werden von spezifischen Faktoren gesteuert. Sie werden mit IF, EF und RF (initiation, elongation, releasing factors) bezeichnet und erhalten ein zusätzliches Präfix „e" für eukaryotische Faktoren. Einige dieser Faktoren sind G-Proteine, und durch die Hydrolyse von GTP können Barrieren von Aktivierungsenergien überwunden und die Geschwindigkeit der Proteinsynthese erheblich beschleunigt werden.

Initiation

Bei Prokaryoten geschieht die Bindung der mRNA an die kleine ribosomale Untereinheit über ihre sog. **Shine-Dalgarno-Sequenz** im Abstand von wenigen Nucleotiden vor dem Start-Codon AUG:

5′. . . . . UAAGGAAGG . . . . AUG . . . . 3′

Die Bindung erfolgt über eine Basenpaarung an eine komplementäre oder fast komplementäre Sequenz nahe dem 3′-Ende der 16S rRNA. Die Stärke dieser Wechselwirkung bestimmt auch die Initiationsfrequenz und damit die Translationshäufigkeit einer mRNA. Die Stabilität einer möglichen mRNA-Sekundärstruktur, die die Shine-Dalgarno-Sequenz und das Initiationscodon AUG einschließen kann, erniedrigt die Initiationsfrequenz. Die Balance zwischen der Stärke der Shine-Dalgarno-Wechselwirkung und der mRNA-Sekundärstruktur stellt damit – neben der Lebenszeit der mRNA – ein wichtiges Regulativ für die Gen-Expression dar. An die kleine Untereinheit sind die Initiationsfaktoren IF-1 und IF-3 gebunden, wobei IF-3 die große und kleine ribosomale Untereinheit zunächst voneinander getrennt hält. Die Bindung der ersten tRNA wird durch den Initiationsfaktor IF-2 mit gebundenem GTP vermittelt. Diese tRNA ist eine besondere, Met-tRNA$_i$Met oder auch Met-tRNA$_i$fMet geschrieben, die nur bei der Initiation aktiv ist. Das „f" deutet darauf hin, daß die Aminogruppe des ersten Methionins bei Prokaryoten formyliert ist. Der Formylrest und häufig auch der erste Methioninrest werden in der Folge abgespalten. Spätere AUG-Codons auf der mRNA werden durch eine andere tRNA beliefert. Nach Assoziierung der großen ribosomalen Untereinheit verlassen die Initiationsfaktoren sowie GDP und P_i die kleine Untereinheit. Damit ist die Initiationsphase abgeschlossen.

Die mRNAs der Eukaryoten besitzen keine Shine-Dalgarno-Sequenz. Hier spielen die **7-Methylguanosin-Cap** (m^7GPPPN, mit N als folgendem Nucleotid) am 5'-Ende und wohl auch der **Poly(A)$^+$**-Teil am 3'-Ende wichtige Funktionen. Es sind auch mehrere Initiationsfaktoren bekannt, von denen nur die wichtigsten genannt werden. Im einzelnen sind die folgenden Teilschritte notwendig:

- Der mit der mRNA assoziierte Initiationsfaktor eIF-4F besteht aus zwei Komponenten: eIF-4E bindet die Cap-Struktur, und eIF-4G bindet einerseits eIF-4E und andererseits – später – den oligomeren Faktor eIF-3, der an die kleine ribosomale Untereinheit assoziiert ist. Ein weiterer Faktor, eIF-4A, entfernt als ATP-abhängige RNA-Helicase Sekundärstrukturen in der mRNA. Die vermittelnde Funktion von eIF-4G wird möglicherweise durch den Poly(A)$^+$-Schwanz der mRNA verstärkt. Ein Protein Pab1 (poly(A)$^+$ tail binding), das neben Poly(A)$^+$ auch eIF-4G bindet, ist für die Hefe beschrieben worden.
- Parallel dazu entsteht der sog. ternäre Komplex, eine Assoziation von Met-tRNA$_i$Met und eIF-2 · GTP. Bei Eukaryoten ist der Methioninrest an der tRNA für das Start-Codon AUG nicht formyliert.
- Ternärer Komplex, mRNA und kleine ribosomale Untereinheit assoziieren zum sog. 48S Prä-Initiationskomplex. Dabei bindet eIF-4G an eIF-3, und das Start-Codon wird positioniert.
- Nach Hydrolyse von GTP und Abdissoziation von eIF-2 · GDP und den übrigen Faktoren kann die große ribosomale Untereinheit mit der vorbereiteten kleinen Untereinheit zum funktionstüchtigen Ribosom aggregieren. Damit ist die Initiation abgeschlossen. Im Gegensatz zu den Prokaryoten wird die GTP-Hydrolyse durch einen eigenen Initiationsfaktor eIF-5 vor der Aufnahme der großen Untereinheit ausgelöst. Der Wechsel von GDP gegen GTP in eIF-2 wird durch den Gunaninnucleotid-Austauschfaktor eIF-2B katalysiert.

Elongation und Termination

Das Ribosom enthält drei Bindungsstellen für tRNAs: die A- (acceptor), P- (peptidyl) und E-Stelle (exit); die A-Stelle wird auch als Decodierungsstelle bezeichnet. Für die Elongation wurde das **allosterische Dreistellenmodel** entwickelt (Abb. 7-9). Es besagt, daß die A- und E-Stelle derart reziprok gekoppelt sind, daß eine feste Besetzung der A- und P-Stelle durch tRNAs eine geringe Affinität der E-Stelle für tRNAs zur Folge hat und eine feste Besetzung der E- und P-Stelle eine geringe Affinität der A-Stelle. Das Ribosom pendelt demnach während der Elongationsphase zwischen zwei wesentlichen Zuständen, dem Prä- und Post-Zustand, d.h. vor bzw. nach Translokation. Mit Translokation ist hier der Vorschub der mRNA relativ zum Ribosom um die Strecke eines Codons gemeint. Im Prä-Zustand besitzen die P- und A-Stelle eine hohe Affinität, im Post-Zustand die P- und E-Stelle. Das hat für die Genauigkeit der Translation entscheidende Bedeutung. An die Decodierungsstelle können im Prinzip 41 (bei *E. coli*) verschiedene, aber doch außerhalb des Anticodons sehr ähnliche tRNAs in Form der Komplexe AS-tRNA · EF-Tu · GTP mit erheblicher Affinität binden, um alle in gleicher Weise von dort in die P-Stelle überführt zu werden. Der diskriminatorische Teil der Bindung, die jeweilige Codon-Anticodon-Paarung, fiele bei sonstiger hoher Affinität wenig ins Gewicht. Bei geringer Affinität der A-Stelle jedoch zum Zeitpunkt der Heranführung einer beladenen tRNA – und das besagt ja das Modell – ist die Codon-Anticodon-Wechselwirkung entscheidend. Die tRNA mit exaktem Anticodon wird als kognat bezeichnet; solche mit Wobble-Basen, d.h. mit einer anderen Base in dritter Position, jedoch für die gleiche Aminosäure zuständig, können ebenfalls gebunden werden. Alle nichtstimmigen rRNA-Komplexe haben keine Affinität. Die Fehlerrate bleibt auf diese Weise gering, sie liegt in der Größenordnung von einer falschen Aminosäure pro 1000 eingebauten und scheint sich im Lauf der Evolution so eingestellt zu haben – vielleicht als Kompromiß zwischen höherer Genauigkeit einerseits und größerem Energie- und Zeitaufwand andererseits. Die Geschwindigkeit der Elongation liegt bei einem Einbau von 10-20 AS pro Sekunde und Ribosom.

Die Ausgangssituation in Abb. 7-9 ist der Post-Zustand mit einer Peptidyl-tRNA in der P-Stelle und einer unbeladenen tRNA in der E-Selle so-

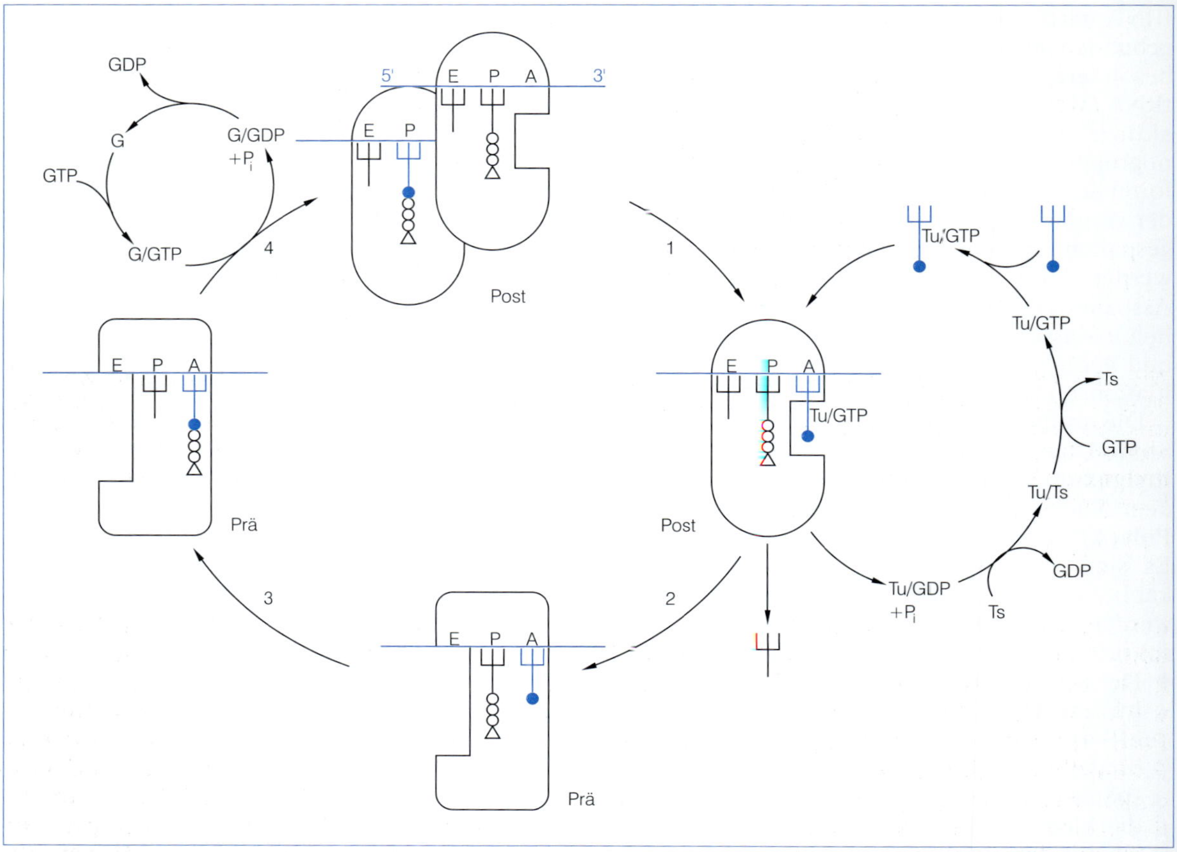

Abb. 7-9: Modell zur Elongationsphase der Translation (am Beispiel für *E. coli*). Der Elongationszyklus ist mit den beiden GTPase-Zyklen der Elongationsfaktoren EF-Tu und EF-G gekoppelt. 1, Decodierung; 2, feste Bindung in der A-Position; 3, Peptidyltransfer; 4, Translokation; Tu, EF-Tu; G, EF-G. Farbig gezeichnet sind die mRNA sowie die neu hinzukommende tRNA mit Aminosäuresymbol. (Zeichnung nach K. H. Nierhaus [1996] Nature 379, 491)

wie einer freien A-Stelle mit geringer Affinität. Bei der Elongation spielen die beiden Faktoren EF-Tu und EF-G (bei Eukaryoten eEF-1α und eEF-2) entscheidende Rollen, indem sie die hohen Aktivierungsenergien von ca. 120 kJ · mol^{-1} zwischen den Prä- und Post-Zuständen mindern und die Reaktion dadurch sehr beschleunigen. In der freien Decodierungsstelle kann die Wechselwirkung zwischen dem nächsten Codon auf der mRNA und dem Anticodon einer entsprechenden neuen tRNA, als AS-tRNA · EF-Tu · GTP-Komplex stattfinden – bei sonst geringer Affinität, wie oben beschrieben (Schritt 1). Mit der Hydrolyse von GTP und der festen Bindung der Aminoacyl-tRNA in der A-Stelle werden EF-Tu · GDP + P_i sowie die tRNA aus der nun niederaffinen E-Stelle freigesetzt, der Prä-Zustand ist erreicht (Schritt 2).

Der nächste Schritt ist der Peptidyltransfer, d.h. die Übertragung der Peptidkette von der tRNA in der P-Stelle auf den neuen Aminoacylrest an der tRNA in der A-Stelle (Schritt 3). Die neue Peptidbindung wird geknüpft. Diese grundlegende enzymatische „Protein-synthetisierende" Reaktion ist eine Funktion der großen ribosomalen Untereinheit, ohne zusätzliche Faktoren. Kandidat für die Katalyse dieser Reaktion ist das konservierteste Protein der großen Untereinheit, L2, zusammen mit der 23S rRNA.

Der letzte Schritt im Zyklus ist die Translokation, bei der die beiden tRNAs der P- und A-Stelle zur E- bzw. P-Stelle wechseln und der Post-Zustand erreicht wird (Schritt 4). Katalysierend wirk hierbei der zweite Elongationsfaktor EF-G und die Hydrolyse von GTP.

Die erreichte Auflösung bei der Kryo-EM von 1 bis 2 nm erlaubt es erstmals, die tRNAs innerhalb des Ribosoms sichtbar zu machen. Abb. 7-10 zeigt die tRNAs in A- und P-Stelle vor der Translokation und in P- und E-Stelle nach der Translokation. Der entscheidende Befund ist, daß die relative Lage der tRNAs vor und nach

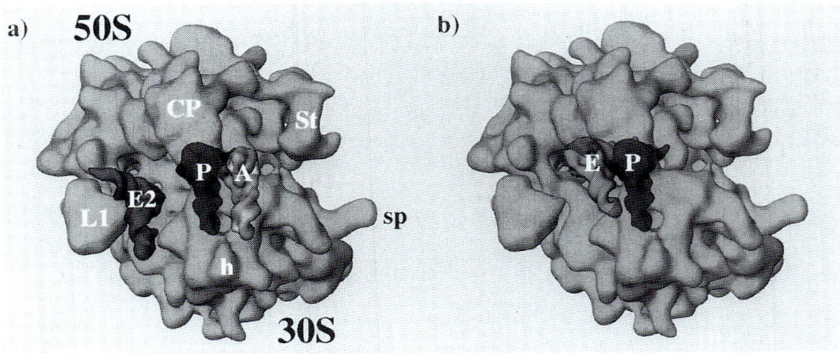

Abb. 7-10: tRNAs innerhalb des Ribosoms vor (**a**) und nach (**b**) der Translokation. Man schaut von oben auf das transparente Ribosom, mit der 30S-Untereinheit vorne (h, Kopf; s, Spore) und der 50S-Untereinheit hinten (L1, L1-Protuberanz; CP, zentrale Protuberanz; St, L7/L12-Arm). Wäre das Ribosom nicht transparent, würden der 30S-Kopf und die zentrale Protuberanz der 50S-Untereinheit die tRNAs in A- und P-Stellen vollständig verdecken. Die E2-Position kennzeichnet keine stabile Bindestelle einer tRNA, sondern eine transiente Position, aus der die tRNA leicht vom Ribosom dissoziieren kann. (Nach R. K. Agrawal, P. Penczek, A. Malhotra, R. A. Grassucci, I. S. Gabashvili, A. B. Heagle, S. Srivastava, N. Burkhardt, R. Jünemann, K. H. Nierhaus, J. Frank [1998] Proc. 14th Int. Congr. Electron Mircroscopy, im Druck)

der Translokation sehr ähnlich ist: Die Anticodons beider tRNAs können sowohl vor als auch nach der Translokation mit „ihren" Codons wechselwirken. Zusätzlich wurde eine weitere Position für die deacylierte tRNA gefunden, die E2-Position, in der die tRNA keine Codon-Anticodon-Wechselwirkung eingehen kann und außer mit dem ribosomalen Protein L1 keine Kontakte mit dem Ribosom hat. Offenbar kann eine tRNA in die E2-Position nicht stabil gebunden werden im Gegensatz zu einer Bindung in die A-, P- und E-Stellen, vielmehr scheint es sich um eine transiente Position einer tRNA auf ihrem geordneten Weg aus dem Ribosom nach dem Verlassen der E-Stelle zu handeln.

Die Zyklen für die Elongationsfaktoren selbst sind unterschiedlich. Bei EF-G ist der Ersatz von GDP durch GTP ohne Helferproteine möglich. EF-Tu hingegen benötigt – wie viele G-Proteine – einen Guaninnucleotid-Austauschfaktor, EF-Ts.

Bei der Termination der Translation an einem Stop-Codon findet anstelle einer Codon-Anticodon-Paarung wie bei der Interaktion von mRNA und tRNA eine Wechselwirkung zwischen mRNA und Protein statt. Dies erfordert zwei Arten von RFs (releasing factors): Die eine Art, RF-1 und RF-2 bei Prokaryoten und eRF-1 bei Eukaryoten, sind Codon-spezifisch, die andere Art, RF-3 bzw. eRF-3 zeigen keine solche Spezifität. RF-3 (ebenso wie eRF-3) ist ein G-Protein und bildet einen Komplex mit RF-1 oder RF-2. Strukturelle Untersuchungen haben nun gezeigt, daß bei den Faktoren EF-G und RF-1oder-2/RF-3 sowie dem Komplex AS-tRNA/EF-Tu eine Art molekularer Mimikry besteht (Abb. 7-11). RF-3 ist ähnlich EF-Tu und der N-terminalen Domäne von EF-G, während RF-1, RF-2 und die C-terminale Domäne von EF-G Ähnlichkeiten mit der räumlichen Struktur einer tRNA aufweisen. Die mögliche Folgerung daraus ist, daß alle drei Moleküle oder Komplexe in die A-Stelle im Ribosom einpassen können, AS-tRNA/EF-Tu zur Codon-Anticodon-Paarung, RF-1oder-2/RF-3 zur Erkennung des Stop-Codons mit einer proteinischen Anticodon-Mimikry und EF-G zur Stabilisierung der Translokation und des Post-Zustands bis zur Abdiffusion nach Hydrolyse von GTP.

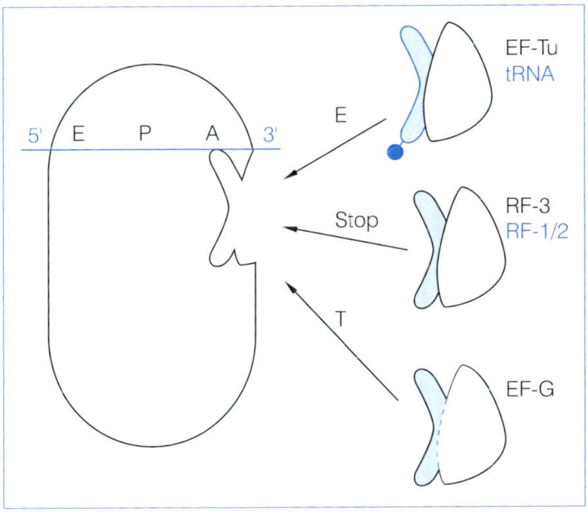

Abb. 7-11: Schema zur molekularen Mimikry und zur Bindung von AS-tRNA/EF-Tu, RF-1oder-2/RF-3 und EF-G an die A-Stelle im Ribosom. In der Zeichnung nicht berücksichtigt ist, daß EF-Tu, RF-3 und EF-G G-Proteine sind. E, Elongation; T, Translokation. Farbig gehalten sind die mRNA, tRNA bzw. die proteinischen Mimikry-Strukturen.

Der RF-Komplex in der A-Stelle katalysiert die Hydrolyse der Peptidyl-tRNA, wodurch die Polypeptidkette freigesetzt wird. Danach bleiben mRNA und Ribosom weiterhin verbunden, wahrscheinlich über die deacylierte tRNA, bis ein Faktor RRF (ribosome recycling factor) zusammen mit EF-G ihre Dissoziation veranlaßt.

Translation in vitro

Voraussetzung für viele Untersuchungen an Proteinen ist, sie nach vorgegebener mRNA in vitro herstellen zu können. Das erste zellfrei translatierte Protein war das Hüllprotein des Bakteriophagen f2, das D. Nathans und Mitarbeiter 1962 im Überstand eines Lysats von *E. coli* herstellten. Dem Lysat waren neben der betreffenden mRNA noch alle notwendigen Faktoren wie GTP, ATP, Mg^{2+} und Aminosäuren, davon eine radioaktiv markiert zur Kenntlichmachung des Proteinprodukts, zugegeben.

Ein viel benütztes System ist das **Reticulocytenlysat**. Reticulocyten werden aus Kaninchen gewonnen, die durch Injektion von Acetylphenylhydrazin anämisch gemacht wurden. In der Erythropoese von den Stammzellen zu den Erythrocyten sind Erythroblasten und Reticulocyten wichtige Zwischenstufen. In Erythroblasten werden die Globin-Gene transkribiert, und es entsteht Hämoglobin. Reife Erythroblasten verlieren den Zellkern. Reticulocyten enthalten neben den Globin-mRNAs alle Faktoren für eine sehr aktive Proteinsynthese. Nach hypotoner Lyse der Zellen kann zur Eliminierung der endogenen mRNAs eine Ca^{2+}-abhängige RNase aus *Micrococcus* verwendet werden; anschließend werden die Nuclease durch Chelierung von Ca^{2+} durch EGTA inhibiert. Dem Translationsansatz wird neben der gewünschten mRNA noch Hämin (zur Hemmung einer reprimierenden Protein-Kinase, s. 7.3.4), manchmal tRNAs (z.B. aus Leber; das tRNA-Muster im Lysat ist auf Globinsynthese ausgerichtet und nicht für jede mRNA gut geeignet), Aminosäuren (meist mit [^{35}S]Methionin als markierter Säure), GTP, ATP und Mg^{2+} zugegeben.

Ein zweites sehr aktives In-vitro-System ist das **Lysat aus Weizenkeimen**. Weizenkeime enthalten wenig endogene mRNA und wenig Nucleaseaktivität, sind aber für eine Translation vollständig ausgestattet. Nach Aufschluß des Gewebes, Filtration und Zentrifugation (30000 g) wird der aktive Überstand wieder mit mRNA, Aminosäuren, GTP, ATP und Mg^{2+} supplementiert.

Die Translation fremder mRNA kann auch in **Amphibien-Oocyten** erreicht werden. Die mRNA wird dazu mikroinjiziert. Amphibien-Oocyten (s. 13.5) sind durch ihre Größe leicht handhabbar und translatieren fremde mRNA über Stunden, während die Translation eigener mRNAs durch endogene Inhibitoren blockiert ist. Amphibien-Oocyten werden häufig zur funktionellen Expression fremder Proteine benützt, z.B von Translokatoren u.v.m..

Inhibitoren der Translation

Viele **Antibiotika**, von Bakterien und Pilzen gegen konkurrierende Mikroorganismen gerichtete kleine toxische Moleküle, inhibieren Schritte in der Proteinbiosynthese. Der Nutzen der Antibiotika-Produzenten liegt – bei Resistenz gegen die eigenen Produkte – wahrscheinlich in ökologischen Vorteilen. Resistenzen sind aber oft auch genetisch übertragbar, wie man von den gegen klinisch angewandte Antibiotika resistenten pathogenen Keimen weiß. Manche Antibiotika wirken gleichermaßen bei prokaryotischen 70S und eukaryotischen 80S Ribosomen, andere entfalten ihre Wirkung nur gegen den einen oder anderen Typ.

Die Wirkung der im folgenden kurz dargestellten Beispiele läßt sich am besten anhand von Abb. 7-9 einordnen. **Streptomycin** und andere Aminoglykoside wie Neomycin, Kanamycin und Gentamycin aus *Streptomyces*-Arten blockieren bei Prokaryoten die Besetzung der A-Stelle durch eine Acyl-tRNA bei der Elongation, nicht aber in der ersten Runde bei der Initiation. **Tetracyclin** aus *Streptomyces rimosus* dagegen hemmt die Besetzung in beiden Fällen (bei Prokaryoten). Streptomycin war das erste Antibiotikum, das gegen den Erreger von Tuberkulose erfolgreich eingesetzt wurde. Sein Wirkort liegt wahrscheinlich im Kontaktbereich von Protein S12 und 16S rRNA. Das erste Antibiotikum, dessen molekularer Wirkmechanismus aufgeklärt werden konnte, war **Puromycin** aus *Streptomyces alboniger*. Es ist strukturell dem Aminoacyladenosinrest einer tRNA sehr ähnlich (Abb. 7-12) und kann sich in den A-Bereich des ribosomalen Peptidyltransferase-Zentrums einlagern. Bei der Transferase-Reaktion wird der Peptidylrest von der tRNA in der P-Stelle auf die Aminogruppe im Puromycin übertragen. Das Peptidyl-Puromycin dissoziiert vom Ribosom ab. Falls das Peptidyl-Puromycin in den P-Bereich des Zentrums binden würde, kann eine Peptidverlängerung nicht erfolgen, da das enzymatische Zentrum die Esterbindung zwischen Peptidylrest und der endständigen 3′-Ribose spalten kann, nicht jedoch die entsprechende Amidbindung des Puromycins. Da das 5′-Ende der tRNAs von Pro- und Eukaryoten gleich aussieht, ist Puromycin auch

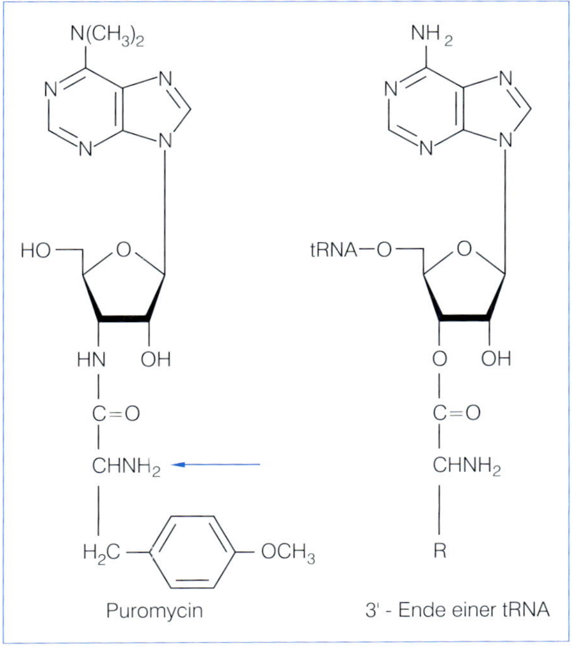

Abb. 7-12: Struktur von Puromycin und dem 3'-Ende einer Aminoacyl-tRNA. R, Aminosäurerest. Der Pfeil zeigt die Aminogruppe im Puromycin an, auf die der Peptidylrest aus der P-Stelle übertragen wird. Peptidyl-Puromycin verläßt danach das Ribosom.

ein gleich guter Inhibitor bei 70S und 80S Ribosomen.

Erythromycin aus *Streptomyces erythreus*, ein Makrolid-Antibiotikum, behindert den Eintritt der wachsenden Polypeptidkette in den ribosomalen Tunnel und führt damit zum Erliegen der Proteinsynthese.

Chloramphenicol aus *Streptomyces*-Arten hemmt bei Prokaryoten, Mitochondrien und Plastiden den Peptidyltransfer, indem es die Bindung des 3'-Endes einer Aminoacyl-tRNA und damit die Fixierung des Aminoacylrests verhindert. **Cycloheximid** aus *Streptomyces griseus* hemmt den Transfer in ähnlicher Weise bei Eukaryoten. Diese beiden Inhibitoren werden häufig zur Unterscheidung zwischen cytoplasmatischer Translation und der in den Organellen benutzt.

Andere Inhibitoren der Translation sind die makromolekularen Toxine der humanpathogenen Bakterien *Pseudomonas aeruginosa* und *Corynebacterium diphtheriae*, die den eukaryotischen Elongationsfaktor eEF-2 ADP-ribosylieren, und die Toxine aus *Ricinus*- und *Abrus*-Samen, die einen einzigen Adeninrest der 28S rRNA in einer sehr konservierten Region abspalten und damit die Bindung beider Elongationsfaktoren verhindern (s. 3.6.5). Den gleichen Effekt hat die Spaltung einer einzigen Phosphodiesterbindung vor demselben Adeninrest durch die hochspezifische RNase α-Sarcin aus *Aspergillus giganteus*. Das Colicin E3, das manche Stämme von *E. coli* produzieren, spaltet die 16S rRNA anderer Stämme.

7.3.4 Translationskontrolle

Die Translation einer mRNA, d.h. die Anzahl der an ihr synthetisierten Polypeptide, kann in vielfältiger Weise regulatorisch beeinflußt werden. Zellen sind in der Lage, innerhalb von Minuten ihre Proteinsyntheserate zu ändern. Beispielsweise wird die Translation bei Eintritt einer Zelle in die Mitose erheblich gedrosselt, bei Befruchtung einer ruhenden Eizelle durch einen männlichen Gameten dagegen stark aktiviert, beides auf Translationsebene.

- Eine erste Regulation geschieht auf der Stufe der mRNA selbst. In der nichttranslatierten 3'-Region von mRNAs können destabilisierende Sequenzen, z.B. Kopien der Sequenz AUUUA, enthalten sein, die einen raschen Abbau durch Nucleasen initiieren. Bei eukaryotischen mRNAs beginnt der Abbau durch Verkürzung des Poly(A)$^{+}$-Schwanzes gefolgt von der Entfernung der Cap-Struktur. Es gibt aber auch RNA-bindende Proteine, die eine Degradierung verhindern.
- In der nichttranslatierten 5'-Region, der sog. Leadersequenz, können Elemente/Sekundärstrukturen enthalten sein, die Einfluß auf die Translation nehmen.
- Bei Prokaryoten sind Beispiele bekannt, daß Translationsprodukte an die eigene mRNA binden und dadurch die Bindungsstelle für die kleine ribosomale Untereinheit blockieren oder eine inhibitorische Sekundärstruktur der mRNA stabilisieren.
- Eine andere Möglichkeit besteht in einer Modifikation von Translationsfaktoren durch Phosphorylierung/Dephosphorylierung. Bei Hunger, Stress oder Virusinfektion z.B. wird in Säugerzellen die Translation durch Phosphorylierung von eIF-2 herunterreguliert. Dabei wird die α-Untereinheit dieses Faktors durch eine Protein-Kinase an Ser-51 phosphoryliert, wodurch der GDP/GTP-Austausch, katalysiert durch eIF-2B, nicht mehr stattfinden kann.
- Weiterhin ist eine Familie von eIF-4E-bindenden Proteinen, sog. 4E-BPs, beschrieben worden, die bei Bindung die Assoziation von eIF-4E mit eIF-4G blockieren. Die 4E-BPs selbst sind ebenfalls reguliert; sie können durch Ki-

nasen phosphoryliert werden und verlieren dadurch ihre Bindungseigenschaft. Wachstumsfaktoren können eine Phosphorylierung von 4E-BPS und damit die Translation induzieren, Virusinfektionen dagegen eine Dephosphorylierung von 4E-BPS und damit die Drosselung der Translation wirtseigener mRNAs hervorrufen.

- Der Faktor eIF-4E ist selbst phosphorylierbar und gewinnt dadurch eine höhere Affinität zur Cap-Struktur und zu eIF-4G. Bei einer Infektion von Zellen durch Adenoviren wird eine Unterphosphorylierung von eIF-4E beobachtet, die mit der Verminderung der Translation zellulärer mRNA einhergeht.

Die mRNAs der Picornaviren tragen keine Cap-Strukturen. Picornaviren, zu denen das Hepatitis-A-Virus, das Poliovirus und das Rhinovirus gehören, sind Plusstrang-RNA-Viren. Diese RNAs besitzen in der 5′-nichtcodierenden Region sog. IRES-Elemente (internal ribosomal entry site). Eine IRES-abhängige Translation wird durch den N-terminalen Teil von eIF-4G induziert, den eine virale Proteinase durch Spaltung von eIF-4G liefert. Durch diese Spaltung ist die Translation zellulärer mRNAs blockiert und die der viralen ermöglicht. Manche zelluläre mRNAs wie die des Chaperons BiP scheinen ebenfalls IRES-Elemente zu enthalten.

Durch einen speziellen Mechanismus auf translationaler Ebene wird die zelluläre **Eisenhomöostase** geregelt. Die mRNAs für den Transferrin-Rezeptor, über den Eisen in die Zelle gelangt, und für das Eisen-Speicherprotein Ferritin tragen eine 30 Nucleotide lange Haarnadelstruktur, die als IRE (iron responsive element) bezeichnet werden. Bei der Ferritin-mRNA liegt dieses *cis*-Element im 5′-, bei der mRNA für den Transferrin-Rezeptor im 3′-nichtcodierenden Bereich. An diese Elemente können IRPs (iron regulatory proteins) binden und dadurch die Translation oder die Stabilität der betreffenden mRNAs kontrollieren. Bei geringer zellulärer Fe^{2+}-Konzentration sind die IRPs aktiv und inhibieren die Translation der Ferritin-mRNA bzw. verhindern den Abbau der mRNA für den Transferrin-Rezeptor; die Speicherung von Eisen ist dadurch gering, die Möglichkeit seiner Aufnahme dagegen erhöht. Bei hoher Fe^{2+}-Konzentration bindet Fe^{2+} an die IRPs und inaktiviert sie dadurch; Ferritin wird nun vermehrt synthetisiert und die Speicherung steigt, während die mRNA für den Transferrin-Rezeptor degradiert und die Aufnahme von Eisen dadurch heruntergefahren wird.

Eine andere spezielle Kontrolle der Translation ist in Reticulocyten gefunden worden. Hier gibt es eine besondere Protein-Kinase, die zwar auch – s. oben – Ser-51 in eIF-2α phosphoryliert, aber Hämin-abhängig ist und auch als **Hämin-regulierter Inhibitor** bezeichnet wird. In Abwesenheit von Hämin ist diese Kinase aktiv und hemmt die Translation (hier vor allem der Globin-mRNA) innerhalb von wenigen Minuten.

7.4 Weiterführende Literatur

Breitschopf K, Gross H J (1996) Identitätselemente: Wie Aminoacyl-tRNA-Synthetasen ihre Substrate erkennen. Biospektrum 2, Nr. 4, 24–30.

Burkhardt N, Jünemann R, Spahn C M T, Nierhaus K H (1998) Ribosomal tRNA binding sites: three-site models of translation. Crit. Rev. Biochem. Mol. Biol. 33, 95–149.

Frank J et al. (1995) A model of protein synthesis based on cryo-electron microscopy of the *E. coli* ribosome. Nature 376, 441–444.

Fütterer J, Hohn T (1996) Translation in plants – rules and exceptions. Plant Mol. Biol. 32, 159–189.

Green R, Noller H F (1997) Ribosomes and translation. Annu. Rev. Biochem. 66, 679–716.

Hausner T P, Nierhaus K H (1988) Proteinbiosynthese und ihre Hemmung durch Antibiotika. Biol. in uns. Zeit 18, 129–144.

Jünemann R, Nierhaus K H (1993) Proteinbiosynthese. Übersetzung der genetischen Information. Naturwiss. Rundschau 46, 391–400.

Nakamura Y, Ito K, Isaksson L A (1996) Emerging understanding of translation termination. Cell 87, 147–150.

Sachs A B, Sarnow P, Hentze M W (1997) Starting at the beginning, middle, and end: Translation initiation in eukaryotes. Cell 89, 831–838.

Wilting R, Böck A (1996) Die Flexibilität des genetischen Kodes. Biol. in uns. Zeit 26, 369–379.

8 ENDOMEMBRANSYSTEM
– EXO- UND ENDOCYTOSE –

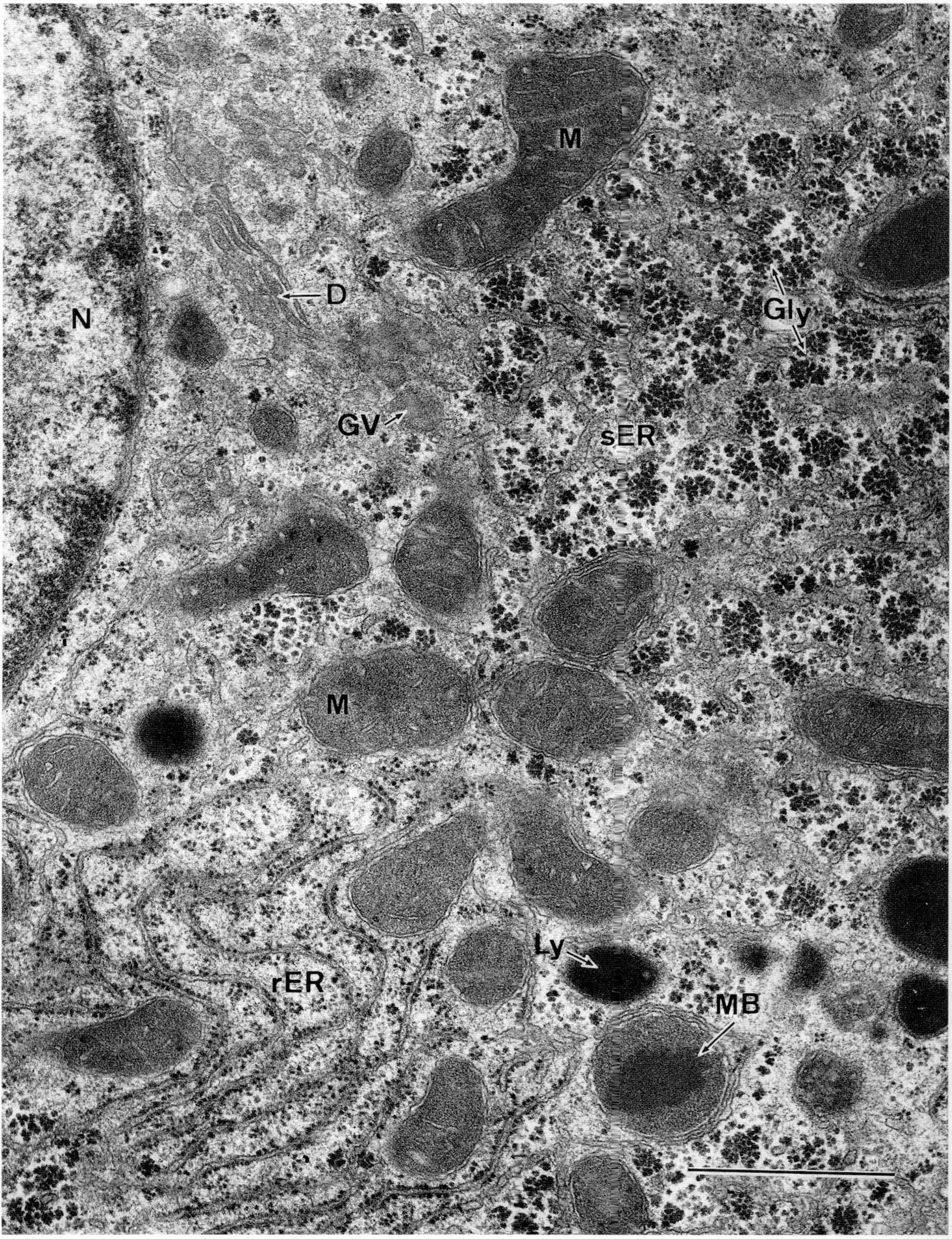

Abb. 8-1: Leberzelle einer Ratte (Ausschnitt). D, Dictyosom; Gly, Glykogengranula; GV, Golgi-Vesikel; M, Mitochondrion; MB, Peroxisom (Microbody); N, Zellkern; rER, rauhes ER; sER, glattes ER. Zur quantitativen Verteilung von Kompartimenten s. Kap. 1.6.3, Tab. 1-3. (EM-Aufnahme: H. Falk)

Der Blick auf ein elektronenmikroskopisches Bild einer Leberzelle (Abb. 8-1) oder einer anderen Eukaryotenzelle zeigt, in wie vielfältiger Form und in welcher Fülle Membranen in ihr zu finden sind. Ihre Zahl pro Volumeneinheit ist so hoch, daß 1 mm^3 eines Gewebes im allg. mehr als 1 m^2 Membran enthält. Alle diese unterschiedlichen Zisternen und Vesikel lassen sich wenigen funktionellen Kompartimenten zuordnen: Neben Mitochondrien und Plastiden (in Pflanzenzellen) sind es Komponenten des Endomembransystems und des lytischen Systems (Lysosomen und Vakuolen) sowie Peroxisomen. Das Endomembransystem umfaßt das Endoplasmatische Reticulum (ER) und den Golgi-Apparat (Summe aller Dictyosomen). Da die Lysosomen einerseits über ihre Biogenese, andererseits auch durch ihre Beteiligung am Endocytosegeschehen eng mit dem Endomembransystem verbunden ist, werden sie in dieses Kapitel integriert.

8.1 Die dynamischen Kompartimente

Exocytierende Zellen wie beispielsweise die Zellen des exokrinen Pankreas, die die Verdauungsenzyme produzieren, zeigen einen ausgeprägten Fluß von Membranvesikeln. Das Exportgut, die Verdauungsenzyme, werden im ER synthetisiert, in Vesikel verpackt zum Golgi-Apparat transportiert, im Golgi-Apparat prozessiert und erneut in Vesikeln verpackt zur Plasmamembran geleitet, wo Vesikelmembran und Plasmamembran miteinander verschmelzen. Die Fläche der Plasmamembran wird dadurch jedoch nicht vergrößert, denn es findet gleichzeitig ein entsprechender Fluß kleiner Vesikel in die Zelle zurück statt. Das ER wird durch Rezyklisierung von Membranmaterial regeneriert, nicht durch Neusynthese. In ähnlicher Weise wird bei einer stark endocytierenden Zelle, z.B. bei Makrophagen oder neutrophilen Granulocyten, die in den Körper eingedrungene Bakterien aufnehmen, die Plasmamembran durch Rezyklisierung regeneriert. Der Durchsatz kann dabei bedeutend sein: Makrophagen können in etwa 30 min so viele Endocytosevesikel aufnehmen, daß deren Membranfläche praktisch der Fläche der gesamten Plasmamembran entspricht. Trotzdem werden Makrophagen nicht kleiner, aber auch nicht größer, denn das aufgenommene Volumen wäre ja erheblich. Auch die Anzahl der sekundären Lysosomen, der Verschmelzungsprodukte von Endocytosevesikeln und Lysosomen, vermehrt sich kaum. Ruhende Zellen und aktive Zellen unterscheiden sich in ihrem Membranturnover durch Neusynthese kaum. Dieses Vesikulieren und Fusionieren von Membranen/Kompartimenten wird als **Membranfluß** (membrane flow nach H. S. Bennet 1956) bezeichnet und ist Ausdruck des dynamischen Geschehens in einer Zelle. Beteiligt an diesem Membranfluß sind die Kompartimente ER, Golgi-Apparat, Lysosomen und natürlich Plasmamembran, während die Kompartimente Mitochondrien, Plastiden und Peroxisomen davon ausgeschlossen sind. Beim Kompartiment Zellkern ist die innere Membran der Kernhülle nicht beteiligt, während die äußere, die ja ER-Charakter hat, ebenfalls Vesikel abgeben kann. Das ist bei einigen niederen Algen sehr eindrücklich, bei denen die äußere Kernmembran die gesamten ER-Funktionen übernimmt (s. Abb. 8-7).

8.1.1 Endoplasmatisches Reticulum (ER)

Das ER einer Zelle ist ein System von untereinander verbundenen flachen Membranvesikeln, den **Zisternen**, und tubulären oder retikulären Membranen (Abb. 8-2). Es tritt in zwei Formen auf, die als rauhes ER (**rER**, rough ER) und glattes ER (**sER**, smooth ER) bezeichnet werden. Beide Formen können kontinuierlich ineinander übergehen (Abb. 8-3). Das mehr flächig ausgebildete rER trägt auf seiner P-Seite Ribosomen, was ihm den „rauhen“ Aspekt verleiht. An diesen Ribosomen werden die Export-, Membran- und Lysosomenproteine synthetisiert. Membranpro-

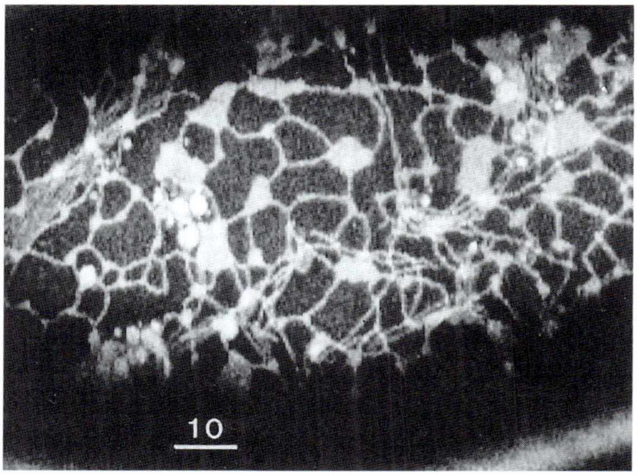

Abb. 8-2: ER in einer Zelle der Zwiebelschuppen-Epidermis. Tubuläre, netzartige und flächige Bereiche sind miteinander verbunden. (Lebendaufnahme mit einem konfokalen Laser-Scanning-Mikroskop: H. Quader)

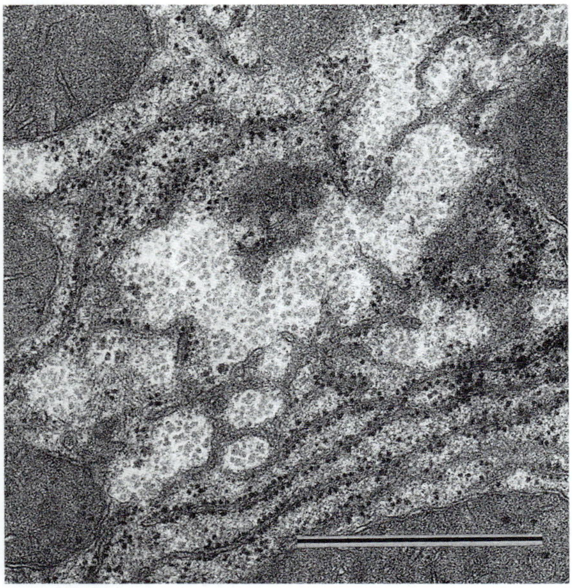

Abb. 8-3: Kontinuierlicher Übergang von rER und sER in einer Leberzelle einer Ratte. Die dunklen Punkte entsprechen Ribosomen am ER, die helleren Glykogenpartikeln im Cytoplasma. An den Rändern der Aufnahme liegen Mitochondrien. (EM-Aufnahme: H. Falk)

teine von Mitochondrien und Plastiden allerdings, die kerncodiert sind, werden von freien Ribosomen im Cytoplasma gebildet. Abgesehen von der membrangebundenen Proteinsynthese unterscheiden sich die beiden ER-Formen funktionell wahrscheinlich kaum.

Der Anteil an rER und sER am gesamten ER einer Zelle hängt vom Stellenwert der membrangebundenen Proteinsynthese im Vergleich zu den übrigen ER-Funktionen der betreffenden Zelle ab. Solche Funktionen sind die Synthese von Lipiden im weitesten Sinne, die Metabolisierung von Xenobiotika, die Speicherung des sekundären Boten Ca^{2+} (s. 4.1.1) sowie eine ganze Reihe einzelner enzymatischer Reaktionen membrangebundener Enzyme wie die Glucose-6-Phosphatase.

Syntheseort für Lipide

Am ER werden Membranlipide (Phospho- und Glykoglycerolipide, Sphingolipide, Sterole) und Reservelipide (Triacylglycerole) sowie weitere lipophile Verbindungen (z.B. Steroide) gebildet. Die Fettsäure-Synthase dagegen, die die eigentlichen lipophilen Komponenten der meisten Lipide liefert, ist ein löslicher Komplex im Cytoplasma. Bei den Säugern ist die Synthase ein Homodimer eines multifunktionellen Proteins mit den notwendigen sieben enzymatischen Aktivitäten und der Funktion eines Acyl-Carrier-Proteins; bei der Hefe verteilen sich diese Aktivitäten auf zwei multifunktionelle Proteine. In der Pflanzenzelle ist die Situation etwas anders: Hier werden Fettsäuren ausschließlich in den Plastiden von einer Fettsäure-Synthase gebildet, die nach prokaryotischer Manier aus Einzelenzymen besteht. Außerdem werden alle plastidären Lipide in den Plastiden selbst synthetisiert.

Am ER finden die enzymatischen Schritte bei den Lipidsynthesen auf der P-Seite statt, so daß die neugebildeten Membranlipide ihre polaren Gruppen zunächst auch auf dieser Seite exponiert tragen. Da ihre transversale Diffusion durch die Membran nicht möglich ist, sorgen sog. Flippasen (abgeleitet von Flipflop) für ihre Verteilung auf beide Lipidschichten. Diese Verteilung ist allerdings nicht gleichmäßig; in der Plasmamembran kommt z.B. Phosphatidylserin nur in der P-Schicht vor.

Im ER ist ein Elektronentransportsystem, das **Cytochrom-b_5-System**, enthalten, das die Desaturierung von Fettsäuren katalysiert. Es besteht aus drei Proteinen, der flavinhaltigen NADPH-Cytochrom-b_5-Reductase, Cytochrom b_5 und einer Desaturase und benötigt zur Einführung von Doppelbindungen in Coenzym-A-gebundene Fettsäuren O_2 als terminalen Elektronenakzeptor und $NADPH \cdot H^+$:

$$\text{Acyl-CoA} + NADPH \cdot H^+ + O_2 \rightarrow \text{Acyl(:1)-CoA} + NADP^+ + 2H_2O$$

Cytochrom P450

Dieses Hämprotein kommt in nahezu allen pro- und eukaryotischen Zellen vor. Der Name P450 leitet sich von der Absorption des CO-Derivats der reduzierten Form bei 450 nm ab. Die Gene für P450, *cyp*, bilden eine Superfamilie. An die 500 Cytochrome P450 sind bekannt; der Mensch besitzt mehr als 100 *cyp*-Gene.

Cytochrom P450 katalysiert den Einbau eines Sauerstoffatoms, im allg. aus O_2, in ein organisches Molekül, wobei eine hydroxylierte Verbindung entsteht. P450 ist somit eine Monooxygenase und kein reiner Elektronenüberträger wie andere Cytochrome. Elektronendonator ist $NADPH \cdot H^+$:

$$\text{R-H} + O_2 + NADPH \cdot H^+ \rightarrow \text{R-OH} + NADP^+ + H_2O$$

Die Redox-Partner können verschieden sein. Bei P450 der Klasse I – hierher gehören die löslichen Formen der Prokaryoten und Mitochondrien – überträgt eine FAD-haltige Reductase die Elektronen von $NADPH \cdot H^+$ auf ein Eisen/Schwefel-Protein, das sie an P450 weitergibt. Bei P450 der

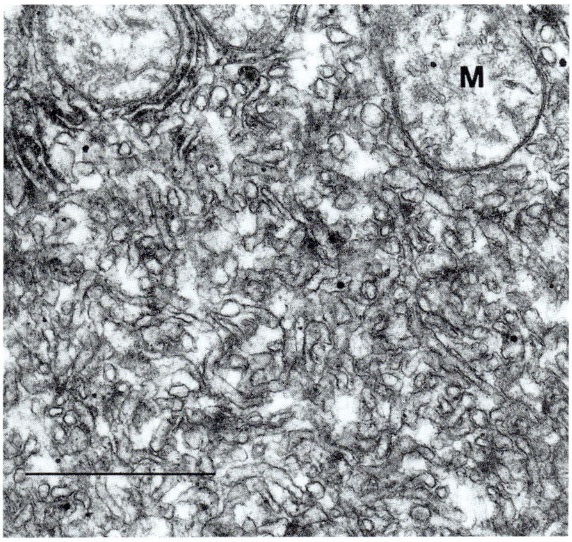

Abb. 8-4: Hypertrophiertes sER in einer Leberzelle einer Ratte, der das Barbiturat Phenobarbital appliziert worden war. M, Mitochondrion. (EM-Aufnahme: R. Knoth)

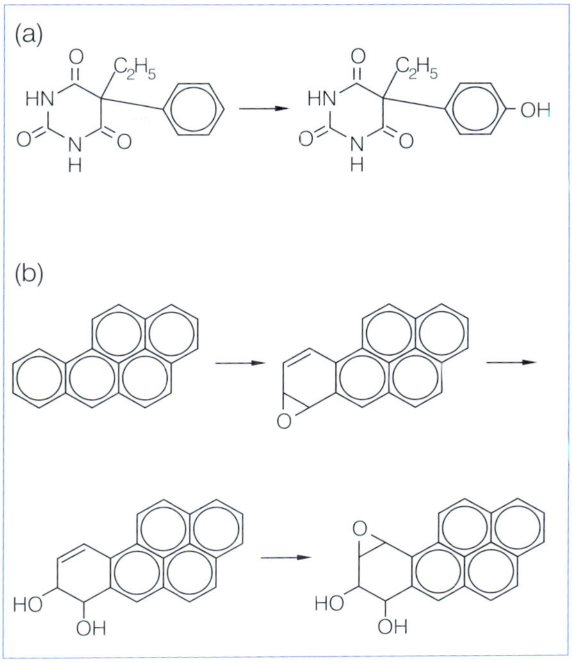

Abb. 8-5: Metabolisierung von Xenobiotika durch das Cytochrom P450-System. (**a**) Hydroxylierung von Phenobarbital. (**b**) Umwandlung von Benz(a)pyren in das carcinogene Benz(a)pyren-7,8-Diol-9,10-Epoxid.

Klasse II – repräsentiert durch die ER-gebundenen Formen – werden die Elektronen von NADPH · H^+ durch eine FAD/FMN-haltige Reductase direkt auf P450 übertragen.

P450-Isoformen sind an den Biosynthesewegen für Steroide und Thromboxane in Tierzellen und für Gibberelline in Pflanzen- und Pilzzellen beteiligt. Sie metabolisieren aber außerdem eine große Zahl zellfremder und vor allem lipophiler Substanzen, sog. **Xenobiotika** wie Pharmaka und Pestizide, die durch Hydroxylierungen wasserlöslicher werden. Cytochrom P450 ist somit ein außerordentlich wichtiges Entgiftungssystem von Zellen. Viele Isoformen besitzen eine breite Substratspezifität; man schätzt, daß es viele tausend potentielle Substrate gibt; P450 wird deshalb auch als Diversozym bezeichnet. Manche Substrate induzieren die Expression bestimmter Isoformen, das Barbiturat Phenobarbital beispielsweise die von *cyp*2, *cyp*3 und *cyp*6. Diese Induktion kann so stark sein, daß es in Leberzellen zu einer Hypertrophierung des sER kommt (Abb. 8-4).

Bei der Metabolisierung von Xenobiotika durch P450 (Abb. 8-5) führt der oxidative Angriff in manchen Fällen zur Entstehung sehr reaktiver elektrophiler Verbindungen, die mit DNA interagieren können und als Carcinogene wirken. Ein Schutzsystem kann auf diese Weise, durch Belastung der Umwelt mit nichtnatürlichen synthetischen Chemikalien, zu einem „tragischen" System werden.

Durch P450 hydroxylierte Xenobiotika werden als **Primärmetabolite** bezeichnet. Sie werden häufig durch Konjugationsreaktionen in noch besser wasserlösliche **Sekundärmetabolite** umgewandelt, wodurch ihre Ausscheidbarkeit erhöht wird. Solche Reaktionen katalysieren in Tierzellen die ER-gebundene UDP-Glucuronyl-Transferase und die lösliche Glutathion-Transferase; Glucuronyl-Derivate werden direkt mit dem Harn ausgeschieden, Glutathion-Derivate zuvor zu Mercaptursäuren (N-Acetyl-Cysteinyl-Konjugate) umgewandelt. In Zellen von Insekten und Pflanzen entstehen vor allem Glucosyl- und Glutathion-Derivate. In Pflanzen werden diese Konjugate in Vakuolen und Zellwänden abgelagert (s. 20.4).

8.1.2 Golgi-Apparat

Das Grundelement des Golgi-Apparats (der Name geht auf seinen Entdecker C. Golgi 1898 zurück) ist die Golgi-Zisterne, ein flaches Membranvesikel von 1–2 µm Durchmesser. Mehrere solcher Zisternen – 4–8, manchmal bis zu 30 – bilden eine Funktionseinheit, das **Dictyosom** (Golgi stack). Alle Dictyosomen einer Zelle zu-

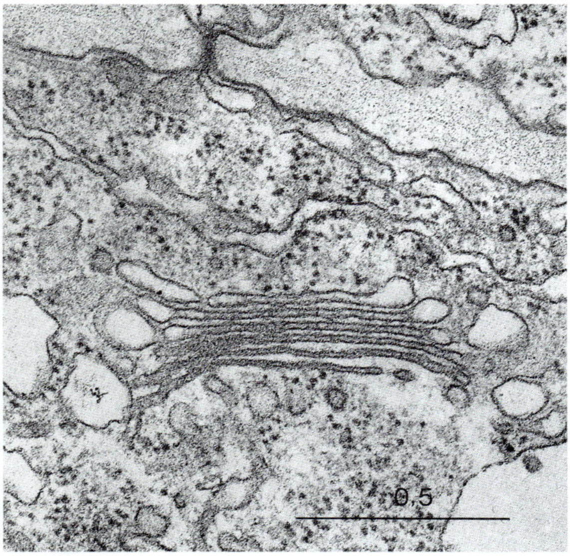

Abb. 8-6: Querschnitt durch ein Dictyosom in einer Pflanzenzelle. Die *cis*-Seite liegt unten, die an den Rändern aufgeblähten *trans*-Zisternen oben. Am oberen Bildrand ist ein Stück Zellwand mit einem Plasmodesmos zu sehen. (EM-Aufnahme: R. Kollmann, C. Glockmann)

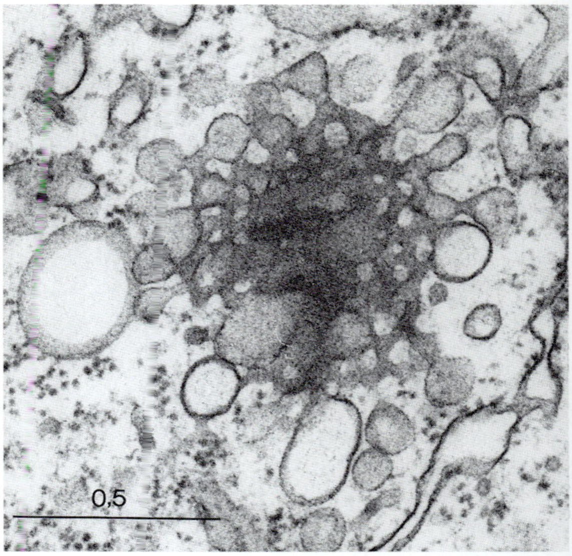

Abb. 8-8: Flachschnitt durch das *trans*-Golgi-Netzwerk in einer Pflanzenzelle. Die *trans*-Zisterne löst sich in Golgi-Vesikel auf. (EM-Aufnahme: R. Kollmann, C. Glockmann)

sammen werden als Golgi-Apparat bezeichnet. In manchen Algenzellen besteht der Golgi-Apparat nur aus einem einzigen Dictyosom, ein Hepatocyt dagegen enthält etwa 250 Dictyosomen, pflanzliche Wurzelhaubenzellen mehrere hundert. Ob alle Dictyosomen eines Golgi-Apparats gleichwertig sind, ist noch nicht geklärt.

Ein Dictyosom ist eine unsymmetrische polare Struktur (Abb. 8-6), ein „Durchgangs"-Kompartiment. Die sog. *cis*-Seite (proximale, Bildungsseite) des Zisternenstapels ist häufig zum rER oder zum Zellkern hin orientiert. Von dort erhält das Dictyosom in Vesikel verpacktes Material (Abb. 8-7), das auf seinem Weg durch den Zisternenstapel prozessiert, d.h. verändert wird (s. 8.2.3). Auf die *cis*-Seite folgen Mitte und *trans*-Seite (distale, Sekretionsseite). Von der äußeren, häufig gefensterten Zisterne lösen sich die Golgi-Vesikel oder Sekretionsvesikel ab, um zur Plasmamembran oder zu Lysosomen transportiert zu werden; diese Zisterne wird auch als *trans*-Golgi-Netzwerk bezeichnet (Abb. 8-8). Die Polarität eines Dictyosoms äußert sich in dieser Flußrichtung der unterschiedlichen enzymatischen Ausstattung der aufeinanderfolgenden Zisternen und in der Art der Membranen, die zunächst dem ER und auf der *trans*-Seite der Plasmamembran ähnlich sind.

Die Vesikel, in denen Material (Export-, Membran- und Lysosomenproteine) vom rER zum Dictyosom transportiert werden – wobei Mikrotubuli als Leitbahnen dienen können – tragen eine Hülle. Diese Hülle bildet sich an kleinen Ausstülpungen des ERs und besteht aus Komplexen aus mehreren Proteinen und einem kleinen GTP-bindendem Protein der Arf-Familie, die an Rezeptoren in der Membran binden (s. 8.1.3). Diese sog. **COP II-Vesikel** (coat protein II) sind für den anterograden Transport, also vom ER zum Dictyosom zuständig. Die Hülle löst sich vor der Fusion der Vesikel mit einer anderen

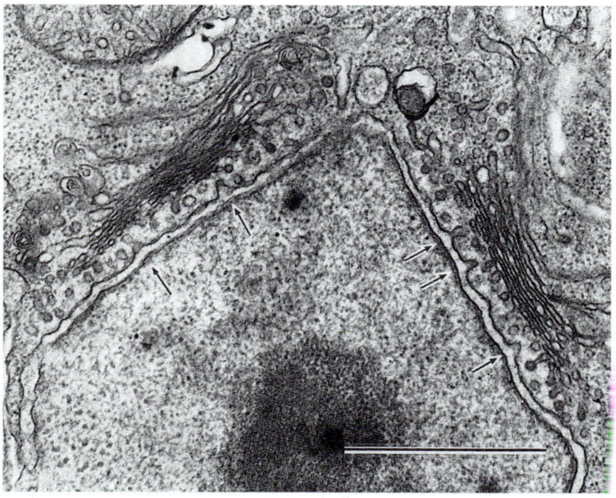

Abb. 8-7: Vesikelfluß (Pfeile) von der äußeren Kernmembran zur *cis*-Seite zweier Dictyosomen in einer Alge (*Botrydium granulatum*). (EM-Aufnahme: H. Falk)

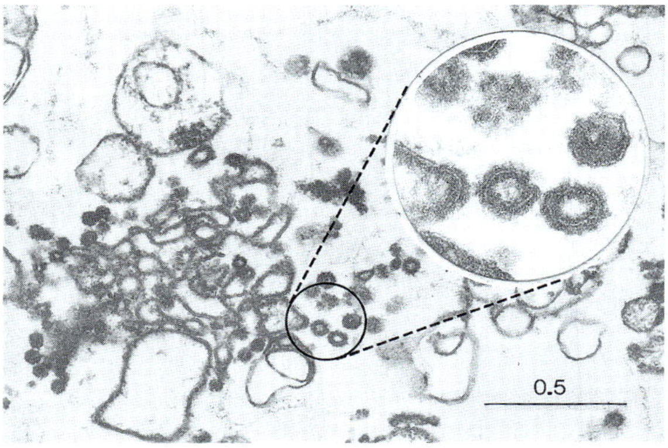

Abb. 8-9: Isolierte Dictyosomen mit COP I-Vesikeln. Die Vesikel haben sich nach In-vitro-Inkubation der Dictyosomen in Gegenwart von ATP und einer membranfreien Cytoplasmafraktion bei 37 °C an den Zisternen neu gebildet. Die Hülle der Vesikel ist im Einsatzbild genauer zu erkennen. (EM-Aufnahmen: J. E. Rothman, L. Orci [1990] FASEB J. 4, 1460; mit Genehmigung)

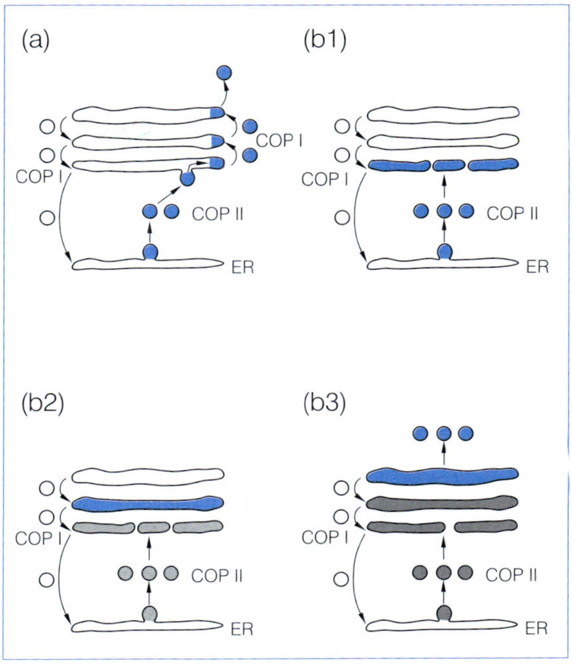

Abb. 8-10: Modelle für den Durchsatz von Material durch ein Dictyosom (der Einfachheit halber wurden nur jeweils drei Dictyosomenzisternen gezeichnet). (**a**) Nichtkontinuierlich: Material (farbig) wird in Form von COP II-Vesikeln vom ER zur *cis*-Zisterne des Dictyosoms transportiert. Der weitere Transport geschieht an den Rändern der Zisternen über COP I-Vesikel. Der retrograde Transport von Membranmaterial und *cis*- bzw. ER-spezifischen Proteinen läuft ebenfalls über COP I-Vesikel. (**b 1-3**) Kontinuierlich: Im Unterschied zum ersten Modell entstehen aus COP II-Vesikeln auf der cis-Seite neue Zisternen, die mit dem Material zusammen den ganzen Stapel durchwandern und auf der *trans*-Seite in Golgi-Vesikel aufgelöst werden.

Membran wieder ab. Mit einer zweiten Art von Vesikeln, den **COP I-Vesikeln** (coat protein I) oder Coatomer-Vesikeln (Abb. 8-9), werden Membranmaterial und ER-spezifische Proteine von der *cis*-Seite des Dictyosoms zum ER, retrograd, zurückgeführt. COP I-Vesikel sind auch im gesamten Bereich des Dictyosoms häufig.

Für die Art des Durchsatzes von Material durch einen Zisternenstapel wurden zwei Vorstellungen entwickelt (Abb. 8-10):

- Beim ersten Modell (nichtkontinuierlich) verschmelzen COP II-Vesikel mit der *cis*-Zisterne. Nach Teilprozessierung wird das Material erneut über Vesikel - nun COP I-Vesikel - zur nächsten Zisterne transportiert usw.. Retrograder Transport von Membranmaterial und Proteinen nach *cis* und zum ER erfolgt ebenfalls über COP I-Vesikel; sie haben hier eine Doppelfunktion.
- Beim zweiten Modell (kontinuierlich) fusionieren COP II-Vesikel und bilden eine neue *cis*-Zisterne. Die Zisternen wandern sozusagen mit dem Material durch den Stapel, und cis-spezifische Proteine werden jeweils über COP I-Vesikel retrograd transportiert. Die *trans*-Zisterne vesikuliert in toto zu Golgi-Vesikeln.

Tatsächlich sprechen viele Beobachtungen für das zweite Modell. Ein oft verwendeter Transportmarker ist eine Mutante des Glykoproteins des komplexen Virus der vesikulären Stomatitis, die bei der normalen Wachstumstemperatur der Wirtszellen (37 °C) nicht korrekt faltet und im ER verbleibt, bei 32 °C jedoch richtig faltet und zum und durch den Golgi-Apparat transportiert wird. Nach Fusion des Gens für das grünfluoreszierende Protein (s. Kap. 18) mit dem Teil des Glykoprotein-Gens, das für den cytoplasmatischen Teil codiert, konnte der Transport des Fusionsproteins im Fluoreszenzmikroskop verfolgt werden. Die einzelnen fluoreszierenden Punkte (= COP II-Vesikel) verschmolzen vor der *cis*-Seite des Dictyosoms zu einer Art *cis*-Golgi-Netzwerk, wie für das zweite Modell beschrieben. Die lichtmikroskopische Auflösung reicht allerdings nicht aus, um den Weg durch den Zisternenstapel zu verfolgen.

Bei einigen einzelligen Algen ist der Durchsatz ganzer Zisternen durch den Stapel auf elektronenmikroskopischem Niveau geradezu nachvollziehbar. Diese Algen bilden in ihrem einzigen Dictyosom Wandschuppen, die hauptsächlich aus Polysacchariden und wenig Protein bestehen und nahezu so groß sind wie die Zisternen selbst (Abb. 8-11 und 8-12); ein vesikulärer Transport von Zisterne zu Zisterne wäre gar nicht möglich.

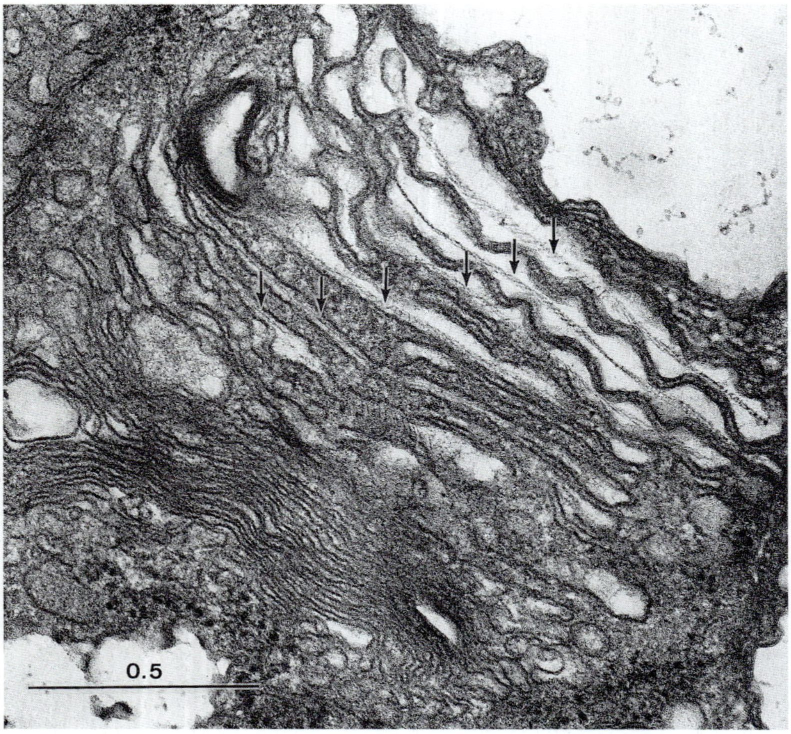

Abb. 8-11: Dictyosom der einzelligen Alge *Pleurochrysis scherffelii* mit Bildungsseite (links unten) und Sekretionsseite (rechts oben). In den Zisternen sind mehrere Stadien der Wandschuppenbildung (Pfeile) bis zur fertigen Schuppe in der *trans*-Zisterne im Querschnitt zu erkennen. (EM-Aufnahme: W. Herth)

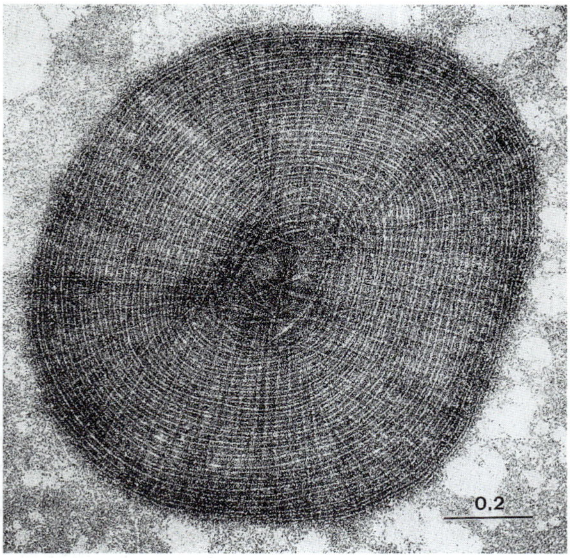

Abb. 8-12: Wandschuppe der einzelligen Alge *Pleurochrysis scherffelii* (im Negativkontrast). Die spiralig angeordneten Elemente sind Cellulosefibrillen, die radialen Elemente bestehen aus anderen Polysacchariden. (EM-Aufnahme: W. Herth)

Die jeweilige *trans*-Zisterne verschmilzt direkt mit der Plasmamembran und entläßt so die fertige Wandschuppe.

8.1.3 Entstehung und Fusion von Transportvesikeln

Die Entstehung, Adressierung und Fusion von Transportvesikeln erfordern eine ganze Reihe von membrangebundenen und löslichen Faktoren. Wichtige regulatorische Funktionen haben dabei kleine G-Proteine mit den entsprechenden Guaninnucleotid-Austauschfaktoren und GTPase-aktivierenden Faktoren; Kompartiment-spezifische G-Proteine der ARF-Familie initiieren bevorzugt die Enstehung von Vesikeln, solche der Rab-Familie das Andocken der Vesikel und die Fusion.

In den meisten Fällen bildet sich um die an einer Donatormembran knospenden Vesikel eine Hülle oder Coat aus cytoplasmatischen Proteinen. Drei solche Vesikelhüllen sind bisher bekannt: COP I oder Coatomer, COP II und Clathrin. Diese Hüllen sind an wenigstens zwei Vorgängen beteiligt, der Deformierung der Membran zu einem knospenden Vesikel und der Auswahl des zu transportierenden Materials. Vor der Fusion der Vesikel mit der Akzeptormembran dissoziieren sie wieder von der Vesikeloberfläche ab.

COP I oder Coatomer ist an Vesikeln zu finden, die retrograd zwischen Golgi-Zisternen bzw. Dictyosom und ER vermitteln. Die Bildung des Coats beginnt mit der Aktivierung eines G-Proteins der ARF-Familie durch einen membranständigen Guaninnucleotid-Austauschfaktor. Dieser Schritt ist durch Brefeldin A, ein Antibiotikum aus *Penicillium procumbens*, hemmbar. ARF(GTP) vermittelt die Bindung der Coatkomplexe (aus den Untereinheiten α, β, β′, γ, δ, ε, υ) an Rezeptoren der p24-Familie in der Membran. Die sukzessive Besetzung der Membran führt offenbar zur Abschnürung des Vesikels.

COP II-Vesikel transportieren anterograd zwischen ER und *cis*-Seite der Dictyosomen. Auch die Bildung der COP II-Komplexe wird durch die Aktivierung eines kleinen G-Proteins, Sar, der ARF-Familie initiiert. Zunächst lagern sich Sec23p, ein GTPase-aktivierender Faktor für Sar, und Sec24p an, gefolgt von Sec13p/Sec31p. Sec23p gibt einen Hinweis auf eine mögliche Destabilisierung der Hülle vor der Fusion des Vesikels mit einer Akzeptormembran.

Clathrin bildet die Hülle der klassischen **Coated Pits** in der Plasmamembran und der daraus entstehenden **Coated Vesikel** bei der rezeptorvermittelten Endocytose, die bereits in den 70er Jahren bekannt waren. Clathrinhüllen finden sich aber auch im Bereich des *trans*-Golgi-Netzwerks und an Vesikeln, die von dort Material in Richtung Endosomen/Lysosomen transportieren. Clathrin ist ein großes Protein von ca. 190 kDa, das Trimere, sog. **Triskelions** bildet (Abb. 8-13). Triskelions lagern sich zu einem Muster aus Hexagonen und Pentagonen mit Kantenlängen von ca. 14 nm zusammen, die die Membran auf der P-Seite wie ein Korbgeflecht einhüllen (Abb. 8-14 und 8-15).

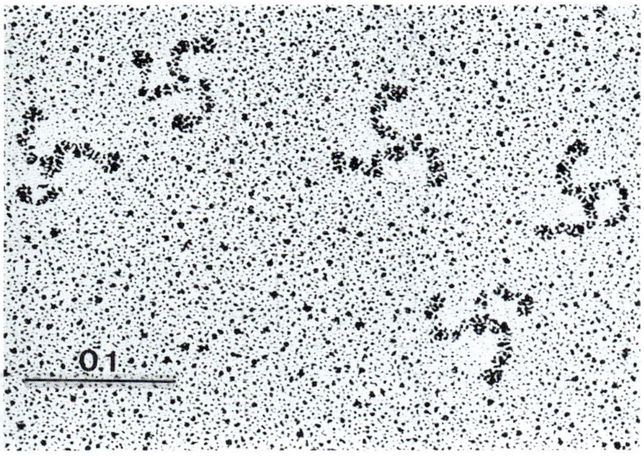

Abb. 8-13: Triskelions, Clathrin-Trimere von isolierten Coated Vesikeln. Von den C-terminalen Enden im Zentrum weisen die drei Polypeptidketten als leicht gewinkelte Arme nach außen. Mehrere leichte Ketten sind außerdem assoziiert. (EM-Aufnahme nach Kegelbeschattung: E. Ungewickell, D. Branton)

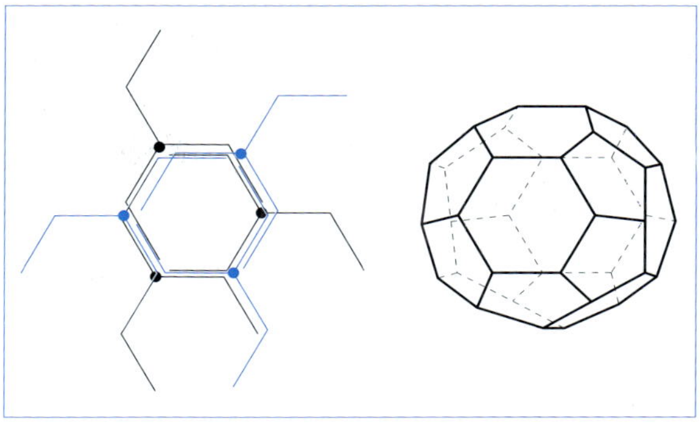

Abb. 8-14: Links: Modell zur Zusammenlagerung von Triskelions zu Hexagonen und Pentagonen in Coated Pits/Coated Vesikeln. Die Punkte markieren die Zentren der einzelnen Triskelions. **Rechts**: Schema des Clathringerüsts eines kleinen Coated Vesikels.

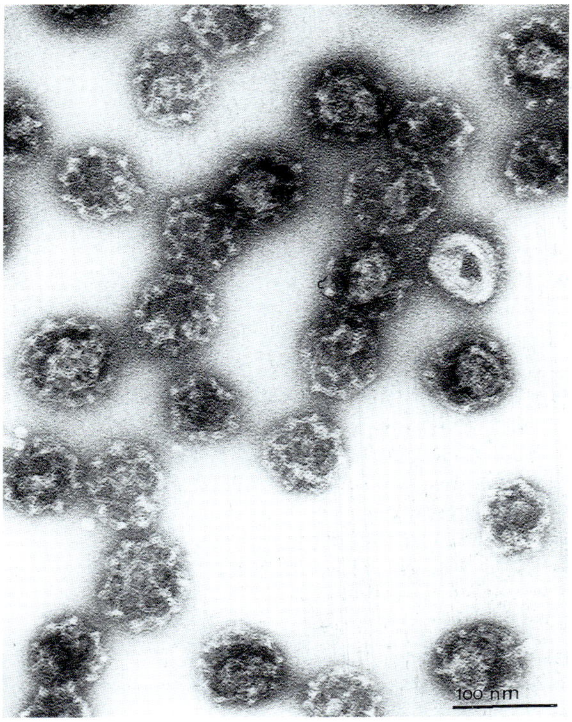

Abb. 8-15: Isolierte Coated Vesikel aus Erbsen-Kotyledonen, bei denen nur das Proteingerüst erhalten geblieben und dadurch besonders gut zu erkennen ist. Das Präparat wurde mit Uranylacetat negativkontrastiert. (EM-Aufnahme: D. G. Robinson)

Die Bindung des Coats an die Membran vermitteln heterotetramere Adaptorproteine, AP-1 an die Membran des *trans*-Golgi-Netzwerks und AP-2 an die Plasmamembran. G-Proteine der ARF-Familie regulieren wahrscheinlich diesen Vorgang. Bei der Abschnürung der Coated Vesikel sind die kleinen G-Proteine Rab5A, 5B und 5C sowie ein großes G-Protein, **Dynamin**, beteiligt. Auch von Dynamin existieren mehrere Isoformen. Dynaminmoleküle können ringförmige Strukturen bilden, die unter GTP-Verbrauch möglicherweise eine Konstriktion des „Vesikelhalses“ und damit eine Vesikulation veranlassen. Dynamin war ursprünglich als ein Mikrotubulus-assoziiertes Protein entdeckt worden; inwieweit dies auf eine Beteiligung von Mikrotubuli am Endocytosevorgang weist, bleibt offen. Eine **Uncoating ATPase**, ein Chaperon der Hsp70-Familie, leitet zusammen mit einem weiteren Protein namens Auxilin den Abbau des Coats an den Vesikeln und damit eine Rezyklisierung von Clathrin ein. Die ATPase destabilisiert offenbar die Bindung der Clathrinmoleküle untereinander.

Zur Fusion von Transportvesikeln mit Zielmembranen wurde die **SNARE-Hypothese** entwickelt, die auf Befunden von J. E. Rothman et al. 1993 beruht. Sehr viel beigetragen haben auch Untersuchungen an synaptischen Vesikeln und ihrer Fusion mit der präsynaptischen Membran. Entscheidende Faktoren, die meist konservierte Familien bilden, sind die folgenden:

- NSF (N-Ethylmaleimide-sensitive factor), eine Homooligomer, gehört zu der wachsenden Familie der AAA-Typ ATPasen.
- SNAP (soluble NSF attachment protein), ein amphipathisches Protein, das in drei Isoformen (α, β, γ) vorkommt und NSF an die Vesikelmembran assoziiert.
- v-SNAREs (SNAP receptors, in der Vesikelmembran) umfassen die Familie der Synaptobrevine oder VAMPs (vesicle-associated membrane proteins), integrale Membranproteine von ca. 13 kDa.
- t-SNAREs (SNAP receptors, in der Zielmembran, t von target) umfassen die Familie der Syntaxine und sind ebenfalls integrale Membranproteine von ca. 35 kDa.
- Kleine G-Proteine der Rab-Familie (Tab. 8-1). Meist tragen zwei Cysteinreste in der C-terminalen Region Geranylgeranylketten zur Membranverankerung.

Tab. 8-1: Rab-Proteine.

Rab-Protein	Funktion/Lokalisation
Rab1A, 1B, 1C	ER → Golgi-Apparat
Rab3A, 3C	Synaptische Vesikel
Rab3B	Tight Junction
Rab3D	Exocytosevesikel im exokrinen Pankreas
Rab4A, 4B	Frühe Endosomen → Plasmamembran
Rab5A, 5B, 5C	Plasmamembran → frühe Endosomen
Rab6	Golgi-Apparat
Rab7	frühe Endosomen → späte Endosomen
Rab8	Golgi-Apparat → Plasmamembran
Rab9	Späte Endosomen → Golgi-Apparat
Rab10	Golgi-Apparat
Rab11	*trans*-Golgi-Netzwerk, Exocytosevesikel

Diese Familie kleiner G-Proteine umfaßt bei Säugern etwa 40 Formen. Sie sind am Transport von Vesikeln beteiligt. Manche sind zelltypisch. In der Tabelle sind nur solche mit bekannter Funktion/Lokalisation aufgeführt. Pfeile geben die Richtung des Vesikeltransports an.

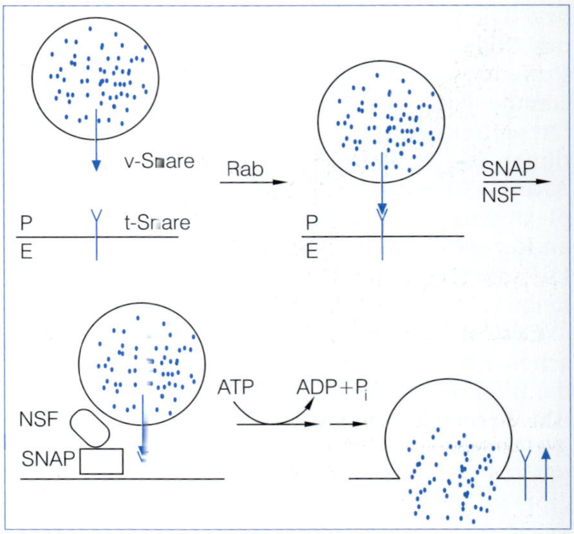

Abb. 8-16: Modell zur SNARE-Hypothese, Fusion eines Transportvesikels mit einer Zielmembran. Das G-Protein Rab vermittelt das Erkennen von v- und t-SNARE, SNAP die Assoziation der ATPase NSF an den Fusionskomplex. Auf welche Weise die Spaltung von ATP zu einem Umordnen des Komplexes führt, so daß schließlich die Fusion der beiden Membranen erfolgt, ist noch nicht bekannt. Zu denken wäre an eine „konformationelle Energetisierung“ der SNARE, deren Interaktion dann zu einer ausreichenden Annäherung der Lipidbereiche der beiden Membranen führen könnte (s. Abb. 8-17).

Für die Spezifität von Membranfusionen sind die v- und t-SNAREs verantwortlich (Abb. 8-16), sowohl bei heterotypischer wie auch bei homotypischer Fusion. Das Erkennen wird durch Rab-Proteine in irgendeiner Weise katalysiert. Es folgt die durch SNAP vermittelte Assoziation von NSF an den SNARE-Komplex. Ca^{2+}-Ionen können beteiligt sein. Die Hydrolyse von ATP durch die ATPase könnte ein Rearrangement im Komplex in der Weise bewirken, daß die Lipidbereiche der beiden Membranen so weit angenähert werden, daß eine relativ kleine sog. Fusionspore entsteht. Die Leitfähigkeit einer solchen Fusionspore liegt im Bereich der eines Ionenkanals. Dieses zunächst wahrscheinlich reversible Ereignis mündet dann sehr schnell in die eigentliche Fusion der beiden Membranen. Vor der Fusion verlassen SNAP und die ATPase den Komplex. Es stellt sich damit die Frage, ob der zwei Membranen verbindende „energetisierte“ SNARE-Komplex eine Fusion initiieren kann. Dies konnte kürzlich mit rekombinanten v- und t-

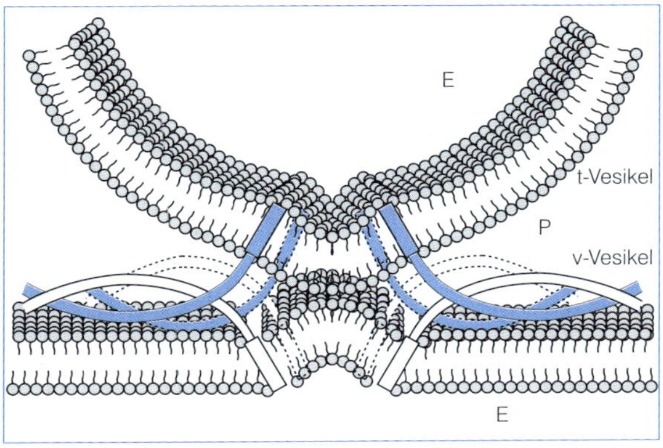

Abb. 8-17: Modell für eine von v- und t-SNARE induzierte Fusion von zwei Lipidvesikeln. Mehrere v-SNARE und t-SNARE (farbig) binden in einem ringförmigen Bereich jeweils mit helixreichen cytoplasmatischen Domänen aneinander. Konformationelle Zwänge innerhalb der Dimere könnten dabei die beiden Lipidschichten soweit annähern, daß es zu einer Fusion kommt. Dieser Mechanismus hat nun wieder Ähnlichkeit mit dem Modell für die Fusion von viraler und Wirtsmembran (s. 2.8); in diesem Fall ist allerdings nur ein Protein, das virale Hämagglutinin, beteiligt, das jedoch in beiden Membranen integral verankert ist (als ob die beiden SNARE kovalent verbunden wären). Wenn die beiden SNARE-Moleküle notwendig und hinreichend für eine Membranfusion sind, hätten die zusätzlichen Komponenten der zellulären SNARE-Komplexe dann nur regulatorische Funktionen, um ganz bestimmte Membranfusionen zu ermöglichen und unspezifische zu verhindern. (Nach T. Weber et al. (1998) Cell 92, 759-772)

SNAREs, die in getrennte Lipidvesikel rekonstituiert worden waren, gezeigt werden (Abb. 8-17).

Ein Beispiel für ein spezielles Syntaxin, das ausschließlich bei der homotypischen Fusion von Vesikeln im Phragmoplasten bei der Cytokinese von Pflanzenzellen auftritt, ist das Gen-Produkt des *knolle*-Gens von *Arabidopsis thaliana*. Der Name „knolle" deutet auf das - durch die gestörten Cytokinesen - eigenartig knollenförmige Aussehen junger Embryonen von *A. thaliana*.

8.1.4 Endosomal-lysosomales Kompartiment

Die Lysosomen wurden in den 50er Jahren durch C. deDuve und Mitarbeiter entdeckt; sie konnten aus klassischen Mitochondrienfraktionen eine partikuläre Fraktion abtrennen, die saure Phosphatase enthielt, ein Enzym, das in Mitochondrien nicht vorkommt.

Lysosomen stellen das sauerste Kompartiment einer Zelle dar, mit einem internen pH-Wert von 3,8–4,8, manchmal noch darunter. Sie enthalten eine große Zahl von Hydrolasen mit Aktivitätsoptima im sauren Bereich. Man könnte sich denken, daß so das Risiko bei einem „zellulären Unfall", d.h. bei Freiwerden dieser Enzyme im Cytoplasma oder extrazellulär bei dem dort höheren pH-Wert vermindert wird. Lysosomen können im EM sehr unterschiedlich aussehen (Abb. 8-18).

Lysosomen dienen dazu, endocytiertes oder autophagocytiertes Material - Proteoglykane, Proteine und Glykoproteine, Lipide und Glykolipide, Nucleinsäuren, Glykogen - abzubauen und die Bausteine einer Rezyklisierung zuzuführen. Neben den Proteasomen (s. 4.3) bilden sie ein weiteres großen Abbausystem der Zelle. Nach der klassischen Vorstellung verschmelzen Endocytosevesikel mit primären Lysosomen, d.h. kleinen voll ausgestatteten Lysosomen ohne Substrate, zum sekundären Lysosom, in dem der Abbau stattfindet. Das mag bei niederen Eucyten mit einfacher Endocytose auch so sein. Bei der rezeptorvermittelten der höheren Eucyten hat sich eine kompliziertere endocytotische Route ergeben (Abb. 8-19). Endocytosevesikel verschmelzen miteinander und mit **frühen Endosomen**, von denen aus auch eine Rezyklisierung zur Plasmamembran stattfindet. Frühe Endosomen sind durch die kleinen G-Proteine Rab4, Rab5 und Rab11 charakterisiert. Ihr internes Milieu ist bereits durch die V-Typ-ATPase auf einen pH-Wert von 5,8-6,4 angesäuert. Lysosomale Proteine werden auf der *trans*-Seite der Dictyosomen an membranständige Mannosephosphat-Rezeptoren gebunden; Mannosephosphatreste in den Oligosaccharidketten der Proteine sind das topogene Signal für das endosomal-lysosomale Kompartiment. Die rezeptorgebundenen Proteine gelangen nach Abschnürung in Coated Vesikel in dieses Kompartiment. Bereits mit den frühen Endosomen verschmelzen solche Vesikel, man findet die Rezeptoren in der Endosomenmembran. Die nächste Stufe bilden die **späten Endosomen**, die wahrscheinlich die gesamte lysosomale Ausstattung besitzen, zusätzlich aber noch durch die Rezeptoren und die G-Proteine Rab7 und Rab9 ausgezeichnet sind, die von dort aus rezyklisiert werden. Die letzte Stufe entspricht dem **sekundären Lysosom**, das keine Rezeptoren und G-Proteine mehr enthält und in dem der Abbau vollendet wird.

Ausstattung und Genese

Die integralen Proteine der endosomal-lysosomalen Membran sind auf der E-Seite hoch glykosyliert; sie werden auch als Lamps und Limps (lysosome associated/integral membrane proteins) bezeichnet. Sie bieten der Membran Schutz gegen die internen hydrolytischen En-

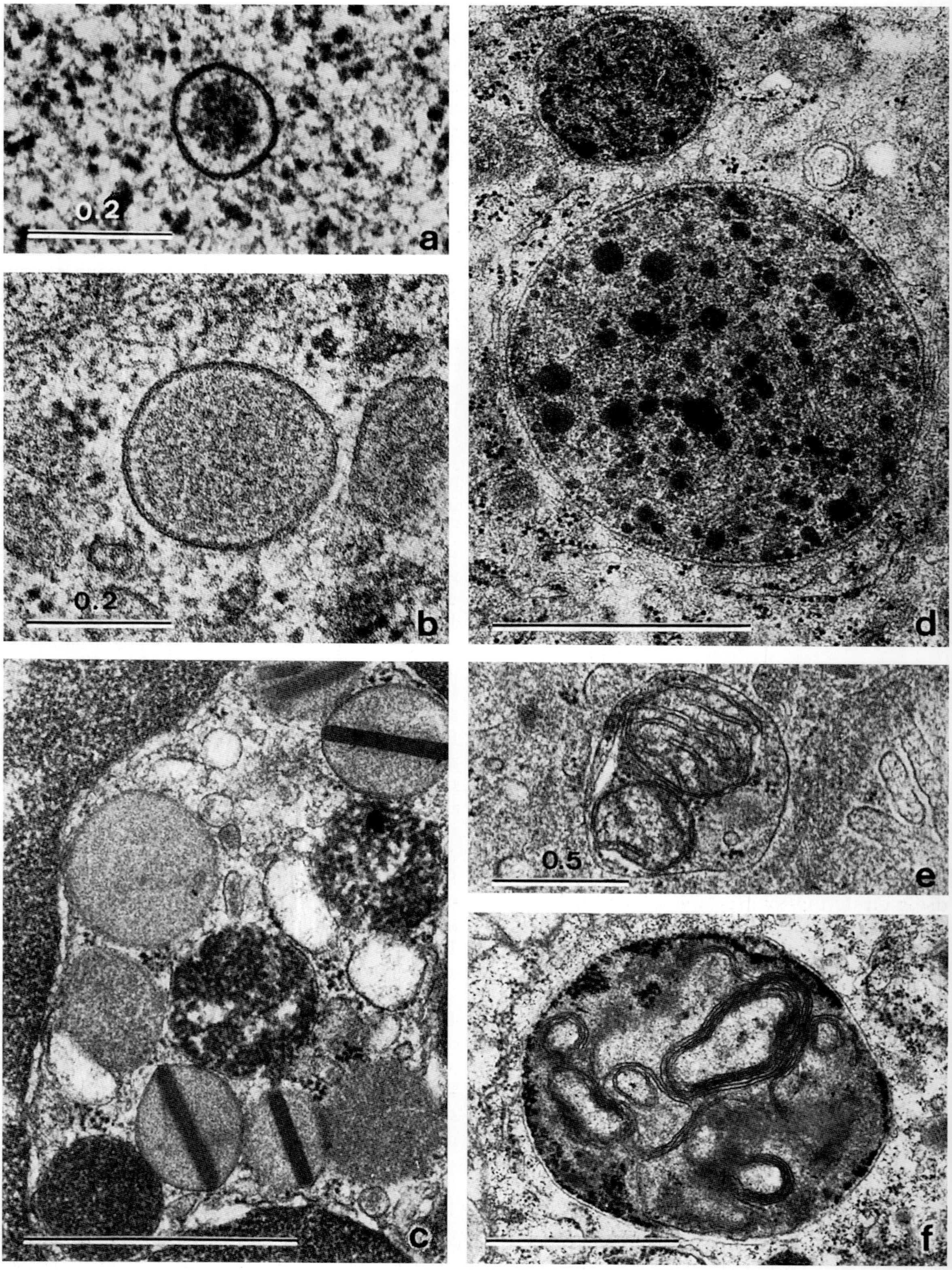
0.2
a
0.2
b
c
d
0.5
e
f

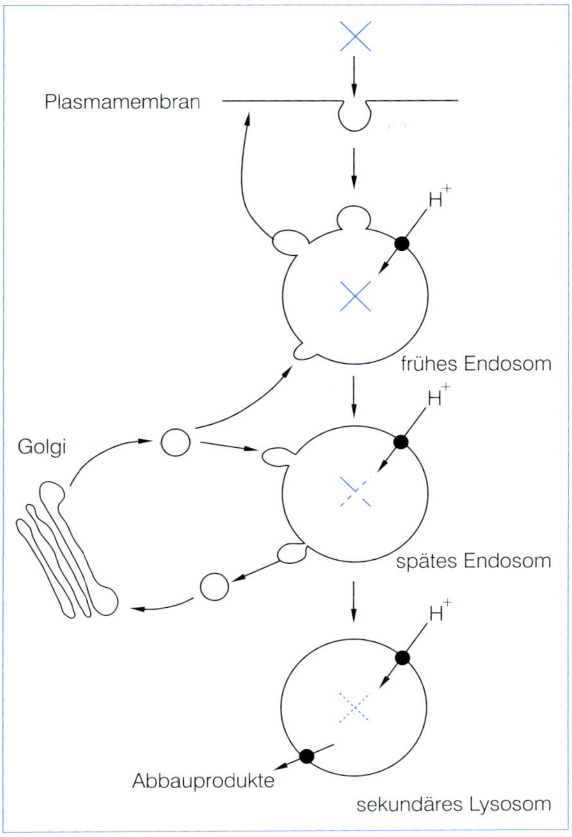

Abb. 8-19: Schema zum endosomal-lysosomalen Kompartiment.

zyme. Zusätzliche Funktionen dieser Proteine sind jedoch weitgehend unbekannt. Solche zu postulierende Funktionen wären die von Translokatoren für die zahlreichen Abbauprodukte, die in das Cytoplasma gelangen müssen.

Ein gut studierter Translokator ist die **V-Typ-ATPase**, die den Protonengradienten über die Membran aufbaut. Die Stöchiometrie ist zwei Protonen pro ATP-Molekül. Die ATPase kommt auch in anderen Membranen wie Vakuolenmembran von Pilz- und Pflanzenzellen oder synaptischen Vesikeln vor. Sie ist verwandt mit der F-Typ-ATPase (ATP-Synthase) in Mitochondrien, Plastiden und bakteriellen Plasmamembranen (s. 10.4.2) und zeigt einen ähnlichen strukturellen Aufbau (Abb. 8-20). Sie besteht wie diese aus einem peripheren Teil V_1 einschließlich Stielbereich und einem integralen Teil V_0, und viele der Untereinheiten sind homolog zu Untereinheiten der ATP-Synthase. Im Gegensatz zu F_1 und F_0 besitzen der isolierte V_1-Teil keine ATP-hydrolysierende Aktivität und der V_1-freie V_0-Teil keine H^+-Translokation. Bafilomycine, Makrolidantibiotika mit 16- oder 18-gliedrigen Lactonringen, sind sehr spezifische Inhibitoren der V-Typ-ATPase, und DCCD (Dicyclohexylcarbodiimid) hemmt wie bei der F-Typ-ATPase die H^+-Translokation durch kovalente Modifikation der integralen c-Untereinheiten.

Den pH-Wert des endosomal-lysosomalen Kompartiments können **lysosomotrope Substanzen** beeinflussen. Sie sind schwache Basen, die in dieses Kompartiment hineindiffundieren, dort in protonierter Form akkumulieren und dadurch – bei hoher Applikation – den pH-Wert erhöhen. Damit kann es zu Störungen des Abbaus z.B. von Phospholipiden kommen, es entsteht eine Phospholipidose. Verschiedene Medikamente gehören zu diesen Substanzen wie Aminoglykosid-Antibiotika, manche Antidepressiva oder das Antimalariamittel Chloroquin.

Lysosomale Membranproteine folgen zwei Wegen vom *trans*-Golgi-Netzwerk zu ihrem Bestimmungsort. Manche verlassen den Golgi-Apparat auf dem sekretorischen Weg zur Plasmamembran und erreichen das frühe Endosom erst nach Endocytose; sie tragen für diesen Weg oft das topogene Signal -Gly-Tyr-X-X-Z- (Z = hydrophobe AS) in ihrer Sequenz. Andere werden wie die löslichen lysosomalen Proteine von Mannosephosphat-Rezeptoren gebunden, in Coated Vesikeln abgeschnürt und zum lysosomalen Kompartiment transportiert. Vor der Fusion verlieren die Vesikel den Coat. Es gibt zwei unterschiedliche **Mannosephosphat-Rezeptoren** im *trans*-Golgi-Netzwerk, die auf der E-Seite der Membran Mannose-6-Phosphatreste an den Oligosaccharidketten der für Lysosomen bestimmten Protein erkennen und binden. Der erste ist ein großes Glykoprotein von ca. 300 kDa mit einem Membrandurchgang und 15 sich wiederholenden Einheiten auf der E-Seite. Dieser Rezeptor erscheint auch in der Plasmamembran und kann dort merkwürdigerweise den Wachstumsfaktor IGF-II binden; er vermittelt außerdem die Endocytose von Liganden mit Mannose-6-Phosphatresten. Der zweite ist ein Protein von ca. 45 kDa

Abb. 8-18: Lysosomen. Man beachte die starken Größenunterschiede. (**a**) Kleines Lysosom in einer Milzzelle der Maus. (**b**) Kleines Lysosom in der Kupferschen Sternzelle (Leber-Makrophage) der Ratte. (**c**) Lysosomen-ähnliche Vesikel in einem eosinophilen Granulocyten der Maus. Typisch für diese Zellen sind die hier hellgrau erscheinenden Vesikel mit Peroxidasekristallen; die dunkel granulierten werden als Endosomen gedeutet. Am linken und unteren Rand des Bilds ist der Zellkern getroffen. (**d**) Sekundäres Lysosom in einer Kupferschen Sternzelle der Ratte. (**e**) Sekundäres Lysosom (Autophagosom) in einer Kupferschen Sternzelle, das zelleigene Mitochondrien zum Abbau enthält. (**f**) Sekundäres Lysosom in einem Makrophagen mit membranartigen Abbauresten. (EM-Aufnahmen: H. Falk)

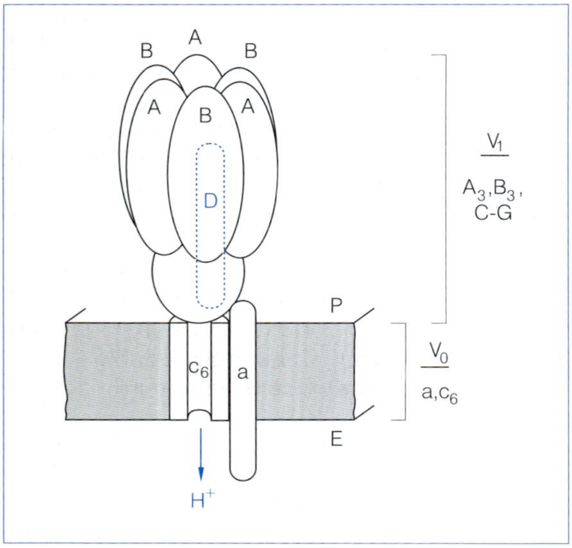

Abb. 8-20: Schema zur V-Typ-ATPase, in Anlehnung an das Schema zur F-Typ-ATPase (ATP-Synthase) der inneren Mitochondrienmembran (s. Abb. 10-23). Die Untereinheiten von V_1 einschließlich des Stielbereichs werden mit den Buchstaben A bis G bezeichnet; weitere lösliche Komponenten können assoziiert sein. A ist homolog zu β der ATP-Synthase und besitzt wahrscheinlich auch die ATP-hydrolysierende Aktivität, B ist homolog zu α und D zu der weit in den $\alpha_3\beta_3$-Komplex reichenden γ-Untereinheit, die während des ATP-Zyklus relativ zum $\alpha_3\beta_3$-Komplex rotiert. a und c in V_0 entsprechen den gleichnamigen Untereinheiten in F_0; a von V_0 besitzt allerdings eine große Domäne auf der E-Seite der Membran, und c in V_0 (18 kDa) entspricht zwei hintereinanderliegenden c-Einheiten in F_0 (8 kDa), es hat hier eine Verdopplung des codierenden Bereichs im Gen stattgefunden. c in V_0 besitzt vier Membrandurchgänge, c in F_0 nur zwei; die c-Untereinheiten werden wegen ihrer starken Hydrophobizität auch als Proteolipide bezeichnet.

mit ebenfalls einem Membrandurchgang und mit nur einer zu den 15 Einheiten des ersten Rezeptors homologen Einheit auf der E-Seite.

Die löslichen Proteine der Endosomen-Lysosomen umfassen die große Zahl der hydrolytischen Enzyme. Die Proteinasen werden als **Cathepsine** bezeichnet. Es gibt darunter Endo- und Exoproteinasen, Serin-Proteinasen (Cathepsin A und G), Aspartat-Proteinasen (D und E) und viele Cystein-Proteinasen.

Lysosomen mit nicht abbaubarem Material werden **Residualkörper** genannt, z.B. die sog. Lipofuszingranula, die in langlebigen Zellen wie Muskel- und Nervenzellen akkumulieren können. Ihre Anzahl ist ein Indiz für das Alter des betreffenden Individuums („Alterspigment"). Die Anhäufung von Lipofuszin, dessen chemische Natur unklar ist, in einem Lysosom in solchen Zellen beweist seine lange andauernde Aktivität.

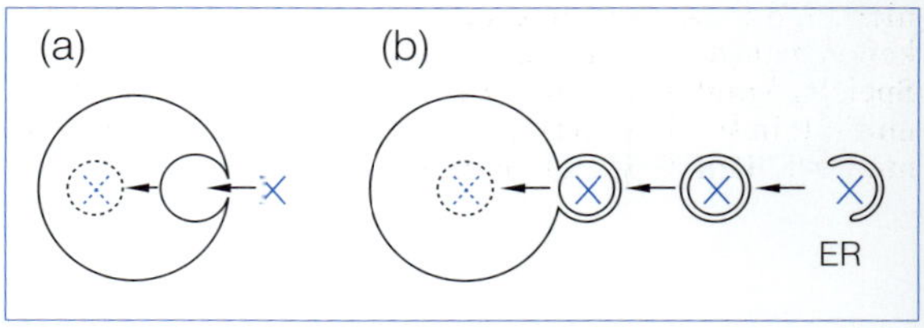

Abb. 8-21: (**a**) Mikroautophagie. Cytoplasmatisches Material (farbig) wird durch Invagination der lysosomalen Membran in das Lysosom aufgenommen. (**b**) Makroautophagie. Eine ER-Zisterne bildet ein aus zwei Membranen bestehendes Vesikel um cytoplasmatisches Material. Die äußere Membran des Vesikels fusioniert mit der lysosomalen Membran.

Autophagie

Lysosomen sind auch bei autophagischen Prozessen beteiligt. Dieser Abbau ist relativ unspezifisch, da Volumina in die Lysosomen aufgenommen werden, in denen selbst Mitochondrien enthalten sein können (Abb. 8-18). Autophagie ist verbreitet und trägt zum Turnover von Zellbestandteilen bei. Im Prinzip sind zwei Formen der Volumenaufnahme beschrieben worden, die Mikroautophagie durch Abschnürung kleiner Vesikel ins Innere des Lysosoms und die Makrophagie, bei der eine ER-Zisterne eine Cytoplasmaportion einschließt, woraufhin die äußere Membran dieses „Doppelvesikels" mit der lysosomalen Membran fusioniert (Abb. 8-21).

Lysosomale Speicherkrankheiten

Beim Menschen gibt es einige Dutzend Krankheiten, die auf einer Dysfunktion der Lysosomen beruhen. Sie äußern sich darin, daß durch einen Defekt eines lysosomalen Enzyms der Abbau eines Makromoleküls verhindert ist, so daß sich in bestimmten Zelltypen große Mengen dieses Materials in den Lysosomen anhäufen. Die Krankheiten werden rezessiv vererbt und zeigen komplexe Krankheitsbilder mit teilweise schweren Entwicklungsstörungen, die besonders das Zentralnervensystem und das Skelett betreffen. Viele von ihnen sind pränatal diagnostizierbar.

Zu den Mucopolysaccharidosen gehört z.B. die Hunter-Krankheit, bei der die Iduronat-2-Sulfatase defekt ist und daher Proteoglykane nicht vollständig abgebaut werden können. Die Formen der Niemann-Pick-Krankheit sind Lipidosen; bei Typ A und B ist eine Sphingomyelinase defekt, beim Typ C reichern sich Cholesterolester an. Bei der Mucolipidose I ist die N-Acetyl-α-Neuraminidase betroffen, die endständige N-Acetylneuraminsäurereste von Glykoproteinen und Glykolipiden abspaltet. Der Mucolipidose II oder I-Zell-Krankheit liegt ein Defekt der N-Acetylglucosamin-Phosphotransferase zugrunde, die den ersten Schritt zur Bildung eines Mannose-6-phosphatrests, des topogenen Signals zum Transport in Lysosomen, katalysiert (s. 8.2.3); lysosomale Proteine gelangen dann nicht in die Lysosomen, sondern werden in Körperflüssigkeiten exocytiert. Die α-Glucosidase ist bei der Glykogen-Speicherkrankheit, einer autophagosomalen Krankheit, mutiert; besonders Herz-, Muskel- und Leberzellen akkumulieren dann Glykogen in ihren Lysosomen.

8.2 Synthese von Export-, Membran- und Lysosomenproteinen

Im Gegensatz zu cytoplasmatischen, d.h. löslichen Proteinen müssen Export- und Membranproteine sowie auch die Proteine der Lysosomen nach oder schon während ihrer Synthese am Ribosom in Membranen hinein oder durch Membranen hindurch gelangen, d.h. transloziert werden. Bei Protocyten ist diese Membran die Plasmamembran, bei Eucyten das ER. Bereits im Lumen des ER kann bei Eucyten eine Modifizierung der neusynthetisierten Proteine einsetzen, die dann bei ihrer Passage durch den Golgi-Apparat weitergeführt wird. Auf der *trans*-Seite des Golgi-Apparats werden die fertigen Produkte in Vesikel verpackt und an ihren Bestimmungsort transportiert. Auch komplexe Viren benützen den Exocytoseweg für ihre Bildung und Freisetzung (s. Kap. 6). Der Weg der Proteine in die Mitochondrien, Plastiden, Peroxisomen und in den Zellkern, deren Synthese und Sortierung nach anderem Modus verlaufen, wird in den entsprechenden Kapiteln beschrieben.

8.2.1 Prokaryotische Systeme

Prokaryoten exportieren Exoenzyme, Proteine des periplasmatischen Raums und der äußeren Membran (bei gramnegativen Bakterien), Toxine u.a.. Solche Proteine werden posttranslational über den sog. generellen Sekretionsweg durch die Plasmamembran geschleust, der z.B. auch in Plastiden vorkommt. Integrale Proteine der Plasmamembran dagegen benützen offenbar in der Regel einen SRP-Weg (signal recognition particle), der eine ursprüngliche Form des eukaryotischen SRP-Wegs (s. 8.2.2) darstellen dürfte.

Zu exportierende Proteine werden als Präproteine synthetisiert, die N-terminal eine Signal- oder Leadersequenz tragen, die während der Translokation durch die Plasmamembran von einer Leader-Peptidase abgespalten wird. Dem **generellen Sekretionsweg** gehören die folgenden Komponenten an:

- **SecB**, ein homotetrameres Chaperon mit Untereinheiten von 15 kDa; es besitzt keine Homologie zu anderen Chaperonen. SecB verhindert ein vorzeitiges Falten des entstehenden Exportproteins.
- **SecA** ist eine lösliche ATPase von 102 kDa mit Affinitäten zu Leadersequenzen und zum Translokationsapparat in der Membran. SecA besitzt zwei Bindestellen für ATP mit unterschiedlichen Affinitäten.
- Der heterotrimere Komplex **SecYEG** in der Membran wird als **Translocase** bezeichnet. SecY hat wahrscheinlich zehn Membrandurchgänge, SecE drei und SecG zwei. Assoziiert an den Komplex sind weitere Proteine wie SecD, SecF und yaiC.

Der Translokationsvorgang (Abb. 8-22) beginnt mit der Erkennung der Leadersequenz und anderer Motive des Exportproteins durch SecA, wobei SecB als Targeting-Faktor wirkt. Die Assoziation von beladenem SecA an die Translocase stimuliert die Bindung von ATP im Austausch gegen ADP. Dabei kommt es durch Konformationsänderung zu einem Eindringen des C-terminalen Teils von SecA von ca. 30 kDa in die Membran, wodurch die Leadersequenz Kontakt zur Translocase gewinnt. Hydrolyse von ATP an der hochaffinen Bindungsstelle von SecA führt zur Abgabe der Leadersequenz an die Translocase, Hydrolyse an der niederaffinen Bindungsstelle zum Ablösen von SecA selbst von der Translocase. Zur weiteren Translokation ist der H^+-Gradient über der Plasmamembran entscheidend. Allerdings können auch mehrere ATP-ab-

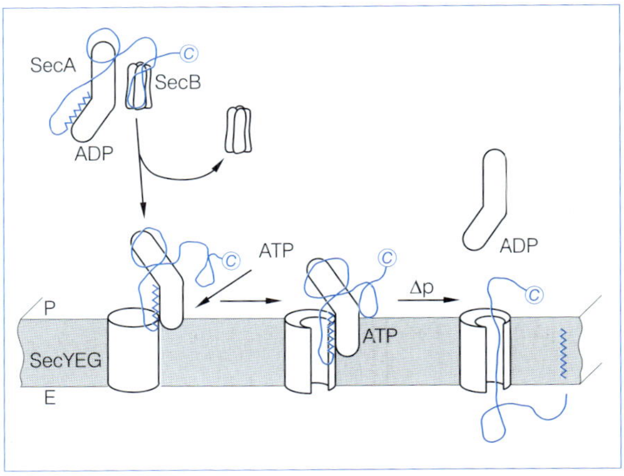

Abb. 8-22: Schema zum generellen Sekretionsweg bei Prokaryoten. Das Exportprotein ist farbig gezeichnet, die N-terminale Leadersequenz besonders hervorgehoben; sie wird während der Translokation durch eine Leaderpeptidase abgespalten. Δp (H^+-Gradient) ist notwendig für eine vollständige Translokation (Endstadium hier nicht eingezeichnet). Es können aber auch mehrere SecA-Zyklen pro Exportmolekül ablaufen.

hängige Binde- und Ablösezyklen von SecA pro Exportmolekül bis zu dessen vollständiger Translokation ablaufen.

Für den **SRP-Weg** (signal recognition particle) der Prokaryoten sind bisher als Komponenten des SRPs selbst das Protein P48 und eine 4,5S-RNA sowie der SRP-Rezeptor FtsY in der Plasmamembran identifiziert worden. Das SRP bindet an das naszierende Membranprotein, wenn dieses ca. 60 AS lang ist, d.h. wenn die Leadersequenz aus dem Ribosom ragt. Dadurch wird die weitere Translation gestoppt, bis das SRP einen Kontakt zu seinem Rezeptor in der Membran ausgebildet hat. Offenbar findet der Einbau des Proteins in die Membran cotranslational statt, der Mechanismus ist jedoch noch nicht bekannt.

8.2.2 Proteinsynthese am ER

Zellen, die in großem Umfang Proteine exportieren, besitzen ein auffälliges rER. Zellen des exokrinen Pankreas als Syntheseort der Verdauungsenzyme, Plasmazellen als Produzenten von Antikörpern und Leberzellen mit allgemein starker Proteinsynthese sind Beispiele hierfür (Abb. 8-23). Bereits in den 60er Jahren haben vor allem G. E. Pallade und Mitarbeiter an Pankreaszellen den komplizierten Weg der Exportproteine vom rER über den Golgi-Apparat bis zur Exocytose auf elektronenmikroskopischem Niveau untersucht. 1975 konnten G. Blobel und B. Dobberstein die **Signal-Hypothese** formulieren, die die Entstehungsweise von Exportproteinen in ihren Grundzügen beschreibt. Die meisten Exportproteine und ebenso die meisten Membranproteine folgen diesem Weg, der cotranslational verläuft. Es gibt aber offenbar auch einen posttranslationalen Weg, vor allem für einige kleinere Polypeptide, der jedoch weniger gut bekannt ist. Untersuchungsobjekte sind besonders Säuger- und Hefezellen; die nachstehenden Ausführungen beziehen sich vor allem auf Säugerzellen.

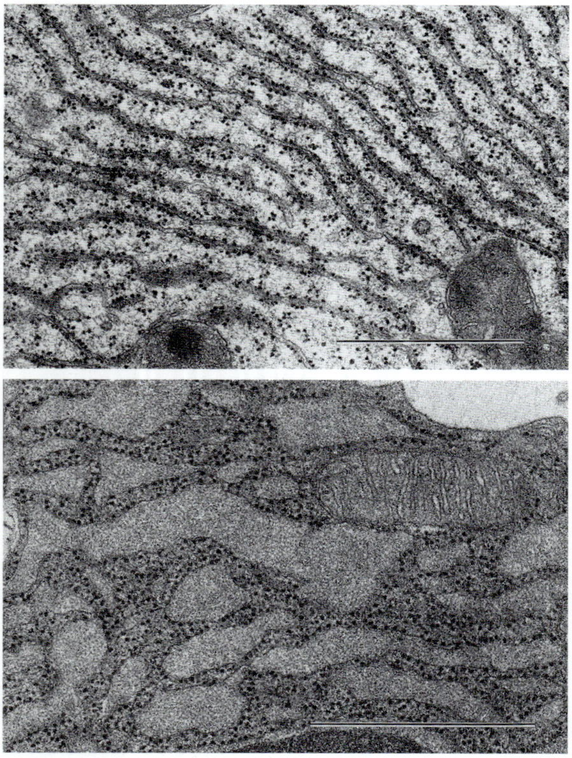

Abb. 8-23: Rauhes ER in Proteine exportierenden Zellen. **Oben**: rER in einer Leberzelle der Ratte; ein Mitochondrion und ein Peroxisom sind ebenfalls zu sehen. **Unten**: Typisch aufgeblähtes rER einer Plasmazelle; zwischen den Zisternen liegt ein Mitochondrion. An diesem aufgeblähten rER sind Plasmazellen zu erkennen. (EM-Aufnahmen: H. Falk)

Folgende Komponenten sind für den cotranslationalen Weg für Export- und Membranproteine wesentlich:

- Fast alle zu transportierende Proteine tragen an ihrem N-Terminus eine **Signalsequenz** („Signal-Hypothese") von meist 25–30 AS mit einer positiv geladenen n-Region, einer hydrophoben h-Region und einer nicht weiter auffälligen c-Region. Die Sequenz wird meist während der Translokation durch die Signal-Peptidase abgespalten.
- Das eukaryotische **SRP** (signal recognition particle) ist komplexer als das prokaryotische mit SRP54, fünf weiteren Proteinen sowie einer 7S-RNA. SRP54 und die 7S-RNA zeigen Homologien zu P48 und der 4,5S-RNA der Prokaryoten. SRP54 ist ein G-Protein und bindet mit einer Met-reichen Domäne an die Signalsequenz.
- Der **SRP-Rezeptor** (docking protein) im ER ist ein Dimer aus einer peripheren α- und einer integralen β-Untereinheit; beide sind G-Proteine.
- Der **Sec61-Komplex** mit seinen Untereinheiten α, β und γ ist die **Translocase**; α zeigt Homologie zu SecY, β zu SecE der Prokaryoten. Die Translocase bildet – wenn in Aktion – einen hydrophilen Kanal mit wässerigem Milieu. Das wurde u.a. durch Bindung fluoreszierender Moleküle an translozierende Proteine nachgewiesen; die Dauer der Fluoreszenz deutete auf eine permanent wässerige Umgebung. Der Kanal steht aber auch mit der Lipidphase der Membran in seitlicher direkter Verbindung, denn die hydrophoben Helices integraler Membranproteine und ebenso die ab-

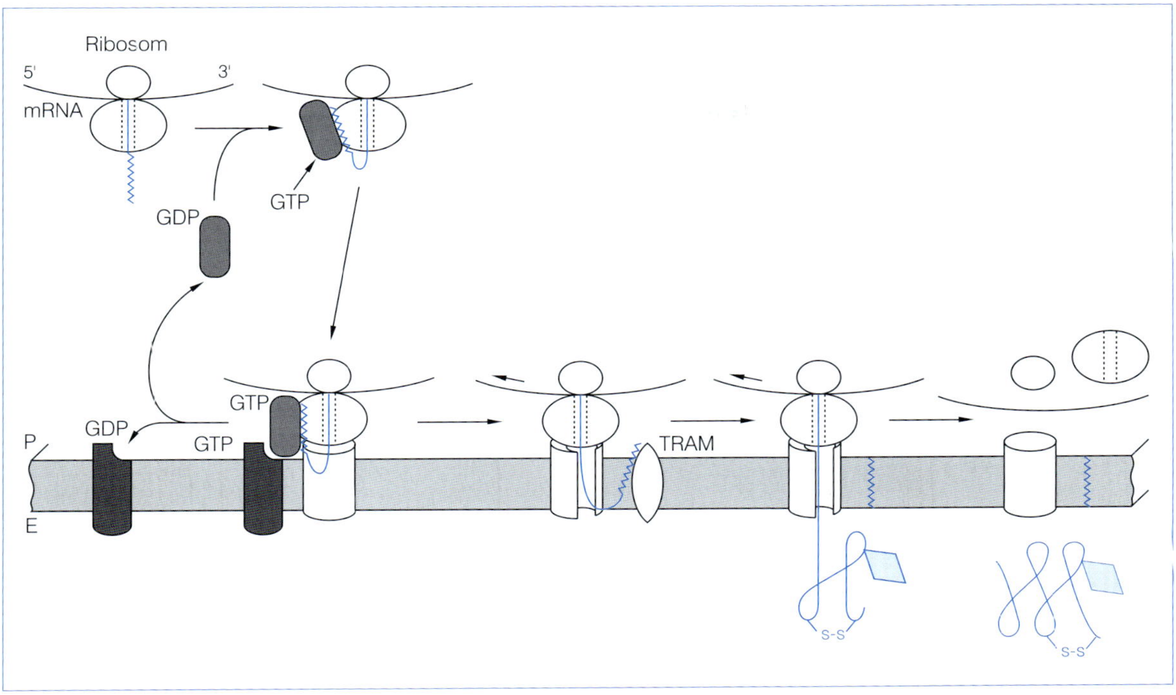

Abb. 8-24: Schematische Darstellung der Synthese eines Exportproteins am ER. Das entstehende Protein ist farbig dargestellt, die Signalsequenz besonders hervorgehoben. Im ER-Lumen beginnt bereits während der Synthese die Prozessierung (s. 8.2.3), hier eingezeichnet die Ausbildung einer Disulfidbindung und eine Glykosylierung (Raute).

gespaltenen Signalpeptide werden aus ihm seitlich in die Membran entlassen.

- Das **TRAM-Protein** (translocating chain associating membrane), ein integrales Membranglykoprotein, ist für die Translokation der meisten Proteine notwendig.
- **NAC** (nascent polypeptide associated complex), ein α,β-Dimer am Ribosom, verhindert eine unspezifische Bindung zwischen translatierendem Ribosom und ER.
- Die **Signal-Peptidase** stellt einen Komplex aus fünf Membranproteinen dar. Zwei Untereinheiten zeigen Homologien zur prokaryotischen Leader-Peptidase. Die Vermehrung der Untereinheiten wird als Erweiterung der Substratspezifitäten interpretiert. Die Signal-Peptidase hat ihr aktives Zentrum auf der Lumenseite des ER und tritt in Aktion, wenn die naszierende Polypeptidkette 150–200 AS lang ist.

Die Synthese von Export- und Membranproteinen beginnt sich von der löslicher Proteine zu unterscheiden, wenn die Signalsequenz aus dem Ribosomenkanal herausragt, die Polypeptidkette also 60–90 AS lang ist (Abb. 8-24). Das SRP kann dann gleichzeitig an die Signalsequenz und an das Ribosom binden. Dadurch wird die weitere Translation gestoppt, bis das SRP an seinen Rezeptor im ER assoziiert ist und dadurch die Bindung von GTP an SRP54 im Austausch gegen GDP stimuliert. Der Kontakt zwischen SRP und seinem Rezeptor vermittelt auch den zwischen Ribosom und Translocase. Durch die Hydrolyse von GTP im SRP und im Rezeptor dissoziieren beide ab, womit der sog. **SRP-Zyklus** vollendet ist. Der Kanal der Translocase öffnet sich nun zum ER-Lumen, und die Signalsequenz assoziiert an das integrale TRAM-Protein. Der Ribosomenkanal wird dadurch praktisch um den Translocasekanal verlängert, wobei das Ribosom selbst dem Translocasekanal fest aufsitzt und ihn zum Cytoplasma hin abdichtet. Durch die wieder einsetzende Translation wird die wachsende Polypeptidkette in Schleifenform in das ER-Lumen geschoben. Schließlich schneidet die Signal-Peptidase die Signalsequenz ab, und die Synthese des Proteins kann vollendet werden.

Proteine mit Signalsequenz werden als **Prä-Proteine** bezeichnet. Man kann sie in In-vitro-Ansätzen ohne SRP und ER erhalten. Exportproteine wie Peptidhormone und Exoenzyme werden häufig in der Zelle als inaktive Pro-Formen gespeichert und erst mit der Exocytose proteinolytisch aktiviert. In entsprechenden In-vi-

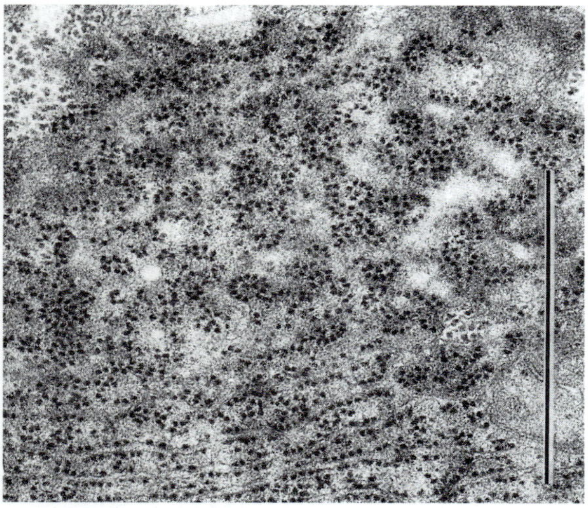

Abb. 8-25: Spiralig angeordnete Polysomen in einem Flächenschnitt durch rER. Im unteren Teil des Bilds sind rER-Zisternen auch quer getroffen. (EM-Aufnahme: H. Falk)

tro-Ansätzen entstehen dann Prä-Pro-Proteine, z. B. Prä-Pro-Insulin.

Im allg. wird eine mRNA gleichzeitig von mehreren Ribosomen abgelesen, es bildet sich ein Polysom. ER-gebundene Polysomen lassen sich in Flächenschnitten als auffällige Figurenbilder im EM leicht darstellen, da sie flächig orientiert sind (Abb. 8-25).

Die Synthese integraler **Membranproteine** nimmt im Prinzip den gleichen Verlauf wie die von Exportproteinen, bis eine sog. **Stop-Transfer-Sequenz**, d.h. eine hydrophobe Helix als membranintegraler Teil des Proteins, in den Kanal gelangt. Der noch zu synthetisierende Rest des Proteins verbleibt dann auf der P-Seite der Membran, und die hydrophobe Helix wird seitlich aus der Translocase in die Lipidphase entlassen. Damit wäre ein Typ-I Membranprotein entstanden. Bei Membranproteinen mit mehreren Membrandurchgängen induziert bei der weiteren Synthese eine **Start-Transfer-Sequenz**, ebenfalls eine hydrophobe Helix, eine erneute schleifenförmige Insertion der Kette in den Kanal der Translocase. Eine zweite Stop-Transfer-Sequenz beendet die Translokation, und die Synthese kann auf der cytoplasmatischen Seite fertiggestellt werden. In diesem Fall wäre ein Membranprotein mit drei Membrandurchgängen entstanden. Diese Bildungsweise macht deutlich, daß bei Membranproteinen häufig der N-Terminus auf der E- und der C-Terminus auf der P-Seite der Membran liegen und eine ungerade Zahl von Membrandurchgängen auftritt. Dieses Gedankenspiel läßt sich aber auch – mit entsprechender Variation – auf alle übrigen vorkommenden Anordnungen von Membranproteinen anwenden. Experimentell sind diese Möglichkeiten jedoch bisher wenig untersucht.

Export- und Membranproteine werden nach ihrer Synthese und den Prozessierungsschritten im ER (s. unten) in COP II-Vesikeln zur *cis*-Seite von Dictyosomen transportiert, durchlaufen die Dictyosomen und werden vom *trans*-Golgi-Reticulum aus ihrer Bestimmung entsprechend verteilt. Es besteht dabei die Gefahr, daß ER-typische Proteine mit in den Golgi-Apparat oder *cis*-typische in *trans*-Zisternen gelangen etc.. Da die zu transportierenden Proteine für den Transport per se kein Signal enthalten, müßten residente Proteine eigentlich Rückhalte- oder bei doch erfolgtem Transport Rückführsignale besitzen. Ein hierfür geeigneter retrograder Vesikelfluß existiert mit den COP I-Vesikeln. Residente Proteine im ER-Lumen tragen als topogenes Signal C-terminal eine **KDEL-Sequenz** (Lys-Asp-Glu-Leu), die von entsprechenden Rezeptoren erkannt wird. ER-residente Membranproteine besitzen in ihrem cytoplasmatischen Teil terminal, bei Typ-I-Membranproteinen dann C-terminal, topogene Sequenzen wie KKXX (Lys-Lys-X-X) oder XXRR (X-X-Arg-Arg) und ähnliche. Das Chaperon Calnexin ist C-terminal durch die Sequenz Arg-Lys-Pro-Arg-Arg-Glu markiert. Viele Proteine der Golgi-Zisternen wie die Zucker-Transferasen sind Typ-II-Membranproteine mit einer kurzen cytoplasmatischen N-terminalen Sequenz. Obwohl keine weiteren gemeinsamen Merkmale bisher bei diesen Proteinen festgestellt werden konnten, reichen diese Sequenzen zusammen mit der hydrophoben Helix für ein Zurückhalten im Golgi-Apparat aus.

8.2.3 Prozessierung der Proteine im ER und Golgi-Apparat

Im Lumen des ER sind verschiedene Chaperone lokalisiert, die naszierende Polypeptide vor vorzeitiger Faltung schützen und besonders Untereinheiten oligomerer Proteine von einem verfrühten Transport zum Golgi-Apparat zurückhalten. Das erste im ER-Lumen entdeckte Chaperon war das zur Hsp70-Familie gehörende **BiP** (binding protein), das an Ketten von Immunglobulinen in Plasmazellen assoziiert war. Weitere Chaperone sind Grp94 sowie Calnexin und Calreticulin, die für Glykoproteine zuständig sind (s. unten).

Direkt in das Prozessieren der entstehenden Proteine greifen die **Faltungskatalysatoren** ein. Protein-Disulfid-Isomerasen sorgen für die Ausbildung korrekter Disulfidbindung im nichtreduzierenden ER-Lumen, und Peptidyl-Prolyl-Isomerasen katalysieren die *cis/trans*-Isomerisierung der nicht frei drehbaren Peptidyl-Prolyl-Bindung in Proteinen (s. 4.2.2).

Im ER gibt es eine **Qualitätskontrolle** ähnlich wie im Cytoplasma, wo Chaperone mißgefaltete Polypeptidketten erkennen, die dann nach Ubiquitinylierung in Proteasomen abgebaut werden (s. 4.3). Daß der Abbau von nicht korrekt gefalteten Membran- und Exportproteinen aus dem ER in gleicher Weise in cytoplasmatischen Proteasomen stattfindet, wurde an dem Cl^--Kanal CFTR (s. 3.6.1) erstmals nachgewiesen. Die häufigste Mutation dieses Kanals als Ursache der Mucoviscidose ist die Deletion des Phenylalaninrests in Position 508 (ΔF508). Das mutierte Protein erscheint nicht in der Plasmamembran, sondern wird nach Synthese am ER sehr rasch in Proteasomen – d.h. beispielsweise hemmbar durch Lactamycin – abgebaut. Man nimmt an, daß der Weg solcher Proteine zurück in das Cytoplasma ebenfalls über den Sec61-Komplex, die Translocase, erfolgt.

Es gibt Signalwege vom ER zum Zellkern, wenn sich falsch gefaltete Proteine im ER anhäufen, eine Überladung durch Membranproteine droht oder bestimmte Pharmaka Einfluß nehmen. Es wird dadurch über Transkriptionsfaktoren die Expression von Chaperonen und anderen Proteinen erhöht. Bei der Hefe wurde ein Transkriptionsfaktor Hac1 identifiziert, der in solchen Situationen stimuliert wird. In Säugerzellen kann bei Überladung des ER der Transkriptionsfaktor NF-κB aktiviert werden, möglicherweise durch Ca^{2+}-Ausstrom aus dem ER selbst.

Die wichtigste Prozessierung der Proteine ist ihre Glykosylierung, die sich sukzessive über das ER und die proximalen, mittleren und distalen Golgi-Zisternen erstreckt. Phosphorylierungen über ATP und Sulfatierungen über 3′-Phosphoadenosin-5′-phosphosulfat (PAPS) finden ebenfalls im Golgi-Apparat statt. Obwohl alle Proteine, die den sekretorischen Weg passieren, dem gleichen Glykosylierungsapparat unterliegen, zeigen fast alle ihr spezifisches Glykosylierungsmuster. Die meisten Glykoproteine allerdings existieren als Gruppe von Glykosylierungsvarianten, d.h. als Gruppe gleicher Polypeptide mit in Zahl und Art etwas variierenden Oligosaccharidseitenketten.

Es werden drei Glykosylierungsarten von Proteinen unterschieden:

- Die **N-Glykosylierung** an Asparaginresten, die durch das Motiv -Asn-X-Ser/Thr- (X beliebige AS außer Pro) charakterisiert sind, beginnt cotranslational im ER und setzt sich im Golgi-Apparat fort. Ein Oligosaccharid der Form $Glc_3Man_9GlcNAc_2$ wird zunächst auf die NH_2-Gruppe des Asparaginrests übertragen und danach weiter modifiziert (Abb. 8-26). Man unterscheidet – je nach Modifikation des Synthesewegs – mannosereiche, lysosomale, hybride und komplexe Oligosaccharidseitenketten.
- Die **O-Glykosylierung** an einem Serin- oder Threoninrest beginnt posttranslational im ER oder erst im Golgi-Apparat mit der Bindung eines GalNAc-Rests an die OH-Gruppe der Aminosäure; die nachfolgenden Zucker werden ebenfalls einzeln angefügt (Abb. 8-27).
- Die Übertragung von Glykosylphosphatidylinositol, dem sog. **GPI-Anker**, auf den C-terminalen Aminosäurerest eines fertigen Proteins im ER dient dessen späteren Verankerung auf der E-Seite der Plasmamembran (s. 2.5.3). Solche Proteine tragen ein Signal von mehreren hydrophoben Aminosäureresten am C-Terminus, das durch den kompletten, bereits membranständigen GPI-Anker ersetzt wird, indem die nun C-terminale Carboxylgruppe des Proteins mit der NH_2-Gruppe des endständigen Ethanolaminphosphats im GPI-Anker verbunden wird.

Die Synthese der N-glykosidischen Oligosaccharidseitenketten ist außerordentlich komplex und beginnt auf der P-Seite des ER mit der Bildung eines Dolicholdiphosphat-$Man_5GluNAc_2$; Dolichol ist ein sehr lipophiles Polyprenol in der ER-Membran. Dieses Heptasaccharid wird durch „Umklappen“ des Dolicholmoleküls innerhalb eines nicht näher charakterisierten Proteinkomplexes auf die E-Seite transferiert und dort verlängert. Dazu werden die Zuckerreste nun einzeln und an Dolicholphosphat gebunden in ähnlicher Weise aus dem Cytoplasma in das Lumen gebracht und dort durch entsprechende Transferasen an die wachsende Kette angehängt. Auf der Stufe von Dolicholdiphosphat-Glc_3Man_9-$GluNAc_2$ geschieht die Übertragung auf einen Asparaginrest im Protein durch die Oligosaccharid-Transferase, die zusammen mit Ribophorin I und II einem membranständigen Komplex angehört. Wie der Name andeutet, wurden den Ribophorinen früher andere Aufgaben zuerkannt.

Es folgt nun eine Abspaltung der Glucosereste durch die Glucosidasen I und II. Die Glucosidase II spielt eine wichtige Doppelrolle. Sie ermöglicht bei nur noch einem vorhandenen Glucoserest die spezifische Bindung der Chaperone Calnexin und Calreticulin an das Protein und bewirkt durch Abspalten dieses letzten Glucose-

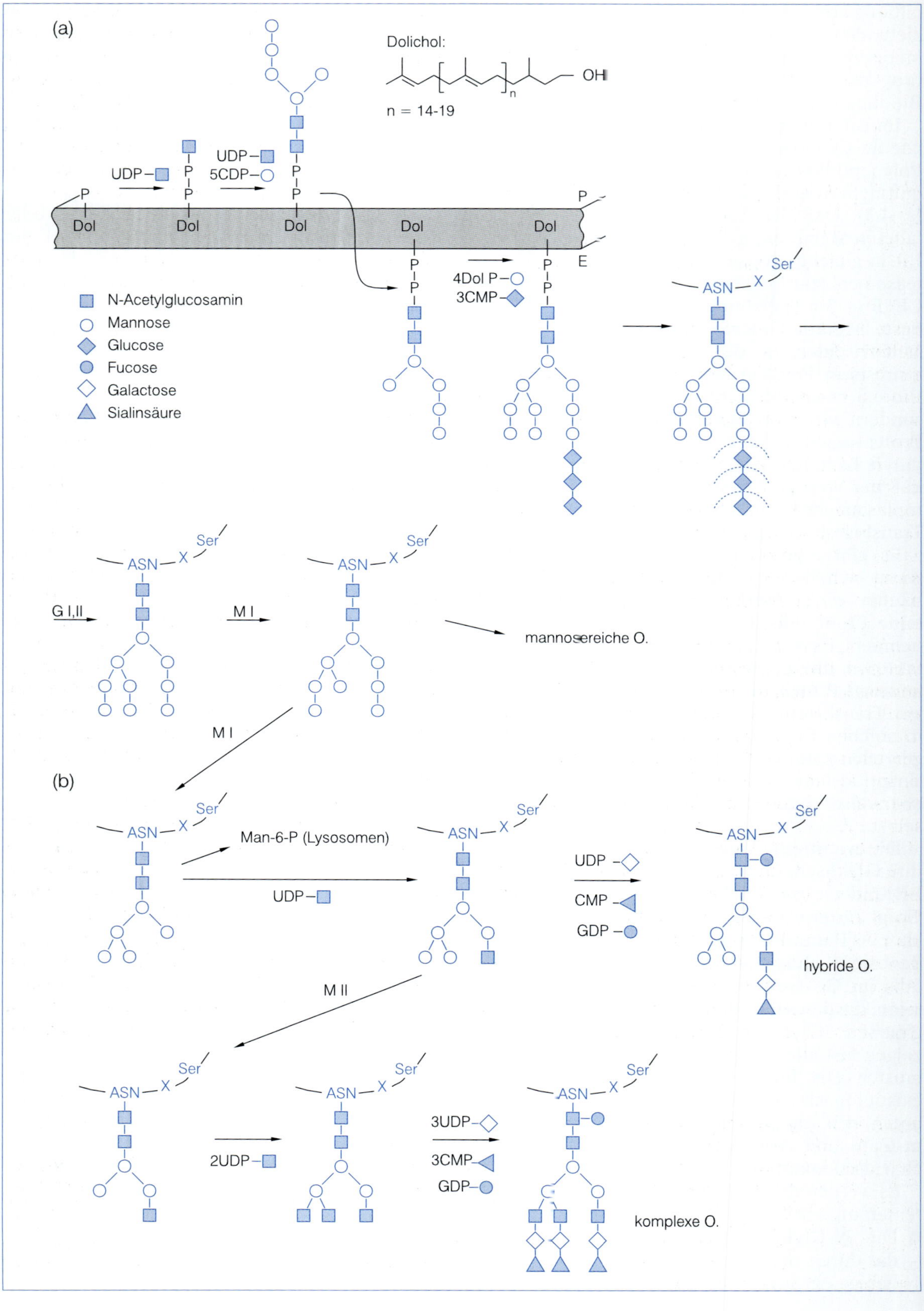
(a)
Dolichol:
OH
n = 14-19
UDP–
UDP–
5CDP–
P
P
P
Dol
Dol
Dol
Dol
Dol
P
E
4Dol P–
3CMP–
N-Acetylglucosamin
Mannose
Glucose
Fucose
Galactose
Sialinsäure
ASN
X
Ser
G I,II
M I
mannosereiche O.
M I
(b)
Man-6-P (Lysosomen)
UDP–
UDP –
CMP –
GDP –
hybride O.
M II
2UDP–
3UDP–
3CMP–
GDP–
komplexe O.

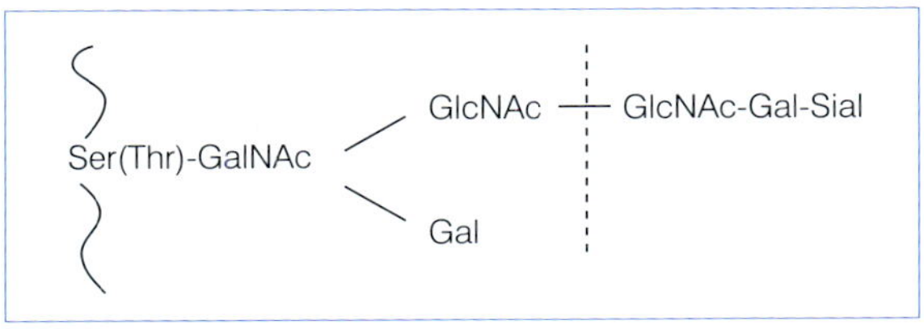

Abb. 8-27: O-glykosidische Oligosaccharidseitenketten von Export- und Membranproteinen. Die Grundstruktur an einem Ser/Thr-Rest ist durch eine unterbrochene Linie abgegrenzt. Insgesamt gibt es acht ähnliche Grundstrukturen, an die noch zusätzlich N-Acetylglucosamin-, Galactose-, Fucose- und Sialinsäurereste angefügt sein können.

rests die Dissoziation von Protein und Faltungshelfern. Ist dann die native Form des Proteins noch nicht erreicht, kann ein Glucoserest durch eine Glucosyltransferase auch erneut angefügt werden und ein weiterer Chaperonzyklus ablaufen.

Die Mannosidase I spaltet in der Folge erst einen und dann zwei bis drei weitere Mannosereste im ER und/oder Golgi-Apparat ab. Zu diesem Zeitpunkt werden die Glykoproteine also in COP II-Vesikeln zur *cis*-Seite eines Dictyosoms transportiert. Auf dieser Stufe finden sich auch zwei Verzweigungen des Wegs. Einmal können die Oligosaccharidseitenketten mannosereich bleiben und unterliegen dann nicht der weiteren Prozessierung. Zweitens werden die lysosomalen Proteine hier mit ihren topogenen Signalen, Mannose-6-phosphat-Resten, versehen. Dazu überträgt die N-Acetylglucosamin-Phosphotransferase N-Acetylglucosaminphosphat auf einen Mannoserest in Phosphodiesterbindung, woraufhin N-Acetylglucosamin wieder abgespalten wird. Der Ausfall dieser Phosphotransferase führt zur Mucolipidose II (s. 8.1.4).

Im Golgi-Apparat ist Dolicholphosphat nicht enthalten. Die Zucker werden in aktivierter Form als Nucleotide, ebenso wie ATP und PAPS, durch spezifische Translokatoren im Antiport gegen die Nucleosiddi- bzw. monophosphate (nach Abspaltung eines Phosphats) in die Golgi-Zisternen transportiert und durch entsprechende Transferasen an die Ketten angefügt.

Der nächste Schritt ist die Bindung von N-Acetylglucosamin an die Pentamannoseform. Auch auf dieser Stufe kann eine Verzweigung stattfinden. Bleiben die fünf Mannosereste erhalten, wird nur der Arm mit N-Acetylglucosamin verlängert; es entstehen die sog. hybriden Oligosaccharidketten. Werden jedoch zwei weitere Mannosereste durch die Mannosidase II entfernt, entstehen durch Anknüpfen weiterer N-Acetylglucosaminreste und anschließend von Galactose-, Sialinsäure- und auch Fucoseresten die sog. komplexen Oligosaccharidketten. Diese können bis zu sechs Arme mit endständigen Sialinsäuren besitzen.

8.2.4 Exocytose

Proteine, die für den Export bestimmt sind, werden auf der *trans*-Seite der Dictyosomen in Exocytosevesikel verpackt abgegeben und entlang von Cytoskelettbahnen zur Plasmamembran dirigiert. Lösliche Exportproteine tragen kein besonderes topogenes Signal. Für die Sortierung sind offenbar kurze Motive mit einem kritischen Tyrosinrest in den plasmatischen Bereichen von Membranproteinen der Vesikel verantwortlich. Dieses Sortieren wird besonders wichtig in polar organisierten Zellen wie in Leberzellen oder in Epi- und Endothelzellen mit ihren apikalen und basolateralen Bereichen. Solche Zellen besitzen in diesen Bereichen nicht nur eine unterschiedliche Ausstattung mit Membranproteinen, sondern exocytieren auch unterschiedliches Exportgut.

Es werden zwei Arten von Exocytose unterschieden: die kontinuierliche Exocytose, über die ständig Membranmaterial in die Plasmamembran und bestimmte Sekretproteine nach außen transportiert werden, und die regulierte Exocytose, die erst auf bestimmte Signale hin erfolgt. Die regulierte Exocytose betrifft beispielsweise die Verdauungsenzyme in den Zellen des exokrinen Pankreas und viele Hormone. Für Insulin in den β-Zellen des endokrinen Pankreas ist die Erhöhung des Blutzuckerspiegels das Signal zur

Abb. 8-26: N-glykosidische Oligosaccharidseitenketten von Export- und Membranproteinen. (**a**) Syntheseschritte an der ER-Membran und im ER-Lumen. (**b**) Syntheseschritte in den Golgi-Zisternen fortschreitend von *cis* nach *trans*.
Die Verzweigungen zu den mannosereichen, lysosomalen, hybriden und komplexen Ketten sind angezeigt. Die lysosomalen Ketten mit Mannose-6-Phosphat-Resten können ebenfalls weiter prozessiert werden (nicht gezeigt). Der erste Schritt der Sequenz, der Transfer von N-Acetylglucosaminphosphat auf Dolicholphosphat, wird durch das Antibiotikum Tunicamycin aus *Streptomyces lysosuperificus* gehemmt. Die Glucosidase I (GI) wird durch das Alkaloid Castanospermin aus *Castanospermum australe* inhibiert, die Glucosidase II (GII) durch das Antibiotikum Deoxynojirimycin aus *Bacillus*-Arten, die Mannosidase I (MI) durch das synthetische Deoxymannojirimycin und die Mannosidase II (MII) durch das Alkaloid Swainsonin aus verschiedenen Leguminosen. Durch Einsatz solcher Inhibitoren und Analyse der sich anreichernden Zwischenprodukte konnte dieser komplizierte Syntheseweg aufgeklärt werden.

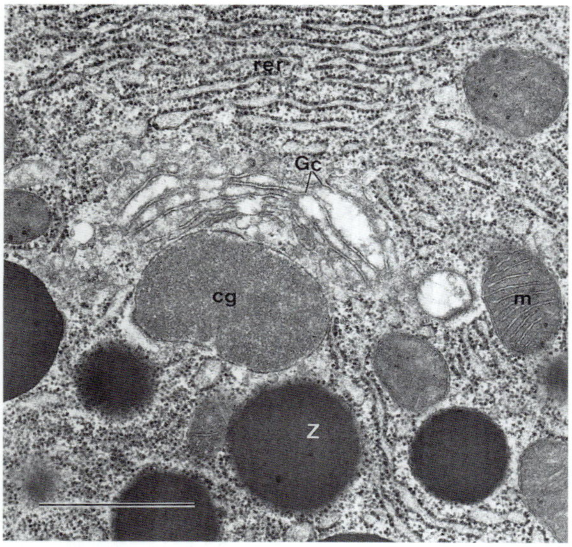

Abb. 8-28: Golgi-Region in einer Zelle des exokrinen Pankreas mit rER (rer), Golgi-Zisternen (Gc) und Golgi-Vesikeln, kondensierenden Vesikeln oder Vakuolen (cg), Sekretionsvesikeln oder Zymogengranula (Z) und Mitochondrien (m). (EM-Aufnahme: L. Orci)

Ausschüttung. Die Proteine werden in Exocytosevesikeln, die durch Verschmelzen von Golgi-Vesikeln auch relativ groß werden können, konzentriert und bis zum Abruf gespeichert (Abb. 8-28 und 8-29). Viele Exportproteine werden als Pro-Formen, Pro-Enzyme und Pro-Hormone, gebildet, die keine biologische Aktivität besitzen. Auf dem Weg vom Golgi-Apparat zur Plasma-

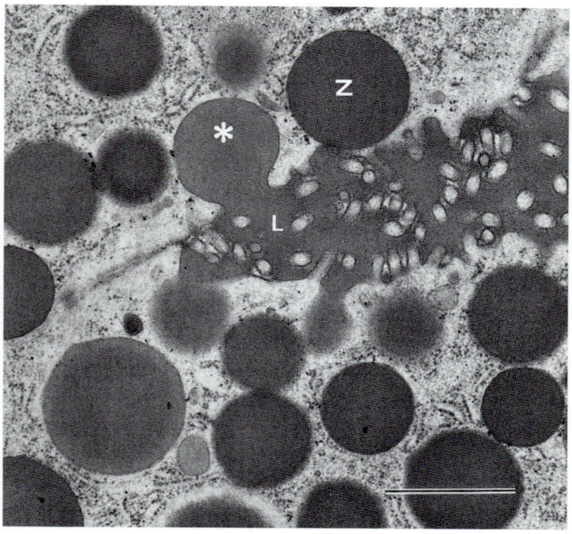

Abb. 8-29: Apikalregion einer Zelle des exokrinen Pankreas. Zahlreiche Sekretionsvesikel oder Zymogengranula (Z) liegen in diesem Bereich. Das mit dem Sternchen markierte Vesikel schüttet seinen Inhalt gerade in das Drüsenlumen (L) aus. (EM-Aufnahme: L. Orci)

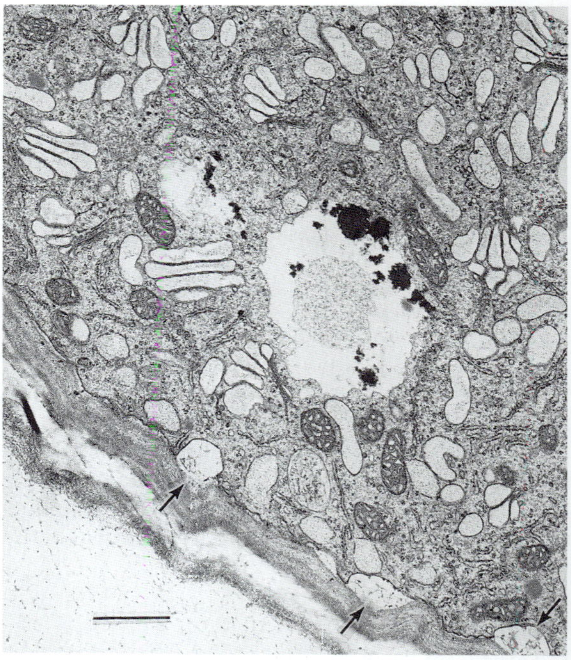

Abb. 8-30: Teil einer Wurzelhaubenzelle eines Mais-Keimlings. Zahlreiche Dictyosomen sind zu erkennen. Die *trans*-Zisternen verlassen die Dictyosomenstapel und gelangen in unmittelbare Nachbarschaft zur Plasmamembran (Pfeile). (EM-Aufnahme: J. D. Morré)

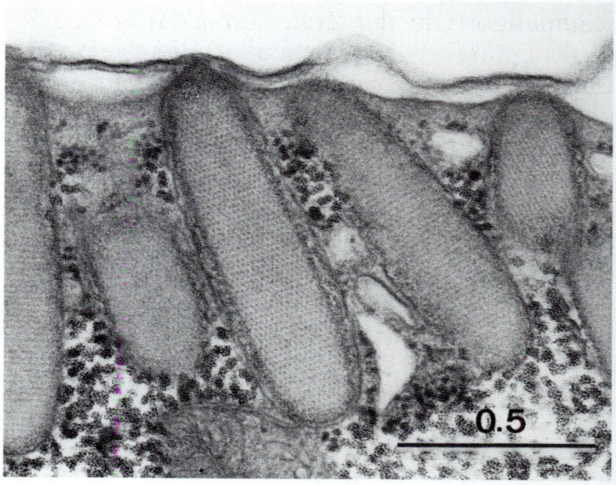

Abb. 8-31: Mucocysten in dem Ciliaten *Tetrahymena*. Die Membranen der Mucocystenvesikel berühren fast die Plasmamembran und können auf einen Reiz hin mit ihr fusionieren, wodurch der Inhalt nach außen abgegeben wird. Die Funktion von extrusiven Organellen wie Mucocysten ist meist unbekannt, obwohl sie oft in großer Zahl in den Zellen vorkommen. Unterhalb der Plasmamembran sind flache Vakuolen, sog. Alveolen, zu erkennen; sie sind typisch für Alveolata (Ciliaten, Dinoflagellaten und Apicomplexa) und bilden zusammen mit der Plasmamembran die Pellicula dieser Zellen. (EM-Aufnahme: K. Hausmann)

membran werden die Pro-Anteile durch Endoproteinasen abgespalten und die Proteine damit aktiviert. Furin ist solch eine Endoproteinase.

Bei stark exocytierenden Zellen – ähnlich wie bei stark endocytierenden – kann der Umsatz der Plasmamembran durch Fusion mit Exportvesikeln und Membranrezyklisierung erheblich sein. In 1 bis 2 h kann sie praktisch ersetzt sein.

Bei Pflanzenzellen ist eine Proteinsekretion vergleichsweise selten. Die wenigen Proteine der Zellwand und Verdauungsenzyme in manchen Speicherorganen sind Beispiele. Massiv exocytiert wird jedoch Polysaccharid – mit Ausnahme von Cellulose – als Zellwandmaterial. In den Zellen der Wurzelhaubenspitze beispielsweise (Abb. 8-30) findet man daher auch kaum rER, dafür aber zahlreiche Dictyosomen, die für die Synthese von Oligo- und Polysacchariden zuständig sind, und zahlreiche Exocytosevesikel. Extrazelluläre Anhängsel von Geißeln, sog. Mastigoneme (s. 4.5.3), einzelliger Algen oder extrusive Organelle von Protisten wie Mucocysten (Abb. 8-31) oder Spindeltrichocysten nehmen ebenfalls den Exocytoseweg.

8.2.5 Topogene Signale

Topogene Signale sind bestimmte Sequenzen/Motive/Strukturen in Proteinen, die deren Bestimmungsort in der Zelle festlegen. Solche Signale ermöglichen das richtige Adressieren der Proteine am ihrem Entstehungsort an freien oder membrangebundenen Ribosomen in Richtung Bestimmungsort, häufig auch das Zurückhalten am Bestimmungsort, wenn er wie z.B. die Golgi-Zisternen einem dynamischen Durchsatz unterworfen ist. Die Komplexität des Eucyten erfordert offensichtlich eine Vielzahl solcher Signale, die sicherlich erst zum Teil erkannt worden sind. Topogene Signale sind manchmal einfach und gut zu fassen wie die KDEL-Sequenz (Lys-Asp-Glu-Leu) als Rückhaltesequenz für lösliche Proteine im ER, manchmal aber auch nur schwer zu definieren. Dies ist besonders dann der Fall, wenn das Umfeld einer bestimmten Sequenz oder Konformationen beteiligt sind. Für die Zelle sind die Signale offenbar aber immer eindeutig. Signale erfordern stets auch erkennende Strukturen, die entsprechenden Rezeptoren, die oft weniger gut bekannt sind. Topogene Signale spielen in vielen Kapiteln dieses Buchs eine wichtige Rolle; eine Zusammenstellung der bereits besser bekannten gibt Tab. 8-2.

8.3 Exocytose kleiner Moleküle

Es gibt auch eine Exocytose von kleinen Molekülen, die nicht im ER oder Golgi-Apparat synthetisiert werden, sondern aus dem Cytoplasma stammen. Sie werden über einen Translokator in Vesikeln angereichert und auf stimulierende Signale hin exocytiert. Es handelt sich also auch hier um eine regulierte Exocytose. Auf diese Weise werden z.B. Neurotransmitter wie Acetylcholin von Nervenzellen, kleine Hormone wie Adrenalin von den Zellen des Nebennieren-

Tab. 8-2: Topogene Signale für Transport und Kompartimentierung von Proteinen.

Signal	Bedeutung
Signalsequenz	25–30 AS lang, mit positiver N-, hydrophober H- und unspez. C-Region; wird abgespalten. N-terminal an naszierenden Membran- und Exportproteinen zum Transfer in das ER.
KDEL-Sequenz	Lys-Asp-Glu-Leu. Rückhaltesignal für Proteine im ER.
KKXX-, XXRR-Sequenz	Lys-Lys-X-X oder X-X-Arg-Arg; C-terminal auf P-Seite. Rückhaltesignal für Membranproteine im ER.
NPXY-, YXXZ-Sequenz	Asn-Pro-X-Tyr oder Tyr-X-X-Z (Z, hydrophobe AS) u. ä. Für verschiedene Bestimmungsorte im Endo- und Exocytoseweg.
Tyr- und Di-Leu-Motive	Assoziation von Membranproteinen an Coated Pits.
Mannose-6-P-Reste	Signal für Transport löslicher Proteine vom Golgi-Apparat in Lysosomen.
GYXXZ-Sequenz	Gly-Tyr-X-X-Z (Z, hydrophobe AS). Für Transport von Membranproteinen vom Golgi-Apparat über die Plasmamembran in Lysosomen.
PTS1 (SKL)	Ser-Lys-Leu u. ä.; C-terminal. Peroxisomale Targetingsequenz 1.
PTS2	Leu-5X-His/Gln-Leu u. ä.; im N-terminalen Bereich. Peroxisomale Targetingsequenz 2.
NLS	Ein oder mehrere Cluster basischer AS. Nuclear location signal; für Transport in den Zellkern.
M9-Domäne	Für Shuttle-Proteine zwischen Cytoplasma und Zellkern.
NES	Leu-reiche Sequenzen. Nuclear export signal.
NRS	Wenig definiertes Signal. Nuclear retention sequence, für kernlokalisierte Proteine von hnRNPs.
Präsequenz	15–30 AS N-terminal mit positiv geladenen und hydrophoben AS, die eine positiv geladene amphipathische Helix bilden; die Sequenz kann auch intern liegen. Für Transport in Mitochondrien. N-terminal meist abgespalten.
Transitsequenz	30–75 AS N-terminal mit positiv geladenen und hydroxylierten AS; mit vermutlich charakteristischer Sekundärstruktur. Für Transport in Plastiden. Wird nach Import abgespalten.

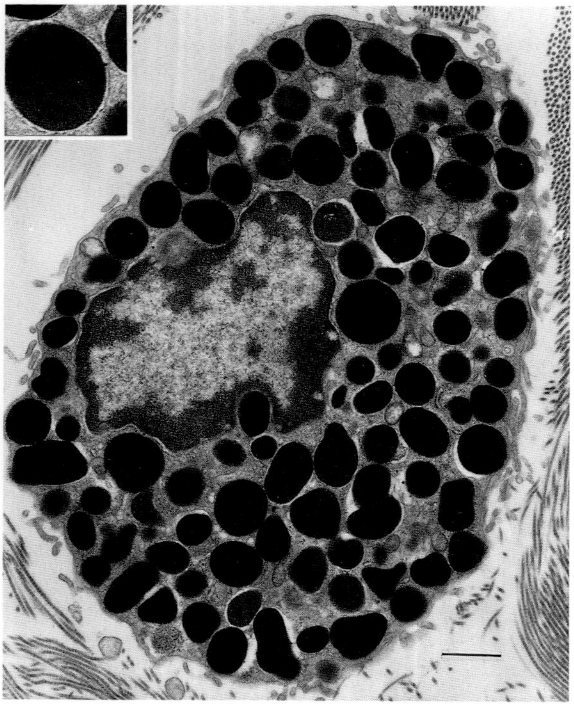

Abb. 8-32: Mastzelle aus dem Bindegewebe der Maus. Sie enthält eine große Zahl von Exocytosevesikeln (Granula), in denen Histamin und andere Entzündungsmediatoren angereichert sind. Im Einsatzbild ist die Vesikelmembran zu erkennen. Um die Zelle herum liegen Kollagenfibrillen. (EM-Aufnahme: H. Falkl)

marks oder Histamin und andere Entzündungsmediatoren von Mastzellen und basophilen Granulocyten in den extrazellulären Raum abgegeben. Bezeichnenderweise enthalten solche Zellen kein ausgeprägtes Endomembransystem, jedoch eine große Zahl von Exocytosevesikeln (Abb. 8-32). Die Vesikel werden wegen ihres kompakten Aussehens auch als Granula bezeichnet, z.B. als chromaffine Granula in den Zellen des Nebennierenmarks.

Das Transportsystem besteht aus zwei Translokatoren, die in der Membran der Vesikel enthalten sind. Eine V-Typ ATPase (s. 8.1.4) transportiert unter ATP-Verbrauch Protonen aus dem Cytoplasma in die Vesikel, die im Inneren einen pH-Wert von ca. 5,5 aufweisen. Der Protonengradient wird von einem zweiten Translokator ausgenützt, um über einen Antiport z.B. Adrenalin in den Vesikeln anzureichern. In den chromaffinen Granula beträgt der Anreicherungsfaktor für Adrenalin ca. 10^4 bei einer Konzentration von ca. 600 mmol $\cdot$ l^{-1}. Diese Translokatoren werden durch das *Rauwolfia*-Alkaloid Reserpin kompetitiv gehemmt.

Der Exocytosemechanismus ist besonders gut bei der Ausschüttung von Neurotransmittern an der präsynaptischen Membran untersucht worden (s. 15.1.4). Sie erfolgt nach dem SNARE-Mechanismus (s. 8.1.3). Die Vesikelmembran mit ihren Komponenten wird nach Exocytose rezyklisiert.

Auch Wasser kann von manchen Zellen aus Vesikeln aktiv ausgeschieden werden. Die meisten wandlosen Einzeller, die im Süßwasser leben, besitzen eine **kontraktile Vakuole** (pulsierende Vakuole). Sie dient der Osmoregulation, d.h. sie transportiert osmotisch in die Zelle eingedrungenes Wasser wieder hinaus, indem sie langsam aus dem Cytoplasma mit Wasser gefüllt wird und dieses in periodischen Intervallen durch kurzfristige Fusion mit der Plasmamembran nach außen entläßt – ein Vorgang, der im Lichtmikroskop gut zu beobachten ist. Kontraktile Vakuolen können sehr kompliziert gebaut sein (Abb. 8-33) mit Ampullen, Radialkanälen und erst im EM erschließbaren weiteren Vesikeln und strukturgebenden Mikrotubuli. Der dynamische Vorgang ist auf molekularem Niveau wenig erforscht. Eine energieverbrauchende Kompo-

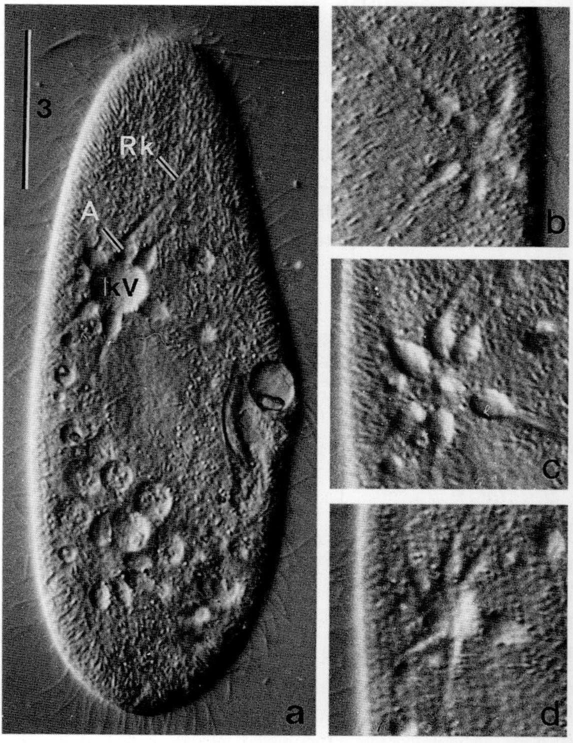

Abb. 8-33: Kontraktile Vakuole des Ciliaten *Paramecium*. (**a**) Zelle mit kontraktiler Vakuole (kV), Ampullen (A) und zuführenden Radialkanälen (Rk). (**b** – **d**) Phasen des Füllens der Vakuole. (Interferenzkontrast-Aufnahmen: K. Hausmann, R. D. Allen [1977] Cytobiol. 15, 303; mit Genehmigung)

nente dürfte das Actomyosinsystem sein, das durch Kontraktions-Relaxationszyklen Druckveränderungen schafft und dadurch das Füllen und Leeren der Vakuole kontrolliert.

Es liegt nahe, die kontraktile Vakuole als abgewandelte Form eines Dictyosoms anzusehen.

8.4 Endocytose

Die Endocytose ist eine frühe Errungenschaft der Eucyten, bei Protocyten ist sie nicht anzutreffen. In der Evolution der Eucyten war sie Voraussetzung für die Aufnahme von Protocyten als Endosymbionten und ihre Umwandlung in Mitochondrien und Plastiden. Die Begriffe Phagocytose, die Aufnahme von partikulärem Material, und Pinocytose, die Aufnahme von gelöstem Material, stammen aus älteren lichtmikroskopischen Arbeiten.

Extrazelluläres Material wird durch Einstülpungen der Plasmamembran und Abschnürung sog. Endocytosevesikel in die Zelle aufgenommen. Das Material gelangt durch Fusion dieser Vesikel mit solchen des endosomal/lysosomalen Kompartiments in sekundäre Lysosomen gemäß Abb. 8-19, in denen sein Abbau erfolgt.

Der Membranumsatz bei stark endocytierenden Zellen kann – wie bei exocytierenden – erheblich sein. Makrophagen sind in der Lage, etwa 125 Vesikel à 0,2 µm Durchmesser pro Minute aufzunehmen. Hochgerechnet ergibt das einen Umsatz der gesamten Plasmamembran alle 30 Minuten. Für Amöben wurden ähnlich hohe Werte ermittelt. Dies bedeutet, daß auch die Rezyklisierung zur Plasmamembran hin in gleicher Größenordnung liegt.

8.4.1 Einfache Endocytose

Ursprünglich diente die Endocytose wahrscheinlich nur einer unspezifischen Nahrungsaufnahme. Diese einfache Endocytose ist vor allem bei Protozoen wie Amöben und Ciliaten verbreitet. Die Endocytosevesikel werden hier als **Nahrungsvakuolen** (Abb. 8-34) bezeichnet. Die Aufnahme von Material kann überall an der Zelloberfläche geschehen wie bei Amöben oder nur einem bestimmten Bereich, dem Cytostom, wie bei Ciliaten (Abb. 8-35). Vakuolen mit unverdaulichen Resten, sog. Residualkörper, können durch Exocytose eliminiert werden.

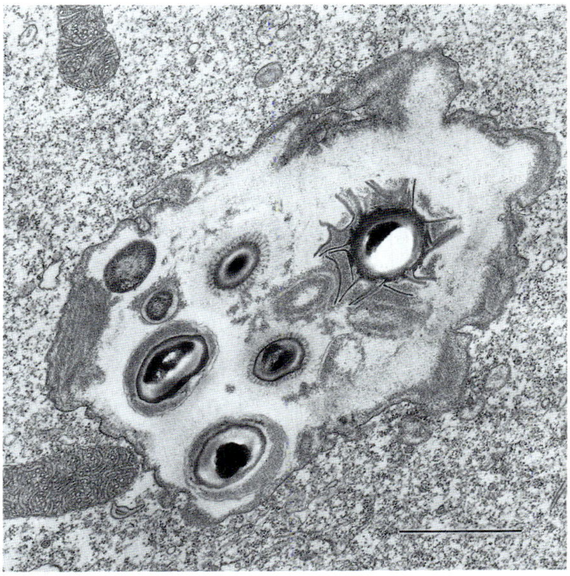

Abb. 8-34: Nahrungsvakuole von *Paramecium* mit endocytierten Bakterien. Auf dem Bild sind außerdem zwei Mitochondrien mit tubulären Cristae zu sehen. (EM-Aufnahme: K. Hausmann)

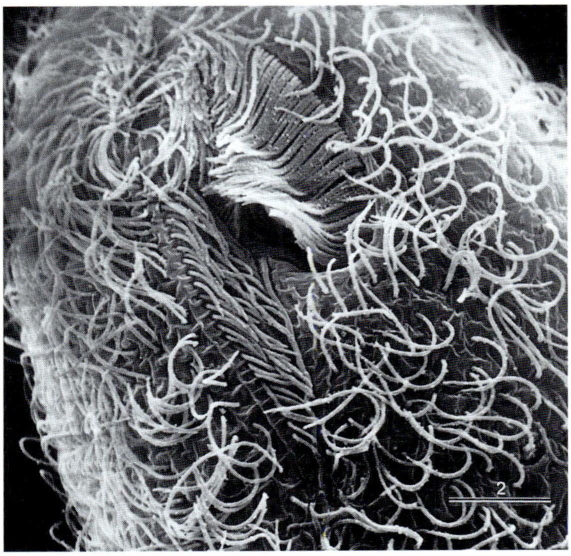

Abb. 8-35: Cytostom des Ciliaten *Frontonia acuminata*. Der Cytostombereich ist durch regelmäßig angeordnete Cilien und weitere Strukturen zu erkennen. Zur intrazellulären Architektur eines Cytostoms s. auch Abb. 4-29. (Raster-EM-Aufnahme: K. Hausmann)

Auch völlig „unverdauliche" Dinge wie Latexpartikel werden aufgenommen. Ein findiger Wissenschaftler ließ den Abwasserciliaten *Tetrahymena* Eisenfeilspäne endocytieren, um mitotische Zellen von Interphasezellen zu trennen. Mitotische Zellen setzen die Endocytose aus. Durch ein angelegtes Magnetfeld konnten auf diese Weise in einer *Tetrahymena*-Kultur mitotische von nichtmitotischen Zellen getrennt werden.

8.4.2 Rezeptorvermittelte Endocytose

Bei den Zellen höherer Organismen im Tierreich hat sich die Bedeutung der Endocytose gewandelt. Sie wird nicht mehr zur unspezifischen Nahrungsaufnahme eingesetzt, sondern hat vielfältige andere Aufgaben, die auch zellspezifisch wahrgenommen werden:

- Eliminierung von körpereigenen Zellen, Zellbruchstücken und extrazellulären Makromolekülen, die im Zuge eines allgemeinen Turnovers oder nach Beschädigung abgebaut werden sollen.
- Aufnahme von ganz bestimmten Substanzen zur Weiterverarbeitung oder zur Deponie.
- Eliminierung von körperfremden Zellen, d.h. Parasiten im weitesten Sinn, und Molekülen als zellulärer Abwehrmechanismus (Abb. 8-36).
- Aufnahme von Mikroorganismen und Makromolekülen durch endocytierende Immunzellen zur Antigenpräsentation und damit zur Induktion der humoralen Immunantwort.
- Vesikulärer Transport von Makromolekülen durch Epi- und Endothelzellen, der auch als Transcytose oder Cytopempsis bezeichnet wird.

Diese Aufgaben erfordern ein spezifisches Erkennen des zu endocytierenden Materials. Das Erkennen erfolgt durch entsprechende Rezeptoren in der Plasmamembran der jeweiligen Zellen. Deshalb werden diese Endocytoseformen als rezeptorvermittelt bezeichnet (Beispiele werden etwas später vorgestellt). Mit der Endocytose wird offenbar gleichzeitig ein Signalweg über Src-Kinasen induziert. Die Bereiche der Plasmamembran, in denen Endocytose erfolgt, tragen auf der P-Seite einen Clathrin-Coat und werden **Coated Pits** genannt. Coated Pits wurden erstmals 1964 von T. F. Roth und K. R. Porter an Oocyten von Insekten beobachtet, wo diese Strukturen – so postulierten die Autoren – an der Aufnahme von Dotterproteinen in die Zellen beteiligt sein sollten. In den Coated Pits befinden sich die Endocytose-Rezeptoren oder sammeln sich dort nach Beladung mit Liganden; diese besitzen hierfür Tyr- oder Di-Leu-Motive, die von Untereinheiten des **Adaptors AP-2** erkannt werden, der auch die Bindung des Coats an die Membran vermittelt. Coated Pits stellen funktionelle Bereiche der Plasmamembran dar. Fibroblasten können 1000–2000 Coated Pits aufweisen, die zusammen 1–2 % der Plasmamembranfläche ausmachen. Coated Pits mit beladenen Rezeptoren stülpen sich zur P-Seite hin ein (Abb. 8-37) und schnüren sich als **Coated Vesikel** ab (s. 8.1.3). Nach Endocytose wird der Coat von den Vesikeln abgelöst und zur Plasmamembran rezyklisiert. Nach Fusion mit Endosomen wird im nun sauren Milieu im allg. die Bindung zwischen Rezeptor und Ligand gelöst, und die Rezeptoren gelangen vesikulär zur Plasmamembran zurück. Quantitative Daten hierzu gibt es für den LDL-Rezeptor (Rezeptor für Low-Density-Lipoprotein, s. unten). Ein Zyklus, vom Binden des Liganden bis zum erneuten Zurverfügungstehen in der Plasmamembran, dauert etwa 10–20 min; die Lebensdauer des Rezeptors beträgt 20–30 h; er absolviert demnach etwa 100 Zyklen.

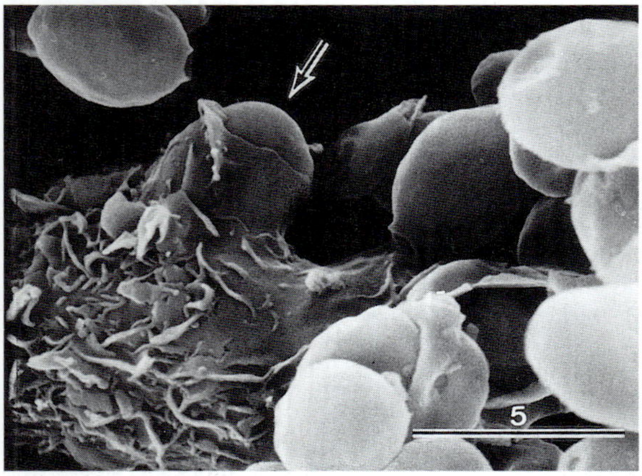

Abb. 8-36: Makrophage, erkennbar an den Fältchen (ruffles) seiner Oberfläche (links), der ein Zymosan-Partikel (abgetötete Hefezelle) endocytiert (Pfeil). Rechts liegen weitere Zymosan-Partikel. (Raster-EM-Aufnahme: V. Speth)

LDL-Rezeptor

Der Rezeptor für LDL (low density lipoprotein) ist in der Plasmamembran vieler Zellen zu finden und für die zelluläre Cholesterol-Homöostase mitverantwortlich. Er wurde insbesondere von M. S. Brown und J. L. Goldstein eingehend untersucht. Der Rezeptor ist ein Typ-I-Membranglykoprotein mit einem sehr großen extrazellulären Teil (Abb. 8-38). Bis zu 10^6 Rezeptoren können in der Plasmamembran einer Zelle enthalten sein.

LDL ist ein Partikel von ca. 22 nm Durchmesser, an dessen Oberfläche eine monomolekulare Schicht von Phospholipiden und Cholesterol sowie ein Molekül Apolipoprotein B liegt. Das Innere besteht aus Cholesterolestern. LDL ist ein Abkömmling des VLDL (very low density lipoprotein), das in Leberzellen synthetisiert und in das Blut exocytiert wird. Dort entsteht durch Umbau über Zwischenstufen LDL.

Der Rezeptor bindet LDL am Apolipoprotein.

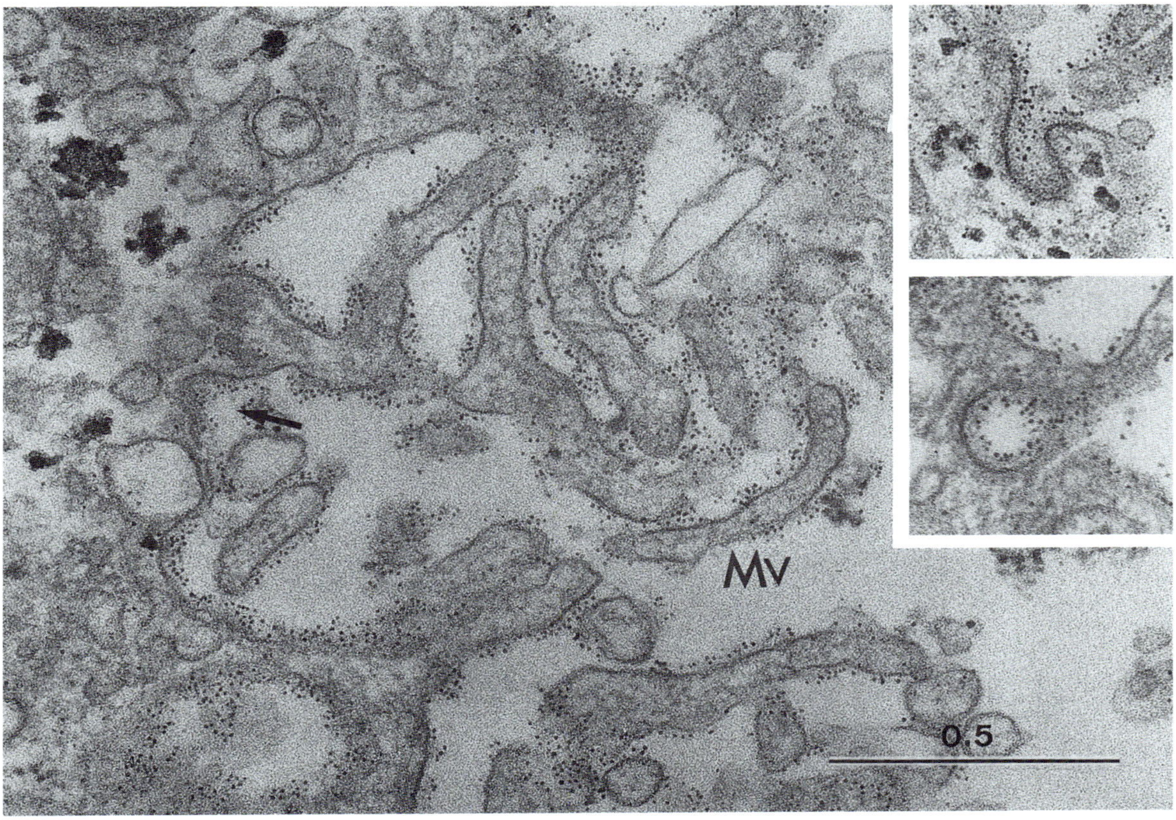

Abb. 8-37: Coated Pits mit Asialoglykoprotein-Rezeptoren in der Plasmamembran eines Ratten-Hepatocyten. Dieser Rezeptor dient der Eliminierung von extrazellulären Glykoproteinen, die endständige Sialinsäurereste verloren haben. Die Rezeptoren wurden mit Hilfe von Ferritin-gekoppelten Antikörpern dargestellt. Gezeigt ist ein Abschnitt des sinusoidalen Teils der Plasmamembran mit ihren zahlreichen Mikrovilli (Mv). Die Membran ist mit elektronendichten Ferritinpartikeln dicht besetzt, besonders in den Coated Pits (Pfeil und Einsatzbilder). (EM-Aufnahme: S. Matsuura et al. [1982] J. Cell Biol. 95, 864; mit Genehmigung)

Nach Endocytose rezyklisiert er aus dem frühen Endosom. Durch LDL-Endocytose wird in der Zelle über den oben genannten Signalweg die Hydroxymethylglutaryl-CoA-Reductase, ein reguliertes Enzym innerhalb des Cholesterol-Biosynthesewegs, gehemmt sowie die Neusynthese des Rezeptors ausgesetzt. Dadurch kommt es zur Drosselung der zelleigenen Cholesterolsynthese und der Aufnahme aus dem Blut. Die Cholesterolester werden in den sekundären Lysosomen gespalten, und das Cholesterol wird von der Zelle verwendet oder, wieder als Ester, in Oleosomen gespeichert.

Der LDL-Rezeptor steht in direkter Beziehung zu einer Erbkrankheit des Menschen, der **familiären Hypercholesterolämie**. Bei Betroffenen ist der Cholesterolspiegel aufgrund von Mutationen des Rezeptors im Blut erhöht, und es kommt zu Ablagerungen von Cholesterol in den Arterien, was – besonders bei Homozygoten – zu Arteriosklerose und Herzinfarkt führen kann. Die Krankheit ist nicht selten, eine von 500 Personen trägt ein mutiertes Allel. Es werden vier Gruppen von Mutationen des Rezeptors unterschieden: Beim Allel *R-0* wird kein Rezeptor synthetisiert; bei *R-120* (die Zahl gibt die Molekularmasse an) ist das Protein im ER vorhanden, wird jedoch fehlerhaft glykosyliert, so daß der Transport zur Plasmamembran sehr eingeschränkt ist oder nicht stattfindet; bei $R\text{-}160b^-$ liegt der Rezeptor zwar in der Plasmamembran, eine Bindung von LDL jedoch ist nicht möglich; bei $R\text{-}160i^-$ wird LDL gebunden, in der cytoplasmatischen Domäne aber ist der Tyrosinrest im topogenen Signal, dem Motiv Asp-Pro-X-Tyr durch einen Cysteinrest ersetzt, wodurch eine Bindung an AP-2 im Coated Pit und damit eine Endocytose nicht mehr möglich ist. Das Gen für den Rezeptor liegt beim Menschen auf dem kurzen Arm von Chromosom 19.

Transferrin-Rezeptor

Eisen ist ein außerordentlich wichtiges Element für Zellen und kommt in den aktiven Zentren vieler Proteine vor. In nichtgebundener Form jedoch ist es gefährlich, da es Radikalbildung induziert (s. 1.7.3). Deshalb kommt Eisen in Zellen und Körperflüssigkeiten fast ausschließlich in proteingebundener Form vor. Das Transportprotein für Fe^{3+} im Blut ist **Transferrin**, das in zwei

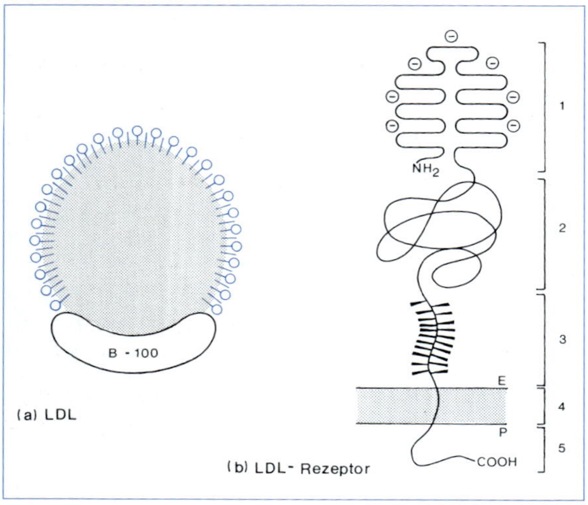

Abb. 8-38: (**a**) Aufbau von LDL (low density lipoprotein). Das unpolare Innere enthält etwa 1500 Moleküle Cholesterolester und wird von ca. 500 Molekülen Cholesterol und 800 Molekülen Phospholipid umgeben. Ein Molekül Apolipoprotein B ist assoziiert. Die Gesamtmasse beträgt etwa 3 MDa. (**b**) Schema für den LDL-Rezeptor mit seinen fünf Domänen: 1, Bindedomäne mit sieben ähnlichen Bereichen, negativ geladenen Gruppen und zahlreichen Disulfidbindungen; 2, zur Vorstufe des Epidermalen Wachstumsfaktors (EGF) homologe Domäne; 3, glykosylierte Domäne mit 18 O-glykosidischen Ketten; 4, Transmembrandomäne; 5, cytoplasmatische Domäne mit Tyr-Motiv. Die Polypeptidkette ist insgesamt 839 AS lang. (Die Zeichnungen sind nicht maßstabsgerecht.)

ähnlichen Domänen je eine Bindungsstelle für Fe^{3+} besitzt. Seine Bindungsaffinität für Fe^{3+} ist nur in Anwesenheit von HCO_3- hoch. Der dimere Transferrin-Rezeptor kommt in den Plasmamembranen fast aller Zellen vor. Nach Bindung des Liganden und Endocytose wird im sauren Milieu des frühen Endosoms die Affinität von Transferrin zu Fe^{3+} stark herabgesetzt. Fe^{3+} wird frei, wahrscheinlich unterstützt durch ein Bindeprotein, das möglicherweise auch am Transport in das Cytoplasma beteiligt ist. Während dieses Transports wird Fe^{3+} zu Fe^{2+} reduziert. Der saure pH-Wert des Endosoms bewirkt andererseits eine erhöhte Affinität von Apotransferrin an den Rezeptor, so daß beide zusammen zur Plasmamembran rezyklisieren. Im neutralen Milieu auf der E-Seite der Plasmamembran dagegen besteht keine Affinität mehr zwischen Apotransferrin und Rezeptor, Apotransferrin wird frei.

Auf welchem Weg Fe^{2+} die Zelle verläßt, ist unklar. Außerhalb wird Fe^{2+} durch **Ceruloplasmin**, dem wichtigen Kupfer-Transportprotein im Serum mit Oxidase-Aktivität, unter O_2-Verbrauch zu Fe^{3+} oxidiert und kann dann von Transferrin gebunden werden.

Ferritine dienen als Eisen-Speicherproteine in der Zelle. Sie sind große Proteine aus 24 L- und/oder H-Ketten von 19 bzw. 21 kDa, die bis zu 4500 Eisen-Ionen in Form von hydratisiertem Eisenoxid in ihrem Inneren beherbergen können. Weitere Eisen-Speicherproteine sind Hämosiderin sowie Bacterioferritin in Protocyten.

Die zelluläre **Eisenhomöostase** wird durch den intrazellulären Eisengehalt selbst auf posttranskriptionaler Ebene geregelt (s. 7.3.4).

Asialoglykoprotein-Rezeptoren

Diese Rezeptoren sind am natürlichen Turnover von Glykoproteinen des Bluts und von Erythrocyten beteiligt. Durch die Aktivität einer Neuraminidase im Blut werden endständige Sialinsäurereste (N-Acetylneuraminsäurereste) von proteinständigen Oligosaccharidseitenketten abgespalten. Dadurch wird im allg. ein Galactoserest endständig (s. 8.2.3). Diese Rezeptoren erkennen und binden solche Galactosereste und führen die betreffenden Proteine (Zellen) auf diese Weise der Endocytose und dem Abbau in Lysosomen zu. Die Rezeptoren werden deshalb auch als Galactose-Rezeptoren bezeichnet. Für die Eliminierung von extrazellulären Glykoproteinen sind vor allem Hepatocyten mit Asialoglykoprotein-Rezeptoren ausgestattet, für Erythrocyten mit exponierten Galactoseresten sind es die Makrophagen der Milz. Erythrocyten besitzen eine Lebenszeit von ca. drei Monaten.

8.4.3 Transcytose

Unter Transcytose versteht man einen rezeptorabhängigen Transport von extrazellulären Makromolekülen von einer Seite einer Zelle auf die andere durch die Zelle hindurch. Dies ist ein notwendiger Weg bei polar strukturierten Zellen wie Epi- und Endothelzellen, deren Zwischenräume durch Tight Junctions versperrt sind.

Der Transfer von IgG-Molekülen von der Mutter zum Fötus und damit die Gewährleistung einer humoralen Immunität ist sehr wichtig, weil das Immunsystem eines Neugeborenen noch nicht voll funktionstüchtig ist. Der Transfer geschieht über **Fc-Rezeptoren**, d.h. Rezeptoren, die IgGs an ihrer konstanten Domäne (Fc) binden (s. 19.2.4). Ig-Moleküle aus dem mütterlichen Blut gelangen auf diese Weise durch die Placenta in das fötale Blut. In ähnlicher Weise werden auch Antikörper, die mit der Milch aufgenommen wurden, auf der apikalen Seite des Darmepithels von Rezeptoren gebunden, endocytiert, zur basolateralen Seite dirigiert und dort in das kindliche Blut exocytiert.

Ein anderer Rezeptor für Transcytose ist der **Poly-Ig-Rezeptor**, der IgA (und auch IgM) bindet (s. 19.2.4). IgA ist ein dimeres Immunglobulin mit einer zusätzlichen J-Kette (joining) zur Stabilisierung des Dimers. IgA findet sich in vielen Körpersekreten wie Tränenflüssigkeit, Milch u.a.. Den transepithelialen Transport besorgt der Poly-Ig-Rezeptor von der basolateralen zur apikalen Seite der Zellen. Das Transportvesikel in der Zelle ist nicht das Coated Vesikel, sondern das frühe Endosom. Auf der apikalen Seite werden die fünf extrazellulären Domänen des Rezeptors als SC-Kette (secretory component) abgespalten. Jedes Rezeptormolekül wird also nur für einen einzigen Transcytosevorgang verwendet.

Eine spezielle Transcytose findet man bei **Osteoklasten**, den für den Abbau von Knochensubstanz spezialisierten Makrophagen. Der Knochen unterliegt einem ständigen, über TGF-β und andere Faktoren geregelten Turnover durch Osteoklasten und Osteoblasten. Osteoklasten bilden einen begrenzten angesäuerten Raum auf der Knochenoberfläche, den sie mit ihren Rändern abdichten und in dem die Knochensubstanz durch Exoenzyme abgebaut wird. Das abgebaute Material wird durch Transcytose durch die abbauenden Zellen in das Blut transportiert. Die Zellen sind während ihrer Arbeit also wie Epithelzellen organisiert.

8.5 Weiterführende Literatur

Endomembransystem

Bednarek S Y, Orci L, Schekman R (1996) Traffic COPs and the formation of vesicle coats. Trends Cell Biol. 6, 468–473.

Farquhar M G, Palade G E (1998) The Golgi apparatus; 100 years of progress and controversy. Trends Cell Biol. 8, 2–10.

Finbow M E, Harrison M A (1997) The vacuolar H^+-ATPase: a universal proton pump of eukaryotes. Biochem. J. 324, 697–712.

Hunziker W, Geuze H J (1996) Intracellular trafficking of lysosomal membrane proteins. BioEssays 18, 379–389.

Klionsky D J (1997) Protein transport from the cytoplasma into the vacuole. J. Membrane Biol. 157, 105–115.

Lloyd J B, Mason R W (Hrsg.) (1996) Biology of the lysosome. Subcell. Biochem. Bd. 27, Plenum Press, New York.

Munro A W, Lindsay J G (1996) Bacterial cytochromes P-450. Mol. Microbiol. 20, 1115–1125.

Nickle W, Wieland F T (1997) Biogenesis of COPI-coated transport vesicles. FEBS Lett. 413, 395–400.

Novick P, Zerial M (1997) The diversity of Rab proteins in vesicle transport. Curr. Opinion Cell Biol. 9, 496–504.

Pfeffer S R (1996) Transport vesicle docking: SNAREs and associates. Annu. Rev. Cell Dev. Biol. 12, 441–461.

Pohlschröder M, Prinz W A, Hartmann E, Beckwith J (1997) Protein translocation in the three domains of life: variations on a theme. Cell 91, 563–566.

Rothman J E, Wieland F T (1996) Protein sorting by transport vesicles. Science 272, 227–234.

Schekman R, Mellman I (1997) Does COPI go both ways? Cell 90, 197–200.

Schmid S L (1997) Clathrin-coated vesicle formation and protein sorting: an integrated process. Annu. Rev. Biochem. 66, 511–548.

Söllner T, Whiteheart S W, Brunner M, Erdjument-Bromage H, Germanos S, Tempst P, Rothman J E (1993) SNAP receptors inplicated in vesicle targeting and fusion. Nature 362, 318–324.

Traub L M (1997) Clathrin-associated adaptor proteins – putting all together. Trends Cell Biol. 7, 43–46.

Whiteheart S W, Kubalek E W (1997) SNAPs and NSF: general members of the fusion apparatus. Trends Cell Biol. 5, 64–68.

Woodman P G (1997) The roles of NSF, SNAPs and SNAREs during membrane fusion. Biochim. Biophys. Acta 1357, 155–172.

Synthese von Export- und Membranproteinen

Abeijon C, Mandon E C, Hirschberg C B (1997) Transporters of nucleotide sugars, nucleotide sulfate and ATP in the Golgi apparatus. Trends Biochem. Sci. 22, 203–207.

DeGier J W L, Valent A, vonHeijne G, Luirink J (1997) The *E. coli* SRP: preferences of a targeting factor. FEBS Lett. 408. 1–4.

DenBlaauwen T, Driessen A J M (1996) Sec-dependent preprotein translocation in bacteria. Arch. Microbiol. 165, 1–8.

Freudl R (1998) Proteinsekretion bei Gram-positiven Bakterien: Molekulare Grundlagen und biotechnologische Aspekte. Biospektrum 4, Nr. 1, 29–33.

Helenius A, Trombetta E S, Hebert D N, Simons J F (1997) Calnexin, Calreticulin and the folding of glycoproteins. Trends Cell Biol. 7, 193–200.

High S, Laird V (1997) Membrane protein biosynthesis – all sewn up? Trends Cell Biol. 7, 206–210.

Kopito R R (1997) ER qualtiy control: the cytoplasmic connection. Cell 88, 427–430.

Marks M S, Ohno H, Kirchhausen T, Bonifacino J S (1997) Protein sorting by tyrosine-based signals: adapting to the Ys and wherefores. Trends Cell Biol. 7, 124–128.

Pahl H L, Baeuerle P A (1997) Endoplasmic-reticulum-induced signal transduction and gene expression. Trends Cell Biol. 7, 50–55.

Rapoport T A, Jungnickel B, Kutay U (1996) Protein transport across the eukaryotic endoplasmic reticulum and bacterial inner membranes. Annu. Rev. Biochem. 65, 271–303.

Rudd P M, Dwek R A (1997) Glycosylation: heterogeneity and the 3D structure of proteins. Crit. Rev. Biochem. Mol. Biol. 32, 1–100.

Endocytose

Brown M S, Goldstein J L (1986) A receptor-mediated pathway for cholesterol homeostasis. Science 232, 34–47.

Hentze M W, Kühn L C (1996) Molecular control of vertebrate iron metabolism: mRNA-based regulatory circuits operated by iron, nitric oxide, and oxidative stress. Proc. Nat. Acad. Sci. 93, 8175–8182.

Mellmann I (1996) Endocytosis and molecular sorting. Annu. Rev. Cell Dev. Biol. 12, 575–625.

Raghavan M, Bjorkman P J (1996) Fc receptors and their interactions with immunglobulins. Annu. Rev. Cell Dev. Biol. 12, 181–220.

9 PEROXISOMEN

Nahezu alle eukaryotischen Zellen enthalten 0,2–1,5 μm große, von nur einer Membran umgebene Vesikel, die als Peroxisomen oder Microbodies bezeichnet werden. Der Name „Microbody" stammt von J. Rhodin, der diese Vesikel 1954 erstmals morphologisch beschrieb, der Name „Peroxisom" von C. deDuve und Mitarbeitern, die 1965 in ihnen H_2O_2 produzierende Aktivitäten fanden. Die evolutionäre Herkunft dieses Kompartiments ist unklar; es wurde sogar die Hypothese geäußert, daß Peroxisomen sich – ähnlich wie Mitochondrien und Plastiden – aus aufgenommenen Prokaryoten herleiten, bei denen die Reduktion dann entschieden weitergegangen sei als bei den semiautonomen Organellen. Peroxisomen enthalten kein Genom. Sie sind von einem eher marginalen ins zentrale Interesse gerückt, seit erkannt wurde, daß sie wichtige, in anderen Kompartimenten nicht vorhandene Stoffwechselwege enthalten und daß Störungen ihrer Funktionen beim Menschen zu schweren Erbkrankheiten führen können.

Wenn im folgenden zunächst wichtige, manchmal exotisch erscheinende metabolische Wege der Peroxisomen vorgestellt werden, ist im Auge zu behalten, daß deren Anzahl und enzymatische Ausstattung je nach Zellart und metabolischen Erfordernissen sehr variieren kann. Ein Hepatocyt enthält z.B. ca. 250 Peroxisomen. Peroxisomen werden auch als „Kompartiment für Sonderaufgaben" bezeichnet, und verschiedene Formen werden mit gesonderten Namen belegt (s. unten).

9.1 Metabolische Aufgaben

Die folgenden Stoffwechselwege und -schritte sind charakteristisch für Peroxisomen:

- Sehr typisch sind **flavinhaltige Oxidasen**, die bei der Oxidation eines Substrats O_2 zu H_2O_2 reduzieren. Das zellgiftige H_2O_2 wird durch die ebenso typische **Catalase** in $\frac{1}{2}$ O_2 + H_2O zerlegt. Man könnte Peroxisomen deshalb als „respiratorisches" Kompartiment bezeichnen, dem jedoch ein Elektronentransportsystem für eine Energiegewinnung fehlt. Beispiele für solche Oxidasen sind Alcohol-Oxidase, Acyl-CoA-Oxidase, Urat-Oxidase, α-Hydroxysäure-Oxidase, Xanthin-Oxidase und D-Aminosäure-Oxidase. Manche Enzyme können in so hohen Konzentrationen vorkommen, daß sie quasi-kristalline Bereiche bilden (s. Abb. 9-2).
- Verbreitet ist eine β-Oxidation von Fettsäuren. In Tierzellen geschieht der quantitativ wichtigere Fettsäureabbau von Palmitin- und Stearinsäure zwar in den Mitochondrien, aber seltenere Verbindungen wie z.B. sehr langkettige Fettsäuren werden bevorzugt oder nur in den Peroxisomen abgebaut. Die beiden Oxidationssysteme unterscheiden sich aber auch dadurch, daß in den Peroxisomen die Acyl-CoA-Oxidase anstelle der Acyl-CoA-Dehydrogenase auftritt. In Pflanzen- und Pilzzellen dagegen findet die Verwertung von Fettsäuren ausschließlich in den Peroxisomen statt.
- Wesentliche Schritte der Plasmalogensynthese liegen in den Peroxisomen. **Plasmalogene** sind Phospholipide, die am C_1 des Glycerols einen langkettigen α,β-ungesättigten Alkohol in Etherbindung anstelle einer Fettsäure tragen. Die Reduktion von Acyl-CoAs in die entsprechenden Alkohole und ihre Übertragung auf das C_1 von Dihydroxyacetonphosphat, der Vorstufe des Glycerols, findet in den Microbodies statt. Plasmalogene sind in geringen Konzentrationen verbreitet, stellen aber bis zu 30% der Phospholipide in Myelinmembranen.
- Der Abbau der **Phytansäure**, eines Derivats des Phytols (aus Chlorophyll), geschieht in den Peroxisomen.
- Bei der Oxidation von Cholesterol zu **Gallensäuren**, einem zwischen Mitochondrien, ER und Peroxisomen aufgeteilten komplexen Weg, ist der durch eine Oxidase katalysierte Schritt von der Cholestansäure zur Cholsäure in Peroxisomen lokalisiert. Da Gallensäuren nur in Leberzellen gebildet werden, ist dieser Weg auch nur hier anzutreffen.
- Beim Glühwürmchen, *Lampyris*, und bei der amerikanischen „Fire Fly", *Photinus pyralis*, ist die **Luciferase**, die Luciferin unter Aussendung eines Photons in Oxyluciferin umwandelt, in den Peroxisomen enthalten (s. Kap. 18).

Ein günstiger Umstand bei der Erforschung der Peroxisomen, insbesondere ihrer Bildungsweise, ist, daß Hefen nur dann auf dieses Kompartiment angewiesen sind, wenn sie mit Methanol, Oleat o.ä. als einziger Kohlenstoffquelle angezogen werden. Dadurch kann mit konditionell letalen Mutanten gearbeitet werden, die sich auf anderen Kohlenstoffquellen wie der Wildtyp verhalten.

9.2 Bildungsweise

Peroxisomen gehen aus bereits bestehenden durch Teilung hervor, sind also nicht Abkömmlinge des Endomembransystems wie z.B. die Lysosomen. Die Lipide der Membran allerdings stammen sehr wahrscheinlich aus dem ER, ihr Weg von dort ist unbekannt. Die Matrix- und Membranproteine werden posttranslational importiert. Für den Transport der Matrixproteine in die Peroxisomen sind zwei topogene Signale bekannt. Häufig kommt **PTS1** (peroxisomal targeting sequence 1) vor, ein C-terminales Ser-Lys-Leu oder Varianten hiervon. Seltener ist **PTS2**, eine Sequenz innerhalb des N-terminalen Bereichs der Art Leu-5X-His/Gln-Leu. Diese Signale sind ausreichend für einen Transport; wird beispielsweise ein cytoplasmatisches Proteine mit PTS1 versehen, landet es in den Peroxisomen. Manche Matrixproteine allerdings enthalten weder das eine noch das andere; man nimmt an, daß sie in einer Art Cotransport in die Peroxisomen gelangen oder daß sie ein noch unentdecktes Signal tragen. Von peroxisomalen Membranproteinen sind bisher keine topogenen Signale bekannt.

Proteine, die an der Genese von Peroxisomen beteiligt sind, werden als **Peroxine**, abgekürzt Pex (+ Ordnungszahl), bezeichnet. Mehr als 20 solcher Peroxine sind bekannt. Analysen von *pex*-Mutanten der Hefe und von Säugerzell-Linien ergeben folgendes Bild: Bei den meisten Mutanten ist der Transport der Matrixproteinen mit PTS-Signalen defekt. Nur bei zwei Mutanten ist eine Gruppe spezifisch betroffen, bei *pex5* Proteine mit PTS1, bei *pex7* Proteine mit PTS2. Bis auf *pex3* enthalten alle Mutanten noch „leere“ Peroxisomen (Peroxisomen-Hüllen). Bei *pex3*, bei der ein Membranprotein betroffen ist, sind auch keine Hüllen mehr zu finden; offenbar ist hier der Transport der peroxisomalen Membranproteine gestört. Aus den vorliegenden Daten ergibt sich ein noch unvollständiges Bild der Peroxisomen-Genese (Abb. 9-1).

Der Import in Peroxisomen bekommt dadurch eine ungewöhnliche Dimension, als auch gefaltete Proteine, Oligomere und sogar mit PTS1-Peptiden dekorierte Goldpartikel von bis zu 9 nm Durchmesser transportiert werden und die Import-Rezeptoren Pex5 und Pex7 offenbar zwischen Matrix und Cytoplasma hin und her wechseln. Dies wiederum würde zu dem Befund passen, daß in der Matrix keine Chaperone vorkommen. Der Proteinimport in Peroxisomen würde somit nach ganz anderen Regeln verlaufen als der in Mitochondrien und Plastiden, wo Proteine den Transportapparat in entfalteter Form passieren und im Innenraum von Chaperonen in Empfang genommen werden.

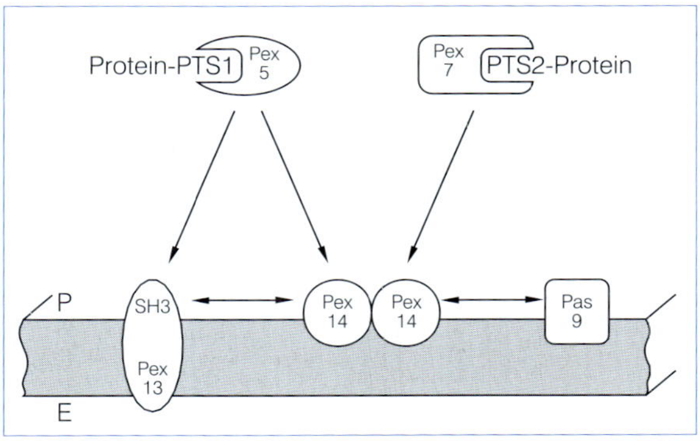

Abb. 9-1: Modell zum Import von Matrixproteinen in Peroxisomen. Die Import-Rezeptoren Pex5 und Pex7 binden Matrixproteine mit PTS1 bzw. PTS2. Beide Rezeptoren interagieren mit dem peripheren dimeren Membranprotein Pex14, Pex5 außerdem mit dem integralen Membranprotein Pex13, das eine SH3-Domäne besitzt. Pex14 interagiert ebenfalls mit Pex13, auch über die SH3-Domäne, und mit einem weiteren peripheren Membranprotein Pas9. Die drei Membranproteine bilden möglicherweise einen Initialkomplex für den Transport durch die Membran.

9.3 Formen von Peroxisomen

Peroxisomen können sehr unterschiedliche Spezialaufgaben in Zellen übernehmen und werden nach diesen Aufgaben verschiedenen Formen zugeordnet.

Peroxisomen in Tierzellen

In nahezu allen Tierzellen kommen Peroxisomen vor, in Erythrocyten allerdings sind sie nicht anzutreffen. Oft enthalten sie quasi-kristalline Bereiche von in hoher Konzentration vorkommenden Enzymen, woran sie im EM leicht zu erkennen sind (Abb. 9-2). Die Peroxisomen der Tierzellen erfüllen im wesentlichen die oben aufgeführten Funktionen.

Beim Menschen kennt man eine Reihe von rezessiv vererbbaren Krankheiten, deren Ursache eine Dysfunktion der Peroxisomen ist. Zwei Gruppen von Krankheiten lassen sich unterscheiden. Sie beruhen entweder auf dem Ausfall einzelner enzymatischer Schritte peroxisomaler Stoffwechselwege, z.B. bei der β-Oxidation, so daß in den Lipiden verstärkt sehr langkettige Fettsäuren auftreten, oder beim Abbau von Phytansäure, so daß diese akkumuliert. Bei der anderen Gruppe ist der Import der Matrixproteine, d.h. sind *pex*-Gene betroffen, so daß häufig nur noch Peroxisomen-Hüllen vorhanden sind (s. oben). Diese Krankheiten sind durch vielfältige Schäden an Ge-

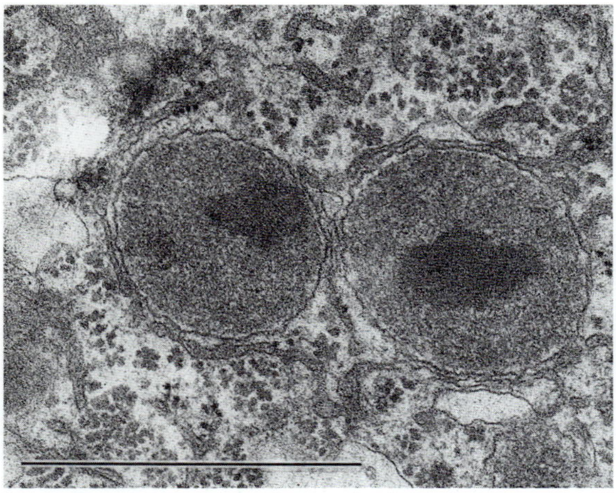

Abb. 9-2: Zwei Peroxisomen in einer Leberzelle der Ratte. Sie enthalten Kristalle von Urat-Oxidase. Außerdem sind Glykogengranula und sER zu erkennen. (EM-Aufnahme: H. Falk)

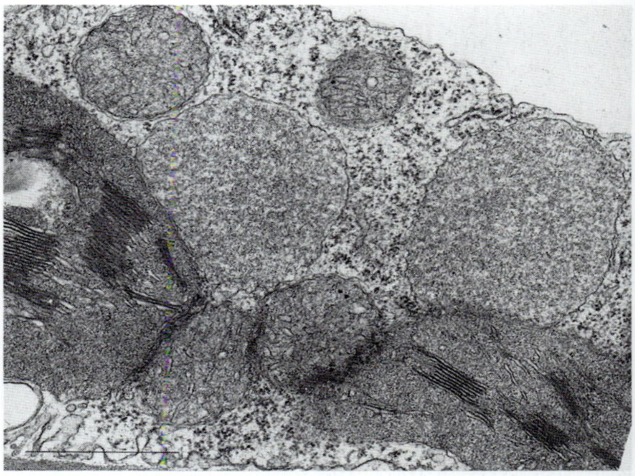

Abb. 9-3: Zwei Peroxisomen in enger Nachbarschaft zu zwei Chloroplasten und vier Mitochondrien in einer Blattzelle der Kartoffel. Diese Lagebeziehung mag Ausdruck der Kooperation zwischen diesen Kompartimenten sein. Oben rechts liegt die Vakuole. (EM-Aufnahme: A. Schulz)

hirn, Leber u.v.m. gekennzeichnet und führen zu frühem Tod; die bekannteste ist das **Zellweger-Syndrom**. Fibroblasten von Patienten lassen sich kultivieren und durch Fusion komplementieren, wenn verschiedene am Import beteiligte Proteine betroffen sind. Bisher wurden zehn Komplementierungsgruppen nachgewiesen. Bei der Chondrodysplasia punctata konnte als betroffenes Gen *pex7* ermittelt werden, das den PTS2-Rezeptor codiert.

Peroxisomen in Pflanzenzellen

Neben der β-Oxidation, die in Pflanzenzellen ausschließlich peroxisomal kompartimentiert ist, sind die Peroxisomen in den Blattzellen von C_3-Pflanzen an der sog. **Photorespiration** beteiligt. Die Schritte dieser merkwürdigen Reaktion verteilen sich auf Chloroplasten, Peroxisomen und Mitochondrien (Abb. 9-3). Sie beruht auf der Affinität des CO_2-fixierenden Enzyms, der Ribulosebisphosphat-Carboxylase/Oxygenase, zu Sauerstoff. Reagiert sie mit O_2, entstehen nicht zwei Moleküle 3-Phosphoglycerat wie bei Reaktion mit CO_2, sondern je ein Molekül 3-Phosphoglycerat und Phosphoglycolat, eine C_2-Verbindung. Nach Dephosphorylierung zu Glycolat wird dieses in den Peroxisomen durch die Glycolat-Oxidase zu Glyoxylat oxidiert und durch eine Aminotransferase weiter in Glycin umgewandelt. Anschließend entstehen in den Mitochondrien aus zwei Molekülen Glycin je ein Molekül Serin, CO_2 und NH_4^+; letzteres wird durch eine Glutamin-Synthetase unter ATP-Verbrauch schnell reassimiliert. Serin mündet in den Aminosäurestoffwechsel oder wird – nun wieder in den Peroxisomen – über 3-Hydroxypyruvat zu Glycerat umgesetzt. Glycerat kann in den Chloroplasten unter ATP-Verbrauch zu 3-Phosphoglycerat phosphoryliert werden, das in den Calvin-Zyklus eintritt. In der Bilanz geht fixierter Kohlenstoff als CO_2 verloren, wird eine energiereiche Phosphatbindung gelöst und ATP verbraucht. Die Interpretation dieses Reaktionswegs ist nach wie vor schwierig.

Die in den Peroxisomen enthaltene Catalase tritt manchmal in so hohen Konzentrationen auf, daß quasi-kristalline Bereiche entstehen.

Glyoxysomen

In Pflanzen findet ein besonders starker Abbau von Fettsäuren in den Zellen der Kotyledonen oder des Endosperms fettreicher Samen während der Keimung statt. Die hierfür zuständigen Peroxisomen werden als Glyoxysomen bezeichnet. Der Name deutet an, daß in ihnen neben den Enzymen der β-Oxidation auch die des **Glyoxylatzyklus** enthalten sind. In den Glyoxysomen werden die Fettsäuren der Reserve-Triacylglycerole aus den Oleosomen abgebaut und Succinat gebildet. Hierzu umfließen die Glyoxysomen die Oleosomen regelrecht (Abb. 9-4). Die die Fettsäuren aus den Triacylglycerolen freisetzende Lipase ist ein Enzym der Oleosomenhülle, die Acyl-CoA-Synthetase bereits ein glyoxysomales. Das aus der β-Oxidation stammende Acetyl-CoA wird im Glyoxylatzyklus, der dem Citratzyklus ähnelt, zur Bildung von Succinat verbraucht. Leitenzyme dabei sind die Malat-Synthase, die aus Glyoxylat und Acetyl-CoA Malat bildet, und die Isocitrat-Lyase, die Isocitrat in Succinat und Glyoxylat spaltet; die übrigen Enzyme sind Isoformen des mitochondrialen Citratzyklus. Succi-

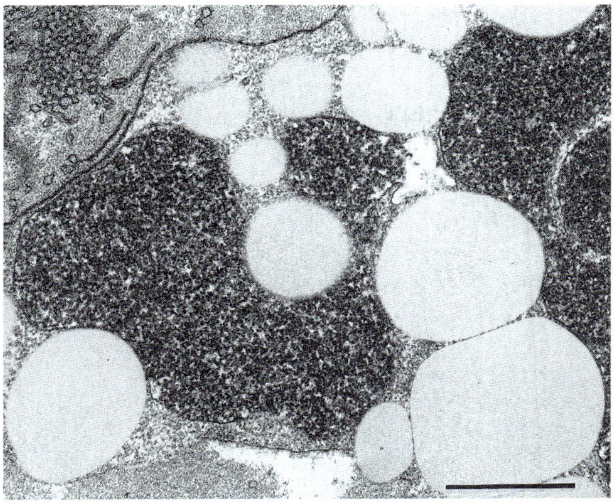

Abb. 9-4: Glyoxysomen (dunkel) und Oleosomen (hell) in einer Zelle aus dem Kotyledo eines Wassermelonenkeimlings. Die Glyoxysomen wurden nach der Diaminobenzidin-Methode kontrastiert: Diaminobenzidin wird durch die im Glyoxysom vorhandene Catalase in Gegenwart von H_2O_2 zu einem osmiophilen Polymer oxidiert. Oben links ist ein Etioplast getroffen. (EM-Aufnahme: E. L. Vigil)

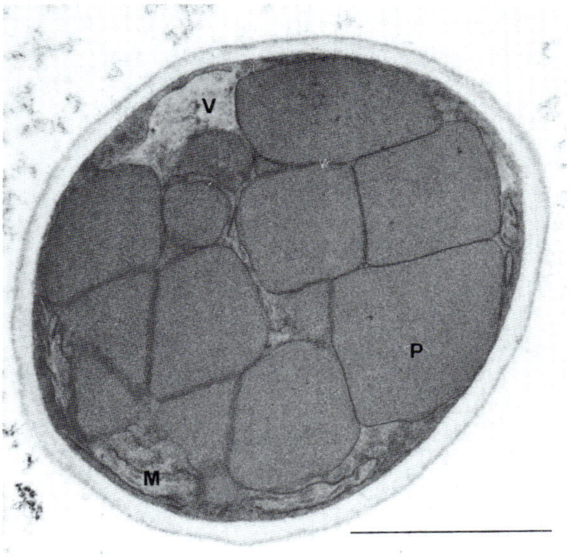

Abb. 9-5: Peroxisomen in der Hefe *Hansenula polymorpha*, die mit Methanol als einziger Kohlenstoffquelle angezogen wurde. Die Zelle ist angefüllt mit Peroxisomen (P). M, Mitochondrion; V, Vakuole. (EM-Aufnahme: M. Veenhuis)

nat wird in den Mitochondrien in Malat umgewandelt, das im Cytoplasma in die Gluconeogenese eingespeist werden kann. Endprodukt ist Saccharose, die über Phloembahnen in den wachsenden Keimling gelangt.

Peroxisomen in Hefen

In Hefen (*Saccharomyces*, *Hansenula*, *Candida* u.a.) sind Peroxisomen normalerweise nur in geringer Zahl vorhanden und mühsam zu identifizieren. Bietet man den Zellen jedoch als Kohlenstoffquelle statt der üblichen Zucker ungewöhnliche Substrate wie langkettige Alkohole oder Fettsäuren, Alkane oder Methanol an, so ändert sich das zelluläre Bild drastisch. Die solche Verbindungen abbauenden Enzymsysteme sind peroxisomal. Sie sind außerdem induzierbar, so daß die Zahl der Peroxisomen stark anwachsen kann; sie können dann bis zu 80% des Zellvolumens einnehmen (Abb. 9-5).

Glykosomen

Glykosomen sind eine besondere Form von Peroxisomen in Trypanosomen, wenn sie als Blutparasiten in Wirbeltieren leben. Die Flagellaten besitzen dann keinerlei mitochondriale Aktivitäten, sondern sind für ihren Energiegewinn allein auf die Glykolyse angewiesen, die pro verbrauchtem Glucosemolekül nur zwei Moleküle ATP liefert. Überrachenderweise ist die Glykolysekette hier nicht im Cytoplasma, sondern in diesen Peroxisomen zu finden. Sie enthalten in hohen Konzentrationen die ersten sieben Enzyme des Glykolysewegs sowie eine Glycerol-Kinase und eine Glycerol-3-phosphat-Dehydrogenase, die einen Abbau von Glucose und Glycerol zu 3-Phosphoglycerat in so hoher Rate erlauben, wie sie in keiner anderen Zelle gemessen wird. Die Substrate erhalten die Zellen aus dem Blut des Wirts in genügender Menge. Glykosomen enthalten auch typische Peroxisomen-Enzyme.

Im Insekten-Stadium, z.B. in der Tsetse-Fliege, sind Trypanosomen gut mit Mitochondrien ausgestattet, während die glykosomalen Aktivitäten weitgehend reduziert sind.

Hydrogenosomen

Hydrogenosomen sind sehr wahrscheinlich keine echten Peroxisomen, sondern leiten sich von endosymbiontisch aufgenommenen α-Purpurbakterien oder Mitochondrien ab, was noch nicht entschieden ist (s. 24.5). Sie sind typisch für Trichomonaden, kommen aber z.B. auch in anaerob lebenden Ciliaten vor. Vertreter der Gattung *Trichomonas* sind auch im Darm- und Geschlechtstrakt des Menschen anzutreffen. In den Hydrogenosomen läuft der Energiestoffwechsel dieser einfach organisierten Zellen ab, bei dem durch Oxidation von Pyruvat zu CO_2 und Acetat ATP gewonnen und durch eine Hydrogenase Wasserstoff freigesetzt wird. Typische Peroxisomen-Enzyme wurden in ihnen nicht nachgewiesen.

9.4 Weiterführende Literatur

Distel B et al. (1996) A unified nomenclature for peroxisome biogenesis factors. J. Cell Biol. 135, 1–3.
Erdmann R, Veenhuis M, Kunau W H (1997) Peroxisomes: organelles at the crossroads. Trends Cell Biol. 7, 400–407.
Rehling P, Kunau W H (1996) Das Peroxisom – ein etwas anderes Organell. Biospektrum 2, Nr. 5, 16–22.
Singh I (1997) Biochemistry of peroxisomes in health and disease. Mol. Cell. Biochem. 167, 1–29.
Van der Klei I J, Veenhuis M (1997) Yeast peroxisomes: function and biogenesis of a versatile cell organelle. Trends Microbiol. 5, 502–509.
Waterham H R, Cregg J M (1997) Peroxisome biogenesis. BioEssays 19, 57–66.

10 MITOCHONDRIEN UND ATMUNG

Mitochondrien sind **semiautonome Organellen** und kommen in den Zellen fast aller eukaryotischen Organismen vor. Mit der Bezeichnung semiautonom ist gemeint, daß Mitochondrien zwar ein eigenes Genom besitzen, das jedoch nicht für die Codierung aller mitochondrialer Proteine ausreicht. Mitochondrien sind während der Evolution aus der Gruppe der α-Purpurbakterien hervorgegangen, die von frühen eukaryotischen Zellen durch Endocytose aufgenommen worden sind und als Endocytobionten allmählich ihre Selbständigkeit verloren haben. Diese Aussage ist Inhalt der **Endosymbionten-Hypothese** (s. 1.4 und Kap. 24). Wesentliche Schritte beim Verlust der Selbständigkeit waren die Verlagerung vieler ursprünglich prokaryotischer Gene aus dem Symbionten in den Zellkern, der Verlust nicht mehr gebrauchter Gene wie solcher zur Synthese der prokaryotischen Zellwand und die Entwicklung neuer, den semiautonomen Zustand festigender Gene. Dazu gehören beispielsweise Gene für neue Translokatoren in den Mitochondrienmembranen. Ein faszinierendes Forschungsthema zur Zeit ist die koordinierte Expression der beiden Genome in einer Zelle. Die Komplexität ist bei Pflanzenzellen noch größer, da bei ihnen mit den Plastiden ein weiteres semiautonomes Organell mit einem weiteren Genom hinzukommt.

Es gibt einige Protozoengruppen, die keine Mitochondrien besitzen; sie werden häufig als **Archaezoen** bezeichnet (s. Abb. 1-6). Manche von ihnen enthalten jedoch Hydrogenosomen (s. 9.3 und 24.5). Heute weiß man, daß Mitochondrien und Hydrogenosomen von endosymbiontisch aufgenommenen α-Purpurbakterien abstammen, d.h. Protozoen ohne Mitochondrien, aber mit Hydrogenosomen sind auch aus der Symbiose zweier Zellen entstanden. Auch bei den Protozoen ohne diese beiden Organellen mehren sich die Hinweise, daß zumindest einige sekundär ihre Mitochondrien verloren haben.

Mitochondrien sind bei Eucyten Ort der Atmung, d.h. des wichtigsten energieliefernden Vorgangs fast aller aerob lebenden Zellen, sofern sie nicht auch Photosynthese betreiben. Unter dem Begriff Atmung sind Citratzyklus, Elektronentransport und ATP-Synthese (oxidative Phosphorylierung) zusammengefaßt. Daneben kommen noch weitere Stoffwechselwege in diesen Organellen vor wie die β-Oxidation von Fettsäuren, die Synthese von Ubichinon und einigen anderen Lipiden u.a.. In Pflanzenzellen und niederen Eukaryoten werden Fettsäuren allerdings ausschließlich in Peroxisomen abgebaut, während in den Zellen höherer Tiere beide Möglichkeiten existieren. Zwischen Cytoplasma und Mitochondrien besteht ein intensiver Metabolitaustausch und entsprechend zahlreich sind die membranständigen Translokatoren.

Es gibt Beispiele dafür, daß auch Mitochondrien in die Gewebespezialisierung eines Organismus mit einbezogen werden können. So ist ein Enzym des Harnstoffzyklus, die Ornithin-Carbamyltransferase, in Lebermitochondrien enthalten. Der Zyklus wird nur in der Leber ureotelischer Organismen gefunden.

10.1 Organisation von Mitochondrien

Die Feinstruktur der Mitochondrien wurde zu Beginn der 50er Jahre von G. E. Palade und F. S. Sjöstrand in EM-Arbeiten beschrieben. Das damals entwickelte Modell gilt im Prinzip auch heute noch. Mitochondrien besitzen zwei Membranen. Die äußere Membran leitet sich – aller Wahrscheinlichkeit nach – von der Membran des ehemaligen Endocytosevesikels ab, die innere Membran stellt die – mittlerweile modifizierte – Plasmamembran des Endosymbionten dar. Mitochondrien sind meist länglich geformt mit Abmessungen von 0,2–1 μm mal 2–8 μm, was der Größe von Bakterien entspricht. Sie können aber auch langgestreckt und verzweigt sein, wie Lebendpräparate zeigen (Abb. 10-1). Sie unterliegen Formveränderungen und werden häufig von der Plasmaströmung in Zellen mitgeführt. Die Anzahl der Mitochondrien kann von Zelltyp zu Zelltyp sehr schwanken. Hepatocyten enthalten etwa 1600 dieser Organellen, manche Oocyten mehr als 100 000 und manche Protozoen wie z. B. parasitische Trypanosomen nur ein einziges. In einem bestimmten Zelltyp hingegen bleibt ihre Zahl recht konstant.

Die äußere Membran enthält Porine (s. 2.7.1), die kleinere Moleküle bis zu etwa 6 kDa und Anionen passieren lassen, sie stellt also nur bedingt eine Diffusionsbarriere dar; es sind nur wenige Enzyme bekannt, die in dieser Membran enthalten sind, z. B. eine Monoamin-Oxidase. Der Intermembranraum beherbergt eine nichtplasmatische Phase, der auch nur wenige Funktionen zugeschrieben werden; Leitenzym ist eine Cytochrom-c-Peroxidase. Die innere Membran ist eine Diffusionsbarriere und umschließt die plasmatische Phase des Mitochondrions, die **Matrix** oder das **Mitoplasma**. Diese Membran enthält zahlreiche Translokatoren für den regulierten Stoffaustausch zwischen Cytoplasma und Mitoplasma.

Die innere Membran bildet Invaginationen sog. **Cristae**, in die Matrix hinein. Diese können flächig, tubulusförmig oder unregelmäßig gestal-

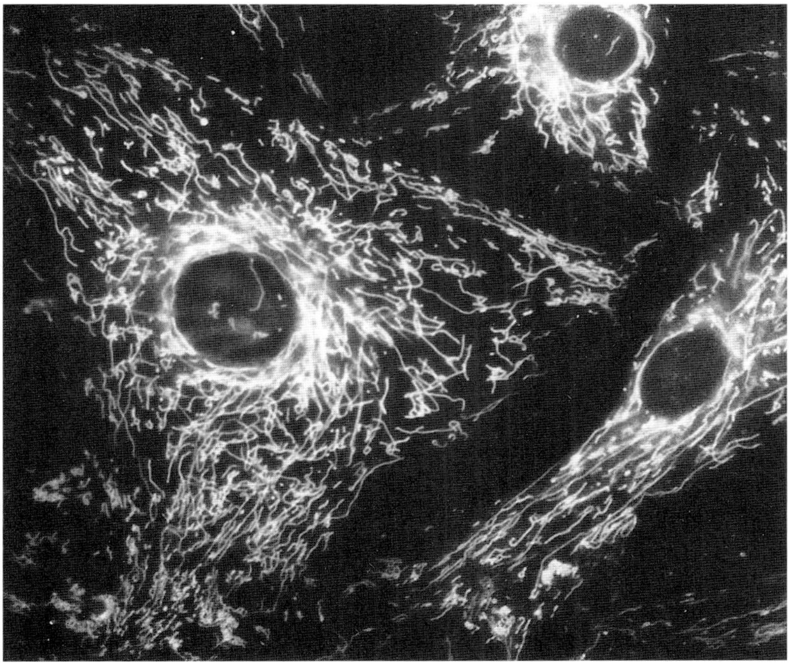

Abb. 10-1: Darstellung von Mitochondrien in lebenden Gewebekulturzellen durch selektive Fluorochromierung mit Rhodamin 3B. Sie sind unregelmäßig geformt, langgestreckt und verzweigt. (Fluoreszenzaufnahme: L. V. Johnson et al. (1981) J. Cell Biol. 88, 526; mit Genehmigung)

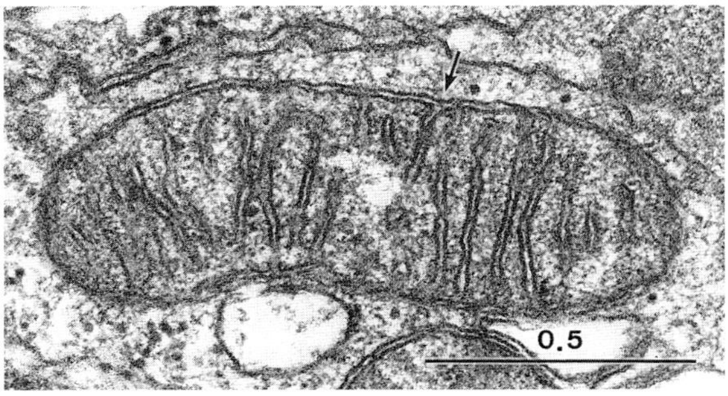

Abb. 10-2: Mitochondrion in einem Lymphocyten einer Maus. Der Pfeil deutet auf eine Stelle, an der die Kontinuität von innerer Membran und Cristae gut zu erkennen ist. Die Cristae sind hier flächig ausgebildet und im Querschnitt getroffen. (EM-Aufnahme: H. Falk)

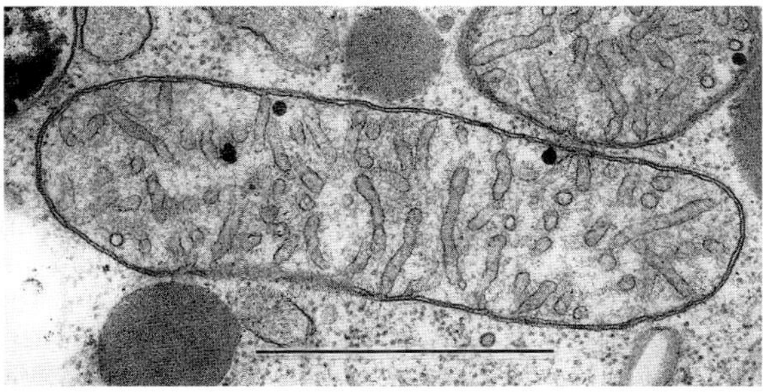

Abb. 10-3: Mitochondrien in der Alge *Botrydium granulatum* mit tubulusförmigen Cristae und einigen elektronendichten Granula. (EM-Aufnahme: H. Falk)

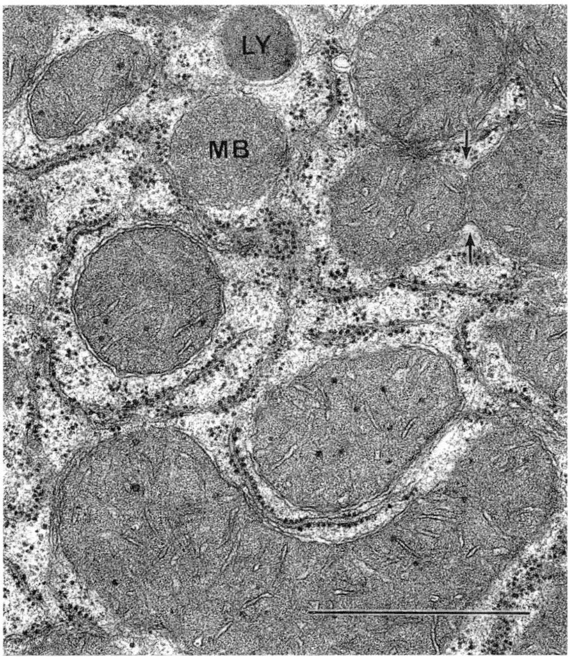

Abb. 10-4: Mitochondrien in einer Leberzelle einer Ratte. Die Cristae sind hier nicht regelmäßig angeordnet. Ein Mitochondrion befindet sich gerade in Teilung (Pfeile). Außerdem sind ein Lysosom (LY) und ein Peroxisom (MB, Microbody) zu erkennen; die kleinen elektronendichten Granula enthalten Calciumphosphat. (EM-Aufnahme: H. Falk)

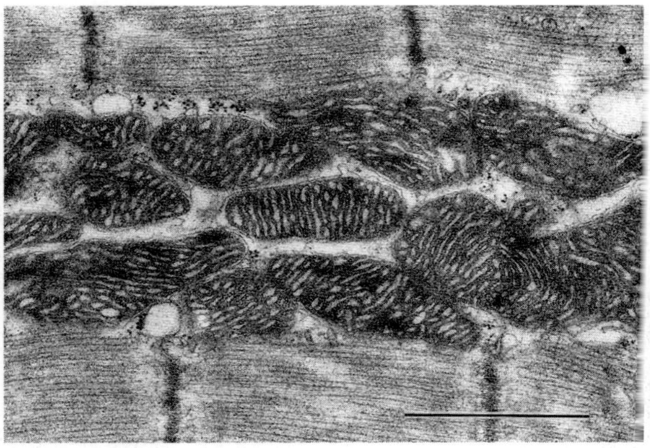

Abb. 10-5: Ausschnitt aus einer Herzmuskelzelle eines Huhns. Zwischen den Myofibrillen liegen zahlreiche Mitochondrien mit besonders ausgeprägten Cristae. (EM-Aufnahme: H. Falk)

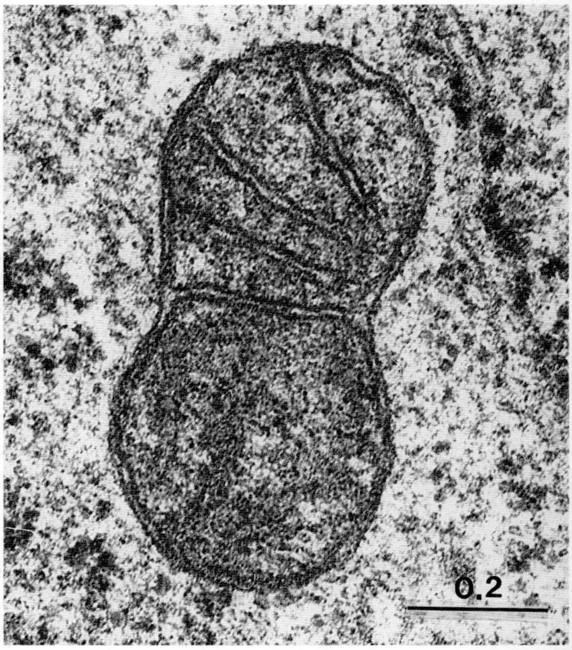

Abb. 10-6: Sich teilendes Mitochondrion in einem jungen Ei einer Schlupfwespe. Die Teilung geschieht durch eine Art Septumbildung. Die beiden Mitoplasmen sind hier bereits getrennt, die blendenartige Einschnürung der äußeren Membran würde als nächstes folgen. (EM-Aufnahme: D. Zissler)

tet sein; durch sie wird die Fläche der inneren Membran stark vergrößert (Abb. 10-2 bis 10-4). In Hepatocyten beispielsweise beträgt das Flächenverhältnis von innerer zu äußerer Membran 5:1. Die innere Membran enthält die Komponenten der Elektronentransportkette und die ATP-Synthase. Deshalb sind in atmungsintensiven Zellen wie vielen Muskelzellen Cristae besonders zahlreich (Abb. 10-5), während in atmungsinaktiven Zellen wie gärenden Hefen keine Cristae vorhanden und die Mitochondrien überhaupt sehr rückgebildet sind.

Die Matrix beherbergt, z.T. zusammen mit der inneren Membran, alle wesentlichen Stoffwechselwege der Mitochondrien einschließlich Genom-Replikation, Transkription und Translation. Die Ribosomen sind kleiner als die cytoplasmatischen und gehören dem prokaryotischen Typ von 70S an. Die Translation wird auch wie bei Prokaryoten durch **Chloramphenicol**, ein Antibiotikum aus *Streptomyces*-Arten, gehemmt, das den Peptidyltransfer unterbindet (s. 7.3.3). Ein anderes Antibiotikum aus Streptomyceten, **Cycloheximid**, inhibiert die gleiche Reaktion in cytoplasmatischen Ribosomen. Diese beiden Antibiotika werden seit langem zur Unterscheidung von cytoplasmatischer und mitochondrialer Proteinsynthese herangezogen.

Bei der Zellteilung werden Mitochondrien auf die Tochterzellen aufgeteilt. Während des Zellzyklus vermehren sie sich entsprechend durch Zweiteilung (Abb. 10-3 und 10-6).

Die Isolation von Mitochondrien ist im allg. nicht schwierig. Nach differentieller Zentrifugation eines Zellhomogenats schließt sich meist

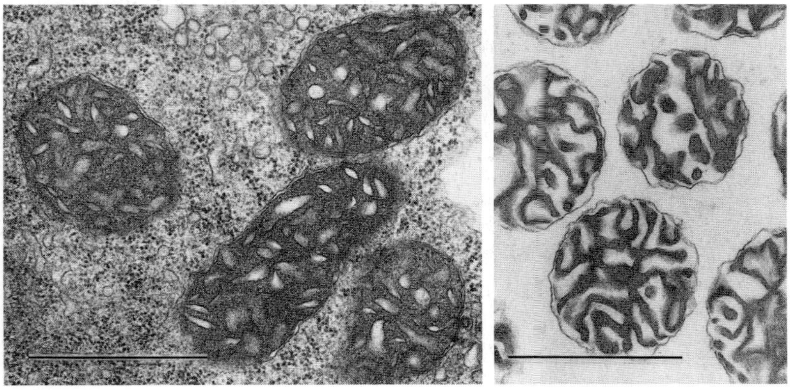

Abb. 10-7: Mitochondrien aus Spinatblättern. **Links**: Mitochondrien in einer Zelle in situ. **Rechts**: Isolierte Mitochondrien, die über einen Saccharose/Percoll-Gradienten gereinigt wurden. Bei der hohen Saccharosekonzentration ist die Matrix samt innerer Membran zu eigenartigen Figuren „plasmolysiert". Die für Saccharose durchlässige äußere Membran dagegen verbleibt in ihrer ursprünglichen Form. (EM-Aufnahmen: B. Liedvogel, H. Falk)

eine Gradientenzentrifugation in linearem Saccharose- oder Saccharose/Ficoll-Gradienten an, während der die Organellen bei einer Dichte zwischen 1,17 und 1,23 g · cm^{-3} bandieren. Bei solch hohen Saccharosekonzentrationen verhält sich die innere Membran wie ein Osmometer, da sie im Gegensatz zur äußeren Membran für Saccharose nicht passierbar ist; das Matrixvolumen verringert sich unter Wasserabgabe (Abb. 10-7).

10.2 Mitochondriale Genome

Die Genetik der Mitochondrien begann mit der Entdeckung der ***petite*-Mutanten** der Hefe *Saccharomyces cerevisiae*. Bei der Ausplattierung von Hefe beobachtete B. Ephrussi 1949, daß 1–2% der Kolonien sehr viel kleiner waren als die übrigen und langsamer wuchsen. Aus großen Kolonien konnten nach erneuter Ausplattierung immer wieder kleine hervorgehen, aus kleinen jedoch niemals große. Es zeigte sich, daß bei den *petite*-Mutanten die Atmung defekt war (Tab. 10-1). Unter anaeroben Bedingungen wuchsen beide Kolonietypen – wie zu erwarten – gleich langsam. Kreuzungen zwischen Wildtyp und Mutanten verliefen nach einem nichtmendelnden Mechanismus. Acriflavin, ein interkalierender Acridin-Farbstoff (s. 5.5.4) erhöhte die Mutationsrate stark. B. Ephrussi schloß aus seinen Beobachtungen, daß bestimmte cytoplasmatische Einheiten für die genetische Kontinuität und für die Synthese von respiratorischen Enzymen notwendig sind.

Tab. 10-1: Mitochondrienmutanten bei der Hefe.

Mutation	Erklärung
petite:	
ρ^-	große Deletion.
ρ^0	Totalverlust der DNA.
mit$^-$	defekte Cytochrome oder ATP-Synthase.
syn$^-$	defekte Proteinsynthese.
ant$^+$	Resistenz gegen mitochondrienspezifische Antibiotika.

Solche für obligat aerob lebende Zellen letale Mutationen können Hefezellen durch anaerobe Lebensweise überstehen. Die *petite*-Mutationen (ρ-Mutationen) haben sich als große Deletionen erwiesen, die oft mehr als 90% der mtDNA betreffen; die Länge der DNA ist jedoch infolge von Repetitionen des verbleibenden Rests etwa gleich geblieben.

DNA wurde in Mitochondrien erstmals von M. M. K. Nass und S. Nass 1963 nachgewiesen. Die **mtDNA** (mitochondriale DNA) ist doppelsträngig und meistens zirkulär und liegt nativ in einer als Supercoil bezeichneten Überstruktur vor (Abb. 10-8). Diese Struktur kommt dadurch zustande, daß eine Topoisomerase II den Doppelstrang an einer Stelle (oder mehreren Stellen) schneidet und nach Durchführung eines anderen Teils des Doppelstrangs durch die Schnittstelle diese wieder ligiert (s. 5.5.2).

Die Vererbung der Mitochondrien und damit der mtDNA ist meist uniparental, bei den Säugern maternal. Bei Hefen ist sie allerdings biparental. Wo biparentale Vererbung auftritt, ist eine Rekombination offenbar sehr selten. Die Genome der Organellen sind eher asexuelle genetische Systeme.

Die maternale Vererbung der mtDNA bedeutet, daß als Ursache von Unterschieden in der mtDNA-Sequenz verschiedener Populationen allein Mutationen (keine Rekombinationen wie im nucleären Genom) in Frage kommen. Aus Sequenzunterschieden im nichtcodierenden Bereich der mtDNA zwischen verschiedenen menschlichen Populationen wurde berechnet, vor wie langer Zeit die einzelnen Populationen divergierten, und ein Stammbaum konstruiert. Die Annahmen dabei waren, daß der gemeinsame Vorfahr von Mensch und Schimpanse vor etwa 5 Millionen Jahren lebte und daß die Mutationsrate der mtDNA konstant blieb. Es ergab sich eine Rate von einer Mutation alle 6000 bis 12 000 Jahre. Das Ergebnis wurde als Hypothese von der „**afrikanischen Eva**" bekannt, die vor 100 000 bis 200 000 Jahren als Stammutter aller heutigen Menschen in Afrika gelebt haben soll. Diese modernen Menschen – so wird angenommen – verdrängten alle älteren Populationen in aller Welt, mit eingeschlossen die

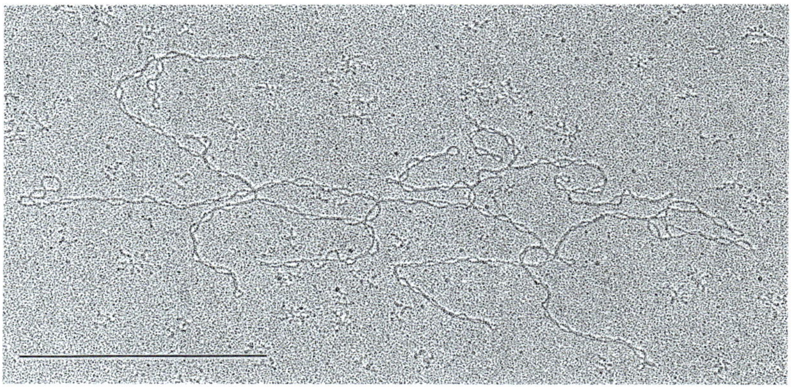

Abb. 10-8: mtDNA der Hefe. Das 25 µm lange zirkuläre Molekül liegt in der nativen Supercoil-Form vor. (EM-Aufnahme: E. F. J. von Bruggen)

Neandertaler, die sich von einem ersten Auszug aus Afrika vor mehr als einer Million Jahren herleiteten. Diese Ergebnisse werden durch neue ähnliche Untersuchungen an Y-Chromosomen unterstützt; der nicht-pseudoautosomale Bereich des Y-Chromosoms verändert sich ja ebenfalls nur durch Mutation, nicht durch Rekombination.

Ein Mitochondrion beherbergt immer mehrere identische DNA-Moleküle, so daß z.B. in Hefezellen hunderte, in Säugerzellen tausende von mtDNAs enthalten sind. Trotz der großen Zahl an mtDNA-Kopien ist ein Individuum in Bezug auf seine mtDNA im wesentlichen homoplasmisch, d.h. nahezu alle mtDNA-Moleküle sind identisch. Das ist überraschend, da mtDNAs offensichtlich eher Mutationen akkumulieren als Kern-DNA. Variationen zwischen Individuen allerdings bestehen, und Stammbaumanalysen zeigen, daß eine Sequenzänderung durch Mutation der mtDNA innerhalb einer Generation auftreten kann. Eine Erklärung des Phänomens der Homoplasmie, die früh in der Embryogenese oder bereits in der mütterlichen Keimbahn manifestiert werden müßte, steht noch aus (s. auch 10.2.3).

10.2.1 Gene und Gen-Karten

Die erste Sequenz einer mtDNA, der des Menschen, wurde 1981 von F. Sanger und Mitarbeitern veröffentlicht. Das kleine Genom von 16569 bp ist äußerst ökonomisch von Genen besetzt (Abb. 10-9). Zwischen den Genen sind kaum nichtcodierende Basen vorhanden, nur in der sog. D-Loop-Region (displacement), dem Startbereich mit dem Origin O_H für die Replikation des H-Strangs (H von heavy) liegt eine größere nichtcodierende Sequenz. Eine kleinere befindet sich außerdem um den Origin O_L für die Replikation des L-Strangs (L von light). Die DNA codiert für die beiden mitochondrialen rRNAs, 22 tRNAs und 13 Proteine. Diese Proteine sind sieben Untereinheiten des NADH-Dehydrogenase-Komplexes, Apocytochrom b des Ubichinon-Dehydrogenase-Komplexes, drei Untereinheiten des Cytochrom-Oxidase-Komplexes und zwei Untereinheiten der ATP-Synthase.

Bei Betrachtung anderer mtGenome scheint zunächst eine große Heterogenität zu herrschen (Tab. 10-2). Bei den aufgeführten Beispielen schwanken die Größen zwischen 6 und 367 kbp und die Codierungskapazitäten von 5 bis 97 Genen. Im wesentlichen sind es aber immer die gleichen Gen-Gruppen, die codiert werden, nämlich für rRNAs, tRNAs, ribosomale Proteine, Komponenten der Elektronentransportkomplexe und der ATP-Synthase und einige andere. Etwa

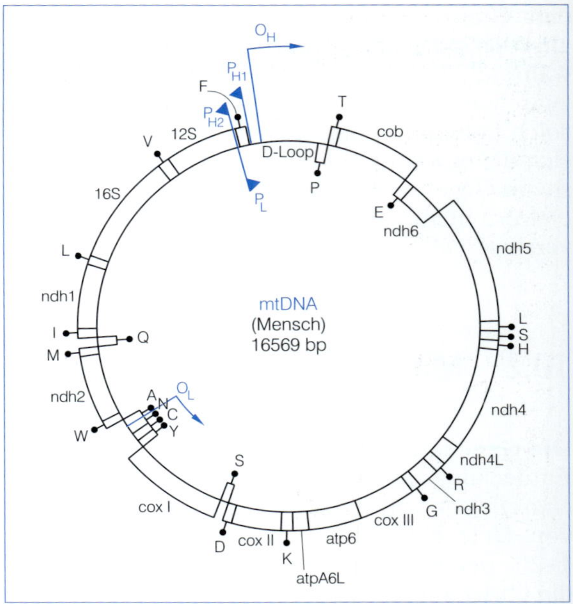

Abb. 10-9: Gen-Karte und Organisation des mtGenoms des Menschen. Die Gene des H-Strangs außen auf dem Kreis werden im Gegenuhrzeigersinn transkribiert; P_{H1} ist Startpunkt für die Transkription der rDNA und P_{H2} für die des gesamten Strangs. Die wenigen Gene auf dem L-Strang (L von light) werden im Uhrzeigersinn mit P_L als Startpunkt transkribiert. Die Replikation beginnt im D-Loop (displacement) beim Origin für den H-Strang (O_H) bzw. bei etwa 8 Uhr beim Origin für den L-Strang (O_L). Bezeichnung der Gene: *atp*, ATP-Synthase; *cob*, Apocytochrom b; *cox*, Cytochrom-Oxidase; *ndh*, NADH-Dehydrogenase; die Gene für die rRNAs sind mit den entsprechenden S-Werten versehen; Gene für tRNAs sind mit gestielten Punkten und mit dem Ein-Buchstaben-Code (s. Kap. 25) für die entsprechenden AS markiert.

95% aller mitochondrialen Proteine sind sowieso kerncodiert, sie werden nach der Translation im Cytoplasma in die Mitochondrien transportiert (s. unten). Der Gen-Transfer in den Zellkern war bei manchen Organismengruppen etwas stärker, bei anderen etwas weniger stark ausgeprägt gewesen. Das ursprünglichste mtGenom besitzt das Protozoon *Reclinomonas*. Protozoengruppen haben sich im Laufe der Evolution ja immer wieder vom Hauptstamm der Eukaryoten abgespalten und – bisweilen – ursprüngliche Merkmale bewahrt; daß dies nicht für alle Protozoen gilt, wird am ganz reduzierten mtGenom von *Plasmodium* deutlich. Die mtDNA von *Reclinomonas* enthält 97 Gene und ist mit 0,7 Genen pro kbp sehr ökonomisch organisiert. Eine ähnliche Gen-Dichte wird erst sehr viel später in der Evolution, bei den mtDNAs der Säuger, allerdings bei gleichzeitiger Reduktion der Gen-Zahl, erreicht.

Bei den Pilzen und besonders bei den Pflanzen

Tab. 10-2: Gen-Gehalt und Größe von mtDNAs.

Gene für	Homo	Sacch	Allom	March	Arabid	Chlam	Plasm	Recl
rRNAs	2	2	2	3	3	2	2	3
tRNAs	22	24	25	27	22	3	–	26
ribosomale Proteine	–	1	1	16	7	–	–	27
NADH-Dehydrogenase	7	–	7	8	9	5	–	12
Succinat-Dehydrog.	–	–	–	2	–	–	–	3
Apocytochrom b	1	1	1	1	1	1	1	1
Cytochrom-Oxidase	3	3	3	3	3	1	2	3
ATP-Synthase	2	3	3	4	4	–	–	5
andere	–	–	1	3	3	–	–	12
ORFs	–	3	4	13	5	1	–	4
Gene für Proteine	13	11	19	50	32	8	3	67
Gene total	37	38	46	80	58	49	5	97
Introns	–	8	28	32	23	1	–	1
kbp	17	75	57	187	367	16	6	69
1 Gen pro … kbp	0,5	2	1,2	2,3	6,3	1,2	1,5	0,7

Sacch, *Saccharomyces cerevisiae*; Allom, *Allomyces macrogynus* (niederer Pilz); March, *Marchantia polymorpha* (Lebermoos); Arabid, *Arabidopsis thaliana*; Chlam, *Chlamydomonas reinhardtii*; Plasm, *Plasmodium falciparum*; Recl, *Reclinomonas americana* (Protozoon). Die Natur der ORFs wird sich im Lauf der Zeit klären.

hat sich eine andere Entwicklung ergeben. Hier wurden die nichtcodierenden Bereiche vermehrt, und auch die Zahl der Introns in den Genen wurde erhöht; es kommen Gruppe-I-Introns und Gruppe-II-Introns (s. 5.6.1), in höheren Pflanzen wohl nur Gruppe-II-Introns vor. Zur Vergrößerung pflanzlicher mtGenome tragen merkwürdigerweise auch Sequenzen plastidären und nucleären Ursprungs bei. Bis auf einige tRNAs plastidärer Herkunft, die in Mitochondrien verwendet werden, sind die Sequenzen offensichtlich ohne jede Funktion. Außerdem wurden mitochondriale Sequenzen dupliziert. In pflanzlichen Mitochondrien kommen nebeneinander unterschiedlich große DNA-Moleküle vor, was zunächst sehr verwirrend war. Die DNAs enthalten kurze gleichgerichtete repetitive Sequenzen die paarweise intramolekular rekombinieren können; auf diese Weise entstehen aus dem großen Master-Molekül entsprechend viele kleinere. Bei *Brassica* gibt es ein Paar solcher Sequenzen (Abb. 10-10), bei *Arabidopsis* zwei Paar, bei Mais und *Oenothera berteriana* mehrere; in den Mitochondrien von *O. berteriana* wurden mehr als 50 verschiedene DNA-Moleküle gefunden. Jedes der kleineren Moleküle behält eine der beiden Sequenzen eines Paares, so daß auch der umgekehrte Vorgang, die Fusion zu größeren Molekülen bis zum Master-Molekül möglich ist. Bei dem Lebermoos *Marchantia* findet man diese Aufteilung der mtDNA in kleinere Moleküle noch nicht. In Pflanzen scheint der Gen-Transfer in den Zellkern auch noch nicht abgeschlossen zu sein. Innerhalb der Fabaceen ist das Gen für die Untereinheit II der Cytochrom-Oxidase beispielsweise meist in der mtDNA enthalten und wird dort exprimiert, bei der Soyabohne jedoch ist es in der mtDNA und in der Kern-DNA codiert, wird aber nur vom Kern-Gen auch transkribiert, und bei der Mungbohne ging das Gen in der mtDNA verloren und existiert nur noch im Zellkern.

Ein erfolgreicher Transfer von Genen aus dem mtGenom in den Zellkern erforderte einige Modifikationen. Gruppe-II-Introns, falls vorhanden, mußten entfernt werden, spezifische eukaryotische Promotorsequenzen mußten hinzugefügt werden, und eine Transitsequenz mußte dem eigentlichen Gen vorangestellt werden, um den Transport des Gen-Produkts in die Mitochondrien zu ermöglichen (s. unten). Besonders bei Pflanzen mußte zudem die Notwendigkeit einer Editierung des Primärtransktipts, d.h. die Veränderung von Basen in der mRNA (s. unten) aufgehoben werden. Die Frage, warum überhaupt ein kleiner Rest des ursprünglichen prokaryotischen Genoms in den Mitochondrien verblieben ist –

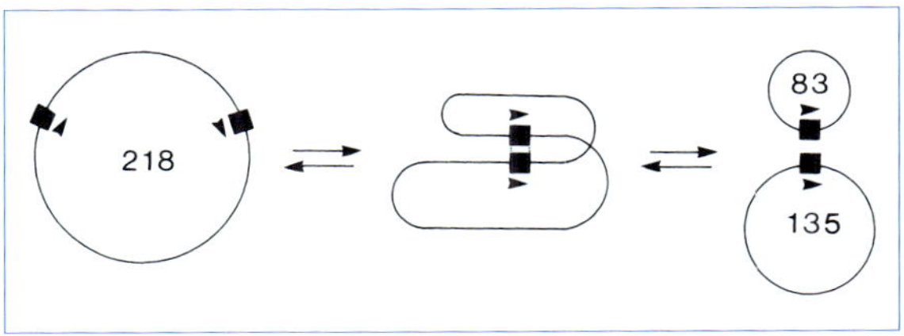

Abb. 10-10: Modell zur Heterogenität der mtDNA-Moleküle in höheren Pflanzen am Beispiel von *Brassica*. Ein Master-Molekül von 218 kbp enthält zwei gleichgerichtete repetitive Sequenzen, zwischen denen intramolekulare Rekombination auftreten kann. Es resultieren zwei kleinere Moleküle von etwa 135 und 83 kbp. Solche Rekombinationsvorgänge sind reversibel.

die gleiche Frage ergibt sich bei den Plastiden – bleibt nach wie vor unbeantwortet. Denn der Aufwand an Enzymmaschinerie für die Replikation und Expression dieses Restes ist gewaltig, und die Zahl der Gene, die dazu notwendig sind, ist wesentlich größer als die Zahl der Gene in diesem Genom-Rest.

10.2.2 Replikation und Transkription

Für die Replikation der DNA ist eine kerncodierte **DNA-Polymerase** γ zuständig. Die Replikation beginnt am Promotor des L-Strangs P_L mit der RNA-Polymerase und dem Transkriptionsfaktor mtTFA (Abb. 10-11). Wenn die Transkription den Origin O_H erreicht, entsteht ein RNA/DNA-Hybrid. Der anhybridisierte RNA-Teil wirkt als Primer für die sich anschließende DNA-Synthese des H-Strangs. Wenn die Replikationsgabel am Origin O_L ankommt, beginnt die Synthese des L-Strangs in Gegenrichtung. Zunächst wird auch hier wieder ein kurzes RNA-Molekül als Primer für die DNA-Polymerase γ gebildet. Nach Fertigstellung beider Stränge werden die Primer entfernt und die beiden Tochtermoleküle separiert und ligiert. Außerdem sorgt eine Topoisomerase II durch Schneiden des DNA-Doppelstrangs, Durchführen eines anderen Teils des Moleküls durch die Schnittstelle und Religation des Schnitts für die typische Supercoil-Struktur.

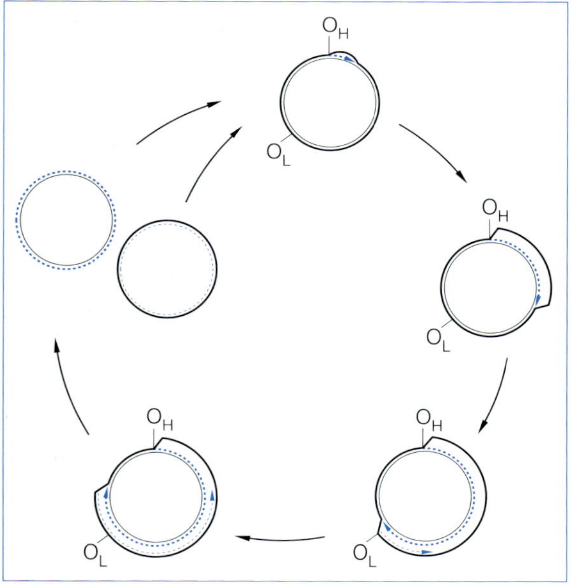

Abb. 10-11: Replikationsmodell für die mtDNA von Säugern. Dicke Linien, H-Stränge; dünne Linien, L-Stränge; die Tochterstränge sind farbig gezeichnet. Die Synthese des H-Strangs am L-Strang beginnt im Origin O_H an einem RNA-Primer. Wenn die Replikationsgabel nach 2/3 der Synthese den Origin O_L erreicht, beginnt dort die Synthese des neuen L-Strangs in Gegenrichtung.

Für die Transkription ist in Mitochondrien merkwürdigerweise eine kerncodierte monomere **RNA-Polymerase** vom T7-Typ verantwortlich; T7 ist ein Phage von *E. coli*. Nur die Mitochondrien von *Reclinomonas* bilden eine Ausnahme. Die relativ ursprüngliche mtDNA dieses Protozoons codiert für alle vier Untereinheiten einer typischen eubakteriellen RNA-Polymerase. Bei den mtDNAs der Säuger startet die Transkription bei zwei bzw. einem Promotor im H- bzw. L-Strang. Es entstehen polycistronische Transkripte, aus denen die rRNAs, tRNAs und mRNAs durch eine RNase P ausgeschnitten werden. Die prozessierenden Komplexe enthalten RNA-Moleküle, die aus dem Cytoplasma importiert werden, und Maturasen, die z.B. bei der Hefe von der mtDNA codiert werden. Die mRNAs besitzen an ihren 5'- und 3'-Enden keine nichttranslatierbaren Bereiche und keine 5'-Cap-Struktur, werden aber 3'-polyadenyliert. Die größeren Genome der Pilze enthalten mehrere und die sehr großen pflanzlichen mtDNAs viele Promotoren. Hier können auch monocistronische Transkripte entstehen. Die mRNAs werden, nach Spleißen intronhaltiger Transkripte, an den Ribosomen der Organellen translatiert.

Editierung von RNA

Unter Editierung versteht man die post-transkriptionale Veränderung der Sequenz von mRNA-, manchmal auch von rRNA- und tRNA-Molekülen. Solche Veränderungen wurden besonders in Mitochondrien gefunden, und zwar bei höheren Pflanzen, bei dem Schleimpilz *Physarum polycephalum* sowie einigen anderen Organismen und sehr intensiv bei Trypanosomen. In den Plastiden höherer Pflanzen kommt Editierung ebenfalls vor, und bei Säugern sind einige wenige Beispiele von editierter mRNA im Zellkern bekannt. R. Benne und Mitarbeiter berichteten 1986 erstmals von Uracilresten in einem mitochondrialen Transkript bei Trypanosomen, die im entsprechenden Gen (als Thyminreste) nicht enthalten waren. Zwei Hauptformen von Editierung sind inzwischen bekannt:

- Bei der Substitution oder Modifikation wird ein Nucleotid in ein anderes umgewandelt. Meist wird durch eine Nucleotid-Deaminase ein Cytosin innerhalb der RNA zu einem Uracil deaminiert, sehr viel seltener ein Uracil nach noch unbekanntem Mechanismus in ein Cytosin verändert.
- Bei der Insertion oder Deletion werden meist

Uridinreste nach Spaltung der RNA eingeführt oder, seltener, entfernt und die Schnittstelle anschließend wieder geschlossen. Diese Art der Editierung kommt in den Mitochondrien von Trypanosomen vor.

In den Fällen einer Editierung von RNA ist aus der Sequenz des Gens nicht die korrekte Aminosäuresequenz des entsprechenden Proteins bzw. die korrekte Nucleotidsequenz der rRNA oder tRNA zu entnehmen. Bevor diese Modifizierungsart von RNAs bekannt war, wurden Diskrepanzen zwischen Gen und Gen-Produkt mit einer Änderung des genetischen Codes in Mitochondrien zu erklären versucht, und in der Tat benutzen einige Protozoen UGA für Tryptophan und nicht als Stop-Codon. Im allg. jedoch weichen Mitochondrien nicht vom Standard-Code ab. Die Evolution der Editierung ist unklar, zumal sie in verschiedener Art und in weit voneinander entfernten Organismengruppen anzutreffen ist. Ein „Relikt" aus der RNA-Welt ist sie offenbar nicht.

RNA-Editierung kommt in den Mitochondrien aller Pflanzengruppen mit Ausnahme der Algen und Moose vor. Von Mitochondrien höherer Tiere ist sie nicht bekannt. In **pflanzlichen Mitochondrien** werden mRNAs, rRNAs und tRNAs editiert. Bei den mRNAs sind typischerweise 3–15% aller Codons betroffen. Es überwiegt die Deaminierung von Cytosin nach Uracil, wobei die erste und zweite Position eines Codons häufiger verändert werden als die dritte. Da ja nur ganz bestimmte Cytosinreste editiert werden, müßten diese in irgendeiner Weise erkennbar sein. Eine schlüssige Konsensussequenz ließ sich bisher jedoch nicht definieren. Ein eigenartiges Beispiel dafür, daß Editierung ein funktionelles Gen in ein „Pseudogen" umwandeln kann, liefert die Petunie. Die mRNA für das Protein 16 der großen ribosomalen Untereinheit (rpl16) erhält durch Editierung kurz nach dem Start-Codon ein Stop-Codon. Sicherlich existiert ein funktionelles Gen für dieses Protein im Zellkern. – Es wurde die Vermutung geäußert, daß diese erste Art der Editierung mit einer Deaminase entstand, die eine Mutation im Genom von Thymin nach Cytosin durch Deaminierung des entsprechenden Cytosins nach Uracil auf RNA-Ebene ausglich.

Trypanosomen und verwandte Protozoen besitzen nur ein einziges Mitochondrion, dessen DNA-haltiger Bereich, der **Kinetoplast**, in der Nähe der Geißelbasis liegt. Diese Kinetoplasten-DNA ist in sehr merkwürdiger Form organisiert. Sie besteht aus etwa 50 identischen Maxiringen von 23–36 kbp, je nach Organismenart, die die rRNA-, tRNA- und Protein-codierenden Gene

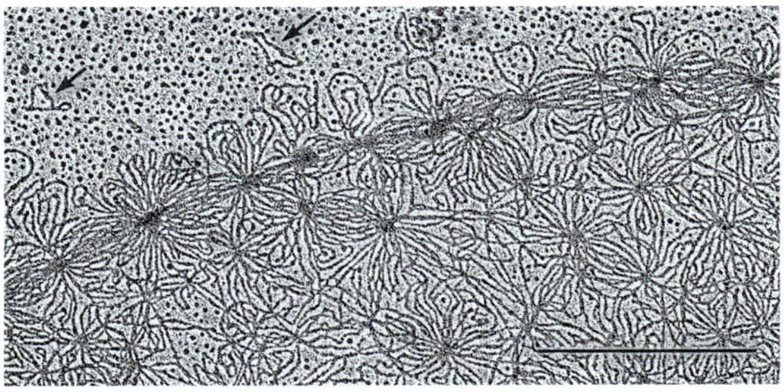

Abb. 10-12: Kinetoplasten-DNA in dem Mitochondrion der Trypanosomiden *Crithidia* (Ausschnitt). Die komplizierte Struktur des Netzwerks und zwei einzelne Miniringe (Pfeile) sind zu sehen. (EM-Aufnahme: E. Schurr, J. Thompson)

enthalten, und 5000–10000 Miniringen von 0,8–2,5 kbp, die für sog. Guide-RNAs codieren. Bis zu 300 verschiedene Miniringe wurden gefunden. Alle DNA-Moleküle bilden eine in sich verschlungene Netzwerkstruktur (Catena-Struktur) aus (Abb. 10-12).

Die Maxiringe von *Trypanosoma brucei*, dem Erreger der Schlafkrankheit, codieren für 18 Proteine. Sechs der Transkripte werden nicht editiert, die übrigen ganz erheblich. Im Transkript für Ndh7, einer Untereinheit der NADH-Dehydrogenase, beispielsweise werden 547 Uridinreste hinzugefügt und 89 entfernt. Editierungen in diesem Ausmaß korrigieren Leseraster, schaffen Initiationscodons für die Translation und verwandeln Transkripte unerkennbarer kryptischer

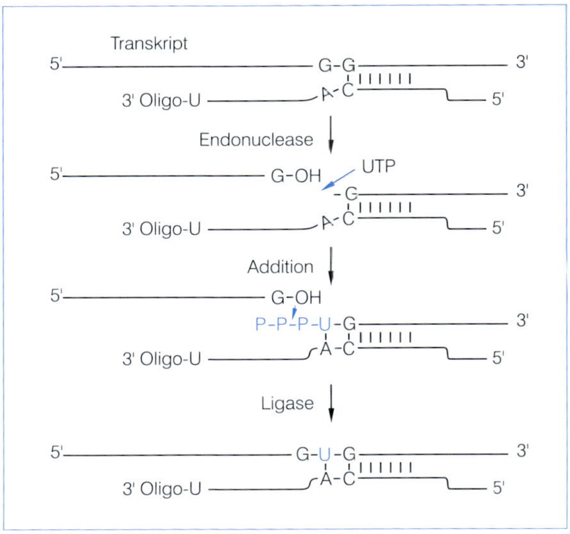

Abb. 10-13: Modell zur Editierung von Transkripten bei Trypanosomen am Beispiel der Einfügung eines Uridinrests aus UTP. Der Ort des Einfügens wird durch die an das Transkript hybridisierende Sequenz der Guide-RNA bestimmt. Die Editierung findet innerhalb eines Proteinkomplexes mit den entsprechenden Enzymaktivitäten statt.

Gene in translatierbare mRNAs. Guide-RNAs besitzen kurze Sequenzen, die zu bestimmten Sequenzen in den Transkripten komplementär sind und mit diesen hybridisieren können. Mit dem Ende der Hybridisierungsstrecke markieren sie die Stelle der Editierung, die von 3′ nach 5′ verläuft (Abb. 10-13). Eine Endonuclease setzt einen Schnitt im Transkript, und Uridinreste werden aus freiem UTP oder aus der 3′-Oligo-U-Region der Guide-RNA eingefügt, so daß weitere Hybridisierungen möglich sind. Das Transkript wird schließlich wieder ligiert. In ähnlicher Weise werden Uridinreste entfernt.

Diese Art der Editierung verkompliziert die Realisation der genetischen Information erheblich, denn zur Bildung einer mRNA sind nicht mehr nur ein Gen, sondern mehrere zuständig. Das Ereignis, das zu dieser Entwicklung Anlaß gab, ist nicht durchschaut.

10.2.3 Mutationen im mtGenom

Mutationen im mtGenom haben in erster Linie Auswirkungen auf die Energieversorgung der Zelle, in direkter Weise durch mutierte Proteine der Elektronentransportkette oder der ATP-Synthase oder in indirekter Weise durch mutierte rRNAs oder tRNAs, die für die Synthese dieser Proteine notwendig sind. In unserer Kenntnis der mtDNA-Genetik bestehen noch erhebliche Lücken. Die Vererbung ist – wie erwähnt – maternal, und Embryonen sind im wesentlichen homoplasmisch. Es wird eine Art „Flaschenhals" in der mütterlichen Keimbahn postuliert, vielleicht in den Oocyten selbst, die zwar an die 100 000 Mitochondrien enthalten, im eigentlichen Keimplasma aber nur wenige. Untersuchungen an Kühen haben beispielsweise gezeigt, daß bei Heteroplasmie innerhalb von zwei bis drei Generationen wieder Homoplasmie erreicht wird und daß neutrale Varianten der mtDNA in den Nachkommen unterschiedlich segregieren. Heteroplasmie ist selten, was zunächst verwunderlich war, da die Mutationsrate in der mtDNA höher ist als in nucleärer DNA. Wenn jedoch Heteroplasmie während der Embryogenese besteht, kann es zu degenerativen Erkrankungen kommen, die vor allem Nerven- und Muskelgewebe betreffen. Der Anteil der mutierten mtDNA in den Zellen korreliert mit der Schwere der Symptome. Man kennt beim Menschen mehr als 30 Punktmutationen und mehr als hundert Rearrangements in der mtDNA. LHON (Leber's hereditary optic neuropathy) beispielsweise ist eine degenerative Erkrankung des optischen Nervs, die zu Blindheit führt. Für sie sind verschiedene Punktmutationen in verschiedenen mitochondrialen Genen identifiziert worden wie in Position 3460 der mtDNA im *ndh1*-Gen, die einen AS-Wechsel von Ala nach Thr zur Folge hat, oder in Position 11 778 im *ndh4*-Gen mit einem AS-Wechsel von Arg nach His.

Von der erblichen Heteroplasmie ist die somatische zu unterscheiden, die sich in älteren Zellen mancher Gewebe durch somatische Mutationen ergeben kann. Im Gehirn z.B. wird Heteroplasmie beobachtet, und man bringt Mutationen in den mtDNAs mit der Seneszenz von Zellen und Organismen in Zusammenhang.

In Pflanzen können Mutationen in der mtDNA **Pollensterilität** verursachen; in mehr als 150 Arten wurde sie gefunden. Am bekanntesten ist die CMS-T (cytoplasmic male sterility Texas) beim Mais. Sie wurde 1952 von J. S. Rogers und J. R. Edwards beschrieben. Die weibliche Fertilität wird durch diese Mutation nicht beeinträchtigt, und CMS-T-Pflanzen können mit normalem Pollen Samen bilden.

Mais mit CMS-T-Cytoplasma wurde deshalb in großem Stiel für Züchtungen eingesetzt. Es zeigte sich dann, daß diese Pflanzen besonders anfällig für den Pilz *Bipolaris maidis* Rasse T (synonym mit *Helminthosporium m.*) waren. Die Mitochondrien werden durch ein Pilztoxin in der Ionen-Leitfähigkeit ihrer inneren Membran beeinträchtigt. Die Verwendung von CMS-T-Mais hat daher wieder abgenommen.

Bei der CMS-T tritt ein neues Leseraster T-*urf13* auf, dessen Gen-Produkt, ein Protein von 13 kDa, in der inneren mitochondrialen Membran enthalten ist, das die Pollenentwicklung in einem frühen Stadium in unbekannter Weise verhindert. Im Kern-Genom von Mais gibt es die Restorer-Gene *rf1* und *rf2*, die bei entsprechender Einkreuzung die Bildung fertilen Pollens wiederherstellen. Durch die Gen-Produkte dieser beiden Gene wird die Expression von T-*urf13* unterdrückt.

10.3 Import von Protein

mtGenome codieren nur für sehr wenige Proteine, für 13 bei Säugern und maximal für die fünffache Anzahl bei ursprünglichen Protozoen. Der Großteil der mitochondrialen Proteine, etwa 95%, ist kerncodiert, und diese Proteine müssen nach ihrer Synthese an cytoplasmatischen Ribosomen aus dem Cytoplasma in die Mitochondrien transportiert werden. Der gesamte Vorgang erfordert mehrere Schritte und die Beteiligung zahlreicher Proteine (Abb. 10-14).

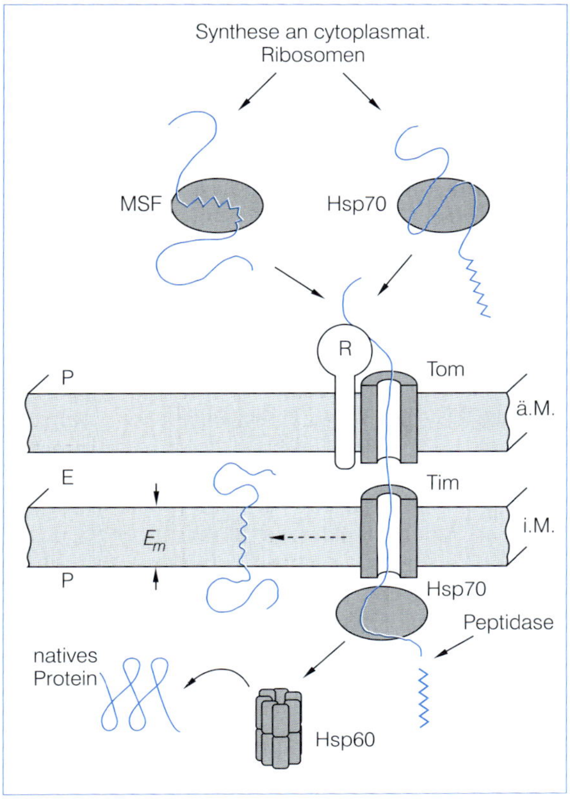

Abb. 10-14: Schema I zum Transport von Proteinen in Mitochondrien. Gezeigt ist der Transport eines Prä-Proteins in die mitochondriale Matrix und seine Faltung in der Matrix, an der auch noch eine Peptidyl-prolyl-*cis/trans*-Isomerase beteiligt sein kann, sowie der Transport eines Proteins der inneren Mitochondrienmembran mit interner Signalsequenz, die hier gleichzeitig als Membranhelix dient. Die Präsequenz und die interne Signalsequenz sind gezackt gezeichnet. R, Rezeptoren. Weitere Erklärung s. Text.

Mitochondriale Proteine werden als Prä-Proteine mit einem topogenen Signal für ihre mitochondriale Bestimmung synthetisiert. Das Signal, die **Präsequenz**, liegt N-terminal und besteht typischerweise aus 15–30 AS, die eine positiv geladene amphipathische Helix bilden. Es kommen auch interne Signalsequenzen vor. Die Präsequenz ist für die Adressierung von Proteinen ausreichend; wenn dem codierenden Bereich von Genen für cytoplasmatische Proteine die Information für eine Präsequenz vorgeschaltet wird, werden die Gen-Produkte in Mitochondrien transportiert. Chaperone nehmen die Proteine während oder nach der Synthese im Cytoplasma in Empfang, um Mißfaltungen oder Aggregationen zu verhindern sowie die Transportkompetenz zu bewahren. Das Chaperon **Hsp70** bindet bevorzugt Prä-Proteine mit N-terminaler Präsequenz, **MSF** (mitochondrial import stimulation factor) bevorzugt solche mit interner Signalsequenz. MSF ist ein Heterodimer und besitzt ATPase-Aktivität. Von den Chaperonen werden die Proteine an Rezeptoren der **Protein-Translocase** in der äußeren Mitochondrienmembran weitergegeben. Diese Translocase wird als **Tom** (translocase of the outer membrane) oder auch als GIP (general import pore) bezeichnet. An Kontaktstellen zwischen äußerer und innerer Membran werden die Proteine durch Tom und weiter durch **Tim** (translocase of the inner membrane) in die Matrix der Mitochondrien transportiert. Tom und Tim sind jedoch nicht stabil miteinander verbunden, und Tim kann unabhängig von Tom translozieren. Für den Transport durch die innere Membran ist ein Membranpotential *E* notwendig. In der Matrix werden die N-terminalen Präsequenzen durch eine Prä-Protein-Peptidase abgespalten und die Proteine von einem mitochondrialen Hsp70 und anschließend von Hsp60 gebunden, die als Faltungshelfer wirken. Es gibt in Mitochondrien vier verschiedene Bestimmungsorte für Proteine aus dem Cytoplasma: die Matrix, die innere Membran, den Intermembranraum und die äußere Membran.

Die Translocase in der äußeren Membran, Tom, besteht aus mindestens neun Untereinheiten (Abb. 10-15). Tom20/Tom22 bilden den Rezeptor für mitochondriale Proteine mit N-terminaler Präsequenz. [Die Zahlen bei den verschiedenen Tom- und Tim-Komponenten geben die ungefähren Molekularmassen an.] Tom70/Tom37 stellen den Rezeptor für Proteine mit interner Signalsequenz dar, die erst anschließend an Tom20/Tom22 weitergegeben werden. Diese Tom-Proteine besitzen jeweils einen Membrandurchgang. Von Tom20/Tom22 gelangen die Proteine unter Vermittlung von Tom5 in den Kanal, der im wesentlichen von Tom40 gebildet wird. Tom6 und Tom7 sind an der Assoziation der Rezeptoren an den Kanal beteiligt.

Für die Translocase in der inneren Membran, Tim, sind bisher fünf Untereinheiten beschrieben worden. Sie besteht aus zwei wesentlichen Blökken, dem Kanal selbst und dem Importmotor auf der P-Seite der Membran. Den Kanal bilden die hydrophoben Proteine Tim17 und Tim23 mit jeweils vier Membrandurchgängen. Tim23 besitzt auf der E-Seite negative Ladungen und kann dadurch Präsequenzen binden. Während der Translokation muß ein enger Kontakt zwischen den Kanalproteinen und dem transportierten Protein bestehen, denn das Membranpotential bleibt erhalten, d.h. Protonen können den Kanal nicht passieren. Man nimmt an, daß das Membranpotential einen elektrophoretischen Effekt auf die positiv geladene Präsequenz ausübt.

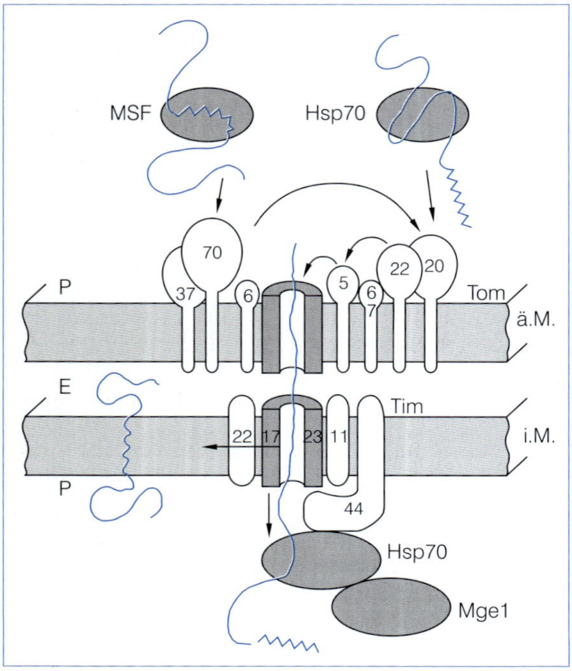

Abb. 10-15: Schema II zum Transport von Proteinen in Mitochondrien. Detailliertere Darstellung der Translocasen der äußeren und inneren Mitochondrienmembran mit ihren Tom- und Tim-Komponenten. Für weitere Erklärungen s. Text.

Tim44 ist eine Komponente des Importmotors, die als reversibler Anker für das mitochondriale Hsp70 dient. Für den aktiven Transport des Proteins durch beide Membranen wurde folgende Vorstellung entwickelt: Hsp70 bindet an Tim44 und gleichzeitig an die Präsequenz; eine durch ATP-Hydrolyse in Hsp70 induzierte Konformationsänderung löst die Bindung zu Tim44 und zieht gleichzeitig die Präsequenz etwas weiter in die Matrix hinein; erneute Bindung von Hsp70 an Tim44 verschiebt die Bindung zum transportierten Protein in Richtung seines C-Terminus usw.; dieser Zug bewirkt möglicherweise auch eine weitere Entfaltung in dem Teil des Transportproteins, der sich noch im Cytoplasma befindet. Nach diesem Modell wirkt das mitochondriale Hsp70 als mechanochemisches Enzym. Das mitochondriale Cochaperon Mge1 ist an dem Vorgang beteiligt.

Beschrieben wird mit diesem Modell der Transport eines mitochondrialen Matrixproteins aus dem Cytoplasma in die Matrix hinein. Es gibt aber noch drei andere Bestimmungsorte für mitochondriale Proteine. Vermehrt werden die dazu notwendigen Transportwege durch eine Unterscheidung, die offensichtlich bei der Etablierung des Organellenzustands während der Evolution getroffen wurde. Unterschieden wird zwischen Proteinen des ursprünglichen Endosymbionten und Proteinen, die für die Endosymbiose neu hinzuentwickelten wurden. Im einzelnen ergeben sich die folgenden Wege, die jedoch alle noch nicht so eingehend entschlüsselt werden konnten wie der Weg für die Matrixproteine:

- Der Weg der Matrixproteine verläuft wie oben beschrieben.
- Membranproteine der inneren Membran, die ursprünglich Membranproteine des Endosymbionten waren, werden zunächst in die Matrix transloziert. Sie besitzen eine zweiteilige Präsequenz. Der zweite Teil dirigiert sie zu einem zweiten Protein-Translokator in der inneren Membran, der dem generellen Sekretionsweg der Prokaryoten mit SecY,E,G entspricht (s. 8.2.1). Über diesen Translokator werden sie unter Verlust des zweiten Teils der Präsequenz in die Membran eingeschleust.
- Membranproteine der inneren Membran, die für die Endosymbiose neu entstanden, werden direkt aus der Translocase der inneren Membran unter Vermittlung von Tim22 in die Membran entlassen. Dieser Mechanismus ist im Prinzip ähnlich der Insertion von Proteinen in das ER (s. 8.2.2). Die Familie der mitochondrialen Carrier-Proteine mit dem Adenylat-Translokator als bekanntestem Vertreter gelangt auf diese Weise an ihren Bestimmungsort.
- Proteine des Intermembranraums mit prokaryotischem Ursprung benützen ebenfalls den Umweg über die Matrix und den SecY,E,G-Translokator, der auch die Möglichkeit des Exports bietet. Beispiele sind Cytochrom c_1 und die Cytochrom-c-Häm-Lyase.
- Cytochrom c gelangt offenbar ohne Translokator aus dem Cytoplasma in die äußere Membran. Es bildet einen Komplex mit der Cytochrom-c-Häm-Lyase und wird nach Bindung von Häm in den Intermembranraum freigegeben.
- Proteine der äußeren Membran wie Porine oder Tom-Proteine inserieren offenbar direkt in die Membran.

Nicht nur Proteine werden aus dem Cytoplasma in Mitochondrien transportiert, sondern auch RNA-Moleküle. Beispiele sind tRNAs bei *Chlamydomonas* (s. Tab. 10-2) und bei Trypanosomen und RNA-Moleküle für den RNA-prozessierenden Komplex in Mitochondrien von Säugern. Der Importweg für RNA-Moleküle ist nicht bekannt.

10.4 Mitochondriale Atmung

Mitochondrien sind der Ort der aeroben Energiegewinnung. An diesem Prozeß, der in Citratzyklus, Elektronentransportkette und ATP-Synthase gegliedert ist, sind zahlreiche Komponenten der Matrix und der inneren Membran beteiligt. Zum **Citratzyklus** und einigen Nebenreaktionen gehören etwa 20 Enzyme, die bis auf die Succinat-Dehydrogenase Matrixproteine sind. In den Zyklus wird vor allem Acetyl-CoA eingeschleust, das in den Mitochondrien aus Pyruvat durch den Pyruvat-Dehydrogenase-Komplex und aus Fettsäuren über die β-Oxidation gebildet wird. Pyruvat und Fettsäuren gelangen durch besondere Translokatoren der inneren Membran in die Mitochondrien. Acetyl-CoA wird in einem zyklischen Prozeß zu zwei Molekülen CO_2 oxidiert, wobei Reduktionsäquivalente in Form von drei Molekülen $NADH \cdot H^+$ und einem reduzierten Flavoprotein sowie ein Molekül GTP entstehen. Der Zyklus, in den auch verschiedene Aminosäurederivate einfließen können, ist nicht nur Abbauweg, sondern dient auch als Ausgangspunkt für andere Stoffwechselwege und anabolische Reaktionen, besonders über die Zwischenstufen Citrat, α-Ketoglutarat und Succinyl-CoA. Für die meisten Zwischenstufen des Zyklus gibt es Translokatoren in der inneren Membran, was auf seine Dynamik und den metabolischen Austausch mit dem Cytoplasma weist.

In die **Elektronentransportkette** (Atmungskette) der inneren Membran werden die Elektronen von $NADH \cdot H^+$ und reduziertem Flavoprotein eingespeist. Die Kette besteht aus mehreren Proteinkomplexen und einzelnen Komponenten mit zunehmend positivem Redox-Potential, die von den Elektronen durchlaufen werden. Vom letzten Glied der Kette, der Cytochrom-Oxidase werden sie schließlich auf Sauerstoff übertragen, der zu Wasser reduziert wird. Gekoppelt an diesen exergonen Elektronentransport ist ein Transport von Protonen von der P-Seite der Membran auf die E-Seite. Es entsteht dadurch ein elektrochemisches Potential für Protonen, ein **Protonengradient**, die Membran wird „energetisiert".

Ein Protonengradient stellt eine zelluläre Energieform dar (s. 1A.3). Diese Energie wird durch die membranständige **ATP-Synthase** ausgenützt, um ATP aus ADP und P_i zu synthetisieren. Die treibende Kraft dabei ist der Rückfluß von Protonen in die Matrix. Die durch Sauerstoffverbrauch ermöglichte Synthese von ATP wird als **oxidative Phosphorylierung** bezeichnet.

Bei aeroben Bakterien sind Elektronentransportkette und ATP-Synthase in der Plasmamembran lokalisiert.

10.4.1 Elektronentransport

Die Elektronentransportkette in der inneren Mitochondrienmembran ist ein kompliziertes System aus etwa 50 Polypeptiden und einigen anderen Komponenten. Einige von ihnen sind Redox-Verbindungen, d.h. Elektronenüberträger:

- Dehydrogenasen speisen jeweils zwei Elektronen aus $NADH \cdot H^+$ und aus dem im Citratzyklus reduzierten Flavoprotein in die Kette ein.
- Cytochrome mit ihren Eisenporphyrinen, bei der Cytochrom-Oxidase zusätzlich mit Cu-Ionen, und Eisen-Schwefel-Proteine mit ihren Fe-S-Zentren sind Ein-Elektronen-Überträger.
- Ubichinon kann ein Elektron und ein Proton zum Semichinon sowie ein weiteres Elektron und ein weiteres Proton zum Ubichinol aufnehmen und weitergeben.

An Ende der Kette werden nacheinander vier Elektronen auf O_2 übertragen. In der Kette durchlaufen die Elektronen eine Potentialdifferenz von etwa 1,14 V, wie sich aus den Redoxpotentialen E'^0 der Elektronen liefernden und Elektronen aufnehmenden Endgliedern der Kette errechnen läßt (s. 1A.3):

$$E'^0 \; NAD^+/NADH \cdot H^+ = -0{,}32 \text{ V}$$

$$E'^0 \; \tfrac{1}{2}O_2/H_2O = +0{,}82 \text{ V}$$

Dieser Wert entspricht einem $\Delta G'^0$ von etwa $-220 \text{ kJ} \cdot \text{mol}^{-1}$.

Atmende Mitochondrien befinden sich in einer Art Fließgleichgewicht, in dem die ersten Kettenglieder eher in einem reduzierten Zustand, die letzten Kettenglieder eher in einem oxidierten Zustand vorliegen.

Bis auf Cytochrom c, das ein peripheres Membranprotein auf der E-Seite ist, sind alle Komponenten der Elektronentranportkette integrale Bestandteile der inneren Membran. Vier native Proteinkomplexe konnten unter Verwendung milder Detergenzien aus der Membran isoliert werden:

- Komplex I: NADH-Ubichinon-Oxidoreductase (NADH-Dehydrogenase).
- Komplex II: Succinat-Ubichinon-Oxidoreductase.
- Komplex III: Ubichinon-Cytochrom-c-Oxidoreductase (Cytochrom-b,c_1-Komplex).

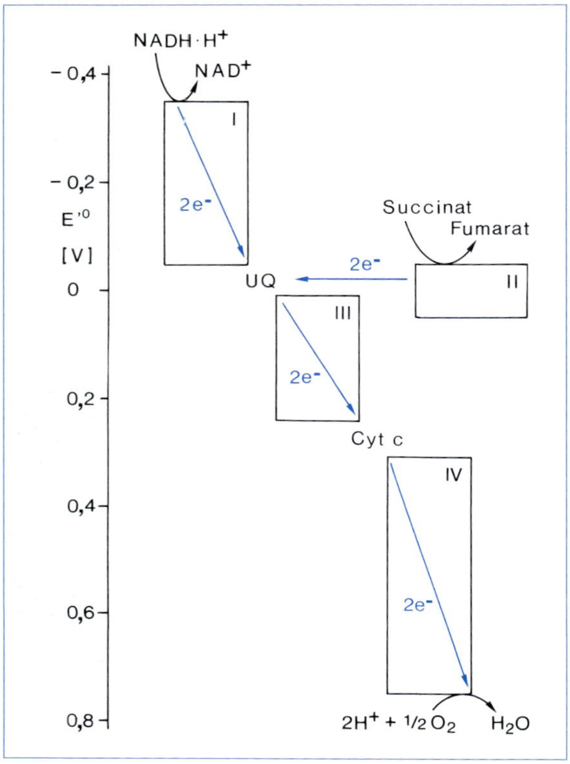

Abb. 10-16: Energiediagramm für die Komplexe der mitochondrialen Elektronentransportkette. Die vertikale Ausdehnung der Komplexe entspricht etwa den Potentialsprüngen, die die Elektronen in ihnen durchlaufen. UQ, Ubichinon; Cyt c, Cytochrom c.

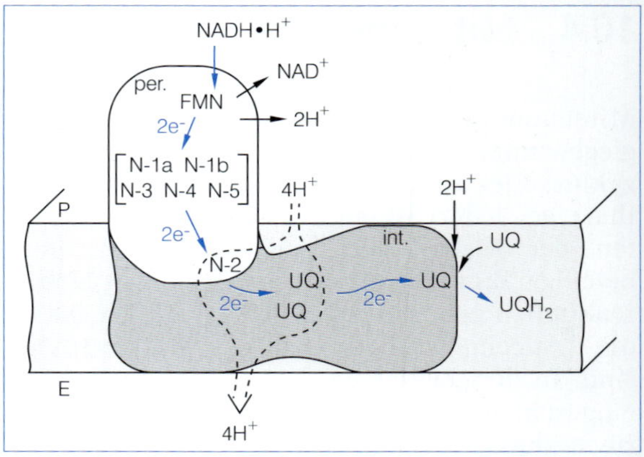

Abb. 10-17: Strukturell/funktionelles Modell für Komplex I der Atmungskette. Der Weg der Elektronen ist durch farbige Pfeile wiedergegeben, der Weg der Protonen umschreibt mit gestrichelter Linie den beteiligten Abschnitt im Komplex. Über FMN werden keine Protonen durch die Membran transloziert, die Protonen von NADH·H⁺ gelangen in das Cytoplasma zurück. N-1a bis N-5 bezeichnen die sechs Fe-S-Zentren im peripheren Arm. UQ, Bindungsstellen für Ubichinon im Komplex und freies Ubichinon in der Membran; UQH_2, Ubichinol (reduziertes Ubichinon); per., peripherer Teil; int., integraler Teil.

- Komplex IV: Cytochrom-c-Sauerstoff-Oxidoreductase (Cytochrom-Oxidase).

Die Komplexe I, III und IV liegen funktionell in Sequenz, wobei Ubichinon die Komplexe I und III sowie Cytochrom c die Komplexe III und IV verbinden (Abb. 10-16). Komplex II liefert – aus energetischen Gründen – die Elektronen aus dem reduzierten Flavoprotein an Komplex III. Der Fluß der Elektronen ist durch die Redoxpotentiale der Komplexe vorgegeben. Entscheidend sind drei größere Potentialsprünge von 0,25-0,5 V innerhalb der Komplexe I, III und IV. Sie entsprechen $\Delta G'^0$-Werten von –46 bis –97 $kJ \cdot mol^{-1}$. Diese Energie wird in den Komplexen zur Translokation von Protonen von der P-Seite der Membran zur E-Seite ausgenützt, d.h. während des Elektronentransports wird Redox-Energie in die elektrochemische Energie eines Protonengradienten umgeformt.

NADH-Dehydrogenase

Dieser Komplex ist der größte der Atmungskomplexe und besitzt eine L-förmige Struktur mit einem peripheren und einem integralen Arm (Abb. 10-17). Man nimmt an, daß diese beiden Subkomplexe unterschiedlicher evolutionärer Herkunft sind und kombiniert wurden. Bei Bakterien sind es 14 Proteine, die Komplex I zusammensetzen, je sieben in jedem Arm. In den Mitochondrien der Säuger finden sich diese 14 Proteine wieder, es kommen jedoch weitere hinzu, insgesamt sind es mindestens 42, die sich auf die beiden Arme verteilen. Die Gen-Produkte der sieben *ndh*-Gene in der mtDNA der Säuger entsprechen den sieben bakteriellen Proteinen im integralen Arm. Die sieben in Bakterien und in Mitochondrien vorkommenden Proteine im peripheren Arm sind funktionell wesentlich, denn sie tragen alle prosthetischen Gruppen des gesamten Komplexes, ein FMN und sechs Fe-S-Zentren (Abb. 10-18).

Es ist ein eigenartiger Befund, daß prosthetische Gruppen auf den peripheren Arm beschränkt bleiben, während der integrale Arm nur drei Bindungsstellen für Ubichinon aufweist. Das Fe-S-Zentrum N-2 wird allerdings wegen seines weniger negativen Redoxpotentials von –0,15 V im Vergleich zu den übrigen Zentren (–0,25 V) an die Grenzfläche von peripherem und integralem Arm plaziert. Das derzeitige Modell für den Elektronentransport von NADH · H^+ zum freien Ubichinon in der Membran und für den daran gekoppelten Transport von vier Protonen durch die Membran beruht insbesondere auf den Ubichinon-Bindungsstellen (Abb. 10-17). Ubi-

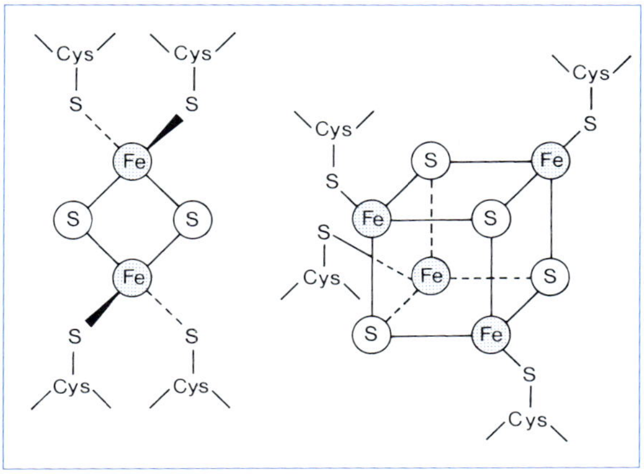

Abb. 10-18: Strukturen von Fe-S-Zentren. **Links**: 2Fe:2S-Zentrum. **Rechts**: 4Fe:4S-Zentrum. Cys, Cysteinreste im Protein.

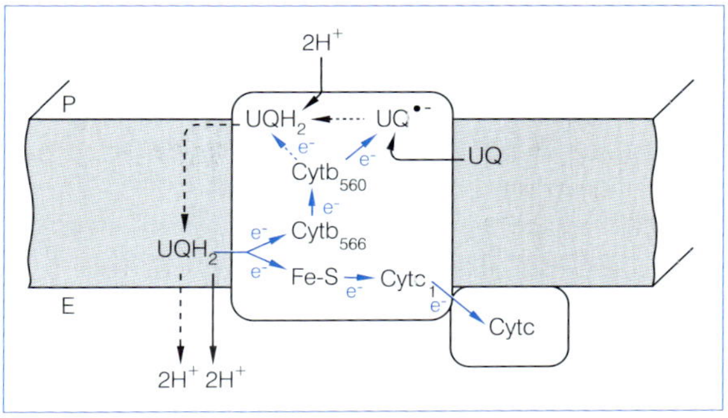

Abb. 10-19: Funktionsmodell für Komplex III der Atmungskette. Dem integralen Komplex gehören ein Protein mit Fe-S-Zentrum, Cytochrom c_1, die Cytochrome b_{560} und b_{566} sowie weitere Proteine an. UQ, Ubichinon; UQ^{-}, Ubisemichinon; UQH_2, Ubichinol. Der Fluß der Elektronen ist farbig gezeichnet, die unterbrochenen Pfeile betreffen einen zweiten Zyklus. Zur weiteren Erklärung s. Text.

chinon-Analoga als Inhibitoren von Komplex I bestärken diese Ansicht. **Rotenon**, ein lipophiles Isoflavonderivat aus *Derris*-Arten (Fabaceen), und Piericidin A interferieren mit den Bindungsstellen für Ubichinon. Der Protonentransport in Komplex I ähnelt dem Ubichinonzyklus, der ursprünglich für Komplex III vorgeschlagen worden war. Das Fe-S-Zentrum N-2 ist jedoch offenbar in den Protonentransport mit eingebunden.

Cytochrom-b,c_1-Komplex

Der Komplex III überträgt Elektronen vom Ubichinol auf das periphere Cytochrom c auf der E-Seite der Membran, wobei insgesamt vier Protonen über den sog. **Ubichinonzyklus** oder Q-Zyklus (quinone) durch die Membran transloziert werden (Abb. 10-19). In dem Komplex sind ein Protein mit Fe-S-Zentrum, ein Cytochrom c_1, die Cytochrome b_{560} und b_{566} sowie weitere Proteine ohne prosthetische Gruppen enthalten. Nach dem derzeitigen Modell gibt das von Komplex I reduzierte Ubichinol seine beiden Elektronen – unter gleichzeitiger Entlassung von zwei Protonen auf der E-Seite der Membran – an zwei verschiedene Redox-Partner im Komplex ab. Über das Fe-S-Protein und Cytochrom c_1 gelangt ein Elektron auf das periphere Cytochrom c, über die b-Cytochrome auf ein Ubichinon, das dadurch zum Semichinon, einem radikalischen Anion, reduziert wird. Im nächsten Zyklus wird das Semichinon – unter Aufnahme von zwei Protonen aus der Matrix – zum Ubichinol reduziert, das nun wiederum seine beiden Elektronen an die Redox-Partner abgibt und seine beiden Protonen auf der E-Seite entläßt.

Bekannte Inhibitoren von Komplex II sind **Myxothiazol** und **Stigmatellin**, Antibiotika aus Myxobakterien, die die Oxidation von Ubichinol blockieren, und **Antimycin A**, ein Antibiotikum aus *Streptomyces griseus*, das die Reduktion von Ubichinol hemmt. Myxothiazol ist äußerst wirkungsvoll und entfaltet seine Wirkung bereits bei sehr geringer Konzentration.

Cytochrom-Oxidase

Für Komplex IV besteht das detaillierteste Modell, da es gelungen ist, diesen Komplex aus einem Bakterium, *Paracoccus denitrificans*, und aus Mitochondrien röntgenographisch mit einer Auflösung von 0,28 nm zu analysieren. Die Cytochrom-Oxidase übernimmt nacheinander vier Elektronen von Cytochrom c zur Reduktion eines O_2-Moleküls zu zwei Wassermolekülen.

Die mitochondriale Cytochrom-Oxidase besteht aus den drei mtDNA-codierten Untereinheiten I, II und III sowie zehn weiteren, die kerncodiert sind. Funktionen sind nur für die Untereinheiten I und II bekannt: UE I besitzt 12 Membrandurchgänge und hat die Häme a und a_3 und das Kupfer-Ion Cu_B gebunden; UE II mit nur zwei Membrandurchgängen enthält zwei Cu_A-Ionen und eine Bindungsstelle für Cytochrom c. Cytochrom-Oxidasen, die auch als **terminale Oxidasen** bezeichnet werden, gehören zu eine Superfamilie von **Häm-Kupfer-Oxidasen**. Die meisten bakteriellen Oxidasen bestehen aus den Untereinheiten I-III, manche haben allerdings nicht Cytochrom c als Substrat, sondern ein Chinol; Bakterien können mehrere unterschiedliche Oxidasen enthalten. Ein Vorläufer all dieser Oxidasen ist offenbar eine NO-Reductase denitrifizierender Prokaryoten mit einem Fe-Fe-Zentrum gewesen, das älter zu sein scheint als das Fe-Cu-Zentrum.

Die Untereinheit II im Komplex IV übernimmt

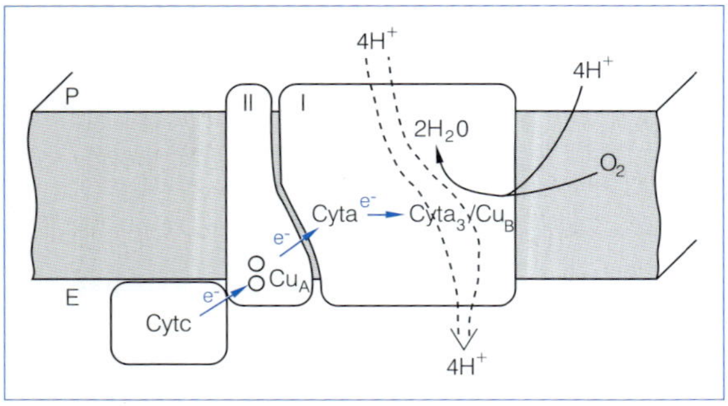

Abb. 10-20: Struktur/Funktionsmodell für die Cytochrom-Oxidase. Der Komplex besteht aus 13 Untereinheiten, eingezeichnet sind jedoch nur UE I und UE II, deren Funktionen bekannt sind. Weitere Erklärung s. Text.

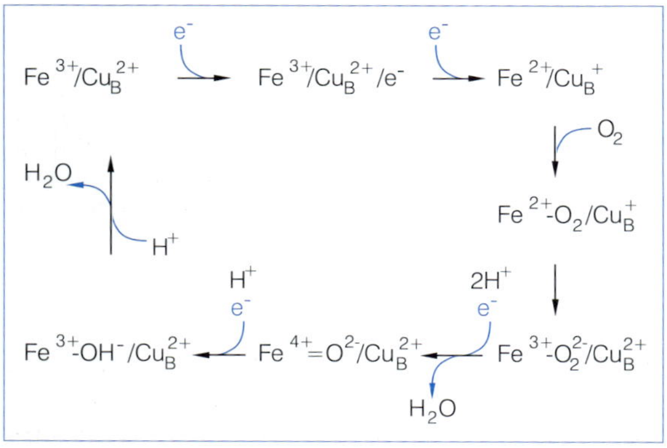

Abb. 10-21: Vereinfachtes Modell für die Reduktion von O_2 zu Wasser im binukleären Zentrum aus Häm a_3 und Cu_B in der UE I der Cytochrom-Oxidase. Dargestellt sind nur das Fe-Ion des Häms und Cu_B. Die vier sukzessiven Aufnahmen von je einem Elektron (e^-), die Aufnahme von O_2 und die Abgabe von Wasser sind farbig gezeichnet. Der Zyklus beginnt oben links, er benötigt eine Zeit von etwa 2 ms. Das Modell zeigt sehr schön die Bindung von Sauerstoff an das Zentrum, so daß aktivierte Sauerstoffspezies nicht frei werden können, und die sukzessive Abgabe von zwei Wassermolekülen. (Verändert nach M. W. Calhoun et al. (1994) Trends Biochem. Sci. 19, 325.)

das Elektron von Cytochrom c mit seinen beiden Cu_A-Ionen (Abb. 10-20). Von dort gelangt es in UE I über das Häm a zum **binukleären Zentrum**, das von Häm a_3 und Cu_B gebildet wird. In diesem Zentrum wird O_2 zu Wasser reduziert (Abb. 10-21). Während dieses Vorgangs werden vier Protonen aus der Matrix auf die E-Seite der Membran transportiert und vier weitere Protonen zur Reduktion von O_2 benötigt. Der H^+-Transport muß zwar eng an die Redox-Änderungen gekoppelt sein, darf aber den Ort der O_2-Reduktion nicht direkt berühren, um eine Entkopplung zu vermeiden. Der genaue Weg der Protonen im Komplex ist noch nicht bekannt.

Kohlenmonoxid und **Cyanid** vergiften die Cytochrom-Oxidase. Aufgrund der Wirkung von Cyanid postulierte O. Warburg 1913 das berühmt gewordene „Atmungsferment".

In Pflanzen und Pilzen kommt in den Mitochondrien neben der üblichen Cytochrom-Oxidase eine **alternative Oxidase** vor, die Resistenz gegenüber Cyanid zeigt und Sauerstoff reduziert, ohne einen Protonengradienten aufzubauen. Sie besteht aus 1–3 Untereinheiten und enthält wahrscheinlich über His-Reste gebundenes Fe als Redox-Liganden. Funktionell ist sie eine Ubichinol-Oxidase, die mit dem Cytochrom-Weg um Elektronen konkurriert. Man nimmt an, daß die alternative Oxidase ein protektives Enzym ist, das eine „Überreduktion" der Atmungskette verhindert und so der Entstehung von reaktiven Sauerstoffspezies zuvorkommt. Die Oxidase wird in Pflanzen generell unter Stressbedingungen induziert.

Manche Pflanzen nützen die alternative Oxidase aus, um in ihren Blüten Wärme zu erzeugen. Dadurch können Geruchsstoffe leichter verdunsten, so daß Insekten besser angelockt werden und damit die Pollinierung gefördert wird. Im Spadix von Araceen oder in der Lotusblüte (*Nelumbo nucifera*) beispielsweise kann die Respirationsrate mit der alternativen Oxidase so hoch sein, daß lokale Temperaturen erreicht werden, die bis zu 15 °C über der Umgebungstemperatur liegen.

10.4.2 ATP-Synthase

Die ATP-Synthase (F-Typ-ATP-Synthase, F_0/F_1-ATP-Synthase) ist eine prokaryotische „Erfindung", wurde aber durch die Adaptierung von Prokaryoten zu Mitochondrien und Plastiden auch eukaryotischen Zellen zugänglich. Sie kommt ausschließlich in den Plasmamembranen von Prokaryoten, in den Thylakoiden von Cyanobakterien und Chloroplasten sowie in der inneren Membran von Mitochondrien vor.

Die Synthase besteht aus zwei Teilen, dem peripheren **F_1-Faktor**, der eigentlichen ATP-Synthase, und dem integralen **F_0-Faktor**, der einen Protonenkanal bildet. Der F_1-Teil ragt weit aus der P-Seite der Membranen heraus und läßt sich negativkontrastiert im EM gut sichtbar machen (Abb. 10-22). In Prokaryoten kann die Synthase nicht nur unter Ausnützung eines Protonengradienten ATP bilden, sondern gegebenenfalls auch unter ATP-Verbrauch einen Protonengradienten aufbauen. Aus Mitochondrien und Plastiden ist diese Umkehrung nicht bekannt. Vom F_0-Faktor abgelöster F_1-Faktor wirkt als ATPase, hydrolysiert also ATP. Die Synthase von *E. coli* gilt als Prototyp. Der F_1-Teil hat die Zusammensetzung $(\alpha\beta)_3\gamma\delta\varepsilon$ und der F_0-Teil ab_2c_{10-12}. Insgesamt sind es mehr als 20 Polypeptide. Die Synthasen von

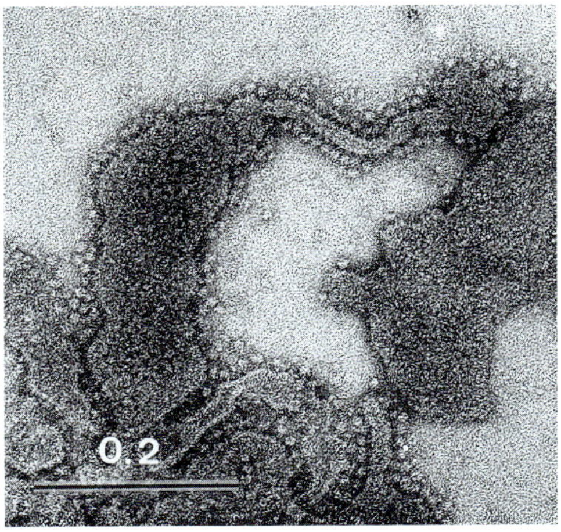

Abb. 10-22: Teil eines isolierten und lysierten Mitochondrions aus Rattenleber im Negativkontrast. Die Membranen sind dicht mit F_1-Faktoren der ATP-Synthasen besetzt. (EM-Aufnahme: H. Falk)

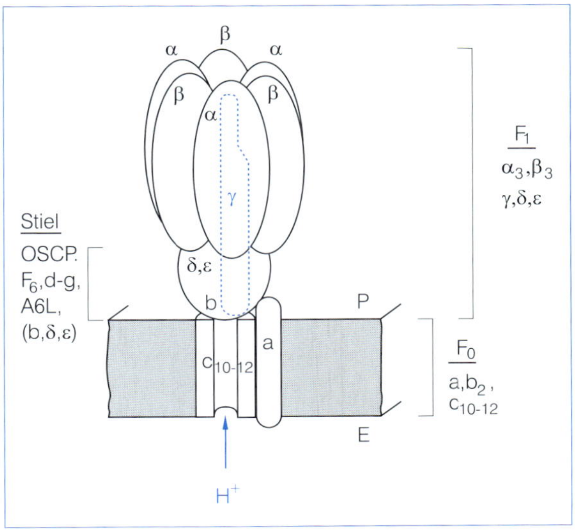

Abb. 10-23: Strukturmodell für eine ATP-Synthase. Das Modell gilt für *E. coli*, links sind zusätzliche Komponenten für den Stielbereich der mitochondrialen Synthase angegeben. Die farbig gehaltene γ-Untereinheit ragt als zentrale Achse weit in den $(\alpha\beta)_3$-Ring hinein. Eine *E. coli*-Zelle besitzt in ihrer Plasmamembran 3000–4000 ATP-Synthasen.

Mitochondrien und Plastiden enthalten zusätzliche Komponenten, die vor allem im Grenzbereich zwischen F_1 und F_0, dem Stielbereich, liegen. mtDNAs codieren meist für die a- und c-Untereinheiten in F_0 sowie für ein bis zwei weitere Komponenten, nur in den mtDNAs höherer Pflanzen wird auch die α-Untereinheit von F_1 codiert.

Die Synthase ist konserviert, hybride funktionelle Formen verschiedener Herkunft lassen sich experimentell konstruieren. Einige wenige alkalophile Prokaryoten wie *Propionigenium modestum* benützen nicht H^+, sondern Na^+ als treibendes Ion.

Die Röntgenstrukturanalyse eines F_1-Faktors mit einer Auflösung von 0,28 nm hat zu einer wesentlichen Verfeinerung des Struktur/Funktionsmodells für die ATP-Synthase geführt. Die α,β-Untereinheiten bilden eine ringförmige Struktur, in die die γ-Untereinheit mit zwei α-Helices wie eine Achse von der Basis aus hineinragt (Abb. 10-23). Die beiden Helices werden von den 44 N-terminalen und den 64 C-terminalen Aminosäureresten der γ-Untereinheit gebildet. Die α- und β-Untereinheiten enthalten je eine ATP-Bindungsstelle, von denen jedoch nur diejenigen in den β-Untereinheiten katalytisch sind; die Funktion der Bindungsstellen in den α-Untereinheiten ist unklar. Die Bildung von ATP aus ADP und P_i geschieht in den β-Bindungsstellen spontan ohne Energiezufuhr, offenbar bedingt durch die besondere Mikroumgebung um die Bindungsstelle. ATP bleibt jedoch zunächst fest gebunden, und seine Abgabe in die Matrix ist der energieverbrauchende Schritt im katalytischen Zyklus.

Im F_0-Teil bilden die c-Untereinheiten mit ihren je zwei Membranhelices wahrscheinlich eine ringförmige Struktur. Dieser Struktur sitzt die a-Untereinheit, die mindestens fünf Membrandurchgänge besitzt, seitlich an. Die b-Untereinheit mit einem Membrandurchgang ragt mit einem großen hydrophilen Teil in die Struktur der P-Seite der Membran hinein.

Im katalytischen Zyklus rotiert die achsiale γ-Untereinheit relativ zum $(\alpha\beta)_3$-Ring im F_1-Teil. Diese – eigentlich schon ältere – Vorstellung wurde inzwischen mehrfach belegt.

Beispielsweise wurde in einem isolierten rekombinanten $(\alpha\beta)_3\gamma$-Komplex $(\alpha\beta)_3$ über gentechnisch angehängte kurze His-Sequenzen an einem mit Nickel beschichteten Support festgelegt. An die zentrale γ-Untereinheit wurde ein fluoreszenzmarkiertes Actinfilament gekoppelt. Bei ATP-Hydrolyse, wozu dieser Komplex noch fähig war, konnte eine Rotation des fluoreszierenden Actinfilaments im Videomikroskop registriert werden.

Die Rotation erfolgt in drei Schritten, die drei unterschiedlichen Konformationzuständen der ATP-Bindungstellen in den β-Untereinheiten entsprechen (Abb. 10-24). Jede der drei β-Untereinheiten durchläuft, alternierend zu den anderen, diese drei Konformationen:

- O-Zustand (open), die Bindungsstelle ist leer und kann ADP und P_i aufnehmen.
- L-Zustand (loose), ADP und P_i sind locker gebunden, bei relativer Rotation um 120° geht der L-Zustand in den T-Zustand über.

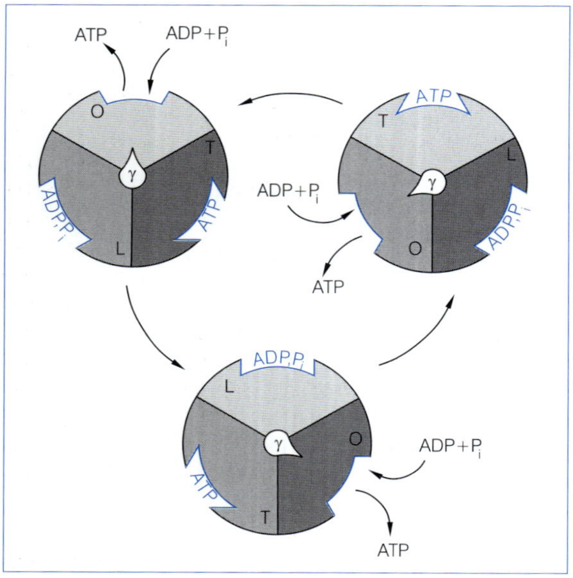

Abb. 10-24: Rotationsmodell für die ATP-Synthase in drei Schritten. Jede der stationären ß-Untereinheiten durchläuft die Konformationen O (open), L (loose) und T (tight). Die zentral liegende γ-Untereinheit rotiert relativ zum αβ-Ring. Der energieerfordernde Schritt ist nicht die Synthese von ATP, die in der geschlossenen Bindungsstelle spontan abläuft, sondern die Freisetzung von ATP. Bei jeder Drehung um 120° wird aus einer anderen β-Untereinheit ATP freigesetzt.

- T-Zustand (tight), ADP und P_i sind fest gebunden, die Bildung von ATP geschieht spontan, bei relativer Rotation um 120° wird ATP entlassen und die Bindungsstelle kehrt in den O-Zustand zurück.

Es wird angenommen, daß der **Rotor** des gesamten Systems von den c-Untereinheiten in F_0 sowie der γ- und ε-Untereinheit von F_1 gebildet wird. Die restlichen Untereinheiten gehören dem **Stator** an. Der Protonenfluß von der E-Seite durch die c-Untereinheiten in die a-Untereinheit soll die Rotation erzeugen. Eine Umdrehung benötigt etwa 100 μs und verläuft für die γ-Untereinheit im Uhrzeigersinn. Für die plastidäre ATP-Synthase wurde eine Stöchiometrie von vier H^+ pro gebildetem ATP-Molekül gefunden; bei anderen Synthasen mag sie ähnlich sein. Es bestehen bei dieser Vorstellung gewisse Analogien zum Rotationsmechanismus der Bakterienflagelle (s. 4.5.4). Die F_0/F_1-ATP-Synthase ist die kleinste elektrochemo/mechano/chemische Einheit, die man kennt.

Der Protonenfluß durch den F_0-Teil wird durch **DCCD** (Dicyclohexylcarbodiimid) blokkiert, das kovalent an konservierte Glu- und Asp-Reste in den c-Untereinheiten bindet. **Oligomycin**, ein Antibiotikum aus *Streptomyces diastatochromogenes*, hemmt die ATP-Synthese, indem es an OSCP (oligomycin sensitivity conferring factor) der mitochondrialen ATP-Synthase bindet. Klassische Entkoppler wie **2,4-Dinitrophenol** bauen den Protonengradienten ab. Ionophore haben im Prinzip eine ähnliche Wirkung.

10.5 Translokatoren der Mitochondrienmembranen

Abgesehen von der Protein-Translocase Tom (s. 10.3) enthält die äußere Mitochondrienmembran das mitochondriale **Porin**, das auch als VDAC (voltage dependen anion selective channel) bezeichnet wird. Es stellt eine durch β-Faltblätter gebildete Pore dar, vom Aufbau her ähnlich den Porinen der äußeren Membran gramnegativer Bakterien (s. 2.7.1). Porine lassen Ionen und kleinere Metabolite passieren, sind aber offenbar bis zu einem gewissen Grad regulierbar und können auch strukturellen Veränderungen unterliegen. Beim Menschen gibt es vier Isoformen, bei höheren Pflanzen zwei.

In der inneren Membran, der eigentlichen Barriere zum Cytoplasma, sind neben der Protein-Translocase Tim und der ATP-Synthase zahlreiche Translokatoren enthalten, die der ursprüngliche Prokaryot nicht besaß. Sie sind alle kerncodiert und gehören der MCF (**mitochondriale Carrier-Familie**) an. Diese Proteine von etwa 30 kDa bestehen aus drei ähnlichen Bereichen zu je etwa 100 AS mit jeweils zwei Membrandurchgängen. Die Translokatoren gewährleisten den metabolischen Austausch zwischen Mitochondrienmatrix und Cytoplasma (Tab. 10-3). Es sind allerdings noch weitere Translokatoren für Nucleotide und andere Verbindungen zu postulieren, die in den Mitochondrien nicht synthetisiert werden können und daher importiert werden müssen, sowie für anorganische Ionen wie Ca^{2+}.

Sehr bekannt ist der **Adenylat-Translokator**, der in der inneren Membran in höherer Konzentration vorkommt als die ATP-Synthase und die Cytochrom-Oxidase. Er arbeitet in atmenden Mitochondrien hochgradig unsymmetrisch, indem er ATP^{4-} aus der Matrix hinaus und ADP^{3-} in die Matrix hinein transportiert. Der Grund liegt darin, daß bei diesem elektrogenen Transport die formale Verschiebung einer negativen Ladung durch den Protonengradienten bzw. durch das innen negative Membranpotential begünstigt wird. In entkoppelten Mitochondrien verläuft der Austausch gleich gut in beide Richtungen in Form einer katalysierten Diffusion. Der Trans-

Tab. 10-3: Translokatoren der inneren Mitochondrienmembran (mitochondriale Carrier-Familie).

Translokator	Erläuterungen
Adenylat-T.	Antiport von ATP^{4-} und ADP^{3-}.
Enkopplungsprotein	Transport von H^+ in die Matrix unter Wärmeerzeugung.
Phosphat-T.	Symport von P_i und H^+ bzw. Antiport von P_i und OH^-.
Pyruvat-T.	Symport von Pyruvat und H^+.
Dicarboxylat-T.	Antiport von Malat, Succinat, Phosphat u. a..
α-Ketoglutarat-T.	Antiport von α-Ketoglutarat und Malat.
Aspartat/Glutamat-T.	Antiport.
Citrat-T.	Antiport von Citrat und Malat.
Acyl-Carnitin-T.	Antiport von Carnitin und Acyl-Carnitin (Fettsäuren).
Ornithin-T.	Antiport von Ornithin (in die Matrix) und Citrullin (ins Cytoplasma), die Ornithin-Carbamyltransferase des Harnstoffzyklus ist mitochondrial.
Glutamin-T.	Symport mit H^+, Gln liefert NH_4+ für Carbamylphosphat zur Citrullinsynthese.
Glutamat-T.	Antiport gegen H^+, entfernt das aus Gln entstandene Glu.

DNA-Sequenzierungen haben gezeigt, daß es noch weitere Mitglieder dieser Familie mit bisher unbekannten Funktionen gibt. Im sequenzierten Hefe-Genom sind 35 Gene für diese Translokator-Familie gefunden worden.

lokator ist außerordentlich spezifisch für Adeninnucleotide. Daß in Mitochondrien im wesentlichen ATP gebildet wird, liegt an dieser Translokatorspezifität, denn die Synthase würde auch andere Nucleotiddiphosphate als Substrat akzeptieren. Zwei Inhibitoren waren für die Aufklärung des Transportmechanismus im Adenylat-Translokator von großer Bedeutung. **Atractylosid**, ein Glykosid der Distel *Atractylis gummifera*, bindet nur an der E-Seite, **Bongkreksäure**, ein Antibiotikum aus Schimmelpilzen, ausschließlich an der P-Seite. ADP/ATP werden durch sie vom Translokator verdrängt. Es gibt im Translokatorprotein allerdings nur eine Bindungsstelle, die sich zur P-Seite oder zur E-Seite hin orientieren kann. Dies bedeutet, daß der Antiport der beiden Substrate sequenziell erfolgt; M. Klingenberg hat diese Art von Transport als Gated-Pore-Mechanismus beschrieben. ATP liegt ja im allg. als Mg^{2+}-Salz vor; vom Translokator wird ATP jedoch ohne Mg^{2+} transportiert. Beim Menschen – auch bei der Hefe – tritt der Adenylat-Translokator in drei Isoformen auf; die Mitochondrien in Herz, Leber und Fibroblasten beispielsweise exprimieren jeweils eine andere Isoform.

Der **Phosphat-Translokator** versorgt Mitochondrien für die ATP-Synthese mit Phosphat.

Ein besonderes Mitglied der Familie ist das **Entkopplungsprotein**. Während die meisten anderen Translokatoren sehr früh während der Evolution entstanden, trat dieses Protein erst mit der Entwicklung der Säuger in Erscheinung. Es leitet sich wahrscheinlich vom Phosphat-Translokator ab, formal gesehen durch Unterdrückung der Bindungsstelle für Phosphat. Es kommt ausschließlich in Mitochondrien des braunen Fettgewebes von Neugeborenen, Winterschläfern und an Kälte angepaßten Tieren vor. Der mit wenigen hundert Protonen pro Sekunde außerordentlich langsame Translokator dient der **Thermogenese**, indem er die durch Veratmung von Fettsäuren im Intermembranraum akkumulierenden Protonen an der ATP-Synthase vorbei in die Matrix zurückströmen läßt. Die Energie des Protonengradienten wird auf diese Weise nicht in chemische Energie transformiert, sondern in Wärme.

Der **Pyruvat-Translokator** und der **Acyl-Carnitin-Translokator**, der mit Carnitin veresterte Fettsäuren im Austausch gegen freies Carnitin in die Mitochondrien transportiert, versorgen Mitochondrien mit Substrat für die Atmung. Sowohl der Pyruvat-Dehydrogenase-Komplex als auch der β-Oxidations-Komplex liefern Acetyl-CoA für den Citratzyklus.

Mitochondrien können für ihre Elektronentransportkette auch Reduktionsäquivalente aus dem Cytoplasma erhalten, indem reduzierte Dicarbonsäuren wie Malat in **Shuttle-Mechanismen** durch ein Zusammenspiel der Translokatoren für α-Ketoglutarat, Dicarboxylat und Aspartat/Glutamat gegen oxidierte Dicarbonsäuren wie α-Ketoglutarat ausgetauscht werden. Entsprechende Dehydrogenasen oxidieren Malat unter Gewinnung von NADH · H^+ in der Matrix bzw. bilden Malat in umgekehrter Richtung im Cytoplasma.

Weitere Translokatoren sind wie das Entkopplungsprotein nur in bestimmten Geweben oder unter bestimmten physiologischen Zuständen aktiv. Da der Harnstoffzyklus nur in Leberzellen abläuft, sind auch die Translokatoren für Ornithin, Glutamin und Glutamat nur in Lebermitochondrien zu finden (Tab. 10-3). Der **Citrat-Translokator** versorgt das Cytoplasma von Tierzellen mit Acetyl-CoA für die Fettsäuresynthese (in Pflanzenzellen findet die Fettsäuresynthese nicht im Cytoplasma, sondern in den Plastiden statt, s. 11.5.4). Eine Citrat-Lyase spaltet Citrat unter ATP-Verbrauch in Acetyl-CoA und Oxalacetat.

In pflanzlichen Mitochondrien gibt es auch Translokatoren für Serin und Glycin, die bei der Photorespiration eine Rolle spielen (s. 11.4.2).

10.6 Energiegewinnung bei Prokaryoten

Prokaryotische Zellen sind in ihrer Gesamtheit sehr viel flexibler in den Möglichkeiten der Energiegewinnung als eukaryotische. Die Atmungsvorgänge vieler aerober Bakterien sind im Prinzip mit den mitochondrialen vergleichbar. Nur sind die Komponenten der Atmungskette bei Prokaryoten bedeutend vielfältiger. Neben NADH-Dehydrogenasen und Succinat-Dehydrogenasen gibt es weitere wie Lactat- oder Glycerophosphat-Dehydrogenasen, die Elektronen in die Elektronentransportkette einspeisen können. Besonders bei den terminalen Oxidasen besteht – wie schon erwähnt – eine große Vielfalt.

Bakterien in anaerober Umgebung decken ihren Energiebedarf durch Gärungsvorgänge, bei denen CO_2 produziert wird, oder durch **anaerobe Atmung**. Bei dieser Art von Atmung werden anstelle von Sauerstoff als terminale Elektronenakzeptoren NO_3^-, Fe^{3+}, SO_4^{2-} und auch manche organische Verbindungen verwendet. Diese Akzeptoren haben – zusammen mit ihren reduzierten Partnern NO_2^-, Fe^{2+} usw. – immer ein weniger positives Redoxpotential als das O_2/H_2O-Paar, d.h. die Energieausbeute ist geringer. Diese Formen der Atmung sind auch quantitativ von Bedeutung und tragen zu globalen Kreisläufen von Schwefel, Stickstoff u.a. bei.

Andere Bakterien können anstelle von organischen Verbindungen anorganische wie H_2S, H_2, NH_3, NO_2^-, Fe^{2+} u.a. als Energiequelle (Elektronendonatoren) verwenden. Voraussetzung ist, daß das Redox-Potential der entsprechenden Redox-Paare genügend negativ ist, um letztlich den Aufbau eines Protonengradienten und damit ATP-Bildung zu ermöglichen. Solche Stoffwechselvorgänge werden als **Chemolithotrophie** bezeichnet. Die Elektronen werden von diesen anorganischen Verbindungen im allg. auf Sauerstoff übertragen. Die Elektronentransportketten ähneln denen von aeroben Bakterien. Der wichtige Unterschied ist nur, daß die Chemolithotrophen ihre Energiequelle nicht gleichzeitig auch als Kohlenstoffquelle verwenden können. Meist benützen sie CO_2 als Kohlenstoffquelle und sind damit Kohlenstoff-autotroph.

Als besondere Energiekünstler gelten die **methanogenen Bakterien**, zu denen ausschließlich Archaebakterien gehören. Sie gewinnen ihre Energie unter strikt anaeroben Bedingungen aus der Reduktion von CO_2 mit H_2 zu CH_4. Unter den besonderen ökologischen Bedingungen entspricht ΔG dieser Reaktion ganz und gar nicht G'^0 unter Standardbedingungen ($-131\ kJ \cdot mol^{-1}$), sondern beträgt nur etwa $-30\ kJ \cdot mol^{-1}$, was für eine ATP-Bildung ($>50\ kJ \cdot mol^{-1}$) nicht ausreichen würde. Wenn man die entsprechenden Publikationen liest, gewinnt man den Eindruck, daß diese Organismen bei diesem Reduktionsvorgang nur durch raffiniertes Abwechseln von endergonen und exergonen Reaktionen den Weg doch noch ertragreich gestalten und einen Protonengradienten zustande bringen, um über ihre V-Typ ATP-Synthase in der Plasmamembran ATP bilden zu können. Methanogene Archaebakterien leben mit ihrer CO_2-Verwertung als „Endglieder“ in komplizierten Assoziationen mit anderen anaeroben Prokaryoten, die komplexe organische Verbindungen abbauen können. Die Methanproduktion ist gewaltig, etwa 10^9 Tonnen werden pro Jahr gebildet, d.h. etwa 1% des gesamten durch Zellen fixierten Kohlenstoffs wird zu CH_4 reduziert. Etwa die Hälfte davon wird durch methanotrophe Bakterien reoxidiert.

Eine weitere Möglichkeit der Energiegewinnung bei Prokaryoten durch photosynthetische Prozesse wird an anderer Stelle behandelt (s. Kap. 11).

10.7 Weiterführende Literatur

Abrahams J P, Leslie A G W, Lutter R, Walker J E (1994) Structure at 2.8 A resolution of F_1-ATPase from bovine heart mitochondria. Nature 370, 621–628.

Anderson S et al. (1981) Sequence and organization of the human mitochondrial genome. Nature 290, 457–465.

Backert S, Nielsen B L, Börner T (1997) The mystery of the rings: structure and replication of mitochondrial genomes from higher plants. Trends Plant Sci. 2, 477–483.

Birky C W (1995) Uniparental inheritance of mitochondrial and chloroplast genes: mechanisms and evolution. Proc. Natl. Acad. Sci. 92, 11331–11338.

Brandt U (1997) Proton-translocation by membrane-bound NADH:ubiquinone-oxidoreductase (complex I) through redox-gated ligand conduction. Biochim. Biophys. Acta 1318, 79–91.

Brennicke A et al. (1996) Molecular biology of plant mitochondria. Naturwiss. 83, 339–346.

Brown M D, Wallace D C (1994) Molecular basis of mitochondrial DNA disease. J. Bioenerg. Biomembr. 26, 273–289.

Calhoun M W, Thomas J W, Gennis R B (1994) The cytochrome oxidase superfamily of redox-driven proton pumps. Trends Biochem. Sci. 19, 325–330.

Deckers-Hebestreit G, Altendort K (1996) The F_0F_1-type ATP synthases of bacteria: structure and function of the F_0 complex. Annu. Rev. Microbiol. 50, 791–824.

Hanson M R, Sutton C A, Lu B (1996) Plant organelle gene expression: altered by RNA editing. Trends Plant Sci. 1, 57–64.

Haucke V, Schatz G (1997) Import of proteins into mito-

chondria and chloroplasts. Trends Cell Biol. 7, 103–106.
Iwata S, Ostermeier C, Ludwig B, Michel H (1995) Structure at 2.8 A resolution of cytochrom c oxidase from *Paracoccus denitrificans*. Nature 376, 660–369.
Junge W, Lill H, Engelbrecht S (1997) ATP synthase: an electrochemical transducer with rotatory mechanics. Trends Biochem. Sci. 22, 420–423.
Lightowlers R N, Chinnery P F, Turnbull D M, Howell N (1997) Mammalian mitochondrial genetics: heredity, heteroplasmy and disease. Trends Genet. 13, 450–455.
Neupert W (1997) Protein import into mitochondria. Annu. Rev. Biochem. 66, 863–917.
Palmieri F (1994) Mitochondrial carrier proteins. FEBS Lett. 346, 48–54.
Pfanner N et al. (1996) Uniform nomenclature for the protein transport machinery of the mitochondrial membranes. Trends Biochem. Sci. 21, 51–52.
Pfanner N, Craig E A, Hönlinger A (1997) Mitochondrial preprotein translocase. Annu. Rev. Cell Dev. Biol. 13, 25–51.
Shadel G S, Clayton D A (1997) Mitochondrial DNA maintainance in vertebrates. Annu. Rev. Biochem. 66, 409–435.
Thauer R (1997) Biodiversity and unity in biochemistry. A. van Leeuwnhoek 71, 21–32.
Trumpower B L (1990) The protonmotive Q cycle. J. Biol. Chem. 265, 11409–11421.
Tsukihara T et al. (1995) Structures of metal sites of oxidized bovine heart cytochrom c oxidase at 2.8 A. Science 269, 1069–1074.
Wagner A M, Krab K (1995) The alternative respiration pathway in plants: role and regulation. Physiol. Plant. 95, 318–325.

11 PLASTIDEN UND PHOTOSYNTHESE

Plastiden sind – wie die Mitochondrien – **semiautonome Organellen**, d.h. sie besitzen ebenfalls ein kleines eigenes Genom, das jedoch für ein „Eigenleben" nicht ausreicht. Sie entstammen einem weiteren endosymbiontischen Ereignis, ihr Vorläufer war ein Cyanobakterium (Endosymbionten-Hypothese, s. 1.4 und 24.5). Obwohl die beiden endosymbiontischen Ereignisse, die zu Mitochondrien und Plastiden führten, unabhängig voneinander waren – Mitochondrien leiten sich von einem Vertreter der α-Purpurbakterien ab, und ihre Entstehung ist wahrscheinlich früher zu datieren als die der Plastiden –, erfolgten sie doch im Prinzip in ähnlicher Weise. Bei den Plastiden war es die Fähigkeit zur Photosynthese und damit zur Wandlung von Lichtenergie in chemische Energie, zur CO_2-Fixierung und zur Sauerstoffproduktion, die von der Eukaryotenzelle akquiriert wurde. Auch die Entwicklung des endocytierten Cyanobakteriums zur Plastide war begleitet von der Verlagerung der meisten ursprünglich prokaryotischen Gene in den Zellkern, dem Verlust nicht mehr gebrauchter Gene und der Entstehung neuer im Zuge der metabolischen und regulatorischen Einbindung des Endosymbionten in den Eucyten.

Die Mehrzahl der heute lebenden Eukaryotenzellen sind photosynthetische Zellen, von den kleinen einzelligen Planktonalgen bis zu den grünen Zellen der höheren Pflanzen. Und unter den Prokaryoten spielen die photosynthetischen Cyanobakterien mengenmäßig eine bedeutende Rolle und haben eine weite ökologische Verbreitung. Bei den Prokaryoten gibt es auch anaerob phototrophe Organismen, ihre Photosysteme haben jedoch den gleichen Ursprung wie die der aerob phototrophen (s. unten). Hochrechnungen haben ergeben, daß durch die Aktivität photosynthetischer Organismen pro Jahr etwa $75 \cdot 10^9$ Tonnen Kohlenstoff fixiert werden.

Anders als Mitochondrien kommen Plastiden in mehreren Typen vor. Der Chloroplast, der photosynthetische Typ, ist der ursprüngliche. Von ihm leiten sich – meistens nur bei höheren Pflanzen und im Zuge der Gewebedifferenzierung bei ihnen – verschiedene nichtphotosynthetische ab. Jede Pflanzenzelle enthält Plastiden, eine bestimmte Zelle jedoch nur einen Plastidentyp. Die Zahl der Plastiden pro Zelle reicht von einem einzigen Organell in vielen Algenzellen bis zu mehreren hundert in den Mesophyllzellen grüner Blätter.

Neben der Photosynthese erfüllen Chloroplasten innerhalb der Pflanzenzelle zahlreiche weitere anabolische Aufgaben wie die Synthese von Chlorophyllen, Carotinoiden, Fettsäuren und Stärke und besitzen eine Nitrit-Reductase und einen Shikimatweg u.a. (s. unten). Das mag deshalb vorteilhaft sein, da in diesem Kompartiment CO_2 organisch gebunden wird und Energie in Form von ATP und Reduktionsäquivalenten zur Verfügung steht. Da die meisten Biosynthesewege auch in nichtgrünen Plastiden beibehalten sind, müssen diese „heterotrophen" Plastidentypen in ihren Zellen vom Cytoplasma aus mit den entsprechenden Substraten versorgt werden. In Zellen höherer Pflanzen beliefern also nicht nur Chloroplasten das Cytoplasma mit fixiertem Kohlenstoff und Energie, sondern auch das Cytoplasma die nichtgrünen Plastiden in den nichtgrünen Geweben.

11.1 Organisation von Plastiden

Die Plastiden der Rotalgen, Grünalgen sowie der Glaucocystophyta (s. 24.5) und der sich von ihnen ableitenden höheren Pflanzen sind von zwei Membranen umgeben, der äußeren und inneren Hüllmembran, die zusammen als **Plastidenhülle** bezeichnet werden. Die innere Hüllmembran leitet sich nach der Endosymbionten-Hypothese von der Plasmamembran des ehemaligen Cyanobakteriums ab und stellt die physiologische Barriere zum Cytoplasma hin dar; sie enthält zahlreiche Translokatoren. Die äußere Hüllmembran wird vielfach als Endocytosemembran der Wirtszelle interpretiert, jedoch haben zumindest einige in ihr lokalisierte Proteine cyanobakterielle Homologe. Wie bei den Mitochondrien besitzt diese Membran nur wenige biologische Aktivitäten und ist durch Porine (s. 2.7.1) ausgezeichnet, die Ionen und kleine Moleküle passieren lassen. Bei den übrigen Algengruppen ist die Situation anders. Die Plastidenhüllen bei den Euglenophyta und Dinophyta bestehen aus drei Membranen, bei den Chromophyta (zu denen auch z.B. die Braunalgen gehören) und einigen anderen Gruppen aus vier Membranen. Diese Komplexität ist durch „sekundäre" Endosymbiosen entstanden, bei denen einzellige photosynthetische Eucyten von anderen endocytiert wurden (s. 24.5). Es erfolgte anschließend meist eine Reduktion der endocytierten Zellen bis auf die Plastiden selbst und die Plasmamembran der endocytierten Zelle. Die vierte Membran entspricht der Endocytosemembran der zweiten Endocytose. Man nimmt an, daß bei den Euglenophyta und Dinophyta eine der Membranen verloren gegangen ist. Plastiden mit zwei Hüllmembranen werden als **einfache Plastiden**, solche mit drei oder vier Hüllmembranen als **komplexe Plastiden** bezeichnet.

Die plasmatische Phase der Plastiden ist das **Stroma** oder Plastoplasma. Chloroplasten enthalten als dritte plastidäre Membran die **Thylakoide**, in denen das Photosynthesegeschehen abläuft. Sie leiten sich von der inneren Hüllmembran ab, stehen mit dieser aber nicht mehr in kontinuierlicher Verbindung. Nichtgrüne Plastiden besitzen keine funktionstüchtigen Thylakoide. Im Stroma können außerdem als größere Gebilde Stärkekörner und Lipidglobuli liegen. Letztere entsprechen den Oleosomen im Cytoplasma, sind also vor allem Triacylglycerol speichernde Strukturen und werden auch als Plastoglobuli bezeichnet.

Die verschiedenen Plastidentypen der höheren Pflanzen können auseinander hervorgehen (reversible Plastidenmetamorphose). Die Totipotenz der meisten Zellen einer höheren Pflanze, d.h. die Fähigkeit zur Regeneration einer vollständigen Pflanze, demonstriert dieses Vermögen der Plastiden deutlich.

Vorstufen einer reversiblen Plastidendifferenzierung findet man bei einigen einzelligen Grünalgen (*Chlorella*, *Acetabularia* u.a.), die unter Streßbedingungen wie starker Insolation oder Nitratmangel in ihren Chloroplasten die Chlorophylle abbauen und zusätzliche ungewöhnliche Carotinoide sowie sehr viel Triacylglycerol synthetisieren. Die Carotinoide gehören zum Astaxanthintyp mit Keto-Gruppen in Konjugation zum Doppelbindungssystem und sind tiefrot. *Chlamydomonas nivalis* kann auf diese Weise das Phänomen des „blutigen Schnees" hervorrufen, *Haematococcus pluvialis* Regenpfützen rot färben. Die halophile *Dunaliella bardawil* akkumuliert unter Stressbedingungen β-Carotin in solchen Mengen, daß sie in großem Maßstab angezogen und als farbgebendes Futter z.B. bei der Garnelenzucht eingesetzt wird.

Proplastiden

Proplastiden sind die wenig differenzierten farblosen Plastiden meristematischer Zellen (Abb. 11-1). Sie enthalten nur wenige interne Strukturen, entwickeln sich jedoch mit der Gewebsdifferenzierung in die entsprechenden Plastidentypen. Häufig werden die Plastiden heterotropher pflanzlicher Gewebekulturzellen als Proplastiden bezeichnet. Diese Zellen stellen jedoch keine Meristemzellen dar, und ihre Plastiden mit oft großen Stärkekörnern sind den Leukoplasten zuzuordnen (s. unten).

Chloroplasten

Chloroplasten sind die Plastiden photosynthetisch aktiver Pflanzenzellen. Man spricht auch dann von Chloroplasten, wenn sie nicht grün, sondern wie bei Rotalgen durch Phycocyanine und Phycoerythrine (s. unten) rot oder bei

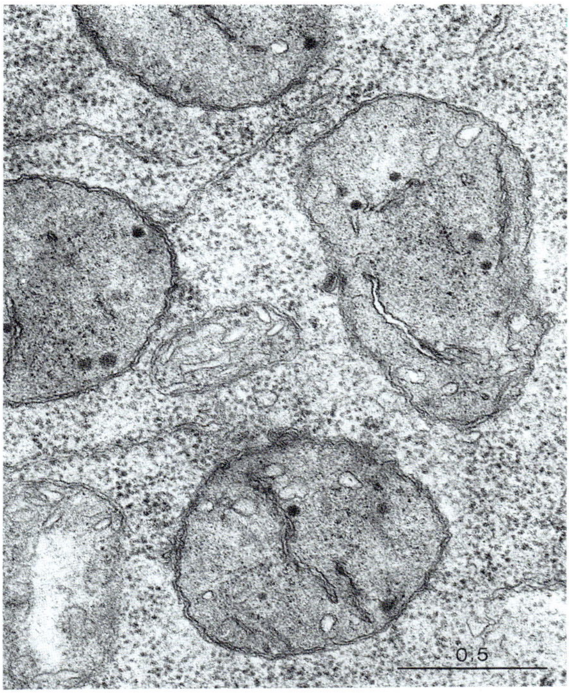

Abb. 11-1: Proplastiden in einer Wurzelmeristemzelle von *Vicia faba*. Sie enthalten nur wenige interne Membranstrukturen und kleine elektronendichte Plastoglobuli. In der Mitte und links unten im Bild liegen zwei Mitochondrien; sie sind nicht einfach zu unterscheiden. Außerdem sind einzelne ER-Zisternen und Ribosomen zu sehen. (EM-Aufnahme: R. Kollmann)

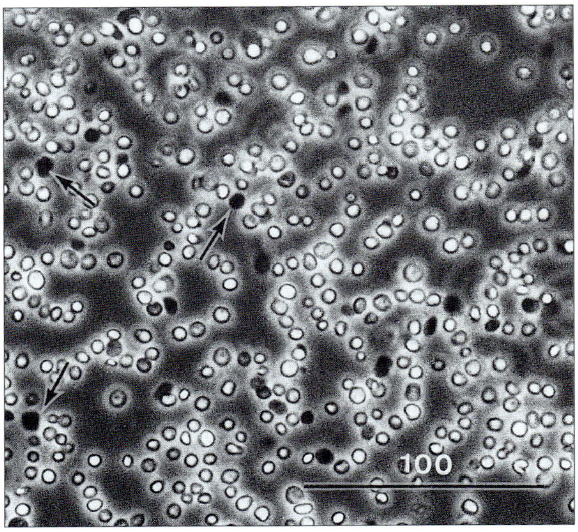

Abb. 11-2: Isolierte Chloroplasten aus Gerstenblättern im Phasenkontrast. Unter diesen optischen Bedingungen erscheinen intakt gebliebene Chloroplasten hell, während beschädigte dunkel sind (Pfeile); ein einfaches Kriterium zur Beurteilung einer Präparation. (Aufnahme: H. Falk, P. Hansmann)

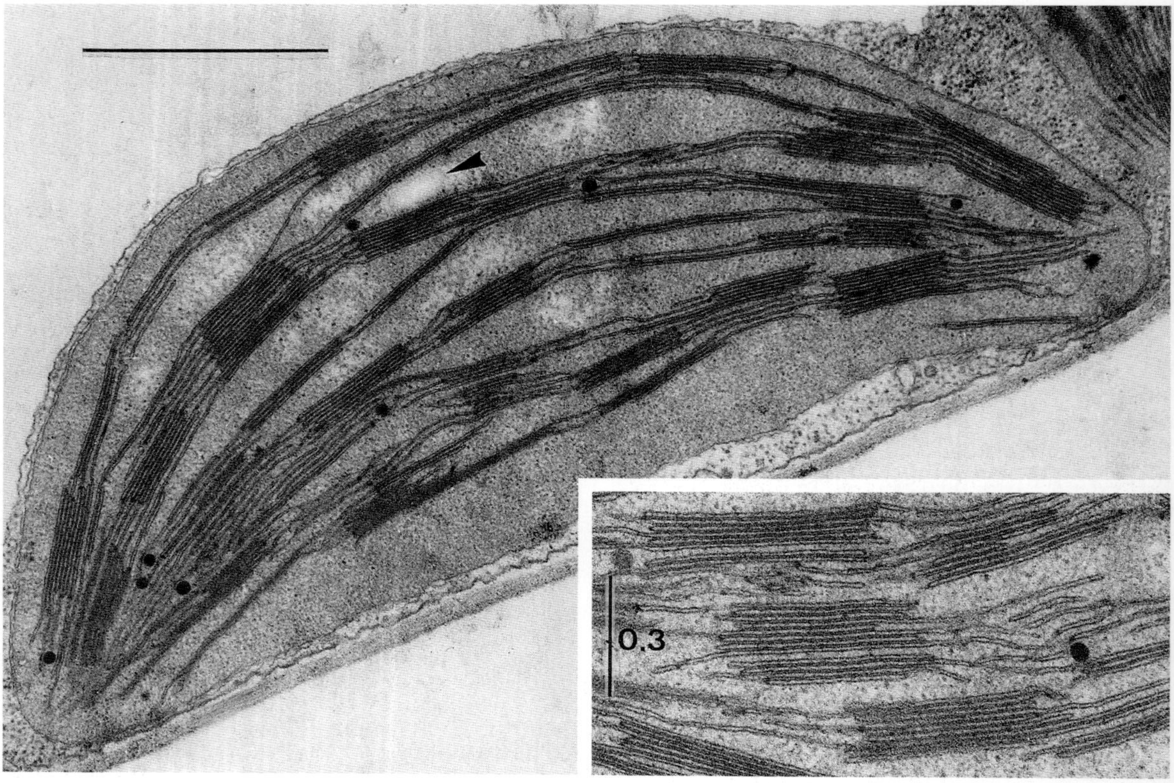

Abb. 11-3: Chloroplast in einem Bohnenblatt. Stromathylakoide, Grana, Plastoglobuli, ein kleines Stärkekorn (Pfeilkopf) und die beiden Hüllmembranen sind zu sehen. Das Einsatzbild zeigt einen vergrößerten Ausschnitt. (EM-Aufnahme: H. Falk)

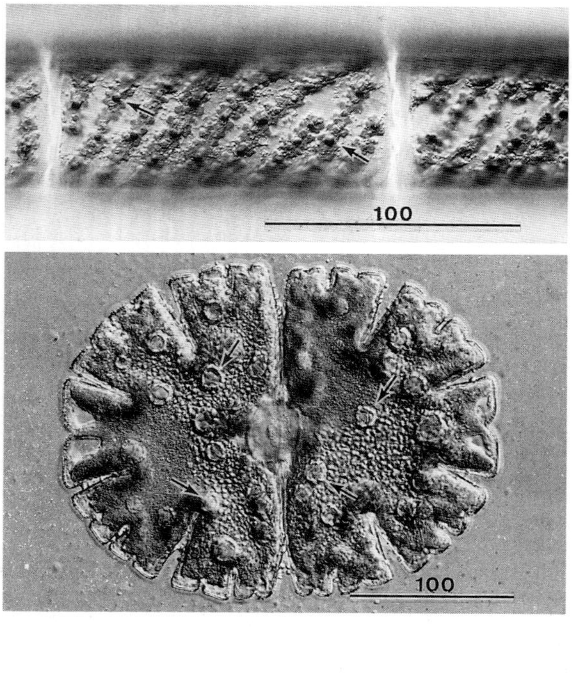

◀ **Abb. 11-4:** Ungewöhnliche Chloroplastenformen. **Oben**: Bandförmige, schraubig angeordnete Chloroplasten in *Spirogyra*-Zellen (Jochalge). **Unten**: Zwei gelappte Chloroplasten in einer *Micrasterias*-Zelle (Zieralge); sie folgen in ihrer Gestalt weitgehend der Zellform. Die Pfeile weisen auf Pyrenoide. (Interferenzkontrastaufnahmen: P. Sitte und U. Meindl)

Braunalgen durch Überwiegen des Carotinoids Fucoxanthin bräunlich gefärbt sind. Bei höheren Pflanzen sind die Chloroplasten sehr einheitlich strukturiert (Abb. 11-2 und 11-3). Die Thylakoide liegen einzeln als **Stromathylakoide** oder sind zu **Grana** gestapelt.

Bei vielen Algen findet man eine große Vielfalt an Formen (Abb. 11-4) mit oft charakteristischen Anordnungen der Thylakoide (Abb. 11-5 und 11-6), die häufig typisch für bestimmte Algengruppen sind. Die Feinstruktur der Chloroplasten wird hier als taxonomisches Merkmal verwendet. Bei Algen und auch bei dem Hornmoos *Anthoceros* tritt in den Chloroplasten häufig eine besondere Struktur, das **Pyrenoid**, in Erscheinung. Es enthält merkwürdigerweise viel Ribulosebisphosphat-Carboxylase und ist gleichzeitig ein Zentrum für die Ablagerung von Reserve-

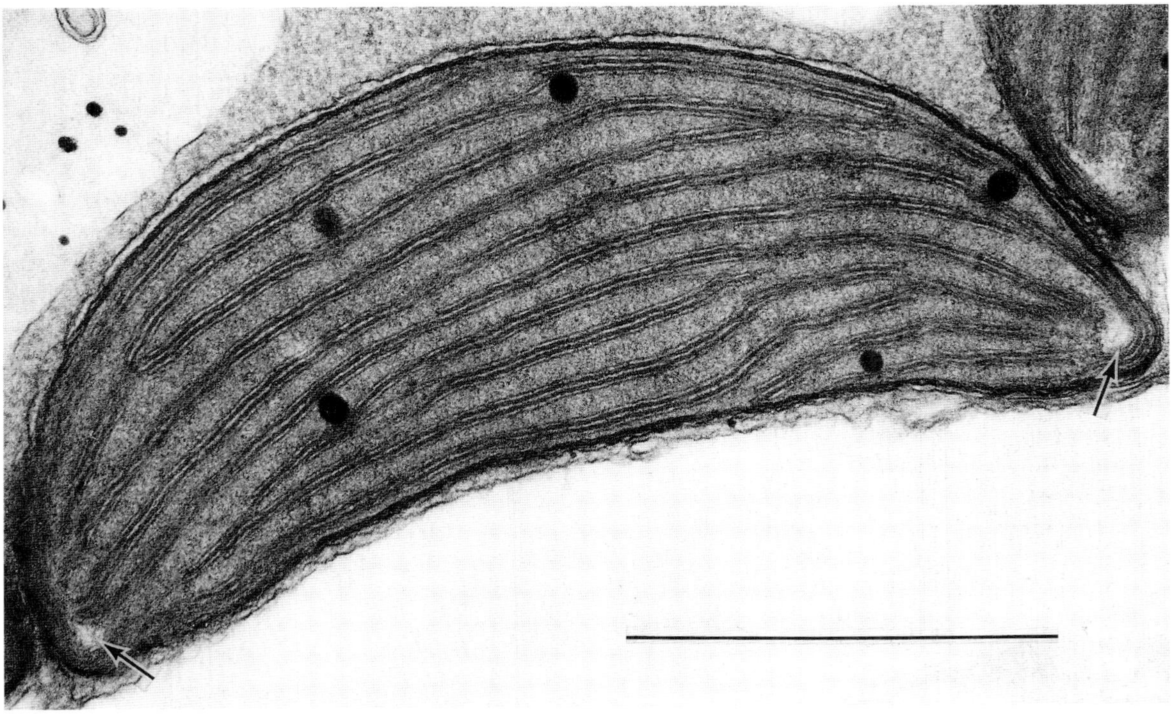

Abb. 11-5: Chloroplast von *Tribonema viridis* (Xanthophycee). Bei dieser Algengruppe liegen die Thylakoide in Dreierpaketen zusammen. Die Pfeile weisen auf den in diesem scheibenförmigen Chloroplasten ringförmig umlaufenden Bereich, der die plastidäre DNA enthält. An manchen Stellen ist zu erahnen, daß dieser komplexe Chloroplast vier Hüllmembranen besitzt. (EM-Aufnahme: H. Falk)

polysaccharid, ohne aber an seiner Synthese beteiligt zu sein.

Die Chloroplasten vergilbender Herbstblätter, in denen die Chlorophylle abgebaut werden, die Carotinoide jedoch erhalten bleiben und die gelbe Herbstfärbung ausmachen, werden manchmal als Gerontoplasten bezeichnet.

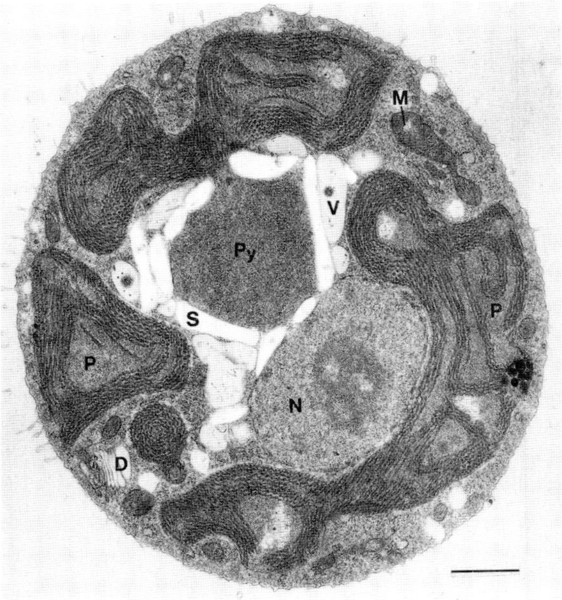

Abb. 11-6: Chloroplast der Rotalge *Rhodella violacea*. Die einzellige Alge enthält nur einen stark gelappten Chloroplasten (P), der in diesem Schnittbild in mehreren Teilen erscheint. Das plastidäre Pyrenoid (Py) ist von stärkeähnlichen Polysaccharidgranula (S) umgeben, die jedoch außerhalb des Chloroplasten im Cytoplasma liegen. N, Zellkern; M, Mitochondrion; D, Dictyosom; V, Vakuole. (EM-Aufnahme: W. Wehrmeyer)

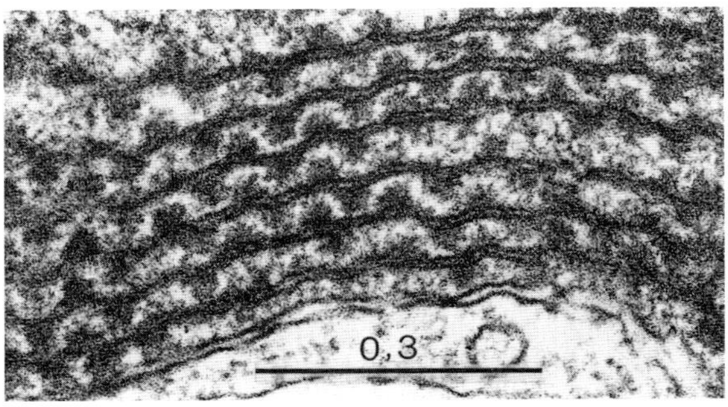

Abb. 11-7: Ausschnitt aus Abb. 11-6 bei stärkerer Vergrößerung. Die besondere Struktur der Thylakoide von Rotalgen wird hier deutlich. Sie sind mit speziellen Lichtsammelkomplexen, den Phycobilisomen (s. 11.4.1), in regelmäßigem Muster besetzt. (EM-Aufnahme: W. Wehrmeyer)

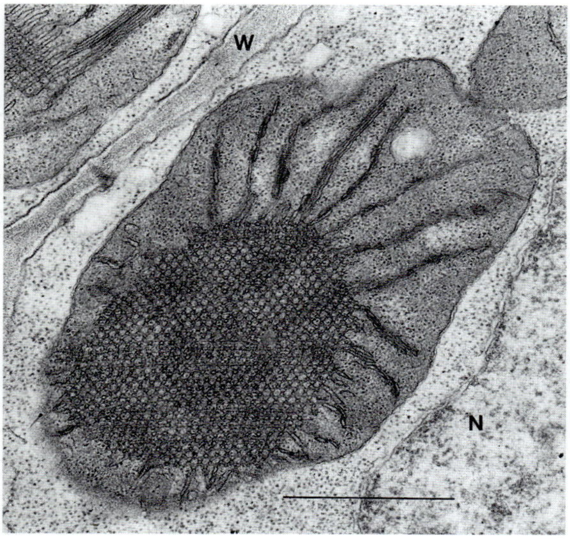

Abb. 11-8: Etioplast in einem etiolierten Bohnenblatt (*Phaseolus vulgaris*). Der Prolamellarkörper, auch Heitz-Lyon-Kristall genannt, zeigt je nach Orientierung der tubulären parakristallinen Strukturen unterschiedliche Muster. Prothylakoide strahlen von den Rändern aus. N, Zellkern; W, Zellwand. (EM-Aufnahme: M. Wrischer)

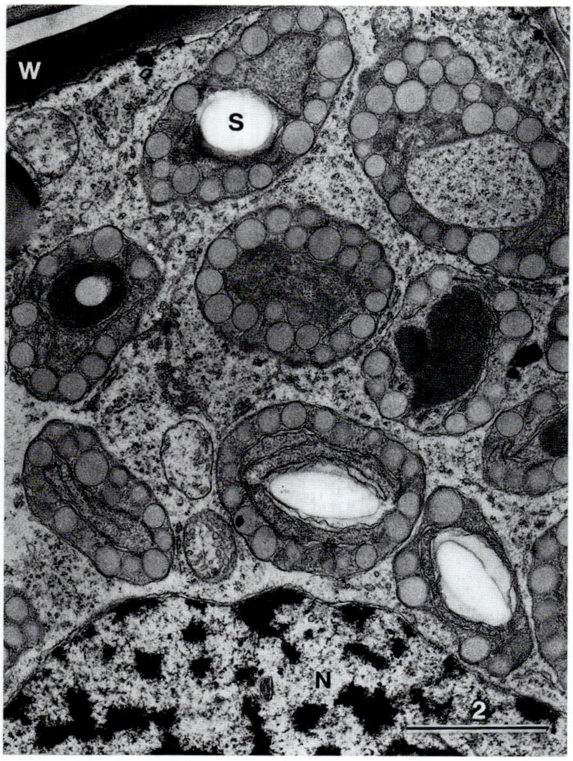

Abb. 11-9: Globulöse Chromoplasten in einer Blütenblattzelle (obere Epidermis) der Sumpfdotterblume (*Caltha palustris*). In den Organellen sind zahlreiche Plastoglobuli, aber nur wenige Stärkekörner (S) und Thylakoide zu erkennen. N, Zellkern; W, Zellwand. (EM-Aufnahme: H. Falk)

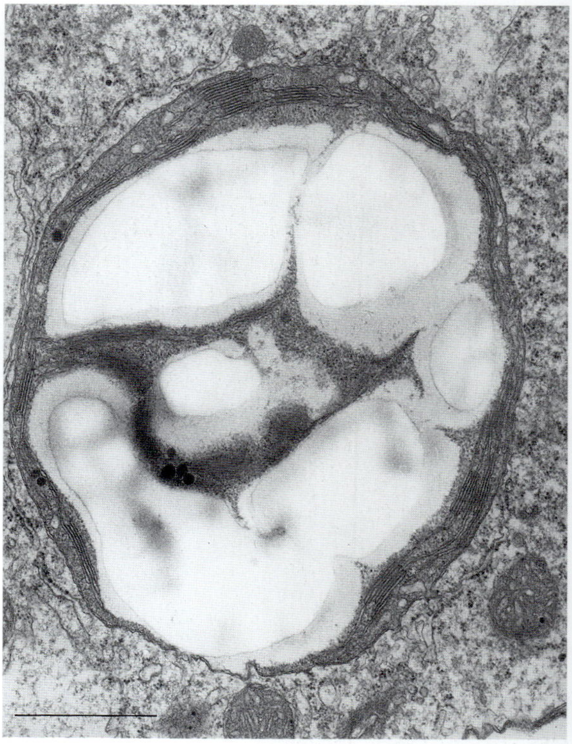

Abb. 11-10: Leukoplast (Amyloplast) in einer Zelle vom Weizen mit großen Stärkekörnern, einigen Lipidglobuli und wenigen Thylakoiden. Die Stärkekörner – s. ihre Konturlinien – sind während der Entwässerung für die EM-Präparation geschrumpft. In dem Zellausschnitt sind außerdem Mitochondrien und ER zu sehen. (EM-Aufnahme: D. G. Robinson)

Etioplasten

Etioplasten sind die besonderen Plastiden etiolierter Gewebe höherer Pflanzen, die im Dunkeln gekeimt sind; im Licht gewachsen wären diese Gewebe grün. Etioplasten sind durch Carotinoide leicht gelb gefärbt. Sie enthalten eine parakristalline Struktur, den **Prolamellarkörper**, und wenige Prothylakoide (Abb. 11-8). Der Prolamellarkörper ist sehr lipidreich und enthält nur zu etwa 25 % Protein, insbesondere die NADPH-:Protochlorophyllid-Oxidoreductase in einem ternären Komplex mit Protochlorophyllid und NADPH · H^+. Dieses Enzym katalysiert den einzigen lichtabhängigen Schritt in der Chlorophyllbiosynthese, in dem die Absorption von Licht (Wellenlänge um 638 nm) durch Protochlorophyllid den Transfer von Elektronen aus NADPH · H^+ zu Protochlorophyllid treibt. Das Enzym und auch die mRNA werden nach Belichtung rasch abgebaut. Der Prolamellarkörper verschwindet bei Belichtung innerhalb von wenigen Stunden, und aus den Prothylakoiden gehen

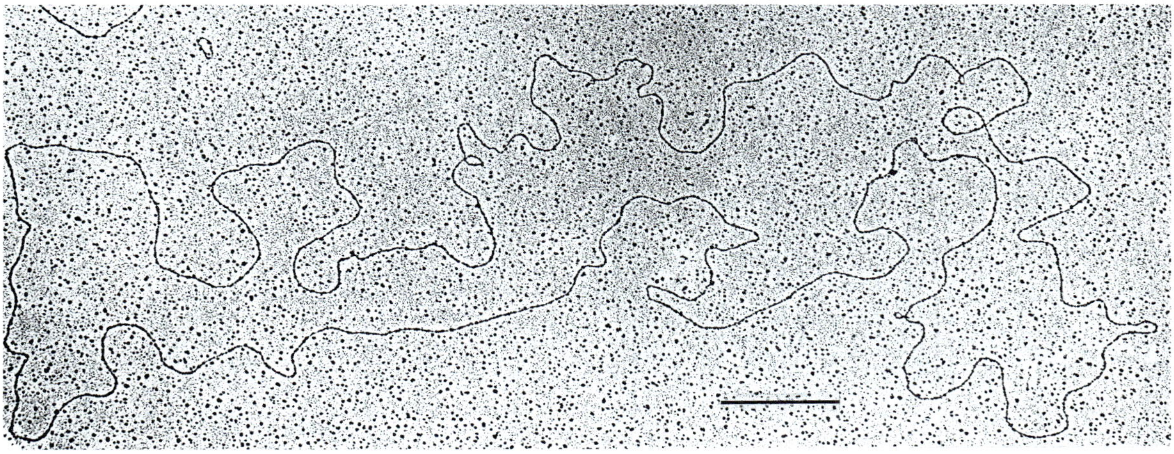

Abb. 11-11: ptDNA aus Plastiden der Narzisse (*Narcissus pseudonarcissus*). Das ringförmige Molekül ist etwa 45 μm lang und hier als sog. offener Ring dargestellt; die natürliche Überstruktur ist hier durch mindestens einen Bruch in einem der beiden DNA-Stränge verloren gegangen. (EM-Aufnahme: H. Falk)

durch massive Protein- und Lipidsynthese funktionstüchtige Thylakoide hervor.

Chromoplasten

Chromoplasten sind durch Carotinoide gelb bis rot gefärbte Plastiden in Blüten und Früchten. Sie enthalten oft viel Triacylglycerol in großen Plastoglobuli, in denen die Carotinoide gelöst sind (globulöse Chromoplasten, Abb. 11-9). Es kommen aber auch membranöse, tubulöse und kristallöse Chromoplasten vor. Die Kristalle bestehen dann aus auskristallisiertem Lycopin oder β-Carotin. Die Farbe der Chromoplasten in Blüten und Früchten hat für Tiere Signalfunktion.

Leukoplasten

Leukoplasten sind farblose bis durch Carotinoide leicht gelb gefärbte Plastiden nichtphotosynthetischer Gewebe höherer Pflanzen. Sie haben oft Speicherfunktion und enthalten dann Stärke (Amyloplasten, Abb. 11-10), Speicherprotein (Proteinoplasten) oder Lipid (Elaioplasten). Stärkekörner können allerdings in allen Plastidentypen vorkommen.

11.2 Genome von Plastiden

Beobachtungen von C. Correns und E. Baur lieferten bereits 1909 erste Hinweise auf die Existenz von genetischem Material in Chloroplasten. Gewisse Mutationen, die die Chloroplasten höherer Pflanzen betrafen, vererbten sich nicht nach den Mendelschen Regeln, sondern cytoplasmatisch. Der Nachweis von DNA in Plastiden gelang 1961 H. Ris und W. Plaut.

Die plastidäre DNA oder **ptDNA** ist doppelsträngig und ringförmig und liegt wie bei den Mitochondrien in einer als Supercoil bezeichneten Überstruktur vor (s. 10.2). Sog. offene Ringe sind Artefakte und entstehen durch wenig-

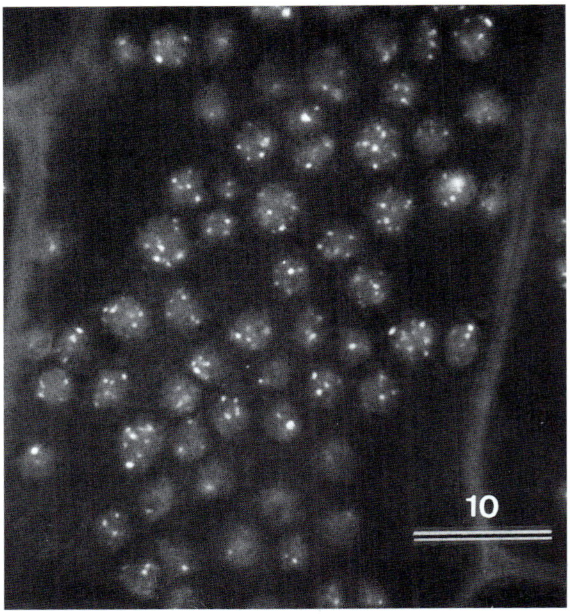

Abb. 11-12: Nucleoide in den Chloroplasten eines Blatts der Wasserpest (*Elodea*). Sie sind durch den DNA-spezifischen Fluoreszenzfarbstoff DAPI (4',6-Diaminidino-2-Phenylindol) dargestellt. Jeder Fluoreszenzpunkt entspricht einem Nucleoid. Die Zellwände zeigen schwache Eigenfluoreszenz. (Aufnahme: H. Dörle)

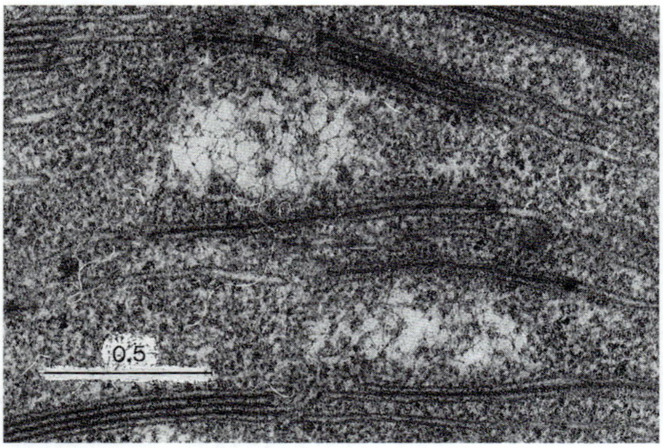

Abb. 11-13: Nucleoide zwischen den Thylakoiden in einem Chloroplasten einer Blattzelle der Bohne (*Phaseolus vulgaris*). In den beiden hellen Nucleoidbereichen sind DNA-Fäden zu erkennen. (EM-Aufnahme: H. Falk)

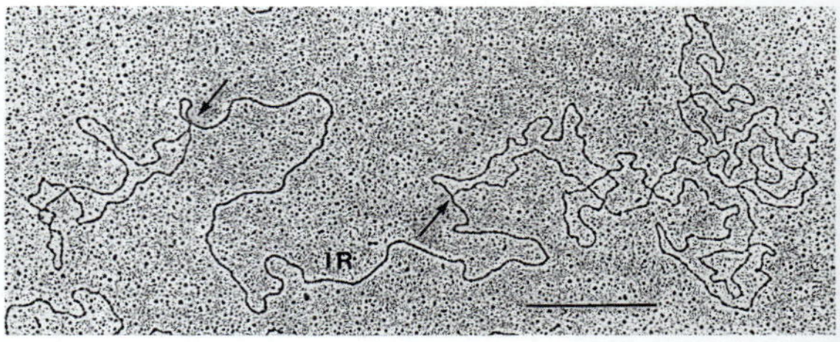

Abb. 11-14: Einzelstrang einer ringförmigen ptDNA. Die beiden invertierten repetitiven Sequenzen sind hybridisiert und bilden einen Doppelstrang (IR, durch Pfeile begrenzt). An seinen Enden bilden die beiden Einzelkopie-Regionen zwei unterschiedlich große Schlaufen. (EM-Aufnahme: J. A. Thompson et al. [1981] Curr. Genet. 4, 25; mit Genehmigung.)

stens einen Bruch in einem der beiden DNA-Stränge (Abb. 11-11). ptDNAs sind meist 120-190 kbp groß, was Konturlängen von 40-65 µm entspricht. Plastiden enthalten zwischen zehn und mehreren hundert DNA-Moleküle, es kann also ein erheblicher Polyploidiegrad bestehen. Die DNA ist in sog. Nucleoiden organisiert (Abb. 11-12 und 11-13).

Plastiden vermehren sich durch Zweiteilung und werden bei Zellteilungen auf die Tochterzellen aufgeteilt. Die Vererbung des plastidären Genoms, des **Plastoms**, geschieht meist maternal; es sind auch Beispiele paternaler Vererbung bekannt, z.B. bei *Metasequoia sempervirens* (Küsten-Sequoia).

ptDNAs sind wie mtDNAs mit histonähnlichen Proteinen komplexiert.

11.2.1 Gene und Gen-Karten

Typisch für ptDNAs sind zwei repetitive Sequenzen (IR, inverted repeats), die invertiert, d.h. im DNA-Doppelstrang auf verschiedenen Strängen liegen und deshalb auch in gegensätzlicher Richtung transkribiert werden. Manchmal sind die Wiederholungen auch tandemartig angeordnet. In ihnen befinden sich die Gene für die rRNAs und oft einige weitere für tRNAs und für wenige Proteine. Einzelsträngige ptDNA kann an den IR intramolekular einen Doppelstrang ausbilden, was im EM als charakteristische Figur erkennbar ist (Abb. 11-14).

Die beiden Regionen zwischen den Repeats werden als große und kleine Einzelkopieregion bezeichnet (LSC und SSC, large und small single copy). In ihnen ist die Mehrzahl der Gene enthalten (Abb. 11-15).

Die ptGenome sind sehr viel einheitlicher als die mtGenome (s. 10.2.1). Codiert wird für rRNAs, tRNAs, ribosomale Proteine, Proteine des Photosyntheseapparats, Untereinheiten der RNA-Polymerase und einige andere. Insgesamt sind es etwa 120 Gene, bei einigen Algen ungefähr doppelt so viele (Tab. 11-1); hier kommen Gene für weitere Proteine der genannten Gruppen, aber auch für verschiedene anabolische Enzyme, Chaperone u.a. hinzu. Bei einem Vergleich von ptGenomen mit dem Genom des freilebenden Cyanobakteriums *Synechocystis*, das für ca. 3170 Proteine codiert, wird deutlich, daß auch bei den Plastiden die meisten prokaryotischen Gene in den Zellkern verlagert wurden und z.T. auch verlorengingen, wenn sie nicht mehr gebraucht wurden. Das bedeutet, daß etwa 95% der plastidären Proteine aus dem Cytoplasma importiert werden müssen (s. 11.3).

Eine der Besonderheiten der Plastome höherer Pflanzen sind die *ndh*-Gene, die ja eigentlich typische mitochondriale Gene darstellen (s. 10.4.1). Sie entsprechen den sieben prokaryotischen Genen für integrale Proteine, die auch in mtDNAs enthalten sind, sowie weiteren. Sie werden zwar auch exprimiert, die Funktion der Gen-Produkte jedoch ist unklar, zumal die peripheren Untereinheiten mit FMN und fünf Fe-S-Zentren als prosthetischen Gruppen in Plastiden fehlen.

Abgeleitete Formen sind die ptDNAs der holoparasitischen Blütenpflanze *Epiphagus virginiana* und der Plasmodien. *Epiphagus* hat alle Gene für Proteine des Photosyntheseapparats verloren, die übrigen aber im wesentlichen beibehalten. Kürzlich wurden zum allgemeinen Erstaunen in der Gattung *Plasmodium* aus der Gruppe der Apicomplexa Organellen mit ptDNA entdeckt, was interessante phylogenetische

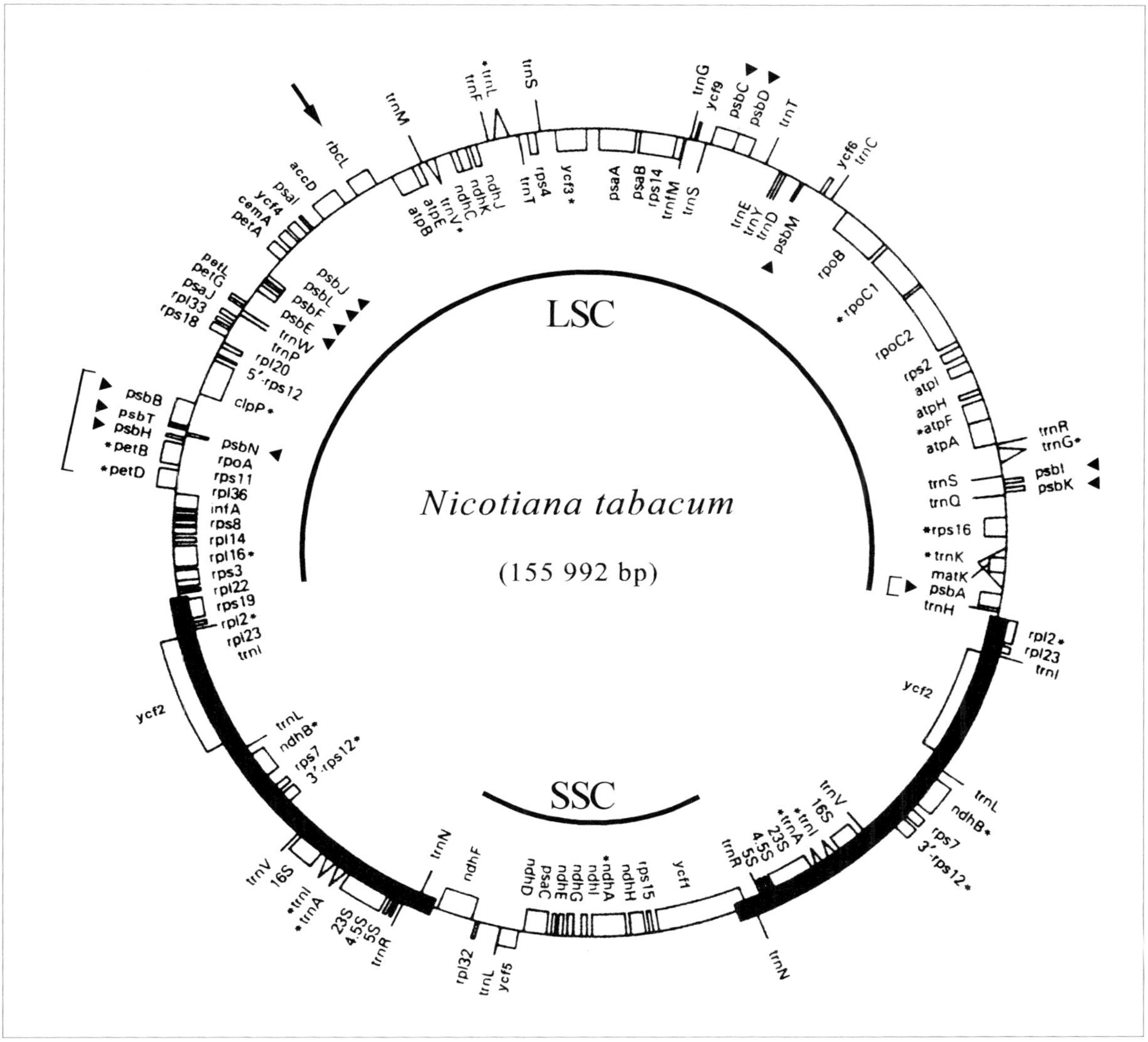

Abb. 11-15: Gen-Karte für das ptGenom vom Tabak. Die beiden invertierten repetitiven Sequenzen (dunkle Balken) werden durch eine große Einzelkopie-Region (LSC) und eine kleine (SSC) getrennt. Der DNA-Strang, der für die große Untereinheit der Ribulosebisphosphat-Carboxylase (*rbcL*, Pfeil) codiert, wird als A-Strang bezeichnet. Die Gene auf dem A-Strang werden im Gegenuhrzeigersinn transkribiert, die Gene auf dem B-Strang im Uhrzeigersinn. Gene: *accD*, Untereinheit der Acetyl-CoA-Carboxylase; *atp*, ATP-Synthase; *clpP*, Proteinase; *inf*A, Initiationsfaktor; *ndh*, NADH-Dehydrogenase; *pet*, Cytochrom-b_6,f-Komplex; *psa*, Photosystem I; *psb*, Photosystem II; *rbcL*, große Untereinheit der Ribulosebisphosphat-Carboxylase; *rpl* und *rps*, Proteine der großen bzw. kleinen ribosomalen Untereinheit; *rpo*, RNA-Polymerase; *trn* mit Einbuchstabencode für AS, tRNAs; Zahlen als S-Werte, rRNAs. ORFs sind mit *ycf* bezeichnet. Mit einem Stern versehene Gene besitzen Introns. Auffällig ist das Gen *rps*12, dessen 5'-Teil bei 10 Uhr auf dem B-Strang liegt und dessen 3'-Teil zweimal vorkommt, auf dem gleichen Strang bei 8 Uhr und auf dem A-Strang bei 5 Uhr. Das *psbB*-Operon und das monocistronisch transkribierte Gen *psbA* sind durch Klammern markiert, die 14 verstreuten *psb*-Gene durch Dreiecke.

Aspekte aufwirft (s. Kap. 24). Das Genom ist ähnlich reduziert wie bei *Epiphagus*.

In den ptGenen der höheren Pflanzen finden sich – ähnlich wie in den mtDNAs – Gruppe-I- und vor allem Gruppe-II-Introns. Bei ursprünglicheren ptDNAs fehlen sie.

Eine besondere Situation besteht, was Introns betrifft, in der Gattung *Euglena*. *Euglena gracilis* enthält in 44 Genen insgesamt 155 Introns, darunter sog. Twintrons, d.h. Introns in ORFs, die selbst in Introns liegen. Die ursprünglichere *E. viridis* dagegen besitzt wesentlich weniger Introns. Aus den Analysen dieser Introns wurde gefolgert, daß sie in den ptGenomen von *Euglena* späte evolutionäre Errungenschaften darstellen (s. auch 5.6.1).

Auch bei den Plastiden gewinnt man den Eindruck, daß der Gen-Transfer in den Zellkern

Tab. 11-1: Gen-Gehalt und Größe von ptDNAs.

Gene für	Porph*	Eugl	March	Tabak	Mais	Epiph	Plasm
rRNAs	4	3	4	4	4	4	2
tRNAs (*trn*)	35	27	32	30	30	17	25
ribosomale Proteine (*rps, rpl*)	47	21	19	21	21	15	17
Photosystem I (*psa*)	11	5	2	5	5	–	–
Photosystem II (*psb*)	16	12	7	14	14	–	–
Cytochrom b_6/f (*pet*)	4	2	3	4	4	–	–
Rubisco (*rbc*)	2	1	1	1	1	–	–
ATP-Synthase (*atp*)	8	6	6	6	6	–	–
RNA-Polymerase (*rpo*)	4	3	4	4	4	–	3
NADH-Dehydrogenase (*ndh*)	–	–	6	11	11	–	–
Phycobiliproteine	10	–	–	–	–	–	–
andere	38	2	8	3	4	4	3
ORFs	63	15	28	12	18	2	7
Gene für Proteine	203	67	84	80	88	21	30
Gene total**	251	97	120	114	122	42	57
Gene mit Introns	–	44	20	21	22	6	–
kbp	191	143	121	156	140	70	35

* Porph, *Porphyra purpurea* (Rotalge); Eugl, *Euglena gracilis*; March, *Marchantia polymorpha* (Lebermoos); Epiph, *Epiphagus virginiana* (vollparasitische Blütenpflanze); Plasm, *Plasmodium falciparum* (Apicomplexa, Erreger von Malaria).
** Die in den Inverted Repeats doppelt vorkommenden Gene wurden nur einfach gezählt.

vielleicht noch gar nicht abgeschlossen ist. Das Gen *accD* für eine Untereinheit der Acetyl-CoA-Carboxylase [die prokaryotische Form besteht aus drei Untereinheiten, die eukaryotische ist ein multifunktionelles Enzym] ist ein Beispiel. In der ptDNA von *Marchantia* und vom Tabak ist das Gen enthalten, beim Reis besteht es nur noch aus 106 Codons und beim Mais fehlt es.

Es gäbe nun zwei Behelfsmöglichkeiten, einmal daß das Gen in den Zellkern verlagert wurde oder aber daß es eliminiert wurde und die eukaryotische Carboxylase als Ersatz dient. Letzteres ist der Fall. Die Graminicin-Herbizide wirken auf die eukaryotische Carboxylase, während die prokaryotische nicht beeinflußt wird. Die Fettsäuresynthese in den Plastiden der Gramineen wird jedoch durch Graminicine gehemmt.

11.2.2 Gen-Expression

Auf der ptDNA sind die meisten Gene zu polycistronischen Transkriptionseinheiten zusammengefaßt wie z. B. das *psbB*-Operon, das je zwei Gene für Untereinheiten des Photosystems II und des Cytochrom-b_6/f-Komplexes enthält. Es fällt auf, daß diese Einheiten auf der ptDNA Gene für Untereinheiten verschiedener Proteinkomplexe vereinen und daß Gene für Komponenten ein und desselben funktionellen Komplexes auf dem Genom verstreut sind. In Abb. 11-15 sind die 13 Gene für Untereinheiten des Photosystems II als Beispiel besonders hervorgehoben. Die Situation ist also anders als in Prokaryoten, wo funktionell zusammengehörende Gene häufig in Operons auftreten. Monocistronisch transkribiert werden in höheren Pflanzen z. B. *psbA* und *rbcL*, das Gen für die große Untereinheit der Ribulosebisphosphat-Carboxylase.

Viele Transkriptionseinheiten enthalten vom Initiationscodon aus nach 5′ prokaryotische Konsensussequenzen bei –10 und bei –35, die für die Wechselwirkung von RNA-Polymerase und Promotor von zentraler Bedeutung sind und von σ-Faktoren erkannt werden. Zwischen ihnen finden sich öfter Sequenzmotive, die der TATA-Box von Genen im Zellkern ähnlich sind. Für manche Operons gibt es auch mehrere Promotoren mit unterschiedlicher Transkriptionsinitiation. Für die Transkription sind mindestens zwei RNA-Polymerasen zuständig. Die Untereinheiten der vier plastidären *rpo*-Gene bilden eine typisch prokaryotische Polymerase, die in Etioplasten vorkommt und z. B. durch Rifampicin hemmbar ist. In Chloroplasten ist diese Polymerase mit kerncodierten Untereinheiten in einem größeren Komplex von etwa 13 Polypeptiden enthalten. Beide Formen erkennen die gleichen Promotoren in Verbindung mit bisher drei kerncodierten σ-Faktoren. Das Fehlen von *rpo*-Genen im ptGenom von *Epiphagus* und verschiedene *rpo*-Mutanten veranlaßten die Suche nach einer zusätzlichen kerncodierten Polymerase, die auch gefunden wurde. Sie hat Ähnlichkeit mit der phagentypischen Polymerase, wie sie auch für Mitochondrien bekannt ist (s. 10.2.2). Die ptDNA-Gene für photosynthetische Proteine besitzen Promotoren für die ptDNA-codierte Polymerase, einige wenige der übrigen Gene enthalten Promotoren für die kerncodierte Polymerase, während in den restlichen Genen beide Promotoren vorkommen.

Plastidäre Transkripte besitzen Triphosphate am 5'-Ende, jedoch keinen poly(A)$^+$-Schwanz am 3'-Ende. Es ist schwierig, über Art und Zahl der Transkripte einen Überblick zu erhalten, da die primären polycistronischen Transkripte über viele Zwischenstufen – unter Beteiligung von Endonucleasen und gegebenenfalls Spleiß-Enzymen und Editierungen – zu den translatierbaren mRNAs prozessiert werden. Aus dem Primärtranskript des *psbB*-Operons beispielsweise gehen letztlich drei monocistronische mRNAs für die drei Untereinheiten für das Photosystem II und eine bicistronische mRNA für die beiden Untereinheiten des Cytochrom-b_6/f-Komplexes hervor; in Spinat-Chloroplasten hat man, einschließlich Zwischenprodukten, 17 verschiedene Transkripte dieses Operons identifiziert. σ-Faktoren und zahlreiche andere kerncodierte Proteine sind gefunden worden, die in die Transkription und die Prozessierung der Transkripte eingreifen. Die plastidäre Gen-Expression wird zusätzlich z.B. durch die Stabilität der Transkripte, die Translation sowie durch den Turnover und die Aktivität der Proteine reguliert. Hinzu kommt, daß die Transkription mancher, aber nicht aller Gene einer Regulation durch Licht unterworfen ist. Man muß davon ausgehen, daß die Gen-Aktivitäten in den Plastiden letztlich vom Zellkern kontrolliert werden. Es ist aber auch eine gewisse Reziprozität zu erwarten, denn die großen funktionellen Proteinkomplexe in den Plastiden enthalten im allg. ptDNA- und kerncodierte Untereinheiten. Die Ribulosebisphosphat-Carboxylase, um ein einfaches Beispiel bei höheren Pflanzen und Grünalgen zu nennen, besteht aus acht großen ptDNA-codierten und acht kleinen kerncodierten Untereinheiten. Überschüssige Untereinheiten wurden nie gefunden; hierzu trägt sicherlich auch ein proteinolytischer Abbau nichtkomplexierter Untereinheiten bei. Schon vor längerer Zeit wurde ein „Plastidenfaktor" postuliert, der „Rückmeldungen" in den Zellkern übermitteln sollte. Über die Natur dieses Faktors oder, besser, dieser Faktoren ist bisher nichts bekannt.

Relativ gut untersucht ist die Expression des Gens *psbA* für das D1-Protein im Reaktionszentrum von Photosystem II. Das Gen besitzt einen starken Promotor, so daß die (monocistronische) mRNA-Menge hoch ist, um ein Vielfaches höher unter Lichtbedingungen als im Dunkeln. Dies ist notwendig, da das Protein einen außerordentlich hohen Turnover hat und ständig im Reaktionszentrum ersetzt werden muß. Die mRNA ist insofern heterogen, als ein zweiter Promotor für die Bildung einer mRNA mit längerem nichttranslatiertem Bereich am 5'-Ende verantwortlich ist.

Transkripte von ptDNAs werden wie die von mtDNAs (s. 10.2.2) von Cytosin nach Uracil editiert, jedoch wesentlich weniger häufig. In Mais-Chloroplasten beispielsweise finden sich nur etwa 25 Editierungsstellen in den gesamten Transkripten.

11.3 Import von Protein

Ähnlich wie bei Mitochondrien ist der Großteil der plastidären Proteine kerncodiert und muß nach der Synthese an cytoplasmatischen Ribosomen in die Plastiden hineintransportiert werden. In den Plastiden gibt es sechs Bestimmungsorte für Proteine: äußere Membran, Intermembranraum, innere Membran, Stroma, Thylakoidmembran und Thylakoidlumen (Abb. 11-16).

Der **generelle Transportapparat** durch die beiden Hüllmembranen der Plastiden und die mitochondriale Translocase zeigen einige gemeinsame Merkmale:

- Eine transportkompetente Form der Proteine wird durch Chaperone gewährleistet. Chaperone assistieren auch bei der Proteinfaltung am Bestimmungsort.

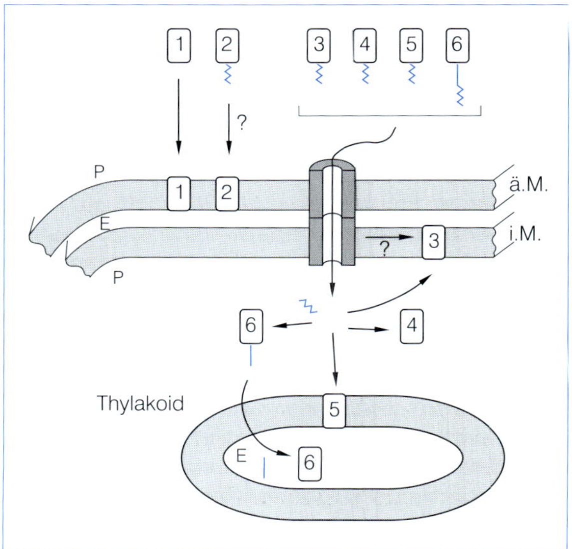

Abb. 11-16: Übersicht zum Proteintransport in Plastiden. Farbig gezeichnet sind die topogenen Signale, die Transitsequenzen, die bei Proteinen für das Thylakoidlumen zweigeteilt sind.

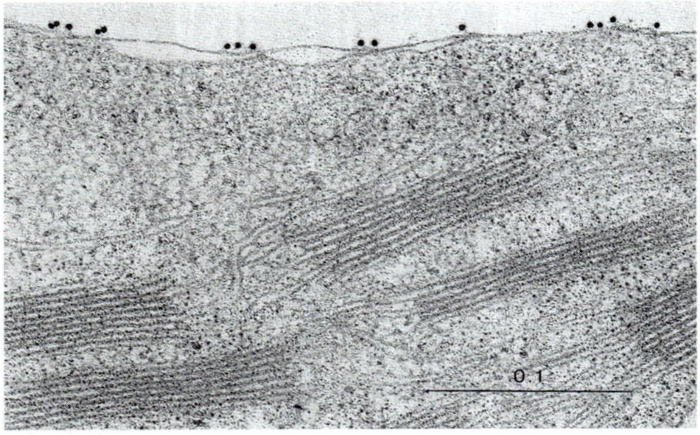

Abb. 11-17: Lokalisation des plastidären generellen Transportapparats an den Kontaktstellen zwischen innerer und äußerer Plastidenmembran. Nachweis durch Antikörper (aus Kaninchen) gegen eine Komponente des Apparats und Anti-Kaninchen-Antikörper (aus Ziege) mit gekoppelten kolloidalen Goldpartikeln. Die Goldpartikel befinden sich ausschließlich an den Kontaktstellen. (D. J. Schnell et al. [1990] J. Cell Biol. 111, 1825; mit Genehmigung.)

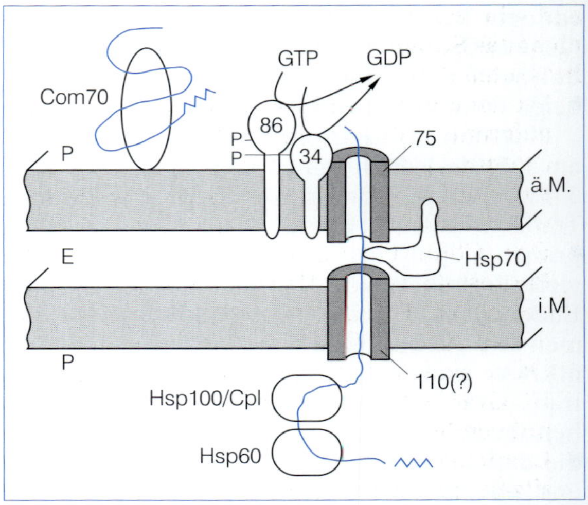

Abb. 11-18: Genereller Importapparat der Plastidenhülle. Die Energieabhängigkeit des Proteintransports äußert sich in der GTP-hydrolysierenden Aktivität und der reversiblen Phosphorylierung von Toc 86 und Toc 34 sowie im ATP-Verbrauch der Chaperone. Ein elektrochemisches Potential ist nicht notwencig. Zur weiteren Erklärung s. Text.

- Der Transport ist energieabhängig.
- Der Transport findet an Kontaktstellen zwischen äußerer und innerer Membran statt (Abb. 11-17).
- Die Proteine tragen topogene Signale.
- Prozessierende Peptidasen spalten N-terminale topogene Signale nach dem Transport ab.

Die Untereinheiten der Translokatoren von Mitochondrien und Plastiden haben jedoch keinen gemeinsamen evolutionären Ursprung. Die Transportapparate sind unabhängig voneinander entstanden, wie das bei zwei getrennten symbiontischen Ereignissen eigentlich auch zu erwarten ist. Die Komponenten in der äußeren Plastidenmembran werden mit **Toc** (translocon at the outer envelope membrane of chloroplasts), die der inneren Plastidenmembran mit **Tic** (translocon at the inner envelope membrane of chloroplasts) bezeichnet; die Zahlen danach geben die ungefähren Molekularmassen an.

Die N-terminalen topogenen Signale, die **Transitsequenzen**, sind in der Regel 30–75 AS lang, ohne Gemeinsamkeiten in der Primärsequenz. Sie zeichnen sich aber durch einen ungeladenen N-Terminus und die Häufung von positiv geladenen und hydroxylierten AS aus. Möglicherweise ist – wie auch bei den mitochondrialen Präsequenzen – eine bestimmte, jedoch nicht identifizierbare Sekundärstruktur entscheidend. Die Transitsequenz ist notwendig und ausreichend.

Für Plastiden bestimmte Proteine können während/nach ihrer Synthese durch das cytoplasmatische Chaperon Com70 der Hsp70-Familie, das locker an die äußere Hüllmembran assoziiert ist, in importkompetenter Konformation gehalten werden. Eine regulatorische Bedeutung scheint die Phosphorylierung der Transitsequenz durch eine Ser/Thr-Protein-Kinase zu haben. Proteine mit phosphorylierten Transitsequenzen können zwar an den Transportapparat binden, werden jedoch nicht transportiert. In der äußeren Membran sind bisher einige Toc-Komponenten identifiziert worden (Abb. 11-18). Toc86 und Toc34 sind GTP-bindende Phosphoproteine. Über diese beiden Proteine wird offenbar energieabhängig die Erkennung und die Einleitung des Transports von Proteinen mit Transitsequenz geregelt. Toc75 durchquert die äußere Membran mit β-Faltblättern und dürfte den eigentlichen Membrankanal bilden. Im Intermembranraum, aber fest ín der äußeren Membran verankert liegt ein weiteres Hsp70-Chaperon, das den importkompetenten Zustand der transportierten Proteine erhält. Für die innere Membran konnte eine Reihe von Tics identifiziert werden, so z.B. Tic110. Ob Tic110 jedoch an der Kanalbildung beteiligt ist, bleibt ungewiß. Im Stroma werden die Proteine wahrscheinlich von zwei Chaperonen in Empfang genommen, Hsp100/Clp und Hsp60. Die Transitpeptid-Peptidase, eine Metallo-Endopeptidase, ist ebenfalls ein stromales Enzym.

Die meisten kerncodierten Plastidenproteine besitzen eine abspaltbare N-terminale Transitsequenz, die sie in das Stroma dirigiert. Von dort aus gibt es, wenn die endgültige Lokalisation nicht das Stroma bleiben soll, verschiedene Möglichkeiten des Weitertransports:

- Proteine der inneren Hüllmembran gelangen aufgrund interner topogener Signale vom Stroma in die Membran, manche vielleicht auch direkt vom Transportkanal aus, ähnlich wie bei den Mitochondrien (s. 10.3).
- Das Chlorophyll-a/b-bindende Protein des Photosystems II als Beispiel für ein Thylakoidprotein enthält offenbar eine interne Sequenz, die es für die Thylakoidmembran bestimmt. Dazu sind lösliche Stromafaktoren und ein H^+-Gradient über der Thylakoidmembran notwendig.
- Luminale Proteine (Abb. 11-16, Beispiel 6) besitzen eine zweifache Transitsequenz. Zwei Untereinheiten des wasserspaltenden Komplexes (16 und 23 kDa) z.B. benötigen einen H^+-Gradienten, jedoch keine Stromafaktoren.
- Die Untereinheit von 33 kDa des wasserspaltenden Komplexes und Plastocyanin dagegen sind auf stromale Faktoren und ATP, nicht jedoch auf einen ΔpH angewiesen. Hierbei ist ein Translokator beteiligt, der Homologie zum Sec-System der Bakterien (s. 8.2.1) aufweist.
- Eine Untereinheit des F_0-Teils der ATP-Synthase inseriert spontan in die Thylakoidmembran.

Proteine der äußeren Hüllmembran tragen bis auf zwei Ausnahmen keine abspaltbaren Transitsequenzen. Sie gelangen vom Cytoplasma direkt an ihren Bestimmungsort. Die Ausnahmen sind Toc86 und Toc75; Toc75 benützt den generellen Importapparat, Toc86 einen noch unbekannten Weg.

11.4 Photosynthese

Die grundlegenden Vorgänge bei der Photosynthese sind die Absorption von Licht und der Transfer von Energie durch Pigmentmoleküle. Dieser Energietransfer mündet in einen Elektronentransport, der Reduktionsäquivalente in Form von NADPH · H^+ oder NADH · H^+ liefert. An den Elektronentransport ist außerdem die Errichtung eines Protonengradienten gekoppelt, der zur Gewinnung von chemischer Energie in Form von ATP durch die ATP-Synthase ausgenützt werden kann. Die photosynthetischen Pigmente sind Chlorophylle, Carotinoide und – seltener – Phycobiline. Die Sequenz der Energietransformationen ist dabei die folgende:

$$h\nu \rightarrow \Delta E \rightarrow \Delta\mu_{H^+} \rightarrow \Delta G_{ATP} \rightarrow \ \ldots$$

Da die Flüsse von Energie und Elektronen kanalisiert und vektoriell sein müssen, um z.B. Verluste von Energie in Form von Wärme, Fluoreszenz u.a. zu vermeiden, laufen die photosynthetischen Vorgänge in membrangebundenen hochorganisierten Proteinkomplexen ab (Abb. 11-19). Man unterscheidet drei Arten von Komplexen, Lichtsammelkomplexe (LHCs, light harvesting complexes), die in verschiedenen Formen

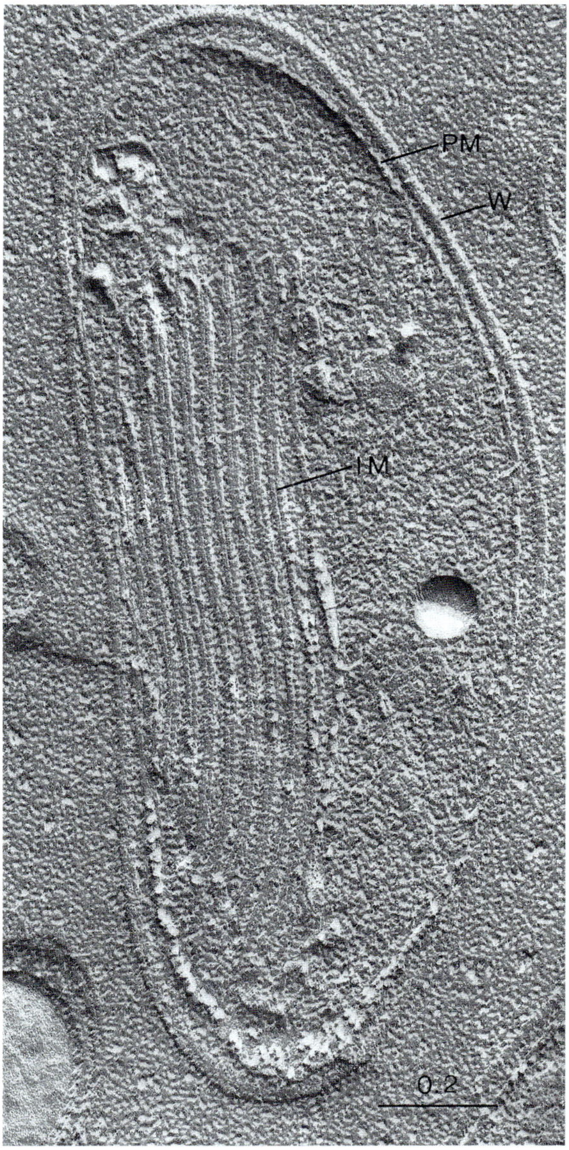

Abb. 11-19: Ein Purpurbakterium, *Rhodopseudomonas viridis*, mit intracytoplasmatischen Membranen (IM), in denen die Photosyntheseapparate – in diesem Fall Photosystem II – enthalten sind. Partikuläre Untereinheiten lassen sich in diesen Membranen, im Gegensatz zur Plasmamembran (PM), erkennen. W, Zellwand. (Gefrierbruch-EM-Aufnahme: J. R. Golecki)

auftreten, und die beiden Reaktionszentren von Photosystem I (PS I) und Photosystem II (PS II). Weitere membrangebundene Komponenten und Komplexe kommen hinzu, die an Elektronen- und Protonentransport und anderen assoziierten Reaktionen beteiligt sind. Bei der **oxigenen Photosynthese** von Cyanobakterien und Chloroplasten, bei der Sauerstoff aus Wasser entsteht, sind die beiden Photosysteme energetisch hintereinandergeschaltet; es folgen einander zwei unterschiedliche Lichtreaktionen. **Anoxigene Photosynthese**, die nur in Abwesenheit von Sauerstoff möglich ist und bei der auch kein Sauerstoff entsteht, wird ausschließlich in einigen Prokaryotengruppen gefunden. Man unterscheidet hier zwei Formen: Grüne Schwefelbakterien und Heliobakterien verwenden für ihre Photosynthese nur Photosystem I, Purpurbakterien und die Gattung *Chloroflexus* nur Photosystem II; hier findet jeweils nur eine Lichtreaktion statt.

Zur Aufklärung der photosynthetischen Reaktionen haben neben biochemischen und molekularbiologischen Methoden insbesondere zeitlich hoch auflösende spektroskopische Methoden – mit Laserblitzlicht gelingen Auflösungen im Pico- und Femtosekundenbereich – und Röntgenstrukturanalysen entscheidend beigetragen.

11.4.1 Lichtabsorption und Elektronentransport

Durch die Absorption eines Photons wird ein Pigmentmoleküle vom Grundzustand in einen höher energetischen, angeregten Singulettzustand überführt. Dieser Vorgang ist außerordentlich schnell und liegt im Bereich von 10 Femtosekunden (10^{-14} s). Es folgt ein Transfer der Anregungsenergie (Excitons) über weitere Pigmentmoleküle zu einem Reaktionszentrum, wo durch Anregung eines Chlorophylldimers eine photochemische Ladungstrennung in Form eines Elektronentransports zur Stabilisierung dieses Primärereignisses führt. Um einen effizienten Energietransfer zu gewährleisten und Verluste über andere Mechanismen zu minimieren, besitzen die beteiligten Komplexe eine hohe interne Symmetrie und ebenso eine hohe Symmetrie zueinander. Die Reaktionszeiten der einzelnen Vorgänge sind sehr unterschiedlich:

- Absorption von Photonen im Bereich von 10 Femtosekunden (10^{-14} s).
- Weiterleitung der Anregungsenergie (Delokalisation) im Bereich von 100 Femtosekunden (10^{-13} s).
- Transfer der Energie zwischen Komplexen und zu Reaktionszentren 10–40 Picosekunden (10^{-11} s).
- Ladungstrennung in Reaktionszentren im Bereich von 10 Picosekunden (10^{-11} s).
- Stabilisierung der Ladungstrennung im Reaktionszentrum im Bereich von 400 Picosekunden ($4 \cdot 10^{-10}$ s).
- Re-Reduktion von Reaktionszentren im Bereich von Nanosekunden (10^{-9} s).
- Elektronentransport $\geq 10^{-4}$ s.

[Zum Vergleich: in 10^{-12} s legt Licht eine Strecke von 0,3 mm zurück.]

Lichtsammelkomplexe

Es gibt zahlreiche verschiedene Lichtsammelkomplexe (LHCs). Sie werden auch als Antennen und ihre Pigmente als Antennenpigmente bezeichnet. Besonders gut analysiert sind die LHCs von Purpurbakterien und die Phycobilisomen von Cyanobakterien.

Purpurbakterien besitzen mit ihren LHC1 und LHC2 zwei unterschiedliche Komplexe, die zusammen mit Reaktionszentren photosynthetische Einheiten bilden. Die Struktur des **LHC2** von *Rhodopseudomonas acidophila* ist röntgenographisch mit einer Auflösung von 0,25 nm aufgeklärt worden (Abb. 11-20). Neun identische Untereinheiten aus jeweils zwei kleinen Apoproteinen mit je einer Membranhelix und assoziierten Pigmenten bilden eine ringförmige Struktur in der Membran, die innen mit Lipidmolekülen (Lipiddoppelschicht) ausgefüllt ist. Jedes α,β-Proteinpaar hat drei Bakteriochlorophyllmoleküle über His-Reste assoziiert und ein Carotinoidmolekül gebunden. Die Absorptionseigenschaften der Chlorophylle werden durch die jeweilige Proteinumgebung mitbestimmt. Zwei der Chlorophylle liegen mit ihren planaren Porphyrinringen senkrecht zur Membranebene in der Nähe der P-Seite und haben ihre Absorptionsmaximum bei 850 nm (B850); sie sind nahezu parallel angeordnet und überlappen einander etwas. Das dritte liegt mit seinem Ring parallel zur Membranebene mehr in der Mitte der Membran und absorbiert maximal bei 800 nm (B800). Insgesamt können die Chlorophylle zusammen mit den Carotinoiden in einem weiten Wellenlängenbereich, von Blau bis Ultrarot, absorbieren und damit Lichtenergie verfügbar machen. Die Struktur ist hochsymmetrisch mit insgesamt neun Proteinpaaren, neun Carotinoiden und 27 Chlorophyllen.

Der Lichtsammelkomplex 1 (**LHC1**) ist im Prinzip ähnlich aufgebaut. Der Ring ist nur wesentlich größer mit einem Außendurchmesser von 11,6 nm und einem Innendurchmesser von

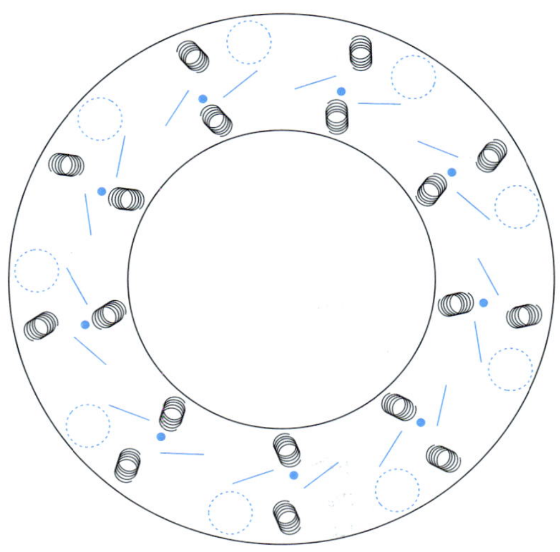

Abb. 11-20: Struktur von Lichtsammelkomplex 2 (LH2) von *Rhodopseudomonas acidophila*, Ansicht von der P-Seite der Membran. Die neun Helixpaare stellen die α,β-Proteindimere dar. Die farbigen, sich leicht überlappenden Striche sind die mit ihren Porphyrinringen senkrecht zur Membranebene liegenden Bakteriochlorophylle B850, insgesamt 18. Die neun mit ihren Porphyrinringen parallel liegenden Bakteriochlorophylle B800 weiter im Membraninneren sind durch gepunktete farbige Kreise angedeutet. Die dickeren Punkte symbolisieren das jeweilige Carotinoidmolekül pro Dimer, das sich senkrecht durch die Membran erstreckt.

6,8 nm. Er enthält 16 Apoproteinpaare mit wiederum je einem Carotinoidmolekül und 2 Bakteriochlorphyllen mit senkrecht zur Membranebene liegenden Porphyrinringen. Ihr Absorptionsmaximum liegt bei 875 nm (B875). Die den neun B800-Molekülen im LHC2 entsprechenden Chlorophylle fehlen hier allerdings. Der Ring von LHC1 ist so groß, daß er sich um ein Reaktionszentrum legen kann.

Eine **photosynthetische Einheit** besteht aus einem Reaktionszentrum (RC), das von einem LHC1 umgeben ist, um das sich wiederum acht LHC2 gruppieren (Abb. 11-21). Die Chlorophylle der Komplexe mit senkrecht zur Membranebene orientierten Porphyrinringen, einschließlich des speziellen Chlorophyllpaars im RC (s. unten), liegen in einer Ebene. Nach Absorption eines Photons durch ein Chlorophyllmolekül in einem LHC2 delokalisiert die Energie innerhalb des Rings in ca. 100 fs; der Abstand zwischen den Mg^{2+} benachbarter Chlorophylle beträgt 1,9 nm. Der Transfer zwischen LHC2 und LHC1, wobei der Abstand der Mg^{2+} nächst benachbarter Chlorophylle bei 2,4 nm liegt, geschieht innerhalb von 10 ps und wird als Förster-Transfer bezeichnet. Die Mg^{2+} des speziellen Chlorophyllpaars im RC liegen von allen im LHC1 gleich weit, d.h. 4,3 nm entfernt. Der limitierende Schritt ist dieser Transfer zum RC, der 30-40 ps benötigt. Ist das RC „besetzt" – die nachfolgenden Reaktionen sind langsamer als der Energietransfer – geschieht ein schneller Transfer zu einem anderen RC. Die photosynthetische Einheit der Purpurbakterien enthält insgesamt etwa 250 Chlorophyllmoleküle.

Ein direkter Energietransfer zwischen zwei Chromophoren ist möglich, wenn ihr Abstand 5 nm nicht überschreitet. Das oszillierende Feld eines angeregten Elektrons kann dann ein anderes Elektron, das sich im Grundzustand befindet, in Resonanz bringen und es dabei anregen (induktive Förster-Resonanz). Dazu muß allerdings das Absorptionsspektrum des Empfängerchromophors mit dem Emissionsspektrum des Donatorchromophors einen Überlappungsbereich aufweisen. Für eine gute Kopplung sollten außerdem die Dipolmomente parallel orientiert sein. Die Effektivität des Transfers nimmt mit der sechsten Potenz des Abstands zwischen den Chromophoren ab.

Die LHCs in Chloroplasten sind anders strukturiert. Man kann jedoch davon ausgehen, daß die Grundprinzipien ihres Aufbaus denen der Purpurbakterien zumindest ähnlich sind, da sie ja den gleichen Zweck haben, Licht in guter Ausbeute zu absorbieren und einen möglichst verlustfreien Energietransfer zu den RCs zu gewährleisten. Das **Chlorophyll-a/b-bindende Protein** ist das häufigste Protein der Thylakoidmembran. Es bildet den **LHC-II**. Das Polypeptid von 232 AS besitzt drei membrandurchspannende Helices und enthält 14 Pigmentmoleküle, sieben Chlorophyll a, fünf Chlorophyll b und zwei Luteine (hydroxylierte Carotinoide). Die Carotinoide in allen photosynthetischen Komplexen haben neben der Funktion der Lichtabsorption auch protektive Eigenschaften (s. unten).

Phycobilisomen sind LHCs von Cyanobakterien, Rotalgen, Cryptophyten und Glaucocystophyten wie *Cyanophora paradoxa*. Sie sitzen – mit Ausnahme der Cyptomonaden – als große, im EM sichtbare Strukturen (Abb. 11-6) den Reaktionszentren auf der P-Seite der Thylakoide auf. Als periphere Komponenten können sie leicht abgelöst werden. Phycobilisomen sind supramolekulare Komplexe von etwa 10^4 kDa, die aus zahlreichen Phycobilinen in unterschiedlicher Zusammensetzung bestehen. **Phycobiline** sind kleine Chromoproteine von etwa 170 AS, die typischerweise neun α-Helices ausbilden. Als Chromophore enthalten sie 1-3 offene Tetrapyrrole, über Cys-Reste als Thioether kovalent gebunden. Die verschiedenen Proteine unterscheiden sich in ihren maximalen Absorptionsbereichen: Phycoerythrine 490-580 nm, Phycoerythrocyanine 565-600 nm, Phycocyanine 615-640 nm und Allophycocyanine 650-655nm. Sie sind

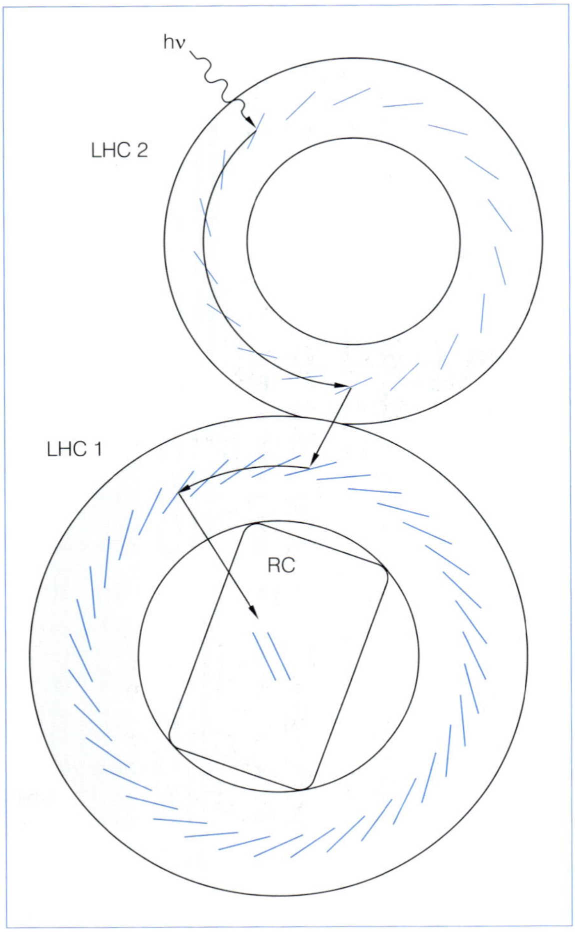

Abb. 11-21: Photosynthetische Einheit bei Purpurbakterien, Aufsicht von der P-Seite der Membran. Das Reaktionszentrum (RC) ist innerhalb eines LHC1-Rings lokalisiert, der wiederum von acht kleineren LHC2-Ringen eng umgeben ist (hier ist nur ein LHC2-Ring eingezeichnet). In den Komplexen sind nur die Chlorophylle mit ihren senkrecht zur Membranebene liegenden Porphyrinringen mit farbigen Strichen markiert, im LHC2 18 B850, im LHC1 32 B875 und im RC das spezielle Chlorophyllpaar (s. unten). Der Energietransfer ist, da die Chlorophylle der verschiedenen Komplexe (von außen nach innen) bei geringerer Energie absorbieren, zum Reaktionszentrum hin begünstigt.

in den Phycobilisomen entsprechend angeordnet – die kurzwellig absorbierenden außen, die längerwellig absorbierenden innen (Abb. 11-22). Die Farbe isolierter Phycobiline ist außerordentlich intensiv und schön.

Die einzelnen Phycobilintypen bilden ringförmige hexamere Strukturen aus α- und β-Untereinheiten. In den Hexameren betragen die Abstände zwischen den einzelnen Chromophoren 2,3 bzw. 3,6 nm, was einen Energietransfer erlaubt (s. oben). Die Hexamere sind in den supramolekularen Komplexen stapelförmig angeordnet.

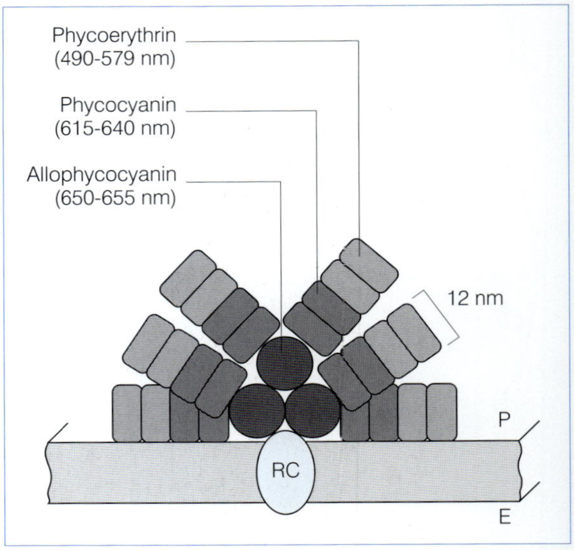

Abb. 11-22: Modell für ein Phycobilisom. Es sitzt einem Reaktionszentrum auf der P-Seite der Membran auf. Die hexameren Ringe der Phycobiliproteine sind stapelförmig angeordnet, wobei die kurzwellig absorbierenden außen, die längerwellig absorbierenden innen liegen. Sie sind durch Linkerproteine untereinander verbunden. RC, Reaktionszentrum in der Thylakoidmembran. Die Zeichnung ist nicht maßstabsgerecht.

Die Zusammensetzung der Phycobilisomen ist in manchen Cyanobakterien und Algen regulierbar. Je nach Wassertiefe und damit nach Wellenlänge des ankommenden Lichts werden bevorzugt solche Phycobiline gebildet, deren Absorptionsbereiche dem einfallenden Licht entsprechen. Man bezeichnet dieses Regulationsvermögen als **chromatische Adaptation**.

Oxigene Photosynthese

Anregungsenergie wird von LHCs auf Reaktionszentren übertragen. Reaktionszentren sind sehr effizient, etwa 45% der Energie der Anregung werden konvertiert.

Das **Photosystem II** (PS II) in Cyanobakterien und Chloroplasten enthält mehr als 20 Polypeptide einschließlich der Chlorophyll-a/b-bindenden Proteins des LHC-II und eines weiteren, inneren LHCs mit den Chlorophyll-a-bindenden Proteinen CP47 und CP43. Diese innere Antenne ist eng an das eigentliche Reaktionszentrum assoziiert. Dieses besteht aus den Proteinen D1 und D2, die alle Cofaktoren des Zentrums gebunden tragen; die Cofaktoren werden in hydrophoben Taschen durch bestimmte Aminosäurereste der beiden Polypeptide in Position gehalten. Ein Cytochrom b_{559} mit unbekannter Funktion ist außerdem assoziiert. Die ptDNA-codierten D1 und D2 haben jeweils fünf Membrandurchgänge und sind homolog. Das Reaktionszentrum von PS II hat große Ähnlichkeit

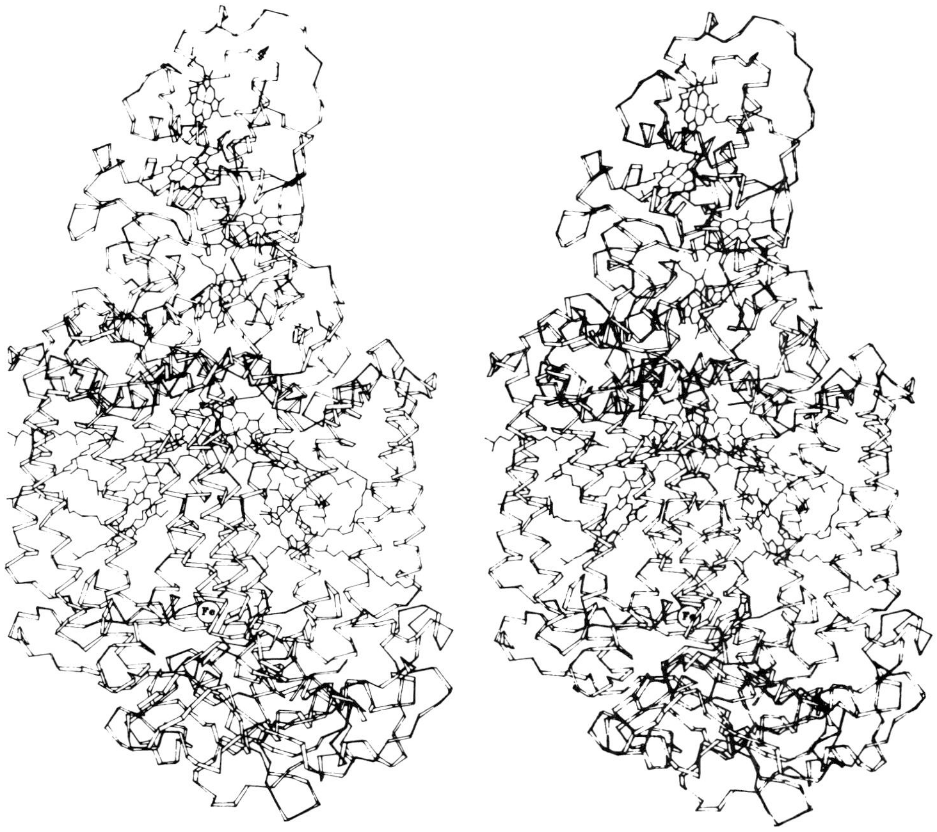

Abb. 11-23: Stereo-Bildpaar für das photosynthetische Reaktionszentrum von *Rhodopseudomonas viridis.* [Zur Betrachtung eines Stereobilds s. Abb. 1-24.] Die E-Seite der Membran liegt oben im Bild, die P-Seite unten. An der Oberfläche der E-Seite liegt ein Cytochrom mit vier Hämringen, das bei *R. viridis* an das Reaktionszentrum assoziiert ist. Es schließen sich in der Membran links das L-Protein, rechts das M-Protein mit den Pigmenten und Cofaktoren an. An der P-Seite befindet sich das H-Protein. Es ist gut zu erkennen, daß vom Chlorophylldimer zwei Arme von Cofaktoren ausgehen, von denen jedoch nur der rechte funktionell ist. Auf der linken Seite liegt das gebundene Carotinoidmolekül in *cis*-Form. (Bild: H. Michel, et al. [1990] Biochim. Biophys. Acta 1018, 115; mit Genehmigung)

mit dem der Purpurbakterien, das von J. Deisenhofer, R. Huber, H. Michel und Mitarbeitern 1984 röntgenstrukturanalytisch aufgeklärt wurde (Abb. 11-23). Die bakteriellen Proteine L und M entsprechen D1 und D2.

Anregungsenergie wird durch das **Chlorophylldimer P680**, das spezielle Chlorophyllpaar, übernommen. P680 ist der primäre Elektronendonator. $P680^+/P680$ besitzt ein stark oxidierendes Redoxpotential E_m von +1,15 V, das E_m der angeregten Form P680*/P680 liegt bei etwa −0,7 V. P680 gibt bei Anregung ein Elektron an ein Phäophytin mit weniger negativem Redoxpotential (E_m Ph/Ph^- ca. −0,45 V) ab – Phäophytin ist ein Chlorophyll ohne Mg^{2+}. Die primäre Ladungstrennung ist in wenigen Picosekunden vollzogen. Bei Purpurbakterien liegt noch ein weiteres Bakteriochlorophyll zwischen Chlorophyllpaar und Bakteriophäophytin (Abb. 11-24). P680 liegt nahe der E-Seite der Membran, die nachfolgenden Elektronenüberträger sind fast senkrecht zur Membranebene in einer Reihe fest positioniert, die an der P-Seite der Membran endet. Dadurch ist ein vektorieller Elektronentransport im RC vorgegeben. Merkwürdigerweise gehen von P680 zwei Arme von Cofaktoren aus, von denen jedoch nur einer – in den Abbildungen der rechte – funktionell ist. Vom Phäophytin gelangt das Elektron auf ein Plastochinon PQ_A (E_m PQ_A/PQ_A- ca. 0 V) und von dort auf ein zweites, PQ_B, auf der P-Seite der Membran. PQ_B erhält von zwei aufeinander

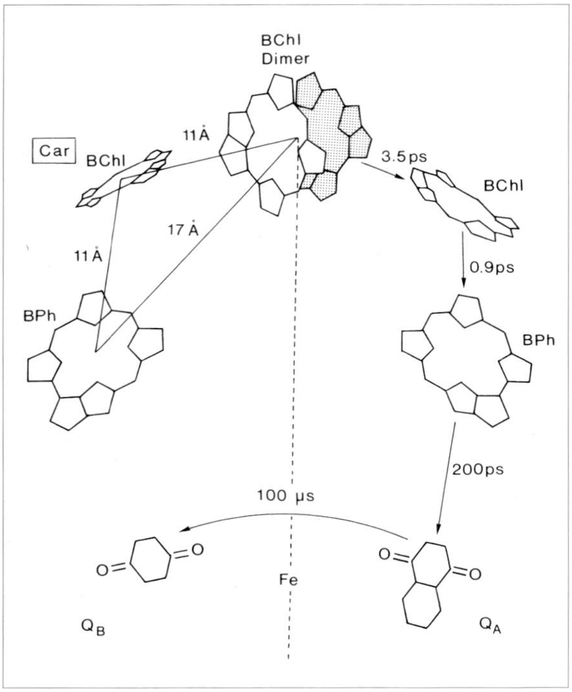

Abb. 11-24: Anordnung der Pigmente in einem Reaktionszentrum am Beispiel von *Rhodopseudomonas viridis*. Im Reaktionszentrum von PS II ist die Anordnung sehr ähnlich. Angegeben sind die Abstände in Å (0,1 nm) und die Zeiten für die einzelnen Elektronenübertragungen. Vom Bakteriochlorophylldimer in der Nähe der E-Seite aus fließt das Elektron über ein weiteres Bakteriochlorophyll und Bakteriophäophytin zu den Chinonen Q_A und Q_B in der Nähe der P-Seite. Nur der rechte Arm der Faktoren ist funktionell. Die gestrichelte Achse verläuft senkrecht zur Membranebene. Car, Carotinoid; Fe, nichthämgebundenes Eisen.

folgenden Lichtreaktionen zwei Elektronen, nimmt zwei Protonen aus dem Stroma auf und wird als Plastochinol (PQH_2) in den sog. **Plastochinonpool** der Membran entlassen. Ein neues PQ nimmt die Bindungsstelle ein. PQ_A wird nur zum Semichinon, nicht zum Chinol reduziert. Rückreaktionen und Seitenwege für das Elektron sind durch die feste Anordnung der Cofaktoren wohl weitgehend ausgeschlossen, und die Ladungstrennung wird stabilisiert. Außerdem wird das Radikalpaar innerhalb weniger Nanosekunden wieder auf andere Weise reduziert (s. unten). Nichthämgebundenes Eisen und HCO_3^- sind ebenfalls im RC enthalten, ihre genaue Funktion ist nicht bekannt. In jedem RC findet sich in enger Nachbarschaft zum Chlorophylldimer ein Carotinoidmolekül, in Chloroplasten ein β-Carotin, das Schutzfunktion ausübt (s. unten). Das RC von Photosystem II wird auch als Chinon-Typ-Reaktionszentrum bezeichnet.

Die PQ_B-Bindungsstelle im D1-Protein (die Bindungsstelle für PQ_A liegt im D2) kann von verschiedenen **Herbiziden** besetzt und der Elektronenfluß dadurch unterbunden werden. Beispiele sind Atrazin, ein Chlortriazin, und Diuron (DCMU, Dichlorphenyl-dimethyl-Harnstoff). AS-Austausche in der Bindungsstelle können zu veränderter Empfindlichkeit und zu Resistenz führen.

An PS II ist der **wasseroxidierende Komplex** an der E-Seite der Membran assoziiert. Bei der oxigenen Photosynthese werden radikalisierte Chlorophylldimere im RC von PS II durch Elektronen aus Wassermolekülen reduziert, die dabei zu O_2 oxidiert werden. Die vier freiwerdenden Protonen werden auf die E-Seite der Membran abgegeben und tragen zum Aufbau des Protonengradienten bei. Ein Tyrosinrest von D1, Tyr-161 (Y_Z) überträgt ein Elektron vom Komplex auf das Chlorophylldimer. Das stark oxidierende Redoxpotential (+1,15 V) von $P680^+/P680$ ermöglicht diese Reaktion. Das Zentrum des Komplexes bilden zwei ungleiche Mn-Dimere. Das D1/D2-Paar ist zumindest an der Bindung dieses Mn-Clusters beteiligt. An D1 werden posttranslational acht AS vom C-Terminus entfernt; ohne diese Prozessierung funktioniert der wasseroxidierende Komplex nicht. Ein peripheres 33-kDa-Protein (PsbO) und zwei weitere von 23 und 16 kDa (PsbP und PsbQ) scheinen den Komplex zu schützen und zu stabilisieren. Die Reduktion eines Chlorophylldimers ist ein Ein-Elektronen-Vorgang, der wasseroxidierende Komplex, d.h. das Mn-Cluster jedoch muß vier oxidierende Äquivalente speichern, bevor O_2 gebildet und entlassen wird (Abb. 11-25). Das Mn-Cluster erreicht dabei verschiedene Redoxstadien, S genannt, wobei allerdings die Wertigkeitsstufen der Mangane noch nicht sicher geklärt sind. Ca^{2+} und Cl^- kommen als zusätzliche Komponenten in dem Komplex vor.

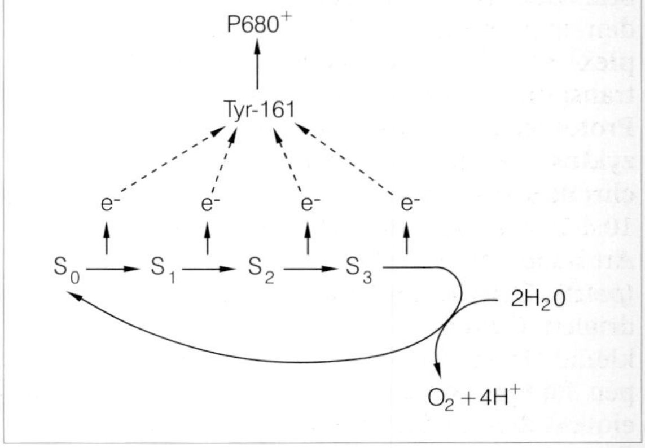

Abb. 11-25: Modell für den wasseroxidierenden Komplex.

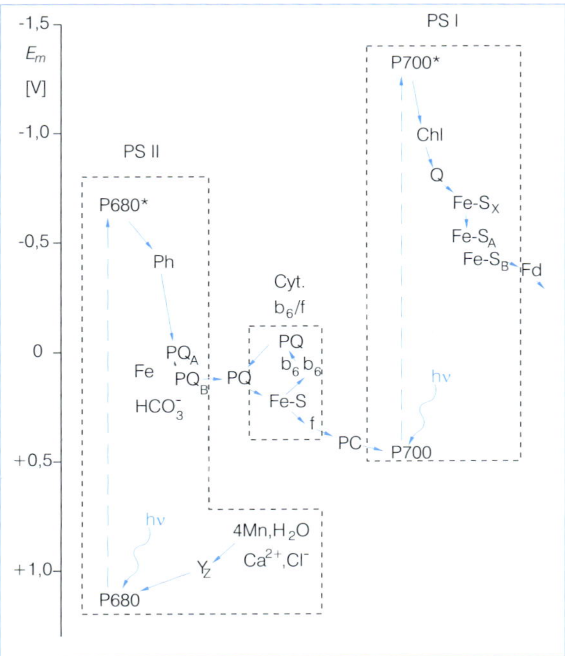

Abb. 11-26: Z-Schema der Photosynthese als Energiediagramm. Die einzelnen Komponenten sind nach ihren Redoxpotentialen angeordnet. Der Fluß der Elektronen ist durch farbige Pfeile symbolisiert, die Komplexe sind als Boxen dargestellt. Plastochinon gibt seine beiden Elektronen an das Rieske-Protein ab, das sie auf Cytochrom f und Cytochrom b_6 verteilt; über b_6 läuft der Plastochinonzyklus, der dem Ubichinonzyklus in Mitochondrien sehr ähnlich ist (s. 10.4.1, Abb. 10-18). P680 und P700, Chlorophylldimere; Ph, Phäophytin; PQ, Plastochinon; b_6, Cytochrom b_6; f, Cytochrom f; Fe-S, Fe-S-Zentren; PC, Plastocyanin; Chl, Chlorophyll; Q, Phyllochinon; Fd, Ferredoxin. Vom Ferredoxin gelangen die Elektronen über die Ferredoxin-Reductase auf $NADP^+$.

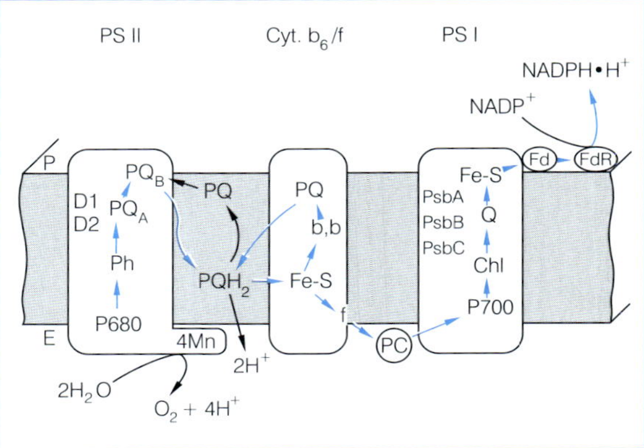

Abb. 11-27: Schematische Anordnung der photosynthetischen Komplexe in der Thylakoidmembran; LHCs und die ATP-Synthase sind nicht eingezeichnet. Die Elektronen (farbige Pfeile) gelangen auf $NADP^+$ auf der P-Seite der Membran, die Protonen (schwarze Pfeile) aus der Wasseroxidation und aus dem Plastochinonzyklus auf die E-Seite. Plastochinon und Plastocyanin verbinden als freie Komponenten jeweils zwei Komplexe. Abkürzungen wie in Abb. 11-26. D1 und D2, Proteine des Reaktionszentrums von PS II; PsaA, PsaB und PsaC, Proteine des Reaktionszentrums von PS I.

Das sog. Z-Schema der oxigenen Photosynthese als Energiediagramm zeigt Abb. 11-26. Das vom PS II reduzierte Plastochinon PQ_B, das Plastochinol, ist in der Thylakoidmembran frei beweglich. Es diffundiert auf die E-Seite der Membran und gibt seine beiden Elektronen dort an den membranintegralen **Cytochrom-b_6/f-Komplex** ab. Der Mechanismus des Elektronentransports in diesem Komplex und die Art der Protonenabgabe auf der E-Seite (**Plastochinonzyklus**) entsprechen den Vorgängen im Cytochrom-b/c_1-Komplex der Mitochondrien (s. 10.4.1, Abb. 10-19). Cytochromkomplexe dieser Art haben eine weite Verbreitung. Cytochrom b_6 (*petB*), Cytochrom f (*petA*), das dem mitochondrialen Cytochrom c_1 entspricht, und weitere kleine Untereinheiten ohne prosthetische Gruppen sind ptDNA-codiert. Das **Rieske-Protein** mit einem 2Fe-2S-Zentrum dagegen ist kerncodiert. Fe-S-Zentren werden über Cys-Reste der Proteine koordiniert (s. 10.4.1, Abb. 10-18).

Vom Cytochrom f gelangen Elektronen in einem Ein-Elektronen-Übergang auf Plastocyanin, in manchen Fällen auf ein Cytochrom c_6, auf der E-Seite der Membran. **Plastocyanin** ist ein blaues Kupferprotein von etwa 10 kDa mit einem Cu. Als peripheres, lateral bewegliches Membranprotein verbindet es im Photosyntheseapparat den Cytochrom-b_6/f-Komplex mit dem Photosystem I. Es hat also eine ähnliche Funktion wie Plastochinon für die Verbindung von PS II mit dem Cytochromkomplex. Plastocyanin ist kerncodiert und für seinen Transport in das Thylakoidlumen mit einer zweifachen Transitsequenz ausgestattet.

Das **Photosystem I** (PS I) von Cyanobakterien und Chloroplasten stellt einen Komplex von mehr als 14 Polypeptiden dar, an den zusätzlich LHCs assoziiert sind. Alle Cofaktoren sind an das Heterodimer PsaA/PsaB und an PsbC gebunden, die von der ptDNA-codiert werden. PsaA und PsaB sind homologe Proteine von etwa 82 kDa und besitzen jeweils 9–11 Membrandurchgänge; PsaC ist ein kleines Protein von 9 kDa. Das Chlorophylldimer, der primäre Donator dieses RCs, absorbiert bei etwas höherer Wellenlänge als das von PSII. Es wird als P700 bezeichnet. Das Redoxpotential von $P700^+/P700$ liegt bei +0,45 V, das der angeregten Form P700*/P700 bei –1,3 V, d.h. genügend negativ, um $NADP^+$ reduzieren zu können. Der primäre Akzeptor für das Elektron ist wahrscheinlich ein monomeres Chlorophyll (E_m –1,0 V). Die primäre Ladungstrennung erfolgt in etwa 30 ps, ist also ähnlich schnell wie in PSII. P700 wird über Plastocyanin von der E-Seite der Membran her re-reduziert. Die in der Kette des RCs folgenden Elektronentransportglieder sind ein Phyllochinon (Vitamin K_1, E_m bei –0,8 V), ein 4Fe-4S-Zentrum (Fe-S_X, E_m –0,73 V), das intermolekular von PsaA und PsaB koordiniert wird, und zwei weitere 4Fe-4S-Zentren (Fe-S_A und Fe-S_B, E_m um –0,55 V), die in PsbC liegen. Im Gegensatz zu PS II wird das RC von PS I auch als Eisen-Schwefel-Typ-Reaktionszentrum bezeichnet.

Mit **Ferredoxin**, in manchen Fällen Flavodoxin, als nächstem Glied verlassen die Elektronen das Reaktionszentrum. Ferredoxine sind kleine periphere Proteine von etwa 10 kDa mit einem 2Fe-2S-Zentrum. Das Ferredoxin von PS I hat ein E_m von etwa –0,4 V und liegt auf der P-Seite der Thylakoidmembran. Andere Ferredoxine können mehr positive Redoxpotentiale besitzen und haben dann andere Funktionen. Ferredoxine sind z.B. bei der Desaturierung von Fettsäuren und bei der Nitritreduktion in Plastiden beteiligt (s. unten). Von Ferredoxin übernimmt die Ferredoxin:$NADP^+$-Oxidoreductase die Elektronen und reduziert $NADP^+$ zu NADPH · H^+. Die Reductase ist ein Flavoenzym mit FAD als prosthetischer Gruppe.

Mit der Generation von Reduktionsäquivalenten ist der vielstufige Weg des Elektrons (bzw. der Elektronen), das ursprünglich aus einem Wassermolekül stammt, abgeschlossen. Auf diesem Weg wurde es zweimal durch Photonenabsorption angeregt und auf sehr negative Redoxpotentiale angehoben. Neben diesem linearen gibt es mit PS I offenbar auch einen **zyklischen Elektronentransport**, der vom RC zurück zum Plastochinonzyklus führt. Aus diesem Weg entstehen dann keine Reduktionsäquivalente und kein O_2 mehr, es wird jedoch ein Protonengradient aufgebaut und damit die Möglichkeit der ATP-Gewinnung geschaffen, was unter besonderen physiologischen Bedingungen wünschenswert sein mag. In den Heterocysten der Cyanobakterien beispielsweise existiert nur PS I; in diesen Zellen wird über die Nitrogenase N_2 fixiert, eine Reaktion, die sehr viel ATP benötigt, jedoch auch sehr empfindlich gegenüber Sauerstoff ist.

Auch bei PS II soll unter bestimmten Bedingungen ein zyklischer Elektronentransport ablaufen können.

Photoinhibition

Hohe Lichtintensitäten können zur Schädigung besonders von PS II führen. PS I ist weniger empfindlich, offenbar wegen des weniger oxidierenden Redoxpotentials des primären Donators und eines besseren Schutzes vor Sauerstoff. Im Reaktionszentrum von PS II kann das Chlorophyll in einen Triplettzustand übergehen. Triplett-Chlorophyll reagiert mit Sauerstoff. Es entsteht Singulett-Sauerstoff, der wiederum P680 und auch das D1-Protein oxidativ schädigt. D1 zeigt einen hohen Turnover (s. oben). Es gibt allerdings auch Mechanismen zum Schutz von PSII. Dazu sind die Eigenschaften der Carotinoide (s. unten) und die mögliche Entkopplung des RC von seinen LHCs zu rechnen. Die Entkopplung geschieht durch Phosphorylierung der LHC-Proteine. Eine entsprechende Kinase wird offenbar dadurch aktiviert, daß der Plastochinonpool in der Membran einen zu hohen Reduktionsgrad erreicht, d.h. sich Reduktionsäquivalente quasi anstauen.

Anoxigene Photosynthese

Einige Bakteriengruppen benützen eine anoxigene Photosynthese mit nur einem Photosystem, Purpurbakterien und die Gattung *Chloroflexus* mit Photosystem II, grüne Schwefelbakterien und Heliobakterien mit Photosystem I. Die Photosysteme sind denen der Cyanobakterien und Chloroplasten sehr ähnlich (Abb. 11-28). Unterschiedlich sind die Chlorophylldimere. Diese Bakterien enthalten Bakteriochlorophylle, die eine etwas andere chemische Struktur aufweisen und bei längerwelligem Licht, weit in den Infrarotbereich hinein, absorbieren. Und unterschiedlich ist auch das Schicksal der Elektronen nach Verlassen des Komplexes.

Im Photosystem vom Typ II der **Purpurbakterien** gelangen die Elektronen von einem Menachinon auf einen Cytochrom-b/c_1-Komplex, in dem sie von einem dem Rieske-Protein entsprechenden Fe-S-Zentrum auf Cytochrom c_1 und b verteilt werden. Über Cytochrom b läuft der Chinonzyklus, wodurch ein Protonengradient über die Membran zur ATP-Gewinnung errichtet wird. Vom Cytochrom c_1 fließt das Elektron über ein Cytochrom c zum Chlorophylldimer, dem primären Donator, zurück, d.h. das Dimer wird in einem zyklischen Elektronentransport re-reduziert. In diesem System wird kein genügend negatives Redoxpotential erreicht, um NAD^+ reduzieren zu können. Reduktionsäquivalente müssen in energieverbrauchenden Schritten aus exogenen organischen Elektronendonatoren wie

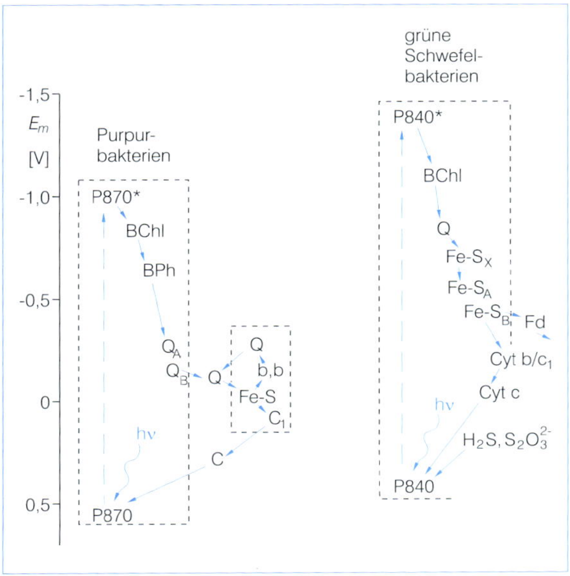

Abb. 11-28: Anoxigene Photosynthese: Photosystem vom Typ II der Purpurbakterien und vom Typ I der grünen Schwefelbakterien. Der Fluß der Elektronen ist mit farbigen Pfeilen dargestellt. Zur weiteren Erklärung s. Text. P870 und P840, Chlorophylldimere; BChl, Bakteriochlorophyll; BPh, Bakteriophäophytin; Q, Menachinon; Fe-S, Fe-S-Proteine; b, Cytochrom b; c_1, Cytochrom c_1; Fd, Ferredoxin.

Succinat u.a. oder aus anorganischen wie H_2S abgezogen werden.

Das Photosystem vom Typ I der **grünen Schwefelbakterien** erreicht ein genügend negatives Membranpotential, um zur Reduktion von NAD^+ zu führen (Abb. 11-28). Das Chlorophylldimer kann durch H_2S oder auch Thiosulfat rereduziert werden. Ein Protonengradient wird unter solchen Bedingungen jedoch nicht geschaffen. Offenbar kann aber auch von den Fe-S-Zentren aus ein dem Cytochrom-b/c_1-Komplex entsprechendes Cytochrom reduziert werden und über einen Chinonzyklus einen H^+-Gradienten aufbauen. Die Elektronen fließen in diesem Fall über ein weiteres Cytochrom c zyklisch zum Chlorophylldimer zurück.

ATP-Synthase

Die ATP-Synthase in den Thylakoidmembranen von Cyanobakterien und Chloroplasten hat sehr große Ähnlichkeit mit dem mitochondrialen Enzym (s. 10.4.2). Sie verwendet den durch die Wasseroxidation und den Plastochinonzyklus errichteten H^+-Gradienten zur ATP-Synthese, was auch als **Photophosphorylierung** bezeichnet wird. Die beiden Untereinheiten werden häufig als CF_0 und CF_1 (C von Chloroplast) geschrieben. Der Komplex besteht aus neun verschiedenen Untereinheiten in der Zusammensetzung α_3, β_3, γ, δ und ε im CF_1 sowie a, b, b′ und c_{10-12} im CF_0. Die Untereinheiten im integralen Teil tragen auch die Kürzel IV, I, II und III. Kerncodiert sind γ, δ und b′. Die Gene der übrigen sind auf der ptDNA in zwei Clustern zusammengefaßt (s. Abb. 11-15), die der Anordnung in Cyanobakterien entspricht.

Laterale Unsymmetrie der Thylakoide

Die photosynthetischen Komplexe haben in den Thylakoiden keine feste Lagebeziehung und sind bei höheren Pflanzen in den Thylakoiden nicht einmal gleichmäßig verteilt. Dies läßt sich mit der Gefrierbruch-EM zeigen (Abb. 11-29). Man kann in den Thylakoiden vier Bruchflächen unterscheiden: PF_G und EF_G in den Grana- sowie PF_S und EF_S in den Stromathylakoiden. Die Bruchflächen zeigen einen unterschiedlichen Partikelbesatz. Die großen Partikel in der EF_G konnten als PS-II-Komplexe identifiziert werden; die komplementäre PF_G enthält entsprechende Vertiefungen, aber auch kleinere Partikel. In der EF_S sind nur sehr wenige der großen Partikel, aber zahlreiche kleine Vertiefungen zu erkennen. Die zugehörigen kleinen Partikel lie-

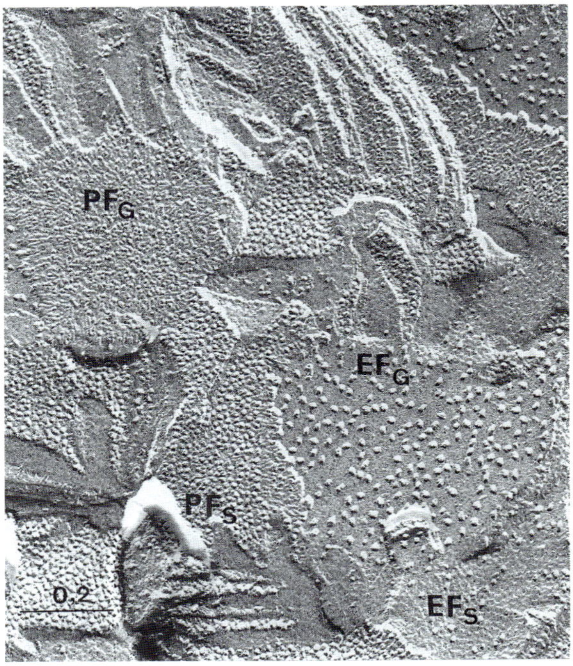

Abb. 11-29: Bruchflächen von Thylakoidmembranen in Chloroplasten der Erbse. Die verschiedenen Bruchflächen sind unterschiedlich mit Partikeln besetzt. Die Indizes G und S stehen für Grana- bzw. Stromathylakoide. Zur Interpretation von Gefrierätz-Bildern s. 2.4. (EM-Aufnahme: L. A. Staehelin)

gen in dichter Anordnung in der komplementären PF_S; sie repräsentieren wahrscheinlich PS-I-Komplexe. ATP-Synthasen konnten nach Ätzung nur in der PF_S gefunden werden. Biochemische Analysen unterstützen diese Befunde. Demnach kommt PS II hauptsächlich in den Grana vor, PSI und die ATP-Synthase finden sich dagegen bevorzugt in den Stromathylakoiden. Cytochrom-b_6/f-Komplexe verteilen sich auf beide Bereiche. Es bestehen offenbar auch keine festen Stöchiometrien zwischen den Komplexen. Grana- und Stromathylakoide bilden allerdings ein Kontinuum, so daß den ATP-Synthasen der gesamte Protonengradient zur Verfügung steht. Man muß annehmen, daß die Photosysteme funktionell durch die beweglichen freien Komponenten Plastochinon und Plastocyanin durch Diffusion verbunden werden.

Pflanzen haben die Möglichkeit, das Verhältnis von Grana- zu Stromathylakoiden in ihren Chloroplasten zu regulieren. Schattenblätter z.B. enthalten sehr viel ausgeprägtere Grana als Sonnenblätter. Dies würde bedeuten, daß sich diese Blätter in den Verhältnissen ihrer Photosynthesesysteme unterscheiden.

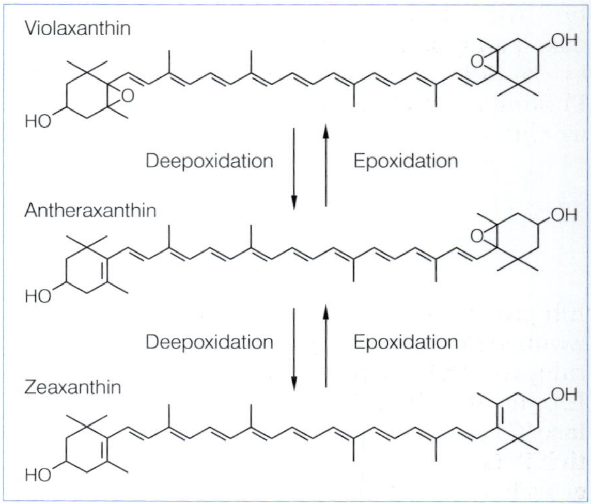

Abb. 11-30: Xanthophyllzyklus. Bei zu starker Beleuchtung katalysiert eine Deepoxidase die Bildung von Zeaxanthin aus Violaxanthin. Dadurch entstehen in dem Molekül zwei zusätzliche konjugierte Doppelbindungen, insgesamt nun 11, so daß ein Singulett-Singulett-Transfer zwischen Chlorophyll und Carotinoid möglich wird. Bei Schwachlicht sorgt eine Epoxidase für die Rückreaktion.

Funktionen der Carotinoide

Carotinoide, gelbe bis rote C_{40}-Isoprenoide, haben mehrere Aufgaben innerhalb des Photosynthesegeschehens:

- Als Lichtsammelpigmente in den LHCs erhöhen sie die Energieausbeute bei der Photosynthese. Der Energietransfer zu anderen Pigmenten ist ein Singulett-Singulett-Transfer.
- Bei hoher Lichtintensität kann besonders das Chlorophylldimer im PS II aus dem angeregten Singulettzustand in den Triplettzustand übergehen. Carotinoide haben photoprotektive Wirkung, indem sie den Triplettzustand des Chlorophylls „quenchen“ (löschen), wobei die übernommene Energie als Wärme frei wird. Carotinoide sind dafür bekannt, daß sie Anregungsenergie relativ schnell als Wärme verlieren und dabei in den Grundzustand zurückkehren. In jedem Reaktionszentrum kommt ein Carotinoidmolekül vor.
- Triplett-Chlorophyll reagiert mit Sauerstoff, dabei entsteht der reaktive und stark oxidierende Singulett-Sauerstoff, der das Reaktionszentrum schädigen kann (s. oben). Carotinoide reagieren mit Singulett-Sauerstoff und führen ihn in den Triplettzustand zurück.
- Überschüssige Energie kann durch Carotinoide von angeregtem Chlorophyll im Singulettzustand übernommen und wieder als Wärme freigesetzt werden. Diese Photoprotektion ist von einer Abnahme der Chlorophyllfluoreszenz begleitet. Ein direkter Singulett-Singulett-Transfer vom Chlorophyll zum Carotinoid ist thermodynamisch allerdings nur möglich, wenn das Carotinoid zehn oder mehr konjugierte Doppelbindungen enthält. Zeaxanthin mit 11 konjugierten Doppelbindungen ist das wirkungsvollste photoprotektive Carotinoid in höheren Pflanzen.

Wie wichtig die Photoprotektion durch Carotinoide für Pflanzen ist, zeigen carotinoidfreie Mutanten oder Pflanzen, bei denen die Carotinoidbiosynthese auf der Stufe des ersten C_{40}-Moleküls, des mit nur drei konjugierten Doppelbindungen noch farblosen Phytoens, durch sog. **Bleichherbizide** wie SAN 9789 oder Fluridon u.a. blockiert wurde. Im Licht werden ihre Chlorophylle innerhalb kurzer Zeit zerstört, die Pflanzen bleichen aus.

Pflanzen besitzen die Möglichkeit, ihren Gehalt an Zeaxanthin und damit die photoprotektive Wirkung zu regulieren. Dies geschieht über den Violaxanthin- oder **Xanthophyllzyklus** (Abb. 11-30). [Xanthophylle sind sauerstoffhaltig, Carotine reine Kohlenwasserstoffe, Carotinoid ist der Überbegriff.] Zeaxanthin ist unter normalen Bedingungen nur in sehr geringer Konzentration in Chloroplasten enthalten. Bei Starklicht wird das Thylakoidlumen durch den verstärkten Elektronen- und Protonentransport stärker angesäuert. Das führt zur Aktivierung einer im Lumen löslichen Violaxanthin-Deepoxidase, die über Antheraxanthin Zeaxanthin bildet. Die Rückreaktion wird durch eine membranständige Epoxidase katalysiert. In vollem Sonnenlicht werden bis zu 50% und mehr der Energie absorbierter Photonen durch Zeaxanthin „unschädlich gemacht".

11.4.2 CO_2-Fixierung und angrenzende Reaktionen

Ein großer Teil des durch die Photosynthese gewonnenen ATP und NADPH · H^+ wird zur Fixierung von CO_2 eingesetzt. Das hierfür zuständige Enzym ist die **Ribulosebisphosphat-Carboxylase/Oxygenase** (Rubisco). Die Oxygenase-Aktivität (s. unten) ist eine schwer erklärbare Eigenschaft, die offenbar unvermeidbar ist; CO_2 und O_2 konkurrieren um die gleiche Bindungsstelle. Die Rubisco gehört zu den häufigsten Proteinen auf der Erde. Sie kommt in hoher Konzentration in Blättern, aber auch in photosynthetischen Bakterien vor; ihr geringer Turnover mag dazu beitragen. Man schätzt, daß in Blättern für jedes CO_2-Molekül etwa 500 Enzyme zur Verfügung stehen. In Cyanobakterien und einigen anderen Prokaryoten ist das Enzym in kristallähnlicher Form in besonderen Einschlüssen, den Carboxysomen (s. 4.6), enthalten. Das aktive Enzym besteht aus acht großen Untereinheiten von 56 kDa und acht kleinen von 14 kDa, wobei das katalytische Zentrum in den großen Untereinheiten liegt. Bei Grünalgen und höheren Pflanzen stehen einem einzigen Gen auf der ptDNA für die große Untereinheit 4–24 Gene für die kleine Untereinheit im Zellkern gegenüber [bei den meisten Algen sind beide Gene in einem Operon der ptDNA enthalten]. Die Koordination der Synthesen wäre ein interessanter Aspekt. Bei Arbeiten über die Enstehung des Komplexes in Chloroplasten wurde ein Bindungsprotein entdeckt, das sich dann als die plastidären Chaperone Hsp60 und Hsp10 (cpn 60 und cpn 10) erwies.

Eine Aktivierung des Enzyms geschieht bei Alkalinisierung des Stromas durch einsetzenden photosynthetischen Elektronen/Protonentransport; pH-abhängig wird die Aminogruppe eines Lysinrests im aktiven Zentrum durch CO_2 carbamyliert und diese Gruppe anschließend durch Mg^{2+} stabilisiert. Akzeptor für dieses CO_2 ist Ribulosebisphosphat. Die Konzentrationen der Reaktionspartner bei dieser Reaktion sind merkwürdig und liegen für Rubisco bei ca. 3 mmol · l^{-1}, für CO_2 bei ca. 10 µmol · l^{-1} und für Ribulosebisphosphat bei ca. 0,4 mmol · l^{-1}. Als enzymgebundenes Zwischenprodukt tritt 2-Carboxy-3-ketoarabinitol-1,5-Bisphosphat auf, das unter Aufnahme von H_2O in zwei Moleküle Glycerat-3-Phosphat zerfällt. Glycerat-3-Phosphat wird als das primäre Produkt der CO_2-Fixierung bezeichnet. Ein Inhibitor der Rubisco in der nächtlichen Dunkelphase ist 2-Carboxyarabinitol-1-Phosphat, das strukturelle Ähnlichkeit mit dem Zwischenprodukt besitzt. Im Licht wird dieser Regulator, wahrscheinlich durch ein Enzym, abgebaut. Die Rubisco-Activase ist ein kerncodiertes, ATP-abhängiges Enzym, in dessen Anwesenheit die Aktivität der Rubisco bei niedriger CO_2-Konzentration gesteigert wird.

Die CO_2-Fixierung ist Teil des **reduktiven Pentosephosphatzyklus** (Calvin-Zyklus), der einer komplexen Regulation unterliegt. In ihm wird das Substrat Ribulosebisphosphat unter ATP- und NADPH · H^+-Verbrauch in 13 enzymatischen Schritten regeneriert. Da eine Regeneration auch über Ribosebisphosphat möglich ist, kommen zwei weitere enzymatische Schritte hinzu. Im Fließgleichgewicht der Photosynthese kann jedes sechste gebildete Glycerat-3-Phosphat oder Triosephosphat, d.h. eins pro drei Zyklen, anderweitige Verwendung finden. Die Summengleichung der CO_2-Assimilation lautet:

$$3CO_2 + 9ATP + 6NADPH \cdot H^+ + 5H_2O \rightarrow \text{Glycerat-3-Phosphat} + 9ADP + 8P_i + 6NADP^+.$$

Die Affinität der Rubisco zu Sauerstoff wird bei niedriger CO_2-Konzentration wirksam, wenn O_2 anstelle von CO_2 an das aktive Zentrum bindet. Aus Ribulosebisphosphat entsteht in einem solchen Fall neben nur einem Molekül Glycerat-3-Phosphat ein Molekül Phosphoglycolat, also eine C_2-Verbindung. Damit beginnt ein Zyklus, der drei verschiedene Kompartimente einschließt und als **Photorespiration** (Lichtatmung) bezeichnet wird. Der Zyklus produziert CO_2 und verbraucht O_2 (deshalb Lichtatmung genannt) und ist im Gegensatz zur mitochondrialen Atmung auch energieverbrauchend, da Intermediate des Calvin-Zyklus als Substrate dienen, zu deren Synthese ATP und Reduktionsäquivalente nötig waren. Außerdem wird NH_4^+ freigesetzt, das zwar rasch wieder reassimiliert wird, aber erneut in energieverbrauchender Weise. In Blatt-Peroxisomen (s. 9.3) oxidiert eine Oxidase Glycolat zu Glyoxylat, das in Glycin umgewandelt wird. In Mitochondrien entstehen aus zwei Molekülen Glycin Serin und CO_2. Erneut in Peroxisomen wird aus Serin Glycerat gebildet, das schließlich in Chloroplasten unter ATP-Verbrauch zu Glycerat-3-Phosphat phosphoryliert und damit erneut in den Calvin-Zyklus eingeschleust wird. In Pflanzenzellen findet man häufig enge Lagebeziehungen zwischen den drei

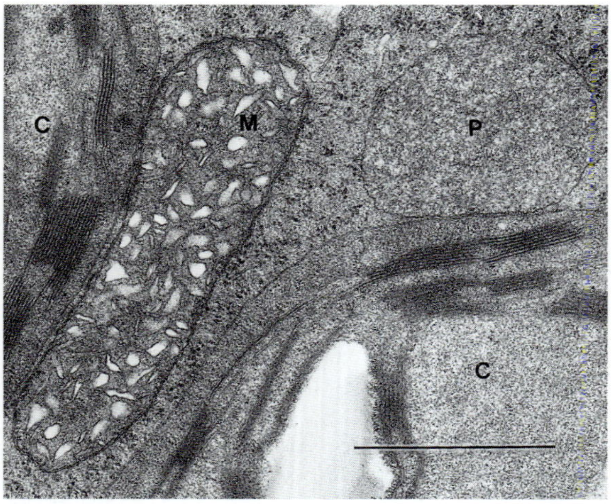

Abb. 11-31: Ausschnitt aus einer Mesophyllzelle eines Spinatblatts mit enger Lagebeziehung zwischen Chloroplasten (C), einem Mitochondrion (M) und einem Peroxisom (P). Der helle Bereich im rechten Chloroplasten ist ein Stärkekorn. (EM-Aufnahme: H. Falk)

beteiligten Kompartimenten (Abb. 11-31). Die physiologische Bedeutung dieses Zyklus als Schutzmechanismus gegen die unausweichliche Oxidaseaktivität der Rubisco und/oder in Funktionen anderer Art ist nach wie vor in Diskussion.

Die Photorespiration spielt kaum eine Rolle bei sog. **C_4-Pflanzen** (Mais, Zuckerrohr u.a.) und den meist sukkulenten **CAM-Pflanzen** (Crassulaceen acid metabolism). Ein zusätzliches Enzym, die Phosphoenolpyruvat-Carboxylase (PEP-Carboxylase), fixiert CO_2 durch Bindung an Phosphoenolpyruvat. Das dabei über Oxalacetat entstehende Malat wird decarboxyliert und das freiwerdende CO_2 erneut durch die Rubisco fixiert. Bei C_4-Pflanzen finden die Decarboxylierung und erneute CO_2-Fixierung in den Chloroplasten der Bündelscheidenzellen statt, sind also räumlich von der ersten Fixierung getrennt. Bei CAM-Pflanzen ist eine zeitliche Trennung zu beobachten. Nachts werden C_4-Säuren in der Vakuole akkumuliert, am Tag arbeiten Decarboxylase und Rubisco. In C_4– und CAM-Pflanzen, die als Xerophyten an trockenen und heißen Standorten wachsen, wird durch diese Doppelfixierung erreicht, daß der Wasserverlust bei der Aufnahme von CO_2 im Vergleich zu anderen Pflanzen (**C_3-Pflanzen**) verringert wird.

11.5 Weitere Funktionen von Plastiden

Plastiden enthalten zahlreiche anabolische Stoffwechselwege. In Chloroplasten stehen Energie, Reduktionsäquivalente und fixierter Kohlenstoff durch die photosynthetische Aktivität zur Verfügung. In anderen Plastidentypen erlauben Translokatoren in den Plastidenmembranen eine entsprechende Versorgung aus dem Cytoplasma (s. 11.6).

11.5.1 Stärkesynthese

Photosynthetisch fixierter Kohlenstoff kann in Chloroplasten als Reservepolysaccharid Stärke gespeichert werden (Assimilationsstärke). Auch andere Plastidentypen, insbesondere Amyloplasten, sind in der Lage, Stärke zu bilden. Stärke kommt in Grünalgen und höheren Pflanzen ausschließlich in Plastiden vor. Cyanobakterien dagegen haben nicht Stärke, sondern Glykogen als Reservepolysaccharid. Die Enzyme der Stärkesynthese sind jedoch verwandt mit den cyanobakteriellen Enzymen der Glykogensynthese. Stärke besteht aus zwei Glucanen, bei denen die Glucoseeinheiten 1,4-α-glykosidisch verknüpft (**Amylose**) oder zusätzlich noch 1,6-α-glykosidisch verzweigt sind (**Amylopektin**). Die Molekularmassen der linearen Amylosemoleküle liegen bei 10^2-10^3 kDa, die der verzweigten Amylopektinmoleküle bei 10^4-10^6 kDa. Beide Polymere bauen die **Stärkekörner** auf. Die Schichtung der Stärkekörner kommt durch alternierende Lagen vom amorpher Amylose und kristallinem Amylopektin zustande. Diese Schichtung macht sie optisch anisotrop (doppelbrechend), im Polarisationsmikroskop erscheinen sie als Sphärite (Abb. 11-32). Polymerisation und Kristallisation ist beim Amylopektin ein simultaner Vorgang. Ähnliches ist auch bei der Bildung von Cellulosefibrillen zu beobachten (s. 12.2.2).

Aktivierte Vorstufe für die Stärkesynthese ist ADP-Glucose. Stärke-Synthasen verlängern die Glucanketten, Verzweigungsenzyme (Branching-Enzyme) knüpfen die 1,6-Bindungen und Debranching-Enzyme bauen diese z.T. wieder ab; es kommen jeweils mehrere Isoformen vor. Der Abbau der Stärke geschieht phosphorolytisch durch Stärke-Phosphorylase zu Glucose-1-Phosphat oder hydrolytisch durch Amylasen, z.B. in keimenden Samen.

Innerhalb der kristallinen Amylopektinschichten wechseln amorphe Bereiche von 3 nm Dicke

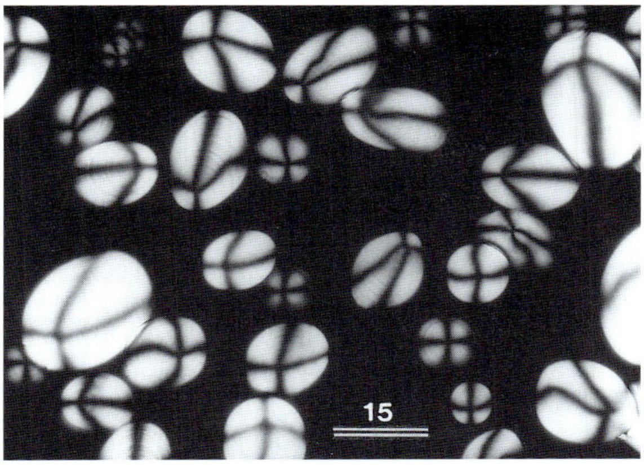

Abb. 11-32: Stärkekörner aus Kartoffel im Polarisationsmikroskop. Das vom Polarisator linear polarisierte Licht gelangt durch den senkrecht angeordneten Analysator nicht hindurch, es sei denn eine anisotrope (doppelbrechende) Struktur liegt im abbildenden Strahlengang dazwischen und verändert die Schwingungsrichtung des Lichts. Anisotropie beruht auf feinstruktureller Ordnung. Das Sphäritenkreuz der Stärkekörner (Sphärite) kommt dadurch zustande, daß in Diagonalstellung maximale Helligkeit, in Orthogonalstellung dagegen Dunkelheit herrscht. (Aufnahme: P. Sitte)

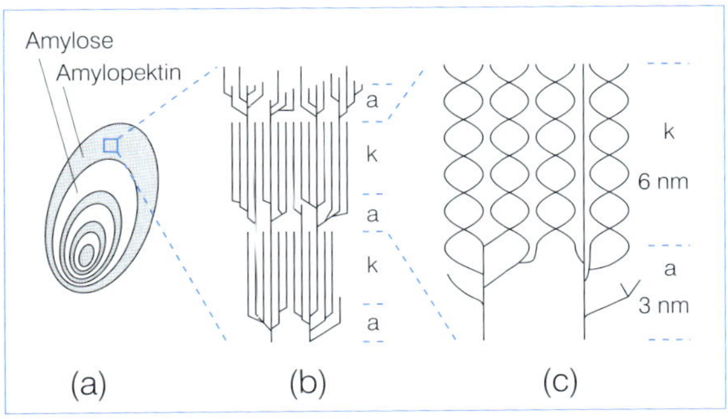

Abb. 11-33: Bau eines Stärkekorns. (**a**) Exzentrisches Stärkekorn mit Amylose- und Amylopektinschichten. (**b**) Ausschnitt aus einer Amylopektinschicht mit amorphen (a) und kristallinen (k) Bereichen. (**c**) Amylopektincluster mit Doppelhelices aus je zwei Glucanketten im kristallinen Bereich; eine Glucankette ist nichthelikal.

mit kristallinen Bereichen von 6 nm Dicke ab (Abb. 11-33). Ein amorpher und ein kristalliner Bereich zusammen werden als Amylopektincluster bezeichnet. Die Schichtung kommt dadurch zustande, daß die Verzweigungen unsymmetrisch verteilt sind. In den 6-nm-Bereichen liegen die sich hier nicht verzweigenden Glucoseketten dicht gepackt parallel und bilden Doppelhelices, die für die Kristallinität verantwortlich sind. Der Länge von 6 nm entsprechen 18 Glucosereste. Die Doppelhelices liegen im Stärkekorn radial, die Glucanketten werden nach außen verlängert. Die Kristalle sind demnach parallel zur Oberfläche der Körner ausgerichtet. Dieser sehr konstante Aufbau zeigt, daß es sich hierbei um einen außerordentlich präzisen und konservierten Biosynthesemechanismus handeln muß.

Das Glykogen der Cyanobakterien und der Tiere ist ein sehr ähnliches Polysaccharid, das jedoch – trotz der Verwandtschaft der Enzyme – keinerlei Kristallinität aufweist. Mutanten von Mais und *Chlamydomonas* sind bekannt, bei denen die Stärke ein glykogenähnliches Aussehen hat und deshalb als „Phytoglykogen“ bezeichnet wird. Die Mutationen liegen in Debranching-Enzymen, so daß wahrscheinlich ihr Trimmen der 1,6-Verzweigungen für die Entstehung der Kristallinität verantwortlich sind.

11.5.2 Nitrit-Assimilation und Sulfat-Reduktion

Plastiden spielen eine wichtige Rolle in der Bereitstellung von Amino-Stickstoff. Das von der Pflanze aufgenommene Nitrat wird durch die cytoplasmatische Nitrat-Reductase zu Nitrit reduziert. Die **Nitrat-Reductase** ist ein oligomeres Protein, jede Untereinheit enthält ein FAD, Molybdän in Form eines Molybdopterins und ein Cytochrom b_{557}. Elektronendonator ist NADH · H^+. NH_4^+ hemmt die Expression des Enzyms. Nitrit wird über einen Translokator in die Plastiden transportiert. Die plastidäre **Nitrit-Reductase** überführt Nitrit unter Verbrauch von 6 Elektronen in NH_4^+. Das Enzym enthält ein Häm und ein 4Fe-4S-Zentrum und benützt Ferredoxin als Elektronendonator.

Das toxische Ammonium-Ion wird unter ATP-Verbrauch von der plastidären **Glutamin-Synthetase** auf Glutamat übertragen; Isoformen kommen auch im Cytoplasma vor. Das Enzym besitzt einen sehr niedrigen K_m-Wert für NH_4^+ und wirkt als „entgiftendes“ Enzym. Der weitere Weg verläuft über die Glutamin:2-Ketoglutarat-Aminotransferase (GOGAT), die aus Glutamin plus 2-Ketoglutarat zwei Moleküle Glutamat bildet. Von diesem Enzym gibt es zwei Isoformen, die Elektronen von NADPH · H^+ bzw. von Ferredoxin übernehmen. Damit steht der assimilierte Stickstoff für den weiteren Aminosäurestoffwechsel zur Verfügung. In einem koordinierten Zusammenspiel von zwei Translokatoren in der inneren Hüllmembran kann Glutamat in das Cytoplasma und 2-Ketoglutarat in das Stroma transportiert werden (s. 11.6).

Auch die Reduktion von Sulfat (SO_4^{2-}), formal über Sulfit (SO_3^{2-}), zu Sulfid (S^{2-}) ist eine in den Plastiden lokalisierte Reaktionsfolge. Die Reaktion beginnt nach „Aktivierung“ des Sulfats durch die ATP-Sulfat-Adenylyltransferase zu Adenosin-5′-Phosphosulfat (APS) und einer

Phosphorylierung durch die APS-Kinase zu 3′-Phosphoadenosin-5′-Phosphosulfat (PAPS). Die mehrstufige Reduktion in einem Enzymkomplex, deren Mechanismus noch nicht in allen Einzelheiten geklärt ist, liefert als Endprodukt Cystein. Die insgesamt acht Elektronen werden durch Ferredoxin und NADPH · H^+ bereitgestellt.

11.5.3 Biosynthese von Aromaten

Für die Synthese aromatischer Verbindungen ist der **Shikimatweg** zuständig. In ihm wird in sieben enzymatischen Schritten, katalysiert durch sechs Enzyme, aus Phosphoenolpyruvat plus Erythrose-4-Phosphat **Chorismat** gebildet. Chorismat ist Ausgangsverbindung einerseits für die Synthese der aromatischen Aminosäuren, andererseits aber auch für die zahlreichen aromatischen sekundären Naturstoffe. Die subzelluläre Kompartimentierung dieser Wege ist daher seit langem ein Diskussionspunkt. Bisher konnte der vollständige Shikimatweg jedoch nur in Plastiden sicher nachgewiesen werden. Wenn er tatsächlich nur in Plastiden vorkommt, ist mit einer ausgefeilten Regulation bei der Verteilung des Substrats Chorismat auf die verschiedenen weiteren Wege in der Aromatensynthese zu rechnen.

Mit der Nitrit-Reduktion und den sich anschließenden Umsetzungen, mit der Bildung von Cystein sowie mit der Aromatensynthese sind Plastiden das wesentliche Kompartiment für die Aminosäuresynthese in der Pflanzenzelle.

11.5.4 Lipidsynthesen

Plastiden sind ein wichtiges Kompartiment für die Synthese verschiedener lipophiler Verbindungen in der Pflanzenzelle. Fettsäuren, Phospho- und Galactolipide der plastidären Membranen, Chlorophylle und zahlreiche Isoprenoide werden ausschließlich hier gebildet. Alle Enzyme des Lipidstoffwechsels, mit Ausnahme einer Untereinheit der Acetyl-CoA-Carboxylase (*accD*) sind in höheren Pflanzen kerncodiert.

Fettsäuren, Phospho- und Galactolipide

Acetyl-CoA, der Grundbaustein für die Fettsäuresynthese, wird über den plastidären Glykolyseweg und den plastidären Pyruvat-Dehydrogenasekomplex bereitgestellt. Die Acetyl-CoA-Carboxylase (Acetyl-CoA + HCO_3^- → Malonyl-CoA) sowie die sieben Enzyme der **Fettsäure-Synthase** und ACP (acyl carrier protein) als Anker für die wachsende Fettsäurekette sind entsprechenden prokaryotischen Enzymen ähnlich. Die eukaryotische Fettsäure-Synthase in Tierzellen und Pilzen dagegen besteht aus ein oder zwei multifunktionellen Proteinen. Eine eukaryotische Synthase ist in Pflanzenzellen bisher nicht gefunden worden, Plastiden versorgen die gesamte Zelle mit Fettsäuren.

Es entstehen zunächst Palmitinsäure (16:0) und Stearinsäure (18:0), die durch verschiedene Desaturasen Ferredoxin-abhängig desaturiert werden. Die Desaturierung findet ACP-gebunden oder in den Membranlipiden selbst statt, die vor allem zweifach und dreifach ungesättigte C_{16}- und C_{18}-Säuren enthalten. Membranlipide sind Phospho- und vor allem Galactolipide (s. 2.1), die von Enzymen der Plastidenhülle gebildet werden. Galactose wird in Form von UDP-Galactose von der cytoplasmatischen Seite angeliefert.

In den Hüllmembranen werden auch Hydroperoxide metabolisiert, die aus polyungesättigten Fettsäuren durch die Lipoxygenase unter Stress-Bedingungen gebildet werden. Unter anderem entsteht dabei **Jasmonat** (s. 20.6).

Isoprenoide und Chlorophylle

Isopentenyldiphosphat ist die unmittelbare Vorstufe aller Isoprenoide. Der klassische Weg, der zu diesem „aktiven Isopren“ führt ist der Mevalonatweg. Dieser Weg kommt jedoch in Plastiden und in vielen Prokaryoten nicht vor. Erst kürzlich wurde ein neuer Weg entdeckt, der nicht von Acetyl-CoA, sondern von Pyruvat plus Glycerinaldehyd-3-Phosphat ausgeht und in Plastiden und vielen Prokaryoten Isopentenyldiphosphat liefert (1-Deoxyxylulose-5-Phosphat-Weg).

In Plastiden werden Isoprenoide der Kettenlänge C_{10} (Monoterpene), C_{20} (Diterpene, Phytol-Seitenkette der Chlorophylle, Seitenkette von Chinonen), C_{40} (Carotinoide) und C_{45} (Seitenkette von Plastochinon) synthetisiert. In Pflanzenzellen gibt es offenbar eine Aufteilung von Isoprenoidsynthesewegen nach Kettenlängen. Am ER entstehen Verbindungen von C_{15} (Sesquiterpene), C_{30} (Sterole) und $C_{\geq 120}$ (Polyprenole). Mitochondrien sind in der Lage, die Seitenketten ihrer Ubichinone von $C_{45/50}$ zu bilden.

Der Chloroplast ist Ort der Tetrapyrrol- und Hämsynthese und damit der Synthese dieser Ringsysteme nicht nur der Chlorophylle und plastidären Cytochrome, sondern auch für die cytoplasmatischen Bedürfnisse. Ausgangsverbindung für die Bildung von δ-Aminolävulinsäure ist in Chloroplasten und den meisten Prokaryoten Glutamat, nicht wie in Tierzellen und Pilzen Glycin und Succinyl-CoA. Glutamat wird durch eine ptDNA-codierte $tRNA^{Glu}$ unter ATP-Spaltung aktiviert. Von δ-Aminolävulinat bis zur Stufe des Protoporphyrin IX, bevor Mg^{2+} in das Ringsystem eingefügt wird, ist der Weg im wesentlichen identisch mit dem in Tierzellen. Die NADPH-:Protochlorophyllid-Oxidoreductase ist in höheren Pflanzen ein Enzym, das zu seiner Aktivität Licht benötigt; deshalb ergrünen Pflanzen nur bei Belichtung und etiolieren im Dunkeln. Chlorophyllid erhält im letzten Biosyntheseschritt die Phytolkette in Esterbindung.

In den Plastiden der Rotalgen werden sehr wahrscheinlich auch die offenkettigen Tetrapyrrole für die ptDNA-codierten Phycobiline synthetisiert.

11.6 Translokatoren der Plastidenmembranen

Die vielfältigen Stoffwechselaktivitäten in Plastiden erfordern Austausche von Metaboliten mit dem Cytoplasma. Diese Austausche werden über eine Reihe von Translokatoren in der inneren Hüllmembran abgewickelt, während die äußere Hüllmembran Porine enthält, die kleinere Metabolite frei passieren lassen. Wie bei den Mitochondrien sind diese Translokatoren im Zuge der evolutionären Entwicklung der Plastiden entstanden. Ob sie auch alle – wie bei den Mitochondrien – einer Familie angehören, ist noch nicht geklärt.

Von Chloroplasten werden nicht nur ATP, sondern auch Reduktionsäquivalente und fixierter Kohlenstoff für die Zelle bereitgestellt. Alle drei Produkte können in eleganter Weise über einen einzigen Translokator, den **Phosphat-Translokator**, in das Cytoplasma geliefert werden (Abb. 11-34). Der Translokator ist ein Homodimer mit jeweils sechs Membrandurchgängen. Im Chloroplast wird zunächst das primäre Photosyntheseprodukt, Glycerat-3-Phosphat, im Calvin-Zyklus unter Verbrauch von ATP und NADPH · H^+ zu dem Trisosephosphat Dihydroxyacetonphosphat reduziert. Dihydroxyacetonphosphat gelangt über den Translokator im Antiport mit Phosphat in das Cytoplasma, denn mit dem Triosephosphat verläßt ein Phosphat das Organell und muß für die weitere Synthese von Triosephosphaten ersetzt werden. Im Cytoplasma gibt es zwei nachfolgende Wege zur Energiegewinnung aus Dihydroxyacetonphosphat. Über die NAD^+:Glycerinaldehydphosphat-Dehydrogenase und Glycerat-3-Phosphat-Kinase entstehen ATP und NADH · H^+; über die nichtphosphorylierende irreversible Reaktion der $NADP^+$:Glycerinaldehydphosphat-Dehydrogenase dagegen kann das für viele anabolische Vorgänge wichtige NADPH

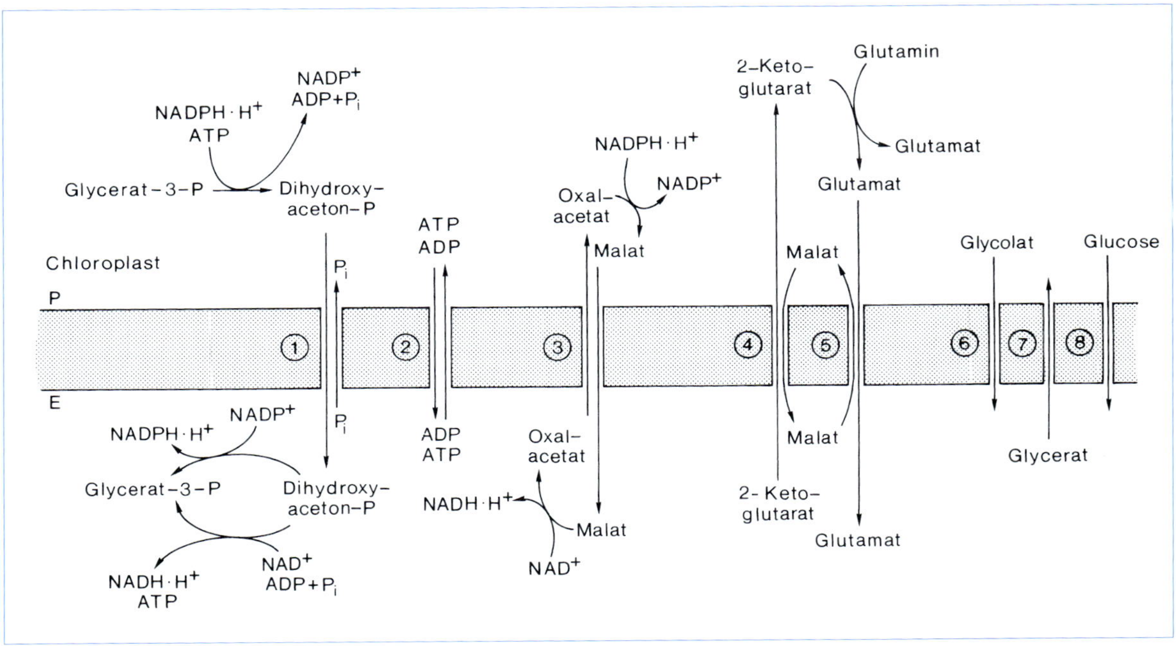

Abb. 11-34: Translokatoren in der inneren Hüllmembran von Plastiden. 1: Phosphat-Translokator. 2: Adenylat-Translokator. 3: Oxalacetat-Translokator für den Export von Reduktionsäquivalenten. 4 und 5: Dicarboxylat- und 2-Ketoglutarat-Translokator für den Austausch von Glutamat und 2-Ketoglutarat. 6 und 7: Glycolat- und Glycerat-Translokator bei der Photorespiration. 8: Glucose-Translokator.

· H^+ bereitgestellt werden. Der Translokator akzeptiert auch andere Trisosephosphate. In nichtgrünen Plastiden arbeitet in umgekehrter Richtung, um diese Plastiden beispielsweise für ihre Stärke- und Fettsäuresynthesen entsprechend zu versorgen. Es gibt mehrere Isoformen dieses Proteins. Manche transportieren in nichtgrünen Plastiden auch Phosphoenolpyruvat und Hexose-6-Phosphate.

ATP und Reduktionsäquivalente können auch getrennt voneinander exportiert werden, ATP durch einen **Adenylat-Translokator** im Antiport mit ADP und Reduktionsäquivalente in einem Malat/Oxalacetat-Shuttle über den **Oxalacetat-Translokator**. Der Adenylat-Translokator ist weniger aktiv als der entsprechende in der inneren Mitochondrienmembran und scheint mit diesem auch nicht verwandt zu sein.

Das in Plastiden fixierte NH_4+ wird in Form von Glutamat (s. oben) unter Einschaltung von zwei Translokatoren in das Cytoplasma gebracht. Glutamat verläßt die Plastiden im Antiport mit Malat über den **Dicarboxylat-Translokator**, der eine breite Spezifität besitzt. Malat verläßt die Plastiden wieder im Austausch mit 2-Ketoglutarat, dem Substrat für die Glutamin:2-Ketoglutarat-Aminotransferase (GOGAT), über den **2-Ketoglutarat-Translokator**.

Weitere Translokatoren sind der Glycolat- und der Glycerat-Translokator, die im Zusammenhang mit dem Metabolitaustausch während der Photorespiration (s. 11.4.2) stehen. Der Glucose-Translokator entläßt Glucose nach Hydrolyse von Stärke in das Cytoplasma. Zusätzliche Translokatoren für andere Metabolite und für Ionen sind zu postulieren, z. B. für Fe^{2+} in irgendeiner Form. Der Großteil des Eisens in einer Pflanze befindet sich in ihren Plastiden, in den Komponenten des photosynthetischen Elektronentransports und insbesondere als Speicherform in Phytoferritinmolekülen.

11.7 Weiterführende Literatur

Ball S et al. (1996) From glycogen to amylopectin: a model for the biogenesis for the plant starch granule. Cell 86, 349–353.

Betz M (1997) One century of protein crystallography: the phycobiliproteins. Biol. Chem. 378, 167–176.

Birky C W (1995) Uniparental inheritance of mitochondrial and chloroplast genes: mechanisms and evolution. Proc. Natl. Acad. Sci. 92, 11331–11338.

Brettel K (1997) Electron transfer and arrangement of the redox cofactors in photosystem I. Biochim. Biophys. Acta 1318, 322–337.

Cline K, Henry R (1996) Import and routing of nucleus-encoded chloroplast proteins. Annu. Rev. Cell. Dev. Biol. 12, 1–26.

Deisenhofer J, Epp O, Miki K, Huber R, Michel H (1985) Structure of the protein subunit in the photosynthetic reaction centre of *Rhodopseudomonas viridis* at 3 Å resolution. Nature 318, 618–624.

Frank H A, Cogdell R J (1996) Carotenoids in photosynthesis. Photochem. Photobiol. 63, 257–264.

Fuks B, Schnell D J (1997) Mechanism of protein transport across the chloroplast envelope. Plant Physiol. 114, 405–410.

Hanson M R, Sutton C A, Lu B (1996) Plant organelle gene expression: altered by RNA editing. Trends Plant Sci. 1, 57–64.

Heins L, Collinson I, Soll J (1998) The protein translocation apparatus of chloroplast envelopes. Trends Plant Sci. 3, 56–61.

Heins L, Soll J (1998) Chloroplast biogenesis: mixing the prokaryotic and the eukaryotic? Curr. Biol. 8, R215-R217.

Link G (1996) Green life: control of chloroplast gene transcription. BioEssays 18, 465–471.

Lübeck J, Heins L, Soll J (1977) Protein import into chloroplasts. Physiol. Plant. 100, 53–64.

Maréchal E, Block MA, Dorne A J, Douce R, Joyard J (1997) Lipid synthesis and metabolism in the plastid envelope. Physiol. Plant. 100, 65–77.

Nugent J H A (1996) Oxygenic photosynthesis. Electron transfer in photosytem I and photosystem II. Eur. J. Biochem. 237, 519–531.

Papiz M Z et al. (1996) A model for the photosynthetic apparatus of purple bacteria. Trends Plant Sci. 1, 198–206.

Reinbothe S, Reinbothe C (1996) The regulation of enzymes involved in chlorophyll biosynthesis. Eur. J. Biochem. 237, 323–343.

Robinson C, Klösgen R B (1994) Targeting of proteins into and across the thylakoid membrane – a multitude of mechanisms. Plant Mol. Biol. 26, 15–24.

Rüdiger W (1997) Chlorophyll metabolism: from outer space down to the molecular level. Phytochem. 46, 1151–1167.

Schnell D J et al. (1997) A consensus nomenclature for the protein-import components of the chloroplast envelope. Trends Cell Biol. 7, 303–304.

Sugita M, Sugiura M (1996) Regulation of gene expression in chloroplasts of higher plants. Plant Mol. Biol. 32, 315–326.

Thompson M D, Copertino D W, Thompson E, Favreau M R, Hallick R B (1995) Evidence for the late origin of introns in chloroplast genes from an evolutionary analysis of the genus *Euglena*. Nucl. Acid Res. 23, 4745–4752.

Van Walraven H S, Bakels E H A (1996) Function, structure and regulation of cyanobacterial and chloroplast ATP synthase. Physiol. Plant. 96, 526–532.

Wilson J M W, Williamson D H (1997) Extrachromosomal DNA in Apicomplexa. Microbiol. Mol. Biol. Rev. 61, 1–16.

Weaver L M, Herrmann K M (1997) Dynamics of the shikimate pathway in plants. Trends Plant Sci. 2, 346–351.

12 ZELLWÄNDE

Die meisten prokaryotischen Zellen und Pflanzenzellen sind von charakteristischen Hüllschichten umgeben, die als Zellwände bezeichnet werden. Tierzellen sind häufig in eine mehr oder weniger ausgeprägte extrazelluläre Matrix eingebettet (s. 3.2.1), die jedoch einer Zellwand nicht entspricht.

Zellwände sind Syntheseprodukte der Zellen, ihre Bausteine werden im Cytoplasma, der Plasmamembran bzw. im Endomembransystem gebildet und exportiert. Die endgültige Ausgestaltung der Zellwände geschieht jedoch häufig erst außerhalb der Zelle, und Exoenzyme können daran beteiligt sein. Zellwände gehören zur Zelle und sind nicht nur als unbelebte Außenschicht zu verstehen. Werden beispielsweise die Zellwände pflanzlicher Zellen enzymatisch abgebaut, kugeln sich die Zellen als sog. Protoplasten ab und vermögen sich erst dann wieder zu teilen und ihren normalen Stoffwechsel wieder aufzunehmen, wenn sie eine neue Wand regeneriert haben. Je nach Art einer Zelle können verschiedene allgemeinere Funktionen der Zellwände im Vordergrund stehen:

- Formgebung: Zellwände sind Exoskelette. In Vielzellern dienen Wandbildungen nicht nur der Formgebung von Einzelzellen, sondern auch der des Gesamtorganismus.
- Reißfestigkeit: In Süßwasser, d.h. in hypotonem Milieu lebende Zellen, die nicht über eine kontraktile Vakuole (s. 8.3) verfügen, müßten ohne reißfeste Zellwände, die den Turgordruck auffangen, platzen. Protoplasten von Bakterien und Pflanzenzellen können nur in isotonem Medium überleben.
- Schutz: Ganz allgemein haben Zellwandbildungen für Zellen und Gewebe vielfältige Schutzfunktionen gegen mechanische, chemische und pathogene Einwirkungen. Bei Einlagerung von Pigmenten bieten sie auch Lichtschutz. Sporen und Cysten von Bakterien und eukaryotischen Einzellern sowie Pollenkörner besitzen besonders resistente Schutzschichten.
- Zusammenhalt: Gewebezellen werden durch ihre Zellwände zusammengehalten. Bei Auflösung der Wände (Mazeration) zerfällt das Gewebe.
- Deponie: Besonders bei Pflanzen und Pilzen, die keine zentralen Exkretionsorgane besitzen, wird neben der Vakuole auch die Zellwand als Abladeplatz für Stoffwechselendprodukte und Xenobiotika verwendet.
- Kommunikation: Zellwandbildungen können auch Erkennungsfunktionen haben. Die Interaktionen zwischen Symbiosepartnern, Parasit und Wirt oder von Gameten beginnen an extrazellulären Strukturen.

12.1 Zellhüllen von Prokaryoten

Die meisten prokaryotischen Zellen besitzen Zellwände. Ausnahmen sind Mycoplasmen (s. 1.2) und das Archaebakterium *Thermoplasma*.

Bei Archaebakterien kommt bei methanogenen Formen ein Pseudopeptidoglykan als Wandsubstanz vor (s. unten). Andere bilden Polysaccharid-, Glykoprotein- oder Proteinschichten aus. Oft zeigen solche Schichten eine parakristalline Anordnung mit hexagonaler Symmetrie, die als **S-Layer** (surface) bezeichnet werden (Abb. 12-1).

Allen Eubakterien ist das **Peptidoglykan** oder Murein gemeinsam. Bei grampositiven Zellen ist Peptidoglykan die mengenmäßig dominierende Wandsubstanz (Abb. 12-2). Gramnegative Zellen dagegen besitzen eine nur dünne Peptidoglykanlage, die nach außen hin von der sog. **äußeren Membran** mit Lipopolysaccharid als charakteristischer Komponente umgeben ist. Diese äußere Membran zeigt im EM-Bild bei hoher Auflösung die für eine Biomembran typische Dunkel-Hell-Dunkel-Struktur, entspricht aber insofern nicht der allgemeinen Definition einer Biomembran, als sie zwei nichtplasmatische Phasen, den periplasmatischen Raum und das externe Milieu, voneinander trennt. Der **periplasmatische Raum** liegt zwischen Zellmembran und Peptidoglykanschicht und enthält zahlreiche lösliche Proteine wie Bindeproteine für Zukker und andere Verbindungen, die in die Zelle transportiert werden, Chaperone, hydrolytische Enzyme u.a..

Typisch für grampositive Bakterien sind **Teichonsäuren**, die außerhalb der Peptidoglykan-

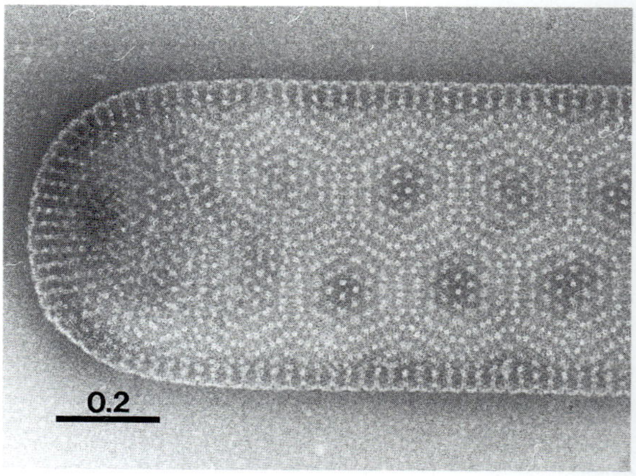

Abb. 12-1: Isolierte S-Layer des Archaebacteriums *Thermoproteus tenax* mit außerordentlich regelmäßig angeordneten Oberflächenproteinen. Negativkontrast. (EM-Aufnahme: R.Rachel, K. O. Stetter)

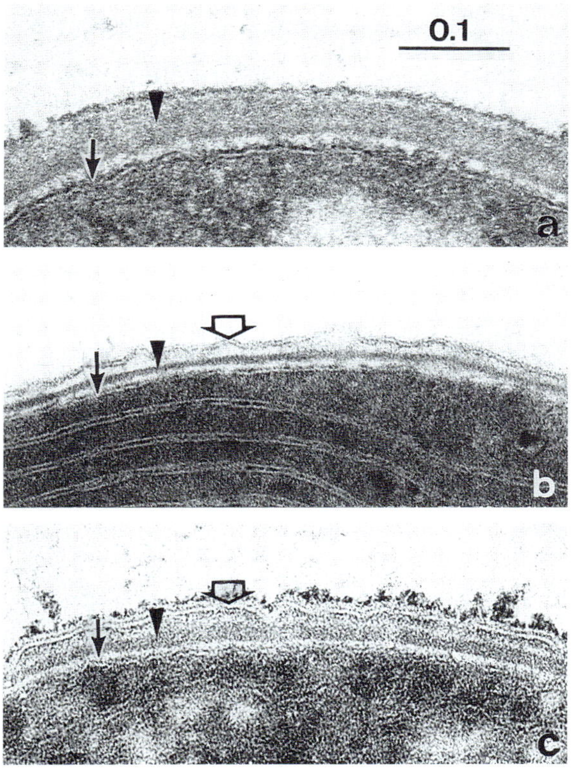

Abb. 12-2: Zellhüllen von Eubakterien. Pfeil, Zellmembran; Pfeilkopf, Peptidoglykanschicht; breiter Pfeil, äußere Membran. (**a**) *Bacillus subtilis* (grampositiv) mit typisch dicker Peptidoglykanschicht. (**b**) *Synechococcus lividus* (Cyanobakterium, gramnegativ), die Membranen im Cytoplasma sind Thylakoide. (**c**) *Synechocystis* sp. (Cyanobakterium, gramnegativ) mit ausgeprägter Peptidoglykanschicht; diese Zelle besitzt außen zusätzliches Kapselmaterial. (EM-Aufnahmen: J. R. Golecki)

schicht liegen. Sie stellen Polymere aus Glycerol- und Ribitolresten dar, die über Phosphodiesterbindungen untereinander verbunden sind. Die freien Hydroxylgruppen können Zucker- und Alaninreste tragen. Sie verleihen der Oberfläche eine negative Ladung.

Verbreitet sind auch **Kapselschichten** sowie Schleim- und Gallertschichten aus Polysacchariden, besonders häufig sind sie bei Cyanobakterien (Abb. 12-3).

12.1.1 Peptidoglykan

Die Elemente des Peptidoglykans sind lineare Polysaccharide aus N-Acetylglucosamin und N-Acetylmuraminsäure in β-1,4-Bindung sowie Oligopeptide, die diese Kette kovalent verbinden. Es kann dadurch ein mehr oder weniger dickes Netzwerk entstehen, das eine Zelle wahrscheinlich als ein großes Molekül umgibt. Im

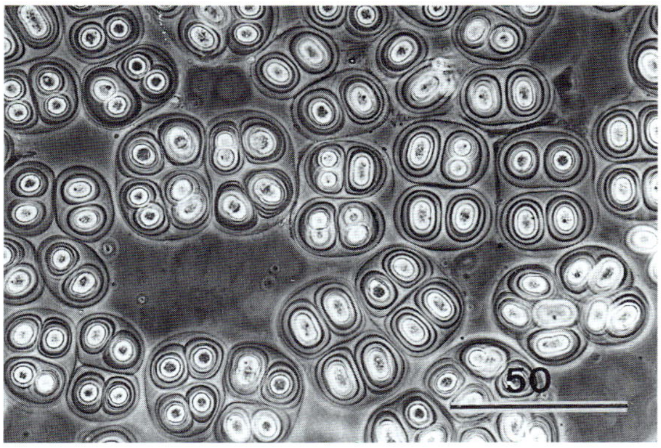

Abb. 12-3: Äußere Zellwandschichten bei coccalen Cyanobakterien (*Gloeothece* sp.). Die einzelnen Zellen bleiben nach Zellteilung durch verschiedene Gallertschichten zu mehrzelligen Kolonien (Coenobien) verbunden. (Phasenkontrastaufnahme: H. Falk)

Pseudopeptidoglykan von Archaebakterien ist die N-Acetylmuraminsäure durch eine andere Uronsäure in β-1,3-Bindung ersetzt.

Die biosynthetische Einheit des Polymers ist ein Disaccharid-Decapeptid (Abb. 12-4). Es entsteht im Cytoplasma, indem an die Carboxylgruppe einer UDP-N-Acetylmuraminsäure zunächst L-Alanin und danach vier weitere AS angehängt werden. Diese Einheit wird unter Freisetzung von UDP auf ein plasmamembranständiges Undecaprenol als Carrierlipid übertragen. Anschließend werden N-Acetylglucosamin in UDP-Form in β-1,4-Bindung angefügt und ein Pentaglycin an die ε-Aminogruppe des Lysins gebunden. Die Glycine werden über ihre $tRNA^{Gly}$ aktiviert. Die nun fertige Einheit wird nun lipidgebunden durch die Plasmamembran transportiert – ähnlich wie Oligosaccharide im ER eukaryotischer Zellen (s. 8.2.3) – und an eine bereits bestehende Kette übertragen (Abb. 12-5). Bei der Quervernetzung der Ketten durch Trans-

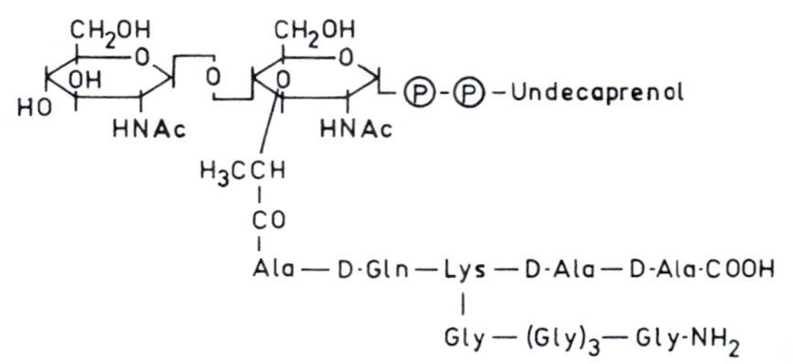

Abb. 12-4: Biosynthetische Einheit des Peptidoglykans von *Staphylococcus aureus*. Im Peptid kommen auch D-Aminosäuren vor. Das Disaccharid-Decapeptid ist über eine Diphosphatgruppe mit Undecaprenol als Carrierlipid verbunden.

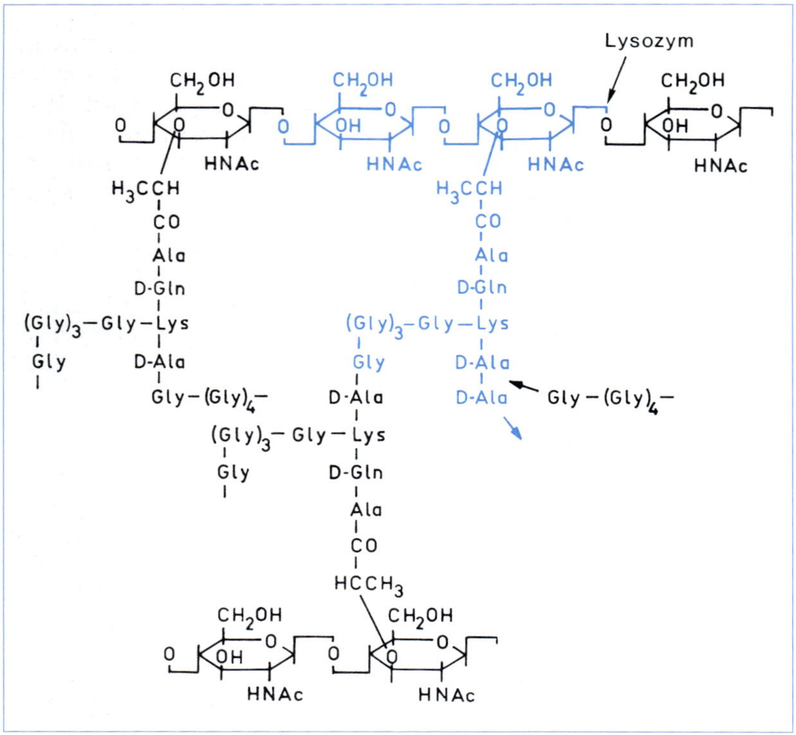

Abb. 12-5: Teil des Peptidoglykans von *Staphylococcus aureus*. Eine biosynthetische Einheit ist farbig wiedergegeben. Bei der Vernetzung durch Transpeptidierung wird der terminale Ala-Rest freigesetzt. Lysozym spaltet die β-1,4-glykosidische Bindung zwischen N-Acetylneuraminsäure und N-Acetylglucosamin.

peptidasen bildet die endständige Aminogruppe im Pentaglycin eine Peptidbindung mit dem vorletzten Ala-Rest der Oligopeptidkette aus, wobei der endständige Ala-Rest verdrängt wird; auf diese Weise ist die Quervernetzung außerhalb der Zelle ohne Aktivierung der Aminosäure energetisch möglich.

Die quervernetzenden Transpeptidasen sind Ziel der β-Lactam-Antibiotika wie **Penicilline** und **Cephalosporine**. Sie binden kovalent an einen Ser-Rest der Enzyme und inaktivieren sie dadurch. Resistente Bakterien besitzen ein Gen für eine β-Lactamase, die den Lactamring spalten kann und die Antibiotika dadurch unwirksam macht.

Das von A. Fleming 1922 entdeckte bakterizide Enzym **Lysozym** hydrolysiert die glykosidische β-1,4-Bindung zwischen N-Acetylmuraminsäure und N-Acetylglucosamin. Lysozym ist in vielen Körpersekreten wie Tränenflüssigkeit, Speichel, Schweiß u.a. enthalten. Seine Wirkung macht man sich zu Nutze, um Peptidoglykanschichten von Bakterienzellen zu entfernen. Grampositive Zellen werden dadurch zu Protoplasten, gramnegative zu Sphäroplasten, die ihre äußere Membran noch besitzen.

12.1.2 Die äußere Membran gramnegativer Bakterien

Die äußere Membran ist besonders gut bei Enterobakterien wie *E. coli* und *Salmonella typhimurium* untersucht. Diesen Zellen bietet sie Schutz gegen Gallensäuren und ähnliche detergensartige Verbindungen sowie gegen Verdauungsenzyme, während kleine hydrophile Moleküle die äußere Membran durch die Porine, Translokatoren mit β-Faltblattstruktur (s. 2.7.1), passieren können.

Die äußere Membran besteht aus Proteinen, Phospholipiden und dem charakteristischen Lipopolysaccharid (LPS). Sie ist höchst unsymmetrisch aufgebaut, indem die Phospholipide vor allem in der inneren Lipidschicht liegen, während die LPS-Moleküle ausschließlich in der äußeren Schicht vorkommen (Abb. 12-6). Die äußere Membran wird durch das Braunsche **Lipoprotein** (V. Braun und Mitarbeiter, 1969) mit der Peptidoglykanschicht verbunden. Das kleine Protein von 7,2 kDa trägt am N-terminalen Cys-Rest eine Fettsäure in Amidbindung und ein Diacylglycerol als Thioether. Die drei Fettsäurereste sind in der inneren Lipidschicht der äußeren Membran verankert. Mit der ε-Aminogruppe des C-terminalen Lys-Rests sind etwa ein Drittel al-

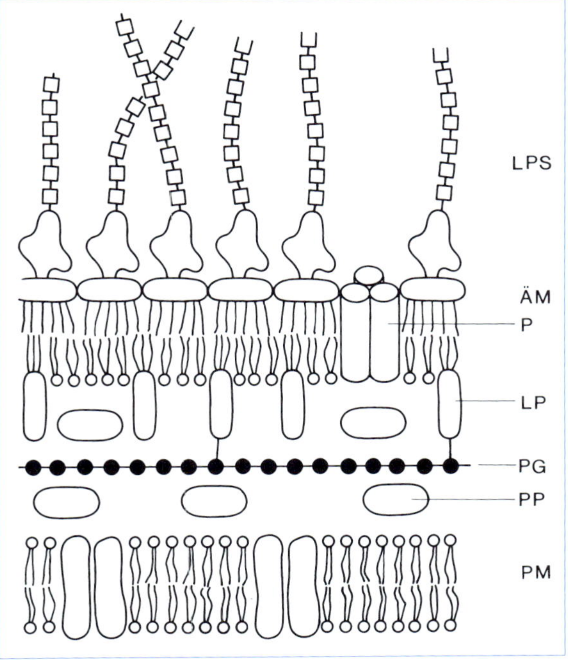

Abb. 12-6: Modell für die Zellhülle von *E. coli.* PM, Plasmamembran; PP, periplasmatische Proteine; PG, Peptidoglykanschicht; LP, Lipoprotein mit kovalenter Bindung an das Peptidoglykan und mit hydrophober Bindung an die äußere Membran; P, Porin; ÄM, äußere Membran; LPS, Lipopolysaccharid mit Lipid A, Kernzone und zahlreichen O-spezifischen Einheiten.

ler Lipoproteinmoleküle kovalent an die im Peptidoglykan von *E. coli* vorkommende Diaminopimelinsäure gebunden.

Lipopolysaccharid (LPS) ist ein amphiphiles Heteropolymer mit komplexem Aufbau und vielseitigen biologischen Aktivitäten. LPS-Moleküle besitzen drei sehr unterschiedliche Bereiche (Abb. 12-7). **Lipid A** stellt den lipophilen Anteil und besteht aus zwei phosphorylierten Glucosamineinheiten, an die bis zu sechs Fettsäuren, darunter auch β-Hydroxysäuren, über Ester- und Amidbindungen verknüpft sind. Diese Fettsäuren bilden die äußere Lipidschicht der äußeren Membran. Die **Kernzone** ist ein in seiner Zusammensetzung konstantes Oligosaccharid mit Ketodesoxyoctonsäure (KDO) als typischem Zukker. Daran schließen sich die variablen, nur aus wenigen Zuckern bestehenden **O-spezifischen Zuckerketten** in bis zu 40 sich wiederholenden Einheiten an.

LPS wird auch als **O-Antigen** bezeichnet. Kleine Veränderungen in seiner Struktur führen zu immunochemischen Varianten (Chemotypen). Von *Salmonella* kennt man mehr als 1000 Chemotypen.

Ort der Synthese von LPS ist die P-Seite der Plasmamembran. Aus aktivierten Bausteinen (Nucleotid-Zuckern, ACP-Fettsäuren) werden zunächst Lipid-A-Einheiten aufgebaut und anschließend die Zucker der Kernzone angefügt. Lipid A zusammen mit der Kernzone gelangt auf unbekannte Weise in die äußere Lipidschicht der Plasmamembran. Die O-spezifischen Zuckerketten entstehen getrennt und werden, gebunden an Undecaprenolphosphat als Lipid-Carrier, auf die E-Seite der Plasmamembran transportiert und dort an die Kernzone angehängt. Auch das Überwechseln des großen Moleküls in die äußere Membran ist nicht geklärt.

LPS ist auch unter dem Namen **Endotoxin** bekannt; mit ihm wurden bereits im 19. Jh. Substanzen bezeichnet, die für die pathophysiologischen Folgen einer Infektion mit gramnegativen Zellen verantwortlich sind. Meningococcen setzen aktiv durch Abschilfern ihrer Wand Endotoxin frei, andere Bakterien nur nach Lyse durch Antibiotikabehandlung u.a.. Als amphiphiles Molekül tritt LPS in Wasser auch in micellaren Strukturen auf, aktiv sind die Monomere. Am empfindlichsten reagieren Monocyten/Makrophagen auf LPS, und die Ausschüttung von Cytokinen und anderen Mediatoren durch diese Zellen kann zum septischen Schock führen. Im Vergleich mit bakteriellen Exotoxinen (s. 3.6.5) sind Endotoxine jedoch nur schwach toxisch.

Fimbrien oder **Pili** sind filamentöse, etwa 2 µm lange Proteinpolymere auf der Oberfläche nahezu aller gramnegativen Bakterien. Sie sind ri-

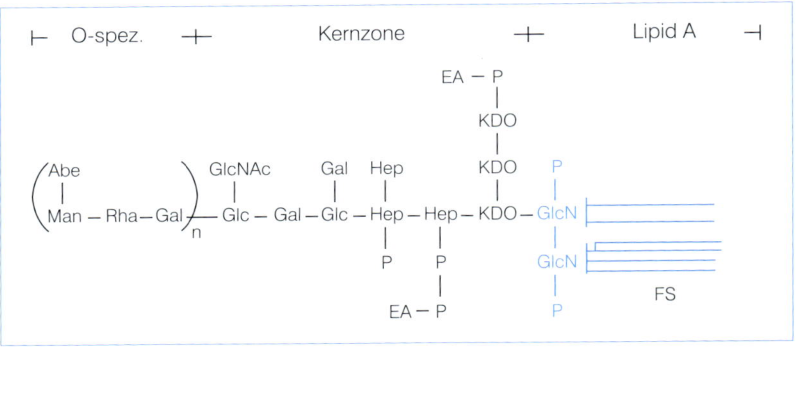

Abb. 12-7: Lipopolysaccharidmolekül von *Salmonella typhimurium.* Im Lipid A können β-Hydroxy-Fettsäuren ihrerseits mit einer weiteren Fettsäure verestert sein. Abe, Abequose; EA, Ethanolamin; FS, Fettsäure; Glc, Glucose; GlcN, Glucosamin; GlcNAc, N-Acetylglucosamin; Hep, Heptulose; KDO, Ketodesoxyoctonsäure; Man, Mannose; P, Phosphat; Rha, Rhamnose; n ≥ 40.

gider als Flagellen (s. 4.5.4) und mit 2–10 nm Durchmesser auch dünner, ihre Morphologie jedoch ist vielfältig. Zellen tragen etwa 500 Fimbrien, die jeweils aus etwa 1000 Untereinheiten aufgebaut sind. Sie haben adhäsive Eigenschaften bei der Anheftung von Zellen, z.B. bei der Konjugation (F-Pili), und bei der Erkennung eukaryotischer Wirtszellen. Außerdem können sie, wie andere Oberflächenstrukturen auch, Rezeptoren für Bakteriophagen sein. Die Ausprägung bestimmter Fimbrientypen bei *E.-coli*-Stämmen kann mit ihrer Pathogenität korreliert sein. Die Gene für die Fimbrien sind in Operons organisiert, die neben Genen für die Untereinheiten auch Gene für regulatorische Proteine, für ein periplasmatisches Chaperon von etwa 25 kDa und für ein besonderes Protein der äußeren Membran (den Türhüter) enthalten. Die Operons können auch auf Plasmiden liegen. Für die Bildung der Fimbrien werden die Untereinheiten über den generellen Sekretionsweg in den periplasmatischen Raum transportiert und dort von den Chaperonen in Empfang genommen. Diese geben die Untereinheiten an den Türhüter der äußeren Membran ab, indem sie an das nach außen wachsende Polymer angefügt werden.

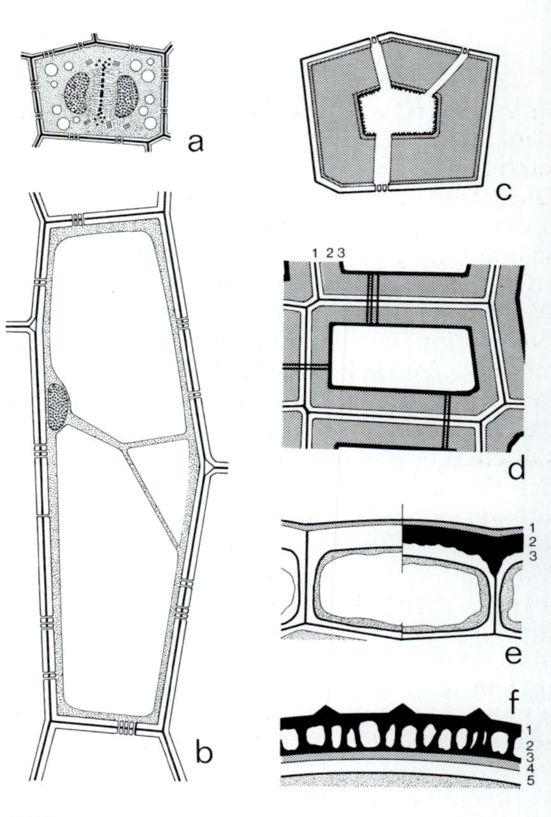

Abb. 12-8: Zellwandbildungen bei Pflanzen. (**a**) Bildung der Zellplatte durch Verschmelzen von Golgi-Vesikeln, die Zellwandgrundsubstanz enthalten. (**b**) Gewebezelle mit typischer Zellwand ohne Sekundärwand, durch die Plasmodesmen reichen. (**c**) Querschnitt durch eine Faserzelle mit (von außen nach innen) Mittellamelle, primäre Zellwand und Sekundärwand (punktiert) mit einer Innenschicht. Tüpfelkanäle führen zu Tüpfelfeldern. (**d**) Verkorkte Zellwand mit primärer Zellwand (1), Suberinschicht (2) und weiterer Innenschicht (3). (**e**) Epidermiszelle mit Kutikula (1), Kutikularschicht (2) und primärer Zellwand. Bei Xerophyten (rechts) kann die Kutikularschicht sehr massiv sein. (**f**) Wand eines Pollenkorns mit äußerer Exine (1-3), innerer Exine (4) und Intine oder Primärwand (5).

12.2 Zellwände von Pflanzenzellen

Die Zellwandbildungen höherer Pflanzen sind vielfältig (Abb. 12-8). Nach der Teilung einer Pflanzenzelle ist in der im Phragmoplasten entstandenen Zellplatte bereits Zellwandgrundsubstanz (Pektin, Hemicellulosen) durch die miteinander verschmelzenden Golgi-Vesikel vorhanden. Die beiden Tochterzellen setzen den Wandaufbau mit der Bildung eigener Zellwandschichten fort. Diese sog. **Primärwand** ist gewöhnlich 50-100 nm dick und enthält neben Zellwandgrundsubstanz bereits Mikrofibrillen aus Cellulose. Durch weitere Apposition wird die Wand verdickt und es entsteht die begrenzt elastische primäre Zellwand der Gewebezellen, die den Turgor der Vakuole auffängt und auch als Sakkoderm bezeichnet wird.

In bestimmten Zellen wird die Bildung von Wandsubstanz nach Abschluß des Zellwachstums noch fortgesetzt, es entsteht eine **Sekundärwand**. Sie dient nicht der Festigkeit der einzelnen Zellen, sondern erfüllt übergeordnete Aufgaben im Gesamtbauplan der Pflanze wie Festigkeit und Verdunstungsschutz. Bei Holz- und Faserzellen enthält die durch Appositionswachstum verdickte und das Zellumen einschränkende Sekundärwand besonders viele Cellulosefibrillen, zwischen die das starre Polymer Lignin eingelagert ist. Solche Wände dienen der mechanischen Festigkeit. Die Kutikula der Epidermiszellen und die suberinisierten Zellwände der Korkzellen dagegen sind relativ dünn und enthalten lipophile Komponenten. Sie schränken unkontrollierten Wasserverlust weitgehend ein.

12.2.1 Grundsubstanz und Bau primärer Zellwände

In den primären pflanzlichen Zellwänden sind Cellulose-Mikrofibrillen in eine Matrix (Grundsubstanz) von Hemicellulosen, Pektinen und Glykoproteinen eingebettet. Diese Matrixkomponenten sind wegen ihrer vielen polaren und sauren Gruppen stark hydrophil. Ihre Synthese erfolgt im Endomembransystem in der üblichen Weise (s. 8.2), sie werden über Golgi-Vesikel exocytiert. Ein Kennzeichen der Polysaccharidanteile der pflanzlichen Matrix ist, daß sie nicht aus fest definierten Bildungsblöcken bestehen und daß es eine große Variation in der Art der glykosidischen Bindungen gibt. In ähnlicher Weise ist das Glykosylierungsmuster der Matrixproteine kompliziert und variabel. Manche der Matrixkomponenten werden mit Phänomenen wie Zell-Matrix-Interaktion und Signalwirkung, Zellteilung, Gewebedifferenzierung oder somatische Embryogenese in Verbindung gebracht; allerdings ist dies noch recht spekulativ.

Hemicellulosen sind vor allem **Xyloglucane**, d.h. β-1,4-Glucane mit Seitenketten von Xyloseresten. Sie verbinden sehr wahrscheinlich die Cellulose-Mikrofibrillen in nichtkovalenter Bindung und bilden auf diese Weise ein festes dreidimensionales Netzwerk in der Primärwand aus.

Pektine sind **Galacturonane** mit α-1,4-Bindung und Rhamnogalacturonane mit unterschiedlichen Seitenketten. Die zahlreichen Säuregruppen verleihen ihnen eine stark negative Ladung. Pektine bilden ebenfalls ein dreidimensionales Netzwerk aus, das mit dem Cellulose/Xyloglucan-Netzwerk verwoben ist. Mit Mg^{2+} oder Ca^{2+} werden Pektine ausfällbar.

Die Gräser unterscheiden sich von den meisten anderen Pflanzen durch eine besondere Zusammensetzung ihrer Matrix. Sie enthalten nur sehr wenig Xyloglucane und Pektine, es überwiegen Xylane und Glucane.

Bei Algen gibt es zahlreiche weitere Polysaccharide der Matrix. Die bekanntesten sind Alginsäuren und Agar. Die **Alginsäuren** der Braunalgen sind Polymere aus Guluronsäure und Mannuronsäure in β-1,4-Bindung, die sehr viel Wasser aufnehmen und bis zu 30% des Gewichts der Algen ausmachen können. Sie und ihre als Alginate bezeichneten Salze sind vielverwendete Rohstoffe, auch in der Lebensmittelindustrie. Der **Agar** der Rotalgen besteht aus unverzweigten und verzweigten Galactanen, die sulfatiert sind; Agar wird besonders für Nährböden für Bakterien und Hefen verwendet.

Glykoproteine liegen mengenmäßig unter 10% der Zellwandsubstanz bei Pflanzen. Sie zeichnen sich durch einen Reichtum an Prolin- und Hydroxyprolinresten aus und werden in der Superfamilie der **Hydroxyprolin-reichen Glykoproteine** (HRGPs) zusammengefaßt. Offenbar sind sie früh während der Evolution der Pflanzen entstanden. Die drei wichtigsten Gruppen sind Extensine, Arabinogalactan-Proteine (AGPs) und Prolin/Hydroxyprolin-reiche Glykoproteine (P/HRGPs).

Die **Extensine** bilden eine Familie und sind durch das sich wiederholende Motiv Ser-Hyp_4 (Hydroxyprolin) charakterisiert. Der Zuckeranteil überwiegt massenmäßig (50–60%). Arabinose ist der wesentliche Zucker und kommt als Hyp-Ara_{1-4} vor, außerdem ist Galactose als Ser-Gal vorhanden. Die Moleküle sind stabförmig, der hohe Prolingehalt bedingt eine helikale Sekundärstruktur, die ähnlich der von Kollagen ist (s. 3.2.1). Extensine sind über Isodityrosinreste kovalent verbunden; diese Diphenyletherbindung zwischen zwei Tyr-Resten wird durch eine zellwandständige Peroxidase katalysiert. Extensine sind Strukturproteine der Primärwand und ihre Bildung wird bei Verwundung und Befall von Pathogenen induziert.

Die **Arabinogalactan-Proteine** (AGPs) bestehen zu über 90% aus Zuckeranteilen. Arabinose und Galactose sind überwiegend, es kommen auch Rhamnose und Glucuronsäure vor. Die Zuckerketten sind vor allem an Hyp- und Ser-Reste O-glykosidisch gebunden. AGPs treten verbreitet bis zu den Moosen und Lebermoosen auf und werden von pflanzlichen Gewebekulturzellen in großen Mengen sezerniert.

Ein bekanntes Arabinogalactan-Protein ist **Gummi arabicum**. Bei ihm ist der Proteinanteil mit 0,3% besonders gering. Gummi arabicum wird aus der Rinde afrikanischer *Acacia*-Arten gewonnen. Es fand/findet als Klebstoff, Appretiermittel und Bindemittel für Farben, Tinten u.a. vielfältige Verwendung.

Prolin/Hydroxyprolin-reiche Glykoproteine (P/HRGPs) enthalten zwischen 3 und 70% Glyko-Anteile, wobei wiederum Arabinose überwiegt. Die Noduline der Fabaceen gehören zu dieser Familie (s. 23.2).

12.2.2 Cellulose

Cellulose ist das häufigste Biopolymer; etwa 10^{11} Tonnen werden pro Jahr synthetisiert. Sie ist die Gerüstsubstanz par excellence in den Zellwänden der meisten Algen und der höheren Pflanzen, wird aber z.B. auch von den gramnegativen Bakterien *Acetobacter xylinum* und *Agrobacterium tumefaciens* gebildet.

Cellulose ist ein unverzweigtes β-D-1,4-Glucan mit Kettenlängen von 2000 bis über 25000 Glucoseresten. Die β-Bindung bedingt, daß jeder

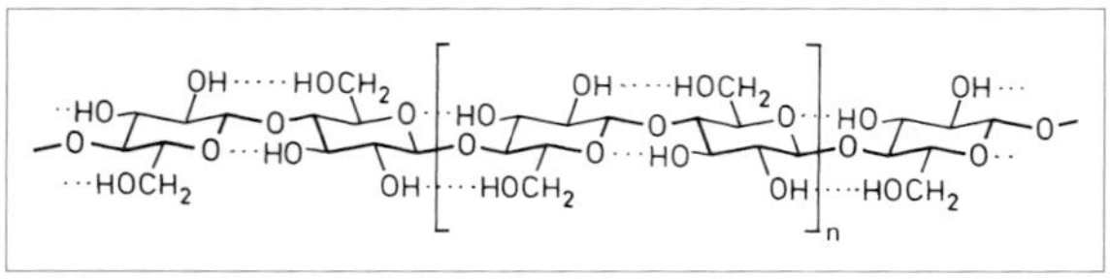

Abb. 12-9: Ausschnitt aus einer β-1,4-Glucankette der Cellulose. Die Klammer markiert die strukturelle Einheit Cellobiose.

Glucoserest in Relation zu seinen beiden Nachbarn um 180° gedreht ist (Abb. 12-9). Die strukturelle Untereinheit ist demnach das Disaccharid Cellobiose, im Unterschied etwa zu Callose (β-1,3-Glucan) oder Stärke (α-1,4-Glucan), in denen Glucose die strukturelle Untereinheit darstellt. Das Glucanmolekül ist flach und bandförmig und wird durch intramolekulare Wasserstoffbrücken stabilisiert. Cellulose kommt nicht in Einzelketten vor, sondern – mit ihrer Biosynthese beginnend – in kristalliner Anordnung vieler parallel orientierter Ketten in **Mikrofibrillen**. Die Größe solcher Mikrofibrillen kann von sog. **Elementarfibrillen** mit etwa 36 Ketten und einem Durchmesser von 3 nm bis zu größeren bandförmigen Mikrofibrillen mit bis zu 1200 Ketten und Breiten bis über 30 nm (Abb. 12-10) variieren. In der kristallinen Anordnung werden die Ketten durch intermolekulare Wasserstoffbrücken zusammengehalten, sie liegen in einem Abstand von 0,53 nm. In der nativen Cellulose (Cellulose I) liegen die Ketten parallel, was nicht der energetisch günstigsten Anordnung entspricht. Cellulose I ist metastabil und kann irreversibel in einen anderen stabileren Zustand, Cellulose II, überführt werden. Allerdings tritt Cellulose II kaum in der Natur auf. Bei Lösen und Ausfällen von Cellulose I entsteht Cellulose II, bei der die Ketten antiparallel gefaltet sind. Sie wird als Kunstseide oder Rayon viel verwendet. Ein Farbstoff, der mit hoher Affinität an Cellulosemoleküle bindet, ist Calcofluor White.

Die regelmäßige Parallelanordnung der Polymerketten in den Mikrofibrillen macht diese extrem reißfest. Ein Faden aus kompakter Cellulose I könnte bei einem Durchmesser von nur 1/10 mm eine Zugspannung von mehr als 10 N aushalten; das ist mehr als die Belastbarkeit einer gleich dicken Stahlsaite. In den Sekundärwänden von Faserzellen sind die Cellulose-Mikrofibrillen ihrerseits parallelisiert (Paralleltextur). Dabei ist allerdings präzise Längsorientierung eher die Ausnahme (Abb. 12-11). Häufiger sind Schraubentexturen, wodurch zusätzlich Elastizität gewährleistet wird. Bei Bastfasern ist der Windungssinn häufig genetisch festgelegt und daher für eine bestimmte Art einheitlich: Bei Lein und Hanf eine Linksschraube, bei *Eucalyptus* eine Rechtsschraube, bei Baumwolle und *Clematis* wechselt der Windungssinn innerhalb einer Zellwand mehrfach. In solchen Sekundärwänden können Cellulose-Mikrofibrillen Längen von 8 μm und mehr erreichen.

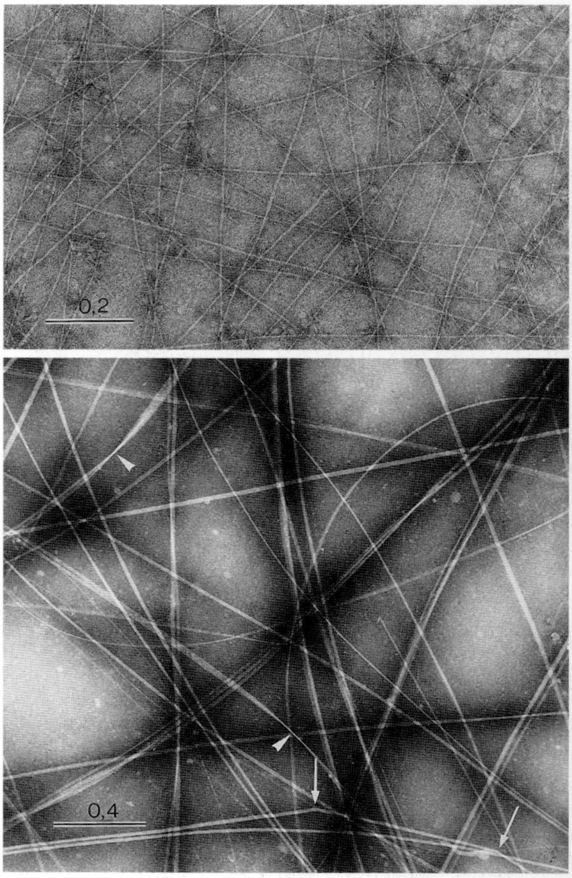

Abb. 12-10: Isolierte Cellulosefibrillen im Negativkontrast. (**a**) Elementarfibrillen aus Quittenschleim mit einem Durchmesser von etwa 3 nm. (**b**) Bandförmige Mikrofibrillen aus der Meeresalge *Valonia*; die Pfeile weisen auf Knicke, die Pfeilköpfe auf Profilansicht der Bänder. (EM-Aufnahmen: W. W. Franke)

Die **Cellulose-Synthase** liegt in Form hexamerer Komplexe (Rosetten) oder – wie bei vielen Algen – linear angeordnet in der Plasmamembran; Cellulose wird als Polysaccharid also nicht über den Golgi-Apparat exportiert. Die Rosetten lassen sich durch Gefrierätz-EM besonders gut darstellen (Abb. 12-12). Das Gen für das katalytische Polypeptid wurde zunächst aus *Acetobacter* und später aus Faserzellen der Baumwolle (*celA*) und auch aus anderen Pflanzen analysiert. Offenbar gibt es eine Gen-Familie. Bei höheren Pflanzen besitzt das Polypeptid von 110 kDa acht

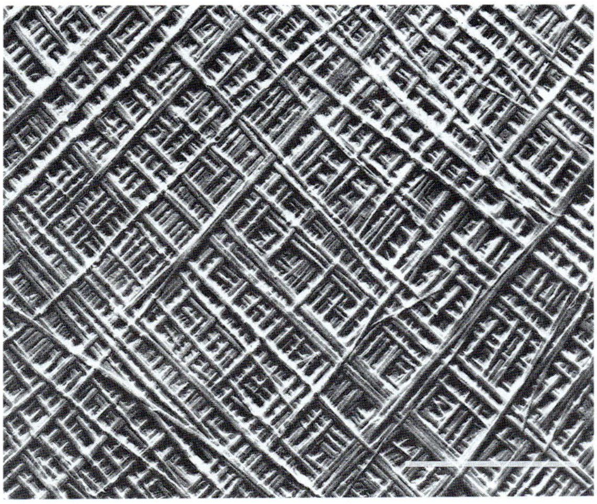

Abb. 12-11: Cellulose-Mikrofibrillen in der Wand der einzelligen Grünalge *Oocystis*. Von Wandlage zu Wandlage wechselt die Paralleltextur um 90°. (EM-Aufnahme: D. G. Robinson)

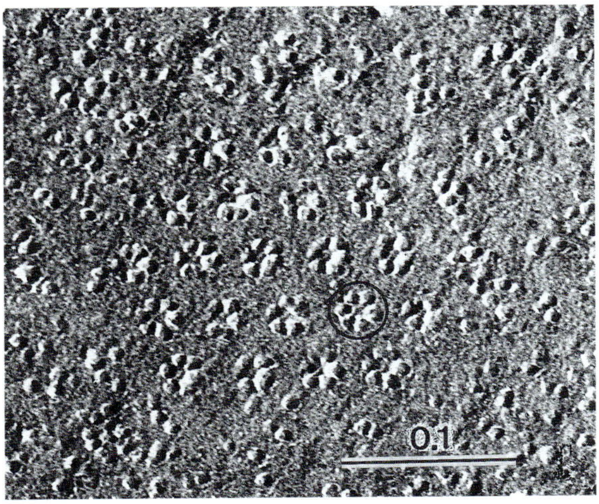

Abb. 12-12: Cellulose-Synthase-Komplexe in der Plasmamembran in der Grünalge *Spirogyra* im Gefrierätz-Bild. Die hexagonalen Rosetten sind zahlreich, eine ist durch einen Kreis markiert. (EM-Aufnahme: W. Herth)

Membrandurchgänge und vier Bindungsdomänen für das Substrat UDP-Glucose mit jeweils einem essentiellen Aspartatrest. Andere Proteine sind beteiligt, z. B. das DCB-bindende Protein (2,6-Dichlorbenzonitril ist ein Inhibitor der Cellulosebiosynthese). Jede Untereinheit in den Rosetten besitzt sechs katalytische Stellen; es entstehen zunächst dünne Bänder, die sich unter Ausbildung von Wasserstoffbrücken zu den Mikrofibrillen zusammenlagern. Die Zellwände der verschiedenen Zellen einer Pflanze unterscheiden sich im Polymerisationsgrad ihrer Cellulose-

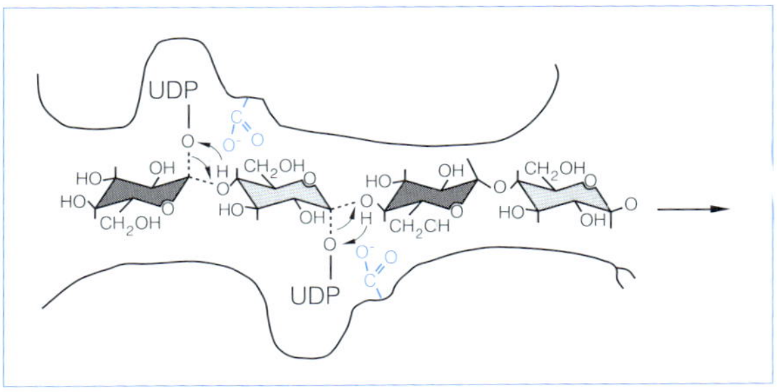

Abb. 12-13: Modell für die Cellulosesynthese. Das Modell trägt dem Umstand Rechnung, daß die Glucosereste jeweils um 180° gedreht an das nichtreduzierende Ende der wachsenden Glucanketten angefügt werden. Zwei Bindungsstellen für UDP-Glucose und zwei Transferaseaktivitäten wirken kooperativ und nahezu gleichzeitig, um die strukturelle Einheit Cellobiose an die Kette anzufügen. Farbig ist die γ-Carboxylgruppe des essentiellen Aspartatrests markiert.

moleküle und deren Anordnungen. Einzelne Mitglieder der Cellulose-Synthase-Familie dürften hierfür verantwortlich sein. Um der Unwahrscheinlichkeit einer Drehung von wachsender Glucankette bzw. Synthase aufgrund der 180°-Versetzung der Untereinheiten gerecht zu werden, wurde ein Modell mit zwei Bindungsstellen für UDP-Glucose entwickelt, wobei zwei Glucosemoleküle nahezu gleichzeitig an das nichtreduzierende Ende der wachsenden Kette angefügt werden (Abb. 12-13).

Es besteht eine enge Korrelation zwischen der Lage der neu entstehenden Cellulose-Mikrofibrillen in der Zellwand und der Anordnung der cortikalen Mikrotubuli im Cytoplasma. Meist stimmt die Orientierung der Fibrillen der innersten Zellwandlage mit der der Mikrotubuli überein. Es wird angenommen, daß die Mikrotubuli als eine Art Leitbahn für die sich während ihrer Syntheseaktivität in der fluiden Membran verschiebenden Synthase-Komplexe dienen (es bewegt sich die Synthase in der Membran, nicht die Fibrille in der Zellwand). Dadurch kommt die parallele Anordnung der Mikrofibrillen zustande. Ein Wechsel der Texturrichtung in der nächsten Lage wird durch Umorientierung der Mikrotubuli induziert; sie zeigen in Pflanzenzellen einen hohen Bildungsturnover, wobei allerdings die Steuermechanismen noch unbekannt sind. Durch das Mikrotubulus-Gift Colchicin beispielsweise kann die Textur gestört werden (Abb. 12-14). Cellulosefibrillen liegen häufig quer zur Streckungsachse der Zelle und verhindern dadurch eine Ausdehnung in die Breite. Bei isodiametrischen Zellen dagegen liegen die Fibrillen in der Wand zufällig verteilt vor.

In *Acetobacter xylinum* sind die Komplexe linear angeordnet und reichen nicht nur durch die Plasmamembran,

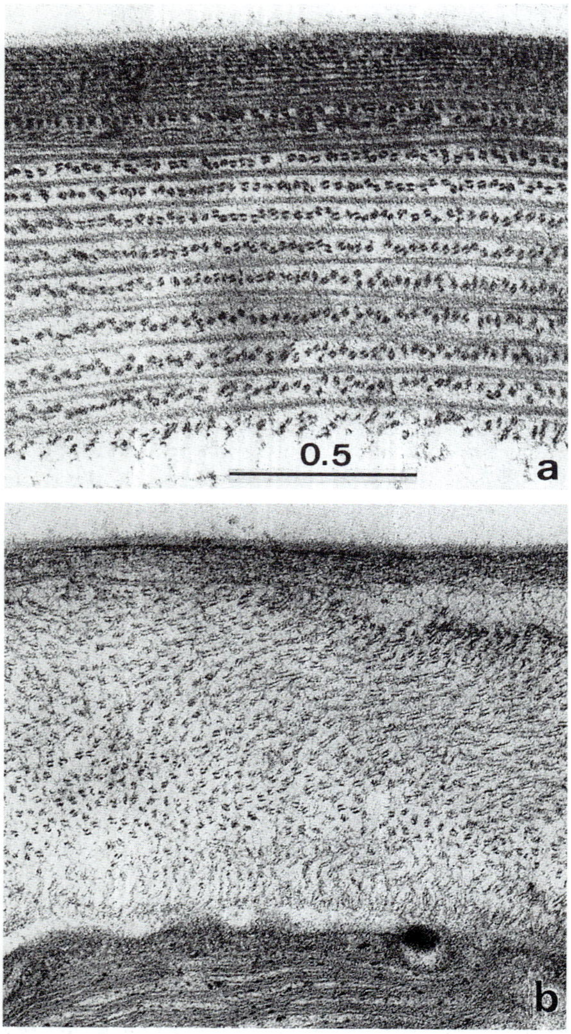

Abb. 12-14: Zellwandtextur und Mikrotubuli. (**a**) Lagenweise gekreuzte Cellulose-Mikrofibrillen in der Zellwand der Grünalge *Oocystis solitaria* (s. auch Abb. 12-11). (**b**) Die Lagen werden nach Gabe von 10 mmol · l^{-1} Colchicin nicht mehr ausgebildet, obwohl die Cellulosesynthese weitergeht. (EM-Aufnahmen: D. G. Robinson)

sondern auch durch die Lipopolysaccharidschicht. Jeder Komplex bildet 16 Glucanketten. Die Bakterien benützen ihre Cellulose nicht als Wandmaterial, sondern als eine in Wasser flottierende Schicht, in der sie leben. Diese Kahmhäute können erheblich dick werden und wurden als „Kunststoff" verwendet.

Eine besondere Wandsubstanz ist die **Callose**, ein unverzweigtes β-1,3-Glucan. Callose ist nicht häufig, und ihre Bildung bleibt meist auf eng umschriebene Bereiche wie Plasmodesmenkanäle und Siebporen beschränkt (s. 20.5). Syntheseort für Callose ist wie bei der Cellulose die Plasmamembran. Die Callose-Synthase kann – z.B. bei Schädigung durch Pathogene – sehr schnell aktiviert werden und zum Verschluß von Plasmodesmen, Siebporen oder Pollenschläuchen beitragen.

In den Zellwänden vieler Algen treten nicht Cellulose, sondern andere Gerüstsubstanzen wie Xylane oder Mannane (z.B. in *Acetabularia*) oder Glykoproteine (z.B. in *Chlamydomonas*) auf. In den Zellwänden vieler Pilze ist **Chitin**, ein Homopolymer aus N-Acetylglucosamin, vorherrschend.

12.2.3 Lignin

Lignin ist ein phenolisches Polymer in der pflanzlichen Zellwand und nach Cellulose das zweithäufigste Biopolymer. Lignifizierte (verholzte) Zellwände sind für alle Landpflanzen entscheidend wichtig zum Standhalten der statischen Belastung oder zur Erhaltung ihrer Wasserleitbahnen in Form der **Tracheen** und Tracheiden. Diese bestehen aus abgestorbenen Zellen und sind nicht nur ohne Turgor, sondern noch zusätzlich den Saugspannungen des Transpirationsstroms ausgesetzt und würden ohne starre Wände kollabieren. Bei der Lignifizierung wird die Zellwandgrundsubstanz durch das starre Polymer Lignin verdrängt. Es ist die typische Wandsubstanz in den Sekundärwänden ausgewachsener, mechanisch beanspruchter Zellen; kürzlich wurde Lignin jedoch auch in geringerer Menge in Primärwänden nachgewiesen. Im Holz der Coniferen macht Lignin 20–35% der Masse aus, Cellulose etwa 40% und Hemicellulosen etwa 30%. Aus der engen Verbindung von Cellulose und Lignin resultieren die hervorragenden statischen Eigenschaften der verholzten Zellwände (technischer Vergleich mit Faserplastik). Bezeichnenderweise ist bei Druckbeanspruchung von Holz der Ligninanteil erhöht, bei Zugbeanspruchung dagegen der Celluloseanteil.

Die Polymerisation von Lignin findet in der Zellwand selbst statt. Grundbausteine sind die **Monolignole** p-Cumaryl-, Coniferyl- und Sinapylalkohol, Abkömmlinge der Zimtsäure. Sie entstammen dem typisch pflanzlichen **Phenylpropanstoffwechsel** wie die Flavonoide und viele phenolische Verbindungen auch. Das Schlüsselenzym dieser Biosynthesewege ist die **Phenylalanin-Ammonium-Lyase** (PAL), die Phenylalanin oxidativ zu Zimtsäure deaminiert und die Abzweigung aus dem Primärstoffwechsel markiert. Der Transportweg der Monolignole durch die Plasmamembran ist nicht bekannt, möglicherweise werden sie in Form ihrer Glucoside transportiert. Der erste Schritt in der Ligninbiosynthese ist die Bildung von Phenoxyradikalen

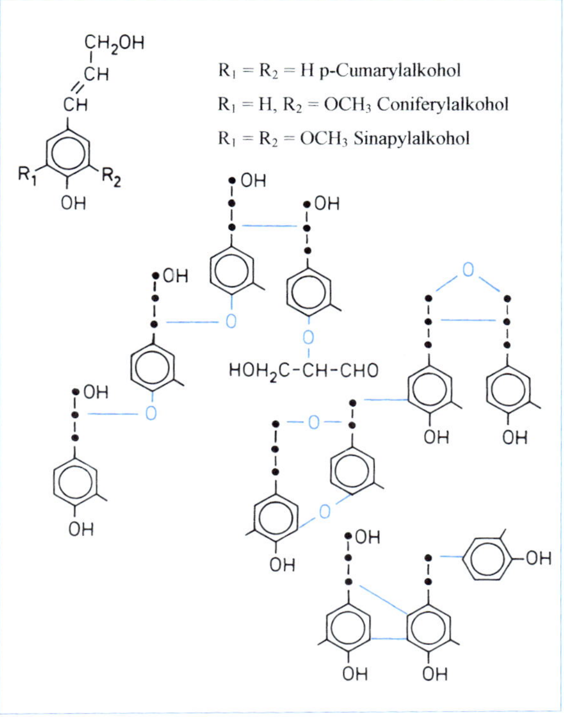

Abb. 12-15: Lignin. Die Monolignole sind über unterschiedliche Bindungen dreidimensional zu dem Makromolekül Lignin vernetzt. Typische Bindungen sind farbig wiedergegeben. Neben den Monolignolen kommt auch Glycerinaldehyd vor. Die Doppelbindungen der Monolignole bleiben nur selten im Lignin erhalten.

durch oxidative Enzyme der Zellwand wie Peroxidasen, Phenol-Oxidasen oder Laccasen. Kürzlich wurde ein Protein beschrieben, das eine stereoselektive Kopplung von Phenoxyradikalen bewirkt. Solche Kopplungen führen zu zahlreichen unterschiedlichen Ether- und Kohlenstoff-Kohlenstoff-Bindungen und lassen ein riesiges Polymer entstehen (Abb. 12-15). Die Propanketten können dabei auch verkürzt werden, man nennt die entsprechenden Derivate von p-Cumaryl-, Coniferyl- und Sinapylalkohol dann auch p-Hydroxyphenyl-, Guaiacyl- und Syringylreste. Da Ligninmoleküle bei fortgesetzter Polymerisation auch untereinander kovalent verbunden werden können, besteht der Holzkörper eines Baumes möglicherweise nur aus wenigen oder sogar nur aus einem einzigen Ligninmakromolekül.

Die Monomerenzusammensetzung von Lignin bestimmt seine Eigenschaften. Coniferenholz beispielsweise besteht vor allem aus Coniferyl- und p-Cumarylalkohol.

Lignin ist unlöslich. Trotzdem können verschiedene Pilze und auch Bakterien Lignin abbauen. Bei der Weißfäule von Holz wird primär Lignin, aber auch Cellulose zersetzt; **Weißfäulepilze** sind z.B. der Zunderschwamm (*Fomes fomentarius*) oder der Schmetterlingsporling (*Polystictus versicolor*). **Braunfäulepilze** zersetzen Cellulose und Hemicellulosen, das Holz zerfällt in braune würfelartige Gebilde; zu ihnen gehören z.B. der Birkenporling (*Peptiporus betulinus*) und der Hausschwamm (*Merulius lacrymans*).

12.2.4 Suberin- und Cutinschichten

Für Wasser impermeable Wandschichten sind bei Landpflanzen wegen ihrer großen Oberflächen von immenser Bedeutung als Schutz vor Wasserverlust. Dadurch wird eine Regulierbarkeit des Wasserhaushalts durch die Stomata überhaupt erst ermöglicht. Hydrophobe impermeable Wandschichten sind charakteristisch für primäres und sekundäres Abschlußgewebe, d.h. für Epidermis und Kork. Suberin- und Cutinschichten sind frei von Cellulose, aus Festigkeitsgründen jedoch gerüsthaltigen Zellwandschichten aufgelagert (akkrustiert).

Suberinschichten werden von Korkzellen gebildet. Durch rhythmische Sekretion entsteht ein lamellärer Aufbau aus Wachs- und Polymerschichten (Abb. 12-16). Pro Tag können mehrere solcher Lamellen entstehen. Die 2,5-3 nm dicken Wachsschichten bestehen aus echten Wachsen, d.h. Estern aus langkettigen Fettsäuren und Alkoholen von C_{18}-C_{28} sowie Kohlenwasserstoffen, freien Fettsäuren, Hydroxyfettsäuren, Alkoholen

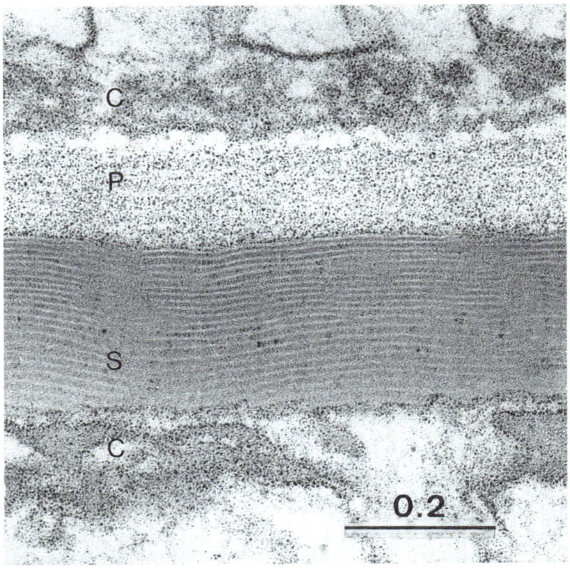

Abb. 12-16: Suberinschicht in einer Zellwand zwischen einer Korkkambiumzelle (oben) und einer jungen Korkzelle (unten). S, Suberinschicht mit hellen Wachsfilmen; P, Primärwand; C, Cytoplasma. (EM-Aufnahme: J. Wattendorff)

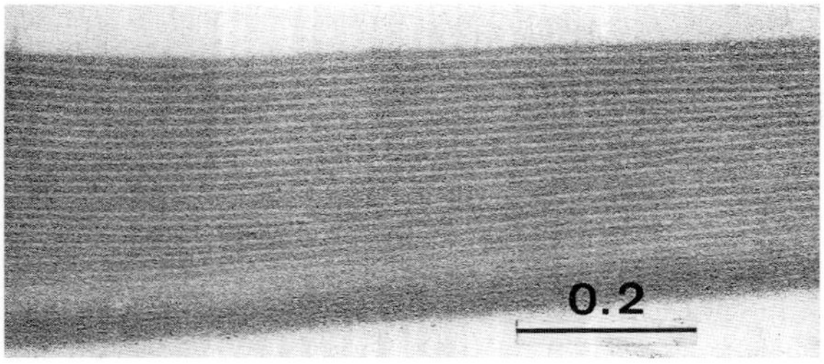

Abb. 12-17: Abgelöste Blattkutikula einer Agave im Querschnitt. (EM-Aufnahme: J. Wattendorff)

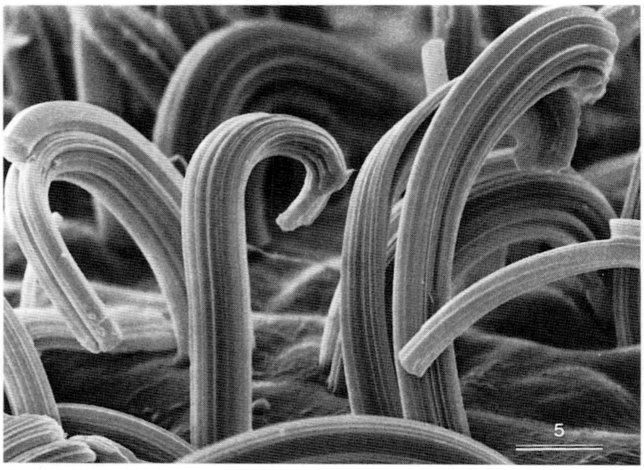

Abb. 12-18: Epikutikulares Wachs in Form zusammengesetzter Stäbchen auf einem Blatt (*Phenocaspermum guyanense*). (Raster-EM-Aufnahme: W. Barthlott)

u.a.. Von Pflanze zu Pflanze kann die Zusammensetzung stark schwanken. Diese Lipidfilme stellen die eigentliche Diffusionsbarriere für Wasser dar. Suberin ist ein unlösliches Polymer aus polyaliphatischen Domänen mit langkettigen Fettsäuren, Wachsalkoholen, Hydroxysäuren und Dicarbonsäuren sowie aus polyaromatischen Domänen mit Polyhydroxyzimtsäuren u.a.. Ob es tatsächlich ein zusammenhängendes Makromolekül gibt, das als solches den Namen Suberin tragen könnte, bleibt offen.

Cutin tritt an der Epidermis von Blatt und Sproß auf, aber auch in Interzellularräumen an Mesophyllzellen. Die eigentliche Kutikula ist eine dünne Schicht, die ähnlich der Suberinschicht aus abwechselnden Lagen aus Wachs und unlöslichem polymerem Cutin besteht (Abb. 12-17). Die Kutikularwachse setzen sich aus ähnlichen Komponenten wie die Korkwachse zusammen, nur überwiegen längerkettige Verbindungen. Cutin ist im wesentlichen ein vernetzter Polyester/Polyether aus Fettsäuren (16:0, 18:1) und entsprechenden ω-Hydroxysäuren sowie Di- und Trihydroxysäuren. Die Kutikula macht das Wachstum der Pflanzenorgane ständig mit. Eine Cutinase ist dabei von Bedeutung, die Esterbrücken in der Polymermatrix lokal aufbricht und so den Einbau weiterer Monomere ermöglicht. Cutin gehört zu den besonders schwer abbaubaren Biopolymeren. Viele Mikroorganismen verfügen jedoch über Cutinasen.

Die Synthese der langkettigen Kohlenwasserstoffketten für die Kork- und Kutikularwachse ist für die Pflanze energieaufwendig. Der Weg dieser Verbindungen durch die wasserhaltige Wand an die Oberfläche ist nicht bekannt. Außer als Verdunstungsschutz dient die Kutikula durch das Abperlen von Wassertropfen auch der Reinigung von Blattflächen. Kutikularschichten sind weniger hoch geordnet als die Kutikula.

Wachse können an der Oberfläche der Kutikula auch auskristallisieren (Abb. 12-18). Die Form der Kristalle wird durch bestimmte Komponenten physikalisch festgelegt. Solche **epikutikularen Wachse** können regeneriert werden. Sie sind häufig als blaue bis graue Reifüberzüge auf Blättern und Früchten zu erkennen.

Sporopollenin ist ein besonders widerstandsfähiges lipophiles Polymer in den Zellwänden von Sporen und Pollenkörnern. Es stellt ein aliphatisches Polymer dar, möglicherweise mit aromatischen Anteilen und organisch gebundenem Silicium. Wände aus Sporopollenin sind porös und haben nicht die Funktion, die eingeschlossenen Zellen in hydratisiertem Zustand zu halten; diese Zellen überleben ein Austrocknen. Sie

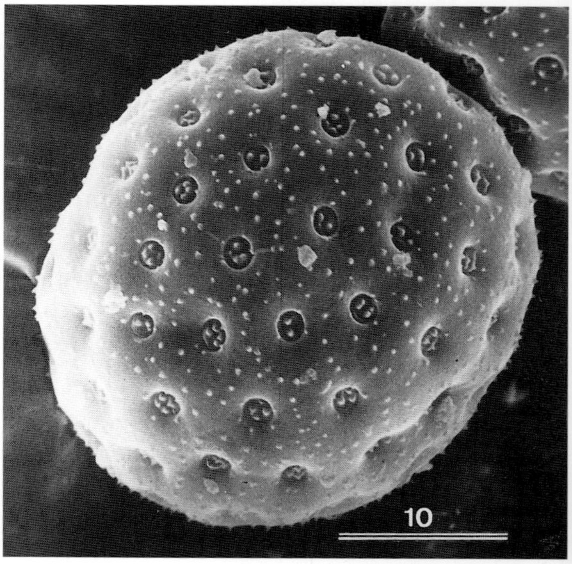

Abb. 12-19: Pollenkorn vom Spinat (*Spinacia oleracea*). (Raster-EM-Aufnahme: A. M. A. Sassen)

vermitteln mechanische Festigkeit und durch ihre Färbung auch Lichtschutz.

Pollenkörner tragen auf ihrer Oberfläche charakteristische, genetisch festgelegte Muster (Abb. 12-19). Dies und ihre Widerstandsfähigkeit ermöglichen Pollenanalysen von Torfschichten, Sedimenten und Kohleflötzen bis in das Silur zurück.

12.3 Weiterführende Literatur

Bernards M A, Lewis N G (1998) The macromolecular aromatic domain in suberized tissue: a changing paradigm. Phytochem. 47, 915–933.

Boudet A M (1998) A new view of lignification. Trends Plant Sci. 3, 67–71.

Brown R M, Saxena I M, Kudlicka K (1996) Cellulose biosynthesis in higher plants. Trends Plant Sci. 1, 149–156.

Cosgrove D J (1997) Assembly and enlargement of the primary cell wall in plants. Annu. Rev. Cell Dev. Biol. 13, 171–201.

Douglas C J (1996) Phenylpropanoid metabolism and lignin biosynthesis: from weeds to trees. Trends Plant Sci. 1, 171–178.

Duong F, Eichler, J Price A, Leonard M R, Wickner W (1997) Biogenesis of the gram-negative bacterial envelope. Cell 91, 567–573.

Mol O, Oudega B (1996) Molecular and structural aspects of fimbriae biosynthesis and assembly in *Escherichia coli*. FEMS Microbiol. Rev. 19, 25–52.

Post-Beittenmiller D (1996) Biochemistry and molecular biology of wax production in plants. Annu. Rev. Plant Physiol. Mol. Biol. 47, 405–430.

Reiter W D (1998) The molecular analysis of cell wall components. Trends Plant Sci. 3, 27–32.

Reiter W D (1998) *Arabidopsis thaliana* as a model system to study synthesis, structure, and function of the plant cell wall. Plant Physiol. Biochem. 36, 167–176.

Sommer-Knudsen J, Bacic A, Clarke A E (1997) Hydroxyproline-rich plant glycoproteins. Phytochem. 47, 483–497.

Wymer C, Lloyd C (1996) Dynamic microtubules: implications for cell wall patterns. Trends Plant Sci. 1, 222–228.

Besondere Zelltypen und Zell-Leistungen

Abbildung auf der Vorderseite: Querschnitt durch mehrere Myofibrillen einer Muskelfaser (s. Abb. 14-4)

13 GAMETENZELLEN UND SYNGAMIE

Die Ausbildung von Gametenzellen und die damit verbundenen meiotischen Teilungen sowie die Syngamie dieser Gameten wurden offenbar sehr früh in der Evolution der Eukaryoten entwickelt. In fast allen Eukaryotengruppen findet man – häufig neben vegetativer Vermehrung – auch eine sexuelle Fortpflanzung, die ja auf eben diesen zellulären Vorgängen beruht. Durch sie wird eine Fortpflanzungsgemeinschaft mit einem evolutiv veränderbaren Gen-Pool realisiert. Über die Syngamie werden innerhalb einer Art zwei sehr ähnliche, aber nicht identische Chromosomen- und Allelsätze zweier verschiedengeschlechtlicher Gameten in einer Zelle vereinigt. Durch Meiose, auch Reduktionsteilung genannt, entstehen aus diploiden Zygoten oder ihren mitotisch entstandenen Abkömmlingen wieder haploide Zellen. Dabei tritt eine Rekombination des Erbguts auf zwei verschiedenen Ebenen ein. Zum einen werden in der ersten meiotischen Teilung die väterlichen und mütterlichen Chromosomen zwar in einem 1:1 Verhältnis, aber zufallsgemäß auf die beiden Tochterzellen aufgeteilt. Zum anderen geschieht während der Paarung der homologen Chromosomen in der ersten meiotischen Prophase eine intrachromosomale Rekombination durch reziproken Stückaustausch zwischen homologen Chromatiden, d.h. durch Crossing over (s. 5.3). Die Wahrscheinlichkeit, daß ein Gamet ausschließlich väterliches oder mütterliches Erbgut enthält, wird dadurch praktisch Null. In diesen Rekombinationsmöglichkeiten ist der große evolutive Vorteil der sexuellen Fortpflanzung zu sehen.

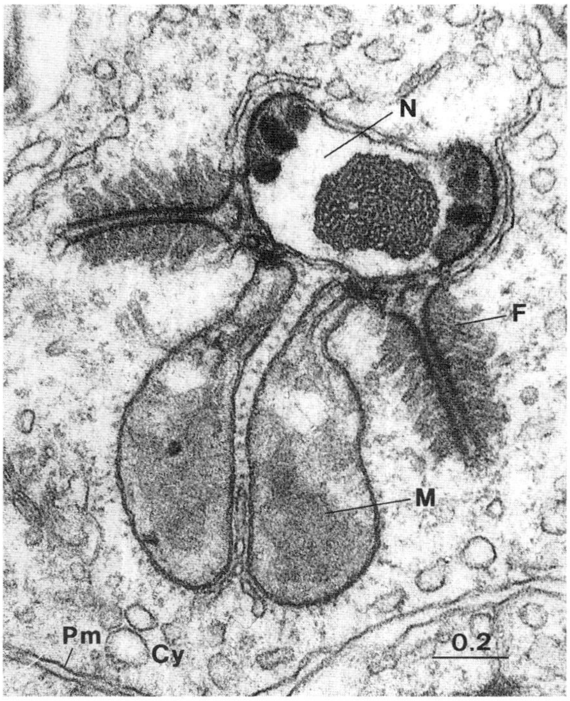

Abb. 13-1: Ungewöhnlich geformte Spermatide des Muschelkrebses *Notodromas monacha* (Ostracode), Querschnitt durch das Zentrum. N, Zellkern mit zentralem Chromatin und unbekanntem Material; F, Flügelstrukturen, von Kernhülle und Golgi-Vesikeln geformter Bewegungsapparat; M, besonders ausgebildetes Mitochondrion; Cy, Cytoplasma; Pm, Plasmamembran. Im reifen Spermium ist das Cytoplasma weitgehend verschwunden, die Plasmamembran liegt der zentralen Struktur eng an. Die Spermien erreichen bei dem 1,2 mm großen Süßwasserkrebschen eine Länge bis zu 1 mm und sind mit Hilfe der Flügelstrukturen beweglich. (EM-Aufnahme: D. Zissler)

Eukaryoten sind meist diploid, haploide Gameten entstehen direkt aus den beiden meiotischen Teilungen. Es gibt aber auch sog. Haplonten und Haplodiplonten, z.B. bei den Hefen. Bei ersteren folgt die Meiose direkt auf die Syngamie, und die vegetative Vermehrung geschieht in der Haplophase. Bei letzteren gibt es vegetative Phasen mit mitotischen Teilungen sowohl in der Diplophase nach Syngamie als auch in der Haplophase nach Meiose.

Über das gesamte Eukaryotenreich gesehen sind die Morphologie der Gametenzellen, ihre Genese und die Formen ihrer Syngamie außerordentlich vielfältig (Abb. 13-1). Bei Einzellern hingegen sind Gamentenzellen von vegetativen Zellen oft kaum zu unterscheiden. Bei Metazoen entstehen die primordialen Zellen der **Keimbahn** meist außerhalb der Gonaden oder sogar außerhalb des eigentlichen Embryos. Bei *Drosophila* beispielsweise bilden sich diese Zellen am posterioren Ende des syncytialen Embryos im sog. Polplasma und werden deshalb als Polzellen bezeichnet. Sie vermehren sich auf 30–40 Zellen und werden vom eigentlichen Embryo bei der Zellularisierung des Syncytiums ausgeschlossen. Während der Gastrulation wandern sie in das embryonale Mesoderm und induzieren die Bildung der beiden embryonalen Gonaden. Bei der Maus sind die primordialen Zellen der Keimbahn erstmals als Zellgruppe an der Basis der späteren Allantois identifizierbar. Von dort wandern sie in die Urogenitalanlagen ein. Die Entwicklung der Keimbahn und die Enstehung der **Stammzellen der Keimbahn** setzt also eine Einwanderung primordialer Zellen in die Gonadenanlagen voraus. Die Stammzellen der Keimbahn sind Bewahrer der **Totipotenz**. Ihre Abkömmlinge, die Gametenzellen, haben die Fähigkeit, ein neues Individuum aus sich heraus entstehen zu lassen, allerdings im allg. erst nach Syngamie (Ausnahmen sind parthenogenetische Entwicklungen). Die Totipotenz geht für die übrigen Zellen eines höheren Organismus schon nach wenigen Furchungsteilungen verloren. Höhere

Pflanzen dagegen bilden keine Keimbahn, und eine Totipotenz ist bei vielen ihrer Zellen erhalten geblieben.

Nahezu alle Tiere besitzen Stammzellen der Keimbahn, die sich selbst erneuern und gleichzeitig Tochterzellen produzieren, die sich zu Gameten differenzieren. Nur im Ovar der Säuger finden sich keine Stammzellen. Bereits während der Embryonalentwicklung stellen die weiblichen Keimzellen ihre Teilungsaktivität ein und gehen anschließend in die meiotische Prophase über, so daß nur eine bestimmte Anzahl von Oocyten bei der Geburt vorhanden ist. Die unsymmetrische Teilung der Stammzellen ist wiederum bei *Drosophila* gut untersucht worden. In den Ovariolen des Ovars liegen jeweils 2–3 Stammzellen in der Spitze und stehen mit somatischen Zellen in Kontakt, die Signalwirkung haben. Im apikalen Cytoplasma der Stammzellen nahe den somatischen Zellen liegt eine Spectrosom genannte Struktur. Sie enthält Proteine des Membranskeletts (s. 3.1) wie Spektrine und Ankyrin sowie offenbar auch regulatorische Proteine. Diese Struktur verankert einen Spindelpol der Mitosespindel und richtet diese in Längsrichtung der Ovariolen aus. Bei der Teilung bleibt eine Tochterzelle mit den somatischen Zellen in Berührung und bleibt deshalb Stammzelle, während die andere keinen Kontakt mehr zu ihnen hat und sich zum Ei entwickelt. Mit einer experimentellen Zerstörung der 2–3 Stammzellen durch Laserlicht geht die Möglichkeit der Bildung weiterer Eizellen verloren. Stammzellen kommen nur in relativ geringer Zahl vor. Bei Mäusen z.B. sind im Testis weit unter 1% der Keimzellen tatsächlich Stammzellen.

Gameten müssen sich erkennen, um schließlich fusionieren zu können. Die Zell-Zell-Erkennung (s. 3.2) spielt eine wichtige Rolle, und zwar nicht nur zur Identifizierung der geeigneten Partnerzelle, sondern auch zur Meidung artfremder und gleichgeschlechtiger Gameten. Da die sexuelle Fortpflanzung evolutiv als frühe Errungenschaft der Eukaryoten angesehen wird, könnte das Phänomen Zell-Zell-Erkennung überhaupt zusammen mit ihr aufgetreten sein und sich erst anschließend auch auf andere Bereiche ausgedehnt haben. Für die Fusion der Gametenzellen muß eine besondere Bereitschaft induziert werden, denn normalerweise fusionieren Zellen nicht miteinander. Und die Fusionsbereitschaft sollte unmittelbar nach erfolgter Fusion aufgehoben werden, um Mehrfachbefruchtung, Polyspermie, zu vermeiden. Ein Seeigelei z.B. enthält in der Plasmamembran etwa 10^6 Moleküle eines homotetrameren Rezeptors für Bindin, das bei der Acrosomen-Reaktion der Spermien (s. 13.3) exponiert wird. Dem Kontakt zwischen Eizelle und Spermium folgt unmittelbar eine Depolarisation der Plasmamembran und die Fusion der beiden Zellen. Die Änderung des Membranpotentials ist die schnelle Verhinderung von Polyspermie. Innerhalb der nächsten 30 s beginnt von der Kontaktstelle der Zellen ausgehend eine Erhöhung der internen Ca^{2+}-Konzentration aus zellulären Speichern. IP_3 ist der vermittelnde Bote. Ca^{2+} induziert die Exocytose von cortikalen Granula, wodurch die Oberfläche der Eizelle verändert wird – dies wird auch als langsame Verhinderung der Polyspermie bezeichnet. In Eizellen, die die Meiose bereits abgeschlossen haben, folgt die Verschmelzung der Zellkerne zum Zygotenkern, und die Zelle nimmt den Teilungszyklus wieder auf. Die Eizellen der meisten Vertebraten haben jedoch als Oocyten ovuliert und sind in der Metaphase II der Meiose arretiert. Vor Verschmelzen der Zellkerne und Eintritt in den Zellzyklus wird hier zunächst die Meiose vollendet. An der Aktivierung der Eizelle sind mehrere membranständige und cytoplasmatische Tyr-Protein-Kinasen beteiligt.

In der sich anschließenden Embryonalentwicklung sind von den Nematoden bis zu den Säugern die sog. **homöotischen Gene** (***hox*-Gene**, von Homöobox) von großer Bedeutung, die die Organisation der anterior-posterioren Achse des Embryos kontrollieren. Die Hox-Proteine enthalten eine 61 AS lange homöotische Domäne oder **Homöobox**, die sich als konserviertes DNA-bindendes Motiv erwiesen hat. Hox-Proteine sind Transkriptionsfaktoren. Bei homöotischen Mutanten können bestimmte Körperregionen fehlen oder eine Region in eine andere umgewandelt sein. *hox*-Gene sind geclustert, und ihre Reihenfolge ist colinear mit der Reihenfolge ihrer Expression entlang der anterior-posterioren Achse. Nematoden besitzen ein Cluster von vier Genen, *Drosophila* ein geteiltes Cluster mit acht Genen und Vertebraten vier Cluster mit 39 Genen (Abb. 13-2). Die vier Cluster liegen auf verschiedenen Chromosomen, und bestimmte Gene der Cluster entsprechen einander, sie werden als Paraloge bezeichnet; insgesamt unterscheidet man 13 paraloge Gruppen. Sie zeigen untereinander und zu entsprechenden anderer Arten größere Sequenzähnlichkeiten als Mitglieder des gleichen Clusters. In welcher Weise Hox-Proteine den Bauplan eines Embryos bestimmen, d.h. in welcher Weise ein Transkriptionsfaktor für den Kopfbereich die Transkription anders reguliert als einer für weiter caudal gelegene Regionen, ist nach wie vor ein Rätsel.

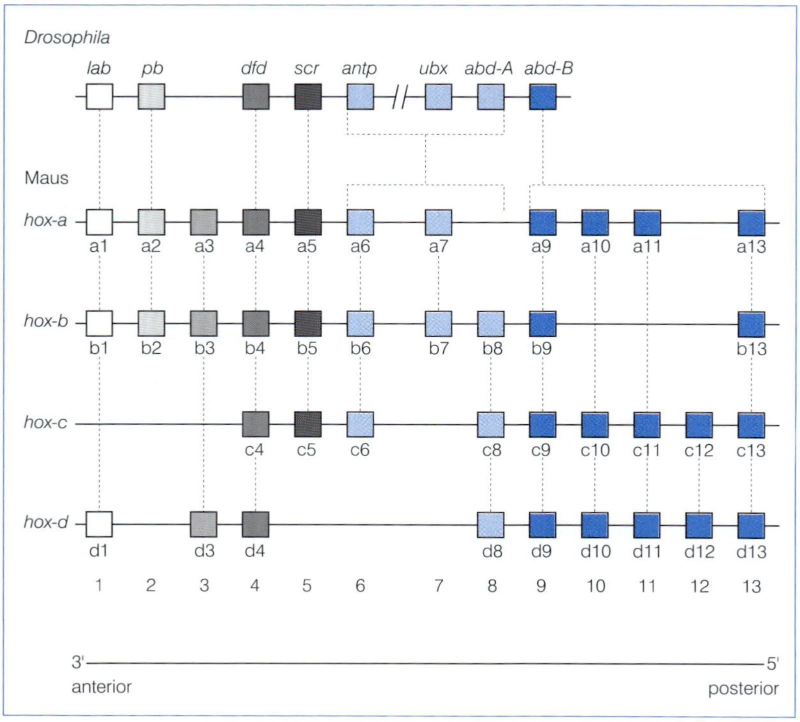

Abb. 13-2: Anordnung der *hox*-Gene in den vier *hox*-Clustern bei der Maus und in den beiden Teil-Clustern *ant-C* (*antennapedia*-Cluster) und *bx-C* (*bithorax*-Cluster) von *Drosophila*, die zwar auf dem gleichen Chromosom 3 liegen, aber entfernt voneinander. Die 13 paralogen Gruppen sind durch punktierte Linien verbunden. Manche Gene von *Drosophila* konnten bestimmten Genen der Maus zugeordnet werden, andere nur gruppenweise, was durch die punktierten Linien und die Farbgebung angedeutet ist. Die Transkription aller *hox*-Gene erfolgt von 5′ nach 3′. Die Gene von *Drosophila* haben die folgenden Namen erhalten: *lab, labial*; *pb, proboscipedia*; *dfd, deformed*; *scr, sex combs reduced*; *antp, antennapedia*; *ubx, ultrabithorax*; *abd-A, abdominal A*; *abd-B, abdominal B*. Ein Defekt in *antp* z. B. hat die Entwicklung eines Beins anstelle einer Antenne zur Folge.

Eine andere Gen-Familie für Transkriptionsfaktoren, die im Zusammenhang mit den Homöobox-Genen entdeckt wurde, ist die der ***pax*-Gene** (von paired box, einer Domäne von 128 AS). Sie sind sehr konserviert von *Drosophila* bis zu den Säuger und stellen wichtige Regulatoren für die Organogenese während der Embryonalentwicklung dar. Von der Maus sind neun Gene, *pax1* bis *pax9* bekannt. Im Gegensatz zu den *hox*-Genen sind die *pax*-Gene im Genom nicht in Clustern organisiert.

Im Prokaryotenreich kommen Gametenbildung und Syngamie nicht vor. Dennoch gibt es bei ihnen Formen der Gen-Übertragung und auch genetische Rekombination. Die bakterielle Konjugation wird durch den Fertilitätsfaktor (F-Faktor, F-Plasmid) ermöglicht; sie ist bei *E. coli* besonders eingehend untersucht worden.

13.1 Lebenszyklus der Hefe

Die Bäckerhefe *Saccharomyces cerevisiae* ist nicht nur für die angewandte Biologie ein höchst interessanter Organismus, sondern auch für die Grundlagenforschung. Als Einzeller mit einer kurzen Generationszeit von etwa zwei Stunden, als Haplodiplont und als Zelle, die sowohl unter aeroben als auch unter anaeroben Bedingungen leben kann, bietet sie alle Voraussetzungen für biochemische, genetische und molekularbiologische Untersuchungen. Zum Modellorganismus ist sie beispielsweise für die Mitochondriengenetik (s. 10.2) und die Zellzyklusanalyse (s. 22.2) geworden. Die Sequenzierung aller ihrer 16 Chromosomen (s. 1.3) hat ihren Interessantheitsgrad für die Wissenschaft noch gesteigert. Auch die Beschäftigung mit dem komplizierten Lebenszyklus der Hefe (Abb. 13-3) hat zu grundlegenden Einsichten in die Mechanismen der Gen-Regulation, der Rekombination und der Signaltransduktion geführt.

Hefen proliferieren durch Knospung; jede Zelle zeigt eine Entstehungsnarbe von ihrer eigenen Abknospung und bis zu 30 Bildungsnarben, je nach Anzahl ihrer Töchter. Als **Haplodiplont** kann die Hefe sich sowohl in der Haplophase als auch in der Diplophase vermehren. Die Haplophase wird durch Meiose, Ascosporenbildung und Auskeimen der Ascosporen eingeleitet, die Diplophase durch Syngamie von a- und α-Zellen, die dann als Gameten fungieren. Die beiden Präfixe a und α bezeichnen die beiden Paarungstypen der Hefe, die durch den Paarungstyp-Locus *MAT* (mating type) auf Chromosom III festgelegt werden. Es gibt demnach drei Zelltypen bei der Hefe: a-Zellen, α-Zellen und a/α-Zellen. **a-Zellen** bilden ein Pheromon, den a-Faktor, und

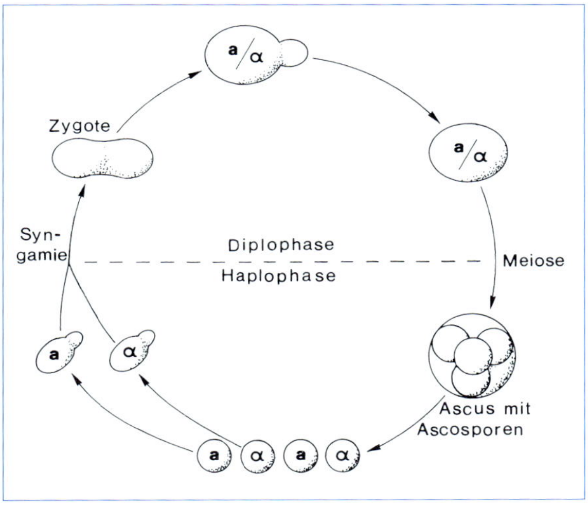

Abb. 13-3: Lebenszyklus von *Saccharomyces cerevisiae*.

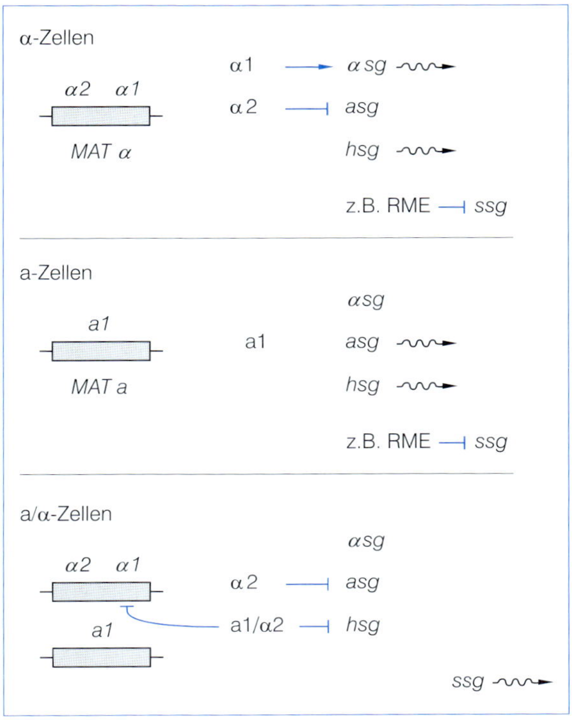

Abb. 13-4: Regulation der Zelltyp-spezifischen Gene der Hefe durch Proteine, die im *MAT*-Locus codiert werden. αsg, α-spezifische Gene; *asg*, a-spezifische Gene; *hsg*, haploidspezifische Gene; *ssg*, spezifische Gene für die Sporulation. RME ist ein Gen-Produkt der *hsg*. Wellenförmige Pfeile bedeuten Transkription, farbige Symbole Aktivierung oder Inaktivierung.

einen Rezeptor Ste2 für den α-Faktor, **α-Zellen** ein anderes Pheromon, den α-Faktor, und den Rezeptor Ste3 für den a-Faktor (s. unten). **a/α-Zellen** synthetisieren weder Pheromone noch entsprechende Rezeptoren, sind aber – allerdings nur unter Hungerbedingungen – zur Sporulation kompetent.

In Hefezellen gibt es a-spezifische Gene (*asg*), α-spezifische Gene (αsg), vom Paarungstyp unabhängige haploidspezifische Gene (*hsg*) und spezifische Gene für die Sporulation (*ssg*), die bei der Ausprägung der Zelltypen eine Rolle spielen (Abb. 13-4). α-Zellen enthalten in ihrem Paarungstyp-Locus *MATα* mit den beiden Genen α1 und α2, a-Zellen *MATa* mit den Genen *a1* und *a2*, wobei nur die Funktion von *a1* bekannt ist. a/α-Zellen besitzen als diploide Zellen beide Allele. Die drei Gen-Produkte α1, α2 und a1 bilden drei regulatorische Proteine. Von diesen aktiviert α1 α-spezifische Gene und hemmt α2 a-spezifische Gene, a1 dagegen hat zunächst keine Funktion, denn a-spezifische Gene werden ebenso konstitutiv exprimiert (deshalb ihre Hemmung in α-Zellen) wie haploidspezifische Gene. Zu den *hsg* gehört beispielsweise *rme*, dessen Gen-Produkt die für die Sporulation einschließlich Meiose spezifischen Gene inhibiert. In der Diplophase bilden a1 und α2 ein regulatorisches Dimer, das α1 und *hsg* reprimiert und damit unter anderem wieder eine Meiose/Sporulation erlaubt.

Das Protein α1 dimerisiert mit einem unspezifischen Transkriptionsfaktor und bindet in dieser Form an DNA. Der Transkriptionsfaktor (Mcm1) enthält als DNA-Bindungsmotiv die MADS-Box (s. 5.7.2), die auch in anderen Transkriptionsfaktoren anzutreffen ist. Das Protein α2 reprimiert ebenfalls in Verbindung mit einem anderen Faktor, während das Dimer a1α2 offenbar direkt wirkt.

Haploide Hefezellen besitzen beide *MAT*-Allele, von denen nur jeweils eines in den MAT-Locus kopiert ist und dort exprimiert wird. Und die Zellen können zwischen der Expression von *MATa* und *MATα* wechseln, d.h. ihren Paarungstyp ändern. Der Paarungstyp-Wechsel ist allerdings nur in einem schmalen Fenster innerhalb der G_1-Phase im Zellzyklus und nur bei Mutterzellen, nicht bei Tochterzellen möglich. D.h. nur in einem Teil der Population ist ein Wechsel des Paarungstyps erlaubt. Dieses Umschalten verläuft über einen nichtreziproken Rekombinationsprozess, bei dem das aktive Allel durch eine Kopie des anderen inaktiven Allels, das anderswo in Chromosom III liegt, ersetzt wird (Abb. 13-5). Entscheidend hierfür ist das *ho*-Gen, das selbst einer komplizierten Regulation unterworfen ist und dessen Gen-Produkt, eine Endonuclease, im *MAT*-Locus (ausschließlich)

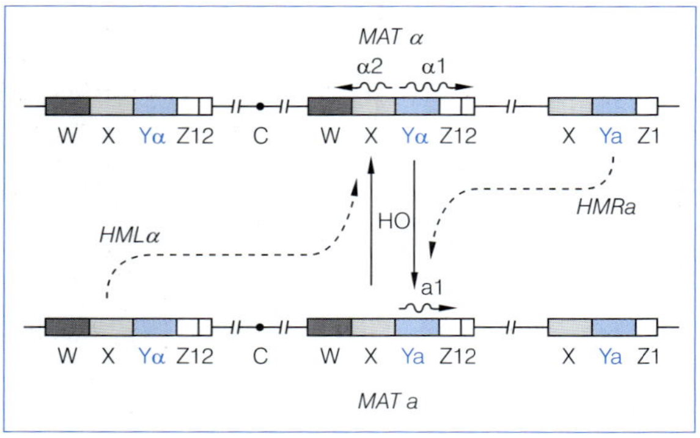

Abb. 13-5: Schema zum Paarungstyp-Wechsel bei der Hefe. Der *MAT*-Locus liegt auf dem rechten Arm von Chromosom III, rechts davon im Abstand von 92 kbp das inaktive a-Allel *HMRa*, auf dem linken Arm im Abstand von 184 kbp das inaktive α-Allel *HMLα*. Die Bereiche W und Z2 kommen in *HMLα* und im *MAT*-Locus vor, die Bereiche X und Z1 in *HMLα*, *MAT*-Locus und *HMRa*, der Bereich Y ist α- bzw. a-spezifisch. HO, Endonuclease; C, Centromer von Chromosom III. Die Endonuclease setzt einen Doppelstrangschnitt in der Z1-Region im *MAT*-Locus, woraufhin die Y-Region abgebaut wird. Die so entstandenen 3'-Enden von Z und X dienen als homologe Primer zum Kopieren des entsprechenden Teils des Donator-Locus. Nach diesem Modell entsteht ein symmetrisches Intermediat, bei dem jeweils ein alter und ein neu synthetisierter Strang kombiniert sind (es gibt auch andere Modelle). Schnitte und Ligationen vervollständigen das Rekombinationsereignis (s. 5.5.5).

an einer bestimmten Stelle einen Doppelstrangschnitt setzt.

Wenn in einer Hefepopulation a- und α-Zellen vorkommen, bilden sie spezielle Signalmoleküle, **Pheromone**, die eine Syngamie zwischen den Zellen induzieren:

- Der **α-Faktor** der α-Zellen ist ein Peptid von 13 AS. Zwei Gene, *mfα1* und *mfα2*, sind dafür zuständig. Es entstehen Prä-Pro-Formen, die eine N-terminale Signalsequenz, eine Region für Glykosylierungen und C-terminal vier bzw. zwei Wiederholungen für den Faktor enthalten. Auf dem Weg durch das Endomembransystem werden die α-Faktoren durch prozessierende Peptidasen ausgeschnitten und danach durch Exocytose exportiert.
- Der **a-Faktor** der a-Zellen ist ein Peptid von 12 AS, bei dem der C-terminale Cys-Rest in Thioetherbindung einen Farnesylrest trägt und eine methylierte Carboxylgruppe aufweist. Die Gene für den a-Faktor, *mfa1* und *mfa2*, liefern kurze Prä-Proteine, die im Cytoplasma prozessiert werden. Der Translokator Ste6, ein Mitglied der ABC-Translokator-Familie, transportiert a-Faktoren durch die Plasmamembran nach außen. (*ste*-Gene verursachen bei Mutation Sterilität.)

Beide Pheromone werden über die Rezeptoren Ste2 bzw. Ste3 in der Plasmamembran der jeweiligen Partnerzelle erkannt, und in beiden Zelltypen läuft die Signaltransduktion im wesentlichen in gleicher Weise ab. Die Rezeptoren besitzen sieben Membrandurchgänge und aktivieren heterotrimere G-Proteine. Im Signalweg sind fünf Protein-Kinasen enthalten. Aktiviert wird durch Phosphorylierung u.a. Ste12, ein Transkriptionsfaktor, der Gene zur Vorbereitung der Syngamie aktiviert. Die Zellen werden in der G_1-Phase arretiert und wachsen aufeinander zu – eine Chemotaxis ist bei Hefen natürlich nicht möglich, die zu überbrückende Distanz durch Wachstum bleibt deshalb nur gering –, was ihnen eine birnenförmige Gestalt verleiht. Bei Kontakt wird die Zellwand an der Kontaktstelle aufgelöst, die Zellen fusionieren, und es findet schließlich Karyogamie statt.

13.2 Oogenese bei *Drosophila*

Genetische und molekularbiologische Arbeiten haben die Entwicklung der Eizelle von *Drosophila* zu einem beispielhaften System werden lassen, um die Festlegung und Kontrolle der Polarität einer Zelle zu studieren.

In den Ovariolen des Ovars entsteht durch unsymmetrische Teilung einer der 2–3 Stammzellen der Keimbahn ein **Cystoblast**. Mitosen mit unvollständiger Cytokinese führen zu einer 16-Zell-Cyste. Sie wird bei ihrer Wanderung durch die Ovariole von etwa 16 somatischen Follikelzellen umgeben, die sich von einer Gruppe somatischer Stammzellen in der Ovariole herleiten. Nur eine der 16 Cystocyten entwickelt sich zur **Oocyte**, die in die Meiose eintritt und in der Prophase I zunächst arretiert wird. Die übrigen 15 Cystocyten wandeln sich zu polyploiden Nährzellen und bleiben mit der Oocyte über Plasmabrücken verbunden. Die Follikelzellen teilen sich, so daß die Oocyte zusammen mit den Nährzellen schließlich von etwa 1000 solcher Zellen umgeben ist (Abb. 13-6). Das vielzellige Gebilde wird auch als Eikammer bezeichnet. Von den Follikelzellen mitbeeinflußt wird bereits zu diesem Zeitpunkt die anterior/posteriore und die dorsoventrale Achse des späteren Embryos in der Oocyte festgelegt. Gegen Ende der Oogenese geben die Nährzellen ihren Inhalt an die Oocyte ab und degenerieren. Die Follikelzellen sezernieren die Eihüllen, Vitellinmembran und Chorion, und degenerieren ebenfalls. Nach der Befruchtung im Ovidukt wird die Meiose im Uterus beendet.

Eine Reihe von mütterlichen Genen, deren

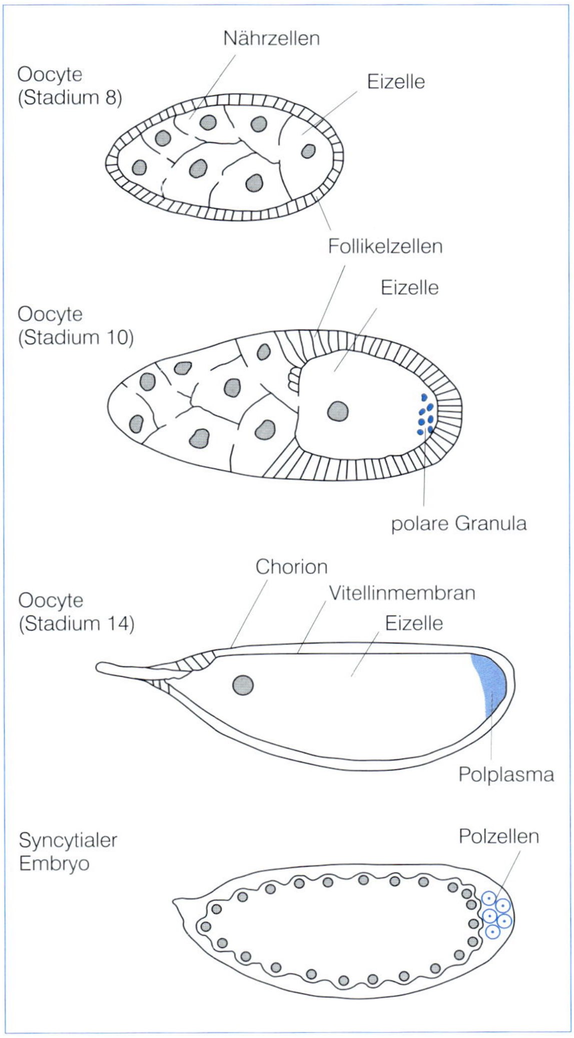

Abb. 13-6: Oogenese und beginnende Embryonalentwicklung bei *Drosophila*. Drei Stadien der Oocyten-Entwicklung und der syncytiale Embryo sind dargestellt. Anterior ist links, dorsal oben in der Zeichnung. Weitere Erklärung s. Text. (Nach C. Rongo und R. Lehmann)

Gen-Produkte für die Oogenese und spätere Embryogenese von Bedeutung sind, werden in den Nährzellen transkribiert. Die Gen-Produkte werden auch als **Morphogene** bezeichnet, sie sind häufig Transkriptionsfaktoren. Die mRNAs gelangen über die plasmatischen Verbindungen in die Oocyte und verteilen sich dort gleichmäßig oder werden am anterioren oder posterioren Pol konzentriert. Für diese Konzentrierung enthalten sie in der 3′-untranslatierten Region eine Lokalisationssequenz. Den gerichteten Transport übernehmen offenbar Motorproteine entlang an cytoskelettalen Mikrotubuli. Auf diese Weise entstehen in der Zelle Gradienten von mRNAs/Proteinen, die die ersten Anzeichen für die Festlegung der anterior/posterioren Achse darstellen. Für die Bildung des posterioren **Polplasmas** (Keimplasmas), aus dem die Polzellen (Primordialzellen der Keimbahn) hervorgehen, sind bisher 12 Gene identifiziert worden. Eine besondere Rolle spielt das Gen *oskar*, dessen mRNA am posterioren Pol akkumuliert wird. Die Lokalisierung der *oskar* mRNA bzw. des Proteins Oskar in der Oocyte bestimmt den Ort für die Bildung des Keimplasmas. Wird die Lokalisationssequenz in der *oskar* mRNA gegen eine andere ausgetauscht, z. B. gegen die der *bicoid* mRNA (s. unten), die eine Akkumulierung im anterioren Pol bestimmt, bildet sich das Keimplasma ektopisch am anterioren Pol. Mit dem Erscheinen von Oskar im posterioren Pol entstehen die sog. polaren Granula, typische Bestandteile des Keimplasmas.

Andere mütterliche Gene, deren mRNAs bereits in der Oocyte akkumulieren, sind beispielsweise *nanos*, *bicoid*, *hunchback*, *pumilio* oder *dorsal*. Sie werden erst nach Befruchtung während der Embryonalentwicklung translatiert und nehmen im embryonalen Syncytium ihre Funktionen wahr, *dorsal* z. B. ist für die ventralen Strukturen des Embryos mitverantwortlich. Für die Lokalisierung der *nanos* mRNA am posterioren Pol ist Oskar zuständig. Die *bicoid* mRNA dagegen befindet sich im anterioren Pol, während die mRNAs von *hunchbak*, *pumilio* und *dorsal* im Cytoplasma gleichmäßig verteilt sind. Trotzdem wird man später kein Hunchback am posterioren Pol finden; Nanos in Verbindung mit Pumilio hemmt die Translation der *hunchback* mRNA. Dies ist eine andere Art, in einer Zelle bzw. im embryonalen Syncytium einen Gradienten eines regulatorischen Proteins aufzubauen. Nach der Befruchtung sind auch zygotische Gene an der jetzt wirklich einsetzenden Embryonalentwicklung beteiligt.

Nach der Befruchtung und nach Verschmelzen des mütterlichen und väterlichen Vorkerns beginnt die Embryonalentwicklung. Die ersten 13 Kernteilungen erfolgen sehr rasch, in einem Abstand von etwa zehn Minuten. Es entsteht das **syncytiale Blastoderm**. Mit der zehnten Teilung erreichen 8–10 Zellkerne den posterioren Pol und knospen, umgeben vom Polplasma, als Polzellen ab. Sie sind die ersten Zellen, die während der Embryonalentwicklung von *Drosophila* entstehen, aus ihnen gehen die etwa 40 primordialen Zellen der Keimbahn hervor. Die übrigen Kerne des Syncytiums umgeben sich erst nach der 13. Mitose mit einer Zellmembran.

13.3 Gameten des Seeigels

Seeigel-Gameten sind schon seit langem bevorzugte Objekte für Untersuchungen von Zell-Zell-Interaktionen beim Befruchtungsvorgang. Die Eier können unter kontrollierten Bedingungen in artifiziellem Seewasser befruchtet werden, und eine Injektion von KCl in das Coelom der Tiere setzt bis zu 10^7 Eizellen und bis zu 10^{12} Spermatozoen frei. Eine Art von der Westküste Nordamerikas, *Strongylocentrotus purpuratus*, ist besonders eingehend untersucht worden.

Die Spermatozoen enthalten in ihrem etwa 4 µm langen Kopfteil den Zellkern, in dessen vorderer Einbuchtung eine Ansammlung von G-Actin und davor das sog. Acrosom, ein Exocytosevesikel, liegen. In der hinteren Einbuchtung des Zellkerns befindet sich ein Centriolenpaar, dem sich ein großes Mitochondrion anschließt. Der Schwanz oder die Geißel der Spermatozoen ist etwa 50 µm lang. Wenn Spermien in Seewasser entlassen werden, beginnen ihre Geißeln sofort zu schlagen. Dies ist die Folge einer Erhöhung des pH-Werts von etwa 7,0 auf 7,6 durch einen Na^+/H^+-Translokator in der Plasmamembran. In Na^+-freien Wasser sind die Zellen unbeweglich, gewinnen ihre Beweglichkeit jedoch bei Zugabe von Na^+ zurück. Das notwendige ATP für die Dyneine, die Motorproteine in der Geißel, wird durch Veratmung von Fettsäuren bereitgestellt. Spermatozoen besitzen nur wenig Nahrungsreserven und leben nur wenige Stunden.

Spermatozoen werden von Eizellen chemotaktisch durch kleine Peptide angelockt, durch Speract bei *S. purpuratus* und durch Resact bei *Arbacia punctata*. Entsprechende Rezeptoren in der Plasmamembran der Spermatozoen vermitteln über cGMP und Protein-Kinasen eine veränderte Motilität. Im Gegensatz zum Speract-Rezeptor ist der Resac-Rezeptor selbst eine Guanylat-Cyclase.

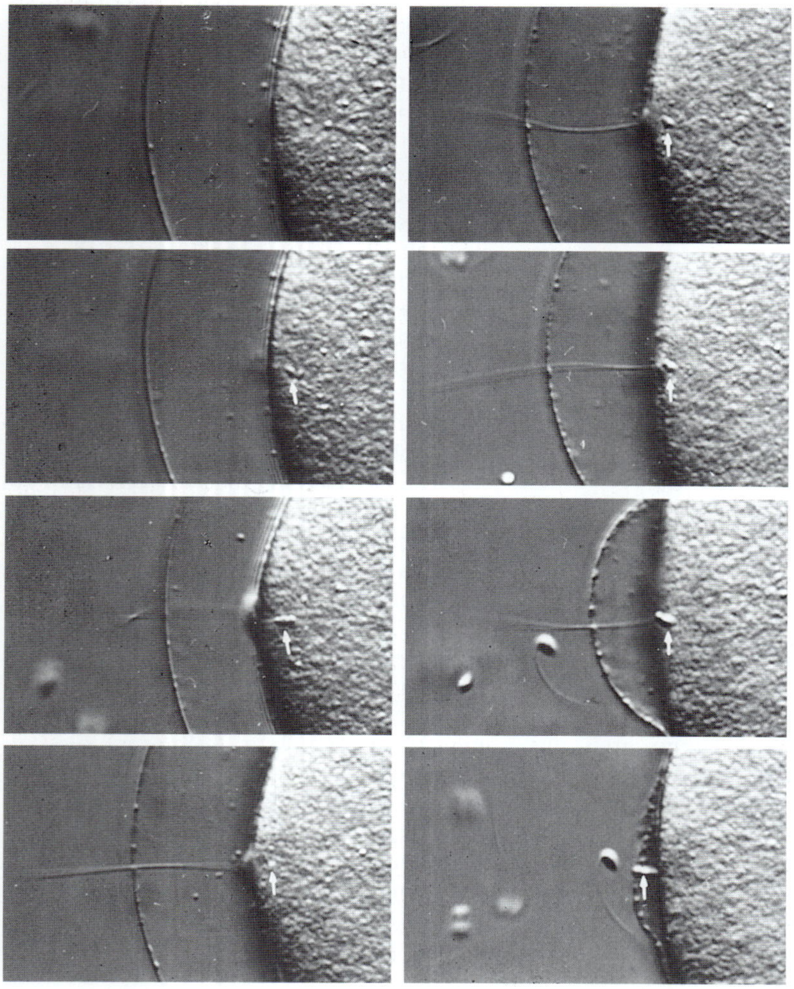

Abb. 13-7: Befruchtung und Abheben der Befruchtungsmembran beim Seeigelei. Das Spermatozoon ist mit einem Pfeil markiert. Zeitspanne von links oben nach rechts unten etwa 60 s. (Interferenzkontrast-Aufnahme: Y. Hiramoto)

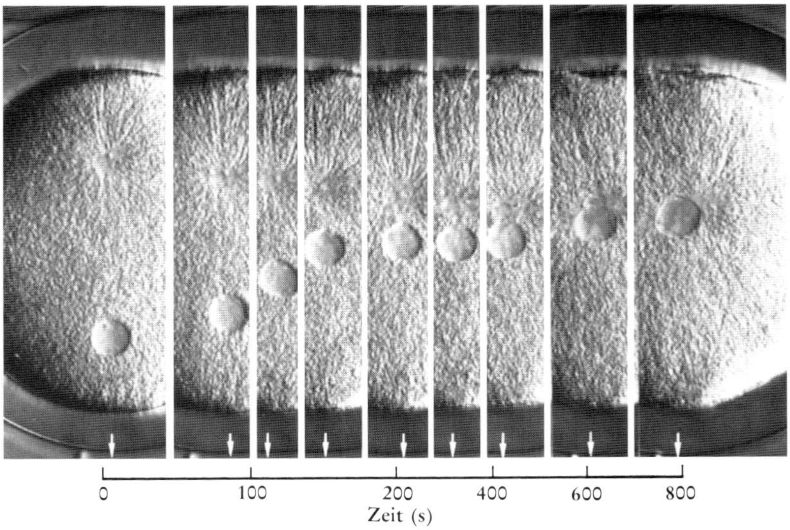

Abb. 13-8: Aster um den männlichen Vorkern (oben) und Fusion der Vorkerne beim Seeigel. Der vom Centriol des Spermatozoons ausgehende Aster aus Mikrotubuli leitet offenbar als Skelettstruktur die Kerne zueinander. (Interferenzkontrast-Aufnahme: Y. Hiramoto)

Die Eizellen von Seeigeln sind mit einem Durchmesser von 100–160 µm wesentlich größer als die Spermatozoen. Der Plasmamembran außen aufgelagert ist eine knapp 1 µm dicke Vitellinschicht und eine etwa 30 µm dicke Gallertschicht. Wenn ein Spermatozoon die Gallertschicht einer Eizelle erreicht, wird die **Acrosomen-Reaktion** ausgelöst. Verantwortliche Faktoren dafür sind zwei Glykoproteine von 82 und 138 kDa der Eihülle. Es kommt zunächst zu einer Depolarisation der Membran und zu einer Erhöhung der Ca^{2+}-Konzentration im Cytoplasma des Spermatozoons. Verapamil, ein Inhibitor spannungsabhängiger Ca^{2+}-Kanäle (s. 14.2), verhindert die Acrosomen-Reaktion. Sie besteht in der Ca^{2+}-abhängigen Exocytose des Acrosomvesikels und der Polymerisation von G-Actin. Dadurch wird das artspezifische Protein **Bindin** der Vesikelmembran an der Zellspitze exponiert und die Zellspitze selbst durch die Actinfilamente dornartig verlängert. Die Art der Verankerung von Bindin in der Membran ist unklar; es ist ein Protein von etwa 18 kDa ohne hydrophobe Helix. Bindin wird vom **Spermatozoen-Rezeptor** in der Plasmamembran der Eizelle gebunden. Das membranintegrale Glykoprotein ist eine neue Art von Zellerkennungsprotein, es besitzt eine hydrophobe Helix und bildet Homotetramere.

Dem Membrankontakt zwischen Eizelle und Spermatozoon folgt unmittelbar eine Depolarisation der Eizellmembran und die Fusion der beiden Membranen (s. oben). Außerdem setzt eine Erhöhung der Ca^{2+}-Konzentration in der Eizelle ein und die synchrone Ausschüttung der etwa 15 000 Cortikalgranula. Diese Granula enthalten eine ganze Reihe von Komponenten, die ein Abheben der Vitellinschicht von der Plasmamembran und ihre Umwandlung in eine enzymatisch und chemisch resistente sog. Befruchtungsmembran bewirken (Abb. 13-7). Bindin wird durch eine Proteinase abgebaut, eine Ovoperoxidase vernetzt Tyr-Reste benachbarter Proteine. Wenige Minuten nach der Zellfusion ist die Schutzhülle fertig ausgebildet, innerhalb der die Furchungsteilungen bis zum Blastulastadium ablaufen. Erst dann wird sie durch ein besonderes Enzym abgebaut. Die Blastula-Larve ist bewimpert – alle Blastulazellen tragen eine Geißel – und damit frei beweglich.

Die Depolarisation der Plasmamembran der Eizelle ist ein erster Schutz gegen Polyspermie, der durch die Bildung der Befruchtungsmembran noch verstärkt wird.

Der erste meßbare Effekt der Eiaktivierung durch das Spermatozoon ist neben der Depolarisation der Plasmamembran die von der Kontaktstelle der Zellen ausgehende Welle von erhöhter Ca^{2+}-Konzentration. Das Centriol des Spermatozoons spielt eine wichtige Rolle, denn die Eizelle hat ihre Centriolen während der meiotischen Teilungen verloren. Um den männlichen Vorkern bildet sich zunächst ein Aster (Sperm-Aster) aus Mikrotubuli (Abb. 13-8). Die beiden haploiden Zellkerne (Vorkerne) verschmelzen wenige Minuten nach Fusion der Zellen. Damit ist der Befruchtungsvorgang abgeschlossen, es ist eine Zygote entstanden, und die Furchungsteilungen setzen ein.

13.4 Syngamie bei höheren Pflanzen

Im Pflanzenreich gibt es eine große Fülle der Erscheinungsformen von Gameten und Syngamie. Höhere Pflanzen zeigen in ihrem generativen System die Besonderheit eines Generationswechsels, bei dem von einem diploiden **Sporophyten** haploide Sporen gebildet werden, aus denen sich sehr reduzierte haploide **Gametophyten** entwickeln, die ihrerseits haploide Gameten entstehen lassen. Eine Keimbahn wie bei der Embryonalentwicklung der Tiere wird dabei nicht angelegt. Männliche und weibliche Sporen, Gametophyten und Gameten entstehen in den Blüten, die männlichen im sporogenen Gewebe (Archespor) der Staubblätter, die weiblichen im Nucellus des/der Fruchtblätter, die zu einem Fruchtknoten verwachsen sind. Die generativen Zellen und Gewebe sind von vegetativen eingeschlossen und für den Experimentator schwer zugänglich. Eine weitere Besonderheit ist die Bestäubung, d.h. die Übertragung der Mikrosporen

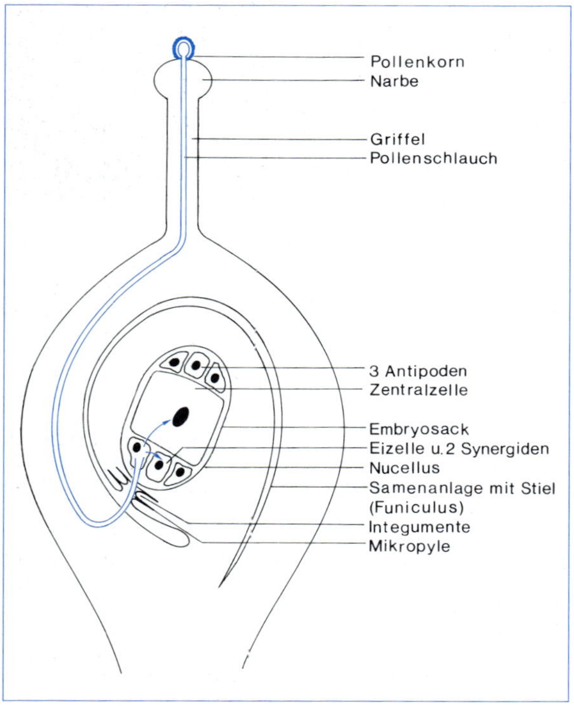

Abb. 13-9: Weiblicher Gametophyt (Embryosack) und Samenanlage einer Blütenpflanze. Schematischer Längsschnitt durch einen Fruchtknoten (nicht maßstabsgetreu), nur die Zellen des Embryosacks sind als solche dargestellt. Pollenkorn und Pollenschlauch sind farbig gezeichnet. Die beiden Pfeile zeigen den Weg der beiden (nicht eingezeichneten) Spermienzellen bzw. -kerne an.

(Pollenkörner) auf die Narbe des Fruchtknotens durch Wind, Wasser oder Tiere als Voraussetzung für eine Syngamie. Charakteristisch ist schließlich auch die **Doppelbefruchtung**, indem eine der beiden männlichen Gametenzellen (Spermien) aus dem Pollenkorn bzw. Pollenschlauch mit der Eizelle zur Zygote fusioniert, die zweite mit der meist diploiden Zentralzelle des Embryosacks (des weiblichen Gametophyten) zur triploiden primären Endospermzelle.

Die haploiden **Mikrosporen** (Pollenkörner) gehen aus der meiotischen Teilung von diploiden Mikrosporocyten im Archespor der Antheren hervor. Umgebende Tapetumzellen liefern Reservestoffe für die Gametophytenentwicklung und die Pollenkeimung sowie Material für die besonders strukturierte Pollenzellwand. In den Mikrosporen setzt eine erste haploide Mitose ein, die unsymmetrisch verläuft und zu einer großen vegetativen und einer kleinen generativen Zelle führt, wobei die generative Zelle zunächst in einer Einbuchtung der vegetativen Zelle und schließlich in einem Vesikel eingeschlossen innerhalb der vegetativen Zelle liegt. Die generative Zelle macht eine weitere haploide Mitose durch, bei Monocotyledonen noch in der Anthere, bei Dicotyledonen erst nach Freiwerden des Pollenkorns während seiner Auskeimung auf dem Stigma (Narbe) eines Fruchtknotens. Der männliche Gametophyt besteht insgesamt aus drei Zellen. 10–20% der mRNA, die der aktive vegetative Zellkern produziert, ist pollen- oder haploidspezifisch.

Die haploiden **Megasporen** entstehen aus der meiotischen Teilung meist nur eines Megasporocyten im Archespor des Nucellus in der Samenanlage (Abb. 13-9). Von den vier Megasporen werden drei durch Apoptose eliminiert. Die überlebende macht typischerweise drei Runden von Mitosen durch, und während dieser Megagametogenese bildet sich der **Embryosack** mit acht Zellkernen, die auf sieben Zellen verteilt sind: Drei sog. Antipoden, eine große Zentralzelle mit zwei Kernen, die zum diploiden sekundären Embryosackkern verschmelzen, sowie die Eizelle mit ihren beiden Synergiden, die bei der Verteilung der beiden Spermienkerne bei der doppelten Befruchtung beteiligt sind. Der weibliche Gametophyt, der Embryosack, besteht demnach aus sieben Zellen. Er ist umgeben von sporophytischem Gewebe, zwei sog. Integumenten, die eine Öffnung, die Mikropyle, freilassen, durch die der Pollenschlauch einwachsen wird. Verschiedene Gene konnten identifiziert werden, die diese Entwicklung kontrollieren. Es handelt sich dabei meist um Gene für Transkriptionsfaktoren, die häufig eine MADS-Box tragen (s.

5.7.1). Mutanten von *Arabidopsis* betreffen meist das sporophytische Gewebe. Gene für weitere Transkriptionsfaktoren sind *aintegumenta* oder *bell*, das eine Homöobox-Domäne enthält; sie beeinflussen beide die Tegumententwicklung.

Pollenkörner quellen und keimen auf dem Stigma des Fruchtknotens und wachsen durch das zentrale Leitgewebe des Stylums (Griffels) bis zum Embryosack. Hierbei spielen Phänomene der Zell-Zell-Erkennung eine entscheidende Rolle, und verschiedene Glykoproteine der Zellwände werden damit in Zusammenhang gebracht. Bei manchen Pflanzen ist das Flavonoid Kaempferol für Keimung und Wachstum des Pollenschlauchs notwendig; Mutationen im Biosyntheseweg dieser Verbindung machen die Pflanzen selbststeril. Bei *Arabidopsis* jedoch ist Kaempferol nicht notwendig. Es gibt zahlreiche Mechanismen, um inkompatible Pollenkörner zu inhibieren und damit Befruchtung durch fremde Arten oder Selbstbefruchtung selbstinkompatibler Pflanzen zu verhindern (s. unten). Die Erkennung beginnt auf dem Stigma, bei trockenem Stigma wird Feuchtigkeit zur Quellung des Pollens aktiv sezerniert. Der auswachsende **Pollenschlauch** zeigt Spitzenwachstum, die Wachstumsgeschwindigkeit kann bis zu 35 mm pro h erreichen. Zellkern und Cytoplasma der vegetativen Zelle sowie die beiden Spermienzellen wandern mit der Pollenschlauchspitze. In regelmäßigen Abständen wird hinter der plasmatischen Region der zurückliegende Schlauch mit einer Callosewand abgedichtet. Dieses Wachstum wurde als eine Art Zellbewegung beschrieben, bei der das wandernde Cytoplasma Wandmaterial hinter sich zurückläßt. Der Metabolit- und Energiebedarf des wachsenden Pollenschlauchs ist groß und wird durch das leitende Gewebe des Stylums gedeckt.

Der Pollenschlauch führt die beiden in ihm enthaltenen Spermienzellen und seinen eigenen Zellkern schließlich durch die Mikropyle zum Embryosack. Dort entläßt er die beiden Spermienzellen, wobei die Synergiden beteiligt sind und anschließend degenerieren. Eine Spermienzelle fusioniert mit der Eizelle, es entsteht die Zygote. Die andere fusioniert mit der meist bereits diploiden Zentralzelle zur triploiden primären Endospermzelle. Nach dieser **Doppelbefruchtung** entwickelt sich die Zygote zum Embryo, die Endospermzelle zu einem Nährgewebe. Der Pollenschlauch legt insgesamt – je nach Pflanze – einen Weg von mehreren Millimetern bis mehreren Zentimetern zurück. Der gesamte Vorgang der Pollinierung benötigt bei *Brassica* beispielsweise nur wenige Stunden, kann aber bei Orchideen auch mehrere Monate dauern.

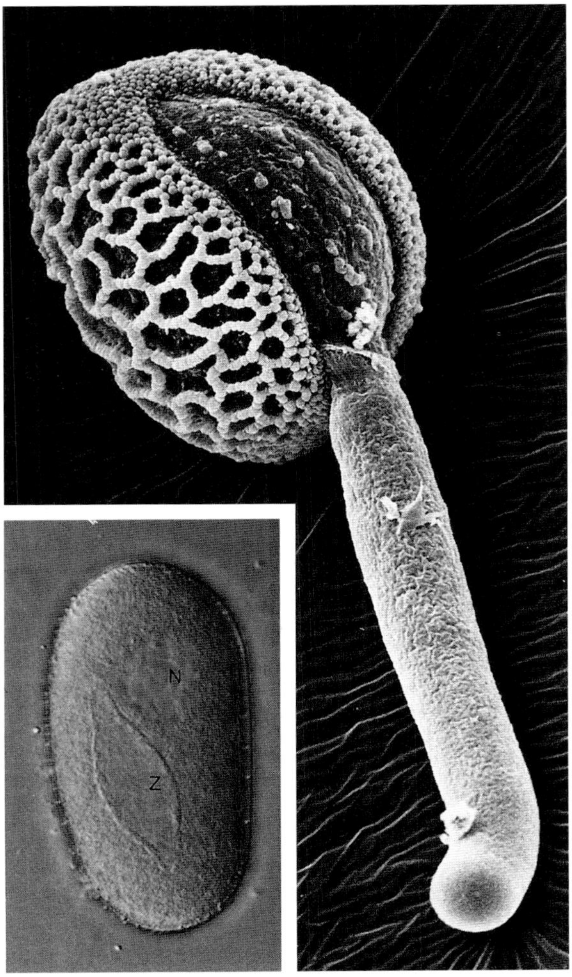

Abb. 13-10: Keimendes Pollenkorn mit Pollenschlauch von *Lilium longiflorum*. Die Struktur der aufgerissenen Exine ist schön zu sehen. Einsatzbild: Junges Pollenkorn mit vegetativem Zellkern und generativer Zelle (Z) von *Amaryllis* sp.. (Raster-EM- und Interferenzkontrast-Aufnahme: W. Herth)

Unter bestimmten experimentellen Bedingungen läßt sich bei Mikrosporen eine Embryogenese, als **Pollen-Embryogenese** (Androgenese) bezeichnet, induzieren. Diese Form der Herstellung von haploiden Pflanzen ist für zahlreiche Pflanzenarten gelungen und für züchterische Zwecke von großem Wert. Zunächst wurden ganze Antheren in Kultur gehalten, an denen sich dann haploide Embryoide entwickelten. Die erste solche Kultur gelang S. Guha und S.C. Maheshwari 1964 mit *Datura innoxia*. Unterdessen ist auch die Embryogenese aus isolierten Mikrosporen möglich. Die erste Zellteilung in der Mikrospore kann dabei inäqual sein wie normalerweise auch; danach können sich entweder die vegetative Zelle oder die generativen Zellen zum Embryoid entwickeln. Eine erste äquale Teilung ist ebenfalls beschrieben worden, wonach dann beide Tochterzellen zum Embryoid beitragen.

Selbst-Inkompatibilität (SI) ist bei Pflanzen verbreitet. Sie steht meist unter der Kontrolle eines multiallelischen S-Locus. SI erlaubt eine Keimung des Pollens und ein

Wachstum des Pollenschlauchs auf einem Stigma nicht, wenn gleiche Allele exprimiert werden. Es gibt zwei genetisch unterschiedliche Formen von SI: Wird sie durch das eigene haploide Genom des Pollens bestimmt, spricht man von GSI (Gametophyten-SI); wird sie durch das diploide parentale Genom festgelegt, nennt man sie SSI (Sporophyten-SI). Bei *Brassica* – die Brassicaceen zeigen SSI – ist der Locus mehrere hundert kbp groß und enthält mehrere, z.T. hoch polymorphe Gene, die perfekt mit dem SI-Phenotyp cosegregieren. Ein Funktionieren des Systems ist nur bei Zusammenhalt des Gen-Komplexes als genetische Einheit gewährleistet. Polymorphe Gene codieren für ein Glykoprotein der Wand (SLG) und eine membrangebundene Rezeptor-Kinase vom Ser/Thr-Typ (SRK). SLG ist der extrazellulären Domäne von SRK sehr homolog. Der Ligand an der Oberfläche des Pollenkorns, der von den Tapetumzellen herstammen muß, ist noch nicht identifiziert. Bei Pflanzen mit GSI wurde ein S-assoziiertes und von den Stigmazellen exprimiertes extrazelluläres Glykoprotein mit RNase-Aktivität entdeckt. Inwieweit diese RNase inkompatible Pollen schädigen könnte, ist noch nicht bekannt.

Eine **Pollensterilität**, die bei Pflanzen auftreten kann und sich in einer Hemmung der Pollenreifung äußert, wird durch Mutation mitochondrialer Gene verursacht (s. 10.2.3).

Eine **In-vitro-Fertilisierung** ist bei höheren Pflanzen schwer vorstellbar, da Spermienzellen aus dem Pollenschlauch und Eizellen aus dem Embryosack im Nucellus isoliert werden müßten. In letzter Zeit ist es jedoch z.B. beim Mais gelungen, Gametenzellen mechanisch zu isolieren, zu fusionieren (Elektrofusion, s. 2.8) und die Zygote zu einer fertilen Pflanze heranwachsen zu lassen. Unter geeigneten Bedingungen kommt die Zygote ohne Endospermzelle und andere Zellen aus und geht auch nicht den Umweg über einen Kallus, sondern entwickelt sich direkt zu einem Embryo. Dies ermöglicht die Erforschung von frühen Vorgängen bei Befruchtung und Embryonalentwicklung bei Pflanzen, hat aber natürlich auch für die angewandte Forschung interessante Aspekte.

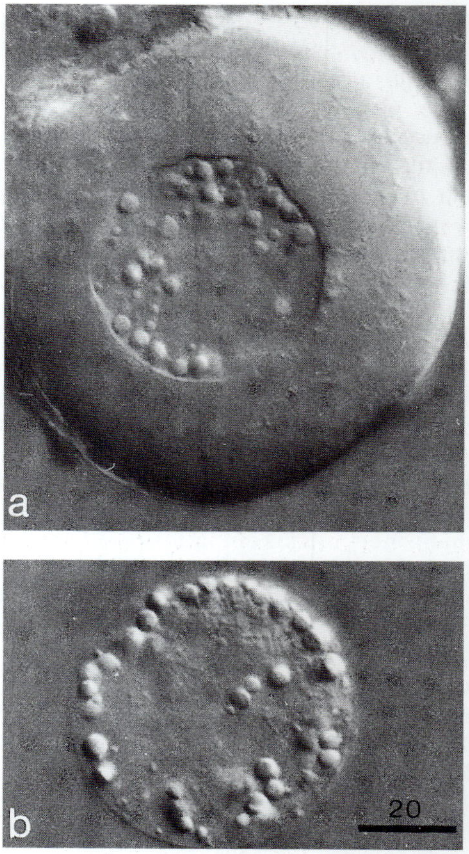

Abb. 13-11: (**a**) Oocyte von *Xenopus laevis*. In dem großen Zellkern – dem „Keimbläschen" nach I. E. Purkinje, 1825 – sind zahlreiche Extranucleolen zu erkennen. (**b**) Isolierter Zellkern mit Extranucleolen. (Interferenzkontrast-Aufnahmen: E. M. del Pino et al. [1986] Differentiation 32, 24; mit Genehmigung)

13.5 Amphibien-Oocyten

Vertebraten, mit Ausnahme der Säuger, bilden im allg. voluminöse Eizellen, was auf die Einlagerung großer Mengen von Dotterproteinen zurückzuführen ist. Gut studiert ist die Oogenese bei den Amphibien. Bevorzugtes Untersuchungsobjekt ist der südafrikanische Krallenfrosch *Xenopus laevis*, eine Kröte, die leicht in Gefangenschaft gehalten und jederzeit durch Gabe von gonadotropen Hormonen zur Bildung reifer Oocyten angeregt werden kann. (Eine solche Stimulation durch humanes Choriongonadotropin war lange Zeit Grundlage eines Schwangerschaftstests.)

Die **Oogenese** bei *Xenopus* und anderen Amphibien ist durch eine starke Wachstums- und Synthesephase während der Prophase der ersten meiotischen Teilung gekennzeichnet, die sich über mehrere Monate erstrecken kann. Nach der prämeiotischen S-Phase des Zellzyklus hat die Zelle einen Durchmesser von 50 µm. Im Verlauf von Leptotän, Zygotän und Pachytän kommt es zu einer Vermehrung der rRNA-Gene von etwa 1600 im jetzt tetraploiden Zustand auf etwa $2 \cdot 10^6$. Es findet also eine **Gen-Amplifikation** statt. Die amplifizierten Gene werden in Form ringförmiger DNA-Moleküle von durchschnittlich 200 µm Länge abgegliedert und in ca. 1000 Nucleolen konzentriert. Im großen Oocytenkern sind diese Extranucleolen lichtmikroskopisch gut zu erkennen (Abb. 13-11).

Zu Beginn des Diplotäns besitzen Oocyten einen Durchmesser von 300 µm. Die kondensierten Chromosomen werden aufgelockert und erscheinen als sog. **Lampenbürstenchromosomen**. Diese sind morphologischer Ausdruck einer intensiven Transkription. Lampenbürstenchromosomen stellen Bivalente dar, d.h. homologe Chromosomenpaare mit meist zahlreichen Chiasmata (Abb. 13-12). Die Achse eines jeden einzelnen Chromosoms besteht aus zwei DNA-Molekülen, ein Molekül also für jede Chromatide. An den Chromomeren, lokalen Kondensationen der Chromatiden, nehmen paarige schleifenartige Strukturen ihren Ausgang. Die Achse jeder Schleife bildet eines der beiden DNA-Moleküle, das mit RNA-Polymerase und Transkriptionsprodukten dicht bepackt und daher auch im Lichtmikroskop sichtbar ist. Es werden zahlreiche Gene transkribiert, darunter auch die Gene für ribosomale Proteine und für die 5S rRNA sowie insbesondere für Enzyme und Faktoren der DNA-Replikation und Transkription und für Histone, deren Mengen schließlich bis zum Hunderttausendfachen über denen in normalen Körperzellen liegen. Entsprechend werden auch die Mitochondrien vermehrt. Die (im tetraploiden Zustand) etwa 100 000 Gene für die 5S rRNA sind nicht mit den übrigen rRNA-Genen amplifiziert worden und liegen nicht in den Nucleolen. Etwas später im Diplotän setzt auch die Synthese der übrigen rRNAs (5,8S, 18S, 28S) an den amplifizierten Genen und die Bildung von Ribosomen ein. In Spreitungspräparaten erscheinen die rRNA-Gene während der Transkription als Tannenbaumstrukturen (s. 5.7). Die seitlichen Äste stellen die bereits mit Protein komplexierten rRNA-Moleküle zunehmender Länge dar. Die Gene sind hintereinander angeordnet und durch nichttranskribierte Bereiche, sog. Spacer, getrennt. In einer Eizelle ist schließlich die enorme Menge von ca. 10^{12} Ribosomen im Cytoplasma enthalten (in der Leberzelle, einer ausgesprochen transkriptionsaktiven Zelle, sind es „nur" 10^{7}). Aus dieser Zahl 10^{12} und der zur Verfügung stehenden Zeit von einigen Monaten läßt sich eine Bildungsrate von $3 \cdot 10^{5}$ Ribosomen pro s errechnen. Dies verdeutlicht die fast unglaublichen Syntheseleistungen in diesen Zellen. Die Amplifikation der rRNA-Gene (5,8S, 18S, 28S) läßt sich in diesem Zusammenhang verstehen. Sie stellt eine Art Verstärkungsmechanismus dar, denn die erforderliche rRNA-Synthese an den chromosomalen Genen allein würde viele Jahre in Anspruch nehmen. Bei den ribosomalen Proteinen dagegen ist eine Verstärkung durch die zwischengeschalteten mRNAs gegeben, und für die Bildung der 5S rRNA reicht die große Zahl

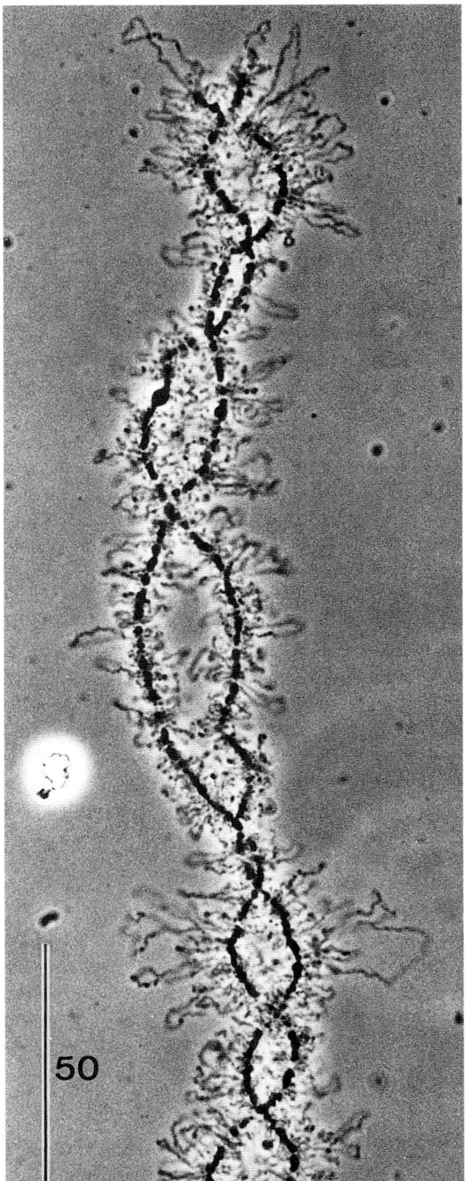

a

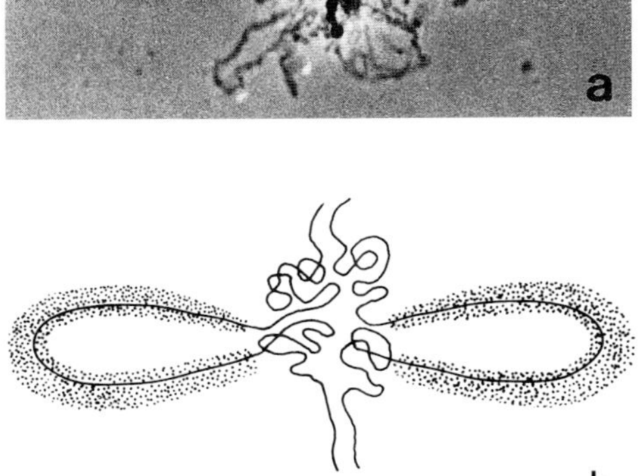

b

Abb. 13-12: Lampenbürstenchromosom vom Rippenmolch, *Pleurodeles waltlii.* (**a**) Bivalent mit zahlreichen Chiasmata. (Phasenkontrast-Aufnahme: U. Scheer) (**b**) Zeichnerische Darstellung eines Chromomers im Lampenbürstenchromosom. Die beiden Schleifen, die jeweils von einem DNA-Molekül gebildet werden, sind mit RNA-Polymerase und Transkriptionsprodukten bepackt. ▶

der vorhandenen Gene offenbar ohne zusätzliche Verstärkung aus. Im Diplotän wird auch Dotterprotein von Oocyten durch rezeptorvermittelte Endocytose aufgenommen.

Die **Vitellogenese**, die Bildung des Dotters, findet nach Stimulation durch Östradiol wie bei allen oviparen Vertebraten in der Leber statt. Der Dotter wird als Vorstufe Vitellogenin in das Blut sezerniert und von Oocyten endocytiert. Nach der Aufnahme wird Vitellogenin in mehrere Fragmente gespalten, darunter in das phosphatreiche Phosvitin und zwei hydrophobe Lipovitelline. In dieser Form verbleiben die Dotterproteine innerhalb der Endocytosevesikel in einer Art kristallinen Struktur bis zur Verwendung während der Embryonalentwicklung. Oocyten werden durch die Anhäufung des Dottermaterials, das bis zu 80% des Gesamtproteins der Zelle ausmachen kann, allmählich opak.

Während der Oogenese wird auch bereits die **animal/vegetative Achse** des späteren Embryos angelegt. Sie entspricht der anterior/posterioren Achse im *Drosophila*-Ei und wird in ähnlicher Weise durch Ungleichverteilung mütterlicher mRNAs bestimmt. Wenigstens zwei unterschiedliche Transportmechanismen sind dafür zuständig, an denen sich offenbar auch Mitochondrien, ER und Cytoskelettelemente beteiligen. Beispielsweise wird die mRNA für Vg1 und Vg1 selbst, ein Mitglied der TGF-β-Familie, auf die vegetative Hemisphäre beschränkt. Vg1 ist später an der Kontrolle der dorsoventralen Achse beteiligt.

Am Ende des Diplotäns haben Oocyten einen Durchmesser von ca. 1 mm. Ihr animaler Pol wird durch Akkumulation von Pigment schwarz, und ein äquatoriales Band trennt den animalen Pol von der vegetativen Region (Abb. 13-13). Oocyten sind von einer Vitellinschicht umgeben. Die amplifizierte rDNA unterliegt einem Abbau, und es setzt eine Ruhepause ein. Diese kann Monate oder Jahre anhalten, bis sich nach hormoneller Stimulation die Meiose bis zur zweiten meiotischen Teilung fortsetzt. In diesem Stadium wird das Ei abgelegt und befruchtet.

Es stellt sich die Frage, warum im Amphibien-Oocyten so sehr viel Vorrat angelegt wird; denn nicht nur Dotterprotein und Ribosomen werden akkumuliert. Die Erklärung liegt in der Zellteilungsrate nach der Befruchtung des Eies. Die Furchungsteilungen setzen ca. 90 min nach der Befruchtung ein und verlaufen synchron alle 35 min über 11 und mehr Zyklen. Dies bedeutet, daß innerhalb von 8 h 4000 Zellen entstanden sind, in einer Zeitspanne also, in der ein „normaler" eukaryotischer Zellzyklus noch nicht einmal zur Hälfte durchlaufen ist. Eine solche Teilungsrate entspricht der von Bakterienzellen unter optimalen Wachstumsbedingungen. Nur enthält jedes Chromosom in einem eukaryotischen

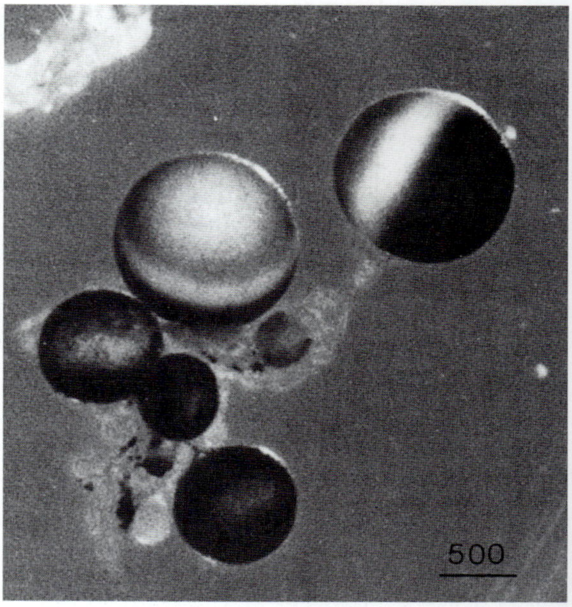

Abb. 13-13: Oocyten von *Xenopus laevis*. In einem Ovar sind Oocyten verschiedener Größe und Entwicklungsstadien enthalten. Bei reifen Oocyten ist der animale Pol dunkel pigmentiert. Es schließt sich ein sog. äquatoriales Band an. (Aufnahme: E. M. del Pino et al. [1986] Differentiation 32, 24; mit Genehmigung)

Zellkern erheblich mehr DNA als eine Bakterienzelle insgesamt. Insbesondere um die extrem hohe Replikationsrate während dieser Zeit zu gewährleisten, sind präfabrizierte Komponenten der Synthesemaschinerie notwendig; es handelt sich bei den Furchungsteilungen um Mitosezyklen mit S-Phasen, aber ohne G_1- und G_2-Phasen, die die eigentlichen Wachstumsphasen der Zellen darstellen. Die Gastrula ist nicht größer als die ursprüngliche Eizelle. Erst im mittleren Blastula-Stadium setzt eine nucleäre Transkription ein.

13.6 Gameten der Säuger

Die Eizellen der Säugetiere einschließlich des Menschen sind mit einem Durchmesser von 70 bis 120 μm klein im Vergleich zu denen der übrigen Vertebraten, denn sie akkumulieren keine Dottervorräte. Aber natürlich sind auch sie wie die Eizellen aller Tiere mit Ribosomen, mRNAs und verschiedenen Proteinen für die ersten Furchungsteilungen ausgerüstet.

Seit Ende der fünfziger Jahre wurden Kulturbedingungen erarbeitet, die die Oocyten-Entwicklung, Befruchtung und frühe Embryonalentwicklung bei Säugern bis zum Blasto-

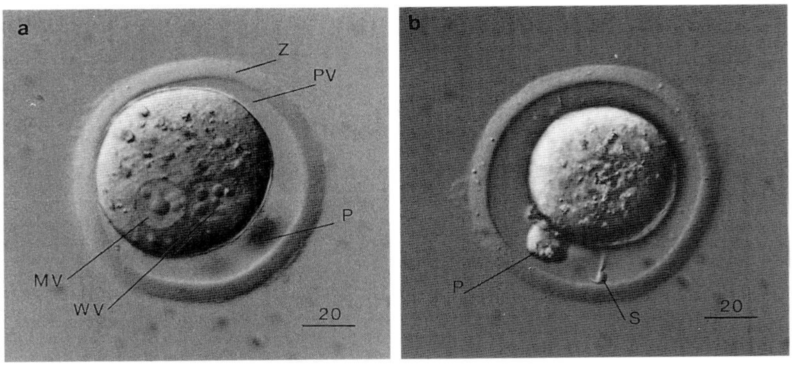

Abb. 13-14: Befruchtete Eizellen einer Maus. (**a**) Zelle mit männlichem (MV) und weiblichem (WV) Vorkern und Polkörper (P, unscharf). Z, Zona pellucida; PV, Perivitellinraum. (**b**) Zelle mit einem weiteren Spermium (S) im Perivitellinraum. Die Vorkerne befinden sich nicht in der Bildebene. Die Zelle ist leicht geschrumpft. (Interferenzkontrast-Aufnahmen: U. Petzoldt, C. Kirchner)

cystenstadium, in dem der Kontakt zur Uteruswand hergestellt wird (s. unten), außerhalb des mütterlichen Organismus erlauben. Dies ermöglichte ein genaueres Studium der Interaktion von Spermium und Eizelle, aber auch gezielte Manipulationen. M.C. Chang gelang 1959 erstmals die Befruchtung eines Kanincheneies in vitro, das sich nach Reimplantation in den Uterus zu einem normalen Tier entwickelte. Das erste Menschenbaby – nach einer In-vitro-Fertilisation – wurde 1979 geboren.

Unter den Säugern ist die Maus das Standard-Untersuchungsobjekt für Gametenentwicklung und Syngamie. So beziehen sich die folgenden Ausführungen häufig auf diesen Organismus, wenngleich die Vorgänge bei anderen Säugetieren und beim Menschen sehr ähnlich sind.

Die **primordialen Keimzellen**, die sog. Keimbahn, befinden sich beim wenige Tage alten Säugerembryo außerhalb des Embryos selbst im Epithel des dorsalen Endoderms des Dottersacks. Sie wandern im Verlauf der Embryonalentwicklung in die indifferenten Gonadenanlagen, wo später die Ausbildung von Spermien bzw. Eizellen stattfindet.

Die **Spermatogenese** im adulten männlichen Säuger beginnt bei den Abkömmlingen der primordialen Keimzellen, den sog. Spermatogonien, einer Stammzellpopulation. Nach mehreren Teilungs- und Differenzierungsschritten entstehen primäre Spermatocyten (Spermatocyten I), die sich im Pachytän der ersten meiotischen Prophase befinden. Als sekundäre Spermatocyten (Spermatocyten II) werden die Zellen während der zweiten meiotischen Teilung bezeichnet. Nach Vollendung der Meiose liegen vier haploide runde Spermatiden vor, die sich unter Verlust eines großen Teils des Cytoplasmas zu reifen Spermien (Spermatozoen) differenzieren. Aus einer direkten Tochterzelle einer Stammzelle gehen etwa 500 bis 600 Spermien hervor. Spermien enthalten in ihrem Kopfteil den Zellkern mit stark kondensiertem Chromatin, das anstelle von Histonen Protamine enthält; dabei handelt es sich um kleine, extrem basische Proteine. Der vordere Teil des Kerns ist vom Acrosom, einem Exocytosevesikel, umhüllt. Hinter dem Kern im Mittelteil befindet sich ein Centriol, an dem das Axonem der Geißel ansetzt. Der weitere Mittelteil ist durch eine Schraube von Mitochondrien charakterisiert, die das Axonem umgibt. Der Schwanzteil entspricht der restlichen Geißel.

Die **Oogenese** bei weiblichen Säugern wird bereits während der Embryonalentwicklung weitgehend abgeschlossen. D.h. die Oogonien, die Stammzellen der Oogenese, treten als **primäre Oocyten** in die erste meiotische Teilung ein, bleiben jedoch in der Prophase im Dictyotän-Stadium arretiert. Eine Stammzellpopulation bleibt – im Gegensatz zum männlichen Säuger – nicht erhalten. Zur Zeit der Geburt sind im Ovar der Maus etwa 100 000 Oocyten enthalten, beim Menschen 1–2 Millionen. Nach Erreichen der Geschlechtsreife setzen einzelne Oocyten, hormonell gesteuert, nach einer Wachstumsphase die Meiose fort. Bei der Ovulation befinden sie sich als **sekundäre Oocyten** in der Metaphase der zweiten meiotischen Teilung. Der zweite Tochterkern der ersten Teilung ist bereits in einer winzigen Zelle als sog. Polkörper abgetrennt. Die zweite meiotische Teilung wird erst nach Fusion mit einem Spermium vollendet, wobei sich ein zweiter Polkörper abgegliedert hat. Die Bildung der Polkörper entspricht einer extrem inäqualen Zellteilung.

Diese Arretierung der Oocyten in der Prophase von Meiose I, ihre hormonelle Stimulierung und Reifung und eine erneute Arretierung in der Metaphase von Meiose II bis zur Fertilisierung ist nahezu allen Vertebraten gemeinsam (s. 13.5 für die Oocyten von *Xenopus*). Während dieses Anhaltens bleibt die Aktivität des Cyclin B/CDC2-Komplexes, des Regulators des G_2-M-Übergangs im Zellzyklus (s. 22.2), hoch; der Komplex wurde deshalb auch MPF (maturation/mitosis promoting factor) genannt. Die Aktivierung der Oocyten bedeutet immer Abbau von

Cyclin B und damit Inaktivierung von MPF. Es wurde die Vermutung geäußert, daß die meiotischen Arretierungen eine DNA-Replikation vor der Fertilisierung verhindern sollen, denn die Oocyten sind ja für die ersten Furchungsteilungen und damit auch für die DNA-Synthese gut ausgerüstet.

Die Oocyten der Säuger sind im Vergleich zu denen oviparer Vertebraten klein. Trotzdem sind sie mit Durchmessern von 80 µm bei der Maus und von 120 µm beim Menschen gegenüber normalen somatischen Zellen relativ groß. Eine Besonderheit ist, daß sie während der Meiose ihre Centriolen verlieren; Centriolen werden bei Säugern paternal vererbt (Ausnahme ist hier die Maus). Die Oocyten enthalten keinen Dotter, besitzen keine Polarität, und Vorgaben für embryonale Achsen werden nicht angelegt. Sekundäre Oocyten sind von einer mehrere µm dicken Schicht, der **Zona pellucida**, umgeben. Ihre Hauptbestandteile sind die drei Glykoproteine ZP1 (200 kDa), ZP2 (120 kDa) und ZP3 (83 kDa). ZP2 und ZP3 bilden filamentartige Polymere, die durch Dimere von ZP1 nichtkovalent vernetzt werden. ZP3 ist außerdem der primäre Spermien-Rezeptor. Zwischen der Plasmamembran der Oocyte und der Zona pellucida ist ein schmaler Perivitellinraum ausgespart. Oocyten können sich nicht ohne **Granulosazellen** entwickeln. Zwischen Oocyte und diesen Zellen besteht eine reziproke Beeinflussung, sie bilden den Follikel; bei der Maus sind es etwa 50000 Zellen pro reifem Follikel.

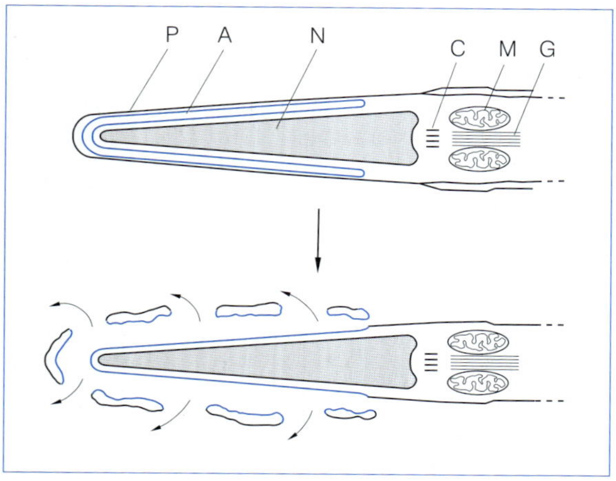

Abb. 13-15: Acrosomen-Reaktion. Schematischer Längsschnitt durch den Vorderteil eines Spermiums. Die Exocytose des Acrosomvesikels (mit farbiger Membran) läuft nach einem besonderen Modus ab, wobei sehr viel Membranmaterial verloren geht. Dies unterstreicht auch die finale Bedeutung des Spermiums. Der Inhalt des Acrosomvesikels wird freigesetzt, und ein Teil der früheren Vesikelmembran stellt nun die Plasmamembran der Spermienspitze dar. P, Plasmamembran; A, Acrosomvesikel; N, Zellkern; C, Centriol; M, Mitochondrion; G, Axonem der Geißel.

Mit der Ovulation wird die Oocyte aus dem Follikel entlassen und ist kompetent für eine Syngamie. Die **Syngamie** der Gameten von Säugern ist in vielen Aspekten den entsprechenden Vorgängen bei anderen Tieren ähnlich. Sie wird durch den Kontakt zwischen Spermium und der Zona pellucida der sekundären Oocyte eingeleitet. In der Zona ist ZP3 der Spermien-Rezeptor, der Gegenrezeptor in der Membran des Spermiums allerdings ist noch nicht genau definiert. Ausgelöst wird in jedem Fall ein Einstrom von Ca^{2+} in das Cytoplasma des Spermiums, was wiederum die Voraussetzung für die **Acrosomen-Reaktion** darstellt. Durch die Exocytose des akrosomalen Vesikels werden lytische Enzyme frei, die ein Eindringen des Spermiums in die Zona erleichtern. Die Plasmamembran an der Spermienspitze erhält durch die Vesikelmembran neue Proteinkomponenten (Abb. 13-15). Ohne Acrosomen-Reaktion ist eine Syngamie nicht möglich. Der Kontakt zwischen den Plasmamembranen der beiden Gameten kommt durch die Interaktion von α,β-Integrinen in der Membran der Oocyte und α,β-MDC-Proteinen (metalloprotease-like, disintegrin-like, cysteinerich) in der Membran des Spermiums zustande [Synonyme für die MDC-Proteine sind Fertiline, ADAM-Proteine, PH-30). Der Mechanismus der Membranfusion selbst ist – wie überall – noch nicht geklärt. Die Fusion mit dem Spermium führt zur Aktivierung der Oocyte, die eine Erhöhung der cytoplasmatischen Ca^{2+}-Konzentration, die Exocytose von cortikalen Granula, die Vollendung der Meiose II, die Transkription maternaler mRNA und – nach Verschmelzen des weiblichen und männlichen Vorkerns – die Initiation des Mitosezyklus einschließt. Bei befruchteten Eiern von Säugern entstehen sehr bald, bei der Maus nach 1-2 Zellteilungen, beim Menschen etwas später, zygotische mRNAs.

Die erste Zellteilung erfolgt etwa 24 Stunden nach der Befruchtung, nach jeweils weiteren 12 Stunden folgen die nächsten, ohne daß der Embryo dabei an Größe zunimmt. Im Morula-Stadium (8- bis 16-Zell-Stadium) setzt eine Kompaktierung ein. Die kleinen inneren Zellen bilden später den eigentlichen Embryo, während die äußeren umgebenden Zellen zum Trophoektoderm werden. Im 32- bis 64-Zell-Stadium, das auch als **Blastocyste** bezeichnet wird, bildet sich die Blastocystenhöhle aus. Die Blastocyste erreicht am Tag 4 bis 5 den Uterus, schlüpft erst jetzt aus der Zona pellucida und wird im Uterus implantiert.

Bis zum Einnisten in der Uteruswand kann die

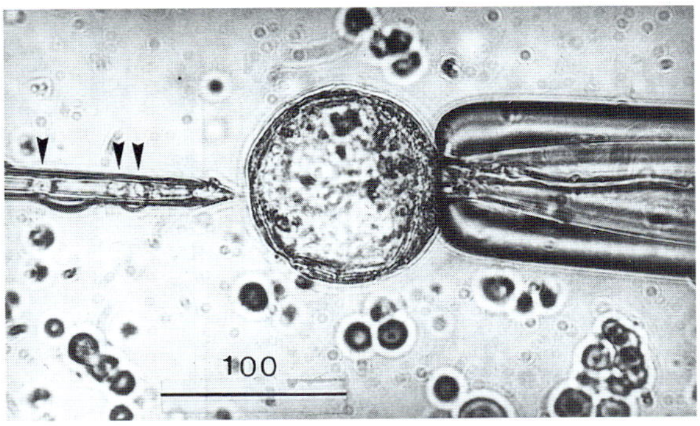

Abb. 13-16: Manipulation an einer Blastocyste einer Maus. Rechts eine Haltepipette, links eine Injektionspipette, in der einige ES-Zellen zu erkennen sind (Pfeilköpfe), die in die Blastocyste eingebracht werden sollen. In der Blastocyste liegt die Ansammlung embryonaler Zellen auf der rechten Seite. (Aufnahme: R. Kemler)

Blastocyste, diese Hohlkugel mit einer Ansammlung embryonaler Zellen im Innenraum, auch außerhalb des mütterlichen Organismus gehalten werden. Bis zu diesem Stadium ist eine Manipulation der embryonalen Zellen möglich (Abb. 13-16). Da die embryonalen Zellen, die als **ES-Zellen** (embryonale Stammzellen) bezeichnet werden, auch in die Keimbahn des Embryos gelangen, besteht die Möglichkeit, nach Transformation solcher Zellen z.B. transgene Mäuse oder sog. **Knock-out-Mäuse** (0-Mutanten), die für ein bestimmtes Gen defekt sind, zu erzeugen. ES-Zellen können auf embryonalen Fibroblasten als Nährzellen auch in vitro vermehrt werden. Ein von den Fibroblasten ausgeschiedener Faktor LIF (leukemia inhibitory factor) erhält die Totipotenz der ES-Zellen. LIF wird auch von den späteren Trophoektodermzellen der Blastocyste produziert, ES-Zellen besitzen dafür einen Rezeptor.

13.7 Weiterführende Literatur

Allen C A, Green D P L (1997) The mammalian acrosome reaction: gateway to sperm fusion with the oocyte? BioEssays 19, 241–247.

Angenent G C, Colombo L (1996) Molecular controle of ovule development. Trends Plant Sci. 1, 228–232.

Bigler D, Chen M, Waters S, White J M (1997) A model for sperm-egg binding and fusion based on ADAMs and integrins. Trends Cell Biol. 7, 220–225.

Cheung A Y (1996) Pollen-pistil interactions during pollen-tube growth. Trends Plant Sci. 1, 45–51.

Dahl E, Koseki H, Balling R (1997) *Pax* genes and organogenesis. BioEssays 19, 755–765.

Firth N, Ippen-Ihler K, Skurray R A (1996) Structure and function of the F factor and mechanism of conjugation. In: *Escherichia coli* and *Salmonella* (Neidhardt F C, Hrsg.) ASM Press, 2. Aufl. Band 2, 2377–2401.

Gavis E R (1997) Expeditions to the pole: RNA localization in *Xenopus* and *Drosophila*. Trends Cell Biol. 7, 485–492.

Gosden R. Krapez J, Briggs D (1997) Growth and development of the mammalian oocyte. BioEssays 19, 875–882.

Herskovitz I, Rine J, Strathern J (1992) Mating-type determination and mating-type interconversion in *Saccharomyces cerevisiae*. In: The Molecular and Cellular Biology of the Yeast *Saccharomyces cerevisiae* (Jones E W, Pringle J R, Broach JR, Hrsg.). Cold Spring Harbor Lab. Press.

Hiscock S J, Kües U, Dickinson H G (1996) Molecular mechanisms of self-incompatibility in flowering plants and fungi – different means to the same end. Trends Cell Biol. 6, 421–428.

Kranz E, Dresselhaus T (1996) In vitro fertilization with isolated higher plant gametes. Trends Plant Sci. 1, 82–89.

Lin H (1996) The tao of stem cells in the germline. Annu. Rev. Genet. 31, 455–491.

Kinsey W H (1997) Tyrosine kinase signaling at fertilization. Biochem. Biophys. Res. Commun. 240, 519–522.

Maconochie M, Nonchev S, Morrison A, Krumlauf R (1996) Paralogous *Hox* genes: function and regulation. Annu. Rev. Genet. 30, 529–556.

Ohlendieck K, Lennarz W J (1995) Role of the sea urchin egg receptor for sperm in gamete interactions. Trends Biochem. Sci. 20, 29–32.

Ohlendieck K, Lennarz W J (1996) Molecular mechanisms of gamete recognition in sea urchin fertilization. Curr. Topics Devel. Biol. 32, 39–55.

Reynolds T L (1997) Pollen embryogenesis. Plant Mol. Biol. 33, 1–10.

Rongo C, Lehmann R (1996) Regulated synthesis, transport and assembly of the *Drosophila* germ plasm. Trends Genet. 12, 102–109.

Sagata N (1996) Meiotic metaphase arrest in animal oocytes: its mechanisms and biological significance. Trends Cell Biol. 6, 22–28.

Sassone-Corsi P (1997) Transcriptional checkpoints determining the fate of male germ cells. Cell 88, 163–166.

Sharkey M, Graba Y, Scott M P (1997) *Hox* Genes in evolution: protein surface and paralog groups. Trends Genet. 13, 145–151.

Sprague G F, Thorner J W (1992) Pheromone response and signal transduction during the mating process of *Saccharomyces cerevisiae*. In: The Molecular and Cellular Biology of the Yeast *Saccharomyces cerevisiae* (Jones E W, Pringle J R, Broach JR, Hrsg.). Cold Spring Harbor Lab. Press.

Wilhelmi L K, Preuss D (1997) Pollen tube guidance in flowering plants. Plant Physiol. 113, 307–312.

Williamson A, Lehmann R (1996) Germ cell development in *Drosophila*. Annu. Rev. Cell Dev. Biol. 12, 365–391.

14 MUSKELZELLEN

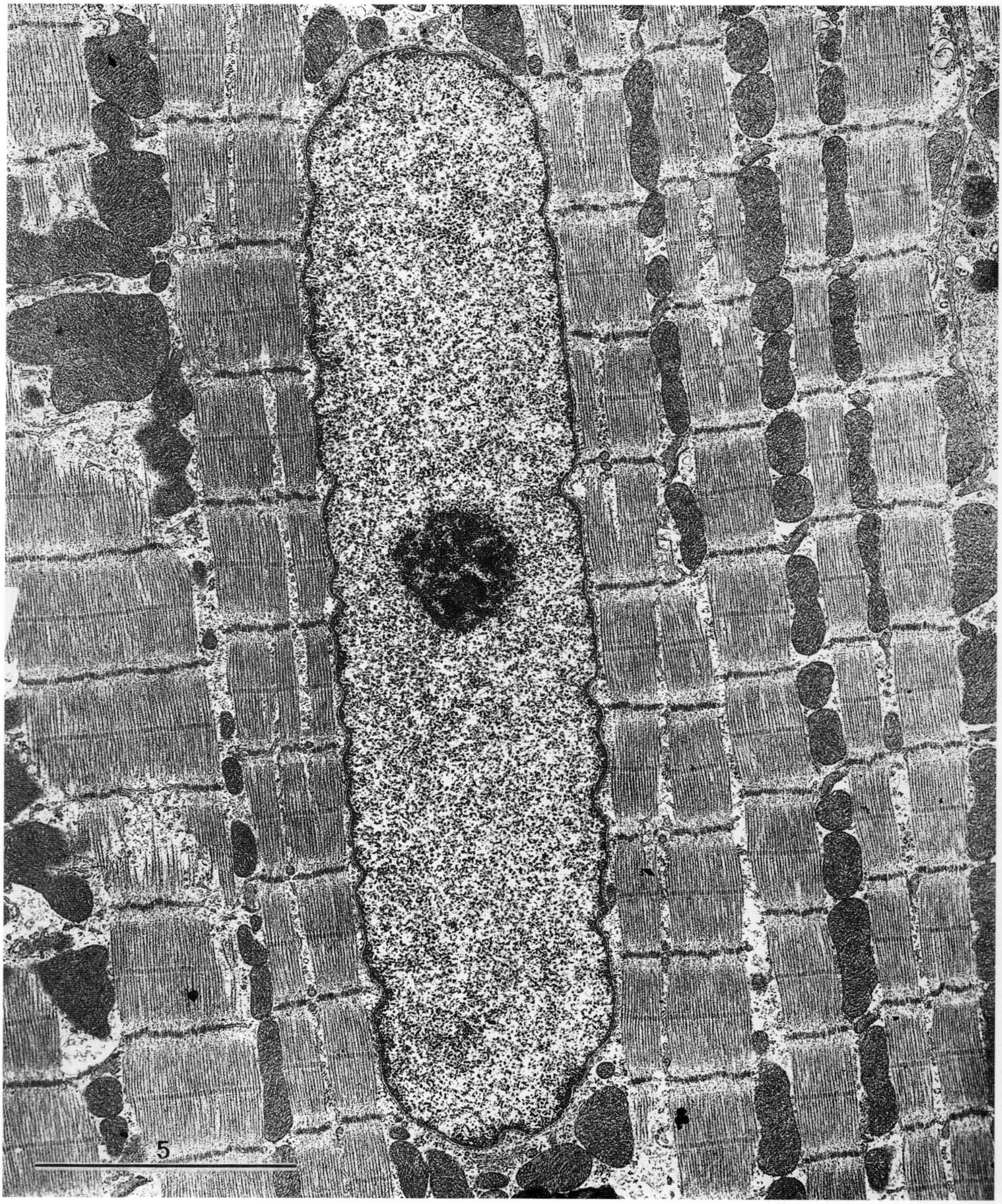

Abb. 14-1: Ausschnitt aus einer Herzmuskelzelle der Ratte. In der Mitte liegt der Zellkern. Die Myofibrillen sind durch Reihen von Mitochondrien voneinander getrennt. In den Sarkomeren sind die dunkleren Z-Scheiben, und die weniger dunklen M-Scheiben zu erkennen; die Actin- und Myosinfilamente überlappen sich weitgehend – Ausdruck eines kontrahierten Zustands –, wodurch die I-Banden sehr schmal, die A-Banden sehr breit sind (s. Abb. 14-2). (EM-Aufnahme: Werkfoto CARL ZEISS)

Muskelzellen sind auf die Verrichtung mechanischer Arbeit spezialisiert. Sie haben meist eine langgestreckte spindelförmige Gestalt und sind zu Geweben, den Muskeln, zusammengeschlossen. Die Zellen können sich auf einen elektrischen oder hormonellen Reiz hin verkürzen und dadurch eine Muskelbewegung hervorrufen. Bei Vertebraten unterscheidet man Skelettmuskelzellen (Synonym: Muskelfasern) sowie Herzmuskelzellen und glatte Muskelzellen. Die vielkernigen Skelettmuskelzellen können sehr groß werden (1–40 mm · 10–100 µm), während die einkernigen Herzmuskelzellen (50–100 µm · 10–20 µm) und glatten Muskelzellen (100–500 µm · 2–6 µm) erheblich kleiner bleiben. Innerhalb dieser groben Einteilung gibt es eine große Zahl feinerer Unterschiede, die speziellen Erfordernissen eines Organs/Organismus angepaßt sind.

Sklettmuskel- und Herzmuskelzellen zeigen eine Querstreifung, die auf eine besondere Anordnung und den hohen Ordnungsgrad ihrer Actin- und Myosinfilamente zurückzuführen ist. Im Vergleich zu anderen Zellen besitzen Muskelzellen mehr Actin, vor allem aber mehr Myosin; diese beiden Proteine können bis zu 50% des Gesamtproteins der Zellen ausmachen. Skelettmuskelzellen sind dem Willen unterworfen, Herz- und glatte Muskelzellen nicht. Glatte Muskelzellen bilden die Muskelgewebe der inneren Organe, der Arterien und Venen; sie werden durch das autonome Nervensystem innerviert.

In Evertebraten kommen noch weitere Zelltypen vor wie beispielsweise die schräggestreiften Fasern im Hautmuskelschlauch des Regenwurms oder die Zellen der Adduktormuskeln bei den Muscheln.

14.1 Skelettmuskelzellen

Die vielkernigen Skelettmuskelzellen entstehen aus einkernigen **Myoblasten**. Mehrere Myoblasten fusionieren, und aus diesem Syncytium (Myotubus) differenziert sich unter weiteren Kernteilungen die quergestreifte Muskelzelle oder Muskelfaser. Bei Vertebraten leiten sich fast alle Myoblasten von den Somiten ab. Die Somiten bilden sich während der Embryonalentwicklung im paraxialen Mesoderm beiderseits des Neuralrohrs. Die frühesten typischen Marker in sich entwickelnden Muskelzellen sind die vier Transkriptionsfaktoren Myf-5, Myogenin, MyoD und MRF 4. Sie gehören zu den basischen Helix-Loop-Helix-Proteinen (s. 5.7.1). Diese Faktoren sind in einem komplizierten Zusammenspiel in der Lage, in Zellen das Programm zur Differenzierung zu Muskelzellen zu aktivieren. Mäuse ohne *myf-5* oder *myoD* besitzen eine normale Skelettmuskulatur, während bei Mutation beider Gene eine Ausbildung von Skelettmuskeln nicht mehr möglich ist. Dies zeigt, daß die beiden Gene redundante Funktionen haben oder sehr ähnliche myogene Linien induzieren, die einander ersetzen können. Bei einer Mutation von *myogenin* entstehen zwar Myoblasten, ihre Differenzierung ist jedoch unterbunden. Ein übergeordneter Regulator zumindest von *myoD* ist *pax5*, das zu einer Untergruppe der Homöobox-Gene gehört (s. Kap. 13).

Eine Faser vermag sich nicht mehr zu teilen. Eine gewisse Regeneration ist jedoch durch wenige verbliebene Stammzellen, sog. **Satellitenzellen**, in den Muskeln möglich. Zunahme der Muskulatur – z.B. durch Training – bedeutet Ver-

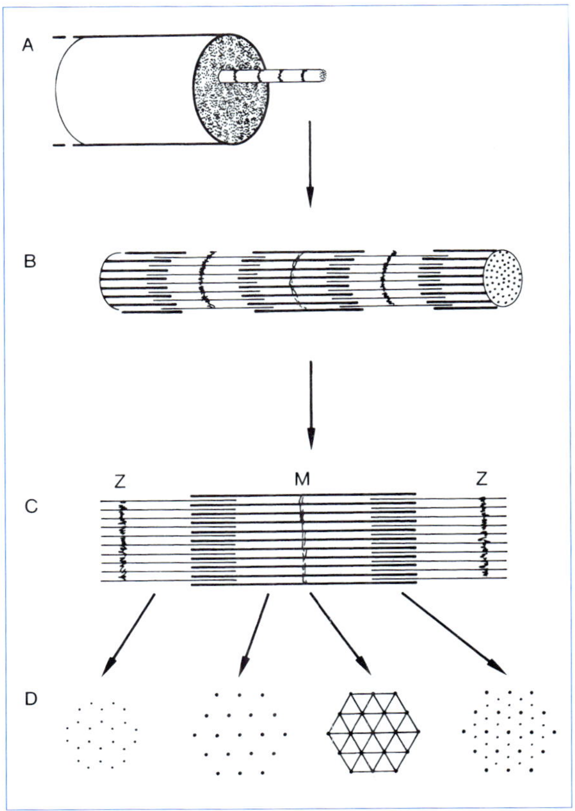

Abb. 14-2: Schema einer Muskelzelle oder Muskelfaser (**A**), einer Myofibrille (**B**) und eines Sarkomers (**C**). In den Z-Scheiben sind die Actinfilamente mit ihren plus-Enden verankert; die M-Scheiben bilden die Mitte der Myosinfilamente. Als A-Zone (von anisotrop) bezeichnet man den gesamten Bereich, den die Myosinfilamente einnehmen, als I-Zone (von isotrop) die ausschließlich Actinfilamente enthaltende Region, als H-Zone den ausschließlich von Myosinfilamenten eingenommenen Bereich. (**D**) Regelmäßigkeit der Querschnittmuster.

dickung der Zellen durch verstärkte Synthese von Actomyosin, nicht Zellvermehrung.

Die Fasern eines Skelettmuskels zeigen eine gewisse Plastizität und können an die funktionellen Bedürfnisse eines Muskels adaptieren. Beispielsweise können sie ihre Myosine von den schnellsten bis zu den langsamsten Isoformen und vice versa stufenweise austauschen. Die Übergänge sind fließend, und ein Muskel kann unterschiedliche Fasertypen enthalten.

Architektur der Myofibrille

Quergestreifte Muskelfasern enthalten zahlreiche Myofibrillen, in denen die Actin- und Myosinfilamente organisiert sind. Die Myofibrillen liegen in Längsrichtung der Zellen und weisen eine regelmäßige Querstreifung auf (Abb. 14-1 und 14-2). Da die Filamente meist sehr gut im Register stehen, ist die gesamte Faser durch diese Querstreifung charakterisiert.

Die funktionelle Einheit in den Myofibrillen ist das **Sarkomer**. Jedes Sarkomer wird von zwei Z-Scheiben begrenzt, in denen die Actinfilamente mit ihren plus-Enden festhaften (Abb. 14-3). In der Mitte des Sarkomers befindet sich die M-Scheibe, die wiederum die Mitte der bipolaren Myosinfilamente markiert. Je nach Kontraktionszustand der Zelle überlappen sich dünnere Actinfilamente und dickere Myosinfilamente mehr oder weniger weit. Ein Sarkomer im nichtkontrahierten Zustand ist etwa 3,5 µm lang, es kann sich ungefähr um die Hälfte verkürzen. Die Organisation in Myofibrillen und Sarkomeren ist in Skelett- und Herzmuskelzellen gleich. Querschnitte durch die verschiedenen Regionen eines Sarkomers zeigen geometrische Muster der Filamente, in denen auch deren konstantes Zahlenverhältnis zum Ausdruck kommt (Abb. 14-4 und 14-5). In den Fasern der Vertebraten ist die Relation von Actin- zu Myosinfilamenten 2:1, in den Flugmuskelfasern von Insekten beispielsweise 3:1. Der hohe Ordnungsgrad in den Sarkomeren erlaubte detaillierte mikroskopische und Röntgenuntersuchungen.

Die bipolaren Myosinfilamente enthalten 200–400 Myosinmoleküle und weisen eine Länge von ca. 1,6 µm auf. In Abständen von 14,3 nm ragen jeweils zwei Myosinköpfe – in entgegengesetzte Richtungen weisend – aus dem Fi-

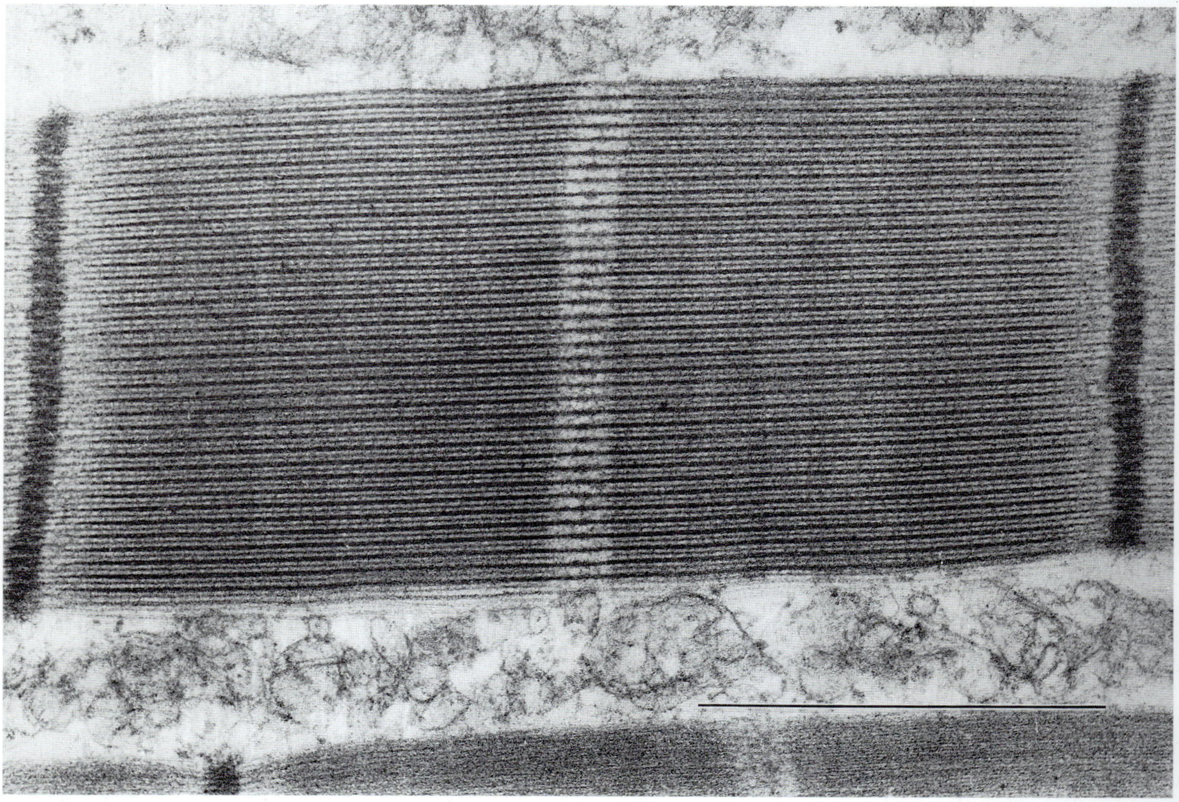

Abb. 14-3: Längsschnitt durch ein Sarkomer aus dem Thoraxmuskel von *Drosophila*. Die Aufnahme wurde bei 1 MeV im Höchstspannungs-EM gemacht; die Schnittdicke beträgt 0,25 µm. Actin- und Myosinfilamente überlappen sich weitgehend. (EM-Aufnahme: H. Ris)

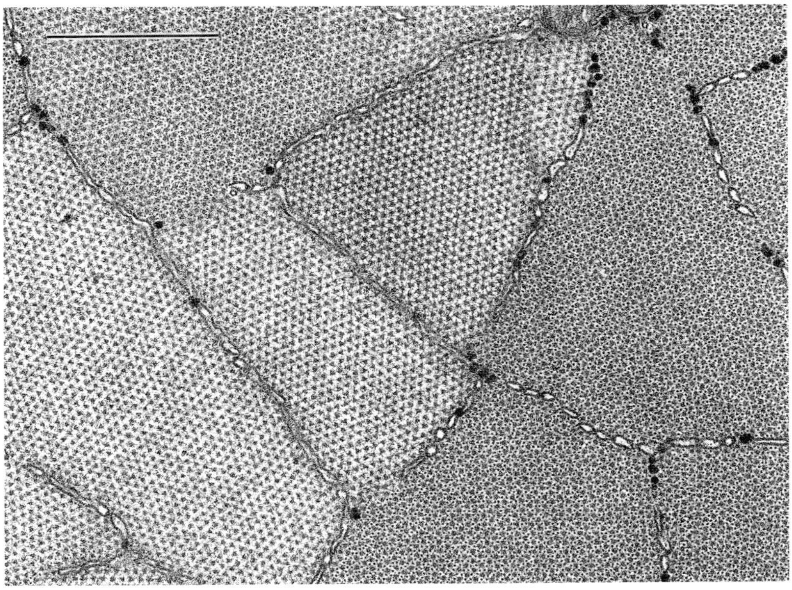

Abb. 14-4: Querschnitt durch mehrere Myofibrillen einer Muskelfaser eines Kaninchens. Der Schnitt geht durch unterschiedliche Regionen der Sarkomeren und zeigt verschiedene Muster (s. auch Abb. 14-2). Rechts sind Actin- und Myosinfilamente getroffen, links nur Myosinfilamente; in der oberen Mitte sieht man in einer Myofibrille den Bereich einer M-Scheibe. (EM-Aufnahme: C. Franzini-Armstrong, L. D. Peachy [1981] J. Cell Biol. 91, 166s; mit Genehmigung)

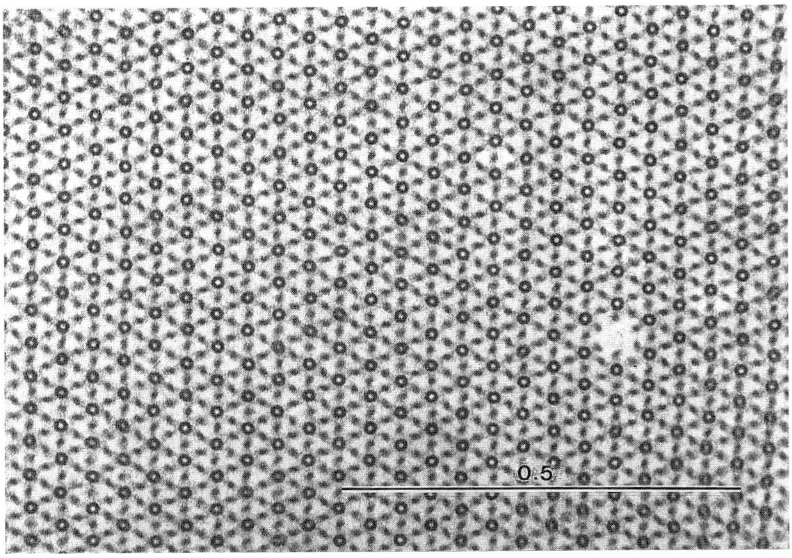

Abb. 14-5: Querschnitt durch ein Sarkomer aus dem Thoraxmuskel von *Drosophila*. Die Aufnahme wurde bei 1 MeV im Höchstspannungs-EM gemacht; Schnittdicke 0,5 μm. Das für Insektenmuskeln typische Muster von dünneren Actin- und dickeren Myosinfilamenten wird deutlich. Eine Fehlstelle ist zu erkennen. (EM-Aufnahme: H. Ris)

lament, wobei die einzelnen Paare um 60° gegeneinander versetzt sind, so daß sich eine Periodizität von 43 nm ergibt. Alle 14,3 nm kann also von einem Myosinfilament je eine Brücke zu zwei der sechs es umgebenden Actinfilamenten ausgebildet werden.

In den **M-Scheiben** werden die Myosinfilament in ihrer Mitte durch die großen Proteine Myomesin (190 kDa) und M-Protein (165 kDa) vernetzt. In den **Z-Scheiben** ist α-Actinin Hauptkomponente; Dimere dieses Proteins vernetzen die plus-Enden der Actinfilamente. An jedes Filamentende ist außerdem ein α,β-dimeres **CapZ** als längenbegrenzendes Protein gebunden. Auch das Intermediärfilament **Desmin** ist hier zu finden. Am minus-Ende der Actinfilamente liegt **Tropomodulin**. Längsseits sind die Filamente mit **Nebulin** komplexiert, einem 776 kDa Protein, das im wesentlichen aus 185 Wiederholungen eines etwa 35 AS langen Motivs besteht und etwa 0,8 μm lang ist. Die Actinfilamente selbst enthalten zusätzliche Proteine: Das 40 nm lange **Tropomyosin** liegt als Dimer in den Längsrillen der Filamente und reicht über sieben Actinmoleküle hinweg (Abb. 14-6). Alle 40 nm findet sich ein **Troponin**, das aus drei Untereinheiten be-

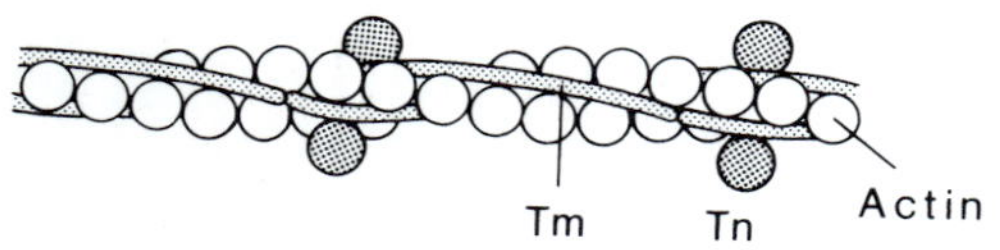

Abb. 14-6: Schema eines Actinfilaments mit Tropomyosin (Tm) und Troponin (Tn). Die Troponine haben einen Abstand von etwa 40 nm, was sieben Actinmonomeren entspricht.

steht, Troponin-T (Tropomyosin bindend, 37 kDa), Troponin-I (inhibitorisch, 23 kDa) und Troponin-C (Ca^{2+} bindend, 18 kDa). Troponin-C ist dem Calmodulin ähnlich und besitzt vier Bindungsstellen für Ca^{2+} (s. 4.1.1).

Die Elastizität des Sarkomers und damit auch der Fibrille und der Faser ist dem Riesenprotein **Titin** (Connectin) zu verdanken. Von Titin existieren mehrere Spleißvarianten in verschiedenen Fasern, die zwischen 3000 und 3700 kDa groß sind, d.h. 30000 und mehr Aminosäurereste enthalten. Die Moleküle bestehen zu wesentlichen Teilen aus 200–300 Wiederholungen von Immunglobulin- und Fibronectin-III-ähnlichen Domänen und einer PEVK-Domäne (reich an Pro-Glu-Val-Lys). Titin liegt in Z-Scheibe und M-Scheibe fest – überstreicht also ein halbes Sarkomer – und ist außerdem an die Myosinfilamente gebunden. Seine elastischen Modulen, die wie eine Feder wirken, liegen in der I-Bande, d.h. im Bereich der Actinfilamente (Abb. 14-7).

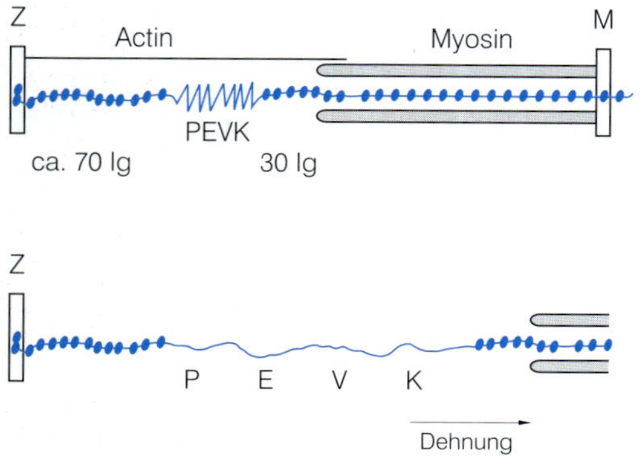

Abb. 14-7: Modell für Titin (farbig) und seine elastischen Eigenschaften im Halbsarkomer, das sich im relaxierten Zustand befindet. Titin ist in der Z-Scheibe, an den Myosinfilamenten und in der M-Scheibe festgelegt, über die es etwas hinausragt. Bei mäßiger Zugkraft entfaltet zunächst die PEVK-Domäne reversibel, wobei die I-Bande auf doppelte Länge gedehnt werden kann. Bei stärkerer Zugkraft können auch noch die Immunglobulin-Domänen (Ig) entfalten.

Bei mäßigem Zug kann die I-Bande auf die doppelte Länge gedehnt werden; dabei entfaltet sich zunächst die PEVK-Domäne in reversibler Weise. Bei stärkerer Zugkraft können sich zusätzlich die Immunglobulin-Domänen nacheinander entfalten. Sie renaturieren, wenn die Zugkraft aufhört.

Myofibrillen sind über den **Dystrophin/Dystroglykan**-Komplex mit der extrazellulären Matrix verbunden. Dadurch erhalten sie ein Widerlager, gleichzeitig ist die Plasmamembran der Muskelzelle während der Kontraktionszyklen stabilisiert. Dystrophin ist ein Protein der Spectrin-Superfamilie. Es besitzt N-terminal eine Bindungsstelle für Actin und im C-terminalen Bereich eine Bindungsstelle für den Dystroglykan-Komplex in der Plasmamembran. Dystroglykan ist ein sehr konserviertes Protein und besteht aus einer extrazellulären α-Untereinheit und einer membranintegralen β-Untereinheit, die aus einem gemeinsamen Transkript hervorgehen. α-Dystroglykan bindet an ein Laminin (Merosin, Laminin-2) der extrazellulären Matrix (s. 3.2.1). Der membranäre Komplex enthält noch einige andere Proteine.

Das Fehlen von Dystrophin ist Ursache der Duchenne **Muskeldystrophie**, einer der schlimmsten erblichen Myopathien. Sie hat eine Degeneration der Muskelzellen und ihren Ersatz durch Bindegewebe zur Folge und führt zum Tod. Das Dystrophin-Gen liegt auf dem kurzen Arm des X-Chromosoms. Es ist ein komplexes Gen mit mindestens fünf Promotoren, aus dem drei Isoformen entstehen können. Bei milderen Formen wird Dystrophin in geringerer Menge oder in kleineren Varianten gebildet.

Kopplung von Erregung und Kontraktion

Skelettmuskelzellen werden über ihre **neuromotorischen Endplatten**, die acetylcholinerge Synapsen darstellen, innerviert und stimuliert (s. 15.1.4). Ein in der Synapse übertragenes Signal breitet sich als Aktionspotential wie bei einer Nervenzelle über die Plasmamembran (Sarkolemma) der Muskelfaser aus. Die Plasmamembran reicht mit tiefen tubulären Einstülpungen, die **T-Tubuli** (Transversalsystem, T-System), weit in die Zelle hinein und steht dort mit dem ER (SR, Sarkoplasmatisches Reticulum) in engem Kontakt (Abb. 14-8 und 14-9). Es bilden sich meist sog. Triaden aus, bei denen ein T-Tubulus von zwei SR-Zisternen flankiert wird. Es kommen auch aus einem T-Tubulus und einer ER-Zisterne gebildete Dyaden vor. Durch ein Aktionspotential werden in den T-Tubuli integrale spannungsabhängige Ca^{2+}-Kanäle vom L-Typ geöffnet. Dieser Kanal wird durch Dihydropyridine blockiert und deshalb auch als **Dihydropyridin-Rezeptor** bezeichnet. Er steht mit dem Ca^{2+}-Kanal des ER in funktionellem Kontakt. Ryanodin, ein Alkaloid aus *Ryania speciosa*, hemmt den ER-Kanal bei höheren Konzentrationen, der Kanal wird deshalb auch **Ryanodin-Rezeptor** genannt.

Der Ryanodin-Rezeptor ist mit dem IP_3-Rezeptor im ER anderer Zellen nahezu identisch. Er besitzt allerdings eine zusätzliche cytoplasmatische Domäne, die sog. Fußstruktur, mit der er in Kontakt mit dem Dihydropyridin-Rezeptor steht. Dieser Kontakt läßt sich im EM darstellen (Abb. 14-9). Der Ca^{2+}-Einstrom durch die Dihydropyridin-Rezeptoren in der T-Tubulus-Membran reicht nicht aus, um das Actomyosinsystem direkt zu aktivieren. In der Skelettmuskelzelle ist der Ca^{2+}-Einstrom langsam und offensichtlich für die Öffnung des Ryanodin-Rezeptors selbst nicht notwendig; der Dihydropyridin-Rezeptor gilt hier als Spannungssensor, der den Ryanodin-Rezeptor durch direkten molekularen Kontakt aktiviert.

Eine **Ca^{2+}-ATPase** (s. 3.6.1) in der ER-Membran transportiert in das Cytoplasma eingeströmtes Ca^{2+} zurück in die Zisternen. Die Stöchiometrie beträgt pro verbrauchtem ATP zwei Ca^{2+}-Ionen. Dort wird es an **Calsequestrin**, ein 44 kDa-Protein mit Bindungskapazität für 40–50 Ca^{2+}, gebunden und gespeichert. Die Ca^{2+}-ATPase ist Hauptprotein in der SR-Membran.

Kontraktionszyklus

Die Kontraktion des Sarkomers, d.h. das Gleiten von Actin- und Myosinfilamenten gegeneinander, wird durch zyklisches Binden und Lösen von Myosinköpfen und Actinmolekülen in den Filamenten und dem Aufbau von Spannungszuständen erreicht (Abb. 14-10 und 14-11). Dieses Gegeneinandergleiten entspricht dem Sliding-Filament-Konzept (s. 4.5.1). Pro molekularer Kraftentfaltung gleiten die Filamente um etwa 10 nm relativ zueinander, und die mittlere Gleitgeschwindigkeit im Sarkomer beträgt etwa 9 $\mu m \cdot s^{-1}$. Allerdings ist dies stark vom Aufbau des Sarkomers bzw. von der Art der Myosin-Isoformen abhängig (s. oben).

Die Kontraktion im Sarkomer wird durch Ca^{2+} reguliert. Die Ca^{2+}-Konzentration kann auf einen Nervenreiz hin durch Ca^{2+}-Ausstrom aus dem ER von etwa 0,1 $\mu mol \cdot l^{-1}$ auf über 1 $\mu mol \cdot l^{-1}$ ansteigen. Troponin C im Troponin/Tropomyosin-Komplex bindet Ca^{2+}. Dadurch entsteht eine Konformationsänderung in dem Komplex, die die hemmende Wirkung von Troponin I aufhebt und Tropomyosin etwas tiefer in die Rille des Actinfilaments verlagern läßt (Abb. 14-12). Dadurch wird der notwendige Kontakt zwischen

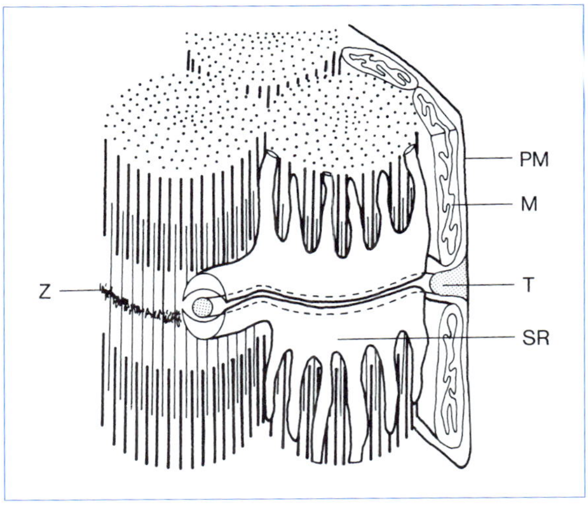

Abb. 14-8: Schematische Darstellung eines Teils einer Muskelfaser mit drei Myofibrillen. M, Mitochondrion; PM, Plasmamembran; SR, Sarkoplasmatisches Reticulum; T, T-Tubulus; Z, Z-Scheibe. T-Tubulus und SR bilden in Höhe der Z-Scheiben einen engen Kontakt aus und erscheinen im Schnitt als Triade.

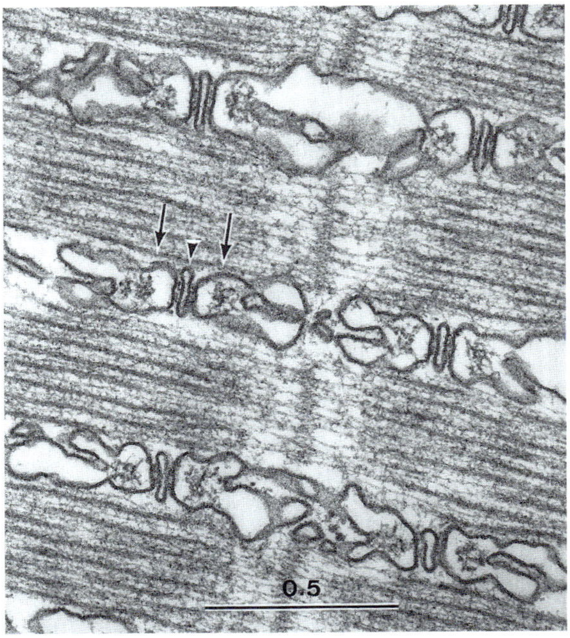

Abb. 14-9: Teil einer Muskelfaser eines Fischs im Querschnitt. Zwischen den Myofibrillen liegen SR-Zisternen. Terminale Zisternen (Pfeile) sind mit T-Tubuli (Pfeilkopf) eng verbunden und bilden – hier zur Z-Scheibe beidseitig versetzt – Triaden. Elektronendichte Verbindungen zwischen SR und T-Tubulus, die Fußstrukturen des Ryanodin-Rezeptors, sind gut zu erkennen. (EM-Aufnahme: C. Franzini-Armstrong, L. D. Peachy [1981] J. Cell Biol. 91, 166s; mit Genehmigung)

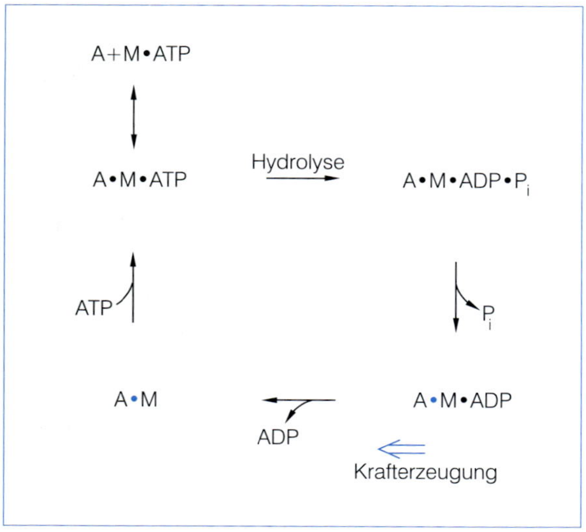

Abb. 14-10: Kinetisches Modell zur Kontraktion im Sarkomer. Enthält das aktive Zentrum im Kopf des Myosinmoleküls (M) ATP gebunden, besteht nur eine schwache Interaktion mit Actin (A), die mit nichtgebundenen Molekülen im Gleichgewicht steht. Eine Hydrolyse von ATP geschieht jedoch nahezu ausschließlich bei Kontakt zwischen Myosin und Actin. Auch nach Hydrolyse ist die Wechselwirkung zwischen Myosin und Actin nur schwach. Erst die Abdissoziation von P_i hat eine starke Bindung zwischen Myosin und Actin (durch den farbigen Bindungspunkt markiert) und das Entstehen von Spannung zur Folge, die eine Verschiebung der Filamente relativ zueinander bewirkt. Nach Abdissoziation von ADP bleibt die Bindung zwischen Myosin und Actin stark; dieser Zustand entspräche dem Rigor (Totenstarre) in Abwesenheit von ATP. Bei Anwesenheit von ATP kann ein neuer Zyklus einsetzen. Die Bindung von ATP, seine Hydrolyse und das Abdissoziieren von P_i sind von Konformationsänderungen im Myosinkopf begleitet. Zu beachten ist, daß der Zugang von Myosin zum Actin über Ca^{2+} geregelt wird.

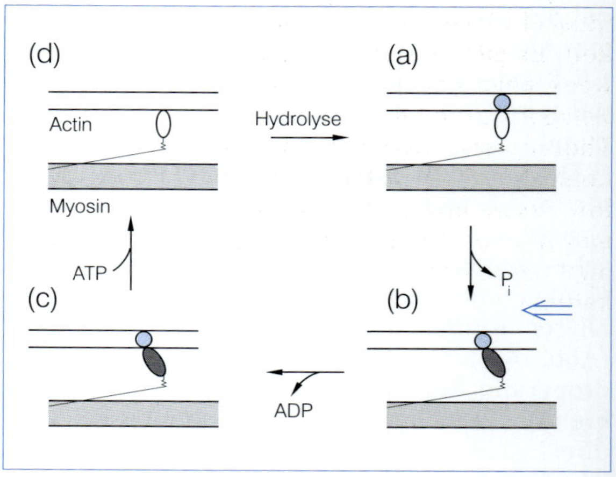

Abb. 14-11: Modell zur Kontraktion im Sarkomer. (**a**) Nach Hydrolyse von ATP im Myosinkopf besteht eine schwache Bindung zwischen Myosinkopf und Actinmolekül (farbig) im Actinfilament. (**b**) Die Abdissoziation von P_i führt zu einer starken Bindung zwischen Myosin (dunkel) und Actin und zu einer Konformationsänderung im Myosinkopf, die eine Verschiebung der Filamente relativ zueinander um etwa 10 nm bewirkt. Die durch den Myosinkopf gebildete Querbrücke zwischen den Filamenten ändert dabei ihren Winkel von etwa 90° auf etwa 45°. (**c**) Die Bindung zwischen Myosin und Actin bleibt nach Abdissoziieren von ADP stark, bis ATP gebunden wird (**d**). Myosin bindet sehr effektiv ATP.

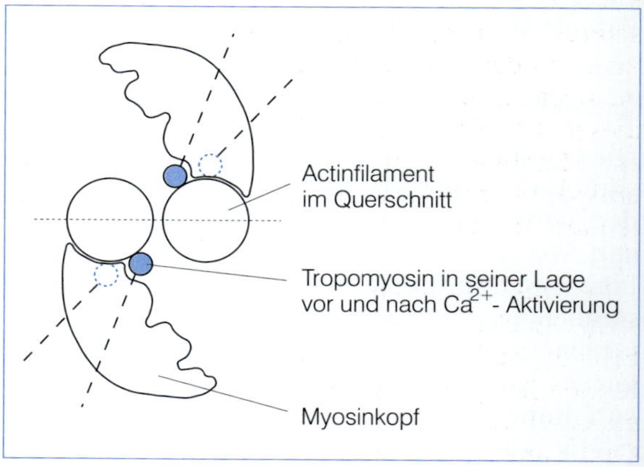

Abb. 14-12: Anschauliches Modell zur Ca^{2+}-Aktivierung der Muskelkontraktion. Gezeigt ist nur die Lage von Tropomyosin (farbig) vor und nach Ca^{2+}-Bindung durch Troponin C (der Troponin-Komplex ist nicht mit eingezeichnet). Nur nach Ca^{2+}-Bindung kann der Myosinkopf mit Actin interagieren.

Myosinkopf und Actinfilament geschaffen, und der Kontraktionszyklus kann beginnen.

Die Energieversorgung der Muskelfasern ist unterschiedlich. Die sog. **weißen Fasern** decken ihren Energiebedarf vor allem durch glykolytischen Abbau von Zuckern zu Lactat. Sie reagieren auf einen Reiz mit schneller Kontraktion, ermüden aber auch schnell. Die **roten Fasern**, deren Farbe von dem O_2-Transportprotein Myoglobin und den Cytochromen der zahlreichen Mitochondrien herrührt, gewinnen ihre Energie bevorzugt durch oxidative Phosphorylierung. Sie reagieren langsamer, ermüden jedoch weniger schnell. Beide Fasertypen können in ein und demselben Muskel vorkommen. In den roten Fasern spielt Kreatinphosphat eine besondere Rolle. Eine Kreatin-Kinase außen an den Mitochondrien phosphoryliert Kreatin mit Hilfe des über den Adenylat-Translokator aus den Mitochondrien exportierten ATP. Eine weitere Kreatin-Kinase – besonders in den M-Scheiben der Sarkomeren – katalysiert die Gegenreaktion. **Kreatinphosphat** ist eine Art Energievehikel und bildet einen gewissen Energiepuffer, da die Kreatine in höherer Konzentration vorliegen als die Adenylate. Ihre Bedeutung im Hinblick auf den ATP-Bedarf im SR für die Ca^{2+}-ATPase ist nicht bekannt.

Normalerweise entspricht eine Kontraktion im

Muskel einem Nervenimpuls (**synchroner Muskel**). Es gibt jedoch auch Ausnahmen, beispielsweise beim Flügelschlag vieler Insekten, für den antagonistisch arbeitende Paare von Muskeln im Thorax verantwortlich sind. Diese Flugmuskeln kontrahieren mehrfach auf einen Nervenimpuls hin (**asynchrone Muskeln**). Diese Adaptation mag mit der Schlagfrequenz der Flügel in Zusammenhang stehen, die mehr als 1000 s^{-1} erreichen kann.

14.2 Herzmuskelzellen

Herzmuskelzellen im Myokard (s. Abb. 14-1) unterscheiden sich von Skelettmuskelzellen in verschiedener Hinsicht, nicht allerdings in Aufbau und Funktion des kontraktilen Systems. Ihre Kontraktion wird ebenfalls durch Ca^{2+} über den Troponin/Tropomyosin-Komplex reguliert. Herzmuskelzellen sind kein Syncytium und besitzen nur einen Zellkern. Untereinander sind sie durch elektrische Synapsen, Gap Junctions mit dem herztypischen Connexin Cx43 (s. 3.3.3), verbunden, so daß eine Erregung vom Sinusknoten, dem Schrittmacher der Herzaktion, sehr schnell und synchron weitergegeben werden kann. In den sog. Glanzstreifen sind die Plasmamembranen benachbarter Zellen verbunden; an diesen Stellen finden die Myofibrillen Kontakt zur Membran. Das ist für den einen Hohlraum umspannenden und den Hohlraum kontrahierenden Herzmuskel charakteristisch und wichtig.

Für die Ca^{2+}-Aktivierung des Actomyosinsystems spielen neben dem Ryanodin-Rezeptor im ER der Zellen die spannungsabhängigen Ca^{2+}-Kanäle (Dihydropyridin-Rezeptoren) in der Plasmamembran eine entscheidende Rolle. Diese Ca^{2+}-Kanäle gehören dem L-Typ an (s. 3.6.1) und stellen eine besondere Isoform dar. Sie werden durch die sog. **Ca^{2+}-Blocker** (Dihydropyridine, Phenylalkylamine, Benzothiazepine, Abb. 14-13) beeinflußt; sie tragen daher auch ihren Namen. Diese Verbindungen werden bei der Therapie einer Reihe von kardiovaskulären Erkrankungen erfolgreich eingesetzt. Der wichtigste Translokator zur Erniedrigung der Ca^{2+}-Konzentration im Cytoplasma der Herzzellen ist – neben der Ca^{2+}-Pumpe im ER – ein Na^+,Ca^{2+}-Translokator in der Plasmamembran, der im Antiport Ca^{2+} auf die E-Seite transportiert. Die Ca^{2+}-ATPase im ER wird durch **Phospholamban**, eine kleines integrales ER-Protein von 52 AS, gehemmt. Phosphorylierung in der plasmatischen Domäne von Phospholamban und erhöhte Ca^{2+}-Konzentration heben diese Hemmung auf.

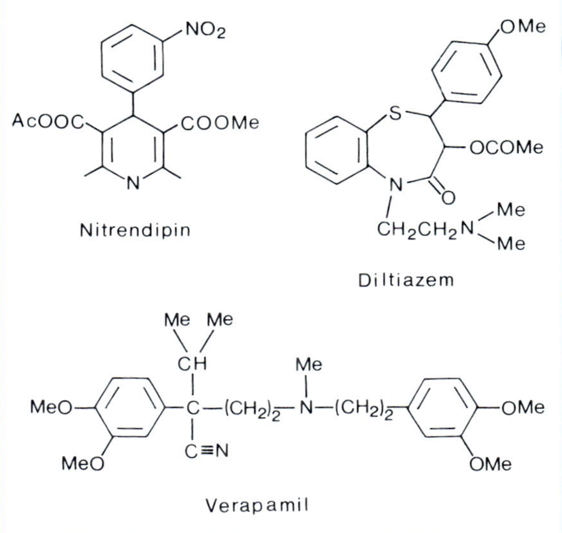

Abb. 14-13: Ca^{2+}-Blocker: Nitrendipin, ein Dihydropyridin; Diltiazem, ein Benzothiazepin; Verapamil, ein Phenylalkylamin.

Die Aktivität von Herzzellen wird auf verschiedene Weise beeinflußt. Beispielsweise werden sie über muscarinisch cholinerge Synapsen innerviert. Die Rezeptoren vom Typ M_2 aktivieren ein G-Protein, dessen β/γ-Untereinheit einen K^+-Kanal der Kir-Familie (K^+ inwardly rectifying) öffnet. Die Öffnung des Kanals hat eine Hyperpolarisation der Plasmamembran und damit eine Verlangsamung des Herzschlags zur Folge. Eine Stimulation zu höherer Geschwindigkeit und größerer Stärke der Kontraktion wird durch Bindung von Adrenalin an β_1-adrenerge Rezeptoren in der Plasmamembran induziert. Sog. β-Blocker wie Alprenolol oder Practolol inhibieren den Rezeptor, sie werden bei Herzrhythmusstörungen und Angina pectoris verwendet.

14.3 Glatte Muskelzellen

Das Cytoplasma glatter Muskelzellen enthält große Mengen von Proteinfilamenten, die in Längsrichtung der Zelle angeordnet sind (Abb. 14-14). Es handelt sich dabei vor allem um Actinfilamente sowie um Myosin- und auch 10 nm-Filamente (Desmin). Ein mikroskopisch erkennbares Muster oder gar eine Streifung ist nicht vorhanden. Mit ihren sog. **Dense Bodies** im Cytoplasma und **Dense Plaques** auf der

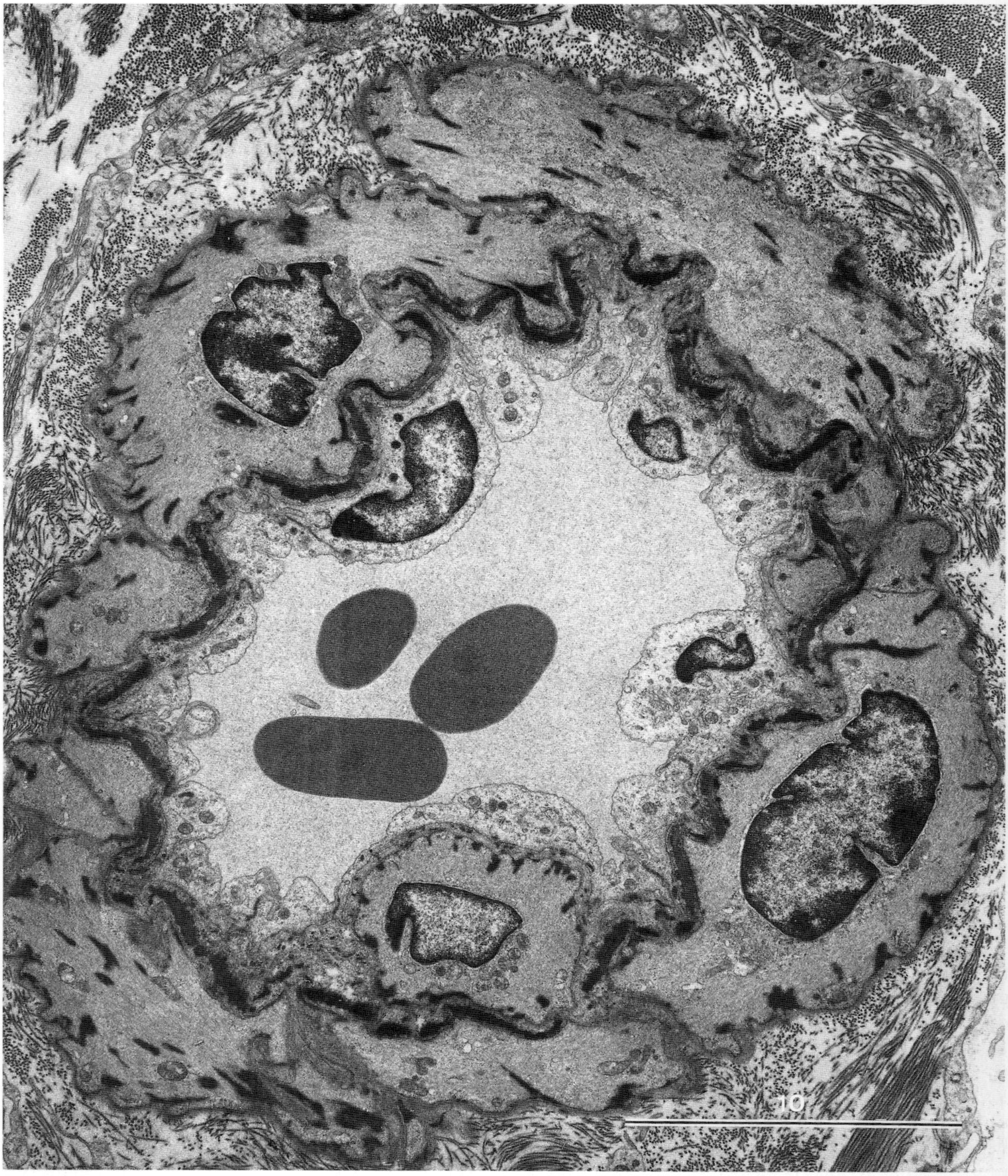

Abb. 14-14: Glatte Muskelzellen um eine kleine Arterie, in der drei Erythrocyten zu erkennen sind. Das Arterienlumen wird zunächst umgeben von Endothelzellen, an die sich die glatten Muskelzellen anschließen. Außen liegen zahlreiche Kollagenfibrillen. Die grauen Bereiche in den Muskelzellen werden von Proteinfilamenten, vor allem Actin, eingenommen. Die Zellkerne sind im kontrahierten Zustand der Zellen – wie hier im Bild – eingebuchtet. Einzelne Mitochondrien sind zu erkennen. Auffällig treten die Dense Bodies und Dense Plaques in Erscheinung, die den Z-Scheiben der quergestreiften Fasern analog sind. (EM-Aufnahme: H. Falk)

P-Seite der Plasmamembran besitzen diese Zellen jedoch Äquivalente zu den Z-Scheiben in den Sarkomeren. Desminfilamente als Cytoskelettelemente und a-Actinin sind in diesen Strukturen konzentriert. Sie bilden Anheftungsstellen für die Actinfilamente. Der Kontraktionsmechanismus – ein Gleiten bipolarer Myosinfilamente entlang in Widerlagern verankerter Actinfilamente – dürfte in glatten Muskelzellen ähnlich wie in quergestreiften sein. Es fehlt nur die Anschaulichkeit, die in der quergestreiften Faser durch den hohen Ordnungsgrad vermittelt wird.

Die Hydrolysegeschwindigkeit von ATP im Actomyosin der glatten Muskelzelle ist im Vergleich zu quergestreiften Fasern etwa zehnfach geringer. Sie sind daher besonders geeignet für langsame, aber anhaltende Kontraktion. Eine Eigenart glatter Muskelzellen sind die zahlreichen Einstülpungen ihrer Plasmamembran, deren Bedeutung noch ungeklärt ist.

Das Actomyosinsystem in der glatten Muskelzelle ist ähnlich zusammengesetzt wie in Skelettmuskelzellen, allerdings mit anderen Isoformen und ohne Troponin. Es wird ebenfalls durch Ca^{2+}-Ionen reguliert, nur verläuft die Kopplung von Erregung/Signal und Kontraktion hier ganz anders als in der quergestreiften Faser. Glatte Muskelzellen werden durch den Parasympathicus und Sympathicus nervös gesteuert, also muscarinisch cholinerg bzw. adrenerg, und hormonell durch Adrenalin u.a.. Sowohl beim muscarinisch cholinergen Rezeptor wie bei den adrenergen Rezeptoren wird ein Signal über G-Proteine als Vermittler in die Zelle weitergeleitet. Es gibt unterschiedliche Typen von glatten Muskelzellen, die auch ganz verschieden auf extrazelluläre Signale reagieren. Beispielsweise relaxieren α-adrenerge Agonisten die glatte Muskulatur des Darms, während sie die der Blutgefäße zur Kontraktion stimulieren. G-Proteine aktivieren in glatten Muskelzellen u.a. die Phospholipase C, die aus Phosphatidylinositol den sekundären Boten Inositoltrisphosphat (IP_3) freisetzt. IP_3 aktiviert – wie in anderen Zellen auch – einen Ca^{2+}-Kanal (IP_3-Rezeptor, Ryanodin-Rezeptor) im ER, und die Ca^{2+}-Konzentration im Cytoplasma erhöht sich. Die Zellen besitzen aber auch spannungsabhängige Ca^{2+}-Kanäle in ihrer Plasmamembran, durch die der zelluläre Ca^{2+}-Spiegel erhöht werden kann. Für die Erniedrigung der Ca^{2+}-Konzentration sorgen wiederum eine Ca^{2+}-Pumpe im ER und ein Na^+,Ca^{2+}-Translokator in der Plasmamembran.

Die Einleitung der Kontraktion durch Ca^{2+} ist anders als in der quergestreiften Faser. Ca^{2+} aktiviert als Ca^{2+}/Calmodulin eine **Myosin-Kinase** (Abb. 14-15), die zwei der vier leichten Ketten im

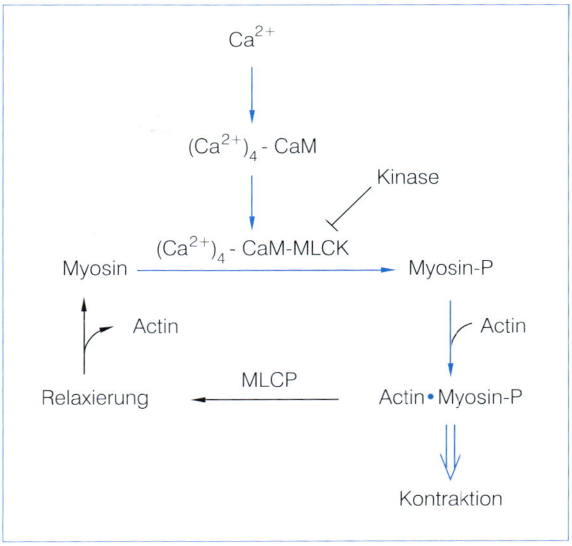

Abb. 14-15: Modell zur Kontraktion glatter Muskelzellen. Ca^{2+} in Form von Ca^{2+}-Calmodulin (CaM) aktiviert die MLCK (myosin light chain kinase), die die beiden 20-kDa-Proteine im Myosinkopf phosphoryliert. Phosphoryliertes Myosin kann mit Actin interagieren und ATP spalten. Die MLCP (myosin light chain phosphatase) ist das Gegenenzym, das wieder zur Relaxierung führt. Die MLCK kann durch Phosphorylierung moduliert, d.h. für Ca^{2+} weniger empfindlich werden. Dies geschieht z.B. bei hohen Ca^{2+}-Konzentrationen durch die Ca^{2+}-CaM-abhängige Protein-Kinase II, die etwas höhere Ca^{2+}-Konzentrationen zur Aktivierung benötigt als die MLCK. Dadurch wird eine Relaxierung auch bei hohem Ca^{2+}-Spiegel möglich.

Myosinkopf – diejenigen von 20 kDa – am Ser-19 phosphoryliert. Dadurch wird die Interaktion zwischen Myosin und Actin und die Hydrolyse von ATP im Myosinkopf ermöglicht. Eine **Myosin-Phosphatase** ist das Gegenenzym zur Kinase.

Eine regulatorische Funktion besitzt offenbar **Caldesmon**. Caldesmon bindet mit seiner N-terminalen Region Myosin und mit seiner C-terminalen Region Actin, Ca^{2+}-Calmodulin und Tropomyosin. N- und C-Terminus werden durch eine 27 nm lange helikale Struktur getrennt. Man nimmt an, daß das Molekül Actin- und Myosinfilament kreuzvernetzen kann und damit die Myosin-ATPase inhibiert. Caldesmon ist durch Kinasen phosphorylierbar und verliert dadurch seine hemmende Wirkung. Caldesmon kommt als Isoform, ohne die zentrale helikale Struktur, auch in anderen Zellen vor

Eine dritte Art der Ca^{2+}-Regulation findet man z.B. beim Adduktormuskel der Muscheln, der ihre Schalen geschlossen hält. Hier bindet Ca^{2+} direkt an eine leichte Kette im Myosinkopf. Der Muskel ist durch einen hohen Gehalt an **Paramyosin** gekennzeichnet, einem langgestreckten dimeren Molekül von ca. 210 kDa in den Myosinfilamenten. Man nimmt an, daß Paramyosin an der Erhaltung einer langzeitigen Spannung in diesem Muskel bei reduziertem ATP-Verbrauch beteiligt ist.

14.4 Weiterführende Literatur

Allen B G, Walsh M P (1994) The biochemical basis of the regulation of smooth-muscle contraction. Trends Biochem. Sci. 19, 362–367.

Campbell K P (1995) Three muscular dystrophies: loss of cytoskeleton-extracellular matrix linkage. Cell 80, 575–579.

Flucher B E, Franzini-Armstrong C (1996) Formation of junctions involved in excitation-contraction coupling in skeletal and cardiac muscle. Proc. Natl. Acad. Sci. 93, 8101–8106.

Henry M D, Campbell K P (1996) Dystroglykan: an extracellular matrix receptor linked to the cytoskeleton. Current Opinion Cell Biol. 8, 625–631.

Huxley H E (1990) Sliding filaments and molecular motile systems. J. Biol. Chem. 265, 8347–8350.

Molloy J E, White D C S (1997) Smooth and skeletal muscle single-molecule mechanical experiments. Biophys. J. 72, 984–986.

Muruyama K (1997) Connectin/Titin, giant elastic protein of muscle. Faseb. J. 11, 341–345.

Rawls A, Olson E N (1997) MyoD meets its maker. Cell 89, 5–8.

Sitsapesan R, Williams A J (1997) Regulation of current flow through ryanodine receptors by luminal Ca^{2+}. J. Membrane Biol. 159, 179–185.

15 NERVEN- UND SINNESZELLEN

Nervenzellen (**Neurone**) und Sinneszellen sind hochspezialisierte Zellen für die Aufnahme und Verarbeitung von Signalen. Ihre Besonderheit – im Vergleich zu allen übrigen Zellen, die ja auch externe Signale handhaben können – liegt darin, daß das Signal in Form kurzfristiger Änderungen des Membranpotentials, d.h. elektrisch weitergeleitet und an besonderen Kontaktstellen, den Synapsen, auf andere Nervenzellen oder Effektorzellen übertragen werden kann. Die Zellen besitzen durch Definition eines Signaleingangs und -ausgangs, ihrer Dendriten bzw. ihres Axons, eine außerordentlich hohe Polarität. Nervenzellen erhalten Signale von anderen Nervenzellen oder von Sinneszellen; Sinneszellen nehmen Signale aus der Umwelt auf wie Lichtreize, chemische und mechanische Reize u.a.. Zellen dieser Art gibt es im gesamten Tierreich mit Ausnahme der Poriferen.

Bei niederen Tieren, z.B. bei Medusen, bilden Nervenzellen einfache Netzwerke, bei höher entwickelten liegen Nervenzellen in einzelnen Zentren, sog. Ganglien, zusammen, bei höchst entwickelten bilden sie das zentrale Nervensystem (ZNS), das Gehirn und Rückenmark umfaßt. Im ZNS des Menschen sind etwa 10^{12} Neurone enthalten, wobei jedes Neuron mehr als 1000 synaptische Kontakte, im cerebralen Cortex als Region besonderer kognitiver Funktionen mehr als 5000 Kontakte zu anderen Neuronen unterhält. Die Neurone mit ihren Verschaltungen bilden die zelluläre Grundlage für alle nervösen Funktionen, vom einfachen Reflex bis zu den höchsten mentalen Leistungen. Ein solches Verschaltungsnetz aufzuschlüsseln, ist wohl unmöglich. Die zugrundeliegenden Prinzipien können jedoch an einfacheren Systemen studiert werden.

Der Nematode ***Caenorhabditis elegans*** beispielsweise besitzt 302 Neurone, deren Lage und Verschaltung über chemische Synapsen und Gap Junctions durch elektronenmikroskopische Analysen von Serienschnitten rekonstruiert wurden. Die sensorischen, motorischen und Interneurone mit zahlreichen Untergruppen sind vor allem im Kopfbereich und im Längsganglion konzentriert; Motorneurone sind aber auch in anderen Bereichen anzutreffen. Jedes Neuron hat mit ein bis dreißig anderen Neuronen synaptischen Kontakt. Im gesamten Nervensystem finden sich 5000 chemische Synapsen, 600 Gap Junctions und 2000 neuromuskuläre Verbindungen. Genetische Analysen und die Ausschaltung einzelner Neurone in den transparenten Tieren durch feine Laserstrahlen liefern zunehmend Informationen über die speziellen Funktionen einzelner Neurone.

Neurone sind nicht die einzigen Zellen im ZNS. Die **Oligodendrocyten** bilden im Gehirn die Myelinscheiden der Axone, ähnlich wie die **Schwannschen Zellen** außerhalb des Gehirns. **Astrocyten** scheinen sehr vielseitige Zellen zu sein, ohne daß distinkte Funktionen bekannt wären; sie enthalten Rezeptoren für zahlreiche Neurotransmitter und andere Effektormoleküle und übertreffen die Neurone an Zahl um das Zehnfache. Die **Mikrogliazellen** sind die Makrophagen des Gehirns. Alle diese Zellen werden auch als gliale Zellen zusammengefaßt. Die Endothelzellen der Blutgefäße im Gehirn kommen außerdem hinzu. Diese Endothelzellen, die durch Tight Junctions fest miteinander verbunden sind, bilden – unter Beteiligung der Astrocyten – die Blut-Hirnschranke, eine physiologische

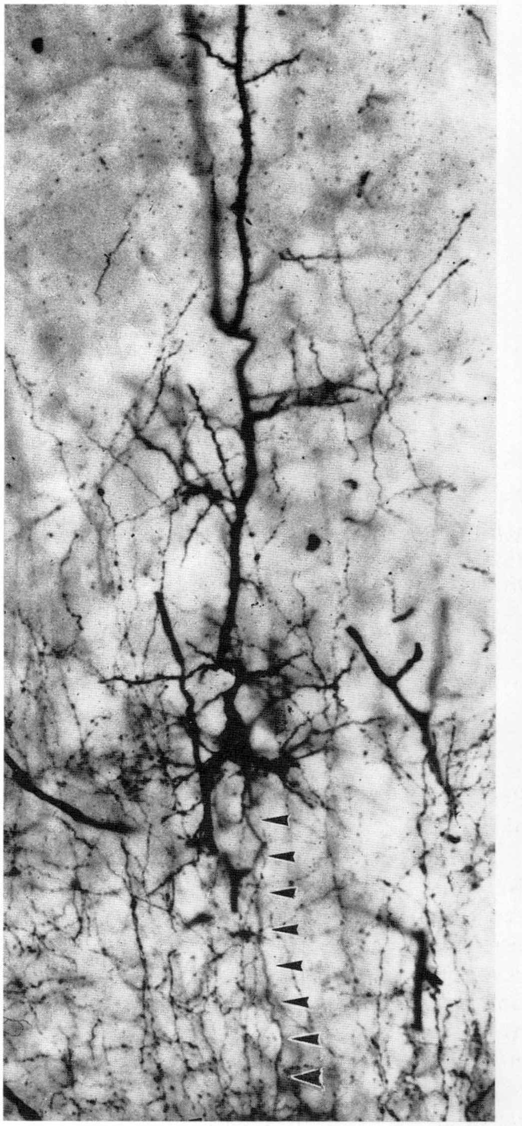

Abb. 15-1: Neuron in der Sehrinde der Maus nach Silbernitratimprägnierung. Der Zellkörper und zahlreiche Dendriten sind zu erkennen. Das Axon, durch Pfeilköpfe markiert, ist mit dieser Methode nur als feiner Faden darstellbar, da seine Myelinscheide nicht kontrastiert wird. (Aufnahme: J. Campos-Ortega)

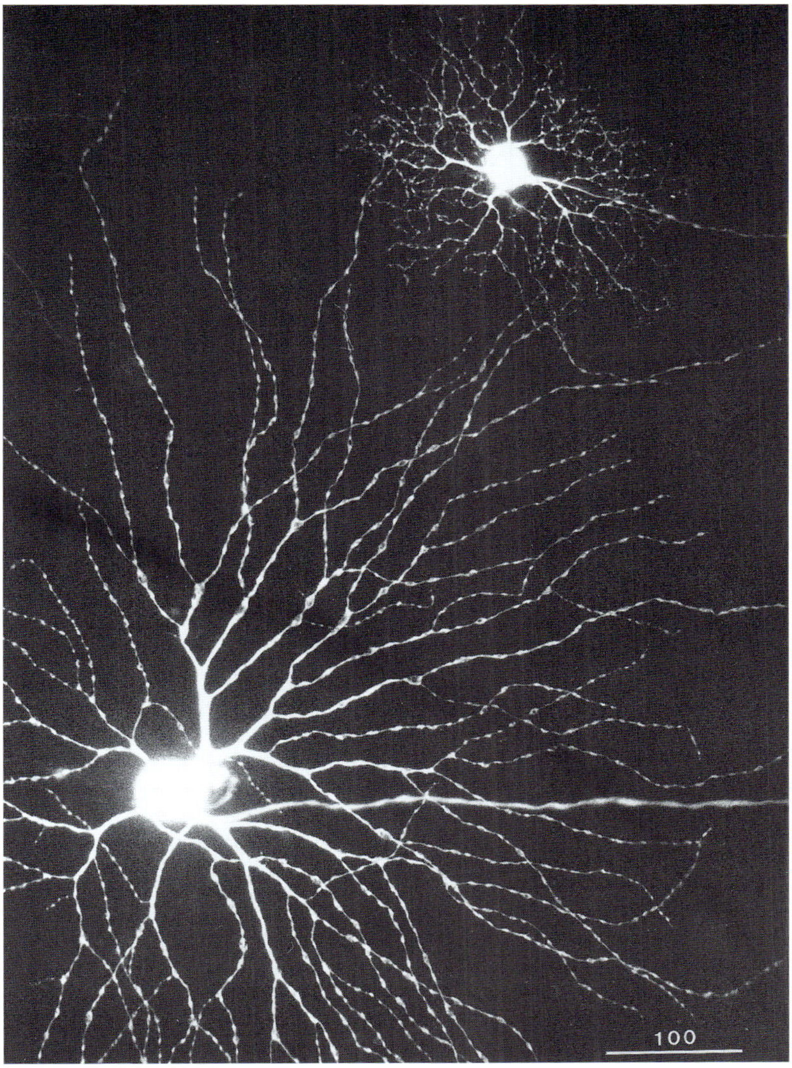

Abb. 15-2: Zwei Ganglienzelltypen der Hunde-Retina in Aufsicht, nach Injektion mit dem Fluoreszenzfarbstoff Lucifer Yellow. Die kleinere Zelle hat ein Dendritenfeld von ca. 200 µm Durchmesser. (Aufnahme: L. Peichl [1992] J. Comp. Neurol. 324, 590; mit Genehmigung)

Barriere, die ein unkontrolliertes Eindringen von Bestandteilen des Bluts in das Hirngewebe verhindert.

Bei Vertebraten steht die Entwicklung des Nervensystems mit der Festlegung der dorsoventralen Achse in Verbindung. Während der Gastrulation entsteht das Neuroektoderm aus ektodermalen Zellen auf der dorsalen Seite des Embryos. Die grundlegende Architektur des neuronalen Netzwerks wird früh in der Embryonalentwicklung angelegt und fixiert, wozu keine neuronalen Aktivitäten notwendig sind. Regenerationen im adulten Zustand sind auf dieser Ebene nicht möglich, obwohl auf dem synaptischen Niveau jeder einzelnen Nervenzelle große Plastizität herrscht und im peripheren System Axone sehr wohl regeneriert werden können. Nervenzellen erreichen einen außerordentlich hohen Differenzierungsgrad, Stammzellpopulationen kommen nur in Ausnahmefällen vor, z. B. bei den Riechzellen (s. unten).

15.1 Neurone

Es gibt eine sehr große Zahl funktionell unterschiedlicher Neurone in einem ZNS, und vielleicht gleicht kaum eine Zelle einer anderen in allen Einzelheiten. Man versucht, Neurone zu unterscheiden nach ihrer Morphologie, ihrer Lage im ZNS, dem Muster ihrer synaptischen Kontakte und nach Art ihrer Neurotransmitter, soweit das möglich ist. Eine Methode zur Darstellung von Neuronen in situ wurde bereits im

19. Jh. durch C. Golgi (1873) mit der Silbernitratimprägnierung eingeführt, die auch heute noch benutzt wird (Abb. 15-1). Häufiger verwendet werden jetzt jedoch Fluoreszenzfarbstoffe wie Lucifer Yellow, die in Zellen mikroinjiziert werden und sich dort sehr schnell ausbreiten (Abb. 15-2).

Ein Neuron ist in vier morphologisch gut unterscheidbare Bereiche mit unterschiedlichen Funktionen gegliedert (Abb. 15-3). Der Zellkörper oder das **Perikaryon** bildet mit Zellkern, Ribosomen und Endomembransystem das biosynthetische Zentrum der Zelle. Die **Dendriten** sind kurze, d.h. bis in den Millimeterbereich sich erstreckende, oft stark verzweigte Zellfortsätze, die über Synapsen Signale von anderen Neuronen oder von Sinneszellen aufnehmen und an das Perikaryon weiterleiten. Auch zum Perikaryon selbst können Synapsen Kontakt haben. Das

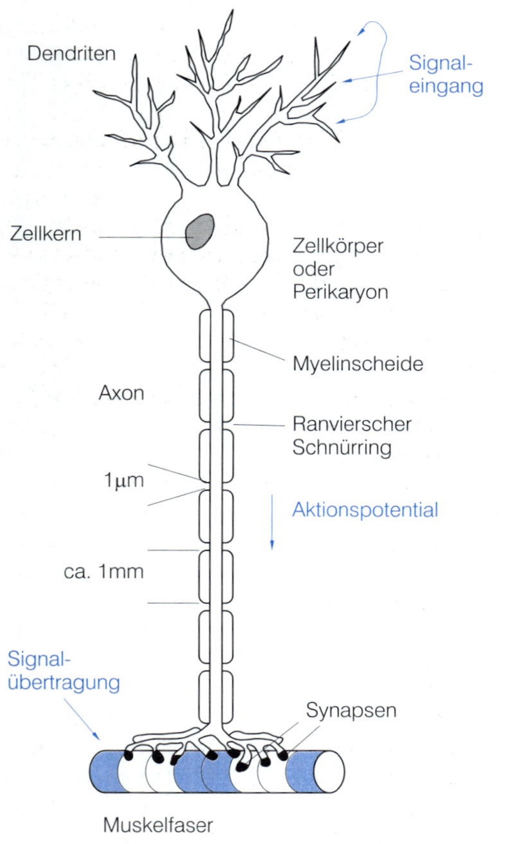

Abb. 15-3: Schema eines Neurons am Beispiel eines Motorneurons, das eine Muskelzelle innerviert. Die Synapsen zur Muskelzelle am sich verzweigenden Axon, hier als neuromotorische Endplatten bezeichnet, sind als dunkle Verdickungen angedeutet. Die Zeichnung ist nicht maßstabsgerecht, das Axon kann z.B. meterlang sein.

Axon ist ein manchmal meterlanger anderer Zellfortsatz, der Signale vom Perikaryon fort zu anderen Neuronen oder Effektorzellen leitet. Das Axon kann ebenfalls verzweigt sein, die Abzweigungen werden als Kollaterale bezeichnet. Dendrite und Axon werden auch als Neurite zusammengefaßt. **Synapsen** sind kleine Kontaktstellen, an denen Signale zwischen zwei Zellen auf chemischem Weg, seltener elektrisch, übertragen werden (s. unten). Die große Zahl von Dendriten und besonders die Länge des Axons bringen es mit sich, daß Neurone ein sehr großes Volumen haben und daß das Perikaryon manchmal weniger als 1% dieses Volumens ausmacht. Trotzdem bleibt es das Synthesezentrum der Zelle.

Axone sind durch die zu den Intermediärfilamenten zählenden Neurofilamente (s. 4.4.1) ausgesteift. Der **axonale Transport** von Material in die Peripherie, d.h. anterograd, und von der Peripherie in das Perikaryon, d.h. retrograd, erfolgt an Mikrotubuli. Der anterograde Transport in Richtung der plus-Enden der Mikrotubuli wird durch zahlreiche Mitglieder der Kinesin-Superfamilie vorgenommen, der retrograde in Richtung der minus-Enden der Mikrotubuli ebenfalls durch eine besondere Gruppe der Kinesine und durch Dynein (s. 4.5.2). Man unterscheidet schnelle Transporte mit Geschwindigkeiten von 0,6–2 $\mu m \cdot s^{-1}$ für Vesikel von langsameren Transporten mit Geschwindigkeiten $\leq 0{,}03\ \mu m \cdot s^{-1}$ für Cytoskelettproteine und Enzyme. Bei meterlangen Axonen dauert die Reise, auch bei schnellem Transport, mehrere Tage.

15.1.1 Wegfindung der Axone und Bildung von Synapsen

Zur Ontogenese eines Neurons während der Embryonalentwicklung gehört auch die Verschaltung seiner Neurite, insbesondere des Axons mit den richtigen Zielzellen. Axone wachsen zu ihren Zielzellen. In Zellkultur kann dieses Wachstum 10–100 $\mu m \cdot h^{-1}$ erreichen. Die Spitze, der sog. Wachstumskegel, tut dies – ähnlich einer sich auf einem Substrat fortbewegenden Zelle – durch Ausbildung von Lamelli- und Filopodien. Man hat beobachtet, daß ein bestimmtes Axon als „Pionieraxon" eine Bahn festlegt, die andere bis zu bestimmten Punkten, sprich Zellen, benützen. Dort werden Entscheidungen getroffen, der Bahn weiter zu folgen, auf eine andere überzuwechseln oder eine neue einzuschlagen. Ein Axon ist dabei – ähnlich einer wachsenden Zelle – auf den ständigen Kontakt mit exogenen Faktoren, für die in der Axonmembran Rezeptoren enthalten sind, angewiesen. Faktoren mit Überlebensfunktion für Axone sind z.B. **Neurotrophine** mit **NGF** (nerve growth factor) als Prototyp. Es gibt zwei Typen von Rezeptoren für Neurotrophine, solche mit Tyr-Protein-Kinase-Aktivität, die das Überleben der Neurone sichern, und den Rezeptor $p75^{NTR}$, der zur Familie der TNF-Rezeptoren gehört und Apoptose einleitet (s. 22.3).

Bereits im 19. Jh. postulierte R. y Cajal, daß die Wegfindung der Axone über Chemoattraktion geschieht, einen Vorgang, der einer Chemotaxis motiler Zellen entspricht (s. Kap. 16). Neben Molekülen der extrazellulären Matrix (s. 3.2.1) und allgemein verbreiteten Zelladhäsionsmolekülen (s. 3.2.2) sind auch Proteine gefunden worden, die speziell für die Wegfindung von Axonen zuständig sind. Das zur Ig-Superfamilie gehörende **N-CAM** (neural cellular adhesion molecule) ist hier zu nennen. **Netrine** treten in löslicher und membrangebundener Form auf und haben für Axone attrahierende wie auch abstoßende Wirkung. **Semaphorine** bilden eine konservierte Familie von löslichen und Transmembranproteinen, die auf neuronalen und nichtneuronalen Zellen zu finden sind. Für Axone haben sie vor allem abstoßende Wirkung. Rezeptoren für Semaphorine sind die Neuropiline. An der Zell-Zell-Erkennung von Neuronen sind die **Neurexine** beteiligt. Bei Säugern gibt es drei Neurexin-Gene mit jeweils zwei Promotoren, die für je zwei Transkripte zuständig sind, kürzere für β-Neurexine und längere für α-Neurexine. Diese Proteine sind polymorphe Membranproteine, da durch alternatives Spleißen sehr viele – evtl. hunderte – Spleißvarianten entstehen können. Liganden der Neurexine sind die Neuroligine, ebenfalls Membranproteine mit nicht ganz so großer Anzahl von Spleißvarianten, die sich wiederum von nur drei Genen ableiten. Auf diese Weise ergibt sich – zumindest theoretisch – eine große Zahl von Kombinationsmöglichkeiten für die Erkennung verschiedener Neurone.

Die Entstehung einer synaptischen Struktur ist am besten an der Nerv-Muskel-Verbindung, der **neuromotorischen Endplatte**, untersucht worden. Beteiligt sind sowohl zelluläre Proteine als auch solche der extrazellulären Matrix wie Laminin β2. Die markantesten Veränderungen im entstehenden Synapsenbereich in den beiden beteiligten Zellen sind die Akkumulation von synaptischen Vesikeln in der präsynaptischen Zelle und die Expression von Acetylcholin-Rezeptoren in der postsynaptischen Membran. Ausgelöst wird der Vorgang offenbar durch eine Variante von **Agrin**, die spezifisch für Motorneurone ist und sezerniert wird. Dieses Peptidoglykan besitzt einen Rezeptor MuSK (muscle specific kinase) mit Tyr-Protein-Kinase-Aktivität in der Muskelzellmembran. Ein anderes signalisierendes Protein des Axons ist ARIA (acetylcholine receptor inducing factor), ein Transmembranprotein, dessen E-Domäne proteinolytisch abgetrennt wird. ARIA wird der Familie der **Neureguline** zugerechnet, deren Rezeptoren wiederum in die Familie der EGF-Rezeptoren mit Tyr-Protein-Kinase-Aktivität gehören. In der Folge werden in der vielkernigen Muskelzelle nur die subsynaptischen Zellkerne zur Expression der Untereinheiten des Acetylcholin-Rezeptors angeregt. Zur Konzentration der Rezeptoren in der postsynaptischen Membran ist das cytoplasmatische Protein K43 (synonym mit **Rapsyn**) notwendig, das die Rezeptoren mit dem Cytoskelett verbindet.

Andere Proteine in den synaptischen Zellbereichen, die mit dem Cytoskelett interagieren, sind die **SAPs** (synaptic proteins). Sie besitzen zahlreiche Bindungsmotive/Domänen für Proteine und könnten die Aggregation makromolekularer Komplexe veranlassen.

15.1.2 Myelin

Myelin ist eine Adaptation der Vertebraten. Die Plasmamembran bestimmter Zellen, der **Oligodendrocyten** im ZNS und der **Schwannschen Zellen** im peripheren System, winden sich um die Axone und wickeln sie vielschichtig ein (Abb. 15-4).

Diese Membranen sind außerordentlich lipidreich – sie bestehen zu etwa 75% aus Lipid – und wirken daher wie eine elektrische Isolatorschicht. Die Myelinscheide ist in regelmäßigen Abständen, in den **Ranvierschen Schnürringen**, unterbrochen, in denen die Axonmembran dem Außenmilieu exponiert ist. Die Myelinschicht verleiht dem Axon einen hohen elektrischen Widerstand und eine geringe Kapazität. Ein Aktionspotential (s. unten), d.h. der Fluß von Ionen durch die Axonmembran, geschieht nur in den Ranvierschen Schnürringen. Das Signal springt von Schnürring zu Schnürring, man spricht daher von **saltatorischer Erregungsleitung**. Im Vergleich zu einem unmyelinisierten Axon ist der Ionenfluß und damit die Energieaufwendung wesentlich kleiner und die Geschwindigkeit der Leitung erheblich höher. Ein myelinisiertes Axon beim Frosch mit einem Durchmesser von 12 μm leitet ein Signal mit einer Geschwindigkeit von etwa 25 $m \cdot s^{-1}$; die gleiche Geschwindigkeit wird auch im Riesenaxon der Tintenfische erreicht, nur besitzt dieses Axon einen Durchmesser von

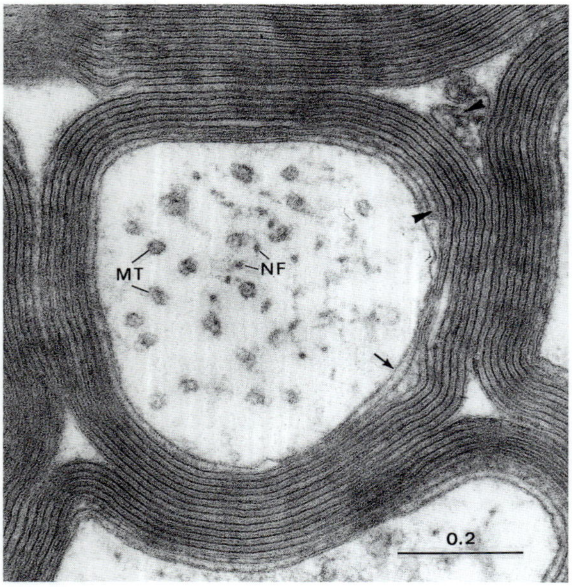

Abb. 15-4: Querschnitt durch den optischen Nerv einer Ratte mit myelinisierten Axonen; in dem Ausschnitt ist ein Axon in toto getroffen. Es enthält Mikrotubuli (MT) und Neurofilamente (NF), seine Plasmamembran ist mit einem Pfeil markiert. Die Plasmamembran eines Oligodendrocyten umgibt das Axon in einer engen Spirale. Die beiden Pfeilköpfe zeigen auf die innere und äußere Kehre der Spirale. In der Myelinscheide kommen die dunklen Linien durch Apposition von zwei P-Flächen der Plasmamembran, die zarteren Linien durch Apposition von zwei E-Flächen zustande. Der Zellkörper der Oligodendrogliazelle ist in diesem Schnitt nicht getroffen. (EM-Aufnahme: A. Peters)

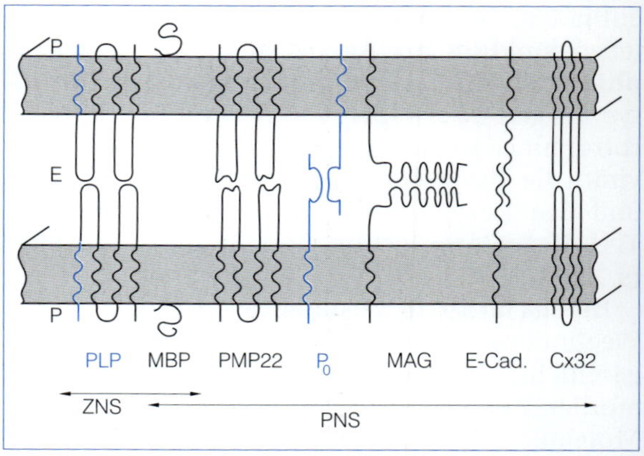

Abb. 15-5: Proteinzusammensetzung der Myelinmembranen von Oligodendrocyten im ZNS und von Schwannschen Zellen im peripheren Nervensystem (PNS). PLP (proteolipid protein) ist Hauptkomponente im ZNS; es hält wahrscheinlich durch homotypische Bindung die beiden E-Flächen der Membranen aneinander. MBP (myelin basic protein) ist ein peripheres Protein auf der P-Seite beider Myelintypen; über seine hydrophoben und positiv geladenen Bereiche sorgt es über hydrophobe und elektrostatische Bindungen für die Zusammenlagerung der beiden P-Flächen der Membranen, es liegt in den in EM-Aufnahmen stark kontrastierten Bereichen. PMP22 (peripheral myelin protein 22 kDa) ist ein Protein noch unbekannter Funktion. P_0 (protein zero) bildet das Hauptprotein im PNS; es besitzt eine Ig-Domäne auf der E-Seite und hält die beiden E-Flächen durch homotypische Bindung und die beiden P-Flächen mit seiner basischen Domäne durch Interaktion mit Phospholipiden zusammen. MAG (myelin associated protein) ist nur in geringerer Konzentration vorhanden; es enthält fünf extrazelluläre Ig-Domänen und eine RGD-Sequenz (Arg-Gly-Asp), die ein typisches Motiv extrazellulärer Proteine darstellt. Außerdem kommen ein Connexin (Cx32, ein Protein der Gap Junction) und das Zelladhäsionsprotein E-Cadherin vor.

500 µm und muß eine etwa 5000fache Energiemenge dafür bereitstellen.

Das Myelin der Oligodendrocyten und Schwannschen Zellen ist strukturell sehr ähnlich, in der Proteinzusammensetzung jedoch unterschiedlich (Abb. 15-5).

Bei der **Multiplen Sklerose**, einer Autoimmunkrankheit des Menschen, bilden sich sklerotische Bereiche im Gehirn. Autoreaktive T-Zellen bauen die Myelinscheiden ab, und die Oligodendrocyten nehmen ab. Autoantigen ist merkwürdigerweise das basische Myelinprotein (s. 19.2.7).

15.1.3 Erregungsleitung

Die Erregungsleitung der Nervenzellen beruht auf einer Veränderung des Membranpotentials der Plasmamembran. Wird an einer beliebigen Stelle der Plasmamembran ein Stimulus gesetzt, z.B. indem ein Strom durch eine eingestochene Mikroelektrode in das Cytoplasma fließt, so wird die Membran an dieser Stelle etwas depolarisiert (Abb. 15-6). Die Depolarisation breitet sich nach beiden Seiten aus, positive Ladungen fließen auf der P-Seite von der Erregungsstelle fort, auf der E-Seite jedoch auf die kurzfristig negativ gewordene Erregungsstelle zu. Es entstehen kleine Stromschleifen, die durch Auswärtswandern von Ionen durch die Membran geschlossen werden. Da die „Kabel"-Eigenschaften von Neuriten schlecht sind, verebbt die Ausbreitung dieses Signals innerhalb weniger Millimeter. Im Prinzip kann diese Art der „Signalverarbeitung" bei der Signalaufnahme über Dendriten und das Perikaryon beobachtet werden (s. unten). Im Axon dagegen, das Signale über lange Distanzen weiterleiten soll, setzt bei Erreichen eines bestimmten Schwellenwerts der Depolarisation ein Mechanismus ein, der die Ausbreitung eines konstant hohen Aktionspotentials bis zum Axonende hin gewährleistet.

Die Grundlagen der Erregungsleitung im Axon wurden zu Beginn der 50er Jahre von A. L. Hodgkin, A. F. Huxley und B. Katz erarbeitet. Sie fanden, daß die Weiterleitung eines Nervenimpulses mit einer Permeabilitätsänderung der

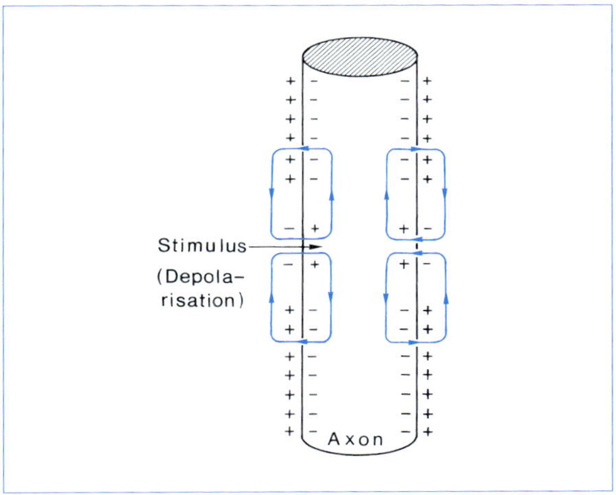

Abb. 15-6: Passive Ausbreitung eines depolarisierenden Stimulus an einer Axonmembran ohne Entstehung eines Aktionspotentials. Die entstehenden kleinen Stromschleifen verebben innerhalb weniger Millimeter.

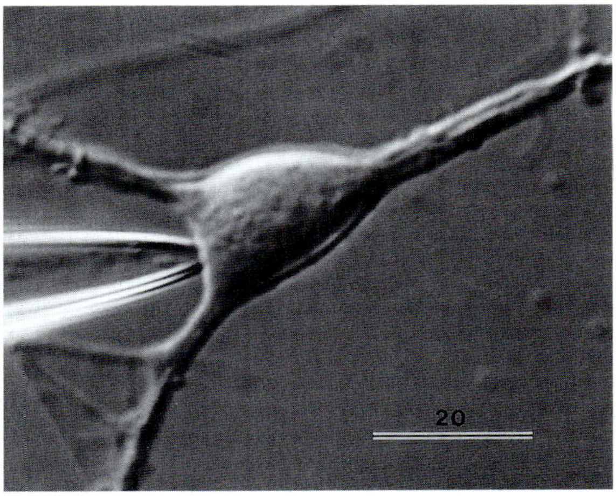

Abb. 15-7: Zur Patch-Clamp-Technik. Eine Glaspipette mit einem Spitzendurchmesser von ca. 1 μm wird auf eine kanalhaltige Membran aufgesetzt und diese durch Unterdruck leicht angesaugt, um den winzigen Membranbereich von seiner viel zu leitfähigen Umgebung hochohmig zu isolieren. Ströme um 10^{-12} A, wie sie durch einzelne aktivierte Kanäle fließen, sind dann mit einer geeigneten Kompensationsschaltung meßbar. Natürlich sind mehrere Kanäle in dem kleinen Membranausschnitt enthalten; sehr geringe Konzentrationen von Aktivatoren (Liganden) der Kanäle in der Pipettenflüssigkeit lassen jedoch Einkanalmessungen zu. Selbst Öffnungs- und Schließkinetiken sowie Leitfähigkeitsniveaus von Kanälen lassen sich erfassen. Durch Arbeiten mit der Patch-Clamp-Technik wurde offenbar, welch große funktionelle Vielfalt von Ionenkanälen existiert.

axonalen Plasmamembran für Na^+- und K^+-Ionen einhergeht. Ihr Untersuchungsobjekt war das nichtmyelinisierte Riesenaxon des Tintenfischs, das berühmte „Giant Axon of the Squid", das wegen seiner Größe und leichten Manipulierbarkeit z.B. mit Mikroelektroden das Standardobjekt für elektrophysiologische Analysen wurde. Eine Verfeinerung der damaligen Voltage-Clamp-Technik zur **Patch-Clamp-Technik** durch E. Neher und B. Sakmann erlaubt es, Ionenströme durch einzelne Kanäle in einer Membran zu analysieren (Abb. 15-7).

Das Membranpotential einer Nervenzelle von ca. –60 mV wird als **Ruhepotential** bezeichnet. Am Axonhügel, dem Beginn des Axons am Perikaryon, kann ein **Aktionspotential** entstehen, wenn die im Perikaryon einlaufenden Signale (s. unten) – sprich Depolarisationen – aufsummiert einen bestimmten Schwellenwert überschreiten. Diese Depolarisation hat eine kurzfristige Öffnung spannungsabhängiger Na^+-Kanäle zur Folge, die Na^+-Ionen entlang ihres Konzentrationsgradienten in die Zelle einfließen lassen. Dadurch tritt eine lokale Depolarisation der Membran auf etwa +50 mV ein, die das Aktionspotential darstellt (Abb. 15-8). Beim Öffnen solcher Kanäle ist ein sehr kleiner Öffnungsstrom oder Verschiebungsstrom gemessen worden, der einer Verschiebung von etwa sechs Elementarladungen, d.h. geladenen Aminosäureresten im Kanalinneren entspricht. Ein Na^+-Kanal bleibt etwa 1 ms offen und läßt während dieser Zeit ca. 10^4 Na^+-Ionen passieren, was einem Strom von 2 pA entspricht. Mir dem Schließen machen die Kanäle eine Refraktärzeit von einigen Millisekunden durch, während der sie nicht aktivierbar sind, um danach erneut einsatzbereit zu sein. Diese Refraktärzeit ist für die unidirektionale Ausbreitung des Aktionspotentials von großer Bedeutung. Denn durch die Depolarisation der Membran an einer bestimmten Stelle werden Na^+-Kanäle in unmittelbarer Nachbarschaft aktiviert usw., so daß sich das Aktionspotential mit einer Geschwindigkeit von 1-100 m · s^{-1} der Axonspitze zubewegt.

Etwas verzögert zu den Na^+-Kanälen öffnen sich spannungsabhängige K^+-Kanäle, die K^+-Ionen entsprechend ihrem elektrochemischen Gradienten aus dem Cytoplasma nach außen fließen lassen. Der K^+-Strom führt innerhalb von ca. 2 ms zur Repolarisierung der Membran und damit auch wieder zum Schließen der K^+-Kanäle. Das Aktionspotential stellt sich demnach in einer Depolarisierungswelle dar, die sich selbst unterhält. Am Ende des Axons, in der Präsynapse, werden spannungsabhängige Ca^{2+}-Kanäle geöffnet; die Erhöhung der Ca^{2+}-Konzentration leitet die Exocytose der Neurotransmitter ein. Die spannungsabhängigen Ionenkanäle für Na^+, K^+ und Ca^{2+}, die in verschiedenen Formen mit unterschiedlichen Leitfähigkeiten vorkommen, werden in einer Familie zusammengefaßt (s. 3.6.1).

Obwohl durch ein Aktionspotential nur ein

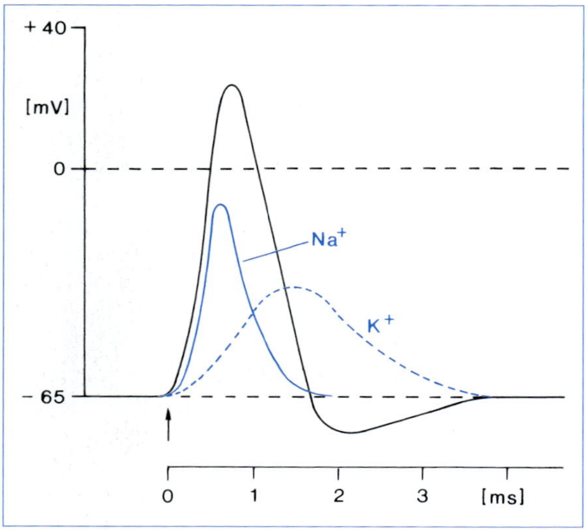

Abb. 15-8: Aktionspotential und zeitliche Veränderung der Leitfähigkeit der Axonmembran für Na^+- und K^+-Ionen. Der Pfeil gibt den Zeitpunkt des Depolarisationsbeginns an. Die Membran wird vom Ruhepotential – hier –65 mV – in positive Bereiche depolarisiert und erreicht nach ca. 2 ms wieder das Ruhepotential, auf das sie sich nach einer geringen Hyperpolarisation einpendelt. Für die farbigen Kurven gilt die Ordinatenskala nicht. Sie zeigen die Flüsse von Na^+ und K^+ durch ihre zeitlich begrenzt geöffneten Kanäle auf die P- bzw. die E-Seite der Membran.

minimaler Anteil der intrazellulären K^+-Ionen eines Axons sozusagen ihre Plätze mit extrazellulären Na^+-Ionen tauschen, wird das normale Na^+/K^+-Ungleichgewicht zwischen Innen und Außen leicht gestört. Der Normalzustand wird in üblicher Weise durch die Na^+/K^+-ATPase wiederhergestellt, womit letztlich auch die Energieabhängigkeit der Erzeugung eines Aktionspotentials zum Ausdruck kommt.

Die Stärke eines Nervenimpulses äußert sich nicht in der Amplitude des Aktionspotentials, denn diese ist für ein gegebenes Axon immer konstant, sondern in der Frequenz seiner Abfolge. Die erreichbare Geschwindigkeit eines Aktionspotentials hängt z. B. vom kapazitiven Widerstand, gemessen in Farad, der Membran ab und wächst etwa proportional zum Quadrat des Axondurchmessers. Deshalb besitzen die schnell leitenden Axone der Invertebraten wie z. B. das Riesenaxon des Tintenfischs große Durchmesser. Bei Vertebraten hat die Evolution mit der Myelinisierung einen raumsparenden anderen Weg beschritten. Bei myelinisierten Axonen umfassen die Stromschleifen den Bereich von einem Ranvierschen Schnürring bis zum nächsten, wodurch die Leitung schnell und auch energiesparend wird. In den Schnürringen treten Na^+-Kanäle gehäuft auf und erreichen Dichten von >1000 pro μm^2, während sie in den abisolierten und mit der extrazellulären Flüssigkeit nicht in Berührung kommenden Zwischenbereichen kaum zu finden sind. Man bezeichnet diese Art der Erregungsleitung deshalb als saltatorische Leitung (s. oben).

Eine Nervenzelle empfängt Signale von anderen Zellen über synaptische Kontakte an ihren nur wenige Millimeter langen Dendriten und am Perikaryon selbst. Mehrere tausend solcher Kontakte können an einer Zelle vorkommen. Die Synapsen sind exzitatorisch, wenn die Signalübertragung eine Depolarisation der postsynaptischen Membran bewirkt, und inhibitorisch bei Hyperpolarisation der Membran (s. unten). Ganz im Gegensatz zum Aktionspotential der Axonmembran können die postsynaptischen Potentiale sehr unterschiedlich stark sein. Da die Dendriten und Perikaryonmembran kaum Na^+-Kanäle enthalten, ist die Weiterleitung der De- bzw. Hyperpolarisationen im wesentlichen passiv und entsprechen den Stromschleifen in Abb. 15-6. Am Axonhügel summieren sich alle Eingänge auf, und je nach Stärke, Frequenz und zeitlichem Zusammenfallen der Einzelereignisse wird die Membran am Axonhügel unterschiedliche Potentiale aufweisen und manchmal auch stark depolarisiert sein. Solche mehr oder weniger starke Depolarisationen werden in entsprechende Frequenzen von Aktionspotentialen umgesetzt. Beteiligt sind dabei verschiedene spannungsabhängige K^+-Kanäle sowie ein spannungsabhängiger Ca^{2+}-Kanal und ein Ca^{2+}-abhängiger K^+-Kanal. Die beiden letztgenannten spielen eine wichtige Rolle bei einer Art **Adaptation**, die ja ein bekanntes Phänomen bei sensorischer Reizaufnahme ist. Bei starkem Stimulus, d. h. bei starkem Signaleingang und länger anhaltender hoher Frequenz von ausgesandten Aktionspotentialen akkumulieren Ca^{2+}-Ionen in der Zelle und öffnen die Ca^{2+}-aktivierten K^+-Kanäle. K^+ fließt auf die E-Seite der Membran und erschwert dadurch erneute Depolarisationen, die Nervenzelle sendet deshalb trotz anhaltendem Stimulus immer weniger Aktionspotentiale aus.

15.1.4 Synapsen

Der Begriff „Synapse“ wurde von C. Sherrington 1897 geprägt; die morphologische Evidenz für ihre Existenz erbrachte R. y Cajal 1911.

Synapsen sind kleine Kontaktstellen zwischen Zellen, an denen eine Übertragung von Nervensignalen erfolgt. Man unterscheidet zwei grundsätzlich verschiedene Synapsenformen: In der chemischen Synapse wird ein Aktionspotential der präsynaptischen Zelle über eine chemische Kopplung mit Hilfe von Neurotransmittermolekülen als Signal an die postsynaptische Zelle weitergegeben. Die Reaktion der postsynaptischen Zelle kann unterschiedlich ausfallen (s. unten). Die elektrische Synapse ist eine Gap Junction, in der das Aktionspotential direkt elektrisch an die postsynaptische Zelle weitergegeben wird; sie ist vor allem bei der Innervierung solcher Muskelzellen anzutreffen, bei denen eine besonders schnelle oder synchrone Erregungsübertragung notwendig ist.

Chemische Synapsen

Ein synaptischer Kontakt zwischen zwei Zellen wird von der präsynaptischen Membran der signalisierenden Zelle und der postsynaptischen Membran der signalempfangenden Zelle gebildet, die durch den synaptischen Spalt von etwa 50 nm Breite voneinander getrennt sind. Die präsynaptische Zelle enthält zahlreiche, d.h. 50 bis einige tausend synaptische Vesikel von ca. 50 nm Durchmesser, in denen – je nach Synapse – ein bestimmter Neurotransmitter in hoher Konzentration enthalten ist (Abb. 15-9). Synaptische Vesikel werden auch als Quanten bezeichnet (Quantelung der Neurotransmitter). Häufig treten zusätzlich etwas größere und dichtere Vesikel in geringer Zahl auf, die meist Neuropeptide enthalten und möglicherweise modulatorisch wirken. In der postsynaptischen Membran befinden sich in hoher Dichte Rezeptoren für Neurotransmitter. Es gibt verschiedene Neurotransmitter im ZNS, während in der Peripherie vor allem Acetylcholin und Noradrenalin als Signalmoleküle auftreten (Tab. 15-1).

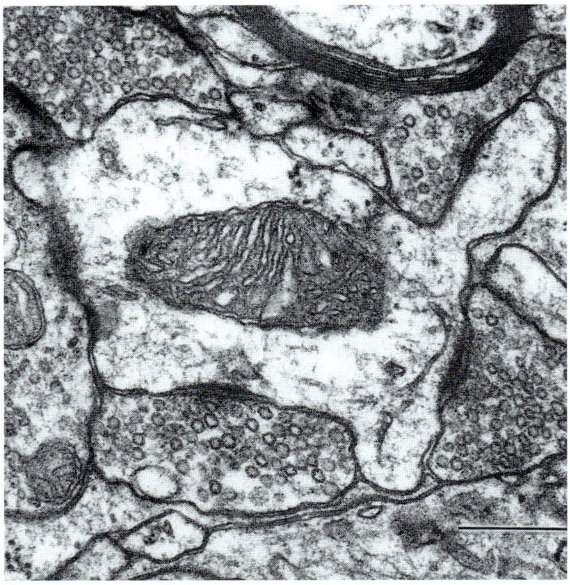

Abb. 15-9: Synapsen im Gehirn eines Affen. An dem Dendriten in der Mitte des Bilds, der ein Mitochondrion enthält, haben fünf präsynaptische Zellen Kontakt gefunden und Synapsen ausgebildet. Sie sind an den Verdickungen der Membranen und den zahlreichen synaptischen Vesikeln zu erkennen. (EM-Aufnahme: J. Campos-Ortega)

Synapsen werden nach ihren Neurotransmittern benannt, z.B. acetylcholinerge Synapse, glycinerge Synapse usw.. Die postsynaptischen Rezeptoren bzw. ihre Wirkungsweisen lassen sich zwei großen Gruppen zuteilen:

- Bei den Neurotransmitter-Rezeptoren mit Ionenkanal induziert die Bindung von Liganden die Öffnung eines Kanals im Rezeptorkomplex selbst. Ionen strömen in die postsynaptische Zelle ein und verändern lokal das Membranpotential, worin die Signalübertragung beruht. Bei den **exzitatorischen Synapsen** strömen vor allem Na^+-Ionen in die postsynaptische Zelle ein und depolarisieren dadurch die Membran. Diese Depolarisation kann sich als Aktionspotential in der Membran fortsetzen (s. oben). Bei den **inhibitorischen Synapsen** sind es einströmende Cl^--Ionen – bei Invertebraten auch ausströmende K^+-Ionen, die zu einer Hyperpolarisation der postsynaptischen Membran führen, d.h. sie wirken der Entstehung eines Aktionspotentials entgegen. Innerviert beispielsweise ein inhibitorisches Neuron den präsynaptischen Teil eines anderen Neurons, kann hier bei geeigneter Konstellation die Weitergabe eines Aktionspotentials unterdrückt werden. Die Rezeptoren sind oligomere Proteine und bilden eine Superfamilie. Zu ihnen gehören nicotinische Acetylcholin-Rezeptoren, Glutamat-Rezeptoren und Serotonin-Rezeptoren in exzitatorischen sowie Glycin-Rezeptoren und GABA-Rezeptoren (γ-Aminobuttersäure) in inhibitorischen Synapsen. Synapsen mit Ionenkanal-Rezeptoren sind schnell und übertragen ein Aktionspotential innerhalb <1 ms. Die Rezeptoren sind beispielsweise durch Phosphorylierungen modifizierbar.
- Bei der zweiten Gruppe stehen die Neurotransmitter-Rezeptoren mit heterotrimeren G-Proteinen in Verbindung. Die Rezeptoren besitzen typischerweise sieben Membrandurchgänge. Die G-Proteine leiten durch Aktivierung der Adenylat-Cyclase oder der Phospholipase C weitere Signalwege ein (s. 3.5.3). Diese zweite Synapsengruppe ist durch die zeitaufwendigeren Übertragungsmechanismen langsamer als die erste. Zu ihr gehören α- und β-adrenerge Rezeptoren, Dopamin-Rezeptoren, muscarinische Acetylcholin-Rezeptoren,

Tab. 15-1: Neurotransmitter und Synapsen.

Neurotransmitter	Synapse und Rezeptoren
Acetylcholin	Nicotinische cholinerge Synapse in den Neuromotorischen Endplatten mit Acetylcholin-Rezeptor mit Ionenkanal (s. unten); Agonist ist Nicotin, weitere Agonisten und Antagonisten s. Tab. 15-2. Muscarinische cholinerge Synapse in vom Parasympathicus innervierten Zellen, auch in einigen vom Sympathicus innervierten; auch im ZNS; Rezeptor mit sieben Membrandurchgängen; Agonist ist Muscarin aus *Amanita muscaria* (Fliegenpilz), Antagonist ist Atropin aus *Atropa belladonna* (Tollkirsche).
Glutamat	Glutamaterge Synapsen im ZNS; hetero- oder homooligomere Rezeptoren mit Ionenkanal; drei Familien, nach ihren Agonisten NMDA- (N-Methyl-D-Aspartat), AMPA- (α-Amino-3-hydroxy-5-methyl-4-isoxazol-Propionsäure) und Kainat-Rezeptoren genannt; der NMDA-Typ wird mit LTPs (long-term potentiation) in Zusammenhang gebracht (s. unten).
Serotonin	Serotonerge Synapsen im ZNS; Serotonin = 5-Hydroxytryptamin (5-HT); zahlreiche an G-Proteine gekoppelte Rezeptoren, die die Adenylat-Kinase aktivieren oder inaktivieren und die Phospholipase C aktivieren; an Vorgängen wie Schlaf, Appetit, Bewegung, Temperaturregulation, sexuelle Aktivität u. a. beteiligt. 5-HT3-Rezeptor mit Ionenkanal.
Glycin	Glycinerge Synapsen, inhibitorische Synapsen des Rückenmarks; Rezeptor mit Cl^--Kanal; Antagonist ist das Alkaloid Strychnin aus *Strychnus*-Arten.
GABA	GABAerge Synapsen (γ-Aminobuttersäure), inhibitorische Synapsen im ZNS; $GABA_A$-Rezeptor ähnlich Glycin-Rezeptor, mit Cl^--Kanal; Benzodiazepine wie Valium und Librium sowie Barbiturate binden an Untereinheiten des Rezeptors und verstärken seine Wirkung; Antagonist ist Bicucullin. $GABA_B$-Rezeptor mit sieben Membrandurchgängen und an G-Protein assoziiert; kann Adenylat-Cyclase und K^+-Kanäle aktivieren und spannungsabhängige Ca^{2+}-Kanäle inaktivieren.
Dopamin	Dopaminerge Synapsen im ZNS; Rezeptoren D_1 und D_2, an G-Proteine assoziiert; D_1 führt zu einer Aktivierung der Adenylat-Cyclase, D_2 zu einer Hemmung; bei der Parkinsonschen Krankheit werden dopaminerge Zellen in der Substantia nigra zerstört.
Noradrenalin	Adrenerge Synapsen an glatten Muskelzellen (vom Sympathicus innerviert) und im ZNS; mit Adrenalin (Hormon produziert im Nebennierenmark) und Dopamin zu den Catecholaminen zusammengefaßt; α- und β-adrenerge Rezeptoren, an G-Proteine gekoppelt, oft mit gegensätzlicher Wirkung; Amphetamine stimulieren die Freisetzung von Noradrenalin in Synapsen.
Opiate	Opiat-Rezeptoren δ, κ und μ im ZNS, an G-Proteine gekoppelt; natürliche Liganden Met-Enkephalin (Tyr-Gly-Gly-Phe-Met), Leu-Enkephalin (Tyr-Gly-Gly-Phe-Leu) und β-Endorphin (31 AS), vermindern die Schmerzempfindung (Nocizeption) und werden deshalb auch als endogene Opiate bezeichnet; das analgetische Opiat Morphin ist Ligand des μ-Rezeptors, wie an Knock-out-Mäusen gezeigt wurde; Antagonist ist Naloxon; natürliche Agonisten als Analgetika eingesetzt führen wie die Morphinalkaloide zu Abhängigkeit und Toleranz.
Adenosin	Adenosin ist ein Neuromodulator, der von vielen Zellen gebildet und bei pathologischen Zuständen ausgeschüttet wird und über prä- und postsynaptische Rezeptoren sedativ wirkt; man kennt die Adenosin-Rezeptoren A_1, A_{2a}, A_{2b} und A_3, die alle an G-Proteine gekoppelt sind; auch ATP kann an solche Rezeptoren binden; Astrocyten enthalten ebenfalls Adenosin-Rezeptoren; Coffein blockiert die Rezeptoren.

Serotonin-Rezeptoren, Neuropeptid-Rezeptoren u.a..

Die Fusion der **synaptischen Vesikel** mit der präsynaptischen Membran entspricht dem SNARE-Mechanismus (s. 8.1.3), zu dessen Formulierung Untersuchungen an Synapsen und an neurosekretorischen Zellen sehr viel beigetragen haben. Neurosekretorische Zellen kommen im Hypothalamus und in der Adeno- und Neurohypophyse mit ihren zahlreichen Peptid-Neurohormonen vor sowie in der Epiphyse am Diencephalon mit Melatonin als Neurohormon. Die Ca^{2+}-stimulierte Exocytose der Neurotransmitter ist ein sehr schneller Vorgang und erfolgt innerhalb einer Millisekunde. Um diese Geschwindigkeit zu erreichen, ist ein Teil der synaptischen Vesikel in der präsynaptischen Zelle in der sog. aktiven Zone der präsynaptischen Membran angedockt, d.h. sie befinden sich bereits in einem späten, aber fixierten Zwischenzustand des Exocytosevorgangs (Abb. 15-10). Der Ca^{2+}-Einstrom durch spannungsabhängige Ca^{2+}-Kanäle in unmittelbarer Nachbarschaft zu den angedockten Vesikeln erzeugt eine erhöhte lokale Ca^{2+}-Konzentration von 50-100 μM, die für die Membranfusion notwendig ist. Bis zu 500 Vesikel oder Quanten werden pro ankommendem Aktionspotential ausgeschüttet. Als Ca^{2+}-Sensor wirkt wahrscheinlich **Synaptogamin**, ein v-SNARE, in der Vesikelmembran. Synaptogamin besitzt zwei C_2-Domänen, die Ca^{2+}-abhängige Interaktionen mit anderen Proteinen vermitteln. Nach Fusion der Membranen und Exocytose der Transmitter wird die Vesikelmembran rezyklisiert. Ob bei der Fusion nur eine kleine Fusionspore entsteht, durch den die Transmittermoleküle ausströmen, oder die Fusion großflächiger verläuft, muß noch geklärt werden. Zur Rezyklisierung wird die Membran mit Clathrin belegt (s. 8.1.3). Der gesamte Zyklus von Exocytose, Endocytose und Regeneration fusionskompetenter Vesikel – einschließlich der Wiederbeladung mit Neurotransmittern – liegt in der Größenordnung von einer Minute.

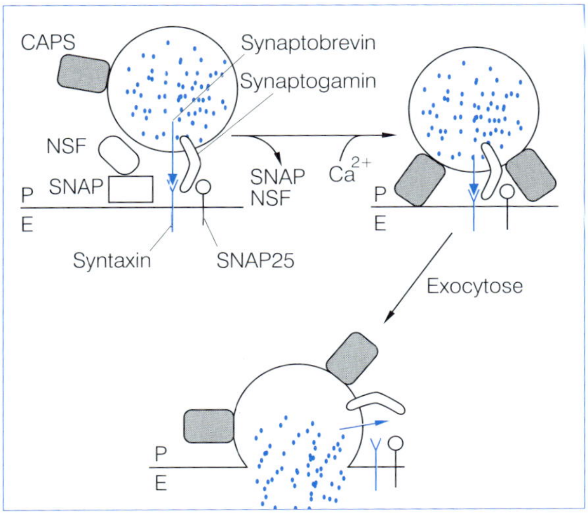

Abb. 15-10: Schema zur Exocytose von Neurotransmittern. Es stellt eine Modifikation des allgemeinen SNARE-Mechanismus dar (s. 8.1.3, Abb. 8-16). Im angedockten Zustand (links) sind neben dem vSNARE Synaptobrevin und dem tSNARE Syntaxin, der ATPase NSF und dem amphipathischen Protein SNAP, das NSF an die Vesikelmembran assoziiert, weiter Komponenten vorhanden. SNAP25 ist ein weiteres tSNARE, Synaptobrevin der Ca^{2+}-Sensor und CAPS (Ca^{2+}-dependent activator protein for secretion) ein für den letzten Schritt der Exocytose wichtiger Faktor.

Die ausgeschütteten Neurotransmitter werden in der Regel sofort wieder von der präsynaptischen Zelle aufgenommen. Sie werden dadurch im synaptischen Spalt schnell ausgedünnt, was zum Abschalten der Signaltransmission führt. Eine Art Rückkopplung besteht außerdem insofern, als viele Neurotransmitter die Aktivierbarkeit der spannungsabhängigen Ca^{2+}-Kanäle herabsetzen und eine weitere Exocytose damit verzögern. Zur Wiederaufnahme durch die präsynaptische Membran stehen besondere Translokatoren der SNF-Familie (sodium/neurotransmitter symporter familiy, s. 2.7.4) zur Verfügung. Aus dem Cytoplasma gelangen die Transmitter über einen H^+-Antiport in synaptische Vesikel zurück (s. 8.3). Beide Translokatoren arbeiten nach einem sekundär aktiven Modus, verbrauchen also indirekt ATP.

Die Ausschüttung von bestimmten Neurotransmittern wird durch **Clostridien-Neurotoxine** verhindert. Diese Toxine gehören zu den giftigsten Verbindungen, die man kennt. Sie sind Proteinasen mit Zn^{2+} im aktiven Zentrum und zeigen hohe Substratspezifität. Das **Tetanus-Toxin** aus *Clostridium tetani* dringt in Motorneurone ein, wird retrograd in das Rückenmark transportiert und dort in ein inhibitorisches Neuron transcytiert. Es hemmt die Exocytose des Transmitters Glycin durch Spaltung von Synaptobrevin; die Folge ist eine spastische Paralyse. Die **Botulinus-Toxine** von *Clostridium botulinum* dringen ebenfalls in Motorneurone ein, inhibieren aber bereits an Ort und Stelle die Ausschüttung von Acetylcholin, was zu einer flacciden Paralyse führt. Die Toxine F, D, G und B spalten ebenfalls Synaptobrevin, die Toxine A und E SNAP 25 und das Toxin C1 Syntaxin.

Im Gegensatz zum Aktionspotential des Axons, das immer eine bestimmte Amplitude aufweist und eine Alles-oder-Nichts-Reaktion darstellt, und auch im Gegensatz zur elektrischen Synapse (s. unten) erweisen sich die Vorgänge bei der Signalvermittlung in der chemischen Synapse als modulierbar. Auf Modifikationen von Rezeptoren und auf interferierende Synapsen wie die inhibitorischen wurde bereits hingewiesen. Allgemein spricht man von **synaptischer Plastizität**. Insbesondere ist damit gemeint, daß eine neuronale Aktivität – in Verbindung mit neuronaler Entwicklung, Lernen und Gedächtnis – zu einer synaptischen Modifikation führt. Beispiele sind die **LTP** (long-term potentiation) und ihr Gegenteil, **LTD** (long-term depression). Eine LTP ist definiert als länger andauernde synaptische Aktivität, um eine Stunde und mehr, nach einem kurzen hochfrequenten Stimulus bei gleichzeitiger Aktivität anderer Synapsen an der Zelle. Diese zusätzliche Synapse ist meist ein Subtyp der glutaminergen Synapse mit NMDA-Rezeptoren (N-Methyl-D-Aspartat), die neben Na^+ auch Ca^{2+} in die Zelle einströmen lassen; eine weitere Besonderheit dieser Rezeptoren ist ihre Aktivitätsabhängigkeit von einer Depolarisierung der Membran. Eine Hypothese besagt, daß ein geringer Ca^{2+}-Einstrom zu einem LTD und hoher Ca^{2+}-Einstrom zu einem LTP führt. Besonders in manchen exzitatorischen Synapsen des Hippocampus sind LTPs zu beobachten.

Die Wirkung flüchtiger **Anästhetika** und von Ethanol wurde lange Zeit als allgemein perturbierender Effekt dieser lipophilen Verbindungen auf die Lipiddoppelschicht von Biomembranen diskutiert. Neuerdings gibt es jedoch Hinweise darauf, daß solche Verbindungen an Neurorezeptoren mit Ionenkanal wie die Glycin- und GABA-Rezeptoren der inhibitorischen Synapsen binden und ihre offene Konformation verlängern. Etomidat beispielsweise hat eine Bindungsstelle am $GABA_A$-Rezeptor. Der nicotinische Acetylcholin-Rezeptor soll durch manche Anästhetika gehemmt werden. Eine spezifische Bindung würde auch die manchmal beobachtete Stereoselektivität von Anästhetika plausibel machen.

Neuromotorische Endplatte

Als Prototyp einer chemischen Synapse gilt die nicotinische cholinerge Synapse der Nerv-Muskel-Verbindungen, die neuromotorische Endplatte. Sie konnte deshalb so weitgehend analysiert werden, da sie experimentell leicht zugänglich ist. Besonders Froschmuskel dienten als Untersuchungsobjekte. Aus den elektrischen Organen der elektrischen Fische wie des Zitteraals

Electrophorus (s. 3.5.5) ließen sich zudem große Mengen an Material gewinnen.

Die neuromotorische Synapse ist eine hoch verzweigte Struktur mit vielen aktiven Zonen, die die zylindrische Muskelzelle innerviert. In jeder aktiven Zone sind etwa 50 synaptische Vesikel lokalisiert, von denen bei Ankunft eines Aktionspotentials nur wenige ausgeschüttet werden (Abb. 15-11). Der Neurotransmitter diffundiert durch den etwa 50 nm weiten Synapsenspalt, der Moleküle der extrazellulären Matrix wie Laminine u.a. enthält, und wird von **Acetylcholin-Rezeptoren** in der postsynaptischen Membran gebunden. Sie liegen dort in einer hohen Dichte bis zu 10 000 pro μm^2. Diese Rezeptoren sind pentamere Proteine der Zusammensetzung $\alpha 1_2 \beta 1 \gamma \delta$, wobei die α1-Untereinheiten je ein Acetylcholinmolekül binden (Strukturmodell s. 3.5.5). Der Einstrom von Na^+-Ionen durch den Rezeptorkanal führt zur Enstehung eines sog. **Endplattenpotentials**, das Auslöser eines Aktionspotentials in der Muskelzellmembran ist.

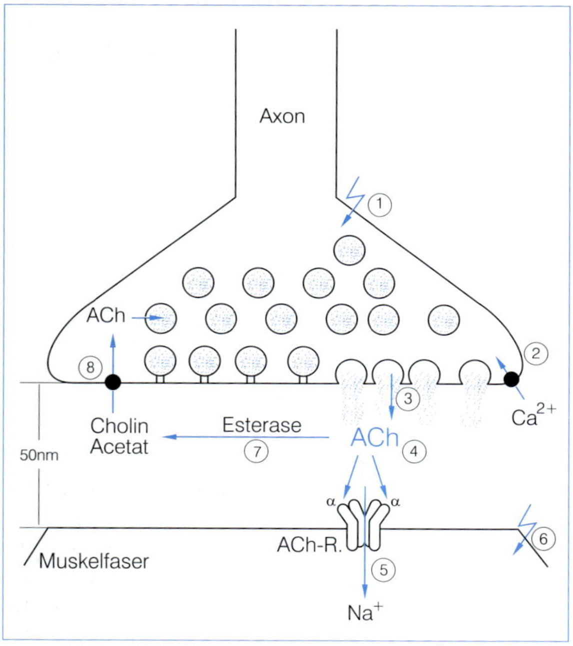

Abb. 15-11: Schema zur nicotinischen acetylcholinergen Synapse. 1: Ein Aktionspotential erreicht die Synapse. 2: Spannungsabhängige Ca^{2+}-Kanäle öffnen sich in unmittelbarer Nähe angedockter synaptischer Vesikel in einer aktiven Zone. 3: Ausschüttung von Acetylcholin (ACh) innerhalb 1 ms. 4: ACh-Moleküle binden an die α-Untereinheiten des Acetylcholin-Rezeptors (ACh-R.). 5: Na^+-Ionen strömen durch den Kanal des ACh-R. in die Muskelfaser. 6: Ein Aktionspotential entsteht in der Plasmamembran der Muskelzelle. 7: ACh wird durch die Acetylcholin-Esterase in Acetat und Cholin gespalten. 8: Cholin wird in einem Na^+-Cotransport in die präsynaptische Zelle rezyklisiert, dort zu ACh umgeformt und als regenerierter Neurotransmitter in synaptische Vesikel transportiert.

Dieses setzt sich wiederum über das T-System bis tief in die Muskelzellen hinein fort und induziert letztlich die Ca^{2+}-Freisetzung aus dem sarkoplasmatischen Reticulum (s. 14.1). 10^3-10^4 Na^+-Ionen können den Kanal pro ms passieren. Der Rezeptor wird gegenüber Acetylcholin im Millisekundenbereich unempfindlicher und erreicht seine volle Reaktionsfähigkeit erst wieder nach einigen hundert Millisekunden. Der Aufhebung des Signals dient auch die **Acetylcholin-Esterase**, die den ausgeschütteten Transmitter in Cholin und Acetat spaltet, so daß innerhalb weniger als einer Millisekunde kein Transmittermolekül mehr vorhanden ist. Das Enzym ist entweder ein Tetramer, das über Disulfidbindungen an ein kollagenähnliches Molekül in der extrazellulären Matrix gebunden ist, oder ein Dimer, das ebenfalls über Disulfidbindungen einen Komplex mit einem Protein mit GPI-Anker bildet. Der GPI-Anker legt den Komplex in der postsynaptischen Membran fest. Cholin wird in einem Na^+-Cotransport in die präsynaptische Zelle rezyklisiert.

Auch bei ruhender Synapse treten in relativ hoher Frequenz sehr kleine Depolarisationen von nur etwa 0,5 mV in der postsynaptischen Membran auf, die als **Miniatur-Endplattenpotentiale** bezeichnet werden. Sie liegen weit unter dem Schwellenwert und beruhen auf der zufälligen Ausschüttung einzelner Quanten an der präsynaptischen Membran. Sie sind Ausdruck einer Art „biologischen Rauschens“.

Motorneurone zusammen mit ihren neuromotorischen Endplatten sind Ziel zahlreicher biologischer Gifte, die von Organismen zum Beuteerwerb oder zur Abwehr oder aus keinem ersichtlichen Grund „entwickelt“ wurden (Tab. 15-2).

Von besonderem Wert für die Erforschung des Acetylcholin-Rezeptors waren die Cobra- und Krait-Toxine (α-Neurotoxine) aus dem Gift von *Cobra*- und *Bungarus*-Arten, die zu den Elapiden gehören, den Giftnattern mit Giftzähnen vorn im Kiefer. [Die Schlangengifte enthalten außerdem zahlreiche andere toxische Verbindungen.] Das bekannteste α-Neurotoxin ist das **α-Bungarotoxin**, ein kleines Polypeptid von etwa 7 kDa und vier internen Disulfidbindungen. Es bindet mit hoher Affinität und praktisch irreversibel – obwohl nichtkovalent – an den Rezeptor und verhindert damit die Bindung des Agonisten Acetylcholin.

Conotoxine sind Peptide von 13–30 AS mit zahlreichen konservierten Disulfidbindungen, die in den Giften räuberischer Meeresschnecken der Gattung *Conus* enthalten sind. Es gibt zahlreiche Varianten, darunter α-Conotoxin, das den Acetylcholin-Rezeptor blockiert, μ-Conotoxin, das den spannungsabhängigen Na^+-Kanal inhibiert, und ω-Conotoxin, das den spannungsabhängigen Ca^{2+}-Kanal hemmt. α-Conotoxin hat beispielsweise die Sequenz Glu-Cys-Cys-Asn-Pro-Ala-Cys-Gly-Arg-His-Tyr-Ser-Cys. Ein besonders eindrucksvolles Beispiel von Gift-Strategie findet man bei den Fischräubern *Conus geographus* oder

Tab. 15-2: Toxine für Motorneuron und nicotinische cholinerge Synapse.

Wirkort und Toxin	Bemerkungen
Na^+-Kanal	
Tetrodotoxin	Blockiert den Kanal; polycyclische Verbindung; im japanischen Kugelfisch *Spheroides porphyreus*, seine nichttoxische Muskulatur ist unter dem Namen Fugu eine Delikatesse; Produzenten sind symbiontische Bakterien oder solche der Nahrungskette.
Saxitoxin	Blockiert den Kanal; polycyclische Verbindung der Dinophycee *Gonyaulax catenella*; wird z. B. von Miesmuscheln angereichert und kann dann zu Vergiftungen beim Menschen führen.
μ-Conotoxin	Blockiert den Kanal; Polypeptid im Gift der Meeresschnecke *Conus geographus* und anderer *Conus*-Arten (s. unten).
Batrachotoxin	Öffnet den Kanal; Steroidalkaloid im Hautsekret des südamerikan. Frosches *Phyllobates aurotaenia*, eines sog. Pfeilgiftfrosches.
Aconitin	Öffnet den Kanal; Alkaloid im Eisenhut (*Aconitum*-Arten).
Seeanemone-Toxin	Blockiert Inaktivierung des Kanals; Polypeptid in den Tentakeln von *Anemonia sulcata*.
α-Skorpion-Toxin	Blockiert Inaktivierung des Kanals; Polypeptid im Gift des nordafrikan. Skorpions *Leiurus quinquestriatus*.
β-Skorpion-Toxin	Stimuliert Aktivierung des Kanals: Polypeptid im Gift des amerikan. Skorpions *Tityus serrulatus*.
K^+-Kanal	
Charybdotoxin	Blockiert den Kanal; kleines Polypeptid im Gift des Skorpions *Leiurus quinquestriatus* (s. auch 3.6.1).
Dendrotoxin	Blockiert den Kanal; Polypeptid im Gift der schwarzen Mamba *Dendroaspis polylepis*.
Ca^{2+}-Kanal	
ω-Conotoxin	Blockiert den Kanal; Polypeptid aus dem Gift der Meeresschnecke *Conus geographus* (s. unten).
Synapt. Vesikel	
α-Latrotoxin	Induziert Ca^{2+}-unabhängige Transmitterausschüttung; Polypeptid im Gift der schwarzen Witwe *Latrodectus mactans*.
Maitotoxin	Wie α-Latrotoxin; Polypeptid des Dinoflagellaten *Gambierdiscus toxicus*; Ursache der Ciguatera-Vergiftung in der Karibik.
Botulinus-Toxine	Verhindern Exocytose; Proteinasen (s. oben).
ACh-Rezeptor	
D-Tubocurarin	Kompetitiver Antagonist von Acetylcholin; Polycyclus in der Liane *Chondrodendron tomentosum*; unter dem Namen Curare von südam. Indianern als Pfeilgift verwendet.
α-Bungarotoxin	Irreversibler Antagonist von Acetylcholin; Polypeptid im Gift der Schlage *Bungarus multicinctus*.
Lophotoxin	Antagonist von Acetylcholin; Diterpen der Koralle *Lophogorgia*.
α-Conotoxin	Blockiert den ACh-Rezeptor; Polypeptid in dem Gift der Meeresschnecke *Conus geographus* (s. unten).
Histrionicotoxin	Blockiert den Kanal des ACh-Rezeptors; Alkaloid im Hautsekret des südam. Pfeilgiftfrosches *Dendrobates histrionicus*.
ACh-Esterase	
Physostigmin	Inhibitor; Alkaloid aus dem Samen der Fabacee *Physostigma venenosum*.
Fluostigmin	Irreversibler Inhibitor; Diisopropylfluorphosphat.

Conus textilis. Die Zähne der Radula dieser Schnecken sind harpunenförmig und enthalten wie die Giftzähne von Schlangen einen Giftkanal. Wenn ein Fisch nach der aus dem Sand ragenden Radula der im Sand verborgenen Schnecke schnappt, wird das Gift injiziert. Das Gift muß auf der Stelle wirken, damit die Schnecke den Fisch erbeuten kann. Es enthält α-, μ- und ω-Conotoxin, eine dreifache Absicherung also, um eine flaccide Paralyse der zur Flucht eingesetzten Muskulatur des Fisches zu erreichen. Die „Auf-der-Stelle-Wirkung" ist damit offenbar garantiert.

Die nicotinische cholinerge Synapse der Nerv-Muskel-Verbindung ist besonders effektiv. Andere Synapsen, besonders solche mit Kopplung der Rezeptoren an G-Proteine, sind oft sehr viel langsamer, und die Ionenströme können um zwei Größenordnungen geringer ausfallen. Oft sind auch weniger Ca^{2+}-Kanäle vorhanden und die Konzentrationen an Rezeptoren in der postsynaptischen Membran geringer.

Signalaufnahme durch Dendriten

Neurone besitzen verzweigte Dendriten, sog. Dendritenbäume. Seit über hundert Jahren ist bekannt, daß Dendriten sensorische Signale empfangen, integrieren und zum Nervenzellkörper weiterleiten. Lange Zeit war man der Ansicht, daß sie als passive Kabel wirken; einzelne Depolarisationen in Synapsen ergeben kleine Stromschleifen, die u.U. auch wieder verebben. In jüngerer Zeit konnten jedoch auch in Dendriten Ionenkanäle für Na^+ und Ca^{2+} nachgewiesen werden, und kürzlich wurden auch verschiedene K^+-Kanäle gefunden. Diesen K^+-Kanälen werden auch dämpfende Funktionen zur Erhaltung des Ruhepotentials und zur Regulierung von Hyperpolarisationen bei Aktionspotentialen zugeschrieben. Geklärt ist damit die Art und Weise der Signalaufnahme jedoch noch nicht. Experimente an Dendriten gestalten sich wegen ihrer Kleinheit – ihre Durchmesser liegen unter 5 µm – nach wie vor schwierig.

Elektrische Synapse

Zur Übertragung eines Aktionspotentials können Zellen auch direkt elektrisch gekoppelt sein. Als elektrische Synapsen dienen Gap Junctions (s. 3.3.3). Diese plasmatische Zellverbindung besitzt einen so geringen elektrischen Widerstand, daß bei Potentialdifferenzen zwischen Zellen beträchtliche Ströme durch sie fließen können. Gap Junctions sind zwischen Nicht-Nervenzellen häufig. Als elektrische Synapsen zwischen Nervenzellen sind sie zwar nicht modulierbar, aber schnell und synchronisierend. Neurone gleicher Funktion sind manchmal durch elektrische Synapsen verbunden, beispielsweise Motorneurone, die Muskeln für Fluchtreaktionen bei Fischen oder die elektrischen Organe elektrischer Fische (s. 3.5.5) innervieren, wobei es sowohl auf Schnelligkeit als auch auf hohe Synchronisation ankommt. Elektrische Synapsen findet man auch im Myokard, wo sie die vom Sinusknoten ausgehende Erregung über das ganze Herz ausbreiten und die synchrone Kontraktion der Herzmuskelzellen auslösen. In der glatten Muskulatur des Darms, die für die Peristaltik verantwortlich ist, sind sie ebenfalls anzutreffen.

15.2 Sinneszellen

Bei einem Vielzeller (Tier) sind Sinneszellen zur Aufnahme von Reizen aus der Umwelt spezialisierte Zellen. Reize werden mit speziellen Rezeptoren oder Sensoren wahrgenommen und in eine Änderung des Membranpotentials der betreffenden Zelle umgesetzt. Über Synapsen nachgeschaltete Neurone im ZNS verarbeiten diese Informationen und lassen reizspezifische Empfindungen entstehen.

Die Zahl der von Zellen perzipierbaren Reize ist groß und von Organismus zu Organismus unterschiedlich. Man kennt Rezeptoren für Licht, mechanische Einwirkungen in vielfacher Art, bestimmte chemische Verbindungen (Geruch, Geschmack), Wärme, elektrische und magnetische Felder. Hohe Reizintensitäten können darüber hinaus zu Schmerzempfindungen durch Nocizeptoren führen.

Manche der speziellen Rezeptoren – besonders solche für Licht – sind bereits in Einzellern und auch in den Zellen höherer Pflanzen (s. Kap. 20) anzutreffen.

15.2.1 Lichtsinneszellen

Die Lichtsinneszellen der Tiere können Lichtintensitäten, verschiedene Lichtwellenlängen und – bei Arthropoden – auch linear polarisiertes Licht wahrnehmen. Lichtsinneszellen treten einzeln oder zusammengefaßt in besonderen Organen, den Augen auf. In den vier Tierstämmen der Mollusken, Anneliden, Arthropoden und Vertebraten entwickelten sich besonders leistungsfähige Augen. Während der Evolution sind zahlreiche Augentypen unabhängig voneinander entstanden. Beispielsweise leitet sich das Linsenauge der Vertebraten von einer Ausstülpung des Gehirns her, während das der Tintenfische eine Einstülpung der Exodermis darstellt.

In den Augenretinae der Säuger sind als Sinneszellen Stäbchen- und Zapfenzellen anzutreffen, die besonders gut untersucht worden sind. Der Begriff „Photorezeptor" wird für die molekularen Rezeptoren, manchmal aber auch für diese Zellen selbst verwendet. Die Stäbchenzellen sind für das Hell-Dunkel-Sehen bei Schwachlicht zuständig, bei stärkerem Licht, z.B. Sonnenlicht, werden sie inaktiv. Bei stärkerem Licht vermitteln Zapfenzellen das Farbensehen. Die Retina besteht aus mehreren Zellschichten, von der Rückwand des Aufapfels nach vorn aufgezählt. Mit den Zellen des Pigmentepithels haben die apikalen Teile der Stäbchen- und Zapfenzellen Kontakt. Am basalen Ende bilden diese Zellen synaptische Kontakte mit den Bipolarzellen aus, die die synaptische Verbindung mit den Ganglienzellen herstellen. Die Axone der Ganglienzellen bilden den optischen Nerv. Horizontalzellen sind querverbindende Zellen auf dem Niveau der Synapsen zwischen Stäbchen-/Zapfenzellen und Bipolarzellen, Amakrinzellen auf dem Niveau der Synapsen zwischen Bipolarzellen und Ganglienzellen. Die menschliche Retina enthält etwa 130 Millionen Lichtsinneszellen, aber nur etwa 1,2 Millionen Ganglienzellen. Die Sinneszellen konvergieren also, in komplexer Verschaltung, auf eine geringere Zahl von Nervenzellen, so daß die Eingangssignale feiner gerastert sind als die Ausgangssignale. Nur in der Fovea, dem kleinen Bereich schärfsten Sehens, ist eine Verschaltung von 1:1 zwischen Sinneszellen und Ganglienzellen zu beobachten.

Rhodopsine

Die Photorezeptoren der Lichtsinneszellen sind Rhodopsine, integrale Membranproteine von ca. 40 kDa mit sieben Membrandurchgängen und einem Chromophor. Sie entsprechen damit Rezeptoren, die mit heterotrimeren G-Proteinen als

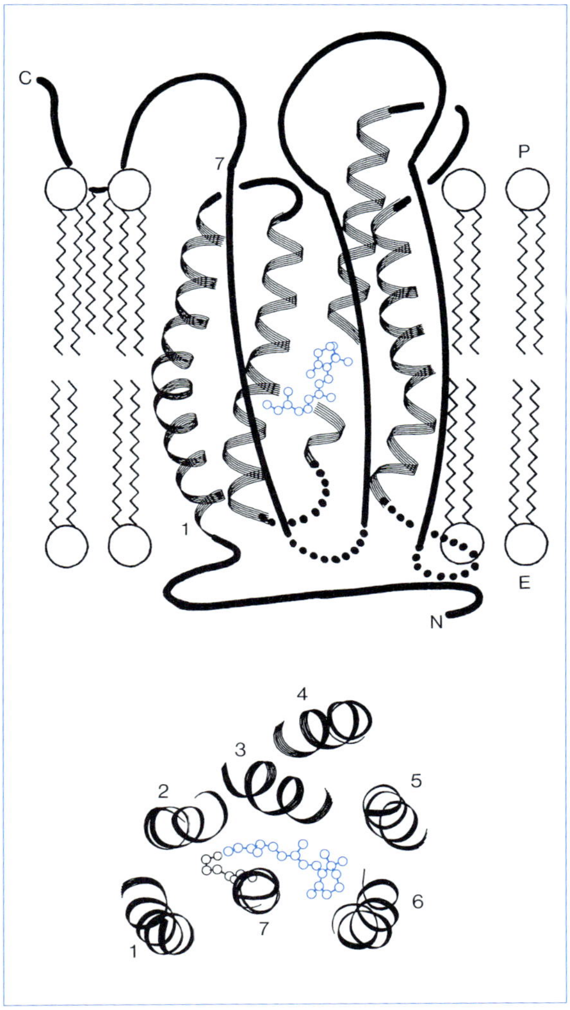

Abb. 15-12: Schematische Darstellung eines Rhodopsinmoleküls mit sieben Membranhelices und dem Chromophor Retinal. **Oben**: Seitenansicht; der N-Terminus liegt auf der E-, der C-Terminus auf der P-Seite. Die Helices 1 und 7 sind bezeichnet; die vorderen Helices 5, 6 und 7 sind der Übersichtlichkeit wegen nur als Linie angedeutet. Der Chromophor Retinal (farbig) ist kovalent an einen Lysinrest der Helix 7 gebunden. **Unten**: Aufsicht auf ein Rhodopsinmolekül mit seiner Tasche für Retinal, von der P-Seite der Membran aus gesehen. (Bild: K. Fahmy, nach Protein Data Bank 1BOK)

nachgeschalteten Elementen in der Signaltransduktionskette gekoppelt sind (s. 3.5.3). Das Apoprotein wird als Opsin bezeichnet. Der Chromophor der Rhodopsine ist Retinal, das an einen Lysinrest in der Membranhelix 7 in Form einer protonierten Schiffschen Base kovalent gebunden ist (s. Abb. 15-15). Der Chromophor liegt in einer Art Tasche, die durch die sieben Membranhelices gebildet wird (Abb. 15-12). Stäbchenzellen enthalten einen Rhodopsintyp, während es drei verschiedene Zapfenzellen mit Rhodopsinen gibt, die im blauen, grünen oder roten Spektralbereich ihre Absorptionsmaxima besitzen. Die unterschiedlichen Absorptionseigenschaften der Rhodopsine lassen sich auf die besondere Mikroumgebung um den Chromophor, d.h. auf die jeweilige Aminosäurezusammensetzung des Opsins zurückführen. Aus den Informationen dieser drei Zelltypen werden im Gehirn alle Farbwahrnehmungen erzeugt.

Alle Opsin-Gene leiten sich von einem anzestralen Gen ab. Bei Vertebraten enthalten die Gene vier Introns, die Gene für das rote und grüne Opsin außerdem ein fünftes nahe am 5'-Ende. Diese beiden Gene zeichnen sich durch eine besonders hohe Homologie aus. Beim Mensch liegt das Gen für das Stäbchen-Opsin auf Chromosom 3, das Gen für das blaue Opsin auf Chromosom 7 und die Gene für meist drei grüne Opsine sowie für das rote Opsin in enger Nachbarschaft auf dem X-Chromosom.

Die X-chromosomal vererbte **Rot-Grün-Blindheit** beim Menschen ist auf fehlerhafte Rekombinationsereignisse während der Meiose zurückzuführen, die durch die große Homologie der Gene begünstigt werden. Verschiedene Formen sind auf molekularer Ebene unterscheidbar: 1. Alle Gene für grüne Opsine sind verlorengegangen; grüne Zapfenzellen treten nicht auf. 2. Die Gene für die grünen Opsine sind durch ein Hybrid-Gen ersetzt worden, bei dem der Startbereich vom Gen eines grünen Opsins, der Rest von dem des roten stammt. Da die distalen Sequenzen die Art des Chromophors bestimmen, wirken die normalerweise grünen Zapfenzellen hier als rote. 3. Das Gen für das rote Opsin ist durch ein Hybrid-Gen ersetzt worden, bei dem der distale Bereich von einem Gen für grünes Opsin stammt. Diese Personen besitzen folglich keine roten Zapfenzellen. 4. Es können neben einigen oder allen normalen Opsin-Genen zusätzlich Hybrid-Gene für Opsine mit besonderen spektralen Eigenschaften auftreten. Ihre Absorptionsmaxima sind im Vergleich zu denen der normalen Pigmente verschoben.

Signaltransduktion in Lichtsinneszellen

Stäbchen- und Zapfenzellen sind streng polar aufgebaut (Abb. 15-13). **Stäbchenzellen** enthalten in ihrem äußeren Segment (apikal) etwa 2000 scheibenförmige Membranvesikel (Discs), die mit der Plasmamembran und auch untereinander nicht in kontinuierlicher Verbindung stehen (Abb. 15-14). **Zapfenzellen** sind feinstrukturell anders organisiert; bei ihnen bildet die Plasmamembran im äußeren Segment zahlreiche Einfaltungen, während interne Membranen nicht vorhanden sind. An das äußere Segment der Zellen schließt sich als Verbindung der sog. Isthmus an, der wie eine Geißel aufgebaut ist. Es folgt das innere Segment mit dem Zellkern und schließlich die Synapse zur Bipolarzelle. In den Discs bzw. den Einfaltungen ist Rhodopsin das dominierende Membranprotein. Diese Membranen

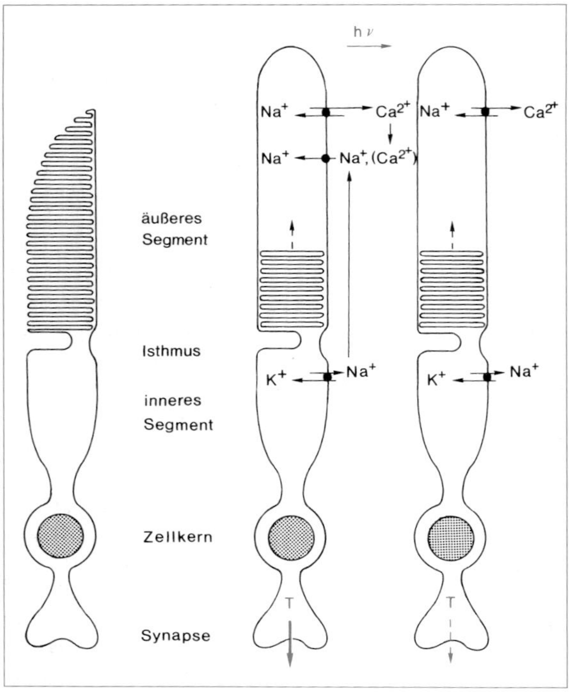

Abb. 15-13: Schematische Darstellung von Lichtsinneszellen. **Links**: Zapfenzelle. **Rechts**: Stäbchenzellen vor und bei Belichtung mit den entsprechenden Ionenströmen durch die Plasmamembran (s. unten). Bei Lichtabsorption wird durch Hyperpolarisation der Plasmamembran die Exocytose von Transmittermolekülen (T) in den Synapsenspalt vermindert.

Abb. 15-14: Ausschnitt aus dem äußeren Segment einer Stäbchenzelle einer Fisch-Retina. Die zahlreichen scheibenförmigen Membranvesikel (Discs) sind nicht mit der Plasmamembran (PM) verbunden. Oben rechts ist die PM einer zweiten Zelle getroffen. (Präparation: L. Missotten; Werkfoto Zeiss)

sind relativ fluide, da die Phospholipide viele hoch ungesättigte Fettsäurereste tragen. An Rhodopsinmolekülen sind erstmals translationale und Rotationsbewegungen von Membranproteinen quantitativ gemessen worden (s. 2.6).

Das Membranpotential einer Stäbchenzelle beträgt im Dunkeln etwa –30 mV, ist also wesentlich weniger negativ als das einer ruhenden Nervenzelle von etwa –60 mV. In diesem depolarisierten Zustand sezernieren die Zellen in ihren Synapsen ständig Neurotransmitter und aktivieren ihre Bipolarzellen. Bei Absorption von Licht durch die Rhodopsinmoleküle wird der Status von Ionen-Translokatoren verändert, die Plasmamembran wird hyperpolarisiert und die Transmitterausschüttung dadurch vermindert. Dieser Transduktionsmodus steht im Gegensatz zu allen übrigen bekannten und eigentlich auch im Gegensatz zu aller Erwartung.

Die molekularen Vorgänge nach Absorption eines Photons durch ein Rhodopsinmolekül sind besonders an Stäbchenzellen analysiert worden; im wesentlichen gelten sie wahrscheinlich auch für Zapfenzellen. Die Absorption eines Photons – das Absorptionsmaximum von Rhodopsin liegt bei 500 nm – induziert eine Konformationsänderung im Rhodopsin innerhalb von Millisekunden zum **Metarhodopsin II** (Absorptionsmaximum 380 nm). Primäre Ursache ist die Isomerisierung des Chromophors 11-*cis*-Retinal zum all-*trans*-Retinal und der Übergang des Protons der Schiffschen Base auf Glu-113, das die Schiffsche Base zuvor stabilisiert hatte. All-*trans*-Retinal bleibt kovalent gebunden, bis das instabile Metarhodopsin II in Opsin und all-*trans*-Retinal zerfällt (Abb. 15-15 und 15-16). Metarhodopsin II interagiert mit dem G-Protein **Transducin**, dessen α-Untereinheit in der GTP-Form eine ebenfalls membrangebundene **Phosphodiesterase** aktiviert. Diese hydrolysiert cGMP zu GMP. cGMP

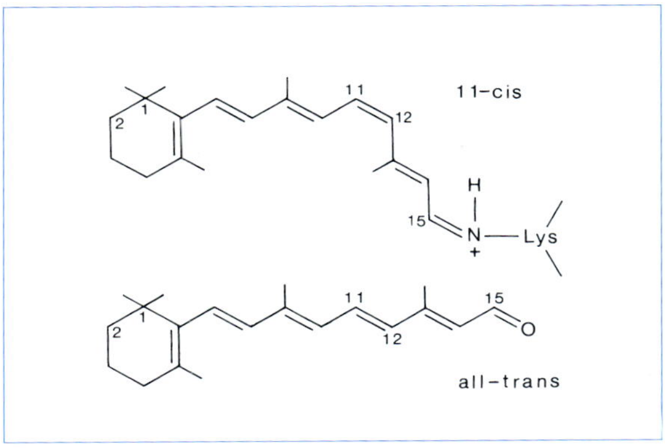

Abb. 15-15: Retinal. **Oben**: 11-*cis*-Retinal in Form einer protonierten Schiffschen Base an einen Lysinrest in Helix 7 des Rhodopsinmoleküls gebunden. **Unten**: all-*trans*-Retinal.

ist ein Modulator eines Ionenkanals in der Plasmamembran und hält ihn offen, so daß im Dunkeln ständig Na^+-, aber auch Ca^{2+}-Ionen in die Zelle einströmen und die Membran depolarisiert halten. Dieser Kanal zeigt starke Homologie zu den spannungsabhängigen Ionenkanälen, besitzt allerdings keinen Spannungssensor im vierten Membrandurchgang, dafür aber zusätzliche Bindungsdomänen für cGMP und Ca^{2+}/Calmodulin (s. 3.6.1). Die Hydrolyse von cGMP hat ein Schließen dieser Kanäle zur Folge. Dadurch wird die Membran hyperpolarisiert, da die Na^+/K^+-ATPase weiterarbeitet, und das Cytoplasma verarmt an Ca^{2+}, da auch der Na^+/Ca^{2+}-Antiport aktiv bleibt.

Der Signalweg enthält zwei Verstärkungsschritte: Das Metarhodopsin II kann viele Transducine aktivieren und die Esterase viele cGMP-Moleküle spalten. Die Absorption eines Photons hat die Hydrolyse von etwa 10^5 cGMP-Molekülen zur Folge. Das Sehsystem ist außerordentlich empfindlich, das menschliche Auge vermag bereits einen Lichtblitz von wenigen Photonen wahrzunehmen. Weniger als hundert absorbierte Photonen reichen aus, um eine halbmaximale Hyperpolarisation zu erreichen. Das System besitzt auch ein sehr geringes Hintergrundrauschen, da eine spontane Isomerisierung von 11-*cis*- nach all-*trans*-Retinal im Rhodopsin äußerst selten eintritt.

Die Signalkette wird durch gegenläufige Reaktionen rasch wieder abgeschaltet. Eine Guanylat-Cyclase liefert neues cGMP. Die α-Untereinheit des G-Proteins hydrolysiert ihr GTP und verliert damit die aktivierenden Eigenschaften für die Phosphodiesterase. Außerdem ist Metarhodopsin II instabil und wird zudem durch eine **Rhodopsin-Kinase** phosphoryliert und damit inaktiviert sowie von einem weiteren Protein, **Arrestin**, gebunden.

Zu den restaurierenden Reaktionen gehört die Wiederherstellung von Rhodopsin aus Opsin und 11-*cis*-Retinal. All-*trans*-Retinal wird noch in der Stäbchenzelle zu Retinol reduziert, das anschließend in eine Pigmentepithelzelle trans-

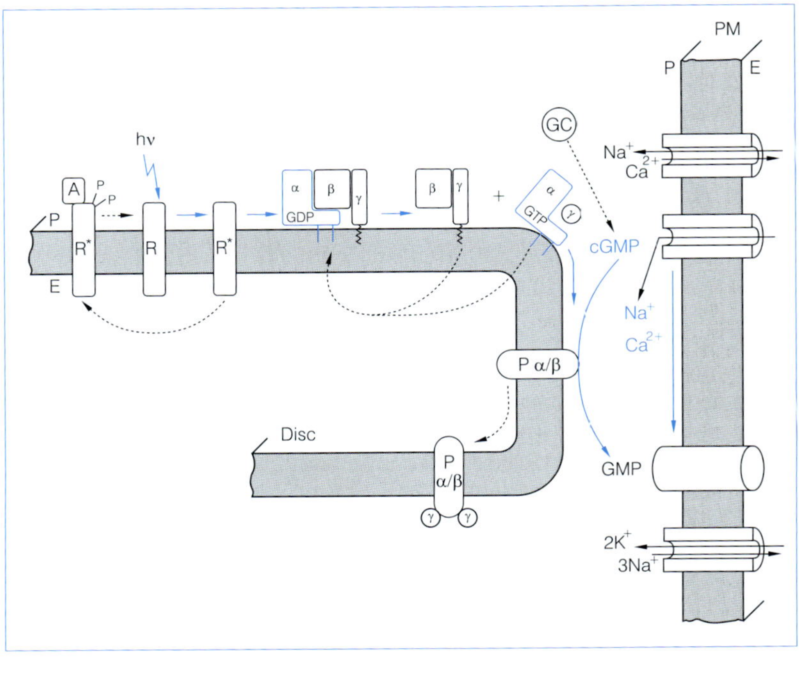

Abb. 15-16: Schema zur Signaltransduktion in einer Stäbchenzelle der Retina. Das durch Absorption eines Photons zum instabilen Metarhodopsin II (R*) aktivierte Rhodopsin (R) stimuliert das G-Protein Transducin (T). Dessen α-Untereinheit in der GTP-Form bindet γ-Untereinheiten der Phosphodiesterase (PD), wodurch deren α/β-Untereinheiten cGMP hydrolysieren können. Durch die Entfernung von cGMP schließen sich die depolarisierenden Ionenkanäle für Na^+/Ca^{2+}. Andere Ionenkanäle werden nicht beeinflußt, so daß die Plasmamembran hyperpolarisiert wird. Gegenläufige bzw. restaurierende Reaktionen sind mit unterbrochenen schwarzen Pfeilen gekennzeichnet. GC, Guanylat-Cyclase; A, Arrestin.

portiert wird. Dort geschieht zunächst die Isomerisierung zum 11-*cis*-Retinol und danach die Dehydrogenierung zum Aldehyd. 11-*cis*-Retinal gelangt auf unbekannte Weise in die Stäbchenzelle zurück und wird wieder in Opsin eingebaut.

Jeder kennt von seinen eigenen Augen her die Fähigkeit der **Adaptation** bei starkem Helligkeitswechsel. Diese hängt einerseits mit der oben erwähnten Verarmung der Zelle an Ca^{2+} bei anhaltender Hyperpolarisation der Plasmamembran zusammen. Die **Guanylat-Cyclase** ist ein Ca^{2+}-reguliertes Enzym in dem Sinn, daß niedrige Ca^{2+}-Konzentrationen ihre Aktivität steigern. Es entsteht demnach bei anhaltender Hyperpolarisation mehr cGMP, so daß mehr Licht absorbiert werden muß, um einen hyperpolarisierenden Effekt zu erzielen. Andererseits wirkt auch die Phosphorylierung von Opsin und seine Bindung an Arrestin empfindlichkeitsmindernd; bei starkem Licht ist ein Großteil des Opsins phosphoryliert und gebunden. In den Stäbchenzellen sind Adaptationen an Lichtintensitätsunterschiede in der Größenordnung von 10^5 möglich.

In diesem Zusammenhang ist die Mutation im Opsinmolekül interessant, die eine **Nachtblindheit** zur Folge hat. Bei dieser Mutation ist das Gly-90 durch Asp ersetzt, wodurch sich die Elektrostatik in der Nähe des Chromophors ändert. Der Photorezeptor benötigt zu seiner Aktivierung nun eine höhere Photonendichte. Dies entspräche einer Adaptation an stärkere Lichtintensität.

In den Sehzellen der Insekten, den **Ommatidien**, ist die Signalkette im Prinzip ähnlich. Wesentliche Unterschiede bestehen darin, daß die α-Untereinheit des G-Proteins eine Phospholipase C aktiviert, was über IP_3 zur Öffnung von Ionenkanälen in der Plasmamembran führt; die Plasmamembran wird depolarisiert, nicht hyperpolarisiert wie bei Stäbchen und Zapfen. Einfließende Ca^{2+}-Ionen inaktivieren die Signalkette wieder. Inaktives Metarhodopsin wird durch Photoisomerisierung von all-*trans*-Retinal zu 11-*cis*-Retinal zu Rhodopsin reaktiviert.

15.2.2 Zellen mit Chemorezeptoren

Die meisten Tiere können bestimmte chemische Substanzen in ihrer Umwelt registrieren, unterscheiden und auf sie in sehr unterschiedlicher Weise reagieren. Die notwendigen Chemorezeptoren sind weit verbreitet und kommen in großer Vielfalt vor.

Riechzellen

Im olfaktorischen Neuroepithel der Nasenhöhle liegen viele tausend bipolare olfaktorische Neurone (Riechzellen), die ihre Dendriten an die Epitheloberfläche und je ein Axon in ganz bestimmte Glomeruli im Bulbus olfactorius im Gehirn senden. Die Dendriten tragen an ihrer Spitze etwa zehn unbewegliche Cilien, die in den die Oberfläche bedeckenden Schleim eingebettet sind. Riechzellen können durch Teilungsaktivitäten neurogener Stammzellen im Epithel ständig ersetzt werden. Der Mensch ist mit seiner Nase in der Lage, ungefähr 10000 unterschiedliche Gerüche wahrzunehmen, wobei die mittleren Schwellenwertkonzentration bei 10^{-9} M liegt. Bei Tieren kann der Geruchsinn sehr viel empfindlicher sein.

Jedes olfaktorische Neuron exprimiert in der Plasmamembran der Cilien nur einen speziellen **Odorant-Rezeptor** (Chemorezeptor) aus einer Familie von mehr als tausend verschiedenen. Diese Rezeptoren besitzen überlappende Bindungsspezifitäten, so daß die Kombination aktivierter Rezeptoren eine größere Zahl von Geruchsqualitäten zuläßt als Rezeptortypen existieren. Bei der „Auswahl" des Rezeptors in einer Zelle geschieht nicht nur eine Locus-Exklusion, sondern auch eine allelische. Alle Neurone, die den gleichen Rezeptor exprimieren, im Epithel aber zufällig verteilt sind, senden ihre Axone zu einem oder wenigen bestimmten Glomeruli im Bulbus olfactorius. Man nimmt an, daß auf diese Weise eine zweidimensionale Karte für aktivierte Rezeptoren im Gehirn generiert wird. Ein neu entstehendes Neuron muß jeweils zwei präzise Entscheidungen treffen, die Auswahl eines bestimmten Rezeptors und die Wegfindung seines Axons zum richtigen Glomerulus. Bei der Wegfindung scheint der Rezeptor selbst in entscheidender Weise beteiligt zu sein.

Die Rezeptoren besitzen sieben Membrandurchgänge und sind an ein heterotrimeres G-Protein gekoppelt. Durch das G-Protein wird eine Adenylat-Cyclase aktiviert, und das entstehende cAMP öffnet einen Kationenkanal in der Plasmamembran. Durch den Einstrom von Na^+ entsteht eine Depolarisation und damit ein Aktionspotential. Der Kanal gehört zur Familie der cAMP/cGMP-abhängigen Translokatoren, wie sie auch in den Sehzellen vorkommen (s. oben). Nur ist in den Riechzellen eine Depolarisation, keine Hyperpolarisation zu beobachten.

Eine interessante Möglichkeit der Adaptation ist bei Riechzellen entdeckt worden. Der Ionenkanal erlaubt auch den Einstrom von Ca^{2+}-Ionen; Ca^{2+} kann eine Desensitisierung des cAMP-stimulierten Kanals bewirken.

Geschmackszellen

Die Geschmackszellen der Zunge liegen zu etwa hundert zusammengefaßt in sog. Geschmacksknospen, die in das Epithel der Papillen, besonderen Bereichen der Zunge, eingesenkt sind. Diese Sinneszellen sind umgewandelte Epithelzellen, d.h. nicht neuronale oder primäre Sinneszellen wie die Riechzellen, sondern sekundäre. Sie werden von Neuronen über Synapsen innerviert. Die Zellen haben eine Lebenszeit von nur etwa einer Woche und werden durch die Teilungsaktivität von Basalzellen erneuert.

Beim Menschen gibt es wie bei allen übrigen Wirbeltieren nur vier primäre Geschmacksqualitäten: süß, sauer, salzig und bitter. Eine fünfte für Aminosäuren wie Glutamat wurde postuliert und mit dem japanischen Wort Umami bezeichnet. Die Geschmackszellen besitzen in ihrem apikalen Teil Mikrovilli, in deren Plasmamembran Chemorezeptoren enthalten sind. Da sehr unterschiedliche Substanzen z.B. bitter schmecken, existieren für eine Geschmacksqualität möglicherweise mehrere Rezeptoren, was im einzelnen jedoch noch nicht geklärt ist.

- **Rezeptoren für „süß“** sind mit heterotrimeren G-Proteinen verbunden, die eine Adenylat-Cyclase aktivieren. cAMP induziert in diesem Fall die Schließung von K^+-Kanälen, was offenbar zu einem Aktionspotential führt. Süß schmeckende Substanzen enthalten sowohl eine elektrophile als auch eine nukleophile Gruppe und müssen bestimmten sterischen Erfordernissen genügen.
- **Rezeptoren für „sauer“** reagieren auf Protonen. Die Rezeptoren stellen K^+-Kanäle dar, die bei Besetzung des Rezeptors ebenfalls geschlossen werden.
- **Rezeptoren für „salzig“** sind Na^+-Kanäle; durch Amilorid, einen typischen Inhibitor für bestimmte Na^+-Kanäle, werden sie blockiert. Aktivierung der Rezeptoren hat die Öffnung der Kanäle und damit eine Depolarisation der Plasmamembran zur Folge. Salzig schmekkende Stoffe sind Salze, die in Lösung in An- und Kation dissoziieren. Beide Ionen tragen zum Geschmack bei.
- **Rezeptoren für „bitter“** sind wie diejenigen für „süß“ an heterotrimere G-Proteine gekoppelt, die in diesem Fall eine Phospholipase C aktivieren. Freigesetzten IP_3 aktiviert Ca^{2+}-Kanäle im ER und bewirkt dadurch eine Erhöhung der Ca^{2+}-Konzentration im Cytoplasma.

Der Mensch besitzt eine besonders hohe Empfindlichkeit für „bitter“, wie überhaupt bitter schmeckende Substanzen sehr wirksam sind. Das mag eine Anpassung daran sein, daß pflanzliche Toxine, besonders Alkaloide, häufig bitter schmecken. Chininsulfat wird bereits in einer Konzentration von 6 µM als bitter empfunden.

15.2.3 Mechanorezeptoren

Mechanosensoren sind verantwortlich für jegliche Art von Zug- und Druckempfindung, für das Hören und das Halten des Gleichgewichts, für das Registrieren von Schwerkraft und osmotischen Veränderungen in den verschiedensten Zellen und Organismen. Auf zellulär/molekularem Niveau sind diese Phänomene bisher allerdings sehr wenig verstanden.

Von *E. coli* ist ein **mechanosensitiver Ionenkanal** bekannt, der sich bei Dehnung der Plasmamembran, z.B. bei entsprechender osmotischer Gegebenheit öffnet. Der Kanal ist ein Homohexamer eines Proteins MscL von 136 AS mit zwei Membrandurchgängen. Andere Proteine sind offenbar nicht beteiligt. Man kennt verschiedene Punktmutationen im Protein, die den Kanal beeinflussen, seine Wirkungsweise ist jedoch noch nicht geklärt.

Haarzellen

Haarzellen besitzen an ihrem apikalen Ende 30–300 unterschiedlich lange Ausstülpungen der Plasmamembran, sog. **Stereocilien** (die „Haare“), die durch Actinbündel ausgesteift sind. Bei mechanischer Einwirkung werden die Stereocilien an ihren dünneren Basen umgelenkt, so daß sich ihre Spitzen leicht gegeneinander verschieben. Diese Verschiebung wird in ein elektrisches Signal umgeformt. Haarzellen findet sich z.B. in den Seitenlinienorganen von Fischen und aquatischen Amphibien zur Wahrnehmung der Wasserströmung, im vestibulären Labyrinth des Ohrs zur Registrierung von Beschleunigung und in der Cochlea des Ohrs zur Wahrnehmung von Schallwellen.

Beim Menschen liegen in jeder Cochlea etwa 16000 Haarzellen. Sie registrieren mechanische Ablenkungen mit außerordentlicher Empfindlichkeit. An der unteren Hörschwelle bewegen sich die Cilienbündel weniger als 1 nm, und ein geübter Musiker vermag im 1000-Hz-Bereich Unterschiede in Tonhöhen von 1 Hz zu erkennen. Haarzellen können im Ohr nicht ersetzt werden; Hörschäden bleiben daher permanent. Für die mechano-elektrische Signalwandlung und die rasche Adaptation ist ein fundiertes Modell entwickelt worden (Abb. 15-17).

Ionenkanäle an der Spitze eines Stereociliums sind mit Ionenkanälen seitlich der Spitze des nächst längeren Ciliums extrazellulär durch eine

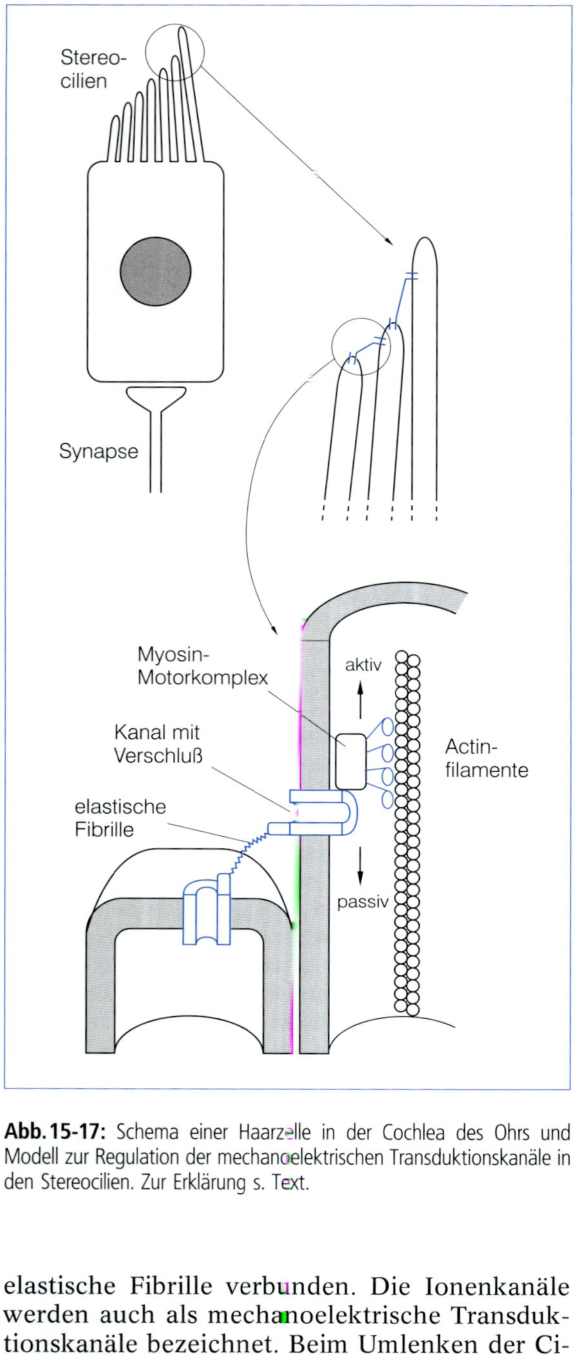

Abb. 15-17: Schema einer Haarzelle in der Cochlea des Ohrs und Modell zur Regulation der mechanoelektrischen Transduktionskanäle in den Stereocilien. Zur Erklärung s. Text.

elastische Fibrille verbunden. Die Ionenkanäle werden auch als mechanoelektrische Transduktionskanäle bezeichnet. Beim Umlenken der Cilien werden die Kanäle durch Spannung der Fibrillen geöffnet, es entsteht ein Membranpotential. Durch die Kanäle strömt auch Ca^{2+} ein, das einen Mechanismus in Gang setzt, der – auch bei bleibender Umlenkung – innerhalb von Millisekunden zum Schließen der Kanäle führt und sie in den sensiblen Ausgangszustand zurückbringt. Die seitlichen Ionenkanäle am längeren Cilium sind nämlich auf der cytoplasmatischen Seite mit Myosin-Motorkomplexen verbunden. Dieses spezielle Myosin ist die Isoform Iβ. Ein Myosin-Motorkomplex enthält 50–100 Myosinmoleküle, die an den Actinbündeln entlang aktiv zur Spitze wandern können; das plus-Ende der Actinfilamente liegt in der Spitze der Stereocilien. Durch den Kanal einströmendes Ca^{2+} löst unter Vermittlung von Calmodulin die Actin-Motor-Verbindung, der Myosin-Motorkomplex gleitet passiv abwärts und mit ihm zusammen auch der Kanal in der fluiden Membran. Ursache für dieses Gleiten ist die Spannung in der extrazellulären Fibrille. Durch das Gleiten wird die Spannung aufgehoben, und die Kanäle schließen sich. Mit der sich nun erniedrigenden Ca^{2+}-Konzentration beginnen die Myosine erneut aufwärts zu wandern und stellen dadurch die sensible Ausgangsspannung der Fibrille zwischen den Kanälen her. Eine geringfügige weitere Umlenkung der Stereocilien, d.h. eine Erhöhung der Spannung in der Fibrille öffnet erneut die Ionenkanäle. Bei Erschlaffung der Fibrille durch Umlenkung in die Gegenrichtung wird die sensible Ausgangsspannung in gleicher Weise durch die Motorkomplexe bewirkt.

Auf der basolateralen Seite wird die Haarzelle von einem Neuron des achten Gehirnnervs, des sog. Hörnervs, innerviert. Das Aktionspotential führt in den besonders gestalteten aktiven Zonen des Synapsenbereichs zur Öffnung spannungsabhängiger Ca^{2+}-Kanäle vom L-Typ (s. 3.6.1). Diese Kanäle liegen dort in hoher Dichte, so daß das einströmende Ca^{2+} eine sehr schnelle und synchrone Exocytose von Neurotransmittern – wahrscheinlich Glutamat – induzieren kann. Außerdem werden benachbarte Ca^{2+}-abhängige K^+-Kanäle geöffnet, wodurch die Membran sehr rasch wieder repolarisiert wird. Weitere Ionenkanäle sind an den Membranvorgängen beteiligt.

15.3 Weiterführende Literatur

Bargmann C I, Kaplan J M (1998) Signal transduction in the *Caenorhabditis elegans* nervous system. Annu. Rev. Neurosci. 21, 279–308.

Blount P, Sukharev S I, Moe P C, Nagle S K, Kung C (1996) Towards an understanding of the structural and functional properties of MscL, a mechanosensitive channel in bacteria. Biol. Cell 87, 1–8.

Burns M E, Augustine G J (1995) Synaptic structure and function: dynamic organization yields achitectural precision. Cell 83, 187–194.

Carter B D, Lewin G R (1997) Neurotrophins live or let die: does $p75^{NTR}$ decide? Neuron 18, 187–190.

Chen C, Tonegawa S (1997) Molecular genetic analysis of synaptic plasticity, activity-dependent neural develop-

ment, learning, and memory in the mammalian brain. Annu. Rev. Neurosci. 20, 157–184.
Childers S R (1997) Opioid receptors: pinning down the opiate targets. Curr. Biol. 7, R695-R697.
Crouch R K, Chader G J, Wiggert B, Pepperberg D R (1996) Retinoids and the visual process. Photochem. Photobiol. 64, 613–621.
Dulac C (1997) How does the brain smell? Neuron 19, 477–480.
Farber D B, Danciger M (1997) Identification of genes causing photoreceptor degenerations leading to blindness. Curr. Opinion Neurobiol. 7, 666–673.
Garner C C, Kindler S (1996) Synaptic proteins and the assembly of synaptic junctions. Trends Cell Biol. 6, 429–433.
Gillespie P G, Corey D P (1997) Myosin and adaptation by hair cells. Neuron 19, 955–958.
Glass D J, Yancopoulos G D (1997) Sequential roles of agrin, MuSK and rapsyn during neuromuscular junction formation. Curr. Opinion Neurobiol. 7, 379–384.
Hirokawa N (1997) The mechanisms of fast and slow transport in neurons: identification and characterization of the new kinesin superfamily motors. Curr. Opinion Neurobiol. 7, 605–614.
Hucho F, Tsetlin V I, Machold J (1996) The emerging three-dimensional structure fo a receptor. The nicotinic acetylcholine receptor. Eur. J. Biochem. 239, 539–557.
Hudspeth A J (1997) How hearing happens. Neuron 19, 947–950.
Kolodkin A L, Ginty D D (1997) Steering clear of semaphorins: neuropilins sound the retreat. Neuron 19, 1159–1162.
Martin T F J (1997) Stages of regulated exocytosis. Trends Cell Biol. 7, 271–276.
Missler M, Südhof T C (1998) Neurexins: three genes and 1001 products. Trends Genet. 14, 20–26.
Müller F, Kaupp U B (1998) Signaltransduktion in Sehzellen. Naturwiss. 85, 49–61.
Peichl L (1997) Die Augen der Säugetiere: Unterschiedliche Blicke in die Welt. Biol. in uns. Zeit 27, 96–105.
Ranganathan R, Malicki D M, Zucker C S (1995) Signal transduction in *Drosophila* photoreceptors. Annu. Rev. Neurosci. 18, 283–317.
Scherer S S (1997) Molecular genetics of demyelination: new wrinkles on an old membrane. Neuron 18, 13–16.
Stevens C F (1996) Spatial learning and memory: the beginning of a dream. Cell 87, 1147–1148.
Tessier-Lavigne M, Goodman C S (1996) The molecular biology of axon guidance. Science 274, 1123–1131.
Ward J M (1997) Patch-clamping and other molecular approaches for the study of plasma membrane transporters demystified. Plant Physiol. 114, 1151–1159.

16 TAKTISCHE BEWEGUNGEN VON ZELLEN

Durch externe Stimuli ausgelöste gerichtete Bewegungen von Zellen werden als taktische Bewegungen bezeichnet. Bei der **Chemotaxis** sind solche Stimuli chemische Gradienten (Konzentrationsgradienten) von Nahrungsstoffen aller Art, Sauerstoff, Signalstoffen wie Pheromonen, toxischen Verbindungen, Protonen (pH-Gradient) u.a.. Eine Bewegung zur Quelle hin gilt als positive, von der Quelle fort als negative Chemotaxis. Diese Art induzierter Bewegung ist ein weit verbreitetes Phänomen und wird nicht nur bei pro- und eukaryotischen Einzellern beobachtet, sondern auch bei bestimmten Zelltypen höherer Organismen. Fibroblasten, Spermien oder Zellen des Immunsystems bewegen sich in dieser Art. Für Immunocyten bilden Entzündungsherde oder in den Körper eingedrungene Fremdzellen auslösende Signale. Zur Chemotaxis brauchen Zellen Rezeptoren für die auslösenden Verbindungen und Signalwege von den Rezeptoren zum Lokomotionsapparat.

Ist der auslösende Stimulus Licht, spricht man von **Phototaxis**. Auch hier wird zwischen positiver und negativer Phototaxis unterschieden, je nachdem sich die Zelle zur Lichtquelle hin oder von ihr fort bewegt. Die Fähigkeit zur Phototaxis zeigen vor allem photoautotrophe Einzeller, aber auch andere Zellen. Sie besitzen entsprechende Photorezeptoren.

16.1 Chemotaxis

Ein allgemeines Charakteristikum chemotaktischen Verhaltens von pro- und eukaryotischen Zellen ist, daß die Orientierung einer Zelle bei ihrer Wanderung in einem chemischen Gradienten mit der Änderung in der Besetzung entsprechender Rezeptoren durch ihre Liganden korreliert ist. Dies bedeutet, daß eine Zelle in gleicher Weise reagiert, wenn die Zahl der besetzten Rezeptoren von 300 auf 500 oder von 1300 auf 1500 steigt. Auch solche Phänomene wie Signalintegration und Adaptation treten bei Pro- und Eukaryoten gleichermaßen auf.

Chemotaxis von *E. coli*

Eine *E. coli*-Zelle besitzt mehrere Flagellen, die ein Bündel bilden und bei koordinierter Rotation im Gegenuhrzeigersinn – vom Flagellenende aus gesehen – die Zelle geradeaus vorantreiben (s. 4.5.4). Bei Rotation im Uhrzeigersinn werden die Bündel hingegen aufgelöst, es kommt zu einer Taumelbewegung auf der Stelle. Bei erneuter Rotation im Gegenuhrzeigersinn ist dann ein Richtungswechsel der Zelle sehr wahrscheinlich. Ohne chemotaktischen Reiz schwimmen Bakterien einige wenige Sekunden lang in eine Richtung, fallen dann für etwa 0,1 s in eine Taumelbewegung und setzten ihre Bewegung in anderer Richtung fort.

E. coli besitzt in der Plasmamembran **Chemotaxisproteine** (MCPs, methyl-accepting chemotaxis proteins), die nur als sensorische Rezeptoren wirken. Chemotaxis kann aber auch durch Membranproteine ausgelöst werden, die gleichzeitig Transportfunktion für ihre Liganden wie Zucker etc. haben. Liganden binden im periplasmatischen Bereich von MCP-Dimeren. Die dadurch induzierte Konformationsänderung im cytoplasmatischen Bereich wird über ein Paar von CheW-Verbindungsproteinen (Che von Chemotaxis) auf die dimere His-Protein-Kinase CheA übertragen (Abb. 16-1). Eine der beiden Untereinheiten im CheA-Dimer kann die andere an einem konservierten His-Rest unter Verbrauch von ATP phosphorylieren. Zu beachten ist, daß attrahierende Substanzen diese „Autophosphorylierung" vermindern, abstoßende jedoch erhöhen. CheA ist der Sensor eines **Zwei-Komponenten-Systems**. Regulatoren sind CheY und CheB; die Phosphatgruppe wird auf einen Asp-Rest dieser Proteine übertragen. Phosphoryliertes CheY interagiert mit einer Komponenten FliM im regulatorischen C-Ring der Flagellen, der den Motorkomplex steuert und die Rotation der Flagelle in den Uhrzeigersinn zwingt, d.h. die Zelle zum Taumeln bringt. CheZ stimuliert den Verlust der Phosphatgruppe in CheY, wodurch das Signal abgeschaltet wird. CheB ist eine Methyl-Esterase, die für die **Adaptation** verantwortlich ist. Das Gleichgewicht zwischen dieser Esterase, die nur im phosphorylierten Zustand aktiv ist, und einer konstitutiven Methyl-Transferase CheR, die Glu-Reste im MCP-Dimeren im cytoplasmatischen Bereich methyliert, erlaubt eine Adaptation des Systems. Methylierte Glu-Reste bewirken eine inaktive Konformation von MCP trotz Besetzung mit Liganden.

Im Fall einer positiven Chemotaxis von *E. coli* bleibt der Phosphorylierungszustand von CheY und CheB gering, und die Zelle schwimmt geradeaus. Der Methylierungsgrad von MCP nimmt dadurch zu, und das Signal wird unterdrückt. Es erfolgt nun jedoch die Phosphorylierungskaskade, d.h. die Zelle wird taumeln, und MCP wird demethyliert werden, so daß die Signalweitergabe erneut möglich ist.

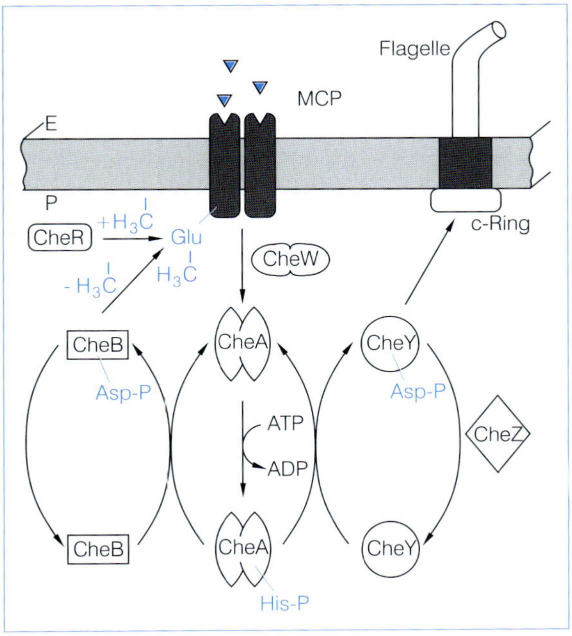

Abb. 16-1: Schema zur Chemotaxis bei *E. coli.*

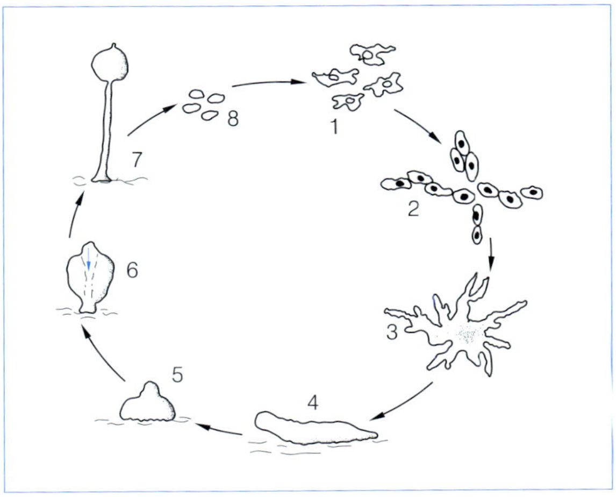

Abb. 16-2: Lebenszyklus von *Dictyostelium discoideum.* Die vegetativen Zellen ernähren sich von Bakterien (**1**), die sie endocytieren. Bei Erschöpfung der Nahrung wandern sie chemotaktisch (**2**) in Aggregationszentren (**3**), die sich zu einem Zellverband formen (**4**), der sich fortbewegen und/oder einen Sporangiophor ausbilden kann (**5**). Die späteren Stielzellen an der Spitze des Zellverbands wandern durch die Zellmasse (**6**, farbiger Pfeil), bauen den Stiel auf und heben dadurch die Präsporen in die Höhe (**7**). Die Sporen können keimen (**8**) und einen neuen Zyklus einleiten. Der gesamte Zyklus dauert etwa 24 h.

Chemotaxis von *Dictyostelium*

Dictyostelium discoideum gehört zu den zellulären Schleimpilzen (Acrasiales). Die amöboiden Zellen sind etwa 10 µm groß, leben bei ausreichendem Nahrungsangebot solitär und erreichen auf Bakterienrasen als Nahrungsquelle eine Generationszeit von nur drei Stunden. *D. discoideum* ist Haplont, es gibt jedoch auch eine Diplophase durch Syngamie von Zellen mit unterschiedlichem Paarungstyp. Die Amöben reagieren chemotaktisch auf Bakterienmetabolite. Die Zellen sezernieren ständig autokrine Faktoren, die bei Erschöpfung des Bakterienangebots zu einer Umstimulierung der Zellen führen. Sie werden jetzt „sozial" und beginnen zu aggregieren (Abb. 16-2). Die Zellen kleiner Aggregationszentren wirken als Schrittmacher, indem sie in Intervallen von 5-10 min Pulse von cAMP sezernieren. Die Adenylat-Cyclase ist membrangebunden, die Art der Sekretion ist aber nicht geklärt. Andere Arten produzieren andere Chemotaxis-Moleküle, *Polysphondylium*-Arten z.B. Peptide. cAMP zeigt zwei Wirkungen auf andere Zellen: Es regt sie selbst zur Produktion von cAMP an, so daß sich das Signal weiter ausbreitet, und es induziert eine Chemotaxis von etwa $0{,}1\ \mu m \cdot s^{-1}$ zu den Zentren hin. Beide Reaktionen halten 1-2 min an, bevor eine Adaptation einsetzt. Besetzte Rezeptoren werden dazu phosphoryliert, was ihre Sensitivität gegenüber cAMP vermindert; eine Dephosphorylierung unbesetzter Rezeptoren erneuert ihre Empfindlichkeit. Wenn das sezernierte cAMP durch eine extrazelluläre Phosphodiesterase abgebaut ist, kann eine neue cAMP-Welle beginnen. Diese periodischen Wellen wandern von den Aggregationszentren nach außen. Die Zellen selbst wandern in solchen Zentren chemotaktisch ein. Die extrazelluläre cAMP-Konzentration in den Wellen liegt im Bereich von $10^{-6}\ mmol \cdot l^{-1}$.

Ruhende Zellen können sich offenbar bei wachsenden Gradienten – nicht bei abnehmenden – räumlich orientieren. (Bakterien vermögen das nicht, sie müssen sich bewegen, um einen Gradienten zu entdecken.) Zellen ohne Nahrung exprimieren ca. 40 000 cAMP-Rezeptoren auf ihrer Oberfläche. Man nimmt an, daß kleine Unterschiede in der Rezeptorbesetzung „vorn" und „hinten" registriert werden können. Die Rezeptoren sind an G-Proteine gekoppelt, die eine Phospholipase C, eine Guanylat-Cyclase und über einen MAP-Kinase-Weg eine zweite Adenylat-Cyclase aktivieren sowie die Öffnung von Ca^{2+}-Kanälen induzieren. Nur die Guanylat-Cyclase ist für die Chemotaxis essentiell, die zweite Adenylat-Cyclase, die den internen cAMP-Spiegel erhöht, spielt erst bei der Aggregation der Zellen eine Rolle. Die Art der Umsetzung des cGMP-Signals in eine amöboide Bewegung ist noch nicht geklärt.

D. discoideum ist auch ein Modellorganismus für das Studium eines einfachen Differenzierungsvorgangs geworden (Abb. 16-2). Aus einem Aggregat von ca. 10^5 Zellen bildet sich zunächst ein etwa 1 mm großer länglicher Zellverband, der eine Polarität besitzt und über ein Substrat wandern kann. In ihm prädifferenzieren sich zwei Zelltypen, die späteren Sporen, die wieder auskeimen können, und die späteren Stielzellen des Sporangiophors, die in der Spitze des Zellverbands liegen und etwa 20% der gesamten Zellen ausmachen. Bei der Bildung des Sporangiophors richtet sich der Zellverband auf, und die späteren Stielzellen wandern – fast wie bei einer Gastrulation – durch die Zellmasse hindurch, formieren den Stiel und heben die Präsporen dadurch in die Höhe. Dabei vakuolisieren sie, bilden eine dicke Zellwand aus und sterben schließlich ab. Die zentralen Fragen bei der Analyse dieser einfachen Morphogenese betreffen die Wirkungsweise verschiedener Morphogene, die Signalketten, die sie induzieren, und die Art und Abfolge der induzierten Gen-Expressionen. Eines der Morphogene ist DIF (differentiation inducing factor, 1-[3,5-Dichlor-2,6-dihydroxy-4-methoxyphenyl]-1-Hexanon), ein anderes ist Adenosin.

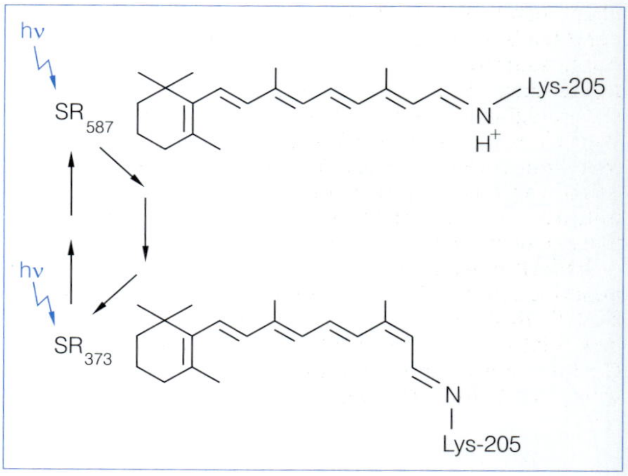

Abb. 16-3: Photochemischer Reaktionszyklus von sensorischem Rhodopsin I (SR) in Halobakterien. Der Retinal-Chromophor bleibt während des ganzen Zyklus an Lys-205 kovalent gebunden.

16.2 Phototaxis

Phototaxis bei Halobakterien

Bei Halobakterien (Archaea) sind die Phototaxispigmente sog. **sensorische Rhodopsine** (SR). Diese Organismen besitzen noch weitere Rhodopsine in ihrer Plasmamembran für Ionentransporte (s. unten). Diese bakteriellen Rhodopsine enthalten – wie die Rhodopsine der Stäbchen- und Zapfenzellen – sieben Membrandurchgänge sowie Retinal als Chromophor (s. 2.5.1). SRII induziert eine negative Phototaxis im Blaulicht, SRI kann sowohl eine positive als auch eine negative Antwort hervorrufen und ist sehr gut analysiert worden. Es steht in der Plasmamembran mit einem Transduktor HtrI (halobacterial transducer for SRI) in Verbindung, der über ein Zwei-Komponenten-System die Flagelle steuert (s. oben). SRI hat sein Absorptionsmaximum bei 587 nm (SR_{587}) und enthält all-*trans*-Retinal, das als protonierte Schiffsche Base an Lys-205 gebunden ist (Abb. 16-3). Die Absorption eines Photons führt über kurzlebige Intermediate zu dem langlebigen SR_{373}, unter Verlust des Protons der Schiffschen Base und Isomerisierung des Chromophors zu 13-*cis*-Retinal. Diese Photoaktivierung ist begleitet von der Unterdrückung eines Richtungswechsels der Zelle und begünstigt eine positive Taxis zu orangem Licht. Die Signalweitergabe an den Transduktor mag in der Übertragung des Protons oder in einer konformationellen Änderung zum Ausdruck kommen.

Auch SR_{373} ist photochemisch reaktiv, und Photonabsorption im violetten Bereich bringt es über ein weiteres Intermediat in die SR_{587}-Form zurück. Dieser Vorgang induziert Umkehrungen der Schwimmrichtung der Zelle und eine negative Taxis von violettem Licht fort.

Bei Rhodopsinen wird die protonierte Schiffsche Base durch einen Glu-Rest (s. 15.2.1) oder einen Asp-Rest (s. unten) stabilisiert. Bei Photoaktivierung übernimmt dieser Rest das Proton. SRI enthält zwar ebenfalls einen Asp-Rest (Asp-76) in der Nähe der Schiffschen Base, dieser ist aber im Rezeptor/Transduktor-Komplex bereits protoniert und steht daher für solche Aufgaben nicht zur Verfügung. Interessanterweise hat die experimentelle Entfernung des Transduktors eine Deprotonierung dieses Asp-Rests zur Folge; bei Photoaktivierung des Rhodopsins wird das Proton von diesem Rest akzeptiert und auf der E-Seite der Membran abgegeben. Dies bringt SRI in sehr enge Nachbarschaft zu den Translokator-Rhodopsinen Bacteriorhodopsin als H^+-Translokator und Halorhodopsin als Cl^--Translokator.

Die Biosynthese von **Bakteriorhodopsin** wird in Halobakterien bei Sauerstoffmangel induziert. Ganze Bereiche der Plasmamembran können unter solchen Bedingungen ausschließlich von diesem Protein eingenommen werden (s. 2.5.1); diese Bereiche werden als **Purpurmembran** bezeichnet. Bakteriorhodopsin stellt eine lichtgetriebene H^+-Pumpe dar, die H^+ nach außen transportiert und auf diese Weise einen H^+-Gradienten aufbaut, der von der ATP-Synthase zur ATP-Gewinnung ausgenützt werden kann. Bakterien könnten über dieses Hilfssystem ein anaerob gewordenes Mikromilieu, in dem ihr Atmungssystem lahmgelegt ist, aktiv verlassen. Die Rotfärbung von Salinen bei starker Sonneneinstrahlung, die rasch zu Sauerstoffmangel führen kann, wird durch die Bildung des tiefroten Bakteriorhodopsins hervorgerufen, das die in den Salinen lebenden Halobakterien in ihren Membranen akkumulieren. Im photochemischen Zyklus von Bacteriorhodopsin übernimmt bei Belichtung das die Schiffsche Base stabilisierende Asp-85, das dem Asp-76 im SRI entspricht, das Proton von der Schiffschen Base. Es wird –

über einen weiteren Glu-Rest – schließlich auf der E-Seite der Membran entlassen. Solche H^+-Übertragungen von Aminosäurerest zu Aminosäurerest werden durch konformationsbedingte Änderungen der pK_a-Werte dieser Reste ermöglicht. Während des Zyklus wird auch der pK_a-Wert eines weiteren Asp-Rests, Asp-96, an der P-Seite der Membran gesenkt, so daß Asp-96 als H^+-Donator für die Schiffsche Base dienen kann, die dadurch wieder aufgefüllt wird. Asp-96 erhält ein neues Proton aus dem Cytoplasma, womit der vektorielle H^+-Transport beendet ist.

Halorhodopsin transportiert Cl^--Ionen aus dem Außenmilieu in das Cytoplasma hinein. Bezeichnenderweise sind die Reste Asp-85 und Asp-96 durch andere Reste (Thr bzw. Ala) ersetzt. Die strukturellen Veränderungen dieser Cl^--Pumpe während des Photozyklus sind noch nicht so weitgehend untersucht worden.

Phototaxis von *Chlamydomonas*

Viele einzellige Algen können sich phototaktisch bewegen und besitzen dazu einen Augenfleck von etwa 1 µm Durchmesser. Er besteht aus einer flächigen Anordnung von Lipidglobuli, die durch Ketocarotinoide rot gefärbt sind. Dieser Augenfleck liegt meist am inneren Rand von Chloroplasten nahe der Plasmamembran (Abb. 16-4), manchmal jedoch wie bei *Euglena* auch außerhalb der Chloroplasten. Der Augenfleck beschattet einen Photorezeptor, so daß ein „Richtungssehen" ermöglicht wird. Der Photorezeptor, bei *Chlamydomonas* und anderen Grünalgen ein Rhodopsin, ist wahrscheinlich in der Plasmamembran lokalisiert.

Chlamydomonas-Zellen rotieren beim Schwimmen im Gegenuhrzeigersinn um ihre Längsachse und scannen ihre Umgebung auf Lichtintensität und -qualität ab. Der Augenfleck ist im Bereich des Zelläquators nahe der Plasmamembran lokalisiert, also nicht in unmittelbarer Nähe der beiden Geißeln. Bei kontinuierlichem Licht verhalten sich die Zellen positiv oder negativ phototaktisch, bei Lichtblitzen treten verschiedene andere Verhaltensweisen auf. Das Opsin von *Chlamydomonas* zeigt wenig Homologie zu den Opsinen der Tiere und keine Homologie zu halobakteriellen Opsinen. Es ist noch ungewiß, ob es sieben Membrandurchgänge aufweist, da es sehr viele geladene Aminosäurereste enthält. Das Rhodopsin trägt all-*trans*-Retinal gebunden, das bei Absorption eines Photons zu 13-*cis*-Retinal isomerisiert wird. Es bildet wahrscheinlich einen Komplex mit Ionenkanälen in der Plasmemembran. Man nimmt an, daß ein Ca^{2+}-Einstrom zusammen mit anderen Ionenflüssen durch die Plasmamembran schließlich eine Modifikation des Geißelschlags bewirkt.

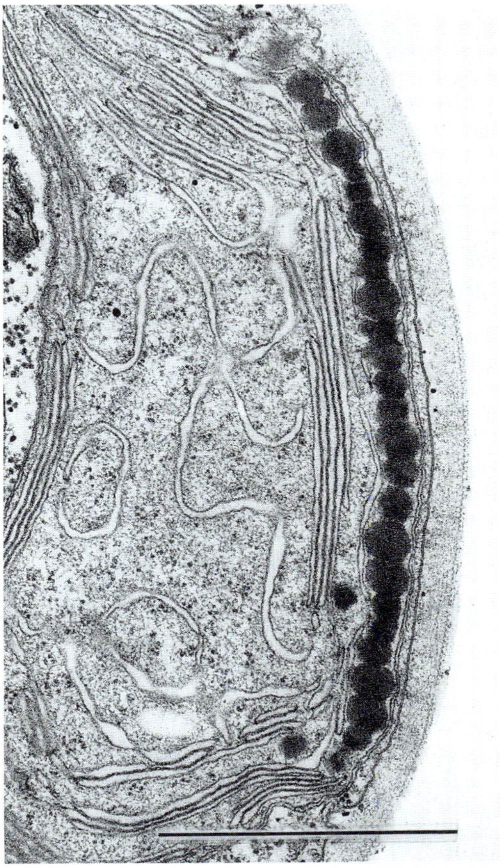

Abb. 16-4: Augenfleck (Stigma) der einzelligen Grünalge *Chlorogonium elongatum*. Die im Schnitt getroffenen, dunkel kontrastierten Lipidglobuli bilden eine scheibenförmige Beschattungsstruktur. Sie liegt innerhalb der beiden Hüllmembranen des Chloroplasten und nahe der Plasmamembran. Außerhalb der Plasmamembran ist Wandmaterial zu erkennen. (EM-Aufnahme: D. Fischer-Defoy)

16.3 Weiterführende Literatur

Armitage J P (1997) Behavioural responses of bacteria to light and oxygen. Arch. Microbiol. 249–261.

Haupts U, Tittor J, Bamberg E, Oesterhelt D (1997) General concept for ion translocation by halobacterial retinal proteins: the isomerization/switch/transfer (IST) model. Biochem. 36, 2–7.

Hegemann P (1997) Vision in microalgae. Planta 203, 265–274.

Manson M D, Armitage J P, Hoch J A, Macnab R M (1998) Bacterial locomotion and signal transduction. J. Bacteriol. 180, 1009–1022.

Mutzel R (Hrsg.) (1995) Molecular biology, growth and development of the cellular slime mold *Dictyostelium discoideum*. Experimentia 51, 1103–1196.

Spudich J L, Lanyi J K (1996) Shuttling between two protein conformations: the common mechanism for sensory transduction and ion transport. Curr. Biol. 8, 452–457.

17 CIRCADIANE RHYTHMIK

Alles Leben auf der Erde ist einem 24stündigen Licht-Dunkel-Wechsel unterworfen. Es mag für Zellen und Organismen während der Evolution vorteilhaft gewesen sein, den Tag-Nacht-Wechsel im voraus zu „wissen" und ihre Physiologie darauf einstellen zu können. Dieses circadiane Verhalten ist eine fundamentale Eigenschaft des Lebens. Das Wort circadian leitet sich von circa diem „ungefähr einen Tag" ab. Circadiane Rhythmen von metabolischen und physiologischen Funktionen und von Verhaltensweisen sind weit verbreitet bei Prokaryoten, eukaryotischen Mikroorganismen, Pflanzen und Tieren und stellen eine Adaptation an den Tag-Nacht-Rhythmus dar. Die circadiane Rhythmik ist durch verschiedene Eigenschaften charakterisiert (Abb. 17-1):

- Die Rhythmik wird unter natürlichen Bedingungen zu einer Periodenlänge von 24 h synchronisiert.
- Unter konstanten Licht- oder Dunkelbedingungen geht sie in Freilauf über und schwingt dann mit einer Periodenlänge, die von 24 Stunden abweicht (circadian).
- Die Periodenlänge ist in physiologischen Temperaturbereichen weitgehend temperaturkompensierend (Q_{10} ungefähr gleich 1).
- Unter konstanten Bedingungen kann sie durch abrupte Änderung von äußeren Bedingungen, z.B. im Dauerdunkel durch einen Lichtpuls oder bei konstanter Temperatur durch einen Temperaturpuls, phasenverschoben werden. Dieses Verhalten ist Grundlage für eine Synchronisation der inneren Rhythmik durch externe „Zeitgeber"-Zyklen (z.B. durch den tägliche Licht-Dunkel-Wechsel).
- Die Anlage zur circadianen Rhythmik ist vererbbar, und der „circadiane Oszillator" (die biologische Uhr, E. Bünning 1936) arbeitet auf zellulärem Niveau.

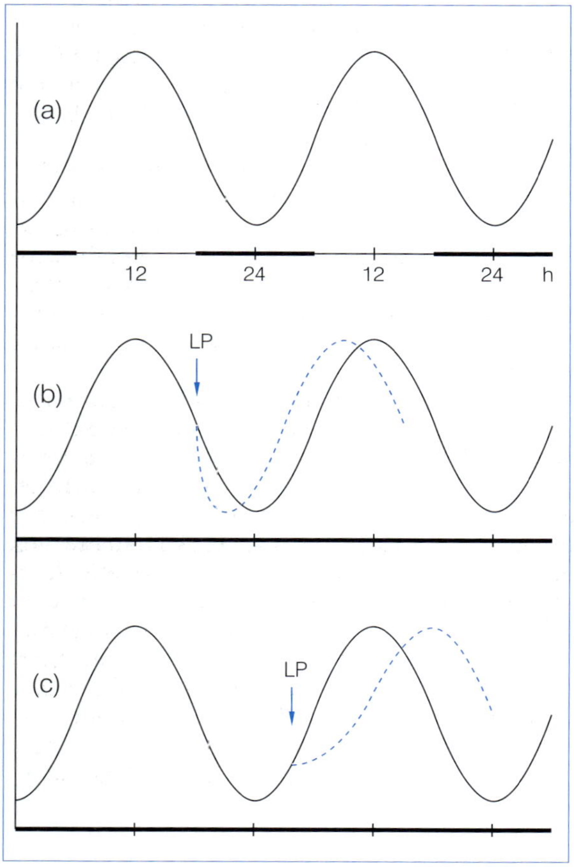

Abb. 17-1: Schema zum circadianen Rhythmus, z.B. zur Expression von Photosynthese-Genen u.a., während der Tagesperioden (**a**). Zu beachten ist, daß die Kurven auch phasenversetzt sein können, d.h. ihre Maxima nicht unbedingt bei 12 Uhr mittags aufweisen. Die Akkumulation eines Proteins beispielsweise wird der seiner mRNA immer mehr oder weniger nachlaufen. (**b** und **c**) Freilaufende Rhythmen im Dauerdunkel und ihre Beeinflussung durch Lichtpulse. (Als Periodenlänge wurden hier 24 Stunden gewählt; die Periodenlängen können bei freilaufenden Rhythmen jedoch innerhalb von 20 bis 30 Stunden schwanken.) Ein Lichtpuls zu Beginn der subjektiven Nacht verzögert die Phase der Uhr und ihres Rhythmus, das nächste Maximum und alle folgenden erscheinen früher (**b**), während ein Lichtpuls später in der subjektiven Nacht das folgende Maximum und alle weiteren später erscheinen läßt (**c**). LP, Lichtpuls.

Zahlreiche Organismen dienen als Untersuchungsobjekte zur Erforschung der circadianen Rhythmik (in Klammern sind jeweils Messparameter angegeben): die einzellige Dinophycee *Gonyaulax polyedra* (Biolumineszenz in der Nacht und Aggregation bei Tag), der Ascomycet *Neurospora crassa* (Konidienbildung), *Drosophila* (lokomotorische Aktivität, Schlüpfen aus der Puppenhülle), die Meeresschnecke *Aplysia* (Aktionspotentiale im Auge), *Acetabularia* (O_2-Entwicklung; Chloroplasten-Wanderung, Chloroplasten wandern bei Tag in die Spitze, bei Nacht in die Basis der Zelle), höhere Pflanzen (tagesperiodische Blattbewegungen, Funktion der Schließzellen) und die Maus (Verhalten).

Der molekulare Mechanismus der circadianen Rhythmik schließt einen Akzeptor für den Zeitgeber Licht (einen Photorezeptor), einen Transduktionsweg, einen Oszillator und die Beeinflussung der Folgereaktionen ein. Bisher konnte Phytochrom bei höheren Pflanzen eindeutig als Photorezeptor identifiziert werden. Weitere gute Kandidaten sind bei Pflanzen Blaulicht-Rezeptoren, bei Tieren Rhodopsine und bei Pilzen Flavoproteine (ebenfalls Blaulicht-Rezeptoren). Die Signaltransduktion und die Kopplung zwischen Photorezeptor(en) und circadianen Oszillator(en) ist weitgehend unbekannt. Es wird angenommen, daß der circadiane Rhythmus durch einen autoregulativen negativen Rückkopplungsmechansimus generiert wird, bei dem zumindest „Schrittmacher"-Gene beteiligt sein können. Die mRNAs dieser Gene und die translatierten Proteine werden in circadianem Modus gebildet und abgebaut/inaktiviert. Das Protein gewinnt Zugang zum Zellkern und inhibiert als Transkriptionsfaktor oder in Verbindung mit einem Transkriptionsfaktor die Expression des Gens. Mit entsprechendem Turnover sinkt die Menge an mRNA und die Menge wie auch die Neusynthese des Proteins. Der fortschreitende Abbau des Proteins erlaubt schließlich ein erneutes Einsetzen der Transkription. Solche autoregulatorischen Rückkopplungen sind verbreitet in Zellen, arbeiten allerdings innerhalb kürzerer Zeitspannen. Der circadiane Rhythmus jedoch dauert etwa 24 h – offenbar während der Evolution in den Eigenschaften der beteiligten Komponenten so adaptiert.

Dieser molekulare Zyklus kann durch den Zeitgeber über den Photorezeptor und den Transduktionsweg synchronisiert werden. Geht die circadiane Uhr morgens nach, wird das zunehmende Licht zu einer entsprechend veränderten, meist wahrscheinlich erhöhten Synthese von mRNA führen. Geht die Uhr vor, wird in der Abenddämmerung eine entgegengesetzte Synchronisation wirksam (Abb. 17-1).

Experimentell wird häufig das Luciferase-Gen (s. 18.2) als Reporter-Gen in transgenen Organismen benutzt, dem Promotoren von Genen, die unter circadianer Kontrolle stehen, vorgeschaltet werden. Die Biolumineszenz kann dann als Ausdruck der circadianen Expression verfolgt werden.

Es gibt Hinweise darauf, daß in vielzelligen Organismen mehrere Uhren existieren können. In höheren Pflanzen sind die meisten Gewebe lichtsensitiv, und die Uhren arbeiten lokal und scheinen wenig koordiniert zu sein. Schließzellen beispielsweise funktionieren zwar parallel zu aber unabhängig von Blattbewegungen. Pilzmycelien verhalten sich als ganzes rhythmisch, werden aber lokal gesteuert, wenn (experimentell) in verschiedenen Bezirken unterschiedliche Licht-Dunkel-Wechsel gegeben werden.

Man nimmt an, daß sich im Organismenreich die verschiedenen circadianen Systeme eher analog als homolog während der Evolution entwikkelt haben.

17.1 Circadiane Rhythmik bei niederen Organismen

Besonders eingehend untersucht sind und werden derzeit die Meerwasser-Dinophycee *Gonyaulax polyedra*, der Ascomycet *Neurospora crassa* und *Drosophila*.

Die einzellige Alge ***Gonyaulax*** bildet am Tag dichte Schwärme an der Meeresoberfläche und ist photosynthetisch aktiv. *Gonyaulax* besitzt vermutlich zwei Oszillatoren, die verschiedene Folgereaktionen kontrollieren und selbst durch zwei Photorezeptoren gesteuert werden. Die Blaulicht- und Rotlicht-Empfindlichkeit kontrolliert das Schwarmverhalten der Zellen und die phototaktische Orientierung. Eine separate Blaulicht-Empfindlichkeit beeinflußt die Biolumineszenz der Zellen bei Nacht.

Von ***Neurospora*** wurde ein Schrittmacher-Gen *frq* (*frequency*) kloniert. Die *frq* mRNA hat ihr Maximum am Morgen, das Translationsprodukt folgt in 2–4 Stunden Abstand. Das Protein wird tagsüber zunehmend phosphoryliert, was offenbar zu seinem Abbau führt. Zwei weitere Rhythmus-assoziierte Gene sind *wc-1* und *wc-2* (*white colar*).

Bei ***Drosophila*** befindet sich der Photorezeptor in den Augen. Bisher wurden zwei Schrittmacher-Gene *per* (*period*) und *tim* (*timeless*) entdeckt. Mutationen im *per*-Locus hatten schnellere, langsamere oder fehlende Rhythmik zur Folge. Per enthält eine sog. **PAS-Domäne** von etwa 260 AS, die wiederum zwei relativ konservierte Sequenzwiederholungen von etwa 60 AS aufweist. Die PAS-Domäne ist als Dimerisierungsdomäne erkannt worden. Per dimerisiert mit Tim und gewinnt Zugang zum Zellkern. Die Proteine modulieren die Transkription der Gene; es bleibt jedoch unklar, in welcher Weise dies geschieht, da Per und Tim selbst keine Transkriptionsfaktoren sind.

17.2 Circadiane Rhythmik bei Vertebraten

Bei Fröschen und bei Säugern enthalten die Augen den Photorezeptor für die circadiane Rhythmik. Bei den meisten anderen Vertebraten ist die Epiphyse, das Pinealorgan, Sitz der Photorezeptoren. Auch Säuger besitzen Epiphysenzellen, die sogar Opsin enthalten, jedoch kein Retinal-Chromophor. Die Synchronisation des endogenen circadianen Systems erfolgt bei Säugern zwar über die Augen, ist aber unabhängig von Stäbchen und Zapfen. Untersuchungen an Mäusen, die degenerierte Retinae oder keine Augen besaßen oder blind waren, führten zu der Schlußfolgerung, daß es bei Säugern zwei Wege der Lichtverarbeitung gibt. Das bildformende System über Stäbchen- und Zapfenzellen, das klassische Sehen, ist offenbar unabhängig von dem lichtempfangenden System, das die circadiane Uhr steuert.

Bei Säugern sind die suprachiasmatischen Nuclei des Hypothalamus Sitz des Schrittmachers für das circadiane Verhalten und die endokrine Rhythmik. Es muß folglich einen Signaltransduktionsweg von den Rezeptoren im Auge bis zu den Nuclei geben. Die beiden Nuclei oberhalb des Chiasmas der beiden optischen Nerven enthalten jeweils ca. 10000 Neurone. Selbst in isolierten Neuronen dieser Nuclei bleibt der circadiane Rhythmus nachweisbar. Von hier aus werden neurale Funktionen gesteuert wie z.B. die Festlegung der Schlafenszeit, der bedeutendsten Zustandsänderung des Gehirns.

Von der Maus konnten drei vermutliche Schrittmacher-Gene kloniert werden. Die PAS-Sequenz des *per*-Gens von *Drosophila* war dabei sehr hilfreich. Das ***clock*-Gen** wird in der Retina, in den suprachiasmatischen Nuclei und in anderen Geweben exprimiert. Es enthält neben der PAS-Domäne auch eine basische Helix-Loop-Helix-Domäne, die das Protein als Transkriptionsfaktor ausweist. Mäuse mit einer Mutation in *clock* zeigen stark veränderte circadiane Rhythmik. Das zum *per*-Gen von *Drosophila* orthologe ***per*-Gen** der Maus wird in den suprachiasmatischen Nuclei exprimiert. Sein Transkript oszilliert im 24-Stunden-Rhythmus – im Gegensatz zum Transkript des *clock*-Gens. Das humane *per*-Gen ist ebenfalls kloniert worden. Als drittes wurde das ***rigui*-Gen** beschrieben. Es ist wahrscheinlich identisch mit *per*. Rigui besitzt allerdings eine zusätzliche basische Helix-Loop-Helix-Domäne.

17.3 Weiterführende Literatur

Dunlap J C (1996) Gentic and molelcular analysis of circadian rhythms. Annu. Rev. Genet. 30, 579–601.

Iwasaki K, Thomas J H (1997) Genetics in rhythm. Trends Genet. 13, 111–115.

Roenneberg T (1996) The complex circadian system of *Gonyaulax polyedra*. Physiol. Plant. 96, 733–737.

Roenneberg T, Foster R G (1997) Twilight times: light and the circadian system. Photochem. Photobiol. 66, 549–561.

18 BIOLUMINESZENZ

Die Emission von sichtbarem Licht durch lebende Zellen (Photocyten) wird als Biolumineszenz bezeichnet. Sie beruht auf einer enzymkatalysierten Reaktion. Eine vorausgehende Absorption von Licht durch einen Chromophor ist nicht daran beteiligt. Das primär emittierte Licht kann allerdings in manchen Fällen durch ein zweites Protein absorbiert und als längerwelliges Fluoreszenzlicht abgestrahlt werden.

Biolumineszenz kommt in vielen Organismen vor, so in Bakterien, Protozoen, einzelligen Algen, Pilzen, Cnidariern, Mollusken, Anneliden, Crustaceen, Insekten (Käfern) und Echinodermen bis zu den Fischen. Insgesamt sind mehr als 600 „leuchtende" Arten bekannt. Unter ihnen besitzen die meisten mehrzelligen Arten eigene Photocyten, die oft in besonderen Leuchtorganen enthalten sind. Bei Cephalopoden und Fischen ist es häufig ein symbiontisches Bakterium, *Vibrio* (*Photobacterium*) *fischeri*, das in den Leuchtorganen lebt und für die Lichtaussendung verantwortlich ist. Die Leuchtorgane sind meist epithelialen Ursprungs und können kompliziert gestaltet sein und Linsen, Reflektoren und Abschirmeinrichtungen enthalten. Der „Zweck" dieses Leuchtens kann Kommunikation, Anlockung und Täuschung sein, manchmal ist seine Bedeutung auch unklar.

Die verschiedenen Biolumineszenzsysteme sind offenbar polyphyletischen Ursprungs, denn ihre Enzyme zeigen keine Homologien und die Substrate gehören den verschiedensten Substanzklassen an.

Besonders bekannte und/oder gut untersuchte Biolumineszenzsysteme sind diejenigen des mit den Enterobakterien verwandten *Vibrio fischeri*, der Meerwasser-Dinophyceen *Gonyaulax polyedra* (s. 17.1) und *Noctiluca miliaris*, die das „Meeresleuchten" verursachen, der Meduse *Aequorea victoria*, der amerikanischen „fire fly" *Photinus pyralis* und des einheimischen Glühwürmchens *Lampyris noctiluca*, bei dem nur die flugunfähigen Weibchen leuchten.

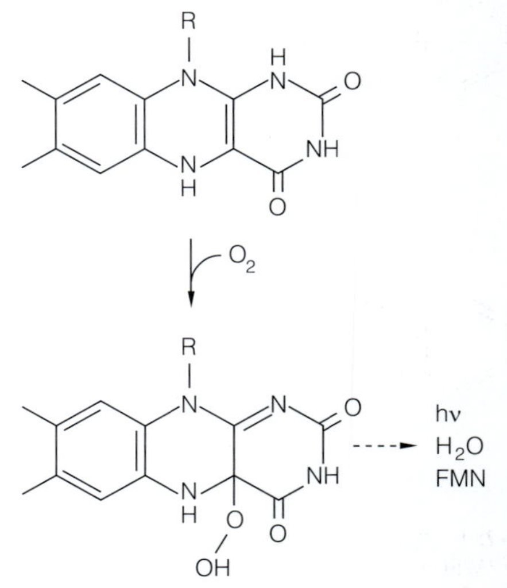

Abb. 18-1: Luciferase-Reaktion bei *Vibrio fischeri*. $FMNH_2$ wird mit Hilfe von O_2 zu einem Peroxid oxidiert, das über weitere Zwischenstufen schließlich Licht emittiert. Es entsteht FMN. An den Zwischenstufen ist ein langkettiger Aldehyd beteiligt, der an die Peroxidgruppe bindet.

18.1 Luciferin-Luciferase-Systeme

Die die Biolumineszenzreaktionen katalysierenden Enzyme werden unter dem Sammelbegriff Luciferasen geführt, ihre organischen Substrate als Luciferine bezeichnet. Luciferasen sind Oxygenasen, die ihre Luciferine mit Hilfe von O_2 in der Weise oxidieren, daß ein elektronisch angeregter Zustand erreicht wird. Bei Übergang in weniger energiereiche Zustände wird ein Photon emittiert. Die Wellenlänge des emittierten Lichts reicht von etwa 400 bis 620 nm, liegt jedoch meist im blauen Bereich zwischen 450 und 490 nm.

Bei ***Vibrio fischeri*** ist die Luciferase ein Heterodimer, das $FMNH_2$ oxidiert (Abb. 18-1). Das emittierte Licht hat eine Wellenlänge von 490 nm. Am System kann ein weiteres Protein, YEP (yellow fluorescent protein) mit einem zweiten FMN beteiligt sein, das mit einem Intermediat reagiert und Licht mit einer Wellenlänge von 540 nm aussendet.

Die Luciferase von ***Photinus pyralis*** ist ein Protein von 62 kDa mit SKL (Ser-Lys-Leu) als topogenem Signal. Die Photocyten von *P. pyralis* enthalten zahlreiche Peroxisomen, in denen die Luciferase enthalten ist (s. 9.1). Die Reaktion (Abb. 18-2) verbraucht bei der Oxidation von Luciferin zu Oxyluciferin ATP. Das emittierte Photon hat eine Wellenlänge von 562 nm.

Die ATP-Abhängigkeit der Luciferase von *P. pyralis* kann für eine außerordentlich empfindliche quantitative Methode zur **ATP-Bestimmung** ausgenützt werden. Mit einem empfindlichen Luminometer lassen sich noch Mengen im Bereich von 10^{-14} Mol nachweisen.

Aequorin ist eine Luciferase aus Medusen der Gattung *Aequorea*. Die Biolumineszenz, die dieses Enzym katalysiert, ist der Konzentration an

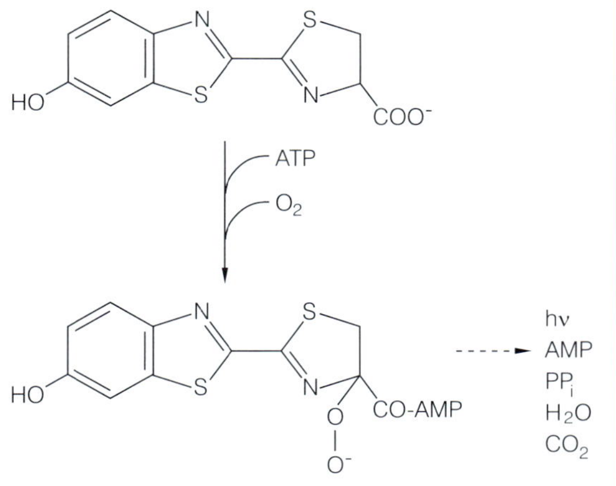

Abb. 18-2: Luciferase-Reaktion bei *Photinus pyralis*. Es wird zunächst unter ATP-Verbrauch ein AMP-Derivat des Luciferins hergestellt, das anschließend über Zwischenstufen peroxidiert und unter Aussendung eines Photons zu Oxyluciferin decarboxyliert wird. Hierbei regeneriert sich dieses Luciferin also nicht.

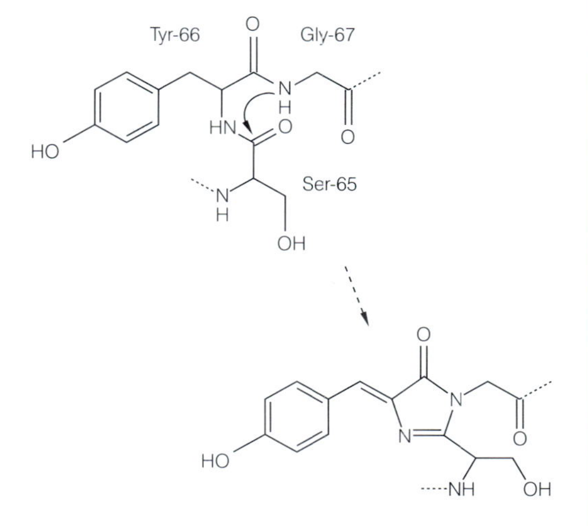

Abb. 18-3: Fluorophore Gruppe im grünfluoreszierenden Protein von *Aequorea victoria*. Die fluorophore Gruppe bildet sich aus den Aminosäureresten Ser-65, Tyr-66 und Gly-67 autokatalytisch in mehreren Schritten. Die gestrichelten Linien geben die fortlaufende AS-Kette an.

freiem Ca^{2+} proportional. Zum Registrieren von intrazellulären **Ca^{2+}-Konzentrationsänderungen** muß das Gen für Aequorin als Transgen in die Zellen eingebracht werden.

18.2 Das grünfluoreszierende Protein

Die Meduse *Aequorea victoria* enthält in ihrem Biolumineszenzsystem neben der Luciferase Aequorin ein weiteres Protein, das die Anregungsenergie der Biolumineszenzreaktion strahlungsfrei absorbiert und mit hoher Quantenausbeute wieder abstrahlt. Die Wellenlänge des emittierten Lichts liegt bei 508 nm, weshalb dieses Protein als grünfluoreszierendes Protein (GFP) bezeichnet wird. GFP besitzt zwei Anregungsmaxima bei 396 nm und bei 475 nm, die jedoch beide zur gleichen Fluoreszenz bei 508 nm führen. Das Maximum bei 475 nm liegt im Bereich der Biolumineszenz von Aequorin.

Die fluoreszierende Gruppe im GFP ist eine eigenartige Struktur, die sich aus der Tripeptidsequenz Ser-Tyr-Gly in den Positionen 65–67 innerhalb der 238 AS langen Polypeptidkette autokatalytisch bildet (Abb. 18-3). GFP besitzt eine bemerkenswerte dreidimensionale Struktur. Eine zentrale α-Helix wird von einem Zylinder aus einem elfsträngigen β-Faltblatt umgeben. In der Mitte der α-Helix liegt die fluorophore Gruppe. Die Struktur wurde mit einer Laterne mit leuchtendem Docht im Inneren verglichen. Die Abschirmung der fluorophoren Gruppe erklärt die Resistenz von GFP gegenüber hohem pH-Wert, Detergenzien u.a..

Das autofluoreszierende GFP, das keine weiteren Cofaktoren benötigt, eröffnet ein weites zellbiologisches Anwendungsfeld. Es ist durch Fluoreszenzmikroskopie in Zellen direkt nachweisbar. In rekombinanten Ansätzen läßt es sich als Fusionsprotein N- und C-terminal an viele Proteine koppeln, ohne seine Aktivität zu verlieren. Das *gfp*-Gen kann auch direkt hinter beliebige Promotoren plaziert werden, um Gen-Expression in Zellen und Geweben zu studieren und sozusagen sichtbar zu machen. ES-Zellen (embronic stem cells, s. 13.6) werden mit dem Gen transfiziert; auf diese Weise lassen sich Zelllinien während der Embryonalentwicklung verfolgen. Die Anwendungsgebiete für GFP wachsen ständig. Unterdessen wurden auch mutierte Proteine hergestellt. Beispielsweise emittiert die Mutante Tyr-66 → His, Tyr-145 → Phe blaues Licht, und die Mutante Ser-65 → Thr, Phe-64 → Leu leuchtet heller.

18.3 Weiterführende Literatur

Hastings J W (1996) Chemistries and colors of bioluminescent reactions: a review. Gene 173, 5–11.

Misteli T, Spector D L (1997) Applications of the green fluorescent protein in cell biology and biotechnology. Nature Biotech. 15, 961–964.

Ruby E G (1996) Lessons from a cooperative bacterial-animal association: the *Vibrio fischeri-Euprymna scolopes* light organ symbiosis. Annu. Rev. Microbiol. 50, 591–624.

Steipe B, Skerra A (1997) Das grün fluoreszierende Protein. Biospektrum 3, Heft 1, 28–30.

Winkler U K, Sicher J (1996) Die Biolumineszenz von Tieren, Pflanzen und Bakterien. Naturwiss. 83, 312–320.

19 BLUTZELLEN UND IMMUNSYSTEM

Das Blut von Säugetier und Mensch ist eine dichte Suspension von Zellen in einer dichten Lösung von Proteinen. Ein Vergleich der Zelldichte im Blut mit der gut wachsender Einzeller in Kultur zeigt, daß sie ähnlich hoch ist wie in dichten Bakterienkulturen (Tab. 19-1). Die Proteinkonzentration im zellfreien Blutplasma schwankt zwischen 70 und 80 mg · ml^{-1} und ist damit nicht allzuweit entfernt von den im Cytoplasma von Zellen gemessenen Werten, die zwischen 100 und 350 mg · ml^{-1} liegen. Das Blut mit seinen zahlreichen zellulären und löslichen Bestandteilen hat viele Aufgaben in einem Organismus zu erfüllen, die sich jedoch fast alle den drei Bereichen Transport (z.B. Erythrocyten, Plasmaproteine), Abwehr (Lymphocyten, Makrophagen, Granulocyten, Antikörper, Komplementsystem) oder Selbstschutz (Blutplättchen, Fibrinogen und andere Faktoren für die Blutgerinnung) zuordnen lassen.

Tab. 19-1: Zelldichten im Blut des Menschen und in Kulturen von Einzellern.

	Anzahl pro ml
Blut:	
Erythrocyten	$4–5 \cdot 10^9$
Thrombocyten	$2–3 \cdot 10^8$
Leukocyten	$4–8 \cdot 10^6$
Zellkulturen:	
E. coli	$2–4 \cdot 10^9$
Hefe	$2–3 \cdot 10^8$
Chlorella	$10^7 – 10^8$

19.1 Blut- und Immunzellen

Alle sog. Blutzellen entstehen aus einer einheitlichen Zellpopulation, den **pluripotenten Stammzellen**, bei Föten in verschiedenen Organen (Plazenta, fötaler Leber, Knochenmark u.a.), nach der Geburt ausschließlich im Knochenmark. Die Stammzellen leiten sich vom Mesoderm her; der Mensch besitzt 10^8 bis 10^9 solcher Zellen, die allerdings nur maximal 0,5% der Zellen im Knochenmark insgesamt ausmachen. Die Bildung der Blutzellen, die **Hämatopoese**, beginnt mit der inäqualen Teilung dieser Stammzellen, wonach sich eine der Tochterzellen unter sukzessiven Teilungen langsam in Richtung Blutzellen differenziert (Abb. 19-1). Diese Vorläufer- oder Progenitorzellen teilen sich in zwei Hauptrichtungen auf, die lymphoide, aus der die Lymphocyten hervorgehen, und die myeloide, die nach weiteren Aufteilungen zu den übrigen Blutzellen führt. Die Hämatopoese erfolgt – das weiß man, seit sie partiell außerhalb des Knochenmarks in Weichagar nachvollzogen werden konnte – nur unter ständiger Zufuhr von Wachstumsfaktoren wie **Erythropoietin** und verschiedenen sog. **CSFs** (colony stimulating factors, der Name bezieht sich auf die Entstehung von Zellkolonien im Weichagar).

Erythropoietin entsteht in der Niere. Bei reduzierter O_2-Konzentration, also beispielsweise im Hochgebirge, wird es vermehrt ausgeschüttet und induziert eine Zunahme der Erythrocyten. Eine Zeit lang war das sog. Blut-Doping aktuell: Nach mehrmonatigem Training im Hochgebirge wurden Blutkonserven angelegt, die später vor einem Wettkampf, besonders bei Langstrecklern, als Eigenblut, aber mit höherer Erythrocytenkonzentration und deshalb mit besserer O_2-Kapazität, zur Verfügung standen.

Wachstumsfaktoren aktivieren via Signalketten bestimmte Transkriptionsfaktoren. Ein früher, d.h. übergeordneter Transkriptionsfaktor ist SCL (stem cell leukaemia). Er ist in Stammzellen und zu Beginn der myeloiden Reihe aktiv. Seine ektopische Expression (hier: in der falschen Zelle) in den Vorläuferzellen von T-Lymphocyten wird häufig bei einer T-Zell-Leukämie von Kindern beobachtet. *Scl* kann also als T-Zell-Onkogen wirken. *Scl*-Null-Mutanten von Mäusen sterben früh während der Embryonalentwicklung, da keine hämatopoetischen Vorläuferzellen gebildet werden können. Ikaros ist ein Transkriptionsfaktor mit Zinkfinger-Domäne, der in Spleißvarianten vorkommt und einen zentralen Regulator der Lymphocytenentwicklung darstellt.

Erythrocyten, Thrombocyten (Blutplättchen), B-Lymphocyten sowie neutrophile, eosinophile und basophile Granulocyten verlassen das Knochenmark als reife Zellen (Abb. 19-2). Die B-Lymphocyten tragen daher ihr „B" von „bone marrow". T-Lymphocyten reifen erst im Thymus, Makrophagen gehen erst im Gewebe aus Monocyten hervor und Mastzellen, die den basophilen Granulocyten ähnlich sind, aber von anderen Vorläuferzellen abstammen, reifen ebenfalls erst im Gewebe. Alle Blutzellen mit Ausnahme der Erythrocyten und Thrombocyten werden zusammen auch als **Leukocyten** und die drei verschiedenen Granulocyten zusammen auch als polymorphkernige Leukocyten bezeichnet. Erythrocyten und Thrombocyten finden sich außerhalb des Knochenmarks ausschließlich im Blut. Die übrigen, insbesondere die Makrophagen, halten sich auch in den Geweben und die Lymphocyten vor allem im lymphatischen System auf. Zum **lymphatischen System** gehören der Thymus, die Milz, die Lymphknoten einschließlich der Tonsillen und der Peyerschen Plaques am Darmtrakt sowie die Lymphbahnen. Über das lymphatische

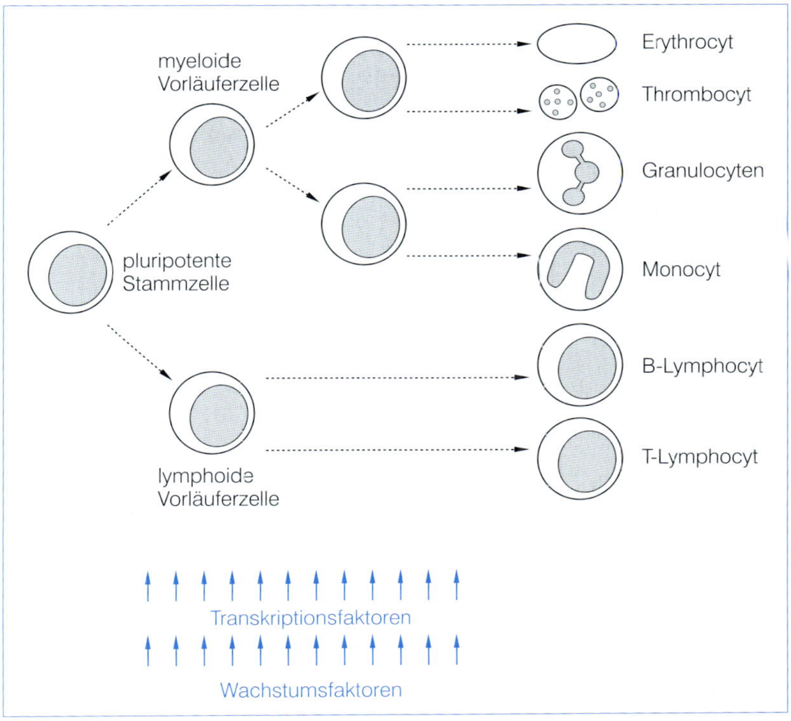

Abb. 19-1: Schema zur Hämatopoese.

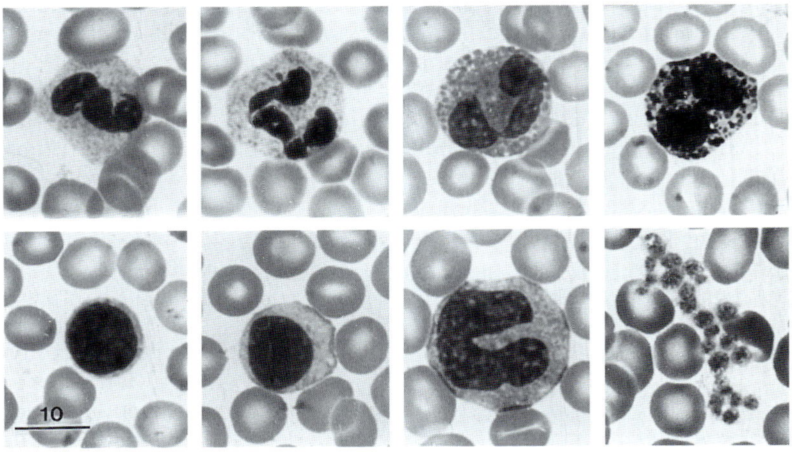

Abb. 19-2: Zellen aus dem peripheren Blut des Menschen im Blutausstrich. Die Zellen wurden mit Eosin/Methylenblau und Giemsa angefärbt. **Obere Reihe** von links: neutrophiler Granulocyt (mit im Mikroskop hellvioletten Granula), neutrophiler Granulocyt mit als Drumstick bezeichnetem heterochromatisiertem X-Chromosom, eosinophiler Granulocyt (mit roten Granula), basophiler Granulocyt (mit dunkelblauen bis schwarzen Granula). Die Granulocyten sind durch ihre segmentierten Zellkerne charakterisiert. **Untere Reihe** von links: kleiner Lymphocyt, großer Lymphocyt, Monocyt, Thrombocyten. Erythrocyten sind auf allen Bildern zu sehen (Aufnahmen: H. Falk)

System wird extrazelluläre Flüssigkeit in der Peripherie gesammelt und über den rechten und linken Ductus thoracicus in die rechte und linke Vena subclavia zurückgeführt. Besonders in Milz und Lymphknoten werden Lymphocyten mit Antigen konfrontiert.

Mit Ausnahme der Erythrocyten sind alle Blutzellen zur aktiven Fortbewegung fähig. Leukocyten wandern z.B. zu Entzündungsherden in Geweben, um dort ihre Abwehrfunktionen auszuüben. Die Morphologie der verschiedenen Zellen ist dabei sehr charakteristisch (Abb. 19-3). Bilder wie in Abb. 19-2 sind zwar für diagnostische Zwecke außerordentlich wichtig, spiegeln aber die Biologie dieser Zellen gar nicht wider. Bei der Wanderung sind Zell-Zell-Kontakte über Adhäsionsmoleküle von großer Bedeutung. In der Nähe von Entzündungen/Infektionen exprimieren die Endothelzellen der Blutgefäße offenbar Bindungspartner von Selektinen an ihrer Oberfläche. Dadurch gewinnen Leukocyten über ihre Selektine kurzfristige Kontakte zu diesen Endothelzellen und werden so aus dem passiven Blutfluß heraus verlangsamt: sie „rollen" über das Endothel. Dadurch ist dann eine festere Bindung zwischen heterodimeren β-Integrinen der Leu-

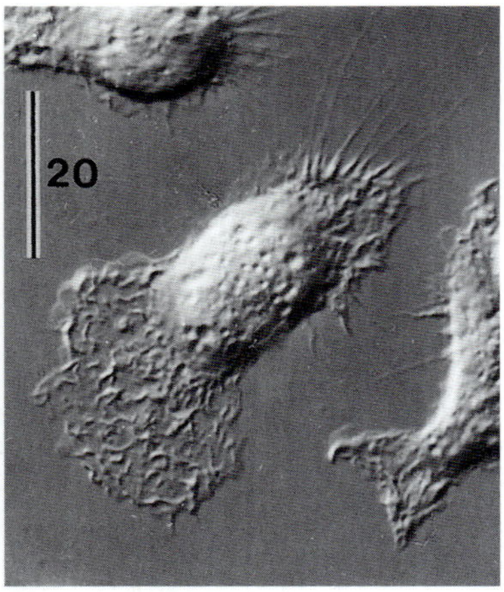

Abb. 19-3: Makrophage aus dem Knochenmark der Maus. Die Zelle wandert über das Substrat; der Vorderpol liegt links unten, Kernbereich und Hinterpol sind deutlich unterschieden. (Interferenzkontrast-Aufnahme: I. Flesch, H. Falk)

kocyten und ICAMs (intercellular adhesion molecules) der Endothelzellen möglich. ICAMs gehören zur Immunglobulin-Superfamilie. Die Leukocyten zwängen sich schließlich durch das Endothel und bewegen sich chemotaktisch im umliegenden Gewebe. Der kritische Punkt dabei ist die vorübergehende Lösung der Tight Junctions zwischen den Endothelzellen unter gleichzeitiger kurzfristiger „Junction"-Bildung zwischen Leukocyt und Endothelzellen, denn der elektrische Widerstand des Endothels wird durch die Extravasion nicht gestört. Hierbei sind weitere Adhäsionsmoleküle beteiligt.

Bei der als **LAD** (leukocyte adhesion deficiency) bezeichneten menschlichen Erbkrankheit ist die Fähigkeit zur Abwehr bakterieller Infektionen vermindert. Es hat sich gezeigt, daß der Defekt im β2-Integrin der neutrophilen Granulocyten liegt, das nicht mehr an der Zelloberfläche exprimiert wird. Die Zellen können deshalb offensichtlich nicht mehr die Blutbahnen verlassen und zu Infektionsherden wandern.

Unter **Homing** von Lymphocyten versteht man speziell das Wandern dieser Zellen unter Ausbildung ähnlicher Zell-Zell-Kontakte in bestimmte Gewebe wie Lymphknoten, Mucosa oder Haut.

Erythrocyten

In der Genese dieser Zellen sind Erythroblast und Reticulocyt bekannte Zwischenformen. Im **Erythroblasten** werden die Globin-Gene transkribiert, und es entsteht Hämoglobin. Erythroblasten, die sich auch noch teilen können, verlieren schließlich ihren Zellkern durch Abschnüren einer Ausstülpung, die den Kern enthält. (Bei Vögeln und den übrigen niederen Vertebraten bleibt der Zellkern in den Erythrocyten erhalten.) **Reticulocyten** besitzen noch alle Komponenten für die Translation, bilden aber kaum mehr Hämoglobin; aus ihnen kann ein sehr aktives In-vitro-Translationssystem gewonnen werden (s. 7.3.3). Der reife Erythrocyt, der etwa drei Monate alt wird, enthält keine internen Membranen mehr und ist in seinen Stoffwechselaktivitäten stark eingeschränkt. Sehr hoch ist die Hämoglobinkonzentration, fast $3 \cdot 10^8$ Moleküle pro Zelle. Das Membranskelett ist stark ausgeprägt (s. 3.1), das die bikonkave, aber flexible Form der Zelle gewährleistet. In Erythrocyten sind außerdem vor allem die Enzyme der Glykolyse zur ATP-Gewinnung und des Pentosephosphatwegs zur Bereitstellung von Reduktionsäquivalenten in Form von NADPH $\cdot$ H^+ zu finden. Wichtige Translokatoren in der Plasmamembran sind die Na^+,K^+-Pumpe zur Aufrechterhaltung des internen ionalen Milieus, ein Glucose-Translokator und der Anionen-Translokator für den Transport von HCO_3^- (s. 3.6.1).

Das Hämoglobinmolekül besteht aus vier Polypeptidketten, deren Art sich im Lauf der menschlichen Embryonalentwicklung ändert. Das embryonale Hämoglobin enthält zwei ζ- und zwei ε-Ketten, das fötale zwei α- und zwei ζ-Ketten und das adulte zwei α- und zwei β-Ketten (HbA) und, seltener, zwei α- und zwei δ-Ketten (HbA_2). Interessanterweise liegen die Gene in den beiden Loci entsprechend dem zeitlichen Erscheinen der Gen-Produkte aufgereiht: im α-Gen-Locus auf dem kurzen Arm von Chromosom 16 ein ζ- und zwei α-Gene, im β-Locus auf dem kurzen Arm von Chromosom 11 ein ε-Gen, zwei γ-Gene sowie ein δ- und ein β-Gen. Durch eine Kontrollregion jeweils im 5′-Bereich des Locus wird das zeitliche Erscheinen der verschiedenen Globine geregelt. Für α- und β-Globin gibt es auch Pseudogene.

Beim Menschen treten zahlreiche erbliche Hämoglobinopathien auf, die als **Thalassämien** bekannt sind. Ursachen sind Punktmutationen, Deletionen oder Verlust von ganzen Genen, aber auch Veränderungen im Promotorbereich, die zum teilweisen oder vollständigen Verlust von Globinen führen. Insgesamt sind mehrere hundert Varianten bekannt. Von besonderer Bedeutung ist eine Mutation in Position 6 der β-Kette, bei der der Glu-Rest durch einen Val-Rest ersetzt ist. Diese als **Sichelzell-Hämoglobin** (HbS) bekannte Mutation wurde 1954 von V. Ingram beschrieben, sie hat sich besonders im Malaria-Gürtel Afrikas erhalten. Der Austausch des geladenen Glu-Rests gegen einen unpolaren Val-Rest verändert die physikochemischen Eigenschaften des Hämoglobins, besonders wenn es seinen Sauerstoff in der Peripherie abgegeben hat. Es aggregiert dann im Erythrocyten leicht zu langen Filamenten, die der Zelle eine sichelförmige Gestalt aufzwingen. Die gesichelten Zellen sind weniger elastisch und können

Blutkapillaren verstopfen. Außerdem ist ihre Lebensdauer verkürzt, so daß Anämien auftreten. Die Mutation ist bei Homozygotie im allg. letal, bei Heterozygotie jedoch besteht ein gewisser Schutz gegen Malariaparasiten. Dies ist dadurch zu erklären, daß Erythrocyten mit HbS und HbA nur unter extremen Bedingungen sicheln. In von Plasmodien befallenen Zellen ist der cytoplasmatische pH-Wert um etwa 0,4 Einheiten abgesunken, was wiederum das Aggregieren von HbS fördert. D.h. befallene Zellen Heterozygoter neigen verstärkt zum Sicheln. In gesichelten Zellen wiederum ist der K^+-Gehalt erniedrigt, da die Plasmamembran dieser Zellen für K^+ leichter permeierbar ist. Fatal für den Parasiten wirkt sich die niedrige K^+-Konzentration aus. Heterozygote sind also nicht immun gegen Malariaparasiten, deren Zahl wird jedoch offenbar auf einer tolerierbaren Stufe gehalten.

Die Plasmamembran der Erythrocyten ist Träger verschiedener Blutgruppenspezifitäten, von denen das MN-System, das AB0-System und der Rhesusfaktor die bekanntesten sind. Die Antigene des **MN-Systems** werden von den N-terminalen Aminosäureresten im Glykophorin, einem membranständigen Glykoprotein (s. 3.1), bestimmt: Bei A^M steht in Position 1 ein Ser und in Position 5 ein Gly, bei A^N in Position 1 ein Leu, in Position 5 ein Glu. Eine genetische Variante beim Menschen ohne Glykophorin ist resistent gegen die Malaria-Art *Plasmodium falciparum*, d.h. dieses Membranprotein ist offenbar an der Kontaktfindung zwischen den Zellen beteiligt. Beim **AB0-System** bestehen das A- und B-Antigen aus peripheren Oligosaccharidseitenketten von Glykoproteinen und Glykolipiden (Abb. 19-4). Die Blutgruppen-Gene codieren für spezielle Glykosyltransferasen, die im Golgi-Apparat zu finden sind, eine N-Acetylgalactosaminyltransferase (A) und eine Galactosyltransferase (B). 0(H)-Individuen besitzen keines der Enzyme, bei ihnen ist eine nichtantigene Fucose endständig, und sie bilden Anti-A- und Anti-B-Antikörper, d.h. gegen endständige Acetylgalactosaminyl- und Galactosylreste in den Oligosacchariden der betreffenden Membranmoleküle. A-Individuen besitzen die N-Acetylgalactosaminyltransferase und bilden Anti-B-Antikörper, B-Individuen dagegen besitzen die Galactosyltransferase und bilden Anti-A-Antikörper. AB-Heterozygote produzieren naturgemäß keine Antikörper. Diese letzteren sind bei Transfusionen folglich Universalempfänger, während die 0(H)-Individuen als Universalspender dienen können. Der **Rhesus-Faktor** wird von einem Membranprotein von 30 kDa mit einem besonderen Epitop repräsentiert. Das Rh-Protein ist mit einem Membranglykoprotein von 50 kDa komplexiert, zu dem es eine Homologie von 36% aufweist. Bei Rh^--Personen fehlt das Rh-Protein. Beide Proteine haben wahrscheinlich 12 Membrandurchgänge und gehören zu einer Translokator-Familie; Mitglieder dieser Familie bei Hefe und Bakterien stellen Translokatoren für NH_4^+ dar.

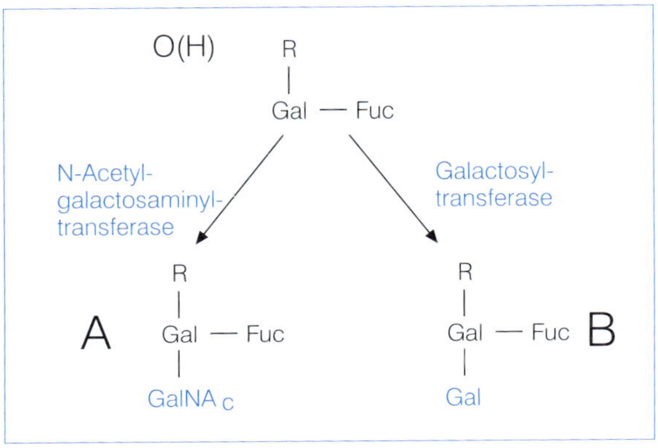

Abb. 19-4: AB0(H)-Blutgruppen. R, membranständiges Glykoprotein/Glykolipid.

Neutrophile Granulocyten

Diese Zellen sind mit 55–68% aller Leukocyten die häufigsten kernhaltigen Zellen im Blut. Sie gehören zum zellulären Abwehrsystem eines Wirbeltierorganismus und endocytieren in den Körper eingedrungene Mikroorganismen. Angelockt werden sie durch Chemokine, die von verschiedenen anderen Zellen bei einer Infektion sezerniert werden. **Chemokine** wie IL-8 gehören zu den Cytokinen und sind eine Gruppe ähnlicher kleiner Polypeptide, die als Chemoattraktans für Phagocyten dienen. Anaphylotoxine, Komponenten des Komplementsystems (s. unten) wie C5a, haben ähnliche Wirkung. Nach starker Endocytose werden neutrophile Granulocyten Bestandteile des Eiters. Die Granula in den Zellen gehören zum endosomal/lysosomalen System. Sie enthalten u.a. bakterizide **Defensine**, 20–46 AS lange basische amphiphile Polypeptide.

In neutrophilen Granulocyten wird – ähnlich wie auch in anderen Phagocyten – bei Endocytose von Fremdzellen ein oxidativer Stoffwechselweg, die **NADPH-Oxidase**, induziert, der Superoxidradikal-Anionen ($O_2^{\cdot-}$) und andere aktivierte Sauerstoffspezies produziert. Diese werden in die sich bildenden Endosomen abgegeben und sorgen für die Abtötung der aufgenommenen Zellen. Das System besteht aus dem heterodimeren membranständigen Flavohämprotein Cytochrom b_{558}, mindestens zwei weiteren löslichen Proteinen und einem kontrollierenden G-Protein Rac. Elektronendonator ist $NADPH \cdot H^+$, bei dessen Oxidation aus zwei Molekülen O_2

zwei Moleküle $O_2^{\cdot-}$ entstehen. Die **chronische Granulomatose** ist eine Erbkrankheit beim Menschen, bei der die Abwehr bakterieller Infektionen je nach Art der Mutation mehr oder minder stark eingeschränkt ist. Durch Mutation betroffen ist im allg. das Cytochrom b_{558}.

Eosinophile Granulocyten

Diese Zellen stellen nur einen Anteil von 2,5–3 % der Leukocyten im Blut. Sie gehören ebenfalls zu den endocytierenden Zellen. In ihrem Cytoplasma sind zahlreiche Vesikel zu erkennen (Abb. 19-5), die z.T. dem endosomal/lysosomalen System angehören, z.T. Exocytosevesikel darstellen. Sie enthalten eine Reihe toxischer Protein wie das MBP (major basic protein) oder das eosinophile kationische Protein gegen Mikroorganismen und größere Parasiten. Eosinophile Granulocyten belagern nichtendocytierbare Parasiten wie Würmer etc. regelrecht, besonders wenn Antikörper deren Oberfläche besetzt haben, und schütten Vesikelinhalte gegen sie aus. Dies kann allerdings auch zu Gewebeschädigungen führen. Außerdem können diese Granulocyten nach Aktivierung Cytokine, Prostaglandine, Leukotriene etc. produzieren. Sie sind auch an chronischen allergischen Entzündungen beteiligt, wo man sie in großer Zahl antreffen kann.

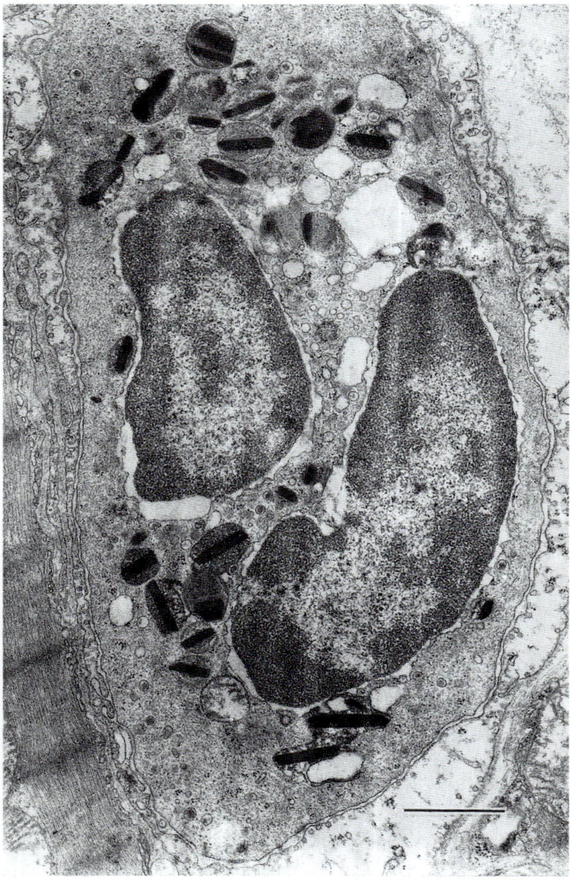

Abb. 19-5: Eosinophi er Granulocyt aus dem Herzmuskel einer Ratte. Typisch für diese Zellen sind Vesikel mit kristallinen elektronendichten Bereichen, die eine spezielle Peroxidase enthalten. Der segmentierte Zellkern ist in diesem Schnittbild in zwei Segmenten getroffen. Links im Bild liegt eine Myofibrille. (EM-Aufnahme: H. Falk)

Basophile Granulocyten, Mastzellen und allergische Reaktion

Basophile Granulocyten sind mit 0,5–1 % aller Leukocyten die seltensten Blutzellen. Ihnen ähnlich sind die Mastzellen, die sich aus anderen Vorläuferzellen herleiten und ausschließlich im Gewebe vorkommen. Die großen „Granula" der beiden Zelltypen sind Exocytosevesikel, die Histamin, Heparin und andere u.U. sehr toxische Moleküle enthalten (s. auch Abb. 8-32). Die Zellen haben allgemeine Aufgaben bei der Abwehr von Infektionen und dirigieren z.B. durch Abgabe von TNF-α neutrophile Granulocyten zu Infektionsherden.

Die Zellen tragen in ihrer Plasmamembran Rezeptoren mit hoher Affinität (FcεRI) für den konstanten Teil (Fc) von IgE-Molekülen. Besetzung und Vernetzung dieser Rezeptoren kann Auslöser allergischer Reaktionen (**Allergie vom Soforttyp**) werden; Allergien sind erworbene Überempfindlichkeiten des Immunsystems gegen bestimmte Substanzen, die Allergene genannt werden. Sie werden ausgelöst, wenn IgEs gegen an sich harmlose Antigene wie Birkenpollen u.v.a. produziert werden und der Organismus solchen Antigenen (Allergenen) erneut ausgesetzt wird. IgE ist an sich sehr selten, wird aber bei Allergikern in etwas größeren Mengen produziert. Das Binden eines Allergens durch ein rezeptorgebundenes IgE ist noch nicht allergieauslösend, sondern erst die Vernetzung der Rezeptoren durch Mehrfachbindung des polyvalenten Allergens. Dadurch wird die Ausschüttung der Exocytosevesikel mit ihrem inflammatorischen Inhalt und die Produktion von Prostaglandinen induziert. Dies kann Heuschnupfen auslösen oder allergisches Asthma, wenn die glatten Muskeln der unteren Atemwege kontrahieren. Im schlimmsten Fall führt ein starker Abfall des Blutdrucks durch Permeabilitätserhöhung der Gefäße und die Kontraktion der glatten Muskulatur der Atemwege zu Anaphylaktischem Schock und Tod.

Allergene können verschiedene Proteine bzw. bestimmte Epitope dieser Proteine sein, die an die Oberfläche der

Pollen gelangt sind. Ein bekanntes Allergen des Birkenpollens ist Profilin, ein actinbindendes Protein. Profilin ist ein konserviertes Protein, daher ist die Kreuzreaktivität hoch; selbst humanes Profilin, wenn in geeigneter Weise appliziert, kann allergieauslösend sein. Profilin ist auch ein Auslöser der Lebensmittelallergie durch Sellerie. Profiline sind bei 20–30% der Allergien vom Soforttyp beteiligt. Ein Hauptallergen der Hausstaub-Milben, *Dermatophagoides*-Arten, gehört zu den Cystein-Proteinasen. Ein bekanntes allergieauslösendes Arzneimittel ist Penicillin. Penicillin an sich ist als kleines Molekül nicht antigen, wirkt aber nach kovalenter Bindung über seinen reaktiven β-Lactamring an Aminogruppen von Proteinen als Hapten (s. 19.2.4). Die weit verbreitete Nickel-Allergie ist eine Allergie vom verzögerten Typ (Kontakt-Allergie). Nickel kann an His-Reste u.a. von Proteinen binden und in dieser Form als Antigen präsentiert werden. Vermittler der Kontakt-Allergie sind T-Zellen in der Haut, die nach erneutem Kontakt mit Antigen durch Sekretion von Interleukinen eine Entzündungsreaktion auslösen.

Es ist nach wie vor unklar, warum natürliche Abwehrmechanismen von Immunzellen solche fatalen Auswirkungen haben können. Immerhin scheint es eine genetische Prädisposition bei etwa 40% der Bevölkerung der westlichen Welt für erhöhte IgE-Produktion gegen Umweltantigene zu geben. Sie wird als Atopie bezeichnet und wird von mehreren Loci im Genom beeinflußt.

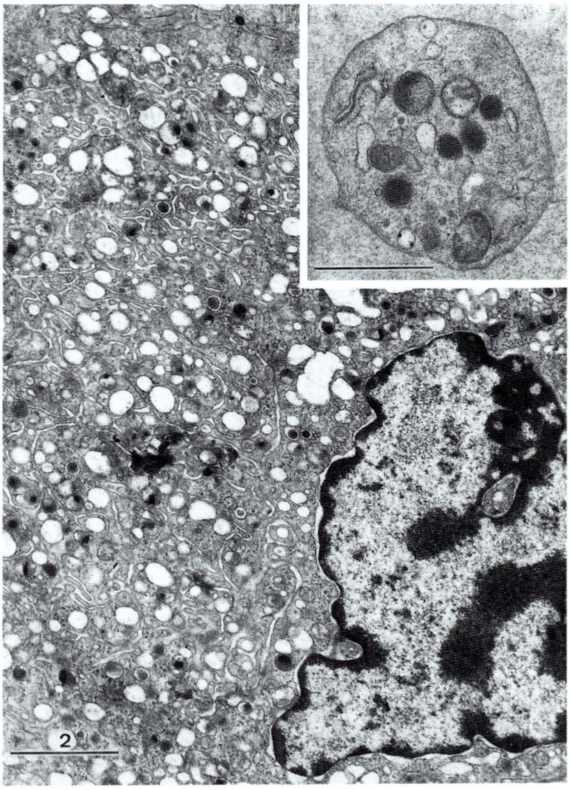

Abb. 19-6: Teil eines Megakaryocyten und Thrombocyt (im Einsatzbild). Rechts liegt der Zellkern des Megakaryocyten, links ist ein System von hellen Kanälen und Vesikeln zu erkennen, Ausdruck der gerade erfolgenden Zergliederung des Zellkörpers in viele Thrombocyten. Der im Einsatzbild gezeigte Thrombocyt enthält Mitochondrien und verschiedene Vesikel; die dunklen sog. α-Granula sind Exocytosevesikel und enthalten u.a. Thrombospondin. (EM-Aufnahmen: H. Falk)

Thrombocyten und Blutgerinnung

Thrombocyten (Blutplättchen, Platelets) entstehen aus ihren unmittelbaren Vorläuferzellen, den **Megakaryocyten**, durch eine Art Zergliederung dieser großen Zellen in viele kleine Portionen (Abb. 19-6). Die kleinen Thrombocyten besitzen danach zwar keinen Zellkern mehr, enthalten aber sonst alle übrigen Kompartimente und sind auch zu amöboider Bewegung fähig.

Zum Blutgerinnungssystem gehören die Thrombocyten und eine Reihe von löslichen und membrangebundenen Faktoren, die nach Aktivierung als Gerinnungskaskade letztlich zur Ausbildung des Fibrinnetzes führen. Bei Verletzung eines Blutgefäßes werden subendothelial thrombogene Faktoren exponiert. Thrombocyten aggregieren am Verletzungsort und bilden sog. weiße Thromben, wobei extrazelluläre adhäsive Proteine wie der von-Willebrand-Faktor eine wichtige Rolle spielen, die von zellständigen Integrinen gebunden werden. Aktivierte Thrombocyten exocytieren u.a. Thrombospondin, das in ihren α-Granula in hoher Konzentration enthalten ist. **Thrombospondin** ist ein weiteres adhäsives Protein mit Integrinen als Bindungspartnern. Thrombocyten geben außerdem den Wachstumsfaktor PDGF (platelet derived growth factor) ab, der die Einwanderung von Endothelzellen in die verletzte Region stimuliert, und bieten mit der Oberfläche ihrer Plasmamembran Raum für bestimmte membranassoziierte Schritte der Gerinnungskaskade.

Eine Gefäßverletzung hat die Expression von TF (**tissue factor**) in der Plasmamembran der verletzten Zellen zur Folge; TF ist bezeichnenderweise nicht an intakten Endothelzellen zu finden. Durch diesen Faktor wird die Gerinnungskaskade in Gang gesetzt (Abb. 19-7). Sie besteht aus einer Serie von proteinolytischen Aktivierungen von Proteinen, die mit der Bildung der zentralen Komponenten Thrombin endet. Beteiligt an der Kaskade sind Serin-Proteinasen und weitere stimulierende oder hemmende Faktoren. Das katalytische Zentrum der Proteinasen mit Ser, His und Asp ist dem von Trypsin ähnlich, sie besitzen jedoch eine sehr enge Substratspezifität. Die Abhängigkeit des Blutgerinnungssystems von Vitamin K (Menachinon) beruht in der posttranslationalen Carboxylierung bestimm-

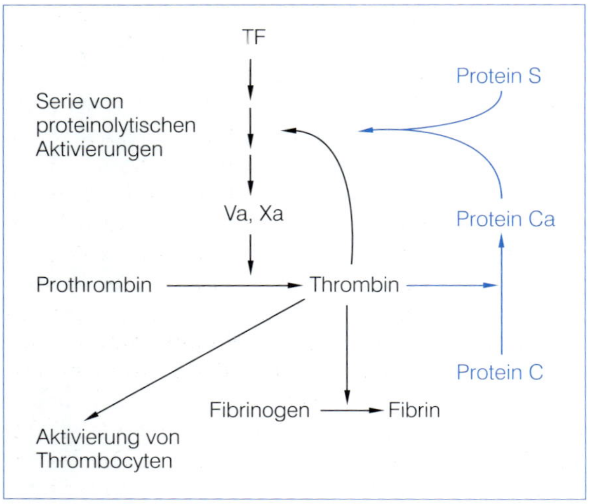

Abb. 19-7: Gerinnungssystem (schwarz) und Antigerinnungssystem (farbig). TF, Tissue Factor; Va und Xa, aktivierte Faktoren V und X; a, aktiviert. Viele der Reaktionen in der Kaskade sind abhängig von Phospholipid, d.h. an Plasmamembranen, z.B. der Thrombocyten, gebunden; an vielen ist Ca^{2+} beteiligt. Das aktivierte Protein C inhibiert die Faktoren V und VIII.

ter Glu-Reste zu γ-Carboxyglutaminsäure im aminoterminalen Bereich von Prothrombin und anderen Faktoren, bei der Vitamin K Cofaktor ist.

Thrombin besitzt eine zentrale regulatorische Funktion. Bei hoher Konzentration spaltet es Fibrinogen zu Fibrin (Abb. 19-8), aktiviert Thrombocyten und wirkt stimulierend auf die Kaskade zurück. Bei geringen Konzentrationen hat es jedoch einen antithrombotischen Effekt. Endothelzellen enthalten in ihrer Plasmamembran **Thrombomodulin**, ein Thrombin-bindendes Protein. In dieser Verbindung stimuliert Thrombin das **Antigerinnungssystem** mit der proteinolytischen Aktivierung von **Protein C**. Protein C inaktiviert zusammen mit dem Cofaktor Protein S die Faktoren V und VIII der Kaskade. Endothelzellen tragen einheitlich etwa 10^5 Thrombomodulinmoleküle in ihrer luminalen Plasmamembran. In Kapillaren ist deshalb die Konzentration von Thrombomodulin pro Blutvolumen und damit pro Thrombinmenge höher als in größeren Gefäßen. D.h. in den Kapillaren liegt mehr Thrombin gebunden vor, und mehr Protein C ist hier aktiviert. Zur Feinabstimmung zwischen Gerinnungs- und Antigerinnungssystem gehören weitere Faktoren, z.B. Serin-Proteinase-Inhibitoren wie Antithrombin. Protein C ist ein wichtiges Glied in dem System zur Verhinderung von Thrombosen.

Ein Inhibitor von Thrombin ist z.B. das Hirudin der Blutegel und indirekt auch Heparin (s. 3.2.1), das an Antithrombin bindet und dadurch die Wirkung dieses Thrombin-Inhibitors sehr verstärkt.

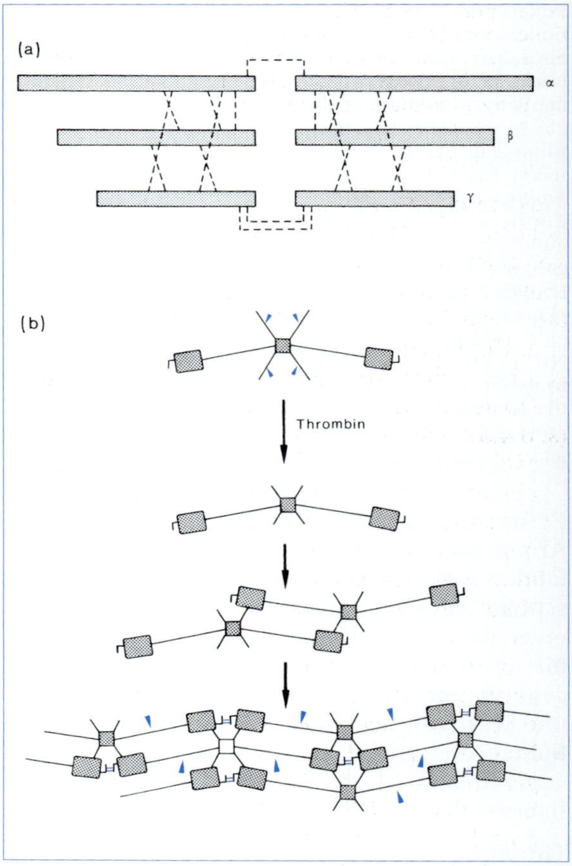

Abb. 19-8: (**a**) Modell für Fibrinogen. Das hexamere Molekül von 340 kDa besteht aus je zwei α-, β- und γ-Ketten, deren Aminoenden in der Mitte des Moleküls liegen und die über mehrere Disulfidbindungen untereinander verbunden sind. (**b**) Entstehung des Fibrinnetzes. Das etwa 45 nm lange Fibrinogen ist in der Mitte und an den Enden verdickt; die farbigen Pfeile zeigen die Angriffstellen für die Serin-Proteinase Thrombin an den Aminoenden der α- und β-Ketten. Die Fibrinmonomere polymerisieren durch nichtkovalente Bindungen der verkürzten α- und β-Enden untereinander (schwarz) und zusätzlich durch Ausbildung von Peptidbindungen zwischen Lys- und Glu-Resten (farbig) an den Carboxylenden der γ-Ketten. Das katalysierende Enzym, Faktor XIII, wird durch Thrombin aus einer Vorstufe aktiviert. Faktor XIII kann auch eine Vernetzung mit dem Adhäsionsprotein Fibronectin bewirken. Die farbigen Pfeilköpfe markieren die bevorzugten Schnittstellen durch Plasmin bei der Fibrinolyse.

Ebenfalls sehr wichtig ist das fibrinolytische System, das Fibrinnetze wieder auflöst (Abb. 19-8). Die fibrinolytische Proteinase ist **Plasmin**, das proteinolytisch aus Plasminogen aktiviert wird. Auch hier gibt es gegensteuernde Faktoren wie Antiplasmin.

Beim Menschen kennt man zwei klassische Bluterkrankheiten oder **Hämophilien**, die an das X-Chromosom gekoppelt sind. Bei der Hämophilie A können im Gen für den stimulierenden Faktor VIII der Kaskade Punktmutationen oder Deletionen auftreten, die zu defekten oder in ihrer Zahl verminderten VIII-Molekülen führen. Bei der Hämophilie B betreffen ähnliche Mutationen das Gen für die Serin-Proteinase IX der Kaskade.

Makrophagen

Makrophagen differenzieren sich aus ihren Vorläufern, den Monocyten, in den Geweben. Sie kommen in praktisch allen Geweben vor und tragen häufig auch entsprechende besondere Namen wie Peritoneal- oder Alveolar-Makrophagen. Kupfersche Sternzellen sind die Makrophagen der Leber, Mikroglia die des Gehirns. Auch die Osteoklasten, die Knochensubstanz abbauen (s. 8.4.3), gehören zu diesen Zellen.

- Makrophagen endocytieren in den Körper eingedrungene Fremdzellen direkt oder nach Bindung an bestimmte Rezeptoren. Sie können auch veränderte körpereigene Zellen eliminieren, beispielsweise Erythrocyten im Zuge ihres Turnovers oder transformierte Zellen.
- Makrophagen können zahlreiche Cytokine sezernieren, die andere Immunzellen in ihren Funktionen beeinflussen.
- Makrophagen präsentieren prozessiertes Antigen in besonderen Proteinen der Plasmamembran, den MHC-Molekülen (major histocompathibility complex), das von T-Lymphocyten erkannt wird (s. unten).

Die **Langerhans-Zellen** der Haut sind ebenfalls phagocytisch und leiten sich von Knochenmarkzellen her. Sie sind wichtige antigenpräsentierende Zellen, wandern dazu jedoch in lymphatische Gewebe, in denen T-Lymphocyten enthalten sind, wobei sie zu **dendritischen Zellen** differenzieren.

Makrophagen sind oft Zielzellen intrazellulärer Parasiten wie HIV (s. 6.1), Mycobakterien oder Leishmanien (s. 23.5).

Lymphocyten

Zu diesen typischen Immunzellen der Vertebraten gehören die B-Lymphocyten oder B-Zellen, die T-Lymphocyten oder T-Zellen und die NK-Zellen oder natürlichen Killer-Zellen. Im peripheren Blut sind 20–36% der Leukocyten Lymphocyten, sie sind außerdem vor allem in den lymphatischen Geweben anzutreffen.

B-Zellen sind die Produzenten der Antikörper. Jede B-Zelle – der Mensch besitzt etwa 10^{11} – trägt in ihrer Plasmamembran etwa 10^5 identische spezifische Antikörper als Rezeptoren und kann nach Stimulation durch T-Zellen lösliche Antikörper der gleichen Spezifität bilden, die sich von denen der meisten übrigen B-Zellen unterscheiden. Eine ruhende B-Zelle besitzt einen großen Zellkern und nur wenig Cytoplasma (Abb. 19-9). Nach Stimulation setzt zunächst eine Proliferation auf 10^3 – 10^4 Zellen ein, die sich in **Plasmazellen** umwandeln. Diese besitzen eine charakteristische Morphologie mit viel rER, das vom Antikörper-Inhalt aufgebläht erscheint (Abb. 19-10). Sie können 10^2 – 10^4 Antikörper pro Sekunde sezernieren. Die meisten B-Zellen sind relativ langlebig, weniger als 1% der B-Zellen werden beim Menschen täglich ersetzt. B-Zellen können durch EBV (**Epstein-Barr-Virus**, ein Herpesvirus) befallen und dadurch immortalisiert werden; die Zellen können sich unbegrenzt teilen und behalten EBV in latenter Form als zirkularisierte DNA im Zellkern. Die künstliche Infektion mit EBV ist die Standardmethode, um stabile B-Zellinien zu erhalten.

T-Zellen gelangen als unreife Vorläufer in den Thymus und machen dort eine Proliferations- und Reifungsphase durch, während der jedoch die meisten Zellen, ca. 95%, als ungeeignet eliminiert werden (s. unten).

Daß der Thymus entscheidend für die T-Zell-Reifung ist, zeigt z.B. die rezessive ***nu*-Mutation** der Nacktmaus. Homozygoten Tieren fehlt neben der Behaarung auch der Thymus, und sie besitzen daher keine reifen T-Zellen; das mutierte Gen codiert für einen Transkriptionsfaktor.

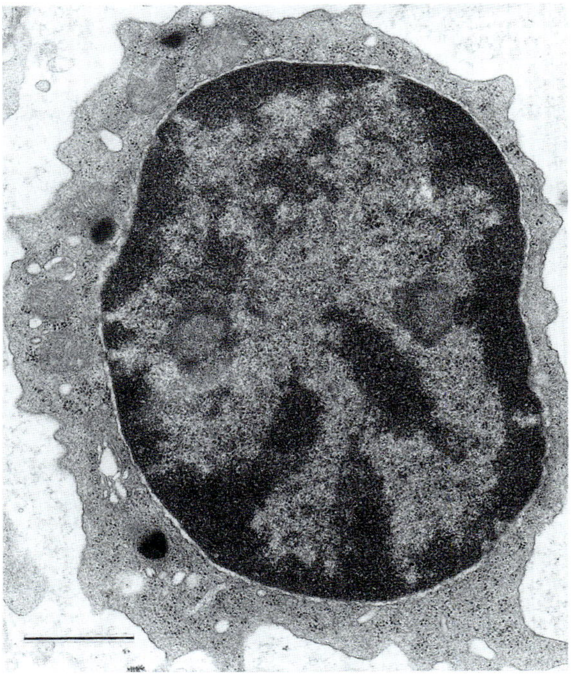

Abb. 19-9: Ruhender Lymphocyt in einem Blutgefäß einer Maus. Die Zelle besitzt nur einen kleinen Cytoplasmasaum um den zentralen Zellkern. (EM-Aufnahme: H. Falk)

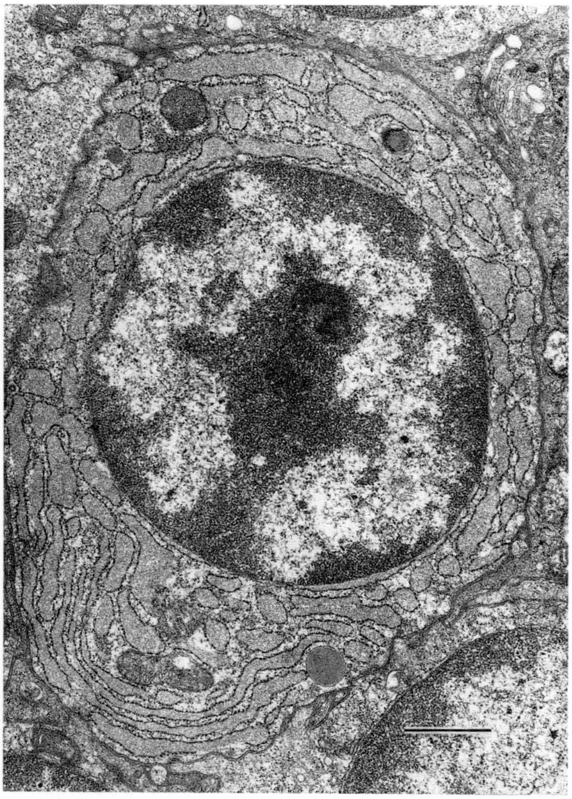

Abb. 19-10: Plasmazelle aus der Milz einer Maus. Die zahlreichen aufgeblähten ER-Zisternen, die Antikörper enthalten, sind charakteristisch für Plasmazellen und weisen sie als exocytierende Zellen aus. (EM-Aufnahme: H. Falk)

Ebenfalls die Lymphocyten betrifft die ***scid*-Mutation** (severe combined immunodeficiency) der Maus: B-Zellen können keine Antikörper bilden und T-Zellen keine T-Zell-Rezeptoren, da ein für die somatische Rekombination der Gene für diese Proteine (s. unten) wichtiges Enzym, eine DNA-abhängige Protein-Kinase, betroffen ist.

Reife T-Zellen treten in zwei Populationen auf: als **CD4-Zellen** oder **Helferzellen** und **CD8-Zellen** oder **cytotoxische Zellen**. CD (cluster of differentiation) bezeichnet für bestimmte Immunzellen oder Entwicklungsstadien von Immunzellen charakteristische Moleküle der Plasmamembran, sie wurden durchnumeriert von 1 bis weit über 100; sie sind – welcher Funktion auch immer – an der Oberfläche der betreffenden Zellen exponiert und daher einem experimentellen immunologischen Nachweis zugänglich. T-Zellen sind während ihrer Entwicklung im Thymus zunächst doppelt negativ, d.h. ohne CD4 und CD8, anschließend doppelt positiv und schließlich entweder CD4- oder CD8-positiv (Abb. 19-11). T-Zellen besitzen – ähnlich wie die B-Zellen mit ihren Antikörpern – mit ihren T-Zell-Rezeptoren

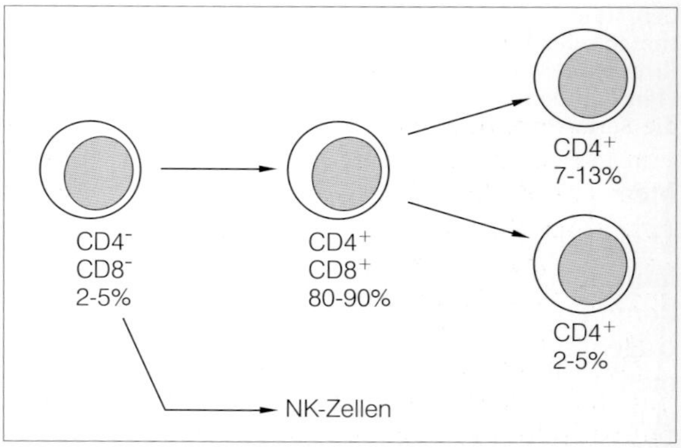

Abb. 19-11: T-Zell-Entwicklung im Thymus, mit Angaben von Oberflächenmarkern und zur Größe der einzelnen Populationen. $CD4^-/CD8^-$-Zellen werden auch als DN (doppelt negativ), $CD4^+/CD8^+$-Zellen als DP (doppelt positiv) bezeichnet.

ein Molekül, das in so großer Vielfalt vorkommt, daß nahezu jede T-Zelle einen individuellen Rezeptor aufweist. T-Zell-Rezeptoren erkennen im Gegensatz zu B-Zell-Rezeptoren ausschließlich von anderen Zellen präsentiertes Antigen (s. unten) und werden dadurch aktiviert. Aktivierte CD4-Zellen vermitteln B-Zellen mit Spezifität für das gleiche Antigen ein entscheidendes zweites Aktivierungssignal für die Weiterentwicklung zu Plasmazellen (T-Zell-Hilfe). Aktivierte CD8-Zellen töten Zellen, z.B. virusinfizierte Zellen oder Tumorzellen, die das aktivierende Antigen auf ihrer Oberfläche exponiert haben. Die T-Zell-Rezeptoren bestehen aus zwei Polypeptidketten α und β; solche T-Zellen werden deshalb auch als **α,β-T-Zellen** bezeichnet. Es gibt außerdem eine kleinere Population von T-Zellen, deren Rezeptoren aus γ- und δ-Ketten bestehen. Diese **γ,δ-T-Zellen** können ihre Immunfunktionen offenbar erfüllen, ohne daß ihnen zunächst Antigen präsentiert wurde.

T-Zellen aus dem peripheren Blut können durch das mitogene Lektin Phytohämagglutinin aus *Phaseolus vulgaris* zur Proliferation angeregt werden. Dies wird häufig für diagnostische Karyotyp-Untersuchungen ausgenützt. Metaphasen lassen sich durch kurzfristige Zugabe von Colchicin oder Colchicin-Derivaten zu den Kulturen anreichern. CD4-Zellen sind Wirtszellen für HIV, da das CD4-Molekül einen Rezeptor für das Virus darstellt. Makrophagen, die auch CD4 exponieren, werden ebenfalls befallen.

Natürliche Killer-Zellen (NK-Zellen) leiten sich von doppelt negativen Vorläuferzellen der T-Lymphocyten im Thymus ab (Abb. 19-11). Ähnlich wie cytotoxische T-Zellen zerstören sie virusinfizierte Zellen und Tumorzellen, erkennen diese Zielzellen aber auf andere Weise als CD8-Zellen (s. unten). Sie besitzen keine T-Zell-Rezeptoren.

19.2 Immunsystem

Die Auseinandersetzung mit und die Abwehr von Parasiten war wahrscheinlich ein frühes Problem der Zelle während der Evolution. Es fand eine Coevolution statt, die es beiden, Wirt und Parasit, erlaubte zu überleben. Bakterien z.B. entwickelten Restriktionsenzyme gegen die Nucleinsäuren eindringender Viren (Phagen).

Das Immunsystem der höheren Organismen hat die Aufgabe, in den Körper eingedrungene parasitische Fremdzellen/Organismen sowie Viren und Makromoleküle, aber auch untypische körpereigene Zellen wie virusinfizierte Zellen und Tumorzellen von körpereigenen Zellen /Makromolekülen zu unterscheiden und zu eliminieren. Im Grunde genommen besteht das Immunsystem aus zwei unterschiedlichen Teilen, die zusammenarbeiten: dem natürlichen oder angeborenen System und dem adaptiven oder erworbenen System. Beide sind induzierbar, d.h. ihre Komponenten werden bei einer Infektion vermehrt gebildet.

Das **natürliche/angeborene System** ist uralt und existiert in irgendeiner Weise praktisch in allen mehrzelligen Organismen. Zu ihm gehören Phagocyten/Makrophagen mit verschiedenen Rezeptoren, z.B. für mannosehaltige Oligosaccharide oder Lipopolysaccharid, um Hefen und gramnegative Bakterien zu erkennen. Evolutionäre Vorläufer der natürlichen Killer-Zellen werden ebenfalls hierzu gerechnet. Weitere Komponenten sind das Komplementsystem und eine ganze Reihe kleiner Peptide mit antimikrobiellen Eigenschaften. **Cecropine** (nach einer Motte *Hyalophora cecropia*) beispielsweise in der Hämolymphe von Invertebraten und **Magainine** in Amphibien sind basische Peptide mit amphiphiler α-Helix, die Bakterienzellen perforieren. **Defensine** sind Cys-reiche Peptide und kommen in Insekten ebenso wie in Pflanzen und Säugern vor. **Collectine** binden als zuckerspezifische Lektine der Säuger an die Oberflächen von Bakterien und erleichtern dadurch deren Endocytose. Mitglieder der Immunglobulin-Superfamilie, die der Zell-Zell-Erkennung dienen sind weit verbreitet, und manche Cytokine wie IL-1 (Interleukin-1) und IL-6 oder TNF (Tumornekrosefaktor) kommen in ähnlicher Form ebenfalls in Invertebraten vor. Das natürliche System mag zwar genetisch nicht sehr flexibel sein, hat sich aber im Laufe der Evolution an die gegebenen Parasiten angepaßt.

Als Begründer der sog. zellulären Immunologie gilt E. Metchnikoff, der 1882 auf Sizilien eine eher zufällige Beobachtung machte. Er stach einen Rosenstachel in eine Seesternlarve und fand diesen Stachel am nächsten Tag bedeckt von phagocytischen Zellen, die ihn zu endocytieren versuchten. Metchnikoff erkannte die Bedeutung dieser Beobachtung.

Das **adaptive/erworbene System** entwickelte sich erst spät während der Evolution, vor etwa 500 Millionen Jahren mit den kieferbewährten Vertebraten, wahrscheinlich mit dem Auftreten der heute ausgestorbenen Placodermen. Die uralte Gruppe der Knorpelfische (Haie, Rochen etc.) besitzt ein adaptives System, nicht jedoch die Gruppe der Agnathen (Neunaugen u.a.). Es hat sich rasch entwickelt und weiterentwickelt, auch nach dem Auftreten der Säuger vor etwa 100 Millionen Jahren. Den humoralen Anteil stellen die von den B-Zellen produzierten Antikörper mit ihrer großen Diversität gegen Fremdmoleküle als Antigene, den zellulären Anteil die T-Zellen mit der ebenso großen Diversität ihrer Rezeptoren für präsentiertes Antigen. Die Spezifität von Antikörpern und T-Zell-Rezeptoren hat sich jedoch nicht in einem evolutionären Prozeß ergeben, sondern entsteht laufend durch somatisches Gen-Rearrangement (s. unten). Das schließt die Gefahr der Selbst-Reaktivität ein, und es müssen Vorkehrungen getroffen sein, um selbstreaktive Zellklone zu eliminieren. Manchmal, bei Autoimmunkrankheiten (Horror autotoxicus, der Begriff wurde von P. Ehrlich um 1900 geprägt), versagen diese Vorkehrungen offensichtlich. Ein großer Vorteil des adaptiven/erworbenen Systems ist sein „Erinnerungsvermögen". Nach einer abgewehrten Infektion bleiben antigenspezifische B- und T-Zellen als langlebige „**Gedächtniszellen**" erhalten, die bei einer späteren Infektion durch das gleiche Pathogen eine schnellere und stärkere Immunantwort hervorrufen können; daher auch die Bezeichnung adaptiv/erworben. Dies ist die Voraussetzung für den Erfolg aller Schutzimpfungen mit abgeschwächten oder abgetöteten Pathogenen oder Teilen von ihnen, die auf Immunisierung beruhen. Die folgenden Ausführungen zum Immunsystem beziehen sich im wesentlichen auf die Situation bei Maus und Mensch, die ein sehr ähnliches System besitzen; die Systeme anderer Vertebraten können sich im Detail erheblich davon unterscheiden.

19.2.1 Komplementsystem

Der Name Komplement bedeutet Ergänzung; gemeint ist eine Ergänzung des zellulären und humoralen Immunsystems. Das Komplementsystem markiert Fremdzellen für eine Endocytose durch Phagocyten und bildet Poren in ihren Plasmamembranen, wobei alle wesentlichen Reaktion zum Schutz der körpereigenen Zellen auf der Oberfläche der Fremdzellen ablaufen; außerdem werden Entzündungsmediatoren gebildet, die Zellen des Immunsystems anlocken. Das Komplementsystem besteht aus zahlreichen Plasmaproteinen (Serin-Proteinasen und Bindeproteinen), die aktiviert werden können und in einem Kaskadenmechanismus zur Bildung aktiver Komplexe und Effektormoleküle führen. Membranständige Rezeptoren von Phagocyten, die aktivierte Komponenten des Systems binden, gehören ebenfalls dazu. Syntheseorte der Komplementproteine sind vor allem Leberzellen und Makrophagen.

Es wird ein klassischer (weil zuerst entdeckt) und ein alternativer Weg der Komplementaktivierung unterschieden. Der klassische wird initiiert durch die Bindung an Antikörper, IgM oder IgG, die mit Antigenen auf der Oberfläche von Bakterien komplexiert sind, der alternative durch spontane Bindung aktivierter Komponenten an Oberflächenstrukturen von Bakterien. Der weitere Verlauf beider geschieht jedoch durch homologe Komponenten und führt zu den gleichen aktivierten Komplexen. Offenbar ist der alternative Weg der phylogenetisch ältere.

Beim klassischen Weg werden die einzelnen Komponenten mit C (complement) plus Zahl bezeichnet; a oder b nach der Zahl benennen das kleinere bzw. größere Derivat nach proteinolytischer Spaltung. Der Weg beginnt mit der Anlagerung von C1q des heterotrimeren C1 an ein IgM oder mehrere IgGs, die an Bakterien gebunden sind (Abb. 19-12). Dadurch wird die Proteinase C1r aktiviert, die C1s spaltet. Die auf diese Weise aktivierte Serin-Proteinase C1s spaltet zunächst C4 in C4a und C4b. C4b bindet kovalent an die Bakterienoberfläche und assoziiert C2, das dadurch der Proteinolyse durch C1s zugänglich wird. Falls die kovalente Bindung von C4b an die Fremdzelle nicht schnell erfolgt, wird C4b abgebaut; dies ist einer der Schutzmechanismen, um zu verhindern, daß dieses initiierende Molekül an körpereigene Zellen bindet. C4b/C2b bilden die oberflächengebundene **C3-Konvertase**. C3 kommt in hoher Konzentration, bis zu 1,3 mg · ml^{-1}, im Blut vor und wird durch die Serin-Proteinase C2b gespalten. C3b bindet ebenfalls kovalent an die Oberfläche der Fremdzelle, und da C2b sehr viele C3-Moleküle umsetzen kann, wird die Fremdzelle dicht mit C3b-Molekülen belegt. Diese sog. **Opsonisierung** erleichtert die Endocytose der Fremdzellen durch Phagocyten. Besonders Makrophagen, neutrophile Granulocyten und B-Lymphocyten sind dazu mit verschiedenen **Komplement-Rezeptoren** ausgerüstet.

C3b besitzt noch eine weitere Funktion. Zusammen mit C4b und C2b bildet es die **C5-Konvertase**. In dieser Zusammensetzung kann C2b die Komponente C5 spalten. C5b bindet nacheinander C6, C7 und C8, wobei diese Proteine hydrophoben Kontakt zur Plasmamembran der Fremdzelle gewinnen. C8 induziert schließlich die Anlagerung von 10–16 Molekülen C9, die einen **lytischen Komplex** (membrane attack complex) bilden, d. h. eine Pore mit einem Innendurchmesser von etwa 10 nm in der Plasmamembran formen (Abb. 19-13). Die unmittelbare Folge ist ein Zusammenbruch des Membranpotentials der Zelle. Das kanalbildende Protein C9 hat Ähnlichkeit mit Perforin, einem ebenfalls kanalbildenden Protein von T-Zellen (s. unten).

Eine andere Aufgabe des Komplementsystems ist die Markierung von Immunkomplexen. Diese

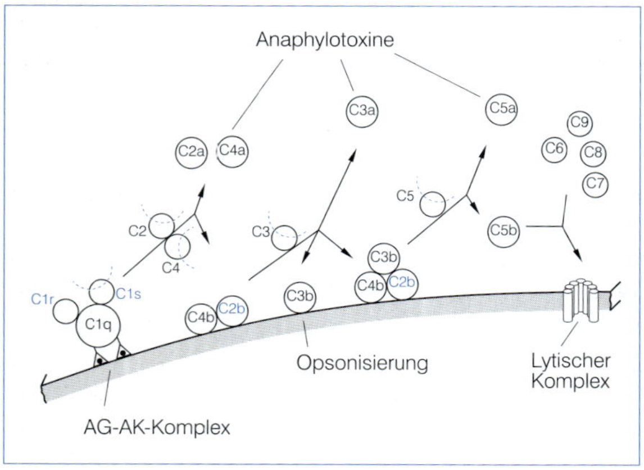

Abb. 19-12: Schematische Darstellung des Komplementsystems (klassischer Weg). Die proteinolytischen Komponenten und die proteinolytischen Spaltungen sind farbig angedeutet. C4b/C2b ist die C3-Konvertase und C3b/C4b/C2b die C5-Konvertase. Alle wesentlichen Reaktionen geschehen an der Oberfläche der Fremdzelle.

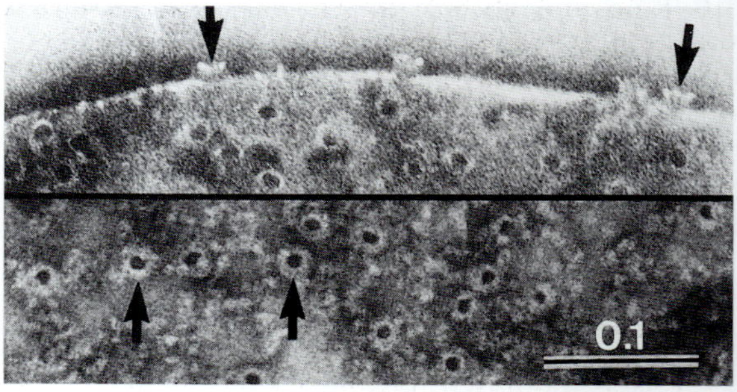

Abb. 19-13: Zylinderförmige lytische Komplexe aus 10-16 C9-Proteinen des humanen Komplementsystems in der Plasmamembran eines Schaf-Erythrocyten. (EM-Aufnahmen im Negativkontrast: S. Bhakdi, J. Tranum-Jensen, Trends Biochem. Sci. April 1983, 124; mit Genehmigung)

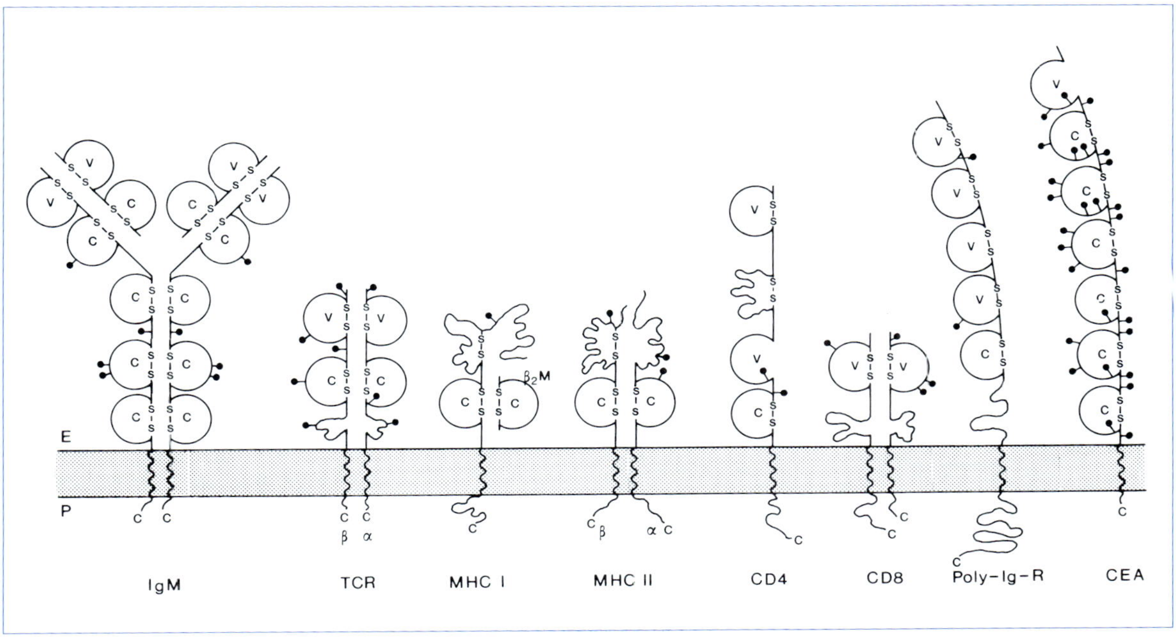

Abb. 19-14: Einige Mitglieder der Immunglobulin-Superfamilie. Die meisten Mitglieder sind plasmamembranständige Proteine mit dem C-Terminus auf der P-Seite. Konstante Domänen (C), variable Domänen (V), andere Domänen (unregelmäßig); die Disulfidbindungen innerhalb der Domänen sind eingezeichnet, andere – z.B. beim IgM oder TCR – der Übersichtlichkeit wegen nicht; Oligosaccharidseitenketten sind mit einem gestielten Punkt symbolisiert. IgM, Immunglobulin M mit zwei schweren und zwei leichten Ketten, membrangebundene Form; IgM, IgD und IgE besitzen vier C-Domänen in den schweren Ketten, IgG und IgA enthalten nur drei. TCR, T-Zell-Rezeptor mit α- und β-Kette. MHC I (major histocompatibility complex) mit einer Kette und β_2-Mikroglobulin, MHC II mit α- und β-Kette. CD4 und CD8, charakteristische Membranproteine von B- bzw. T-Zellen. Poly-Ig-R, Poly-Ig-Rezeptor oder IgA-Rezeptor. CEA, carcinoembryonales Antigen (s. 21.1).

treten bei Infektionen auf und bestehen aus neutralisierenden Antikörpern, bakteriellen Toxinen Zellfragmenten u.a.. Durch diese Komplexe kann das System direkt aktiviert werden. C4b und C3b binden daraufhin kovalent auch an diese Komplexe, so daß sie letztlich von Komplement-Rezeptoren phagocytischer Zellen gebunden und auf diese Weise eliminiert werden.

Die kleinen Spaltpeptide C4a, C3a und insbesondere C5a sind Entzündungsmediatoren und werden als **Anaphylotoxine** bezeichnet. Sie induzieren die Kontraktion von glatten Muskeln, erhöhen die Permeabilität von Gefäßen und aktivieren Mastzellen.

19.2.2 Immunglobulin-Superfamilie

Mitglieder der Immunglobulin-Superfamilie besitzen eine ausgesprochene Domänenstruktur. Die Immunglobulin- oder Ig-Domäne oder Ig-Falte trat früh in der Evolution auf, etwa mit dem Erscheinen der Metazoen. Sie ist, häufig in Kombination mit anderen Domänen, in sehr vielen Proteinen enthalten, die im weiteren Sinn Adhäsionsmoleküle darstellen und mit Zell-Zell-Kontakt und Zell-Zell-Erkennung zu tun haben (Abb. 19-14).

Eine Ig-Domäne besteht aus etwa 110 Aminosäureresten mit einer charakteristischen konservierten Disulfidbindung zwischen dem N-terminalen und C-terminalen Bereich. Die Aminosäuren bilden mehrere antiparallele β-Stränge aus, die sich zu zwei ungefähr gegenüberliegenden β-Faltblattstrukturen formieren (Abb. 19-15); daher auch der Name Ig-Falte.

Es werden drei Domänentypen unterschieden: C1- und C2-Domänen (constant) sowie V-Domänen (variable). Bei den C-Domänen besteht ein Faltblatt aus drei β-Strängen, das andere aus vier; C1 und C2 unterscheiden sich durch ihre dreidimensionale Struktur. Bei den V-Domänen sind es in beiden Faltblättern vier β-Stränge. C2- und V-Domänen sind weit verbreitet, und besonders C2-Domänen kommen in Adhäsionsmolekülen aller Tierklassen vor, während C1-Domänen eine Spezialität im Immunsystem der Vertebraten darstellen und ausschließlich in Antikörpern, T-Zell-Rezeptoren und MHCs anzutreffen sind. Sie haben als relativ junge Entwicklung wahrscheinlich einen gemeinsamen Ursprung, der – wenn geklärt – Auskunft über

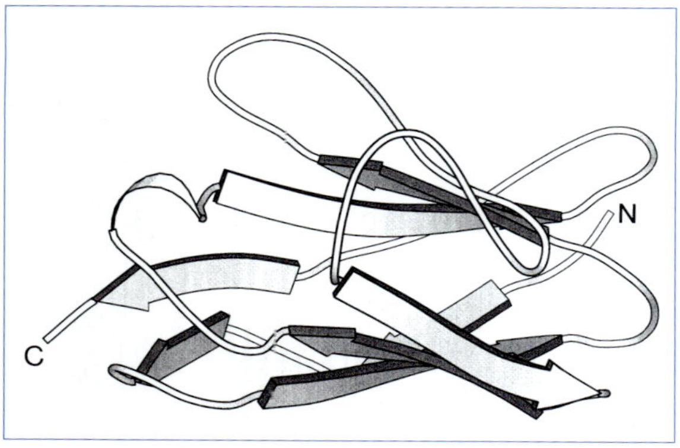

Abb. 19-15: Ig-Domäne am Beispiel einer variablen Domäne eines IgG-Moleküls. Die breiten Pfeile symbolisieren die antiparallelen β-Stränge der beiden β-Faltblattstrukturen. (Bild: N. DeJonghe, nach Protein Data Bank 1BRE)

die Herkunft des Immunsystems der Vertebraten geben könnte.

19.2.3 Cytokine

Unter dem Begriff Cytokine sind mehrere Gruppen von meist löslichen kleinen Proteinen zusammengefaßt, die als Mediatoren besonders von Zellen des Immunsystems gebildet und sezerniert werden. Sie wirken unterschiedlich auf verschiedene Zellen und zeigen pleiotrope Effekte, was die Klärung ihrer Funktionen schwierig macht. Manchmal ist zusätzlich insofern eine Redundanz zu beobachten, als verschiedene Rezeptoren für Cytokine gemeinsame Untereinheiten enthalten. Von Lymphocyten produzierte Cytokine werden auch als Lymphokine bezeichnet.

Zu den **Interleukinen** (IL) werden IL-1 bis (bisher) IL-18 sowie auch hämatopoetische Faktoren wie Erythropoietin und CSFs (s. 19.1) gerechnet. IL-6 beispielsweise zeigt so verschiedene Effekte wie die Stimulation von Wachstum und Differenzierung bei B- und T-Zellen und die Induktion der Synthese von Akutphaseproteinen in der Leberzelle. (Akutphaseproteine sind Proteinase-Inhibitoren, Komponenten der Blutgerinnung und der Fibrinolyse, hämatopoetische Faktoren u.a.).

Interferone (IFN) wurden ursprünglich als Proteine beschrieben, die Zellen vor viralen Infektionen schützen. **IFN-α**, eine Familie von 17 ähnlichen Proteinen, und **IFN-β** werden von verschiedenen Zellen nach Virusinfektion produziert. Doppelsträngige virale RNA hat sich als starker Induktor herausgestellt. Beide Interferone aktivieren NK-Zellen und führen in anderen Zellen zu veränderter Gen-Expression. Beispielsweise wird eine Protein-Ser/Thr-Kinase induziert, die den Initiationsfaktor eIF2 phosphoryliert und damit inaktiviert (s. 7.3.4), wodurch die Synthese viraler Proteine (allerdings auch zellulärer) gestoppt wird. Weiterhin wird die Fähigkeit zur Präsentation von viralem Antigen verstärkt, indem eine vermehrte Produktion von MHC I, proteasomalen Lmp-Proteinen und TAP-Translokatoren (s. unten) beginnt. Das zu IFN-α und -β nichthomologe **IFN-γ** wird nur von T-Zellen, NK-Zellen und Makrophagen sezerniert. Es ist ein homodimeres Protein und zeigt ausgesprochen pleiotrope Effekte. Es hat antiproliferative Wirkung gegenüber verschiedenen normalen und neoplastischen Zellen, verstärkt aber vor allem die Expression von MHC I und MHC II. Man kennt mehr als 200 Gene, die von IFN-γ kontrolliert werden.

Die zellständigen Rezeptoren für Interleukine und Interferone werden **Cytokin-Rezeptoren** genannt. Sie sind Dimere oder Oligomere ohne eigene enzymatische Aktivität. Ihre Besetzung durch Liganden aktiviert das Jak/STAT-System (Janus-Kinase und signal tranducer and activator of transcription) (s. 3.5.4). Phosphoryliertes STAT ist ein aktivierter Transkriptionsfaktor.

Die Mitglieder der **TNF-Familie** (tumor necrosis factor) sind trimere Proteine und meist zellständig. Der von Lymphocyten, Makrophagen und NK-Zellen gebildete **TNF-α**, der auch löslich vorkommt, ist eines der potentesten Cytokine. Er induziert die Bildung von Stickstoffmonoxid in Makrophagen und lokale Entzündungen, kann aber bei Überproduktion nach starker Infektion durch gramnegative Bakterien und Induktion durch Lipopolysaccharid einen Zusammenbruch des Kreislaufs verursachen. Rezeptoren für TNF-α sind an vielen Zellen exprimiert. **TNF-β** (Lymphotoxin) kann auch in löslicher Form vorkommen. Er wird von Lymphocyten synthetisiert und veranlaßt u.a. ebenfalls eine Produktion von NO in Makrophagen. Mitglieder dieser Gruppe sind weiterhin der Fas-Ligand, der für die Induktion von Apoptose wichtig ist, und der CD40-Ligand, ein wichtiges Effektormolekül für B-Zellen (s. unten).

Die **Chemokine** stellen eine große Gruppe kleiner Mediatoren mit zwei internen Disulfidbindungen dar; mehr als 30 Chemokine sind beim Menschen bekannt. Sie werden von verschiedenen Zellen des Immunsystems produziert und wirken chemotaktisch für Immunocyten. **Eotaxin** z.B. ist ein Chemoattraktans für eosinophile Granulocyten, **MCP-1** für Monocyten und **Rantes** für verschiedene Leukocyten. Die Rezeptoren für Chemokine besitzen sieben Membrandurchgänge und sind an heterotrimere G-Proteine gekoppelt.

Auch **TGF-β** (transforming growth factor) wird zu den Cytokinen gerechnet. Der Name stammt von seiner Entdeckung im Kulturüberstand von Tumorzellen. Er ist ein eher inhibitorisches Cytokin, wird besonders von T-Zellen gebildet und verhindert u.a. die Aktivierung von Makrophagen.

19.2.4 B-Zellen und Antikörper

Eine bestimmte B-Zelle – in großem Umfang dann die aus ihr hervorgegangene Plasmazelle – kann nur Antikörper einer einzigen Spezifität bilden, insgesamt aber fünf Klassen von Antikörpern dieser Spezifität. Die Struktur der Antikörper wurde 1961/62 von G. M. Edelman, R. R. Porter und Mitarbeitern aufgeklärt. Dabei spielten sog. Myelomproteine eine wichtige Rolle. Ein Myelom ist ein Tumor, der sich von einem transformierten B-Lymphocyten ableitet. Die Tumorzellen produzieren Antikörper einer einzigen Spezifität in großer Menge. Produkte von Myelomzellen sind auch die im Urin auftretenden Bence-Jones-Proteine; sie stellen leichte Ketten der Antikörper dar.

Struktur von Antikörpern

Antikörper bestehen insgesamt aus vier Ketten: zwei schweren oder H-Ketten (heavy, ca. 50 kDa) und zwei leichten oder L-Ketten (light, ca. 25 kDa), die die typische Domänenstruktur aus V- und C-Domänen der Mitglieder der Immunglobulin-Superfamilie aufweisen (Abb. 19-16 und 19-17). Die Moleküle sind Y-förmig und in der Gelenkregion flexibel. Die leichten Ketten bestehen aus einer variablen (VL) und einer konstanten (CL) Domäne, die schweren ebenfalls aus einer variablen (VH), jedoch drei konstanten (CH1 bis CH3) Domänen. Die beiden **Antigen-Bindungsstellen** liegen in den V-Domänen und werden jeweils von einer VL und VH gestaltet. Antikörper besitzen demnach bivalente Bindungsfähigkeiten. Die Bindungsstelle ist eine kleine Vertiefung, die vor allem von den sechs CDRs (complementary determining regions), den **hypervariablen Regionen** der beiden V-Domänen gebildet wird (Abb. 19-18). Die Bindungsstelle hat Platz für einige Aminosäure- oder Zuckerreste u.ä.. In den hypervariablen Regionen unterscheiden sich Antikörper unterschiedlicher Spezifität vor allem.

L-Ketten kommen in zwei Formen vor, κ und λ genannt; ihre Gene liegen beim Menschen auf Chromosom 2 bzw. 22. Funktionelle Unter-

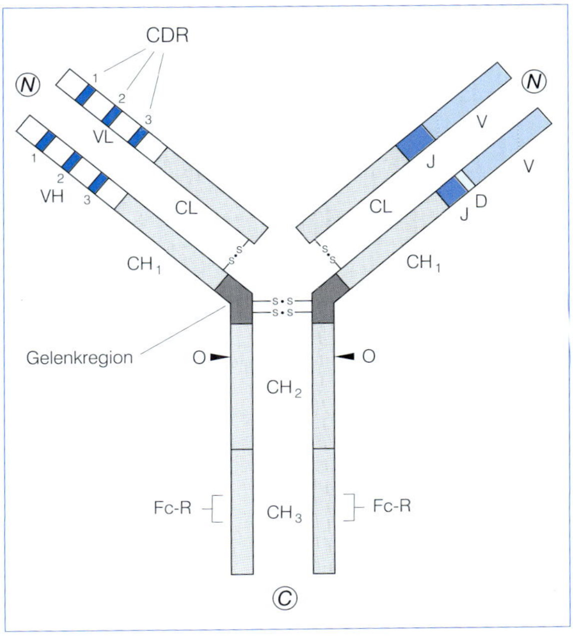

Abb. 19-17: Schematische Darstellung eines Antikörpermoleküls (IgGs). Disulfidbindungen verbinden die beiden H-Ketten in der Gelenkregion und jeweils eine L-Kette mit einer H-Kette. Die typischen Disulfidbindungen innerhalb jeder einzelnen Domäne sind der Übersichtlichkeit wegen fortgelassen worden. In den V-Regionen sind auf der rechten Seite die V-, D- und J-Segemente angegeben, die von verschiedenen Gen-Segmenten codiert werden (s. unten), auf der linken Seite hypervariablen Regionen (CDRs) eingezeichnet, die ungefähr den Aminosäureresten 28-35, 49-59 und 92-103 entsprechen. Die Dreiecke (O) deuten an, daß die meisten Antikörper in diesem Bereich Oligosaccharidseitenketten tragen.

Abb. 19-16: Modell für ein Antikörpermolekül (IgG). Entsprechend Abb. 19-17 sind die verschiedenen Domänen gut zu lokalisieren. (Bild: N. DeJonghe, nach Protein Data Bank 1IGT)

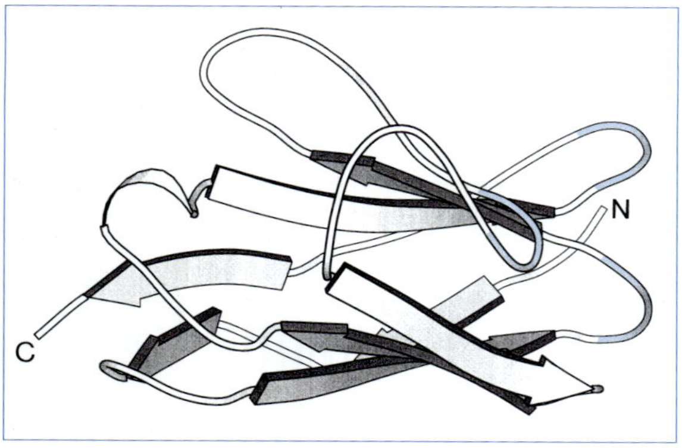

Abb. 19-18: V-Domäne einer κ-Kette mit ihren drei CDRs (complementary determining regions), die farbig gestaltet sind. Am C-Terminus würde sich die C-Domäne der κ-Kette anschließen. (Bild: N. DeJonghe, nach Protein Data Bank 1BRE)

schiede zwischen den beiden Ketten bestehen nicht. Beim Menschen verteilen sie sich wie 2:1, d.h. 2/3 der B-Zellen exprimieren κ-Ketten und 1/3 λ-Ketten. Bei anderen Arten kann diese Verteilung auch ganz anders aussehen. Bei den H-Ketten gibt es fünf Klassen, manche mit Subklassen, deren Gene beim Menschen alle am Ende des langen Arms von Chromosom 14 liegen. Entsprechend ihren H-Ketten werden Antikörper ebenfalls fünf Klassen zugeordnet, die sich in ihrer Funktion unterscheiden, nicht aber in ihrer Spezifität bei ein und derselben B-Zelle. Die verschiedenen H-Ketten werden mit γ, μ, δ, ε und α bezeichnet, die Antikörperklassen, auch **Isotypen** genannt, als IgG, IgM, IgD, IgE und IgA.

- **IgG** ist das im Blutserum mit etwa 12 mg · ml^{-1} am häufigsten vorkommende Immunglobulin. Beim Menschen gibt es vier Subklassen, IgG1 bis IgG4 mit den H-Ketten γ_1 bis γ_4. Von allen Antikörperklassen gelangen nur IgG2 und IgG4 vom mütterlichen Organismus über rezeptorvermittelte Transcytose mittels membranständigen Fc-Rezeptoren (s. unten) durch die Plazenta in den Fötus.
- **IgM** enthält eine vierte C-Domäne. Es kommt löslich und membrangebunden vor. Als Membranprotein besitzt jede H-Ketten zusätzlich eine hydrophobe Helix, und die C-Termini auf der P-Seite bestehen nur aus drei Aminosäuren (-Lys-Val-Lys). Lösliches IgM ist im allg. pentamer, besitzt also zehn Antigen-Bindungsstellen. Die Untereinheiten sind C-terminal durch Disulfidbindungen verbunden und bilden eine ringförmige Struktur; außerdem ist ein sog. J-Protein (joining, 15 kDa) durch Disulfidbindungen zu zwei Untereinheiten in diese Struktur eingebunden. Membranständiges IgM wird unabhängig von einer Aktivierung der B-Zelle synthetisiert und dient als B-Zell-Rezeptor (s. unten).
- **IgD** ist vor allem membrangebunden, die Konzentration der löslichen Form im Blutserum beträgt nur 0,03 mg · ml^{-1}. Membrangebundenes IgD wird ebenfalls unabhängig von einer Aktivierung der B-Zelle synthetisiert. Auf reifen B-Zellen ist es die Haupt-Ig-Klasse.
- **IgE** ist sehr selten (<10^{-4} mg · ml^{-1}). Mastzellen tragen Fc-Rezeptoren für IgE (FcεRI). Die Belegung dieser Rezeptoren durch IgE-Molekülen gegen ein Allergen und ihre Vernetzung durch das Allergen kann zu allergischen Reaktionen führen (s. oben).
- **IgA** kommt in zwei Subklassen, IgA1 und IgA2, vor. Es ist das Immunglobulin der Sekrete wie Tränenflüssigkeit, Speichel, Milch, Sekrete in Lunge und Darm u.a.. Ein Fc-Rezeptor (pIgR) ist für die Transcytose durch die betreffenden Epithelien zuständig. Im Serum ist IgA monomer, in den Sekreten jedoch dimer, wobei es C-terminal über Disulfidbindung wieder durch ein J-Protein kovalent verbunden wird.

Die Proteinase Papain spaltet Antikörper in der Gelenkregion in drei Teile, ein **Fc-Fragment** (crystallisable) und zwei monovalente **Fab-Fragmente** (antigen binding).

In der CH3-Domäne liegen die Bindungsstellen für die Fc-Rezeptoren, die in den Plasmamembranen verschiedener Zellen vorkommen und unterschiedliche Aufgaben haben (s. unten). An die CH2-Domäne im IgG und die CH3-Domäne im IgM bindet die Komponente C1q des Komplementsystems. **Protein A** ist ein Oberflächenprotein des grampositiven Bakteriums *Staphylococcus aureus*, das kovalent mit der Peptidoglykanschicht verbunden ist. Es bindet IgG an der CH2/CH3-Grenze; auf diese Art kann sich das Bakterium mit Antikörpern des Wirts bedecken, wobei die V-Domänen nach außen weisen, was einen gewissen Schutz bedeutet. Protein A wird als Reagens verwendet.

Die komplementäre Struktur zur Antigen-Bindungsstelle im Antikörper ist die antigene Determinante, das **Epitop**, am Antigen. Je besser Antigen-Bindungsstelle und Epitop einander entsprechen, desto stabiler wird der **Antigen-Antikörper-Komplex**. An diese Bindungsstelle können natürlich auch kleine Moleküle, wenn sie passen, binden, sie wirken jedoch nicht immunogen, d.h. sie induzieren in einem Organismus keine Produktion von Antikörpern. Immunogenität zeigen Makromoleküle, vor allem Proteine. Ein Epitop ist ein kleiner Bereich des Proteins an seiner Oberfläche. Es kann aus einer kurzen Abfolge von Aminosäureresten oder auch Zuckerresten bestehen, man spricht dann von einem kontinuierlichen Epitop. Diskontinuierlich ist ein Epitop, wenn z.B. die es bildenden Aminosäurereste zwar aus Gründen der dreidimensionalen Struktur des Proteins beisammen liegen, nicht aber direkt kovalent verknüpft sind. Ein Protein kann viele verschiedene Epitope aufweisen. Die Immunantwort auf ein Fremdprotein wird also im allg. in der Aktivierung vieler verschiedener B-Zellen liegen, es werden polyklonale Antikörper gebildet, jede aktivierte B-Zelle steuert ihre monoklonalen dazu bei. Die erwähnten kleinen Moleküle können u.U. immunogen wirken, wenn sie an ein größeres Trägermolekül gebunden sind. Sie werden dann als **Hapten** bezeichnet; der Nitrophenylrest ist ein bekanntes Hapten.

Für viele Zwecke in der Forschung und medizinischen Diagnose ist es wünschenswert, Antikörper einer bestimmten Spezifität, also **monoklonale Antikörper**, in größerer Menge zur Verfügung zu haben. Die Herstellung solcher Antikörper gelang G. Köhler und C. Milstein 1975 erstmals mit Hilfe von Hybridomzellen. Antikörper produzierende Plasmazellen lassen sich nicht kultivieren. Eine **Hybridomzelle** ist ein Fusionsprodukt aus einer Myelomzelle, d.h. einer transformierten B-Zelle mit unbegrenztem Wachstum – sie sollte jedoch die Fähigkeit zur Bildung der eigenen, nicht interessierenden Antikörper verloren haben – und einer Plasmazelle, die den gewünschten Antikörper produziert. Da ein Fusionsereignis in einem Gemisch von Myelomzellen und Plasmazellen relativ selten zu erreichen ist, wird die sog. HAT-Selektion (Hypoxanthin, Aminopterin, Thymidin) eingesetzt. Die Myelomzellen müssen dazu auch noch im Nebenweg der Nucleosidtriphosphatsynthese über die Thymidin-Kinase bzw. Hypoxanthin-Guanin-Phosphoribosyl-Transferase defekt sein. Da der Hauptweg von Tetrahydrofolsäure abhängig ist, kann er durch den Folsäure-Antagonisten Aminopterin wirksam blockiert werden; die Zellen können dann nur in Gegenwart der Vorstufen Thymidin und Hypoxanthin kultiviert werden. Myelomzellen überleben im HAT-Medium nicht, wohl aber Fusionsprodukte mit Plasmazellen, die einen intakten Nebenweg einbringen. Die Myelomzellen werden kloniert und nach dem gewünschten Antikörper selektioniert. Hybridome produzieren ca. 20 µg Antikörper pro 10^6 Zellen pro 24 h. Es werden vor allem Hybridome der Maus hergestellt, da Myelomzellen vom Menschen schlecht in Kultur wachsen und Fusionszellen aus Myelomzellen der Maus und Plasmazellen des Menschen bevorzugt menschliche Chromosomen verlieren.

Der Trend geht zu gentechnischen Verfahren, um monoklonale Antikörper oder ähnliche Produkte menschlicher Herkunft zu gewinnen. Eine **Phage-Display-Bibliothek** z.B. ist ein Sammlung von Bakteriophagen, die ein Fusionsprotein aus der V-Domäne eines Antikörpers und eines eigenen Hüllproteins exprimieren, wobei die V-Domäne außen exponiert ist. Eine Spezifität für ein bestimmtes Antigen kann daraus selektioniert, das Gen für die V-Domäne ausgeschnitten und mit anderen Genen fusioniert werden, um ein Konstrukt zu erhalten, das in seiner Funktion einem monoklonalen Antikörper gleicht und sich in geeigneten Zellen herstellen läßt.

Mit Hilfe gentechnischer Methoden lassen sich auch einkettige Fragmente der V-Domänen herstellen, sog. **scFv** (single chain fragment variable), bei denen eine VL und eine VH über eine flexible Peptidbrücke kovalent miteinander verbunden sind. Die flexible Brücke erlaubt die korrekte Faltung der beiden Domänen, so daß die Antigen-Bindungsfähigkeit erhalten bleibt. Man versucht, rekombinante Proteine aus solchen scFv, die Antigen auf Tumorzellen erkennen, und Toxinen wie Exotoxin A aus *Pseudomonas aeruginosa* oder Ricin aus Ricinussamen (s. 3.6.5) für die Tumortherapie einzusetzen **(Immuntoxine).**

Bildungsweise der Antikörper

Die Heterogenität der Antikörper eines Organismus läßt sich auf drei Ebenen definieren. **Isotypen** unterscheiden sich in ihren H-Ketten oder L-Ketten. Anti-Isotyp-Antikörper einer Organismenart erkennen z.B. alle IgMs oder alle Antikörper mit κ-Ketten usw. einer anderen. **Allotypen** unterscheiden sich durch Aminosäureaustausche in den schweren Ketten identischer Isotypen, z.B. in den µ-Ketten. Individuen der gleichen Art zeigen solche Differenzen. **Idioty-**

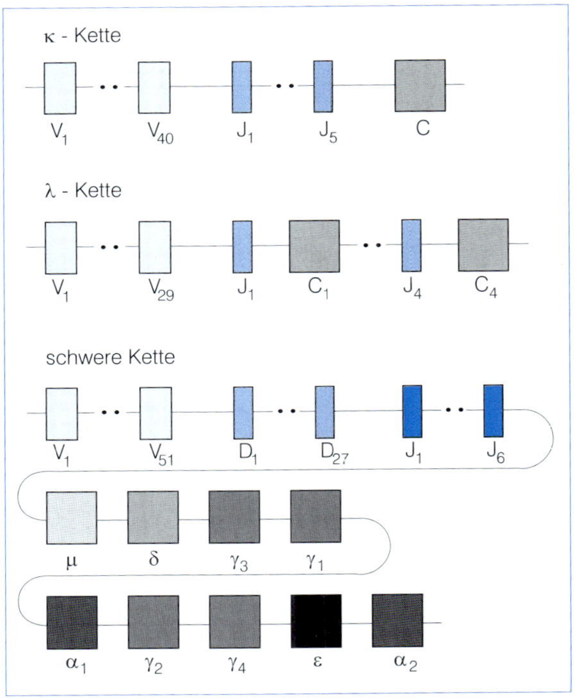

Abb. 19-19: Gen-Segmente für die κ-, λ- und H-Ketten der Antikörper beim Menschen. Die Introns in den C-Segmenten, verschiedene Pseudogene und die oft viele Kilobasen großen nichtcodierenden Bereiche sind der Einfachheit halber nicht berücksichtigt; der gesamte Chromosomenbereich für die H-Ketten ist beispielsweise mehr als 2 Megabasen groß. Für die κ-Kette stehen 40 V-, 5 J- und 1 C-Segmente zur Verfügung, für die λ-Kette 29 V-, 4 J- und 4 C-Segmente (die Anordnung ist hier etwas anders), für die H-Ketten 51 V-, zusätzlich 27 D-, 6 J- und die entsprechenden C-Segmente für die verschiedenen Klassen.

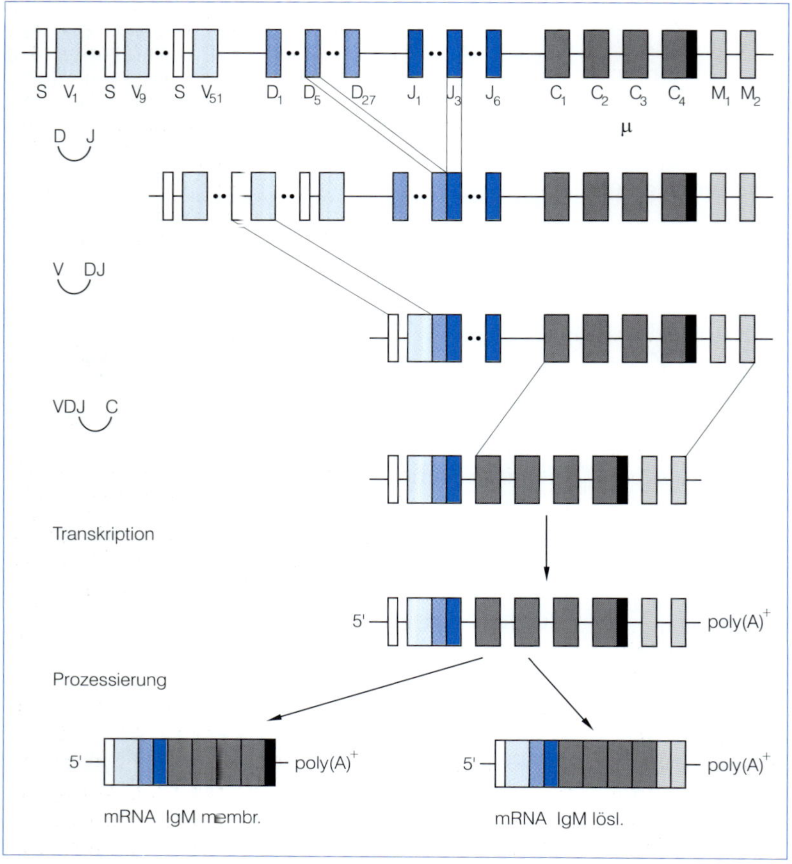

Abb. 19-20: Schema zur somatischen Rekombination I, am Beispiel der H-Kette. Die Darstellung entspricht Abb. 19-19. Von den C-Segmenten ist nur das μ-Segement mit seinen Exons aufgenommen. Für membrangebundenes IgM bleibt bei der Prozessierung der Prä-mRNA der schwarz markierte Teil in C4, der für die hydrophobe Helix codiert, erhalten; für lösliches IgM wird dieser Teil ausgeschnitten, und zwei weitere Exons, M1 und M2 bleiben erhalten.

pen schließlich repräsentieren die Einmaligkeit eines Immunglobulins einer bestimmten Spezifität und gehen auf die besondere Aminosäuresequenz in der Antigen-Bindungsstelle zurück. Anti-Idiotyp-Antikörper ahmen in gewisser Weise das Epitop des Antigens nach.

Die große **Diversität** der Antikörper – man geht beim Menschen von $>10^{11}$ möglichen Spezifitäten aus – ist bei maximal 10^5 Genen im menschlichen Genom zunächst schwer zu verstehen. Um 1980 konnten S. Tonegawa, P. Leder, L. Hood und Mitarbeiter nachweisen, daß im Genom verschiedene Gen-Segmente, meist in mehrfachen Versionen, vorhanden sind, aus denen erst durch **somatische Rekombination** (Gen-Rearrangement) transkribierbare Antikörper-Gene gebildet werden. Fertige Gene für Antikörper entstehen während der Lymphopoese und sind ausschließlich in B-Zellen anzutreffen. Die Gen-Segmente für die κ-Ketten auf Chromosom 2 beim Menschen, für die λ-Ketten auf Chromosom 22 und für die H-Ketten auf Chromosom 14 mit ihren V-, D- und J-Segmenten (variable, diversity, joining) für die V-Domänen sowie ihren C-Domänen sind in Abb. 19-19 dargestellt. Die somatische Rekombination erfolgt in mehreren Schritten (Abb. 19-20).

Für den Mechanismus der somatischen Rekombination sind sog. **RSS** (recombination signal sequences) an den Enden der V-, D- und J-Segmente entscheidend. Diese Sequenzen enthalten ein palindromisches Heptamer (5′CACAGTG3′) und ein konserviertes Nonamer (5′ACAAAAACC3′), die durch Spacer von 12 oder 23 bp getrennt sind (Abb. 19-21).

Es können nur Segmente im gleichen Chromosom rekombinieren, und zwar nur Segmente mit verschiedenen Spacern in ihren RSS. Für die Rekombination ist die sog. **V(D)J-Recombinase** verantwortlich, die aus mehreren Proteinen besteht. Das Schneiden der DNA exakt am Beginn der Heptamere geschieht durch die Gen-Produkte von ***rag1*** und ***rag2*** (recombination activating genes) (Abb. 19-22). An den Enden der Segmente entstehen dabei vorübergehend Haarnadelschleifen, d.h. kovalente Bindungen zwischen den beiden DNA-Strängen. Während Rag1 und Rag2 spezifisch für diese somatische Rekombination sind, gehören weitere beteiligte Enzyme zum DNA-Reparatursystem. Eine Endonu-

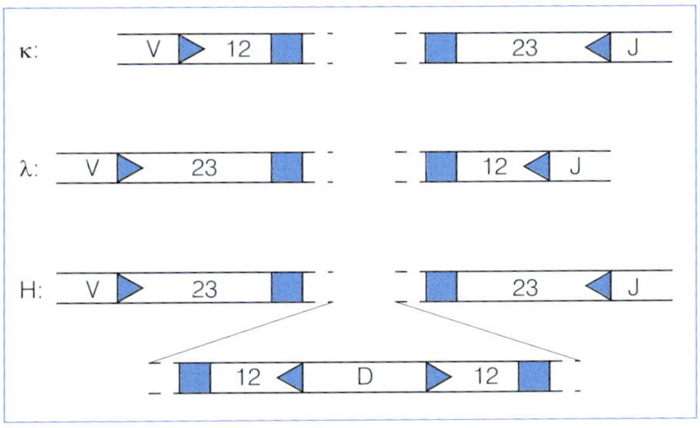

Abb. 19-21: Flankierende RSS (recombination signal sequences) an den V-, D- und J-Segmenten von κ-, λ- und H-Ketten. Die Heptamere sind als farbige Dreiecke, die Nonamere als farbige Rechtecke, die Spacer mit entsprechenden Zahlen wiedergegeben. Die RSS sind an den Segmenten in der Weise angeordnet, daß Segmente mit 12-Spacern nur mit Segmenten mit 23-Spacern rekombinieren können und nicht zwei Segmente mit 12- oder 23-Spacer.

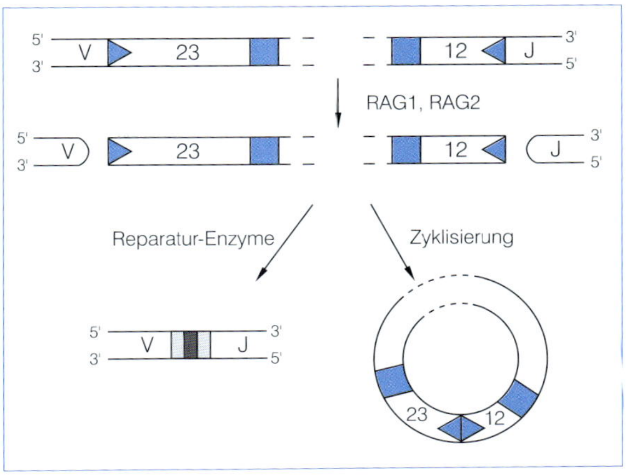

Abb. 19-22: Schema zur somatischen Rekombination II, am Beispiel der Rekombination von V- und J-Elementen der λ-Kette. Die Heptamere sind als farbige Dreiecke, die Nonamere als farbige Rechtecke, die Spacer mit entsprechenden Zahlen wiedergegeben; die Pfeilköpfe zeigen die Schnittstellen an; P-Nucleotide der ehemaligen Haarnadelschleifen sind grau, die durch die Transferase zugefügten N-Nucleotide dunkelgrau markiert.

clease spaltet die Haarnadelschleifen und eine Dioxynucleotid-Transferase fügt an der Schnittstelle Nucleotide hinzu; die Nucleotide der Haarnadelschleife werden als P-Nucleotide, die hinzugefügten als N-Nucleotide bezeichnet. Durch solche zusätzlichen N-Nucleotide wird die Diversität der Antikörper erhöht. Bei der Verbindung der Segmente schließlich ist auch eine **DNA-abhängige Protein-Kinase** beteiligt. Das Fehlen dieses Enzyms bei der Maus hat den Scid-Phänotyp zur Folge (s. oben). Der ausgeschnittene DNA-Abschnitt wird an den Heptameren zyklisiert und geht verloren, wird also nicht wie ein Transposon an anderer Stelle in die DNA eingebaut. Es kann auch geschehen, daß durch Schleifenbildung der DNA das Schneiden und Zusammenfügen der Heptamere zu einer Inversion des ursprünglich zwischen den Segmenten liegenden Abschnitts führt.

Dieser somatische Rekombinationsablauf gilt in gleicher Weise für die Gene der T-Zell-Rezeptoren. Die Gene für die α- und die selteneren γ-Ketten bestehen ebenfalls aus V-, J- und C-Segmenten, die für die β- und die selteneren δ-Ketten aus V-, D-, J- und C-Segmenten. Vermutlich haben sich Immunglobuline und T-Zell-Rezeptoren aus einem heterodimeren Rezeptor evolviert. Außerdem wird spekuliert, daß die RSS ursprünglich, wie invertierte Repeats in den Transposons von Invertebraten, *rag1* und *rag2* einschlossen und transposable Elemente darstellten. Durch räumliche Trennung von RSS und *rags* im Genom und Änderung der Aktivitäten von Rag1 und Rag2, die nicht mehr wie eine Transposase das ausgeschnittene Segment an anderer Stelle der DNA integrieren lassen, könnte sich das somatische Rekombinationssystem entwickelt haben. Es hat in seiner Art, mit der 12/23-Regel, nur wenig funktionelle Ähnlichkeit mit den beiden anderen Rekombinationssystemen, der klassischen Rekombination mit seiner schneidenden sowie wiederverbindenden Recombinase (s. 5.5.5) und der Transposition mit der Transposase (s. 5.6.2).

Die Diversität der Immunglobuline und der T-Zell-Rezeptoren kommt also zunächst auf dreierlei Weise zustande: Durch die Kombination verschiedener Gen-Segmente, durch die Ungenauigkeiten an den V/J-, V/D- und D/J-Grenzen, an denen während der rekombinatorischen Vorgänge Nucleotide zugefügt (oder auch fortgelassen) werden können, und durch die Kombination verschiedener leichter und schwerer Ketten. Eine vierte Möglichkeit der Erzeugung von Diversität ist nicht mehr während des Rearrangements, sondern nur in reifen B-Zellen (nicht in T-Zellen) mit der **somatischen Hypermutation** gegeben. In den Gen-Bereichen für die V-Domänen, bevorzugt in den hypervariablen Regionen, geschehen Punktmutationen in hoher Rate (s. unten).

Nach Abschluß der Gen-Rearrangements ist die Spezifität der unreifen B-Zelle und der T-Zelle festgelegt. Eine Besonderheit dabei ist, daß von den bei einem diploiden Organismus vorhandenen vier Gen-Bereichen für L-Ketten und zwei Gen-Bereichen für H-Ketten und Ketten des T-Zell-Rezeptors jeweils nur ein Bereich zum Zuge kommt, so daß die Antikörper und T-Zell-

Rezeptoren einer Zelle tatsächlich monospezifisch sind. Dieser Vorgang, der auf molekularer Basis noch nicht verstanden ist, wird als **allelische Exklusion** (bzw. isotypische Exklusion bei κ- und λ-Ketten) bezeichnet.

In ruhenden B-Zellen werden IgM und IgD gleichzeitig exprimiert. Dabei entsteht für IgM ein Transkript entsprechend Abb. 19-20. Das Transkript für IgD enthält zunächst auch die Information für die μ-Kette, die bei der mRNA-Prozessierung ausgeschnitten wird. Erst nach Stimulierung der B-Zellen können andere Isotypen infolge von Rekombinationsereignissen exprimiert werden. Dieser Wechsel wird als **Class Switching** bezeichnet. Im 5′-Bereich vor jedem C-Segment für die H-Ketten, mit Ausnahme von C_δ, liegen tandemartige Repeats in der sog. **Switch-Region**. Die Repeats unterscheiden sich etwas, enthalten aber alle zahlreiche GAGCT- und GGGGGT-Sequenzen. Das Switching besteht in einer Schleifenbildung der DNA, Rekombination zwischen zwei Switch-Regionen und Deletion der in der Schleife enthaltenen Gene. Am ersten Ereignis dieser Art ist die Switch-Region von C_μ beteiligt. Alle Gene, die zwischen dieser Region und dem zu exprimierenden Gen, z.B. γ_3, liegen, werden deletiert. Ein Wechsel kann in einer Zelle mehrfach, natürlich nur in Richtung 3′ entsprechend der Anordnung der Gene (s. Abb. 19-19), erfolgen, z.B. nach γ_3 zu α oder ε. Das Class Switching wird durch verschiedene Interleukine wie IL-4, IL-5, IL-10 und IFNγ reguliert.

Enstehung und Funktion von B-Zellen

Die **klonale Selektionstheorie** nach F. M. Burnet von 1957 postulierte, daß Immunzellen (später: B-Zellen) ihre Antikörper als Rezeptoren auf der Oberfläche tragen und von Antigen selektiert werden können, daß sie in ihrem Entwicklungsgang bei Selektierung durch Selbst-Antigen eliminiert werden, wodurch Selbsttoleranz entsteht, und daß sie als reife Zellen bei Bindung von Fremd-Antigen zu einer klonalen Vermehrung angeregt werden und sich zu Antikörper produzierenden Zellen (später: Plasmazellen) differenzieren. Im Kern gilt diese Theorie nach wie vor, wenn sie auch – allein schon durch die spätere Entdeckung der T-Zellen oder der Gedächtniszellen (s. unten) – verfeinert werden mußte.

B-Zellen entstehen beim Menschen aus Vorläuferzellen im Knochenmark und durch Proliferation von antigenstimulierten B-Zellen in Lymphknoten. Ihre Bildung ist von rigoroser Selektion und Apoptose begleitet. Aus dem Knochenmark entlassen werden nur reife B-Zellen, die IgM und IgD auf ihrer Oberfläche exprimieren. Diese membrangebundenen Antikörper bilden zusammen mit zwei Ig-α/Ig-β-Heterodimeren und einem noch hypothetischen Transduktor den **B-Zell-Rezeptor** (BCR) (Abb. 19-23). Ig-α und Ig-β enthalten im plasmatischen Teil sog. **ITAM**s (immunereceptor tyrosine-based activation motif), die aus zweimal Tyr-X-X-Leu bestehen, die durch meist sieben andere Reste getrennt sind. ITAMs kommen auch bei Fc-Rezeptoren und T-Zell-Rezeptoren vor. Beim BCR ist die ITAM-phosphorylierende Tyr-Protein-Kinase Syk.

In unreifen B-Zellen ist bcl-2, der Überlebensfaktor (s. 20.2), herunterreguliert, die Zellen sind also zum Absterben bestimmt. Offenbar führt nur ein positives Signal über den B-Zell-Rezeptor zur erneuten Hochregulierung von bcl-2. Wie autoreaktive B-Zellen im Knochenmark negativ selektiert werden, ist unbekannt. Nur wenige Prozent der im Knochenmark entstandenen B-Zellen gelangen als positiv selektionierte IgM^+/IgD^+-Zellen ins Blut, die übrigen werden durch Apoptose eliminiert. Die Zellen im Blut sind langlebig – beim Menschen Monate bis Jahre – und bilden das **primäre Antikörper-Repertoire**.

Ruhende B-Zellen können auf zweierlei Weise aktiviert werden:

- Eine direkte Aktivierung zu Proliferation und Differenzierung zu Plasmazellen erfolgt oft durch Bindung von multimerem Antigen, be-

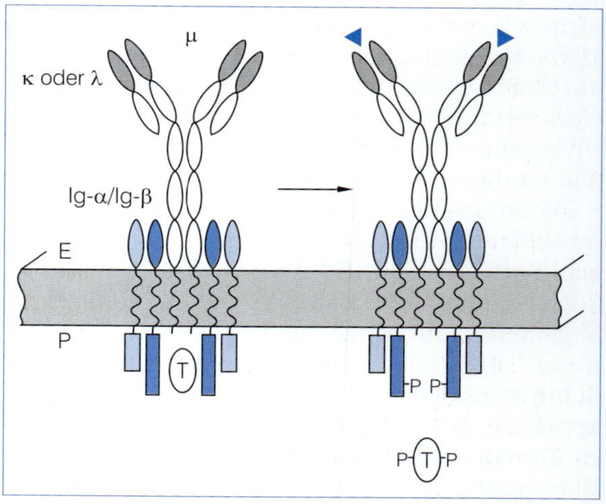

Abb. 19-23: B-Zell-Rezeptor. Er besteht aus einem IgM (oder IgD) und zwei Ig-α/Ig-β-Heterodimeren und einem hypothetischen Transduktor (T), der die ITAM-Sequenzen vor unspezifischer Phosphorylierung schützt. Die Bindung von Antigen und Aggregation der Rezeptoren führt zur Aktivierung des Transduktors, Phosphorylierung von Tyrosinresten in Ig-α/Ig-β und Weiterleitung des Signals, z.B. über Adaptorproteine mit SH2-Domänen.

sonders auf Oberflächen von Fremdzellen, durch die B-Zell-Rezeptoren, die dadurch vernetzt werden. Diese produzieren dann vor allem IgM und, anschließend, IgG3.

- Bei der T-Zell-abhängigen Aktivierung wird zunächst Antigen, meist komplexiert mit natürlichen Antikörpern oder Komponenten des Komplementsystems, durch B-Zell-Rezeptoren gebunden, danach endocytiert und CD4-Zellen präsentiert (s. 19.2.5). Diese erkennen das präsentierte Antigen mit Hilfe ihrer spezifischen T-Zell-Rezeptoren und liefern den präsentierenden B-Zellen das entscheidende Aktivierungssignal (s. 19.2.6).

Bei T-Zell-aktivierten B-Zellen finden zwei erstaunliche Vorgänge statt. Analysen zeigten, daß bei einer zweiten Immunantwort auf das gleiche Antigen die meisten Antikörper hoch mutiert waren und eine erhöhte Affinität zum Antigen besaßen. D.h. während der Proliferation der B-Zellen finden Punktmutationen besonders in den CDRs, den hypervariablen Regionen in den V-Domänen statt. Abschätzungen ergeben, daß die Mutationsrate etwa 10^{-4}-10^{-3} Ereignisse pro Basenpaar pro Zellgeneration erreicht. Man bezeichnet diesen Vorgang auch als **Affinitätsreifung der Antikörper** durch **somatische Hypermutation**. Wie diese Hypermutation induziert wird, wer der „Mutator" ist, konnte noch nicht entschlüsselt werden. Da diese Affinitätsreifung nicht gezielt geschehen kann, muß ein Selektionsmechanismus existieren, durch den Mutanten mit affineren Antikörpern überleben, solche mit weniger affinen oder autoreaktiven aber eliminiert werden. Die Affinitätsreifung, die Proliferation der B-Zellen findet in Bildungszentren innerhalb von Lymphfollikeln statt. Dort proliferierende B-Zellen exprimieren wieder wenig bcl-2, jedoch verstärkt den Rezeptor Fas, der bei Besetzung durch den Fas-Liganden Apoptose einleitet, scheinen also zum Absterben vorprogrammiert zu sein. Sie werden in der Tat negativ selektiert durch Bindung von Liganden an ihre B-Zell-Rezeptoren. Induziert die Bindung eines Liganden keine Hilfe durch die antigenspezifischen T4-Zellen, ist der Ligand also nicht das richtige Antigen, sterben die B-Zellen durch Apoptose. Diese Selektion ist der von T-Zellen im Thymus (s. 19.2.6) sehr ähnlich und schützt den Organismus vor autoreaktiven Zellen. Die übriggebliebenen höheraffinen Zellen bzw. Klone repräsentieren das **sekundäre Antikörper-Repertoire**.

Der zweite erstaunliche Vorgang ist, daß einige dieser B-Zellen mit höher affinen Antikörpern zu **Gedächtniszellen** werden. Sie besitzen charakteristische Oberflächenmarker, kein IgD mehr und können im gegebenen Fall Antigen sehr effizient CD4-Zellen präsentieren, so daß eine Zweitantwort nicht nur affiner, sondern auch schneller abläuft. Auch bei einer Zweitantwort kann wieder das geschilderte Geschehen von Affinitätsreifung und Bildung neuer verbesserter Gedächtniszellen einsetzen.

Fc-Rezeptoren

Fc-Rezeptoren sind membranständige Mitglieder der Immunglobulin-Superfamilie, die Antikörper im Fc-Teil, meist in der CH_3-Domäne, binden und je nach Zelltyp unterschiedliche Funktionen haben. Bei manchen sind im cytoplasmatischen Teil ITAM-Sequenzen (immunoreceptor tyrosine-based activation motif) zur Signalleitung zu finden, andere bilden mit ITAMs enthaltenden Proteinen Komplexe, wieder andere kommen ohne solche Sequenzen aus. Auch hier ist Syk die die ITAMs phosphorylierende Tyr-Protein-Kinase. Proteine mit SH2-Domänen sind Folgeglieder.

- **FcγRI** ist ein Rezeptor auf Makrophagen und neutrophilen Granulocyten für monomeres IgG. Er besitzt drei Ig-Domänen auf der E-Seite und ist mit zwei sog. γ-Ketten komplexiert, die ITAM-Sequenzen enthalten.
- **FcγRII** mit den Isoformen A, B und C ist auf phagocytischen Zellen weit verbreitet und bindet vor allem Antigen-Antikörper-Komplexe, die endocytiert und abgebaut werden. Alle Isoformen haben zwei Ig-Domänen auf der E-Seite, A und C besitzen im P-Teil ITAM-Sequenzen, B mit seinen zahlreichen Spleißvarianten kommt ohne ITAMs aus.
- **FcγRIII** ist typisch für phagocytische Zellen und für natürliche Killer-Zellen. Über ihn werden Antigen-Antikörper-Komplexe eliminiert; auf der Oberfläche von Fremdzellen gebundenes IgG wird von natürlichen Killer-Zellen durch diesen Rezeptor erkannt. Er besitzt zwei Ig-Domänen und ist mit zwei γ-Ketten mit ITAM-Sequenzen komplexiert.
- **FcRn** (n von neonatal) transportiert mütterliches IgG in Föten und Säuglingen. Der Rezeptor besitzt drei externe Domänen und ist mit dem löslichen β_2-Mikroglobulin komplexiert. Der Rezeptor wird in der Plazenta gefunden, wo er transcytotisch IgG vom mütterlichen Blut in den Fötus transportiert. Außerdem ist er auf der apikalen Seite des Darmepithels von Säuglingen anzutreffen, von wo er das mit der Muttermilch aufgenommene IgG auf der basolateralen Seite in die Blutbahn des Neugeborenen transcytiert.
- **pIgR** (p von poly) ist der Rezeptor vieler sezer-

nierender Epithelien für pentameres IgM und vor allem für dimeres IgA. Er trägt fünf extrazellulären Ig-Domänen und besitzt keine ITAMs. Über ihn werden die Antikörper in Tränenflüssigkeit und andere Sekrete durch die Epithelien von basolateral nach apikal transcytiert. Dabei werden die extrazellulären Domänen auf der apikalen Seite abgespalten; sie dienen als sog. sekretorische Komponenten dem Schutz der Antikörper vor Proteinolyse.

- **FcεRI** wird von Mastzellen und basophilen Granulocyten exprimiert und bindet IgE. Bei allergischen Reaktionen vom Soforttyp ist er infolge einer Vernetzung von gebundenem IgE durch Allergen auf der Oberfläche der Zellen für die Induktion zur Ausschüttung von Entzündungsmediatoren verantwortlich (s. 19.1).

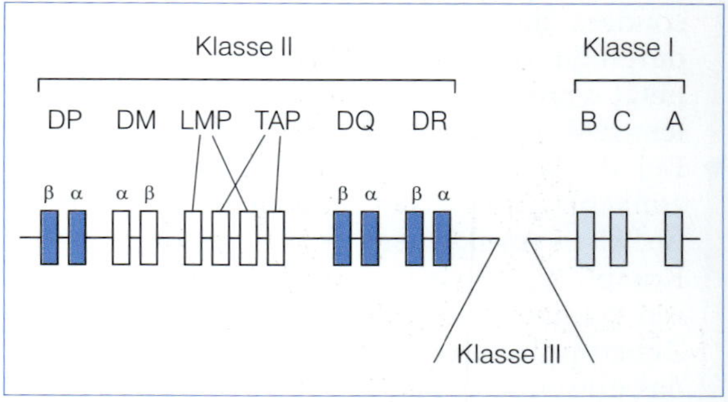

Abb. 19-24: MHC-Region auf dem kurzen Arm von Chromosom 6 des Menschen. Die Gene für MHC I sind mit *A*, *B* und *C* benannt, die für MHC II mit *DP*, *DQ* und *DR*. Weitere Gene im Klasse-II-Bereich sind *DM* für ein Hilfsprotein bei der Beladung von MHC II mit Peptid, *TAP* für einen Peptid-Translokator im ER und *LMP* für proteosomale Proteine (s. unten). In der Klasse-III-Region finden sich Gene für Komplementkomponenten, Tumornekrosefaktor α und β u. a..

19.2.5 MHC und Antigenpräsentation

Die MHC-Moleküle (major histocompathibility complex) bestimmen das immunologische „Selbst" eines Individuums. Ihr Name leitet sich ab von der frühen Beobachtung ihrer Beteiligung bei Transplantatannahme bzw. -abstoßung. MHC ist der Überbegriff, für jede Spezies existiert noch ein gesonderter Name wie **HLA** (human lymphocyte antigen) für den Menschen, H-2 für die Maus oder B für das Huhn. MHC-Moleküle kommen in zwei Klassen vor, MHC I und MHC II, ihre Funktion ist die Präsentation von Peptidfragmenten aus eigenem Protein und aus Fremdprotein (bakteriellem, viralem) gegenüber T-Zellen. **MHC-I-Moleküle** bestehen aus einer Kette mit drei Ig-ähnlichen Domänen auf der E-Seite und einem Membrandurchgang sowie dem extrazellulären β_2-Mikroglobulin als vierter Domäne, **MHC-II-Moleküle** aus einer α- und einer β-Kette mit je zwei Ig-ähnlichen Domänen und einem Membrandurchgang (s. Abb. 19-14).

Beim Menschen liegt die sog. **MHC-Region** auf dem kurzen Arm von Chromosom 6; mehr als 100 Gene sind hier zu finden, die meisten mit unbekannter Funktion. Die klassischen MHC-I-Gene sind *B*, *C* und *A*; die MHC-II-Gene *DP*, *DQ* und *DR*, die jeweils für eine α- und eine β-Kette codieren, und weitere Gene (Abb. 19-24).

MHC I und MHC II sind nicht nur polygen, sondern auch hoch polymorph. Die Gene zeigen den ausgeprägtesten **Polymorphismus**, den man bei Vertebraten kennt; für das *B*-Gen von MHC I beispielsweise existieren mehr als 160 Allele. Die MHC-Gen-Zusammensetzung eines Chromosoms wird als **MHC-Haplotyp** bezeichnet. Durch den starken Polymorphismus sind fast alle Menschen heterozygot, d.h. sie besitzen zwei unterschiedliche Haplotypen, was die Zahl der auf Zellen exprimierten unterschiedlichen MHC-Moleküle vergrößert und sehr individualspezifische Muster erzeugt.

Die Moleküle beider MHC-Klassen bilden mit ihren beiden äußeren Domänen eine längliche Grube, deren Boden ein achtsträngiges β-Faltblatt bildet, und zwei Ränder aus je einer α-Helix (Abb. 19-25). Beim MHC I steuern die α_1– und die α_2-Domäne je vier β-Stränge und eine α-Helix bei, bei MHC II jede äußere Domäne von α- und β-Kette. Die Architektur der Gruben ist etwas unterschiedlich. MHC-I-Moleküle binden in ihren vorn und hinten begrenzten Gruben vorzugsweise Peptide aus neun Aminosäureresten unterschiedlicher Sequenz, je nach Art des MHC-Moleküls. Einige sog. Ankeraminosäurereste, die häufig an den Enden der Peptide liegen, passen dabei in besondere „Taschen" der Bindungsstelle. Bei MHC-II-Molekülen sind ebenfalls einige der neun in der Grube liegenden Aminosäurereste in „Taschen" verankert. Da die Gruben hier an den Enden offen sind, kann die Länge der Peptide 12–25 Aminosäurereste betragen.

MHC I wird von nahezu allen Zellen eines Organismus exprimiert und präsentiert Antigen in Peptidform CD8-Zellen (cytotoxischen Zellen). MHC II kommt nur auf der Oberfläche von Makrophagen, dendritischen Zellen, B-Zellen (beim Menschen auch aktivierten T-Zellen) und Zellen des Thymusepithels vor und präsentiert Antigen CD4-Zellen (Helferzellen). Das Zerschneiden von Antigen in Peptide und ihre Bindung an MHC-Moleküle wird als **Antigen-Prozessierung** bezeichnet. Sie geschieht für die beiden MHCs in völlig verschiedener Weise.

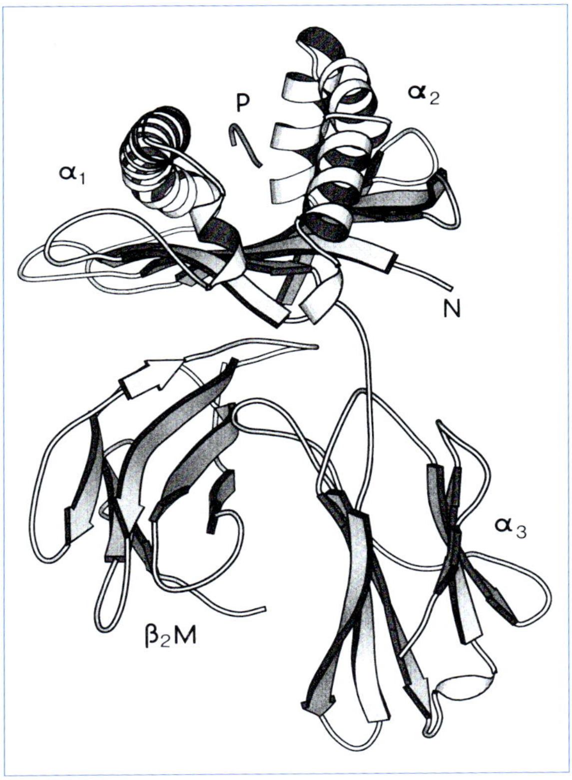

Abb. 19-25: Modell für ein MHC-I-Molekül mit seinen α_1-, α_2– und α_3-Domänen sowie β_2-Mikroglobulin (β_2M). In der von α_1 und α_2 gebildeten Grube liegt ein Peptid (P). (Bild: N. DeJonghe, nach Protein Data Bank 2VAA)

Beladung von MHC I

MHC-I-Moleküle präsentieren Peptide, die aus im Cytoplasma durch Proteasomen abgebauten Proteinen stammen. Einen Teil aller produzierten Proteine ereilt dieses Schicksal. In der Größe geeignete Peptide können über den heterodimeren **TAP1/TAP2-Translokator** (transporter associated with antigen processing) ATP-abhängig in das ER-Lumen gelangen; TAP gehört zu den ABC-Translokatoren. In der ER-Membran wird neu synthetisiertes MHC I durch die Chaperone Calnexin und Calreticulin zurückgehalten, bis die α-Kette mit β_2-Mikroglobulin assoziiert und das Molekül mit geeignetem Peptid beladen ist. Tapasin, ein TAP-assoziiertes Protein, kann beteiligt sein. Erst beladenes MHC I wird auf den Weg zur Plasmamembran entlassen.

Eine Zelle präsentiert auf ihrer Oberfläche 10^5-10^6 MHC-I-Moleküle, beladen mit etwa 10^4 verschiedenen Peptiden. Diese stammen normalerweise aus zelleigenen Proteinen, gegen die CD8-Zellen tolerant sind. Auftretende Fremdpeptide, z.B. bei einer Virusinfektion der Zelle, werden von den T-Zell-Rezeptoren der CD8-Zelle erkannt, woraufhin die betreffende Zelle durch die cytotoxische Zelle eliminiert wird (s. 19.2.6).

CD8-Zellen schütten bei einer Erkennung von Fremdpeptiden, im Zusammenhang mit einer Virusinfektion, γ-Interferon aus, das in anderen Zellen die Expression von Proteinen induziert, die der Abwehr der Infektion dienen; hierbei ist CIITA (MHC class II trans activator) beteiligt. Es sind dies z.B. die besonderen proteasomalen Proteine **LMP2** und **LMP7**, die einige konstitutive β-Untereinheiten im Proteasom ersetzen, wodurch offenbar die Produktion von größengerechten Peptiden verstärkt wird. Auch die Synthese von TAP-Translokatoren wird gesteigert.

Beladung von MHC II

MHC-II-Moleküle präsentieren Peptide aus Proteinen, die von Makrophagen, dendritischen Zellen, B-Zellen und Zellen des Thymusepithels endocytiert und abgebaut wurden. MHC-II-Moleküle liegen zunächst ebenfalls in der ER-Membran, ihre Bindungsgrube ist jedoch durch das **invariante Protein Ii** blockiert, so daß aus dem ER-Lumen keine Peptide gebunden werden können. MHC II wird als Heterononamer, d.h. in Form von drei α,β-Dimeren zusammen mit drei Ii-Ketten, offenbar durch die Ii-Ketten vesikulär in das noch etwas hypothetische **MHC-II-Beladungskompartiment** innerhalb des endosomal/lysosomalen Kompartiments dirigiert. Dort erst trifft es auf die Fremdpeptide. Ii wird durch die lysosomale Proteinase Cathepsin S in kurze Peptide gespalten, von denen das sog. CLIP noch in der Bindungsgrube verbleibt, bis das heterodimere Hilfsprotein DM einen Austausch gegen Fremdpeptid katalysiert. DM ist in der MHC-Region codiert (s. Abb. 19-24). Beladenes MHC II gelangt durch Vesikelfluß aus dem Beladungskompartiment zur Plasmamembran.

Wenn CD4-Zellen (Helferzellen) das präsentierte Fremd-Antigen mit ihren T-Zell-Rezeptoren erkennen, aktivieren sie entsprechende B-Zellen zur Proliferation und Produktion von Antikörpern (s. 19.2.6).

Einige bakterielle und virale Proteine rufen eine sehr starke Immunreaktion hervor und werden deshalb als **Superantigene** bezeichnet. Sie verhalten sich jedoch nicht wie ein Antigen, sondern bilden einen trimolekularen Komplex mit MHC II und bestimmten Vβ-Domänen eines T-Zell-Rezeptors auf T-Zellen durch Bindung außerhalb deren Antigenbindungsstelle. Da ein erheblicher Teil der T-Zellen die jeweils reaktiven Vβ tragen, werden bei Infektion bis zu 20% der T-Zellen eines Menschen aktiviert – ein normales Antigen führt vielleicht zu einer Aktivierung von 0,0001% oder weniger. Die erhöhte Konzentration an sezernierten Cytokinen können einen toxischen

Schock hervorrufen. Superantigene sind z.B. Enterotoxine von *Staphylococcus aureus* und *Streptococcus pyrogenes*, Proteinase- und Hitze-stabile Proteine von ca. 25 kDa. Auch vom Epstein-Barr-Virus und HIV sind ähnliche Superantigene bekannt. Ihre Rolle bei der parasitären Strategie ist noch nicht durchschaut.

19.2.6 T-Zellen und T-Zell-Rezeptoren

T-Lymphocyten (Thymocyten) sind während ihrer komplizierten Reifung im Thymus zu CD4-Zellen (Helferzellen) und CD8-Zellen (cytotoxischen Zellen) mehreren Selektionen unterworfen. Diese Selektionen führen für die meisten Thymocyten zur Apoptose, so daß letztlich vielleicht 5% der ursprünglichen Zellen als reife T-Zellen den Thymus verlassen können. Diese Reifung dauert etwa drei Wochen und schließt die progressive Expression des T-Zell-Rezeptors (TCRs) zusammen mit dem CD3-Komplex (s. unten), den CD4- bzw. CD8-Molekülen u.a. ein. Für die Selektion der T-Zellen gelten im Prinzip die folgenden Kriterien: Der TCR muß die eigenen MHCs erkennen können, darf aber körpereigene Strukturen nicht als Antigen werten, um Autoimmunreaktionen zu vermeiden. Das führt zu der bemerkenswerten Eigenschaft selektierter T-Zellen, daß sie nur Antigen in Form von Peptiden erkennen, die auf MHC-Molekülen präsentiert werden. Man bezeichnet das als **MHC-Restriktion**; sie wurde von P. Doherty und R. Zinkernagel 1974 für cytotoxische T-Zellen entdeckt.

Im sog. DP-Stadium (doppelt positiv, d.h. $CD4^+/CD8^+$, s. Abb. 19-11) sind Thymocyten nur wenige Tage lebensfähig und erleiden einen programmierten Zelltod, wenn sie kein Signal über ihren TCR durch MHC-Kontakte erhalten. Damit werden Zellen ohne Affinität zu MHCs eliminiert. Im Thymus werden Thymocyten mit Selbst-Peptiden konfrontiert; Zellen, die Selbst-Peptide in MHCs erkennen, werden ebenfalls durch induzierte Apoptose ausgeschaltet (**negative Selektion**), wobei die präsentierenden und Signale an den TCR vermittelnden Zellen die Epithelzellen des Thymus sind. Zellen mit moderater Affinität zu den MHCs bleiben erhalten (**positive Selektion**). Diese positive Selektion ist eine Art Gratwanderung zwischen der Produktion von autoreaktiven und inaktiven Zellen. Obgleich die Selektion auf Selbst-MHCs ausgerichtet ist, bleibt eine gewisse Kreuzreaktivität zu fremden MHCs, denn es gibt verschiedene konservierte Aminosäurereste an den Kontaktstellen zum TCR bei vielen MHC-Allelen. Da der TCR innerhalb des Bindungsareals etwa zu 2/3 an das MHC-Molekül und zu 1/3 an das präsentierte Peptid bindet, wie Röntgenstrukturanalysen an TCR/MHC/Peptid-Komplexen zeigten, kann auch eine größere/kleinere Affinität des einen oder anderen zum TCR das Bindungsverhalten modifizieren. Solche möglichen Kreuzreaktivitäten sind die molekularen Grundlagen für z.B. Transplantatabstoßung und Autoreaktivität, wie sie bei Autoimmunerkrankungen beobachtet werden.

Wenn T-Zellen Antigen erkennen, machen sie eine klonale Expansion durch, und es entstehen auch **Gedächtniszellen**.

Stoßen T-Zellen in der Peripherie auf Antigen, muß das nicht unbedingt zu einer Aktivierung der Zellen führen. Die Aktivierung des TCR allein reicht nicht aus, es muß auch eine Costimulation über weitere Liganden erfolgen (s. unten). Zellen, die solche Signale nicht erhalten, werden anerg. **Anergie** bedeutet, daß die Zellen für keine weiteren Aktivierungen mehr zugänglich sind. Die Blockierung setzt offenbar früh in der durch den TCR ausgelösten Signalkaskade bei Ras ein. Auch dies ist ein Mechanismus zur Vermeidung von Autoreaktivität. In den „privilegierten Kompartimenten" Gehirn, Auge und Testis werden Antigene ignoriert; falls Immunzellen in diese Gewebe eindringen, werden sie anerg oder zur Apoptose veranlaßt. Ursprünglich wurde angenommen, daß nur cytotoxische T-Zellen und NK-Zellen Fas-Ligand als Apoptoseauslöser auf ihrer Oberfläche exprimieren können (s. unten); jedoch wurde zumindest für Stromazellen des Auges und Sertolizellen im Testis eine Expression von Fas-Ligand nachgewiesen.

T-Zell-Rezeptor

Der T-Zell-Rezeptor (TCR) besteht aus einer α- und einer β-Kette, die beide der Immunglobulin-Superfamilie angehören und auf der E-Seite eine C- und eine V-Domäne tragen, während der cytoplasmatische Anteil nur sehr kurz ist (Abb. 19-26). Diese Domänen zusammen sind dem Fab-Fragment von Antikörpern sehr ähnlich. Die durch die V-Domänen gebildete Bindungsstelle gewährleistet eine zweifache Erkennung, das richtige Antigen im richtigen MHC. Die Diversität der TCRs kommt durch Gen-Rearrangement auf gleiche Weise zustande, wie es für die Antikörper beschrieben wurde (s. 19.2.4). Neben den sog. **α,β-T-Zellen** mit α,β-TCRs kommen auch die sehr viel selteneren **γ,δ-T-Zellen** vor, deren TCR aus ähnlichen γ- und δ-Ketten zusammengesetzt ist. Die Gen-Segmente für die δ-Kette liegen zwischen denen der α-Kette auf Chromosom 14, die der γ-Kette auf Chromosom 7. Die Funktion dieser Zellen ist noch unzureichend beschrieben,

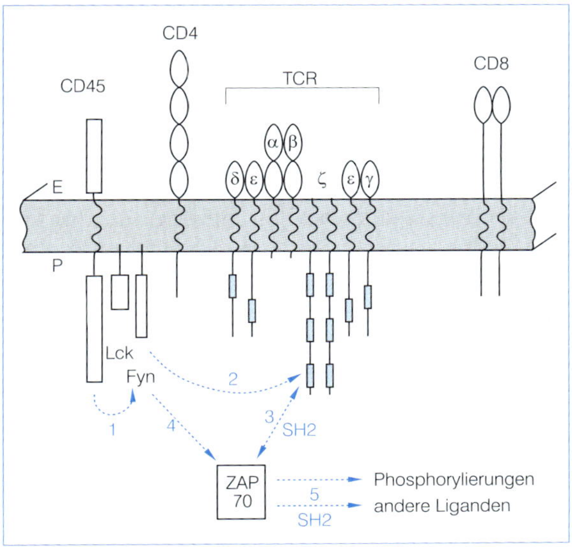

Abb. 19-26: T-Zell-Rezeptor und assoziierte Proteine. Ig-ähnliche Domänen sind als Ovale gezeichnet, ITAM-Sequenzen als farbige Rechtecke. Die Abfolge der Reaktionen bei Aktivierung des TCR durch Bindung an den MHC einer präsentierenden Zelle (einschließlich der costimulierenden Bindungen) ist durch gestrichelte Pfeile und Zahlen wiedergegeben; SH2 bedeutet Bindung einer SH2-Domäne an einen phosphorylierten Tyrosinrest.

sie scheinen Zielzellen MHC-unabhängig zu erkennen.

Mit dem TCR bildet stets **CD3** einen stabilen Komplex. CD3 besteht aus zwei Heterodimeren, $\gamma\varepsilon$ und $\delta\varepsilon$, und einem Homodimeren, $\zeta\zeta$. Der Komplex besitzt insgesamt zehn ITAMs (immunoreceptor tyrosine-based activation motif, s. 19.2.4), je eins in γ, δ und ε, drei in ζ. Als obligatorische Corezeptoren dienen CD4 oder CD8, die ebenfalls an MHC II bzw. an MHC I binden. Zum Erreichen einer vollständigen Effektorfunktion bei Kontakt mit beladenen MHCs benötigen T-Zellen neben der CD4- bzw. CD8-Bindung weitere Signale über Kontaktmoleküle wie z.B. über CD28 und CTLA-4, die an B7-Liganden der präsentierenden Zellen assoziieren.

Zur Signaltransduktion durch den TCR gehören weitere Proteine auf der P-Seite bzw. im Cytoplasma. Eine Ser/Thr-Protein-Phosphatase **CD45** aktiviert die Tyr-Protein-Kinasen Lck und Fyn aus der Ras-Familie. Die Phosphorylierung von ITAMs führt zur Interaktion der ζ-Ketten mit der Tyr-Protein-Kinase **ZAP-70** (ζ-associated protein-70), woraufhin ZAP-70 ebenfalls phosphoryliert wird. Diese Kinase kann Liganden mit SH2-Domäne binden, die z.B. den Ras-Signalweg aktivieren, und zahlreiche andere Proteine phosphorylieren. Ein Weg läuft über die Phosphorylierung einer Phospholipase C, was über IP_3 und den IP_3-Rezeptor im ER eine Erhöhung der Ca^{2+}-Konzentration im Cytoplasma zur Folge hat. Durch Ca^{2+} wird die Ser/Thr-Protein-Phosphatase **Calcineurin** aktiviert, die die Transkriptionsfaktoren der NFAT-Familie dephosphoryliert, die wiederum in dephosphorylierter Form im Zellkern zusammen mit dem basalen Transkriptionsfaktor AP-1 die Expression des Interleukin-2-Gens stimulieren. IL-2 wird sezerniert und aktiviert B-Zellen (s. unten), leitet aber auch autokrin die Proliferation der T-Zelle selbst ein, da aktivierte Zellen auch den IL-2-Rezeptor exprimieren.

Calcineurin wird durch sog. **Immunsuppressiva** gehemmt. Zu diesen gehört das cyclische Undecapeptid **Cyclosporin A** aus dem Pilz *Tolypocladium inflatum* und das makrocyclische Lacton **FK506** aus *Streptomyces tsukubaensis*. Diese Verbindungen bilden ternäre Komplexe mit Calcineurin und den Peptidyl-Prolyl-*cis/trans*-Isomerasen Cyclophilin 18 bzw. FK-Bindeprotein. Dadurch wird die Aktivität von Calcineurin gehemmt; der Immunsuppression liegt nicht die Inhibierung der Isomeraseaktivitäten zugrunde. Calcineurin kommt in vielen Zellen vor, oft in höherer Konzentration, so daß die Komplexbildung nicht zu seiner völligen Ausschaltung führt. Bei Gabe der Immunsuppressiva werden starke Nebenwirkungen, besonders in der Leber, beobachtet. Eine weitere Verbindung dieser Art ist das makrocyclische Lacton **Rapamycin** aus *Streptomyces hygroscopicus*, das mit FK-Bindeprotein das Signalkettenenzym Phosphatidylinositol-3-Kinase beeinflußt.

T-Zellen als Effektoren

Die Aktivierung von TCRs durch Bindung an präsentierende MHC-II- und MHC-I-Moleküle anderer Zellen hat in T-Helferzellen bzw. cytotoxischen T-Zellen außer einer Anregung zur eigenen Proliferation völlig unterschiedliche Effekte zur Folge.

Bei der Aktivierung von B-Zellen durch **CD4-Zellen** (Helferzellen) spielen neben der TCR-MHC-Wechselwirkung zwischen beiden Zellen vor allem eine Bindung des CD40-Liganden in der T-Zell-Membran an CD40 in der B-Zell-Membran und weitere Interaktionen zwischen Oberflächenmolekülen eine Rolle. Offenbar gibt es zwei Subpopulationen von CD4-Zellen, Th1- und Th2-Zellen. **Th1-Zellen** produzieren IFN-γ, TFN-β und IL-2 und induzieren in B-Zellen die Produktion von opsonisierenden und Komplement-fixierenden IgG2 und IgG3, stimulieren aber auch die phagocytische Abwehr von Mikroorganismen, denn IFN-γ aktiviert Makrophagen. **Th2-Zellen** sezernieren IL-4, IL-5 und IL-6 und regen B-Zellen zur Bildung von neutralisierenden IgG1 sowie durch IL-4 auch zur Bildung von IgE an.

CD8-Zellen üben ihre zellvermittelte Cytotoxizität direkt an den Zellen aus, die ihnen in ihren MHC-I-Molekülen Fremd-Antigen präsentieren, also infiziert oder transformiert sind. Sie sezernieren dazu den Inhalt lytischer Granula in eine Mikroumgebung zwischen sich und der Zielzelle, die durch engen Kontakt der Zellen untereinander eine weitere Diffusion des „gefährlichen Inhalts“ verhindert. Die Granula enthalten das porenbildende **Perforin** (Cytolysin) und **Granzyme** (Serin-Proteinasen). Die Cytolyse der Zielzelle ist von extrazellulärem Ca^{2+} abhängig. Die Perforinmonomere, die Ähnlichkeit mit C9 des Komplementsystems haben (s. 19.2.1), inserieren infolge einer Konformationsänderung in die Membran der Zielzelle und bilden dort als Oligomere aus 12–20 Monomeren Poren von 10–20 nm Durchmesser. Durch diese Poren dringen die Granzyme ein und leiten in der Zielzelle Abbaumechanismen ein, die zur Apoptose führen. Aktivierte cytotoxische Zellen exprimieren außerdem auf ihrer Oberfläche den Fas-Liganden, ein Typ-II-Membranprotein der TNF-Familie. Bindung dieses Liganden an seinen auf Zellen weit verbreiteten Rezeptor Fas (synonym APO-1 und CD95) in der Membran der Zielzelle löst ebenfalls Apoptose aus. CD8-Zellen sezernieren u.a. IFN-γ und TNF-α, das cytotoxisch wirken und Apoptose einleiten kann (s. 22.3).

Natürliche Killer-Zellen (NK-Zellen) zeigen die gleiche cytotoxische Wirkung wie CD8-Zellen, werden jedoch in anderer Weise aktiviert, da sie keinen TCR/CD3-Komplex exprimieren. Der Fc-Rezeptor FcγRIII, der IgG auf Zelloberflächen erkennt und bindet, leitet die Aktivierung ein. Ein inhibitorischer Rezeptor an NK-Zellen ist KIR (killer cell inhibitory receptor), ein Rezeptor für MHC I. Infolge dieser MHC-I-inhibierbaren Rezeptoren werden NK-Zellen vor allem gegen Zellen mit wenig oder gar keinem MHC I aktiv, d.h. gegen Zellen, die der Abwehr durch CD8-Zellen faktisch entgehen. Beispielsweise können NK-Zellen auch Tumorzellen abtöten, die einen veränderten oder keinen MHC I mehr aufweisen.

19.2.7 Störungen und Umgehungen des Immunsystems

Das Immunsystem ist ein außerordentlich komplexes System, das gegen Pathogene gerichtet ist und in gewissem Sinn auch eine Coevolution mit Pathogenen durchgemacht hat. Wie alle genetisch fixierten Systeme ist es Mutationen unterworfen, die zu sog. primären Defizienzen führen können. Zufälligkeiten, aber auch genetische Prädisposition und äußere Einflüsse können dieses ursprünglich nur gegen „Fremd“ gerichtete System autoreaktiv werden lassen und Autoimmunkrankheiten auslösen. Pathogene schließlich haben in der ständigen Auseinandersetzung mit dem Immunsystem Strategien entwickelt, die ihnen erlauben, mehr oder weniger erfolgreich gegen dieses System zu bestehen, und die für den Wissenschaftler ausgesprochen interessant sind. Auf virale Strategien wird an anderer Stelle eingegangen (s. 6.1).

Primäre Defizienzen im Immunsystem

Beim Menschen gibt es zahlreiche genetisch bedingte Krankheiten, die Komponenten des Immunsystems betreffen. Bei einem Teil dieser Krankheiten sind die mutierten Gene bekannt. Beispielsweise können die Untereinheiten γ oder ε von CD3 betroffen sein, wodurch der T-Zell-Rezeptor defekt wird, oder die Protein-Kinase ZAP-70, was die Signalleitung vom TCR in die Zelle beeinflußt, oder die Translokatoruntereinheit TAP2, weshalb MHC II im ER nicht mit Peptid beladen werden kann. Eine sehr schwere Form solcher Defizienzen ist **Scid** (severe combined immune deficiency), bei der die Entwicklung von B- und T-Zellen blockiert wird. Beim Menschen sind mindestens sieben Formen bekannt, darunter Defekte im Gen für die Adenosin-Deaminase (ADA) und in *rag1* und *rag2*. Beim ADA-Defekt akkumulieren Nucleotidmetabolite, die für sich entwickelnde T-Zellen besonders toxisch sind. *Rag1* und *rag2* codieren für die beiden spezifischen Enzyme bei der somatischen Rekombination von B- und T-Zell-Rezeptor-Genen.

Bei der Scid-Maus ist das Gen für die DNA-abhängige Protein-Kinase defekt (s. 19.1).

Autoimmunkrankheiten

An sich können autoreaktive T- und B-Zellen auch in gesunden Personen entdeckt werden. Regulatorische Mechanismen wie Ignorieren von Autoantigen durch T-Zellen oder Erzeugung von Anergie bei autoreaktiven T-Zellen halten sie jedoch in Schach. Trotzdem kann es aus verschiedenen Gründen zu Autoimmunerkrankungen kommen. Genetische Prädispositonen und Infektion mit mikrobiellen Proteinen, die dem Autoantigen ähneln (Mimikry), sind dabei beteiligt, wie unten an Beispielen gezeigt wird; oft sind die Ursachen im Sinne einer kausalen Pathogenese ungewiß. Bei manchen Krankheiten werden ganz bestimmte Zelltypen geschädigt oder zerstört, andere sind systemischer Natur. An Autoimmunerkrankungen leiden ungefähr 5% der Europäer, etwa 2/3 davon sind Frauen. Bei den

Tab. 19-2: Bekannte Autoimmunkrankheiten beim Menschen.

Krankheit	Spezifisches „Selbst"-Antigen
Insulin-abhängiger Diabetes mellitus	mehrere Antigene (s. Text)
Multiple Sklerose	Basisches Myelinprotein
Morbus Basedow	Rezeptor für Thyreotropin, Thyroid-Peroxidase
Pemphigus vulgaris	Desmoglein-3
Skleroderma	DNA-Topoisomerase I
Myasthenia gravis	Nicotinischer Acetylcholin-Rezeptor
Primär-billiäre Zirrhose	Dihydrolipoamid-Acetyltransferase
Rheumatoide Arthritis	unbekannt
Systemischer Lupus erythematodes	dsDNA, U1-snRNP-Komponenten

meisten Krankheiten sind die spezifischen „Selbst"-Antigene identifiziert (Tab. 19-2).

Beim **Insulin-abhängigen Diabetes mellitus** werden die Insulin produzierenden β-Zellen des endokrinen Pankreas zerstört. Es treten Autoantikörper gegen GAD65 (65-kDa-Isoform der Glutamat-Decarboxylase), IA-2 (eine Tyr-Phosphatase), Insulin und eine Reihe anderer an Inselzellen exprimierter Proteine auf. Ein gewisses Risiko (genetische Prädisposition) für diese Form des Diabetes besteht bei Vorhandensein eines bestimmten Allels des Gens DQβ für MHC II, bei dem die β-Kette in Position 57 Ser, Val oder Ala enthält; Asp in dieser Position bedeutet Resistenz. Wenigstens sieben weitere Gen-Loci können einen Einfluß ausüben.

Ein Tiermodell für diese Diabetesform ist die **NOD-Maus** (non-obese diabetic), ein Inzuchtstamm, der spontan einen Diabetes entwickelt, der dem menschlichen ähnlich ist. Bei dieser Maus ist der Verlust der Toleranz gegenüber GAD65, der im Alter von vier Wochen beginnt, ein notwendiger Schritt für das Einsetzen der Krankheit. Interessanterweise reduziert eine Injektion von GAD65 in drei Wochen alte Mäuse die Autoreaktion gegen β-Zellen erheblich.

Bei der **Multiplen Sklerose** (MS) werden die Axone im ZNS demyelinisiert. Autoantigen ist das basische Myelinprotein. Das Antigen sollte eigentlich vor dem Immunsystem durch die Blut-Hirn-Schranke geschützt sein, und reaktive T-Zellen gegen dieses Protein sind in gesunden Individuen auch nachweisbar. Reaktive T-Zellen werden möglicherweise durch Infektionen über molekulare Mimikry aktiviert, denn Proteine des Epstein-Barr-Virus, Masernvirus, Hepatitis-B-Virus u.a. zeigen partielle Sequenzhomologien zum basischen Myelinprotein zwischen den Positionen 84–101. Da solche Viren verbreitet sind, müssen natürlich für den Ausbruch der Krankheit noch andere Faktoren hinzukommen. Aktivierte Lymphocyten können die Blut-Hirn-Schranke überwinden, setzen durch Sekretion von Cytokinen Entzündungen und attackieren das Myelin.

Nach Beginn einer Autoimmunerkrankung kann das autoimmune Repertoire expandieren. Beim **Morbus Basedow** (Hyperthyroidismus) entsteht durch stimulierende Autoantikörper gegen den Thyreotropin-Rezeptor eine Hypertrophie der Schilddrüse. Es wurden Fibroblasten in der Schilddrüse identifiziert, die die Apoptose von B-Zellen unterdrücken und dadurch deren Antikörperbildung und -sekretion zulassen. Beim Myxödem (Hashimoto-Thyroiditis) dagegen sollen infiltrierende Immunzellen die Apoptose von Follikelzellen stimulieren. Man fand T-Zell-Klone in Infiltraten, die auch gegen Epitope der Thyroid-Peroxidase gerichtet waren.

Bei der **Myasthenia gravis** führt die Autoreaktion gegen den nicotinischen Acetylcholin-Rezeptor zur Zerstörung der postsynaptischen Membran in der neuromuskulären Endplatte vor allem durch Makrophagen, wenn die Rezeptoren mit Autoantikörpern belegt werden. Es wurde beobachtet, daß Neugeborene von kranken Müttern eine vorübergehende Myasthenie durch Transfer von Autoantikörpern aus dem mütterlichen Blut durch die Plazenta entwickeln können.

Beim **Pemphigus vulgaris**, der Blasenkrankheit der Haut, werden Autoantikörper gegen Desmoglein-3, einem desmosomalen Adhäsionsprotein (s. 3.3.1), gebildet, was zu einem Verlust der Zelladhäsion direkt über der basalen Zellschicht führt. Beim Pemphigus foliaceus findet man Autoantikörper gegen Desmoglein-1; der Adhäsionsdefekt liegt hier in mehr oberflächigen Schichten.

Bei der **Rheumatoiden Arthritis**, bei der u.a. Kollagen II als Autoantigen diskutiert wird, infiltrieren Immunzellen die synovialen Zwischenräume in den Gelenken und induzieren chronische Entzündungen und eine progressive Zerstörung von Knorpel und Knochen.

Der **Systemische Lupus Erythematodes** (SLE) ist charakterisiert durch eine defekte Regulation der T-Zell-Funktionen und Überaktivität von B-Zellen. Zahlreiche Autoantikörper gegen Komponenten des Zellkerns werden produziert, besonders gegen dsDNA und RNP-Partikel, aber auch gegen anionische Phospholipide. In aller Regel gehören die diagnostisch relevanten Autoantikörper dem IgG-Isotyp an, weitaus seltener sind IgM- und IgA-Antikörper nachzuweisen. Die intrazellulären Zielstrukturen werden durch die Antikörper sicherlich nicht erreicht, es entstehen jedoch zirkulierende Immunkomplexe, die u.a. besonders bei der mit SLE verbundenen Glomerulonephritis zu Ablagerungen und Schädigungen führen.

Strategien von Pathogenen

Manche Parasiten, Protozoen und Bakterien, die im Blut ihrer Wirte leben, wechseln periodisch ihre Oberflächenmoleküle aus, um der Immunabwehr zu entgehen. Dieses Phänomen wird als **Antigenvarianz** bezeichnet.

Afrikanische **Trypanosomen** wie *Trypanosoma brucei gambiense* und *T. b. rhodiense*, die Erreger der durch die Tsetse-Fliege übertragenen Schlafkrankheit, schützen sich als Blutparasiten auf diese Weise. Im Säugerwirt tragen sie auf ihrer Oberfläche ca. 10^7 mit einem GPI-Anker gebundene **VSGs** (variant surface glycoproteins). Im Genom sind mindestens 1000 Gene für VSGs enthalten. Die VSGs unterscheiden sich stark in ihrer Primärsequenz, nicht so sehr jedoch in ihrer Konformation. Jeweils nur eines von ihnen wird exprimiert. Die Expressionsstelle liegt an einem 3'-Telomer. Ein Expressionswechsel kommt durch ein Gen-Rearrangement zustande, indem ein inaktives VSG-Gen dupliziert wird und das aktive VSG-Gen an der Expressionsstelle ersetzt. Dieses Ersetzen läuft meist über homologe Rekombination zwischen wenigen 76-bp-Repeats in der 5'-Region des ersetzenden Gens und einigen hundert dieser Repeats 5' vom exprimierten Gen. Bei der Duplikation können zusätzlich durch Crossover zwischen verschiedenen Genen neue Mosaik-Gene entstehen. Die Expressionsstelle enthält 5' der Repeats noch einige andere Gene, darunter eines für eine Adenylat-Cyclase, die gemeinsam mit dem VSG-Gen in eine polycistronische mRNA transkribiert werden, die anschließend einer Prozessierung unterliegt. Im Laufe einer Infektion entstehen neue Subpopulationen des Parasiten mit anderen VSGs, die für eine gewisse Zeit der Immunüberwachung entgehen, während die Elterngeneration schließlich durch das Immunsystem erkannt wird. Die Frequenz der Rearrangements liegt bei 10^{-2}-10^{-6} pro Zellzyklus, der wiederum im Blut etwa 5-6 h dauert.

Unerwarteterweise zeigt auch der Malariaparasit ***Plasmodium falciparum*** eine Antigenvarianz, obwohl er sich intrazellulär in Erythrocyten vermehrt. Er exprimiert PfEMP1 (*P. falciparum*-infected erythrocyte membrane protein), für das mehr als 50 Gene vorhanden sind, und wechselt die Expression der Gene sehr schnell. Das Protein wird vom intrazellulären Parasiten sezerniert und findet seinen Weg – wie der Name schon sagt – in die Membran des Erythrocyten und dockt diesen an vaskuläre Epithelzellen an. Um solche Zellen mit Fremd-Antigen der Immunüberwachung zu entziehen, geschieht offenbar die Varianz.

In im Prinzip ähnlicher Weise wie Trypanosomen variieren die zu den Spirochäten gehörenden **Borrelien** ihre Oberflächenmoleküle, *B. burgdorferi* sein Osp (outer surface protein) und *B. hermsii* sein Vmp (variable major protein). *B. burgdorferi* enthält auf Plasmiden seines (inzwischen sequenzierten) Genoms zahlreiche Gene für Osp und ähnliche Proteine. Die Varianz ist jedoch bei *B. hermsii* besser analysiert. Etwa 40 Genotypen sind bekannt, und jeweils ein Vmp wird exprimiert. Neue Serotypen erscheinen mit einer Frequenz von 10^{-2}-10^{-4} pro Generation bei einer Generationszeit von etwa 6 h. Vmp kommt in zwei Formen von ca. 40 und 20 kDa vor, die verwandt sind. Ein inaktives Gen wird dupliziert und ersetzt das aktive in der Expressionsstelle am Telomer eines linearen Plasmids durch ein Rekombinationsereignis.

Borrelia burgdorferi s.l. ist der Erreger der **Lyme-Erkrankung** (Borreliose), die 1975 als juvenile Arthritis in Connecticut um die Ortschaft Lyme beschrieben wurde. Erst 1982 konnte der Erreger durch W. Burgdorfer und Mitarbeiter isoliert werden. Hauptwirte für die Spirochäten sind kleine Nagetiere, Überträger Zecken der Gattung *Ixodes*. Beim Menschen ist eine Infektion charakterisiert durch eine sich ausbreitende Hautrötung um die Bißstelle der Zecke (Erythema migrans, 50–70% der Fälle) und wird später multisystemisch mit Arthritis sowie Entzündungen im Herzen und im Nervensystem, die bei unzureichender Behandlung chronisch werden können. Der chronische Verlauf der Arthritis scheint mit verschiedenen MHC-II-Haplotypen assoziiert zu sein. Mit Antibiotika kann die Infektion therapiert werden. Vakzinierung mit Osp-Antigenen wird zur Zeit versucht.

Auf das Zellwandprotein Protein A von *Staphylococcus aureus*, das Antikörper des Wirts am Fc-Teil bindet, wodurch sich das Bakterium soz. verkleidet, ist schon hingewiesen worden (s. 19.2.4).

19.3 Weiterführende Literatur

Abbas A K, Murphy K M, Sher A (1996) Functional diversity of helper T lymphocytes. Nature 383, 787–793.

Bach E A, Aguet M, Schreiber R D (1997) The IFN_γ receptor: a paradigm for cytokine receptor signaling. Annu. Rev. Immunol. 15, 563–591.

Baggiolini M, Dewald B, Moser B (1997) Human chemokines: an update. Annu. Rev. Immunol. 15, 675–705.

Baron D (1997) Therapeutischer Einsatz monoklonaler Antikörper. Naturwiss. 84, 189–198.

Beck G, Habicht G S (1996) Immunity and invertebrates. Sci. Am. Nov. 1996, 42–46.

Bjorkman P (1997) MHC restriction in three dimensions: a

view of T cell receptor/ligand interactions. Cell 89. 167–170.

Boehm U, Klamp T, Groot M, Howard J C (1997) Cellular responses to interferone-γ. Annu. Rev. Immunol. 15, 749–795.

Bokoch F M (1995) Regulation of the phagocyte respiratory burst by small GTP-binding proteins. Trends Cell Biol. 5, 109–112.

Broekaert W F, Terras F R G, Cammue B P A, Osborn R W (1995) Plant defensins: novel antimicrobial peptides as components of the host defense system. Plant Physiol. 108, 1353–1358.

Brown E J (1997) Adhesive interactions in the immune system. Trends Cell Biol. 7, 289–295.

Burshtyn D N, Long O E (1997) Regulation through inhibitory receptors: lessons from natural killer cells. Trends Cell Biol. 7, 473–479.

Chien Y, Jores R, Crowley M P (1996) Recognition by γ/δ T cells. Annu. Rev. Immunol. 14, 511–532.

Daeron M (1996) Fc receptor biology. Annu. Rev. Immunol. 15, 203–234.

Deitsch K W, Moxon R, Wellems T E (1997) Shared themes of antigenic variation and virulence in bacterial, protozoal, and fungal infections. Microbiol. Rev. 61, 281–293.

Donelson J E (1995) Mechanism of antigenic variation in *Borrelia hermsii* and african trypanosomes. J. Biol. Chem. 270, 7783–7786.

Fischer A, Cavazzana-Calvo M, De Saint Basile G, DeVillartay J P, Di Santo J P, Hivroz C, Rieux-Laucat F, Le Deist F (1997) Naturally occurring primary deficiencies of the immune system. Annu. Rev. Immunol. 15, 93–124.

Huber B T, Hsu P N, Sutkowski N (1996) Virus-encoded superantigens. Microbiol. Rev. 60, 473–482.

Hughes A L, Yeager M (1997) Molecular evolution of the vertebrate immune system. BioEssays 19, 777–786.

Jameson S C, Hogquist K A, Bevan M J (1995) Positive selection of thymocytes. Annu. Rev. Immunol. 13, 93–126.

Jardetzky T (1997) Not just another Fab: the crystal structure of a TcR-MHC-peptide complex. Structure 15, 159–163.

Kägi D, Ledermann B, Bürki K, Zinkernagel R M, Hengartner H (1996) Molecular mechanisms of lymphocyte-mediated cytotoxicity and their role in immunological protection and pathogenesis in vivo. Annu. Rev. Immunol. 14, 207–232.

Knox B, Suphioglu C (1996) Environmental and molecular biology of pollen allergens. Trends Plant Sci. 1996, 5, 156–164.

Leibson P J (1997) Signal transduction during natural killer cell activation: inside the mind of a killer. Immunity 6, 655–661.

Lewis S M, Wu G E (1997) The origins of V(D)J recombination. Cell 88, 159–162.

Litman G W (1996) Sharks and the origins of vertebrate immunity. Sci. Am. Nov. 1996, 47–51.

Nossal, G J (1994) Negative selection of lymphocytes. Cell 76, 229–239.

Papageorgiou A C, Acharya K R (1997) Superantigens as immunomodulators: recent structural insights. Structure 5, 991–996.

Raghavan M, Bjorkman P J (1996) Fc receptors and their interactions with immunoglobulins. Annu. Rev. Cell Dev. Biol. 12, 181–220.

Rajewsky K (1996) Clonal selection and learning in the antibody system. Nature 381, 751–758.

Rammensee H G (1997) Informationstransfer durch MHC-Moleküle. Biospektrum 3, Nr. 1, 35–40.

Reth M, Wienands J (1997) Initiation and processing of signals from the B cell antigen receptor. Annu. Rev. Immunol. 15, 453–479.

Sigal L H (1997) Lyme disease: a review of aspects of its immunology and immunopathogenesis. Annu. Rev. Immunol. 15, 63–92.

Snapper C M, Marcu K B, Zelazowski P (1997) The immunoglobulin class switch: beyond „accessibility". Immunity 6, 217–223.

Steinmann L (1995) Escape from „horror autotoxicus": pathogenesis and treatment of autoimmune disease. Cell 80, 7–10.

Steinmann L (1996) Multiple Sclerosis: a coordinated immunological attack against myelin in the central nervous system. Cell 85, 299–302.

Tempé R (1998) Das „ABC" der Immunologie – Funktion der Peptid-Transportkomplexes TAP bei der zellulären Immunerkennung. Biospektrum 4, Nr. 1, 23–29.

Thompson C B (1995) New insights into V(D)J recombination and ist role in the evolution of the immune system. Immunity 3, 531–539.

Tisch R, McDevitt H (1996) Insulin-dependent Diabetes mellitus. Cell 85, 291–297.

Vieths S, Bastl R, Pfrommer C, Zuberbier T (1997) Lebensmittelallergien. Naturw. Rdsch. 50, 303–310.

Wagner S D, Neuberger M S (1996) Somatic hypermutation of immunoglobulin genes. Annu. Rev. Immunol. 14, 441–457.

Wange R L, Smelson L E (1996) Complex complexes: signaling at the TCR. Immunity 5, 197–205.

Zinkernagel R M, Bachmann M, Kündig T M, Oehen S, Pirchet H, Hengartner H (1996) On immunological memory. Annu. Rev. Immunol. 14, 333–367.

20 BESONDERHEITEN DER PFLANZENZELLE

Die vielen Unterschiede zwischen pflanzlichen Zellen und Tierzellen – und damit letztlich auch zwischen Pflanzen und Tieren – lassen sich im wesentlichen auf zwei Besonderheiten von Pflanzenzellen zurückführen. Pflanzenzellen sind mit dem Besitz von Chloroplasten zur **Photosynthese** befähigt und damit photoautotroph. Dies hat bei vielzelligen Pflanzen eine besonderen Bauplan, das Streben nach möglichst großer Oberfläche, d.h. eine „offene" Organisation zur Folge. Pflanzenzellen sind von einer relativ festen **Zellwand** umgeben, die in vielzelligen Pflanzen eine Art extrazelluläres Kontinuum bildet und eine Fortbewegung der Zellen nicht zuläßt. Zellwand und intrazelluläre **Vakuole** bedingen sich gegenseitig. Pflanzenzellen sind osmotische Systeme. Der osmotische Druck in der Vakuole wird durch die Zellwand aufgefangen, wodurch die Stabilität des Systems gewährleistet wird. Diese beiden Besonderheiten von Pflanzenzelle und Pflanze, die durch die Photosynthese bedingte offene Organisation und die Zellwand, sind wohl auch Ursache dafür, daß ihre Entwicklung von zwei Faktoren der Umwelt, Licht und Schwerkraft, besonders beeinflußt wird.

Viele zelluläre Aspekte, die die Pflanzenzelle betreffen, werden in anderem Zusammenhang an anderer Stelle vorgestellt. Auf sie sei hier nur kurz verwiesen:

- Chloroplasten sind Ort der photosynthetischen Reaktion und vieler weiterer, für die Zelle wichtiger anabolischer Stoffwechselwege (s. Kap. 11).
- Peroxisomen sind in Pflanzenzellen an der Photorespiration – bei niedriger CO_2-Konzentration – beteiligt und in Form der Glyoxysomen beim Abbau von Reservefetten bei der Keimung fettreicher Samen (s. 9.3 und 11.4.2).
- Plasmodesmen verbinden das Cytoplasma von Pflanzenzellen kontinuierlich und sind Grundlage des Konzepts, daß Pflanzen aus einem „Symplasten", dem cytoplasmatischen Kontinuum, und dem „Apoplasten", dem extrazellulären oder interzellulären Kontinuum, bestehen (s. 3.3.4).
- Pflanzliche Zellwände bestehen vor allem aus Hemicellulosen, Cellulose und Lignin; sie dienen der Festigkeit des Pflanzenkörpers und schützen die Zellen durch besondere Ein- und Auflagerungen von hydrophoben Substanzen vor Wasserverlust (s. 12.2).
- Die Zellteilung der Pflanzenzellen ist durch die Anlage einer Zellplatte gekennzeichnet (s. 22.5).
- Pflanzen besitzen mit ihrem Generationswechsel zwischen diploidem Sporophyten und reduziertem haploidem Gametophyten ein besonderes generatives System (s. 13.3).
- Pflanzenzellen werden nicht endogen zu Tumorzellen verändert; Bakterien der Gattung *Agrobacterium* jedoch können Pflanzenzellen zu Tumorzellen transformieren (s. 21.3).
- Symbiosen mit Pilzen in Form von Mykorrhiza und – bei den Fabaceen – mit Bakterien der Gattung *Rhizobium* (Knöllchenbakterien) sind verbreitet (s. 23.2).
- Pflanzenzellen können in Kultur gehalten und zur Regeneration von Pflanzen veranlaßt werden (s. 22.7.2).

20.1 Photorezeptoren und Signaltransduktion

Licht ist nicht nur die Energiequelle für die Photosynthese in der Pflanzenzelle, sondern auch ein Umweltsignal, das viele Aspekte pflanzlicher Entwicklung kontrolliert. Die Signalwege, die von Photorezeptoren und auch von pflanzlichen Hormon-Rezeptoren (s. 20.2) ausgehen, unterscheiden sich nicht grundsätzlich von denen in Tierzellen. Licht wird durch drei Gruppen von Photorezeptoren wahrgenommen, die einen weiten spektralen Bereich überstreichen:

- Phytochrome sind dimere Proteine mit einem linearen Tetrapyrrol als Chromophor. Sie absorbieren im roten Spektralbereich und kommen in zwei lichtinduzierten interkonvertiblen Formen vor.
- Blaulicht/UV-A-Rezeptoren sind wahrscheinlich eine heterogene Gruppe. Cryptochrome sind Flavoproteine mit großer Homologie zu Photolyasen (s. 5.5.4) und mit FAD und wahrscheinlich mit einem Pteridin als Chromophoren; ihr Absorptionsbereich liegt im Blaulicht (400–500 nm) und UV-Bereich.
- UV-B-Rezeptoren absorbieren im kurzwelligen UV-Bereich von 280–320 nm; biochemisch und molekularbiologisch konnten sie bisher nicht charakterisiert werden. Kurzwelliges UV-Licht schädigt Nucleinsäuren und Proteine. Es induziert jedoch auch die Synthese von Anthocyanen und Flavonolen als Schutzpigmente. Dies und weitere Indizien lassen die Schlußfolgerung zu, daß es auch für diesen Lichtbereich spezifische Rezeptoren in Pflanzenzellen gibt.

Phytochrome

Phytochrome (Phy) kommen in Cyanobakterien, einigen Algen sowie in niederen und höheren Pflanzen vor. Sie haben besonders bei höheren Pflanzen zahlreiche regulatorische Funktionen bei Samenkeimung, Deetiolement, Chloroplastenentwicklung, Zellstreckung, Schattenvermeidung, Blütenbildung u.v.a.. Während der Evolution der Landpflanzen haben sie sich von einem Vorläufer zu einer Familie entwickelt. Bei niederen Pflanzen findet sich nur ein einziges Phytochrom, bei *Arabidopsis* wurden fünf Gene für die Phytochrome A-E entdeckt. Die Polypeptide haben eine Molekularmasse von etwa 125 kDa. Der N-terminale Bereich trägt ein lineares Tetrapyrrol an einem Cys-Rest kovalent gebunden, das bei PhyA Phytochromobilin genannt wird; es ist noch nicht bekannt, ob die anderen Phytochrome das gleiche Chromophor besitzen. Der C-terminale Bereich des Moleküls enthält eine Dimerisierungsdomäne und ist für die Initiierung der Signaltransduktion notwendig.

Die beiden interkonvertiblen Formen werden als P_r (red, Absorptionsmaximum bei 665 nm) und P_{fr} (far red, Absorptionsmaximum 730 nm) bezeichnet. P_r ist die sensorische Form, die Lichtsignale aufnimmt und dabei in die P_{fr}-Form übergeht. P_{fr} ist das physiologisch aktive Phytochrom, das über Signaltransduktionswege letztlich die Gen-Expression beeinflußt. Durch Lichtabsorption kann P_{fr} in P_r zurückgehen.

Phytochrome werden zwei Typen zugeordnet. Typ I ist nur durch PhyA repräsentiert. PhyA wird im Dunkeln gebildet, kommt besonders in etiolierten Geweben in relativ hohen Konzentrationen vor, ist jedoch lichtlabil und wird in der P_{fr}-Form schnell abgebaut. Zum Typ II gehören PhyB-E. Sie werden konstitutiv exprimiert und sind stabil, liegen aber nur in geringer Konzentration vor. Sie sind die wichtigsten Phytochrome der grünen Pflanzen. Es wird zwischen verschiedenen Phytochrom-Antworten unterschieden. Reaktionen, die durch einen kurzen Rotlichtpuls initiiert und durch nachfolgendes Dunkelrot revertiert werden, bezeichnet man als LFR (low fluence response). Zusätzlich gibt es die VLFR (very low fluence response) und HIR (high irridiance response, Tab. 20-1). VLFR und HIR sind nicht photoreversibel. PhyA beispielsweise vermittelt eine Samenkeimung unter VLFR-Bedingungen, PhyB jedoch unter LFR-Bedingungen. Bei vielen Responsen sind jedoch mehrere Phytochrome beteiligt, und sie können kooperativ oder auch antagonistisch wirken.

Phytochrome wirken als Dimere, wobei eine homodimere Form P_{fr}/P_{fr} oder eine heterodimere

Tab. 20-1: Phytochrom-Response.

Response	Photonenfluß	Photoreversibel	Reziprozität
VLFR	100 pmol · m^2 – 100 nmol · m^2	–	+
LFR	1–1000 μmol · m^2	+	+
HIR	>1000 μmol · m^2	–	–

VLFR, very low fluence response; LFR, low fluence response; HIR high irridiance response. Reziprozität besagt, daß eine Response nur von der Zahl der Photonen (Photonenfluß) abhängt, nicht von der Flußrate. Ein kurzer stärkerer Puls sollte den gleichen Effekt haben wie ein längerer schwächerer, solange die Photonenzahl gleich bleibt.

P_{fr}/P_r in Frage käme. In Zellen kommen etwa 10^6 PhyA-Moleküle vor. Bei einer VLFR würden dann nicht mehr als 10 Moleküle $PhyA_{fr}$ entstehen, so daß eine heterodimere Form die wahrscheinlichere ist. PhyB dagegen braucht höhere Photonenflüsse, hier dürfte die homodimere Form vorherrschen.

Phytochrome sind cytoplasmatische Proteine; PhyB kann aber offensichtlich auch lichtabhängig in den Zellkern verlagert werden. Der Mechanismus, mit dem Phytochrome nach Absorption eines Photons die Signaltransduktion in Gang bringen, ist noch unbekannt. In dem sequenzierten Genom des Cyanobakteriums *Synechocystis* sp. (s. 1.3) wurde ein Phytochrom-Gen entdeckt (*cph1*, cyanobacterial phytochrome). Die N-terminale Chromophor-Domäne ähnelt der pflanzlicher *phy*-Gene, die C-terminale Region dagegen zeigt Ähnlichkeiten mit der His-Kinase-Domäne von Mitgliedern des bakteriellen Zwei-Komponenten- oder Sensor-Regulator-Systems (s. 3.5.1). In vitro autophosphoryliert sich das cyanobakterielle Phytochrom in der P_r-Form an einem His-Rest und überträgt die Phosphatgruppe auch auf ein Regulatorprotein Rcp1 (response regulator for Cph1). Bei pflanzlichen Phytochromen wird bevorzugt die P_r-Form an Ser-Resten phosphoryliert, wohl aber nicht durch Autophosphorylierung. Diese Phosphorylierungen haben wahrscheinlich eher modulierenden Charakter und entsprechen nicht einem Sensor-Regulator-System.

Für den weiteren Verlauf der Signaltransduktion konnten durch Mutantenanalysen und Mikroinjektionsexperimente Hinweise auf beteiligte Komponenten erhalten werden (Abb. 20-1). G-Proteine scheinen sehr früh im Signalweg ihren Platz zu haben. Der Signalweg verzweigt sich danach. Manche Gene werden durch einen cGMP-Arm, andere durch einen Ca^{2+}/Calmodulin-Arm, wieder andere durch beide gemeinsam beeinflußt.

Ein in pflanzlichen Promotoren sehr häufig auftretendes Motiv ist die **G-Box** mit der Basen-

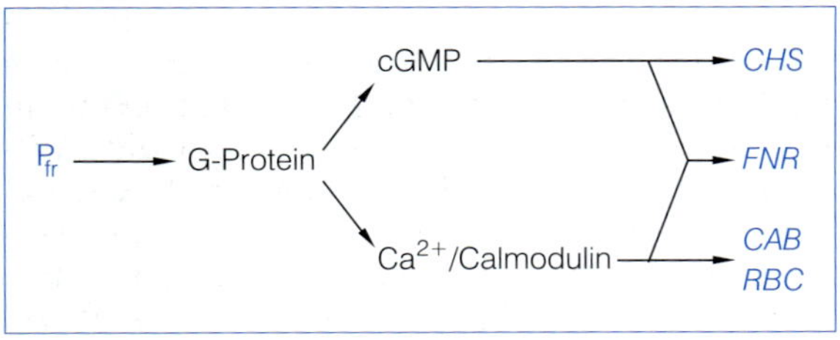

Abb. 20-1: Schema zur Signaltransduktion durch Phytochrom (P_{fr}). Die erste faßbare Komponente nach Phytochrom ist ein heterotrimeres G-Protein. Von hier aus verzweigt sich der Signalweg. Über einen cGMP-Weg wird z.B. das Gen für die Chalkonsynthase (*CHS*) induziert und damit die Anthocyansynthese gestartet. Der Ca^{2+}/Calmodulin-Weg stimuliert die Gene für das Chlorophyll-a/b-bindende Protein (*CAB*) und die Ribulosebisphosphat-Carboxylase (*RBC*). Beide Wege sind notwendig für eine Aktivierung des Gens für die Ferredoxin-NADP$^+$-Oxidoreductase (*FNR*). Nur über beide Wege zusammen ist also ein funktionstüchtiger Chloroplast zu erhalten.

abfolge CACGTG. Transkriptionsfaktoren, die an dieses Motiv binden, gehören meist zu den bZIP-Proteinen. Sie zeichnen sich durch eine basische Domäne aus, die die DNA-Bindedomäne darstellt, sowie einen Leucin-Zipper in der Nachbarschaft für die Dimerisierung (s. 5.7.2).

Blaulicht-Rezeptoren

Blaulicht-gesteuerte Reaktionen sind vielfältig. Zu ihnen gehören Phototropismen, d.h. Wachstumsbewegungen bei höheren Pflanzen und Pilzen, Carotinoidsynthese bei Pilzen, Zellteilung und Chloroplastenbewegung bei Farnen, Hemmung des Hypokotylwachstums und Akkumulation von Anthocyan bei höheren Pflanzen u.a.. Bisher konnten zwei Rezeptoren von *Arabidopsis* und anderen Pflanzen charakterisiert werden, die die Bezeichnungen Cry1 und Cry2 (**Cryptochrome**) erhielten. Die N-terminale Domäne zeigt große Sequenzähnlichkeiten mit Proteinen der Photolyase-Familie. Diese Flavoproteine reparieren Pyrimidindimere in der DNA im UV-Licht (s. 5.5.4). Die C-terminale Extension im Blaulicht-Rezeptor besitzt keine Ähnlichkeit mit den DNA-Reparaturenzymen, ist aber notwendig für die Funktion des Photorezeptors.

Die Expression der Chalcon-Synthase wird durch Cry1 reguliert, die durch Blaulicht stimulierte Öffnung der Stomata jedoch nicht. Vermutlich gibt es weitere Blaulicht-Rezeptoren.

20.2 Pflanzenhormone

Die klassischen Hormone der höheren Pflanzen sind Abscisinsäure, Auxin, Cytokinine, Ethylen und Gibberelline (Abb. 20-2). Diese Hormone zeigen zahlreiche physiologische und entwicklungsbiologische Wirkungen, die seit langem bekannt sind – Abscisinsäure bei Samenreifung, Stressantwort z.B. auf Wasserverlust und Schließen der Schließzellen (s. unten); Auxin und Cytokinin in vielfältiger Weise bei Wachstum und Differenzierung, wobei sie synergistisch, aber auch antagonistisch wirken können; Ethylen bei Seneszenz, Fruchtreifung und Stressituationen; Gibberelline bei Wachstum, Zellteilung und Zellstreckung. Die Mechanismen auf zellulärer Ebene beginnen sich erst allmählich zu klären.

Als neuere Kandidaten kommen Jasmonate bei der Pathogenabwehr und bei Stressituationen (s. 20.4) und Brassinosteroide hinzu. Auch Peptide, die bei Tierzellen als Signalmoleküle verbreitet sind, werden bei Pflanzen gefunden wie z.B. Systemin, das an der Abwehr von Pathogenen beteiligt ist (s. 20.4).

Abscisinsäure (ABA) entsteht in den Plastiden aus dem Carotinoidmetabolismus. Vorstufe ist das epoxidhaltige Carotinoid Neoxanthin, das durch eine Dioxygenase unsymmetrisch in den C_{15}-Körper von ABA und einen C_{25}-Körper gespalten wird. Der Weg in den Extrazellularraum ist ebensowenig bekannt wie der postulierte ABA-Rezeptor an/in den Zielzellen. Die Wirkungsweise des Hormons wurde am eingehendsten an den Schließzellen der Blattstomata untersucht.

Schließzellen besitzen keine Plasmodesmen zu ihren Nachbarzellen und sind daher – im

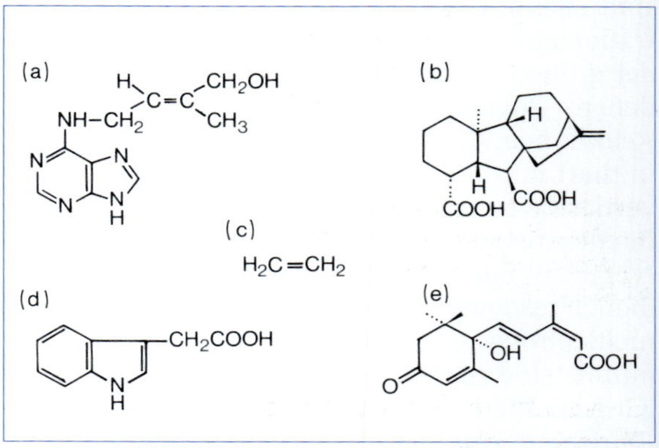

Abb. 20-2: Die fünf klassischen Phytohormone. (**a**) Das Cytokinin Zeatin. (**b**) Das Gibberellin GA_{12}, ein Diterpen. (**c**) Ethylen. (**d**) Das Auxin Indol-3-Essigsäure. (**e**) Abscisinsäure, ein Derivat aus Carotinoiden.

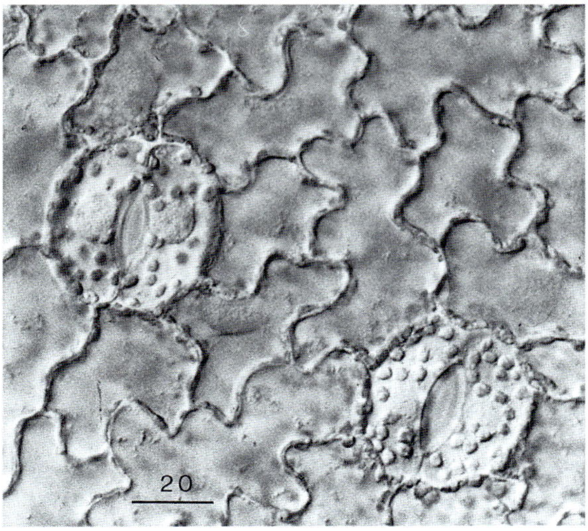

Abb. 20-3: Zwei Stomata in der Epidermis eines Blütenblatts. In den bohnenförmigen Schließzellen sind jeweils ein Zellkern und zahlreiche Plastiden zu erkennen. (Interferenzkontrast-Aufnahme: P. Sitte)

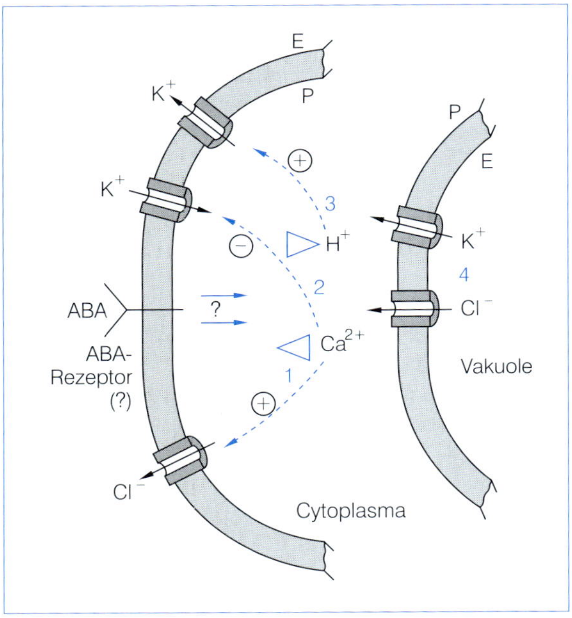

Abb. 20-4: Schema zum Abscisinsäure-vermittelten Verlust von Ionen aus den Schließzellen beim Schließen der Stomata. Die Zahlen geben die Abfolge der Ereignisse bei den Ionenflüssen wieder. Zur weiteren Erklärung s. Text.

Gegensatz zu den meisten anderen Zellen einer Pflanze – plasmatisch isoliert. Das ist Voraussetzung für ihre Funktionsweise. Das Öffnen der Stomata wird durch eine Erhöhung des Turgordrucks in den Schließzellen erreicht, die sich dadurch bohnenförmig nach außen biegen (Abb. 20-3). Das Schließen, das durch Abscisinsäure vermittelt wird, geschieht durch Senken des Turgordrucks (Abb. 20-4). Dies schließt mehrere getrennte Signalwege ein, wobei die Ca^{2+}-Konzentration unter Mitwirkung von IP_3 und der cytoplasmatische pH erhöht werden und G-Proteine sowie Protein-Phosphorylierung/Dephosphorylierung beteiligt sind. Die erste Reaktion auf das ABA-Signal ist eine Depolarisierung der Plasmamembran durch Öffnung von Anionen-Kanälen. Das Membranpotential wird dadurch positiver als das Gleichgewichtspotential für K^+, so daß nun anstelle eines passiven K^+-Influxes ein passiver K^+-Efflux einsetzt. Die Öffnung des Anionen-Kanals wird durch Ca^{2+} ebenso aktiviert wie der spannungsabhängige auswärtsgerichtete K^+-Kanal; bei der Modulierung des K^+-Kanals ist auch ein G-Protein beteiligt. Die abgesenkte H^+-Konzentration im Cytoplasma und offenbar auch die Wirkung einer Protein-Phosphatase haben eine Inaktivierung des spannungsabhängigen einwärtsgerichteten K^+-Kanals zur Folge. Insgesamt führen diese Vorgänge zu einem Nettoverlust von Ionen. Da die Ionen aber letztlich vor allem aus der Vakuole stammen, müssen auch die beiden Kompartimente Cytoplasma und Vakuole mit entsprechend regulierten Ionenkanälen im Tonoplasten verbunden sein.

Vorstufe von **Auxin** ist Tryptophan oder Indol. Das Ti-Plasmid von *Agrobacterium tumefaciens*, durch das Pflanzenzellen transformiert werden, codiert für zwei Enzyme, die einen neuen Weg der Auxinsynthese aus Tryptophan katalysieren (s. 21.3). Daß der Bildungsort von Auxin, z. B. in apikalen Meristemen, relativ fern vom Wirkort liegen kann, weiß man seit langem durch die Agardiffusions-Experimente. Es gibt Inhibitoren wie Trijodbenzoesäure, die den Transport von Auxin durch Bindung an einen kürzlich beschriebenen Efflux-Carrier in der Plasmamembran der bildenden Zellen hemmen. Ein gut charakterisiertes Bindeprotein für Auxin ist ABP1, das löslich ist und aus zwei Untereinheiten von 22 kDa besteht. Es wird angenommen, daß ABP1 auf der Außenfläche der Plasmamembran durch ein integrales Membranprotein gehalten wird, das das Auxin-Signal weiterleitet, möglicherweise über ein G-Protein. Bekannt ist auch ein Influx-Carrier, so daß ein direkter Wirkort auch innerhalb der Zielzelle bestehen könnte. Der Signalweg zur Modulierung der zahlreichen durch Auxin beeinflußten Gene ist nicht gut belegt.

Ethylen, das gasförmige Pflanzenhormon, entsteht durch zwei enzymatische Reaktionen aus S-Adenosylmethionin. Die Aminocyclopropan-1-Carboxylat-Synthase (ACC-Synthase) bildet

ACC, aus dem Ethylen durch Aktion der ACC-Oxidase entsteht. Von beiden Enzymen existieren Isoformen. Der **Ethylen-Rezeptor** ist ein Membranprotein mit drei Membrandurchgängen in der Plasmamembran (Etr1). Dieses Protein dimerisiert und hat Ähnlichkeit mit Sensor/Regulator-Systemen in Prokaryoten; es besitzt eine Ethylen-Bindungsstelle, eine His-Kinase-Domäne und die Domäne eines Regulators, der bei Prokaryoten in der Regel ein eigenes Polypeptid darstellt. Nach einem weiteren, wenig charakterisierten Glied folgt in der Signalkette wahrscheinlich eine Ser/Thr-Protein-Kinase (Ctr1) ähnlich der Raf-Kinase in Tierzellen. Ob sich der Weg mit der MAP-Kinase fortsetzt, bleibt noch offen.

Gibberelline sind Diterpene, und ihre Synthese bis zum zyklisierten Grundgerüst von *ent*-Kauren findet in Plastiden statt. Die sich anschließenden Oxidierungen durch Cytochrom-P450-Monooxygenasen und durch Dioxygenasen sind jedoch im ER lokalisiert. Gibberelline kontrollieren Entwicklungsprozesse durch Modulation der Expression zahlreicher Gene. Die Signalwege sind jedoch noch weitgehend unbekannt. Rezeptoren konnten bisher nicht nachgewiesen werden. cGMP und heterotrimere G-Proteine sind an der Signalleitung beteiligt. Man kennt eine Mutante, die *ga1*, das Gen für die *ent*-Kauren-Synthase A, betrifft; die gibberellinfreien Pflanzen zeigen extremen Zwergwuchs. In zwei anderen Mutanten, *spy* und *rga*, scheint die Gibberellin-Antwort konstitutiv aktiviert zu sein. Spy ist eine N-Acetylglucosamin-Transferase, die Komponenten des Signalwegs durch O-Glykosylierung zu inaktivieren scheint; Rga ist ein Transkriptionsfaktor.

Brassinosteroide (Brassinolide) entstehen aus pflanzlichen Sterolen, Campesterol bildet die bevorzugte Vorstufe. Es gibt zahlreiche Varianten. Mit ihnen ist eine Gruppe von Pflanzenhormonen entdeckt worden, die den Corticoiden der Tiere ähnlich sind. Defekte in ihrer Biosynthese oder in ihrer Signalkette haben Zwergwuchs zur Folge. Ein gut untersuchtes Zielprotein für Brassinolide ist Bru1, eine Xyloglucan-Endotransglykolase, das zur Veränderung der mechanischen Eigenschaften von Zellwänden beiträgt und damit eine Zellstreckung ermöglicht. Das Enzym wird posttranskriptional durch Brassinosteroide aktiviert. Mit Bri1, einem Membranprotein mit leucinreichen Repeats und einer Ser/Thr-Protein-Kinase-Domäne, ist ein Kandidat für einen Brassinosteroid-Rezeptor gefunden worden. Leucinreiche Repeats sind auch in den Resistenz-Genen (Pathogenabwehr) von Pflanzen enthalten (s. 20.6).

20.3 Gravitropismus

Obwohl die Schwerkraft ein entscheidender Umweltfaktor für die Gestalt und die räumliche Orientierung der Pflanzen ist, sind erst wenige Fakten zu dieser Signalumsetzung bekannt. In Moosprotonemen wirken Amyloplasten als Statolithen und sind so an der Perzeption der Schwerkraft beim Gravitropismus beteiligt. Sie üben diese Funktion durch ihre Schwere aus, die wahrscheinlich auf ein unterliegendes Netz von Actinfilamenten einwirkt. Auch andere zelluläre Partikel können als Statolithen dienen. In den Rhizoiden der Armleuchteralge *Chara* hält ein Netz von Actinfilamenten kleine Vakuolen, die Kristalle aus $BaSO_4$ enthalten, in der Schwebe. Cytochalasin, das zum Verschwinden von Actinfilamenten in der Zelle führt (s. 4.2.2), zeigt hemmende Wirkung auf das gravitrope Wachstum. Versuche an Hypokotylen legen nahe, daß eine unsymmetrische Verteilung von Auxin und durch Auxin induzierte Proteine an der Umsetzung des Schwerkraftsignals beteiligt sind.

20.4 Vakuolen

Vakuolen sind charakteristisch für die meisten Pflanzenzellen und auch für die meisten Pilzzellen. In ausgewachsenen Zellen können sie als „zentrale Vakuole“ bis zu 90% des gesamten Zellvolumens ausmachen. Die Vakuolenmembran wird auch als **Tonoplast** bezeichnet. Der Vakuoleninhalt ist sauer mit einem pH-Wert von 5,5 und darunter. Im wesentlichen erfüllen pflanzliche Vakuolen drei Funktionen: Sie enthalten lytische Aktivitäten, besitzen Speicherfunktionen und sind für den Erhalt des Zellturgors verantwortlich. In ihren lytischen Aktivitäten, es handelt sich vor allem um Proteinasen und Glykosidasen, ähneln sie den Lysosomen in Tierzellen. Für den Erhalt des Turgors akkumulieren sie anorganische Ionen und niedermolekulare Substanzen. Als Speicherort dienen sie für die vorübergehende Einlagerung von Zuckern oder Speicherproteinen und für die Endlagerung von Stoffwechselendprodukten wie Alkaloiden und Glykosiden, toxischen Substanzen, aber auch von Farbstoffen wie Anthocyanen und Flavonolen. In den letzten Jahren wurde erkannt, daß es funktionell unterschiedliche Vakuolen gibt und in einer einzigen Zelle auch funktionell unterschiedliche Vakuolen vorkommen können.

Für die verschiedenen Transportvorgänge zwischen Cytoplasma und Vakuole ist der Tonoplast je nach Vakuolenart mit zahlreichen Translokatoren ausgestattet. Zur Grundausstattung gehören **Aquaporine** für den beschleunigten Transport von Wasser (s. 3.6.3), die auch in der Plasmamembran enthalten sind, sowie die **V-Typ-ATPase** (s. 8.1.4) und eine **H^+-Pyrophosphatase**, die für die Protonentranslokation zur Ansäuerung der Vakuole sorgen und gleichzeitig die Möglichkeit für zahlreiche sekundär aktive Transportvorgänge schaffen. V-Typ-ATPasen sind ebenfalls in der Plasmamembran anzutreffen; sie werden bereits im ER aus ihren Untereinheiten zusammengesetzt. Die Pyrophosphatase kommt in mehreren Isoformen vor und ist auch in der Plasmamembran enthalten; sie macht die Energie der Pyrophosphatbindung nutzbar, was bei cytoplasmatischen Pyrophosphatasen eher selten geschieht. Eine wichtige Funktion hat die zu den ABC-Translokatoren gehörende **Glutathion-Pumpe**. Sie transportiert Glutathion-Konjugate von Xenobiotika, aber auch von zelleigenen Produkten wie Anthocyanen unter ATP-Verbrauch in die Vakuole. Diese „Endlagerung" ist der letzte Schritt im zellulären Entgiftungsmechanismus, dem Hydroxylierungen über das Cytochrom-P450-System und Konjugationen vorausgehen (s. 8.1.1).

Zu den Xenobiotika gehören auch Herbizide. Herbizidresistenz z.B. gegenüber Atrazin, Metolachlor, Fluorodifen oder Acifluoren beruht auf der Aktivität von **Glutathion-Transferasen**, die eine große Familie bilden und Fremdsubstanzen an Glutathion koppeln, sie damit wasserlöslicher machen und für den Transport in die Vakuole vorbereiten. Herbizidselektivität geht auf das Vorhandensein bzw. Fehlen bestimmter Transferasen zurück. Sog. Herbizid-Safener wie Flurazol, Dichlormid oder Benoxacor, die Pflanzen wie Mais und Hirse weniger empfindlich gegenüber Herbiziden werden lassen, induzieren die Expression spezieller Glutathion-Transferasen in diesen Pflanzen. In der Vakuole werden häufig die Gly- und Glu-Reste des Glutathions durch Peptidasen abgespalten, so daß schließlich Cys-Konjugate übrigbleiben.

Die Proteine von Tonoplast und Vakuole stammen aus dem ER und gelangen auf dem üblichen Weg über den Golgi-Apparat und Coated Vesikel an ihren Bestimmungsort. Unklarheit besteht jedoch noch über die topogenen Signale, die sogar für unterschiedliche Vakuolen spezifisch sein müßten. Sie können N- oder C-terminal lokalisiert sein, wie man z.B. aus Fusionsexperimenten weiß. Eine Konsensussequenz ließ sich jedoch nicht erkennen bis auf das Motiv Asn-Pro-Ile-Arg, das manche Proteinasen tragen. Bei dem Lektin der Bohne, Phytohaemagglutinin, liegt das Signal z.B. N-terminal, bei einer Chitinase des Tabaks C-terminal. Mannosephosphat-Rezeptoren, wie sie für lysosomale Proteine typisch sind (s. 8.1.4), kommen bei Pflanzen nicht vor.

Vakuolen als Speicher

Die Speicherfunktion von Vakuolen ist ausgeprägt, und man kann zwischen verschiedenen Speicherformen unterscheiden. Es gibt tagesperiodische Speicherung von Saccharose oder – bei CAM-Pflanzen (s. 11.4.2) – von Malat, wobei Konzentrationen von 200 mmol · l^{-1} erreicht werden. Diese Speicher werden nachts bzw. tags wieder geleert. Langfristig gespeichert wird z.B. Saccharose in den Vakuolen der Parenchymzellen von Zuckerrohr und Zuckerrübe; Konzentrationen bis zu 600 mmol · l^{-1} wurden hier gemessen.

Proteinspeicherung kann in vegetativen Geweben, z.B. Patatin in der Kartoffelknolle, und in sich entwickelnden Samen in den Kotyledonen, dem Endosperm oder im Aleuron stattfinden (Abb. 20-5). Das Protein wird entweder in bereits bestehende Vakuolen eingelagert, oder es entstehen über das Endomembransystem neue spezielle Speichervakuolen. Bei der Keimung werden die Reserveproteine dann wieder durch Proteinasen mobilisiert.

Bei Gräsern und besonders bei Getreiden wird das Reserveprotein nicht in Vakuolen gespei-

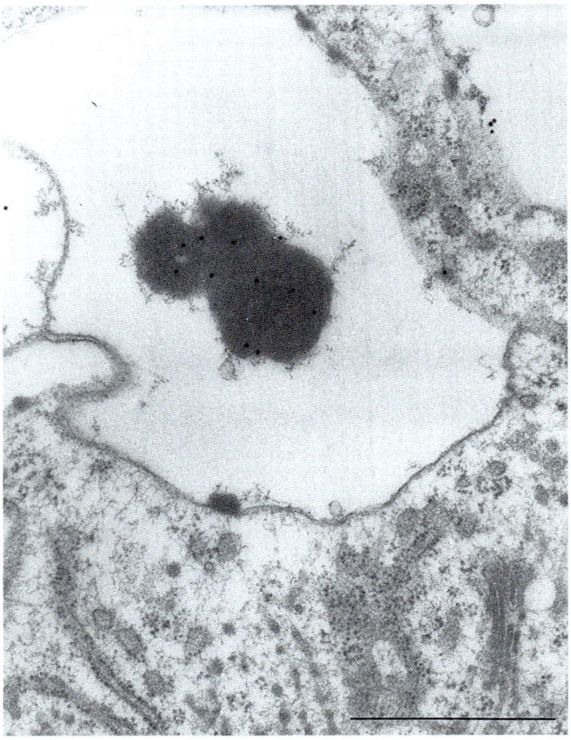

Abb. 20-5: Ausschnitt aus einer Wurzelhaubenzelle der Gerste mit einer Speichervakuole. In der Vakuole liegt Gerstenlektin, das durch Goldpartikel-gekoppelte Antikörper (dunkle Punkte) gegen Gerstenlektin spezifisch markiert wurde. (EM-Aufnahme: D. G. Robinson)

chert, sondern bleibt in den ER-Zisternen. Die mit Protein vollgepackten Zisternen runden sich ab und werden als **Proteinkörper** bezeichnet.

Vakuolen und Turgeszenz

Vakuolen sind für die Festigkeit pflanzlicher Gewebe mitverantwortlich. Die zahlreich in ihnen gelösten organischen und anorganischen Moleküle und Ionen verleihen ihnen beträchtliche osmotische Werte. Der entsprechende osmotische Druck verursacht in den Zellwänden einen elastischen Gegendruck, solange der osmotische Wert der Außenlösung im Apoplasten niedriger ist als der in den Vakuolen. Im Gleichgewicht ist der Wanddruck gleich dem Binnendruck oder **Turgor**. Der osmotische Wert einer Vakuole läßt sich durch **Plasmolyse**-Versuche bestimmen (Abb. 20-6). Der Turgor in Pflanzenzellen liegt bei 0,7 bis zu 30-40 bar. Die hohen Werte gelten für Schließzellen. Solche hohen Werte würden Endocytosevorgänge nicht zulassen; bei geringeren Werten – wie beispielsweise in den Wurzelhaaren – wäre eine Endocytose jedoch grundsätzlich möglich (s. z.B. 23.2).

Das **Streckungswachstum** von Pflanzenzellen, durch das ihr Volumen bis zum 1000fachen vergrößert werden kann, beruht vor allem auf einer Volumenzunahme der Vakuole durch Wassereinstrom. Dazu muß der osmotische Wert der Vakuole beibehalten werden und über dem der Flüssigkeit im Apoplasten liegen. Dies bedeutet, daß während des Streckungswachstums große Mengen an niedermolekularen Substanzen im Cytoplasma bereitgestellt und über die Translokatoren des Tonoplasten in die Vakuole gepumpt werden müssen

Durch lokale Turgoränderungen können **Turgorbewegungen** hervorgerufen werden. Beispiele sind das Öffnen und Schließen der Spaltöffnungen der Blätter sowie die erschütterungsbedingten Blattbewegungen bei der Mimose.

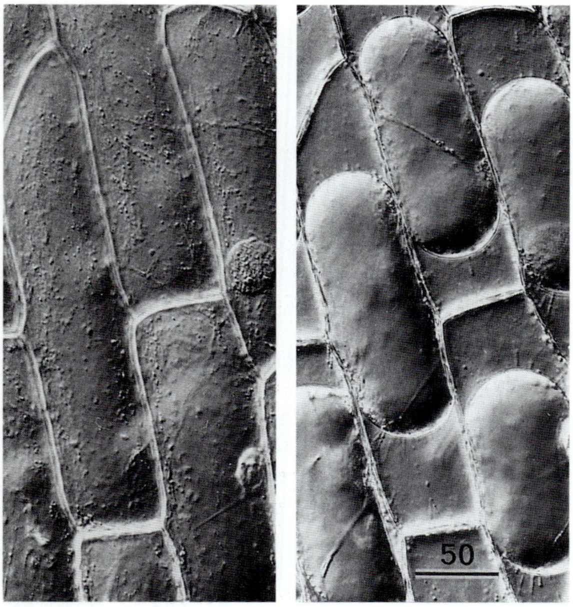

Abb. 20-6: Plasmolyse von Zellen der oberen Zwiebelschuppenepidermis. **Links**: Nicht plasmolysiert. **Rechts**: Plasmolysiert in hypertonem, 1 molarem Plasmolytikum (Saccharose). Der Protoplast ist samt Vakuole geschrumpft. Bei einer Grenzplasmolyse, bei der das Abheben der Plasmamembran von der Zellwand gerade einsetzt, entspricht der osmotische Wert der Vakuole annähernd der Konzentration im Plasmolytikum. (Interferenzkontrast-Aufnahme: H. Falk)

20.5 Zellen für den Ferntransport

Pflanzen fehlt ein zirkulierendes System, wie es für Tiere bekannt ist. In den Gefäßen der Tiere, die von Zellen eng umgeben sind und einen extrazellulären Raum darstellen, wird Blut zusammen mit Nährstoffen durch Muskelkraft bewegt. In Pflanzen sind die Siebröhren des Phloems für den Ferntransport von Nährstoffen zuständig. Siebröhren sind Zellen, der Assimilatstrom in Pflanzen fließt intrazellulär.

Eine **Siebröhre** stellt ein Syncytium aus Siebelementen dar, die an den Enden über erweiterte Plasmodesmen, die Siebporen in den Siebplatten, miteinander in Verbindung stehen. Plasmodesmen haben einen Durchmesser von 30–50 nm (s. 3.3.4), Siebporen sind 200–400 nm weit (Abb. 20-7). Siebelemente haben ihre Zellkerne verloren und sind weitgehend frei von Organellen und besitzen auch keine Vakuole mehr. Sie enthalten jedoch relativ große Mengen an P-Proteinen (Phloemprotein), von denen ein filamentbildendes Protein von 96 kDa mit zahlreichen Cys-Resten die Siebporen bei Verletzung der Siebröhre verschließen kann. Im Bereich der Siebporen findet sich typischerweise das Wandpolysaccharid Callose. Siebröhren sind lebende Röhren für den Assimilattransport, die Jahre alt werden können. Für ihre Versorgung und Funktion stehen sie mit sog. **Geleitzellen** über verzweigte Plasmodesmen in plasmatischer Verbindung (Abb. 20-8). P-Protein wird z.B. in den Geleitzellen synthetisiert und über die Plasmodesmen in die Siebröhren transportiert. Dieser Siebröhren/Geleitzellen-Komplex ist symplastisch isoliert, d.h. er steht mit anderen Zellen des Pflanzenkörpers nicht über Plasmodesmen

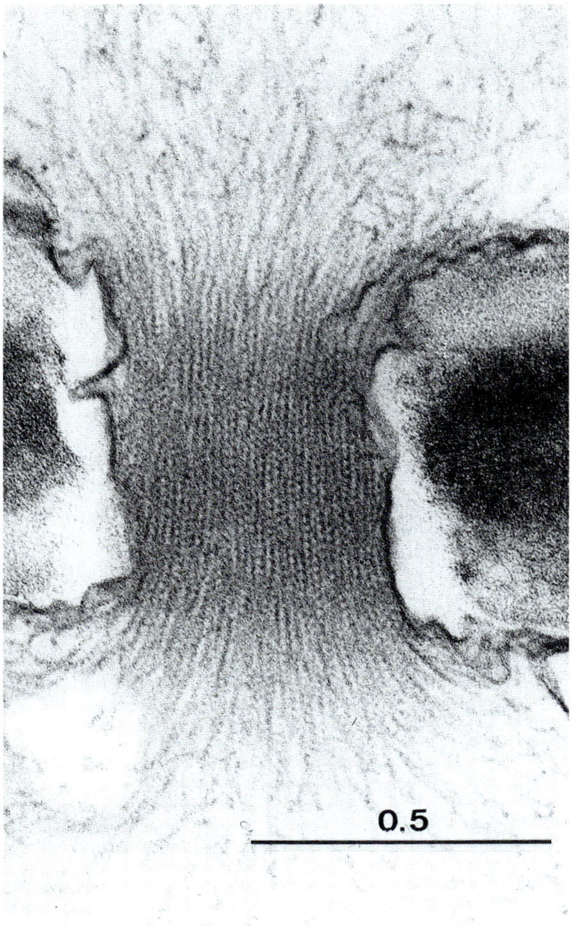

Abb. 20-7: Siebpore zwischen zwei Siebröhrenzellen im Längsschnitt (Phloem von *Impatiens*). Zahlreiche Proteinfilamente (P-Protein) sind zu erkennen. In der Zellwand stellen die dunklen Bereiche die Primärwand, die helleren Bereiche die Sekundärwand und die weißen Bereiche Calloseauflagerungen dar. (EM- Aufnahme: R. Kollmann, C. Glockmann)

in Verbindung. Dies ist für die Funktion des System von großer Bedeutung.

Siebröhren werden in den Beladungsstellen (Sources), z.B. in den Blättern, mit Assimilaten wie vor allem Saccharose beladen und in den Entladungsstellen (Sinks), z.B. in Speicherorganen, entladen. Die von den Mesophyllzellen in den Apoplasten abgegebene Saccharose gelangt über sekundär aktiven Transport in die Geleitzellen und von dort durch die Plasmodesmen in die Siebröhren. Für diesen Transport sind der Saccharose-Translokator und die H^+-ATPase in der Plasmamembran der Geleitzellen zuständig. Der Saccharose-Translokator kommt aber offenbar auch in der Plasmamembran der Siebröhrenzellen selbst vor; er wird in den Geleitzellen synthetisiert und – und möglicherweise auch seine mRNA – über die Plasmodesmen in die Siebröhren transportiert. Die aktive Beladung mit Saccharose zieht einen osmotischen Wassereinstrom aus dem Apoplasten in die Siebröhren nach sich, es entsteht ein hydrostatischer Druck bis zu 30 bar in den Zellen. Die treibende Kraft für den Transport von Saccharose innerhalb der Siebröhren zu den Sinks ist die Differenz zwischen den osmotischen Potentialen der Siebröhren und des Apoplasten. Dieser Ferntransport ist so zu verstehen, daß zwar Saccharose zu den Sinks „fließt" (Volumenfluß-Prinzip, Bewegung durch Verdünnung), nicht aber das Wasser, denn die Wassermoleküle können jederzeit die Plasmamembran passieren und mit dem apoplastischen Wasser austauschen. Dies ließ sich z.B. durch radioaktive Markierungen nachweisen. Nach Angebot von tritiiertem Wasser und ^{14}C-markierter Saccharose an einer Source erreichte nur die Saccharose die Sink. Flußraten von mehr als 100 µm · s^{-1} wurden gemessen. Bezogen auf den Durchmesser von Siebelementen von 5–20 µm sind dies gewaltige Geschwindigkeiten (durch Motorproteine erreichte Geschwindigkeiten im Cytoplasma von Zellen liegen mindestens um zwei Größenordnungen niedriger [s. 4.5]).

20.6 Abwehr von Pathogenen

Die Wechselwirkungen zwischen Pflanzen und ihren Pathogenen (Viren, Bakterien, Pilze; z.T. auch Nematoden und Insekten) haben – wie meist bei Wirt-Parasit-Beziehungen – zu ausgefeilten Strategien geführt. Bei Kompatibilität ist der Wirt suszeptibel und das Pathogen virulent, bei Inkompatibilität ist der Wirt resistent und das Pathogen avirulent. Die Gen-für-Gen-Hypothese besagt, daß bei Inkompatibilität einem Avirulenz-Gen (*avr*) des Pathogens ein Resistenz-Gen (*R*) des Wirts entspricht. Die Definitionen sind hierbei die folgenden: Avirulenz-Gene von Pathogenen codieren für Moleküle, die – unabhängig von ihrer Funktion – vom Wirt erkannt werden und dadurch eine Abwehr induzieren. Pathogenitäts-Gene bzw. Gen-Produkte werden vom Pathogen zur Verursachung der Krankheit in der Wirtspflanze benötigt. Ein Pathogenitäts-Gen kann auch ein Avirulenz-Gen sein/werden, wenn sein Gen-Produkt vom pflanzlichen Überwachungssystem erkannt wird.

Es sind mehrere Resistenz-Gene kloniert worden, die fünf Gruppen zugeordnet werden. Die Gen-Produkte sind membrangebundene oder

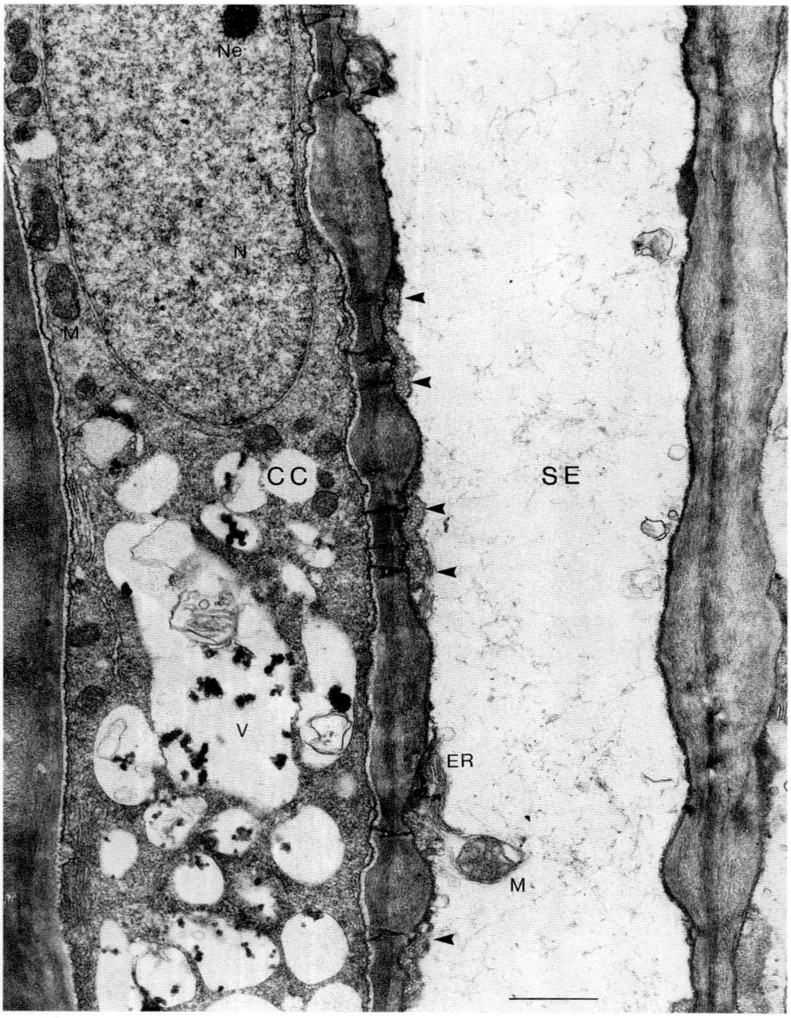

Abb. 20-8: Siebelement (SE) mit einem Mitochondrion (M) und etwas glattem ER (ER) sowie Geleitzelle (CC) von einer Buche. Die Pfeilköpfe weisen auf die die beiden Zellen verbindenden Plasmodesmen in der Zellwand. Im Hintergrund des Siebelements sind Filamente des P-Proteins zu erkennen. N, Zellkern; Ne, Nucleolus; V, Vakuole. (EM-Aufnahme: A. Schulz, H. D. Behnke)

lösliche Proteine, fast alle mit leucinreichen Repeats, manche mit Protein-Kinase-Domänen oder anderen Eigenschaften, die sie als Glieder von Signalketten ausweisen. Die Frage ist nun, in welcher Weise die Aktivierung dieser Proteine zu einer Resistenz der Pflanze gegenüber zahlreichen Pathogenen führt.

Die Abwehrreaktionen der Pflanze werden durch **Elicitoren** angeregt. Man unterscheidet zwischen exogenen und endogenen Elicitoren. **Exogene Elicitoren** sind Moleküle des Pathogens, meistens die o.g. Avirulenzfaktoren oder auch Komponenten aus der Zellwand des Pathogens wie Oligochitosan, Oligochitin u.a.. Ein seit langem bekannter Elicitor ist ein verzweigtes Heptaglucosid aus der Zellwand von *Phytophthora megasperma*, einem Parasiten der Sojapflanze. Elicitoren werden von Rezeptoren in der Zellmembran, manchmal auch innerhalb der Zelle erkannt. Molekulargenetisch sind verschieden Faktoren und Rezeptoren definiert worden. *E.-coli*-Zellen, die mit Avirulenz-Genen aus dem pflanzenpathogenen Bakterium *Pseudomonas* transformiert worden waren, riefen bei Pflanzen entsprechende Abwehrreaktionen hervor. **Endogene Elicitoren** sind Derivate der pflanzlichen Zellwand, die z.B. durch pilzliche Endopolygalacturonasen beim Abbau der Wände entstehen. Resistente Pflanzen enthalten Polygalacturonase-Inhibitoren, die diese Enzyme partiell hemmen, so daß sich besonders wirksame Oligogalacturonide von 8–15 Untereinheiten anreichern. Auch die endogenen Elicitoren werden offenbar durch Rezeptoren erkannt. Die Signalwege sind bisher nur partiell geklärt.

Die **Abwehrreaktionen** der Pflanze gegen Pathogene sind vielfältig. Sie reichen von sehr schnellen Mechanismen bis zu biochemischen und strukturellen Antworten, Aktivierungen von Abwehr-Genen und systemischer Resistenz. Zu den ersten lokalen Reaktionen, die innerhalb weniger Minuten an der Infektionsstelle bemerkbar sind, gehören:

- Eine Depolarisation der Plasmamembran.
- Durch diese Depolarisation werden die Permeabilitätseigenschaften der Membran verändert; es kommt zu einer erhöhten Ca^{2+}-Konzentration im Cytoplasma.
- Eine Verstärkung der Zellwände durch Aktivierung von Callose-Synthasen.
- Ein sog. **Oxidativer Burst**, d.h. die Bildung von reaktiven Sauerstoffspezies wie $O_2^{\cdot -}$ und H_2O_2. Die diese toxischen Moleküle bildende NADPH-Oxidase in der Plasmamembran hat große Ähnlichkeit mit der in Granulocyten und Makrophagen (s. 19.1).

Später einsetzende Abwehrreaktionen sind sowohl lokal als auch systemisch. Sie werden vor allem durch Aktivierung von Abwehr-Genen möglich, die für sog. PR-Proteine (pathogenesis related) sensu lato codieren.

- Die **hypersensitive Reaktion** besteht in der Entstehung von Zellnekrosen (Apoptosen) im Bereich der Infektion, um die Ausbreitung des Pathogens einzudämmen. Diese Reaktion mag mit der Bildung der reaktiven O_2-Derivate in Verbindung stehen.
- Eine weitere Verstärkung der Zellwände um den Infektionsherd durch Lignin und Suberin dient der Abschottung des Pathogens gegen das umliegende Gewebe.
- Die Sekretion hydrolytischer Enzyme wie Chitinasen und Glucanasen führt zur Attacke gegen das Pathogen und zur Bildung weiterer exogener Elicitoren.
- Die Sekretion von Proteinase-Inhibitoren hat z.B. eine insektizide Wirkung.
- Anabolische Wege zur Produktion von **Phytoalexinen** werden induziert. Phytoalexine sind toxische oder antibiotische Substanzen aus dem Sekundärstoffwechsel der Pflanzen, die in den Infektionsstellen akkumuliert werden. Glyceollin z.B., ein isoprenyliertes Pterocarpan (Isoflavonderivat), ist ein Phytoalexin aus Soja; Furocumarine werden von Petersilie gebildet.
- Bildung von **Salicylsäure**, die für den Erwerb einer systemischen Resistenz mitverantwortlich ist. Es konnte gezeigt werden, daß Salicylsäure von betroffenen Zellen in methylierter Form als flüchtiges Derivat in den Luftraum abgegeben wird und auf diese Weise z.B. andere Blätter zu Abwehrreaktionen veranlassen kann. Es werden Abwehr-Gene auch in nichtbetroffenen Pflanzenteilen aktiviert und Phytoalexine gebildet. Salicylsäure (2-Hydroxybenzoesäure) entsteht aus Phenylalanin, woraus durch die PAL-Reaktion (Phenylalanin-Ammonium-Lyase) Zimtsäure und schließlich Benzoesäure entsteht. [Acetylsalicylsäure ist das Schmerzmittel Aspirin.]
- Weitere Substanzen, die mit Pathogenbefall, Verwundung und Stress in Verbindung stehen, sind **Jasmonat** und seine Derivate. Jasmonat entsteht aus Linolensäure (18:3) durch eine Lipoxygenase und weitere enzymatische Schritte, den sog. Octadecanoidweg. Er ist analog dem Eicosanoidweg, über den bei Tieren Prostaglandine, Leukotriene und verwandte Signalmoleküle aus Arachidonsäure (20:4) gebildet werden. Jasmonat induziert – zusammen mit Ethylen – die Expression von PR-Proteinen und kann an der Entwicklung systemischer Resistenz beteiligt sein.
- **Systemin** ist ein Polypeptid von 18 AS, das bei Verwundung aktiviert und deshalb manchmal auch als „Wundhormon“ bezeichnet wird. Es entsteht aus Prosystemin (200 AS) durch limitierte Proteinolyse. Systemin ist in der Pflanze mobil und kann im Phloem transportiert werden. Es ist ebenfalls an der Induktion von Abwehr-Genen und damit an der Etablierung einer systemischen Resistenz in Pflanzen beteiligt.

20.7 Weiterführende Literatur

Barnes S A, McGrath R B, Chua N H (1997) Light signal transduction in plants. Trends Cell Biol. 7, 21–26.

Benhamou N (1996) Elicitor-induced plant defence pathways. Trends Plant Sci. 1, 233–240.

Cashmore A R (1997) The cryptochrome family of photoreceptors. Plant Cell Envir. 20, 764–767.

Chang C (1996) The ethylene signal transduction pathway in *Arabidopsis*: an emerging paradigm? Trends Biochem. Sci. 21, 129–133.

DeWit P J G M (1997) Pathogen avirulence and plant resistance: a key role for recognition. Trends Plant Sci. 2, 452–458.

Ding B (1997) Cell-to-cell transport of macromolecules through plasmodesmata: a novel signalling pathway in plants. Trends Cell Biol. 7, 5–8.

Doke N, Miura Y, Sanchez L M, Park H J, Noritake T, Yoshioka H, Kawakita K (1996) The oxidative burst protects plants against pathogen attack: mechanism and role as an emergency signal for plant bio-defense – a review. Gene 179, 45–51.

Durner J, Shah J, Klessig D F (1997) Salicylic acid and disease resistance in plants. Trends Plant Sci. 2, 266–274.

Ecker J R (1997) BRI-ghtening the pathway to steroid hormone signaling events in plants. Cell 90, 825–827.

Eschrich W, Heyser R (1984) Saccharosetransport im Phloem. Biol. in uns. Zeit 14, 133–139.

Fankhauser C, Chory J (1997) Light control of plant development. Annu. Rev. Cell Dev. Biol. 13, 203–229.
Furuya M, Schäfer E (1996) Photoperception and signalling of induction reactions by different phytochroms. Trends Plant Sci. 1, 301–307.
Kende H, Zeevaart J A D (1997) The five „classical" plant hormones. Plant Cell 9, 1197–1210.
Lange T (1998) Molecular biology of gibberellin synthesis. Planta 204, 409–419.
Logan H, Basset M, Véry A A, Sentenac H (1997) Plasma membrane transport systems in higher plants: from black boxes to molecular physiology. Physiol. Plant. 100, 1–15.
Macdonald H (1997) Auxin perception and signal transduction. Physiol. Plant. 100, 423–430.
Marrs K A (1996) The function and regulation of glutathione S-transferases in plants. Annu. Rev. Plant Physiol. Mol. Biol. 47, 127–158.
Mathews S, Sharrock R A (1997) Phytochrome gene diversity. Plant Cell Envir. 20, 666–671.
Mustilli A C, Bowler C (1997) Tuning in to the signals controlling photoregulated gene expression in plants. EMBO J. 16, 5801–5806.
Quail P H (1997) The phytochromes: a biochemical mechanism of signaling in sight? BioEssays 19, 571–579.
Robinson D G, Hinz G (1997) Vacuole biogenesis and protein transport to the plant vacuole: a comparison with the yeast and the mammalian lysosome. Protoplasma 197, 1–25.
Schäffner A R (1998) Aquaporin function, structure, and expression: are there more surprises to surface in water relations. Planta 204, 131–139.
Schaller A, Ryan C A (1995) Systemin – a polypeptide defense signal in plants. BioEssays 18, 27–33.
Schulz A (1998) Phloem, structure related to function. Prog. Botany 59, 429–475.
Sievers A, Buchen B, Hodick D (1996) Gravity sensing in tip-growing cells. Trends Plant Sci. 1, 273–279.
Sjölund R D (1997) The ploem sieve element; a river runs through it. Plant Cell 9, 1137–1146.
Thiel G, Wolf A H (1997) Operation of K^+-channels in stomatal movement. Trends Plant Sci. 2, 339–345.
Ward J M, Kühn C, Tegeder M, Frommer W B (1998) Sucrose transport in higher plants. Int. Rev. Cytol. 178, 41–71.
Wasternack C, Parthier B (1997) Jasmonate-signalled plant gene expression. Trends Plant Sci. 2, 302–307.
Weiler E W (1997) Octadecanoid-mediated signal transduction in higher plants Naturwiss. 84. 340–349.
Yang Y, Shah J, Klessig D F (1997) Signal perception and transduction in plant defense responses. Genes Devel. 11, 1621–1639.
Yokota T (1997) The stucture, biosynthesis and function of brassinosteroids. Trends Plant Sci. 2, 137–143.

21 TUMORZELLEN

Tumorzellen entgleiten der Überwachung des Organismus, und zwar sowohl der Proliferationsüberwachung als auch der Immunüberwachung. Sie tun, was sie „wollen“, nämlich sich vermehren, und werden nicht daran gehindert, sie sind „entartet“. Allein daraus wird schon ersichtlich, daß eine Tumorzelle mehrere neue Eigenschaften erworben haben muß, d.h. durch mehrere Mutationen transformiert worden ist. Tumorzellen werden auch als neoplastische Zellen oder transformierte Zellen bezeichnet. Der Begriff „transformiert“ oder „**Transformation**“ wird allerdings in mehrfacher Bedeutung verwendet. Bei Zellkulturen unterscheidet sich eine transformierte Zelle von ihrer Ausgangszelle in ihren Wachstumseigenschaften. Transformierte Zellen bilden – im Gegensatz zu nichttransformierten, die nur begrenzt vermehrungsfähig sind – häufig permanente Zellinien. Dabei ist eine transformierte Zelle nicht gleichbedeutend mit einer Tumorzelle; aus ihr kann jedoch eine Tumorzelle hervorgehen. Es gibt gute Argumente dafür, daß bei der Entstehung der meisten Tumorzellen mehrere Mutationen akkumulieren, d.h. mehrere transformierende Schritte passieren müssen.

[Unter Transformation bezeichnet man auch das Einbringen zellfreier DNA, beispielsweise eines Gens, in pro- oder eukaryotische Zellen bei gentechnischen Experimenten. Das entspricht auch der ursprünglichen strengen Definition bei der Transformation von Bakterien. Bei Eucyten wird dafür häufig der Begriff Transfektion verwendet.]

Zellkulturen werden in großem Umfang bei der Tumorforschung eingesetzt. Eine berühmte Tumorzelle ist die **HeLa-Zelle**, die aus einem menschlichen Cervixcarcinom isoliert wurde und seit Jahrzehnten kultiviert wird. Ähnlich wichtig sind experimentell induzierte Tumoren in Tieren, besonders in Mäusen.

Ein Tumor entsteht aus einer einzigen entarteten Zelle, ist also monoklonal. Je nach Herkunft dieser Zelle spricht man von **Carcinom** (ektodermal, entodermal) oder **Sarcom** (mesodermal). Tumoren sind meist solid; bei **Leukämien** sind die Tumorzellen jedoch Einzelzellen, da sie aus einem Lymphocyten hervorgegangen sind (der Name weist auf das manchmal weißliche Aussehen des Bluts infolge der großen Zahl solcher transformierter Lymphocyten).

Als Indiz für die Mehrschritte-Hypothese der Tumorentstehung wird auch das erhöhte Auftreten von Tumoren bei älteren Menschen angesehen, in deren Zellen sich Mutationen anhäufen können. Eine interessante Beobachtung in diesem Zusammenhang ist, daß nicht nur beim Menschen die Tumorhäufigkeit besonders im letzten Viertel der Lebenszeit ansteigt, sondern ebenso bei Mäusen bei einer Lebenszeit von nur 2–3 Jahren. Dies bedeutet, daß die Mutationsrate (pro Gen und Zellgeneration) wohl nicht das einzige Kriterium bei einer Tumorentstehung sein dürfte, sondern vielleicht auch sog. **epigenetische Phänomene** eine Rolle spielen; ein epigenetisches Phänomen ist die klonale Weitergabe eines Zustands, dessen Spezifität nicht direkt in der DNA-Sequenz festgeschrieben ist, eine Art stabilisierter metabolischer Status über Zellgenerationen hinweg.

21.1 Eigenschaften von Tumorzellen

Tumorzellen besitzen viele Eigenschaften, die sie von Normalzellen unterscheiden. Aber nicht jede Tumorzelle zeigt alle diese Eigenschaften.

- Tumorzellen sind in situ von Normalzellen gut zu unterscheiden. Sie bilden Bereiche stärkerer Teilungsaktivität und zeichnen sich durch eine hohe Kern/Plasmarelation sowie prominente Nucleoli aus (Abb. 21-1).
- In Kultur sind Tumorzellen nicht kontaktinhibiert, sie überwachsen einander, was als **Fokusbildung** bezeichnet wird (Abb. 21-2).
- Zu den wichtigsten Merkmalen gehören der Verlust der Proliferationskontrolle und der Positionskontrolle. Verlust der **Proliferationskontrolle** bedeutet, daß sie sich nicht unbedingt schnell, aber stetig vermehren; sie bilden sog. benigne Tumoren. Bei zusätzlichem Verlust der **Positionskontrolle** sind sie nicht mehr ortsgebunden, sondern breiten sich über die Blut- und Lymphbahnen aus und bilden **Metastasen**, d.h. sie sind maligne. Oft ist die Herkunft von Metastasen schwer zu diagnostizieren, manchmal gelingt dies über Immunfluoreszenz der Intermediärfilamente des Cytoskeletts, die gewebespezifisch sind und beibehalten werden (s. 4.4.1).
- Eine **Dedifferenzierung** ist insofern zu beobachten, als z.B. eine Lebercarcinomzelle sich nicht mehr organismusgerecht verhält und beispielsweise keine Gallenflüssigkeit und kein VLDL (very low density lipoprotein) mehr produziert.
- Verlust der Abhängigkeit von extrazellulären Adhäsionsproteinen für das Wachstum. Damit einher geht die verminderte oder fehlende Expression des extrazellulären Adhäsionsproteins Fibronectin auf der Oberfläche. **Fibro-**

nectin wurde deshalb zunächst auch als LETS-Protein (large external transformation sensitive) bezeichnet.

- Manchmal ist eine Instabilität des Chromosomensatzes zu beobachten.
- Tumorzellen sind mehr oder weniger unabhängig von Wachstumfaktoren – verglichen mit Normalzellen. Man findet autokrine Versorgung oder Kurzschlüsse in den entsprechenden Signalwegen.
- Nichtausbildung von Gap Junctions zwischen Tumorzellen und damit Verlust der elektrischen Kopplung.
- Auftreten neuer Antigene (**Tumorantigene**) in der Plasmamembran und im Zellinneren.
- Verringerung des Cytoskeletts und damit häufig Änderung der Morphologie der Zellen.
- Erhöhte Aufnahme von Glucose und **aerobe Glykolyse** (von O. Warburg schon 1926 entdeckt). Tumorzellen exprimieren oft einen affineren Glucose-Translokator, der sonst vor allem in Erythrocyten vorkommt.
- Resistenz gegen Cytostatika/Chemotherapeutika (**Multi-Drug-Resistenz**). Das Gen *mdr1* (multi-drug resistence) kann in Tumorzellen

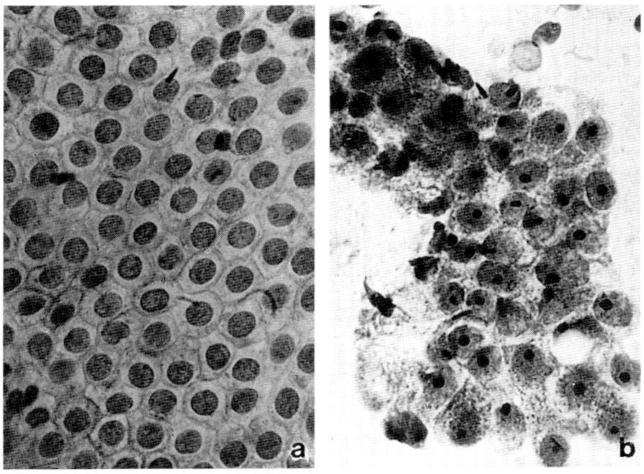

Abb. 21-1: Ausstrichpräparate von Prostatageweben nach Aspirationsbiopsie. (**a**) Prostataepithel ohne pathologischen Befund. (**b**) Tumorzellkomplex bei mittelhoch differenziertem Prostatacarcinom; typisch sind Zellüberlagerungen und große Kerne mit Nucleolen. (Aufnahmen: N. Freudenberg [1980] Zythopathologie, Schattauer-Verlag; mit Genehmigung)

überstimuliert oder aber amplifiziert sein, so daß sein Gen-Produkt P-Glykoprotein überexprimiert wird. P-Glykoprotein, ein Mitglied

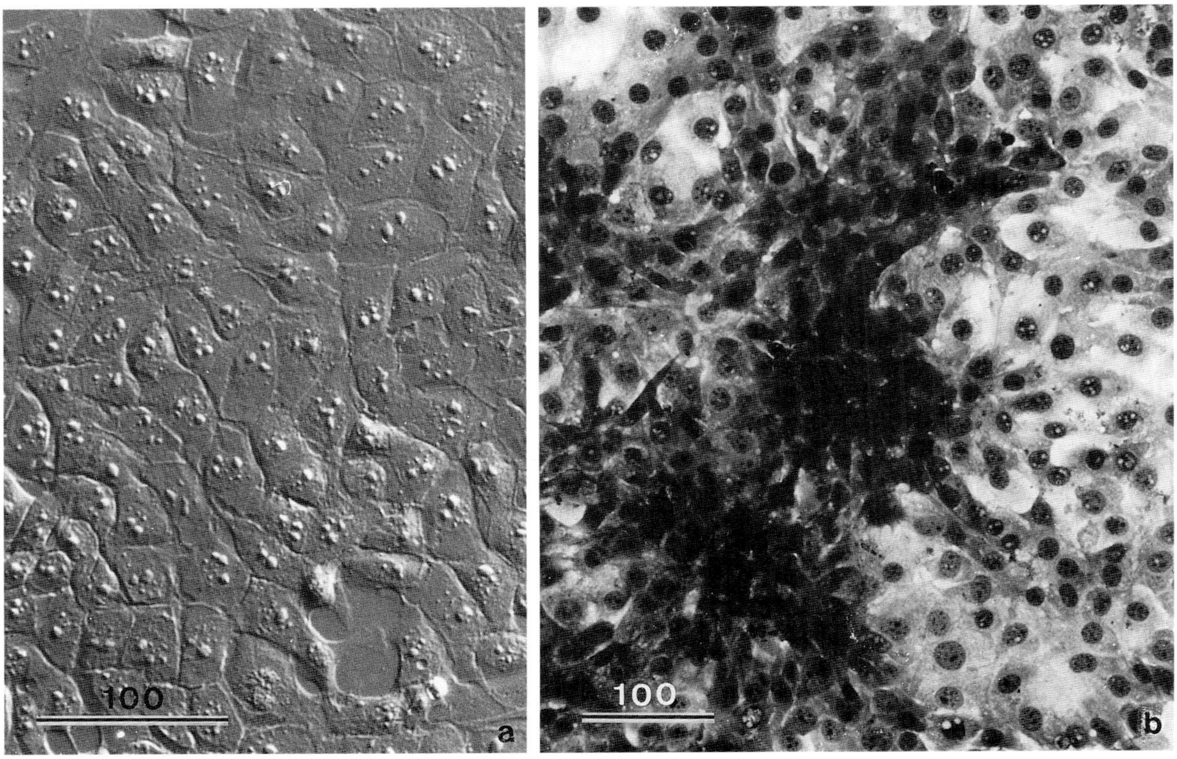

Abb. 21-2: Zellkulturen. (**a**) Normale Zellen aus Rinderniere (MDBK-Zellen); der Zellrasen in dem Kulturgefäß ist fast konfluent, die Zellen zeigen Kontaktinhibition und überwachsen sich nicht. (**b**) Ewing-Sarcomzellen; die Zellen sind nicht kontaktinhibiert und überwachsen sich (Fokusbildung). (Die Zellen in (a) wurden lebend im Interferenzkontrast aufgenommen, die Zellen in (b) zur deutlicheren Darstellung nach Fixierung und Anfärbung mit Giemsa im Hellfeld; Aufnahmen: H. Spring)

der ABC-Translokator-Familie, transportiert lipophile Verbindungen, darunter auch in der Tumortherapie verwendete Cytostatika wie Taxol, Cisplatin oder Etoposid ATP-abhängig aus der Zelle.

- Induktion von **Tumormarkern**. Dies ist diagnostisch wichtig, und der Kliniker würde sich mehr wünschen. CEA (carcinoembryonales Antigen) ist in Tumorzellen epithelialen Ursprungs in der Plasmamembran, aber auch in Körperflüssigkeiten erhöht. Wirkliche Marker sind β-HCG (human chorionic gonadotropin), die auf einen Keimzelltumor beim Mann deuten, und Bence-Jones-Proteine (leichte Ketten von Antikörpern) im Urin, die bestimmte Formen von Leukämie anzeigen.
- Induktion der **Angiogenese**, des Auswachsens neuer Blutgefäße aus vorhandenen in den Tumor hinein. Diese Vaskularisierung ist für den Tumor überlebenswichtig für seine Versorgung, sobald er wenige Millimeter groß ist. VEGF (vascular endothelial growth factor) und FGF (fibroblast growth factor) werden von Tumorzellen sezerniert. Metastasen treten wohl erst nach einer Angiogenese auf.
- In der „Strategie" von Tumorzellen sollte es liegen, der Immunüberwachung zu entgehen. Viele Tumorzellen exprimieren MHC-I-Moleküle nur gering oder gar nicht in ihrer Plasmamembran, so daß sie von cytotoxischen CD8-Zellen nicht mehr erkannt werden können. Allerdings sind sie dadurch vor natürlichen Killerzellen (NK-Zellen) noch nicht geschützt, die MHC auf ihren Zielzellen nicht benötigen. Von manchen Tumorzellen ist bekannt, daß sie Fas-Ligand in ihrer Plasmamembran enthalten, was sonst im wesentlichen ein Privileg von CD8- und NK-Zellen ist. Fas-Ligand leitet durch Bindung an seinen weit verbreiteten Rezeptor Fas die Apoptose ein (s. 22.3). Attackierende NK-Zellen können auf diese Weise von Tumorzellen in die Apoptose gezwungen werden.

21.2 Entstehung von Tumorzellen

Mutationen in Zellen, die transformierend wirken und schließlich zum Status einer Tumorzelle führen, können in vielfältiger Weise induziert werden, sie müssen eben nur die entsprechenden Gene treffen. Neben energiereicher Strahlung u.a. gibt es einige speziellere Ursachen:

- Als **Carcinogene** gelten elektrophile organische Moleküle wie Ethylenimin oder N-Nitroso-N-Alkylharnstoff, die mit DNA interagieren.
- **Procarcinogene** sind lipophile Verbindungen, die besonders in der Leber durch das Cytochrom-P450-System metabolisiert werden (s. 8.1.1), wobei reaktive elektrophile Zwischenprodukte entstehen können, die wie direkte Carcinogene wirken. Beispiele sind Nitrosamine, Aflatoxine (Metabolite von *Aspergillus flavus* und anderen niederen Pilzen) und polyaromatische Kohlenwasserstoffe wie Benz[a]pyren.
- Ein partikuläres Carcinogen ist Asbest (faseriges Mineral aus Silikaten und Oxiden), das vor allem in der Lunge zu chronischen Entzündungen und schließlich zu Krebs führen kann.
- **Tumorpromotoren** sind selbst nicht carcinogen, potenzieren jedoch die Wirkung von Carcinogenen, wenn sie mit diesen gleichzeitig appliziert werden. Beispiele sind Saccharin (bei Nagetieren) und Phorbolester. Phorbolester stimulieren als Strukturanaloga von Diacylglycerol die Protein-Kinase C (s. 4.1.1); sie sind Diterpene aus Crotonöl.
- Transformation durch Tumorviren. Hier sind vor allem die Retroviren und einige DNA-Viren zu nennen (s. unten).

21.2.1 Retroviren und v-Onkogene

Retroviren sind kleine RNA-Viren mit zwei identischen RNA-Molekülen von ca. 9000 b als Genom (s. 6.1). Diese tragen die drei Gen-Bereiche *gag* (group specific antigen), *pol* (polymerase) und *env* (envelope), einige auch noch regulatorische Gene. Nach Infektion einer Zelle wird die RNA durch die im Capsid enthaltene reverse Transcriptase in DNA umgeschrieben und diese als **Provirus** kovalent in die Wirts-DNA eingebaut. Manche dieser Viren enthalten außerdem ein Gen, das sich von einem zellulären Gen aus früheren Infektionen herleitet und sich von diesem durch Sequenzänderungen unterscheidet. Die Gen-Produkte dieser zellulären Gene gehören zu Signalketten, die von Wachstumsfaktoren aktiviert werden. Die Gen-Produkte der mutierten viralen Gene schließen diese Ketten in irgendeiner Weise kurz und sorgen so dafür, daß die infizierte Zelle den G_1/S-Kontrollpunkt im Zellzyklus überschreitet. Retroviren sind für ihren eigenen Zyklus auf eine zelluläre DNA-Synthese angewiesen. Das virale Gen wird als **v-Onkogen** bezeichnet, das entsprechende zelluläre als **Proto-Onkogen**, da es potentiell in der

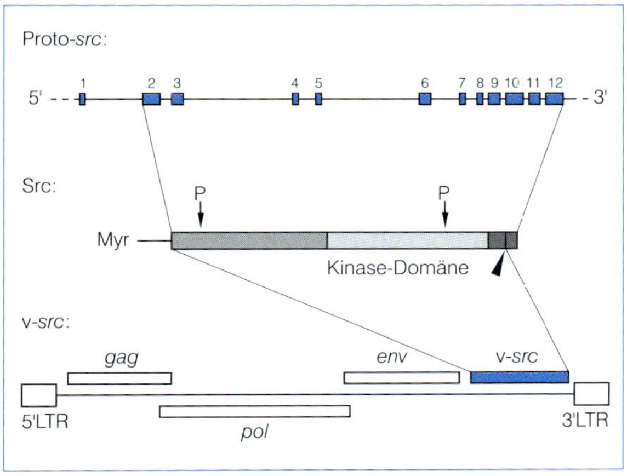

Abb. 21-3: Proto-Onkogen *src*, *v-src* im Genom des Rous-Sarcom-Virus (RSV) und Src als Gen-Produkt, eine Tyr-Protein-Kinase. Das Proto-Onkogen besteht aus 12 Exons, während das v-Onkogen keine Exons aufweist. Das Protein Src besitzt zwei Phosphorylierungsstellen (P) und ist am N-terminalen Ende mit einem Myristinsäurerest versehen. v-Src ist am C-Terminus verkürzt (Pfeilkopf) und besitzt an mehreren Stellen Aminosäureaustausche. Abkürzungen im RSV-Genom: LTR, long terminal repeat; *gag*, Gene für Capsidproteine; *pol*, Gene für reverse Transcriptase u. a.; *env*, Gene für Proteine der viralen Membran.

Zelle durch Mutation zu einem Onkogen, in diesem Fall **c-Onkogen** genannt, werden kann (s. unten).

Von P. Rous wurde 1911 das erste Retrovirus, das **Rous-Sarcom-Virus** des Huhns, entdeckt. Der Nachweis durch M. J. Bishop und H. E. Varmus 1976, daß das Onkogen *src* aus diesem Virus nicht viraler, sondern zellulärer Herkunft ist und daß in der Zelle ein sehr ähnliches Gen für die Tyr-Protein-Kinase Src codiert (Abb. 21-3), war ein wesentlicher Schritt in der Tumorforschung: Veränderte eigene Gene für regulatorische Signalkettenproteine können ursächlich mit der Entstehung von Krebs zu tun haben.

Tatsächlich ist das Rous-Sarcom-Virus insofern eine Ausnahme, als sein Genom trotz der Anwesenheit des v-Onkogens vollständig ist. Bei den meisten onkogenen Retroviren sind durch das aufgenommene v-Onkogen Teile der ursprünglichen Gene *gag, pol* und *env* ersetzt worden, d.h. die Genome sind hoch defekt. Allerdings sind die regulatorischen Sequenzen in den LTRs (long terminal repeats) vorhanden. Solche Viren können Zellen infizieren, brauchen aber zu ihrer Reproduktion eine gleichzeitige Infektion der Zelle durch Wildtyp-Viren als **Helferviren**, über deren Gene die benötigten Proteine zur Verfügung gestellt werden.

Unterdessen sind zahlreiche onkogene Retroviren entdeckt worden. Ihre v-Onkogene leiten sich aus Genen für praktisch alle Gruppen von Molekülen aus Wachstumsfaktor-Signalketten her (Tab. 21-1).

Es besteht auch die Möglichkeit, daß Retroviren durch Insertionsmutagenese ein zelluläres Proto-Onkogen aktivieren können, ohne in ih-

Tab. 21-1: v-Onkogene von Retroviren.

v-Onkogen	Virus	Bemerkungen
Wachstumsfaktoren		
v-*sis*	Simian Sarcoma Virus	Entspricht β-Kette des PDGF (platelet derived growth factor); → Sarcom in Affen.
Rezeptoren		
v-*erb*B	Avian Erythroblastosis Virus	Aktivierte Version des EGF-Rezeptors, Tyr-Protein-Kinase; → Leukämie im Huhn.
v-*erb*A	Avian Erythroblastosis Virus	Ähnlich Steroid-Rezeptor; Leukämie im Huhn.
v-*fms*	Feline Sarcoma Virus	CSF1-Rezeptor (colony stimulating factor), Tyr-Protein-Kinase; → Sarcom in der Katze.
Protein-Kinasen		
v-*src*	Rous Sarcoma Virus	Tyr-Protein-Kinase der Src-Familie (s. Abb. 21-3); → Sarcom im Huhn.
v-*mos*	Moloney Sarcoma Virus	Ser/Thr-Protein-Kinase; → Sarcom in Maus.
v-*abl*	Abelson Murine Leukemia Virus	Tyr-Protein-Kinase; → Lymphom in der Maus.
G-Proteine		
v-H-*ras*	Harvey Rat Sarcoma Virus	Kleines G-Protein der Ras-Familie; → Sarcom in der Ratte.
v-K-*ras*	Kirsten Rat Sarcoma Virus	Kleines G-Protein der Ras-Familie; → Sarcom in der Ratte.
Transkriptionsfaktoren		
v-*jun*	Avian Sarcoma Virus 17	→ Sarcom im Huhn.
v-*fos*	FBJ Murine Osteosarcoma Virus	→ Osteosarcom in der Maus.
v-*myc*	Avian Myelocytomatosis Virus	→ Leukämie und Sarcom im Huhn.
v-*myb*	Avian Myeloblastosis Virus	→ Leukämie im Huhn.

Alle v-Onkogen leiten sich von zellulären Proto-Onkogenen ab. Man kennt über 60 v-Onkogene, nur die bekannteren sind in der Tabelle aufgeführt.

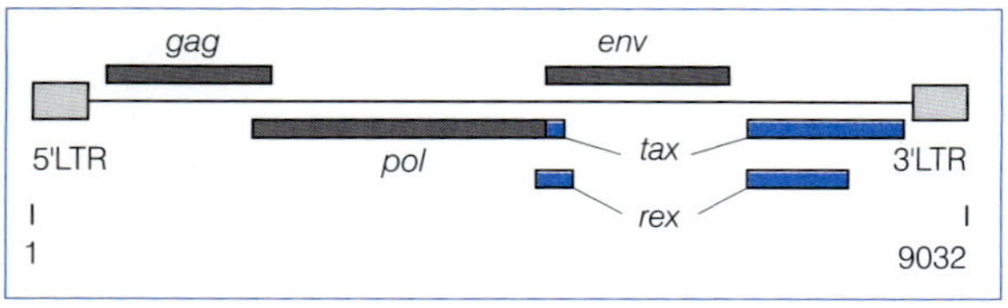

Abb. 21-4: Genom von HTLV-I (Provirus). LTR, long terminal repeat; *gag*, group specific antigen; *pol*, polymerase; *env*, envelope. *tax* und *rex* sind regulatorische Gene. Die Gene überlappen sich zum Teil. Die regulatorischen Gene bestehen aus zwei Teilen. Wahrscheinlich sind noch weitere regulatorische Gene vorhanden. Das Provirus ist 9032 bp lang.

rem eigenen Genom ein Onkogen zu tragen. Dies hat z.B. im Fall des MMTV (mouse mammary tumor virus) erlaubt, experimentell eine ganze Reihe von zellulären Proto-Onkogenen zu identifizieren.

Für den Menschen wurden bisher keine pathogenen Retroviren mit v-Onkogenen entdeckt. **HTLV-I** (Human T-Cell Leukemia Virus) jedoch erzeugt eine seltene Leukämieform von CD4-Lymphocyten (T-Helferzellen), die vor allem in Japan auftritt. HTLV-I besitzt – ähnlich wie HIV und im Gegensatz zu anderen Retroviren – regulatorische Gene, die die Expression der eigenen Struktur-Gene regulieren. Bei HTLV-I sind es vor allem die Gene *tax* und *rex* (Abb. 21-4). Besonders Tax kann auch mit zellulären Proteinen, z.B. Transkriptionsfaktoren interagieren, und hierin wird auch das „transformierende Potential" gesehen; der präzise Mechanismus der Pathogenese ist jedoch noch unbekannt. HIV ist hingegen kein Tumoren erzeugendes Virus (s. 6.1).

21.2.2 Onkogene und Tumorsuppressor-Gene

Tumorzellen mit ihrem unbegrenzten Wachstum haben die ursprüngliche Regulation ihres Zellzyklus verloren; sie proliferieren auch unter Bedingungen, unter denen normale Zellen dies nicht tun. Hieran beteiligte Gene sind aus Proto-Onkogenen hervorgegangene c-Onkogene – oder einfach Onkogene genannt – sowie Tumorsuppressor-Gene. Onkogene sind infolge von Mutation oder Überexpression konstitutiv exprimiert. Im Gegensatz dazu zeigen Tumorsuppressor-Gene mit den primär inhibierenden Funktionen ihrer Gen-Produkte rezessives Verhalten. Bei Proto-Onkogenen genügt die Mutation eines Allels, um eine aktivierende, d.h. transformierende Eigenschaft zu bewirken, bei Tumorsuppressor-Genen müssen beide Allele betroffen sein, um ihre inhibitorische Wirkung zu unterdrücken. Bei Tumorsuppressor-Genen kann es deshalb insofern eine genetische Prädisposition geben, als ein mutiertes Allel bereits über die Keimbahn übertragen worden ist; man spricht dann von der erblichen Form gewisser Tumoren (s. unten). Damit ist natürlich nicht gesagt, daß auch ein Tumor entstehen muß, das Risiko dazu allerdings ist erhöht. Solche Tumoren treten auch wesentlich früher, bereits im Kindesalter, auf als entsprechende, bei denen zwei somatische Mutationen nötig sind

Eines der ersten entdeckten Tumorsuppressor-Gene war *Rb*, dessen Gen-Produkt der Hauptregulator des Zellzyklus ist. Rb bedeutet **Retinoblastom**, ein seltener, bei Kindern auftretender Tumor der Retina. Bereits 1971 wurde von A. G. Knudson aufgrund von statistischen Analysen postuliert, daß zwei Mutationen am gleichen Locus für eine Tumorigenese notwendig seien. Bei der erblichen Form des Retinoblastoms muß zusätzlich zu dem über die Keimbahn erhaltenen mutierten *Rb*-Allel das homologe Allel durch ein somatisches Ereignis verändert werden. Diese Form des Tumors ist meist bilateral. In der noch sehr viel selteneren sporadischen Form ist die Funktion beider Allele durch somatische Mutation eingebüßt; es entstehen meist unilaterale Tumoren.

Da ein wesentliches Merkmal von Tumorzellen eine Dysregulation ihres Wachstumsverhaltens ist, sollten die Gen-Produkte von Tumor-Genen und Tumorsuppressor-Genen in Signalketten, die von Wachstumsfaktoren im weitesten Sinn angestoßen werden, sowie in der Regulation des Zellzyklus selbst zu finden sein. Der verbreitetste und bekannteste Signaltransduktionsweg ist der MAP-Kinase-Weg, und der wichtigste Kontrollpunkt im Zellzyklus ist der G_1/S-Übergang, dessen Überschreiten eine Zelle zu neuer DNA-Synthese und anschließender Zellteilung programmiert. Diese beiden Regulationswege sind in Abb. 21-5 und Abb. 21-6 exemplarisch mit ihren wesentlichen Konstituenten, darunter den Produkten von Tumor-Genen und Tumorsuppressor-Genen, dargestellt.

Die **ras-Gene** *H-ras*, *K-ras* und *N-ras*, die für kleine G-Proteine codieren, gehören zu den häufigsten mutierten Genen in humanen Tumoren. Sie sind in der GTP-Form aktiv. Ein Austausch des Glycinrests in Position 12 durch eine andere Aminosäure hemmt die intrinsische GTPase-Aktivität und verringert auch die Affinität zu GAP (GTPase activating protein). Andere Punktmutationen wirken sich ähnlich aus. Das transformierende Resultat ist, daß Ras ständig aktiv bleibt. Ras-Mutationen treten besonders häufig im Pankreascarcinom (exokrin) und im Coloncarcinom auf.

v-Src ist im Vergleich zu dem normalen zellulären Src am C-Terminus verkürzt. **Src** selbst

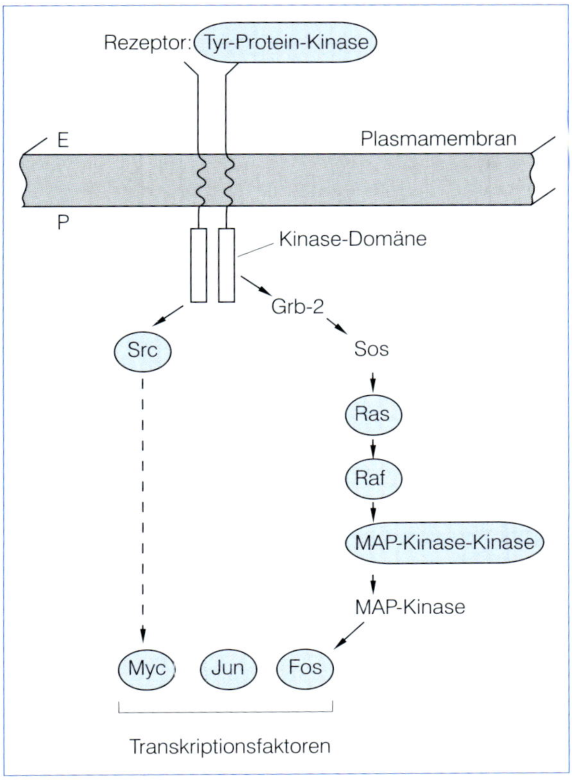

Abb. 21-5: Schema zum MAP-Kinase-Weg mit seinen potentiellen c-Onkogenen bzw. Onkoproteinen, die farbig hervorgehoben sind. Für Grb-2 (ein Adaptorprotein), Sos (ein Aktivator von Ras) und MAP-Kinase (mitogen activated protein) ist bisher kein transformierendes Potential festgestellt worden. (Zum MAP-Kinase-Weg s. auch 4.1.)

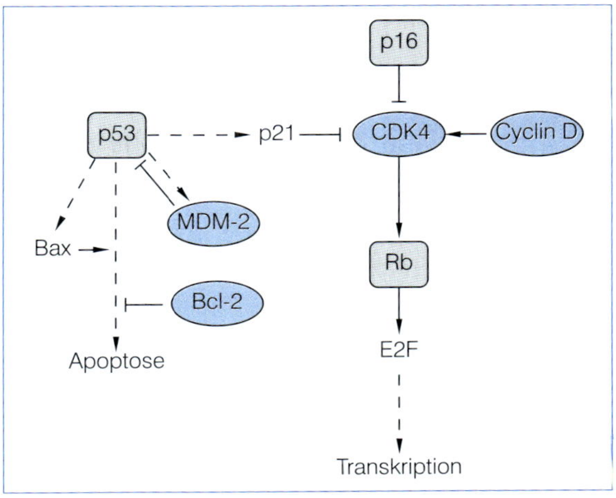

Abb. 21-6: Schema zur Regulation des G_1/S-Übergangspunkts im Zellzyklus (gleiche Abbildung wie Abb. 22-6, s. 22.2). Tumorgene sind farbig, Tumorsuppressor-Gene grau hervorgehoben. Rb ist der Hauptregulator des Zyklus und bindet den Transkriptionsfaktor E2F, der Gene für die S-Phase induzieren kann. Phosphorylierung von Rb durch Cyclin/CDK4 führt zur Freisetzung und Aktivierung von E2F. p53, der „Wächter", kann als Transkriptionsfaktor den Kinase-Inhibitor p21 induzieren, aber auch eine Apoptose einleiten. Bcl-2 ist der Überlebensfaktor, der Apoptose verhindert, Bax eine Art Gegenspieler aus der gleichen Familie. MDM-2 hemmt p53 in einer Art Rückkopplung.

kann phosphoryliert werden, wobei eine Phosphorylierung des Tyr-527 nahe dem C-Terminus zu einer Verminderung der Kinaseaktivität von Src führt. Bei v-Src ist dieser Tyr-Rest durch einen anderen Aminosäurerest ersetzt, so daß es konstitutiv aktiv bleibt.

Weitere c-Onkogene in den MAP-Kinase-Wegen können ganz am Beginn bei den Rezeptoren mit Tyr-Protein-Kinase-Aktivität auftreten. Man findet hier Mutationen, die zu konstitutiver Dimerisierung und dadurch zu permanenter Aktivierung führen, die normalerweise nur bei Besetzung der Rezeptoren durch ihre Liganden stattfindet. Andere transformierende Kinasen können Raf und MAP-Kinase sein. Als c-Onkoproteine kommen auch Transkriptionsfaktoren wie Jun, Fos, Myc und andere vor. Myc kann mit ähnlichen Transkriptionsfaktoren wie Max und Mad interagieren und Heterodimere bilden. Signalwege wie der MAP-Kinase-Weg enthalten im allg. nur aktivierende Konstituenten, was bedeutet, daß Tumorsuppressor-Gene hier nicht zu finden sind.

Anders verhält sich das bei der Regulation des G_1/S-Übergangspunkts im Zellzyklus. Hier hat der Hauptregulator Rb inhibierende Eigenschaften, indem er den Transkriptionsfaktor E2F bindet. p53, der Wächter, hat als Transkriptionsfaktor insofern hemmende Wirkung im Sinn von Tumorentstehung, als er erstens den Inhibitor p21 aktiviert, der die Rb-neutralisierende Kinase Cyclin D/CDK4 blockiert, und zweitens Bax aktiviert, das proapoptotisch wirkt. p16 ist ebenfalls ein Inhibitor dieser Kinase. Bei den Komponenten der Kinase selbst, Cyclin D und CDK4, können Mutationen zu ständiger Aktivität führen, die sie zu Onkoproteinen werden lassen. Antiapoptotische Mitglieder der Bcl-2-Familie können ebenfalls – wieder im Sinn einer Tumorentstehung – bei Überstimulierung Onkogene sein, weil sie als „Überlebensfaktoren" eben Apoptose verhindern. Etwa 50% aller Tumoren des Menschen tragen Mutationen in den *p53*-Allelen; die Mutationen lassen eine sequenzspezifische Bindung an die DNA nicht mehr zu. Wenigstens ein Gen bzw. zwei Allele des p16/Cyclin D/CDK4/Rb-Komplexes sind in nahezu allen Tumoren des Menschen mutiert.

Gesicherte und vermutete Tumor-Gene und Tumorsuppressor-Gene kommen auch in vielen anderen Signaltransduktionswegen vor, z.B. im TFG-β-Signalweg (s. 4.1.5), im Cytokin-Signalweg (s. 3.5.4) oder im Weg über die plasmamembranständigen Adhäsionsproteine der Cadherin-Familie und die nachgeschalteten Catenine (s. 3.2.2). Damit ist eine Verbindung zu anderen Eigenschaften von Tumorzellen hergestellt, nämlich ihrer Unabhängigkeit von extrazellulären Adhäsionsproteinen beim Wachstum und ihrem veränderten Actin-Cytoskelett und damit ihrer Morphologie. In diesem Zusammenhang sind auch neben den Ras-Proteinen eine weitere Unterfamilie der kleinen G-Proteine, die Rho-Proteine, zusammen mit ihren zugeordneten Faktoren wie GAPs (GTPase activating protein) etc. als potentiell transformierend in die Diskussion gekommen.

Fast 20 Tumorsuppressor-Gene sind bekannt. Das ***patched***-Gen, das in *Drosophila* entdeckt wurde und wichtige Funktionen während der Entwicklung hat, ist beim Menschen beim Basalzellcarcinom und seinen Vorstufen, den Keratosen, in der Haut mutiert. Auch bei der sporadischen Form dieses Tumors sind beide Allele mutiert. ***notch***, ein anderes erstmals für *Drosophila* beschriebenes Gen, das bei Entwicklungsvorgängen eine Rolle spielt, ist bei Säugern mit Tumorigenese assoziiert. ***brca1*** und ***brca2*** (breast cancer) sind bei der erblichen Form des Brustkrebses mutiert, die etwa 5% aller Fälle ausmacht. Ihre Gen-Produkte sind große Proteine noch unbekannter Funktion. In sporadischen Formen werden diese Gene jedoch selten mutiert vorgefunden. Das Tumorsuppressor-Gen ***apc*** (adenomatous polyposis coli) kann eine Prädisposition für eine Form des Coloncarcinoms bedeuten.

Manche Tumorsuppressor-Gene induzieren gegebenenfalls nur ganz bestimmte Tumortypen, wenn ein mutiertes Allel über die Keimbahn vererbt wird, obwohl sie sonst in zahlreichen sporadischen Tumortypen mutiert vorkommen. Rb ist ein gutes Beispiel. Man bezeichnet die Gene in diesen Fällen als **Gatekeeper**, ohne daß die Gewebepräferenz allerdings bisher erklärbar ist. *apc* ist der Gatekeeper für die o.g. Form des Coloncarcinoms, *patched* für das Basalzellcarcinom.

Bei den meisten Tumoren sind mehrere mutierte Gene an der Entstehung beteiligt. Das Coloncarcinom ist ein gut analysiertes Beispiel, bei ihm sind wenigstens sieben Gene involviert: *apc*, *K-ras*, das Tumorsuppressor-Gen *dcc* (deleted in colon cancer), *p53* und andere. In den meisten Fällen initiiert *apc* den neoplastischen Prozeß. Histologisch sind bei dieser Sequenz von Mutationen verschiedene Übergangsstadien vom normalen Colonepithel über Adenome verschiedenen Grads bis zum metastasierenden Carcinom zu erkennen. Mutiertes *K-ras* liegt in 40% der intermediären Adenome und in über 60% der Carcinome vor. Die Mutation von *p53* tritt spät auf, von 5% bei frühen Adenomen steigt sie auf ca. 75% bei den Carcinomen.

21.2.3 Chromosomenanomalien

Cytogenetische Methoden haben gezeigt, daß sich bei Tumoren transformierende Ereignisse offensichtlich auch auf Chromosomenaberrationen zurückführen lassen. Bekannte Beispiele sind das Burkitt-Lymphom und eine chronische myeloische Leukämie, bei der das sog. Philadelphia-Chromosom auftritt. Es gibt aber noch zahlreiche weitere chromosomale Veränderungen bei Tumoren, die auf einer Deletion, Translokation oder Inversion beruhen.

Bei Deletionen geht meist ein Tumorsuppressor-Gen verloren. Bei Translokationen und Inversionen – immer im Hinblick auf ein transformierendes Resultat – bestehen prinzipiell zwei Möglichkeiten, entweder kommt ein Proto-Onkogen in die Nähe eines Immunglobulin- oder T-Zell-Rezeptor-Gens zu liegen und wird dadurch aktiviert, oder es entsteht durch Bruch und Fusion innerhalb von Genen ein Fusions-Gen mit einem Fusionsprotein als Gen-Produkt, das veränderte Eigenschaften zeigt. Immunglobulin- und TCR-Gene sind offensichtlich deshalb beteiligt, weil bei ihnen ein natürliches Rearrangement von Gen-Segmenten zur Bildung transkribierbarer Gene stattfindet (s. 19.2.4). Die anderen beteiligten Gene codieren oft für Transkriptionsfaktoren. Man findet solche chromosomale Veränderungen bei zahlreichen Leukämien. Translokationen, die zu Fusionsproteinen führen, kommen aber auch bei soliden Tumoren vor.

Bei der häufigsten Form des **Burkitt-Lymphoms**, einem vor allem in Afrika vorkommenden B-Zell-Lymphom, wurde die Translokation t(8;14)(q24;q32) gefunden (Abb. 21-7). Durch diese Translokation gelangt das Proto-*myc*-Gen von Chromosom 8 in der Bande q24 auf das Chromosom 14 in direkte Nachbarschaft zu den Genen für die schweren Immunglobulinketten in der Bande q32 und unter den Einfluß deren starker Promotoren. Das *myc*-Gen erleidet dabei allerdings auch zusätzlich somatische Mutationen. Sehr viel seltener sind die Gene für die leichten Immunglobulinketten beteiligt: Das Gen für die κ-Kette liegt auf Chromosom 2, die Translokation ist t(2;8)(p12;q24); das Gen für die λ-Kette liegt auf Chromosom 22, die Translokation ist hier t(8;22)(q24;q11). Warum dabei jeweils das

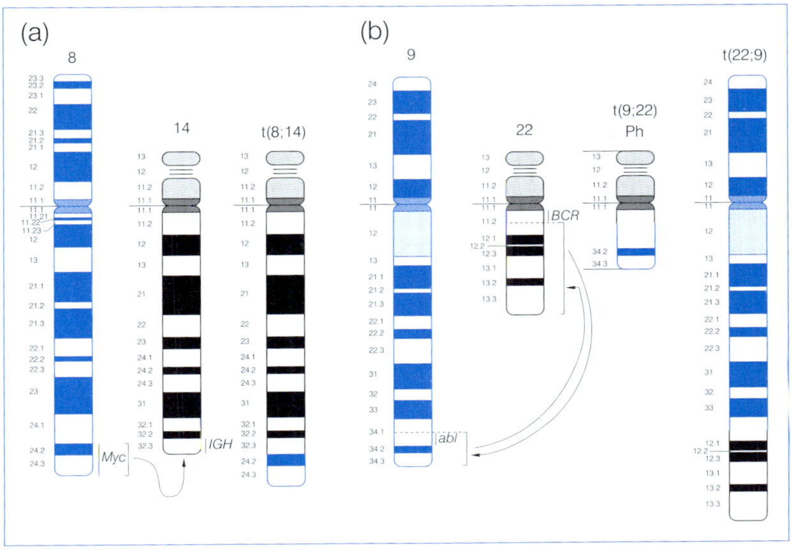

Abb. 21-7: (**a**) Translokation beim Burkitt-Lymphom, t(8;14)(q24;q32). (**b**) Reziproke Translokation bei chronischer myeloischer Leukämie, t(9;22)(q34;q11), bei der das Philadelphia-Chromosom (Ph) entsteht. Die Darstellung der Chromosomen entspricht dem ISCN 1995 (International System for Human Cytogenetic Nomenclature).

myc-Gen betroffen ist und kein anderes Gen, ist unklar.

Bei einem anderen B-Zell-Lymphom ist das „Überlebens-Gen" *bcl*-2 in die unmittelbare Nachbarschaft der Gene für die schweren Immunglobulinketten gerückt und wird dadurch konstitutiv aktiviert. Die Translokation ist t(14;18)(q32;q21). Der transformierende Effekt liegt offenbar in einer wirkungsvolleren Verhinderung der Apoptose dieser B-Zellen.

Das bei chronisch myeloischer Leukämie auftretende **Philadelphia-Chromosom** entsteht durch eine reziproke Translokation zwischen den Chromosomen 9 und 22 (Abb. 21-7). Dabei gelangt das *abl*-Gen, das für eine Tyr-Protein-Kinase codiert, mit all seinen 11 Exons von 9q34 etwa in die Mitte des Gens *bcr* (breakpoint cluster region) in 22q11. Diese Fusion erzeugt ein neues Protein, einen spezifischen Tumormarker, in dem die Kinase-Aktivität erhalten und erhöht ist. Abl spielt bei der Proliferationskontrolle von B-Zellen eine Rolle.

21.2.4 DNA-Tumorviren

Viren, die mit Tumoren des Menschen assoziiert werden, besitzen meist ein DNA-Genom. Man schätzt, daß bei 15–20% aller Tumorerkrankungen Virusinfektionen eine Rolle spielen. Zu den tumorigenen DNA-Viren gehört das Epstein-Barr-Virus, ein Herpesvirus, das in kausaler Beziehung zum Burkitt-Lymphom und zum Nasopharyngialcarcinom steht. Ein weiteres Herpesvirus HHV8 (human herpes virus) wird mit dem besonders bei AIDS-Patienten auftretenden Kaposi-Sarcom in Zusammenhang gebracht. Vertreter der Papillomviren (Warzenviren) sind an der Enstehung von Carcinomen im Genitalbereich und manchen Hauttumoren beteiligt. Das Hepatitis-B-Virus, das zu den Hepadnaviren gehört, gilt als Mitverursacher des primären Lebercarcinoms. Adenoviren standen ebenfalls im Verdacht, an Krebserkrankungen ätiologisch beteiligt zu sein, konnten jedoch bisher nicht eindeutig assoziiert werden. Sie sind tumorigen bei Nagern.

Das **Epstein-Barr-Virus** (EBV, Herpes-simplex-Virus 4) kommt zu fast 100% in der menschlichen Population vor. Das Virus infiziert B-Zellen, bleibt persistent und wird ständig produziert und mit dem Speichel abgegeben. Die Infektion ist bei Kleinkindern symptomlos, bei Jugendlichen kann sie zur **infektiösen Mononukleose**, einer selbstlimitierenden fiebrigen Erkrankung, führen. Eine unkontrollierte Proliferation infizierter B-Zellen wird offenbar durch ein intaktes Immunsystem verhindert. Bei immunsupprimierten Patienten und AIDS-Kranken jedoch können EBV-assoziierte B-Zell-Lymphome auftreten. Das Burkitt-Lymphom, ein Tumor im Gesichtsbereich und Abdomen von Kindern, kommt endemisch in Zentral- und Ostafrika auffällig parallel zur Verbreitung der Malaria vor. Ob ein direkter Zusammenhang besteht, ist jedoch unklar. Die transformierten B-Zellen enthalten zu 95% EBV. Auch die Faktoren, die die auffälligen Chromosomentranslokationen verursachen (s. oben), sind unbekannt. Ein virales Protein ist jedoch entdeckt worden, das in Signalketten eingreift: Das Protein LMP2A bindet an Syk und Fyn, Tyr-Protein-Kinasen der Src-

Familie, sowie an die Tyr-Protein-Kinase ZAP und hält diese Kinasen in aktivem Zustand; die Kinasen sind an dem durch den B-Zell-Rezeptor vermittelten Signalweg beteiligt (s. 19.2.4).

Die Entstehungsweise des endemischen Nasopharyngialcarcinoms in Südostasien ist ebenfalls unklar. Bestimmte Essgewohnheiten und Arzneimittelverwendungen könnten beteiligt sein.

Das kürzlich entdeckte **Herpesvirus 8** scheint in allen Formen des **Kaposi-Sarcoms** vorzukommen. Inwieweit das Virus an der Entstehung dieses Sarcoms, das besonders bei AIDS-Kranken auftritt, beteiligt und wie seine Verbreitung ist, bleibt noch unklar.

Papillomviren (HPV, human papilloma virus), die zur Familie der Papovaviren gehören, sind beim Menschen weit verbreitet, besonders solche Typen, die Warzen der Haut verursachen. Bisher sind 75 Typen humaner Papillomviren beschrieben worden. HPV-16 und HPV-18 sind als Mitverursacher besonders von **Cervixcarcinomen** bekannt geworden. Etwa 90% dieser Tumoren enthalten das Virus. Bei den meisten liegt die virale DNA nicht in zirkulärer Form im Zellkern vor, sondern ist erstaunlicherweise in die chromosomale DNA integriert. Die Tumoren sind monoklonal, d.h. in allen Zellen eines Tumors liegt die virale DNA an der gleichen Stelle im Wirtsgenom. Bei der Integration wird der E2-Leserahmen des viralen Genoms beschädigt, so daß die Gene *E6* und *E7* überexprimiert werden. Die Proteine **E6** und **E7** binden an die Zellzyklusproteine p53 bzw. Rb und zwingen die Zellen damit zum Durchlaufen des Zellzyklus (s. 20.2). Die Expression der Proteine ist notwendig, aber nicht ausreichend für eine maligne Transformation. Auch äußere Faktoren scheinen zusätzlich das proliferative Verhalten der Zellen zu beeinflussen. Bei Frauen mit dem MHC II DQw3-Allel besteht ein erhöhtes Risiko für diese Art von Carcinom.

Zu den Papovaviren gehört auch **SV40** (simian virus 40), ein in der Molekularbiologie berühmtes Virus. Es zeichnet sich u.a. durch das große T-Antigen aus, das eines der am besten untersuchten viralen Proteine überhaupt ist. Das T-Antigen kann ebenfalls p53 und Rb binden und induziert nicht bei seinem natürlichen Wirt, sondern bei Nagern Tumoren nach Infektion. Das humane JC Virus ist dem SV40 verwandt. Zu Krankheiten führt es nur bei Patienten mit Schädigungen in ihrem Immunsystem. Wie SV40 kann es bei Nagern die Entstehung von Tumoren verursachen.

Das **Hepatitis-B-Virus** gehört zu den Hepadnaviren. Es ist ein komplexes Virus mit nur teilweise doppelsträngiger, ringförmiger DNA. Träger des Virus sind in Westeuropa knapp 1%, in Ostasien und Zentral- und Westafrika jedoch 20–80% der Bevölkerung. Infektionen verlaufen zu 2/3 symptomlos, bei 1/3 entwickelt sich eine Hepatitis (Gelbsucht), die chronisch werden und zu Lebercirrhose und primärem Lebercarcinom führen kann. Das **HBs-Antigen** ist ein viruscodiertes Protein der viralen Hüllmembran. Bei einer Infektion treten im Blut große Mengen an nichtinfektiösen HBsAg-Partikel auf, die nur aus Membran und Antigen bestehen. Sie haben insofern eine Auswirkung, als sie gegen das Virus gerichtete Antikörper neutralisieren können.

Als Impfstoff gegen Hepatitis B dienten zunächst solche HBsAg-Partikel, die man aus Spenderblut von chronisch infizierten aufreinigte. Inzwischen wird für Impfungen partikuläres HBsAg gentechnisch in Hefezellen hergestellt.

Das Hepatitis-B-Virus selbst ist nicht cytopathogen, sondern die Entzündung ist eine Folge der Immunabwehr, wobei wahrscheinlich cytotoxische T-Zellen die infizierten Leberzellen abtöten. Wenn das Immunsystem nicht erfolgreich ist, entsteht eine chronische Hepatitis. Auch beim **primären Lebercarcinom** ist die Integration der viralen DNA in die chromosomale ein wichtiger Schritt bei seiner Entstehung. Die integrierte virale DNA hat dabei Veränderungen erlitten, die eine Produktion von intakten Virionen nicht mehr erlaubt. Aus der langen Inkubationszeit läßt sich ableiten, daß der Integrationsvorgang langsam und selten ist. Die Carcinomzellen sind monoklonal. Das virale Protein HBx wird in Tumorzellen exprimiert und trägt zur Transformation bei. Es hat transaktivierende Eigenschaften, stimuliert die Proliferation durch Bindung an p53 und hat offensichtlich noch weitere Funktionen. Andere Faktoren, z.B. Alkoholkonsum, sind an der Entstehung des Carcinoms wahrscheinlich beteiligt.

Das Hepatitis-B-Virus dient als Helfervirus für das **Hepatitis-D-Virus**, das als Genom nur eine kleine ringförmige einzelsträngige RNA von 1680 Nucleotiden besitzt. Ein einziges Protein, das sog. HD-Antigen, wird darauf codiert. Die Hüllmembran des D-Virus ist mit der des B-Virus identisch, und somit ist auch der Infektionsweg der gleiche. Bei einer Coinfektion von B- und D-Virus entwickelt sich häufig eine fulminante Hepatitis mit einer erhöhten Sterblichkeitsrate. Bei einer Infektion von Personen mit chronischer Hepatitis ist Lebercirrhose häufig.

Mehr als 40 Typen humanpathogener **Adenoviren** sind bekannt. Sie können das Bindegewebe des Auges, die Atemwege und den Gastrointestinaltrakt infizieren. Bei Nagetieren sind die humanpathogenen Typen Ad12, Ad18 und Ad31 tumorigen. Zur Transformation tragen die Proteine E1A und E1B der E1-Region im viralen Genom bei, die die Zellzyklusproteine Rb bzw.

p53 ausschalten (s. 20.2). E1A führt außerdem auch zur Verringerung von MHC-I-Molekülen auf der Oberfläche infizierter Zellen. Möglicherweise müssen noch andere Faktoren hinzukommen.

21.3 Tumorzellen von Pflanzen

Das gramnegative Bodenbakterium ***Agrobacterium tumefaciens*** induziert in vielen dicotylen Pflanzen eine **Wurzelhalstumor** (Crown Gall Tumor) (Abb. 21-8). Schon 1907 postulierten E. F. Smith und C. O. Townsend, daß dieser Pflanzentumor durch Bakterien verursacht wird. Das Bakterium erkennt verwundete Gewebe von Pflanzen an phenolischen Verbindungen wie Acetosyringon, Zuckern und saurem pH in deren Umgebung und infiziert sie. Zur Transformation von Zellen wird ein Teil des bakteriellen Ti-Plasmids (tumor inducing), die T-DNA, in die Zellen übertragen und in das Genom kovalent integriert. Die T-DNA codiert Proteine zur Bildung des Auxins Indolessigsäure und des Cytokinins Isopentenyl-AMP sowie von Opinen. Die Phytohormone verleihen den Zellen den transformierten Phänotyp, ein von der Pflanze unkontrollierbares Wachstum. Die Opine sind tumorspezifische Verbindungen, die durch eine Kondensation einer Aminosäure mit einer Ketosäure (Octopin, Nopalin) oder einem Zucker gebildet werden. Diese Opine werden ausgeschieden und können von den Agrobakterien als Kohlenstoff- und Stickstoffquelle genutzt werden, da die entsprechenden metabolisierenden Enzyme auf dem Ti-Plasmid codiert sind. Die Bakterien schaffen sich durch die genetische Modifikation von Pflanzenzellen, durch eine „genetische Kolonisierung", eine ökologische Nische.

Die verwandte Art *A. rhizogenes* verursacht durch Übertragung eines Teils seines Ri-Plasmids (root inducing) in Pflanzen ein intensives Wurzelwachstum (Hairy Roots).

Das **Ti-Plasmid** ist etwa 200 kbp groß und kommt nur in Agrobakterien vor; es kann durch Konjugation von Zelle zu Zelle übertragen werden. Es enthält Gen-Regionen für seine Replikation, für die Konjugation und für den Katabolismus von Opinen; je nach Vorhandensein werden die Plasmide dann Octopin-Ti-Plasmid etc. genannt. Diese Gen-Regionen sind für die Virulenz ohne Bedeutung, verantwortlich dafür sind die Vir-Region und die T-Region. In der etwa 35 kbp großen Vir-Region sind wenigstens sechs Operons, *virA-H*, enthalten. Das Virulenzsystem von *A. tumefaciens* stellt ein abgewandeltes Konjugationssystem dar.

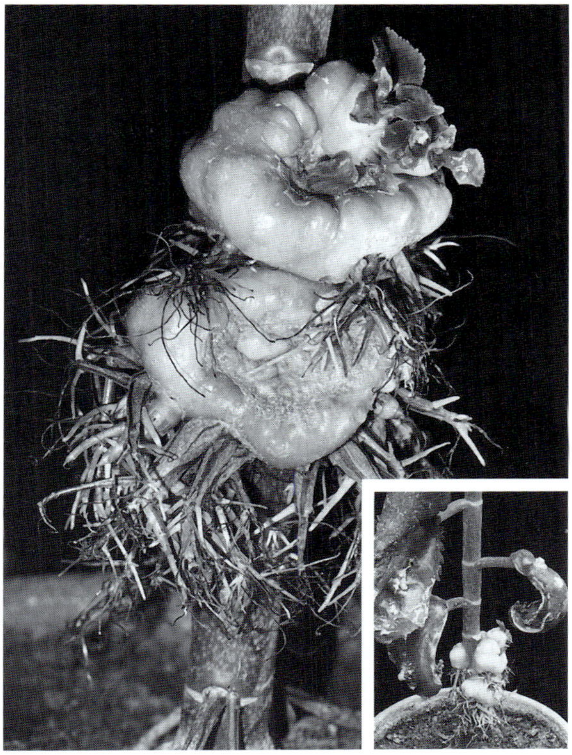

Abb. 21-8: Wurzelhalstumor an *Kalanchoe daigremontianum*. An den Tumoren entstehen häufig sproß- und wurzelähnliche Strukturen, die auch als Teratome bezeichnet werden. (Aufnahmen: M. Kalda)

Der Infektionsprozeß läßt sich in mehrere Abschnitte gliedern (Abb. 21-9):

- Der Kontakt zwischen Bakterium und Pflanzenzelle wird durch Gene des bakteriellen Genoms, nicht des Plasmids vermittelt. Wahrscheinlich bildet die Bakterienzelle Pili aus. Die Art der DNA-Übertragung vom Bakterium in die Pflanzenzelle ähnelt der Konjugation zweier Bakterienzellen. Wahrscheinlich haben beide Systeme einen gemeinsamen Ursprung.
- Die Erkennung von Zuckern, Phenolen oder saurem pH geschieht durch VirA, VirG und ChvE. ChvE ist ein periplasmatisches zuckerbindendes Protein, VirA/VirG stellen ein Zwei-Komponenten-System zur Signaltransduktion dar (s. 3.5.1). Phosphoryliertes VirG aktiviert als Transkriptionsfaktor die sechs *vir*-Operons.
- VirD1 und VirD2 sind spezifische Endonucleasen, die Einzelstrangschnitte (Nicks) setzen und die **T-DNA** als einsträngiges Molekül aus dem Plasmid ausschneiden. Der Bereich der T-DNA im Plasmid ist durch ein 25-bp-

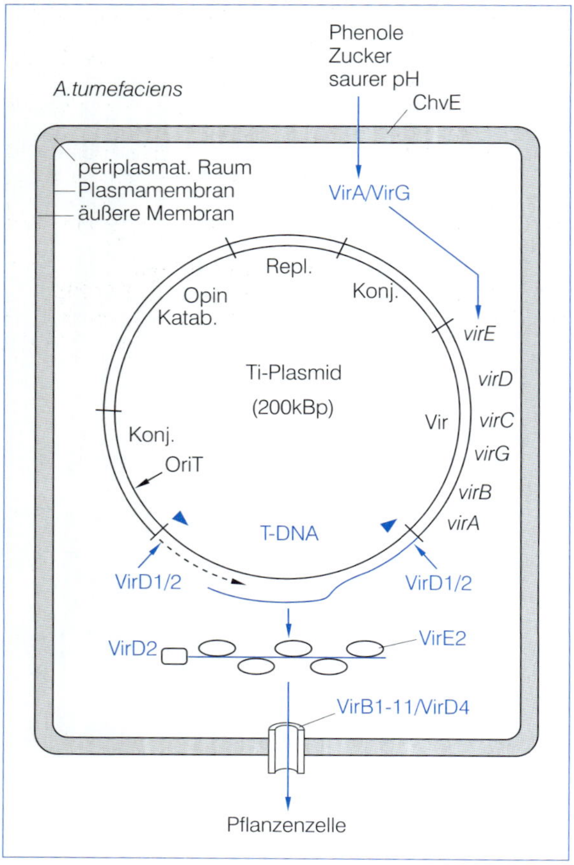

Abb. 21-9: Schema zur Transformation einer Pflanzenzelle durch *Agrobacterium tumefaciens.* Erklärung im Text. Gen-Regionen im Ti-Plasmid: Repl., Replikation; Konj., Konjugation; Vir, Virulenz; OriT, Origin für den Konjugationstransfer; Opin Katab., Gene für den Abbau von Opinen.

Repeat flankiert. VirD2 bleibt kovalent mit dem 5′-Ende der T-DNA verbunden. Die Lücke im Plasmid wird auch durch VirD2 wieder aufgefüllt. Nach Anlagerung von VirE2-Molekülen an die T-DNA ist die translokationskompetente Form, der **T-Komplex**, fertiggestellt.

- Das Transportsystem für den T-Komplex aus der Bakterienzelle stellen die Proteine VirD4 und VirB1–11. VirD4 vermittelt ATP-abhängig den Übergang von der DNA-Prozessierung zur Translokation. Die übrigen Proteine liegen auf der P-Seite der Plasmamembran (B11), in der Membran (B4, B6), im periplasmatischen Raum (B1, B2, B3, B10), in der äußeren Membran (B7, B9) und an der Zelloberfläche (B1*, verkürztes B1). Darunter sind ATP-hydrolysierende Proteine (B4 und B11) und eine Transglykosidase (B1), die die Peptidoglykanschicht lokal aufschneidet. Offenbar wird eine Art Kanal durch Plasmamembran und Zellwand gebildet, durch die der T-Komplex transportiert wird. Vielleicht bilden B1*-Moleküle eine Art Pilus aus.

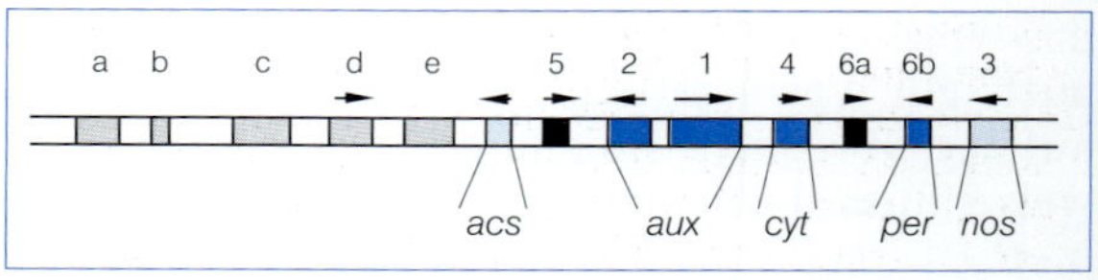

Abb. 21-10: T-DNA des Ti-Plasmids von *Agrobacterium tumefaciens* (Nopalinform). Die Funktion der nicht näher bezeichneten Gene ist unbekannt. Die Pfeile geben die Transkriptionsrichtung an. *acs,* Gen für Agrocinopin-Synthase (Agrocinopin ist ein Disaccharid, das über eine Phosphorsäurediesterbindung mit einem weiteren Zucker verknüpft ist); *aux,* Gen für Indolessigsäure-Synthase, das Gen besteht aus zwei Teilen; *cyt,* Gen für Isopentenyl-Transferase (überträgt den Isopentenylrest auf AMP); *per,* Gen wahrscheinlich für eine Permease für den Export von Opinen; *nos,* Gen für Nopalin-Synthase (N^{α}-2-Ketoglutaryl-Arginin).

- Der Weg des T-Komplexes durch die Zellwand und die Plasmamembran der Pflanzenzelle ist nicht bekannt.
- In der Pflanzenzelle schützen VirD2 und VirE2 die DNA vor Abbau durch Nucleasen. Beide Proteine enthalten ein NLS (nuclear location signal, s. 8.2.5), das die Passage des Komplexes durch die Kernporen erlaubt. Wahrscheinlich sind die beiden Proteine auch an der kovalenten Integration der T-DNA in die zelluläre DNA beteiligt. Anders als bei Transposons sind die Faktoren, die die Integration vermitteln, nicht auf der T-DNA codiert.

Die T-DNA enthält 12 Gene, deren Funktion erst zum Teil aufgeklärt werden konnte (Abb. 21-10).

Ti-Plasmide werden in großem Umfang als Vektoren zur Transformation von Pflanzen eingesetzt. Pflanzenzellen, die T-DNA enthalten können nicht zu fertilen Pflanzen regenerieren. Wenn jedoch die Gene für die Phytohormonbildung durch Fremd-Gene ersetzt werden, gelingt eine Regeneration.

21.4 Weiterführende Literatur

Bartek J. Bartkova J, Lukas J (1997) The retinoblastoma protein pathway in cell cycle control and cancer. Exptl. Cell Res. 237, 1–6.

Christie P J (1997) *Agrobacterium tumefaciens* T-complex transport apparatus: a paradigm for a new family of multifunctional transporters in eubacteria. J. Bacteriol. 179, 3085–3094.

Dean M (1997) Towards a unified model of tumor sup-

pression: lessons learned from the human *patched* gene. Biochim. Biophys. Acta 1332, M43-M52.
Drummond-Barbosa D, DiMaio D (1997) Virocrine transformation. Biochim. Biophys. Acta 1332, M1-M17.
Herwig, S, Strauss M (1997) The retinoblastoma protein: a master regulator of cell cycle, differentiation and apoptosis. Eur. J. Biochem. 246, 581–601.
Hunter T (1997) Oncoprotein networks. Cell 88, 333–346.
Kinzler K W, Vogelstein B (1996) Lessons form hereditary colorectal cancer. Cell 87, 158–170.
Levine A J (1997) p53, the cellular gatekeeper for growth and division. Cell 88, 323–331.
Lowy D R, Willumsen B M (1993) Function and regulation of Ras. Annu. Rev. Biochem. 62, 851–891.
Messerschmidt A S, Dunant N, Ballmer-Hofer K (1998) DNA tumor viruses and Src family tyrosine kinases, an intimate relationship. Virol. 227, 271–280.
Modrow S, Falke D (1997) Molekulare Virologie. Spektrum, Akad. Verl., Heidelberg.
Rabbits T H (1994) Chromosomal translocations in human cancer. Nature 372, 143–149.
Ryan K M, Birnie G D (1996) *Myc* oncogen: the enigmatic family. Biochem. J. 314, 713–721.
Uchiyama T (1997) Human T cell leukemia virus type I (HTLV-I) and human diseases. Annu. Rev. Immunol. 15, 15–37.
Weinberg, R A (1997) The cat and mouse games that genes, viruses, and cells play. Cell 88, 573–575.
Zupan J R, Zambryski P (1997) The *Agrobacterium* DNA transfer complex. Crit. Rev. Plant Sci. 16, 279–295.
Zur Hausen H (1991) Viruses in human cancers. Science 254,1167–1173.

Vermehrung und Evolution von Zellen

Abbildung auf der Vorderseite: Gespreitetes Chromosom von *E. coli.* (EM-Aufnahme: H. Delius)

22 ZELLWACHSTUM UND ZELLZYKLUS

Eine der kennzeichnenden Eigenschaften einer Zelle ist ihre Fähigkeit zur Selbstvermehrung. Diese geschieht, nach exakter Replikation ihres Genoms und Verdopplung ihrer Masse, durch Zellteilung. Unter günstigen äußeren Bedingungen vermehren sich Einzeller so rasch wie möglich. Die Teilungsrate hängt dann nur noch von der Art der Zelle ab: *E. coli* beispielsweise kann sich alle 20 min teilen, Hefezellen alle 2 h. Säugerzellen in Kultur brauchen wesentlich länger; manche schaffen es alle 10 h, die meisten brauchen aber etwa die doppelte Zeit. Eine Zellpopulation befindet sich unter optimalen Wachstumsbedingungen in der **exponentiellen Wachstumsphase** (Abb. 22-1). In dieser entspricht die Zellzahl N zu einem beliebigen Zeitpunkt dem Ausdruck:

$$N = N_0 \cdot e^{kt}$$

mit N_0, Zellzahl der Ausgangspopulation; k, Zellzykluskonstante für die Zellart; t, Zeit.

Beim Starten einer Zellkultur wird häufig ein zögerndes Verhalten der Zellen beobachtet, ehe die exponentielle Vermehrung einsetzt. Diese Phase wird als **Lag-Phase** bezeichnet. Werden die Bedingungen ungünstiger – durch Erschöpfung der Nahrungsquelle, Akkumulation hemmender Stoffwechselprodukte, zu hoher Zelldichte u.a. – geht die Population allmählich in die **stationäre Phase** über, in der entweder keine Zellteilungen mehr stattfinden oder die Teilungsrate die Absterberate kompensiert. Die stationäre Phase kann in einem Zugrundegehen der Population enden. In solchen Situationen bilden Einzeller häufig Dauerstadien (Sporen) aus, um ungünstige Perioden zu überleben.

Bei vielzelligen Organismen muß die unbegrenzte Vermehrung ihrer einzelnen Zellen durch übergeordnete Kontrollmechanismen eingeschränkt sein und ein Gleichgewicht zwischen Teilungsrate und Zellturnover oder Regenerationsnotwendigkeit bestehen. Eine Proliferationskontrolle war eine der wichtigsten Voraussetzungen für den Erfolg der Vielzeller.

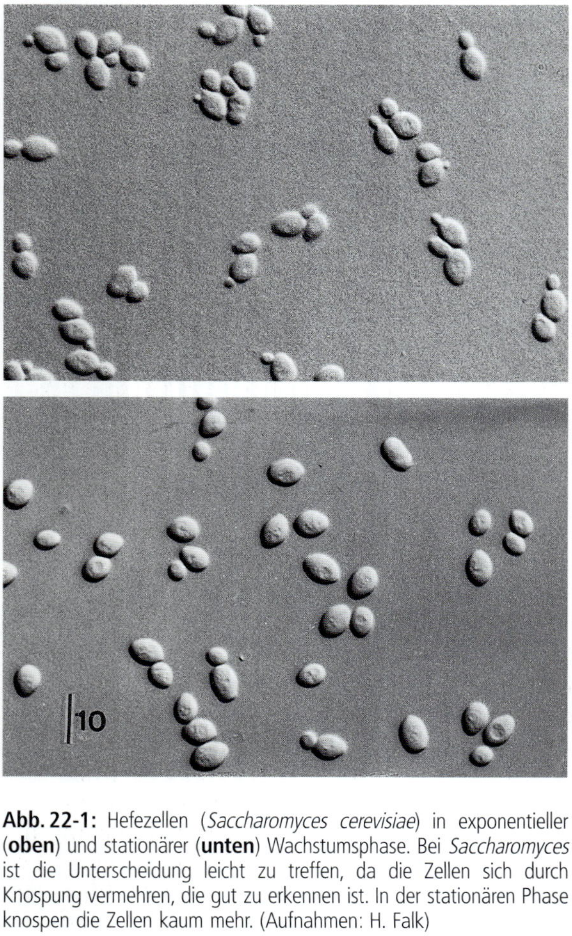

Abb. 22-1: Hefezellen (*Saccharomyces cerevisiae*) in exponentieller (**oben**) und stationärer (**unten**) Wachstumsphase. Bei *Saccharomyces* ist die Unterscheidung leicht zu treffen, da die Zellen sich durch Knospung vermehren, die gut zu erkennen ist. In der stationären Phase knospen die Zellen kaum mehr. (Aufnahmen: H. Falk)

22.1 Zellzyklus bei Protocyten

Der prokaryotische Zellzyklus ist bei *E. coli* und *Bacillus subtilis* am besten untersucht. Gene, die direkt am Zellzyklus beteiligt sind, werden mit *fts* bezeichnet (filamentation temperature sensitive: Bei temperatursensitiven Mutanten der Zellteilung wirken sich die Mutationen nur bei erhöhter Temperatur aus, und es bilden sich lange Zellfilamente mit Nucleoiden in regelmäßigen Abständen.). Vor der Zellteilung muß die DNA repliziert sein. Ihre Synthese beginnt an einem einzigen Replikationsstart OriC (origin) bei 0° der zirkulären 360° DNA in beide Richtungen; die beiden Replikationsgabeln treffen sich bei ca. 180°. Noch während der Replikation werden die beiden Oris der Tochtermoleküle zu den entgegengesetzten Zellpolen hin orientiert Nach Beendigung ist die DNA, besonders im OriC, hemimethyliert – d.h. der alte DNA-Strang ist in bestimmten Sequenzen methyliert, der neue jedoch nicht – und einer neuen Replikationsrunde nicht zugänglich. Dieser hemimethylierte Zustand dauert innerhalb des OriC 1/3 der Zellzykluszeit an. Nach der Replikation müssen die DNA-Tochtermoleküle, die ein Catenat und bei ungerader Zahl von Rekombinationsereignissen auch ein kovalentes Dimer bilden, durch Topoisomerasen getrennt werden.

Mit der Segregation bildet sich von einem Nukleationsort an der Plasmamembran in der Mitte der Zelle aus bidirektional ein Ring aus FtsZ-

Molekülen (Abb. 22-2). **FtsZ** ist ein GTP-bindendes Protein, das Ähnlichkeit zu Tubulin aufweist. Es kommt in allen Prokaryoten einschließlich der wandlosen Mycoplasmen und der Archaebakterien sowie auch in Plastiden vor. Diesem FtsZ-Ring wird eine ähnliche Funktion wie dem kontraktilen Ring bei der Zellteilung von Tierzellen (s. unten) zugeschrieben. Die Kontraktion des FtsZ-Rings führt zu einer konzentrischen Einschnürung der Plasmamembran, in die das Peptidoglykan der Zellwand einwächst und ein Septum bildet. An diesen Vorgängen sind weitere Fts-Faktoren beteiligt, beim Einwachsen der Zellwand beispielsweise Peptidoglykan-modifizierende Enzyme. An den mit Vollendung der Teilung neu entstehenden Polen der beiden Tochterzellen ist kein FtsZ mehr nachweisbar.

Mindestens zwei regulatorische Systeme können den Zellteilungsablauf bei *E. coli* blockieren, wenn die Replikation unterbrochen, die DNA geschädigt oder die Temperatur zu sehr erhöht wird, das SOS-System und das Hitzeschock-System. Regulatorische Proteine greifen dann in den Teilungsablauf ein.

Eine unsymmetrische Zellteilung ist kennzeichnend für die **Sporulation** (Endosporenbildung) bei *Bacillus subtilis*. Die Sporulation ist eine der wenigen Differenzierungsvorgänge, die in Prokaryoten verwirklicht ist. Sie kann durch Umwandlung einer vegetativen Zelle in eine Dauerform erfolgen oder – außerordentlich komplex – durch Zusammenwirken einer Zelle in einer Zelle zu einer Endospore führen. Der Ablauf der Ereignisse bei der Endosporenbildung des grampositiven *B. subtilis* ist bereits weitgehend entschlüsselt. Mehr als 125 Gene sind daran beteiligt, deren räumliche und zeitliche Expression durch mehrere Transkriptionsfaktoren und Sigmafaktoren der RNA-Polymerase geregelt wird. Der Sequenz der morphologischen Ereignisse entsprechen konventionsgemäß die römischen Zahlen 0-VII (Abb. 22-2b); auch viele der Gene werden als *spo* mit entsprechender Zahl plus Buchstaben versehen. Eingeleitet wird die Sporulation durch ungünstige äußere Einflüsse und physiologische Bedingungen über ein Zwei-Komponenten-System mit Spo0A als phosphorylierbarem Transkriptionsfaktor, in Verbindung mit σ^A und σ^H der RNA-Polymerase. Nach Replikation der DNA ordnen sich die beiden Nucleoide längs der Zelle als sog. Axialfilament an (Stadium 0). Es bildet sich ein FtsZ-Ring wie bei einer vegetativen Teilung, allerdings unsymmetrisch nahe einem der beiden Zellpole (Stadium I), und ein Septum wird gebildet (Stadium II). Die kleinere Zelle wird als Vorspore, die Mutterzelle als Sporangium bezeichnet. σ^F wirkt

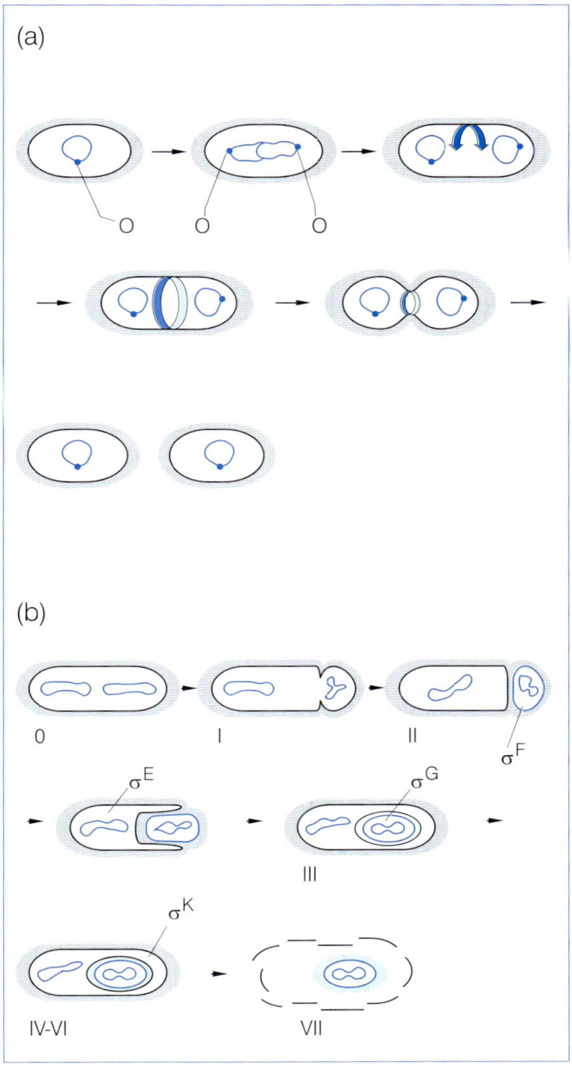

Abb. 22-2: (**a**) Modell für die Zellteilung in *E. coli*. Die DNA-Moleküle und der FtsZ-Ring sind farbig gezeichnet. O (origin), Replikationsstart. Der Nukleationsort für den FtsZ-Ring ist als Verdickung der Plasmamembran markiert. (**b**) Endosporenbildung bei *B. subtilis*. Die DNA-Moleküle und die Vorspore/Endospore sind farbig gezeichnet. Das ungefähre zeitliche Erscheinen der Sigmafaktoren in Vorspore und Sporangium ist angedeutet. Mit römischen Zahlen sind die abfolgenden Stadien bezeichnet.

im folgenden in der Vorspore, obwohl der Faktor bereits vor Septumbildung erscheint. Während der weiteren Differenzierung besteht eine Art Crosstalk zwischen den beiden Zellen. σ^F aktiviert u.a. nicht nur das Gen für σ^G in der Vorspore, sondern führt auch zur Bildung von σ^E im Sporangium. σ^E wiederum ist Voraussetzung für das Erscheinen von σ^K im Sporangium, aber auch von σ^G in der Vorspore. Nach Abbau des Mureins im Septum, kontrolliert vor allem durch

σ^E, wird die Vorspore in einer Art endocytotischen Prozeß in das Sporangium aufgenommen (Stadium III). Dies geschieht unter Beteiligung von Mitgliedern der Regulons von σ^E und σ^F. Während der Sporenreifung aktiviert σ^G eine große Zahl von Genen in der Vorspore. Im σ^K-Regulon sind Gene enthalten, deren Gen-Produkte Proteine für die äußere stabile Wandschicht der Spore produzieren. Eine dicke Mureinschicht wird von der Vorspore synthetisiert (Stadien IV-VI), und die DNA wird mit SASPs (small acid-soluble protein) umgeben, die als Schutz vor UV-Licht dienen. Nach 6-8 h Differenzierungsleistung wird die nun fertige Spore durch Lyse des Sporangiums frei (Stadium VII).

22.2 Zellzyklus bei Eucyten

Nach einer von A. Howard und S.R. Pelc 1951 eingeführten Terminologie wird der Zellzyklus der Eucyten in vier Phasen unterteilt (Abb. 22-3). Maßgebend hierfür war die Beobachtung, daß die Replikation der DNA nur während eines bestimmten Zeitabschnitts, der **S-Phase** (synthesis), stattfindet. Der Abschnitt zwischen dem Ende von Mitose und Zellteilung und der S-Phase wird **G_1-Phase** (gap 1) genannt, und nach dem Abschluß der DNA-Synthese liegt bis zum Einsetzen der nächsten Mitose die **G_2-Phase**. Die auf den ganzen Zyklus bezogen relativ kurz dauernde Mitose samt Zellteilung schließlich wird als **M-Phase** (mitosis) bezeichnet. Zellen durchlaufen diesen Zyklus unterschiedlich schnell, wobei die G_1-Phase in ihrer Dauer am variabelsten ist. Bei Säugerzellen in Kultur dauert der Zyklus 10–24 h. Bei einem vielzelligen Organismus befinden sich die meisten Zellen als differenzierte Zellen wie die Leberzelle etc. in einer Arbeitsphase und teilen sich nicht. Diese Arbeitsphase entspricht der G_1-Phase – das Genom ist also nicht repliziert – und wird in einer Abzweigung als **G_0-Phase** dargestellt. Oft, aber nicht immer, können Zellen aus der G_0– in die G_1-Phase zurückgelangen (s. unten).

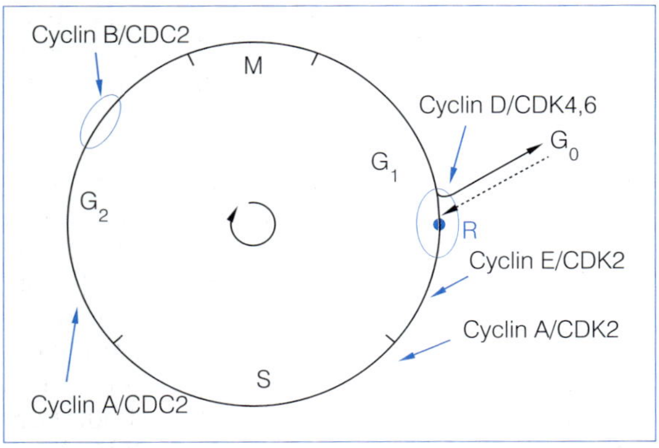

Abb. 22-3: Schema zum Zellzyklus von Eucyten mit M-Phase (Mitose und Zellteilung) und den Interphaseabschnitten G_1-Phase, S-Phase für die DNA-Synthese und G_2-Phase. Zellen in einem besonderen Differenzierungszustand befinden sich in der G_0-Phase, einer Abzweigung aus der G_1, aus der sie unter Umständen auch wieder in den Zyklus zurückwechseln können. Die beiden Ovale, mit R (Restriktionspunkt) in der G_1 und vor der M, stellen besondere Regulationsstellen dar. Cyclin/CDK- oder Cyclin/CDC-Komplexe greifen jedoch auch an anderen Stellen im Zyklus regulatorisch ein.

Die Steuerung des Zellzyklus hat sich als außerordentlich komplex herausgestellt. Eine besondere Regulationsstelle ist der sog. **Restriktionspunkt** – bei der Hefe START genannt – in der G_1-Phase, bei dessen Überschreitung Zellen zur neuen Replikationsrunde programmiert sind. Hier wird zwischen Progression im Zellzyklus, temporärem Verhalten in G_1, Quieszenz, Differenzierung (Überwechseln in G_0), Seneszenz und Apoptose entschieden. Eine ähnlich bedeutende Regulationsstelle liegt vor Einsetzen der Mitose in G_2. Auch zu verschiedenen anderen Zeiten des Zellzyklus greifen Proteinkomplexe regulatorisch ein; diese Komplexe bestehen jeweils aus einer periodisch akkumulierenden und wieder abgebauten regulatorischen Untereinheit Cyclin und einer Protein-Kinase CDK oder CDC. Studienobjekte für Analysen des Zyklus sind besonders Säugerzellen und Hefen, für die z. T. eine abweichende Nomenklatur für die einzelnen Komponenten besteht. Die folgenden Ausführungen beziehen sich im wesentlichen auf den Zyklus bei Säugerzellen. Die wichtigsten an der Regulation des Zellzyklus beteiligten Faktoren sind nachfolgend aufgelistet:

- Das **Retinoblastomprotein Rb** ist Hauptregulator des Zellzyklus. Es ist ein nukleäres Phosphoprotein von 928 AS (Abb. 22-4) und kommt praktisch in allen Zellen vor. Das Retinoblastom, ein seltener Tumor der Retina im Kindesalter, tritt auf, wenn beide Allele des *Rb*-Gens defekt sind (s. unten). Rb kann zahlreiche andere Proteine binden, darunter Cycline und die Transkriptionsfaktoren E2F(1-3). Neben Rb gibt es noch zwei ähnliche Proteine, p107 und p130, die ebenfalls potentielle Regulatoren sind; p107 bindet E2F4 und E2F5, p130 E2F5.
- **p53** ist ein Transkriptionsfaktor von 393 AS. Das Molekül enthält verschiedene Domänen (Abb. 22-4), darunter eine Bindungsstelle zur Dimerisierung mit den basalen Transkriptionsfaktoren TFIID und TFIIH sowie eine Ho-

modimerisierungsstelle; p53 bindet als Dimer an die basalen Faktoren. Es kommt in Zellen nur in geringer Konzentration vor und zeichnet sich durch einen schnellen Turnover aus. Seine Stabilität und damit seine Konzentration steigen bei DNA-Schäden, Hypoxie, Abfall der zellulären ATP-Konzentration und manchen viralen Infektionen durch Kommunikation mit entsprechenden anderen Proteinen. Dadurch kann die Transkription bestimmter Gene induziert werden, die ein Anhalten des Zellzyklus bewirken oder zur Apoptose der Zelle führen. p53 wird deshalb auch als Wächter des Zellzyklus bezeichnet. Es aktiviert auch das *mdm2*-Gen, dessen Gen-Produkt in einer Art negativer Rückkopplung die N-terminale Transaktivierungsdomäne von p53 blockiert und das Protein so für den proteasomalen Abbau markiert. Mit p73 ist kürzlich überraschenderweise ein p53 ähnliches Protein entdeckt worden.

- **Cycline** sind die regulatorischen Untereinheiten der CDKs (cyclin dependent protein kinase). Bisher sind acht solche Proteine, die Cycline A-H, bekannt, die im Zellzyklus phasenspezifisch akkumulieren und rasch wieder proteasomal abgebaut werden. Sie besitzen dazu eine D-Box (destruction) am N-Terminus, die für die Polyubiquitinylierung notwendig ist.
- **CDK**s (cyclin dependent protein kinase) und **CDC**s (cell division cycle; eine Nomenklatur, die sich von entsprechenden Mutanten der Hefe ableitet) sind Ser/Thr-Protein-Kinasen und werden meist konstitutiv exprimiert; bisher wurden die CDKs(1–7) beschrieben. Monomere CDKs sind inaktiv. Ihre Aktivität erfordert die Komplexierung mit einem Cyclin und die nachfolgende Phosphorylierung durch eine Kinase CAK (CDK activating kinase), z.B. am Thr-160 bei CDC2. Eine weitere Phosphorylierung durch die Kinase Wee-1 am Tyr-15, das in der ATP-Bindungsstelle liegt, bewirkt dagegen eine Inaktivierung. Die aktivierende Phosphatase CDC25 kann diesen Tyrosinrest wieder dephosphorylieren.
- **E2F**s sind Transkriptionsfaktoren, die an Rb gebunden sind. Fünf Formen, E2F(1–5), sind bekannt. Eine Hyperphosphorylierung von Rb erlaubt ihr Abdissoziieren. Sie können dann Heterodimere mit den Transkriptionsfaktoren DP(1–3) bilden und die Transkription von Genen initiieren, deren Gen-Produkte – z.B. die DNA-Polymerase α, die Thymidin-Kinase oder Histon H2A – für die S-Phase notwendig sind.
- Zu den **CDK-Inhibitoren** oder **CDI**s gehören die INK4-Familie mit **p16** (außerdem p15, p18, p19) und die Kip-Familie mit **p21** (sowie p27, p57); p21 wird auch als $p21^{WAF1}$ geschrieben. p16 hemmt ausschließlich CDK4, während p21 ein breiteres Spektrum von Ziel-CDKs zeigt.

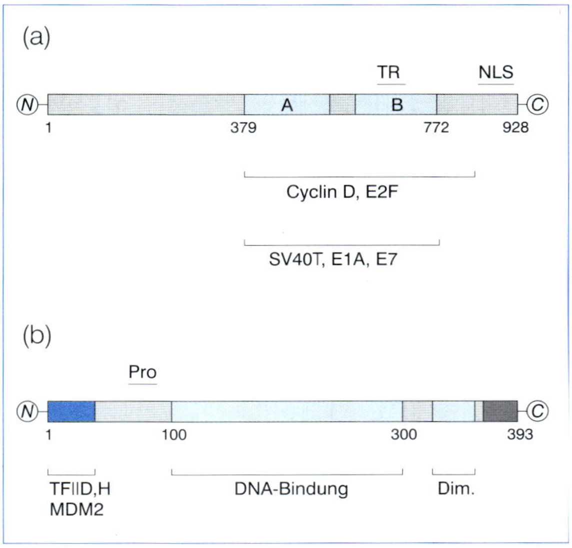

Abb. 22-4: (**a**) Rb-Protein. Bindungsort für zahlreiche Proteine ist vor allem die sog. A/B-Tasche, darunter auch für virale Proteine wie das T-Antigen von SV40, E1B von Adenoviren oder E6 von Papillomviren (s. unten). NLS, Kerntransportsignal; TR ist eine z.B. auch in Cyclinen konservierte Domäne für die Bindung bestimmter Proteine. Die zahlreichen Phosphorylierungsstellen sind nicht angegeben (**b**) p53. N-terminal liegt die sog. Transaktivierungsdomäne für die Bindung der Transkriptionsfaktoren TFIID und TFIIH, aber auch für das inhibitorische MDM2. An die Pro-reiche Region können Proteine mit SH3-Domäne binden. Zentral liegt die Bindungsregion für DNA; Erkennungsmotiv ist 5'-Pu-Pu-Pu-C-A/T-A/T-G-Py-Py-Py-3'. Nach der Dimerisierungsdomäne (Dim.) liegt C-terminal ein multifunktioneller Bereich mit regulatorischer Eigenschaft für die DNA-Bindungsregion.

Innerhalb des Zellzyklus ist die Einleitung der Replikationsphase zunächst durch hypophosphoryliertes Rb, das den Transkriptionsfaktor E2F gebunden hat, blockiert (Abb. 22-5); d.h. der **Restriktionspunkt** kann von der Zelle zunächst nicht überschritten werden. Dies ist wichtig, weil die DNA-Replikation und damit letztlich auch die Zellteilung nicht eingeleitet werden sollten, wenn ungünstige Wachstumsbedingungen für die Zelle herrschen oder die DNA Schäden aufweist oder aus anderen Gründen eine Vermehrung der Zelle nicht opportun ist. Aktives Cyclin D/CDK4 oder Cyclin D/CDK6 jedoch können Rb hyperphosphorylieren, wodurch E2F freigegeben wird und die Transkription von für die S-Phase wichtigen Genen einleiten kann. Die Aktivität der Cyclin/CDK-Komplexe wiederum ist hemmbar durch CDK-Inhibitoren wie p16

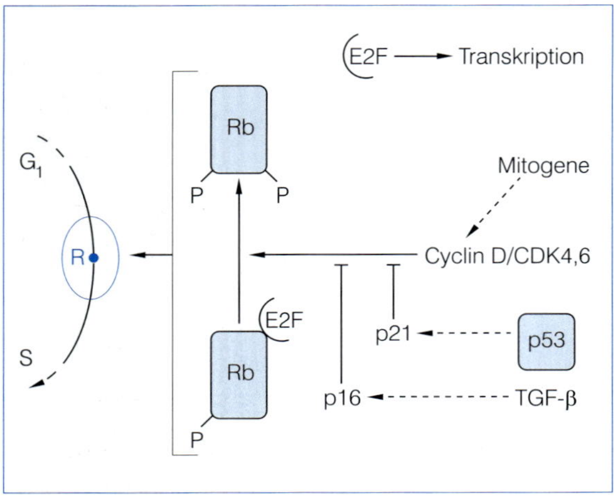

Abb. 22-5: Schema zum Rb-Weg. Rb verhindert im Zellzyklus die Überschreitung des Restriktionspunkts (R), d.h. den Eintritt der Zelle in die S-Phase, indem es den Transkriptionsfaktor E2F durch Bindung inaktiviert. Die Inaktivierung kann mit einer Phosphorylierung durch Cyclin D/CDK4,6 aufgehoben werden. Die Phosphorylierung ist durch CDIs, die selbst wieder einer Regulation – insbesondere durch den „Wächter" p53 – unterworfen sind, blockierbar. Auf diese Weise ist die Zelle in der Lage, sich in ihrem Teilungsverhalten auf zahlreiche Gegebenheiten einzustellen. Unterbrochene Pfeile bedeuten einen längeren Weg wie Induktion der Expression durch Transkriptionsaktivierung u.a..

und p21, wenn beispielsweise der Wächter p53 durch für die Zelle ungünstige Umstände aktiviert wird und als Transkriptionsfaktor die Expression von p21 induziert. p53 ist nicht nur in der Lage, den G_1/S-Übergang vorübergehend aufzuschieben, sondern kann bei irreparablen Schäden, beispielsweise in der DNA, Zellen durch induzierte Expression von Bax zum programmierten Zelltod, zur Apoptose veranlassen (s. unten). Phosphatasen können den hypophosphorylierten Zustand von Rb wiederherstellen. Die Regulation des Eintritts in die S-Phase ist als Ausbalancierung zwischen den in der Mitte der G_1-Phase akkumulierten D-Cyclinen, den CDKs 4 und 6, den CDIs und dem Substrat Rb zu verstehen, in Antwort auf die gegebene Situation der Zelle. Hier laufen alle vorangegangenen Signalwege zusammen, die durch Mitogene und ihre Rezeptoren, durch inhibitorische Moleküle wie TGF-β und durch Sensoren wie p53 für „ungünstige Bedingungen" angestoßen wurden. Der Rb-Weg hat offensichtlich die Aufgabe, die Gewebehomöostase in höheren Eukaryoten zu regeln, d.h. den Turnover, die Erneuerung von Zellen/Geweben zuzulassen, gleichzeitig aber den Organismus vor exzessiver Zellproliferation zu bewahren. Der CDI p16 beispielsweise reichert sich in alternden Zellen an.

Soweit bekannt besteht die einzige Funktion von Cyclin D/CDK4,6 in der Phosphorylierung von Rb. Die Substrate anderer Cyclin/CDK-Komplexe (s. Abb. 22-3) sind meist weniger gut definiert.

Der Beginn der Mitose wird durch **Cyclin B/CDC2** reguliert. Die Kinase liegt zunächst in zweifach phosphorylierter Form vor, an Thr-160 und an Tyr-15, wobei das pTyr in der ATP-Bindungsstelle liegt und inhibitorisch wirkt. Die aktivierende Phosphatase, die diesen Tyrosinrest dephosphoryliert, ist CDC25. Der aktivierte Komplex phosphoryliert u.a. die Lamine der Nuclear-Lamina, die daraufhin depolymerisieren und damit das Vesikulieren der Kernhülle einleiten, Histon H1 und weitere Proteine, wodurch die Kondensation der Chromosomen beginnt, und auch eine leichte Kette des Myosins, wohl um eine verfrühte Cytokinese zu verhindern. Offenbar gibt es einen besonderen **Spindelkontrollpunkt**, in dem die Interaktion von Kinetochor und Spindelmikrotubuli überwacht wird. Mad-Proteine (mitotic arrest defective, nach bei der Hefe entdeckten Mutanten) sind daran beteiligt. Zu Beginn der Anaphase und beim Übergang von der M- zur G_1-Phase sind proteinolytische Prozesse notwendig, die über den **APC** (anaphase promoting complex; auch Cyclosom genannt) vermittelt werden. Dieser Komplex enthält mehrere Proteine, darunter auch ein E3-Enzym des Ubiquitinsystems, das Ubiquitin von E2 auf das Zielprotein überträgt und es damit für einen proteasomalen Abbau vorsieht. Auch Cyclin B wird abgebaut, später dann Komponenten des Spindelapparats. Phosphatasen machen Phosphorylierungen rückgängig, so daß die Wiederherstellung der Kernhülle, die Dekondensierung des Chromatins und auch die Cytokinese stattfinden können.

Der Cyclin B/CDC2-Komplex wird auch als **MPF** (maturation promoting factor) bezeichnet. Der Name rührt von seiner Entdeckung her. Man fand ihn in Oocyten von *Xenopus* als einen Faktor, der durch Progesteron stimuliert wird und die in der G_2-Phase der Meiose I verharrenden Zellen in die erste meiotische Teilung eintreten läßt; die Zellen durchlaufen danach auch die nächste Interphase und bleiben bis zur Befruchtung in der Metaphase der Meiose II stehen. Der Faktor konnte später auch in anderen Zellen, jeweils vor der Mitose, in aktiver Form nachgewiesen werden.

Tumorzellen mit ihrem unbegrenzten Wachstum haben die ursprüngliche Regulation ihres Zellzyklus verloren; sie proliferieren auch unter Bedingungen, unter denen normale Zellen dies nicht tun. Besonders der G_1/S-Übergang ist von solchen tumorigenen Veränderungen betroffen, und zahlreiche an diesen Regulationsvorgängen beteiligte Faktoren haben tumorigenes Potential

(Abb. 22-6). Es wird zwischen Tumorsuppressor-Genen und Onkogenen unterschieden. **Tumorsuppressor-Gene** sind rezessiv, ihre Gen-Produkte haben als wichtigste Funktion eine inhibierende Wirkung. Der Ausfall dieser Wirkung wird erst dann vollständig, wenn beide Allele betroffen sind. Im Gegensatz dazu sind **Onkogene** dominant, da das „Kurzschließen" eines Signalwegs bereits über ein mutiertes Allel geschehen kann. Potentielle Tumorsuppressor-Gene sind *p53*, *Rb* und *p16*; erstaunlicherweise wurde für *p21* bisher keine tumorigene Funktion nachgewiesen. Potentielle Onkogene (Proto-Onkogene) sind *cyclin D*, *cdk4*, *mdm2* und *bcl-2*; *bcl-2* (B cell lymphoma/leukemia-2) ist das sog. Überlebens-Gen, das Apoptose verhindert. Bcl-2 findet in dem von p53 induzierten Bax, das zur Bcl-2-Familie gehört, eine Art Gegenspieler (s. unten). Etwa 50% aller Tumoren des Menschen tragen eine Mutation im *p53*-Gen, und wenigstens ein Gen des p16-Cyclin D/CDK4-Rb-Wegs ist in nahezu allen Tumoren des Menschen mutiert (s. Kap. 21).

Die meisten Viren sind für ihre eigene Vermehrung darauf angewiesen, daß ihre Wirtszellen den G_1/S-Kontrollpunkt überschreiten und für eine DNA-Synthese programmiert sind. **Virale Strategien** sind deshalb u.a. darauf ausgerichtet, das Überschreiten dieses Punkts zu induzieren. Manche Stämme der humanen Papillomviren, z.B. HPV-16 und HPV-18, codieren für das Protein E-7, das an hypophosphoryliertes Rb bindet (s. Abb. 22-4), dadurch den Transkriptionsfaktor E2F freisetzt und auf diese Weise die S-Phase induziert. Den gleichen Effekt zeigen das Proteine E1A von Adenoviren und das T-Antigen von SV40 (simian virus). Auch p53 kann von viralen Proteinen attackiert werden und dadurch seine auf den G_1/S-Übergang hemmende Wirkung einbüßen. Das Protein E6 aus HPV-16 und HPV-18 induziert durch Bindung den Abbau von p53, das Protein E1B von Adenoviren blockiert seine Transaktivierungsdomäne und das T-Antigen von SV40 seine DNA-Bindungsdomäne.

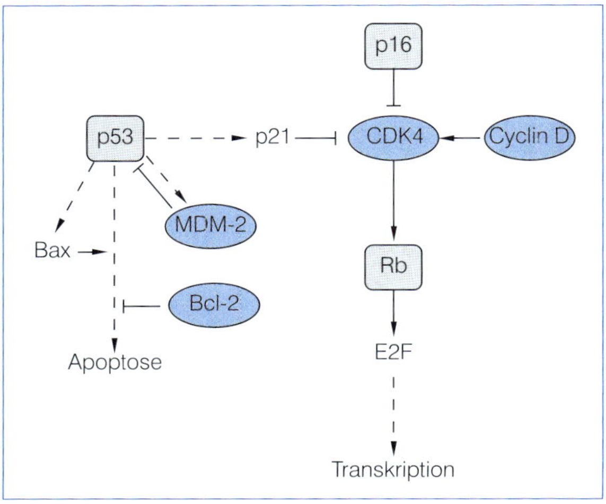

Abb. 22-6: Potentielle Tumorsuppressor-Gene und Onkogene am G_1/S-Übergang des Zellzyklus. Tumorsuppressor-Gene sind farbig, Onkogene grau hinterlegt. Die Abbildung entspricht Abb. 22-5. Unterbrochene Pfeile bedeuten längere Wege wie Induktion der Expression durch Transkriptionsaktivierung u.a..

22.3 Apoptose

Apoptose, der programmierte Zelltod, ist ein aktiver Prozeß und steht unter genetischer Kontrolle. Dabei vesikuliert die Zelle letztlich zu kleinen Partien, den apoptotischen Körperchen, die von Phagocyten aufgenommen werden, ohne daß cytoplasmatische Komponenten freigesetzt werden. Die Apoptose steht damit im Gegensatz zur **Nekrose**, bei der Zellen platzen und die zahlreichen freigewordenen intrazellulären Moleküle Entzündungen hervorrufen. Apoptotischer Zelltod ist verbreitet bei Embryogenese, Metamorphose, Atrophie, Turnover, Entwicklung der Lymphocyten und bei der Abwehr von transformierten und virusinfizierten Zellen (s. 19.2.4, 19.2.5).

Die ersten Hinweise darauf, daß die Apoptose auf genetischer Ebene fixiert ist, stammt aus Untersuchungen an dem Nematoden *Caenorhabditis elegans*, bei dem auch die ersten die Apoptose kontrollierenden Gene (*ced*-Gene) identifiziert wurden. Säuger besitzen homologe Gene. Der apoptotische Zelltod ist eine evolutionär alte „Erfindung", und ihre Mechanismen sind konserviert. Man spricht auch – etwas spektakulär – von Todessignal, Todesdomänen und Todesenzymen.

Der freilebende Nematode ***Caenorhabditis elegans*** ist ein entwicklungsbiologisch sehr gut untersuchter Organismus. Er ist leicht kultivierbar, besitzt eine kurze Generationszeit von 2,5 Tagen und ist optisch transparent. Über 1600 der geschätzten 14000 Gene sind durch klassische genetische Mutantenanalysen kartiert. Als Nematode besitzt er eine konstante Zellzahl und Zellanordnung, was im hermaphroditischen Wurm die Verfolgung des Schicksals aller 1090 somatischen Zellen während der Ontogenese erlaubte, darunter auch die Verschaltung der 302 Nervenzellen. Es stellte sich heraus, daß genau 131 der 1090 Zellen während der Ontogenese programmiert absterben. Zusätzlich erleiden auch viele der ca. 2000 Zellen der Keimbahn Apoptose. Der Abschluß der Sequenzierungsarbeiten am Genom von *C. elegans* wird für Ende 1998 erwartet.

Zellen können autonom in Apoptose eintreten; vielfältige externe Umstände wie Entzug von Wachstumsfaktoren, Einfluß von Toxinen und Glucocorticoiden oder energiereiche Strahlung können dazu beitragen. Ein Überlebensfaktor für Zellen, der Apoptose verhindert, ist **Bcl-2** (B cell lymphoma/leukemia-2). Weitere Mitglieder der Bcl-2-Familie sind ebenfalls antiapoptotisch, andere wie **Bax** proapoptotisch. Diese Proteine können Homo- und Heterodimere bilden, und ein Überwiegen der einen oder anderen Gruppe mag über Leben und Tod der Zelle entscheiden. Bax wird durch p53 induziert, wenn Zellschäden, besonders Schäden in der DNA, aufgetreten sind, die nicht mehr repariert werden können (s. Abb. 22-6).

Ein Apoptosesignal kann auch an Zellen gezielt von außen durch Cytokine wie **TNF-α** (tumor necrosis factor) und **Fas-Ligand** (synonym: CD95-Ligand, Apo-1-Ligand) herangetragen werden. Diese Cytokine gehören der TNF-Familie an und sind Typ II Membranproteine. Insbesondere cytotoxische T-Lymphocyten und NK-Zellen (natürliche Killer-Zellen) können auf ihrer Zelloberfläche Fas-Ligand exprimieren und dadurch ihre zelltötende Wirkung entfalten (s. 19.2.6). Ihre Rezeptoren in Zielzellen sind der TNF-Rezeptor 1 und Fas (synonym: CD95, Apo-1), Mitglieder der TNF-Rezeptor-Familie, die von zahlreichen Zellen auf ihrer Oberfläche exponiert sind. Diese beiden Rezeptoren besitzen auf der P-Seite eine homologe Domäne von ca. 80 AS, die als Todesdomäne bezeichnet wird (Abb. 22-7). Mitglieder der Familie ohne Todesdomäne vermitteln eher proliferationsfördernde Signale und aktivieren NF-κB (s. 4.1.6). Bei Besetzung der Rezeptoren durch ihre Liganden binden cytoplasmatische Proteine wie FADD (Fas associated protein with death domain) an die Todesdomänen mit entsprechenden eigenen und aktivieren Caspasen.

Caspasen sind Cys-Proteinasen, die Spaltprodukte mit C-terminalem Asp liefern (daher auch der Name); eine andere Bezeichnung ist ICE-Proteinase (interleukin 1β-converting enzyme). Die zunächst aktivierte Caspase-8 aktiviert weitere durch proteinolytische Spaltung. Beim Menschen kommen etwa zehn verschiedene Proteinasen dieser Art vor, die typisch für apoptotische Vorgänge sind. In der Zelle werden Intermediärfilamente und viele weitere Proteine abgebaut. Aktiviert wird auch eine spezielle Endonuclease, die im Zellkern DNA internucleosomal spaltet. Bei der elektrophoretischen Auftrennung von DNA aus apoptotischen Zellen erhält man daher oft eine sog. DNA-Leiter: eine Abfolge von DNA-Banden, die einem Fragment von 180–200

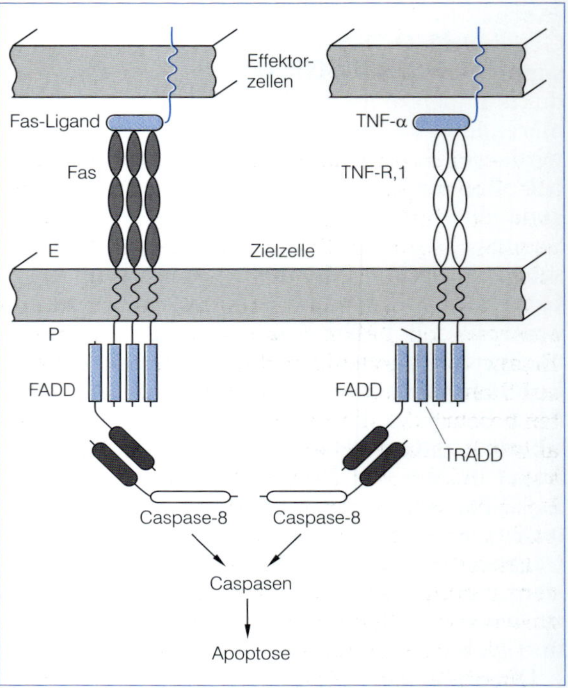

Abb. 22-7: Induktion von Apoptose durch TNF-α und Fas-Ligand. Ihre Rezeptoren bilden Dimere bez. Trimere. An die sog. Todesdomäne (farbig) auf der P-Seite der Plasmamembran bindet FADD (Fas associated protein with death domain) mit eigener Todesdomäne, direkt bei Fas oder unter Vermittlung von TRADD (TNF-Rezeptor 1 associated death domain protein) beim TNF-Rezeptor 1. FADD aktiviert dadurch die Caspase-8, die proteinolytisch weitere Caspasen stimuliert, die als spezifisch apoptotische Cys-Proteinasen den Proteinabbau in der Zelle vornehmen.

bp und Mehrfachen davon entsprechen. Schließlich vesikuliert die Zelle zu den apoptotischen Körperchen, die phagocytisch eliminiert werden. Man bringt heute eine Reihe degenerativer und autoimmuner Erkrankungen mit einer Dysregulation der Apoptose in Zusammenhang (s. 19.2.7).

Programmierter Zelltod kommt auch bei Pflanzen vor. Die Zellen des Xylems und des Korks, die Seneszenz von Blättern, Blüten und Früchten und die Antwort auf Pathogene (s. 20.6) sind Beispiele. Ob die Abläufe beim Zelltod von Pflanzenzellen denen der Apoptose von Tierzellen ähnlich sind, bleibt unklar. Eine Eliminierung durch Phagocytose ist jedenfalls nicht gegeben.

22.4 Zellen in vielzelligen Organismen

In vielzelligen Organismen übernehmen nahezu alle Zellen Spezialaufgaben; sie differenzieren sich zu Epithelzellen, Leberzellen, Blutzellen usw. bei Tieren, zu Epidermiszellen, Siebröhrengliedern, Schließzellen usw. bei Pflanzen.

Bei höheren Tieren ist Zellvermehrung auf die embryonalen Zellen sowie – für den ständigen Ersatz von kurzlebigen differenzierten Zellen – auf Stammzellen und solche differenzierten Zellen beschränkt, die zu vorübergehender Teilungsaktivität stimulierbar sind. Dieser Zellersatz kann erhebliche Größenordnungen erreichen. Beim Menschen schätzt man die pro Minute ablaufenden Zellteilungen auf $>10^8$.

Entsprechend den Möglichkeiten ihrer Zellvermehrung lassen sich grundsätzlich fünf Kategorien von Zellen unterscheiden:

- Sich vermehrende Zellen, deren Tochterzellen ebenfalls den Zellzyklus durchlaufen usw.. Prinzipiell haben diese Zellen allerdings die Möglichkeit, in die G_0-Phase einzutreten, sich also zu differenzieren. Zellen während der Embryonalentwicklung und Zellen in Kultur sind Beispiele.
- Sich vermehrende Zellen, deren eine Tochterzelle ständig im Zyklus verbleibt, während die andere – nach mehr oder weniger zahlreichen Teilungen – letztlich zu einer G_0-Phase determiniert ist. Diese Situation ist typisch für Stammzellen und ihre Abkömmlinge.
- Differenzierte Zellen in der G_0-Phase, die infolge eines bestimmten Signals in die G_1-Phase zurückkehren können und nach Überschreiten des Restriktionspunkts eine Teilung ansteuern. Leberzellen sind ein Beispiel hierfür. Dadurch wird die Regeneration der Leber gewährleistet, in der keine Stammzellen vorhanden sind. Die Bildung von Plasmazellen nach Stimulation ruhender B-Lymphocyten ist ein anderes Beispiel.
- Differenzierte Zellen in der G_0-Phase, die nicht mehr zur Rückkehr in die G_1-Phase induziert werden können. Der Grund hierfür mag in ihren besonderen Funktionen und auch an besonderen Zellkernverhältnissen liegen. Nervenzellen (mit Ausnahme z.B. der Zellen des Riechepithels), quergestreifte Muskelzellen und Herzmuskelzellen sind Beispiele, aber auch andere differenzierte Zellen, die über Stammzellen ersetzt werden. Nur gibt es in Skelettmuskeln, Herzmuskeln und im Gehirn keine Stammzellen – abgesehen von ein paar Satellitenzellen in Skelettmuskeln, die zu Fasern differenzieren können. Ihre Zellen müssen ein ganzes Leben durchhalten und werden nicht ersetzt.
- Der Proliferationskontrolle des Organismus entgangen sind Tumorzellen. Sie durchlaufen den Zellzyklus ständig weiter.

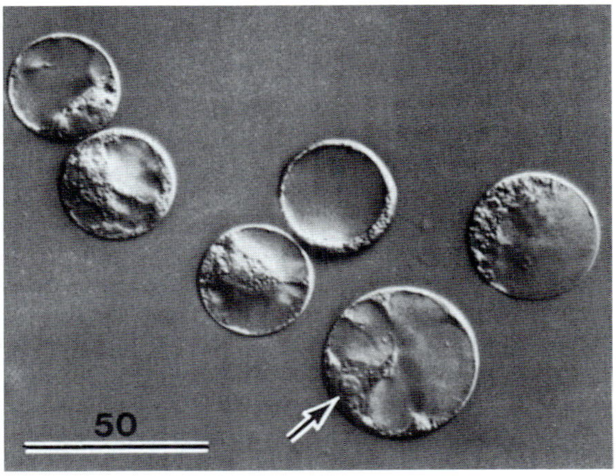

Abb. 22-8: Protoplasten von Petersilie (*Petroselinum hortense*). Sie werden aus pflanzlichen Geweben durch Abbau der Zellwände durch Cellulasen und Pektinasen meist pilzlicher Herkunft gewonnen. Die Zellen auf dem Bild enthalten große Vakuolen; der Pfeil weist auf einen Zellkern in einem kleinen Cytoplasmabereich. (Interferenzkontrastaufnahme: U. Matern, P. Sitte)

Bei höheren Pflanzen ist die Teilungstätigkeit gewöhnlich ebenfalls auf besondere Zellen wie Scheitelzellen oder auf meristematische Gewebe wie Vegetationspunkte oder Kambien beschränkt. Allerdings können auch voll ausdifferenzierte Pflanzenzellen trotz großer Zentralvakuolen leicht reembryonalisieren und Meristeme regenerieren – ganz im Gegensatz zu den Zellen höherer Tiere. Dies ist Ausdruck der „offenen" Organisation der Pflanzen. Die Zellen vieler pflanzlicher Gewebe behalten ihre Totipotenz. Als wandlose Protoplasten (Abb. 22-8) isolierte Einzelzellen können unter geeigneten Kulturbedingungen zu intakten und fertilen Pflanzen regenerieren. Dies ist eine wesentliche Voraussetzung für kommerzielle Pflanzenvermehrung und für gentechnische Studien bei höheren Pflanzen.

22.5 Zellteilung

Die Zellteilung von Prokaryoten wurde bereits dargestellt (s. 22.1). Be Tierzellen wird die Teilung als **Cytokinese** bezeichnet und ist von auf-

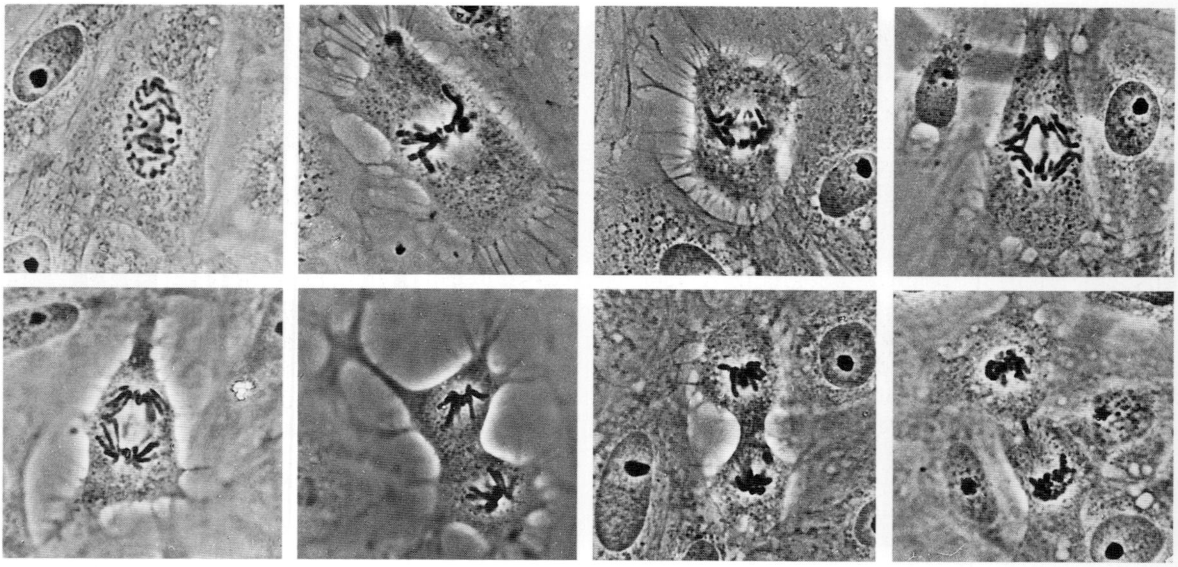

Abb. 22-9: Mitose und Zellteilung bei Tierzellen (PtK2-Zellen, Rattenkänguruh). Die Zellen wurden auf einem Deckglas kultiviert und zur Mikroskopie mit Glutaraldehyd fixiert. Obere Reihe: Prophase – Metaphase – beginnende Anaphase – Anaphase. Untere Reihe: Späte Anaphase – Telophase – beginnende Cytokinese – Ende der Cytokinese mit deutlichem Mittelkörper. (Aufnahmen: H. Falk)

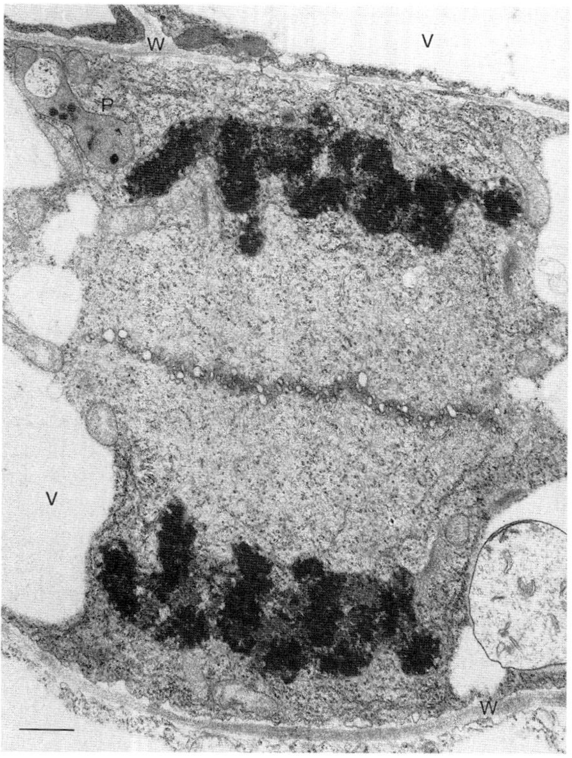

Abb. 22-10: Bildung einer Zellplatte in einer Kalluszelle von *Helianthus annuus.* Die Chromosomen sind in der Telophase weit auseinandergewichen, im Phragmoplasten zwischen ihnen sammeln sich in der Teilungsebene Golgi-Vesikel an, die die Zellplatte bilden. Oben links ist eine Proplastide (P) zu sehen, die sich offenbar auch gerade teilt. V, Vakuole; W, Zellwand. (EM-Aufnahme: R. Kollmann, C. Glockmann)

fälligen Bewegungserscheinungen nach der Mitose begleitet. Diese führen über die Verengung einer Ringfurche um die Mitte der sich teilenden Zelle zur Durchschnürung in die beiden Tochterzellen (Abb. 22-9). In der Basis der Teilungsfurche verläuft auf der P-Seite der Plasmamembran ein Band von Actomyosinfilamenten, das den Zelläquator umgibt und als **kontraktiler Ring** bezeichnet wird. Die einzelnen Komponenten dieses Rings wurden durch indirekte Immunfluoreszenz nachgewiesen. In der Verengung kommen auch Mikrotubuli vor, z.T. als Überbleibsel der Teilungsspindel. Man findet sie besonders in dem letzten Verbindungsstück zwischen den Zellen, dem sog. **Mittelkörper** (Flemming-Körper). Er wird häufig nicht in die Zellen mit aufgenommen, sondern geht verloren.

Bei Pflanzenzellen mit ihren rigiden Zellwänden verläuft die Zellteilung nach einem ganz anderen Modus. Die Lage der Teilungsebene zwischen den Tochterzellen wird durch die Polarität der Mutterzelle bestimmt. Sie verläuft senkrecht zur Mitosespindel und wird bereits vor deren Ausbildung durch ein sog. **Präprophaseband** von Mikrotubuli entlang der Plasmamembran in der Ebene der späteren Zellplatte festgelegt. In derselben Region befinden sich auch Actinfilamente. Nach dem Auseinanderweichen der Chromosomen formiert sich der **Phragmoplast**, die Cytoplasmazone zwischen den auseinanderweichenden Chromosomen bzw. zwischen den Tochterkernen. In ihm entsteht wiederum ein

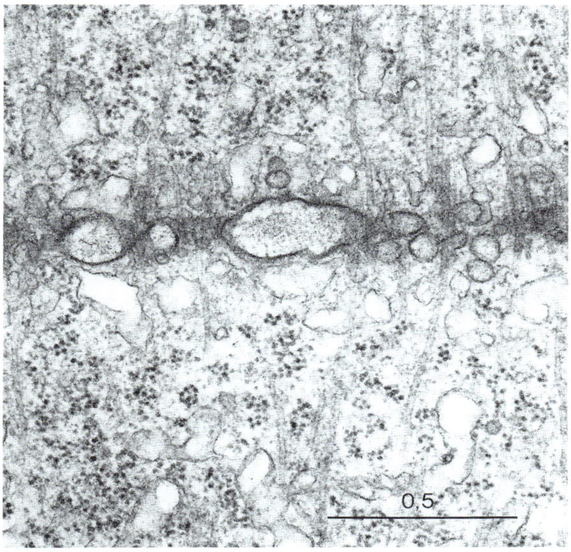

Abb. 22-11: Bildung einer Zellplatte (Ausschnitt, Zelle im Palisadenparenchym einer jungen Nadel von *Metasequoia glyptostroboides*). Zahlreiche Golgi-Vesikel und senkrecht zur Zellplatte verlaufende Mikrotubuli sind zu sehen. Die Ribosomen deuten auf die metabolische Aktivität der Zelle. (EM-Aufnahme: R. Kollmann, C. Glockmann)

Ring antiparalleler Mikrotubuli. Im Phragmoplasten sammeln sich Golgi-Vesikel mit Material der Zellwandgrundsubstanz (Pektin, Hemicellulosen) (Abb. 22-10). Die Mikrotubuli im Phragmoplasten sind Leitbahnen für diese Vesikel (Abb. 22-11). Sie verschmelzen in der Teilungsebene homotypisch, wobei ein spezielles Syntaxin beteiligt ist (s. 8.1.3), und ihre Membranen werden zu den neuen Plasmamembranen der beiden Tochterzellen. Auf diese Weise wird die **Zellplatte**, die neue Zellwand, von innen nach außen gebildet und erreicht schließlich die Seitenwände. Dünne cytoplasmatische Verbindungen zwischen den Tochterzellen bleiben an bestimmten Stellen bestehen, in denen ER von einer Zelle in die andere reicht. Diese Verbindungen sind die späteren Plasmodesmen.

22.6 Leben unter extremen Bedingungen

Spezialisten unter den einzelligen Organismen – besonders innerhalb der Archaea und Bacteria – können bei erstaunlich extremen Umweltbedingungen existieren und sind in ihrem Stoffwechsel an diese Bedingungen angepaßt. So reicht die Temperaturskala, bei der solche „Extremophile" leben können, von wenigen Graden unter 0 °C bis zu 110 °C, pH-Werte von 0 bis 12 werden überstanden, und Salzkonzentrationen im umgebenden Medium bis zu 5,5 molar werden ertragen.

Bei den **Thermophilen** hält wahrscheinlich das Archaebakterium *Pyrolobus fumarii* die Spitzenposition, das an etwa 110 °C heißen Black Smokern in der Tiefsee lebt. Der Stabilisierung der Biomoleküle bei solch hohen Temperaturen dienen verschiedene Besonderheiten. Alle Archaea und Bacteria, deren optimale Wachstumstemperatur über 80 °C liegt, besitzen eine reverse Gyrase (reverse Topoisomerase II), die den zirkulären DNA-Doppelstrang schneidet und nach Durchtritt eines intakten DNA-Strangs durch die Öffnung diese wieder schließt. Auf diese Art wird die Verknüpfungszahl der DNA, d.h. die Häufigkeit, mit der sich ringförmige DNA-Stränge überkreuzen, erhöht. Dadurch verbessern sich wahrscheinlich die thermodynamischen Parameter der DNA bei hoher Temperatur. Da z.B. auch die Depurinierung der DNA bei so hohen Temperaturen gegenüber gemäßigten um Größenordnungen erhöht ist, müssen Thermophile über besonders gute Schutz- und Reparaturmechanismen verfügen. tRNAs sind durch besondere Modifikationen von Nucleotiden geschützt, die die Schmelztemperatur heraufsetzen und die Tertiärstruktur stabilisieren. Proteine sind durch kleinere Stabilisierungseffekte wie mehr Hydrophobizität, mehr α-Helix-Struktur, mehr Ionenpaarung und weniger Flexibilität resistenter. Eine zu hohe Fluidität der Membranen wird vermieden durch Verwendung gesättigter und verzweigter Fettsäuren, bei Archaea durch Etherlipide, die Isoprenketten tragen und bei manchen Arten als Tetraether die gesamte Membran durchspannen. Diese bilden dann nicht mehr eine Lipiddoppelschicht, sondern eine „Einschicht" (s. 2.2). Diese Anpassungen haben zur Folge, daß die Zellen bei niedrigeren Temperaturen nicht mehr lebensfähig sind.

Psychrophile, die besonders in der Antarktis zu finden sind, haben das Problem, Eiskeimbildung im Cytoplasma zu vermeiden. Dies wird durch erhöhte Konzentration von Glycerol, Sorbit oder Glucose im Cytoplasma erreicht, wobei allerdings auch die Viskosität zusätzlich ansteigt. Es wurden auch Anti-Frost-(Glyko)Peptide beschrieben, die den gleichen Effekt bewirken. Sie fallen durch die häufige Wiederkehr des Tripeptids Ala-Ala-Thr- auf, wobei jeder Thr-Rest ein Disaccharid trägt. Die Wirkung dieser Peptide ist insofern bemerkenswert, als die Gefrierpunkterniedrigung des Wassers hier nicht auf einem osmotischen Effekt beruht. In den Proteinen von Psychrophilen sind die intramolekularen Wechselwirkungen schwächer und die Interaktionen mit Wasser erhöht, so daß insgesamt die Flexibilität verbessert und die Katalysemöglichkeit vergrößert sind.

Acido- und **Alkalophile** brauchen für ihre intrazellulären Moleküle keine besonderen Anpassungen, da der cytoplasmatische pH-Wert - wie bei anderen Zellen auch - bei etwa 7 gehalten wird. Das erfordert allerdings starke, ATP-verbrauchende Translokatoren gegen steile Gradienten. Ihre dem externen Milieu exponierten Strukturen sind oft spezielle Glykoproteine.

Bei **Halophilen** besteht eine Konkurrenz zwischen cytoplasmatischen Proteine und extrazellulärem Salz um das Lösungsmittel Wasser (Aussalz-Effekt). Eine Adaptation dieser Zellen besteht darin, daß bei ihren Proteinen der Anteil an polaren Aminosäureresten, insbesondere an stark solvatisiertem Glu und Asp, erhöht ist. Herabsetzen der Salzkonzentration führt dann tatsächlich zu der erwarteten Denaturierung und Inaktivierung von Proteinen. Das Archaebakterium *Halobacterium halobium* ist solch ein viel untersuchter halophiler Organismus. Bei der Grünalge *Dunaliella* und anderen Eukaryoten, die bei hohen Salzkonzentrationen leben, besteht dagegen keine direkte „halophile Adaptation". Sie akkumulieren im Cytoplasma der äußeren Salzkonzentration entsprechende Mengen an Glycerol, Betain oder Prolin.

22.7 Kultur von Zellen

Das Kultivieren von Zellen unter möglichst definierten Bedingungen ist für die biologische und medizinische Forschung schon lange unerläßlich geworden und wird in der Biotechnik in großem Maßstab betrieben. Homogenes Material, leichte Handhabbarkeit und Manipulierbarkeit, Vermeidung von Tierversuchen u.a. sind die Vorteile. Die Nachteile jedoch darf man nicht aus dem Auge verlieren. Bereits bei Einzellern entspricht die sterile Reinkultur nicht der natürlichen Situation, in der Konkurrenten, Feinde, Beuteorganismen usw. auftreten. Die große Zahl der bei Genomsequenzierungen von Einzellern gefundenen Gene mit unbekannter Funktion spiegelt dies wider. Es läßt sich voraussagen, daß ein gut Teil dieser Gene für Gen-Produkte codieren, die für das Leben in natürlicher Umwelt, nicht aber unter optimalen Kulturbedingungen benötigt werden. Bei Zellen, die aus Organen von Tieren oder Pflanzen stammen, ist die Veränderung der äußeren Bedingungen noch drastischer. Solche Zellen können sich unter Kulturbedingungen über einen längeren Zeitraum beträchtlich verändern. Häufig tritt Aneuploidie, die unregelmäßige Veränderung des Chromosomensatzes, auf.

Viele Einzeller können relativ leicht in chemisch definierten Medien kultiviert werden, die Kohlenstoff- und Stickstoffquellen sowie einige anorganische Salze enthalten. Photosynthetische Zellen kommen oft nur mit CO_2 als Kohlenstoffquelle und anorganischen Salzen für ihren Stickstoff-, Sulfat-, Phosphat-Bedarf etc. aus. Es gibt aber auch Einzeller, die besondere „Wachstumsfaktoren" benötigen. Man hilft sich zunächst oft mit nichtdefinierten Medien, die Zusätze wie Hefeextrakt, Erddekokt (abgekochter Extrakt aus Erde) oder Pepton (enzymatisch abgebautes Protein) enthalten. Der weitaus größte Teil der vorkommenden Prokaryoten ist bisher überhaupt nicht kultivierbar und damit nach klassischen taxonomischen Kriterien nicht einzuordnen. Man behilft sich deshalb zunehmend mit DNA-Extraktion aus Bodenproben etc., Vermehrung der DNA durch PCR und vergleichender Analyse beispielsweise der rRNA-Gene; man bezeichnet diese „Arten" dann als **Phylotypen.**

22.7.1 Kultur von Tierzellen

Das Anziehen von Zellen aus Säugetieren und vom Menschen wurde vor allem durch die umfangreichen Untersuchungen von H. Eagle in den 50er Jahren zum Nährstoffbedarf solcher Zellen initiiert. Tierzellen sind auf Wachstumsfaktoren angewiesen. Da solche Faktoren im Blutserum enthalten sind, behilft man sich in der Regel mit der Zugabe von 5–15% (fötalem) Kälber- oder Pferdeserum zum Kulturmedium. Außerdem sind adhäsive Proteine wie Kollagene, Fibronectin u.a. als Wachstumsunterlage (Substrat) notwendig. Säugerzellen wachsen als Schicht auf einem Substrat und sind nur schwer in Suspension zu kultivieren; man spricht hierbei von **Zell-Adhärenz**. Zellinien haben oft ein charakteristisches Aussehen (Abb. 22-12). Sie können sich auch auf diesem Substrat amöboid fortbewegen. Wenn der Zellrasen so dicht geworden ist, daß die Zellen sich ringsum berühren, hört die Wanderung und Vermehrung meist auf, es findet **Kontaktinhibition** statt. Dies spiegelt ein wenig das Verhalten in einem komplexen Organismus wider. Wanderung und Zellteilung kann wieder einsetzen, wenn die Zellen z.B. durch eine milde Behandlung mit Trypsinlösung vom Substrat abgelöst und nach entsprechender Verdünnung in ein neues Kulturgefäß gebracht werden. Zellen können auch in Kultur spezielle Zell-

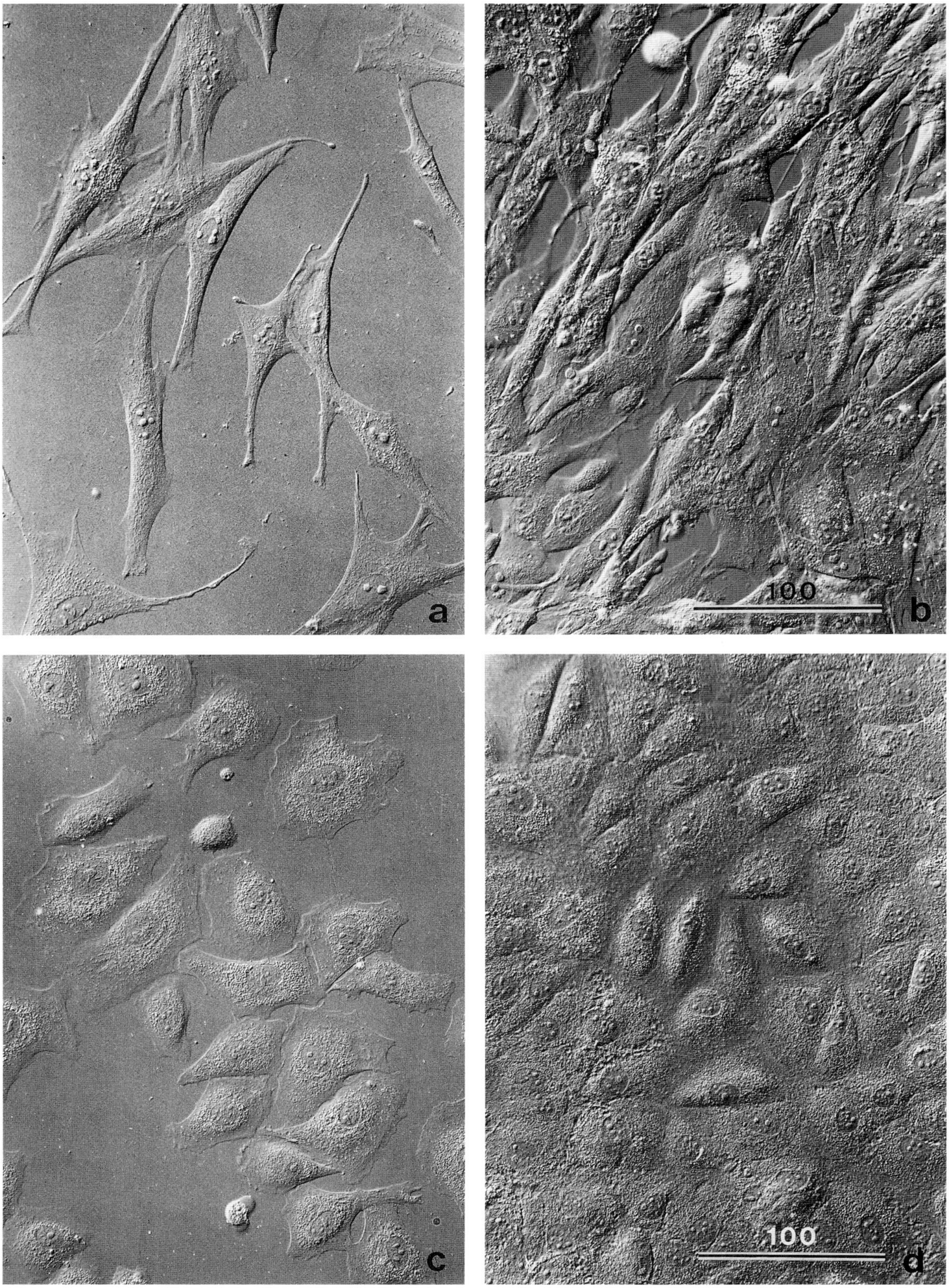

Abb. 22-12: Oben: BHK-Zellen (baby hamster kidney) mit fibroblastenartigem Aussehen (a) als Einzelzellen, (b) bei beginnender Konfluenz und Kontaktinhibition. **Unten**: Zellen aus Rattenleber mit epithelartigem Wachstum (a) einzeln und (b) bei Kontaktinhibition. Die beiden abgerundeten Zellen befinden sich in Mitose. (Interferenzkontrast-Aufnahmen: H. Falk, W. Michalke, P. Sitte)

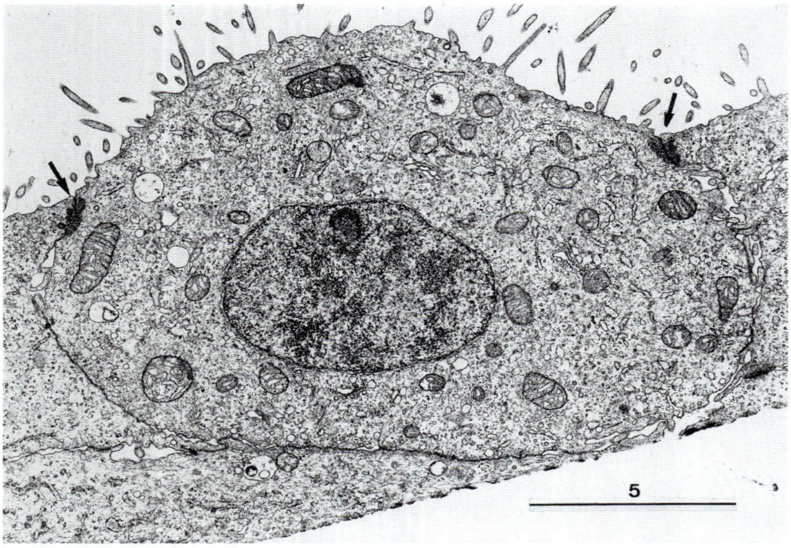

Abb. 22-13: Zellen aus Rinderniere als Zellkultur im Zellrasen. Vom Substrat unten ist nach EM-Präparation nur noch wenig zu erkennen. In der apikalen Region (oben) tragen die Zellen zahlreiche Mikrovilli. Subapikal sind sie durch Adhering Junctions (Pfeile) ringsum verbunden. (EM-Aufnahme: B. Geiger, F. Schmid, W. W. Franke [1983] Diff. 23, 189; mit Genehmigung)

Zell-Verbindungen untereinander eingehen (Abb. 22-13).

Fibroblasten sind wenig spezialisierte Bindegewebszellen, die im Körper überall in Bindegeweben vorkommen und eine kollagenreiche Matrix sezernieren. Sie können sich zu spezialisierteren Bindegewebszellen wie Fettzellen, glatte Muskelzellen, Chondrocyten u.a. differenzieren. Ihr Aussehen in Kultur entspricht dem der Zellen in Abb. 22-12 oben. Ihre solitäre Lebensweise und ihr geringer Differenzierungsgrad sind sicher Gründe dafür, daß sie zu den am leichtesten kultivierbaren Säugerzellen gehören. L. Hayflick und P. S. Moorhead beobachteten 1961, daß Humanfibroblasten nach Entnahme aus einem Fötus nur eine begrenzte Lebensdauer in Kultur besitzen; nach ca. 50 Teilungszyklen stellen sie ihre Teilungsaktivität ein. Dies gilt gleichermaßen für andere Spezies, und es besteht eine gute Korrelation zwischen der Lebensspanne einer Spezies und der ihrer Fibroblasten. Die Zellen gelangen unter Kulturbedingungen in eine vorgegebene **Seneszenz**, die einem endgültigen Differenzierungszustand ähnlich ist und letztlich zum Tod führt. Die Zellen können den G_1/S-Kontrollpunkt nicht mehr überschreiten, der hemmende Faktor p16 beispielsweise reichert sich an (s. 20.2). Bei alternden Zellen ist auch die Telomerase nicht mehr aktiv. Bei der Replikation verlieren Chromosomen am 5′-Ende des Folgestrangs durch die besondere Art der DNA-Synthese (s. 5.5.3) Nucleotide, wenn die Telomerase die DNA nicht auffüllt. Ohne eine aktive Telomerase verkürzen sich die Chromosomen, u.U. unter Verlust von Genen, was schließlich den Tod bedingt. Allerdings ist dies nicht immer zwingend. Knock-Out-Mäuse ohne Telomerase überlebten zumindest bis zur sechsten Generation – soweit wurde getestet – ohne Schaden.

Fibroblasten stellen sog. **primäre Linien** dar. Aus ihnen können durch genetische Umsteuerung **permanente Linien** entstehen mit unbegrenzter Lebensdauer. Bei Zellen von Nagetieren ist dies relativ leicht zu erreichen, bei Zellen des Menschen ist das sehr viel seltener der Fall. Transformierte Zellen und Tumorzellen sind ebenfalls unbegrenzt kultivierbar. Eine berühmte menschliche Tumorzelle, die aus einem Cervixcarcinom isoliert wurde, ist die **HeLa-Zelle**, an der zahlreiche Untersuchungen durchgeführt wurden. Tumorzellen haben oft die Kontaktinhibition verloren, sie überwachsen einander, was als Fokusbildung bezeichnet wird. Es gibt heute eine Unzahl von Zellstämmen, z.T. mit sehr speziellen Eigenschaften aufgrund von Mutationen, die in Kultur gehalten und in der Forschung verwendet werden.

22.7.2 Kultur von Pflanzenzellen

Pflanzliche Zellkulturen werden von Explantaten, an denen sich ein Kallus bildet, oder von Protoplasten gewonnen. Die Zellen sind meist heterotroph, besitzen also keine Chloroplasten, sondern Leukoplasten; es gibt aber auch photoautotrophe Kulturen. Sie wachsen als Kalli oder in kleineren Aggregaten und als Einzelzellen in Suspension (Abb. 22-14). Auch sie sind von Wachstumsfaktoren wie Indolessigsäure, Kinetin und 2,4-D (2,4-Dichlorphenoxyessigsäure) ab-

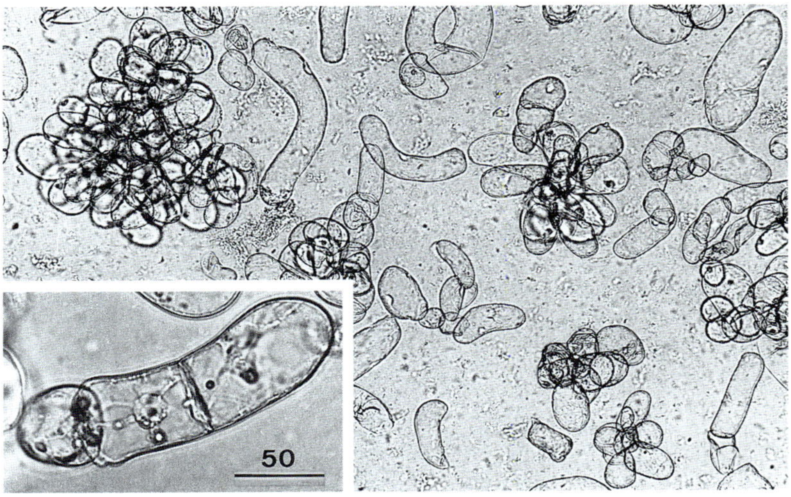

Abb. 22-14: Pflanzliche Zellkulturzellen (Petersilie). Die Zellformen variieren stark. Die Zellen kommen einzeln und in Aggregaten vor. Das Einsatzbild zeigt drei Zellen in Reihe bei stärkerer Vergrößerung; Zellkern, Cytoplasmastränge, die die große Vakuole durchqueren, und wandständiges Cytoplasma sind zu erkennen. (Aufnahmen: H. Falk)

hängig. Pflanzliche Gewebekulturzellen sind keine typischen meristematischen Zellen mit kleinen Vakuolen, sondern besitzen große Vakuolen wie ausdifferenzierte Zellen.

Die pflanzliche Zell- und Gewebekultur hat viele angewandte Aspekte. Meristemvermehrung, bei der z.B. aus isoliertem Sproßmeristem zahlreiche genetisch identische Pflanzen regeneriert werden, ist eine alte Praxis. Aus Antherenkulturen gewonnene haploide Zellinien (s. 13.4) und daraus regenerierte haploide Pflanzen sind für genetische Analysen und züchterische Versuche von großer Bedeutung. Zur Produktion von Naturstoffen werden Zellkulturen in biotechnischem Maßstab, in Bioreaktoren mit mehreren 10000 Litern Inhalt eingesetzt.

22.8 Weiterführende Literatur

Donachie W D (1993) The cell cycle of *Escherichia coli*. Annu. Rev. Microbiol. 47, 199–230.

Erickson H P (1997) FtsZ, a tubulin homologue in prokaryote cell division. Trends Cell Biol. 7, 362–367.

Forterre P (1996) A hot topic: the origin of hyperthermophiles. Cell 85, 789–792.

Gajewski T F, Thompson C B (1997) Apoptosis meets signal transduction: elimination of a BAD influence. Cell 87, 589–592.

Greenberg J T (1996) Programmed cell death: a way of life for plants. Proc. Natl. Acad. Sci. 93, 12094–12097.

Hardwick K G (1998) The spindle checkpoint. Trends Genet. 14, 1–4.

Herwig S, Strauss M (1997) The retinoblastoma protein: a master regulator of cell cycle, differentiation and apoptosis. Eur. J. Biochem. 246, 581–601.

Jacobson M D, Weil M, Raff M C (1997) Programmed cell death in animal development. Cell 88, 347–354.

Levine A J (1997) p53, the cellular gatekeeper for growth and division. Cell 88, 323–331.

Lutkenhaus J, Addinall S G (1997) Bacterial cell division and the Z ring. Annu. Rev. Biochem. 66, 93–116.

Nagata S (1997) Apoptosis by death factor. Cell 88, 355–365.

Nicholson D W, Thornberry N A (1997) Caspases; killer proteases. Trends Biochem. Sci. 22, 299–306.

Salvesen G S, Dixit V M (1997) Caspases: intracellular signaling by proteolysis. Cell 91, 443–446.

Serrano M (1997) The tumor suppressor protein $p16^{INK4a}$. Exp. Cell Res. 237, 7–13.

Stragier P, Losick R (1996) Molecular genetics of sporulation in *Bacillus subtilis*. Annu. Rev. Genet. 30, 297–341.

Teodoro J G, Branton P E (1997) Regulation of apoptosis by viral gene products. J. Virol. 71, 1739–1746.

Yuan J (1997) Transducing signals of life and death. Curr. Opinion Cell Biol. 9, 247–251.

23 CYTOSYMBIOSE UND PARASITISMUS

Nach der ursprünglichen Definition von A. de Bary (1879) bedeutet Symbiose ein enges „Zusammenleben ungleichnamiger Organismen". Symbiose kann für beide Partner vorteilhaft sein (Mutualismus) oder nur für einen (Kommensalismus), oder schließlich für den einen vorteilhaft, den anderen aber schädlich (Parasitismus). In der deutschen wissenschaftlichen Literatur werden „Symbiose" und „Mutualismus" häufig gleichgesetzt, weil ein Symbiont allgemein als Gegenstück zum Parasiten verstanden wird.

Von Endosymbionten spricht man, wenn kleinere Partner im Körper des größeren leben. Cytosymbiose ist Symbiose auf zellulärem Niveau. Der Wirt kann in diesem Fall ein- oder vielzellig sein, der Cytosymbiont (Cytoparasit) ist fast immer einzellig. Cytosymbiose kann extrazellulär (epicytisch, Epicytobiose) sein, oder intrazellulär (endocytisch, Endocytobiose). Epicytobiotisch sind z.B. *Agrobacterium* (s. 21.3) und Darmbakterien, endocytobiotisch z.B. Grünalgen in Ciliaten (s. 23.3).

Cytosymbiosen spielen eine entscheidende Rolle bei der Evolution der Eucyten. Schon sehr früh in der Entwicklungsreihe der eukaryotischen Zellen kam es zur Aufnahme und stabilen Integration von prokaryotischen Zellen (s. Kap. 24). Wichtige Zellorganellen wie die Mitochondrien, Hydrogenosomen und Plastiden sind Nachfahren ehemals freilebender Zellen (s. 24.5), ihre Entstehung wird in der Endosymbionten-Theorie (s. 24.5) erklärt.

Intrazelluläre Symbiosen, bei denen die Partner noch als eigenständige Organismen erkannt werden können, sind bei heute lebenden Organismen weit verbreitet (Tab. 23-1). Das Überleben artfremder Zellen in größeren Wirtszellen stellt ein zellbiologisch hochinteressantes Phänomen dar. Eine wichtige, weitgehend noch unbeantwortete Frage betrifft dabei jene Faktoren, die verhindern, daß der Symbiont in der Wirtszelle abgebaut wird. Im Fall von Cytoparasiten kommt der Beantwortung dieser Frage große praktische und medizinische Bedeutung zu (z.B. Malaria, s. unten).

Bei Symbiosen, seien sie obligat oder nichtobligat, interagieren die Partner miteinander. In gemeinsamer Evolution (Coevolution) entwikkeln sie Strategien, die Vorteile für beide in sich bergen. Erfolgreiche Symbiosen zeigen eine Reihe aufeinander abgestimmter biochemischer und genetischer Reaktionen. Nicht nur der Austausch von Signalen und für den Partner wichtiger Moleküle ist ein Kennzeichen von Symbiosen, sondern auch die Evolution von Genen und Gen-Produkten, die die Symbiose, auch mechanistisch, erst ermöglichen und oft den Habitus der Partner ändern. Die gegenseitigen Beeinflussungen in symbiontischen Systemen sind nicht immer auffällig, was eine korrekte Differenzierung zwischen Symbiose und Parasitismus in manchen Fällen nicht zuläßt. Bei Parasitismus liegt der Vorteil ausschließlich auf Seiten des Parasiten; dennoch geht nur in Ausnahmefällen das Vorteilsungleichgewicht soweit, daß die parasitierte Population entscheidend geschwächt wird und damit dem Parasiten die Lebensgrundlage entzogen wird.

Der Grad der gegenseitigen Verflechtung von Wirt und Symbiont bzw. Wirt und Parasit ist sehr unterschiedlich. Die Bandbreite der Wechselbeziehungen soll im folgenden durch einige Beispiele illustriert werden.

Tab. 23-1: Beispiele für intrazelluläre Symbiosen.

Wirt	Symbiont
Protisten	
Amoeba viridis	*Chlorella*
Pelomyxa palustris	Bakterien
Foraminiferen	Dinophyceen, Rot-, Grünalgen
Radiolarien	*Symbiodinium*
Mesodinium rubrum (Ciliat)	Cryptophycee
Paramecium bursaria	*Chlorella*
Euplotes aediculates (Ciliat)	gramneg. Bakterien
Pilze	
Geosiphon pyriforme	*Nostoc*
Pflanzen	
Fabales	*Rhizobium*
viele Landpfanzen	endotrophe Mykorrhiza
Metazoen	
Spongilla lacustris (Schwamm)	*Chlorella*
Hydra viridis	*Chlorella*
Riff-Korallen	Dinophyceen
Insekten	Bakterien, Hefen
Chordaten	selten, meist extrazellulär

23.1 Cyanobakterien als Symbionten

Die ersten sicher identifizierbaren Fossilien stammen von Cyanobakterien (s. 24.3); sie waren es, die den Eucyten zur Phototrophie verhalfen (24.5). Auch heutzutage finden sich viele unterschiedliche Lebensgemeinschaften aus Eucyten und Cyanobakterien. Cyanobakterien-Symbiosen sind bekannt mit einigen Invertebraten (z.B. marine Schwämme), mit Protisten bzw. Algen (z.B. Cyanobakterien in Diatomeen), mit Pilzen (einige Flechten), wie auch mit Landpflanzen (Symbiosen bei Leber- und Hornmoosen, Farnen, Gymno- und Angiospermen). In den besser untersuchten Cyanobakterien-Symbiosen bei Pflanzen sind es heterocystenbildende Cyanobakterien, die den hier fixierten Stickstoff an die Pflanze abgeben. Cyanobakterien infizieren ganz gezielt bestimmte Organe der Pflanzen, so z.B. bei Horn- und Lebermoosen Thalli, bei *Azolla* Blätter oder bei den Cycadales die Wurzel. Außer bei einigen Angiospermen (*Gunnera*) leben die Cyanobakterien in Pflanzengemeinschaften extrazellulär. Bei der Infektion von Pflanzen mit Cyanobakterien sind die Abwehrmechanismen der Pflanze gegenüber Pathogenen ausgeschaltet. Die Pflanze initiiert sogar direkt die Infektion, indem in einigen Fällen ein kleines, hitzelabiles Molekül ausgeschieden wird, das die Cyanobakterien zur Ausbildung von Hormogonien stimuliert. Hormogonien, die normalerweise als beweglicher Zelltyp der Cyanobakterien bei schlechten Umweltbedingungen vorkommen, haben die Beweglichkeit, um gezielt Pflanzenorgane aufzusuchen und sie zu infizieren.

23.2 Symbiosen an Wurzeln

Einige auffällige Symbiosen kommen in Wurzelbereichen von Pflanzen vor. Hier bilden sich Gemeinschaften, die eine enge morphologische und stoffwechselphysiologische Verknüpfung aufweisen. Wichtige Beispiele hierfür sind Mykorrhiza sowie die *Rhizobium*-Leguminosen Symbiose.

Mykorrhiza

Ca. 90% aller Pflanzenwurzeln leben in Symbiose mit Pilzen, sie wird Mykorrhiza genannt. Man unterscheidet Ekto- (ektotrophe) von Endo- (endotrophe) Mykorrhiza nach morphologischen Kriterien. Bei der Ekto-Mykorrhiza bildet der Pilz ein dichtes Geflecht (Pilzmantel) um die Wurzel, innerhalb der Wurzel wird im Rindenbereich interzellulär ein Hyphengeflecht (Hartigsches Netz) angelegt. Bei der Endo-Mykorrhiza hingegen bildet sich um die Wurzel nur ein schwaches Mycel, die in den Rindenbereich eingedrungenen Hyphen wachsen jedoch intrazellulär. In diesen Symbiosen wird die Wurzelhaarbildung eingeschränkt oder sogar unterdrückt, der Symbiosepartner übernimmt die Mobilisierung von Nährstoffen. Es ist eine große Anzahl von Pilzgattungen bekannt, die Symbiosen an Wurzelbereichen eingehen. Sehr viele gehören zu den Basidiomyceten, andere zu den Asco-, Gastero- oder Phycomyceten. Die Wirtsspezifität der Pilze ist sehr individuell. Das Spektrum reicht von hochspezialisierten Pilzen, die z.B. nur mit einer Baumart interagieren (z.B. *Boletinus cavipes* nur an Lärchen) bis zu wenig bzw. nichtspezialisierten Pilzen (*Amanita muscaria*, der Fliegenpilz, bei Laub- und Nadelbäumen).

Rhizobium-Leguminosen Symbiose

Bodenbakterien der Gattung *Rhizobium*, *Bradyrhizobium* u.a. können mit Leguminosen in sog. Wurzelknöllchen in Symbiose leben und unter diesen Bedingungen molekularen Stickstoff fixieren, d.h. zu NH_3 reduzieren und damit biologisch (als NH_4^+) verfügbar machen. Diese Symbiose war in der Landwirtschaft schon immer bedeutsam für die Verbesserung von Böden.

Rhizobien sind nicht die einzigen Prokaryoten, die N_2 zu reduzieren vermögen. Freilebende N_2-Fixierer sind z.B. *Azotobacter* und *Klebsiella pneumoniae*, zwei besonders intensiv untersuchte Bakterien, und zahlreiche Cyanobakterien (s. oben).

Die Wirtsspezifität der einzelnen *Rhizobium*-Stämme ist außerordentlich hoch, die Einleitung und Unterhaltung der Symbiose erfordert auch hier eine Kooperation auf genetischer Ebene. Bei den Rhizobien liegen die entsprechenden Gene auf einem sog. *Sym*-Plasmid (von Symbiose): die ***nod*-Gene** für die Nodulation und die ***nif/fix*-Gene** für die N_2-Fixierung. Die beteiligte Pflanze besitzt sog. **Noduline**, prolinreiche Zellwandproteine, die während der frühen Stadien der Bildung der Wurzelknöllchen synthetisiert werden.

Die Infektion einer Pflanze durch Rhizobien geschieht fast immer über Wurzelhaare, die sich dabei in typischer Weise krümmen. Als Induktoren für die *nod*-Gene der Bakterien wirken dabei pflanzliche Flavonoide, die in die Umgebung der Wurzeln ausgeschieden werden. In den Wurzelhaaren bilden sich sog. Infektionsschläuche aus, die sich bis zu den Zellen der Rindenschicht der Wurzel verlängern und in denen die Bakterien zu diesen Zellen gelangen. Unter dem Einfluß von Nodulationsfaktoren, die in Konzentrationen von 10^{-8} bis 10^{-11} M wirksam sind, werden einige dieser Zellen meristematisch. Die Bakterien werden endocytotisch in die Zellen aufgenommen, sind immer in Vesikeln eingeschlossen und gelangen nicht in das Cytoplasma der Wirtszelle (Abb. 23-1). In diesem Stadium sind die Bakterien bereits morphologisch und besonders physiologisch von frei im Boden lebenden Formen unterschieden; sie werden als Bakteroide bezeichnet (Abb. 23-2). Die sie umgebende Peribakteroidmembran (Symbiosom) ent-

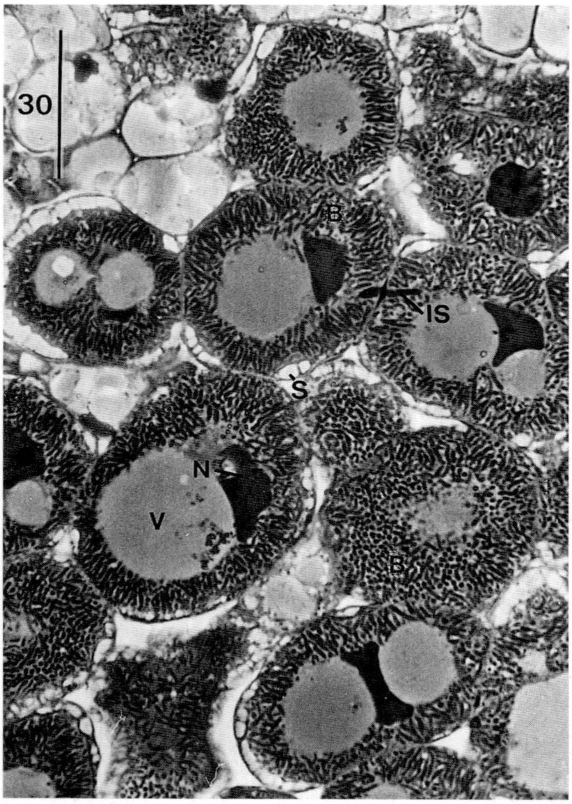

Abb. 23-1: Symbiontische Zone eines Wurzelknöllchens der Luzerne (*Medicago sativa*). Nicht alle Wirtszellen enthalten symbiontische Bakterien (hier Bakteroide von *Rhizobium melioti*). IS, Infektionsschlauch; N, Zellkern; S, Stärke; V, Vakuole. (Aufnahme: A. Pühler)

hält besondere Translokatoren für den Stoffaustausch zwischen Bakteroid und Wirtszelle. Die meristematisch gewordenen Wurzelzellen teilen sich, werden schließlich polyploid und bilden die 0,5-4 mm großen Wurzelknöllchen.

Für die Reduktion von N_2 zu NH_3 ist die **Nitrogenase** verantwortlich, ein Gen-Produkt der *nif/fix*-Gene und ein komplexes Enzym, das nicht nur in symbiontischen Rhizobien (hier codiert von *fix*-Genen), sondern auch in fast allen freilebenden Stickstoff-Fixierern (*nif*-Gene bei *Klebsiella*) vorkommt. Sobald die Bakteroide in ein Symbiosom eingeschlossen sind, herrschen mikroaerobe Bedingungen. Erst jetzt können *fix*-Gene exprimiert werden, da ihre Transkription unter negativer Sauerstoffkontrolle steht. Dies wird erreicht durch NifA, einen sauerstoffempfindlichen Aktivator der *fix/nif*-Gene, der seinerseits wieder über den Sauerstoffstatus reguliert exprimiert wird.

Die Nitrogenase besteht aus einem tetrameren Protein $\alpha_2\beta_2$, das Eisen und Molybdän enthält, und einem dimeren Protein γ_2, das nur Eisen gebunden hat. Es gibt auch Formen des Enzyms, die anstelle des Molybdäns Vanadium oder nur Eisen tragen. Das MoFe-Protein ist Ort der Reduktion von N_2 zu NH_3, das dimere Fe-Protein erhält die zur N_2-Reduktion notwendigen Reduktionsäquivalente von Ferredoxin und ist ATP-abhängig. Insgesamt ist die Reaktion außerordentlich energieaufwendig:

$$N_2 + 8e^- + 8H^+ + 16ATP \rightarrow 2NH_3 + H_2 + 16ADP + 16P_i$$

NH_3 diffundiert in das Cytoplasma der Pflanzenzelle und wird dort über die Glutamin-Synthetase (GS) und die Glutamin:2-Oxoglutarat-Synthetase (GOGAT) assimiliert. Die Bakteroide erhalten im Gegenzug von ihren Wirtszellen alle zum Wachstum notwendigen Substanzen (anorganische Ionen, Zucker, C_4-Dicarbonsäuren und auch Aminosäuren), Reduktionsäquivalente sowie ATP werden im Symbionten über eine Elektronentransportkette bzw. eine ATP-Synthase bereitgestellt.

Ein interessantes Nodulin ist das **Leghämo-**

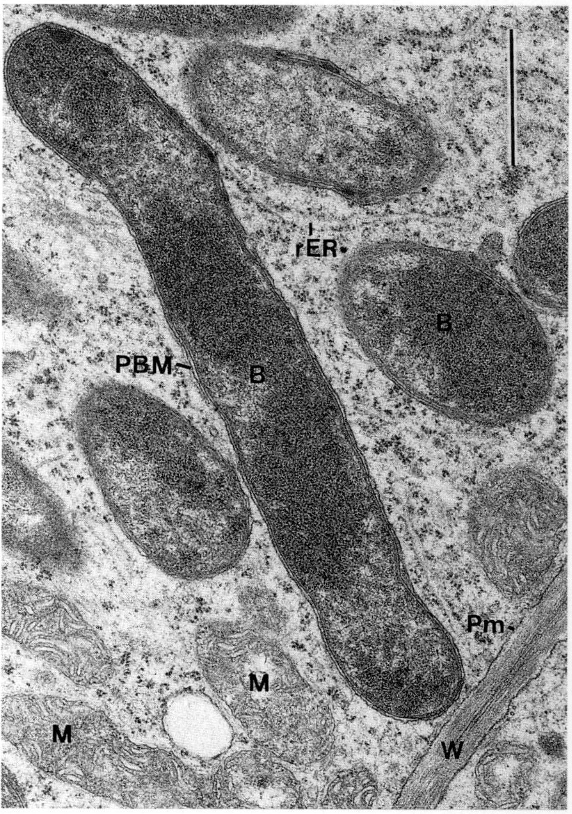

Abb. 23-2: Zelle in einem Wurzelknöllchen der Luzerne (*Medicago sativa*) mit symbiontischen Bakteroiden. B, Bakteroide; M, Mitochondrien; PBM, Peribakteroidmembran; Pm, Plasmamembran der Pflanzenzelle; rER rauhes ER; W, Zellwand. (EM-Aufnahme: A. Pühler)

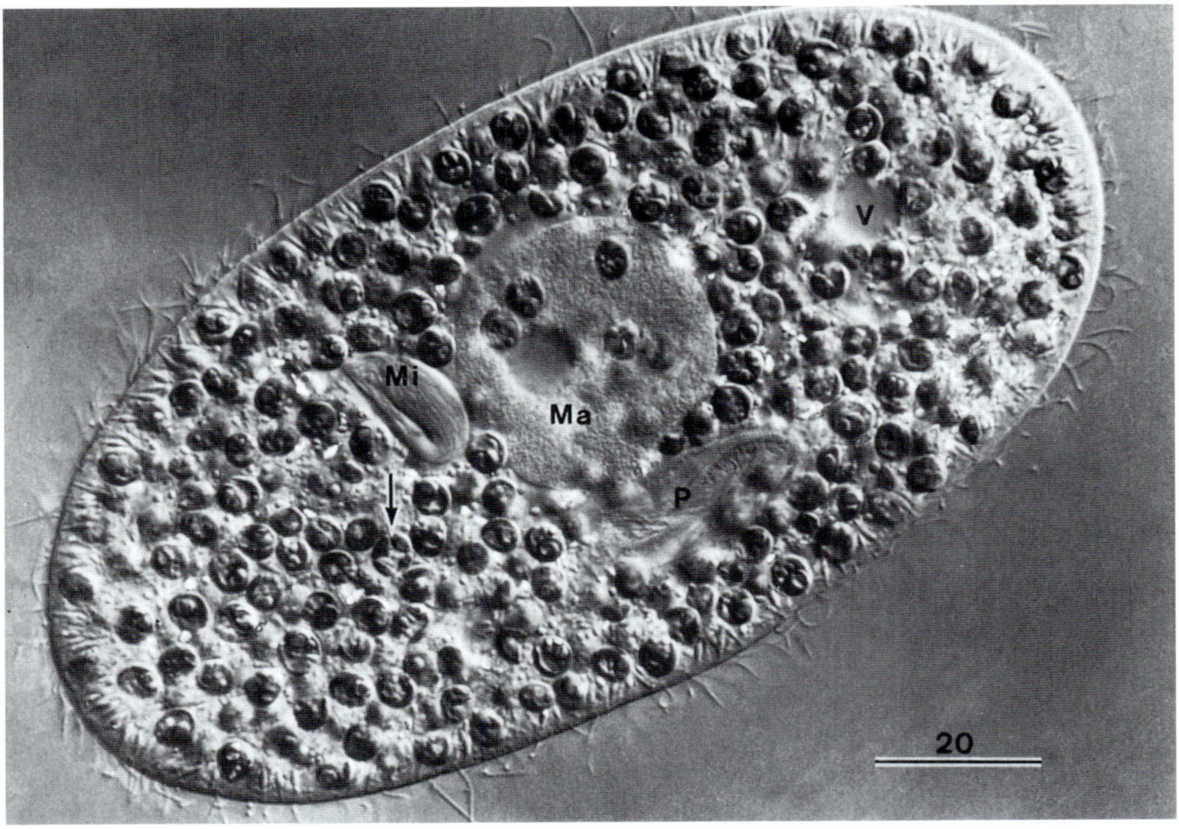

Abb. 23-3: Das grüne *Paramecium* (*P. bursaria*) mit zahlreichen Chlorellen (Pfeil nach Teilung). P, Cytostom; Ma, Makronucleus; Mi, Mikronucleus; V, kontraktile Vakuole. Im Cortikalplasma liegen zahlreiche Trichocysten. (Interferenzkontrast-Aufnahme: P. Sitte)

globin, das in hohen Konzentrationen im Cytoplasma der Wirtszelle und im extracytoplasmatischen Raum zwischen Peribakteroidmembran und Bakteroid zu finden ist und den Wurzelknöllchen die rote Farbe verleiht; der Häm-Anteil allerdings wird von den Bakteroiden beigesteuert. Leghämoglobin gehört in die Gruppe der Globine, ist also mit Hämoglobin und Myoglobin verwandt. Wie Myoglobin liegt es monomer vor, trägt aber in seinem Gen ein zusätzliches drittes Intron. Dieses O_2-bindende Protein vermittelt den Bakteroiden eine geringe, sozusagen gepufferte O_2-Spannung. Dies ist notwendig, da einerseits die Nitrogenase sehr empfindlich gegenüber Sauerstoff ist, der aber andererseits als Elektronenakzeptor für die Atmungskette gebraucht wird.

23.3 Das Grüne Paramecium

Paramecium bursaria (Abb. 23-3) enthält mehrere hundert Zoochlorellen. Die Cytosymbiose ist nicht obligat, beide Partner können auch getrennt voneinander kultiviert werden; doch werden sie in freier Natur ausschließlich in Symbiose angetroffen. Bei den Symbionten, die einzeln in besonderen Vakuolen liegen und sich darin vermehren, handelt es sich um einen speziellen Stamm von *Chlorella lobophora*, charakterisiert durch energieabhängige Ausscheidung von Maltose (auch außerhalb des Wirts), durch einen ungewöhnlich niedrigen Lichtkompensationspunkt und die damit verbundene Fähigkeit, sich auch unter Schwachlichtbedingungen zu vermehren, und schließlich durch besondere Oberflächenstrukturen. Diese bedeuten ein Erkennungssignal für die Wirtszellen und verhindern die Verdauung aufgenommener und zunächst in Phagosomen eingeschlossener Chlorellen. Durch das Lektin Concanavalin A (s. Kap.

28) agglutinierbare *Chlorella*-Formen vermögen Cytosymbiosen mit *Paramecium bursaria* zu bilden, während alle nichtagglutinierbaren verdaut werden. Die Stabilität der Cytosymbiose beruht zumindest teilweise auf dem durch sie vermittelten Kurzschluß zwischen heterotrophen und photoautotrophen Zellen; der Wirt erhält von den Symbionten vor allem Maltose, Glucose und Sauerstoff, die Symbionten CO_2 und anorganische Ionen. Grüne Paramecien sind außerdem – im Gegensatz zu aposymbiontischen Formen – phototaktisch, was das Aufsuchen optimaler Lichtbedingungen im Lebensraum ermöglicht. Das komplette Symbiosesystem kann bei Licht in einem rein anorganischen Medium kultiviert werden, ohne daß es dabei zu Verdauung von Chlorellen durch *Paramecium* kommt. Etablierung und Stabilisierung dieser Cytosymbiose sind also mit einem klaren Selektionsbonus ausgestattet.

23.4 Pelomyxa

Die vielkernige, mehrere Millimeter große Amöbe *Pelomyxa palustris*, die in Waldtümpeln lebt und sich von Pflanzenresten ernährt, ist ein einfach aufgebauter Eukaryot. In ihren Zellen gibt es keine Dictyosomen, keine kontraktilen Vakuolen, keine Centriolen oder Geißeln. Die Mitose ist intranucleär, und das ER ist in dem reich vesikulierten Plasma auf ein tubuläres Netzwerk rund um die Kernhülle beschränkt. Die Zellen von *Pelomyxa* enthalten auch keine Mitochondrien. Dafür leben sie in obligater Endocytobiose mit verschiedenen methanogenen Bakterien, deren Kultivierung außerhalb des Wirts nicht gelingt. Die Bakterien leben und vermehren sich einzeln in Vakuolen und weisen Zellwände auf. Mindestens eine dieser Bakterienarten vermag die bei Gärungsprozessen der Wirtszelle anfallende Milchsäure zu verstoffwechseln. Bei den größten intrazellulären Bakterien (3 µm lang, 0,6 µm Durchmesser), die in rasch wachsenden Kulturen 40–50% der Symbiontenpopulation ausmachen, werden regelmäßig scheibenförmige Einfaltungen der Plasmamembran gefunden, die strukturell an Cristae von Mitochondrien erinnern. Diese Symbionten sind gewöhnlich in Kernnähe angereichert, die Membranen der sie dicht umschließenden Vakuolen können mit dem tubulären ER in direkter Verbindung stehen.

23.5 Parasitismus

Bei Parasitismus arbeiten zwei Mechanismen gegeneinander. Der befallene Wirt versucht den angreifenden Parasiten abzuwehren, während das Bestreben des Parasiten ist, möglichst schnell ideale Lebensbedingungen zu finden. Gelingt dies dem Parasiten, so liegen die Vorteile ausschließlich auf seiner Seite. Verschiedene Strategien zur Parasitenabwehr sind entwickelt worden. Während z.B. bei Pflanzen pathogenbefallene Zellen altruistisch reagieren, indem sie ein Selbstmordprogramm (Apoptose, s. 22.3) aktivieren, wurde in höheren Tieren ein Immunsystem zur Abwehr entwickelt. Die Coevolution zwischen Parasit und seinem Wirt bewirkt, daß auf die Entwicklung immer besserer Abwehrmechanismen mit immer besseren Infektionsstrategien reagiert wurde.

Parasiten können pathogen für den Wirt sein. Im Zuge der Pathogenität bildet der Parasit sogenannte **Virulenzfaktoren** aus. Hierunter werden jedoch nicht nur die Toxine zusammengefaßt, die der Parasit im Zusammenhang mit seiner Pathogenität ausbildet, sondern auch Proteine, die z.B. die Adhaerenz an die Wirtszelle vermitteln oder σ-Faktoren, die die toxincodierenden Gene zur Expression bringen.

Parasiten sind darauf angewiesen, dem Immunsystem ihrer Wirte zu entgehen. Zwei Möglichkeiten sind realisiert worden: Entwicklung von Polymorphismen eines antigenen Glykoproteins auf der Zelloberfläche des Parasiten (s. 19.2.7) oder Maskierung, indem die Parasiten in wirtseigene Zellen eindringen. Es gibt eine ganze Reihe von pro- und eukaryotischen Einzellern, die in anderen Zellen parasitisch leben und sich dort vermehren (Tab. 23-2). Auffallend ist, daß häufig Makrophagen befallen werden, genau die Zellen also, die normalerweise für die Abwehr von Fremdzellen zuständig sind (s. 19.1). Auch alle Viren dringen in einen für sie spezifischen Zelltyp ein, um sich dort zu vermehren (s. 6.1).

Pro- und eukaryotische Parasiten

Von wenigen Ausnahmen abgesehen gelangen pro- und eukaryotische parasitische Zellen über Endocytose in ihre eukaryotischen Wirtszellen. Zu den Ausnahmen gehören die **Microsporidien**, die zu den mitochondrienlosen Eukaryoten (s. 24.5) gezählt werden. Ihre Sporen sind mit einem ausstülpbaren Tubus ausgestattet, durch den sie sich selbst in das Cytoplasma der Wirtszelle injizieren. **Toxoplasmen** (Abb. 23-4) dringen aktiv in Wirtszellen ein, indem die Plasmamembran der Wirtszelle zur Invagination und zur Abschnürung einer intrazellulären, nicht-endoso-

Tab. 23-2: Intrazelluläre Parasiten in Zellen des Menschen.

Parasit	Befallene Zellen, Krankheitsbild, Infektionsweg
Vermehrung der Parasiten in Endosomen	
Legionella pneumophila (gramneg. Bakterium)	Makrophagen der Lunge; Legionärskrankheit (Lungenentzündung); in Gewässern verbreitet.
Mycobacterium tuberculosis	Makrophagen; Tuberkulose; Infektion über Aerosol.
Chlamydia psittaci (gramneg. Bakterium)	Makrophagen; Psittakose; Infektion durch Staub von Vogelkäfigen u. a.
Toxoplasma gondii (Sporozoen) (Abb. 23-4)	Verschiedene Zelltypen; Toxoplasmose; Infektion häufig, gefährlich für Föten bei Infektion der Mutter und bei geschwächter Immunantwort; Infektion über Katzen-Fäzes und rohes Fleisch.
Plasmodium vivax, P. falciparum, P. malariae (Sporozoen)	Hepatocyten, Erythrocyten; Malaria; über *Anopheles*-Mücken.
Vermehrung der Parasiten in sek. Lysosomen	
Coxiella burnetii (Rickettsien)	Verschiedene Zellen; Q-Fieber; Infektion über Aerosol.
Yersinia pestis (Enterobakterien)	Makrophagen und andere Zellen; Pest; Infektionsweg: Nager → Floh → Mensch und über Aerosol.
Leishmania brasiliensis, L. donovani, L. mexicana, L. tropica	Makrophagen; Cutane und Viscerale Leishmaniose, Kala-Azar; Infektion durch *Phlebotomus* (Sandfliege).
Vermehrung im Cytoplasma nach Austritt aus parasitophorer Vakuole	
Mycobacterium leprae	Makrophagen; Lepra; Infektion durch Kontakt mit Kranken.
Listeria monocytogenes (grampos. Bakterium) (s. 4.4.2)	Makrophagen, Fibroblasten, Darmzellen; selten gefährlich, so für Schwangere und Neugeborene; Infektion über verdorbene Milchprodukte.
Trypanosoma cruzi (Trypanosomen)*	Makrophagen, Herzmuskelzellen; Chagas-Krankheit; Infektion über Raubwanzen.
*Rickettsia prowazekii***	Endothelzellen; Epidemischer Typhus; Körperlaus.

* *T. brucei*, der von der Tse-Tse-Fliege übertragene Erreger der Schlafkrankheit, ist ein extrazellulärer Blutparasit (s. 19.2.7).
** *R. prowazekii* besitzt einen Adenylat-Translokator, um ATP aus dem Cytoplasma der Wirtszelle aufzunehmen; dieser Translokator hat Ähnlichkeit mit dem plastidären Adenylat-Translokator (s. 11.6).

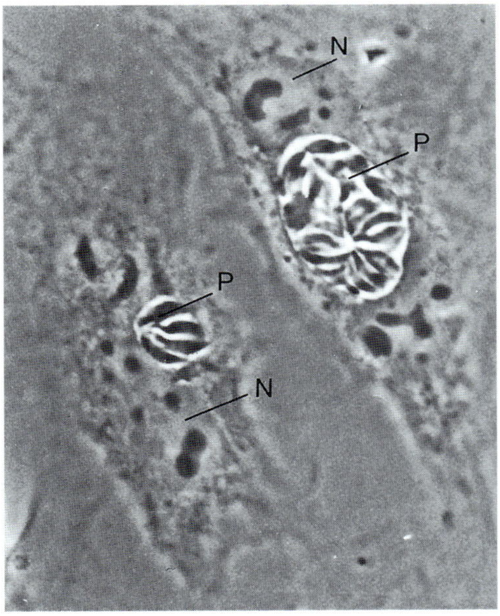

Abb. 23-4: *Toxoplasma gondii.* Parasiten in parasitophoren Vakuolen (P) von zwei CHO-Zellen (chinese hamster ovary) in Kultur; N, Zellkern. (Phasenkontrast-Aufnahme: K. Joiner)

malen Vakuole gezwungen wird. Der prokaryotische Parasit ***Bdellovibrio*** bohrt ein Loch durch die Wand anderer Bakterien, bleibt jedoch im periplastidären Raum und tötet von dort aus die befallene Zelle ab; er lebt also nicht intrazellulär und ist daher eher als Räuber zu bezeichnen.

Bei der Endocytose von parasitischen Zellen handelt es sich um eine rezeptorvermittelte Endocytose, indem Rezeptoren der Wirtszelle „nachgeahmte“ Liganden an der Oberfläche der Parasiten binden oder Rezeptormoleküle der Parasiten, die an Oberflächenstrukturen der Wirtszellen andocken. Häufig verläuft die Endocytose als solche über Coated Pits und Coated Vesikel. Das den Parasiten enthaltende Kompartiment wird als **parasitophore Vakuole** bezeichnet; sie hat einige Charakteristika von Endosomen. Für ihre weitere Vermehrung werden von Parasiten drei Strategien benutzt (Tab. 23-2). Entweder bleibt der Parasit für seine Vermehrung in diesem „Endosom“, indem die Fusion mit Lysosomen verhindert wird; oder diese Fusion findet zwar statt, aber der Parasit ist entweder resistent gegen den lytischen Angriff oder benötigt diesen sogar für seine weitere Entwicklung. Einige Parasiten haben einen dritten Weg gewählt. Sie wechseln ins Cytoplasma der Wirtszelle über, wozu die Membran der parasitophoren Vakuole durch ein Enzym, Hämolysin, zerstört wird.

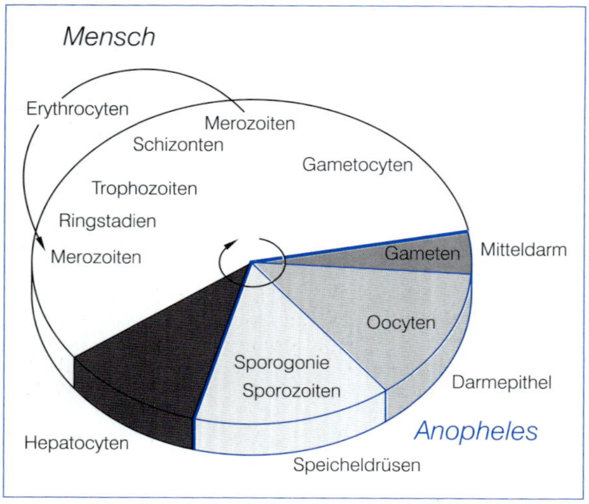

Abb. 23-5: Lebenszyklus der Malaria-Parasiten (Gattung *Plasmodium*).

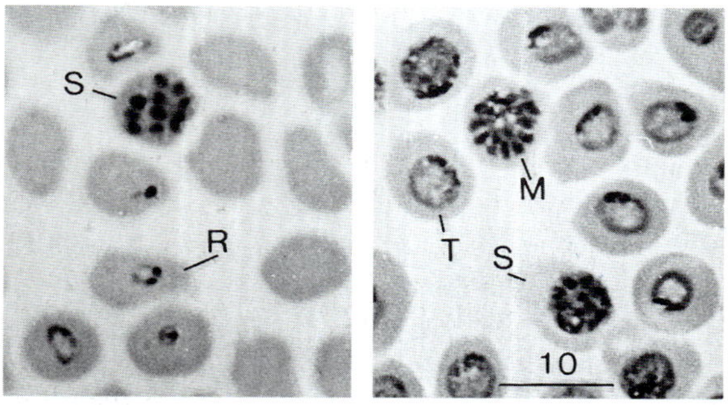

Abb. 23-6: Ausstriche einer mit *Plasmodium* infizierten Erythrocyten-Kultur. **Links**: Zellen mit Ringstadien R (frühe Infektion); eine Zelle mit Schizont, in dem bereits zahlreiche Zellkerne enthalten sind. **Rechts**: Zellen mit Trophozoit (T, Wachstumsstadium), Schizont (S) und Merozoiten (M), d.h. der Schizont hat sich hier schon in viele Merozoiten aufgeteilt. (Präparate: B. Enders)

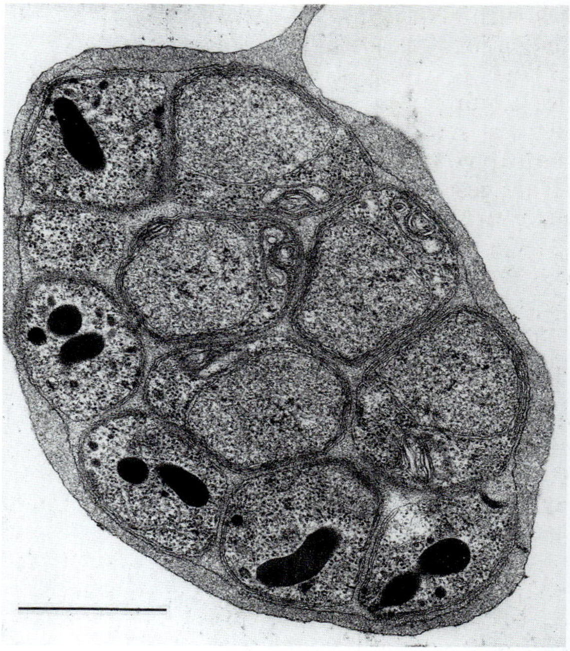

Abb. 23-7: Erythrocyt eines Affen, der mit *Plasmodium knowlesi* infiziert ist. Zu sehen ist ein fortgeschrittenes Entwicklungsstadium, in dem der Schizont sich bereits in mehrere Merozoiten geteilt hat. In einigen Merozoiten sind Zellkerne, in anderen Rhoptrien als dunkle Strukturen getroffen. Die Merozoiten liegen in einer parasitophoren Vakuole. (EM-Aufnahme: F. Wunderlich)

Malaria

Plasmodien sind die Ursachen für Malaria. *Plasmodium*-Infektionen haben in den letzten Jahren wieder zugenommen, nachdem man in den 60er Jahren noch mit einer Ausrottung der Parasiten gerechnet hatte. Das Auftreten von Resistenzen, z.B. gegen Chloroquin, ist nur zum Teil für die erneute Ausbreitung verantwortlich.

Nach WHO-Berichten werden pro Jahr 300–500 Millionen Menschen neu infiziert. Das Risiko einer Infektion liegt bei 40%.

Der Lebenszyklus der Cytoparasiten ist aus Abb. 23-5 ersichtlich; befallene Erythrocyten sind im Ausstrichpräparat in Abb. 23-6 zu sehen. Plasmodien werden auf den Menschen durch die *Anopheles*-Mücke übertragen. Nach einem Stich der Mücke gelangen sog. Sporozoiten in das Blut und befallen Hepatocyten. In einer sogenannten Leberpassage entstehen durch Schizogonie (d.h. ungeschlechtliche Vielteilung) Merozoiten. Diese Merozoiten werden frei und können entweder neue Leberzellen infizieren oder gelangen ins Blut. Blut-Merozoiten befallen im weiteren Erythrocyten, was durch eine Art „erzwungene Endocytose" geschieht, denn Erythrocyten endocytieren normalerweise nicht. Zum Eindringen muß der Merozoit mit seinem apikalen Ende, das durch Mikronemen und ein Rhoptrie genanntes Kompartiment gekennzeichnet ist (Abb. 23-7), der Erythrocytenmembran zugekehrt sein. An der Kontaktaufnahme des Merozoiten mit der Erythrocytenmembran sind eine Reihe teilweise noch wenig charakterisierter Proteine beteiligt.

Bei *Plasmodium vivax* ist zumindest eine der Komponenten molekular genauer identifiziert. Am Erkennungsprozess ist das sogenannte Duffy-Antigen beteiligt; Personen, denen dieses Antigen fehlt, sind resistent gegenüber *P. vivax*. An der Kontaktstelle der beiden Membranen bildet sich eine besondere Zell-Zell-Verdichtung aus, die im EM sehr elektronendicht erscheint und sich als ringförmige Zone während des Invaginationsvorgangs über die gesamte Oberfläche des Parasiten schiebt. Das Membranskelett der Erythrocyten wird dabei zerstört oder zumindest stark verändert. Das Eindringen ist innerhalb von 30 s beendet, der Parasit verbleibt in seiner gesamten Entwicklung in seiner parasitophoren Vakuole und kommt mit dem Cytoplasma nicht in Kontakt. Nach dem Eindringen des Parasiten schließt sich eine Wachstumsphase des sog. Trophozoiten an. Ist diese abgeschlossen, kommt es wiederum zu einer ungeschlechtlichen Vermehrung (Blut-Schizogonie), die Erythrocyten platzen und geben Merozoiten frei, die entweder erneut Erythrocyten infizieren und sich weiter vermehren oder sich intrazellulär zu Gametocyten entwickeln. Diese werden bei erneutem Stich durch *Anopheles* aufgenommen. Nach Oocytenbildung im Darmepithel der Stechmücke dringen die Zygoten in die Leibeshöhle ein und bilden nach Meiose Sporozoiten, die in die Speicheldrüse wechseln und den Kreislauf wieder starten können. Eine oft vorkommende Wiedererkrankung an Malaria ohne erneute Infektion durch *P. malariae* wird durch Hypnozoiten ausgelöst. Hierbei handelt es sich um Ruheformen der Plasmodien, die in Hepatocyten mehrere Jahre ohne weitere Entwicklung überdauern.

In Erythrocyten macht Hämoglobin etwa 95% des löslichen Proteins aus, das entspricht einer Konzentration von 5 mmol · l^{-1}. Bei einer Infektion wird das meiste vom *Plasmodium*-Parasiten als Nahrungsquelle abgebaut. Ein Problem dabei ist das Häm, das mit seinem zentralen Fe toxisch wirkt. Durch eine enzymatische Reaktion wird Häm in der Nahrungsvakuole zu **Hämozoin** polymerisiert. Die farbige Substanz liegt dann kristallin vor und ist für die Zelle ungefährlich. Das Anti-Malaria-Mittel **Chloroquin** ist ein Chinolin (hierzu gehören auch Chinin und Mefloquin). Es wird in der sauren Nahrungsvakuole angereichert und bindet an die Hämozoinmoleküle, wodurch Häm nicht mehr angefügt werden kann und sich monomer anreichert. Dadurch wird seine Toxizität über Fe^{3+} und reaktive Sauerstoffspezies für den Parasiten wirksam. Resistenz gegen Chloroquin beruht auf aktivem Transport aus der Zelle hinaus durch ABC-Translokatoren (Multi-Drug-Resistenz, s. 3.6.4).

23.6 Weiterführende Literatur

Bergman B, Matveyev A, Rasmussen U (1996) Chemical signalling in cyanobacterial-plant symbioses. Trends Plant Sci. 1, 191–196.

Dubremetz J F (1998) Host cell invasion by *Toxoplasma gondii*. Trends Microbiol. 6, 27–30.

Finley B B, Cossart P (1997) Exploitation of mammalian host cell functions by bacterial parasites. Science 276, 718–725.

Francis S E, Sullivan D J, Goldberg D E (1997) Hemoglobin metabolism in the malaria parasite *Plasmodium falciparum*. Annu. Rev. Microbiol. 51, 97–123.

Friedl T, Maier U-G (1998) Cytosymbiosis. In: Behnke H-D et al. (Hrsg.). Progress in Botany. Springer Verlag, Berlin.

Fuchs T M (1998) Molecular mechanisms of bacterial pathogenicity. Naturwiss. 85, 99–108.

Jacobi A, Werner D, Müller P (1995) Molekulare Mechanismen der Symbioseentwicklung von *Rhizobium*/*Bradyrhizobium* und Leguminosen. Biospectrum 2, 21–28.

Lewin R A (1993) Origins of plastids. Symbiogenesis, prochlorophytes and the origin of chloroplasts. Chapmann & Hall, New York.

Lucius R, Loos-Frank B (1997) Parasitologie. Spektrum, Heidelberg.

Melkonian M (1996) Systematics and evolution of algae: endocytobiosis and the evolution of the major algal lineages. Prog. Bot. 57, 281–311.

Reiser W (Hrsg.) (1992) Algae and symbioses: plants, animlas, fungi, viruses, interactions explored. Biopress Ltd., Bristol.

Röllinghoff M, Rommel M (1994) Immunologische und molekulare Parasitologie. Fischer, Stuttgart.

Russel D G (1995) *Mycobacterium* and *Leishmania*: stowaways in the endosomal network. Trends Cell Biol. 5, 125–128.

Sinai A P, Joiner KA (1997) Save haven: the cell biology of nonfusogenic pathogen vacuoles. Annu. Rev. Microbiol. 51, 415–462.

Tagu D, Barker SJ (1997) At the root of mycorrhizal symbioses. Trends Plant Sci. 2, 3–4.

VanRhijn P, Vanderleyden J (1995) The *Rhizobium*-plant symbiosis. Microbiol. Rev. 59, 124–142.

Whitehead L F, Day D A (1997) The peribacteroid membrane. Physiol. Plant. 100, 30–44.

24 ZELLEVOLUTION

Nach Mikrofossilfunden und chemisch-analytischen Indizien gibt es seit etwa 3,8 Milliarden Jahren Leben auf der Erde. Die ältesten Reste tierischer Vielzeller werden in Ablagerungen gefunden, die $0{,}8 \cdot 10^9$ Jahre alt sind. 4/5 der Evolution des Lebens war Evolution auf zellulärem Niveau. Nach Sequenzvergleichen hat die getrennte Evolution der Archaea, Bacteria und Eukarya schon vor über drei Milliarden Jahren eingesetzt.

Über die seit dem frühen Kambrium explosionsartig einsetzende Entwicklung der eukaryotischen Vielzeller hat die Paläontologie umfangreiches Material zusammengetragen. Die Erforschung der präkambrischen zellulären Evolution wurde dagegen lange Zeit für aussichtslos gehalten. Tatsächlich nimmt die Erhaltung zellulären Materials mit zunehmendem Alter von Sedimenten rasch ab. Alte Ablagerungen, die nicht auch starken Metamorphosierungen ausgesetzt waren, sind selten. Andererseits sind auch aus jüngeren Sedimenten viele Fossilien nur als grobe Abdrücke oder Ausgüsse erhalten, zelluläre Strukturen können nur selten beobachtet werden. Methodische und konzeptionelle Neuerungen ließen und lassen uns heutzutage die präkambrische Evolution zumindest ansatzweise verstehen. Als besonders wichtig erwiesen sich einerseits die zuverlässige Bestimmung des absoluten Alters von Sedimenten mit Hilfe von Isotopen sowie detailliertere Vorstellungen über die Entwicklung der Erde und ihrer Atmosphäre, andererseits Sequenzvergleiche von Proteinen und Nucleinsäuren. Schließlich haben Simulationsexperimente eine gute Basis für die Bildung von Hypothesen und ihre experimentelle Bearbeitung gegeben.

Stillschweigend wird in diesem Kapitel vorausgesetzt, daß Leben auf unserem Planeten entstanden ist und eine zelluläre und organismische Evolution stattgefunden hat. Dies wird ganz oder teilweise in einigen Anschauungen negiert. So glauben z.B. auch einige Naturwissenschaftler, daß die Erde mit Keimen aus dem Weltraum „infiziert" wurde, die sich dann zu den heutigen Lebensformen weiterentwickelt haben (Panspermie). Die Kreationisten hingegen stellen die gesamte Evolution in Frage.

24.1 Entstehung des Lebensraums

Die Sonne und ihr Planetensystem sind nach Altersbestimmungen aufgrund von Isotopenverhältnissen in Erd- und Mondgestein sowie von Meteoriten vor $4{,}6 \cdot 10^9$ Jahren entstanden. Wie die übrigen Planeten bildete sich die Erde durch Zusammenstürzen von Planetesimalen, d.h. von asteroidartigen Himmelskörpern mit Durchmessern zwischen 10^{-2} bis zu mehreren 10^5 m.

Die frühzeitliche Erde war infolge ihrer Entstehungsweise und radioaktiver Wärmeerzeugung sehr heiß. Die etwa 10–70 km dicke Erdkruste verfestigte sich vor etwa 10^9 Jahren. Dieses Alter besitzen die ältesten Gesteinsformationen. Ihr Alter wird mit Hilfe der sog. Uranuhr bestimmt. In Zirkonkristalle, die sich beim Erstarren von Granitmagma bilden, wird auch Uran eingebaut, nicht aber Blei. Beim radioaktiven Zerfall des Urans (Halbwertszeit $4{,}51 \cdot 10^9$ Jahre) entsteht Blei. Aus den relativen Anteilen von U und Pb läßt sich daher das Alter von Zirkonkristallen bestimmen.

Während sich die Erdoberfläche nach und nach abkühlte, war die Uratmosphäre aus H_2 und He bereits abdiffundiert. Durch vulkanische Aktivität bildete sich eine sekundäre Atmosphäre (Atmosphäre II). Sie enthielt viel Wasser, das sich schließlich niederschlug, wodurch die Urozeane entstanden. In ihnen bzw. in „Pfützen" ist die **präbiotische chemische Evolution** abgelaufen. Die sekundäre Atmosphäre war im Gegensatz zur heutigen nicht oxidierend. Der Sauerstoff war gebunden in Form von Oxiden im Magma. Daher gab es in der oberen Atmosphäre noch keinen Ozonschild, und die energiereiche UV-Strahlung der Sonne erreichte nur schwach gefiltert die Erdoberfläche. Sie wirkte zersetzend auf die Verbindungen der sekundären Atmosphäre; zugleich dauerte die „Wasserstoff-Flucht" in den Weltraum an, so daß sich die chemischen Gleichgewichte von der Hydridseite auf die Elementseite verlagerten (z.B. $CH_4 + 2H_2O \rightarrow CO_2 + 4H_2$). Es entstand die Atmosphäre III. Man vermutet, daß das Verschwinden der Uratmosphäre und Auf- bzw. Umbau der sekundären Atmosphäre in relativ kurzer Zeit erfolgten. Die Entstehung des Lebens sollte demnach unter Atmosphäre III erfolgt sein. Der langsame Wechsel zur heutigen oxidierenden Atmosphäre IV ist ein Ergebnis der photosynthetischen Wasserspaltung. Obwohl der Sauerstoffanteil der Atmosphäre zu Beginn des Kambriums nur ein Bruchteil des heutigen betragen haben dürfte, sollte er ausgereicht haben, um einen Ozonschild in der äußeren Atmosphäre aufzubauen. Dieser absorbiert kurzwelliges UV und ermöglichte die Besiedlung des Festlands.

24.2 Chemische Evolution und Simulation der Frühevolution

Die Frage, ob die Entstehung von lebenden Zellen aus lebloser Materie naturwissenschaftlich verstanden und simuliert werden kann, ist seit den 50er Jahren intensiv diskutiert worden. S.L. Miller konnte 1953 erstmals über die abiotische Entstehung organischer Verbindungen, darunter Aminosäuren, in einer einfachen Umlaufapparatur berichten, in der eine simulierte Uratmosphäre längere Zeit elektrischer Funkenentladung ausgesetzt war (Simulation von Gewittern bzw. starker UV-Strahlung, Tab. 24-1). Entsprechende Versuche sind seither in vielen Variationen durchgeführt worden. Sie haben übereinstimmend gezeigt, daß viele organische Verbindungen abiotisch entstehen können, auch solche, die heute in lebenden Zellen wichtige Rollen spielen. Die Reaktionsmechanismen, nach denen diese Verbindungen entstehen, sind z.T. aufgeklärt worden. Dennoch lassen sich einige wichtige Verbindungen, wie z.B. Pyrimidine, Pentosen oder Hexosen, nicht in der „Miller-Apparatur" unter Uratmosphäre-Bedingungen erzeugen. Diese könnten später entstanden sein, entweder durch Erhitzung/UV-Bestrahlung von bereits vorhandenen Materialien oder in primitiven Kreisläufen, in denen sich kompliziertere Moleküle evolviert haben. Da zu dieser Zeit praktisch kein freier Sauerstoff vorhanden war, sollten die entstandenen Moleküle um Größenordnungen stabiler gewesen sein als unter rezenten Bedingungen und sich in stehenden und seichten Gewässern zu einer **Ursuppe** angereichert haben.

Organische Verbindungen entstehen auch unter natürlichen Bedingungen im Weltraum. Durch Radioastronomie sind neben CO und HCN viele andere, komplizierte Verbindungen in interstellaren Staubwolken und Kometen nachgewiesen worden. Bestimmte Steinmeteoriten, die sog. Kohligen Chondriten, enthalten 0,2–5% Kohlenstoff, z.T. in organischer Form. In diesen Chondriten finden sich die verschiedensten proteinogenen und nichtproteinogenen Aminosäuren (L- und D-Formen gleich häufig), andere organische Säuren, aliphatische und aromatische Kohlenwasserstoffe sowie Heterozyklen, unter ihnen auch Pyrimidine.

Als erster Schritt nach der Bildung und lokalen Anreicherung organischer Verbindungen ist die abiotische Entstehung von Makromolekülen zu postulieren. Durch trockenes Erhitzen eines Aminosäuregemischs lassen sich Polypeptide mit über 200 Aminosäuren pro Ketten erzeugen, in denen normale Peptidbindungen überwiegen; sie wurden von S.W. Fox als Proteinoide bezeichnet. Aus energiereichen Aminosäure-Adenylaten können nach Adsorption an Tonmineralien ohne Erhitzen Polypeptidketten mit über 50 Monomeren in hoher Ausbeute hergestellt werden.

Tab. 24-1: Organische Verbindungen, die sich durch elektrische Entladung in einem Gasgemisch aus Methan, Ammoniak, Wasser und Wasserstoff bilden.

Verbindung	Relative Ausbeute (Ameisensäure = 100%)
Ameisensäure	100
Milchsäure	13
Essigsäure	6,4
Propionsäure	5,6
α-Hydroxybuttersäure	2,1
Bernsteinsäure	1,7
Harnstoff	0,86
Aminosäuren:	
Glycin	27
Alanin	15
Sarcosin	2,1
α-Aminobuttersäure	2,1
Glutaminsäure	0,26
Asparaginsäure	0,17

Im nächsten Schritt sollen sich einfache Kreisläufe herausgebildet haben. Nach einer Hypothese haben sich Amino- und andere Hydroxy- oder Dicarbonsäuren zunächst zufällig zu peptidähnlichen Molekülen verbunden. Theoretisch konnten so unglaublich viele verschiedene Moleküle entstehen, in der Ursuppe sollten dennoch nur eine endliche Anzahl verschiedener „Peptide" vorhanden gewesen sein. Denn erstens waren nicht alle Bindungen gleich wahrscheinlich und zweitens waren viele der abiotisch entstandenen „Peptide" zweifellos unlöslich (s. 1.7.1) und fielen aus der Ursuppe aus. Bekannt ist, daß viele Peptide katalytisch wirksam sind. In der Ursuppe sollten sich demnach auch solche Moleküle gefunden haben, die ihre eigene Synthese katalysierten. Da solche Synthesen wahrscheinlich sehr ungenau waren, entstanden immer wieder andere Katalysatoren, auch solche, die noch leistungsfähiger waren als die Ausgangsstoffe. Diese hatten dann einen Vorteil beim Wettkampf um die Ressourcen. Es ist naheliegend, daß sich solche Kreisläufe erweiterten bzw. sogar verzweigten, was dann zu sog. Protometabolismen geführt haben könnte. Diese könnten so leistungsfähig gewesen sein, daß auch diejenigen Moleküle, die abiogen in der Millerschen Apparatur nicht nachzuweisen sind, synthetisiert werden konnten.

Die RNA-Welt

Ist obiges Szenario richtig, so waren auch Nucleotide entstanden, die nun mehrere entscheidende Eigenschaften hatten. Sie konnten in einfachen Prozessen zu Oligonucleotiden reagieren. Diese wiederum hatten die Möglichkeit zur Replikation und trugen gleichzeitig die Information zur eigenen Synthese bzw. zur Synthese eines komplementären Moleküls. Hier setzte dann ein weiterer Selektionsmechanismus an. Denn es konnten sich nur solche RNA-Moleküle anreichern, die schnell replizierbar und stabil waren. Diese beiden Kriterien erfüllten Polynucleotide, die höchstens 100 Nucleotide lang waren und – aufgrund komplementärer Basenpaarung – Doppelstrangbereiche ausbilden konnten. Jedoch war sicherlich auch hier die Replikation so ungenau, daß eine Gruppe von ähnlichen RNA-Molekülen, sog. „statistische Moleküle" (C. Woese) oder „Quasispezies" (M. Eigen), entstanden. Es gibt gute Hinweise darauf, daß die Sieger dieser Selektion eine Gruppe von tRNA-ähnlichen Molekülen war. Spätestens ab diesem Zeitpunkt sollten bei der weiteren Entwicklung RNA-Moleküle eine wichtige Rolle gespielt haben – eine neue Ära, die der RNA-Welt, hatte begonnen.

Es ist heute unter Evolutionsbiologen wenig umstritten, daß RNA erdgeschichtlich früher auftrat und in der Lebensevolution eine wichtigere Rolle spielte als DNA. Auch bei rezenten Organismen sind die Funktionen der RNAs vielseitiger und nicht nur auf die Speicherung von Information beschränkt wie bei der DNA. Als Beispiele dienen die dreifache Rolle von RNAs bei der Translation, die Verwendung von RNA-Primern bei der Replikation, der RNA-Anteil beim Spleißen oder bei der Telomerase-Reaktion.

Ribozyme

Die Entdeckung katalytisch wirksamer RNAs, der Ribozyme, durch T. R. Cech und S. Altmann war ein weiterer Beleg dafür, daß eine RNA-Welt vor der DNA-Welt existiert haben sollte. In den Ribozymen finden sich informative und funktionelle Eigenschaften vereinigt. Es hat sich gezeigt, daß Ribozyme als Endonucleasen, Ligasen und Nucleotidyltransferasen (entsprechend den RNA-Polymerasen und Replicasen) fungieren können (s. 1A.2). Tatsächlich sind einige RNA-Sequenzen in der Lage, als selbst-schneidende, -ligierende, -spleißende und -elongierende Katalysatoren aufzutreten. Auf der Grundlage all dieser Reaktionen lassen sich Modelle konstruieren, die eine **Selbstreplikation von RNA** ohne Beteiligung einer Katalyse durch Proteine möglich erscheinen lassen.

Entstehung der ersten Zelle

Mit der Evolution von Proto-tRNAs sind Schlüsselmoleküle entstanden. Durch sie lassen sich die Entstehung des genetischen Codes oder auch die Herausbildung eines Translationsapparates ableiten. Die ersten RNA-Gene können nur recht klein gewesen sein, da ihre Replikation sehr ungenau verläuft. Längere Gene könnten dadurch entstanden sein, daß es nicht zum Anwachsen vorhandener RNA-Ketten gekommen ist, sondern – ähnlich dem heutigen *trans*-Spleißen (s. 5.7.3) – unterschiedliche RNA-Moleküle intermolekular miteinander reagierten.

All diese katalytischen und vermehrungsfähigen Systeme mußten nach und nach von der Umwelt abgegrenzt werden. Bei der abiotischen Synthese von Molekülen sind auch lipidähnliche Strukturen entstanden, die Membranen im heutigen biologischen Sinne ausbilden konnten. In solche primitiven Membranen konnten sich hydrophobe Proteine „integrieren", die nach Einschluß der katabolischen und anabolischen Funktionen dafür gesorgt haben, daß die erste zellähnliche vermehrungsfähige Struktur nicht von der Umwelt vollständig isoliert wurde, sondern einfache Kanäle über die Membranbarriere zur Substrataufnahme hatte, über die auch ein Mechanismus zur Metabolitentsorgung zur Verfügung stand.

Die einzelnen Schritte, die zur Herausbildung der ersten Zelle, des **Progenoten**, geführt haben sollen, sind zusammengenommen nicht sehr wahrscheinlich, als Einzelereignisse aber möglich. Die räumlichen, zeitlichen und mechanistischen Anforderungen können jedoch nur einmal zur erfolgreichen Entstehung von Leben, d.h. der Herausbildung eines Progenoten auf der Erde geführt haben. In der Tat zeigen sämtliche heute bekannten Lebewesen in vielen Eigenschaften eindeutige Übereinstimmungen, aus denen man nur den einen Schluß ziehen kann, daß alle heutigen Zellen bzw. Organismen Nachkommen einer einzigen Zelle, des Progenoten, sind. Mit dem Progenoten beginnt die organismische Evolution. In dieser entwickelte sich der Progenot bzw. seine Nachkommen weiter bis zur **Urzelle**, dem letzten gemeinsamen Vorfahren (Cenancestor) der drei Reiche Bacteria, Archaea und Eukarya.

24.3 Lebenszeugnisse aus dem Präkambrium

Die ältesten Ablagerungen, die als „Mikrofossilien" erhalten sind (Tab. 24-2), enthalten spärliche Reste organischen Materials in kohligen Hornblenden. Es ist schwierig, solche Reste als echte Fossilien zu identifizieren. Ihre Strukturen sind gewöhnlich so einfach, daß es sich auch um abiotisch entstandene Bildungen handeln könnte, wie sie auch in manchen Meteoriten auftreten. Die ersten mutmaßlichen Mikrofossilien sind 3,8 Milliarden Jahre alt. In den ältesten bekannten Sedimentgesteinen (Isua-Formation in Westgrönland, −3,8 Milliarden Jahre) wurden zellähnliche Strukturen gefunden und als *Isuasphaera* (Abb. 24-1) beschrieben. Die ältesten sicher erkennbaren Mikrofossilien, Stromatolithen (s. unten), sind 3,5 Milliarden Jahre alt, die ältesten Cyanobakterien-artigen Mikrofossilien 2,5 Milliarden Jahre (Abb. 24-2). Das Vorkommen von Eucyten kann 1,5 Milliarden Jahre zurück vermutet, 1 Milliarde Jahre zurück nachgewiesen werden. Erst in noch jüngerer Zeit treten Vielzeller in nennenswertem Umfang auf.

Man hat versucht, die biogene Herkunft von organischen Stoffen in alten Sedimenten (Chemofossilien) auf chemischem Weg nachzuweisen. (a) Kohlenwasserstoffe lassen sich bereits in den ältesten Verbindungen nachweisen. Wenn solche Verbindungen wie bei heutigen Organismen aus C_2-Einheiten entstanden sind, sollten geradzahlige Formen überwiegen oder – nach Decarboxylierung – ungeradzahlige, während bei abiogenem Ursprung ein statistisches Gemisch vorliegen sollte. (b) Biogene Aminosäuren kommen rezent in der L-Form vor, während bei abiotischer Synthese optisch inaktive Racemate aus D- und L-Formen anfallen. (c) In der Photosynthese, aus der praktisch der gesamte organisch gebundene Kohlenstoff der heutigen Lebewesen stammt, kommt es im Vergleich zu anorganischem (z.B. Karbonat-) Kohlenstoff zu einer deutlichen Anreicherung des Kohlenstoff-Isotops ^{12}C. Organisch gebundener Kohlenstoff hat ein ^{13}C-Defizit. Der $\delta^{13}C$-Wert, das ist das Verhältnis von ^{13}C zu ^{12}C, beträgt bei rezentem Pflanzenmaterial −25 Promille, für Steinkohle werden ähnliche Werte gefunden. Für die ältesten Mikrofossilien wurde ein $\delta^{13}C$-Wert von −13 Promille ermittelt; das relativ geringe Defizit kann durch spätere Erhitzung und Metamorphosierung erklärt werden.

Stromatolithe (Schichtsteine) sind zentimeter- bis dezimetergroße Kalkgebilde mit auffälliger Lamellenstruktur. Bildungen solcher Art werden rezent durch Massenpopulationen von Cyanobakterien hervorgebracht, z.B. in Algenriffen der Bahamas und Westaustraliens. Fossile Stromatolithe sollten von entsprechenden Organismen abstammen.

Eine sehr auffällige Erscheinung ist der **Faunensprung** am Übergang vom Präkambrium zu Kambrium vor knapp 700 Millionen Jahren. Ab dieser Zeit kommt es zu einer explosionsartigen Vermehrung der Artenvielfalt, wobei kurz nacheinander Vertreter praktisch aller großen Tierstämme auftraten. Man vermutet, daß diese rasante Entwicklung durch das Zusammentreffen verschiedenster Faktoren ausgelöst wurde wie Evolution der Sexualität, rasch ansteigender O_2-

Tab. 24-2: Zelluläre Evolution: Lebensentwicklung nach einigen Mikrofossilfunden.

Zeitskala 10^9 Jahre	Erdgeschichtliche Epoche	Geologische Formation, Fundstellen	Fossilien, Bemerkungen
0	rezent Phanerozoikum		– 0,003: Hominiden – 0,11: Blütenpflanzen – 0,25: Trennung Reptilien/Säuger – 0,3: Steinkohlewälder
– 0,7	Kambrium	Edicara-Sandstein, S-Australien	gut erhaltene Makrofossilien (Coelenteraten, Anneliden)
		Bitter Springs, Australien	Grünalgen, Pilze, *Glenobotrydion* (Abb. 24-2); Meiose (?) bei *Eotetrahedrion*; O_2-Gehalt der Atmosphäre 1,3 %
– 1		Nonesuch-Schiefer, Michigan	kugelige Einzelzellen, fädige, z. T. verzweigte Kolonien
		Belt-System, Montana	Foraminiferen, Cyanobakterien- und Pilz-artige Mikrofossilien
– 1,5	Proterozoikum (Algonkium)	McArthur-Serie: Amelia-Dolomit; N-Australien	Vielzeller mit Differenzierung, Einzelzellen 4–15 µm Durchmesser; Eukaryoten, vermutlich atmend Atmosphäre IV, oxidierend
		Gunflint-Iron, Kanada	Verkieselte Bakterien (*Gunflintia, Eoastrion, Kakabekia*, Abb. 24-2); O_2-Gehalt 0,25 %
– 2		Transvaal-System, S-Afrika	Reiche Cyanobakterien-Flora, Stromatolithen
		Soudan-Iron, S-Kanada	Cyanobakterien mit Heterocysten; O_2-Gehalt 0,1 %
		Insuzi Dolomit, S-Afrika	üppige Stromatolithen
– 3	Archaikum	Swaziland-System, S-Afrika; Fig-Tree, Onverwacht	bakterienartige Reste: *Eobacterium*; kugelige Mikrostrukturen: *Archaeosphaeroides* (Abb. 24-2)
		Warrawoona-System, NW-Australien	älteste Stromatolithen Atmosphäre III *Isuasphaera* (Abb. 24-1)
– 4		Feste Erdkruste, heftiger Meteoriteneinschlag	Atmosphäre I und II

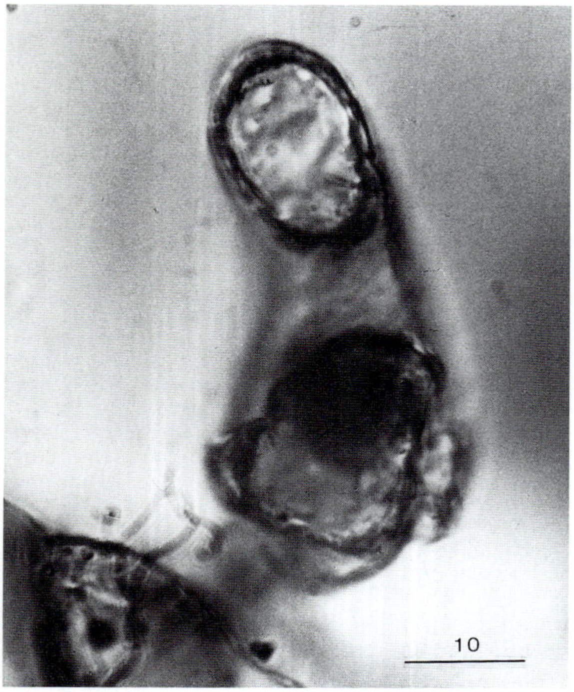

Abb. 24-1: Eine *Isuasphaera*, eingeschlossen in einen Quarzkristall der 3,8 Milliarden Jahre alten Isua-Sedimente (Westgrönland), die vermutlich aus Flachwasser abgelagert und später erheblich metamorphosiert worden sind. (Original: H. D. Pflug)

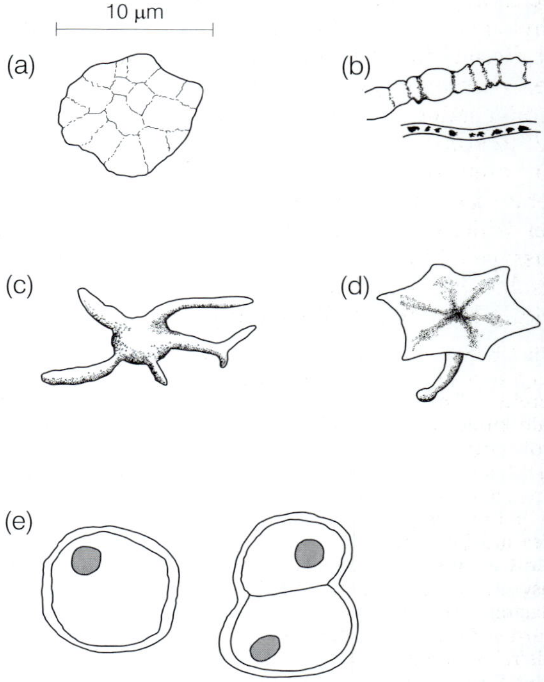

Abb. 24-2: Mikrofossilien aus dem Präkambrium (s. Tab. 24-2). (**a**) *Archaeosphaeroides*. (**b**) *Gunflintia grandis* und *G. minuta*. (**c**) *Eoastrion*. (**d**) *Kakabekia*. (**e**) Teilung bei *Glenobotrydion*.

Gehalt der Atmosphäre und damit Abnahme der bodennahen UV-Strahlung, schließlich Herausbildung neuer heterotropher Organismen auf der Grundlage einer Massenentwicklung von Produzenten sowie Erschließung des Festlandes als neuen Lebensraum. Mit dem späten Präkambrium war die Zellevolution weitgehend abgeschlossen, und die nunmehr beginnende Verwendung von Eucyten als „Fertigbauteile" für vielzellige Systeme ermöglichte eine stark beschleunigte Evolution.

Würden 4 Milliarden Jahre durch Zeitraffung (1 zu $2 \cdot 10^{12}$) auf 24 Stunden verkürzt, wäre das Leben um 4 Uhr früh entstanden, der Übergang Archaikum-Algonkium hätte um 11 Uhr stattgefunden, die ersten Eucyten wären um 16 Uhr, die ersten größeren Vielzeller um 20 Uhr aufgetreten; die Landbesiedlung hätte um 21 Uhr 40 begonnen und die Stammpopulationen der heutigen Menschen hätten knapp 4 Sekunden vor Mitternacht gelebt.

24.4 Entwicklung der Eukaryoten

Man hat versucht, die frühe Evolution der Eukaryoten durch vergleichende Sequenzanalyse aufzuklären. Grundlage hierfür war die sog. **Molecular-Clock-Hypothese** von E. Zukkerkandl und L. Pauling. Analog zu den Isotopen-Uhren der Physiker, die auf den mit konstanter Geschwindigkeit ablaufenden und durch äußere Faktoren nicht beeinflußbaren Elementumwandlungen bei radioaktiven Zerfällen beruhen, wurde angenommen, daß die ebenfalls zufälligen Mutationsereignisse im Laufe der Zeit zu immer stärkeren Veränderungen in der Primärstruktur informativer Makromoleküle von Organismen führen, die als **Molekulare Uhren** verwendet werden können. Aus der Ähnlichkeit bzw. Verschiedenheit homologer Sequenzen sollte sich bei konstanter Mutationsrate die Zeit bestimmen lassen, die seit der Aufspaltung zweier Evolutionslinien vergangen ist. Die Techniken der Molekularbiologie sowie die Fortschritte in der Computertechnologie führten zur Erstellung einer Flut von phylogenetischen Stammbäumen. Gemeinsam ist diesen, daß die Evolution von Gruppen (z.B. der Mammalier) gut nachvollziehbar ist, die Methodik jedoch (zumindest noch heutzutage) bei der Rekonstruktion der frühen Evolution der Eukaryoten zu statistisch nicht abgesicherten Ergebnissen führt. Daher sind Rekonstruktionen der frühen Evolution der Eucyten derzeit noch aussagekräftiger, die die Ergebnisse morphologischer, biochemischer, zellbiologischer und molekularbiologischer Forschung kombinieren.

Wir leben in der Zeit der Genom-Projekte. Mehrere prokaryotische Genome sowie das gesamte Hefe-Genom sind bereits vollständig sequenziert worden (s. 1.3), und innerhalb kurzer Zeit wird die Gesamtsequenz weiterer eukaryotischer Genome zur Verfügung stehen. Neben vielen wichtigen Erkenntnissen werden dann auch genügend phylogenetisch auswertbare Daten bereitstehen, um die Evolution der Proto- und Eucyten zu rekonstruieren. Daß dies möglich sein wird, zeigen Berechnungen an Plastiden-Genomen. Von allen wichtigen eukaryotischen photosynthetischen Linien sind die vergleichsweise kleinen Plastome sequenziert worden, deren Daten verrechnet wurden (Abb. 24-3). Zum ersten Mal zeigt sich ein zweifelsfreies Bild eines Teilbereichs der Evolution phototropher Eucyten. Die Molecular-Clock-Hypothese ist dabei, eine Theorie zu werden.

Typische zellbiologische Eigenschaften heutiger Eucyten, die sie gegenüber Protocyten abgrenzen, sind das Cytoskelett sowie der Zellkern. Die Herausbildung eines Cytoskeletts in frühen Eukaryoten ermöglichte eine Vergrößerung von Zellen, die Ausbildung eines Bewegungsapparates sowie Membranfluß. Da Membranen nie de novo entstehen, könnten einige der internen Membranen durch Invaginationen der Plasmamembran entstanden sein. Weiterhin erlauben ein Cytoskelett und die Möglichkeit zu Membranfluß die Entwicklung von Exo- und Endocytose. Damit sollte der frühe Eucyt schon wichtige Eigenschaften für eine prädatorische Lebensweise gehabt haben. Er hatte die notwendige Größe, um andere Organismen mittels Endocytose (genauer: Phagocytose) aufnehmen zu können, und besaß eine durch Cytoskelettelemente vermittelte Beweglichkeit.

Heute ist bekannt, daß zumindest einige Grundelemente des Cytoskeletts bereits in Bakterien entwickelt worden sind. Ein Beispiel hierfür ist FtsZ, ein Protein, das an der Zellteilung von Bakterien beteiligt und zu Tubulinen homolog ist (s. 4.4 und 22.1).

Man hat gute Gründe anzunehmen, daß zunächst ein RNA-Genom vorherrschend war und weder der Progenot noch die Urzelle einen Zellkern, das namensgebende Kompartiment der Eukaryoten, besaßen. Die Entstehung eines Zellkerns wird in zwei Denkansätzen diskutiert. In der karyogenen Hypothese geht man davon aus,

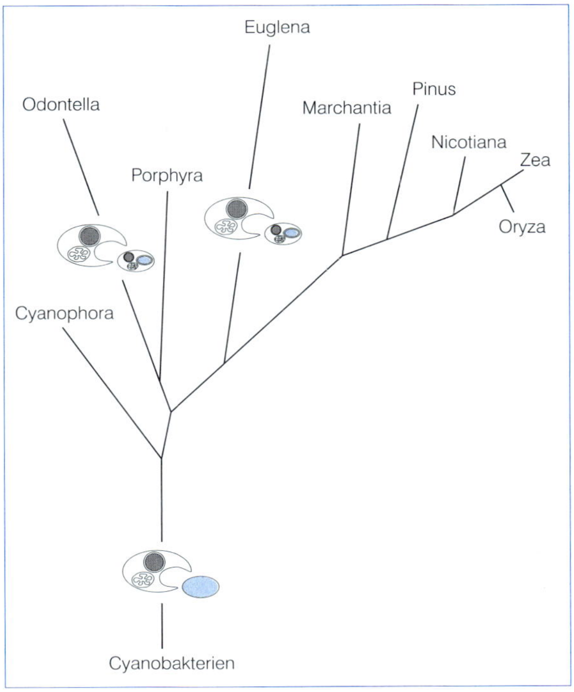

Abb. 24-3: Phylogenetischer Stammbaum, bei dem Plastome verrechnet wurden. Gezeigt ist die Entwicklung moderner Plastiden, von Cyanobakterien (farbig) ausgehend über *Cyanophora* (einer Glaucocystophycee), *Porphyra* (einer Rotalge) und *Odontella* (einer Diatomee in sekundärer Endocytobiose) in Richtung der Chlorophyll-a/b-Linie mit *Euglena* und Landpflanzen. (Vereinfacht nach Martin et al. (1998) Nature 393, 162)

daß das ursprüngliche Eucyten-Genom durch heute nur noch schlecht nachvollziehbare Mechanismen von einer Hülle aus zwei Membranen umgeben wurde, in der sich bereits Kernporen befunden haben müssen. Alternativen liefert die endokaryogene Hypothese. Sie nimmt an, daß der Zellkern aus dem Einbau eines Protocyten in einen zunächst noch kernlosen Eucyten hervorgegangen ist. Der Protocyt wäre dann nach und nach zu einem Zellkern geworden, u.a. auch dadurch, daß die im Eucyten vorhandene genetische Information in den neuen Zellkern verlagert wurde. Dies würde die aus zwei Membranen bestehende Kernhülle zwanglos erklären, denn Membranhüllen entstehen, wenn ein Organismus als Endosymbiont aufgenommen wird.

In einer noch radikaleren Abkehr von vorherrschenden Ansichten wird angenommen, daß ursprüngliche Eucyten, d.h. Eucyten ohne Zellkern niemals existierten. Vielmehr sollen die ersten Eukaryoten Zellen aus der Fusion eines Archaebakteriums mit einem Eubakterium entstanden sein, wobei einer der nun intrazellulären Partner den Zellkern ausgebildet hat. Interessanterweise gibt es in einigen Stammbaumanalysen Belege hierfür, außerdem könnte hiermit der erdgeschichtlich späte Nachweis von Eucyten anhand von fossilisiertem Material erklärt werden.

Vor kurzem ist eine weitere Hypothese zur Entstehung der Eukaryoten entwickelt worden. Auch hier ist der Grundgedanke eine zunächst lockere Assoziation zweier Protocyten, und zwar zwischen einem α-Proteobakterium (dem Symbionten) und einem archaebakteriellen Wirt. Der Auslöser der initialen Bindung waren die Ausscheidungsprodukte des Bakteriums, nämlich das bei anaerober Fermentation anfallende H_2 und CO_2. Diese „Abfallprodukte" könnten von Archaebakterien, die den heutigen methanproduzierenden ähnlich waren, als Energie- und Kohlenstoffquelle genutzt worden sein. Die Partnerschaft wurde nach dieser Vorstellung obligat, als das Konsortium neue Habitate besiedelte, in denen kein Wasserstoff mehr aus geologischen Prozessen zur Verfügung stand. Unter solchen Umweltbedingungen ist der Wirt abhängig vom α-Proteobakterium. Im weiteren Verlauf der Coevolution soll es zur Angleichung des Stoffwechsels der Partner und schließlich zur Integration des α-Proteobakterium in das Archaebakterium gekommen sein. Damit wäre eine chimäre Zelle entstanden, in der bereits der Vorfahr heutiger Mitochondrien bzw. Hydrogenosomen stabil integriert war und der Wirt von ursprünglich autotropher zu heterotropher Lebensweise übergehen konnte. Der Vorteil dieser Hypothese besteht unter anderem darin, daß die Entstehung einer eukaryotenähnlichen Zelle postuliert werden kann, ohne daß ein Cytoskelett oder ein Zellkern bereits ausgebildet sein mußte. Weiterhin gibt die Hypothese Erklärungsmöglichkeiten dafür, daß der genetische Apparat in heutigen Eucyten dem archaebakteriellen ähnelt, während ihr Metabolismus eher eubakterieller Herkunft ist.

Wie auch immer der Zellkern entstanden sein mag, die weitere Evolution des Eucyten geschah nicht nur durch sukzessive Verbesserungen vorhandener Strukturen in Mutations- oder Rekombinationsereignissen oder durch die Integration artfremder DNA in das Eucyten-Genom (horizontaler Gen-Transfer), sondern auch sprunghaft durch die Etablierung protocytischer Zellen als Organellen innerhalb der eucytischen Wirtszelle.

24.5 Endosymbionten-Theorie

Entwicklung der Hypothese

A. W. F. Schimper und F. Schmitz hatten bereits 1883 vermutet, daß Plastiden nur aus ihresgleichen hervorgehen können. Schimper wies damals darauf hin, daß diese Situation an eine intrazelluläre Symbiose zwischen einem autotrophen Symbionten und einem heterotrophen Wirt erinnere. Bald darauf wurde auch für Mitochondrien postuliert, daß sie in der Zelle nicht de novo entstehen können. R. Altmann formulierte 1890 die Endosymbionten-Hypothese in allgemeiner Form, andere Forscher, unter ihnen besonders C. Mereschkowski (1905), erweiterten die Hypothese. Das wesentliche Postulat dieser Hypothese ist, daß Plastiden und Mitochondrien Abkömmlinge ehemals freilebender Einzeller sind, die auf einer frühen Evolutionsstufe als endocytische Symbionten aufgenommen und nach und nach zu Organellen „domestiziert" worden sind. Diese Hypothese wurde bald gestützt durch die Entdeckung, daß Plastiden Sitz extranucleärer Erbfaktoren sind und ein eigenes genetisches System innerhalb von Zellen darstellen. Ähnliches konnte später B. Ephrussi für Mitochondrien bei atmungsdefekten Hefen zeigen. Die Endosymbionten-Hypothese wurde schließlich 1970 von L. Margulis in moderner Form formuliert. Als phyletische Vorläufer der Plastiden gelten Cyanobakterien, während Mitochondrien von aeroben Bakterien abstammen. Die Eingliederung der später zu Organellen evolvierten prokaryotischen Cytosymbionten soll in einer frühen Stufe der Zellevolution erfolgt sein. Einige wesentliche Argumente zugunsten der Endosymbionten-Hypothese sind im folgenden kurz zusammengefaßt:

- Endocytobiosen sind bei rezenten Organismen nicht selten (s. Kap. 23). Solche Systeme können offenbar relativ leicht etabliert und stabilisiert werden.
- Mitochondrien und Plastiden sind innerhalb des Eucyten ständig von einem nichtplasmatischen Kompartiment umgeben. Diese Situation entspricht vielen rezenten Cytosymbiosen, wobei der Symbiont innerhalb der Wirtszelle meistens ebenfalls von zwei nicht fusionierenden Membranen eingeschlossen ist. Hier entspricht die innere Membran der Cytoplasmamembran des Symbionten bzw. Cytoparasiten, während die äußere von der Plasmamembran der Wirtszelle abstammt, die bei der endocytotischen Aufnahme des Cytosymbionten internalisiert wurde (symbionto- bzw. parasitophore Vakuole). Die gleiche Situation bei Organellen und rezenten Symbiosen sollte jedoch nicht zu der Annahme verleiten, daß die äußere Membran der Organellenhülle der symbiontophoren Vakuole entsprechen muß. So war z. B. der Vorläufer der Plastiden ein Cyanobakterien-ähnlicher Protocyt. Nach der Aufnahme des Protocyten existierten zunächst drei Membranen, die das Symbiontenplasma vom Wirtscytoplasma trennen: phagotrophe Vakuole sowie äußere und innere Membran des gramnegativen Symbionten.
- Besonders die innere Membran der Mitochondrien und Plastiden zeigt einige protocytische Eigenschaften. So findet sich in der inneren

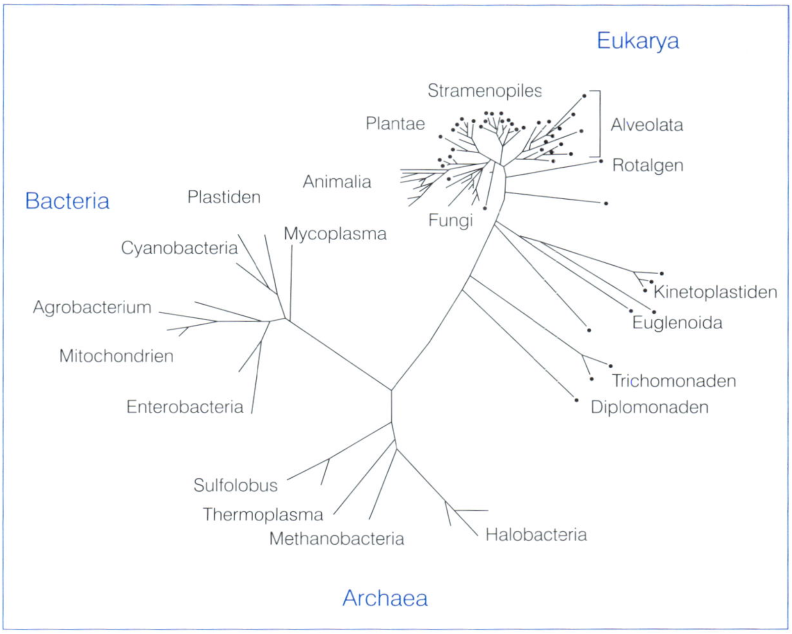

Abb. 24-4: Phylogenetischer Stammbaum, der die Beziehungen der Archaea, Bacteria und Eukarya zueinander aufzeigt. Als Berechnungsgrundlage sind 18S-rRNA-Sequenzen benutzt worden.

Mitochondrienmembran Cardiolipin, ein Phospholipid, das sonst nur in Bakterien identifiziert wurde. F-Typ ATPasen (s. 10.4.2) finden sich nur in Prokaryotenmembranen; in Eucyten ist ihr Vorkommen auf die innere Mitochondrienmembran und die Thylakoide der Chloroplasten beschränkt.

- Die in den Organellen vorkommenden Biosynthesewege sind Variationen eubakterieller Mechanismen.
- Das genetische System von Mitochondrien und Plastiden unterscheidet sich erheblich vom nucleocytoplasmatischen der Eukaryoten, weist andererseits aber Grundzüge eubakterieller Genome auf; dazu gehören Zirkularität der Organellen-DNA mit Membrananheftung, minimale Repetitionsgrade im Genom, Operonstrukturen, Chloramphenicol-sensitive und Cycloheximid-insensitive 70S Ribosomen, prokaryotisches Komplement von Initiationsfaktoren der Translation u.a..
- Die Endosymbionten-Hypothese wurde letztlich infolge vergleichender Sequenzanalysen allgemein anerkannt und in den Status einer Theorie erhoben. In phyletischen Stammbäumen gruppieren sowohl Nucleinsäure- als auch Aminosäuresequenzen der Organellen mit den prokaryotischen Pendants (Plastiden-Sequenzen bei Cyanobakterien, Mitochondrien-Sequenzen bei aeroben Bakterien) und außerhalb des eukaryotischen Astes (Abb. 24-4).

Gen-Transfer

Es gibt einige Fakten, die zunächst scheinbar im Widerspruch zur Endosymbionten-Theorie stehen. Hierzu zählt, daß die genetische Information, die in den Organellen-Genomen vorhanden ist, bei weitem nicht ausreicht, um für alle Funktionen zu codieren, die in Organellen nachgewiesen worden sind. Man hat daher nach Alternativen zur Endosymbionten-Theorie gesucht. Anstelle des endosymbiontischen Ursprungs der DNA-haltigen Organellen wurde an eine autonome Entstehung gedacht, bei der Plasmide mit geclusterten Genen aus der Kern-DNA innerhalb einer frühen eukaryotischen Zelle in besondere Kompartimente eingeschlossen werden sollen (Hypothese der endogenen Kompartimentierung, Plasmid-Hypothese). Doch sind einerseits die Sequenzunterschiede zwischen Plastiden und Mitochondrien zu groß, als daß beide autogen in derselben eukaryotischen Zelle entstanden sein könnten. Andererseits sind die Sequenzen und Gen-Anordnungen in Organellen und prokaryotischen Homologen so ähnlich, daß eine zufällige Entstehung solcher Strukturen in eukaryotischen Zellkernen als unmöglich erscheint.

Diese Unstimmigkeiten in der Endosymbionten-Theorie können durch die Annahme von Gen-Transfer beseitigt werden. Durch intrazellulären horizontalen Gen-Transfer vom ursprünglichen prokaryotischen Genom in den Zellkern ist ein Großteil der genetischen Information in das Genom des Wirts und damit auch unter seine Kontrolle verlagert worden. Dies ist inzwischen an einer großen Anzahl von Kern-Genen, die für Proteine in den Organellen codieren, nachgewiesen worden. Es ist sogar möglich, das Ausmaß des Gen-Transfers aus den Organellen in den Zellkern nachzuweisen. Je höher entwickelt ein Organismus ist, desto weniger Gene finden sich in den Organellen. Grünalgen und Landpflanzen enthalten in ihren Plastomen sehr viel weniger Gene als die übrigen Algen (s. 11.2). In primitiven Protisten sind in den Mitochondrien-Genomen noch viele eindeutig prokaryotische Gene nachzuweisen (s. 10.2), die in den Mitochondrien der Säuger nicht mehr vorkommen. Wenn auch die Mechanismen des horizontalen Gen-Transfers noch nicht geklärt sind, so war er bzw. ist er jedenfalls nicht zielgerichtet. Denn auch nichtproduktive Gen-Transferereignisse sind nachweisbar, z.B. finden sich Sequenzen aus Plastomen in einigen Mitochondrien-Genomen.

Eucyten als Mosaikzellen und intertaxonische Kombination

Nach wie vor gehört die Endosymbionten-Theorie zu den nicht unumstrittenen Vorstellungen der Zellbiologie und Evolutionsforschung. Ihre Basisaussage lautete in der zeitgemäßen Formulierung der dritten Auflage dieses Lehrbuches: „Alle eukaryotischen Zellen mit Mitochondrien (bzw. Mitochondrien und Plastiden) sind hochentwickelte Endocytobiose-Systeme, sind Mosaikzellen und genetische Chimären". Heute kann diese Aussage noch insofern erweitert werden, als eukaryotische Zellen, die keine Mitochondrien und Plastiden, jedoch Hydrogenosomen beherbergen, ebenfalls Mosaikzellen darstellen, da Mitochondrien und Hydrogenosomen einen gemeinsamen phylogenetischen Ursprung haben.

Einige wenige Protozoen enthalten weder Organellen noch Hydrogenosomen. Dennoch finden sich zumindest bei einigen Vertretern in den Zellkernen Überreste von ehemals mitochondrialen Genen. Dies bedeutet, daß in dieser Gruppe, in denen parasitische Vertreter dominieren, Mitochondrien sekundär verloren gingen. Wenn sich dies bei allen diesen Organismen nachweisen läßt, ist die Entstehung der Eucyten zwangsläufig mit Cytosymbiosen gekoppelt.

Mitochondrien und Plastiden (und vielleicht auch Zellkerne, s. oben) sind Abkömmlinge aufgenommener einzelliger Fremdorganismen und zu **Xenosomen** geworden – Kompartimenten mit Resten von Genomen, die sich in einem anderen Organismenreich entwickelt hatten. Man spricht in solchem Zusammenhang von **intertaxonischer Kombination** und meint damit die nicht mehr auflösbare Vereinigung völlig verschiedener Genome in einer einzigen Zelle. Eine so entstandene Mosaikzelle tritt fortan als neue biologische Einheit auf. Stammbäume verzweigen sich nicht nur, ihre Zweige können sich durch intertaxonische Kombination auch wieder vernetzen. Neben Mutation und Rekombination erscheint die intertaxonische Kombination als dritte treibende Kraft der Zellevolution.

Kompartimenten mit zwei umhüllenden Membranen und eigenem Genom ist ihre Evolution aus vormals freilebenden Organismen relativ leicht nachzuweisen. Es gibt Überlegungen, ob nicht auch andere Strukturen innerhalb von Eucyten – Peroxisomen oder Centriolen/Basalkörper – endosymbiontischer Herkunft sind. Zumindest bei den Peroxisomen gibt es hierfür einige Hinweise.

Evolution komplexer Plastiden

Die Tatsache, daß über 99% der heutigen Eukaryotenzellen Organellen mit eigener DNA enthalten, bezeugt den enormen evolutiven Erfolg der intertaxonischen Kombination. Offenbar sind aber nicht nur Prokaryoten in größere Wirtszellen eingebaut worden (phylogenetisch primäre Endocytobiose), sondern auch plastidenhaltige Eucyten (Algenzellen) in phagotrophe Protozoen (phylogenetisch sekundäre Endocytobiose). Man kennt zahlreiche rezente Endocytobiosen dieser Art (s. Kap. 23). Sie waren offenbar die Ausgangspunkte für die evolutive Herausbildung sog. komplexer Plastiden, Plastiden mit mehr als zwei Hüllmembranen. Diese sind unter Algen weit verbreitet. Die Plastiden der Euglenen und der meisten Dinoflagellaten besitzen drei Hüllmembranen, die aller Chromophyten vier. Insgesamt ist mehr als die Hälfte aller Algenarten mit komplexen Plastiden ausgestattet – nämlich alle außer Rot- und Grünalgen sowie der kleineren Gruppe der Glaucocystophyta. Die intrazellulären Symbionten wurden nach und nach bis zu jenen Organellen reduziert, die der Wirtszelle von Nutzen waren – zu Plastiden (Abb. 24-5).

Die Vorstellung, daß komplexe Plastiden die phylogenetischen Überreste plastidenhaltiger eucytischer Endocytobionten sind, wurde an Cryptomonaden und Chlorarachniophyten bewiesen. In ihnen ist die aufgenommene Algenzelle noch nicht völlig reduziert, denn es gibt zwischen dem inneren und äußeren Membranpaar der komplexen Plastide ein schmales cytoplasmatisches Kompartiment mit 80S Ribosomen und einem

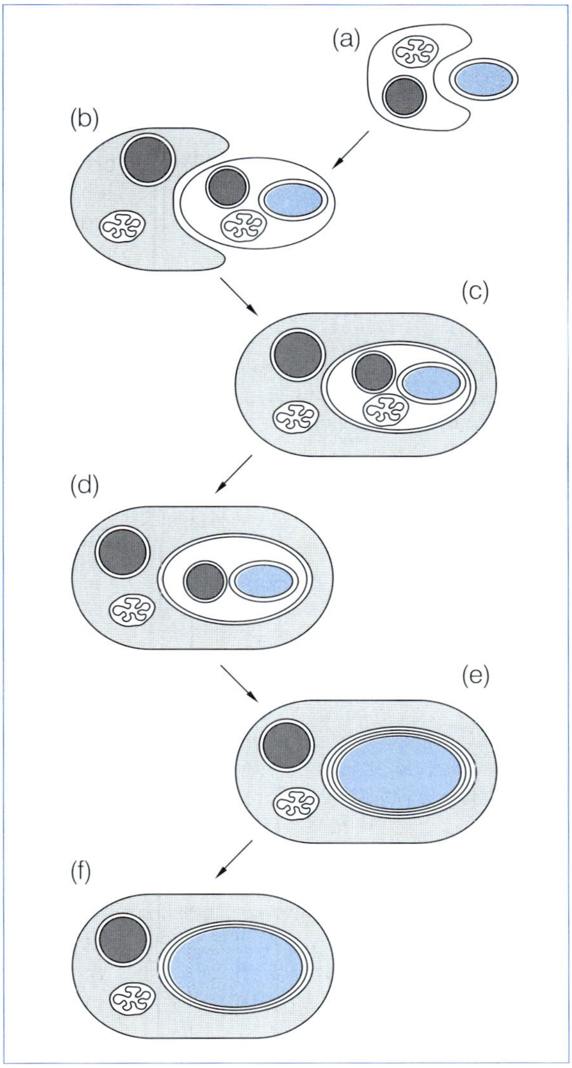

Abb. 24-5: Evolution komplexer Algen-Plastiden. Nach der Endosymbionten-Theorie sind Mitochondrien und Plastiden durch phylogenetisch primäre Endocytobiose aus prokaryotischen Vorläufern entstanden. (**a**) Endocytose eines Cyanobakteriums (farbig). (**b** und **c**) Sekundäre Endocytobiose eines phototrophen Symbionten in einer organotrophen Wirtszelle. (**d**) Reduktion des Mitochondrions im Symbionten; dieses Stadium blieb bei Cryptomonaden und Chlorarachniophyta erhalten. (**e**) Reduktion des Kerns/Nucleomorphs; Plastiden mit vier Hüllmembranen wie bei den Chromophyta. (**f**) Reduktion einer der Membranen; Situation bei den Euglenen und den meisten Dinoflagellaten.

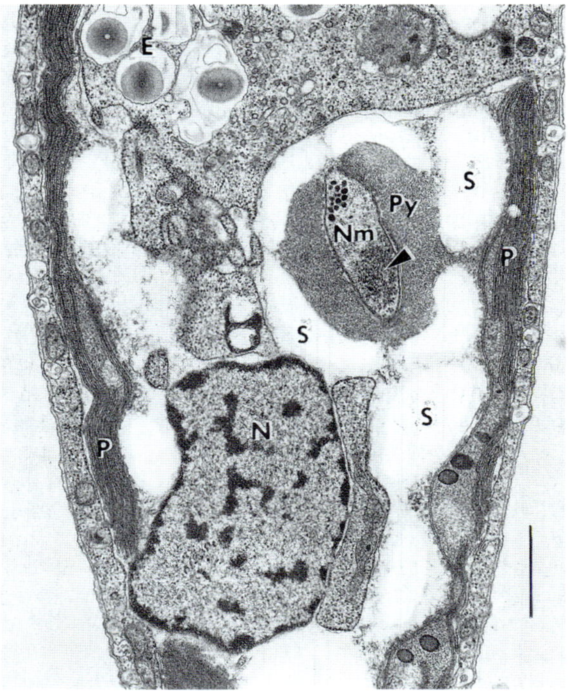

Abb. 24-6: Nucleomorph (Nm) und Wirtszellkern (N) der Cryptomonade *Rhodomonas salina*. Das Nucleomorph mit Nucleolus (Pfeilspitze) ist bei dieser Art in das Pyrenoid (Py) der Plastide (P) eingesenkt; S, Stärkekörner; E, Ejektisomen. (EM-Aufnahme: H. Falk).

kleinen Zellkern, dem **Nucleomorph**. Sowohl in Cryptomonaden als auch in Chlorarachniophyten enthält das Nucleomorph ein Genom aus drei sehr kleinen Chromosomen, in den Chlorarachniophyten ist es das kleinste derzeit bekannte eukaryotische Genom. Das Nucleomorph ist der Zellkernrest des eukaryotischen Endocytobionten, dessen übrige Gene im Verlauf der intrazellulären Evolution verloren gingen bzw. verlagert wurden. In Cryptomonaden- und Chlorarachniophyten-Zellen sind somit vier Genome vorhanden, sie sind durch intertaxonische Kombination aus vier Einzellern entstanden (Abb. 24-6).

Die einzelnen eukaryotischen Partner dieser komplizierten Zellen sind inzwischen identifiziert. Cryptomonaden sind dadurch entstanden, daß eine den Glaucocystophyta nahestehende Zelle eine Rotalge phagocytiert hat. Bei den Chlorarachniophyten akzeptierte eine Amöbe eine Grünalge als intrazellulären Endocytobionten. Cryptomonaden können ihrerseits wieder intrazelluläre Symbionten von Ciliaten und Dinoflagellaten sein; solche tertiären Symbiosen bringen Mosaike hervor, die aus sieben verschiedenen Zellen bestehen – was ihnen heute freilich nicht auf den ersten Blick anzusehen ist.

Plastiden in Parasiten des Menschen

Einige wichtige Parasiten des Menschen, die im Phylum Apicomplexa zusammengefaßt sind, lösen Krankheiten wie z.B. Malaria oder Toxoplasmose aus (s. 23.5). In diesen Organismen wurde ein Kompartiment entdeckt, das „Hohlzylinder“ oder auch „große Vakuole mit kräftiger Wandung“ genannt wurde. Lange Zeit blieb dieses Kompartiment ein Rätsel. Genauere Analysen zeigten, daß der Hohlzylinder nur aus sich selbst hervorgeht und nicht de novo entsteht. Elektronenmikroskopische Untersuchungen belegten weiterhin, daß es sich hierbei nicht um eine Vakuole handeln kann, denn dieses Kompartiment ist von drei oder vier Membranen umgeben. Daß der Hohlzylinder ein plastidenähnliches Organell darstellt, konnte schließlich durch die Entdeckung eines kleinen ringförmigen Plastoms innerhalb des „Hohlzylinders“ nachgewiesen werden (s. 11.2).

Es stellt sich hier natürlich die Frage, warum in intrazellulären parasitischen Organismen Reste von Plastiden vorkommen. Diese Organismen, die in phylogenetischer Nähe zu Dinoflagellaten stehen, waren offenbar zunächst photosynthetisch aktiv und sind erst sekundär zu Parasiten geworden. Im parasitären Zustand sind photosynthetische Leistungen nicht mehr erforderlich, dennoch sind im Laufe der Coevolution zwischen den Partnern Plastide und Wirtszelle einige biosynthetischen Reaktionen in die Plastide beibehalten worden. Hierzu können die Fettsäure- und Häm-Synthese zählen. Das Apicomplexa-Beispiel belegt somit einen wichtigen Gesichtspunkt intrazellulärer Symbiosen und Zellevolution. Ist ein biochemisches Netzwerk zwischen Symbiont und Wirt erst einmal stabil, so kann der Symbiont auch dann nicht mehr ohne weiteres eliminiert werden, wenn eine der zunächst wichtigen Aufgaben des Symbionten, in diesem Fall die Photosynthese, für den Fortbestand der gesamten Zelle nicht mehr notwendig ist.

24.6 Weiterführende Literatur

Cavalier-Smith T (1995) Membrane heredity, symbiogenesis, and the multiple origins of algae. Biodiversity and Evolution (Arai R, Kato M, Doi Y, Hrsg.) pp. 75–114. National Science Museum, Tokyo.

de Duve C (1994) Ursprung des Lebens: Präbiotische Evolution und die Entstehung der Zelle. Spektrum, Heidelberg.

Gilson P R, Maier U-G, McFadden G I (1997) Size isn't everything: lessons in genetic miniaturisation from nucleomorphs. Curr. Opin. Genet. Develop. 7, 800–806.

Maier U-G, Hofmann C J B, Sitte P (1996) Die Evolution von Zellen. Naturwiss. 83, 103–112.

Martin W, Stöbe B, Goremykin V, Hansmann S, Kowallik KV (1998) Evolutionary chloroplast genomics. Nature 393, 162–165

Martin W, Müller M (1998) The hydrogen hypothesis for the first eukaryote. Nature 392, 37–41.

McFadden G I, Waller R F (1997) Plastids in parasites of humans. BioEssays 19, 1033–1040.

Margulis L (1981) Symbiosis in Cell Evolution. Freeman, San Francisco.

Smith J M, Szathmáry E (1996) Evolution: Prozesse, Mechanismen, Modelle. Spektrum Heidelberg.

Anhang

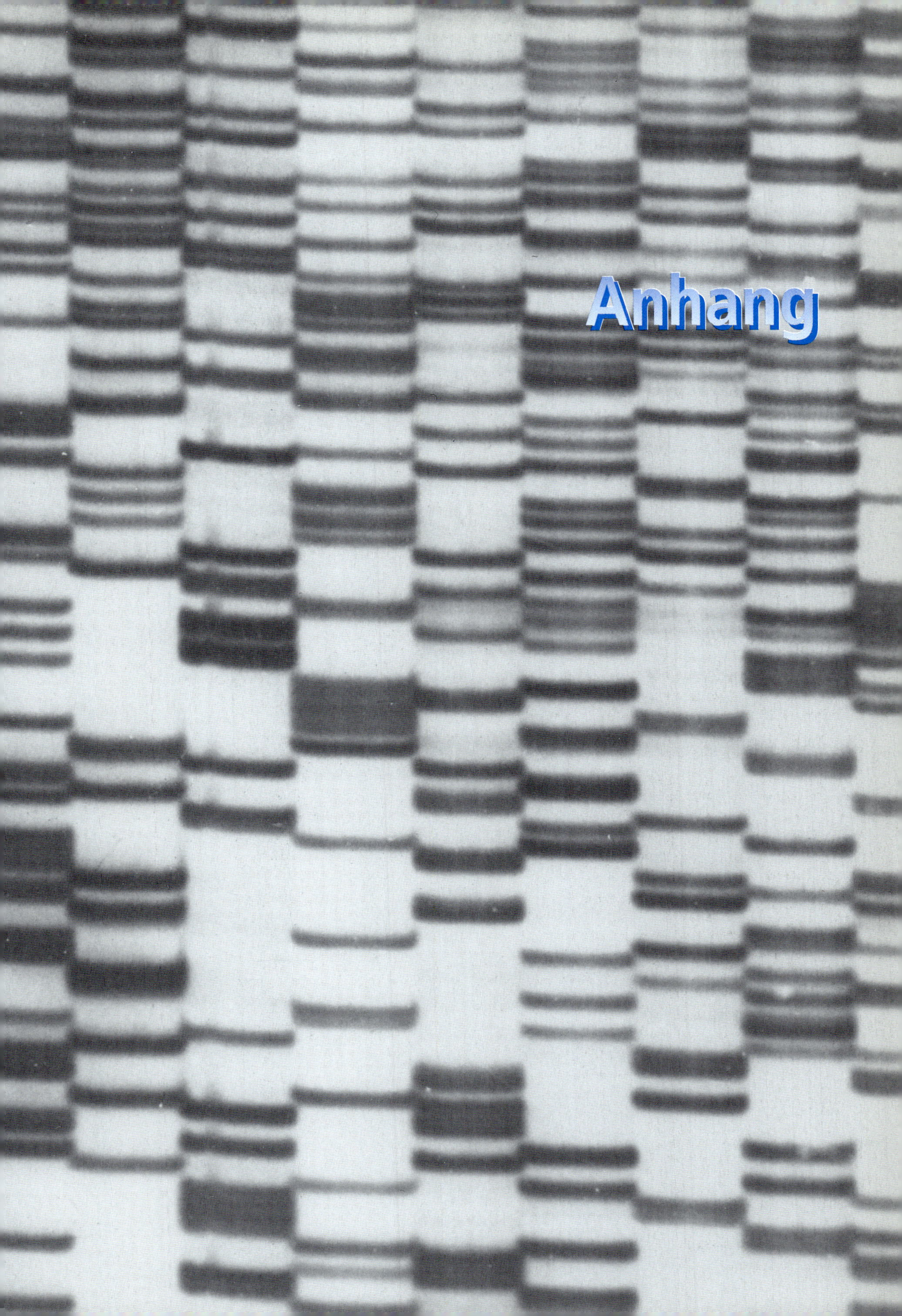

Abbildung auf der Vorderseite: Ausschnitt aus einem DNA-Sequenzierungs-Gel. (Bild: S. Al-Babili)

ANHANG

25 Maße, Einheiten, Tabellen

A. Namen und Symbole der 7 Basiseinheiten des SI *(Systeme International d'Unités).*

Größe	Einheit	Symbol
Länge	Meter	m
Masse	Kilogramm	kg
Zeit	Sekunde	s
El. Stromstärke	Ampere	A
Temperatur	Kelvin	K
Lichtstärke	Candela	cd
Substanzmenge	Mol	mol

B. Präfixe und Symbole für Zehnerpotenz-Faktoren.

Faktor	Präfix	Symbol
10^{12}	Tera-	T
10^{9}	Giga-	G
10^{6}	Mega-	M
10^{3}	Kilo-	k
10^{-3}	Milli-	m
10^{-6}	Mikro-	µ
10^{-9}	Nano-	n
10^{-12}	Pico-	p
10^{-15}	Femto-	f
10^{-18}	Atto-	a

C. Einige abgeleitete SI-Einheiten.

Größe	Einheit	Symbol	Definition	Umrechnung in alte Einheiten
Frequenz	Hertz	Hz	s^{-1}	
Kraft	Newton	N	$kg \cdot m \cdot s^{-2}$	
Druck	Pascal	Pa	$kg \cdot m^{-1} \cdot s^{-2}$ $(N \cdot m^{-2})$	1 atm = 101,3 kPa 1 bar = 100 kPa 1 Torr = 133,3 Pa 1 mm H_2O = 9,81 Pa
Energie, Arbeit, Wärmemenge	Joule	J	$kg \cdot m^2 \cdot s^{-2}$ $(N \cdot m)$	1 cal = 4,1868 J
	Elektronenvolt	eV	$1{,}602 \cdot 10^{-19}$ J	
Leistung	Watt	W	$kg \cdot m^2 \cdot s^{-3}$ $(J \cdot s^{-1})$	
El. Potentialdifferenz	Volt	V	$kg \cdot m^2 \cdot s^{-3} \cdot A^{-1}$ $(W \cdot A^{-1})$	
El. Ladung	Coulomb	C	$A \cdot s$	
El. Widerstand	Ohm	Ω	$kg \cdot m^2 \cdot s^{-3} \cdot A^{-2}$ $(V \cdot A^{-1})$	
Beleuchtungsstärke	Lux	lx	$cd \cdot sr^{*-1} \cdot m^{-2}$	
Radioaktiver Zerfall	Becquerel	Bq	s^{-1}	1 Ci = $3{,}7 \cdot 10^{10}$ Bq

* sr (Steradiant) Einheit des räumlichen Winkels

D. Weitere Einheiten.

Größe	Einheit	Symbol	Definition
Absorption (Extinktion)		A (E)	$-\log T = \log I_0/I = \varepsilon \cdot c \cdot d$ (T = Transmission; I_0,I = Lichtintensitäten; ε = molarer Extinktionskoeffizient; c = Konzentration [$mol \cdot l^{-1}$]; d = Lichtweg [cm])
Viskosität			$1\ Pa \cdot s = 10$ Poise
Molarität			$mol \cdot l^{-1}$ (Lösung)
Molalität			$mol \cdot kg^{-1}$ (kg Lösungsmittel)
Ionenstärke			$0{,}5\ \Sigma_i\ c_i \cdot z_i^2$ (c = Konzentration, z = Ladung)
Katalytische Aktivität von Enzymen	Katal	kat	$mol \cdot s^{-1}$
Spezifische katalytische Aktivität			$kat \cdot kg^{-1}$
Enzymeinheit, -aktivität *(Unit)*		U	$\mu mol \cdot min^{-1}$
Spezifische Enzymaktivität			$\mu mol \cdot min^{-1} \cdot mg^{-1}$
Radioaktivität:			
Zerfälle pro min *(desintegrations per min)*		dpm	min^{-1}
Impulse pro min *counts per min)*		cpm	min^{-1}
Photochemisch aktive Strahlung:			
Energiefluß			$J \cdot m^{-2}$
Energieflußrate			$J \cdot m^{-2} \cdot s^{-1}$
Photonenfluß			$mol \cdot m^{-2}$
Photonenflußrate			$mol \cdot m^{-2} \cdot s^{-1}$
1 mol Photonen	Einstein		
»Molekulargewicht«:			
Molarmasse			$g \cdot mol^{-1}$
Molekularmasse (Partikelmasse)	Dalton	Da	$1\ Da = 1{,}6605 \cdot 10^{-24}$ g (N^{-1} Gramm, N = Loschmidt-Zahl)
Relative Molekularmasse (früher: Molekulargewicht)		M_r	reine Zahl

[numerisch sind die 3 Größen gleich, z.B. für Cytochrom c: 12 500 g · mol^{-1}, 12 500 Da, M_r 12 500]

E. Konstanten u.a.

Loschmidt-Zahl	N	($6{,}022 \cdot 10^{23}\ mol^{-1}$)
Faraday-Konstante	F	($9{,}649 \cdot 10^4\ A \cdot s \cdot mol^{-1}$)
Erdbeschleunigung	g	($9{,}806\ m \cdot s^{-2}$)
Gas-Konstante	R	($8{,}314\ J \cdot mol^{-1} \cdot K^{-1}$)
Planck-Konstante	h	($6{,}63 \cdot 10^{-34}\ w \cdot s^2$)
Lichtgeschwindigkeit	c	($2{,}998 \cdot 10^8\ m \cdot s^{-1}$)
Molarer Extinktionskoeffizient	ε	($l \cdot mol^{-1} \cdot cm^{-1}$)
Sedimentationskonstante	S	(10^{-13}s)

F. Aminosäuren.

	Drei-Buchstaben-Code	Ein-Buchstaben-Code	Hydrophobizität[1]
Unpolare Säuren			
Alanin	Ala	A	1,8
Leucin	Leu	L	4,2
Isoleucin	Ile	I	4,5
Methionin	Met	M	1,9
Phenylalanin	Phe	F	2,8
Prolin	Pro	P	−1,6
Tryptophan	Trp	W	−0,9
Valin	Val	V	3,8
Polare Säuren			
Asparagin	Asn	N	−3,5
Glutamin	Gln	Q	−3,5
Cystein	Cys	C	2,5
Glycin	Gly	G	−0,4
Serin	Ser	S	−0,8
Threonin	Thr	T	−0,7
Tyrosin	Tyr	Y	−1,3
Positiv geladene Säuren			
Arginin	Arg	R	−4,5
Histidin	His	H	−3,2
Lysin	Lys	K	−3,9
Negativ geladene Säuren			
Asparaginsäure	Asp	D	−3,5
Glutaminsäure	Glu	E	−3,5

[1] Nach J. Kyte, R.F. Doolittle (1982) J. Mol. Biol. 157, 105–132. Die Größen für die Hydrophobizität oder Hydropathie wurden aus zahlreichen experimentellen Beobachtungen abgeleitet und zwischen die willkürlich festgelegten Extremwerte + 4,5 (Ile) und − 4,5 (Arg) eingereiht.

26 Lichtmikroskopie

Das Lichtmikroskop (LM) zählt nach wie vor und besonders in seinen neueren Weiterentwicklungen zu den wichtigsten Hilfsmitteln in der Zellbiologie. Die vergrößerte Abbildung des Präparats im LM erfolgt in zwei Stufen. Das Objektiv erzeugt ein reelles vergrößertes Zwischenbild, das durch das Okular wie durch eine Lupe betrachtet wird. Die Gesamtvergrößerung entspricht dem Produkt aus Objektiv- und Okularvergrößerung. Strukturen können jedoch nur ab einer bestimmten Minimaldistanz (d_{min}) getrennt voneinander gesehen, d.h. optisch aufgelöst werden (Abb. 26-1). d_{min} liegt bei Verwendung von Öl-Immersionsobjektiven bei etwa 0,2 µm. Dieser Wert markiert die **Auflösungsgrenze** des LM. Bereits im 19. Jh. hat E. Abbe diese Auflösungsgrenze berechnet und auch technisch erreicht.

Die Sichtbarkeit von Präparatstrukturen beruht auf Absorption, Brechung, Reflexion oder Beugung von Lichtwellen. In der Nähe der Auflösungsgrenze wird die Lichtbeugung zum entscheidenden Faktor. Bei Beleuchtung mit monochromatischem Licht treten hinter beugenden Strukturen, z.B. feinen Strichgittern, charakteristische Beugungsmuster auf (Maxima 0., 1., 2., … n. Ordnung, dazwischen Minima der Lichtintensität). Sie entstehen durch Interferenz der am Gitter gestreuten kohärenten Lichtwellen. Maxima treten unter folgender Bedingung auf:

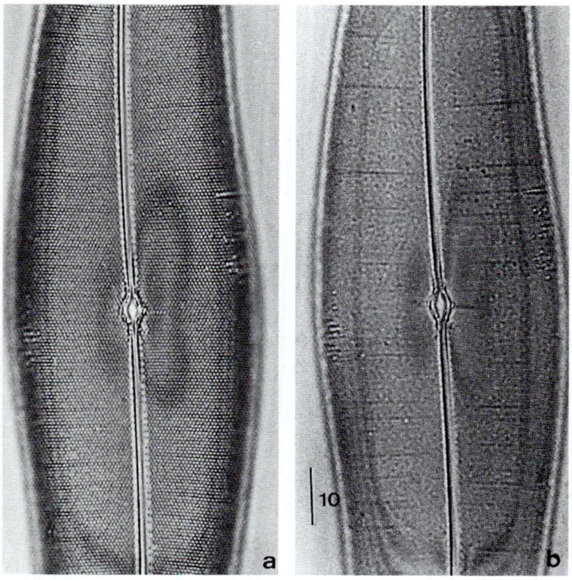

Abb. 26-1: Optische Auflösung des Porenkammermusters in der Kieselschale der Diatomee *Pleurosigma angulatum* (**a**). Bei Verringerung der Apertur durch Zuziehen einer Irisblende im Objektiv oder Kondensor kann dieses Muster nicht mehr aufgelöst werden, nur größere Strukturen bleiben sichtbar (**b**). (Aufnahmen: H. Falk)

$$\sin\beta = z \cdot \frac{\lambda}{d} \qquad \text{(Gl. 26-1)}$$

mit β, Beugungswinkel; λ, Lichtwellenlänge; *d*, Spaltabstand (Gitterkonstante); *z*, Ordnungszahl des Maximums. Beugungswinkel β und Spaltabstand *d* sind umgekehrt proportional. Das erste Seitenmaximum wird daher unter einem um so größeren Winkel beobachtet, je kleiner der Abstand der Gitterspalten ist.

Für den Grenzfall, daß *d* zu d_{min}, d.h. eine beugende Struktur gerade noch auflösbar wird, muß außer dem 0. Maximum mindestens noch das 1. Seitenmaximum in die Frontlinse des Objektivs fallen und damit an der Bildentstehung mitwirken. Daher lautet die Auflösungsbedingung:

$$d_{min} = \frac{\lambda}{\sin \alpha/2} \qquad \text{(Gl. 26-2)}$$

Eine Verbesserung der Auflösung (Verkleinerung von d_{min}) läßt sich durch Steigerung von α/2 (halber Öffnungswinkel des Objektivs) oder durch Verkürzung der Wellenlänge λ erreichen. λ wird beim Lichtdurchtritt durch Flüssigkeiten verkürzt entsprechend der Brechungsindizes n dieser Medien:

$$n = \frac{\lambda_o}{\lambda_m} \qquad \text{(Gl. 26-3)}$$

mit λ_0, Vakuumwellenlänge, in Gasen weicht λ um weniger als 0,1 % von λ_0 ab; λ_m, Wellenlänge im optisch dichteren Medium. Durch Ausfüllen des Raums zwischen beugender Objektstruktur und Frontlinse des Objektivs mit einer hochbrechenden Flüssigkeit (Immersions-Öl) kann die Auflösung gesteigert werden:

$$d_{min} = \frac{\lambda}{n \cdot \sin \alpha/2} \qquad \text{(Gl. 26-4)}$$

Der Nenner dieses Bruchs wird als **numerische Apertur** bezeichnet. Sie ist für die Auflösungskraft eines Objektivs maßgebend und liegt bei Trockenobjektiven unter 1,0, bei Immersionsobjektiven im Bereich von 1,2 bis 1,4. Die Grenzauflösung errechnet sich im Fall von Strichgittern zu 280 nm, wenn mit Blaulicht (λ 400 nm) mikroskopiert wird. Im Fall von Weißlicht liegt d_{min} entsprechend bei 370 nm.

Die Auflösung der Augen ist durch Lichtbeugung am Pupillenrand und durch die Abmessungen der Lichtsinneszellen in der Retina bedingt. Zwei Strukturdetails können nur dann getrennt wahrgenommen werden, wenn sie unter einem Sehwinkel von etwa 2 Winkelminuten (0,03°) gesehen werden. Dem entspricht bei Betrachtung aus 25 cm Entfernung, der „deutlichen Sehweite", eine Distanz von ca. 0,1 mm. Die Vergrößerung eines Mikroskops ist nun so zu wählen, daß d_{min} auf mindestens diese Strecke vergrößert wird. Diese „förderliche" Vergrößerung beträgt bei Immersionsobjektiven etwa 500fach, für bequemes Sehen aller aufgelösten Details 1000fach. Bei stärkeren Vergrößerungen werden keine weiteren Objektdetails sichtbar, man spricht von „leerer" Vergrößerung.

Phasenkontrast-Mikroskopie

Ein Strichgitter ist ein Amplitudenobjekt, das Licht wird an den Stegen absorbiert, in den Spalten nicht. Die meisten biologischen Objekte sind jedoch **Phasenobjekte**, ihre Details unterscheiden sich nicht in ihrer Lichtabsorption, sondern lediglich in ihrem Brechungsindex n. Bei Durchgang durch Präparatstrukturen ($n > 1$) wird die Lichtausbreitung verzögert. Wenn sich Objektdetails in Dichte (d) und/oder n unterscheiden, treten Gangunterschiede Γ auf, denen jeweils bestimmte Phasenunterschiede Δ zugeordnet sind (Abb. 26-2). Die Phasenunterschiede zwischen Wellenzügen, die durch verschiedene Objektdetails gelaufen sind, werden aber vom Auge nicht wahrgenommen. Bei dem von F. Zernike erfundenen Phasenkontrastverfahren werden sie in Amplitudenunterschiede (Helligkeitsunterschiede) verwandelt und damit sichtbar gemacht. Optisch dickere und/oder dichtere Präparatstellen erscheinen dunkler als ihre dünnere und/oder weniger dichte Umgebung, was als positiver Phasenkontrast bezeichnet wird. Die Umwandlung von Phasen- in Amplitudenunterschiede wird durch Interferenz erreicht.

Bei einem Phasenobjekt (idealisiert: Phasengitter) mit geringen Gangunterschieden weicht das abgebeugte Licht in seiner Phase um etwa $\lambda/4$ von der des Lichts im Hauptmaximum ab (Abb. 26-3).

Hauptmaximum (ungebeugtes Licht) und Seitenmaxima (abgebeugtes Licht) sind nun in der hinteren Brennebene des Objektivs voneinander getrennt. Hier wird die Aperturblende des Kondensors abgebildet; und besonders wenn sie nicht als Kreis-, sondern als Ringblende ausgebildet ist, kann ungebeugtes Licht (Hauptmaximum) und abgebeugtes Licht (exzentrische lichtschwache Seitenmaxima) leicht unterschiedlich beeinflußt werden. Das geschieht durch das in dieser Ebene liegende Phasenplättchen. Der Ort des Hauptmaximums wird durch einen Phasenring abgedeckt, der durch Absorption die Intensität des ungebeugten Lichts vermindert und es zugleich in seiner Phase um $\lambda/4$ gegenüber dem abgebeugten Licht beschleunigt. Das wird dadurch bewirkt, daß der Phasenring etwas dünner ist als das übrige Phasenplättchen. Der Phasenunterschied zwischen Haupt- und Seitenmaxima wird dadurch aufgehoben. (Den Phasenring kann man als dunklen Ring erkennen, wenn man von der Okularseite her in ein Phasenobjektiv blickt; die Phasenänderung bleibt natürlich unsichtbar.)

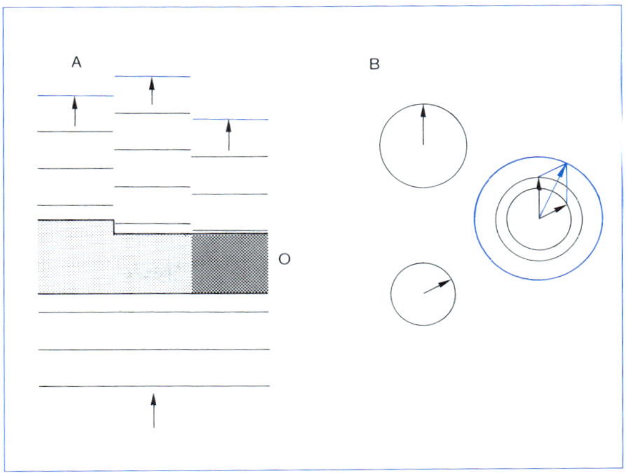

Abb. 26-2: (**A**) An einem Phasenobjekt O wird von unten einfallendes Licht in Abhängigkeit von Präparatdicke (links) bzw. optischer Dichte (rechts) verschieden stark verzögert. (Die Wellenfronten sind farbig gezeichnet.) Gegenüber dem in der Präparatmitte durchtretenden Licht ist der Wellenzug links um $\Gamma = \lambda/2$ verzögert ($\Delta\varphi = \lambda/2$); für den stärker verzögerten rechten Wellenzug gilt $\Gamma = 1{,}2\lambda$ ($\Delta\varphi = 0{,}2\lambda$). Während der Gangunterschied zwischen zwei Wellenzügen beliebig groß sein kann, ist der Phasenunterschied stets kleiner als eine Wellenlänge; bei einem Gangunterschied von einer vollen Wellenlänge oder einem ganzzahligen Vielfachen davon sind die Wellenzüge wieder in Phase, der Phasenunterschied geht sprunghaft auf 0 zurück. (**B**) Der Phasenvektor gibt den Schwingungszustand einer Welle an. Die Länge entspricht der Amplitude, die Drehstellung der Phase. Bei Interferenz zweier Wellenzüge unterschiedlicher Amplitude (Intensität) und Phase (hier: $\Delta\varphi = \lambda/6$) können Phase und Amplitude der resultierenden Schwingung (farbig) durch Vektoraddition ermittelt werden (rechts).

In der Zwischenbildebene interferieren nun solche Wellenzüge, die jeweils von denselben Objektstellen kommen – auch wenn sie das Präparat in verschiedenen Richtungen verlassen hatten. Wo Spalte abgebildet werden, kommt es jetzt zu synphaser Interferenz von ungebeugtem und gebeugtem Licht, nicht jedoch an den Abbildungsorten von Stegen. Die Spalte werden also heller erscheinen als die Stege (positiver

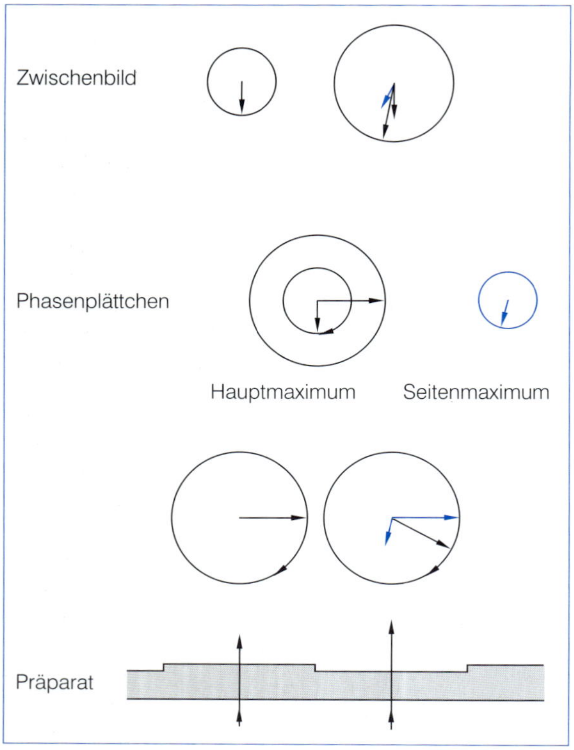

Abb. 26-3: Phasen- und Amplitudenverhältnisse im Phasenkontrastmikroskop (s. auch Text). Als idealisiertes Präparat dient ein Phasengitter, dessen Stege etwas dicker sind als die Spalte, aber nicht absorbieren. Das durch Spalte gegangene Licht ist in seiner Phase gegenüber den durch die dickeren bzw. optisch dichteren Stege gelaufenen Wellenzügen um etwa λ/15 voraus. Das entspricht den Verhältnissen bei vielen biologischen Objekten. Der Phasenvektor des Lichts aus den Spalten kann nun so in 2 Schwingungen zerlegt gedacht werden (farbige Vektoren), daß die eine Komponente in Amplitude und Phase dem Licht aus den Stegen entspricht, während die andere in der Phase um etwa λ/4 voraus, aber sehr schwach in der Intensität (Amplitude) ist. Bezüglich der ersten Komponente ist das Präparat homogen und ruft keine Lichtbeugung hervor. Für die zweite Komponente verhält es sich dagegen wie ein Amplitudengitter, nur diese Komponente findet sich also in den Seitenmaxima.

Phasenkontrast). Ohne Intensitätsdämpfung des ungebeugten Lichts im Phasenring wäre dieser Effekt wegen der starken Amplitudenunterschiede zwischen gebeugtem und ungebeugtem Licht kaum bemerkbar. Im normalen Hellfeldmikroskop bleiben die beschriebenen Phaseneffekte vollends unsichtbar, weil die starken Amplitudenunterschiede und der Phasenunterschied von λ/4 intensitätsbeeinflussende Interferenzen an den Bildorten der Spalte nicht zulassen.

Interferenzkontrast-Mikroskopie

Beim Phasenkontrastverfahren wirkt das Objekt selbst als Strahlteiler zur Erzeugung interferenzfähiger Wellenzüge. Bei Interferenzmikroskopen dagegen erfolgt die Strahlteilung in Meß- und Referenzstrahl durch besondere Vorrichtungen vor dem Präparat. Der Meßstrahl wird durch eine interessierende Präparatstelle geleitet, der Referenzstrahl durch das umgebende Medium, dessen Brechungsindex n bekannt ist. Die Differenz der Brechungsindizes von Präparat und Medium Δn führt zu einem Gangunterschied Γ, der mit Kompensatoren gemessen werden kann. Kompensatoren erlauben die Erzeugung beliebiger, jeweils genau ablesbarer Γ zwischen Meß- und Referenzstrahl; der von einer Präparatstelle erzeugte Γ kann daher mit dem Kompensator aufgehoben und damit gemessen werden. Allgemein gilt:

$$\Gamma = d \cdot \Delta n \qquad \text{(Gl. 26-5)}$$

Ist Δn bekannt, kann die Dicke d des Präparats berechnet werden. Ist dagegen d bekannt, kann Δn und damit n der durchstrahlten Präparatstruktur bestimmt werden, was als Mikrorefraktometrie bezeichnet wird. Die häufigste Anwendung des Interferometerprinzips in der Mikroskopie liegt in der Erzeugung von Interferenzkontrast. Wenn beispielsweise durch entsprechende Kompensatoreinstellung im Gesichtsfeld ein Γ von λ/4 erzeugt wird, muß jeder zusätzliche, von Präparatstrukturen hervorgerufene, meist geringe Γ eine Veränderung der Helligkeit bewirken, in der diese Strukturen dem Betrachter erscheinen. Bewirkt ein Objektdetail z.B. seinerseits einen Γ von λ/4, dann löschen sich Meß- und Referenzstrahl bei ihrer Vereinigung durch antiphase Interferenz aus (λ/4 + λ/4 = λ/2), und die Struktur erscheint schwarz. Eine besonders häufig angewendete Version des Interferenzkontrasts ist der von G. Normarski entwickelte **Differential-Interferenzkontrast** (Abb. 26-4). Bei diesem Verfahren werden Dichteunterschiede im Präparat in ein plastisches Relief übersetzt, optisch dichtere Details ragen vor (Abb. 26-5). Auch wenn eine bestimmte Objektstruktur nicht dicker als ihre Umgebung ist, sondern lediglich optisch dichter, erscheint sie unter seitlicher Beleuchtung plastisch vorgewölbt. Das beobachtete Relief ist in diesem Fall also nur scheinbar, und man muß sich vor Fehldeutungen hüten. Der Differential-Interferenzkontrast hat jedoch gegenüber dem Phasenkontrast mehrere Vorteile. Vor allem treten keine störenden Halo-Erscheinungen, helle Höfe um dunkle Strukturen, auf. Der Interferenzkontrast ist im Gegensatz zum

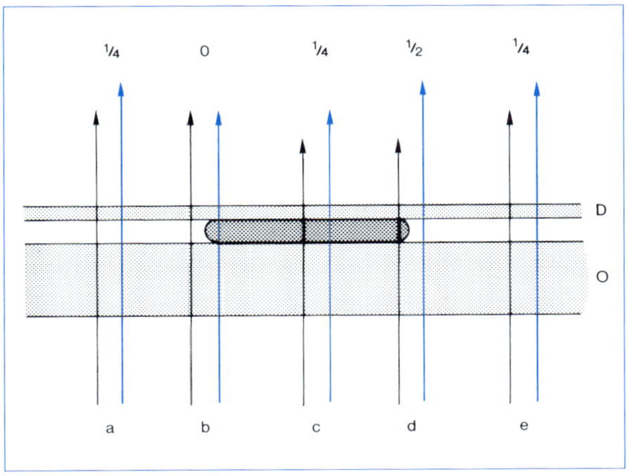

Abb. 26-4: Differential-Interferenzkontrast (DIC). Der seitliche Abstand von Meß- und Referenzstrahl (schwarz/farbig) liegt an oder unter der Auflösungsgrenze. Zwischen den Strahlanteilen besteht ein Phasenunterschied, der je nach Objekt verschieden hoch eingestellt werden kann, hier λ/4. Er wird am linken Rand einer optisch dichteren Präparatstruktur zwischen Objektträger (O) und Deckglas (D), die ihrerseits einen Δφ von λ/4 erzeugt, aufgehoben. Am rechten Rand dagegen wird er auf λ/2 vergrößert. Die Struktur hat also links eine helle, rechts eine dunkle Kontur und erscheint dem Betrachter nach vorn vorspringend. (Die Struktur erscheint von links beleuchtet und wirft nach rechts Schatten, was auch in vielen künstlerischen Grafiken und Bildern berücksichtigt wird und was das menschliche Auge/Gehirn besonders leicht in einen dreidimensionalen Eindruck umsetzt.)

Phasenkontrast regulierbar, er kann in seiner Stärke besonderen Objekterfordernissen angepaßt werden.

Video-Mikroskopie

Diese Technik, bei der über eine hochauflösende Videokamera das Bild auf einem Bildschirm erzeugt wird, erlaubt eine elektronische Manipulierung wie Veränderung von Helligkeit und Kontrast, Rauschfilterung u.v.m.. Entscheidende Verbesserungen gegenüber konventionellen Verfahren konnten vor allem bei extrem schwachen Lichterscheinungen und durch Kontraststeigerung erzielt werden. Moderne TV-Kameras erlauben Verstärkungsfaktoren von über 10^6. Wenige Photonen pro mm^2 und s genügen zur Auslösung eines Signals. Für die elektronische Kontraststeigerung wird gewöhnlich vom Differential-Interferenzkontrast ausgegangen; das Verfahren wird als VE-DIC bezeichnet (video enhanced differential interference contrast). Durch Video-Kontrastverstärkung können Strukturen sichtbar gemacht werden, die wegen ihrer Kleinheit optisch nicht auflösbar sind. Es muß dabei zwischen Erkennbarkeit und optischer Auflösung unterschieden werden (die Abbe-Bedingung bezieht sich nur auf optische Auflösung). [Dieser Unterschied ist jedermann vertraut: Das bloße Auge kann feinste Kratzer auf einem Spiegel auch dann noch erkennen, wenn deren Breite unter der Auflösungsgrenze des LM liegt. man sieht Fixsterne, obwohl ihr Durchmesser auch im stärksten Fernrohr nicht aufgelöst werden kann.] Der Unterschied zwischen Erkennbarkeit und optischer Auflösung wird beim VE-DIC konsequent ausgenutzt. Beispielsweise werden Mikrotubuli erkennbar. Man bekommt durch dieses Verfahren „submikroskopische“ Strukturen zu sehen, allerdings nicht in ihren tatsächlichen, sondern durch Lichtbeugung auf 0,1–0,2 μm vergrößerten Abmessungen. Es ist gelungen, einzelne Mikrotubuli, ihre Bewegungen und die an ihnen ablaufenden Verschiebungen kleiner Partikel sichtbar zu machen (s. 4.5.2, Abb. 4-40).

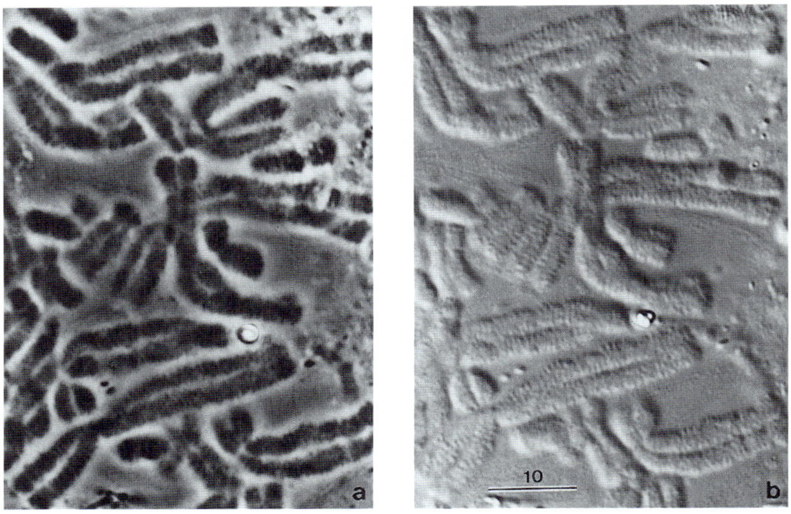

Abb. 26-5: Vergleich von Phasenkontrast (**a**) und Differential-Interferenzkontrast (**b**). Metaphasechromosomen in einer gespreiteten lebenden Endospermzelle von *Haemanthus katharinae*. (Aufnahmen: A. Bajer)

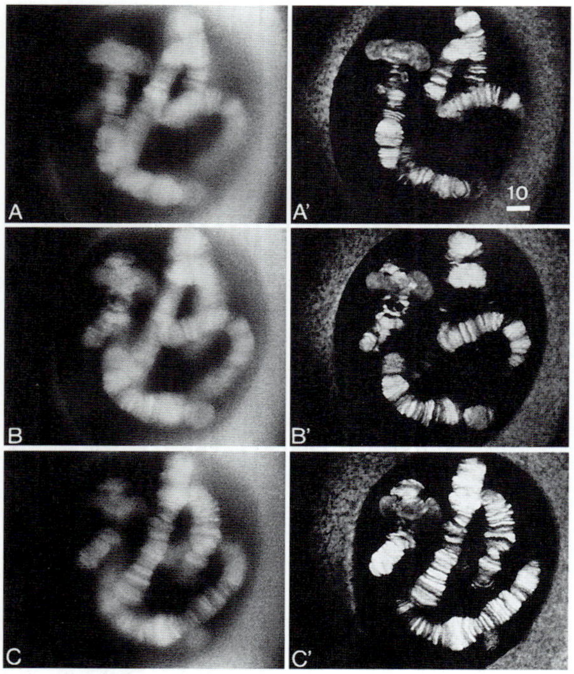

Abb. 26-6: Mikrotomographie mit dem konfokalen Laser-Scanning-Mikroskop. Mit Acridinorange fluorochromierte Polytänchromosomen von *Chironomus thummi*. Links, nicht konfokal; rechts, konfokal. Der Abstand der Fokusebenen von A nach B bzw. von B nach C beträgt 4 µm. (Aufnahmen: M. Robert-Nicoud, D. Arndt-Jovin, T. Jovin)

Fluoreszenz-Mikroskopie

Mit dieser Methode werden eigenfluoreszierende Moleküle/Strukturen oder solche, an die zuvor spezifisch Fluorochrome gebunden hatten, mikroskopisch nachgewiesen und lokalisiert. Das Objekt wird dabei mit kurzwelliger Erregerstrahlung beleuchtet, und das längerwellige Fluoreszenzlicht wird – nach Ausblendung des Erregerlichts durch entsprechende Filter oder Farbteiler – registriert. Einen wesentlichen Fortschritt brachte die Entwicklung der Auflicht-Fluoreszenz oder Epi-Fluoreszenz. Dabei trifft die Erregerstrahlung ungeschwächt auf die dem Betrachter zugekehrte Präparatoberseite, und die Fluoreszenzstrahlung wird nicht durch Überlagerung absorbierender oder streuender Objektstrukturen gestört. Das Objektiv dient zugleich als Kondensor. Zentrales Element ist ein Farbteilerspiegel, der die kurzwellige Erregerstrahlung reflektiert, die Fluoreszenzstrahlung dagegen durchläßt. Bei der indirekten Immunfluoreszenz wird die enorme Empfindlichkeit der Fluoreszenztechnik mit der hohen Spezifität immunologischer Reaktionen verbunden (s. 4.4). Fluorochrome, die an Antikörper kovalent gebunden werden, sind z.B. Rhodamin und Fluorescein.

Konfokale Laser-Scanning-Mikroskopie

Die konfokale Mikroskopie ist im Grunde eine Variante der Epifluoreszenz-Mikroskopie. Das Präparat wird nicht ausgeleuchtet, sondern mit einem feinen Laserstrahl, gewöhnlich aus einem Krypton-Argon-Laser, abgerastert und durch Bildverarbeitung auf einem Bildschirm analysiert. Das Objektiv bildet mit hoher Apertur eine feine Lochblende stark verkleinert im Objekt ab. Durch die Lochblende wird alles Licht, das nicht aus der Brennebene stammt, ausgeblendet. Das durchtretende Licht stammt demnach aus der Schärfenebene, es ist kon-fokal. Schon 1 µm oberhalb oder unterhalb der Brennebene ist die Leuchtdichte auf etwa ein Tausendstel abgesunken, außerhalb der Brennebene liegende Objektdetails bleiben praktisch unbeleuchtet. Eine zweite Lochblende in der Zwischenbildebene stellt sicher, daß nur vom Bild der ersten Lochblende ausgehendes Licht in den Detektor gelangt; Streulicht bleibt von der Bildentstehung ausgeschlossen. Aus diesem Grund können auch dicke Präparate optisch in Ebenen zerlegt werden, indem man den Fokus durch das Präparat wandern und jede Ebene abrastern läßt (Mikrotomographie). Jede Ebene ergibt ein scharfes Bild ohne störenden Hintergrund (Abb. 26-6). Die einzelnen Ebenen lassen sich zu einem dreidimensionalen Bild rekonstruieren.

Weiterführende Literatur

Gerlach D (1985) Das Lichtmikroskop. Thieme, Stuttgart.

Göke G (1988) Moderne Methoden der Lichtmikroskopie. Franckh, Stuttgart.

Hepler P K, Gunning B E S (1998) Confocal fluorescence microscopy of plant cells. Protoplasma 201, 121–157.

27 Elektronenmikroskopie

Eine Verbesserung der optischen Auflösung, d.h. eine Verkleinerung von d_{min} gegenüber der Lichtmikroskopie ist mit Elektronenstrahlen möglich. Ihre Wellenlänge ist der Beschleunigungsspannung zwischen Kathode und Anode des Strahlerzeugungssystems umgekehrt proportional. Bei einer Beschleunigungsspannung von 80 kV, wie sie in der Elektronenmikroskopie häufig verwendet wird, beträgt die Wellenlänge $4{,}3 \cdot 10^{-3}$ nm; sie ist um den Faktor 10^{-5} kleiner als für Blaulicht. Die mit Elektronenmikroskopen erreichbare Spitzenauflösung liegt allerdings „nur" beim etwa tausendfachen der lichtmikroskopischen Grenzauflösung. Das ist u.a. eine Folge der schwierigen Korrigierbarkeit der Abbildungsfehler von Elektronenlinsen, so daß mit sehr kleinen Aperturen gearbeitet werden muß; beim Lichtmikroskop liegen sie bei 1,4, beim Elektronenmikroskop nur bei ca. 10^{-2}. Die Grenzauflösung von Hochleistungs-Elektronenmikroskopen liegt im Bereich von 0,1 nm, also in Größenordnungen von Atomkern-Abständen in chemischen Verbindungen. Eine so hohe Auflösung ist allerdings nur unter optimalen Bedingungen, bei besonderen Objekten und bei hinreichendem Kontrast möglich. Bei biologischen Präparaten liegt die Auflösungsgrenze gewöhnlich bei 1–3 nm.

Elektronenstrahlen können in elektrischen und magnetischen Feldern abgelenkt werden. Rotationssymmetrische Felder wirken wie Linsen. In Elektronenmikroskopen werden elektromagnetische Linsen verwendet, Gleichstromgespeiste Spulen, deren regelbares Magnetfeld durch Kapselung und Polschuh im Zentrum (Durchtrittsstelle des Elektronenstrahls) konzentriert wird.

Transmissions-Elektronenmikroskop

Das klassische Elektronenmikroskop ist das Transmissions-EM (Abb. 27-1), das auf die Entwicklungsarbeiten von E. Ruska und Mitarbeitern zum „Übermikroskop" in den 30er Jahren zurückgeht. Es unterscheidet sich in folgenden Punkten grundsätzlich von einem Lichtmikroskop:

- Im Tubus herrscht ein Hochvakuum von ca. 10^{-4} Pa, um Elektronenstrahlen nicht zu streuen, die Brenndauer der Kathode zu erhöhen und Präparatverschmutzung während der Beobachtung zu vermeiden.
- Die aus der Kathode austretenden Elektronen werden durch Hochspannung von 60–120 kV beschleunigt. Bei Höchstspannungs-Elektronenmikroskopen kann sie bis zu 3000 kV betragen; es können damit zwar wesentlich dikkere Präparate durchstrahlt werden, der technische Aufwand ist jedoch erheblich.
- Die Scharfstellung des Bilds geschieht optisch, nicht mechanisch, durch regelbare Brennweiten der elektromagnetischen Linsen.
- Das Bild wird indirekt über den Leuchtschirm beobachtet.

Elektronenstrahlen besitzen ein nur geringes Durchdringungsvermögen. Streuung und Ab-

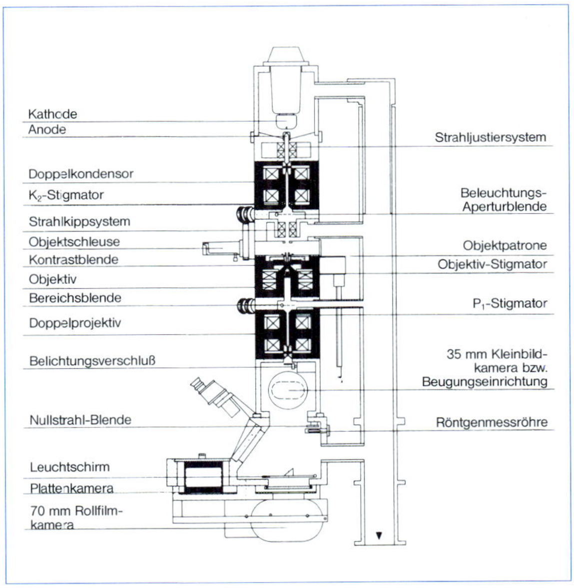

Abb. 27-1: Schema eines Elektronenmikroskops. Längsschnitt durch den Tubus in Seitenansicht. Die aus der Glühkathode am oberen Tubusende austretenden Elektronen werden durch das elektrische Feld zwischen Kathode und Anode beschleunigt. Elektronenquelle ist ein Wolframdraht. Die Anode enthält eine zentrale Bohrung, durch die die Elektronen hindurchtreten. Sie werden durch ein Kondensatorsystem aus zwei elektromagnetischen Linsen auf das Präparat konzentriert. Dieses befindet sich in einer Objektpatrone, die durch die Objektschleuse in das Hochvakuum des Tubus eingeführt wird. Durch die Wirkung von drei oder vier weiteren elektromagnetischen Linsen (Objektiv und Doppelprojektiv) wird auf dem Leuchtschirm am unteren Tubusende ein vergrößertes Bild erzeugt, das durch Binokular und Einblickfenster (links) beobachtet werden kann. Es gibt außerdem verschiedene Möglichkeiten zur photographischen Dokumentation. Die Stigmatoren von Kondensor 2, Objektiv und Projektiv 1 dienen zur Beseitigung des Astigmatismus dieser Linsen. Die Länge des Tubus ist 1-2 m, die des Strahlerzeugungssystem 1-2 mm. Die Tubuswand und die Bleiglasfenster schützen den Mikroskopiker vor der sekundär entstehenden Röntgenstrahlung. Das Vertikalrohr rechts des Tubus führt zum Hochvakuum-Pumpstand.

sorption nehmen bei gegebener Energie der Elektronen, die von der Beschleunigungsspannung abhängt, mit der sog. Massendicke (Dicke mal Dichte in Durchstrahlungsrichtung) des Präparats zu. Elastisch gestreute Elektronen werden lediglich aus ihrer Bahn in einem Streuwinkel bis zu 7° abgelenkt, unelastisch gestreute (Ablenkung bis 0,1°) dagegen noch zusätzlich in ihrer Bahngeschwindigkeit verringert, d.h. ihre Wellenlänge wird vergrößert. Dicke Präparate verwandeln die monochromatische Elektronenstrahlung in eine polychromatische, die zu schlechterer Abbildung führt.

Die Elektronenmikroskopie stellt an das Präparat besondere Anforderungen, die nicht unproblematisch sind und sorgsame Analysen erfordern, um zu gültigen, d.h. der Situation in der lebenden Zelle gerecht werdenden Aussagen zu gelangen und Artefakte zu vermeiden:

- Das Hochvakuum erfordert, daß das Präparat wasserfrei ist. Präparate werden deshalb über Alkoholreihen entwässert und häufig in Kunstharz eingebettet.
- Durchstrahlbare biologische Präparate liegen bei 25–80 nm Dicke. Sie müssen also wesentlich dünner als Zellen sein. In Kunstharz eingebettete Zellen/Gewebe werden mit Ultramikrotomen in der notwendigen Dünne geschnitten.
- Zur Strukturerhaltung werden Zellen/Gewebe vor der Präparation fixiert. Verwendet werden vor allem **Glutardialdehyd** zur Vernetzung von Proteinen und **Osmiumtetroxid** (OsO_4), das vor allem Doppelbindungen oxidiert und dabei selbst zu Osmiumdioxid (OsO_2) reduziert wird, das wasserunlöslich ist und kontrastgebend ausfällt (s. 2.3).
- Der geringe Kontrast biologischer Objekte erfordert eine Kontrasterhöhung durch schwermetallhaltige Kontrastierungsmittel. Das aus OsO_4 enstehende OsO_2 ist eine Möglichkeit. Uranylacetat, Bleicitrat und Phosphorwolframsäure sind weitere kontrastgebende Salze. Man unterscheidet zwischen **Negativkontrastierung**, bei der das biologische Objekt von Schwermetallsalz umgeben wird und daher hell in dunkler (elektronenabsorbierender) Umgebung erscheint, und **Positivkontrastierung**, bei der durch spezifische Anlagerung an Protein oder Nucleinsäuren die biologische Struktur selbst dunkel erscheint. Besondere Nachweisverfahren bietet die **Immun-EM** mit Ferritin- oder Goldpartikel-gekoppelten Antikörpern gegen bestimmte zelluläre Proteine (Abb. 27-2).
- Eine besondere Präparationstechnik wird bei der **Gefrierbruch- und Gefrierätz-EM** angewandt. Das tiefgefrorene fixierte oder unfixierte Objekt wird im Vakuum aufgebrochen und von der Bruchfläche sofort oder nach begrenztem Absublimieren von Eis („Ätzen") ein Platin-Kohle-Aufdampfabdruck hergestellt. Der Abdruck (Replica) wird vom biologischem Material befreit und als solcher im EM betrachtet. Diese Technik hat sich besonders bei der Analyse von Biomembranen als sehr aussagekräftig erwiesen (s. 2.4).
- Präparate werden einer Strahlenbelastung ausgesetzt, die im Normalfall > 10^3 e^-/nm^2 beträgt, was deutliche Strahlenschäden an organischem Material verursacht. Im Zweifelsfall bleibt vom biologischen Präparat durch Verdampfung nur ein Kohlenstoffgerüst zurück (Graphitierung), das allerdings immer noch eine gewisse Aussagekraft besitzt. Durch empfindliche Videosysteme anstelle von photographischen Aufnahmesystemen u.a. lassen

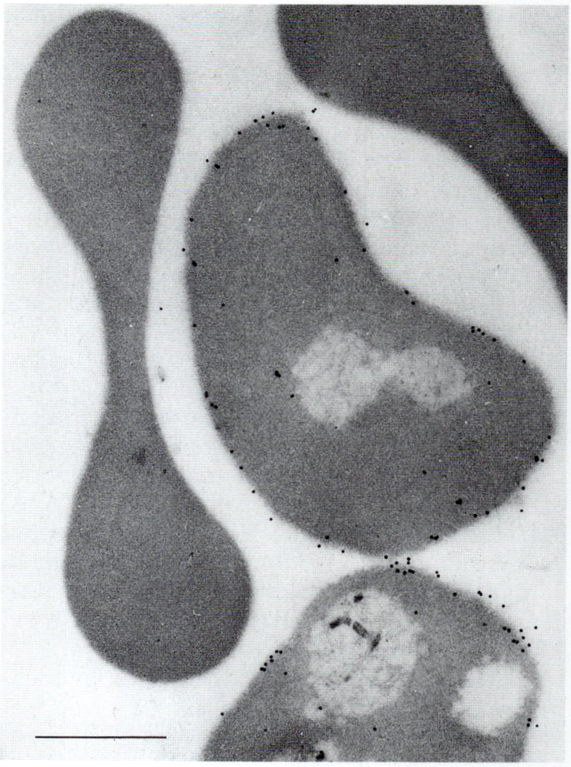

Abb. 27-2: Immun-EM. Gezeigt sind vier Erythrocyten der Maus, von denen zwei mit dem Malariaparasiten *Plasmodium chabaudi* infiziert sind. Die Parasiten befinden sich in den hellen Vakuolen (s. 23.5). Bei den infizierten Zellen wird ein Protein des Parasiten in der Plasmamembran der Wirtszelle exprimiert, an das – im Dünnschnitt – spezifische Antikörpern (von der Maus) gebunden wurden. An diese Antikörper wurden Anti-Maus-Antikörper komplexiert, an die Goldpartikel gekoppelt waren (schwarze Punkte). Nur die infizierten Zellen tragen eine Markierung. (EM-Aufnahme: F. Wunderlich, V. Speth)

sich Strahlenbelastungen jedoch erheblich senken.

Ein entscheidender Nachteil der Elektronenmikroskopie gegenüber der Lichtmikroskopie ist die Unmöglichkeit einer Lebendbeobachtung, wie das aus der vorangegangenen Aufzählung der besonderen Anforderungen an das Präparat ersichtlich wird.

Raster-Elektronenmikroskop

Beim Raster-EM, das ohne abbildende Linsen arbeitet, wird das Präparat mit einem sehr fein gebündelten Primärelektronenstrahl zeilenförmig abgetastet. Zur Bildentstehung werden Sekundärelektronen oder Rückstreuelektronen benützt, die unter dem Einfluß des Primärelektronen-Bombardements aus dem Objekt herausgeschleudert bzw. rückgestreut werden. Sie sind wesentlich energieärmer und leichter ablenkbar als die Primärelektronen und können von einem seitlich angebrachten Kollektor (Anode) abgesaugt werden. Als Detektor dient ein Szintillatorscheibchen, dessen Lichtsignale durch Photomultiplier verstärkt und in elektrische Signale rückverwandelt werden. Diese werden benutzt, um die Helligkeit eines entsprechenden Bildpunktes auf einem Leuchtschirm zu steuern. Im Gegensatz zum Transmissions-EM entsteht das Bild im Raster-EM also nicht simultan, sondern wird sukzedan über einen Zeilenraster aufgebaut. Abbildende Linsen sind dabei nicht involviert. Die Auflösung ist vor allem durch die Feinheit des Primärstrahles und des Abtastens begrenzt, die Vergrößerung ergibt sich unmittelbar aus dem Größenverhältnis des Bildes auf dem Bildschirm und der am Objekt abgerasterten Fläche.

Das Raster-EM wird vor allem zur Darstellung von Objektoberflächen eingesetzt, das Objekt kann dabei völlig undurchstrahlbar sein. Es wird so wiedergegeben, als wäre es schräg von der Detektorseite her beleuchtet, Oberflächenreliefs kommen plastisch heraus. Bei Objekten, die Isolatoreigenschaften haben – z.B. trockenes organisches Material –, muß die abzubildende Oberfläche mit einem möglichst dünnen leitenden Film überzogen werden, um störende Aufladungen und Ablenkungen des Primärstrahls im Objektbereich zu vermeiden. Das wird durch **Sputtern** bewerkstelligt, d.h. durch Aufbringen einer sehr dünnen Edelmetallschicht mittels Kathodenzerstäubung in einer Glimmentladung.

Raster-Tunnelmikroskop

Mit dieser von G. Binning und H. Rohrer entwickelten Methode können Oberflächen bei atomarer Auflösung abgebildet werden. Eine Metallspitze („Sonde") von 0,2 nm Durchmesser wird nach einem x/y-Raster in nur 0,5–1 nm Abstand über die zu untersuchende leitende Oberfläche geführt. Dieser Abstand ist so klein, daß sich die Elektronenwolken von Sonde und Oberfläche überlappen. Unter dem Einfluß einer geringen angelegten Spannung fließt ein „Tunnelstrom", dessen Stärke sehr empfindlich vom Abstand zwischen Elektrodenspitze und Objektoberfläche abhängt. Die Sonde wird von einer piezoelektrischen Halterung getragen, deren Elektrostriktion (Zusammenziehung unter dem Einfluß elektrischer Felder) zur präzisen Führung in atomaren Dimensionen ausgenützt wird (Genauigkeit 0,2 nm; Gesichtsfeld [Rasterfläche] ca. 1 μm^2). Der Tunnelstrom wird durch eine Kompensationsschaltung konstant gehalten, indem die Spitzenelektrode während des Abrasterns in z-Richtung entsprechend angehoben/abgesenkt wird. Diese Verschiebungen werden registriert und in ein Abbild der Oberfläche umgewandelt. Linsen werden nicht benötigt, und auch Vakuum ist nicht erforderlich, so daß auch wasserhaltige Objekte abgerastert werden können.

Das Raster-Tunnelmikroskop ist ein vergleichsweise sehr kleines Gerät, das Kernstück ist nicht einmal so groß wie ein Lichtmikroskop. Besonders wichtig ist die Abschirmung von mechanischen Erschütterungen durch entsprechende Dämpfungssysteme.

Weiterführende Literatur

Binning G, Rohrer H (1987) Das Raster-Tunnelmikroskop. Spektrum, Aug. 1987.

Flegler S (1995) Elektronenmikroskopie. Spektrum, Heidelberg.

Hansma P K, Elings V B, Marti O, Bracker C E (1988) Scanning tunneling microscopy and atomic force microscopy: application to biology and technology. Science 242, 209–216.

Plattner H, Zingsheim H P (1986) Elektronenmikroskopische Methodik in der Zell- und Molekularbiologie. Fischer, Stuttgart.

Polak J M, Varndell J M (Hrsg.) (1985) Immunolabelling for Electron Microscopy. 3. Aufl. Elsevier, Amsterdam.

Robinson D G, Ehlers U, Herken R, Herrmann B, Mayer F, Schürmann F W (1985) Präparationsmethodik in der Elektronenmikroskopie. Springer, Berlin.

Verkleij A J, Leunissen J L M (Hrsg.) (1989) Immuno-gold Labelling in Cell Biology. CRC Press, Boca Raton.

28 Glossar – Stichwörter zu wichtigen Methoden

In diesem Kapitel werden Fachausdrücke und „Schlagwörter“ kurz erläutert, die vor allem zell- und molekularbiologische Methoden betreffen und auf die im übrigen Text nicht näher eingegangen wurde. Häufig haben sich für solche Methoden englische Ausdrücke eingebürgert, eine deutsche Übersetzung wird dann nicht versucht. Die Auflistung geschieht in alphabetischer Reihenfolge.

Antisense RNA

Man versteht unter Antisense RNA eine zu einer bestimmten mRNA (oder Teilen von ihr) komplementäre RNA. In einer Zelle wird diese mRNA nach Basenpaarung mit Antisense RNA blockiert oder rasch abgebaut. Dadurch kann der Informationsfluß Gen → mRNA → Protein sehr gezielt unterbrochen werden. Dies wird durch experimentelles Einbringen von Antisense-Genen in die betreffenden Zellen erreicht.

Band-Shift (Electrophoretic Mobility Assay, EMSA)

Methode zur Identifizierung von Protein-DNA-Interaktionen. Ein Reaktionsansatz, dem radioaktiv markierte DNA-Fragmente zugegeben werden, kann in nicht-denaturierenden Gelen so aufgetrennt werden, daß Protein-DNA-Interaktionen nachweisbar sind. Dies liegt an der geringeren Mobilität der Protein-DNA-Komplexe im Vergleich zur freien DNA in dem speziellen Gel. In einer anschließenden Autoradiographie lassen sich selbst analytische Mengen von Protein-DNA-Komplexen nachweisen.

Bank

Laborjargon für Bibliothek.

Bibliotheken

Die gezielte Suche nach Genen beginnt häufig mit der Erstellung von Bibliotheken. Je nachdem, ob man sich für die codierende DNA in den Chromosomen interessiert oder für die Information einer mRNA, werden genomische bzw. cDNA-Bibliotheken erstellt. Bei genomischen Bibliotheken wird die chromosomale DNA mittels Restriktions-Endonucleasen (s. dort) fragmentiert und in Klonierungsvektoren (s. unten) einligiert. Bei der Erstellung von cDNA-Bibliotheken werden dagegen zunächst mRNAs isoliert und in doppelsträngige copy-DNAs (cDNAs) überführt. Hierzu werden die mRNAs zunächst in einzelsträngige komplementäre DNA-Moleküle übersetzt; das katalysierende Enzym ist eine Reverse Transcriptase, eine RNA-abhängige DNA-Polymerase. Nach Entfernung der RNA werden mittels DNA-Polymerasen die DNA-Einzelstränge doppelsträngig gemacht, die dann in Vektoren einklonierbar sind. In genomischen Bibliotheken ist somit die Gesamtheit der genetischen Information in Vektoren kloniert, bei cDNA-Bibliotheken finden sich sämtliche zum Zeitpunkt der RNA-Isolation exprimierten RNAs als copy-DNAs wieder.

Biolistische Transformation (Beschuß mit Mikropartikeln)

Die Partikelbeschußtechnik wurde von T. M. Klein und Mitarbeitern 1987 als Transformationsmethode entwickelt. Dabei werden kleine Metallkügelchen von 0,5–5 µm Durchmesser – in der Regel Wolfram oder Gold – mit DNA beschichtet und mit Hilfe einer speziellen Apparatur und hohem Druck direkt in Zellen oder Gewebe geschossen. Neben dem interessierenden Gen wird auch ein Resistenz-Gen (meist gegenüber Kanamycin) unter einem konstitutiven Promotor eingebracht, um auf eine erfolgreiche, d. h. stabile Transformation selektionieren zu können. Die Methode wird zunächst mit Hilfe eines Reporter-Gens optimiert. Häufig wird dafür das β-Glucuronidase-Gen (GUS) verwendet; das Enzym spaltet bestimmte künstliche Substrate wie X-Gal, die ein farbiges Derivat ergeben, das histologisch nachgewiesen werden kann. Die biolistische Transformation stellt ein verbreitetes Verfahren zur Transformation von Getreide oder allgemein Gramineen dar, die einer Transformation durch *Agrobacterium* (s. 21.3) schlechter zugänglich sind. Es werden neben embryonalen Zellkulturen vor allem unreife Embryonen verwendet, aus denen ganze Pflanzen regeneriert werden. Zahlreiche transgene Pflanzen verschiedener Arten wurden inzwischen auf diese Weise produziert. In den letzten Jahren wurde die biolistische Methode auch für Transformationen von Tierzellen und -geweben und auch von Hefezellen etabliert. Die Partikelbeschußtechnik ist zur Zeit die einzige Methode, mit der sich Plastiden stabil transformieren lassen.

Biolumineszenz

Anwendung s. 18.1.

Biosensoren

Aus dem sich mehr und mehr erweiternden Applikationsfeld von Biosensoren soll hier beispielhaft die Analysemöglichkeit von Protein-Protein-Interaktionen genannt werden. Einer der beiden Interaktionspartner wird dabei auf der Oberfläche des Sensors, in diesem Fall eines beschichteten Goldplättchens (Chip), immobilisiert, der andere befindet sich in Lösung. Beobachtet wird über ein spezielles Verfahren (SPR, surface plasmon resonance) die Änderung des Brechungsindex bei Interaktion der beiden Partner. Bei dieser Methode brauchen die Proteine nicht in irgendeiner Weise markiert – z.B. fluoreszenzmarkiert – zu werden, und die Bindungskinetiken etc. lassen sich in Realzeit verfolgen. Analyseprogramme erleichtern die Interpretation der Meßdaten. Biosensoren werden z.B. auch in Zellkulturen zur Registrierung bestimmter Zellparameter eingesetzt (s. Kap. 3, Abb. 3-1).

cDNA

s. Bibliotheken.

DNA-Footprinting

Methode zur Charakterisierung von Protein-Bindestellen auf DNA-Fragmenten. Hierzu läßt man DNA-bindende Proteine mit terminal markierten DNA-Fragmenten interagieren. Die DNA der entstehenden Protein-DNA-Komplexe wird anschließend einem limitierten Abbau (Exonuclease III, DNase I oder chemischer Abbau) unterzogen. Hierbei sind die Reaktionsbedingungen so eingestellt, daß der von einem Protein gebundene DNA-Bereich nicht abgebaut wird. Im Vergleich zu Ansätzen ohne zugegebenes Protein lassen sich in hochauflösenden Polyacrylamid-Gelen die von dem Protein vor dem Abbau geschützten Bereiche, die Footprints, aufzeigen.

DNA-Sequenzierung

Methode zur Bestimmung der Nucleotidabfolge eines DNA-Moleküls. Zwei Methoden finden derzeit Anwendung, die Maxam/Gilbert- und die Sanger-Methode. Bei der für spezielle Anwendungen wichtigen Maxam/Gilbert-Methode wird die DNA chemisch abgebaut, während bei der routinemäßig eingesetzten Sanger-Methode DNA anhand eines Templates, dessen Sequenz bestimmt werden soll, neu synthetisiert wird. Beispielhaft sei hier die Sanger-Methode beschrieben. Hierbei wird an das zu sequenzierende DNA-Molekül ein kurzes Oligonucleotid, der Primer, hybridisiert. Dieser Primer liefert die Startstelle für eine Synthese von DNA.

Es werden vier parallele Ansätze (DNA, Primer, DNA-Polymerase und die vier Desoxynucleotide, eines davon radioaktiv oder fluoreszenzmarkiert) gemacht, wobei jeweils ein basenspezifisches Didesoxynucleotid (ddATP, ddGTP, ddTTP, ddCTP) in geringen Konzentrationen zugegeben wird. Da die Didesoxynucleotide zwar in die DNA eingebaut werden, jedoch keine OH-Gruppen in 3′ für das Anhängen des nächsten Nucleotids besitzen, führt ihr Einbau zum statistischen Syntheseabbruch. Es entstehen so DNA-Fragmentgemische, die in jedem der Ansätze für ein anderes Nucleotid spezifisch terminieren. Da die Fragmente markiert sind, läßt sich die Basenabfolge des eingesetzten DNA-Moleküls aus den vier nebeneinander aufgetragenen Ansätzen in hochauflösenden Polyacrylamid-Gelen oder im DNA-Sequenzer bestimmen.

Dot Blotting

Bei dieser Methode werden für einen spezifischen Nachweis DNA- oder Proteinproben punktförmig auf ein Nitrocellulosefilter gesaugt. Dies geschieht in einer besonderen Apparatur, die mikrotiterplattenartig (z.B. 96) kleine Löcher aufweist und mit einer Saugpumpe in Verbindung steht. Die Löcher werden mit Proben gefüllt und diese auf das Filter gesaugt. Der Nachweis von DNA erfolgt wie beim Southern Blotting, der von Protein wie beim Western Blotting (s. dort).

ELISA

Beim ELISA (enzyme-linked immunosorbent assay) werden enzymgekoppelte Antikörper zum Nachweis verschiedenster Moleküle verwendet. Nach Bildung des Antigen-Antikörper-Komplexes und Trennung von noch vorhandenen freien Antikörpern kann das Antigen durch die Aktivität des gekoppelten Enzyms quantifiziert werden.

End-Markierung von DNA

Das sog. Klenow-Fragment der DNA-Polymerase I von *E. coli* füllt in doppelsträngigen DNA-Fragmenten 3′-Enden, die im Vergleich zu 5′-Enden zurückliegen, mit (radioaktiv oder fluoreszenzmarkierten) Nucleotiden auf. Die so markierten Fragmente können als Sonden verwendet werden.

Expressionsvektoren

E. sind Vektoren (s. dort), mit denen einklonierte Gene in prokaryotischen oder eukaryotischen Organismen in vivo exprimiert werden können.

Im Idealfall kann von einem proteincodierenden Gen mit dieser Methode beliebig viel Protein produziert werden.

FACS-Analyse

FACS-Analysen (fluorescence activated cell sorter), eine Form der Durchflußcytometrie, erlauben quantitative Unterscheidungen von Zellpopulationen, die sich in einem durch einen Fluoreszenzfarbstoff nachweisbaren Parameter wie z.B. DNA- oder Ca^{2+}-Gehalt, pH-Wert u.a. unterscheiden. Dazu werden die relative Größe der Zellen durch Lichtstreuung und anschließend die Intensität der Fluoreszenz gemessen und in einer Grafik gegeneinander aufgetragen (Abb. 28-1).

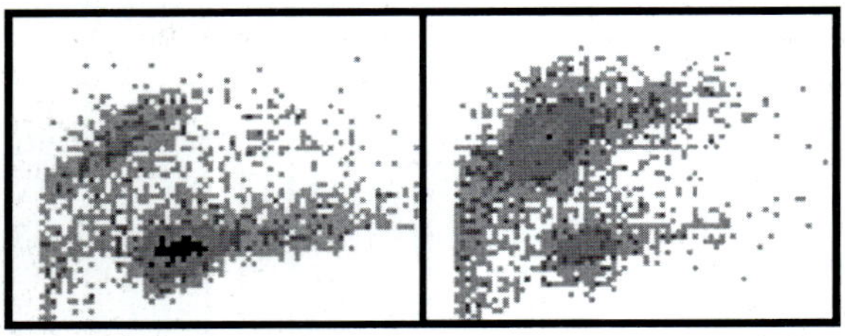

Abb. 28-1: FACS-Analyse von zwei Zellpopulationen. Die Abszisse gibt die relative Größe der Zellen wieder, die Ordinate die Höhe der Fluoreszenz eines von den Zellen gebundenen Fluroreszenzfarbstoffs. Im linken Bild dominieren die Zellen mit niedriger Fluoreszenz, im rechten Bild die Zellen, die verstärkt Fluoreszenzfarbstoff gebunden haben. Die Zellen in den beiden Teilpopulationen unterscheiden sich nur geringfügig in ihrer Größe. (Messung: A. Bauch)

Gelelektrophorese

Methode zur Trennung von Nucleinsäure- oder Proteingemischen in einer Gelmatrix. Als Matrix wird häufig Polyacrylamid oder Agarose verwendet. Je nachdem, welche Laufbedingungen eingestellt sind (z.B. denaturierende oder native Bedingungen), können die aufgetragenen Gemische nach ihren Eigenschaften (z.B. Molekularmasse) ein- oder zweidimensional aufgetrennt und die einzelnen Komponenten identifiziert werden.

Genomische Bibliotheken

s. Bibliotheken.

Grünfluoreszierendes Protein (GFP)

Anwendung s. 18.2.

Immun-Blotting

s. Western Blotting.

Immunpräzipitation

Methode zur Reinigung von Proteinen aufgrund der hohen Spezifität von Antigen-Antikörper-Wechselwirkungen. Nach Zugabe von spezifischen Antikörpern gegen das Zielprotein in einer Proteinlösung können die Antigen-Antikörper-Komplexe isoliert werden z.B. durch: (a) Adsorption an Protein A aus *Staphylococcus aureus* (s. 19.2.4), das kovalent an Sepharose gekoppelt ist; (b) Ausfällung mit Hilfe von Anti-Immunglobulin-Antikörpern, die gegen den ersten Antikörper gerichtet sind.

Indirekte Immunfluoreszenz

Anwendung s. 4.4.

Ionophoren

Ionophoren sind kovalent ringförmige oder über Wasserstoffbrückenbildung ringförmige oder aber helikale Moleküle mit M_r zwischen 200 und 2000, die außen hydrophobe Reste tragen. Ionophoren besitzen antibiotische Eigenschaften, die auf einer Störung der Ionen-Ungleichverteilung zwischen Zellinnerem und Außenmilieu beruhen.

Ringförmige Ionophoren besitzen im Innern, in das Alkali- oder Erdalkali-Ionen mit z.T. hoher Spezifität hineinpassen, besonders angeordnete Sauerstoffunktionen. Als Beispiel ist das **Valinomycin** abgebildet (Abb. 28-2). Es wurde als erster Ionophor aus einer Streptomyceten-Kultur isoliert und zeigte antibiotische Eigenschaften

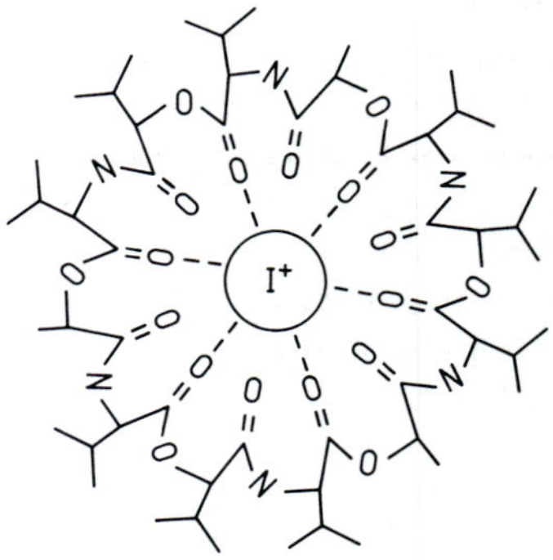

Abb. 28-2: Struktur des Ionophors Valinomycin. Es ist ein zyklisches Molekül aus 12 Hydroxysäuren bzw. Aminosäuren (D-Hydroxyisovalerat, L-Valin, L-Lactat, D-Valin), die über Ester- bzw. Peptidbindungen miteinander verknüpft sind. Die Sauerstoffreste weisen in das Innere des Moleküls, die unpolaren Reste nach außen. Sechs der Sauerstoffreste sind an der Bindung des Ions beteiligt, sie ersetzen bei der Beladungsreaktion die Hydrathülle des Ions.

(Entkopplung der oxidativen Phosphorylierung in Mitochondrien). Bei der Bindung eines Kations durch Valinomycin wird dessen Solvathülle gegen die bindenden Sauerstoffatome des Ionophors ausgetauscht. Es entsteht eine Käfigkonfiguration, die in einer Umgebung mit geringer Dielektrizitätskonstante wie im Lipidbereich einer Membran ($\varepsilon = 2$-6) geschlossen ist und sich an der Interphase zum wässerigen Bereich (ε ca. 80) öffnet. Solche Ionophoren bilden in einer Lipiddoppelschicht oder in einer Membran einen mobilen Carrier, der Ionen mit einer Geschwindigkeit von bis zu 10^4 pro s transportieren kann. Ein Nettotransport kann natürlich mit einem solchen System nur bis zu einem Konzentrationsausgleich zwischen zwei Komponenten führen. Für Valinomycin ist die folgende Selektivität gemessen worden: Rb^+ – K^+ - Cs^+ – Na^+ - Li^+ = 2:1:0,8:0,00004:0,000005. K^+ wird also um den Faktor 25 000 besser transportiert als Na^+, obgleich die Ionendurchmesser nicht weit auseinanderliegen (K^+, 0,27 nm; Na^+, 0,19 nm).

Eine Reihe weiterer natürlich vorkommender und synthetischer ringförmiger Ionophoren wie Nonactin, Nigericin u.a. mit ähnlichen Eigenschaften sind bekannt. Das synthetische Produkt X-537 A zeigt eine gewisse Selektivität für Ca^{2+}.

Helikale Ionophoren bilden Kanäle durch eine Membran. Das **Gramicidin A** z.B. ist ein lineares Polypeptid aus 15 hydrophoben Aminosäuren, das am Aminoende eine Formylgruppe und am Carboxylende eine Ethanolamingruppe trägt. Zwei solche Moleküle bilden ein lineares Dimer, bei dem die Formylgruppen Kopf an Kopf gelagert sind und das als links-Helix mit einem zentralen Kanal von 0,4 nm Durchmesser durch den Lipidbereich einer Membran reicht. Gramicidin A ist selektiv für Alkali-Ionen und transportiert diese als Kanal wesentlich schneller als ein mobiler Carrier (bis zu 10^7 Ionen pro s). Die Transportrate eines Ions durch einen solchen Kanal wird wesentlich durch die Differenz der freien Lösungsenergie außen in der wässerigen Phase und innen im Kanal bestimmt. Diese Differenz wurde beim Gramicidin-Kanal für Na^+ als <20 kJ pro Mol gemessen.

Lektine

Lektine sind di- oder multivalente zuckerbindende Proteine oder Glykoproteine, die nicht aus einem Immunsystem stammen und keine enzymatische Aktivität gegenüber den zu bindenden Zuckern besitzen. Sie wurden in Pflanzenextrakten aufgrund ihrer Erythrocyten agglutinierenden Eigenschaften entdeckt (daher auch **Phytohaemagglutinine** genannt). Es gibt Lektine aber auch in tierischen Geweben. Ihre biologischen Funktionen sind weitgehend unbekannt, sie dürften jedoch im Bereich von Zelladhäsion und Zellerkennung liegen. Lektine erhalten ihre zellagglutinierenden Eigenschaften dadurch, daß sie im allg. Di-, Tetra- oder Hexamere mit entsprechend vielen Bindungsstellen für Zucker bilden. Die Spezifität für bestimmte Zucker oder Zuckerreste ist oft sehr hoch. Man kennt bereits mehr als 100 verschiedene Lektine. Bekannte Lektine sind das Weizenkeim-Agglutinin (wheat germ agglutinin, WGA, aus *Triticum vulgare*, ein Dimer mit Spezifität für N-Acetyl-D-glucosaminyl-Resten), das Concanavalin (Con A, aus *Canavalia ensiformis*, ein Tetramer mit Spezifität für D-Glucosyl- und D-Mannosyl-Resten) und Phytohämagglutinin (PHA, aus *Phaseolus vulgaris*, Heterooligomer mit Spezifität für N-Acetyl-D-galactosaminyl-Resten). Phytohämagglutinin hat bei T-Lymphocyten mitogene Wirkung; dies wird routinemäßig bei der In-vitro-Kultur von Lymphocyten für Karyotypanalysen beim Menschen ausgenützt (s. 5.4.1). Lektine werden vor allem zur Erfassung von Zuckern an Membranproteinen und -lipiden verwendet. Sie können relativ leicht Ferritin-, Isotopen- oder fluoreszenzmarkiert werden und sind dadurch mikroskopischen und autoradiographischen Methoden zugänglich.

Mikroinjektion

Diese zu den „nichtinvasiven" Methoden gezählte Technik verwendet feinst ausgezogene Glaspipetten zur Injektion von Substanzen/Kompartimenten in lebende Zellen. Sie ist bisher die einzige Methode, eine bestimmte Zelle in einem Gewebeverband gezielt zu manipulieren. Ähnlich feine Glaspipetten werden in der Patch-Clamp-Technik (s. 15.1.3) und bei der Manipulation von Blastocysten (s. 13.6, Abb. 13-16) benützt. Die Pipetten werden nicht per Hand, sondern in sog. Mikroschmieden hergestellt.

Monoklonale Antikörper

(s. 19.2.4).

Northern Blotting (in scherzhafter Analogie zu Southern Blotting)

Transfer von RNAs, die elektrophoretisch in Agarosegel aufgetrennt wurden, auf Nitrocellulosefilter oder positiv geladene Nylonmembranen. Die Elektrophorese findet unter denaturierenden Bedingungen – z.B. mit Formamid – statt, um RNA-Überstrukturen aufzulösen. Im Gel können RNA-Banden mit Ethidiumbromid angefärbt werden (UV-Licht). Das Blotten geschieht wie bei DNA (s. Southern Blotting). Auf dem Filter oder der Membran wird RNA durch Hybridisierung mit markierten RNA- oder DNA-Sonden sichtbar gemacht, z.B. mit radioaktiv markierten Sonden und Autoradiographie.

Ortsspezifische Mutagenese (site-directed mutagenesis)

Ortsspezifische Mutagenese, d.h. künstliche Mutation bestimmter Bereiche oder bestimmter einzelner Nucleotide in einem Gen, wird z.B. vorgenommen, um die Promotorregion eines Gens zu analysieren oder die Eigenschaften eines Proteins/Enzyms wie Konformation, Bindungsstellen, aktives Zentrum etc. zu studieren; hierzu sind einzelne gezielte Aminosäureaustausche besonders interessant. Zur Mutagenese wird das betreffende Gen in einem Vektor kloniert. Deletionen im Gen lassen sich einführen, wenn Schnittstellen für eine bestimmte Restriktions-Endonuclease nur im Gen, nicht aber im Vektor vorhanden sind. An solchen Schnittstellen können auch Insertionen eingefügt werden. Schnittstellen werden durch DNA-Ligasen geschlossen. Durch Manipulationen dieser Art an embryonalen Stammzellen (ES-Zellen) von Mäusen (s. 13.6), lassen sich sog. **Knock-out-Mäuse** (0-Mutanten) herstellen.

Es gibt bereits zahllose Mäusestämme, die für die verschiedensten Gene defekt sind. Knock-out-Mäuse haben sich als außerordentlich wichtig für die Aufklärung von Gen-Funktionen erwiesen. Dabei kann man insofern Überraschungen erleben, als für essentiell gehaltene Gene manchmal gar nicht essentiell sind. Beispielsweise zeigen Mäuse mit defektem Gen für das Prion-Protein bisher keinen besonderen Phänotyp; sie sind allerdings resistent gegen TSE-Erkrankungen (s. 6.3). Ein anderes Beispiel sind Mäuse ohne IgD; sie haben keinen erkennbaren Nachteil in ihrer Immunabwehr.

Sehr gezielte Veränderungen in einem Gen, bis hin zur Veränderung eines bestimmten Codons, werden durch die sog. Oligonucleotid-vermittelte Mutagenese erreicht; die Sequenz des Gens muß dazu bekannt sein. Mit dieser Methode lassen sich auch chimäre Gene aller Art herstellen. Zunächst wird das Gen z.B. in einem Bakteriophagen M13-Vektor, der einzelsträngig ist, kloniert. Die einzelsträngige Vektor-DNA mit dem Gen wird mit einem synthetischen Oligonucleotid, das die gewünschte Veränderung (komplementär) enthält, hybridisiert und das Oligonucleotid anschließend mit einer DNA-Polymerase verlängert. Nach Übertragung des Vektors in einen geeigneten *E.-coli*-Stamm wird die Heteroduplex-DNA („mismatched“ DNA) durch ein zelluläres Reparatursystem in vivo ausgebessert; dabei entstehen neben Vektoren mit dem ursprünglichen Gen auch solche mit der gewünschten Mutation. Nach Selektion der Mutanten kann das mutierte Gen aus der doppelsträngigen replikativen Form des Phagen (einzelsträngige DNA ist für Restriktions-Endonucleasen und Ligasen ein schlechtes Substrat) isoliert, in einen anderen Vektor übertragen und in entsprechenden Zellen exprimiert werden. Nach Reinigung des Gen-Produkts ist dessen Analyse in vitro möglich.

Phage-Display-Bibliothek

(s. 19.2.4).

Polymerase Kettenreaktion (PCR)

Die PCR (polymerase chain reaction) dient der spezifischen exponentiellen Amplifikation von DNA-Fragmenten zwischen zwei Primern, die zu den beiden flankierenden DNA-Sequenzen der gewünschten Region komplementär sind (Abb. 28-3). Die Reaktion verläuft in drei Schritten, die mehrfach wiederholt werden: 1. Denaturierung der dsDNA mit dem zu amplifizierenden Bereich (bei ca. 92 °C). 2. Anlagerung der Primer an die ssDNA (Renaturierung bei ca. 50 °C). 3. Verlängerung der Primer entlang der DNA-Matrize.

Bei der PCR benützt man als DNA-Polymerase die Taq-Polymerase (aus dem thermophilen Bakterium *Thermus aquaticus*), wobei die Fehlerrate etwa $1{,}3 \cdot 10^{-6}$ pro Basenpaar pro Duplikation beträgt, oder die Pfu-Polymerase (aus dem termophilen *Pyrococcus furiosus*) mit 3′-5′-Exonuclease-Aktivität, die eine Reparatur falsch eingebauter Nucleotide vornimmt. Diese Polymerasen werden im Hitzeschritt nicht irreversibel denaturiert. Aus diesem Grund kann man auch den Denaturierungs-, Renaturierungs- und Syntheseschritt in einem Reaktionsgefäß wiederholt ablaufen lassen bzw. automatisieren. Theoretisch reicht ein Molekül der zu amplifizierenden DNA, das auf diese Weise fast beliebig oft kopiert werden kann.

Puls-Feld-Gelelektrophorese (PFGE)

Elektrophorese von DNA in Agarosegelen zur Trennung großer Moleküle (bis ca. 10^3 kbp) oder ganzer Chromosomen. Bei dieser Methode alterniert die Richtung eines anliegenden elektrischen Felds zwischen konstanten Winkeln. Da sich DNA-Moleküle während ihrer Wanderung in Richtung des alternierenden elektrischen Felds ausrichten, dauert dies bei großen Molekülen länger als bei kleineren, was zu unterschiedlichen Wanderungsgeschwindigkeiten in der Agarosematrix führt.

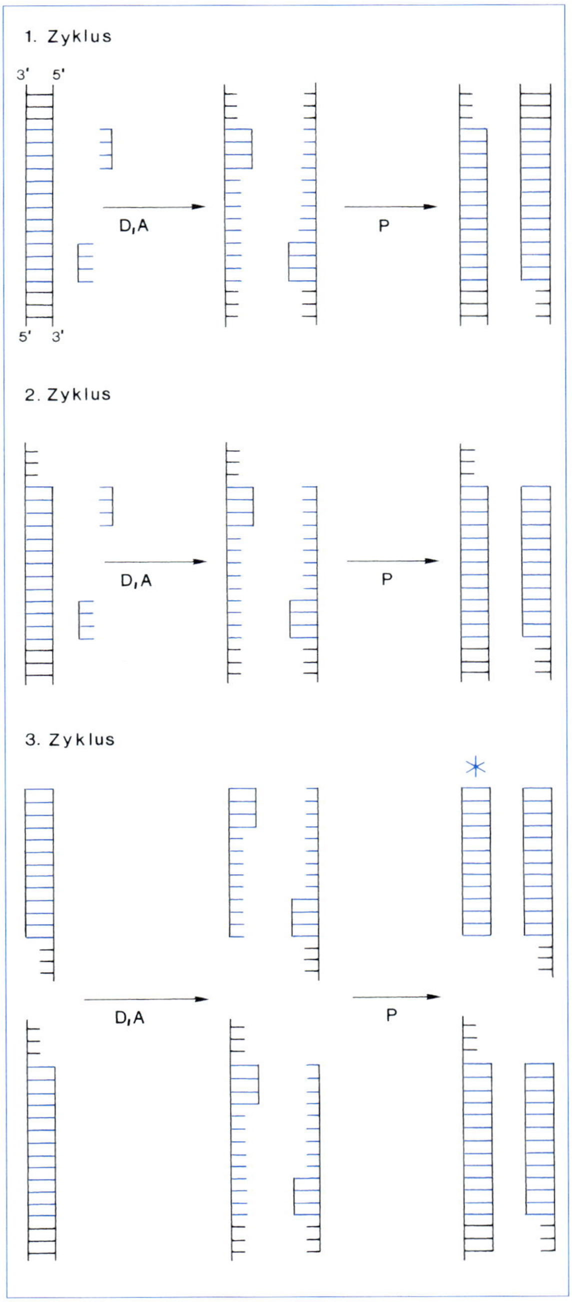

Abb. 28-3: Polymerase-Kettenreaktion (PCR). Oligonucleotid-Primer und DNA, von der ein Bereich amplifiziert werden soll, befinden sich in einem Ansatz. Nach Denaturierung (D) der dsDNA und Anhybridisierung (A, von annealing) der Oligonucleotid-Primer findet im ersten Zyklus eine DNA-Synthese (P, von Polymerase) statt, die statistisch terminiert. In einem zweiten Zyklus wird der Vorgang wiederholt, es entstehen nun auch DNAs mit definierter und gewünschter Länge, die in folgenden Zyklen (25-40 Zyklen) so weit vermehrt werden, daß sie für weitere Analysen in großen Mengen zur Verfügung stehen.

Reporter-Gene

Zur Analyse von Gen-Expression. Beispielsweise werden Promotoren, deren Funktion untersucht werden soll und die die Expression von Genen mit nur schwer nachweisbaren Gen-Produkten kontrollieren, in einem Konstrukt vor ein Reporter-Gen geschaltet, dessen Expression, nach Transformation in entsprechende Zellen, leicht verfolgt werden kann. Als Reporter-Gene verwendet man z.B. das *gus*-Gen (β-Glucuronidase), das *lacZ*-Gen (β-Galactosidase) oder das Gen für die Luciferase (s. 18.1), deren Gen-Produkte (auch Reporter-Enzyme genannt) sich in vivo und in vitro leicht und in sehr geringen Konzentrationen nachweisen lassen. Die Glucuronidase und Galactosidase spalten synthetische Substrate wie X-Gal zu farbigen Produkten.

Restriktionsenzyme

Restriktionsenzyme oder Restriktions-Endonucleasen „schneiden" sequenzspezifisch DNA. Sie erkennen eine kurze Nucleotidabfolge in einem DNA-Doppelstrang (meistens 4, 6 oder 8 aufeinander folgende Nucleotide). Das Enzym *Eco*R1 [für Restriktionsenzyme werden kursiv geschriebene Abkürzungen verwendet, die sich auf die Herkunftsorganismen beziehen] aus *E. coli* schneidet z.B. die palindromische Sequenz GAATTC in jedem der beiden DNA-Stränge nach dem G. Restriktionsenzyme sind in der Natur bei Prokaryoten weit verbreitet und dienen Bakterien zur Abwehr von Fremd-DNA. Bei gentechnischen Arbeiten werden diese Enzyme außerordentlich häufig eingesetzt, um DNA in definierte Fragmente zu schneiden. (Firmen bieten in ihren Katalogen weit über hundert verschiedene Restriktionsenzyme an.)

Restriktions-Fragment-Längenpolymorphismus (RFLP)

Mit Hilfe von RFLPs können Genome oder Chromosomen zwischen Individuen einer Art unterschieden werden. Hierbei wird ausgenutzt, daß die Orte von Erkennungsstellen für Restriktions-Endonucleasen, die sich in bestimmten Genom-Bereichen zwischen zwei Individuen unterscheiden können, stabil weitervererbt werden. In der Filialgeneration F1 entsteht nun ein Hybrid mit dem Muster der Eltern (oder eine Mischung davon). Solche Unterschiede führen bei Behandlung genomischer DNA mit den entsprechenden Restriktions-Endonucleasen zu einem Polymorphismus in der Länge der entstehenden DNA-Fragmente, der mit Hilfe der Southern-Technik (s. dort) und anschließender Hybridisierung mit einer geeigneten Sonde nachgewiesen werden kann. Diese Technik hat eine weite Anwendung bei Züchtern; in abgewandelter Form gewinnt sie zunehmend bei kriminaltechnischen Untersuchungen unter dem Namen „genetischer Fingerabdruck“ an Bedeutung.

RIA

Beim RIA (radioimmunoassay) wird die Konzentration eines Antigens über seine kompetitive Bindung im Vergleich zum gleichen, aber radioaktiv markierten Antigen bekannter Konzentration an den entsprechenden Antikörper bestimmt. Die Antigen-Antikörper-Komplexe werden vom Inkubationsansatz getrennt, die Radioaktivität gemessen und die Konzentration des nichtmarkierten Antigens mit Hilfe einer Eichkurve (erstellt aus markiertem und nichtmarkiertem Antigen bekannter Konzentrationen) bestimmt. Bei neueren Varianten der Methode wird die Radioaktivitätsmarkierung durch Fluoreszenzmarkierung ersetzt.

Röntgenstrukturanalyse

Röntgenstrahlen haben Wellenlängen von 0,1–0,2 nm, sie werden beim Durchtritt durch Molekülkristalle, z.B. durch einen Proteinkristall, an den Atomen gebeugt. Aus den auf einem Film aufgefangenen Beugungsmustern läßt sich – bei einer entsprechenden Auflösung von wenigen Å – die atomare Raumstruktur berechnen. In Kristallen aus löslichen Proteinen ist das Verhältnis von Protein zu Lösungsmittel (Wasser, Salze, Fällungsmittel etc.) etwa 1:1. Bei Membranproteinen kommt ein beträchtlicher Anteil kleiner amphiphiler Moleküle oder Detergenzien hinzu, da das Protein als Micelle kristallisiert. Die Proteinkristalle werden in Kapillaren im Primärstrahl des Diffraktometers so angebracht, daß sie in jeder Richtung relativ zum Röntgenstrahl orientiert werden können. Da im Kristall die Proteine in einem Raumgitter mit einer bestimmten Elementarzelle angeordnet sind, erhält man von allen streuenden Atomen dieses Raumgitters Sekundärstrahlen, deren Winkelverteilung relativ zum Primärstrahl auf einem Film registriert wird und das sog. reziproke Gitter ergibt. Je nach Geometrie der Einheitszelle und Ordnung des Kristalls entstehen dabei zehntausend bis über hunderttausend Reflexe (Abb. 28-4), wobei die hohe Anzahl der Elementarzellen im Kristall als „Verstärker“ für die Streuung der einzelnen Streuzentren wirkt. Es genügen daher bereits Kristalldimensionen von weniger als 1 mm. Das erhaltene Beugungsbild ist das Absolutquadrat der Fouriertransformierten der Elektronendichte in der Einheitszelle. Damit bestimmt die Elektronendichte auch das Muster der Reflexintensitä-

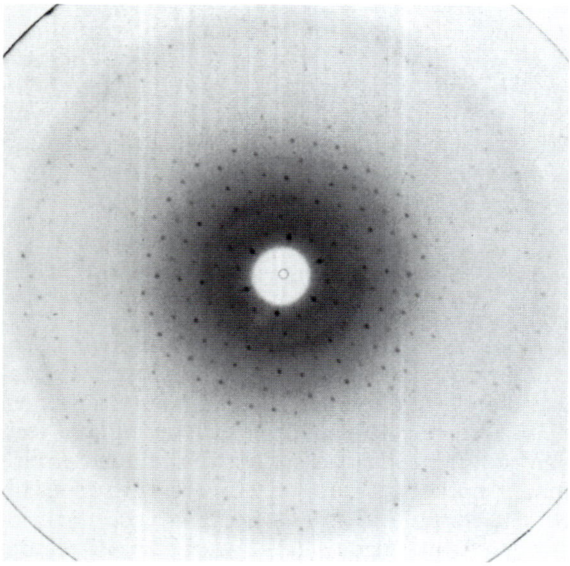

Abb. 28-4: Röntgenstrukturanalyse am Beispiel von Porin, einem porenbildenden Protein aus der äußeren Membran des Purpurbakteriums *Rhodobacter capsulatus*. Präzessionsaufnahme der Röntgenbeugung eines Kristalls von Porin; zahlreiche Reflexe sind zu erkennen. Aus solchen Beugungsaufnahmen läßt sich die Elektronendichte im reziproken Raum errechnen. Wellenlänge des Röntgenstrahls 0,154 nm; Präparat-Film-Abstand 125 mm. (Aufnahme: W. Welte)

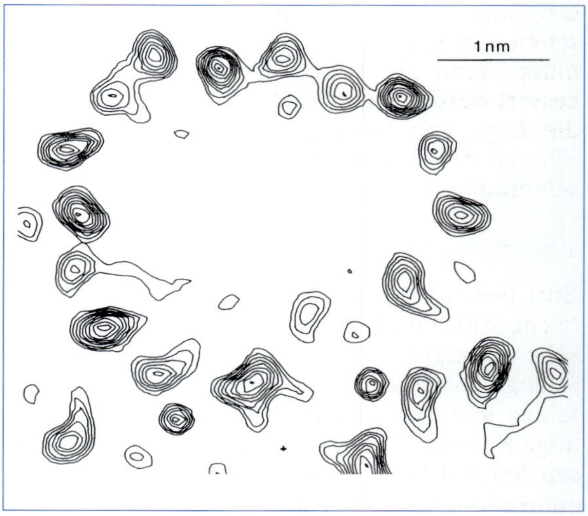

Abb. 28-5: Schnitt durch die (dreidimensionale) Elektronendichte für eine Porin-Untereinheit des trimeren Porins. Die beiden anderen Untereinheiten setzen sich am unteren Bildrand fort. Gezeigt ist eine Ebene, die parallel zur Membranebene in situ verlaufen würde und in der die zentrale Pore im Porinmolekül relativ groß ist; diese wird umgeben von den β-Faltblattstrukturen (Dichtelinien) der Porenwand. Zur dreidimensionalen Rekonstruktion des Porins war die Auswertung von 42 000 Reflexen aus mehreren Aufnahmen notwendig. Modelle des Porins sind in Abb. 2-28 und 2-29 (s. 2.7.1) gezeigt. (Aufnahme: M. S. Weiss und G. E. Schulz)

ten. Eine stets vorhandene Unordnung im Kristall führt dazu, daß die Reflexe bei größeren Streuwinkeln schwächer werden und damit die Auflösung begrenzt wird. Eine solche Unordnung kann z.B. durch flexible Teile des Proteins, durch inhomogene Präparationen oder durch schlechte Packung der Proteine im Kristall entstehen. Jeder Reflex entspricht im allg. einem Punkt in einer komplexen Zahlenebene. Neben den Beträgen der Intensitäten – der Schwärzung auf dem Film – sind folglich für die Berechnung noch die Phasenwinkel, die die Verbindungsstrecken zwischen den Punkten und dem Nullpunkt mit der x-Achse bilden, zu bestimmen. Diese Phasenwinkel müssen indirekt mit Hilfe von isomorphen Derivaten bestimmt werden. Dabei läßt man kleine Moleküle, die Atome höherer Ordnungszahl enthalten, in die Kristalle eindiffundieren, so daß sie an polare Seitenketten des Proteins binden können. Sie verändern das Beugungsbild der Kristalle auf spezifische Weise. Der Vergleich der Streuintensitäten mit und ohne Schwermetall-Referenzatomen – er muß für verschiedene Referenzatome durchgeführt werden – liefert die Phasen. Ist die räumliche Verteilung der Elektronendichte (Abb. 28-5) schließlich mit einer bestimmten minimalen Auflösung (etwa 0,5 nm) bekannt, so kann eine Polypeptidkette – idealerweise mit bekannter Sequenz – eingepaßt werden. „Markante" Atome, d.h. andere als C, O und N, z.B. an prosthetischen Gruppen, erleichtern dabei die Zuordnung. Wenn die Auflösung auf 0,2–0,3 nm verbessert werden kann, sind genaue Aussagen über die Lage von Seitengruppen möglich, und es können Annahmen über intramolekulare Wechselwirkungen gemacht werden.

SDS-Polyacrylamid-Gelelektrophorese

Eine besondere Bedeutung für die elektrophoretische Auftrennung von Proteinen hat das ionische Detergens SDS (sodium dodecyl sulfate) erlangt. Es bildet mit den meisten löslichen Proteinen und Membranproteinen lösliche, stabförmige Komplexe in konstanten Massenverhältnissen (etwa 0,4 g SDS pro g Protein bei SDS-Konzentrationen zwischen $5 \cdot 10^{-4}$ und $8 \cdot 10^{-4}$ mol $\cdot$ l^{-1}; etwa 1,4 g SDS pro g Protein bei SDS-Konzentrationen oberhalb $8 \cdot 10^{-4}$ mol $\cdot$ l^{-1}), die stark negativ geladen sind. Die Länge der stäbchenförmigen Komplexe ist der Molekularmasse der Polypeptide ungefähr proportional. Darauf beruht die Bestimmung von Molekularmassen von Polypeptiden durch SDS-Polyacrylamid-Gelelektrophorese (SDS-PAGE).

Southern Blotting (nach E. M. Southern, 1975)

Transfer von DNA, die mit Restriktionsenzym(en) gespalten und deren Spaltprodukte in einem Agarosegel elektrophoretisch aufgetrennt wurden, auf einen Nitrocellulosefilter oder eine Nylonmembran. Vor Übertragung werden die doppelsträngigen DNA-Moleküle mit Alkali denaturiert. Der Transfer kann elektrophoretisch, mit Hilfe eines angelegten Vakuums oder als Kapillartransfer erfolgen, bei dem aufgelegte trokkene saugfähige Papiere Flüssigkeit durch Gel und Filter saugen. Auf dem Filter werden DNA-Moleküle mit radioaktiv markierten DNA-Proben hybridisiert. Autoradiographie macht die Proben sichtbar.

Tagging von Protein

Proteine werden häufig heterolog überexprimiert, d.h. in geeigneten Zellen wie *E. coli* und Hefe nach entsprechender Transformation in großen Mengen hergestellt. Zur anschließenden gezielten Reinigung können solche Proteine zuvor gentechnisch modifiziert werden. Beispielsweise erlaubt das Anhängen von sechs aufeinanderfolgenden His-Resten (His-Tag) ihre spezifische Reinigung an Säulenmaterial, das komplexiertes Ni enthält. Schwermetalle wie Ni haben eine hohe Bindungsaffinität zu geclusterten His-Resten; diese Eigenschaft ist übrigens auch Ursache der Kontaktallergie gegen Nickel (s. 19.1). Eine andere Möglichkeit ist die Herstellung eines Fusions-Gens und damit eines Fusionsproteins mit der Glutathion-S-Transferase. Eine spezifische Bindung wird dadurch an Säulenmaterial erreicht, das kovalent gebundenes Glutathion enthält. Eine mit eingebrachte spezifische Spaltungssequenz für eine Proteinase erlaubt die proteinolytische Abtrennung der Transferase nach dem Reinigungsschritt.

Transformation

Unter Transformation versteht man ganz allgemein das Einbringen von genetischer Information in Form von DNA in eine pro- oder eukaryotische Zelle. Meistens werden dazu Vektoren in Form von Plasmiden verwendet. Die Übertragung von nackter, d.h. proteinfreier DNA wird auch als **Transfektion** bezeichnet.

Unter Transformation versteht ebenfalls die Umwandlung einer Zelle in eine Tumorzelle, auch wenn dabei keine DNA zusätzlich in die Tumorzelle eingebracht wurde.

Transformation von Pflanzen durch *Agrobacterium*

A. tumefaciens zeichnet sich durch die Fähigkeit aus, viele dikotyledone Pflanzen genetisch transformieren zu können; in letzter Zeit konnten auch Transformationsprotokolle für einige monokotyledone Arten erarbeitet werden. Die natürliche Virulenz dieses Bakteriums kommt durch einen horizontalen Gen-Transfer eines Teils des sog. Ti-Plasmids, der T-DNA, zustande (s. 21.3). Die T-DNA ist von zwei imperfekten 25 bp großen direkten Repeats begrenzt, die hinreichend sind. Zwischen sie eingebrachte Fremd-DNA wird effektiv in Pflanzen eingebracht. Vektoren zur Transformation enthalten neben den beiden Repeats die zu überführende Fremd-DNA, ein Antibiotikaresistenz-Gen zur Selektionierung der transformierten Zellen/Pflanzen, ein Resistenz-Gen für in Bakterien selektionierbare Resistenz und einen Ori für *A. tumefaciens*. Dieser Vektor wird mittels Konjugation oder Transformation in *A. tumefaciens* eingebracht. Die verwendeten Stämme enthalten noch ein zweites Plasmid, auf dem die zur Pflanzentransformation notwendigen Regionen des Ti-Plasmids codiert sind, oder ein Ti-Plasmid, bei dem die endogene T-DNA deletiert wurde. Die wesentlichen für die Virulenz notwendigen Funktionen sind in der *vir*-Region des Ti-Plasmids codiert (s. 21.3). Die Transformation wird an Zellen pflanzlicher Zellkulturen oder an aus Geweben isolierten Zellen vorgenommen, die zu ganzen Pflanzen regeneriert werden können. Es existieren auch Protokolle zur Blütentransformation, was die Vorteile bringt, daß die transformierende DNA direkt in die Keimbahn eingebracht wird und daß sich die aufwendige Zellkultur erübrigt.

Neben zahllosen Transformationen dieser Art in der Grundlagenforschung werden zur Zeit genetische Veränderungen an Kulturpflanzen zur Herbizid- und Insektenresistenz sowie gegen von Bakterien verursachte Krankheiten u.a. angestrebt. Die eingebrachten Resistenz-Gene werden oftmals aus Bakterien isoliert wie z.B. das Resistenz-Gen gegen das Herbizid Glyphosat aus *Salmonella* oder das Gen für das insektentoxische Protein Bt-Toxin aus *Bacillus thuringiensis*.

Bacillus thuringiensis wurde 1902 in Seidenraupen-Zuchten in Japan entdeckt. Dieses grampositive Bakterium synthetisiert während der Sporulation Inklusionskörper von insektizidem Protein, das auch als Bt-Toxin oder δ-Endotoxin bezeichnet wird. Aus verschiedenen Stämmen von *B. thuringiensis* wurden an die 90 Gene isoliert, die für toxische Proteine codieren, die spezifisch gegen Lepidopteren, Coleopteren u.a. wirken. Die δ-Toxine werden nach Aufnahme durch Insekten im Darm solubilisiert und proteinolytisch in die aktiven Komponenten gespalten. Diese zerstören die Epithelzellen des Darms, was zum Tod der Insekten führt. *B. thuringiensis* wurde selbst zunächst und wird auch nach wie vor als Bioinsektizid verwendet. Es gibt inzwischen mehrere transgene Kulturpflanzenarten, die ein Gen für δ-Endotoxin enthalten und insektenresistent sind.

Two-Hybrid-System

Mit diesem System lassen sich Protein-Protein-Interaktionen in vivo nachweisen und ganze Bibliotheken nach interagierenden Proteinen absuchen. Verwendet dazu werden meist Hefestämme, die mit Reporter-Genen wie *lacZ* (s. Reporter-Gen) unter der Kontrolle des Promotors GAL1 transformiert sind, und der Transkriptionsaktivator GAL4. Zwei auf ihre Interaktion zu untersuchende Proteine werden auf DNA-Ebene mit der DNA-bindenden Domäne von GAL4 bzw. mit der separaten Transaktivierungsdomäne von GAL4 fusioniert (Abb. 28-6). Nach Transformation eines Hefestammes mit beiden Konstrukten kann eine Expression des Reporter-Gens nur dann beobachtet werden, wenn die beiden Proteine spezifisch interagieren, d.h. wenn die beiden Domänen des Transkriptionsaktivators GAL4 in Kontakt kommen.

Ein gewisser Nachteil des Systems ist, daß die entscheidenden Reaktionen im Zellkern ablaufen, d.h. alle beteiligten Proteine nach ihrer Synthese in den Zellkern transportiert werden müssen. Es wurden deshalb ähnliche Systeme entwickelt, die im Cytoplasma arbeiten. Ein Beispiel ist SRS (Sos recruitment system). Im Prinzip wird dabei ein wachstumsdefekter Hefestamm verwendet, bei dem das Wachstum durch Bin-

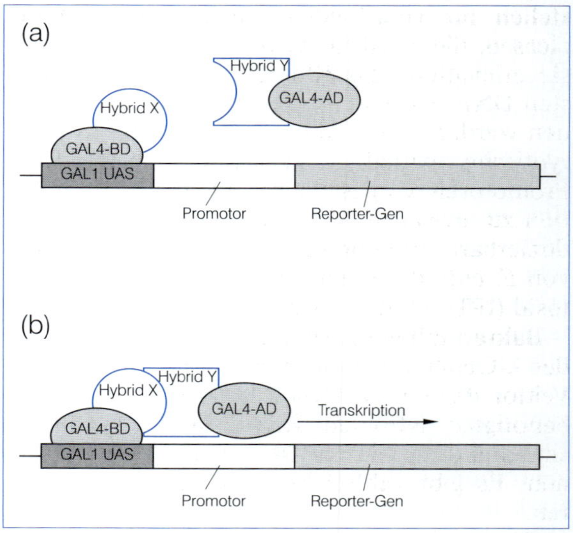

Abb. 28-6: Schema zum Two-Hybrid-System. Ein Reporter-Gen steht unter der Kontrolle des GAL1-Promotors der Hefe. Die beiden Proteine X und Y sind auf DNA-Ebene mit der DNA-bindenden Domäne bzw. mit der transaktivierenden Domäne des Transkriptionsaktivators GAL4 fusioniert. Eine Expression des Reporter-Gens ist nur bei Interaktion von X und Y möglich.

dung von Sos, dem Aktivator von Ras im MAP-Kinase-Weg (s. 4.1.4), an die Plasmamembran wiederhergestellt wird. Eines der beiden zu untersuchenden Proteine wird deshalb auf DNA-Ebene mit Sos fusioniert, das andere erhält eine Myristinylierungs-Sequenz, die eine Bindung an die Plasmamembran gewährleistet. Durch spezifische Interaktion der beiden Proteine wird auch Sos „membrangebunden", wodurch eine Aktivierung von Ras und damit erneutes Wachstum ermöglicht wird.

Vektoren zur Klonierung

Vektoren sind kleine DNA-Moleküle, in denen Fremd-Gene eingefügt werden können, um sie in geeigneten Zellen zu vermehren oder zu exprimieren.

Bakterielle **Plasmid-Vektoren**. Plasmide sind zirkuläre dsDNA-Moleküle von 1 bis 200 kbp. Sie enthalten einen Ori (Replikationsursprung) und *cis*-aktive Sequenzen, zusammen als Replicon bezeichnet, sowie unterschiedlichste Gene. In vielen Plasmid-Vektoren ist ein bestimmtes Replicon, pMB1, enthalten. Vektoren werden in Bakterien durch Transfektion (vorübergehende Permeabilisierung der Zellen für kleine DNA-Moleküle durch divalente Kationen) eingebracht. Um Transformanten erkennen zu können, tragen Vektoren selektierbare Marker, meist Resistenz-Gene für Antibiotika wie Ampicillin, Kanamycin u.a.. Außerdem enthalten sie sog. Polylinker, eine Reihe von synthetischen Schnittstellen für verschiedene Restriktions-Endonucleasen, die sonst im Vektor nicht vorkommen; sie erleichtern das Klonieren der verschiedensten DNA-Fragmente. Den zu klonierenden Genen werden – besonders wenn es sich um eukaryotische handelt – geeignete prokaryotische Promotoren vorgeschaltet, um gute Transkription zu erreichen. Verwendet werden häufig induzierbare Promotoren wie der *lac*-Promotor von *E. coli*, der durch Isopropyl-β-D-Thiogalactosid (IPTG) induziert wird.

Bakteriophage-λ-Vektoren. Trotz der Größe des λ-Genoms (ca. 50 kbp) kann der Phage als Vektor dienen, da etwa 30% der DNA für den benötigten lytischen Zyklus nicht notwendig sind und durch Fremd-DNA ersetzt werden können. Es gibt zahlreiche verschiedene λ-Vektoren.

Cosmid-Vektoren. Dies sind modifizierte Plasmide mit einer DNA-Sequenz (*cos*-Sequenz), die ein Verpacken der DNA in λ-Partikel erlaubt. Cosmid-Vektoren werden zur Klonierung relativ großer DNA-Fragmente (35–45 kbp) verwendet, z.B. bei Einrichtung einer Bibliothek genomischer DNA.

Bakteriophage **M13-Vektoren**. Sie werden vor allem für ortsspezifische Mutagenesen verwendet (s. dort).

YACs (yeast artificial chromosomes) sind artifizielle Hefe-Chromosomen, die als Vektoren benützt werden. Mit ihnen können in Hefe große DNA-Fragmente von 200–500 kbp kloniert werden, was für die Errichtung von Bibliotheken genomischer DNA vorteilhaft ist. Die Fragmente werden zwischen zwei YAC-„Arme" ligiert. Diese tragen einen selektierbaren Marker sowie Sequenzen, die die Funktion von Telomeren übernehmen. YACs enthalten außerdem eine Centromer-Struktur zur Anheftung von Spindelmikrotubuli während der Mitose und einen Replikationsursprung (Ori).

Western Blotting (in scherzhafter Analogie zu Southern Blotting)

Transfer von Proteinen, die SDS-gelelektrophoretisch aufgetrennt wurden (s. dort), auf ein Nitrocellulosefilter und Nachweis von immobilisierten Proteinen mit entsprechenden Antikörpern. Der Transfer geschieht elektrophoretisch in einer besonderen Apparatur. Vor Anwendung von Antikörpern müssen alle Protein-Bindungsstellen auf der Nitrocellulose abgesättigt werden – am besten mit Protein aus Magermilchpulver (Casein). Nach Inkubation des Filters mit dem ersten Antikörper gegen das gesuchte Protein und Auswaschen von überschüssigem Antikörper wird mit einem zweiten Antikörper, der gegen den ersten gerichtet ist, oder mit Protein A (s. 19.2.4) inkubiert. Antikörper und Protein A sind entweder radioaktiv markiert oder mit Peroxidase oder alkalischer Phosphatase gekoppelt. Autoradiographie bzw. enzymatische Farbreaktionen zeigen das Protein.

Zentrifugation

Für die Trennung und Isolation von Zellbestandteilen und Makromolekülen sind Zentrifugationstechniken sehr wichtig. Partikel sedimentieren nach Masse, Dichte und Form unterschiedlich. In Ultrazentrifugen lassen sich Beschleunigungen bis zu 500 000 g erreichen, was Umdrehungen von etwa 70 000 Upm (Umdrehungen pro min) entspricht. Bei der **Differentialzentrifugation** werden Partikelgemische oder Zellhomogenate nacheinander mit zunehmend höheren Drehzahlen zentrifugiert und die Sedimente (Pellets) jeweils abgenommen. Zellkerne sedimentieren bereits bei 500 g (10 min bei 1000 Upm), Chloroplasten bei 1000 g (10 min bei 3000 Upm), Mitochondrien bei 8000 g (10 min bei 10 000 Upm) und Mikrosomen bei 100 000 g

(2 h bei 37000 Upm). Der Überstand ist danach im wesentlichen frei von Membranen. Bei der **Gradientenzentrifugation** werden die Partikel auf einen linearen oder abgestuften Gradienten von Saccharose, Ficoll (synthetisches Polymer aus Saccharose) o.a. geschichtet und bis zum Gleichgewicht zentrifugiert, wobei die Partikel bei der Dichte im Gradienten bandieren, der ihrer Eigendichte entspricht. Bei der **Zonenzentrifugation** ist der Gradient so flach, daß alle Partikel letztlich im Sediment landen. Sie wandern allerdings unterschiedlich schnell, entsprechend ihren Eigenschaften, als Banden (Zonen) durch den Gradienten. Um eine Trennung zu erreichen, muß die Zentrifugation zum richtigen Zeitpunkt abgebrochen werden. Die ribosomalen Untereinheiten beispielsweise besitzen ähnliche Dichten und Formen, unterscheiden sich aber in ihren Massen; durch Zonenzentrifugation lassen sie sich besonders gut voneinander trennen.

Auf ein Partikel greifen im Zentrifugalfeld drei Kräfte an, die Zentrifugalkraft $K_1 = \omega^2 r \cdot V \cdot \rho'$, der Auftrieb $K_2 = \omega^2 r \cdot V \cdot \rho$ und die Reibung $K_3 = v \cdot f$ mit ω, Winkelgeschwindigkeit; r, Radius (von Achsenmitte bis zur Position des Partikels); V, Partikelvolumen; ρ', Dichte des Partikels; ρ, Dichte des Mediums; v, Sedimentationsgeschwindigkeit; f, Reibungsfaktor; und t (s. unten), Zeit. Im Gleichgewicht ist $K_1 = K_2 + K_3$. Bei Auflösung nach v ergibt sich:

$$v = \frac{dr}{dt} = \omega^2 \cdot r \cdot \frac{V \cdot (\rho' - \rho)}{f} \qquad \text{(Gl. 28-1)}$$

Ein Partikel wird in einem Gradienten solange sedimentieren, bis seine Dichte ρ' der Dichte ρ im Gradienten entspricht; dann wird die Sedimentationsgeschwindigkeit 0. Wird ein Gradient mit Partikeln unterschichtet, werden sie bis zum Erreichen der entsprechenden Dichte flotieren.

Als Sedimentationskonstante S bezeichnet man den Quotienten aus Sedimentationsgeschwindigkeit und Zentrifugalbeschleunigung:

$$S = \frac{v}{\omega^2 \cdot r} \cdot \frac{V\ (\rho' - \rho)}{f} \qquad \text{(Gl. 28-2)}$$

Sie ist eine vom Zentrifugationsfeld unabhängige Partikelkonstante und wird aus praktischen Gründen in **Svedberg-Einheiten** (S, ein S entspricht 10^{-13} s) gemessen. Die kleine eukaryotische ribosomale Untereinheit z.B. besitzt eine Sedimentationskonstante von $40 \cdot 10^{-13}$ s oder 40 S.

Weiterführende Literatur

Azpiroz-Leehan R, Feldmann K A (1997) T-DNA insertion mutagenesis in *Arabidopsis* going back and forth. Trends Genet. 13, 152–156.

Elgavish S, Shaanan B (1997) Lectin-carbohydrate interactions: different folds, common recognition principles. Trends Biochem. Sci. 22, 462–467.

Jouanin L, Bonadé-Bottino M, Girard C, Morrot G, Giband M (1998) Transgenic plants for insect resistance. Plant Sci. 131, 1–11.

Sambrook J, Fritsch E F, Maniatis T (1989) Molecular Cloning. A Laboratory Manual. 2.Aufl., Cold Spring Harbor Lab. Press.

29 Historische Entwicklung der Zellbiologie

Es gibt verschiedene Wege, einen Überblick über die wichtigsten Erkenntnisse der Zellbiologie zu gewinnen. Einer führt über die Geschichte der Zellforschung. In der folgenden Zeittafel sind chronologisch einige Entdeckungen aufgezählt, die sich als besonders wichtig erwiesen haben. Außerdem wurden die Erscheinungsjahre einiger Bücher eingefügt, die seinerzeit wegweisend für die weitere Entwicklung waren.

Zeittafel

1665	Robert Hooke (1635–1703): „Micrographia". (Zellen in toten Pflanzengeweben, Plasmaströmung in Brennesselhaaren.
um 1680	Antoni van Leeuwenhoek (1632–1723): Beschreibung von Protisten, Bakterien, Spermatozoen und Syngamie, Erythrocyten, Querstreifung von Muskelfasern.
1671–1682	Marcello Malpighi (1628–1694) und Nehemiah Grew (1628–1711): Mikroskopische Pflanzenanatomie.
1754	Rösel von Rosenhof: „Insektenbelustigungen". Beschreibung von Protozoen.
um 1750	Achromate (J. Dollond); verbessert um 1810 (J. Fraunhofer).
1775	Ruß als Carcinogen beim Scrotum-Krebs von Schornsteinfegern (P. Pott).
1781	Nucleolus (N. Fontana).
um 1800	Klassifizierung tierischer Gewebe (M. F. X. Bichat).
1823	Opt. Auflösung in Fraunhofer-Mikroskopen erreicht 1µm.
1827	Säuger-Ei (Karl Ernst von Baer).
1828	Zellteilung bei Pflanzen (Hugo von Mohl).
–	Harnstoffsynthese aus Bleicyanat und Ammoniak (Friedrich Wöhler).
1831	Zellkerne in Pflanzenzellen (Robert Brown).
1833	Isolierung von Diastase (Amylase) (A. Payen).
1838	Zellentwicklung (Matthias Jacob Schleiden).
1839	Theodor Schwann: „Mikroskopische Untersuchungen über die Übereinstimmung in der Struktur und dem Wachsthum der Thiere und Pflanzen". Begründung der „Zellentheorie".
1839	Begriff „Protoplasma" (J. E. Purkinje).
1842	Erhaltungssatz der Energie (Julius Robert Mayer).
1845	Einzelligkeit der Protozoen (K. T. E. von Siebold).
1849	Mitose bei Pflanzen (Wilhelm Hofmeister).
1854–1864	Widerlegung der Urzeugungshypothese; Gärung (Louis Pasteur).
1855	„Omnis cellula e cellula" (Rudolf Virchow).
1857	Mitochondrien in Muskelzellen (A. von Kölliker).
1858	Rudolf Virchow: „Cellularpathologie".
1859	Charles Darwin: „Origin of Species".
1861	Definition der Zelle als Protoplasma mit Kern (Max Schultze).
1862	Kristallisation von Hämoglobin (E. F. I. Hoppe-Seyler).
1865/66	Gregor Mendel: „Versuche über Pflanzenhybriden".
1867	Wilhelm Hofmeister: „Die Lehre von der Pflanzenzelle".
1871	Phosphathaltiges „Nuclein" aus Zellkernen (E. F. I. Hoppe-Seyler, F. Miescher).
1872	Atmung als zellulärer Vorgang (W. Pflüger).
1873	Silberimprägnierung von Neuronen (C. Golgi, D. Deiters).
1875	Eduard Strasburger: „Über Zellbildung und Zellteilung".
1876	Öl-Immersionsobjektive (Ernst Abbe).
–	Carl Nägeli, Simon Schwendener; „Das Mikroskop", 2. Aufl..
–	Syngamie beim Seeigel (Oskar Hertwig).
1877	Plasmolyse (Wilhelm Pfeffer, Hugo de Vries).
1880	Begriff „Chromatin" (W. Flemming).
1882	Walther Flemming: „Zellsubstanz, Kern und Zelltheilung".
1883	Replikation von Plastiden (F. Schmitz, A. F. W. Schimper).
1884	Syngamie bei Blütenpflanzen (E. Strasburger).
–	Micellar-Theorie (Carl Nägeli).
–	Histone (Albrecht Kossel).
–	Erste zellbiologische Zeitschrift „La Cellule, Recueil de Cytologie et d'Histologie Générale", Universität Löwen, Belgien.
1885	Das Bakterium *Escherichia coli* (T. Escherich).
1886	Apochromate, optische Auflösung bei 0,2 µm (Ernst Abbe).
1887	Meiose (Theodor Boveri).
1889	Begriff „Nucleinsäure" (R. Altmann).
1892	Energiden-Begriff (Julius Sachs).
1895	Lipid-Theorie der Permeation (E. Overton).

– „X-Strahlen“ (Röntgenstrahlen) (Wilhelm Conrad Röntgen).
1896 Edmund B. Wilson: „The Cell in Development and Inheritance“.
1897 Zellfreie Gärung, im Hefe-Extrakt (Eduard Bucher).
– Ergastoplasma in Zellen (C. Garnier).
1898 „Apparato reticolare interno“ (Camillo Golgi).
1900 Wiederentdeckung der Mendelschen Vererbungsregeln (C. Correns, H. de Vries, E. v. Tschermak-Seysenegg).
1903 Chromosomen-Theorie der Vererbung (W. S. Sutton, T. Boveri).
1907 Zell-Zell-Erkennung bei Schwämmen (H. V. Wilson).
1909 Plastiden als Träger von Erbfaktoren (C. Correns, E. Baur).
– Begriff „Gen“ (W. Johannsen).
ab 1910 Cytogenetik von *Drosophila* (T. H. Morgan); erste Chromosomenkarte mit nur fünf Markern (Sturtevant).
1912 Gewebekultur von Tierzellen (A. Carrel).
1913 Hans Molisch: „Mikrochemie der Pflanzen“.
1915 Experimentelle Krebsauslösung durch Teerbepinselung (K. Yamagiva, K. Ishikawa).
1920 Begriff „Genom“ für haploiden Chromosomensatz (H. Winkler).
1923 Chromosomenmutationen (C. B. Bridges).
1924 Cytochemie der DNA (R. J. Feulgen, H. Rossenbeck).
1924/26 Lipiddoppelschicht in Biomembranen (E. Gorter, F. Grendel).
1925–1930 Analytische Ultrazentrifuge (T. Svedberg).
1926 Mutationen durch Röntgenstrahlen an *Drosophila* (H. J. Muller).
1928 Transformation bei Pneumococcen (F. Griffith).
– Eu- und Heterochromatin (E. Heitz).
– Antibiotische Wirkung von Schimmelpilzen (A. Fleming).
1929 ATP (K. Lohmann).
1931 SAT-Strecke als Bildungsort für Nucleolus (E. Heitz).
– Elektronenmikroskop (E. Ruska, M. Knoll).
– Leukocyten-Kulturen zum Studium des humanen Karyotyps (G. K. Chrustschoff).
1933 Phasenkontrast-Verfahren (F. Zernike).
– Polytäne Riesenchromosomen (E. Heitz, H. Bauer, T. S. Painter).
1935 Cytologische Chromosomenkarten von *Drosophila* (C. B. Bridges).
– Modell der Biomembran (J. F. Danielli, H. Davson).
– Kristallisation des Tabakmosaikvirus (W. M. Stanley).
– Mutationen sind Veränderungen eines Moleküls (N. Timoféeff-Ressorsky, K. G. Zimmer, M. Delbrück).
– Ernst Küster: „Die Pflanzenzelle“.
1937 Citronensäurezyklus (H. Krebs).
1938 Wasserspaltung mit isolierten Chloroplasten (R. Hill).
– Albert Frey-Wyssling: „Submikroskopische Morphologie des Protoplasmas und seiner Derivate“.
1939 Actin und Myosin (A. Szent-Györgyi).
1940–1943 Zellfraktionierung in Mitochondrien-, Mikrosomenfraktion (A. Claude).
1940–1947 Gen-Wirkketten bei Neurospora, Ein-Gen/Ein-Enzym-Konzept (G. W. Beadle, E. L. Tatum).
1943 Fluktuationstest mit Bakterien (S. Luria, M. Delbrück).
1944 Erwin Schrödinger: „What is Life?“.
1945 Erste EM-Aufnahme einer Zelle (K. R. Porter, A. Claude, E. F. Fullam).
1946 Genetische Rekombination bei *E. coli* Stamm K12 (J. Lederberg, E. L. Tatum).
1948 Temperaturempfindliche Mutanten (N. Horowitz).
1949 Basenkomplementarität in der DNA (E. Chargaff).
1950 Aktivator-Dissoziations-System beim Mais (heute: IS-Elemente) (Barbara McClintock).
1951–1953 α-Helix sowie parallele und antiparallele Faltblattstrukturen von Polypeptiden (L. Pauling, R. B. Corey).
1952 „9+2-Muster“ von Geißeln (Irene Manton).
– Reizleitung in Nervenzellen durch selektive Ionenpermeabilität (A. L. Hodgkin, A. F. Huxley).
1953 DNA-Doppelhelix (F. H. C. Crick, J. D. Watson).
– Sequenzierung von Insulin (F. Sanger).
– petite-Mutanten der Hefe (B. Ephrussi, P. P. Slinimski).
– Zellzyklus (Alma Howard, S. Pelc).
– Kerntransplantation (R. Briggs, T. J. King).
1954 Photophosphorylierung (D. Arnon).
– Gleitfasermodell für die Muskelkontraktion (H. E. Huxley, A. F. Huxley).
1955 Gen-Kartierung bei Phagen bis Nucleotidniveau (S. Benzer).
– Differential-Interferenzkontrast (G. Normarski).
– Lysosomen (C. de Duve).
– Ribosomen (G. E. Palade).
1956 Zell-Zell-Erkennung (A. A. Moscona).

– DNA-Polymerase I (A. Kornberg).
– 46 Chromosomen beim Menschen (H. J. Tijo, A. Levan).
1957 Photosynthesezyklus (M. Calvin).
– Klonale Selektionstheorie für Immunzellen (B-Zellen) (F. M. Burnet).
1958 Zentrales Dogma: DNA → RNA → Protein (F. H. C. Crick).
– Synaptischer Komplex (M. J. Moses).
– Semikonservative Replikation der DNA (M. Meselson, F. W. Stahl).
– Raumstruktur für Hämoglobin (J. C. Kendrew, M. F. Perutz).
– Transfer-RNA (P. C. Zamecnik, M. B. Hoagland).
1960 Gen-Aktivierung durch Ecdyson als Puffing an Riesenchromosomen (U. Clever, P. Karlson, W. Beermann).
1961 Operon-Modell (F. Jacob, J. Monod).
– Chemiosmotische Hypothese der ATP-Bildung (P. Mitchell).
– DNA/RNA-Hybridisierung (S. Spiegelman, B. B. Hall).
– Messenger-RNA (S. Brenner, F. Jacob, M. Meselson).
– Allosterie-Prinzip (F. Jacob, J. Monod, P. Changeux).
1961–1965 Genetischer Code (M. W. Nirenberg, J. H. Matthaei).
1963 Gefrierätz-Technik (H. Moor, K. Mühlethaler).
– Fixierung mit Glutardialdehyd (D. D. Sabatini, K. Bensch, R. J. Barrnett).
– Mikrotubuli (D. B. Slautterback, M. C. Ledbetter, K. R. Porter).
1964 Kompartimentierungs-Theorem für Eucyten (E. Schnepf).
1965 Hybridzelle Maus/Mensch (H. Harris, J. F. Wetkins).
– Peroxisomen (C. de Duve).
1966 Ribosomenzyklus (G. Mangiarotti, D. Schlessinger).
1968 Transposons (Insertionselemente) (H. Saedler, P. Starlinger).
– Kontaktinhibition von Zellen in Kultur (R. W. Holley, J. A. Kierman).
1969 Bänderungstechniken für Chromosomen (T. Caspersson).
– „Aktive“ Gene im EM (O. L. Miller, B. R. Beatty).
1970 Pro- und Eukaryoten als getrennte Organismenreiche (Y. Stanier).
– Endosymbionten-Hypothese, zeitgemäße Formulierung (Lynn Margulis).
– Restriktionsenzyme (H. O. Smith, W. Arber, D. Nathans).
– Reverse Transcriptase (H. M. Temin, S. Mituzumi, D. Baltimore).
1971 Hyperzyklus (M. Eigen).
1972 Fluid Mosaic Model für die Biomembran (S. J. Singer, G. L. Nicolson).
1973 Erstes Experiment mit rekombinanter DNA (S. Cohen, H. Boyer).
1975 Monoklonale Antikörper (G. Köhler, C. Milstein).
– DNA-Sequenzierung, Genom des Phagen ΦX174 (F. Sanger und Mitarbeiter).
1976 Zelluläre Proto-Onkogene (J. M. Bishop, H. Varmus).
1977 Exon-Intron-Struktur von Genen (P. A. Sharp, R. J. Roberts).

REGISTER

Für die einzelnen Stichwörter wurden nur die wichtigsten, maximal drei Verweise angegeben. *Kursive* Zahlen bedeuten Abbildung oder Tabelle. **Halbfett** gedruckte Zahlen zeigen einen Hauptverweis an.

A

B

C

D

E

F

G

H

I

M

N

O

P

S